TURBULENCE
AN INTRODUCTION FOR SCIENTISTS AND ENGINEERS −SECOND EDITION−

乱流

第2版

P.A.DAVIDSON 著

益田 重明 訳

森北出版株式会社

Copyright © P.A. Davidson 2015
"Turbulence: An Introduction for Scientists and Engineers, Second Edition"
was originally published in English in 2015.
This translation is published by arrangement with Oxford University Press.

●本書のサポート情報を当社 Web サイトに掲載する場合があります．
下記の URL にアクセスし，サポートの案内をご覧ください．

http://www.morikita.co.jp/support/

●本書の内容に関するご質問は，森北出版 出版部「(書名を明記)」係宛
に書面にて，もしくは下記の e-mail アドレスまでお願いします．なお，
電話でのご質問には応じかねますので，あらかじめご了承ください．

editor@morikita.co.jp

●本書により得られた情報の使用から生じるいかなる損害についても，
当社および本書の著者は責任を負わないものとします．

■本書に記載している製品名，商標および登録商標は，各権利者に帰属
します．

■本書を無断で複写複製（電子化を含む）することは，著作権法上での
例外を除き，禁じられています．複写される場合は，そのつど事前に
(社)出版者著作権管理機構（電話 03-3513-6969，FAX 03-3513-6979，
e-mail: info@jcopy.or.jp）の許諾を得てください．また本書を代行業者
等の第三者に依頼してスキャンやデジタル化することは，たとえ個人や
家庭内での利用であっても一切認められておりません．

第 2 版への序文

　この本の初版が出版されてから，およそ十年が経過した．この分野の最近の進歩を考えると，テキストを改訂する時期がきていると思われる．初版において繰り返し述べられた話題は，次の三つであった．
- （ⅰ）　可能な限りフーリエ空間よりも物理空間において論じる．
- （ⅱ）　一様乱流の議論においては，大スケールと小スケールの両方に同じ力点をおく．
- （ⅲ）　乱流の直接シミュレーション（DNS）によって何が得られるかについて注意を払う．

　このうち，（ⅰ）と（ⅱ）については，近年の進歩が私の選択を大なり小なり支持する傾向が認められる．しかし，（ⅲ）については，私の見方は悲観的すぎたことがわかってきた．もちろん，DNS は技術者や科学の応用分野の人々が抱える実際的問題に対しては，相変わらず限られた能力しかないのだが，計算機能力のおそろしい進歩の結果，DNS は乱流の基本構造に興味をもつ理論家の有力な武器となってきている．いずれにしても，テキストの改訂は，基礎研究の分野において増しつつある，このDNS の重要性を反映するものとなった．

　第 2 版の動機は，テキストをできるだけ簡潔にしたいという思いと，進歩しつつある話題を扱っている節を更新することであった．その結果，5.1.3, 5.3.6 の各項と，6.3, 6.6, 9.2, 9.5 の各節と第 10 章の多くの部分は書き換えられ，受動スカラーの混合について 6.2.10 項が追加されている．とはいえ，学部学生用の教科書に述べられている乱流の基礎事項と，論文に見られる最新の（ときに，おそろしいほどの）議論との間のギャップを埋めたいという基本方針はかわっていないと思う．とりわけ，つねに最大限の物理的洞察と最小限の数学とを結びつけるように努力した．

　多くの友人や同僚，とくに多くの有益な議論を続けていただいた Julian Hunt 氏，Yukio Kaneda 氏，Per-Åge Krogstad 氏，それに Cambridge の多くの同僚に，この場を借りてあらためて感謝する．Oxford University Press とともに仕事ができたことも私の喜びである．

P. A. Davidson
Cambridge, 2014

第 1 版への序文

乱流は，われわれのまわりのどこにでもある．肺に出入りする空気の流れは乱流だし，あなたが座っている部屋のなかの自然対流も乱流だ．外を見てみよう．通りを吹き抜ける風は乱流だし，車から吐き出される排気ガスを散らしてわれわれを窒息から守るのも乱流である．乱流は車や飛行機や橋の抵抗を左右し，また大気や海洋の大規模な流れに影響することで天気をも支配している．地球の液体核は乱流であり，自然に減衰するはずの地磁気を維持しているのも乱流である．太陽フレアーでさえ乱流の表れで，それは太陽表面の猛烈な運動によって引き起こされている．われわれの生活にこれほどまでに深くかかわっている課題に目を背けるわけにはいかない．

ところが，熱心な若者がきつい勉強をスタートさせても，すぐに好奇心が絶望へとかわる．乱流の数学的記述は複雑で近づきにくく，三次元カオス過程の記述はとくにそうだ．

本書は，教科書であって研究書ではない．われわれのおもな目的は，学部の学生の教科書に見られる初歩的で自発的発見を促すような乱流の記述と，たくさんのすぐれた研究論文に見られる，手ごわいが，より合理的な記述の間の橋渡しをすることである．われわれは，一貫して最大限の物理的洞察と最小限の数学とを結びつけるようにと努めた．

乱流は，古典力学に属する独特の分野である．支配方程式が 1845 年以来すでに知られているにもかかわらず，ある程度の精度で予測できるのは驚くほどわずかな場合だけである．この状況は，ファラデーやマクスウェルが現れるまえの電磁気学の状況を思わせる．無数のあやふやな理論が組み立てられたが，その多くは個別の実験に関連したものであり，一貫性のある理論体系に導くようなものではなかった[1]．課題は半経験則の複雑な合成と，決定論的ではあるがひどく単純化された描像から構成され，たまに合理的な理論により補強される傾向がある．もちろん，こうした状況は，それぞれ独自の主義と信念をもったグループの形成を促してきた．技術者，数学者，物理学者は，乱流についてそれぞれ異なる見方をするし，各専門分野のなかにすら，

---

[1] 乱流と 19 世紀の電磁気学との一つの違いは，後者が最終的に一貫した理論にまとめあげられたのに対して，乱流についてはそのようなことは決して起こりそうもないことである．

多くのまったく異なるグループがある．各派の間では，しばしば敬虔なる戦いが繰り広げられている．あるグループは組織渦の役割を強調し，別のグループはこうした構造を軽視し，純粋に統計的手法で解決しようとする．ある人々はフラクタルやカオスの形式論を信じ，別の人々は信じない．ある人々はフォン・ノイマンがいったことに従って大規模な計算機シミュレーションを用いて乱流のミステリーを解き明かそうとしているし，またほかの人々はそんなことは不可能だと思っている．多くの技術者は乱流の半経験的モデルの使用を薦める一方，大抵の数学者たちはそれを好まない．こうした論争は活発で，ワクワクさせ，L. D. ランダウやG. I. テイラーのようなもっとも洗練された20世紀の精神を磨いてきた．乱流についての本を書こうとする意欲ある人々は，皆，その成果に誰でもが満足するわけではないという事実を受け入れたうえで，この地雷原のなかで注意深く道を選ばなければならない．しかし，これはトライしないことの言い訳にはならない．乱流は，物理学や技術分野においてきわめて重要であり，大きな困難にもかかわらずかなりの進歩を遂げてきているのである．

　大まかにいえば，乱流に関する教科書には二つのカテゴリーがある．一つは乱流それ自体に焦点をあて，次のような疑問に答えようとしている．乱流はどこからくるのか？　乱流の普遍的性質とは何か？　それはどこまで決定論的なのか？　もう一つは，抗力，混合，熱伝達，燃焼など，実際のプロセスへの乱流の影響について述べた教科書である．そこでの主題は，これらのプロセスに対する乱流の影響をパラメータ化することである．この種の教科書ではモデリングという言葉がしばしば使われる．応用数学者や物理学者は前者のカテゴリーに関与することが多い．一方，技術者は後者に興味をもたざるを得ない．どちらも重要かつチャレンジングな課題である．

　バランスの点で，この教科書はやや前者のカテゴリーに傾いている．やりたかったことは，乱流の物理にいくらかの知見を提供し，乱流現象の分析のために，通常，用いられる数学という道具を紹介することである．悲しいかな，実際への応用は後まわしにされている．もちろん，このような作戦は誰の好みにも合うわけではない．それでも，先駆者たちが合理的な手段とヒューリスティックな手段で攻めてきたこのような困難な課題に直面したとき，実際問題への応用から一歩下がって，いまではかなりよくわかっていると考えられている課題について，できる限り単純に記述してみることは自然なことと思われる．

　乱流の歴史が，しばしば将来を約束されていながら，いまだにほとんど成果が認められていない壮大な独創の歴史であったという観察に導かれて，本書で何をとりあげるべきかが選択された．乱流に恒久的な見通しを与えると思われる合理的，およびヒューリスティックな理論を選んだ．最近の論争や，重要性がまだはっきりしていない最近の発見についてはほとんど触れていない．まず，第1章から第5章において，

この課題に対するかなり古典的な導入について述べる．そこでとりあげられている話題は，乱流の起源，境界層，熱および運動量に対する対数法則，自由せん断流，乱流熱伝達，格子乱流，リチャードソンのエネルギーカスケード，小スケールに対するコルモゴロフ理論，乱流拡散，完結問題，簡単な完結モデルなどである．数学的記述は最小限にとどめ，流体力学と統計学の基礎知識だけを前提としている（テキスト中では，必要に応じて統計学の考え方が述べられている）．第1章から第5章までは乱流の学部上級コース，および大学院導入コースの副読本として適当であろう．

次に，第6章から第8章まででは，やや細かいがやはり初歩的な一様乱流について述べている．そこでは，強くかき混ぜたあとに放置されている流体をわれわれはイメージしている．このような複雑な系の発展について，われわれは何がいえるのだろうか．われわれの一様乱流の議論は，（フーリエ空間ではなく）おもに物理空間で行われており，小スケールと同じように大スケールのエネルギー保有渦の挙動についても多くの注意を払っているという点で，ほかのほとんどの教科書とは趣が違う．

まず，フーリエ空間をとり入れることに若干の抵抗があることを述べて，なぜ，われわれが一様乱流に対して普通とは違ったアプローチをしているかを説明しておくのがよいだろう．フーリエ変換は，ある種の数学的扱いを簡単にし，（荒っぽいけれども）大スケールと小スケールの過程を区別する簡単な方法を提供してくれるという理由で，乱流の分野では習慣的に使われてきた．しかし，フーリエ変換の導入はなんら新しい情報を提供してはくれないことを覚えておくことが大切である．単に，物理空間からフーリへ空間へ情報を伝達しているにすぎない．さらに，フーリエ空間の煩雑さを経なくても，大スケールと小スケールを区別する方法はほかにもある．乱流が，波動ではなく渦（渦度の塊）からなっているとすれば，そもそもフーリエ変換にわずらわされる必要がどこにあるのかと問うのは当然である．たとえば，格子乱流を考えてみよう．格子の棒の表面から引き剥がされて混ざり合い，煮えくり返るように絡み合う渦管や渦シートとなっていく渦度場の変遷を頭に描くことができるだろう．これに対して，格子の棒からフーリエモードが引き剥がされる場面など，想像するのは難しい．物理空間で考えるほうが全般的によいというのが著者の意見である．そのほうが，数学と実際の物理現象との間の結びつきが少しはっきりすると思う．

第6章から第8章までのもう一つの特徴は，大スケールと小スケールの両方に同じウェイトがおかれている点である．それは，一様乱流の研究論文に，現在，見られる小スケールへの偏りをあえて正そうと考えたからである．もちろん，このようなアンバランスが生まれた理由は簡単である．小スケール渦に関するコルモゴロフ理論のめざましい成功に刺激されて，この理論を証明するための（あるいは欠陥を探すための）大量の論文が生まれたからである．確かにコルモゴロフの法則は，乱流理論のマ

イルストーンの一つであることは否定できない．しかし，ほかにも成功物語はある．とくに，一様乱流の大規模構造に関するランダウやバチェラーやサフマンの業績は，物理的動機にもとづく注意深い解析から得られる輝かしい成果である．したがって，これまでのアンバランスを矯正するよい時期だと考えて，第6章の一部では大スケール渦の動力学について述べた．第6章から第8章までは乱流を学ぶ上級の大学院生のための参考書，あるいはプロの研究者の参考資料として適当であろう．

本書の最後の第9章と第10章は，入門書ではめったに扱われることがない特殊な話題をカバーしている．動機は，多くの地球物理や宇宙物理分野の流れが，浮力やコリオリ力やローレンツ力といった体積力から支配的な影響を受けていることである．さらに，ある種の大規模な流れが二次元的であり，このため，最近の数年，二次元乱流の研究が協調して行われている．第9章では体積力の影響について，また第10章では二次元乱流について述べられている．

乱流には王道はない．われわれの理解は限られており，詳しい，難しい計算の結果得られた知識もわずかなものである．しかし，本書は，難しすぎることなく，読者が当初の熱意や驚きを少なくともいくらか保ち続けることができるものと期待している．

多くの友人や同僚の援助に謝意を表する．Alan Bailey, Kate Graham, Teresa Cronin は原稿の準備に協力してくれたし，ONERA の Jean Delery は Henri Werle の見事な写真を提供してくれた．また，タバコのプリュームの絵と Leonardo のスケッチのコピーは Fiona Davidson による．Julian Hunt, Marcel Lesieur, Keith Moffatt, Tim Nickels には，乱流に関する数々の興味深いディスカッションに対して謝意を表する．さらに，Ferit Boysan, Jack Herring, Jon Morrison, Mike Proctor, Mark Saville, Christos Vassilicos, John Young には，多くの有益な助言を頂いた．最後に，辛抱強く原稿全体を査読し，数々の欠陥を指摘してくれた Stephen Davidson に感謝する．

P. A. Davidson
Cambridge, 2003

目次

第 I 部　乱流の古典的描像

第 1 章　乱流の遍在性　3

- 1.1　テイラーとベナールの実験 ………………………………………… 4
- 1.2　円柱を過ぎる流れ …………………………………………………… 8
- 1.3　レイノルズの実験 …………………………………………………… 9
- 1.4　共通の課題 …………………………………………………………… 10
- 1.5　乱流の偏在性 ………………………………………………………… 14
- 1.6　乱流におけるさまざまなスケール：コルモゴロフとリチャードソンの
エネルギーカスケードの概要 ………………………………………… 20
- 1.7　乱流の完結問題 ……………………………………………………… 26
- 1.8　「乱流理論」なるものは存在するのか？ …………………………… 29
- 1.9　理論，数値計算，実験のあいだの関係 …………………………… 30
- 演習問題 ………………………………………………………………… 32

第 2 章　流体力学の方程式　34

- 2.1　ナヴィエ・ストークス方程式 ……………………………………… 35
  - 2.1.1　ニュートンの第二法則の流体への適用 ……………………… 35
  - 2.1.2　対流微分 ………………………………………………………… 38
  - 2.1.3　運動量方程式の積分形 ………………………………………… 40
  - 2.1.4　粘性流体中でのエネルギー散逸率 …………………………… 41
- 2.2　圧力と速度の関係 …………………………………………………… 43
- 2.3　渦度の動力学 ………………………………………………………… 45
  - 2.3.1　渦度と角運動量 ………………………………………………… 45
  - 2.3.2　渦度方程式 ……………………………………………………… 50
  - 2.3.3　ケルビンの定理 ………………………………………………… 55

viii　目次

　　2.3.4　渦度分布の追尾 ………………………………………… 58
　2.4　乱流の定義 ……………………………………………………… 61
　演習問題 ………………………………………………………………… 63

第3章　乱流の起源と性質　　65

　3.1　カオスの本性 …………………………………………………… 66
　　3.1.1　非線形性からカオスへ …………………………………… 67
　　3.1.2　さらに分岐について ……………………………………… 72
　　3.1.3　時間の矢 …………………………………………………… 75
　3.2　自由発達乱流のいくつかの基本的性質 ……………………… 78
　　3.2.1　いろいろな発達段階 ……………………………………… 80
　　3.2.2　完全発達乱流におけるエネルギー散逸率 ……………… 85
　　3.2.3　乱れの記憶力はどの程度なのか？ ……………………… 89
　　3.2.4　統計的アプローチの必要性といくつかの平均化手法 … 94
　　3.2.5　速度相関，構造関数，エネルギースペクトル ………… 97
　　3.2.6　漸近状態は普遍か？：コルモゴロフ理論 ……………… 104
　　3.2.7　速度場の確率分布 ………………………………………… 108
　演習問題 ………………………………………………………………… 114

第4章　せん断乱流と簡単な完結モデル　　117

　4.1　平均流と乱流のあいだでのエネルギー交換 ………………… 118
　　4.1.1　レイノルズ応力と乱流の完結問題 ……………………… 120
　　4.1.2　ブシネスクとプラントルの渦粘性理論 ………………… 123
　　4.1.3　平均流から乱れへのエネルギー伝達 …………………… 127
　　4.1.4　k-ε モデルの概観 …………………………………………… 133
　4.2　壁面境界をもつせん断流と壁面対数法則 …………………… 137
　　4.2.1　チャネル乱流と壁面対数法則 …………………………… 137
　　4.2.2　不活性運動：対数法則にとって問題か？ ……………… 142
　　4.2.3　チャネル流における乱れの分布 ………………………… 145
　　4.2.4　粗面上の対数法則 ………………………………………… 147
　　4.2.5　乱流境界層の構造 ………………………………………… 148
　　4.2.6　組織構造 …………………………………………………… 150

- 4.2.7 壁面近傍のスペクトルと構造関数 …………………………………… 157
- 4.3 自由せん断流 ……………………………………………………………… 160
  - 4.3.1 二次元の噴流と後流 ………………………………………………… 160
  - 4.3.2 円形噴流 ……………………………………………………………… 166
- 4.4 一様せん断流 ……………………………………………………………… 170
  - 4.4.1 支配方程式 …………………………………………………………… 171
  - 4.4.2 漸近状態 ……………………………………………………………… 175
- 4.5 壁面せん断流における熱伝達：再び対数法則について ……………… 176
  - 4.5.1 壁面近傍の乱流熱伝達と温度に対する対数法則 ………………… 176
  - 4.5.2 対数法則に及ぼす成層の影響：大気境界層 ……………………… 182
- 4.6 さらに一点完結モデルについて ………………………………………… 188
  - 4.6.1 k-ε モデルの見なおし …………………………………………… 188
  - 4.6.2 レイノルズ応力モデル ……………………………………………… 197
  - 4.6.3 ラージエディーシミュレーション (LES)：一点完結モデルのライバルか？ …… 202
- 演習問題 ………………………………………………………………………… 207

第5章 テイラー・リチャードソン・コルモゴロフの現象論　210

- 5.1 再びリチャードソンについて …………………………………………… 213
  - 5.1.1 乱流における時間スケールと空間スケール ……………………… 213
  - 5.1.2 乱流渦の伸張として描いたエネルギーカスケード ……………… 218
  - 5.1.3 乱流渦の動力学的性質：線インパルスと角インパルス ………… 227
- 5.2 再びコルモゴロフについて ……………………………………………… 237
  - 5.2.1 小スケール渦の動力学 ……………………………………………… 237
  - 5.2.2 乱れに誘起される受動スカラーの変動 …………………………… 250
- 5.3 渦度の強化と物質線の伸張 ……………………………………………… 258
  - 5.3.1 エンストロフィーの生成とひずみ度 ……………………………… 258
  - 5.3.2 シートか管か？ ……………………………………………………… 261
  - 5.3.3 集中した渦シートと渦管の例 ……………………………………… 264
  - 5.3.4 渦度場に特異性はあるか？ ………………………………………… 267
  - 5.3.5 物質線要素の伸張 …………………………………………………… 272
  - 5.3.6 ひずみ場と渦度場の相互作用 ……………………………………… 276
- 5.4 連続的な運動による乱流拡散 …………………………………………… 285
  - 5.4.1 単一粒子のテイラー拡散 …………………………………………… 288

- 5.4.2 二粒子の相対拡散に対するリチャードソンの法則……291
- 5.4.3 乱流散乱に及ぼす平均せん断の影響……295
- 5.5 乱流はなぜ決してガウス的でないのか?……299
  - 5.5.1 実験事実とその解釈……299
  - 5.5.2 ガウス統計近似を用いた完結スキームを一瞥する……303
- 5.6 終わりに……305
- 演習問題……306

第II部　自由減衰一様乱流

第6章　等方性乱流（物理空間）　311

- 6.1 導入：物理空間における等方性乱流について……311
  - 6.1.1 決定論的描像と統計的現象論の対比……311
  - 6.1.2 フーリエ空間の強みと弱み……318
  - 6.1.3 本章の概要……321
- 6.2 等方性乱流の支配方程式……332
  - 6.2.1 いくつかの運動学：速度相関関数と構造関数……333
  - 6.2.2 さらに運動学：等方性と渦度相関関数の簡単化……341
  - 6.2.3 運動学的関係についてのまとめ……345
  - 6.2.4 最後に動力学：カルマン・ハワース方程式……349
  - 6.2.5 コルモゴロフの4/5法則……352
  - 6.2.6 ひずみ度とエンストロフィー生成（改めて）……354
  - 6.2.7 三次相関に対する動力学方程式と完結問題……355
  - 6.2.8 平衡領域における動力学方程式の完結……356
  - 6.2.9 擬似正規型完結スキーム（その1）……358
  - 6.2.10 等方性乱流における受動スカラーの混合とヤグロムの4/3法則……361
- 6.3 大スケールの動力学……363
  - 6.3.1 古典的見解：ロイチャンスキー積分とコルモゴロフの減衰法則……365
  - 6.3.2 ランダウの角運動量……368
  - 6.3.3 バチェラーの圧力による力……373
  - 6.3.4 サフマン・スペクトル……378
  - 6.3.5 バチェラー乱流における大スケールの矛盾のない理論……388

6.3.6　大スケールの動力学のまとめ ·· 393
　6.4　いろいろな形状の渦を特徴づける信号 ·· 396
　　　6.4.1　タウンゼントのモデル渦とその親類 ·· 396
　　　6.4.2　いろいろなサイズのタウンゼントのモデル渦からなる乱れ ················ 401
　　　6.4.3　そのほかのモデル渦 ·· 405
　6.5　慣性小領域における渦の間欠性 ·· 406
　　　6.5.1　コルモゴロフ理論の問題点とは？ ·· 407
　　　6.5.2　間欠性に関する対数正規モデル ·· 409
　　　6.5.3　間欠性に対する β モデル ·· 414
　6.6　いろいろな渦サイズにわたってのエネルギーと
　　　　　エンストロフィー分布の評価 ·· 416
　　　6.6.1　スケールによるエネルギーの変化を近似的に表す物理空間における関数 ···· 417
　　　6.6.2　物理空間とフーリエ空間におけるエネルギー分布を関係づける ············ 425
　　　6.6.3　物理空間におけるカスケード過程の動力学 ·· 431
　演習問題 ·· 441

第7章　数値シミュレーションの役割　　　　　　　　　　　　447

　7.1　DNS, LES とは ·· 447
　　　7.1.1　直接数値シミュレーショ（DNS） ·· 447
　　　7.1.2　ラージエディーシミュレーション（LES） ·· 452
　7.2　周期性の危険について ·· 458
　7.3　カオスのなかの構造 ·· 462
　　　7.3.1　管，シート，カスケード ·· 462
　　　7.3.2　ワームおよびワーム・クラスターの分類 ·· 469
　演習問題 ·· 474

第8章　等方性乱流（スペクトル空間）　　　　　　　　　　　　477

　8.1　スペクトル空間における運動学 ·· 478
　　　8.1.1　フーリエ変換とその性質 ·· 479
　　　8.1.2　フィルターとしてのフーリエ変換 ·· 483
　　　8.1.3　自己相関関数とパワースペクトル ·· 485
　　　8.1.4　相関テンソルの変換と三次元エネルギースペクトル ································ 490

8.1.5 三次元乱流における一次元エネルギースペクトル ……………… 493
8.1.6 エネルギースペクトルと二次の構造関数を関係づける ………… 497
8.1.7 補足：非等方性に起因するスペクトルの特異性 ………………… 499
8.1.8 もう一つの補足：速度場の変換 …………………………………… 501
8.1.9 これこそ最後の補足：$E(k)$と$E_1(k)$は実際には何を表しているのか？ ……… 502
8.2 スペクトル空間における動力学 ……………………………………………… 506
8.2.1 $E(k)$の発展方程式 ……………………………………………… 506
8.2.2 スペクトル空間における完結問題 ………………………………… 509
8.2.3 擬似正規型完結スキーム（その2） ………………………………… 515
演習問題 ……………………………………………………………………………… 524

第III部　トピックス

第9章　乱れに及ぼす回転，成層および磁場の影響　　　529

9.1 地球物理学および宇宙物理学における体積力の重要性 ……………… 529
9.2 高速回転と安定成層の影響 …………………………………………………… 531
9.2.1 コリオリ力 ……………………………………………………………… 531
9.2.2 テイラー・プラウドマンの定理 …………………………………… 534
9.2.3 慣性波の性質 …………………………………………………………… 536
9.2.4 高速回転系における乱れ ……………………………………………… 542
9.2.5 回転から成層へ（葉巻からパンケーキへ） ……………………… 548
9.3 磁場の影響 I：MHD 方程式 ………………………………………………… 552
9.3.1 運動する導電体と磁場の干渉：定性的な概観 ……………………… 553
9.3.2 マクスウェル方程式からMHDの支配方程式へ ……………………… 559
9.3.3 低磁気レイノルズ数MHDに対する簡単化 ………………………… 564
9.3.4 高磁気レイノルズ数MHDの単純な性質 …………………………… 566
9.4 磁場の影響 II：MHD 乱流 …………………………………………………… 571
9.4.1 MHD 乱流における非等方性の発達 ………………………………… 572
9.4.2 低磁気レイノルズ数における渦の発達 ……………………………… 574
9.4.3 一様なMHD乱流におけるランダウ不変量 ………………………… 581
9.4.4 低磁気レイノルズ数の場合の減衰法則 ……………………………… 583
9.4.5 高磁気レイノルズ数における乱流 …………………………………… 585

		9.4.6 コリオリ力とローレンツ力の複合による渦の成形 …………… 590
9.5	地球の中心核における乱流 ……………………………………… 593
	9.5.1	惑星ダイナモ理論への導入 …………………………………… 593
	9.5.2	ジオダイナモの数値シミュレーション ……………………… 601
	9.5.3	ジオダイナモのさまざまな描像 ……………………………… 605
	9.5.4	慣性波束にもとづくジオダイナモの α^2 モデル ………… 612
9.6	太陽の表面付近における乱れ …………………………………… 629
演習問題 …………………………………………………………………… 632

第 10 章　二次元乱流　　636

10.1 二次元乱流の古典的描像：バチェラーの自己相似スペクトル，
　　　エネルギーの逆カスケード，エンストロフィー流束に関する
　　　$E(k) \sim k^{-3}$ 則 ……………………………………………… 637
　　10.1.1 二次元乱流とは何か？ ……………………………………… 637
　　10.1.2 乱れは何を記憶しているか？ ……………………………… 643
　　10.1.3 バチェラーの自己相似スペクトル ………………………… 643
　　10.1.4 バチェラーとクライチナンの逆エネルギーカスケード … 645
　　10.1.5 二次元乱流における各種のスケール ……………………… 649
　　10.1.6 エネルギースペクトルの形と k^{-3} 則 …………………… 650
　　10.1.7 k^{-3} 則の問題点 …………………………………………… 653
10.2 組織渦：古典理論の問題点 …………………………………… 657
　　10.2.1 証　　拠 ……………………………………………………… 657
　　10.2.2 意　　義 ……………………………………………………… 660
10.3 統計形式の支配方程式 ………………………………………… 663
　　10.3.1 相関関数，構造関数，エネルギースペクトル …………… 663
　　10.3.2 二次元カルマン・ハワース方程式 ………………………… 667
　　10.3.3 カルマン・ハワース方程式の四つの結果 ………………… 668
　　10.3.4 スペクトル空間における二次元カルマン・ハワース方程式 … 670
10.4 変分原理を用いた閉領域における最終状態の予測 ………… 673
　　10.4.1 最小エンストロフィー理論 ………………………………… 674
　　10.4.2 最大エントロピー理論 ……………………………………… 676
10.5 擬似二次元乱流：現実問題への橋渡し ……………………… 677
　　10.5.1 高速回転する浅水流の支配方程式 ………………………… 677

10.5.2　高速回転する浅水乱流に対するカルマン・ハワース方程式 …………… 679
　　演習問題 ……………………………………………………………………………… 680

エピローグ ……………………………………………………………………………… 683

付録1　ベクトル恒等式とテンソル表記入門 …………………………………… 686
　A1.1　ベクトル恒等式と定理 ……………………………………………………… 686
　A1.2　テンソル表記入門 …………………………………………………………… 689

付録2　孤立渦の特性：不変量，遠方場の性質，長距離干渉 ………………… 695
　A2.1　孤立渦に誘起される遠方場の速度 ………………………………………… 695
　A2.2　遠方場の圧力分布 …………………………………………………………… 697
　A2.3　孤立渦の積分不変量：線インパルスと角インパルス …………………… 698
　A2.4　渦どうしの長距離干渉 ……………………………………………………… 701

付録3　ハンケル変換と超幾何関数 ……………………………………………… 705
　A3.1　ハンケル変換 ………………………………………………………………… 705
　A3.2　超幾何関数 …………………………………………………………………… 706

付録4　一様軸対称乱流の運動学 ………………………………………………… 708

訳者あとがき ………………………………………………………………………… 710
索　引 ………………………………………………………………………………… 713

第 I 部　乱流の古典的描像

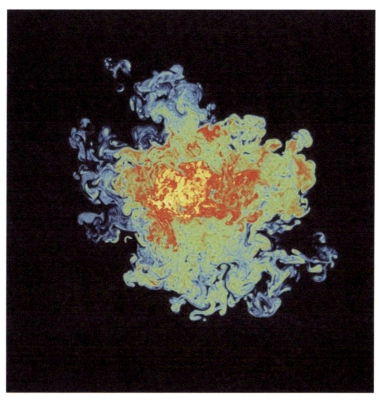

受動スカラーを運ぶ乱流噴流の軸直角断面．色は受動スカラーの濃度を表す．噴流外縁の激しい巻き込みに注意（4.3.1 項のディスカッション参照）．（カリフォルニア工科大学の P. E. Dimotakis 提供）

第1章 乱流の遍在性

アルファベットの最後までやっと覚えた少年は言う．こんなに大変な思いをして，たったこれだけのことを学ぶなんて，一体どんな価値があるの．これは好みの問題だろう．

Charles Dickens, Pickwick Papers

　乱流について学ぶことは，簡単ではなく，応用数学のしっかりした理解と，流体力学についてのかなりの物理的洞察力を必要とする．さらに困ったことに，数々の理論的仮説を仮に認めたとしても，正しい予測ができるケースは少ないのである．

　たとえば，乱流におけるエネルギーの減衰は，もっとも単純で，もっとも古くからある問題である．流体をかき混ぜたあと，放置してみよう．粘性散逸のために乱れは減衰するが，一体，どのくらいの速さで減衰するのだろうか．理論物理学者や応用数学者達は，半世紀以上にわたってこの疑問に答えようとしてきたが，いまだに統一的な答えは得られていない．いまのところ，われわれは，小説ピクウィック・クラブに登場する老人ウェラーの言に従いたくなる．

　それでも，いろいろな物理的議論にもとづいて，ある程度の予測は可能である．このことは重要である．なぜなら，乱流運動はほとんどの流体にとって自然の状態だからである．あなたがこの本を読んでいるあいだに，喉もとを上下する空気の流れは乱流であるし，同様に，あなたが座っている部屋のなかの自然対流も乱流である．外を見てみよう．運がよければ，乱れた風のなかでゆれる木の葉が見えるだろう．あるいは，また運がよければ，車の後部から排出される排気ガスが見えるだろう．それは，乱流によって街路に拡散し，歩行者を不幸な運命から救ってくれる．

　技術者は，航空機や車や建物が，空気から受ける抗力を計算する方法を知る必要がある．三つの場合とも，流れは乱流である．もっと大きな規模に目を向ければ，海流も大気流も乱流だから，天気予報に携わる人も海洋学者も乱流を勉強する．乱流は，地球物理の分野でも重要である．なぜなら，自然の減衰力に抗して地磁気の場を維持できるのは，地殻中での乱流対流のおかげだからである．宇宙物理学者でさえ，乱流の勉強が必要である．なぜなら，太陽フレアーや22年の太陽周期にも，さらに降着円盤からの質量流が，若い星や死滅しつつある星に及ぼす影響にも，乱流が強く関係しているからである．

乱流という命題が重要かつ魅力的なのは，太陽フレアーの噴出から木の葉のざわめきに至るまで，乱流がどこにでもある，すなわち，遍在性をもっていることによる．この章では，広大な広がりをもつ乱流の実際例のいくつかを示し，その基本的な性質のいくつかを紹介する．まず，実験室における簡単な実験からはじめよう．

1.1 テイラーとベナールの実験

観察で得られた経験から，粘性の強い，あるいは非常に遅い流体の運動は，滑らかで規則的だといえる．われわれは，これを層流とよんでいる．しかし，流体の粘性があまり高くないか，あるいは代表流速が中程度以上の場合は，流体の運動は不規則でカオス的，すなわち乱流になる．層流から乱流への遷移は，多くの見事な実験で明らかになっているが，なかでももっとも有名なのは，レイノルズ，ベナール，およびテイラーによるものであろう．

1923年にテイラーは，非常に単純ながら示唆に富んだ実験結果を報告した．二つの同軸円筒があって，環状の隙間が，たとえば水のような液体で満たされているとしよう．内円筒が回転し，外円筒は静止しているとする．回転速度が遅い場合，液体は期待したとおりに振る舞う．すなわち，内円筒に引きずられて液体も回転する．しかし，回転速度が速くなると予期しない現象が起こる．ある臨界速度において，もともとの旋回運動のうえに，突然，ドーナツ状の渦が重畳される（図1.1（a）の模式図参照）．この軸対称の構造は，明らかに渦に見えるのでテイラー渦とよばれ，もともとの旋回流の不安定性によって生まれる．この場合，流体粒子の運動は，ドーナツ状の

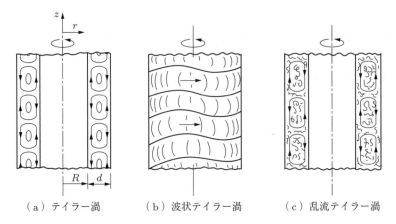

（a）テイラー渦　　（b）波状テイラー渦　　（c）乱流テイラー渦

図1.1　同心円筒間の流れ．内円筒の回転速度が増加すると流れは徐々に複雑になり，最後に乱流となる．

曲面の内部に閉じ込められた螺旋を描く．

　テイラー渦が，突然，生まれる原因は遠心力にある．遠心力は，旋回する流体を半径方向外向きに動かそうとする．臨界速度以下では，この力は半径方向の圧力勾配と釣り合っていて，実際には，半径方向運動は起こらない．しかし，遠心力は流体の旋回速度が最大の点（内円筒付近）で最大になるので，内円筒表面の流体は，つねに外周部の流体と入れ替わって半径方向外向きに移動しようとする．この傾向は，圧力と粘性力によって押さえ込まれているのだが，臨界速度に達すると粘性力は，もはや半径方向の攪乱を抑えきれなくなって，わずかな攪乱に対して不安定になる．もちろん，外周付近の流体が邪魔になるので，内円筒付近の流体のすべてが外周に向かって移動できるわけではない．その結果，流れは帯状（またはセル状）に分割される（図1.1（a））．この現象は，レイリー不安定として知られている[1]．

　次に，回転速度を少しだけ，たとえば25％ほど上げてみよう．すると，今度はテイラー渦自体も不安定になり，波状テイラー渦とよばれる構造が現れる．このとき，ドーナツ状渦の軸対称性は失われ，内円筒のまわりを移動する（図1.1（b））．この状態は複雑ではあっても，まだ層流（非カオス的）であるという点に注意する必要がある．

　回転速度をさらに上げると，さらに複雑かつ非定常な構造が現れるようになり（いわゆる変調テイラー渦），内円筒の回転速度が十分速くなると，最終的に流れは完全な乱流となる．この最終段階では，時間平均の流れのパターンはセルの大きさが少し大きいものの，図1.1（a）の定常テイラー渦に似た形状となる．しかし，この平均流の上にはカオス的な運動が重畳されていて，個々の流体粒子は，もはやドーナツ状のセル内部に閉じ込められることはない．むしろ，ブラウン運動のように押し合いへし合いしながら平均流によって周方向に流される（図1.1（c））．このとき，たとえば$u_z(t)$を測ってみると，図1.2のように見えるはずである（図中の$\bar{u}$は，u_zの時間

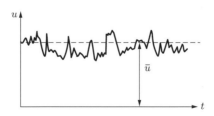

図1.2　円環における軸方向速度成分の時間変化．
　　　　流れが乱流の場合，平均成分と変動成分とがある．

---

[1]　レイリーは，不安定性の機構を特定し，非粘性の回転する流れに対して，安定条件を求めた．テイラーは，のちに，この理論を図1.1（a）のタイプの粘性流れに拡張した．

平均値である).

　じつは,どの流れパターンになるかを決めるのは,回転速度 Ω だけではない.流体の粘性 ν,環状の隙間 d,内円筒の半径 R および装置の長さ L も重要である.Ω,ν,d,R,L から三つの独立な無次元数,

$$\mathrm{Ta} = \frac{\Omega^2 d^3 R}{\nu^2}, \quad \frac{d}{R}, \quad \frac{L}{R}$$

が得られる.一番目の Ta は,テイラー数とよばれている(著者によっては少し異なる定義が用いられることもある).装置が非常に長く,隙間が非常に狭い,すなわち,$L \gg R$,$d \ll R$ の場合には,唯一,Ta だけがテイラー渦の開始を決める.実際には,Ta の臨界値は 1.70×10^3 となり,このときに発生する渦構造の軸方向波数は,$k = 2\pi/\lambda = 3.12/d$ である.この式で λ は波長である.

　次に,ベナール対流,あるいはレイリー・ベナール対流とよばれる,まったく別の流れについて考えてみよう.図 1.3(a)に示すように,二枚の十分広く平らな平行平板のあいだに,流体が挟まれているとしよう.下側の板の温度は $T = T_0 + \Delta T$,上側の板の温度は T_0 に保たれている.温度差 ΔT が小さければ,流体は静止していて,分子熱伝導によって熱が一方の板から他方の板に向かって移動する.もちろん,上向きに浮力がはたらき,それは下面上で最大で,流体を上向きに動かそうとするだろう.しかし,ΔT が小さければ,この力は鉛直方向の圧力勾配とちょうど釣り合う.次に,ゆっくりと ΔT を大きくしてみよう.すると,ΔT が臨界値に達したとき,流体は,突然,図 1.3(b)のように対流しはじめる.

　このとき,流れは高温の上昇流の領域と低温の下降流の領域から構成され,テイラー渦と類似のベナールセルとよばれる規則的なセル構造を呈する[2].層の上端付近で,上昇流は熱伝導によって上側の板に熱を奪われて降下しはじめる.この低温の流

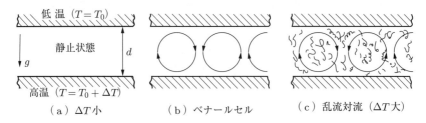

(a)ΔT 小　　(b)ベナールセル　　(c)乱流対流(ΔT 大)

図 1.3 二枚の平行平板に流体が挟まれている.下側の平板は加熱されている.ΔT が小さければ流体は動かない.ΔT が増加すると自然対流がはじまる.最初は規則的な対流セルの形を示し,その後,乱流になる.

---

2) 平面図で見れば,対流セルは $(\Delta T)/(\Delta T)_{\mathrm{CRIT}}$ と容器の形状に応じてさまざまな形をしている.よく見られるのは,二次元ロールと六角形である.

体は，下側の板に近づくにつれて暖められ，流れの向きをかえ，再び上昇をはじめる．このように，軽い流体が上昇し，重い流体が下降するあいだに，ポテンシャルエネルギーが解放されるというサイクルが繰り返される．定常状態では，浮力による仕事率は流体内部の粘性減衰と厳密に釣り合う．

　静止状態から定常な対流セルへの遷移は，浮力による不安定性によって引き起こされる．高温流体が上昇し，低温流体が下降するというタイプの攪乱を静止状態に加えると，ポテンシャルエネルギーが解放され，もし，粘性力が強すぎなければ，流体は加速されて不安定性を呈するようになる．一方，粘性力が強ければ，攪乱によって解放されたポテンシャルエネルギーはすべて粘性によって散逸する．この場合は，静止状態が安定である．このように，もし，ΔTが小さく，νが大きければ静止状態は安定になり，ΔTが大きく，νが小さければ不安定になるだろうと予想される．

　ポテンシャルエネルギーの解放率を最大にし，粘性散逸を最小にするような攪乱の形を決めるという変分問題を組み立てることもできる．観察される対流セルが，ちょうどこの攪乱の形になっていると仮定すると，不安定化がはじまるΔTとνの臨界値を決めることができる．その結果，不安定化の条件は，

$$\mathrm{Ra} = \frac{g\beta\Delta T d^3}{\nu\alpha} \geq 1.70 \times 10^3$$

と求められる．ここで，Ra（無次元パラメータ）はレイリー数として知られている．また，βは流体の体積膨張率，dは隙間の幅，αは熱拡散率である．対流セルの波数（2π/波長）は$k = 3.12/d$となる．

　この数値は，もちろん，まえにもでてきた．狭い同心円環のあいだの流れに対するテイラー数の臨界値は，

$$\mathrm{Ta} = \frac{\Omega^2 d^3 R}{\nu^2} = 1.70 \times 10^3$$

となり，また，このときのテイラーセルの波数は$k = 3.12/d$であった．これは，一見，驚くべき一致である．しかし，これは，旋回する軸対称流（隙間が狭いという近似の範囲で）と自然対流には相似性があるということを意味している．浮力に対応するのが遠心力であり，回転する軸対称流の角運動量$\Gamma = ru_\theta$が，ベナールの実験における温度Tと同じように対流し拡散する[3]．事実，レイリーは，回転する非粘性流体の不安定性に対する有名な臨界条件を，浮力と遠心力の相似性をもとに導いた．

　さて，Raを，臨界値を超えて徐々に増加させたとしよう．すると，ベナールセル

---

3) 実際には，TaとRaには0.7%の差がある．このように，このアナロジーはかなり正しいとはいえ，完全ではない．

自体がある点で不安定になり，もっと複雑かつ非定常の構造が現れる．Ra が十分大きくなると最終的に乱流対流の状態に至る．

テイラーとベナールの実験から得られる共通の描像は，以下のようである．高粘性の状態では，基礎流れは安定である．粘性が低下すると基礎流れは微小攪乱に対して不安定になり，系はより複雑な状態，すなわち，規則的なセル構造をもった定常層流へと分岐（変化）する．さらに粘性が低下すると，この新たな流れ構造自体が不安定となり，もっと複雑な流れへと変化する．さらに粘性が十分小さくなると，最終的に完全な乱流に至る．このとき，流れは時間平均成分とランダムでカオス的な運動から合成される．このような一連の経過を乱流遷移とよぶ．

1.2 円柱を過ぎる流れ

このように，ν の減少とともに次第に複雑化する一連の変化は，外部流でも見られる．たとえば，図1.4に示すような，円柱を過ぎる流れを考えてみよう．ν の逆数に相当するのがレイノルズ数（無次元）$Re = ud/\nu$ で，u は十分上流での流速，d は円柱の直径である．ν が大きければ定常で，上下左右ともに対称の流れになる．Re が 1 に近づくにつれて左右の対称性が失われ，Re が $5 \sim 40$ 程度の領域では円柱の背後に付着する定常の渦が認められる．Re が 40 に近づくと不安定になり，後流がゆらぎはじめる．$Re \sim 100$ になると円柱背後に付着していた渦は，交互に規則的に円柱から離脱するようになる．この段階では上下の対称性も失われるが，流れはまだ層流のままである．これが，かの有名なカルマン渦列である．層流のカルマン渦列は，$Re \sim 200$ 程度まで持続するが，このあたりで三次元不安定が現れる．$Re \sim 400$ 付近では渦の内部に弱い乱れがはじまるが，渦放出の周期性はしっかりと維持される．最後に，たとえば Re が 10^5 というように大きくなると，乱れは渦の外部にまで広がり，完全に発達した乱流後流となる．しかし，この後流の内部でも相変わらず規則的な渦放出が検知できる．このように，テイラーの実験と類似のパターン変化を示す．ν が減少するにつれて，流れパターンは徐々に複雑化し，最後に乱流に至る．

この実験は，レイノルズ数 Re が鍵を握っていることを示しているという意味で重要である．一般には，$Re = ul/\nu$ は l が適切に選ばれていれば，流体に作用する慣性力と粘性力の比を表す[4]．つまり，Re が大きいということは，粘性力，したがって，また粘性散逸が小さいことを意味している．このような流れは，ここで述べた円柱を

---

[4] 慣性力は u^2/l_u のオーダー．l_u は，たとえば流線の曲率半径など流線のパターンを代表する長さスケール，一方，粘性力は $\nu u/l_\nu^2$ のオーダー．l_ν は，流れを横切る方向の速度勾配を代表する長さスケール（第2章参照）．

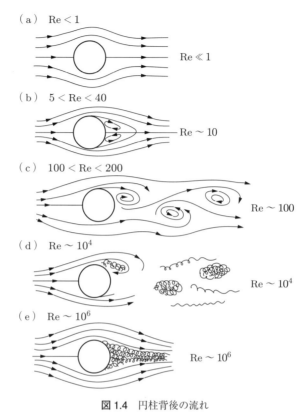

図 1.4　円柱背後の流れ

過ぎる流れの例でも明らかなように，不安定で乱流になりやすい．

1.3　レイノルズの実験

　1883 年に，レイノルズは，層流から乱流への遷移や，その際，Re が重要な役割を果たすことをはじめて指摘した．レイノルズは，滑らかでまっすぐな円管内の流れが，形状はきわめて単純であるにもかかわらず，テイラーやベナールの実験よりもはるかに繊細で複雑であることを見い出した．

　有名な論文のなかで，レイノルズは，起こり得る二種類の流れ（層流と乱流）を明確に区別し，その間の遷移をつかさどる無次元パラメータが $Re = ud/\nu$ であるに違いないと述べている．ここで，d は円管の直径，u は平均流速である．彼はまた，乱流がはじめて現れる Re の臨界値は，円管入り口における攪乱にきわめて敏感であることを指摘した．確かに彼は，与えられた Re に対して不安定性から乱流が生まれるためには，ある程度の強さの攪乱を必要とし，このとき，はじめて非定常運動が定着

して，乱流がはじまることを示唆している．たとえば，入り口における攪乱を小さく抑えると，Re ～ 13000 程度まで層流が安定に存在し続けるが，攪乱を抑える努力をしなければ，Re ～ 2000 程度で早くも乱流が現れることを発見した．いまでは，われわれは完全発達した円管流が，無限小の攪乱に対してはどんなに大きな Re でも安定であることを知っており，実際，最近の実験（入り口条件に特別な工夫をした場合）では，Re が 90000 まで層流が保たれた例もある．問題なのは，攪乱の強さと入り口の形状なのである．

レイノルズは，また，円管内に人工的に乱れを起こさせた場合にどうなるかも調べた．彼は，とくに，あるレイノルズ数以下では乱れが存続できない下限値があるのかどうかについて興味をもった．その結果，下限があり，その値は Re ～ 2000 であることがわかった．

最近の見解は，次のとおりである．流入条件が非常に重要である．入り口が，図 1.5 のような単純な直管の場合には，Re が 10^4 以上で入り口付近の環状の境界層のなかで最初に乱れがはじまる．最初のうち，乱れは小さな島（パッチ）のなかにカオス的運動が局在するという形で現れる．この「乱流パッチ」は広がり合体し，乱流スラグとなって管断面を埋めつくす（図 1.5）．これに対して，もっと低いレイノルズ数では，入り口付近の境界層は微小攪乱に対して安定であると考えられる．Re = 2000 から 10^4 程度では，遷移のもととなる攪乱は管の入り口断面にあるか，あるいは入り口付近の境界層内部に有限振幅の攪乱があるかである．いずれにしても，遷移は管内を流下する間欠的な乱流スラグ列の形ではじまる．Re が 2000 を超えると，スラグはあいだに挟まれた層流の部分を食いつぶしながら成長し，最後に完全な乱流に発達する．一方，Re が 2000 程度以下の場合は，入り口付近に現れたスラグはただ減衰するだけである．

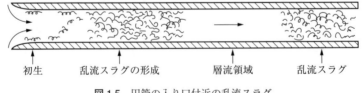

初生　　乱流スラグの形成　　層流領域　　乱流スラグ

図 1.5　円管の入り口付近の乱流スラグ

1.4 共通の課題

上の例は，乱流への遷移には少なくとも二つのタイプがあることを示している．一つは乱流運動が，まず小さなパッチ状になって現れるような流れである．Re が十分大きければ，乱流パッチは成長し，合体して完全に発達した乱流となる．これは，境

界層（図 1.6）や円管における乱流遷移の特徴である．鍵は遷移領域においては乱れがある程度間欠的で，静かな層流領域が散在する点である．

このような流れは，また，攪乱のレベルに非常に敏感である．たとえば，主流の乱れや壁の表面の粗さは，それがなければ安定であるはずの流れに乱れを誘起する．図 1.7 にこのことが示されている．これは，平板表面の微細な矩形突起によって発生した乱流の計算機シミュレーションの結果である．このような小さな障害物が，長く持続するくさび状の乱れを引き起こすことができるとは驚くべきことである．この例では，障害物の高さは境界層厚さ程度であるが，これよりはるかに微細な欠陥でも同じような結果になる．

もう一つは，ある閾値を超えると流れ場全体に一様にカオスが広がるような流れである．この種の流れでは，平均流の単なる不安定性からはじまり，より複雑な層流へ

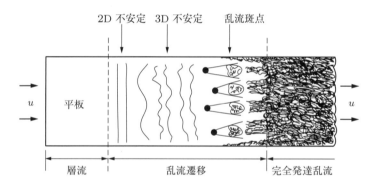

図 1.6 境界層の乱流遷移の描像．板は平らかつ滑らかで主流の乱れは低い．

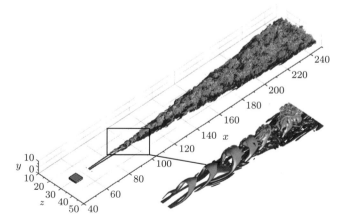

図 1.7 板にとり付けられた小さな矩形の突起によって生まれた乱れの計算機シミュレーション

と移行し，さらにそれが不安定化し，壊れてますます複雑な構造へと発展する（図1.1, 1.3）．この一連の過程を経て，最後に不規則なカオス運動，すなわち乱流に至る．

この第二のタイプの身近な例として，タバコの煙，すなわち浮力によるプルームを上げることができる．プルームが上昇するにつれて流体は加速されて Re が増加する．そして，遅かれ早かれ不安定性が発現し，層流だったプルームが複雑な三次元構造を示すようになる．その直後にプルームは完全な乱流状態になる（図 1.8）．この場合も乱流への遷移は攪乱のレベルに敏感である．

図 1.8 タバコのプルームの写真
（Corrsin (1961) による．画像は F. C. Davidson の了解済み）

本質的な点は，流体運動が，本来，ほとんどつねに不安定で，粘性散逸が十分大きい場合に限って不安定性の発現が抑えられるということである．しかし，実際には，すべての流体はきわめて小さな粘性しかもっていない．水でも空気でも血液でも地殻内部の溶けた金属でも太陽周囲のガスでもそうである．どうやら，乱流こそが自然の状態のようであり，実際，そのとおりなのだ．たとえば，深さ 1 インチの容器内の水のベナール対流を考えてみよう．温度差 $\Delta T \sim 0.01$℃ですでに最初の不安定性がはじまり，なんと $\Delta T \sim 0.1$℃で完全に乱流になってしまう．これは決して大きな温度差ではない．別の例として，テイラーの実験を考えてもよい．内円筒の半径 R が 10 cm，隙間が 1 cm，流体は水としよう．このとき，内円筒の周速がわずか 1 cm/s で不安定になってしまう．明らかに層流というのは例外であって，自然界や技術分野での標準ではないのである．

ここまで，われわれは，乱流というものの定義を注意深く避けてきた．事実，定義づけることは困難であり，また多分，それほど重要ではない[5]．それよりも，νを十分小さくすると，すべての流れは不規則かつカオス的運動になるということだけを覚えておこう．われわれは，この複雑な流れを総称して乱流とよぶことにし，それらに共通の特徴をあげてみよう．

(i) 速度場は，時間的にランダムで，空間的にも無秩序であり，広範囲の長さスケールをもつ．

(ii) 速度場は，初期条件の些細な違いがその後の運動に莫大な変化をきたすという意味で，予測不可能である．

二番目の特徴をはっきりさせるために，次の実験を考えてみよう．静止流体中で静止していた円柱を一定速度で曳航した結果，背後に乱流後流ができたとしよう．同じ実験を100回繰り返し，そのつど，円柱下流の決まった位置 $\mathbf{x}_0$ で速度を時間の関数として記録する．$\mathbf{x}_0$ は，円柱とともに移動する座標である．見かけ上は同じ条件なのに，$\mathbf{u}(\mathbf{x}_0, t)$ は毎回まったく異なる．これは，実験中にいつも何かわずかな差があるためで，その差が増幅されるのが乱流の本性なのである．非圧縮性流れの支配方程式はきわめて簡単(基本的に連続体にニュートンの第二法則を適用しただけ)であるにもかかわらず，$\mathbf{u}(\mathbf{x}, t)$ の詳細はどうみてもランダムで予測不可能だという事実は驚くべきことである．

次に，少し違うことを考えよう．今度は，$\mathbf{u}(\mathbf{x}_0, t)$ をかなり長時間にわたって測定し，その時間平均値 $\bar{\mathbf{u}}(\mathbf{x}_0)$ を計算する．これを，二度，三度と繰り返す．$\bar{\mathbf{u}}(\mathbf{x}_0)$ は，図1.9のように，いつも同じ値となる．$\overline{u^2}$ でも同じことだ．$\mathbf{u}(\mathbf{x}, t)$ はランダムで予測不可能に見えても，その統計的性質は明らかにそうではない．このことは，いかなる乱流理論でも統計的でなければならないということの第一のヒントである．この点は，のちの章でたびたび述べることになる．

以上をまとめると，乱流の統計的性質は境界条件と初期条件に応じて一意的に決まる．名目上，同一の実験を繰り返して行った場合，個々の詳細は毎回違っても，統計的性質はかわらない．もっと正確にいえば，避けることのできない実験ごとのわずかな相違は，統計的性質に対してはわずかな相違しか生まない．原理的には，$\mathbf{u}(t)$ も境界条件と初期条件によって一意的に決まる．しかし，実験の際には，初期条件はある程度の正確さでしかコントロールできず，どんなに注意を払っても，つねにわずかな実験ごとの差が存在する．どんなに小さくてもその差は増幅され，結局，時系列 $\mathbf{u}(t)$

---

5) それでも，われわれは，第2章2.4節においてこれを定義する．

14 第1章 乱流の遍在性

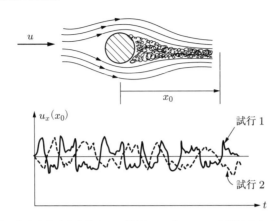

図 1.9 円柱が静止流体中を曳航され，位置 x_0 において u_x が測定される．
名目上，同じ初期条件であるのに，二度の測定の記録 $u_x(t)$ はまったく異なる．

が実験ごとにまったく異なってしまう，それが乱流の本性なのである．強調したいことは，われわれの実験がまずいからではないということ，そして仮に条件をもっと完全にコントロールできたとすれば，$\mathbf{u}(t)$ の相違はなくなるはずだということである．初期条件の変化がいかに小さくても，$\mathbf{u}(t)$ にオーダー1の変化をもたらす．この初期条件に対する極端な敏感さは，実験家のあいだでは以前から知られていたが，いまでは数学的カオスの特徴として認識され，非線形力学の広い分野で見られる（第3章 3.1節参照）[6]．

1.5 乱流の遍在性

もちろん，乱流は実験室内だけにとどまらない．巨大なものから微小なものまで，広いスケール範囲にわたってわれわれの生活のさまざまな場面で影響を及ぼす．しばらくのあいだ，乱流のもっと身近な例について見てみよう．まず，スケールの大きな現象からはじめよう．

おそらく，もっとも壮大な乱流現象は太陽フレアーであろう．太陽フレアーは，日食の際に太陽の表面に見られる巨大なアーチ状の構造，いわゆるプロミネンスにともなって現れる．プロミネンスは，彩層（太陽の表面付近の層）からコロナにまで及び，比較的低温の彩層の気体を含んでいる．温度は周辺のコロナガスのおそらく300分の1程度である．それらは巨大で，地球のサイズの少なくとも10倍にも及ぶ．プロ

---

[6] 第3章で，二つの初期条件の微小な差 ε の結果，解が $\varepsilon\exp(\lambda t)$（$\lambda$ は定数）の割合で隔たっていくことが示される．

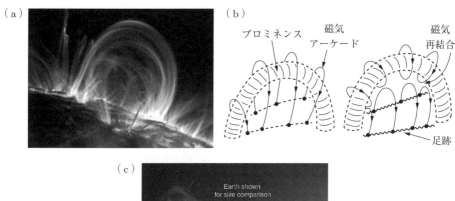
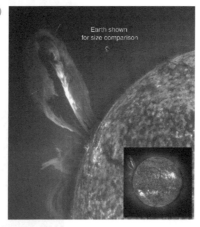

図 1.10 (a) 光球から立ち上がる冠状ループ（NASA/TRACE の厚意による）．(b) 太陽フレアーの模式図．太陽表面における乱流運動が磁束チューブの脚の位置をゆさぶる．その結果，磁束チューブはもつれ合って磁気再結合を経てフレアーとなる．(c) 太陽フレアーの例（SOHO-EIT コンソーシアムの厚意による）

ミネンスは磁束のチューブに囲まれていて，磁束チューブは光球（太陽表面）からプロミネンスを十文字に横切っている（図 1.10 (a)）．磁束チューブがプロミネンスの位置を拘束している．チューブのうち，プロミネンスに覆いかぶさる部分（いわゆる磁気アーケード）はプロミネンスを押し下げるはたらきをし，下側の部分は磁気クッションのはたらきをする（図 1.10 (b)）．プロミネンスは，安定な場合は数週間にも及ぶ長い寿命をもつ．また，ある場合には爆発的に噴出し，ほんの数時間で並外れた高エネルギー（$\sim 10^{25}$ J）を放出する．乱れはこの爆発に対していくつかの重要なかかわりをもっている．第一は，太陽表面が激しく乱れているために，磁束チューブの足元の位置が絶えずゆらいでいることだ．その結果，コロナ内部で磁束チューブがもつれ合い，分断や再結合により，磁場の再結合が起こる（この磁束チューブの切断は，コロナ内部の局所的な乱れが原因である）．この過程で，プロミネンスの平衡が崩れ，大量の質量やエネルギーが宇宙空間に放出される．

この質量やエネルギーの突然の放出が，太陽から螺旋状に噴出する太陽風を強める．太陽フレアーによって放出された質量は，太陽系全体に行きわたり，一日，二日のあいだに地球は磁気嵐に見舞われ，磁界層が乱される．太陽風中の荷電粒子を磁界が地球周囲へと偏向することで，地球は太陽風から守られている．つまり，もし，地磁気がなかったとしたら，われわれはひどい目にあっていたことだろう．ところで，なぜ，地球をはじめ，ほかの多くの惑星は磁場をもっているのだろうか．惑星内部には，磁性体は存在しない．また，惑星自体も誕生の初期にもっていた磁場の痕跡を残すにはあまりにも古く，このような磁場はとっくの昔に消滅してしまっている．答えはどうやら乱流にあるらしい．磁場の源は，惑星内部の乱流対流にあることが，いまや一般的に認められている（図 1.11）．この現象は，発電機（ダイナモ）のように機械的エネルギーを磁気エネルギーに変換している．したがって，宇宙物理学者も地球物理学者も，乱れの効果の問題にとり組まないわけにはいかない．

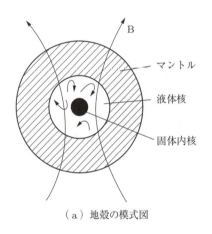
（a）地殻の模式図

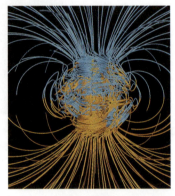
（b）ジオダイナモの数値シミュレーション
（Gary Glatzmeier の厚意による）

図 1.11 地球の地核における乱流が地球磁場を維持する．

もう少し，身近な問題をあげるなら，海洋や大気の流れも乱流であり，天気予報の技術もきわめて複雑な乱流運動の短時間変化の予測なのである．たとえば，図 1.12 を見てみよう．これは，アメリカの西岸沖の 300 km 四方の領域の海面温度を示している．色は 14℃（暗青色）から 18℃（暗赤色）にまたがる温度を表し，メゾスケールの渦とサブ・メゾスケールのフロントとその不安定性が認められ，数値シミュレーションで再現するのは難しそうだ．事実，1920 年代の L. F. リチャードソンの先駆的研究以来，正確な天気予報へのニーズは，乱流研究における数値的手法の開発を促してきた．さらに，最近では，地球以外の惑星，とくに巨大ガス惑星の大気流も注目されている．それらは激しく乱れているにもかかわらず，極地渦（図 1.13（a），

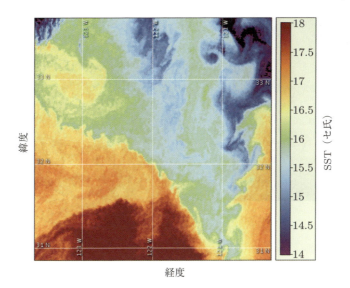

図 1.12 アメリカ西海岸の 300 km 四方の領域における海面温度．色は温度を表し 14℃（暗青色）から 18℃（暗赤色）にわたっている．メゾスケールの渦とサブ・メゾスケールのフロントが複雑に混ざり合うようすと不安定性が見られる．

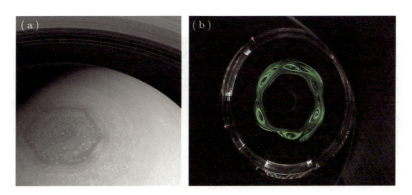

図 1.13 （a）NASA のカッシーニ探査機により撮影された土星の北極の画像．中心部の強い渦とそれをとり囲む六角形のジェットのパターンが見られ，周囲の乱流にもかかわらず形を保っている．この六角形構造の原因については論議をよんでいるが，おそらく回転速度差により生まれたものと思われる．（b）実験室で再現された六角形構造（Peter Read の厚意による）

（b））や，帯状流とよばれる東西風（図 1.14（a），（b））などのしっかりしたパターンを示している．こうした帯状流は地球上でも観測されるし，高速回転する浅水乱流の特徴でもある．

　もちろん，各種の工学も乱流ととり組まざるを得ない．航空機や自動車の空力抵抗は乱流境界層によって決まるし，乱流の理解不足が，よりよい翼の設計に対するおも

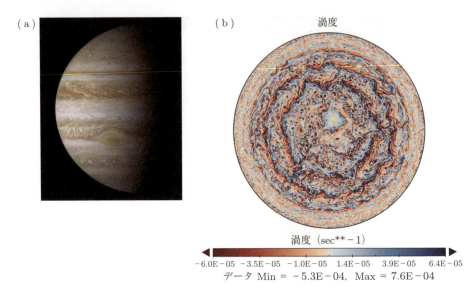

図 1.14 （a）NASA のカッシーニ探査機から送られてきた木星の画像，横から見たもの．縞状のゾーン/ベルト構造（東西ジェット）と大赤斑がはっきり見られる．（b）木星を模擬した大気の数値シミュレーション（極方向）が渦度のレベルを示している．強い乱れと帯状のジェットがはっきり認められる．（Junyl Chai and Geoff Vallis の厚意による）

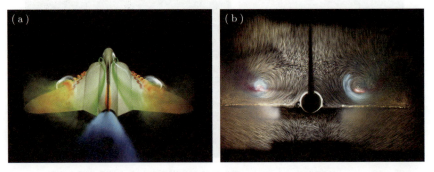

図 1.15 デルタ翼上面の乱流スクロール渦．（a）上面から．（b）背後から．乱流の知識なしに航空機の設計ができるか．（ONERA の H. Werle による写真，J. Delery の厚意による）

な障害となっているのだ．デルタ翼表面の乱流はとくにドラマチックで，翼上面にスクロール渦が発生し，それが揚力を高め，失速特性を改善する（図 1.15）．

一方，土木建築工学の分野では，乱れた気流による風圧変動や，高層ビルや煙突からの後流に気を配らなければならない．また，エンジンの設計者は最高効率を得るために，燃料とガスの乱流混合に期待している（図 1.16）．都市計画では，煙突からの汚染物質や自動車排気の拡散（図 1.17）のモデルを必要とするし，建築分野では，自

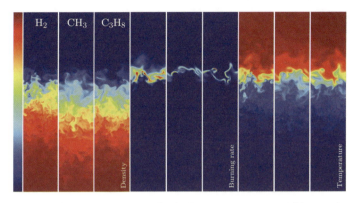

図 1.16 燃焼に及ぼす乱れの影響（画像は Andy Aspden の厚意による）

図 1.17 煙突後方の乱れ（ONERA の Werlé による写真．J. Delery の厚意による）

然対流が建物内部の温度分布に及ぼす影響を予測しなければならないなど，乱流は環境分野でも決定的に重要である．鉄鋼メーカーでさえ，乱流に注意を払う必要がある．なぜなら，インゴット内部の乱れが強すぎるとインゴットの金属組織の劣化が起こるからである．また，われわれの喉や鼻のなかの流れも，しばしば乱流である（図1.18）．

乱流についての定性的理解だけでなく，定量的予測の能力も必要とされていることは明らかである．しかし，そのような予測はきわめて難しい．たとえば，タバコのプルームという簡単な場合を考えてみよう（図1.8）．煙はカオス的にねじれ，曲がりながら次々と変化し，決して同じことは繰り返さない．このような運動を一体どうすれば予測できるのだろうか．ほとんどすべての乱流理論が統計理論であるということは偶然ではない．たとえば，タバコのプルームの場合，ある種の理論は，ある位置での平均濃度を見積もろうとする．あるいは，ある高さでのプルームの幅の時間平均値を

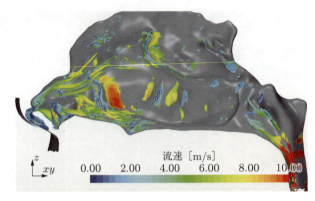

図 1.18 成人の右の鼻孔内の乱流，吸い込み時（画像はインペリアルカレッジ航空学科の A. Bates and D. Doorly による）

求めようとする．いかなる理論も，ある位置，ある時刻における濃度を厳密に求めることは，今後もできないであろう．このように，乱流の科学というのは，大部分，非線形偏微分方程式（ナヴィエ・ストークス方程式）のカオス解についての統計的予測に関するものだといえる．

1.6　乱流におけるさまざまなスケール：コルモゴロフとリチャードソンのエネルギーカスケードの概要

　成長する積雲を描こうとすると，スケッチが終わるまでに細かいところがかわってしまうことに気づく．大きな渦巻きのなかで小さな渦巻きが速度を与えられ，小さな渦巻きのなかにはさらに小さな渦巻きが，そして最後は粘性にいきつく．　　L. F. Richardson (1922)

　ここで，いくつかの初歩の理論的アイディアについて考えてみよう．平均的には定常の乱流は，一般に平均流とランダムな変動成分の和からなっていることをわれわれはすでに知っている（図 1.2）．たとえば，テイラーの実験では，平均流は（乱れた）テイラーセルの列であったし，レイノルズの実験では円管内に平均の軸方向流があった．いま，時間平均を上付きバーで表すことにしよう．すると，平均的に定常な流れの各点で，$\mathbf{u}(\mathbf{x}, t) = \bar{\mathbf{u}}(\mathbf{x}) + \mathbf{u}'(\mathbf{x}, t)$ と書ける．ここで，$\mathbf{u}'$ は速度のランダム成分を表す．$\mathbf{u}$ と $\bar{\mathbf{u}}$ の違いは図 1.19 に示すとおりである．この図には，直径 d の球を過ぎる瞬時の流れと時間平均の流れが描かれている．注目すべき点は，流れは乱れているにもかかわらず，$\bar{\mathbf{u}}(\mathbf{x})$ は滑らかで場所の規則的な関数であることだ．

　図 1.20 は，$Re = 2 \times 10^4$ と $Re = 2 \times 10^5$ の場合の球を過ぎる流れの瞬間像である．

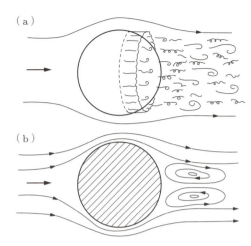

図 1.19 Re $= 2 \times 10^4$ における球を過ぎる流れの概念図．（a）境界層内に導入された染料が描く流れのスナップショット．（b）タイムラプス写真に見られるような時間平均の流れパターン．Re $= 2 \times 10^4$ と 2×10^5 における実際のスナップ写真は，図 1.20 を見よ．

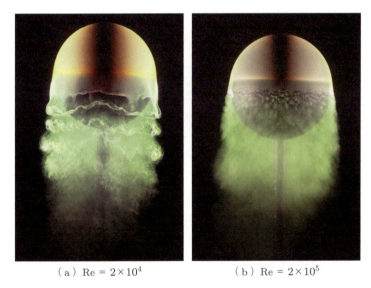

（a）Re $= 2 \times 10^4$　　　（b）Re $= 2 \times 10^5$

図 1.20 球を過ぎる流れ（ONERA の H. Werlé による写真，J. Delery の厚意による）

$\mathbf{u}$，したがって，$\mathbf{u}'$ は空間的に非常に不規則に見える．各瞬間において，$\mathbf{u}'$ はランダムな渦の集まりからできていることがあとでわかる．これらの渦の最大のものは，平均流の代表長さ（図 1.19 では直径 d）と同程度の大きさをもつ．しかし，ほとんどの渦はこれよりはるかに小さい．実際，非常に小さい渦も存在しているのが普通であ

図 1.21 レオナルドによる水槽に流れ落ちる水の有名なスケッチのコピー．さまざまなスケールの運動はエネルギーカスケードを暗示している．（描画は F. C. Davidson の了解済み）

る．たとえば，平均の渦の大きさが 1 cm だとすると，0.1 mm あるいはもっと小さい渦さえ見られる．最小の渦の大きさは，あとでわかるように，乱れのレイノルズ数に依存する．しかし，当面の目的のためには細かいことは不要だ．しっかりと把握しておくべきことは，完全な乱流中にはどの瞬間を見ても，渦のサイズが広いスペクトルにまたがるという点である．このことは，水槽に流れ落ちる水を描いたレオナルドの有名なスケッチに見事に捉えられている（図 1.21）．

さて，運動エネルギーが流体中で散逸する割合は，単位質量あたり $\varepsilon = 2\nu S_{ij} S_{ij}$ で与えられる．ここで，S_{ij} はひずみ速度テンソル，$S_{ij} = 1/2 \, (\partial u_i/\partial x_j + \partial u_j/\partial x_i)$ である（第 2 章参照）．散逸は瞬時の速度勾配，したがって，せん断応力が大きい領域でとくに活発であることがこの式を見るとわかる．このことから，乱流中での機械的エネルギーの散逸は，もっとも小さい渦においてもっとも大きいと考えられ，実際，それは正しい．

ここで，レイノルズ数 ul/ν が大きい乱流について考えてみよう．ここで，u は $|\mathbf{u}'|$ の代表値，l は大スケール乱流渦の代表寸法である．渦の大きさは広いスペクトル範囲にまたがっていること，および散逸は，おもに最小渦にともなって起こるという観察結果から，リチャードソンは高レイノルズ数の乱流についてエネルギーカスケードという考え方を導入した．

そのアイディアというのは，次のようなものである．平均流の不安定性の結果として生まれた大スケール渦は，それ自体が慣性不安定にさらされ，すぐに崩壊し，言い換えれば，もっと小さい渦に進化する[7]．実際，渦の寿命は短く，いわゆるターンオーバー時間 l/u 程度のオーダーである．もちろん，小さい渦もそれ自体不安定で，みずからのエネルギーをさらに小さい渦へと受け渡す．このように，各瞬間において

1.6 乱流におけるさまざまなスケール：コルモゴロフとリチャードソンのエネルギーカスケードの概要

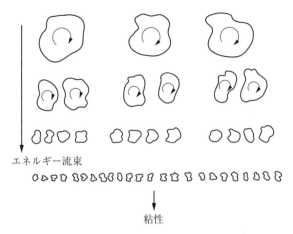

図 1.22 エネルギーカスケードの説明図（Frisch, 1995 による）．図 1.21 も見よ．

大スケールから小スケールへと連続的なエネルギーカスケードが起こっている（図1.22）．重要なことは，このカスケードに粘性はなんら関与していないということだ．すなわち，$\mathrm{Re} = ul/\nu$ が大きいために，大スケール渦に対しては粘性の影響は無視できる．このことは，また，その子孫に対しても同様で，過程全体は基本的に慣性力に支配されている．しかし，渦のスケールが小さくなって最小渦の Re が 1 のオーダーになるとカスケードは停止する．この段階では粘性力が無視できず，散逸が重要なはたらきをしはじめる．

このようにしてわれわれは，平均流から大スケール渦が次々と生まれ，そのエネルギーが小さな渦へ，そして，さらに小さな渦へと受け渡されるという場面を描くことができる．この細かい構造があまりに小さくなって，小さい渦の Re が 1 のオーダーになるという最終段階になってはじめてエネルギーが失われる．この意味で，粘性は，大スケール渦からカスケードによって下りてきたエネルギーを最後に吸いとるという，むしろ受動的な役割を果たしているといえる．

次に，乱流中の最小スケールを定めることができるかどうかを考えよう．u と v を，それぞれ最大渦と最小渦の代表速度としよう．さらに，l と η を最大渦と最小渦の代表長さとする．大部分の渦はターンオーバー時間程度の時間で壊れることがわかっている（実際，そのとおりであることをすべての実験結果が保障している）．したがって，最大渦からより小さい渦へ受け渡されるエネルギー（単位質量あたり）は単位時間あたり，

7）「崩壊」という用語は，ここでは大きい渦から小さい渦へと徐々にエネルギーが転送されるという意味で，ややあいまいに使われている．

$$\Pi \sim \frac{u^2}{l/u} = \frac{u^3}{l}$$

となり，もし，統計的平衡状態であれば，これはちょうど最小スケールで散逸されるエネルギーに等しくなければならない．そうでないとすると，どこかの中間スケールにエネルギーが溜まってしまうことになる．乱流の統計的構造が各瞬間において同じと考えているのだから，このようなことは許されない．最小スケールにおける単位時間あたりのエネルギー散逸は，$\varepsilon \sim \nu S_{ij}S_{ij}$，$S_{ij}$ は最小渦のひずみ速度で $S_{ij} \sim \upsilon/\eta$ である．したがって，$\varepsilon \sim \nu(\upsilon^2/\eta^2)$ となる．乱流エネルギー散逸率 ε は，カスケードに流入してくるエネルギー Π に等しくなければならないから，

$$\frac{u^3}{l} \sim \frac{\nu \upsilon^2}{\eta^2} \tag{1.1}$$

が得られる．しかし，υ と η で定義される Re は 1 のオーダーだから，

$$\frac{\upsilon \eta}{\nu} \sim 1 \tag{1.2}$$

となり，これらをまとめると，

$$\eta \sim l \mathrm{Re}^{-3/4} \quad \text{あるいは} \quad \eta = \left(\frac{\nu^3}{\varepsilon}\right)^{1/4} \tag{1.3}$$

$$\upsilon \sim u \mathrm{Re}^{-1/4} \quad \text{あるいは} \quad \upsilon = (\nu \varepsilon)^{1/4} \tag{1.4}$$

となる．ここで，Re は最大渦のレイノルズ数 $\mathrm{Re} = ul/\nu$ である（ε と ν を使って η と υ が見積もられることが習慣になっている．式(1.3)と式(1.4)の右側の式で等号が用

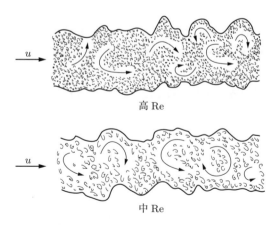

図 1.23 乱流後流における最小スケールに対するレイノルズ数の影響を示す説明図．高 Re の流れの最小渦は中 Re の流れの最小渦よりはるかに小さいことに注目すること．

いられているのはこのためであることに注意すること）．典型的な風洞実験で，Re $\sim$ 10^3，$l \sim 1$ cm とすると，上の関係から $\eta \sim 0.06$ mm となる．流れのエネルギーの多くが，なんと 1 mm にも満たない小さい渦のなかで散逸されるのである．乱流中の最小スケールは，明らかに非常に微細な構造をもっている．そればかりではなく，レイノルズ数が大きいほど最小スケールは小さくなる．このことは，見かけは同じだが，レイノルズ数が異なる二つの流れを比較した図 1.23 に示されている．いろいろなレイノルズ数における円管流を比較した図 1.24 と，二つの異なるレイノルズ数における噴流を比較した図 1.25 も，式(1.3)を示す例である．スケール η と v は乱流

図 1.24 2000 から 20000 の範囲のさまざまなレイノルズ数における乱流円管流．Re が大きくなると，ますます細かいスケールが現れることに注目すること．

図 1.25 異なるレイノルズ数における乱流噴流．下段が高 Re．レイノルズ数が大きいほうが，小スケールがより細かいことに注目すること．（Physics of Fluids およびカリフォルニア工科大学の P. E. Dimotakis の厚意による）

のコルモゴロフのマイクロスケールとよばれている．これに対して，l は積分スケールとよばれている．

ところで，式(1.1)から式(1.4)までの議論には，かなりあいまいな点がある．たとえば，渦（エディー）とは何を意味するのだろうか（球状か，管状か，シート状か），「渦の崩壊」とはどのような現象なのだろうか．また，不安定性によって次々と渦が壊れ，l から η にまたがる全領域にわたる中間的な構造を生み出すというカスケード過程の実態を，どうすれば知ることができるのだろうか．こうした点はともかくとして，式(1.1)から式(1.4)による算定結果は，実験データとかなりよく一致する．じつに，これらは，乱流理論における信頼すべき結果のいくつかにも表れているのである．

1.7 乱流の完結問題

> もしも私が創世期に生きていたとしたら，宇宙の秩序を見い出すうえで有益なヒントを得ていたことであろう．
> Alfonso the Wise of Castile (*c*, 1260)

図 1.9 は，乱流に関して何やら興味深いことを物語っている．$\mathbf{u}(\mathbf{x}, t)$ がランダムであるにもかかわらず，$\bar{\mathbf{u}}(\mathbf{x})$ や $\overline{\mathbf{u}^2}(\mathbf{x})$ などの速度場の統計的性質はきわめて再現性が高い．このことは，乱流予測のための理論は，すべて統計量について構築されるべきであることを意味しており，実際，これがほとんどすべての理論の基礎となっている．次の問題は，これらの統計量を支配する動力学方程式をどのようにして導くかである．出発点は相変わらずニュートンの第二法則である．この法則を流体塊に対して適用すると，ナヴィエ・ストークス方程式，

$$\rho \frac{\partial \mathbf{u}}{\partial t} = -\rho(\mathbf{u}\cdot\nabla)\mathbf{u} - \nabla p + \rho\nu\nabla^2 \mathbf{u} \tag{1.5}$$

が得られる（第 2 章 2.1 節参照）．式(1.5)の右辺は，それぞれ慣性力，圧力，粘性力を表す．p は流体圧，ν は粘度である．式(1.5)の詳細はここでは重要ではない．ただし，$\mathbf{u}$ が，

$$\frac{\partial \mathbf{u}}{\partial t} = F_1(\mathbf{u}, p)$$

の形の式に従っていることに気づいてほしい．さて，非圧縮流体においては，$\mathbf{u}$ はソレノイドベクトル，すなわち，$\nabla\cdot\mathbf{u} = 0$ だから，式(1.5)の発散をとると，p に対する方程式，

$$\nabla^2 \frac{p}{\rho} = -\nabla\cdot(\mathbf{u}\cdot\nabla\mathbf{u})$$

が得られる．有限な領域では，ビオ・サヴァールの法則を用いて，

$$p(\mathbf{x}) = \frac{\rho}{4\pi} \int \frac{[\nabla \cdot (\mathbf{u} \cdot \nabla \mathbf{u})]'}{|\mathbf{x} - \mathbf{x}'|} d\mathbf{x}'$$

のように変換されるから，p は瞬時の流速分布によって一意的に決まる．つまり，式(1.5)は形式的に，

$$\frac{\partial \mathbf{u}}{\partial t} = F_2(\mathbf{u}) \tag{1.6}$$

の形に書き直せる．これは，完全に決定論的方程式であり，与えられた初期条件に対して時間積分すれば，$\mathbf{u}(\mathbf{x}, t)$ が求められるはずである．実際には数値積分が必要であり，$\mathbf{u}$ はあまりに複雑かつカオス的なので，非常に単純な形状の場合でさえ大きな計算機が必要である．そうはいっても，式(1.6)を積分すれば，原理的には $\mathbf{u}(\mathbf{x}, t)$ を求めることができる．

しかし，多くの場合，重要なのは1回の $\mathbf{u}(\mathbf{x}, t)$ よりも，$\bar{\mathbf{u}}$ や $\overline{(\mathbf{u}')^2}$ のような統計量である．とにかく，$\mathbf{u}$ の詳細はカオス的で毎回異なるのに対し，統計量は質がよく完全に再現できるのである．このため，ほとんどの「乱流理論」の狙いは，$\mathbf{u}(\mathbf{x}, t)$ 自体ではなく，その統計量なのである．これは，たとえば，気体の統計理論と似たところがある．われわれは，個々の気体分子の運動よりも，温度や圧力のような統計量のほうにより興味がある．

そのようなわけで，$\mathbf{u}(\mathbf{x}, t)$ ではなく，$\bar{\mathbf{u}}$ や $\overline{(\mathbf{u}')^2}$ が中心的役割を果たすような理論を構築しようと考えるのは自然である．そのためには，統計量に対する動力学方程式が必要であり，これはある程度，式(1.6)に類似している．実際，式(1.6)を操作することによって，

$$\frac{\partial}{\partial t}(\mathbf{u} \text{のある統計量}) = F(\mathbf{u} \text{のほかの統計量}) \tag{1.7}$$

の形式の，統計量に対する一連の方程式を得ることができる．導き方は第4章で述べるが，そのとき，式(1.7)の方程式系が，何か異常な性質をもつことに気づくであろう．この方程式系は何度操作しても，必ず方程式の数を上まわる新たな統計量が現れてしまうのだ．これは「乱流の完結問題」として知られており，式(1.5)の右辺の非線形項に由来する．事実，この完結問題は，下の例題にあるように，非線形動力学系がもつ共通の特徴なのである．

完結問題の重要性はいくら強調してもしきれない．初期の段階からこの問題は頻繁にとりざたされてきたが，相変わらずこの困難を避けて通ることができない．この状況は，レイノルズが最初にあの有名な円管流の実験をした当時とかわっていない．事実上，完結問題は，乱流に合理的な統計理論がないということを示しているのであ

る．現存する理論は，すべてなんらかのあいまいな仮説を含んでいる．もちろん，これらの理論の成否は，実験結果をうまく説明できるかどうかにかかっている．この憂鬱な結論のゆえに，「乱流は古典物理学の最後に残された未解決問題である．」という表現がしばしば引用されてきた[8]．

自然（神？）は皮肉のセンスをおもちのようだ．ランダムに振る舞う物理量 u は，単純な決定論的方程式に支配される．一方，u の統計量は，質もよく再現性も高いのに，それらを記述する閉じた方程式系をわれわれは知らない．

例題 1.1 方程式 $du/dt = -u^2$ に支配される系を考えよう．$t = 0$ で u は 1 と 2 のあいだのランダムな値が与えられ，その後の経過 $u(t)$ を観察する．毎回，$u(0) = u_0$ を 1 と 2 のあいだでランダムに与え，この実験を 1000 回繰り返す．われわれは任意の時刻 t における期待値，すなわち，時刻 t における u の値の，多数回の試行にわたっての平均を求めたい．この平均を $\langle u \rangle(t)$ と書くことにする．ここで，$\langle \sim \rangle$ は「多数回の試行にわたっての平均」を意味する．もちろん，この方程式は u について陽に解くことができ，$\langle u^{-1} \rangle = \langle (u_0^{-1} + t) \rangle$ を得る．しかし，この方程式が厳密解をもつことをわれわれは知らなかったとしよう．その場合，われわれは，代わりに $\langle u \rangle$ の時間経過を決める方程式を見つけようとする．この方程式なら陽に解くことができるだろう．しかし，単純にさきほどの支配方程式の平均をとるだけではうまくいかない．なぜなら，このようにすると，$d\langle u \rangle/dt = -\langle u^2 \rangle$ となるが，そこには新たな未知変数 $\langle u^2 \rangle$ が出てきて，そこで行き詰まってしまう．もちろん，もとの支配方程式に u を掛けてから平均すれば $\langle u^2 \rangle$ の時間経過を決める方程式を得ることができる．しかし，この方程式に，今度は $\langle u^3 \rangle$ が含まれるから，結局，問題はまだ解決しない．もし，変数 $\langle u^n \rangle$ に対する一連の時間発展方程式系を構築しようとすると，つねに方程式の数よりも多い未知変数が出てくることを示せ．これが乱流の完結問題である．

---

[8] このギャップを埋めるために，その場その場で方程式を追加して，数多くの試みがなされてきた．典型的なのは，ある統計量をほかの統計量と関係づけたり，平均流の性質と乱れとを関係づけたりなどである．いずれにしても，これらの追加された仮説は経験的なもので，それが妥当なものかどうかは，実験事実によっている．その結果，得られる閉じた方程式系は「乱流の完結モデル」とよばれる．不幸にして，これらのモデルは限られたクラスの流れに対してしかうまく機能しない．実際，いろいろな意味で完結モデルは実験データの高度に複雑化された補間の試みにすぎないと考えることができる．この悲観的な考えから，人によっては乱流理論の構築の望みをすべてあきらめてしまう．W.C.フィールズの少し風変わりなアドバイスが思い浮かぶ．「はじめにうまくいかなくても，何度も何度もトライせよ．それから諦めよ．何もしないのは馬鹿げている．」

1.8　「乱流の理論」なるものは存在するのか？

　かつては，広い範囲で成り立つような「普遍的な乱流理論」がきっとあるに違いないと思われていた．すなわち，理論家は，気体運動論と同じようにランダムに見える個々の流体塊（気体運動論では原子）の運動を平均化して，ランダムではない巨視的統計的モデルを得ることができると期待していた．乱流の場合，このようなモデルがあれば，おそらく平均流と乱れのあいだでのエネルギー伝達，いろいろなサイズの渦のあいだでのエネルギーの分布，乱流混合によって汚染物質が広がる平均的速さなどを予測することができたかもしれない．もちろん，流れのなかの個々の渦の詳細な挙動を予測できるわけではないにしても．

　不幸にして，一世紀にもわたる技術者，科学者，数学者たちの多大な努力にもかかわらず，このような普遍的な理論は出現していない．せいぜい，たとえば境界層，あるいは成層流，あるいはまた電磁流体の乱流など，それぞれの問題ごとの理論にとどまっている．さらに悪いことに，それらの理論は有効な予測のために，おもに実験観察の結果にもとづく合理的とはいえない，理論ごとの仮説に頼っている．首尾一貫した「乱流理論」なるものは存在しないというのがいまや定説になっている．世のなかには多くの問題があり，そして，それと同じくらい多くの理論があるのだ[9]．

　しかし，ときには運よく，乱流の不思議な普遍性に出合うことがある．一番よく知られているのは，微小スケールの渦に関するコルモゴロフ理論である．この種の渦は，統計的にはほぼ（完全ではないが）普遍的で，噴流でも後流でも境界層でも同じだ．もう一つの例は，滑らかな壁面のごく近いところの乱流せん断流で，この場合にも，ほぼ普遍的な統計的性質が知られている．しかし，このような普遍法則は例外であって，つねにそうというわけではない．

　もちろん，これは，たとえば宇宙物理学者や土木建築技術者のように，乱流が全体の課題のなかのわずかな部分でしかないような場合に，とくに不満足な状況にある．彼らは，通常，乱れの影響はパラメータ化し，どのようにして星が生まれるのかとか，強風のなかで橋はどのようにゆれるのかなどといった，もっと興味のある話題に注意を集中したいと考える．そこで，土木建築技術者や物理学者は，流体力学を専門とする仲間に「乱流モデル」についてたずねるが，いつも苦笑いと，いくつかの仮説

---

9)　S. ゴールドシュタインによる引用が正しいとすれば，初期のころにホーレイス・ラムはすでに成り行きを見てとっていたらしい．ラムは，次のように述べたといわれている．「私はもう年老いた．私が死んで天国に行くときに私は二つの事柄に期待する．一つは量子電気力学であり，もう一つは流体における乱流運動だ．前者については，私はむしろ楽観的だ．」(1932)

的な方程式と，長々とした注意が返ってくるだけなのである．

1.9 理論，数値計算，実験のあいだの関係

　コンピュータの危険とは，コンピュータが最後には人間と同じくらい賢くなるということではなく，われわれ人間が中途半端にコンピュータに妥協してしまうことだ．
Bernard Avishai

　乱流の合理的な統計モデル開発の困難さとコンピュータの急速な発達を考えると，さらなる進歩のためには数値シミュレーションに頼るのがよいだろうという考えが当然わいてくる．十分大きなコンピュータが与えられたとすれば，与えられた初期条件のもとで，式(1.6)を容易に時間積分できるであろう．そうなれば，乱流の基本構造に興味をもつ数学者や物理学者は「数値実験」をすればよいし，それぞれの問題に解答を求める技術者は，原理的にはその問題をコンピュータ上でシミュレートすればよい．これは決して単なる空想ではない．研究の分野では，すでに平均流だけではなく，コルモゴロフマイクロスケールに至るまでのすべての乱流渦を数値シミュレーションで捉えることができるようになっている．

　しかし，そこには落とし穴がある．たとえば，100 m の高さの煙突に対する強風の影響をシミュレートしたいとしよう（図1.17）．われわれは，構造物に作用する空気抵抗とか煙突の後流中に発生する乱れに興味がある．問題をはっきりさせるために，後流の積分スケールを $l = 0.3$ m，大スケール渦の代表速度を $u = 2$ m/s とする．すると，乱流のレイノルズ数は $\mathrm{Re} = ul/\nu \sim 0.5 \times 10^5$ となり，式(1.3)によるとコルモゴロフマイクロスケールは $\eta \sim 0.1$ mm 程度となる．100 m の高さの煙突のまわりで起こるエネルギー散逸のほとんどが，驚くなかれ，わずか 1 mm 程度の大きさの乱流構造中で起こるのである．さらに，最小渦のターンオーバー時間は非常に短く，$\eta/v \sim 10^{-3}$ s 程度しかない．2 分間にわたる流れをシミュレートして，その間の風速や風向の変化を知りたいとしよう．すると，われわれは長さの尺度が 0.1 mm から 100 m，時間尺度が 10^{-3} s から 100 s にもまたがる流れの構造（平均流と乱流成分）を計算しなければならない．これほど巨大な計算は，現在のコンピュータの能力をはるかに超えている．

　いまのところできるのは，ほどほどのレイノルズ数（したがって，η があまり小さすぎない）で，非常に単純な形状についての数値シミュレーションである．たとえば，ゆっくりと粘性減衰する乱流のような乱流の基本構造を研究しようとする人々に好まれる形状は，いわゆる周期立方体である（図1.26参照）．これは，特別な性質をもっ

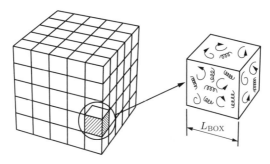

図 1.26 周期立方体内部の流れ．空間は無数の立方体に分割され各立方体内部の流れは各瞬間において同じとなるようにアレンジされる．われわれは，そのうちの一つの立方体だけに注目し，その内部の乱れの変化を研究する．任意の一つの立方体における動力学は周囲の立方体の圧力場に影響されるから，現実の乱流を表しているわけではない．しかし，もし L_{BOX} が渦のサイズに比べて十分大きければ，周囲の立方体の影響は小さいものと期待される．

た立方体領域で，一方の面で起こる事象と同じものが必ず反対面でも起こるというものだ．もちろん，自由に発達する実際の乱流は周期的どころではないから，この人為的な周期性は計算上，妙な境界条件を強制することになる．周期立方体を用いるとナヴィエ・ストークス方程式を解くうえで，非常に効率的な（速い）数値アルゴリズムを組み立てることができる．それにもかかわらず，この特別に単純な形状においてさえ，10^5 をはるかに超えるような Re（積分スケールを代表長さとして）を実現するのは困難だ（技術者にとって興味がある流れは，ほとんどの場合 $10^5 \sim 10^8$ の範囲だし，地球物理学者や宇宙物理学者にとって興味あるレイノルズ数は，これよりはるかに大きい）．

周期立方体は効率的なシミュレーションを可能にするが，代償も払わなければならない．強制的に周期性を課すのはおよそ物理的でない．立方体のスケールで見て，乱れは統計的に非等方的にならざるを得ない（第 7 章参照）．また，L_{BOX} という物理的でない長いスケールの相関をもってしまう（立方体の一方の面で起こっていることと，反対面で起こっていることとが完全な相関関係をもってしまう）．現実の乱流を表現し，人為的な境界条件に侵されない結果を得るためには，$L_{BOX} \gg l$ でなければならない．ここで，l は積分スケール（大スケール渦の大きさ）である．このことは，大スケール渦に関する情報を得たい場合にとくに問題となる．なぜなら，大スケール渦は強制された周期性にとくに敏感だからだ．このような場合には，たとえば，L_{BOX}/l は $20 \sim 50$ 程度としなければならない（第 7 章参照）（小さい渦に興味がある場合はさほど厳しくはなく，L_{BOX} は $6l$ 程度で十分だ）．残念ながら，コンピュータ

能力の限界により，$L_{\text{BOX}}/l \sim 50$ と $\text{Re} \sim 10^4$ を同時に満たすことは困難だ．コーシンの次の皮肉を思い起こさせる．「これまでの（計算能力の）見積もりは，デジタルよりもアナログ計算を示唆するに十分だ．タンク1杯の水のアナログとはどんなものだろうか．」(1961)．1961年以降，多大な進歩があったが，コーシンのこの言葉には相変わらず響くものがある．

計算流体力学（CFD）の長足の進歩にもかかわらず，技術者が直接興味をもつような流れに対する，直接数値シミュレーション（DNS）はまだはるか先のことのようである．せいぜいできるのは，ほどほどのReで，たとえば，周期立方体のようなおそろしく単純な形状についてだけだ．このようなシミュレーションは，乱流構造について有益な知見を与え，現象の理解を進める．しかし，「煙突から排出される汚染物質はどのくらいの速さでばらまかれるのか」とか，「強風を受けてこの煙突は倒れるのか」といった実用的な問題に答えることはできない．このような問いに答えるためには，技術者は，実験あるいは，たとえば k-ε モデルのような乱流の半経験的モデルに頼らざるを得ない．これらのモデルはうまくいくこともあるし，うまくいかないこともある．なぜ，そしていつ，これらのモデルがうまくいかなくなるのかを理解するためには，乱流の正しい理解が必要であり，このことが基礎的レベルでの乱流研究の動機となっている．もちろん，自然に対する好奇心も，もう一つの動機である．

演習問題

1.1 薄い水平層内部に浮力で誘起される二次元流と，狭い円環の内部の旋回流のあいだには，厳密な相似関係があることを示せ．次に，レイリーの非粘性旋回流に対する安定条件が，軽い流体の上に乗った重い流体は不安定であるという観察からただちに得られることを示せ（レイリーの定理は，$(u_\theta r)^2$ が半径方向に減少するときに不安定になると述べている．ここで，u_θ は (r, θ, z) 座標系での周方向流速である）．

1.2 図1.8のタバコのプルームにおいて，遷移が起こるReの値を推定せよ（技術者にとって興味のある流れは，ほとんど $\text{Re} = 10^5 \sim 10^8$ の範囲にあることに注目すること）．

1.3 エネルギーカスケードの際に単位時間に受け渡されるエネルギー Π は，統計的に定常な乱流においては渦のサイズによらない．さもないと，ある中間のサイズの渦にエネルギーが集中してしまう．$(\Delta v)^2$ を，大きさ r の渦の運動エネルギー，$\eta \ll r \ll l$ とする（η はコルモゴロフのマイクロスケール，l は積分スケール）．大きさ r の渦が，ターンオーバー時間 $r/(\Delta v)$ の時間スケールでエネルギーを転送すると仮定して，

$$(\Delta v)^2 \sim \Pi^{2/3} r^{2/3} \sim \varepsilon^{2/3} r^{2/3}$$

であることを示せ．次に，このスケーリングが，v と η が上の関係を満たすという点で，コルモゴロフのマイクロスケールと矛盾しないことを示せ．

1.4 火山爆発において，積分スケールが $l \sim 10$ m，乱れの代表速度 20 m/s の乱流プルームが形成された．火山ガスの粘度を 10^{-5} m^2/s として，プルーム内部の最小渦のスケー

ルを見積もれ．次に，これを空気の平均自由行程と比較せよ．

1.5 風洞中の格子でつくられた乱れの単位質量あたりの運動エネルギーは，$u^2 \sim t^{-10/7}$ の割合で減衰することがしばしば認められる．大規模渦が，そのターンオーバー時間程度の時間スケールでエネルギーを転送すると仮定して，減衰中で $u^2 l^5$ がほぼ一定となることを示せ（$I \sim u^2 l^5$ は，ロイチャンスキー不変量とよばれる）．

推奨される参考書

[1] Corrsin, S, 1961, *Turbulent Flow*, American Scientist, **49**(3). （わずか24ページではあるが，物理的洞察がぎっしり詰まっている）

[2] Frisch, U,, 1955, *Turbulence*, Cambridge University Press.

[3] Tennekes, H, and Lumley, J, L, 1972, *A First Course in Turbulence*, MIT Press. （初心者にとってもっともすぐれた入門書の一つ．第1章に書かれている，非常にすぐれた乱流への導入を参考にすること）

[4] Tritton, D, J, 1988, *Physical Fluid Dynamics*, Clarendon Press. （物理学者が概観したすぐれた著書．レイノルズ，ベナール，テイラーの実験については，第2章，17章，22章に述べられている）

第 2 章　流体力学の方程式

　接線力を考慮すると圧力はすべての方向に同じではなくなることに留意して，流体運動を計算するために必要な原理について考えた結果，この論文に書かれた理論に到達した．……その後，私は，ポアソンが同じ話題について研究論文を書いていて，それを見ると彼も同じ方程式に到達していたことを知った．しかし，彼が用いた方法は，私のものとはあまりに大きく違っていたので，私の理論をこの学会に提出することは正当だと判断した．……同じ方程式は，非圧縮性流体に対してナヴィエによっても得られているが，彼の方式はポアソン以上に私のものとは違っている．
G. G. Stokes (1845)

　現在の粘性流体の運動方程式の誘導は，一世紀半前にストークスによってなされたものと見かけ上は同じである．

　この章は，流体力学にこれまであまりなじみのなかった人たちのために書かれている．われわれの目的は，乱流の理解にとってとりわけ重要な流体力学の法則を導き，論じることである．非圧縮性ニュートン流体に話題を限定しよう（式(2.4)とその脚注を参照のこと）．出発点となる物理原理は，次の三つである．

(i)　連続体に対するニュートンの第二法則．
(ii)　流体中のせん断応力と，流体要素のひずみ速度を関係づけるニュートンの粘性法則とよばれる構成則．
(iii)　質量保存則（流入と流出は，等しくなければならない）．

これらを合わせると，簡単な偏微分方程式（ナヴィエ・ストークス方程式）が得られ，これはほとんどすべての流体運動を支配する．この方程式は，一見，単純そうで，波動方程式や拡散方程式と大してかわらないように見える．けれども，拡散方程式がつねに簡単な（ほとんど退屈な）解を導くのに対して，ナヴィエ・ストークス方程式は不安定性や乱流といった豊富で複雑な現象を表現している．明らかに，ナヴィエ・ストークス方程式には何か特別な性質があるに違いない．実際，そのとおりだ．この方程式は，従属変数 $\mathbf{u}(\mathbf{x}, t)$ が二次の形で現れるという点で非線形である．それほど重要ではないように見えるこの非線形性こそが，太陽フレアーや竜巻のような予想外の現象を引き起こすのである．

2.1 ナヴィエ・ストークス方程式

2.1.1 ニュートンの第二法則の流体への適用

流れ場を移動する体積 δV の流体要素に,ニュートンの第二法則を適用しよう(図2.1).すると,

$$(\rho \delta V)\frac{D\mathbf{u}}{Dt} = -(\nabla p)\delta V + (\text{粘性力}) \tag{2.1}$$

が得られる.この式は,流体要素の質量 $\rho \delta V$ とその加速度 $D\mathbf{u}/Dt$ の積が,要素の表面に作用する正味の圧力と,粘性応力から生まれる粘性力の和に等しいことを述べている.正味の圧力が $-(\nabla p)\delta V$ と書けるのは,ガウスの定理,

$$\oint_S (-p)d\mathbf{S} = \int_{\delta V}(-\nabla p)dV = -(\nabla p)\delta V$$

によっている.ここで,左辺の表面積分は,流体要素の表面 S に作用する圧力 $-pd\mathbf{S}$ の総和である.

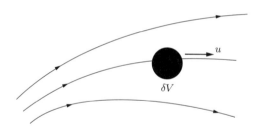

図 2.1 速度 **u** で運動する流体塊(ブロッブ)

次にやらなければならないのは,式 (2.1) の粘性項の見積もりである.流体要素がある瞬間に図 2.2 に示されるような,各辺が dx, dy, dz の直方体の形をしているとしよう.粘性の存在によって現れる応力には,τ_{xy}, τ_{yz} などのせん断応力と,圧力による垂直応力に追加される垂直粘性応力,$\tau_{xx}, \tau_{yy}, \tau_{zz}$ がある.これらの粘性応力は流体要素の軌跡に影響を与える可能性がある.なぜなら,応力に不釣り合いがあると,流体要素に正味の粘性力を及ぼすからである.たとえば,上面と下面にはたらくせん断応力 τ_{zx} の差は,正味の x 方向の力,

$$f_x = (\delta \tau_{zx})\delta A = \left[\left(\frac{\partial \tau_{zx}}{\partial z}\right)dz\right]dxdy$$

を生み出す.このような項をすべて加え合わせると,x 方向の正味の粘性力が,

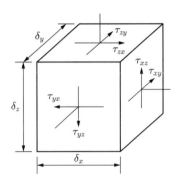

図 2.2 直方体要素に作用する粘性応力

$$f_x = \left(\frac{\partial \tau_{xx}}{\partial x} + \frac{\partial \tau_{yx}}{\partial y} + \frac{\partial \tau_{zx}}{\partial z} \right) \delta V$$

のように求められる．これを，省略形を用いて，

$$f_x = \frac{\partial \tau_{jx}}{\partial x_j} \delta V$$

と書く．ここで，添え字 j の繰り返しは総和を表すものと約束する（このようなテンソル表記に不慣れな読者は，付録 1 を参照のこと）．f_y と f_z についても同様になるので，直方体要素に作用する i 方向の粘性力は，

$$f_i = \frac{\partial \tau_{ji}}{\partial x_j} \delta V$$

となる．したがって，式(2.1)は，

$$\rho \frac{D\mathbf{u}}{Dt} = -\nabla p + \frac{\partial \tau_{ji}}{\partial x_j} \tag{2.2}$$

となる．

　ここまでがニュートンの第二法則の結果である．さらにさきへ進めるためには追加情報が必要となる．われわれが利用できるものとして，あと二つの原理がある．一つは質量保存則で，$\nabla \cdot (\rho \mathbf{u}) = -\partial \rho / \partial t$ で表される．われわれは密度 ρ を一定としているので，いわゆる連続の式，

$$\nabla \cdot \mathbf{u} = 0 \tag{2.3}$$

となる．二つ目は τ_{ij} を流体要素の変形速度と関係づける構成則である．ほとんどの流体はニュートンの粘性法則，すなわち[1]，

$$\tau_{ij} = \rho \nu \left(\frac{\partial u_i}{\partial x_j} + \frac{\partial u_j}{\partial x_i} \right) \tag{2.4}$$

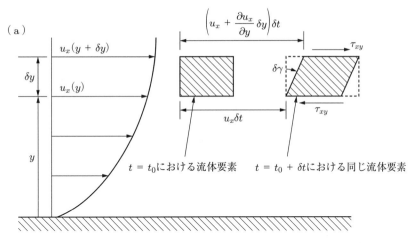

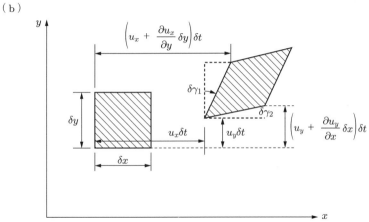

図 2.3 （a）平行せん断流における要素の変形．（b）二次元における流体要素の変形

に従う．この関係が，どこからでてきたのかを理解するために，図 2.3（a）に示した単純せん断流，$\mathbf{u} = (u_x(y), 0, 0)$ について考えてみよう．この場合，流体要素は互いにすべり合う．すべり率の尺度の一つとして初期に直方体だった要素の角度変化率 $d\gamma/dt$ を考える．この単純な流れでは，流体要素のすべりを起こすためにせん断応力 τ_{yx} が必要である．さらに，この τ_{yx} はすべり速度 $d\gamma/dt$ に正比例すると考えるのが妥当であろう．その際に，比例定数を絶対粘度 $\mu = \rho\nu$ と定義する．すると，$\tau_{yx} = \rho\nu(d\gamma/dt)$ となる．しかし，図から明らかなように，$d\gamma/dt = \partial u_x/\partial y$ だから，この単純

1） この本では，絶対粘度 $\mu = \rho\nu$ ではなく，動粘度 ν が用いられている．式(2.4)に従う流体は，ニュートン流体とよばれる．

な流れにおいては，

$$\tau_{yx} = \rho\nu \frac{\partial u_x}{\partial y}$$

であることが予想される．もちろん，これは式(2.4)の特別なケースだが，この考え方は簡単に一般化できる．簡単のために，二次元運動に限り，図2.3（b）に示した流体要素を考える．時間 δt のあいだに角度変化，

$$\delta\gamma = \delta\gamma_1 + \delta\gamma_2 = \left(\frac{\partial u_x}{\partial y} + \frac{\partial u_y}{\partial x}\right)\delta t$$

を受けるから，$\tau_{yx} = \rho\nu\partial u_x/\partial y$ は，

$$\tau_{xy} = \tau_{yx} = \rho\nu\left(\frac{\partial u_x}{\partial y} + \frac{\partial u_y}{\partial x}\right)$$

のように，二次元に拡張される．式(2.4)は，この式の三次元版にすぎない．

ここで，ひずみ速度テンソル，

$$S_{ij} = \frac{1}{2}\left(\frac{\partial u_i}{\partial x_j} + \frac{\partial u_j}{\partial x_i}\right) \tag{2.5}$$

を導入するのが普通である．これを用いると，ニュートンの粘性法則のもっともコンパクトな表現は，

$$\tau_{ij} = 2\rho\nu S_{ij}$$

となる．いずれにしても，式(2.4)を運動方程式(2.2)に代入して少し計算すると，

$$\frac{D\mathbf{u}}{Dt} = -\nabla\left(\frac{p}{\rho}\right) + \nu\nabla^2\mathbf{u} \tag{2.6}$$

となる．これがナヴィエ・ストークス方程式である．式(2.6)で $\mathbf{u}$ に課される境界条件は，静止した固体表面上で $\mathbf{u} = 0$ である．すなわち，流体は表面に貼りついている．これは「すべりなし条件」として知られている．ほとんど現実的ではないが，ときどき，粘性がゼロの流体を仮想すると便利なことがある．この「完全流体」（実在しない）は，オイラーの式とよばれる微分方程式,

$$\frac{D\mathbf{u}}{Dt} = -\nabla\left(\frac{p}{\rho}\right) \tag{2.7}$$

に支配される．この方程式に適合する境界条件は $\mathbf{u} = 0$ ではなく，不透過性の表面で $\mathbf{u}\cdot d\mathbf{S} = 0$，すなわち，表面を通過する質量流束がない．

2.1.2　対流微分

ここまでは，動力学上の問題を考えてきた．今度は，運動学に話題を移そう．われ

われは，流体塊の加速度を $D\mathbf{u}/Dt$ と書いてきた．記号 $D(\cdot)/Dt$ は最初にストークスによって用いられ，「ある与えられた流体要素に付随する物理量の時間変化率」を意味する．これは，対流微分とよばれ，$\partial(\cdot)/\partial t$ と混同してはならない．いうまでもなく，後者は空間のある固定点における，ある量の時間変化率を意味する．たとえば，DT/Dt は，流れのなかを移動していく流体塊の温度 $T(\mathbf{x},t)$ の時間変化率であるのに対し，$\partial T/\partial t$ は，粒子が次々と通過しつつある空間内のある固定点での温度の時間変化率である．したがって，流体要素の加速度は $\partial \mathbf{u}/\partial t$ ではなく $D\mathbf{u}/Dt$ なのである．

$D(\cdot)/Dt$ の具体的な表式は連鎖律を使って導くことができる．多分，スカラー場について考えたほうがわかりやすいので，当面は温度場 $T(\mathbf{x},t)$ について考えることにしよう（図2.4（a）参照）．x, y, z, t の微小な変化に対する T の変化は，$\delta T = (\partial T/\partial t)\delta t + (\partial T/\partial x)\delta x + \cdots$ である．われわれは，移動する流体粒子を追って温度変化を調べているのだから，$\delta x = u_x \delta t$ などと書ける．したがって，

$$\frac{DT}{Dt} = \frac{\partial T}{\partial t} + u_x \frac{\partial T}{\partial x} + u_y \frac{\partial T}{\partial y} + u_z \frac{\partial T}{\partial z} = \frac{\partial T}{\partial t} + (\mathbf{u}\cdot\nabla)T \tag{2.8}$$

となる．同様の表式は任意のベクトル場 $\mathbf{A}(\mathbf{x},t)$ の成分に対しても使えるから，

$$\frac{D\mathbf{A}}{Dt} = \frac{\partial \mathbf{A}}{\partial t} + (\mathbf{u}\cdot\nabla)\mathbf{A} \tag{2.9}$$

と書ける．$\mathbf{A}$ を $\mathbf{u}$ におき換えれば，流体粒子の加速度の式が，次のように得られる．

$$\frac{D\mathbf{u}}{Dt} = \frac{\partial \mathbf{u}}{\partial t} + (\mathbf{u}\cdot\nabla)\mathbf{u} \tag{2.10}$$

これを用いると，ナヴィエ・ストークス方程式は，

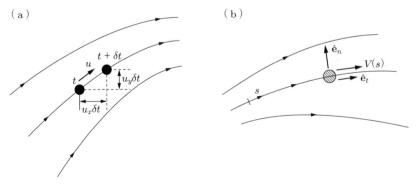

図2.4 （a）流れ場を移動する流体要素の位置の変化．（b）定常流における流体塊の加速度を計算するために，式(2.12)で使われる流れに固有の座標系

$$\frac{D\mathbf{u}}{Dt} = \frac{\partial \mathbf{u}}{\partial t} + (\mathbf{u}\cdot\nabla)\mathbf{u} = -\nabla\left(\frac{p}{\rho}\right) + \nu\nabla^2\mathbf{u} \tag{2.11}$$

と書きなおせる．ここで注意すべき重要なことは，式(2.11)が $\mathbf{u}$ について非線形（二次）だということである．これこそが，流体の複雑かつ豊富なほとんどの現象，とくに乱流の根本原因なのである．

式(2.11)の左辺に，なぜ $(\mathbf{u}\cdot\nabla)\mathbf{u}$ が現れるのかを理解するために，$\mathbf{u}$ が場所だけの関数であるような定常流に話を限定するのがよい．この場合は $\partial\mathbf{u}/\partial t=0$ で，流線の形は時間が経ってもかわらず，流線は個々の流体塊の軌跡を表す．図2.4（b）に示したように，流線に沿って移動するこのような塊を考える．いま，s を流線に沿ってとった曲線座標，$|\mathbf{u}|$ を $V(s)$ と書くことにする．流線は粒子の軌跡を表すから，力学の基礎から，

$$(\text{流体塊の加速度}) = V\frac{dV}{ds}\hat{\mathbf{e}}_t - \frac{V^2}{R}\hat{\mathbf{e}}_n \tag{2.12}$$

となる．ここで，R は流線の曲率半径，$\hat{\mathbf{e}}_t, \hat{\mathbf{e}}_n$ は，図2.4（b）に示す単位ベクトルである．

この式を式(2.10)と比べてみよう．$\partial\mathbf{u}/\partial t=0$ なので，流体塊の加速度は $(\mathbf{u}\cdot\nabla)\mathbf{u}$ となるはずである．事実，$(\mathbf{u}\cdot\nabla)\mathbf{u}$ を曲線座標系について書き下すと，多少の計算の結果，

$$(\mathbf{u}\cdot\nabla)\mathbf{u} = V\frac{dV}{ds}\hat{\mathbf{e}}_t - \frac{V^2}{R}\hat{\mathbf{e}}_n \tag{2.13}$$

を得る．したがって，式(2.12)と式(2.10)は，実際に同じ結果を与える．これでようやく $(\mathbf{u}\cdot\nabla)\mathbf{u}$ の物理的意味がはっきりしてきたであろう．定常流においても，個々の流体塊は流線に沿って移動する際に，速度 $\mathbf{u}$ が一般に異なる場所を次々に通過するため，加速度を受ける．このように，流体要素を追って観察すると，$\mathbf{u}$ は変化し，その変化率（定常流の場合）が $(\mathbf{u}\cdot\nabla)\mathbf{u}$ なのである．

2.1.3 運動量方程式の積分形

式(2.11)は，微分形式でも積分形式でも用いられる．固定された体積（いわゆる検査体積）V を考え，V にわたって式(2.11)を積分し，ガウスの定理を利用すると，

$$\frac{\partial}{\partial t}\int_V \rho u_i dV = -\oint_S u_i(\rho\mathbf{u}\cdot d\mathbf{S}) - \oint_S p d\mathbf{S} + (\text{粘性項}) \tag{2.14}$$

が得られる．この式は，体積 V での運動量収支を表している．$\rho\mathbf{u}\cdot d\mathbf{S}$ は面素 dS を横切る質量流量だから，右辺の最初の積分は V から流出する正味の運動量を表している．したがって，式(2.14)は，V をとり囲む表面を通じて運び出される運動量か，ま

たは界面に作用する圧力による力や粘性力のために，V内の運動量の合計が変化することを述べている．$u_i = \nabla \cdot (\mathbf{u} x_i)$だから，任意の閉じた空間内の正味の運動量はゼロである（ガウスの定理と境界条件$\mathbf{u} \cdot d\mathbf{S} = 0$によって，$\nabla \cdot (\mathbf{u} x_i)$の積分はゼロになる）．

式(2.11)からは，もう一つの積分方程式を導くことができる．まず，$\mathbf{x} \times \mathbf{u}$の対流微分を展開して$\mathbf{x} \times D\mathbf{u}/Dt$を求め，式(2.11)を用い，加速度$D\mathbf{u}/Dt$を圧力と粘性力を用いて，

$$\rho \frac{D}{Dt}(\mathbf{x} \times \mathbf{u}) = \rho \mathbf{x} \times \frac{D\mathbf{u}}{Dt} + \rho \frac{D\mathbf{x}}{Dt} \times \mathbf{u} = \rho \mathbf{x} \times \frac{D\mathbf{u}}{Dt} = \nabla \times (p\mathbf{x}) + (粘性項)$$

のように書きなおす．ここで，$D\mathbf{x}/Dt = \mathbf{u}$，および$-\mathbf{x} \times \nabla p = \nabla \times (p\mathbf{x})$を用いた．明らかにこれは流体に対する角運動量方程式である．これを積分すると，

$$\frac{\partial}{\partial t} \int_V \rho(\mathbf{x} \times \mathbf{u})_i dV = -\oint_S (\mathbf{x} \times \mathbf{u})_i (\rho \mathbf{u} \cdot d\mathbf{S}) - \oint_S \mathbf{x} \times (pd\mathbf{S}) + (粘性項) \tag{2.15}$$

となる．この式も式(2.14)と同様に解釈できる．すなわち，体積V内部の角運動量は，境界Sを通して移動する角運動量と，Sに作用する粘性トルクや圧力トルクによって変化する．

2.1.4 粘性流体中でのエネルギー散逸率

2.1節の締めくくりとして，エネルギーについて述べる．具体的には摩擦によって機械的エネルギーが熱に変換される割合を定量的に表す．まず，ニュートン流体中での粘性応力に抗する仕事の計算からはじめよう．体積V，境界Sの流体部分が粘性応力$\tau_{ij} = 2\rho \nu S_{ij}$を受けているとしよう．この応力が流体に対してなす単位時間あたりの仕事量は，

$$\dot{W} = \oint u_i (\tau_{ij} dS_j)$$

である．つまり，表面$d\mathbf{S}$に作用する粘性力のi成分は$\tau_{ij}dS_j$で，この力がなす仕事は$u_i(\tau_{ij}dS_j)$である．ガウスの定理を用いると，$\dot{W}$は，

$$\dot{W} = \oint \frac{\partial}{\partial x_j}(u_i \tau_{ij}) dV$$

の形に書きなおせる．したがって，τ_{ij}による単位体積あたりの仕事量は，

$$\frac{\partial}{\partial x_j}(u_i \tau_{ij}) = \frac{\partial \tau_{ij}}{\partial x_j} u_i + \tau_{ij} \frac{\partial u_i}{\partial x_j}$$

となる（この式は，τ_{ij}が微小直方体になす仕事を考えることで直接求めることもできる）．次に示すように，この式の右辺の二つの項は，まったく異なる効果を表してい

る．まず，単位体積の流体に作用する正味の粘性力は $f_i = \partial \tau_{ij}/\partial x_j$ であることに注意すれば，第一項は $f_i u_i$ となる．一方，$\tau_{ij} = \tau_{ji}$ なので，第二項は，

$$\tau_{ij} \frac{\partial u_i}{\partial x_j} = \frac{1}{2}(\tau_{ij} + \tau_{ji}) \frac{\partial u_i}{\partial x_j} = \frac{1}{2}\left(\tau_{ij} \frac{\partial u_i}{\partial x_j} + \tau_{ij} \frac{\partial u_j}{\partial x_i}\right) = \tau_{ij} S_{ij}$$

となる．したがって，τ_{ij} が流体になす単位時間あたりの仕事量は，

$$\frac{\partial (u_i \tau_{ij})}{\partial x_j} = f_i u_i + \tau_{ij} S_{ij}$$

となる．当然のことながら，右辺の二つの項の寄与は流体のエネルギーの変化を表している．しかし，二つはかなり違った作用である．第一項は，流体要素に作用する正味の粘性力が単位時間になす仕事である．これは，必然的に機械的エネルギーの変化を表す．したがって，第二項は，内部エネルギーの変化（単位体積あたり）でなければならない．このことから，単位質量あたりの内部エネルギーの変化率は，

$$\varepsilon = \frac{\tau_{ij} S_{ij}}{\rho} = 2\nu S_{ij} S_{ij}$$

となる．境界でなされる仕事がない場合は，$\int \rho \varepsilon dV$ は粘性散逸の結果，単位時間あたりに機械的エネルギーが失われて熱にかわる率を表す．

少し違ったルートで同じ結論に至ることもできる．式(2.6)に $\mathbf{u}$ を掛け，$D(\cdot)/Dt$ が通常の微分法則に従うことに注意すると，

$$\mathbf{u} \cdot \frac{D\mathbf{u}}{Dt} = \frac{D}{Dt}\left(\frac{u^2}{2}\right) = -\nabla \cdot \left(\frac{p}{\rho}\mathbf{u}\right) + \nu \mathbf{u} \cdot (\nabla^2 \mathbf{u})$$

が得られる．どうやら，運動エネルギー方程式が導かれたようである．ここで，

$$\nu \mathbf{u} \cdot (\nabla^2 \mathbf{u}) = u_i \frac{\partial}{\partial x_j}\left(\frac{\tau_{ij}}{\rho}\right) = \frac{\partial}{\partial x_j}\left(\frac{u_i \tau_{ij}}{\rho}\right) - 2\nu S_{ij} S_{ij}$$

に注意すると，エネルギー式は，

$$\frac{\partial (u^2/2)}{\partial t} = -\nabla \cdot \left(\frac{u^2}{2}\mathbf{u}\right) - \nabla \cdot \left(\frac{p}{\rho}\mathbf{u}\right) + \frac{\partial}{\partial x_j}\left(\frac{u_i \tau_{ij}}{\rho}\right) - 2\nu S_{ij} S_{ij}$$

(2.16)

となり，任意の固定体積 V についてこの式を積分すると，次のようになる．

$$\frac{d}{dt} \int_V \frac{u^2}{2} dV = -(\text{境界を通しての単位時間あたりの運動エネルギーの対流量})$$
$$+ (\text{圧力による力が境界に対して単位時間になす仕事量})$$
$$+ (\text{粘性力が境界に対して単位時間になす仕事量})$$
$$- \int_V 2\nu S_{ij} S_{ij} dV$$

エネルギー保存則から考えると，最後の項は機械的エネルギーの熱への損失率を表しているに違いない．この式は，微小体積 δV について成り立つから，単位質量あたりの機械的エネルギーの散逸率は，予想どおりに，

$$\varepsilon = 2\nu S_{ij}S_{ij} \tag{2.17}$$

となる．

いくつかの教科書では，式(2.16)は習慣的に少し違った形で書かれている．すなわち，

$$\nu\mathbf{u}\cdot(\nabla^2\mathbf{u}) = -\nu(\nabla\times\mathbf{u})^2 + \nabla\cdot[\nu\mathbf{u}\times(\nabla\times\mathbf{u})]$$

に注意すると，式(2.16)は，

$$\frac{\partial}{\partial t}\left(\frac{u^2}{2}\right) = -\nabla\cdot\left[\left(\frac{u^2}{2}+\frac{p}{\rho}\right)\mathbf{u} + \nu(\nabla\times\mathbf{u})\times\mathbf{u}\right] - \nu(\nabla\times\mathbf{u})^2 \tag{2.18}$$

となる．この第二の形式は，式(2.16)ほどは基本的でないが，閉じた領域を扱う場合には有利かもしれない．この場合には，

$$\frac{d}{dt}\int\left(\frac{u^2}{2}\right)dV = -\nu\int(\nabla\times\mathbf{u})^2 dV \tag{2.19}$$

となり，定常な境界をもつ閉じた領域では，機械的エネルギーの全散逸率は，

$$\int\varepsilon dV = 2\nu\int S_{ij}S_{ij}dV = \nu\int(\nabla\times\mathbf{u})^2 dV \tag{2.20}$$

となる．$\omega = \nabla\times\mathbf{u}$ は渦度場，$\omega^2/2$ はエンストロフィーとよばれる．渦度の概念についてはあとで述べる．

2.2　圧力と速度の関係

ここで，支配方程式についてまとめよう．われわれは，ニュートンの第二法則を粘性流体に対して適用して得られる，

$$\frac{D\mathbf{u}}{Dt} = -\nabla\frac{p}{\rho} + \nu\nabla^2\mathbf{u} \tag{2.21}$$

と，質量保存則，

$$\nabla\cdot\mathbf{u} = 0 \tag{2.22}$$

をもっている．式(2.21)と式(2.22)，および境界条件 $\mathbf{u}=0$ は，閉じた系を構成するものと期待される．ところが，式(2.21)だけを見ると，速度と圧力という二つの場か

らなっているので閉じた系には見えない．しかし，ベクトル u のソレノイド性を利用すると，u と p の直接の関係を導くことができる．式 (2.21) の発散をとると，

$$\nabla^2 \frac{p}{\rho} = -\nabla \cdot (\mathbf{u} \cdot \nabla \mathbf{u})$$

となり，これは有限領域に対してはビオ・サヴァールの法則を用いて，

$$p(\mathbf{x}) = \frac{\rho}{4\pi} \int \frac{[\nabla \cdot (\mathbf{u} \cdot \nabla \mathbf{u})]'}{|\mathbf{x} - \mathbf{x}'|} d\mathbf{x}' \tag{2.23}$$

のように変換できる．したがって，原理的には，式 (2.21) は u のみを含む発展方程式に書き換えることができ，確かにわれわれの系は閉じているといえる．

乱流の観点から見た式 (2.23) の重要な性質は，$\mathbf{x}'$ における渦が圧力場を誘起し，それが空間全体にわたって感知されるという意味で，圧力場が非局所的だという点である．もちろん，これは圧力波による情報伝達の表れであり，非圧縮性流体では伝達速度は無限大である．

圧力が非局所的であるという事実は，乱流の挙動にとって深い意味がある．ある地点，たとえば x において生まれた渦は，式 (2.23) によって決まる分布をもった圧力波を周囲に送り出す．これらは，遠方場の圧力 $-\nabla p$ を誘起し，渦から遠く離れた位置の流体をゆさぶる．このように，乱流のどの部分もほかのすべての部分からの影響を感知し，空間的に離れた渦どうしでも互いに干渉し合えるのである．

もう一つ，式 (2.23) からわかることは，局所的な速度場を考えることにはあまり意味がないということだ．$t = 0$ において，ある小さな領域だけで $\mathbf{u} = 0$ であったとしても，それがもとになって，$t > 0$ では全空間にわたる圧力場が形成され，これが，さらに圧力 ∇p を通じて全点での運動を誘起することになる．したがって，出発時点では u が局所的であったとしても，そのままにとどまってはいない．そうはいいながら，われわれはこれまで，乱流における「渦」が，あたかも有限なサイズをもっているかのように扱ってきた．明らかにもう少し正しい見方が必要である．その第一歩は，渦度場 $\boldsymbol{\omega} = \nabla \times \mathbf{u}$ を導入することだ．u が決して局所的でないのに反して，$\boldsymbol{\omega}$ は局所的であり得ることをわれわれはいずれ知ることになる．それだけでなく，運動量は圧力場によって瞬時に再配分されるのに対して，渦度は流体中を拡散，あるいは流体の移動（対流）によって徐々に広がる．疑う余地もなく，より本質的なのは渦度であって速度 u ではないのである．

2.3 渦度の動力学

2.3.1 渦度と角運動量

今度は，$\boldsymbol{\omega} = \nabla \times \mathbf{u}$ で定義される渦度場の性質について調べよう．多くの注意が $\boldsymbol{\omega}$ に向けられる理由は，その発展を支配する方程式がナヴィエ・ストークス方程式より簡単だからである．$\mathbf{u}$ と違って $\boldsymbol{\omega}$ は，浮力のような体積力がはたらかない限り，流体内部での生成や消滅が許されず，対流や拡散というおなじみのプロセスで流体中を運ばれるだけなのである．また，速度場と違って局在する $\boldsymbol{\omega}$ はいつまでも局在する．われわれが乱流において「渦」という言葉を使う場合，実際は渦度の塊と，それにともなう回転運動や非回転運動を意味する．

$\boldsymbol{\omega}$ に対して何か物理的な意味づけをしてみよう．ストークスは渦度という言葉は使わなかった．その代わりに，$\boldsymbol{\omega}/2$ のことを「流体の角速度」とした．以下に示すように，多分，この名前のほうがよいだろう．二次元流 $\mathbf{u}(x, y) = (u_x, u_y, 0)$，$\boldsymbol{\omega} = (0, 0, \omega_z)$ のなかに，微小な流体要素を考える．この要素はある瞬間に半径 r で境界が C の球だったとしよう．するとストークスの定理により，

$$\omega_z \pi r^2 = \oint_C \mathbf{u} \cdot d\mathbf{l} \tag{2.24}$$

と書ける．要素が角速度 Ω をもっているとする．ここで，Ω は要素に密着した直交二直線の回転速度の平均として定義される．すると，式(2.24)から，

$$\omega_z \pi r^2 = \oint \mathbf{u} \cdot d\mathbf{l} = (\Omega r) 2\pi r$$

となることが予想され，これから，

$$\omega_z = 2\Omega \tag{2.25}$$

が得られる．これでストークスが用いた用語の理由がはっきりしたであろう．事実，式(2.25)は厳密な解析からも容易に証明できる．図2.3（b）を考えてみよう．線素 dx と dy の反時計方向の回転速度は，それぞれ $\partial u_y/\partial x$ と $-\partial u_x/\partial y$ である．上で述べた Ω の定義から，$\Omega = (\partial u_y/\partial x - \partial u_x/\partial y)/2$ となり，式(2.25)は定義 $\boldsymbol{\omega} = \nabla \times \mathbf{u}$ からただちに得られる．

ついでに，図2.3（b）は，二次元速度場が流体塊に及ぼす三つの効果を表していることをつけ加えておこう．すなわち，二次元速度場は流体塊をある位置から別の位置に移動させ，$\Omega = (\partial u_y/\partial x - \partial u_x/\partial y)/2$ の速さで回転させ，S_{ij} の速さでゆがめる（ひずませる）．（このひずみ速度は，三つの成分，すなわち，せん断ひずみ速度

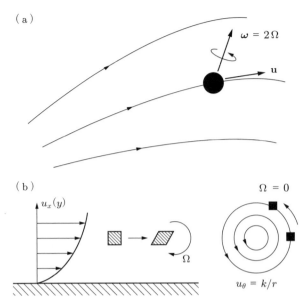

図 2.5 渦度の物理的解釈．（a）$\mathbf{x}$ における渦度はその瞬間にその場所を通過する流体塊がもつ角速度 Ω の 2 倍に等しい．（b）渦度は全体の回転とは無関係．直線運動するせん断流における流体要素は渦度をもつが，自由渦 $u_\theta = k/r$ は渦度をもたない．

$S_{xy} = (\partial u_y/\partial x + \partial u_x/\partial y)/2$ と，二つの垂直ひずみ速度 S_{xx} と S_{yy} をもつ)．つまり，$\mathbf{u}$ は流体要素に平行移動と回転とひずみを与えることができる．

これらの結果は，自明な方法で三次元に拡張される．とくに，渦度場 $\boldsymbol{\omega}(\mathbf{x}, t)$ は，時刻 t において位置 $\mathbf{x}$ にあった小さな流体塊がもつ本来の角速度 Ω の 2 倍，

$$\boldsymbol{\omega} = 2\boldsymbol{\Omega}$$

であることが示せる．つまり，$\boldsymbol{\omega}$ は流体要素の局所的な（あるいは固有の）回転，あるいはスピンの速さを表す尺度である（図 2.5 (a)）．しかし，$\boldsymbol{\omega}$ は流体の全体としての回転とはまったく関係がないことに注意しておくことが重要である．たとえば，せん断流 $\mathbf{u} = (u_x(y), 0, 0)$ は渦度をもっているが，流線は平行直線群である．一方，(r, θ, z) 座標系における流れ，$\mathbf{u}(r) = (0, k/r, 0)$ は ($r=0$ 以外では) 渦度をもたないが，流線は円形である．このことは，図 2.5 (b) に描かれている．

任意の点での速度勾配 $\partial u_i/\partial x_j$ は，つねに次式のようにひずみと渦度とに分解できることに注意しよう．

$$\frac{\partial u_i}{\partial x_j} = \frac{1}{2}\left(\frac{\partial u_i}{\partial x_j} + \frac{\partial u_j}{\partial x_i}\right) + \frac{1}{2}\left(\frac{\partial u_i}{\partial x_j} - \frac{\partial u_j}{\partial x_i}\right) = S_{ij} - \frac{1}{2}\varepsilon_{ijk}\omega_k$$

ここで，ε_{ijk} はレヴィ・チヴィタ記号（付録1参照）である．S_{ij} は流体要素のひずみ速度，また $\boldsymbol{\omega}$ は流体要素の回転角速度という，まったく違った過程を表しているにもかかわらず，S_{ij} と $\boldsymbol{\omega}$ は独立ではない．このことは，たとえば，それらとラプラシアンとの関係，

$$\nabla^2 u_i = 2\frac{\partial S_{ij}}{\partial x_j} = -(\nabla \times \boldsymbol{\omega})_i$$

を見るとわかる．このように，ひずみ場の勾配は渦度の勾配と関連している．しかし，一様なひずみ場は渦度がなくても存在することができるし，渦度の一様分布はひずみなしでも存在することができる．

乱流においてしばしば起こる疑問は，局所の速度勾配がひずみ速度テンソルと渦度場のどちらにおもに寄与するか，である．この点で，

$$Q = -\frac{1}{2}\frac{\partial u_i}{\partial x_j}\frac{\partial u_j}{\partial x_i} = -\frac{1}{2}\left(S_{ij}S_{ij} - \frac{1}{2}\boldsymbol{\omega}^2\right)$$

で定義される Q が役に立つ．これは，その値が座標系の回転に無関係であるという意味で，行列 $\partial u_i/\partial x_j$ の「不変量」である．これは，しばしば無次元量，

$$\Lambda = \frac{S_{ij}S_{ij} - \boldsymbol{\omega}^2/2}{S_{ij}S_{ij} + \boldsymbol{\omega}^2/2}$$

の形に書きなおされる．大きなひずみをともなう流れの場合に Λ は正，一方，負の値は渦度が支配的な流れであることを示唆する．行列 $\partial u_i/\partial x_j$ のもう一つ不変量として，

$$R = \frac{1}{3}\left(S_{ij}S_{jk}S_{ki} + \frac{3}{4}\omega_i\omega_j S_{ij}\right)$$

がある．二つの不変量 Q と R は，5.3.6項で述べるように，流れ場の局所構造を分類するのにときどき用いられる．

例題 2.1 単純せん断流 $u_x(y) = 2Sy$ （S = 定数）について考えよ．これは，二つの速度場 $\mathbf{u}_1 = (Sy, Sx, 0)$ と $\mathbf{u}_2 = (Sy, -Sx, 0)$ に分解できる．このとき，前者は非回転のひずみ（渦度なし），後者は剛体回転（ひずみなし）を表していることを示せ．次に，$\mathbf{u}_1$ をスケッチし，ひずみの主軸方向を計算せよ．

次に，動力学について少し考えてみよう．$\boldsymbol{\omega} = 2\boldsymbol{\Omega}$ だから，微小な球状流体塊の角運動量 $\mathbf{H}$ は，

$$\mathbf{H} = \frac{1}{2} I \boldsymbol{\omega}$$

となる．ここで，I は慣性モーメントである．ある瞬間に球状だった塊を考えると，$\mathbf{H}$ は表面の接線方向の応力のみで変化する．塊が球形である瞬間には圧力はなんら影響しない．なぜなら，圧力による力は半径方向内向きに作用するからだ．したがって，この瞬間においては，

$$\frac{D\mathbf{H}}{Dt} = （球形要素に作用する粘性トルク）$$

である．対流微分は，通常の微分法則に従うので，

$$I \frac{D\boldsymbol{\omega}}{Dt} = -\boldsymbol{\omega} \frac{DI}{Dt} + 2 \times （球形要素に作用する粘性トルク） \tag{2.26}$$

となる．特別なケースとして粘性が無視できる場合には，

$$\frac{D(I\boldsymbol{\omega})}{Dt} = 0 \tag{2.27}$$

となる．式(2.26)は，流体塊が球状になった瞬間にだけ成り立つ．しかし，ほかの任意の瞬間，任意の場所においてもこのような流体要素を定義することは自由である．式(2.26)と式(2.27)は，次の三つの意味をもっている．第一に，式(2.26)には圧力が含まれていないから，$\boldsymbol{\omega}$ は圧力とは無関係に発達すると考えられる．第二に，もし $\boldsymbol{\omega}$ が最初にゼロで，なおかつ流れが非粘性なら，$\boldsymbol{\omega}$ はその流体粒子についてはゼロのままである．このことがポテンシャル理論の根拠であり，その場合，上流で $\boldsymbol{\omega} = 0$ とおかれる．第三に，流体要素の内部で I が減少すれば（そして，粘性トルクが小さければ），その要素の渦度は増加しなければならないことを式(2.27)は暗示している．たとえば，渦度の塊が図2.6に描かれている流線間隔が縮小するようなポテンシャル流れのなかに置かれたとすると，$\boldsymbol{\omega}$ に平行な軸まわりの慣性モーメントは減少するが，$\mathbf{H}$ は保存されるため $\boldsymbol{\omega}$ は増加するだろう．このように，流体要素を引き伸ばすことによって渦度は強められる．これを「渦の伸張」という．

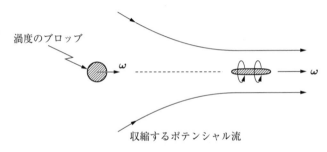

図2.6 流体要素を引き伸ばすと渦度は強まる．

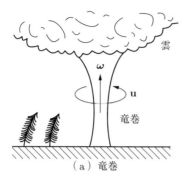 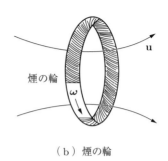

図 2.7　渦管の例

これら三つの命題については，このあとすぐに証明する．この節の締めくくりとして，渦度場は非圧縮性の速度場と同様に，ソレノイダル，すなわち，$\nabla \cdot (\nabla \times \mathbf{u}) = 0$ であることに注意しておこう．その結果として，流管や流線と同様に渦管や渦線のアイディアを思い浮かべることができる．渦管は単に渦線の束である．二つのおなじみの例は，図 2.7 に示した竜巻と渦輪（煙の輪）である．渦管の側面からの渦度の漏れはないから，渦管に沿っての渦度の流束 Φ は，管に沿って一定であることに注意しよう．そればかりではなく，流束 Φ はストークスの定理によって，管のまわりでの $\mathbf{u}$ の線積分と結びついている．

$$\Phi = \int \boldsymbol{\omega} \cdot d\mathbf{A} = \oint \mathbf{u} \cdot d\mathbf{l}$$

最後に，無限領域では，$\boldsymbol{\omega} = \nabla \times \mathbf{u}$ の関係はビオ・サヴァールの法則を使って逆転させることができることに注意しよう．その結果，

$$\mathbf{u}(x) = \frac{1}{4\pi} \int \frac{\boldsymbol{\omega}(\mathbf{x}') \times \mathbf{r}}{r^3} d\mathbf{x}' \quad (\mathbf{r} = \mathbf{x} - \mathbf{x}') \tag{2.28}$$

が得られる．もちろん，ここでは電磁気学とのアナロジーが成り立っている．すなわち，電磁気学において電流密度 $\mathbf{J}$ と磁場 $\mathbf{B}$ が $\nabla \times \mathbf{B} = \mu_0 \mathbf{J}$ により関係づけられることと類似である．ここで，$\mathbf{u} \leftrightarrow \mathbf{B}$，$\boldsymbol{\omega} \leftrightarrow \mu_0 \mathbf{J}$ という対応関係がある（μ_0 は自由空間での透磁率である）．このように，環状電流が極方向磁場を誘起するのとまったく同様に，渦輪が極方向速度場を誘起するのである（図 2.7（b））．

例題 2.2　孤立した渦度の塊と，それを囲む任意の球状の検査体積 V を考えよ．V 内の角運動量の合計が，

$$\mathbf{H} = \int \mathbf{x} \times \mathbf{u} dV = -\frac{1}{2} \int_V (\mathbf{x}^2 \boldsymbol{\omega}) dV = \frac{1}{3} \int_V (\mathbf{x} \times (\mathbf{x} \times \boldsymbol{\omega})) dV$$

で表せることを示せ．ここで，$\mathbf{x}$ の原点は V の中心にとられている．右端の積分は渦度場の角インパルスとして知られている．次のベクトル恒等式が役に立つだろう．

$$2(\mathbf{x} \times \mathbf{u}) = \nabla \times (\mathbf{x}^2 \mathbf{u}) - \mathbf{x}^2 \boldsymbol{\omega}$$

$$6(\mathbf{x} \times \mathbf{u}) = 2\mathbf{x} \times (\mathbf{x} \times \boldsymbol{\omega}) + 3\nabla \times (\mathbf{x}^2 \mathbf{u}) - \boldsymbol{\omega} \cdot \nabla (\mathbf{x}^2 \mathbf{x})$$

2.3.2 渦度方程式

次に，$\boldsymbol{\omega}$ の支配方程式を導こう．最初に式 (2.11) を，

$$\frac{\partial \mathbf{u}}{\partial t} = \mathbf{u} \times \boldsymbol{\omega} - \nabla C + \nu \nabla^2 \mathbf{u}, \quad C = \frac{p}{\rho} + \frac{u^2}{2} \tag{2.29}$$

の形に書きなおす．ここで，C はベルヌーイ関数である．誘導の際には恒等式，

$$\nabla \frac{u^2}{2} = (\mathbf{u} \cdot \nabla) \mathbf{u} + \mathbf{u} \times \boldsymbol{\omega}$$

を用いた．次に，式 (2.29) の回転微分 (curl) をとると，$\boldsymbol{\omega}$ の発展を表す方程式，

$$\frac{\partial \boldsymbol{\omega}}{\partial t} = \nabla \times (\mathbf{u} \times \boldsymbol{\omega}) + \nu \nabla^2 \boldsymbol{\omega} \tag{2.30}$$

が得られる．この式は，さらに，

$$\nabla \times (\mathbf{u} \times \boldsymbol{\omega}) = (\boldsymbol{\omega} \cdot \nabla) \mathbf{u} - (\mathbf{u} \cdot \nabla) \boldsymbol{\omega}$$

を用いて，

$$\frac{D\boldsymbol{\omega}}{Dt} = (\boldsymbol{\omega} \cdot \nabla) \mathbf{u} + \nu \nabla^2 \boldsymbol{\omega} \tag{2.31}$$

の形に書き換えられることが多い．この式を，角運動量の式 (2.26)，

$$I \frac{D\boldsymbol{\omega}}{Dt} = -\boldsymbol{\omega} \frac{DI}{Dt} + 2 \times (球形要素に作用する粘性トルク)$$

と比較してみよう．式 (2.31) の右辺の各項は，（ i ）流体要素の伸張による慣性モーメントの変化と，（ ii ）要素に作用する粘性トルクを表している，と見ることができる．つまり，流体塊の渦度は，要素の伸縮による慣性モーメントの変化，および粘性応力によるスピンの増減の結果として変化する (図 2.8)．

二次元運動，$\mathbf{u}(x,y) = (u_x, u_y, 0)$，$\boldsymbol{\omega} = (0, 0, \omega)$ について考えることは，理解の助けになる．この場合は，式 (2.31) の右辺第一項は消える．その結果，二次元流では渦の伸張は起こらず，渦度は粘性力によってのみ変化する[2]．その場合は，

---

2) なぜなら，流体要素の変形が x-y 平面内に限られているのに対し，渦度は z 方向を向いているからである．

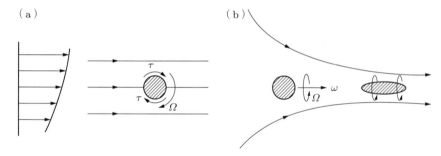

図 2.8 渦度が変化する原因．（a）粘性力が流体要素をスピンアップ（またはスピンダウン）するから．あるいは，（b）要素の慣性モーメントが変化するから．

$$\frac{D\omega}{Dt} = \nu\nabla^2\omega \tag{2.32}$$

である．これを流体中での温度 T の変化を支配する方程式，

$$\frac{DT}{Dt} = \alpha\nabla^2 T \tag{2.33}$$

と比べてみよう．ここで，α は熱拡散率である．このタイプの方程式は「移流-拡散方程式」とよばれる．この比較から明らかなように，二次元流では，渦度は熱と同様に流れによって運ばれて拡散する．

式(2.32)や式(2.33)の形の方程式が表現する内容について，ある程度の感覚をつかむために，直径 d のワイヤーが速度 u の流れに直角に置かれていて，パルス状の電流が印加された場合を考えよう（図2.9）．パルス電流が加えられるたびに，加熱された流体の塊が発生し，下流に流される．この場合の温度場は，

$$\frac{DT}{Dt} = \frac{\partial T}{\partial t} + u\frac{\partial T}{\partial x} = \alpha\nabla^2 T \tag{2.34}$$

に支配される．もし，u が非常に小さければ，熱は流体があたかも固体になったかのように，

$$\frac{\partial T}{\partial t} \approx \alpha\nabla^2 T$$

に従って伝導だけで流体中に広がる．このとき，ワイヤーのまわりには同心円状の等温線群が現れる．逆に，α が非常に小さい場合には，熱拡散は非常に小さくなり，

$$\frac{DT}{Dt} \approx 0$$

となる．この場合には，流体塊は下流に流されるあいだ，熱，したがってまた，温度を保持する．このように，α と u の相対的な値によって流れはいろいろになる．実

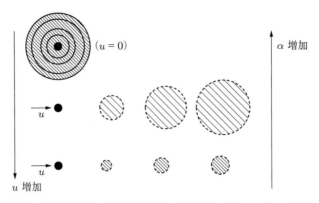

図 2.9 パルス加熱されたワイヤーからの熱の移流と拡散

際に挙動を決めるのはペクレ数 $\mathrm{Pe} = ud/\alpha$ である.

もちろん,熱は,流体中では消滅も生成もしない.そのため,図2.9の点線内で$\int T dV$ は保存される.このことは,式(2.33)をこの点線の体積にわたって積分し,ガウスの定理を利用することで容易に証明できる.すなわち,

$$\frac{D}{Dt}\int_V TdV = \int_V \frac{DT}{Dt}dV = \alpha \oint_S (\nabla T)\cdot d\mathbf{S} = 0$$

となる.ついでに,実質体積(同じ粒子で構成される体積)を扱う場合,$D(\cdot)/Dt$ と$\int$ は交換可能,すなわち,$D(T\delta V)/Dt = (DT/Dt)\delta V$ であることに注意しよう.

式(2.32)は,二次元流中では渦度は熱と同様に移流し拡散すること,およびペクレ数に対応するのが $\mathrm{Re} = ul/\nu$ であることを示している.どうやら渦度は熱と同様に,二次元流中では発生も消滅もできないらしい.渦度は拡散によって広がり,移流によってある場所から別の場所に運ばれるが,すべての渦度の塊において $\int \omega dV$ は保存される.このことの簡単な例証として,上で述べた熱の塊と類似の円柱背後のカルマン渦列をあげることができる.渦度は速度場によって移流し,拡散によって広がるが,それぞれの渦がもつ渦度はかわらない.

渦度は流体内部では生成されないというのであれば,図2.10において,渦度は一体どこからくるのかという疑問がわいてくる.とにかく,円柱より上流の流体粒子は角運動量(渦度)をもたないのに,下流ではもっている.この場合も熱とのアナロジーが役立つ.図2.9の高温の塊はワイヤーの表面で熱を受けとっていた.これと同様に,カルマン渦列の渦度(角運動量)は,円柱の表面で生成されたのである.事実,境界層では渦度が集中していて,表面から流体内部へ拡散する.このことから,境界層についての新たな考え方が生まれる.すなわち,境界層とは表面で生成された渦度が拡散する層であるといえる.

2.3 渦度の動力学　53

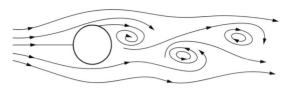

図 2.10　円柱下流のカルマン渦列

　この考え方をもう少しさきへ進めてみよう．われわれは，境界が渦度のわき出し源であり，熱と同じく拡散によって散っていくと考えている．そのもっとも簡単かつ厳密な解析で確認できる例は，半無限の流体領域に接する平板が急に速度 V で動き出した場合である（図 2.11）．

　速度場 $\mathbf{u} = (u_x(y), 0, 0)$ が渦度 $\omega = -\partial u_x/\partial y$ をともなっていて，それは拡散方程式，

$$\frac{\partial \omega}{\partial t} = \nu \frac{\partial^2 \omega}{\partial y^2}$$

に支配されている．この状況は，無限平板の表面温度が $T = 0$（周囲流体の温度）から突然 $T = T_0$ になったときの熱の拡散と類似している．この場合は，

$$\frac{\partial T}{\partial t} = \alpha \frac{\partial^2 T}{\partial y^2}, \quad (y = 0 \text{ で } T = T_0)$$

が成り立つ．この種の拡散方程式は，$T = T_0 f(y/\delta)$，$\delta = (2\alpha t)^{1/2}$ の形の自己相似解を探すことによって解くことができる．すなわち，熱は平板から流体中に拡散し，加熱された領域の厚さは時間とともに $\delta \sim (2\alpha t)^{1/2}$ に従って増加する．δ は拡散長さとよばれ，また f は誤差関数になるが，ここでは詳細は不要である．この熱問題に対するわれわれの経験は，渦度方程式の解として $\omega = (V/\delta) f(y/\delta)$，$\delta = (2\nu t)^{1/2}$ の形を示唆している．この推定を式(2.32)に代入して少し計算すると，

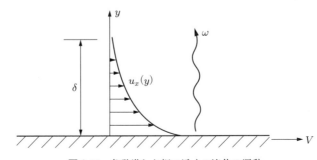

図 2.11　急発進した板の近くの流体の運動

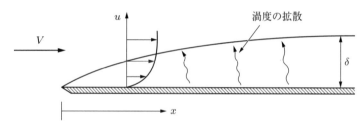

図 2.12 境界層は渦度が拡散する層とみなせる.

$$\omega = \left(\frac{2}{\pi}\right)^{1/2}\left(\frac{V}{\delta}\right)\exp[-y^2/(4\nu t)]$$

が得られる.このように,渦度はまず表面に作用するせん断応力によって平板表面上で生成される.この渦度は熱が熱源から拡散するのとまったく同様に,流体中に拡散し,時刻 t において $\delta \sim (2\nu t)^{1/2}$ にまで達する.

次に,図 2.12 に描かれている層流境界層について考えよう.この場合は,板のほうが静止していて流体がその上を流れている.渦度は境界層内に集中していて,外部では弱いことをわれわれは知っている.このことは,定義 $\boldsymbol{\omega} = \nabla \times \mathbf{u}$,および速度勾配は境界層内で大きいことから明らかであり,次のように解釈できる.渦度はまえの例と同じく板の表面で生成される.これは,$\delta \sim (2\nu t)^{1/2}$ の割合で表面から外に向かって拡散する.その間,流体粒子は速度 $\sim V$ で下流に移動する.板からの距離 y の位置にある粒子は,時刻 $t \sim y^2/\nu$ で最初に板の影響を感知し(渦度を得ることで),その時刻までに粒子は前縁から距離 $x \sim Vt$ だけ移動する.以上から,拡散層の厚さは $\delta \sim (\nu x/V)^{1/2}$ に従って成長するものと考えられる.もちろん,これが,実際に平板層流境界層の厚さなのである.

このように,境界層は渦度を続々と生産する.実際,これが,ほとんどの乱流における渦度の源泉なのである.街路を吹き抜ける突風は渦度で満たされている.なぜなら,ビルの壁に沿って境界層が発達するからである.境界層内は渦度で一杯になっていて,ビルの下流側の角ではく離すると,この渦度が街路に流出する.

ここで,三次元に話しをもどそう.この場合の支配方程式は,

$$\frac{D\boldsymbol{\omega}}{Dt} = (\boldsymbol{\omega}\cdot\nabla)\mathbf{u} + \nu\nabla^2\boldsymbol{\omega} \tag{2.35}$$

となるので,熱とのアナロジーは成立しなくなる.この式には,新たな項,$(\boldsymbol{\omega}\cdot\nabla)\mathbf{u}$ が含まれており,これが問題を引き起こす.すでに暗に示したように,この項は流体要素の伸張(圧縮)による渦度の増大(減少)を表している.このことは,次のようにして簡単に証明できる.図 2.13 に示したような渦度で満たされた細い管を考える.$u_{//}$ を渦管に平行方向の速度成分,s を管に沿う座標とする.すると,

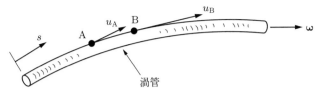

図 2.13　渦管の伸張

$$|\boldsymbol{\omega}|\frac{du_{//}}{ds} = (\boldsymbol{\omega}\cdot\nabla)u_{//}$$

となる．もし，点 A より点 B のほうが速度 $u_{//}$ が大きかったとしたら，すなわち，$du_{//}/ds > 0$ なら渦管は引き伸ばされる．このとき，$(\boldsymbol{\omega}\cdot\nabla)u_{//}$ は正となり，式(2.35)からわかるように $\boldsymbol{\omega}$ は増加する．これは，単に角運動量保存による渦度（角速度）の増加にすぎない．

渦管の直径をゼロに近づけると 1 本の渦線に近づく．この渦線に対しても同じ議論ができ，渦線が引き伸ばされると渦度が増加する．

伸張による渦度増加の過程は，しばしば「エンストロフィー方程式」を用いて説明される．エンストロフィー $\boldsymbol{\omega}^2/2$ は，

$$\frac{D}{Dt}\left(\frac{\boldsymbol{\omega}^2}{2}\right) = \omega_i\omega_j S_{ij} - \nu(\nabla\times\boldsymbol{\omega})^2 + \nu\nabla\cdot[\boldsymbol{\omega}\times(\nabla\times\boldsymbol{\omega})] \qquad (2.36)$$

に支配されている．この式は，式(2.35)と $\boldsymbol{\omega}$ のスカラー積をとることで得られる．渦度が局所的に分布している場合には，右辺の発散項は積分するとゼロになるので，あまり重要ではない．右辺の残りの二項は渦の伸張（圧縮）によるエンストロフィーの生成（減少），および粘性力によるエンストロフィーの減少を意味する．このように，エンストロフィーは機械的エネルギーと同様に粘性により散逸する．式(2.36)は，乱流の議論において繰り返し用いられる．

2.3.3　ケルビンの定理

非粘性流体というものは実在しない．それにもかかわらず，粘性の影響が無視できるような状況がいくつか（多くはないが）ある．このようなケースでは，ケルビンの定理とよばれる強力な定理が利用できる．そのもっとも重要な結果は，流線と類似の渦線が，あたかも流体中に凍結されたかのように流れによって運ばれるということである．

ケルビンの定理を証明するためには，まず簡単な運動学が必要である．S_m を物質表面（つねに同じ流体粒子から構成されている表面），$\mathbf{G}$ を流体中の任意のソレノイド状ベクトル場，$\mathbf{u}$ を流体の速度場とする．流体とともに移動するあいだに，S_m を

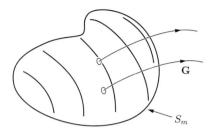

図2.14 式(2.37)を定義するスケッチ

通しての $\mathbf{G}$ の流束がどのように変化するかを知りたい (図 2.14).

これは,

$$\frac{d}{dt}\int_{S_m} \mathbf{G}\cdot d\mathbf{S} = \int_{S_m}\left[\frac{\partial \mathbf{G}}{\partial t} - \nabla\times(\mathbf{u}\times\mathbf{G})\right]\cdot d\mathbf{S} \qquad (2.37)$$

で与えられる. 式 (2.37) の正式な証明は, ほかでも簡単に見つかるのでここではやらない. しかし, 式 (2.37) に隠されているアイディアは, S_m を通しての $\mathbf{G}$ の流束が二つの理由で変化することであることに注意しよう. 第一は, 仮に S_m が空間的に固定されているとしても, $\mathbf{G}$ が時間的に変化する限り流束は変化する. 式 (2.37) の右辺の積分の第一項がこれを表している. 第二は, 境界 S_m が速度 $\mathbf{u}$ で移動するため, ある場所では膨張して追加の流束がとり込まれ, またある場所では収縮して排除される. S_m の周囲, たとえば, C_m が線素 $d\mathbf{l}$ からなると考える. すると, 時間 δt のあいだに線素 $d\mathbf{l}$ の近傍の表面は, $d\mathbf{S} = (\mathbf{u}\times d\mathbf{l})\delta t$ だけ増加するから, 境界 C_m の移動による流束の増加は,

$$\delta\int_{S_m}\mathbf{G}\cdot d\mathbf{S} = \oint_{C_m}\mathbf{G}\cdot(\mathbf{u}\times d\mathbf{l})\delta t = -\oint_{C_m}(\mathbf{u}\times\mathbf{G})\cdot d\mathbf{l}\delta t$$

となる. 線積分は, ストークスの定理によって面積分に変換できるので, 式 (2.37) が得られる.

さて, 非粘性流体の場合は,

$$\frac{\partial \boldsymbol{\omega}}{\partial t} = \nabla\times(\mathbf{u}\times\boldsymbol{\omega})$$

である. この式と式 (2.37) から, 任意の物質表面 S_m に対して,

$$\frac{d}{dt}\int_{S_m}\boldsymbol{\omega}\cdot d\mathbf{S} = 0 \qquad (2.38\mathrm{a})$$

が得られる. つまり, 任意の実質部分の表面を通過する渦度流束は, 表面が移動しても変化しないことをこの式は意味している. もし, C_m が S_m をとり囲む場合には, この式は,

2.3 渦度の動力学

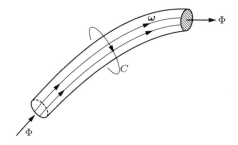

図 2.15 渦管．流束 Φ は管に沿って一定で，管を囲む循環 Γ に等しい．

$$\Gamma = \oint_{C_m} \mathbf{u} \cdot d\mathbf{l} = 一定 \qquad (2.38b)$$

となる．これがケルビンの定理である．ここで，Γ は循環とよばれる．ケルビンの定理はやや抽象的に見えるかもしれないが，重要な物理的結果を導く．このことは，式 (2.38b) を孤立した渦管，すなわち渦線の集合からなる管 (図 2.15) に対して適用するとはっきりする．$\boldsymbol{\omega}$ はソレノイダルなので，

$$\oint \boldsymbol{\omega} \cdot d\mathbf{S} = 0$$

となり，これより，渦度の流束 $\Phi = \int \boldsymbol{\omega} \cdot d\mathbf{S}$ は渦管の長手方向に一定となる．さらに，ストークスの定理から，

$$\Phi = \oint_C \mathbf{u} \cdot d\mathbf{l} = \Gamma$$

となる．ここで，C は渦管をとり囲む任意の曲線である．これより，C が渦管をとり囲んでいる限り，どのような C に対しても Γ は一定になるといえる．

次に，この C が流れとともに移動する線 (物質線) C_m であるとしよう．さらに，初期に C_m は図 2.15 に描かれているように渦管をとり巻いていたとする．ケルビンの定理によれば流れが発達しても Γ は保存される．このことから，C_m を通過する流束が流れに保持されていることになる．これは，C_m がつねに渦管をとり巻いていなければならないことを意味する．C_m は流体とともに移動するのだから，ここでは証明はしないが，このことは渦管自体があたかも流体中に凍結したかのように，流体とともに移動することを暗示している．このことは，また，渦管を無限小断面にまで縮めて考えれば，非粘性流体中ではすべての渦線は流体とともに移動することを示している．このようにしてわれわれは，渦の動力学の中心的な結果の一つに到達した．

> 渦線は，完全非粘性流体に凍結され，流体とともに移動する．

もちろん，二次元運動であれば，$\nu = 0$のとき$D\omega/Dt = 0$なので，われわれはすでにこのことは知っていた．

渦線が凍結されるという性質の正式な証明には，もう少し計算が必要である．証明は，普通，次の手順で進められる．ある瞬間に流体中に描かれた短い線分dlを想定し，それがあたかも染料の線のように流体とともに移動するとする．$\mathbf{x}$を線分の始点とすると，dlの時間変化率は，$\mathbf{u}(\mathbf{x} + dl) - \mathbf{u}(\mathbf{x})$で，

$$\frac{D}{Dt}(dl) = \mathbf{u}(\mathbf{x} + dl) - \mathbf{u}(\mathbf{x}) = (dl \cdot \nabla)\mathbf{u} \tag{2.39}$$

となる．これを非粘性の渦度方程式，

$$\frac{D\boldsymbol{\omega}}{Dt} = (\boldsymbol{\omega} \cdot \nabla)\mathbf{u} \tag{2.40}$$

と比べてみよう．明らかに，$\boldsymbol{\omega}$とdlは同じ方程式に従っている．いま，$t = 0$において適当なλに対して，$\boldsymbol{\omega} = \lambda dl$となるように$dl$を描いたとする．すると，式(2.39)と式(2.40)から，$t = 0$で$D\lambda/Dt = 0$，したがって，そのあとのすべての時刻で$\boldsymbol{\omega} = \lambda dl$となる．つまり，$\boldsymbol{\omega}$と$dl$は$\mathbf{u}$の影響を受けてまったく同様に発展することになり，渦線は流体に凍結される．

このようにして，われわれは渦線の「凍結性」を直接的に，あるいはケルビンの定理を用いて導くことができた．もちろん，どちらの方法をとるかは問題ではなく，重要なのは結果そのものである．この結果は重要で，それによってわれわれは高レイノルズ数の流れの発達を視覚化することができる．われわれは，流れの発達の際に，単に渦線の動きを追跡し，それをもとに式(2.28)を用いて各瞬間の$\mathbf{u}$を求めればよいのである．

2.3.4 渦度分布の追尾

19世紀の流体力学の多くは，いわゆるポテンシャル流れが中心であった．一例として，図2.16（a）に，静止空気中を移動する翼が示されている．渦度で満たされた境界層と，主流がある．翼に固定された座標系から見ると，翼の十分上流は一様流になっていて渦度はない．翼面上で生成された渦度は境界層内部（およびその下流の後流中）に限定されるから，外側の大部分の領域では非回転である．この外部の流れを計算する問題は，二つの運動学方程式，$\nabla \cdot \mathbf{u} = 0$と$\nabla \times \mathbf{u} = 0$を解くことに帰着される．これがポテンシャル理論であり，動力学ではなく運動学に分類される．しかし，ポテンシャル流れは自然界では非常にまれで，大体において流線型物体を過ぎる流れのうちの境界層以外の部分（その場合，上流部では非回転である）や，ある種の水の波に限られる．実際には，ほとんどの流れは渦度をともなっている．この渦度は

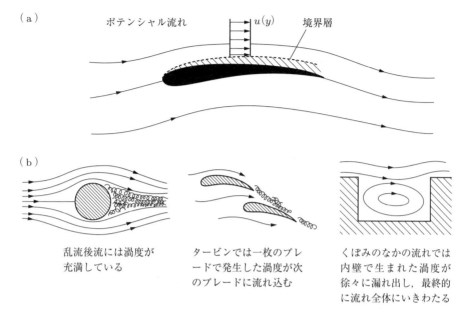

図 2.16 （a）ポテンシャル理論は古典空気力学の典型である．（b）ほとんどすべての実在する流れは渦度をもっている．

境界層内部で生成され，境界層はく離の結果として（円柱の場合のように），または乱流後流として流れのなかに放出される．いくつかの簡単な例が図 2.16（b）に示されている．定常な内部流れは決してポテンシャル流れにはならないことに注意しよう（ストークスの定理を使えば自分で証明できるであろう）．

このように，流れには，ポテンシャル流れと渦流れという二つのタイプがある．前者は，計算は簡単だが自然界にはあまりない．一方，後者は，どこにでもあるが定量的に扱うのは難しい．渦流れを理解する方法は，境界層からあふれ出た渦度を追跡することである．

ここで，発達する流れ場中での渦度分布の追跡に関して，われわれが知っている事柄をまとめておこう．Re が大きい場合には渦線は流体に凍結される．したがって，たとえば非粘性流体中で互いに連結している二つの渦管は，相互のトポロジーを維持しながら全時間にわたって互いの関連を保ち続ける（図 2.17（a））．

しかし，われわれはまた，Re が有限である限り渦度は拡散し得ることも知っている．実際には，図 2.17 に描かれた二つの渦管は，一点あるいは数点で大きなひずみを受けると，無視できない程度の拡散が生じ，それが渦管の切断や再結合を引き起こすという形で，いずれ相互のトポロジーを変化させていく．

しかし，重要なのは，ある瞬間から次の瞬間へと渦度を追跡することができるとい

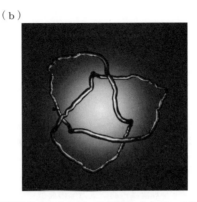

図 2.17 （a）非粘性流体中にある互いに影響し合う二つの渦管の概念図．（b）コンピュータによる互いに影響し合う二つの渦管のようす．水中実験のイメージで作図されている．（画像はシカゴ大学の Dustin Kleckner と William Irvine の厚意による）

う点である．渦度は実質部分の移動や拡散によって広がることができるが，どちらも局所的な過程である．直線運動の運動量 u の場合はそうではない．2.2 節で述べたように，ある場所における運動量の分布は，圧力 $-\nabla p$ のはたらきによって一瞬のうちに全空間に行きわたる．このように，渦度については狭い領域における空間的，時間的発展を論じることができるのに対して，u については狭い領域に限って論じることは意味がない．有限な大きさをもち，あるまとまりをもって発展する乱流渦について語るとき，われわれは実際には流れ場のなかで発展する渦度の塊（およびそれにともなう運動）を念頭においている．

もちろん，$\omega = \nabla \times u$ である以上，速度場と渦度場を切り離して考えることはできない．ある意味で，渦度場はみずからを移流するともいえる．図 2.17 に描かれている二つの互いに連結している渦管を考えてみよう．任意の時刻において，ビオ・サヴァールの法則に従って，それぞれは速度場を誘起する．この速度場は，渦管を，あたかも流体に凍結されているかのように押し流す．少し時間が経つと新しい渦度分布になり，それがまた式 (2.28) に従って新しい速度場をつくる．この新しい速度場に

よって渦度はさらに流される．これが，さらに新しい速度場を，そしてまた新しい渦度場を生み出すであろう．このような流れでは運動を追跡するやり方は渦度場の発展を追跡することにほかならない．

もちろん，一般的にいえば，すべての速度場が渦度から誘起されるわけではない．渦度分布をかえることなしに，任意のポテンシャル流れ $\mathbf{u} = \nabla\phi$ を式(2.28)に加えることができる．たとえば，図2.7の竜巻は，非回転の横風のなかにあるかもしれない．つまり，この運動は，横風と渦管（竜巻）による旋回という二つからなっている．形式的には，任意の非圧縮流れは二つの成分に分離することができる．一つは渦度から誘起される速度場で，$\nabla\cdot\mathbf{u}_\omega = 0$ と $\nabla\times\mathbf{u}_\omega = \boldsymbol{\omega}$，あるいはビオ・サヴァールの法則で定義される．ほかの一つは，ポテンシャル流れで $\mathbf{u}_p = \nabla\phi$，$\nabla^2\phi = 0$ で与えられる．全体の速度場はこの二つの和，$\mathbf{u} = \mathbf{u}_\omega + \mathbf{u}_p$ となる．このような分解をヘルムホルツ分解という．

2.4 乱流の定義

君がとても頭の悪い熊だったとしよう．
そして，さんざん考えた末にいいことを思いついたとしよう．
その思いつきがまだ君の頭のなかにあるうちは，とても素晴しく思えたのに，いったん皆のまえにさらされると，なんだか別物のように見えてくる．

A.A.Milne, The House at Pooh Corner

乱流の分野には，「乱流渦」や「乱流」という言葉を正式に定義することを慎重に避けるという長年の習慣がある．渦を定義した途端にそれまでの概念がすべて溶け去り，完全に錯覚だったことを証明する結果になってしまうことを，まるでおそれているかのようである．ちょうどクマのプーさんの「考え」のように．よろしい，われわれは，すでに渦について解釈を与えたのだから（すなわち，渦度の小さな塊とそれにともなう速度場），今度は乱流の定義に挑戦してみよう．

乱流渦が渦度の小さな塊であるとする考え方は，乱流場の発達を思い浮かべる一つの方法である．乱流は渦（渦度の集合体）であふれている．これらの渦は，速度場によって伸張やねじりを受け，その速度場もまた式(2.28)が示すとおり，その瞬間の渦度分布によって決まっている．このようにして，渦は，誘起された速度場を介して発達し，干渉する．このとき，拡散は渦度勾配が大きい場所だけに限定される．したがって，乱流は，みずからの誘導速度に影響されて激しく絡み合う渦管の集まりとして描くことができるだろう（図2.18）．このことから，われわれは，1961年のコー

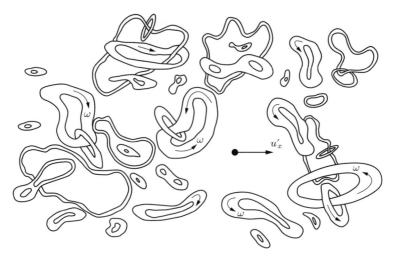

図 2.18 乱流とは干渉し合う渦管の絡み合いと考えられる.

シンの論文の提案に従って，乱流を，次のように定義してもよいかもしれない．

> 非圧縮性乱流とは，それ自体が式(2.31)に従ってカオス的に移流する性質をもった渦度の空間的に複雑な分布である．渦度場は，空間的にも時間的にもランダムで，広範囲にまたがる連続的な長さスケールと時間スケールをもつ．

われわれは，乱流渦の自己移流を記述するのに，（コーシンと違って）ランダムではなくカオス的という表現を使う．これは，乱流が初期条件にきわめて敏感であることを強調するためで，そのために乱流の実験は，二度と厳密に同じ結果になることはない．この初期条件へのきわめて強い敏感さが数学的カオスの特質である．しかし，このカオス的な移流がそれ自体で乱流を保証するものではないことに注意しよう．数個の渦点（四つ五つ程度）は x–y 面内でカオス的に移流することはあり得るが，だからといってそれは乱流ではない．このような渦度分布は空間的に複雑でもないし，広範囲の長さスケールを示すこともないから，われわれの乱流の定義からは除外する．また，カオス的な粒子の軌跡も必ずしも乱流の印ではない[3]．単純でランダムではないオイラー速度場（層流）においてでも，流体粒子がある種のカオス的性質をもった複雑な軌跡を示すことがある．しかし，粒子の軌跡ではなく，渦度自体がカオス的であることが必要なのだから，このような流れもわれわれの定義からは除外する．

---

3) たとえば，Ottino (1989) を見よ．

これで，流体力学への大雑把な導入を終える．次にやるべきことは乱流の定量化である．しかし，この章を終えるにあたって，次の重要なメッセージを述べておく．われわれが「乱流渦」という言葉を使うときは，いつでも，実際は渦度の塊またはシートと，それにともなう速度場を指している．このような塊（渦）は，それ自体と，ほかのすべての渦構造に誘起された速度場のなかで発達する．渦度は，物質自体の移動，または拡散によってのみ広がるから，渦度の塊はしばらくのあいだはまとまって（局在して）いる．運動量 $\mathbf{u}$ の場合には，圧力が瞬時に全空間に運動量を再分配するので，こうはいえない．要するに，乱流とは，式 (2.30) に従って発達する渦管，渦シートまたは渦度の塊が複雑に絡み合ったものである．

もう一つ覚えておくとよいのは，渦度の塊やシートは，それ自体不安定で，じきに複雑な空間構造へと変化することだ．この意味で，図 2.7 のタバコの煙でできたリングや竜巻は典型的である．図 1.8 を考えてみよう．乱流場で煙が上昇するにつれて，ねじれ，曲がり，非常に入り組んだ形になる．煙が渦度場を可視化していると考えれば，乱流場の有益な概念図を思い描くことができるであろう．

演習問題

2.1 円管内を流下する流れが旋回をともなっている．速度場は (r, θ, z) 座標を使って $(0, u_\theta(r), u_z(r))$ で与えられている．渦度を計算し，渦線と渦管をスケッチせよ．

2.2 旋回運動 $(0, u_\theta, 0)$ と，極方向運動 $(u_r, 0, u_z)$ からなる軸対称流を考える．瞬時の速度場が角運動量 $\Gamma = r u_\theta$ と周方向の渦度 ω_θ によって完全に決まることを示せ．次に，

$$\frac{D\Gamma}{Dt} = 0, \quad \frac{D}{Dt}\left(\frac{\omega_\theta}{r}\right) = \frac{\partial}{\partial z}\left(\frac{\Gamma^2}{r^4}\right)$$

となることを示せ．さらに，ω_θ の方程式のわき出し項の起源について説明せよ．

2.3 薄い板が一様流 u_0 に平行に置かれていて，その上に層流境界層が発達している．境界層厚さは $\delta \sim (\nu x/u_0)^{1/2}$ のオーダーであり，速度分布は自己相似形 $u/u_0 = \sin(\pi y/2\delta)$ で近似できる（x 座標は板の前縁から流れ方向に測られている）．渦度分布を計算してスケッチせよ．

2.4 たとえば，煙の輪のような渦輪は，細い円形の渦管としてモデル化されることが多い．渦輪に誘導される速度分布をスケッチせよ（ヒント：$\mathbf{u}$ と $\boldsymbol{\omega}$ は，電流と磁界とのあいだで完全なアナロジーが成立することを思い出すこと．電流は渦度に，磁界は速度に対応する）．静止流体中を渦輪はどのように移動するかを説明せよ．舟を漕ぐときに珍しい渦の動きが見える．オールが水面から引き上げられる直前に，水面に一対の小さなくぼみ（陥没）が現れる．オールが引き上げられて水面から離れると，一対のくぼみは水面に沿って移動する．これらは円弧状の渦（渦輪の半分）の端である．何が起こっているのかを説明せよ．この実験をオールの代わりにナイフかスプーンを用いてやってみよ．

2.5 ポテンシャル流れの速度場は，二つの運動学的関係，$\nabla \cdot \mathbf{u} = 0$ と $\nabla \times \mathbf{u} = 0$ に支配される．同様の式，$\nabla \cdot \mathbf{B} = 0$ と $\nabla \times \mathbf{B} = 0$ は静磁界の分布を決める．そして，実際，数学

の教科書でとりあげられるポテンシャル流れの話題の多くは，19世紀に物理学者によって誘導された磁界の分布に関する議論に端を発している．ポテンシャル流れの速度分布のどこにニュートンの第二法則がかかわってくるのか考えよ．

2.6 図2.9に示されている二次元の熱の塊が広がる速さを見積もれ．次に，円柱背後のカルマン渦列に対して，同じ計算をせよ．

2.7 流れ場のヘリシティーは，

$$H = \int_V \mathbf{u} \cdot \boldsymbol{\omega} dV$$

で定義される．もし，渦線がV内で閉じていたとしたら，そして流体が非粘性だとしたら，Hは運動の際に不変であることを示せ（ヒント：まず，$\mathbf{u} \cdot \boldsymbol{\omega}$の変化を表す式，$D(\mathbf{u} \cdot \boldsymbol{\omega})/Dt = \mathbf{u} \cdot (D\boldsymbol{\omega}/Dt) + \boldsymbol{\omega} \cdot (D\mathbf{u}/Dt)$を導くこと）．

2.8 二つの絡み合った細い渦管を含む流体領域を考える．この領域の正味のヘリシティーを計算し，もし渦管が図2.17にあるように一度だけ絡み合っているときは，

$$H = \pm 2\Phi_1 \Phi_2$$

となることを示せ．ここで，Φ_1，Φ_2はそれぞれの渦管の渦度流束とする．この単純な状況では，非粘性流体中でのHの保存は，渦線の凍結性の直接の結果であることを示せ．

推奨される参考書

[1] Acheson, D.J., 1990, *Elementary Fluid Dynamics*, Clarendon Press. （第5章の渦の動力学に関する見事な概観を参考にすること）

[2] Batchelor, G.K., 1967, *An Introduction to Fluid Dynamics*. Cambridge University Press. （第3章でナヴィエ・ストークス方程式が導入され，第5章と7章で渦の動力学に関する概観が包括的に述べられている）

[3] Ottino, J.M., 1989, *The Kinematics of Mixing*. Cambridge University Press. （この本は，比較的単純な流れにおいて，いかにして流体粒子のカオス的な軌跡が現れるかについて述べている）

第3章　乱流の起源と性質

　これからの時代，人間は知性に目覚め，方程式からその定性的な内容を読みとることができるようになるだろう．いまはできない．いまのわれわれは，水の流れを表す方程式のなかに，回転円筒間に見られるような理髪店のポールのような乱流の構造が秘められていることを見破ることはできない．いまのわれわれは，シュレーディンガー方程式がカエルや作曲家や道徳に関係しているのかいないのかを見ることはできない．いまのわれわれは，神のごとき至上の何かが必要なのかどうかもわからない．だからこそ，われわれは皆，良しあしは別にして強い意見をもつことができる． R. P Feynman (1964)

　乱流には，わからないことが多いというのは控えめな言い方である．われわれは，宗教と同様に，誰でも皆，強い意見をもつことができる．もちろん，このような場合の最終的な決定権は実験事実にある．だから，乱流理論において実験はとくに大切である[1]．実験家は理論家に謙虚であれと教え，アイディアを洗練させ，よりはっきりさせる方法を指し示してくれる．この章では，一つの特別なタイプの実験について多くのページを割いて述べる．それは，風洞内の格子乱流である．多くの点でこれは乱流の典型的な例であり，広く研究されてきた．だから，「乱流は初期条件を記憶しているのか」とか「乱流は統計的な意味で決定論的なのか」といった問題に風をあてるには，それは便利な題材である．

　しかし，そのまえに，乱流遷移や流体におけるカオスのアイディアを，もう一度見なおすことからはじめよう．われわれは，速度が非常に低い場合を除けば，ナヴィエ・ストークス方程式の解はカオス的であるのが普通だということを知っている．この点は，拡散方程式や波動方程式といった，もっと馴染み深い偏微分方程式の場合とはまったく違う．拡散方程式の解について研究することは，刺激的でもなく予測不可能でもない．まるで絵の具が乾くのをながめているのと同じだ．波動方程式の解も，モーツァルトやバッハの愛好家にとってと同様に良性である．これに対して，ナヴィエ・ストークス方程式には何か特別な事情があるように見える．第1章において，流体のカオスの根底にあるのは非線形項 $(\mathbf{u}\cdot\nabla)\mathbf{u}$ であることを述べた．最初の話題

---

[1]　実験事実を無視した理論家にとっての危険は，バートランド・ラッセルによって見事に要約されている．彼は「アリストテレスが，女性は男性より歯の数が少ないと主張した．彼は二度結婚したにもかかわらず，奥様方の口のなかを確かめることを一度もしなかった」ことをあげている．

は，非線形性とカオスと乱流のあいだの関係である．

3.1 カオスの本性

ここでは，カオスについて三つの項目に絞って大まかに論じる．第一に，非常に単純な発展方程式でさえカオス的挙動を示すことがあり得ることを示す．例として，広く研究され，洗練されてきたロジスティック方程式をとりあげる．この式は，線形項と非線形項の両方を含んでいるが，ロジスティック方程式の解のカオス挙動が非線形項からの直接の結果であることを示す．非線形項が相対的に弱い場合は，解の性質は良好である．しかし，非線形項が相対的に大きくなると解は徐々に複雑になる．一連の分岐（急変）を経て，そのたびに複雑になっていく．最後には，解は事実上，予測できないほど錯綜し，複雑になってしまう．要するに，解はカオス的になる．

第二の話題は，この「カオスへの遷移」が，なにもロジスティック方程式に特有のものではないということだ．むしろ，非線形方程式に一般に見られる特徴なのである．このことは，われわれを乱流遷移に対するランダウの理論に導く．それによると，Re の増大とともに層流が一連の分岐を経て徐々に複雑化する．とくに，ランダウは無限回の分岐を想定し，第 n 分岐から次の分岐へと移行する際の Re のジャンプ $[\Delta \mathrm{Re}]_n$ は，n が増加するにともなって徐々に小さくなると考えた．このようにして，Re$\to\infty$ にともなって無限回の分岐が（ますます複雑な状態に向かって）起こる．あるいは，もしかしたら，有限な Re の範囲でも起こるのかもしれない．乱流遷移のこの描像は，いまでは単純化しすぎだと考えられている．しかし，少なくともある種の形状に関しては，乱流の発生についての本質を捉えている．

第三かつ最後の話題は，より熱力学的な色彩のもので，古典的統計力学の古くからのジレンマにさかのぼる．この話題は，いわゆる時間の矢に関するものである．乱流によるカオス的混合は，ナヴィエ・ストークス方程式の非線形性によることはすでに述べてきた．もし，これが本当なら，非粘性の運動方程式（オイラー方程式）の解もまた同じような性質，すなわち，渦度のような任意の凍結されたマーカーが連続的に混合されるという性質を示すものと予想される．しかし，オイラー方程式は時間の逆転が可能で，オイラー流れの計算機シミュレーションを過去に向かって時間をさかのぼっていっても，またオイラー方程式に従って発展する解が得られる．たとえば，二次元のオイラー流れのシミュレーションにおいて，最初に左側の流体を赤に，右側の流体を青に色づけしたとしよう．シミュレーションが進行するにつれて色は混ざりはじめる．しばらくしてシミュレーションを止め，今度は動画を逆に流すように，シミュレーションを逆に進めてみよう．今度は，流体が初期の状態にもどるのに合わせ

て色も分離するであろう．この「逆向きの流れ」もオイラー方程式の解なのだ．このように，オイラー流れでも一方的に混合が強まるだろうという（疑わしい）予想は，オイラー方程式の本質的な性質と矛盾するように見える．見かけ上，時間の進行方向を区別できない発展方程式から，実際，どうやって混合が一方的に進むという結果が導けるのだろうか．これが第三の話題である．

カオス理論と乱流との関係に関する文献は数多い．ここでは，かろうじてこの話題を表面的になぞるだけとする．しかし，興味がある読者は，Drazin (1992) による，この問題に関するもっと詳しい記述を参考にするとよい．さて，非線形性とカオスの関係から話をはじめよう．

3.1.1 非線形性からカオスへ

第1章で，乱流遷移について述べた．たとえば，テイラーやベナールの実験では，ν の減少とともに流れは徐々に複雑化していくことを知った．このタイプの実験に対する適切な無次元パラメータを R という記号で書くとする．テイラーの実験では $R = (\mathrm{Ta})^{1/2}$，レイノルズの実験や円柱まわりの流れでは $R = \mathrm{Re}$ であった．どちらの場合も，$R \sim \nu^{-1}$ である．テイラーやベナールの実験では，R がある臨界値に達すると基本流の形は不安定になり，比較的単純な別の流れへと分岐（変化）する．少しだけ R を増加させると，この新しい流れ自体も不安定となり，より複雑な流れにかわる．一般に，R の増加とともに徐々に複雑さが増し，最後に完全な乱流となるようだ．第1章では，このカオスへの遷移がナヴィエ・ストークス方程式の非線形性の結果であることを強調した．

もちろん，カオス的挙動は流体力学だけのものではない．カオスは多くのもっと単純な系，たとえば機械，生物，化学の分野でも見られる．必要なのは，系が非線形であることだけだ．おそらく，カオスを導くもっとも簡単な非線形方程式の例は，ロジスティック方程式であろう．われわれは，しばらくのあいだ，本論から離れて，その性質について考えよう．簡単な代数方程式,

$$x_{n+1} = F(x_n) = ax_n(1 - x_n) \quad (1 < a \leq 4) \tag{3.1}$$

が，1845年にヴェルフルスト (Verhulst) によって，生物種の集団の成長モデルとして導入された．この式で，x_n（第 n 世代の無次元個体数）は，0と1のあいだの任意の数である．このタイプの差分方程式は，$\dot{x} = G(x)$ の形の常微分方程式 (ODE) と多くの点で類似している．実際，$\dot{x} = G(x)$ の差分法による数値解析では，$x_{n+1} = F(x_n)$ の形の差分形式にし，そのとき，整数 n は時間の役目を果たす．ODE の定常解に対応するのは $X = F(X)$ の形の解，すなわち，$X_{n+1} = X_n$ である．このような解

のことを差分方程式の定点という．ロジスティック方程式(3.1)の場合，定点は $X = 0$ と $X = (a-1)/a$ である．

さて，ODE の定常解が不安定になり得るのと同様に，定点も不安定であり得る．δx を無限小の攪乱とするとき，$x_0 = X - \delta x$ が X から遠ざかる点列，$x_0, x_1, \cdots, x_n$ を与える場合，定点 X は線形不安定であるという．ゼロ点 $X = 0$ は $a > 1$ のすべての a に対して不安定であるが，$X = (a-1)/a$ は $1 < a \leq 3$ のとき線形安定，$a > 3$ のとき不安定であることが容易に示される（演習問題3.2 を見よ）．

$a > 3$ のとき，なにかおもしろいことが起こる．定点 $X = (a-1)/a$ が安定性を失うと同時に，新たな周期解が現れる．これは，$X_2 = F(X_1)$ および $X_1 = F(X_2)$ の形をしており，変数 x_n は X_1 と X_2 のあいだを飛び移る．

$$X_1, X_2 = \frac{a+1 \pm ((a+1)(a-3))^{1/2}}{2a}$$

となることの証明は読者にゆずる（演習問題3.1）．このような周期解を F の「2サイクル」とよび，定点解がフリップ分岐によって2サイクルに分岐するという．2サイクルは，$3 < a \leq 1 + \sqrt{6}$ の場合に線形安定となる．フリップ分岐は図3.1（a）に示されている．

もちろん，線形（微小攪乱）理論では，任意の大きさの x_0 から出発した反復が最終的にどうなるかについては何もわからない．それでも，x_0 が $0 < x_0 < 1$ の範囲にある場合には，$1 < a \leq 3$ なら反復によって定点 $X = (a-1)/a$ に収束し，$3 < a \leq 1 + \sqrt{6}$ なら2サイクルに収束することを示すことができる．つまり，$1 < a \leq 3$ に対しては $x_0 \in (0,1)$ というアトラクター領域をもつ定点に，$3 < a \leq 1 + \sqrt{6}$ に対しては同様のアトラクター領域をもつ2サイクルになるということである（図3.1（a））．

以上は，$a < 1 + \sqrt{6} = 3.449$ の場合であった．$a = 3.449$ のときは，4サイクルとよばれるさらに複雑な周期状態へと分岐する．この場合，x_n は解曲線の4本の分枝のあいだを飛び移る（このタイプの遷移は倍周期化とよばれる）．$a = 3.544$ ではまた別の，さらに複雑な周期解（8サイクル）への分岐が起こる．じつは，倍周期分岐は無限に繰り返され，ますます複雑な状態になる．そして，これらすべては，$3 < a < 3.5700$[2] の範囲で起こる．それでは，a がこれより大きい場合にはどうなるのだろうか．そう，$a > 3.5700$ では解は非周期的となり，x_n の列はランダム変数のサンプルとみなせるという意味でカオス的になる．

カオスは，$a > 3.5700$ に対するルールではあるが，カオスの海のなかには静寂な

---

[2] この一連の倍周期分岐は，ロジスティック方程式の解だけにとどまらない．そのほかの多くの非線形系でもまったく同様のことが起こり，ファイゲンバウム列とよばれている．支配パラメータの狭い範囲で無限回の分岐が起こる点に注目すべきである．

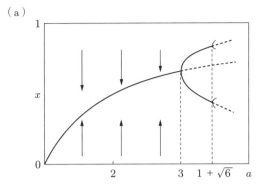

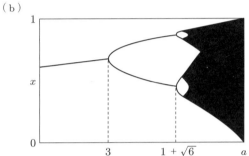

図3.1 (a) ロジスティック方程式の繰り返し計算. 最初の分岐のみが示されている. 実線は安定な定点と2サイクル, 点線は不安定な定点と2サイクルを示す. (b) ロジスティック方程式の繰り返し計算. 最初の2回の分岐のみが示されている.

島々がある. とくに, 3.5700 < a < 4 の範囲には周期性が再び現れる狭い窓 (a の小さな区間) がある. 実際, このような窓のほとんどは, きわめて小さいが無数に存在する.

a > 3.5700 に対するロジスティック方程式の挙動についてのあるヒントが, a = 4 という特別な場合を考えることによって得られる (von Neumann (1951)). とくにこの場合には厳密解が求められる. $x_n = \sin^2(\pi\theta_n)$ を考える. ここで, θ_n は $0 \le \theta_n < 1$ の範囲に限定され, θ_{n+1} は $2\theta_n$ の小数部分とする. すると,

$$x_{n+1} = \sin^2(\pi\theta_{n+1}) = \sin^2(2\pi\theta_n) = 4\sin^2(\pi\theta_n)\cos^2(\pi\theta_n)$$

となり, これは期待どおりに,

$$x_{n+1} = 4x_n(1 - x_n)$$

の解になっている．したがって，$a = 4$ に対する解は，単純に $x_n = \sin^2(2^n \pi \theta_0)$ となる．この解の性質を調べるために，$0 \leq \theta_0 < 1$ であることを考慮して，θ_0 を二進数，

$$\theta_0 = \frac{b_1}{2} + \frac{b_2}{2^2} + \frac{b_3}{2^3} + \cdots$$

で表す．$b_i = 0$ または1である（$1/2 + 1/4 + 1/8 + \cdots = 1$ なので，このような展開が可能であり，b_i のどれかを0とおけば0と1のあいだの任意の数を表現できる）．明らかに，

$$\theta_1 = \frac{b_2}{2} + \frac{b_3}{2^2} + \frac{b_4}{2^3} + \cdots$$

$$\theta_2 = \frac{b_3}{2} + \frac{b_4}{2^2} + \frac{b_5}{2^3} + \cdots$$

$$\theta_3 = \frac{b_4}{2} + \frac{b_5}{2^2} + \frac{b_6}{2^3} + \cdots$$

$$\vdots$$

である．

θ_n がもつこの性質は，ベルヌーイシフトとして知られ，もし，θ_0 が無理数なら θ_n は非周期となることを示すのに用いることができる．反対に，もし，θ_0 が有理数なら θ_n は周期的，すなわち，ある p に対して $\theta_{n+p} = \theta_n$ となるか，または有限なステップのあとに $\theta = 0$ となる．たとえば，$\theta_0 = 1/3$ なら 2 サイクル，すなわち $1/3, 2/3, 1/3, \cdots$ となり，$\theta_0 = 1/4$ なら $1/4, 1/2, 0, 0, \cdots$ となる．もちろん，すべての周期列は不安定である．なぜなら，任意の有理数 θ_0 に対して，その任意の近傍に無理数を見つけることができるからである．このように，周期解は，初期条件をわずかに変化させることによって非周期解にかえることができる（これらの不安定な p-サイクルは，$3 < a < 4$ において生じる安定な p-サイクルの続きである）．さらに，n を十分大きくすれば，それぞれの非周期列 θ_n を，結局は $(0, 1)$ の範囲の任意の点にいくらでも近づけられることを示すことができる．どのような数値実験も打ち切り誤差を含むし，どのような実験でも不完全さを避けられないから，不安定な周期解よりも，普通に起こる非周期解のほうが実際には重要である．

次に，無理数からなる初期条件から発生した二つの無限列，θ_n と θ_n^* を考えよう．$\gamma_n = \theta_n - \theta_n^*$ を二つの列の差，$\gamma_0 = \varepsilon$ とし，ε は小さいものとしよう．このとき，n の増加とともに γ_n は指数関数的に増大することが示される．つまり，初期には近かった二つの列が指数関数的な速さで隔たっていくのである．この初期条件への極端な敏感さがカオスの顕著な特徴であり，$a = 4$ に限ったものではないし，さらにロジスティック方程式に限ったものでもない[3]．

上の議論で，十分長時間にわたって放置しておけば，θ_n，したがって x_n は，$(0,1)$ の範囲のすべての点を通る（あるいは近づく）ことがわかった．事実，θ_0 を無理数とすれば，θ_n は，範囲内のすべての点を同確率で通るランダム変数のサンプルとみなせることを示すことができる．このことから，x_n もまたランダム変数のサンプルとみなせると結論づけられる．それだけでなく，その確率密度関数 (pdf, probability density function) は，

$$f(x) = [\pi^2 x(1-x)]^{-1/2}$$

となる（$f(x)$ のような確率密度関数は，x が $(x, x+dx)$ のあいだの値をとる確率が $f(x)dx$ となるように定義されている）．したがって，平均的に見ると，x_n は $(0,1)$ の範囲の中間よりも両端近くの値をとりやすい．

まとめると，$a=4$ のとき，点列 x_n は原理的には簡単な決定論的方程式，

$$x_{n+1} = 4x_n(1-x_n)$$

によって決まる．しかし，実際には，x_n はあたかもランダム変数のサンプルであったかのようにカオス的に飛びまわる．その意味で，このタイプのカオスは決定論的カオスとよばれる．さらに，x_n の列は初期条件に極端に敏感で，わずかに異なる二つの初期状態は指数関数的に隔たる二つの列を生む．このように，微小な打ち切り誤差が本来の計算を台無しにしてしまうので，われわれは実際のところ，この列を長い時間追跡することはできない．一方，x_n の統計的性質は思ったより単純である．

このように，簡単なロジスティック方程式は，分岐，倍周期化，ファイゲンバウム列，決定論的カオスといった複雑な現象を含んでいる．これらすべては，一見，良性に見える方程式に，そして，その非線形性に端を発しているのだ．これほど単純な差分方程式が，これほど豊富な挙動を示すのだから，ナヴィエ・ストークス方程式が竜巻や乱流など，さまざまな現象を具現化することは驚くにはあたらない．

図 3.1（b）のカオス領域の定性的な特徴の一つは，初期条件に対する極端な敏感さで，乱流についてのわれわれの経験とも合っている．x_0 のわずかな変化が x_n の軌跡に大きな変化をもたらし，この点は乱流においても同様だ（図 1.9）．このほかに，個々の軌跡の複雑さと系の統計的性質の単純さという際立った対比も似ている．最後

3）一般に，非線形差分方程式においては，x_0 に小さな攪乱 ε が加わると，解軌道がもとのものから $\varepsilon \exp(\lambda n)$ の速さで隔たっていく．ここで，定数 λ はリアプノフ指数とよばれる．ロジスティック方程式の場合 ($a=4$)，この敏感さは上述の θ_1, θ_2 などに対する二進展開によく現れている．係数 b_{10} を 1 から 0 に，あるいはその逆にかえることによって θ_0 に攪乱を与えたとしよう．一般に，この操作では，θ_0 はほんの少ししか変化しない．しかし，たった 10 回の反復で，この θ_0 に与えたわずかな変化が，θ_{10} に一次のオーダーの変化をもたらす．一般に，無理数からなる二つの初期条件 θ_0 と $\theta_0 + \varepsilon$ は，$\varepsilon 2^n$ の割合で隔たっていく．

に，テイラーとベナールの実験において，ν^{-1}の増加にともなって次々とより複雑な状態に移行し，最終的にカオス状態に至ったことを思い出そう．そればかりでなく，このような遷移においても倍周期化がときどき認められるのである．これもロジスティック方程式を想起させる．それなら，生物個体数の増加から乱流遷移への飛躍が許されるのか．この点について，次項でもう少し詳しく述べる．

3.1.2 さらに分岐について

　乱流運動については異なる視点から広く議論されてきたが，その核心についてはまだ十分に明らかになったとはいえない．乱流の発生段階について徹底的に調べれば，この問題に新しい光をあてることができるだろうと私は考えている．　　　　　　L. Landau (1944)

　分岐の理論が水力学的不安定性の説明に適当かもしれないという考えは，多分，最初はホップによって 1942 年に示唆されたと思われる．しかし，乱流遷移の初期段階における分岐の役割についての論争の口火を切ったのは，おそらく，ランダウであろう．そこでまず，ランダウの理論 (1944) からはじめよう．

　水力学実験において，微小攪乱が最初に成長を開始する支配パラメータ R の臨界値を R_c とする．たとえば，R_c はテイラーセルが最初に現れる $(T_a)^{1/2}$ の臨界値などに相当する．$A(t)$ と σ を，$R = R_c$ においてはじまる正規不安定モードの振幅と成長率とする．線形（微小攪乱）理論に従うと，

$$A(t) = A_0 \exp[(\sigma + j\omega)t]$$

である．いま，そのほかの正規モードがすべて安定となるように，$R - R_c$ を小さくしておく．$R < R_c$ で $\sigma < 0$，$R > R_c$ で $\sigma > 0$ である．このとき，c をある定数とすると，

$$\sigma = c^2(R - R_c) + O[(R - R_c)^2], \quad |R - R_c| \ll R_c \tag{3.2}$$

であることがわかる．不安定モードが成長すると，すぐに大きくなって平均流をゆがめるまでになる．こうなると微小攪乱法はもはや使えなくなり，A の大きさ（多周期にわたっての平均）は，

$$\frac{d|A|^2}{dt} = 2\sigma|A|^2 - \alpha|A|^4 - \beta|A|^6 + \cdots \tag{3.3}$$

によって決まることをランダウは示唆した．$|A|$ があまり大きすぎないとすると高次の項が省略できて，ランダウの式，

$$\frac{d|A|^2}{dt} = 2\sigma|A|^2 - \alpha|A|^4 \tag{3.4}$$

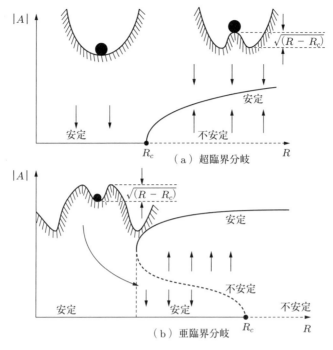

図3.2 分岐とその機構

が得られる．係数 α はランダウ定数とよばれ，ランダウは外部流では $\alpha > 0$，円管流では $\alpha < 0$ であることを示唆した．$\alpha = 0$ のときは線形となるから，$\alpha|A|^4$ は攪乱の非線形的な自己相互作用を表し，成長率を高めたり低めたりする．おもしろいことに，式(3.4)は，ロジスティック方程式にどこか似ている．

ランダウ方程式のよい点は，厳密解，

$$\frac{|A|^2}{A_0^2} = \frac{e^{2\sigma t}}{1 + \lambda(e^{2\sigma t} - 1)}, \quad \lambda = \frac{\alpha A_0^2}{2\sigma} \tag{3.5}$$

をもっていることだ．この解の形は，α の符号によって決まる．まず，$\alpha > 0$ の場合を考えてみよう．$R < R_c$ なら $t \to \infty$ で $|A| \to 0$，$R > R_c$ なら $t \to \infty$ で，$|A| \to (2\sigma/\alpha)^{1/2} = A_\infty$ である．これを超臨界分岐といい，図3.2（a）に描かれている．$\sigma \sim (R - R_c)$ だから，$A_\infty \sim (R - R_c)^{1/2}$ である．このように，流れは $R > R_c$ で線形不安定でも，すぐに別の新しい層流運動がはじまり，もとの流れと新しい流れの差は $(R - R_c)^{1/2}$ に従って，R とともに大きくなる．この挙動は同心回転円筒間のテイラーセルを思わせる．

$\alpha < 0$ の場合には，状況はまったく異なる（図3.2（b））．$R > R_c$ では，攪乱は非常に急速に成長し，有限時間 $t^* = (2\sigma)^{-1}\ln[1 + |\lambda|^{-1}]$ のうちに，$|A| \to \infty$ となる．

もちろん，t^*よりはるか手前でランダウ方程式は成り立たなくなり，$-\beta|A|^6$のような高次の項を考慮しなければならなくなる．これらの高次項の影響は，図3.2（b）において実線で示したように，振幅が大きくなると攪乱が再び安定化するという形で現れる．すなわち，$R<R_c$では，もし$A_0<(2\sigma/\alpha)^{1/2}$すなわち初期攪乱が小さければ，$t\to\infty$で，$|A|\to 0$を得る．しかし，$A_0>(2\sigma/\alpha)^{1/2}$すなわち十分強い攪乱を受けた場合は，有限時間内に$|A|\to\infty$となる（もちろん，こうなるよりずっと以前に，高次項の影響が現れて成長は鈍化する）．これを亜臨界分岐という（図3.2（b））．$\alpha<0$の場合についてまとめると，$R>R_c$の領域は線形的にも非線形的にも不安定であり，$R<R_c$では線形的には安定だが，初期攪乱が十分大きい場合は非線形不安定である．この種の挙動は，円管内の乱流遷移を思い起こさせる．

ランダウは，$R-R_c$が小さいといえなくなったらどうなるかについて，さらに推測を続けた．超臨界分岐に対しては，$R-R_c$の増加にともなって最初の分岐の結果，現れる流れがそれ自体不安定になり，さらに別のもっと複雑な流れが現れることを示唆した．彼は，Rの増加とともに分岐を繰り返しながらだんだんに複雑な（しかし，層流の）流れが現れると予想した．彼はまた，分岐と次の分岐のあいだのRの差が急速に減少し，急速に流れは複雑かつ混乱状態に陥ることを示唆した．乱流とは，どうやら，無限回の分岐の結果らしい．このアイディアは，とくにロジスティック方程式の挙動から考えても魅力的だ．しかも，ランダウは，カオス理論が発展するより30年もまえに，これを提案したということは注目すべきである．しかし，乱流遷移としては，これはあまりに単純すぎることはあとでわかる．

ランダウの推測の2年前に，ホップは常微分方程式の分岐について研究していた．いまではホップ分岐として知られているものは，ある意味でランダウの超臨界分岐の一部である．このような分岐のおもな特徴は，システムの分岐が定常ではなく振動的だという点である．たとえば，Taのある値で，突然，現れる非定常テイラー渦は，ホップ分岐を表していると予想できる．ホップ分岐から発生する周期性は，リミットサイクルとよばれる．

1944年のランダウの論文は，非線形性の影響に関する定性的理解を得る方法についてのファインマンのよびかけに答える最初の（先制的な）ステップという意味で注目される．しかし，ランダウの描像はやや単純すぎていて，実際ははるかに複雑である．たとえば，ランダウは，$3<a<3.57$のロジスティック方程式で起こるような分岐の繰り返しによって，次第にランダム化することは予見していたが，$a=3.57$で起こるような突然のカオス的挙動への移行は予見していなかった．新たな個々の周波数は分岐によってもたらされるとはいえ，むしろ，彼は乱流をいろいろな異なる周期とランダムな位相をもった非常に多くの「モード」の重ね合わせであるとした．その

うえ，ロジスティック方程式によって示される無限回の分岐は，カオスへの多くの道のりの一つにすぎないのだ．事実，いまではカオスや乱流へのルートはたくさんあるらしいと考えられている．一つのシナリオは，3回ないし4回のホップ分岐でカオス運動に至り，フーリエ変換を用いて解析すると連続スペクトルが得られる．もう一つのルートとして，本来は，規則的な状態のなかでの間欠的なカオスの出現が考えられる．

3.1.3 時間の矢

あなたのお気に入りの宇宙論がマクスウェル方程式に反することを，もし誰かが指摘したとしたら ― まあ，マクスウェル方程式なんて所詮そんなものだ．もし，観察結果と矛盾することがわかったとしたら ― そう，実験というものはときどき物事をめちゃくちゃにすることもある．しかし，もし，あなたの理論が熱力学第二法則に反することがわかったとしたら絶望的だ．最悪の屈辱のなかに崩れ去るしかない． A. S. Eddington (1928)

ナヴィエ・ストークス方程式におけるカオスの源として，われわれは慣性項 $(\mathbf{u}\cdot\nabla)\mathbf{u}$ を名指しした．この非線形性により誘起されたカオスこそ，たとえば染料などの物質を急速に混合する能力を乱流に与える．乱流中に赤い染料をたらすと次第に混ざるとあなたはきっというだろう．最初は渦運動によってもつれ合ったスパゲティのような筋状になるだろう．次に，筋が十分細くなると拡散が活発になり，赤いスパゲティは崩れてピンクの集団になるだろう．この乱流混合はカオス的な移流によって起こる．われわれの主張は，このカオスが非線形性からくるということである．最初に混乱状態にあった染料が，乱流によって混合とは逆に小さな塊に集められるという状況を想像するのは確かに難しい．非線形性により生じたカオス的移流が乱流に，あたかも「時間の矢」を与えたかのように見える．

しかし，この議論には一つの問題がある．非線形性がカオスの原因なのだから，オイラー方程式，

$$\frac{\partial \mathbf{u}}{\partial t} + (\mathbf{u}\cdot\nabla)\mathbf{u} = -\nabla\frac{p}{\rho}$$

に支配される乱流も同じく「時間の矢」を示すのではないかと期待される．すなわち，流体やそれに乗って移動する物質を次々にかき混ぜるという性質を示すのではないか．そこで，思考実験をしてみよう．非常に正確なコンピュータと，オイラー方程式の時間進行を実行できるコードがあるとする．ある箱のなかに乱流の速度場を初期条件として与え，計算を開始したとする．乱流混合を可視化するために左半分の流体の粒子すべてに青のマーカーを，そして右半分の流体に赤のマーカーをつけたとする．

計算を開始すると，当然，カオス的運動によって二つの色は混ざりはじめる．しばらくしたら計算を止め，時間を逆転させる．すなわち，t を $-t$ に，$\mathbf{u}=d\mathbf{x}/dt$ を $-\mathbf{u}$ におき換える．そして，再び計算を開始する．すなわち，時間を逆にさかのぼる．もし，コンピュータが無限に正確で一切の打ち切り誤差を含まないとしたら，計算は映画フィルムを巻きもどすかのように進むであろう．流体は混合とは逆に進み左が青，右が赤の状態に徐々にもどるであろう．さて，そこで問題は何かを考えてみよう．逆向きのオイラー方程式，すなわち t を $-t$ に，$\mathbf{u}$ を $-\mathbf{u}$ におき換えた，

$$\frac{\partial \mathbf{u}}{\partial t} + (\mathbf{u}\cdot\nabla)\mathbf{u} = -\nabla\frac{p}{\rho}$$

について調べてみよう．時間を逆にしてもオイラー方程式の形はかわらない．それがまさに問題なのだ．計算をいったん止めて $\mathbf{u}$ を逆転させたとき，われわれは，ただ新しい初期条件を与えたにすぎない．その後，逆向きに時間進行する間に，染料は混ざるのではなく分離した．まえとまったく同じ方程式を積分したのだから，徐々に混合は進み，より不規則な状態を生み出すものと信じていたにもかかわらずである．しかも実際に観察すると，乱流はつねにより不規則な状態へと変化するのである．

ここでは二つの点が見逃されていて，このことを考慮するとわれわれのジレンマは解消する．第一の点は，すべての流体は有限な粘性をもっていて，われわれの直感はすべて粘性流体中の乱流に関係していることだ．第二の点は，混合が活発になることについて，統計的な見込みと絶対的な確実さを区別しなければならないことだ．

まず，第二の問題について考えてみよう．同様のジレンマは古典統計力学においても起こる．基礎的レベルでは，物理学の古典的法則は時間を逆転させてもかわらない．これは，オイラー方程式（つまり，ニュートンの第二法則）とまさに同じである．しかし，熱力学の巨視的な法則は時間の矢をもっている．孤立系ではエントロピー（不規則性）は増加する一方である．われわれのコンピュータ・シミュレーションと熱力学とのアナロジーは，次のようなものである．一つの箱に，たとえばヘリウムと酸素のような二種類の気体が詰められているとする．$t=0$ ではすべてのヘリウムが左側に，すべての酸素は右側にあるとする．次に，気体の混合が許されたとしたら何が起こるだろうか（気体を仕切っていた膜を突然破る）．時間経過とともに気体はどんどん混ざり合い，熱力学第二法則に従ってエントロピーが増大する．ここで，われわれは神に祈る．突然，実験を止め，時間とすべての分子の速度を逆転させる．気体は分離しはじめて，混ざり合うまえの状態にもどるであろう．しかし，気体の後退発展を支配する方程式は，自然の発展（前進発展）を支配する「現実の」方程式となんらかわらない．すなわち，t を $-t$ におき換えても何もかわらず，古典物理学の基礎方程式のままなのである．それにもかかわらず，エントロピー（不規則性）は時間を

逆に進めるにつれて減少するように見える．われわれは，熱力学第二法則に違反したのだろうか．いや，違反してはいないというのがわれわれの共通の理解である．第二法則は，確率について述べているだけなのだ．統計的に見れば，不規則さはきわめて増加しやすい．しかし，ある初期条件では例外的に不規則性ではなく，規則性が増すことも考えられるのだ．そして，気体中のすべての分子運動を突然止めて速度を逆転させることは，まさにこの例外的な初期条件を与えることなのである．

本質的に同じことが，オイラー方程式の数値シミュレーションについてもいえる．計算を突然止めてすべての流体粒子の速度を逆転させることによって，例外的な初期条件，すなわち，乱れの影響で不規則性ではなく規則性を生み出すような初期条件がつくられたのである．しかし，この思考実験を実現することは困難だ．コンピュータを止めて時間を逆転させたとき，打ち切り誤差が紛れ込んでくる．そのために，逆方向に時間進行するあいだに，正しい「逆の解軌道」からどんどん離れていってしまう．不完全な逆転によって生まれた初期条件は，どうやら例外というより，むしろ普通のタイプのようで，逆進行のあいだにますます不規則になるらしいのである．

支配方程式が逆転可能であるにもかかわらず，系の統計的挙動は時間の矢をもっているというこの考えは，乱流の完結モデル構築の際に重要になる．オイラー方程式は時間の逆転が可能であるが，統計的完結モデルは非粘性であっても，時間の矢をもっていなければならない．たとえば，準正規スキームのようないくつかの初期の乱流モデルでは，このことが考慮されておらず，第8章で見るように，これが問題を引き起こしていた．

さて，われわれのもともとのジレンマ，すなわちオイラー方程式の逆転可能性と，乱れはつねに不規則な方向へ向かわなければならないという直感のあいだのギャップに話をもどそう．そこには，もう一つ指摘すべきことがある．すべての実在流体は有限な粘性をもっており，ナヴィエ・ストークス方程式はオイラー方程式と違って時間の逆転は許されない．乱流におけるカオスは非線形の慣性力にドライブされていること，および粘性力は非常に小さいことは事実である．しかし，あとでわかるように，粘性をいくら小さくしても粘性応力は相変わらず決定的な役割を果たす．それは，小スケールにおいて，理想流体では実現するはずがない渦線の切断や再結合という形で作用する．

まとめると，オイラー方程式が時間逆転可能という事実と，乱れは混合が強まる方向に進み，その主たる駆動源は方程式の非線形性に端を発するカオスであるという観念とは矛盾しない．一方，非粘性方程式は時間逆転が可能であるということと，統計的性質が不規則性にのみ向かうという不可逆性とは矛盾しないこともわかった．一方，すべての実在流体がもつ，小さいといえども有限な粘性が，流体の実際の運動方

程式が結局は不可逆であることを保証している．

これが，数学的カオスについてのおおよその結論である．しかし，最後に少し注意しておきたい．カオス理論のほとんどの研究は，少数の自由度しかもたないモデル方程式にもとづいている．ほとんど無限の自由度をもつ乱流の開始と，もちろん乱流自体にこれらのモデルがどう関係しているかはまだはっきりしていない．たとえば，カオスは必ずしも乱流を意味しない．水道の蛇口でも滴る水をカオス的にすることはできる．カオス理論の熱狂的信者はカオス理論の出現によって，「乱流の問題」がすべて解明されたという．しかし，熱心な乱流研究者のほとんどは，この主張をはっきりと否定している．カオス理論は，単純な非線形方程式（ナヴィエ・ストークス方程式）がカオス解を導くことができるということをわれわれに教えてくれた．それは，流体カオスへの有力なルートとして大いに参考になるが，完全に発達した乱流についてはこれまでのところほとんど何も教えてくれていない．カオス理論と乱流とのあいだのギャップはまだまだ大きく，今後，相当期間にわたってこの状態は続くであろう．

3.2 自由発達乱流のいくつかの基本的性質

多自由度かつ相互作用のある動力学系は，統計的に見れば（完全ではないにしても）初期条件に無関係な状態に漸近する傾向があるとわれわれは信じている．

G. K. Batchelor (1953)

今度は，風洞乱流に目を向けよう．普通，それは，乱れのない気流が格子や金網を通過する際に生まれる．いろいろな意味で，この流れはもっとも単純かつ純粋な乱流といえる．すなわち，いったん乱れが発生すると，そのあとは，ほぼ一様な平均流と乱れとのあいだにほとんど相互作用がない．平均流の作用は風洞内で乱れを運ぶことだけである．実際，格子乱流の挙動は大きな容器内で流体を激しくかき混ぜて放置した場合に見られるのとほとんど同じだ．このような乱流を自由発達乱流とよぶ．ある意味では，これは特殊な例で，噴流，後流，境界層などのもっと複雑な流れでは，平均流が乱れにエネルギーを供給するという形で相互作用がある．このようなもっと複雑な問題については，次の章でとりあげよう．ここでは，より単純な環境で乱流構造を調べることができるという理由で，自由発達乱流に話題を限る．

格子乱流については，膨大な量の実験データが長年にわたって蓄えられてきた．これらのデータは「乱流理論」の評価に用いられる．もし，理論がデータと一致しなければ，その理論は却下されなければならない．乱流は決定論的かどうかといった問題に至るまで，数々の問題について論じる道具として，われわれは格子乱流を用いる．

また，乱流は，多分，ある普遍的な性質をもつであろうといった，乱流の最終的な状況に関心がある限り，初期条件の厳密な詳細は重要ではないとするバチェラーの主張についてもあらためて考えてみることにする．とくに，「乱流はどのくらいのことを記憶しているのか」，また，「統計的性質のいくつかは普遍的なのか」，と問いかけてみよう．この節の内容は，以下のように分類できる．

1. いろいろな発達段階

ここでは，初期の渦の並びからどのようにして完全発達した（成熟した）乱流に発達するのかについて述べる．完全に発達した乱流は積分スケール l からコルモゴロフのマイクロスケール η までの，広範囲の長さスケールをもっていることを強調する．エネルギーは大規模渦（積分スケール）に集中する一方，散逸はおもに η 程度の小スケールの渦に限定される．

2. 完全発達乱流におけるエネルギー散逸率

ここでは，第1章1.6節で最初に述べたエネルギーカスケードの考え方について，もう一度考える．エネルギー散逸の割合について議論し，この減衰が（Re が大きければ）ν に無関係であるという奇妙な結果についてふれる．エネルギーカスケードにおいて，粘性は受動的役割しかもたないことを強調する．すなわち，粘性は大スケールから小スケールに受け渡されたエネルギーを吸いとるだけなのである．

3. 乱流はどのくらいのことを記憶しているのか

乱流は短時間の記憶しかなく，自分がどこから生まれたのかをすぐに忘れてしまうとよくいわれる．この節では，これが必ずしも正しくない理由について説明する．乱れた集団は，その発達のあいだ，ある種の情報を保ち続けている．たとえば，かつてどのくらいの運動量や角運動量をもっていたかなどを記憶しているのかもしれない．

4. 統計的アプローチの必要性とさまざまな平均化手法

第1章では，$\mathbf{u}(\mathbf{x}, t)$ はカオス的で予測不可能であるのに対し，$\mathbf{u}$ の統計量はどの実験でも完全な再現性があることを強調した．このことは，いかなる乱流理論も統計的なものでなければならないことを暗示しており，このような理論の最初のステップは平均化の方法をはっきりさせることである．乱流理論では，さまざまなタイプの平均化手法が用いられており，それらについてこの節で論じる．

5. 速度相関，構造関数，エネルギースペクトル

ここでは，乱流場の瞬時の特徴を表現するのに用いられる，数々の統計的パラメータを紹介する．とくに，乱流理論における主要パラメータである速度相関関数につい

て述べる．この量を見れば，ある位置での速度成分が別の位置での速度成分とどの程度関係しているのかがわかる．速度相関関数のフーリエ変換からエネルギースペクトルとよばれる統計量が得られる．これは，いろいろなサイズの渦を識別するのにとくに便利である．

6. 漸近状態は普遍的か．コルモゴロフ理論

ここでは，成熟した乱流がある普遍性をもっているのかどうかについて考える．その結果，コルモゴロフ理論（おそらく，乱流におけるもっとも有名な理論）に行きつく．この理論は，運動エネルギーがどのようにしていろいろなサイズの渦に振り分けられるのかを予測する．

7. 速度場の確率分布

最後に，$\mathbf{u}(\mathbf{x}, t)$ の確率分布について考える．ここでは，確率分布がどの程度ガウス分布として扱えるかについて調べる．ガウス分布はいくつかのヒューリスティックモデルの根拠となっている．実際は，乱流はガウス分布ではないことがわかるだろう．この点は，ある種の完結モデルにとって大きな問題である．

以下の議論は，ほぼ完全に定性的ではあるが，これら七つのサブセクションのなかには非常に多くの重要な情報が詰め込まれている．そのいくつかは経験的であり，また，いくつかは演繹的である．議論は格子乱流の枠内で行われるが，概念にはきわめて高い一般性があるので，あとに続く数学的な記述の章に進むまえにしっかりマスターしておくのがよい．

3.2.1 いろいろな発達段階

乱流を，発展方程式(2.31)に従ってカオス的に移流する渦度の複雑な空間分布と定義したことを思い出してほしい．われわれが測定できる量である速度場は，各瞬間の渦度分布からビオ・サヴァールの法則に従って決定される補助的な量にすぎない．だから，乱流をつくろうとしたら，まず渦度をつくらなければならない．体積力がない場合は，この渦度は固体表面からしか生まれない．風洞の場合は，格子を利用するのがもっとも簡単だ．

図 3.3 (a) に示された流れを考えてみよう．比較的静かな気流中に，下流に乱流をつくるという目的で格子が挿入されている．流れは，図 3.3 (b) に示されているような一連の発達過程をたどる．最初は，運動は格子の棒から放出される互いにばらばらな渦群からなる（ステージ (i)）．棒から離脱した渦は，最初は層流であるが，それらは急速に乱れたコアとなり，互いに干渉し，混ざり合ってやがて完全に発達した乱流となる（ステージ (ii)）．この段階では，積分スケール（大規模渦のスケール）

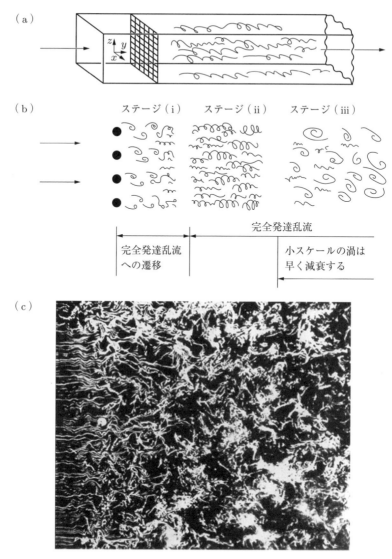

図 3.3 （a）格子乱流の形成．（b）格子乱流の発達過程，下流方向への発達の速さは誇張されている．（c）煙を用いた格子乱流の可視化（T. Coke and H. Nagib が撮影．H. Nagib の厚意による）

からコルモゴロフスケール（散逸がもっとも激しい最小の渦のスケール）まで，すべての範囲の渦を含む[4]．この段階は，漸近状態の乱流とよばれることがある．

---

4) コルモゴロフスケールと積分スケールのアイディアは 1.6 節で紹介した．この節を読むまえに，もう一度その部分を読むとよい．

これで，自由発達乱流，または自由減衰乱流として知られる乱流がつくられた．自由減衰乱流では，第6章で述べる理由によって最小渦がもっとも速く減衰する．したがって，しばらくすると，乱れの大部分がゆっくりと回転する大きな渦で占められるようになる（ステージ(iii)）．最後に乱れはエネルギーを消耗してしまい，大きな渦のサイズにもとづく Re は 1 に近くなる．これが，減衰の最終段階である（ステージ(iv)）．この段階では，慣性は相対的に重要ではなくなり，事実上，空間的に複雑な層流となる（この最後の段階は，図3.3（b）には示されていない）．

風洞が十分大きく，Re $= ul/\nu$ が，たとえば 10^4 のように，かなり大きくとるとしよう（ここで，l は大きな渦の尺度，u は流速変動の代表値である）．流速計のプローブを挿入し，乱れの集団が風洞測定部を通過する際に，乱れの集団を追って平均流と同じ速度 **V** でプローブが移動できるように準備する．プローブは乱れの集団中のある点での速度を記録し，それから $(1/2)(\mathbf{u}')^2(t)$ を計算する（ここで，$\mathbf{u}' = \mathbf{u} - \mathbf{V}$ で，**u** は絶対系から見た流速，**u**′ は乱流変動である．表3.1 参照）．初期条件を名目上一定に保って，この実験を多数回繰り返す．実験は毎回微妙に異なるし，この差を増幅させるのが乱流の本性なので，得られた $\mathbf{u}'(t)$ は毎回異なる．この問題を解決するために，$(1/2)(\mathbf{u}')^2(t)$ を多数回の試行にわたって平均し，いわゆるアンサンブル平均 $(1/2)\langle \mathbf{u}'^2 \rangle(t)$ を求める．この値を見れば，流体が測定部を通過するあいだに，粘性散逸のために平均的にどのくらいの速さで運動エネルギーを失うかがわかる．$\mathbf{u}'$ は試行ごとにランダムに見えるが，アンサンブル平均 $\langle \mathbf{u}'^2 \rangle$ は，図3.4に描かれているように時間の滑らかな関数である．

図3.4に示されている u'_x には，多くの周波数成分が含まれているらしいことに注目しよう．これは，任意の点における流速がその周辺の渦（渦度の集団）の強さによって決まり，それぞれの渦がビオ・サヴァールの法則にもとづいて，**u** に寄与するからである．これらの渦は広い範囲の空間スケールとターンオーバー時間をもっているから，$u'_x(t)$ に対して，いろいろな周波数成分を与える結果となる．

話をまえに進め，$\langle \mathbf{u}'^2 \rangle / 2$ をプローブ周囲の瞬時の渦のサイズに従って分類してみ

表3.1　本章の記号

合計の速度場	$\mathbf{u} = \mathbf{V} + \mathbf{u}'$
風洞中の平均流速	$\mathbf{V}$
乱流変動	$\mathbf{u}'$
大スケール渦のサイズ（積分スケール）	l
大スケール渦の代表速度変動	u
最小渦のサイズ（コルモゴロフスケール）	η
最小渦の代表速度変動	v

3.2 自由発達乱流のいくつかの基本的性質　83

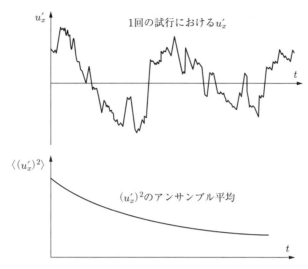

図 3.4 $u'_x(t)$ と，したがって $(u'_x)^2(t)$ も，1 回の試行において非常に不規則な時間の関数である．しかし，$(u'_x)^2$ のアンサンブル平均は時間の滑らかな関数となる．

る．すなわち，各瞬間におけるいろいろなサイズの渦からの相対的な寄与を計算する．そのやり方（フーリエ解析）については，この章の 3.2.5 項で大まかに述べ，第 6 章と第 8 章でより詳しく述べるが，いまのところ，詳しいことは重要ではなく，できるということだけを知っていればよい．

運動エネルギーを渦のサイズ r に対してプロットすると，図 3.5 のようなグラフが得られる．実際には，エネルギーを r そのものではなく波数 $k \sim \pi/r$ との関係とし

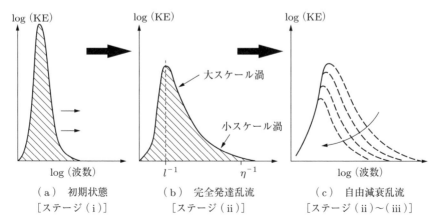

図 3.5 減衰中の格子乱流の各段階における渦サイズごとのエネルギーの変化

て表示するのが慣例なので,しばらくのあいだはそれに従おう.初期には,エネルギーの多くの部分は,波数 $k \sim$(棒のサイズ)$^{-1}$ のあたりに集中しており,格子の棒から放出される組織的な乱流渦にほぼ対応している.次に,ナヴィエ・ストークス方程式の非線形項が,このエネルギーをいろいろなサイズの渦に分配しはじめる.最終的にはステージ (ii) の状態,すなわち,十分に発達した乱流の状態に達する.この段階では,エネルギーは積分スケール l(大きい渦のサイズ)からコルモゴロフスケール η(最小の散逸渦のサイズ)にまたがって分布する.しかし,エネルギーの大部分は大きな渦(いわゆるエネルギー保有渦)が担っている.u を大きな渦を代表する速度変動であるとすると,$\langle \mathbf{u}'^2 \rangle \sim u^2$ となる.

いったん,長さスケールが l から η までの全範囲に広がると,自由発達乱流の減衰過程に入る(図 3.5(c)).粘性のために乱れの総エネルギーは減少しはじめ,その際,最小の渦がもっとも速く減衰する.

さて,1.6 節で完全発達乱流におけるエネルギー散逸について二つのことを述べた.一つは,ほとんどのエネルギーが見かけ上,小さい渦において散逸されるということ,二つ目は,小さい渦が大きさ $\eta \sim (ul/\nu)^{-3/4} l$,代表速度 $v \sim (ul/\nu)^{-1/4} u$ をもつことであった.第一の主張を証明する一つの方法は,渦度の二乗 $\langle \boldsymbol{\omega}^2 \rangle$ が渦のサイズに対してどのように分布するかをプロットしてみることである($\nu \langle \boldsymbol{\omega}^2 \rangle$ が散逸の目安であったことを思い出そう.式 (2.20)).こうすると,図 3.6 のようなグラフが得られる.エンストロフィー $\langle \boldsymbol{\omega}^2 /2 \rangle$ はまさしく η 程度の非常に小さい渦サイズ付近に集中している.

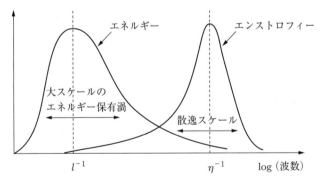

図 3.6 完全発達した乱流中のエネルギーとエンストロフィーの分布

考えを確実にするために,$u = 1\,\mathrm{m/s}$,$l = 2\,\mathrm{cm}$,および $\nu = 10^{-5}\,\mathrm{m^2/s}$ としよう.このとき,小さい散逸渦のサイズは $\eta \sim 0.07\,\mathrm{mm}$,速度は $v \sim 0.15\,\mathrm{m/s}$ 程度となり,特性時間(ターンオーバー時間)は $\eta/v \sim 0.4 \times 10^{-3}\,\mathrm{s}$ となる.これを大きな渦のターンオーバー時間 $l/u \sim 20 \times 10^{-3}\,\mathrm{s}$ と比べてみると,明らかに小さい渦のターン

オーバー時間は大きい渦のそれより非常に小さい．$|\boldsymbol{\omega}|$ は渦の回転速度の尺度だから，この結果は渦度がなぜ微小渦に集中するのかを説明している．

このように，大雑把にいえば，エネルギーとエンストロフィーの大部分は，二つの互いに正反対の渦群，すなわちエネルギーは大きな渦群に，エンストロフィーは小さな渦群に集中しているといえる．もっと正確にいえば，（ビオ・サヴァールの法則によって）大きな渦の渦度は小さく，かつなだらかに広がっていて，正味のエンストロフィーにはほとんど寄与しない．逆に小さい渦は，強い渦度の管からなっていて，エンストロフィーを決定づける．しかし，正味の運動エネルギー（ビオ・サヴァールの法則を通じて）にはほとんど寄与しない．なぜなら，このような渦は小さくかつ方向もランダムなので，それらがつくる速度場が重なり合うと強く打ち消し合うからである．この一般的な描像は，すべての高 Re の乱流にあてはまる．たとえば，円管流では円管の半径程度のサイズの渦が乱流エネルギーの大部分を保有する一方，円管直径のほんのわずかな割合でしかない小さな渦がエンストロフィーの大半を担っている．

3.2.2 完全発達乱流におけるエネルギー散逸率

ステージ（ⅰ）からステージ（ⅱ）への移行という最初の段階は，ほとんど非散逸過程であることに注意しよう．渦のエネルギーは成長（または崩壊）の過程で，あるサイズの渦からほかのサイズの渦へ移動するだけだ．この段階ではまだ総エネルギー損失は小さい．なぜなら，コルモゴロフスケールはステージ（ⅱ）に至ってはじめて励起されるからだ．

この項の興味は次の段階，すなわち，完全発達乱流の減衰にある．これは，図 3.5 (c) に図解されている．この段階ではエネルギー散逸が無視できず，最小渦がもっとも速く減衰する．なぜなら，ターンオーバー時間，あるいは崩壊時間が，大きい渦のそれに比べて十分小さいからである（$\eta/v \ll l/u$）．

ところで，$\langle \mathbf{u}'^2 \rangle \sim u^2$ だから，du^2/dt が運動エネルギーの散逸割合を表すことはすでにわかっている．観察結果によると，$\mathrm{Re} \gg 1$ であれば，

$$\frac{du^2}{dt} = -\frac{Au^3}{l}, \quad A \sim 1 \tag{3.6}$$

である．ここで，A はほぼ一定で 1 に近い（厳密な値は，u や l をどう定義するかによる）．もちろん，この結果はすでに第 1 章で出てきており，

$$\frac{du^2}{dt} \sim -\frac{u^2}{l/u} \sim -\frac{（大規模渦のエネルギー）}{（大規模渦のターンオーバー時間）} \tag{3.7}$$

のように解釈できる．明らかにエネルギー散逸の時間スケールは l/u で，乱れはほとんどのエネルギーをターンオーバー時間の数倍程度の時間で失う．なぜなら，l/u が

大きなエネルギー保有渦の生成の時間スケールであり，減衰過程というのは，事実上，この大きな渦の崩壊の過程にほかならないからだ．しかし，減衰時間は小さな渦の特性時間 η/v に比べればはるかに長いことに注意しよう．

エネルギー散逸率が，ν に無関係だということは少し奇妙に思える[5]．いずれにしても散逸の原因は粘性応力なのである．しかし，水力工学の技術者達はこのことを100年以上もまえから認識していた．たとえば，図3.7に示した急拡大管を考えてみよう．拡大部で大量の乱れが発生し，機械的エネルギーの急減をもたらす．運動量の式および流れの性質に関するいくつかのうまい仮定を用いると，（流下する流体の単位質量あたりの）機械的エネルギーの損失を予測することができる．すなわち，

$$（エネルギー損失）= \frac{1}{2}(V_1 - V_2)^2$$

となる．ここで，V_1 と V_2 は管の断面1と2での平均流速である．これは，「ボルダの損失水頭の公式」としてよく知られている（自分でこれを誘導してみよ．演習問題3.6参照）．この式の重要な点は，式(3.6)とまったく同様に，エネルギー損失率が ν によらないことである．

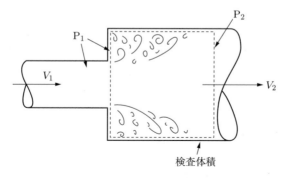

図3.7 円管の急拡大部におけるエネルギー損失

教師はこの点についてよく学生達をからかう．散逸が ν に無関係などということがあり得るのかと．境界層について勉強したことのある学生はすぐにポイントを見つけることができるので安心する．層流境界層の重要な性質は，どんなに ν が小さくても粘性応力がつねに慣性力と同程度の大きさをもつということだったことを思い出そ

---

[5] 実際は，十分発達した乱流におけるエネルギーの散逸率は，レイノルズ数 Re の弱い対数関数であるが，実験では検出できない程度に弱いといわれてきた (Hunt et al. (2001))．最近の Kaneda et al. (2003) による直接数値解析は，$Re > 10^4$ であれば，散逸はレイノルズ数には無関係になることを示唆してはいるが，レイノルズ数に依存してはならないという原理的な理由があるわけではない．このようなわけで，本書では，散逸のレイノルズ数への対数依存性の可能性は無視する．

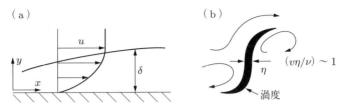

図 3.8 （a）境界層．（b）乱流中における類似の小スケール構造

う．壁面上ですべりなし条件を満たすために，粘性が流速をゼロまで減速させるのである（図 3.8（a））．もし，ν をどんどん小さくしていくと，自然は境界層をどんどん薄くすることでこれに応える．その結果，$\nu \partial^2 u_x/\partial y^2$ は 1 のオーダー，すなわち，$\nu (\partial^2 u_x/\partial y^2) \sim (\mathbf{u}\cdot\nabla)\mathbf{u}$ を保ち続ける．これと同じことが急拡大管や格子乱流においても起こっている．ν をだんだん小さくしていくと散逸も小さくなると思うかもしれないが，そうではない．流体中にますます細かい構造が現れ，その厚さは単位質量あたりの散逸率が $\sim u^3/l$ の有限値を保てる程度に薄い．端的にいうと，Re$\to\infty$ につれて渦度分布が徐々に不連続（間欠的）になり，強い渦度をもった非常に細い管の粗い網状になる．

式(3.6)は，また，1.6 節で述べたリチャードソンのエネルギーカスケードを使って解釈することもできる．エネルギーのほとんどは非常に大きな渦に集中しているのに対して，散逸は非常に小さい渦（η 程度）に集中していることを思い起こそう．問題は，大きい渦から小さい渦に，どのようにしてエネルギーが運ばれるのかである．それは，l から η までの渦の階層からなる多段階の過程によることをリチャードソンは示唆した．彼の考えは，大きい渦が崩壊していくらか小さい渦をつくり，それがまたさらに小さい渦を生むという繰り返しである（図 3.9（a））．この過程では，最小スケールを除いて粘性が関与せず，慣性によってドライブされる．したがって，カスケードに沿ってエネルギーがより小さい渦へと移動する割合 Π は，大規模渦が失うエネルギー（崩壊とよばれることもある）によって決まる[6]．

$$\Pi \sim \frac{u^2}{l/u} \sim \frac{u^3}{l}$$

統計的に平衡な乱流の場合には，エネルギーの散逸率 ε は Π に等しくなければなら

---

[6] 崩壊（break-up）という言葉は，ここではあいまいに使われている．より小さい渦にエネルギーが受け渡される機構については第 5 章で述べる．ここでは，渦を渦度の塊または線状の集まりと考えていればよいだろう．そして，大スケールの渦によって誘起された速度場が小さい渦をますます細かい細糸に引き裂き，その段階におけるエンストロフィーとエネルギーを増加させることに注意する．小さいスケールの渦のエネルギーが増えると，その分だけ大きいスケールの渦はエネルギーを消耗する．この過程が大きい渦から小さい渦へのエネルギーの転送を表している．

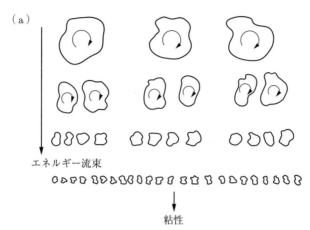

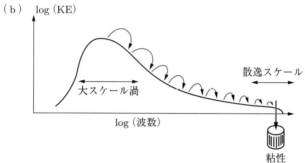

図 3.9 （a）エネルギーカスケードの模式図（Frischによる）．
（b）エネルギー対波数で見たエネルギーカスケード

ないし，減衰乱流の場合でも，近似的にΠに等しいから，

$$\varepsilon \approx \Pi \sim \frac{u^3}{l} \tag{3.8}$$

となる．

以上をまとめると，小スケールの渦について，次の二つのことがわかった．第一に，特性長さηと特性速度vをもち，それらのあいだに$(v\eta/\nu) \sim 1$が成り立つ（小さい渦は粘性によって抹殺され，大きい渦は粘性応力を感じない）．第二に，小スケールにおける散逸は，

$$\varepsilon = 2\nu S_{ij}S_{ij} \sim \nu \frac{v^2}{\eta^2}$$

で，これはu^3/lのオーダーである．$(v\eta/\nu) \sim 1$と$(\nu v^2/\eta^2) \sim u^3/l$から，第1章で述べたコルモゴロフの予測，

$$\eta \sim \mathrm{Re}^{-3/4} l \sim \left(\frac{\nu^3}{\varepsilon}\right)^{1/4} \tag{3.9}$$

$$v \sim \mathrm{Re}^{-1/4} u \sim (\nu\varepsilon)^{1/4} \tag{3.10}$$

にたどりつく．いわゆる，エネルギーカスケード過程では，粘性は受動的な役割しか果たしていないことにも注意しよう．乱流中の大規模な構造は，自分よりやや小さな構造へエネルギーを受け渡し，さらにますます小さな渦へと受け渡していく．この過程の全体は慣性によって支配され，渦が散逸スケール η 程度に達してはじめて粘性が重要になる．つまり，粘性はカスケードの最終段階でエネルギーの捨て場の役目を果たすだけで，カスケード自体には影響しない（できない）のである（図3.9（b））．

3.2.3 乱れの記憶力はどの程度なのか？

再び，風洞実験に話をもどそう．形の違ういくつかの格子を使って実験を繰り返したとしよう．このとき，もし大規模渦の速度スケール u と積分スケール l がかわらないとすれば，完全発達乱流の統計的性質もあまりかわらないことがわかるだろう（初期の経過は格子によって大きく異なるとしても）．バチェラーが指摘したように，漸近状態の（成長しきった）乱流を考える限り，初期条件の細かい違いは重要ではないように見える．初期条件に関係した情報のほとんどは，乱流の形成過程のあいだに失われてしまう．

しかし，これは完璧な描像ではない．乱れはある種の事柄は記憶している．すなわち，複雑な非線形過程を経ても，初期条件に含まれていたある情報は流れの発達のあいだ中，記憶されているのである．この頑固につきまとう情報というのは，流れの動力学的不変性に関係している．すなわち，乱れは線インパルスと角インパルスの保存則の直接の結果として情報を記憶するのである[7]．ここで，角インパルス（あるいは角運動量）の保存の結果について注目しよう．おそらく，そのほうが理解しやすいと思われるからだ．

図3.10（a）の格子の一部分について考えてみよう．これより上流の流体は角運動量（渦度）をもっていないが，格子の直後では明らかにもっている．渦に備わってい

---

[7] 線インパルスと角インパルスという概念は，第5章と付録2で詳しく述べられる．要約すれば，渦（渦度の塊）の線インパルスは $(1/2)\int \mathbf{x} \times \boldsymbol{\omega} dV$ で定義され，渦の存在によって流体が受ける直線運動の運動量の目安となる．渦（渦度の塊）の角インパルスは $(1/3)\int \mathbf{x} \times (\mathbf{x} \times \boldsymbol{\omega}) dV$ で定義され，$\mathbf{x}$ の原点は渦塊の中心とする．これは，流体が渦から与えられた本来の角運動量の目安となる．渦度が局在している場合には，線インパルスも角インパルスも運動に対して不変である（第5章と付録2参照）．

[8] 渦がもつ本来の角運動量とは，渦（渦度の塊）の中心に関する角運動量を意味する．

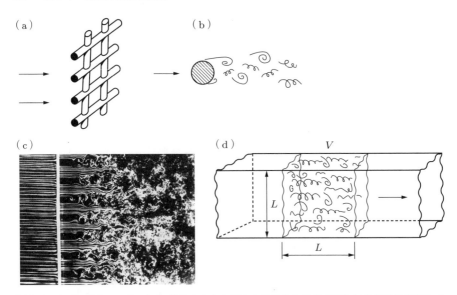

図 3.10 (a) 格子の一部．(b) 格子の1本の棒から放出される渦が流れに角運動量を導入する．(c) 煙で可視化した格子直後の乱流．(d) 風洞内を流下する乱れの集団．集団は，一般に有限の角運動量をもっている．(写真は T. Coke and H. Nagib. H. Nagib の厚意による)

る本来の角運動量[8]（渦度）は，格子の棒の各部の境界層内で生成され，乱流渦の形で下流に放出される．事実，格子の棒がしっかり固定されていない場合には流体力を受けて棒が振動し，そのために角運動量が流れに放出されるのかもしれない．格子が流体にトルクと力を及ぼし，それが乱れの角運動量になるといえる．

次に，風洞内を流下するある乱れの集団を捕捉することができたとしよう．すなわち，平均流とともに移動する座標系を考え，そのうえで，ある体積の流体（検査体積）の性質を観察する．たとえば，この体積として，図 3.10（d）に示した一辺 L の立方体を考えよう．上で述べたことから，われわれは，この集団（検査体積）はゼロでない角運動量，$\mathbf{H} = \int (\mathbf{x} \times \mathbf{u}') dV$ をもっているものと考えられる．ここで，$\mathbf{H}$ はこの集団に含まれるすべての渦に備わっている渦度の総和である．さらに，この角運動量は，側面境界が検査体積にトルクを及ぼす場合や，移動検査体積の上流・下流断面を通して角運動量の流入や流出がある場合を除けば保存される．その分だけ角運動量は変化するが，どちらも表面での効果であり，L を集団のサイズとして $L \gg l$ の極限を考えれば，これらは角運動量の合計にわずかな変化しか与えないものと考えることができる．

乱流渦の方向はランダムだから，乱れの大きな集団の合計の角運動量 $\mathbf{H} = \int (\mathbf{x} \times \mathbf{u}') dV$ は，見かけ上はゼロであると考えられる．言い換えると，$L \gg l$ の場合，集団

のなかには非常にたくさんの渦がランダムな方向にひしめき合っていて，個々の渦度は合計すると打ち消し合ってしまって **H** には寄与しない．このことは，$L/l \to \infty$ のとき，単位体積あたりの角運動量 **H**/V がゼロに収れんするという意味で正しい．その一つの兆候として，格子が流れに与える流れ方向のトルク $T_{//}$ の時間平均がゼロ，すなわち，

$$\bar{T}_{//} = \lim_{\tau \to \infty} \frac{1}{\tau} \int_0^\tau T_{//} dt = 0$$

という事実をあげることができる．しかし，体積 V が有限な場合には，角運動量はつねに完全には打ち消されない．大きな V に対して角運動量の残差は少なくとも $V^{1/2}$ 程度，すなわち $\langle \mathbf{H}^2 \rangle^{1/2} \sim V^{1/2}$，あるいはそれ以上であることを示すことができる．さらに，6.3 節においていずれわかるように，この角運動量の残差は，乱れの発達にある程度影響を及ぼすのに十分な大きさなのである．

なぜ，$\langle \mathbf{H}^2 \rangle \sim V$ (あるいはそれ以上) なのかを理解するためには，中心極限定理とよばれる確率論の定理を利用する必要がある．この定理は，今後，しばしば必要になるので，ここでしっかりと述べておこう．

中心極限定理 $X_1, X_2, \cdots, X_N$ を同じ確率分布をもった独立なランダム変数とし，その確率密度関数を $f(x)$ とする ($f(x_0)dx$ はサンプル全体のなかで，x が (x_0, x_0+dx) のあいだの値をとる割合で，$\int_{-\infty}^{\infty} f(x)dx = 1$ であることを思い出そう). この確率密度関数が平均値ゼロ，分散 σ^2 をもつものとする．すなわち，

$$\int_{-\infty}^{\infty} xf dx = 0, \quad \sigma^2 = \int_{-\infty}^{\infty} x^2 f dx$$

とする．次に，新たなランダム変数，$Y_N = X_1 + X_2 + \cdots + X_N$ をつくる．このとき，中心極限定理は次のことを述べている．

（ⅰ） Y_N の確率密度関数は平均値ゼロ，分散 $N\sigma^2$ をもつ．
（ⅱ） Y_N の確率密度関数は，$N \to \infty$ の極限で正規分布 (ガウス分布) に漸近する．

ここで，さきほどの乱れの集団に話をもどし，$\langle \mathbf{H}^2 \rangle \sim V$ を証明するのに中心極限定理が使えるかどうかについて考える．次のような思考実験をしてみよう．乱れの集団が，次のような初期条件から出発したものとする．すなわち，速度場が位置も方向もランダムなたくさんのばらばらな渦 (合計 N 個) から成り立っていたとする．第 n 番目の渦はある大きさの角運動量 $\mathbf{h}_n$ をもっているとして，その i 番目の座標成分 $(h_i)_n$ は確率分布関数 $f(x)$ のなかから選ばれたランダムな数とする．すると，$(h_i)_n$ は平均値ゼロ，分散 σ^2 である．次に，乱れの集団に備わっている角運動量の合計の

第 i 成分, $H_i = (h_i)_1 + (h_i)_2 + \cdots + (h_i)_N$ を考える. 中心極限定理から, H_i は平均値がゼロ, 分散が $\sigma_{H_i}^2 = N\sigma^2$ のランダム変数となる.

　同じことを次々と通過する乱れの集団に対して行う. つまり, この思考実験を多数回繰り返す. そのたびに, この集団の渦の密度が一定になるように, すなわち, 集団の体積が N に比例するようにする. 次に, この集団の角運動量の二乗 $\mathbf{H}^2$ について考える. H_i と違って H_i^2 の平均はゼロではない. 実際, 定義によりアンサンブル平均 $\langle H_i^2 \rangle$ は, H_i の分散に等しい. したがって, $\mathbf{H}^2$ の平均値 (期待値) は,

$$\langle \mathbf{H}^2 \rangle = 3N\sigma^2 \propto V$$

となる.

　したがって, この簡単な思考実験の結果から, $\mathbf{H}^2$ の平均値はゼロでなく, 期待値は集団の体積 V に比例すると予想される. つまり, 予想されたとおり, $\langle \mathbf{H}^2 \rangle^{1/2}$ で定義される残余の角運動量は, $V^{1/2}$ のオーダーであるといえる. 集団が, そのあと成長する際に, $\mathbf{H}^2$ は集団の境界に作用する力や集団に流入あるいは流出する角運動量流束によってのみ変化する. しかし, 領域が (乱れの積分スケールに比べて) 十分大きければ, このような表面効果は相対的に小さいものと考えられる. そうだとすれば (そうだとは必ずしもいえないが), $\mathbf{H}^2$ は流体の動力学的不変量 (各試行ごとに) となり, $\langle \mathbf{H}^2 \rangle / V$ はこのようにしてつくられた乱流の統計的不変量となる.

　さて, 再び風洞の問題にもどろう. もし (そして, これはかなり大きな仮定だが), 乱れの初期条件 (格子の少し下流で) が, 格子から放出されたランダムな渦群からなると考えるとすると, さきほどの思考実験と同じことになる. 十分大きな体積の乱れの集団が流下するのを追跡したとすると, その体積集団については $\langle \mathbf{H}^2 \rangle / V$ は不変である. したがって, 乱れは初期条件に含まれていたなんらかの情報を記憶している可能性がある. この現象は, 「大スケール渦の永続性」とよばれる.

　$\langle \mathbf{H}^2 \rangle / V$ の形の不変量は, ロイチャンスキー不変量とよばれる. これと類似の不変量として, 線運動量にもとづく $\langle \mathbf{L}^2 \rangle / V$, $\mathbf{L} = \int \mathbf{u}' dV$ もある. これは, 普通, サフマン不変量とよばれるが, 歴史的にはサフマン・バーコフ不変量のほうが正確なよび名である (ここで, $\mathbf{u}'$ は平均流とともに移動する座標系から見た流速であり, この座標系は $V \to \infty$ で $\mathbf{L}/V \to 0$ となるように定義されている[9]). しかし, これらの不変量が存在するかどうかについて, あるいはこの不変量自体についてかなりの論争があることもいっておこう. $\langle \mathbf{H}^2 \rangle / V$ が ($V \to \infty$ のときに) 有限にとどまるのか発散するのか

---

9) 中心極限定理によって, $V \to \infty$ の極限で $\mathbf{L}/V \to 0$ という条件は, $V \to \infty$ で $\langle \mathbf{L}^2 \rangle / V \to 0$ を保証するには十分ではない.

は，V が閉空間なのか開空間なのか，また乱れがどのように生み出されると考えるかにもよる．そればかりでなく，仮に $\langle \mathbf{L}^2 \rangle / V$ あるいは $\langle \mathbf{H}^2 \rangle / V$ が有限だとしても，体積 V の表面での効果によって変化し得る．事実，積分不変量の問題はいずれも厄介だが重要な問題である．

この問題は，第 6 章でもう一度とりあげられる．そこでは，いくつかの学派があることがわかるだろう．ある者は，格子乱流では発生の状況からして $\langle \mathbf{L}^2 \rangle / V$ はゼロだが，$\langle \mathbf{H}^2 \rangle / V$ はゼロでなく，厳密ではないにしても定数に非常に近いと主張する（表面効果のために厳密には保存されない）．また，ほかの者は，$\langle \mathbf{H}^2 \rangle / V$ の定義や見積もりの方法に見逃せない敏感さがあり，定義の仕方によっては $V \to \infty$ で $\langle \mathbf{H}^2 \rangle / V$ は発散すると主張している．また，ほかの者は，一般に $\langle \mathbf{L}^2 \rangle / V$ はゼロではなく厳密に保存され（いわゆる，サフマン乱流），その場合，$V \to \infty$ で $\langle \mathbf{H}^2 \rangle / V$ は発散する可能性が高いとしている．とにかく，そこには多くの可能性がある．いずれにしても，$\langle \mathbf{H}^2 \rangle / V$ がほぼ不変であること（本当に有限で近似的に保存されるとき）や，$\langle \mathbf{L}^2 \rangle / V$ が厳密に不変であることは，格子乱流の発達に強い制約を課すことになる．とくに，いま述べた二つの可能性は，一方では，$\langle \mathbf{H}^2 \rangle / V \sim u^2 l^5 \approx$ 一定，を導き，他方では，$\langle \mathbf{L}^2 \rangle / V \sim u^2 l^3 \approx$ 一定，を導く．どちらの意見が正しいのか，どちらが実際に現れやすいのかについては鋭く対立している．乱流の数値解析は初期条件によってどちらも起こり得ることを示しているが (Ishida et al. (2006)，Davidson et al. (2012))，風洞実験ではこの二つの可能性を明快に区別するには至っていない．Krogstad and Davidson (2010) によるサフマン乱流の比較的はっきりした例を見よ．この難題については第 6 章で改めて考えよう．この場で注意すべきことは，格子乱流が初期の形成の状況を記憶している可能性があること，しかもその記憶は運動量保存則に密接に関係しているということだ．

この章の残りの部分では，ロイチャンスキー不変量やサフマン不変量についてはさておき，当面，G. K. バチェラーによって支持された考え方を採用することにしよう．すなわち，乱流は短い記憶をもっているが，完全に発達した乱流は初期条件に無関係な統計的状態に近づくと考えよう．この見方には欠点があるが，出発点としては都合がよい．

例題 3.1 コルモゴロフとサフマンの減衰法則 エネルギー式 (3.6) と $\langle \mathbf{H}^2 \rangle / V$ の保存，すなわち，$u^2 l^5 =$ 一定，から得られる制約条件を使って，$u^2 \sim t^{-10/7}$ を導け（これは，コルモゴロフの減衰法則として知られ，Ishida et al. (2006) のようないくつかの数値解析でも観察されている）．$\langle \mathbf{L}^2 \rangle / V$ の保存，すなわち，$u^2 l^3 \approx$ 一定，を用いて計算しなおし，$u^2 \sim t^{-6/5}$ となることを示せ（これは，サフマンの減衰法

則として知られ，たとえば，Davidson et al. (2012) などの計算機シミュレーションでも観察されている）．

3.2.4 統計的アプローチの必要性といくつかの平均化手法

　乱流には，統計的アプローチが必要であることを，これまでもたびたび強調してきた．ナヴィエ・ストークス方程式が完全に決定論的であるにもかかわらず，乱流の速度場 $\mathbf{u}(t)$ はきわめてランダムである．たとえば，さきほどの風洞のある地点で流れに直角方向の速度成分 $u_\perp(t)$ を測定したとする．たとえば，100秒間測定したあと，しばらくまってまた 100 秒間測定する．得られた時刻歴 $u_\perp(t)$ はそれぞれまったく異なるように見えるが，二つの信号の統計的性質は非常に似ているはずだ．たとえば，$u_\perp(t)$ の確率密度関数（ある値をとる相対度数）は見かけ上同じになる（図 3.11）．もちろん，このことは，乱流理論というものがすべて統計的でなければならないことを意味している．このような理論の基本的な目的，すなわち，われわれが予測したいのは，速度相関テンソルである．速度相関テンソルとこれに関連したいろいろな量について次節で述べる．しかし，そのまえに，統計学のアイディアについてもう少しふれておくことにしよう．とくに，平均の意味と，二つの量のあいだに統計的な相関があるとはどういう意味かをはっきりさせる必要がある．

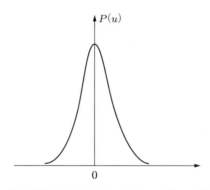

図 3.11　完全発達した格子乱流における $u_\perp(t)$ の確率密度関数

　格子を構成している一つの棒の直後の三点，A, B, C において $u_\perp(t)$ を測定したとしよう．A, B, C における時刻歴 $u_\perp(t)$ は，たとえば，図 3.12 のようになるかもしれない．これを見ると，点 A で起こっていることは，位相は少しずれているものの点 B で起こっていることといくらか似ているようだ．これは，周期的な渦の放出の結果である．信号波形は詳しく見ればかなり違うが，平均的にはある程度類似性がある．とくに，u_A と u_B の積を時間平均すると結果はゼロにならない，すなわち，

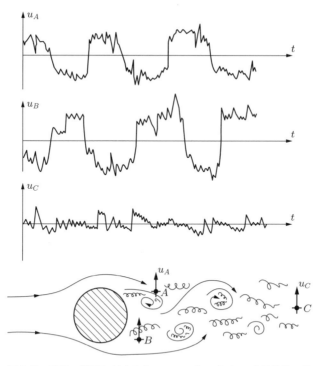

図 3.12 速度の時間に対するトレース．点 A と点 B は統計的に相関があるが，点 A と点 C の相関はわずかしかない．

$\overline{u_A u_B} \neq 0$（いつものように上付きバーは時間平均を表す）である．次に，格子棒の十分下流の点 C について見てみよう．点 C で起こっていることは，点 A や点 B で起こっていることとはあまり関係がないので，u_C の時刻歴はまったく異なっている．$u_A u_C$ や $u_B u_C$ の時間平均値を計算するとゼロに近い値になる，すなわち，$\overline{u_A u_C} \sim 0$．このとき，われわれは，A と B には統計的に相関があるが A と C には相関がない（あるいは相関が弱い）という．統計的相関は平均化（この場合は時間平均）の結果として得られることに注意しよう．

ほかの形式の平均手法もある．時間平均は物理的意味がはっきりしているし，イメージしやすいので便利なのだが，それは乱流が統計的に定常の場合にしか意味をなさない．一般に使える平均法として，アンサンブル平均と体積平均の二つがある．これらの平均化手法の類似性や相違点をはっきりさせるために，少し時間をかけて説明するのがよいだろう．

容器のなかの水を激しくかき混ぜたとしよう（あらかじめ，しっかり決められたやり方で）．そのあと，水を放置して減衰過程の統計的性質について調べたい．たとえ

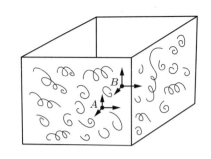

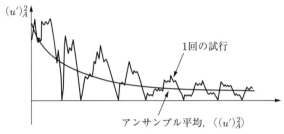

図 3.13 タンク内部の減衰する乱れ

ば,容器内のある点 A での乱れの速度 $\mathbf{u}'$ を測ることができるプローブが用意されているとする.当然の疑問は,「乱れの平均運動エネルギーは,時間とともにどのように減衰するか」であろう.もちろん,問題は,ここではまだ「平均」という言葉の定義がはっきりしていないことだ.この乱流は統計的に定常ではないから,「平均」とは時間平均の意味ではない.一つの解決法は,3.2.1 項で紹介したアンサンブル平均についてもう一度考えてみることである.

同じ実験を 1000 回繰り返したとしよう.それぞれの実験は考え得る限り同じにしてある.しかし,すでに見てきたように,初期条件の微妙な違いが実験ごとに大きく違った時刻歴 $\mathbf{u}'(t)$ を生み出す.各実験について $\mathbf{u}'^2$ と時間の関係を表にし,各時刻 t ごとに $\mathbf{u}'^2$ の平均値を求める.このようにして得られた平均値を $\langle \mathbf{u}'^2 \rangle$ と書き,アンサンブル平均とよぶ.結果は時間の関数ではあるが,$(\mathbf{u}')^2(t)$ とは違って滑らかな関数になる(図 3.13).また,完全な再現性がある(統計的収束を得るのに十分な回数だけ実験をしたとして).

三番目は,体積平均(空間平均)である.もう一度,さきほどの容器のなかで,$\mathbf{u}'^2$ のなんらかの平均が,時間とともにどのように減衰するのかを知りたいとしよう.しかし,十分な時間がないので,1 回だけの実験ですませたい.容器内のいろいろな場所で $\mathbf{u}'^2$ を測定することは原理的にはできる.次に,任意の時刻において,容器内の各点での $\mathbf{u}'^2$ の測定結果を平均する.その結果得られる $(\mathbf{u}')^2_{\text{AVE}}$ は,$\langle \mathbf{u}'^2 \rangle$ のような滑らかで再現可能な時間の関数になるであろう.

これで，われわれは三つの平均法，すなわち，時間平均$\overline{(\sim)}$とアンサンブル平均$\langle(\sim)\rangle$と体積平均を手に入れたことになる．$\mathbf{u}'(\mathbf{x},t)$がある比較的緩やかな条件を満たすとすれば，そして，実際，それは満たされることが多いのだが，そのとき，次の関係があることを示すことができる．

（ⅰ）平均的に定常な流れでは，時間平均はアンサンブル平均に等しい．$\overline{(\sim)} = \langle(\sim)\rangle$

（ⅱ）一様乱流（統計的性質が場所によらない）では，体積平均はアンサンブル平均に等しい．

一様乱流の基本的性質を研究する人々は，アンサンブル平均を使うことが多い．一方，定常せん断流を研究する人々は，時間平均を用いるのが便利だと考えている．

3.2.5　速度相関，構造関数，エネルギースペクトル

前項で述べた議論はかなり定性的である．いずれは定量的な議論もはじめなければならないし，そのためには，乱流の状態を示すのに有益な尺度を導入しておかなければならない．そこで，この項では，乱れの集団の状態を定量的に表現するのに役立ついくつかの統計量を紹介しよう．この目的によく使われる量として，互いに関係した次の三つがある．

- 速度相関関数
- 二次の構造関数
- エネルギースペクトル

乱流理論に大きく貢献しているのは，速度相関関数，

$$Q_{ij} = \langle u'_i(\mathbf{x}) u'_j(\mathbf{x}+\mathbf{r}) \rangle \tag{3.11}$$

である．一般に，Q_{ij}は，$\mathbf{x}$と$\mathbf{r}$とtの関数である．Q_{ij}が時間に依存しない場合，その乱流は統計的に定常であるといい，またQ_{ij}が$\mathbf{x}$に依存しない場合，その乱流は統計的に一様，あるいは単に一様であるという．Q_{ij}は$\mathbf{u}$の乱流成分$\mathbf{u}'$を使って定義されていることに注意しよう．たとえば，さきほどの風洞の例では，風洞内の気流の平均速度$\mathbf{V}$を差し引いてからQ_{ij}を計算する．あるいは，可能なら$\mathbf{V}$で移動する座標系から見た相対速度を測定してもよい．

さて，Q_{ij}は何を表しているのだろうか．$Q_{xx}(r\hat{\mathbf{e}}_x) = \langle u'_x(\mathbf{x}) u'_x(\mathbf{x}+r\hat{\mathbf{e}}_x) \rangle$について考えてみよう．この量は，ある点Aでの$u'_x$が隣り合う点Bでの$u'_x$と関係があるのかどうかを表している（図3.14）．もし，点Aと点Bでの速度変動が統計的に独立で

$$Q_{xx}(r) = \langle (u'_x)_A (u'_x)_B \rangle = u^2 f(r)$$

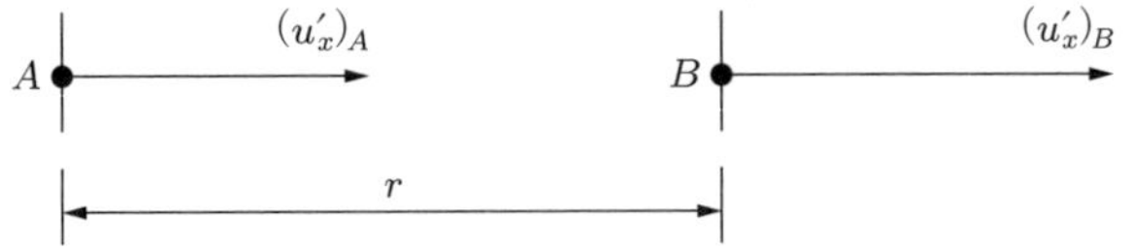

図 3.14 Q_{xx} と $f(r)$ の定義

あれば，$Q_{xx} = 0$ となる．このようなことは，r が代表的な渦のサイズよりもはるかに大きい場合に起こる．一方，$r \to 0$ の極限では $Q_{xx} \to \langle (u'_x)^2 \rangle$ となる．一般に，Q_{ij} は，異なる場所での速度成分がどの程度，またどのように互いに関連しているかを示す．

ときどき，乱れの集団が方向に無関係な統計的性質をもつ場合がある．つまり，すべてのアンサンブル平均が鏡映対称で，かつ座標系の回転に対して不変の場合である[10]．これは，等方性乱流とよばれる．風洞中で完全に発達した乱流は，近似的に一様等方性とみなせる[11]．一様かつ等方的であるという理想化は非常に有益な概念なので，以後，この節ではもっぱらこれについて論じる．最初に記号を定義する．u を，

$$u^2 = \langle u_x^2 \rangle = \langle u_y^2 \rangle = \langle u_z^2 \rangle \tag{3.12}$$

で定義する．これは，以前に，u を大きい渦の代表速度として定義したことと整合している（式(3.12)では，$\mathbf{u}$ についているはずのプライム記号を省略していることに注意してほしい．この節では，これ以後，座標系をうまく選ぶことによって平均速度がゼロであると仮定して，この記法に従う）．Q_{ij} の代表的な二つの成分は，

$$Q_{xx}(r\hat{\mathbf{e}}_x) = u^2 f(r) \tag{3.13}$$
$$Q_{yy}(r\hat{\mathbf{e}}_x) = u^2 g(r) \tag{3.14}$$

である．関数 f と g は縦相関関数および横相関関数（あるいは係数）とよばれる．どちらも無次元で，$f(0) = g(0) = 1$ を満足し，図3.15のような形をしている．さらに，f と g は独立ではなく，連続の式(2.3)を介して結びついている．実際，第6章で，

---

[10] より制限が緩い等方性は，乱れが回転対象ではあるが鏡映対象ではない．このような乱れは平均のヘリシティーをもっている．しかし，本書では上の定義を用いることにする．

[11] 風洞軸の方向に減衰するので，完全に一様とも等方性ともいえない．それだけでなく，格子自体も非等方性の原因になるので，それを避けるための特別な工夫を施さない限り，多くの場合，$u_{//}$ は垂直成分より10％程度大きい．しかし，ここでは，この点には目をつむる．

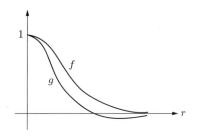

図 3.15 速度の縦相関関数と横相関関数の形

$2rg = (r^2 f)'$ であることが示される.

積分スケール l は,次式で定義されることが多い.

$$l = \int_0^\infty f(r)\,dr \tag{3.15}$$

これは,速度相関が無視できない範囲の広がり,すなわち,大きな渦のサイズを表現するのに便利である.

ここで,われわれは重要な点にさしかかった.図 3.12 で明らかなように,典型的な乱流信号には広い周波数成分が含まれている.このことは,実際,乱流がいろいろな大きさの,もつれ合った渦管やリボンの階層からなっていて,互いをカオス的に運び合っているということを反映している.十分発達した乱流では,渦の塊(エディー)は小から大までいろいろなサイズにまたがっていて,それぞれは異なる時間スケール,すなわち,周波数をもっている.このように,図 3.12 の高周波の変動は,速度測定プローブの近傍の細かい渦を反映しているのに対し,低周波の変動は大きくゆっくり回転している構造を反映している.

このような渦の塊を構成しているものは,一体どのような見かけをしているのかを想像したくなるだろう.たとえば,乱流エネルギーがいろいろなサイズの渦にどのように分布しているのだろうか.残念ながら,速度信号から $\langle \mathbf{u}'^2 \rangle$ のような平均量だけを抽出したのでは,渦の大きさに関するすべての情報は失われてしまう.それなら,どうすれば,図 3.12 のような乱流信号から,エネルギー分布といった渦の集団の描像を描くことができるのだろうか.これは大きな問題で,とくにこれまで,渦というものの正確な定義を注意深く避けてきたという事実のために,ますます難しい問題だということがわかる(それは渦管か,渦リボンか,渦の塊か).それでも,不完全ではあるが速度の測定から渦のサイズの分布に関するある情報をとり出す方法はある.

まず,注意すべきことは,Q_{ij} それ自体を見ても運動エネルギーが異なるサイズの渦のあいだでどのように分布しているのかはわからないということだ.この目的のためには,あと二つの量を導入しなければならない.それは,エネルギースペクトルと

構造関数である．どちらも Q_{ij} と密接に関係している．

まず，二次の縦構造関数からはじめよう．それは，縦方向の速度の増分 $\Delta v = u_x(\mathbf{x} + r\hat{\mathbf{e}}_x) - u_x(\mathbf{x})$ を用いて，次式で定義される．

$$\langle [\Delta v]^2 \rangle = \langle [u_x(\mathbf{x} + r\hat{\mathbf{e}}_x) - u_x(\mathbf{x})]^2 \rangle \tag{3.16}$$

さらに，一般的に，p 次の構造関数は $\langle [\Delta v(r)]^p \rangle$ で定義される．サイズが r 程度あるいはそれ以下の渦のみが，Δv に寄与すると考えるのがもっともであろう．したがって，$\langle [\Delta v]^2 \rangle$ は，サイズが r 程度，あるいはそれ以下の渦がもつ単位質量あたりの合計のエネルギーに関係しているものと考えられる．もちろん，$\langle [\Delta v(r)]^2 \rangle$ と $f(r)$ は，

$$\langle [\Delta v(r)]^2 \rangle = 2u^2(1 - f) \tag{3.17}$$

の関係があり，したがって，r が大きい場合には，

$$\frac{3}{4}\langle [\Delta v]^2 \rangle \to \left\langle \frac{1}{2}\mathbf{u}^2 \right\rangle$$

となる．このことから，

$$\frac{3}{4}\langle [\Delta v(r)]^2 \rangle \sim [\text{サイズが } r \text{ またはそれ以下の渦のエネルギー全体}]$$

と予想される．実際は，これでは少し単純すぎる．r 以上の渦も実際には Δv に寄与するし，その大きさは，$r \times$ (渦の速度勾配)，あるいは $r \times |\boldsymbol{\omega}|$ のオーダーである．したがって，$\langle [\Delta v]^2 \rangle$ のよりよい説明は，

$$\frac{3}{4}\langle [\Delta v(r)]^2 \rangle \sim [\text{サイズが } r \text{ またはそれ以下の渦の全エネルギー}]$$
$$+ r^2[\text{サイズが } r \text{ またはそれ以上の渦の全エンストロフィー}] \tag{3.18}$$

であろう．この見積もりについては，あとであらためて述べる．

もう一つの慣例は，渦のサイズの代わりに波数を考え，異なるサイズの構造を特定するのにフーリエ変換を使うというやり方である．とくに，次の一組の変換によってエネルギースペクトルとよばれる関数が誘導される[12]．

$$E(k) = \frac{2}{\pi} \int_0^\infty R(r) kr \sin(kr) dr \tag{3.19a}$$

---

12) この関数 $E(k)$ は，等方性乱流に適した表現で，等方性が仮定できない場合には，より一般的な定義が必要になる（第8章参照）．

$$R(r) = \int_0^\infty E(k) \frac{\sin(kr)}{kr} dk \tag{3.19b}$$

ここで，$R(r) = \langle \mathbf{u}(\mathbf{x}) \cdot \mathbf{u}(\mathbf{x}+\mathbf{r})\rangle/2 = u^2(g+f/2)$である．$E(k)$は，次の三つの性質をもつことを示すことができる（第6章参照）．

(ⅰ) $E(k) \geq 0$
(ⅱ) 一定のサイズrの単純なガウス型の渦のランダムな列の場合，$E(k)$は$k \sim \pi/r$付近にピークをもつ．
(ⅲ) 式(3.19b)から，$r \to 0$の極限で，

$$\frac{1}{2}\langle \mathbf{u}^2 \rangle = \int_0^\infty E(k) dk \tag{3.20a}$$

となる．

これらの性質から，$E(k)dk$は波数$k \sim \pi/r$付近において，$(k, k+dk)$のあいだの波数をもつすべての渦からの，$\langle \mathbf{u}^2 \rangle/2$への寄与であると解釈されている．これは，異なるサイズの渦にわたって，どのようにエネルギーが分布しているかを示す便利な指標である．しかし，これは$E(k)$に対する不完全な見方であることを強調しておこう．上述の性質(ⅱ)を考えてみよう．確かに，大きさrの渦は$k \sim \pi/r$付近の領域の$E(k)$に，おもに寄与する．しかし，それらの渦は，ほかのすべてのkにおいても，$E(k)$に寄与する．事実，第6章において，一定のサイズrの渦のランダムな列が，小さいkの範囲ではk^4（またはk^2）で増加し，π/r付近でピークに達し，そのあと，指数関数的に減衰するようなエネルギースペクトルをもつことが示される（図3.16）．重要な点は，あるサイズの渦がすべての波数範囲にわたって$E(k)$に寄与することである．

そうはいっても，$E(k)$の慣習的な解釈，すなわち，大きさπ/kの渦がもつエネルギーという解釈は，便利で多くの目的にかなっている．したがって，とりあえず，こ

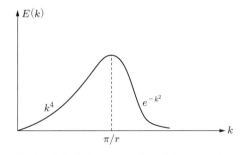

図3.16 サイズが一定値rの単純な渦のランダム列に対するエネルギースペクトルの形状

の解釈を採用する[13])(しかし,これは,$k<l^{-1}$,あるいは$k>\eta^{-1}$を考える場合は大きな間違いとなる).

第 8 章で,$E(k)$がさらにもう一つの性質,すなわち,

$$\frac{1}{2}\langle\boldsymbol{\omega}^2\rangle = \int_0^\infty k^2 E dk \tag{3.20b}$$

をもっていて,$k^2 E(k)dk$ は波数$(k, k+dk)$ の渦からエンストロフィー$\langle\boldsymbol{\omega}^2\rangle/2$ への寄与と解釈できることが示される.

$\langle[\Delta v(r)]^2\rangle$ と $E(k)$ は,どちらも,異なるスケールがもつエネルギーを識別できるようである.エネルギースペクトル $E(k)$ は式(3.20a, b)を通じて,また $\langle[\Delta v(r)]^2\rangle$ は式(3.18)を通じてである.このため,二つの関数のあいだの関係を見い出そうと試みるのは自然だ.原理的にはそれは簡単である.式(3.19b)は,$R(r)$ を $E(k)$ の積分と関係づけていて,さらに,$R(r)$ は f,したがって,また $\langle[\Delta v]^2\rangle$ と関係している.詳しくはこの項の最後の例題で説明するが,そこでは,以下の結果が得られる.

$$\frac{3}{4}\langle[\Delta v]^2\rangle = \int_0^\infty E(k) H(kr) dk, \quad H(x) = 1 + 3x^{-2}\cos x - 3x^{-3}\sin x$$

この式は,このままではあまり多くを期待できそうもないが,$H(x)$ を,

$$H(x) \approx \begin{cases} (x/\pi)^2 & (x<\pi) \\ 1 & (x>\pi) \end{cases}$$

の形に近似すると,

$$\frac{3}{4}\langle[\Delta v(r)]^2\rangle \approx \int_{\pi/r}^\infty E(k) dk + \frac{r^2}{\pi^2}\int_0^{\pi/r} k^2 E(k) dk \tag{3.21a}$$

となる.$E(k)$ に対するさきほどの近似的な解釈を考慮すると,この式は次のように書きなおすことができる.

$$\frac{3}{4}\langle[\Delta v(r)]^2\rangle \approx [\text{サイズが}\,r\,\text{またはそれ以下の渦の全エネルギー}]$$

$$+ \frac{r^2}{\pi^2}[\text{サイズが}\,r\,\text{またはそれ以上の渦の全エンストロフィー}] \tag{3.21b}$$

この結果は,心強いことに,われわれのヒューリスティックな推測式(3.18)と似ている.もちろん,サイズが r より小さいか大きいかで渦の影響を分類するというのはか

---

[13]) $E(k)$ のもう一つの,しかも上と等価な定義が第 8 章で与えられる.$\hat{\mathbf{u}}(\mathbf{k})$ を $\mathbf{u}(\mathbf{x})$ の三次元フーリエ変換とする.乱れが等方的であるとすれば,$E(k)\delta(\mathbf{k}-\mathbf{k}') = 2\pi k^2 \langle\hat{\mathbf{u}}^*(\mathbf{k})\cdot\hat{\mathbf{u}}(\mathbf{k}')\rangle$ であることが示される.ここで,$\mathbf{k}$ と $\mathbf{k}'$ は特定の波数,$*$ は複素共役,$k=|\mathbf{k}|$,δ は三次元のディラックのデルタ関数である.したがって,$E(k)$ は $\hat{\mathbf{u}}(\mathbf{k})$ の第 $\mathbf{k}$ 番目のモードに含まれるエネルギーの尺度である.さて,ランダム信号にフーリエ変換を施すと,速い変動は高波数に,ゆっくりした変動は低波数に現れる傾向がある.このように,$E(k)$ は k が大きければ小さい渦に,k が小さければ大きい渦にともなわれる.

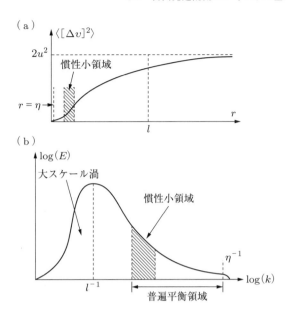

図 3.17 （a）$\langle[\Delta v]^2\rangle$ の一般的な形状．（b）$E(k)$ の一般的な形状

なり作為的なので，式(3.21b)は厳密に正しいとはいえない．切り替えが鋭すぎるのである．そうはいっても，式(3.21a)は，$E(k)$ と $\langle[\Delta v(r)]^2\rangle$ のあいだの関係について，その主要な点を捉えている．$\langle[\Delta v]^2\rangle$ と $E(k)$ の一般的な形は，図 3.17 に示されている．

以前にわれわれは，渦度が最小の渦群に集中する傾向があり，大スケール渦では渦度は弱いことを見た（図 3.6 を見よ）．そのため，散逸スケールにあまり近くないと仮定すると，式(3.21b)は，

$$\frac{3}{4}\langle[\Delta v(r)]^2\rangle \sim [\text{サイズが } r \text{ またはそれ以下の渦の全エネルギー}]$$

と近似でき，この近似はよく用いられている．しかし，式(3.21a)の第二項は，$[\Delta v]^2$ にかなり影響するので，あぶないことも多い．たとえば，小さい r に対して式(3.21a)は，

$$\langle[\Delta v]^2\rangle \approx \frac{2}{3\pi^2}\langle\boldsymbol{\omega}^2\rangle r^2 + \cdots = \frac{1.013}{15}\langle\boldsymbol{\omega}^2\rangle r^2 + \cdots$$

となることを簡単に確認できる．実際は，厳密な関係（第 6 章参照），$\langle[\Delta v]^2\rangle \approx \langle\boldsymbol{\omega}^2\rangle r^2/15 + \cdots$ に対して 1.3% の誤差があることがわかる．誤差の原因は，式(3.21a)を導く際に用いた，$H(kr)$ に対する近似にある．小さい r では，二次の構造関数はエネルギーよりも，むしろエンストロフィーによって決まるらしい．このことは，とく

に散逸スケールに近い領域で，$\langle[\Delta v]^2\rangle$を純粋にエネルギー的に解釈することは危険であることを示している．

以上をまとめると，$E(k)$および$\langle[\Delta v]^2\rangle$という二つの関数があり，（不完全ではあるが）いろいろなサイズにわたってのエネルギーの分布状況を表すとされている．図3.5，3.6，3.9（b）のグラフはどうすれば描けるのかがはっきりしてきた．それらは，$E(k)$をプロットするだけでよいのだ．しかし，これは，$E(k)$の解釈としては単純すぎることをつねに忘れてはならない．たとえば，サイズがlまたはそれ以下の小さな構造（渦）からなる速度場があるとしよう．変換を施すと，$E(k)$が連続関数となり，$k \in (0, \pi/l)$の範囲ではっきりしたピークをもつことがわかる．しかし，その範囲には渦は何もない．手短にいえば，図3.16に示されているように，小さいkにおける$E(k)$の形は，k^{-1}よりもはるかに小さい渦によって支配されている．存在していない渦のエネルギーについて論じることは，よくある誤りだ．

最後に，エネルギーを分割してそれぞれの部分を異なる渦の結果であるとする考え方には，やや無理があることに注意しておこう．たとえば，それぞれ$\mathbf{u}_1, \mathbf{u}_2, \mathbf{u}_3$という速度場をもった三つの渦（小，中，大の渦の塊）があるとしよう．それらは，同じ空間に同時に存在しているとする．すると，全エネルギーは，

$$KE = \frac{1}{2}\int [\mathbf{u}_1^2 + \mathbf{u}_2^2 + \mathbf{u}_3^2 + 2(\mathbf{u}_1 \cdot \mathbf{u}_2 + \mathbf{u}_2 \cdot \mathbf{u}_3 + \mathbf{u}_3 \cdot \mathbf{u}_1)]dV$$

となる．この式の，$\mathbf{u}_1 \cdot \mathbf{u}_2$のようなクロス積は，小か中のどちらの渦によるものとすればよいのだろうか[14]．この点に注意を向けておいて，格子乱流において見られる，より一般的な$\langle[\Delta v]^2\rangle$の性質について話を進めよう．

例題 3.2 $2rg = (r^2 f)'$の関係を使って，$2r^2 R = u^2(r^3 f)'$であることを示せ．さらに，式(3.19b)を使って，

$$\frac{3}{4}\langle[\Delta v]^2\rangle = \int_0^\infty E(k) H(kr) dk$$

$$H(x) = 1 + 3x^{-2}\cos x - 3x^{-3}\sin x$$

を証明せよ．

3.2.6 漸近状態は普遍か？：コルモゴロフ理論

次に，格子によってつくられた完全発達乱流の自由減衰過程における構造について

---

14) 渦サイズが互いに大きく離れている場合には，この問題は起こらない．なぜなら，そのときはクロス項が相対的に小さくなるからである（第5章参照）．

考える．初期条件の詳細は重要ではないので当面は無視し，サフマン不変量やロイチャンスキー不変量のような積分不変量が存在するという立場をとる．おもな目的は，異なる渦サイズにわたってエネルギーがどのように分布するかを，より一般的な論法を用いて予測できることを示すことである．乱流の複雑さを考えると，このようなことができるとは驚くべきことなのだが，実際，できるらしいのである．

$\langle [\Delta v]^2 \rangle$ のある時刻における形状に影響するかもしれないすべての因子を列挙すると，次の式が考えられる．

$$\langle [\Delta v]^2 \rangle = \hat{F}(u, \nu, l, r, t, \mathrm{BC})$$

ここで，BC は境界条件を代表し，l は積分スケールである．しかし，格子乱流では乱れは近似的に一様かつ等方的であると考えられるので，境界条件はこのリストから外すことができて，

$$\langle [\Delta v]^2 \rangle = \hat{F}(u, \nu, l, r, t) \tag{3.22}$$

となる．u と l も t の関数だから，式(3.22)には t が3回出てくることに注意しよう．無次元で書けば，

$$\langle [\Delta v]^2 \rangle = u^2 \hat{F}(r/l, ut/l, \mathrm{Re}) \tag{3.23}$$

となる．$\mathrm{Re} = ul/\nu$ は普通のレイノルズ数である．この式は，このままではあまりに一般的で，ほとんど役に立たない．そこで，式(3.23)を簡単化するために，いくつかの物理的意味づけが必要である．以前に，（Re が大きいとき）最大級の渦に作用するせん断応力は非常に小さいので，その挙動は ν には無関係であることを述べた．そのことから，大きい r ($r \gg \eta$) に対しては，

$$\langle [\Delta v]^2 \rangle = u^2 \hat{F}(r/l, ut/l) \tag{3.24a}$$

となる．事実，測定結果はこれでよいこと，およびかなりよい近似で ut/l も外してよいことを示している[15]．以上から，自己保存型の表現，

$$\langle [\Delta v]^2 \rangle = u^2 \hat{F}(r/l) \quad (r \gg \eta) \tag{3.24b}$$

が得られる．この式において，t は u および l を通じて陰的に含まれるだけである．

---

15) このことは，エネルギー式(3.6)の結果と考えることができる．もし，運動エネルギーが指数法則 $u^2 \sim t^{-n}$ に従って減衰するとすれば，式(3.6)は $ut/l = n/A$ となり，これはある与えられた実験ではまさに一定である．しかし，サフマン不変量やロイチャンスキー不変量があるために n/A は実験ごとにかわり得る．そのため，式(3.24b)の厳密な形は場合ごとに異なる．すなわち，式(3.24b)は普遍的ではない．

次に，l よりかなり小さい渦を考えよう．それらは自分よりやや大きな渦からエネルギーを受けとり，そのより大きな渦のエネルギーはさらに大きな渦から受けとるという具合に，複雑な経歴をもっている．こうした小スケールの渦は，エネルギーカスケードに従って運動エネルギーを $\Pi \sim \varepsilon \sim u^3/l$ の割合で供給してくれるという程度にしか大スケール渦を認識していないことをコルモゴロフは示唆している．つまり，これらの小さい渦に対しては，式(3.22)を，

$$\langle [\Delta v]^2 \rangle = F(\varepsilon, \nu, r, t) \quad (r \ll l)$$

のように書き換えるべきである．次に，乱れの減衰に要する時間は，小さい渦のターンオーバー時間に比べて非常に長いことに注目しよう．したがって，小さい渦を考える限り，乱れは見かけ上，統計平衡の状態，すなわち，平均的にほとんど定常である．したがって，この場合は，t は適切なパラメータではなく（ε が t とともに変化するのでなければ），

$$\langle [\Delta v]^2 \rangle = F(\varepsilon, \nu, r) \quad (r \ll l) \tag{3.25}$$

となると推測できる．この式は，式(3.22)よりもはるかに簡単で，1941年にコルモゴロフがはじめて提案したものである．式(3.25)を軽く見過ごすことはできない．いろいろな意味でこの式は重要な事柄を示唆している．特別に解像度の高い計算機シミュレーションで得られた小スケール渦を描いた図3.18について考えてみよう．式(3.25)によれば，この複雑な渦管の絡み合いは ε と ν だけで決まっている．このような簡単化を可能にしたのはコルモゴロフの才能にほかならない．ここで，長さと速度に対するコルモゴロフのマイクロスケール，式(3.9)と式(3.10)を用いると，式(3.25)は，

$$\langle [\Delta v]^2 \rangle = v^2 F(r/\eta) \quad (r \ll l) \tag{3.26}$$

のように無次元化される．この式で，F は，すべての等方性乱流に対して成り立つ普遍関数であるはずだ．しかし，たとえば噴流や後流など，多くの乱流はきわめて非等方的だ．このような流れに対しても，式(3.26)は成り立つと期待してよいのだろうか．コルモゴロフはそのとおりであることを示唆した．なぜなら，Re が大きければ小さいスケールの渦は，たとえば噴流における大スケールの非等方性を強くは感知しないからだ．言い換えると，非等方性は，通常，大スケールに課され，それらはエネルギーカスケードの過程で徐々に弱まっていく．そのため，噴流，後流，境界層などすべての高 Re の乱流に対して，式(3.26)が成り立つはずだとコルモゴロフは考えた．そして，事実，それが正しいことを示す数々の証拠がある．そのため，式(3.26)が成

3.2 自由発達乱流のいくつかの基本的性質

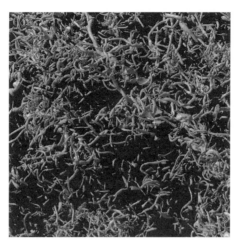

図 3.18 等方性乱流の直接数値シミュレーション．周期格子内部の等渦度線で可視化．可視化に用いた渦度の閾値を高く選ぶことによって，コルモゴロフスケールの渦が可視化されている．テイラーのマイクロスケールにもとづくレイノルズ数は 1200 であり，流れ場のわずかな部分のみを示している．ワームのような構造をもったコルモゴロフスケールの渦に注目（Y. Kaneda, T. Ishihara A. Uno K. Itakura and M. Yokokawa の厚意による）

り立つようなスペクトル領域は，普遍平衡領域とよばれる．これは，図 3.17 に描かれている．

次に，Re が非常に大きい場合について考えよう．このとき，式(3.26)が成り立つほど小さく（すなわち，統計的平衡状態にあり，大きいスケールの存在を単に ε を決めるものとしてしか感じない），同時に，せん断応力が運動に影響を及ぼさないほど十分大きいような渦サイズの範囲が存在することが可能である．この場合には，ν は重要なパラメータではなくなるので，式(3.26)は特別な形をもつに違いない．唯一の可能性は，

$$\langle [\Delta v]^2 \rangle = \beta \varepsilon^{2/3} r^{2/3} \quad (\eta \ll r \ll l) \tag{3.27}$$

である．ここで，β（コルモゴロフ定数）は普遍定数で，$\beta \sim 2$ と考えられている．この中間的な領域は慣性小領域とよばれ，$\eta \ll r \ll l$ に対してのみ存在する．式(3.27)は，コルモゴロフの 2/3 乗則として知られ，乱流理論のもっとも有名な結果の一つである．その成否は，中間サイズの渦が（Π ではなく）ε のみで決まるとする仮説が正しいかどうかにかかっている．

もちろん，この議論は全体としてかなりヒューリスティックである．たとえば，

「渦」,「渦の崩壊」あるいは「大きいスケールの感知」などは一体何を意味しているのだろうか. われわれにできることは, とりあえずこれらの関係を提起し, 次にそれが実際に成り立つのかどうかを風洞実験データで確認することである. 実際は, 普通の風洞において慣性小領域がはっきり見えるほどの大きな Re を得ることは難しいことがわかってきている. それでも何度か試みられ, 興味ある結果が得られている. それを見ると, 普遍平衡領域におけるデータは, 事実, 式(3.26)を用いてまとめることができ, さらに驚くべきことに, 式(3.27)は慣性小領域におけるデータときわめてよく一致することがわかる. このように, 物理的根拠はかなりあいまいであるにもかかわらず, 最終結果は事実に合っている. これらの関係は, 表3.2 にまとめられており, それぞれの領域は図3.17 に書き込まれている.

表3.2 高 Re の格子乱流に対する構造関数の近似形

領 域	r の範囲	$\langle [\Delta v]^2 \rangle$ の形	コメント
エネルギー保有渦	$r \sim l$	$\langle [\Delta v]^2 \rangle = u^2 F(r/l)$	非普遍
慣性小領域	$\eta \ll r \ll l$	$\langle [\Delta v]^2 \rangle = \beta \varepsilon^{2/3} r^{2/3}$	普 遍
普遍平衡領域	$r \ll l$	$\langle [\Delta v]^2 \rangle = v^2 F(r/\eta)$	普 遍

しかし, これが物語の終わりではない. これらの議論が二つの点で単純すぎることがあとからわかる. 一つは, この理論ではサフマン型やロイチャンスキー型の不変量の存在が無視されてきたことで, 存在するとなるとそれらが大きい渦の挙動を決めることになる(しかし, そのことがコルモゴロフの主張に疑問を差し挟むわけではない). 二つ目は, 小さい渦のエネルギー散逸が空間的にまばらに起こるということだ. そうなると, コルモゴロフ理論に出てくる ε (そして, これが実際に Π に代わってはたらいている) が, 流れ場全体としての平均なのか, それとも l 以下のスケールにわたっての局所平均なのかということが問題になる. そして, 小さいスケールに関するコルモゴロフの説明は修正を要することになる. これらの問題については, 第5章と第6章でもう一度論じ, そこではコルモゴロフ理論はもっと批判的にとりあげられる.

3.2.7 速度場の確率分布

食事の習慣を身につけている生き物のなかで, 生き延びられるのは非常にわずかであることを統計学は示している.
W. W. Irwin

この章の締めくくりとして, $\mathbf{u}(\mathbf{x},t)$ の確率分布と, それから派生する量についてふれておく(ここでも, 速度の乱流成分だけを扱うという前提で, $\mathbf{u}$ に付いていたプ

ライムを省略する).おもに強調したい点の一つは,確率分布がガウス分布にならないことだ.いくつかの乱流「モデル」ではガウス分布が仮定されているので事は重大だ.また,**u** の確率分布を測定すると,自由に発達する乱流の空間構造を考えるヒントが得られることも示したい.

まず,統計学の初歩を思い出すことからはじめよう.任意のランダム変数 X の確率分布は,普通,次のように定義される確率密度関数 (pdf) を使って表現される.X が (a, b) の範囲の値をとる確率,記号で書けば $P(a < X < b)$ は,次式によって確率密度関数 $f(x)$ と関係づけられる.

$$P(a < X < b) = \int_a^b f(x)\,dx$$

このように,$f(x)dx$ は,X が $(x, x+dx)$ の範囲の値をとる相対的な可能性(相対頻度とよばれることもある)を表している.相対的な可能性を合計すると 1 なのだから,f は,

$$\int_{-\infty}^{\infty} f(x)\,dx = 1$$

という性質をもっていることは明らかだ.分布の平均値(X の期待値とよばれることもある)は,

$$\mu = \int_{-\infty}^{\infty} x f(x)\,dx = \langle X \rangle$$

で与えられ,分散 σ^2 は,

$$\sigma^2 = \int_{-\infty}^{\infty} (x - \mu)^2 f(x)\,dx$$

で定義される.われわれは,おもに平均値がゼロであるような分布を考えているので,

$$\sigma^2 = \int_{-\infty}^{\infty} x^2 f(x)\,dx = \langle X^2 \rangle, \quad (\langle X \rangle = 0)$$

となる.もちろん,σ は分布の標準偏差である.ゼロ平均の分布のひずみ度は f の三次モーメントを用いて,

$$S = \int_{-\infty}^{\infty} x^3 f(x)\,dx / \sigma^3 = \langle X^3 \rangle / \langle X^2 \rangle^{3/2}$$

で,また扁平度(またはカルトーシス)は,

$$\delta = \int_{-\infty}^{\infty} x^4 f(x)\,dx / \sigma^4 = \langle X^4 \rangle / \langle X^2 \rangle^2$$

でそれぞれ定義される.非常によく知られた分布はガウス分布または正規分布で,次の形をしている.

$$f(x) = \frac{1}{\sigma\sqrt{2\pi}} \exp[-(x-\mu)^2/(2\sigma^2)]$$

f の平均値がゼロの場合は，

$$f(x) = \frac{1}{\sigma\sqrt{2\pi}} \exp[-x^2/(2\sigma^2)]$$

となる．この関数は原点に対して対称で，したがって，ひずみ度はゼロである．また扁平度は3に等しい．中心極限定理（3.2.3項参照）から，多くの互いに独立なランダム変数の和からなるランダム変数が，近似的にガウス分布になることが知られており，その意味でガウス分布は重要である．

例題 3.3　間欠度と扁平度　ガウス分布では扁平度が3となることを確かめよ．次に，原点において面積 $(1-\gamma)$ の δ 関数と，原点以外では面積 γ のガウス分布のような分布の組み合わせからなる分布 $g(x)$ を考える．すなわち，

$$g(x) = \frac{\gamma}{\sigma_*\sqrt{2\pi}} \exp[-x^2/(2\sigma_*^2)] \quad (x \neq 0)$$

である．これは，全測定時間の $(1-\gamma)$ %の期間は変動がなく，ときどき急に変動するような信号を表している（図 3.19）．このとき，$g(x)$ の分散は $\sigma^2 = \gamma\sigma_*^2$，扁平度は $3/\gamma$，すなわち，ガウス分布の場合より大きくなることを示せ．これより，

$$g(x) = \frac{\gamma^{3/2}}{\sigma\sqrt{2\pi}} \exp[-\gamma x^2/(2\sigma^2)] \quad (x \neq 0)$$

が得られる．これを同じ分散をもつガウス分布と比べると，x が大きい領域で $g(x)$ はガウス分布より大きくなることがわかる．これは，いわゆる間欠的な信号，すなわち，大部分の時間で変動がなく，ときどき変動するような信号の特徴である．その確率密度関数は中央で高いピークと，周辺で幅広い裾野をもち，ゼロに近い信号や急な大きな信号がガウス信号よりも現れやすい．間欠的な信号であることは，扁平度が大きいことを見ればわかるのである．

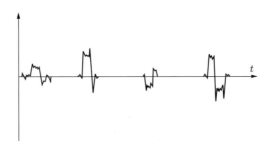

図 3.19　間欠信号の例

統計学の基礎事項について大雑把に述べたので，今度は乱流に話しをもどそう．まず，一点で測定された $\mathbf{u}$ の確率分布をよく見てみよう（隣り合う二点での $\mathbf{u}$ の差の確率分布についてはあとで述べる）．風洞中の格子から十分離れたある地点で，$\mathbf{u}$ のある成分，たとえば u_x を多数回にわたって測定したとする（$\mathbf{u}$ はもちろん乱流成分であって，風洞内の平均速度成分は測定値から差し引かれていることを忘れないようにしよう）．次に，全体のなかで u_x がある特定の値をとる回数の割合，すなわち，u_x の確率密度関数 $f(x)$ をプロットする．その結果は図 3.11 にどこか似た形になるであろう．

もし，乱流が十分に発達していれば，図 3.11 の確率密度はガウス分布の確率密度関数にかなりよく近似できることがわかってくる．それは対称で，扁平度 $\langle u_x^4 \rangle / \langle u_x^2 \rangle^2$ は 2.9〜3.0 になる（正規分布の扁平度は 3 だったことを思い出そう）．u_x が正規分布になることについては，一つには次のように説明できる．ある点での速度はその周辺のランダムな方向を向いた多数の渦構造（すなわち，渦度の塊）の結果で，u_x と周囲の渦度はビオ・サヴァールの法則によって関連づけられている．もし，これらのたくさんの渦がランダムに分布しているとすれば，中心極限定理（3.2.3 項参照）により，u_x はガウス分布となるはずで，まさにこれは観察されたとおりなのである．

しかし，$\mathbf{u}$ の勾配の確率分布や二点における $\mathbf{u}$ の結合確率分布を調べてみると，話はまったく違う．これらの確率密度関数は，ガウス分布とはまったく異なり，この非正規挙動こそがまさに乱流の動力学の根本をなすのである．たとえば，$\langle [\Delta v]^2 \rangle^2$ で無次元化した四次オーダーの構造関数 $\langle [\Delta v]^4 \rangle$ を考えてみよう．もちろん，これは，隣り合う二点 A $(\mathbf{x} + r \hat{\mathbf{e}}_x)$ と B $(\mathbf{x})$ での速度差，$(u_x)_A - (u_x)_B$ に対する扁平度 $\delta(r)$ となっている．$\delta(r)$ の形は図 3.20 に示されている．r が大きい領域でのみガウス分布の値 3.0 に近づくが，r が小さい領域では 3 より大きい．二点の間隔 r が無限大に近づくと，$\delta(r) = \langle [\Delta v]^4 \rangle / \langle [\Delta v]^2 \rangle^2$ が 3 に近づくという事実は，隔たった二点が統計的にほぼ独立であることを単に物語っている．なぜなら，もし，$(u_x)_A$ と $(u_x)_B$

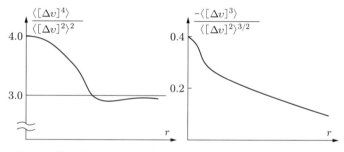

図 3.20 格子乱流における $(u_x)_A - (u_x)_B$ に対する扁平度とひずみ度（模式図）

が統計的に独立なら，$\langle[\Delta v]^4\rangle$ を展開することによって，

$$\delta(r\to\infty) = \frac{\langle[\Delta v]^4\rangle}{\langle[\Delta v]^2\rangle^2} \to \frac{3}{2} + \frac{1}{2}\frac{\langle u_x^4\rangle}{\langle u_x^2\rangle^2}$$

となり[16]，またすでに述べたとおり，u_x の扁平度は ~ 3.0 だからである．$r\to 0$ のときは，δ は Re $= ul/\nu$ の関数になることがわかる．風洞で見られるような中程度の Re の場合は，$\delta(0)$ ~ 4.0 となる．しかし，より大きい Re の場合は，$\delta(0)$ は 4 から 40 にもなる．Re が大きいほど扁平度は大きくなるようである．

δ が同じ分散をもつ正規分布に比べて大きいということは，Δv の確率密度関数が中央で高く，裾野が比較的広いことを意味している．すなわち，変動がゼロに近く，かつ予期せぬ大きな $|\Delta v|$ を含んでいる．これは，ほとんどの時間変動がなく，ときたま激しく変動するような信号に共通である（上述の例題 3.3 参照）．

この状況は，三次の構造関数でも同様である．u_x のひずみ度は $\langle u_x^3\rangle/\langle u_x^2\rangle^{3/2}$ であり，u_x の確率密度関数はほぼ対称なので，これはきわめてゼロに近い．$(u_x)_A - (u_x)_B$ のひずみ度は，当然，$S(r) = \langle[\Delta v]^3\rangle/\langle[\Delta v]^2\rangle^{3/2}$ である．$\langle u_x^3\rangle/\langle u_x^2\rangle^{3/2}$ とは対照的に，これはゼロにはならない．$r\to 0$ のとき -0.4 程度で，r とともにゆっくり減少する．$\langle[\Delta v]^3\rangle/\langle[\Delta v]^2\rangle^{3/2}$ の厳密な形は，Re に（少し）依存するが，典型的な形は図 3.20 に示されている．通常は，Re が 10^6 までは $S(0)$ ~ -0.4 ± 0.1 であり，より大きい Re では $|S|$ はやや大きくなる傾向がある．

小さい r に対しては，$(u_x)_A - (u_x)_B$ と $\partial u_x/\partial x$ の確率分布は同じになる．たとえば，$r = \delta x$ が小さければ，

$$S(r\to 0) = S_0 = \frac{\langle[\Delta v]^3\rangle}{\langle[\Delta v]^2\rangle^{3/2}} = \frac{\langle(\partial u_x/\partial x)^3\rangle}{\langle(\partial u_x/\partial x)^2\rangle^{3/2}} \quad (3.28)$$

となり，これより，$\partial u_x/\partial x$ はガウス分布にならず，ひずみ度が ~ -0.4，扁平度が 4 から 40 程度になる．$\partial u_x/\partial x$ の確率密度関数 (pdf) の概形は図 3.21 に描かれている．$\partial u_x/\partial x$ は小さい負の値よりも小さい正の値をとることが多い．しかし，大きい正の値に比べると大きい負の値のほうが現れやすい．その結果，ひずみ度 S は負になる．

$\partial u_x/\partial x$ の扁平度がガウス分布にならず，Re が増加するときわめて大きな値になるという事実は，乱れの空間構造についてある重要なことを物語っている．大きい δ は強い間欠性を意味し，$\partial u_x/\partial x$ はほとんどの時間はゼロなのに，ときどき大きな値が突然現れる．要するに，速度勾配（すなわち，渦度）の空間分布は，むしろ斑点状で，狭くかつ強い渦度をもったつぎはぎの領域にエンストロフィーが集中しており，

---

[16] この展開の際には，もし a と b が統計的に独立なら $\langle ab\rangle = \langle a\rangle\langle b\rangle$ が成り立つことを思い出す必要がある．

3.2 自由発達乱流のいくつかの基本的性質 113

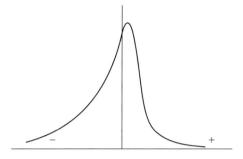

図 3.21 $\partial u_x/\partial x$ の確率密度関数の模式図（ガウス分布からのずれは誇張されている）

そのような領域が空間全体にまばらに散らばっている．それだけでなく，Re が大きくなるほど，渦度分布はますます斑点状になる．このことは，乱流中の渦度が強い間欠性をもっていることの第一のヒントであり，この観察がコルモゴロフ理論にとっての重大な問題となる．

　多分，渦度のこの間欠性は驚くに値しない．格子乱流における渦度の発達を考えてみるとよい．渦度はすべて，格子の棒の境界層がもとになっている．これが乱流カルマン渦として流れにあふれ出す．そして，一つの渦により誘導された速度場が，ほかのすべての渦を押し流すという具合に，渦どうしが互いに干渉し合う．そして，渦は互いに混ざり合って乱流になる．その結果のカオス的な速度場は，単に渦度場の発展の現れにすぎない．つまり，各瞬間における **u** の分布は，各瞬間における渦度 **ω** の分布とビオ・サヴァールの法則によって決まる．格子から放出された渦度の塊が下流に流されるとき，みずからが誘導した速度場によって，ねじり，転向，伸張を受けはじめる．また，これらの現象は，渦線が流体にほぼ凍結していると考えられる大きな Re のときに起こる．たとえば，タバコの煙のような，乱れた煙の群れを何気なく眺めていれば，カオス的な乱流速度場が「凍結された」マーカーを次々とほぐすのが観察できるだろう．そして，これは渦度についても同じことなのである．このような混合が進むとシート状や管状の渦度の塊は，あたかもシェフが生地を薄くのばすときのように，次々と細かい構造へともみほぐされていく．この過程は渦管や渦シートが，拡散が無視できなくなるほど細く薄くなるまで，すなわち，コルモゴロフマイクロスケールに達するまで続く．このように，完全発達乱流の渦度の大部分はきわめて細かいフィラメントの目の粗い網目に分解され（図 3.18 参照），このことは，まさに Δv の扁平度の測定結果と矛盾しないのである．さらに，たとえば扁平度 δ の測定から，Re が増加するにつれて間欠性が顕著となることが期待される．なぜなら，Re の増加とともにカットオフスケール η は小さくなり，コルモゴロフスケールに達するまでに多くの伸張や折り畳みが必要となるからである．このこともまた測定結果と矛盾しな

い.

最後に,これまでにわかったことをまとめよう.一点における u_x の確率分布は正規分布に近いが,隣り合う二点間での速度差の確率分布はきわめて非ガウス的である.しかし,正規分布からのずれは二点間の距離 r が大きくなるにつれてどんどん小さくなる.これは驚くには及ばない.ある点での u_x はほとんど偶然的に決まるが,隣り合う二点間での u_x の差は偶然ではなく,局所の動力学(ナヴィエ・ストークス方程式)によってほぼ決まるからである.たとえば,二点が同じ渦のなかにあるとすれば,$(u_x)_A - (u_x)_B$ はその渦の動力学的挙動によって決まる.さらに,S がゼロでない負の値になるという事実も偶然ではない.第 5 章で,慣性小領域において,

$$S = \frac{\langle [\Delta v]^3 \rangle}{\langle [\Delta v]^2 \rangle^{3/2}} = -\frac{4}{5} \beta^{-3/2} \tag{3.29}$$

となることが示される.ここで,β はコルモゴロフ定数である.$\beta \sim 2$ と仮定すると,$S \sim -0.3$ となり,実験と一致する.このように,Δv は必然的に非ガウス的となる.この話題については第 5 章でもう一度述べよう.

演習問題

3.1 図 3.1 の 2 サイクルが次式で表されることを確認せよ.

$$x = [a + 1 \pm \{(a+1)(a-3)\}^{1/2}]/2a$$

3.2 ロジスティック方程式 (3.1) の定点 $X = (a-1)/a$ は,$a < 3$ で安定,$a > 3$ で不安定であることを確認せよ(ヒント:$x_0 = X + \delta x$,$\delta x \ll X$ のとき何が起こるかを見よ).

3.3 図 3.1 の 2 サイクルは $3 < a < 1 + \sqrt{6}$ では安定であることを確認せよ(ヒント:いわゆる第二世代のマップ $x_{n+2} = F(F(x_n))$ の安定性について考えよ).

3.4 微分方程式系,

$$\frac{dx}{dt} = -y + (a - x^2 - y^2)x$$

$$\frac{dy}{dt} = x + (a - x^2 - y^2)y$$

がある.これは,定常解 $\mathbf{x} = (x, y) = (0, 0)$ をもつ.この定常解は $a < 0$ なら線形安定,$a > 0$ なら不安定であることを示せ.$r^2 = |\mathbf{x}|^2$ がランダウ方程式を満たすことを確認したうえで,その解を見つけよ.次に,$\mathbf{x}$ が $a = 0$ で,超臨界ホップ分岐を呈することを示せ.

3.5 ランダウ方程式に $|A|^2$ 展開のさらにもう一次,高次の項を加えると,

$$\frac{d|A|^2}{dt} = 2\sigma |A|^2 - \alpha |A|^4 - \beta |A|^6$$

となる.$\alpha < 0$,$\beta > 0$ と仮定して,図 3.2(b)の安定曲線の上側分枝を見い出せ.

3.6 運動量方程式の積分形の式 (2.14) を用いて,急拡大管での圧力が,

$$\Delta p = p_2 - p_1 = \rho V_2(V_1 - V_2)$$

で与えられることを示せ．V_1, V_2 は拡大部上流および下流の流速である（ヒント：図 3.7 の検査体積を用いよ）．境界に作用するせん断応力は無視してよく，拡大部直前の時間平均圧力は一様で，十分上流の圧力 p_1 に等しいとおける．次に，時間平均のエネルギー式 (2.16) を使って，図 3.7 の検査体積について，

$$\dot{m}\left[\left(\frac{p_2}{\rho} + \frac{V_2^2}{2}\right) - \left(\frac{p_1}{\rho} + \frac{V_1^2}{2}\right)\right] = -\rho \int \varepsilon dV$$

が成り立つことを示せ．ここで，$\dot{m}$ は平均流量 $\rho A_1 V_1 = \rho A_2 V_2$ で，ε は単位質量あたりの散逸 $\varepsilon = 2\nu S_{ij}^2$ である．まえと同様，境界に作用するせん断応力は無視してよい．また，拡大部より十分上流および十分下流での乱流運動エネルギーは平均流の運動エネルギー，$V_2^2/2$ や $V_1^2/2$ に比べて小さいと仮定する．このとき，正味のエネルギー散逸率が，

$$\rho \int \varepsilon dV = \frac{1}{2}\dot{m}(V_1 - V_2)^2$$

となり，したがって，管内を流下する流体の単位質量あたりの機械的エネルギーの損失は $\frac{1}{2}(V_1 - V_2)^2$ となることを確認せよ．これが平均流から乱れへ移動するエネルギーの割合である．これは，ν に無関係であることに注意すること．

3.7 コルモゴロフ流の議論によって，慣性小領域における $\langle(\Delta v)^3\rangle$ の形を求め，速度差のひずみ度 $S(r)$ が慣性小領域にわたって一定であることを示せ．

推奨される参考書

[1] Batchelor, G.K., 1953, *The Theory of Homogeneous Turbulence*, Cambridge University Press. （古いながら，いまだに一様乱流に関する決定版の一つである．第 7 章に普遍平衡領域に関するコルモゴロフの理論についての周到な記述があり，第 9 章では速度場の確率分布が扱われている）

[2] Davidson, P.A., Okamoto N. and Kaneda, Y., 2012, *J.FluidMech.*, **706**, 150-72.

[3] Drazin, P.G., 1992, *Nonlinear Systems*. Cambridge University Press. （第 1 章で分岐理論が紹介され，第 3 章ではロジスティック方程式についてのかなり詳しい説明がある）

[4] Drazin P.G. and Reid, W.H., 1981, *Hydrodynamic Stability*, Cambridge University Press, （第 7 章でランダウ方程式について論じられている）

[5] Frisch, U., 1995, Turbulence, Cambridge University Press. （第 5 章で 2/3 乗則とエネルギー散逸法則について述べられている）

[6] Hunt, J.C.R. et al., 2001, *J. Fluid Mech.*, **436**. 353-91.

[7] Ishida, T., Davidson, P.A. and Kaneda, Y., 2006, *J.Fluid Mech.*, **564**, 455-75.

[8] Kaneda, Y. et al., 2003, *Phys. Fluids*, **15**(2), L21-4.

[9] Krogstadt, P.-Å. and Davidson, P.A., 2010, *J.FluidMech.*, **642**, 373-94.

[10] Lesieur, M., 1990, *Turbulence in Fluids*, Kluwer Academic Publications. （乱流への遷移については第 3 章，コルモゴロフの現象論については第 6 章を見よ）

[11] Townsend, A.A., 1975, *The Structure of Turbulent Shear Fow*, 2nd edition.

Cambridge University Press. （第1章でエネルギースペクトルと構造関数の物理的重要性についての有益な議論が述べられている）

[12] Tritton, D.J., 1988, *Physical Fluid Dynamics*, Clarendon Press. （第24章でカオスへの遷移について述べられている）

[13] von Neumann. J., 1951, *J.Res.Nat.Bur.Stand.*, **12**, 36-8.

第4章　せん断乱流と簡単な完結モデル

　最終的に，「乱流」などというものは存在しないのかもしれないということを，完全に否定してしまうべきではない．すなわち，発生時の物理的状況と切り離して，乱流の性質を議論しても意味がない．乱流の理論を探し求めるうちに，われわれは多分キメラを捜し求めることになるのだろう．……おそらく「真の乱流問題」などというものは存在しないのであろう．しかし，たくさんの乱流は存在する．われわれが抱えている問題は，いろいろな現象を普遍的な乱流理論に無理やりにあてはめようとする，みずからが課した解決不能の課題なのかもしれない．そうだとすれば，個々の流れはそれぞれのメリットに応じて扱われるべきで，ある流れに対して成り立つアイディアが，ほかの流れにも成り立つとは必ずしも仮定すべきではないのかもしれない．そうなると，乱流問題は羅列以上のなにものでもないということになる．このような極端な考え方に反して，事実，多くの普遍的現象が存在するように見える．しかし，それでも，列挙し分類することは，それを認めるかどうかの以前に有益なアプローチであろう．
　　　　　　　　　　　　　　　　　　　　　　　　　　　　　　　P. G. Saffman (1977)

　まず，実際問題として，非常に重要な二つの話題，（ⅰ）せん断流と，（ⅱ）乱流の初歩的な「モデル」をとりあげよう．せん断流とは，後流，境界層，水中噴流，円管流のように，平均速度がほぼ一次元的であるような流れを意味する（図4.1）．初期の多

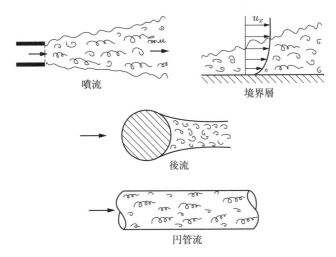

図4.1　さまざまなタイプのせん断流

くの乱流研究は，伝統的にこの種の流れを扱っていた．そして，有名な壁面での対数法則のような，いくつかの貴重な成果を生み出した．それだけではなく，現在でも用いられている初期の工学的乱流モデルの多くは，せん断乱流のために開発されたものであった[1]．したがって，これらの話題を一つのグループにまとめるのは自然だ．

せん断流について理解しようとするわれわれの試みは，多くの成功をおさめてはきたが，首尾一貫した理論のようなものがあるかのように思わせるのは誤りだ．むしろ，本質的に半経験的ないろいろなモデルの積み重ねがあるだけだ．おそらく，サフマンがいうとおり，驚くことではない．ある程度は統一的な状況があるとはいえ，流れの種類ごとに特有の挙動を示すようだ．

図4.1に示した流れには，数々の共通の特徴がある．そのうちで，おそらくもっとも著しい特徴は，外部流において乱流運動と非乱流運動のあいだにはっきりした境界があることだろう．われわれは，乱流を，みずからの作用でカオス的に移流する複雑な空間構造をもった渦度場であると定義したことを思い出そう．図4.1の外部せん断流では，ノズルの内壁や円柱の表面などの固体壁上で渦度がつくられる．次に，それが全体の流れに漏れ出し，下流へと流される．乱流-非乱流のあいだにはっきりした境界があるのは，高 Re では渦度が，見かけ上，あたかも拡散しない染料のように流体に凍結されるという事実の結果である．そこで，ちょっとした疑問がわいてくる．

- 下流へ流されるあいだに乱流（渦度）は，どのくらいの速さで広がるのか．
- いろいろな場所で乱れの強さは，平均してどのくらいか．
- 平均速度の分布はどうか．

ここでは，おもに統計的に定常な乱流に話題を限ろう．このとき，アンサンブル平均$\langle(\sim)\rangle$は時間平均$\overline{(\sim)}$と同じである．後者のほうが理解しやすいので，この章ではもっぱら時間平均を扱う．まえと同じく，$\bar{u}$とu'は，それぞれ運動の平均成分および変動成分を表すものとする．

4.1 平均流と乱流のあいだでのエネルギー交換

　水の表面の運動を観察してみよ．それは髪の毛の動きに似ていて，二つの動きからなっている．一つは髪の毛の重さに関係し，もう一つは回転に関係している．同様に，水は回転する渦からなっていて，その一部は主流の推進力に関係し，ほかは偶然や反射運動に関係する．
Leonardo da Vinci (1513)

---

[1] せん断流に対するこれらの完結モデルは，空間一点における統計量を用いているので「一点完結モデル」とよばれる．あとで一様乱流について述べる際には，空間二点で定義される統計量を用いる，いわゆる「二点完結モデル」が出てくる．二点完結モデルは，一様乱流以外に用いるにはあまりに複雑すぎる．

（レオナルド・ダ・ヴィンチは，乱流を平均と乱流変動の二つに分解するというレイノルズのアイディアを予見していたのだろうか）．

　乱流に関するもっとも古いアイディアの一つに，渦粘性の考え方がある．手短にいうと，これは，平均流について考える限り，乱れは層流粘性を増加させ，より大きな「渦粘性」におき換える効果があるとする考えである．この概念は，19 世紀中盤にサン・ブナンやブシネスクにはじまり，1925 年にプラントルの混合距離理論で頂点に達した重要な流派である．これらのアイディアは，現代の標準から見れば荒っぽいが，乱流の全体的な性質を予測しようとする工学分野の人々には，非常に大きな影響を与えた．多くの乱流の「工学モデル」は，この渦粘性モデルである．これらは使いやすいし，驚くほどうまくいく場合も多い．しかし，ときどき，とんでもない結果にもなる．見識のある技術者は，渦粘性概念の限界について，ある程度知っておく必要がある．

　4.1.1 項から 4.1.4 項において，ブシネスクとプラントルによる初期の理論について概観し，その現代版であるいわゆる $k\text{-}\varepsilon$ モデルを紹介する．この節と前章とのあいだには，注目している点にかなり大きな開きがある．これまでは，乱流自体の基本的性質について考えてきた．平均流は，単に乱れを開始させる機構として作用するだけで，それ以後は，ほとんど，あるいはまったくといってよいほど役割を果たしていなかった．しかし，せん断流では，乱れと平均流のあいだには複雑かつ継続的な相互作用がある．平均流は乱れを生成し，維持し，再配分し，逆に乱れは平均流の速度分布を形づくるという形で平均流に影響する（円管流を考えてみよう．平均流は絶えず乱れを生成し，乱れは平均流の速度分布を決める）．渦粘性モデルでは，これらの過程のうち，後者に重点がおかれている．われわれの興味は，乱れが平均流に影響するという点にあり，渦粘性モデルの目的は，その影響について考え，パラメータ化することである．もちろん，このことは逆の問題，すなわち，平均流による乱れの生成という問題に立ちもどらざるを得ない．なぜなら，どの渦粘性モデルでも，局所の乱れ強さに関してなんらかの情報を必要とするからだ．

　あとでわかるように，平均流と乱れは，レイノルズ応力とよばれる量を介して影響しあう．この応力は乱れの結果として生じ，平均流の発達をつかさどる．それはまた，エネルギーを平均流から乱れへと伝達することで乱流の維持にも関与している．そこでまず，4.1.1 項で，乱流の完結モデルへとつながるレイノルズ応力のアイディアを紹介する．続いて 4.1.2 項では，もちろん，厳密なものではないがプラントルの混合距離モデルについて述べる．4.1.3 項で再び厳密な議論にもどり，平均流と乱れのあいだでのエネルギーの交換に対して，レイノルズ応力が果たす役割について詳しく述べる．最後に，4.1.4 項でプラントルの混合距離モデルの現代版で，$k\text{-}\varepsilon$ モデル

として知られているヒューリスティックな完結モデルについて概要を述べる．まず，レイノルズ応力のアイディアと，そこから派生するより直接的な結果を紹介することからはじめよう．

4.1.1 レイノルズ応力と乱流の完結問題

平均的に定常な流れにナヴィエ・ストークス方程式(2.6)を適用することを考えよう．

$$\rho \frac{\partial u_i}{\partial t} + \rho (\mathbf{u} \cdot \nabla) u_i = -\frac{\partial p}{\partial x_i} + \frac{\partial \tau_{ij}}{\partial x_j} \tag{4.1}$$

$$\tau_{ij} = 2\rho \nu S_{ij} = \rho \nu \left(\frac{\partial u_i}{\partial x_j} + \frac{\partial u_j}{\partial x_i} \right) \tag{4.2}$$

ここで，τ_{ij} は粘性によって生じる応力（接線応力と垂直応力）を表す．次に，ナヴィエ・ストークス方程式の時間平均をとると，

$$\rho \left[(\bar{\mathbf{u}} \cdot \nabla) \bar{u}_i + \overline{(\mathbf{u}' \cdot \nabla) u_i'} \right] = -\frac{\partial \bar{p}}{\partial x_i} + \frac{\partial \bar{\tau}_{ij}}{\partial x_j}$$

が得られ[2]．さらに変形すると，

$$\rho (\bar{\mathbf{u}} \cdot \nabla) \bar{u}_i = -\frac{\partial \bar{p}}{\partial x_i} + \frac{\partial}{\partial x_j} \left(\bar{\tau}_{ij} - \rho \overline{u_i' u_j'} \right) \tag{4.3}$$

となる．これが求めたかった平均量 $\bar{\mathbf{u}}$ と $\bar{p}$ に関する方程式である．しかし，式(4.1)の二次の項（非線形項）から，式(4.3)の乱流項 $\rho \overline{u_i' u_j'}$ が生じてしまった．これが平均流と乱れを結びつけており，あたかも乱流変動が付加的な応力，$\tau_{ij}^R = -\rho \overline{u_i' u_j'}$ を生み出しているかのように見える．これが非常に重要なレイノルズ応力で，これを使って式(4.3)は，次のように書き換えられる．

$$\rho (\bar{\mathbf{u}} \cdot \nabla) \bar{u}_i = -\frac{\partial \bar{p}}{\partial x_i} + \frac{\partial}{\partial x_j} \left(\bar{\tau}_{ij} + \tau_{ij}^R \right) \tag{4.4}$$

ついでに，連続の式も時間平均すると，

$$\nabla \cdot \bar{\mathbf{u}} = 0, \quad \nabla \cdot \mathbf{u}' = 0 \tag{4.5}$$

となり，$\bar{\mathbf{u}}$ も $\mathbf{u}'$ もソレノイド状であることがわかる．

レイノルズ応力の物理的原点は，次のように理解される．式(4.1)を積分形式に書きなおすと，

---

[2] $(\bar{\mathbf{u}} \cdot \nabla) \mathbf{u}'$ と $(\mathbf{u}' \cdot \nabla) \bar{\mathbf{u}}$ の寄与は時間平均するとゼロになる．

$$\frac{d}{dt}\int_V (\rho u_i)dV = -\oint_S (\rho u_i)\mathbf{u}\cdot d\mathbf{S} + \oint_S \tau_{ij}dS_j - \oint_S pdS_i$$

となる．言葉でいえば，この式は，固定体積 V 内の運動量の変化率が，

（ⅰ）表面 S を通して単位時間に流出するマイナスの運動量と，
（ⅱ）表面 S に作用する正味の圧力と粘性力，

の合計に等しいことを意味している．$\mathbf{u} = \bar{\mathbf{u}} + \mathbf{u}'$ に注意して，この式の時間平均をとると，

$$\frac{d}{dt}\int_V (\rho \bar{u}_i)dV = -\oint_S (\rho \bar{u}_i)\bar{\mathbf{u}}\cdot d\mathbf{S} + \oint_S (\bar{\tau}_{ij} - \rho\overline{u'_i u'_j})dS_j - \oint_S \bar{p}dS_i \quad (4.6)$$

が得られる．新たな項 $-\rho\overline{u'_i u'_j}$ は，応力のようなはたらきをするが，じつは乱流変動の結果として体積 V から流出する正味の運動量流束を表している．たとえば，V を $\delta x \delta y \delta z$ の微小直方体とし，x 方向の運動量に注目すると，直方体の各面を通過する運動量流束のうち，$(\rho u_x)dV$ の変化率に寄与するのは（図 4.2），

$$\rho(\bar{u}_x + u'_x)(\bar{u}_x + u'_x)\delta y \delta z \quad (\delta y \delta z \text{ 面を通して})$$
$$\rho(\bar{u}_x + u'_x)(\bar{u}_y + u'_y)\delta z \delta x \quad (\delta z \delta x \text{ 面を通して})$$
$$\rho(\bar{u}_x + u'_x)(\bar{u}_z + u'_z)\delta x \delta y \quad (\delta x \delta y \text{ 面を通して})$$

であり，これらを時間平均すると，乱れは，

$$\rho\overline{(u'_x u'_x)}\delta y \delta z, \quad \rho\overline{(u'_x u'_y)}\delta z \delta x, \quad \rho\overline{(u'_x u'_z)}\delta x \delta y$$

だけの運動量流束を生じる．これらが時間平均運動方程式に現れるレイノルズ応力なのである．しかし，大切なことは，τ^R_{ij} は普通に用いられている意味での応力ではな

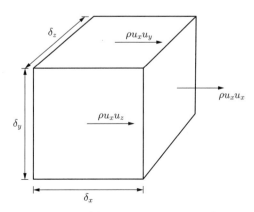

図 4.2 立方体から流出する運動量流束

いことだ．むしろ，乱れによってもたらされる平均運動量流束というべきであろう．平均流について考える限り，τ_{ij}^Rがあたかも応力であるかのように考えることによって，これらの流束の影響を理解することができる．

式(4.4)にもどって平均流の挙動を予測しようとしたら，レイノルズ応力についてのなんらかの情報が必要になることがわかる．そこで，τ_{ij}^Rを支配する方程式を求めてみよう．式(4.3)から式(4.1)を差し引くと，次の形の式が得られる．

$$\frac{\partial u'_i}{\partial t} + \bar{u}_k \frac{\partial u'_i}{\partial x_k} + u'_k \frac{\partial \bar{u}_i}{\partial x_k} + u'_k \frac{\partial u'_i}{\partial x_k} = (\sim) \qquad (4.7a)$$

u'_jについても同様の式，

$$\frac{\partial u'_j}{\partial t} + \bar{u}_k \frac{\partial u'_j}{\partial x_k} + u'_k \frac{\partial \bar{u}_j}{\partial x_k} + u'_k \frac{\partial u'_j}{\partial x_k} = (\sim) \qquad (4.7b)$$

が得られる．次に，式(4.7a)にu'_jを掛け，式(4.7b)にu'_iを掛け，結果を加え合わせてから時間平均を施す．少し計算すると，次の重要な式が得られる．

$$\frac{\bar{D}}{Dt}\left(\overline{\rho u'_i u'_j}\right) = \bar{u}\cdot\nabla\left(\overline{\rho u'_i u'_j}\right) = \tau_{ik}^R \frac{\partial \bar{u}_j}{\partial x_k} + \tau_{jk}^R \frac{\partial \bar{u}_i}{\partial x_k} + \frac{\partial}{\partial x_k}\left(-\overline{\rho u'_i u'_j u'_k}\right)$$

$$-\frac{\partial}{\partial x_i}\left(\overline{p' u'_j}\right) - \frac{\partial}{\partial x_j}\left(\overline{p' u'_i}\right) + 2\overline{p' S'_{ij}}$$

$$+ \nu \nabla^2\left(\overline{\rho u'_i u'_j}\right) - 2\nu\rho\left(\overline{\frac{\partial u'_i}{\partial x_k}\frac{\partial u'_j}{\partial x_k}}\right) \qquad (4.8)$$

これは大切な式なので，あとでもう一度時間をかけて述べることにしよう．この式はやや複雑だが，ここで注意しておきたいことは，τ_{ij}^Rに関するこの式が$\overline{u'_i u'_j u'_k}$の形の新たな未知数を含んでいることだ．そこで，次に，この三重相関を支配する方程式を探す．もちろん，これも容易に求めることができる．しかし，それは残念ながら，

$$\frac{\bar{D}}{Dt}\left(\overline{u'_i u'_j u'_k}\right) = \bar{u}\cdot\nabla\left(\overline{u'_i u'_j u'_k}\right) = \frac{\partial}{\partial x_m}\left(-\overline{u'_i u'_j u'_k u'_m}\right) + (\sim)$$

の形をしていて，そこには，さらに別の新たな未知数$\overline{u'_i u'_j u'_k u'_m}$が出てくる．そして，これらを支配する方程式には，今度は五次の相関が現れるという具合に続く．重要なことは，われわれは，つねに方程式の数より多い未知数を抱えてしまうということだ．これが第1章で触れた乱流の完結問題である．

このように，われわれは統計的表現に移行したことで，大きな重荷を背負うことになったのだ．われわれは，ナヴィエ・ストークス方程式という完全に決定論的な方程式から出発し，解が決まらない劣決定系に終わったのである．これは皮肉なことである．統計的でない方法を選べば決定論的な方程式になるが，その解である**u**はカオス的になる．一方，統計的手法を選ぶと，そこで解析の対象となる$\overline{u'_i u'_j}$などはラン

ダムでなく実験的にも完全に再現可能になるが，それらを記述する閉じた方程式系を見い出すことができないのである．

完結問題は深刻である．運動方程式を操作するだけでは，予測のための統計的モデルは得られない．方程式系を閉じるためには，何か追加の情報を必要とし，この情報は本質的に問題ごとの個別のものとならざるを得ない．技術者達は，ほぼ一世紀にわたって，渦粘性の仮説を用いてこのギャップを埋めてきた．そして，実際に，それは多くの工学的乱流モデルのバックボーンとなっている．

■ **例題 4.1** 第一原理から出発して式(4.8)を導出せよ．

■ **例題 4.2 乱流運動エネルギー式** 式(4.8)で，$i=j$ とおくことによって，次の方程式が得られることを示せ．

$$\bar{\mathbf{u}} \cdot \nabla \left(\frac{1}{2} \rho \overline{(\mathbf{u}')^2} \right) = \tau_{ik}^R \bar{S}_{ik} - \rho \nu \overline{\left(\frac{\partial u_i'}{\partial x_j} \right)^2} + \nabla \cdot \left[-\overline{p' \mathbf{u}'} + \nu \nabla \left(\frac{1}{2} \rho \overline{(\mathbf{u}')^2} \right) - \frac{1}{2} \rho \overline{(\mathbf{u}')^2 \mathbf{u}'} \right]$$

■ **例題 4.3 より使いやすい形式の乱流運動エネルギー式** $i=j$ のとき，式(4.8)の粘性項は，

$$2\left[\frac{\partial}{\partial x_k} \left(\overline{u_i' \tau_{ik}'} \right) - 2\rho \nu \overline{S_{ik}' S_{ik}'} \right]$$

の形にも書けることを示せ．これらを用いると，例題 4.2 のエネルギー方程式は，

$$\frac{\bar{D}}{Dt} \left[\frac{1}{2} \rho \overline{(\mathbf{u}')^2} \right] = \bar{\mathbf{u}} \cdot \nabla \left[\frac{1}{2} \rho \overline{(\mathbf{u}')^2} \right] = \tau_{ik}^R \bar{S}_{ik} - 2\rho \nu \overline{S_{ik}' S_{ik}'}$$

$$+ \nabla \cdot \left[-\overline{p' \mathbf{u}'} + \overline{u_i' \tau_{ik}'} - \frac{1}{2} \rho \overline{(\mathbf{u}')^2 \mathbf{u}'} \right]$$

のように書きなおせることを示せ．

4.1.2 ブシネスクとプラントルの渦粘性理論

「乱流モデル」構築の最初の試みは，おそらく，1870 年のブシネスクの仕事にさかのぼる．彼は，時間平均流が一次元的である場合の応力とひずみ速度の関係,

$$\bar{\tau}_{xy} + \tau_{xy}^R = \rho(\nu + \nu_t) \frac{\partial \bar{u}_x}{\partial y} \tag{4.9}$$

を提案した．ここで，ν_t は渦粘性である．式(4.9)の背景となっているアイディアは，τ_{xy}^R で表される運動量の乱流拡散の効果が，層流応力 τ_{xy} を生み出す運動量の分子拡散に類似しているというものである．この場合，乱流の役割は実効的な粘性を ν から

$\nu+\nu_t$ に増やすことであり，ν_t は ν よりもはるかに大きいものと想像される.

渦粘性の概念は，いまでは非常に複雑な流れにも用いられ，式(4.9)は，次のように三次元に拡張されている.

$$\tau_{ij}^R = -\rho\overline{u_i'u_j'} = \rho\nu_t\left(\frac{\partial \bar{u}_i}{\partial x_j}+\frac{\partial \bar{u}_j}{\partial x_i}\right)-\frac{\rho}{3}\overline{u_k'u_k'}\delta_{ij} \qquad (4.10)$$

右辺に追加されている項は，垂直応力の総和が $-\rho\overline{(u_i')^2}$ に等しくなるために必要となる．式(4.10)を，われわれはブシネスクの式とよんでいる.

もちろん，ここで，「ν_t とは何か」という疑問がわいてくる．明らかに，それは乱れの性質であって，流体の性質ではない．プラントルは，はじめて ν_t を見積もるための混合距離モデルとよばれる方法を提案した．彼は，気体運動論が粘性という巨視的性質を予測するのに，成功をおさめていることに触発された．実際，この理論によると，

$$\nu = \frac{1}{3}lV \qquad (4.11a)$$

である．ここで，l は分子の平均自由行程，V は分子速度の rms 値である．プラントルは，ニュートンの粘性法則とレイノルズ応力のあいだに類似性があることに注目した．層流では，互いにすべり合う層のあいだを分子が飛び交うことで運動量を交換するため，層どうしで相互に抗力（単位面積あたり）τ_{xy} を及ぼし合う．このようすは，図4.3（a）に描かれている．遅い層にあった分子 A が上向きに B に移動し，その結果，速い流体を減速させる．逆に，分子 C が D に移動することによって遅い流体を加速する．この過程を平均化すると，巨視的な方程式，

$$\tau_{xy} = \frac{\rho lV}{3}\frac{\partial \bar{u}_x}{\partial y}$$

が得られる．プラントルは，熱的に誘起された分子の飛び交いの代わりに，乱れによって引きずりまわされ，押しのけられる流体の集団を考えて，一次元乱流においても似たようなことが起こるとした．このように，図4.3（a）は，流体の塊が層から層へ飛び移ることで運動量を運ぶと考えなおすことができる．このとき，交換される運動量を時間平均すると，レイノルズ応力 $\tau_{xy}^R = -\rho\overline{u_x'u_y'}$ になる．この分子運動と巨視的過程のあいだのアナロジーから，プラントルは式(4.11a)に対応する巨視的表現として，

$$\nu_t = l_m V_T \qquad (4.11b)$$

を考えた．ここで，l_m は混合距離とよばれ，V_T は $|\mathbf{u}'|$ の適当な尺度である（この式は，乱流が活発なほど運動量交換も活発になり，その結果，ν_t も大きくなるというこ

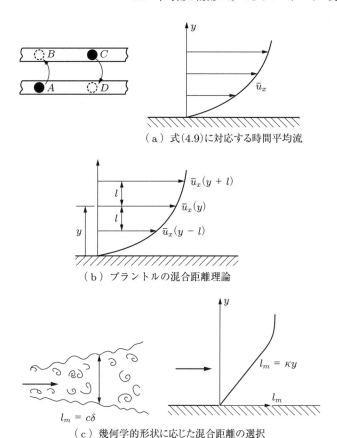

図4.3 混合距離モデル

とと一致している).じつは,式(4.11b)は次元的に矛盾がないというだけであり,ν_t を決めるという問題が l_m と V_T を決めるという問題にすり替えられたにすぎない.プラントルの混合距離理論は,これらの量を次のようにして見積もる.

図4.3(b)に示されるような平均流 $\bar{u}_x(y)$ を考える.y の位置で速度 $\bar{u}_x(y)$ をもつ流体は,平均的に見ると $y \pm l$ の層から飛来したと考えられる.l は大スケール渦を代表する長さのようなものである.流体塊が $y+l$ から y に飛来し,そのあいだ,直線運動の運動量を維持しているとすると,y に到着したとき,流体は平均的に速度 $\bar{u}_x(y+l)$ をもつと考えられる.したがって,もし l が平均流の幅方向の長さスケールに比べて小さいとすれば,y における速度の変化は,

$$\bar{u}_x \pm l\frac{\partial \bar{u}_x}{\partial y}$$

となり，これより，

$$|u'_x(y)| \sim l\left|\frac{\partial \bar{u}_x}{\partial y}\right|$$

といえる．次に，$\partial \bar{u}_x/\partial y > 0$ のとき，y における u'_x と u'_y のあいだの相関は負となる可能性が高いことに注目しよう．すなわち，正の u'_x は $y+l$ からの飛来，つまり負の u'_y に対応する．逆に，$\partial \bar{u}_x/\partial y < 0$ のときは，u'_x と u'_y のあいだの相関は正となりやすい．さらに，$|u'_x| \sim |u'_y|$ と考えられるから，$\partial \bar{u}_x/\partial y$ の符号にかかわらず，次のように見積もることができる．

$$\overline{u'_x u'_y} \sim \pm \overline{(u'_x)^2} \sim -l^2 \left|\frac{\partial \bar{u}_x}{\partial y}\right| \frac{\partial \bar{u}_x}{\partial y} \tag{4.12}$$

ここで，式(4.12)の未知の係数を l_m の定義のなかに含めてしまうと，この単純な一次元せん断流については，

$$\tau^R_{xy} = -\rho \overline{u'_x u'_y} = \rho l_m^2 \left|\frac{\partial \bar{u}_x}{\partial y}\right| \frac{\partial \bar{u}_x}{\partial y} \tag{4.13a}$$

と表せることがわかる．この結果をブシネスクの式，

$$\tau^R_{xy} = \rho \nu_t \frac{\partial \bar{u}_x}{\partial y}$$

と比較すると，

$$\nu_t = l_m^2 \left|\frac{\partial \bar{u}_x}{\partial y}\right| \tag{4.13b}$$

が得られる．

これが，プラントルの混合距離モデルである．もし，たとえば実験などにより l_m を決めることができれば τ^R_{xy} が求められる．しかし，この議論は非常に大きな欠点を含んでいるといわなければならない．$\bar{u}_x(y+l) - \bar{u}_x(y)$ を計算するときに，テイラー展開を用いるのは適当ではない．なぜなら，大スケール渦のサイズ l は，$\bar{u}_x$ の平均勾配に匹敵するほどなのだ．そればかりでなく，流体塊が層のあいだを移動するときに運動量を維持していて，新しい層に達した途端にそれまでの運動量を失うという仮定にはなんらの根拠もない．

それにもかかわらず，プラントルの混合距離モデルは，単純な一次元せん断流に対しては，l_m が適切に選ばれている限りはかなり（少なくとも想像以上に）うまくいく．自由せん断層では，l_m はほぼ一様で，δ を局所の層の厚さとすると $l_m = c\delta$ となることが知られている．定数 c は，せん断層のタイプ（混合層，後流，噴流など）に応じてかわる．境界層では，壁面近傍では $l_m = \kappa y$ で，$\kappa \approx 0.4$ はカルマン定数として知られている（図4.3（c））．このことは，渦のサイズが壁からの距離に比例すると解

釈されることが多い．

しかし，式(4.13b)の一つの欠点は，噴流や後流の中心線上で $\nu_t = 0$ となってしまうことで，これは，実際にはほとんどあり得ない．しかし，この欠点は，4.3.1項で述べるように，ν_t に多少修正を加えることで解決できる．

混合距離の考え方については，4.1.4項でもう一度とりあげる．その際，一次元せん断流に対しては，混合距離の主要な結果が，じつに渦の動力学法則からも導けることを示す．そのまえに，平均流と乱れのあいだでのエネルギー交換の過程について調べよう．

4.1.3 平均流から乱れへのエネルギー伝達

これまでは，τ_{ij}^R が平均流に及ぼす影響について論じてきた．今度は，レイノルズ応力がエネルギーを平均流から乱れへと伝達するパイプ役となり，粘性散逸に対抗して乱流を維持する役割を果たすことを示そう．最初に考えるべきことは，τ_{ij}^R が単位時間になす仕事である．混合距離の議論とは対照的に，この項の結果は厳密であることに注意しよう．

2.1.4項では，層流において，粘性応力が単位時間になす仕事が $\partial(\tau_{ij}u_i)/\partial x_j$ に等しいことがわかった．これを二つの部分に分けると都合がよかった．

$$\frac{\partial}{\partial x_j}(\tau_{ij}u_i) = u_i \frac{\partial \tau_{ij}}{\partial x_j} + \tau_{ij} \frac{\partial u_i}{\partial x_j} = u_i f_i + \tau_{ij} S_{ij} \qquad (4.14a)$$

ここで，f_i は単位体積の流体にはたらく正味の粘性力である．この式は，次のような意味をもっている．右辺の二つの項は，どちらも単位体積あたりの流体エネルギーの増加率を表す．最初の項 $u_i f_i$ は機械的エネルギーの増加率，すなわち，力 f_i がなす単位時間あたりの仕事である．二番目の項は内部エネルギーの増加率である．足し合わせると τ_{ij} によりなされる全仕事となる．同様に，乱流においても τ_{ij}^R が平均流に対して単位時間になす仕事は単位体積あたり，

$$\frac{\partial}{\partial x_j}(\tau_{ij}^R \bar{u}_i) = \bar{u}_i \frac{\partial \tau_{ij}^R}{\partial x_j} + \tau_{ij}^R \bar{S}_{ij} \qquad (4.14b)$$

である．しかし，式(4.14a)と式(4.14b)のあいだには重要な違いがある．レイノルズ応力は，平均化の結果として出てきたまったく架空のもので，機械的エネルギーを生み出したり消し去ったりはできない．したがって，$\tau_{ij}^R \bar{S}_{ij}$ は流体の内部エネルギーの変化率を表すことはできない．そうではなくて，これは単位体積あたりの乱流運動エネルギーの生成を表すということが，あとでわかる．

式(4.14b)を，閉じた体積 V，あるいは円管の一部分のように流入条件と流出条件が統計的に同じであるような検査体積にわたって積分するとしよう（図4.4）．左辺は

図 4.4 円管内の乱流

発散項であり，境界上で τ_{ij}^R はゼロなので，左辺の積分はゼロになる．したがって，右辺の二つの項が全体として釣り合っていなければならない．

$$\int_V \left(-\bar{u}_i \frac{\partial \tau_{ij}^R}{\partial x_j} \right) dV = \int_V \tau_{ij}^R \bar{S}_{ij} dV$$

しかし，$\partial(\tau_{ij}^R)/\partial x_j$ は，レイノルズ応力により平均流が受ける単位体積あたりの正味の力だから，$\bar{u}_i \partial(\tau_{ij}^R)/\partial x_j$ は，この力による単位時間あたりの仕事である．したがって，$-\bar{u}_i \partial(\tau_{ij}^R)/\partial x_j$ はレイノルズ応力，つまり乱れの作用によって，平均流が単位時間あたりに失う機械的エネルギーを表すことになる．τ_{ij}^R は，機械的エネルギーを生み出したり消去したりはできないのだから，この失われた平均流のエネルギーは，式(4.14b)の $\tau_{ij}^R \bar{S}_{ij}$ に相当する乱流の運動エネルギーに姿をかえるものと予想される（実際に，そのとおりであることはあとで示される）．

$$\int_V \left(-\bar{u}_i \frac{\partial \tau_{ij}^R}{\partial x_j} \right) dV = \int_V \tau_{ij}^R \bar{S}_{ij} dV$$

（平均流における KE のロス）=（乱流における KE のゲイン）

$\tau_{ij}^R \bar{S}_{ij}$ の解釈から必然的に得られる重要なことは，たとえば浮力のような体積力がない場合，乱流が生き延びるために，平均流中に有限なひずみ速度が不可欠だということである．有限なひずみの必要性と，平均流から乱れへのエネルギー転送のメカニズムは，図 4.5 に示されている．乱れの渦度場は，煮えくり返るスパゲッティのように絡み合った渦管に見立てることができるだろう．平均せん断があると，これらの渦管は，正の最大ひずみの方向に組織的に引き伸ばされる．渦管は，引き伸ばされると

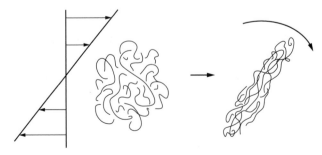

図 4.5 平均せん断が乱流中の渦管をほぐす．渦管が引き伸ばされるとき運動エネルギーが増加する．

運動エネルギーが増加し，これが平均流から乱れへのエネルギー転送を表す．

例証として，とくに単純な流れ，たとえば平均流が定常な円管流を考える（図4.4）．この場合，式(4.3)より，

$$\rho(\bar{\mathbf{u}} \cdot \nabla)\bar{u}_i = -\frac{\partial \bar{p}}{\partial x_i} + \frac{\partial \tau_{ij}^R}{\partial x_j} + (粘性力) \tag{4.15}$$

となり，レイノルズ応力が，平均流に正味の力 $f_i = \partial \tau_{ij}^R/\partial x_j$ を及ぼしている．この力による単位時間あたりの仕事 $f_i \bar{u}_i$ は，円管流の場合には負となり，平均流は力の発生源である乱れに向かってエネルギーを失うことになる．ここで論じているのは，平均流から乱れに伝達されるエネルギーである．これが，円管内で乱れが消滅することがない理由である．

もちろん，これはややつくられすぎた話だ．われわれには，一つの流れと一つの流体だけがあるのだ．われわれが実際に意味しているのは，$\overline{\mathbf{u}^2}/2$ を二つの部分，すなわち，$\bar{\mathbf{u}}^2/2$ と $\overline{(\mathbf{u}')^2}/2$ に分けることができること，および $f_i \bar{u}_i$ が負のとき，$\bar{\mathbf{u}}^2/2$ から $\overline{(\mathbf{u}')^2}/2$ に向かって正味のエネルギー伝達があることである．ところで，われわれは，円管内の乱流は（もし，粘性力が小さければ）消失することがないことを知っている．このことから，$f_i \bar{u}_i$ は負に違いないと推論する．実際に起こっているのは，乱流渦が次々とつくられ，渦糸のひずみによって強められるという現象である．これは，乱流渦の絶え間ない伸張や増幅によって，平均の渦線がゆがみ，しわくちゃにされて新しい渦がつくられる（平均の渦線は乱れによって形をめちゃめちゃにされる）という形で起こっており，さらに，平均せん断による乱流渦度の絶え間ない伸張と増幅をともなっている．その結果が，上で述べた $\bar{\mathbf{u}}$ から $\mathbf{u}'$ へのエネルギー伝達なのである．

さて，次に，式(4.14b)をもっと詳しく見てみよう．この式を，$f_i \bar{u}_i$ を用いて次のように書きなおす．

$$-f_i \bar{u}_i = \tau_{ij}^R \bar{S}_{ij} - \frac{\partial}{\partial x_j}\left(\tau_{ij}^R \bar{u}_i\right) \tag{4.16}$$

右辺第一項 $\tau_{ij}^R \bar{S}_{ij}$ は，上で予想したとおり，τ_{ij}^R の結果として乱れが単位時間に獲得した運動エネルギーの局所の値である（このことの証明は，例題4.4で与えられる）．これは，変形仕事（あるいは乱流エネルギー生成）とよばれ，平均せん断が乱れの渦度を伸張増幅して乱流エネルギーを増加させる傾向を表している．式(4.16)は，$-f_i \bar{u}_i$ と $\tau_{ij}^R \bar{S}_{ij}$ が全体として釣り合っていて（発散項の積分がゼロとなる場合），平均流から引き去られた運動エネルギーは，すべて最後には乱れのエネルギーとなることを物語っている．しかし，奇妙なことに，それらは必ずしも局所的に釣り合っているわけではないのである．なぜなら，式(4.16)の右辺の拡散項は，一般にはゼロとは

いえないからだ．このように，ある地点で τ_{ij}^R によって平均運動からとり除かれた運動エネルギーは，まさにその地点で乱流エネルギーにかわるわけではない．その理由は微妙で，$\mathbf{u}^2/2$ を $\bar{\mathbf{u}}^2/2$ と $\mathbf{u}'^2/2$ に展開した際に出てきたクロス項 $\bar{\mathbf{u}} \cdot \mathbf{u}'$ に関係している．例題 4.4 にあるように，このクロス項の平均的な乱流対流が $\partial(\tau_{ij}^R \bar{u}_i)/\partial x_j$ となっている．

例題 4.4 平均的に定常な円管流の運動方程式を，次のように書く．

$$\frac{\partial}{\partial t}(\rho \mathbf{u}) + \mathbf{u} \cdot \nabla(\rho \mathbf{u}) = \sum \mathbf{F}$$

ここで，$\sum \mathbf{F}$ は圧力と粘性力の和である．この式から，運動エネルギー方程式，

$$\frac{\partial}{\partial t} \frac{\rho \mathbf{u}^2}{2} + \mathbf{u} \cdot \nabla \frac{\rho \mathbf{u}^2}{2} = \sum \mathbf{F} \cdot \mathbf{u}$$

が導かれる．これを時間平均すると，

$$\bar{\mathbf{u}} \cdot \nabla \left(\frac{\rho \bar{\mathbf{u}}^2}{2} + \frac{\overline{\rho (\mathbf{u}')^2}}{2} \right) + \overline{\mathbf{u}' \cdot \nabla \frac{\rho (\mathbf{u}')^2}{2}} = \frac{\partial}{\partial x_j}(\bar{u}_i \tau_{ij}^R) + \sum \overline{\mathbf{F} \cdot \mathbf{u}}$$

が得られることを示せ．この式は，平均流速による総運動エネルギーの輸送と，乱れによる乱流運動エネルギーの輸送の合計が，単位時間あたりのレイノルズ応力による仕事と圧力および粘性力による平均の単位時間あたりの仕事に等しいことを物語っている．上で予想したとおり，$\partial(\bar{u}_i \tau_{ij}^R)/\partial x_j$ は，平均流と乱れの両方の運動エネルギーに作用している．次に，最初に運動方程式を時間平均することによって，

$$\bar{\mathbf{u}} \cdot \nabla \frac{\rho \bar{\mathbf{u}}^2}{2} = \bar{u}_i \frac{\partial \tau_{ij}^R}{\partial x_j} + \sum \bar{\mathbf{F}} \cdot \bar{\mathbf{u}}$$

が得られることを示せ．得られた二つのエネルギー式の差をとると，

$$\bar{\mathbf{u}} \cdot \nabla \frac{\overline{\rho (\mathbf{u}')^2}}{2} + \overline{\mathbf{u}' \cdot \nabla \frac{\rho (\mathbf{u}')^2}{2}} = \tau_{ij}^R \bar{S}_{ij} + \sum \overline{\mathbf{F} \cdot \mathbf{u}} - \sum \bar{\mathbf{F}} \cdot \bar{\mathbf{u}}$$

となる．このように，$\partial(\bar{u}_i \tau_{ij}^R)/\partial x_j$ に対する二つの寄与，すなわち，$\bar{u}_i \partial \tau_{ij}^R / \partial x_j$ と $\tau_{ij}^R \bar{S}_{ij}$ は，それぞれ平均流と乱れの運動エネルギーの源となっているのである．これら二つの項は全体としては釣り合っているが，局所的に見れば必ずしも釣り合っておらず，差額が $\partial(\bar{u}_i \tau_{ij}^R)/\partial x_j$ である．この差額はクロス項 $\rho \bar{\mathbf{u}} \cdot \mathbf{u}'$ の乱流輸送に起因していることを示せ．

このエネルギー伝達のアイディアを，もう少しさきへ進めてみよう．式(4.15)から平均流の運動エネルギー方程式が導かれる．すなわち，この式に $\bar{u}_i$ を掛けて整理すると，

$$\frac{\bar{D}}{Dt}\left(\frac{1}{2}\rho\bar{\mathbf{u}}^2\right) = \bar{\mathbf{u}}\cdot\nabla\left(\frac{1}{2}\rho\bar{\mathbf{u}}^2\right) = \frac{\partial}{\partial x_k}(-\bar{u}_k\bar{p} + \bar{u}_i\bar{\tau}_{ik}) + \bar{u}_i\frac{\partial \tau_{ik}^R}{\partial x_k} - 2\rho\nu\bar{S}_{ik}\bar{S}_{ik}$$

(流線に沿っての KE の変化率)　　= (KE の流束) − (乱れへの KE のロス) − (散逸)

が得られる．ここで，$\bar{\tau}_{ij}$ は粘性応力の平均値で $\bar{\tau}_{ij} = 2\rho\nu\bar{S}_{ij}$ である．この式は，通常，次の形に書き換えられる．

$$\frac{\bar{D}}{Dt}\left(\frac{1}{2}\rho\bar{\mathbf{u}}^2\right) = \bar{\mathbf{u}}\cdot\nabla\left(\frac{1}{2}\rho\bar{\mathbf{u}}^2\right) = \frac{\partial}{\partial x_k}\left[-\bar{u}_k\bar{p} + \bar{u}_i(\bar{\tau}_{ik} + \tau_{ik}^R)\right] - \tau_{ik}^R\bar{S}_{ik} - 2\rho\nu\bar{S}_{ik}\bar{S}_{ik}$$

(流線に沿っての KE の変化率)　　= (KE の流束) − (乱れにおける KE のゲイン) − (散逸)

(4.17)

右辺の発散項は考えている領域の境界での圧力，粘性力，レイノルズ応力による単位時間あたりの仕事と見ることができる．閉空間で積分するとこの項は消える．右辺の最後の二項は，（ⅰ）単位時間あたりの乱れのエネルギーのゲイン，（ⅱ）平均の粘性応力による平均エネルギーの散逸を表す．右辺の最後の項はほとんどつねに負である（境界のごく近くを除いて）．

次に，乱れ自体に話をもどそう．式(4.8)から乱れの運動エネルギーに対する方程式が求められる．すなわち，式(4.8)において $i = j$ とおくと，次式が得られる[3]．

$$\bar{\mathbf{u}}\cdot\nabla\left[\frac{1}{2}\rho\overline{(\mathbf{u}')^2}\right] = \frac{\partial}{\partial x_k}\left(-\overline{p'u_k'} + \overline{u_i'\tau_{ik}} - \frac{1}{2}\rho\overline{u_i'u_i'u_k'}\right) + \tau_{ik}^R\bar{S}_{ik} - 2\rho\nu\overline{S_{ij}'S_{ij}'}$$

(流線に沿っての KE の変化率) =　 (KE の流束または輸送) + (KE の生成) − (散逸)

(4.18)

平均流から乱れへのエネルギー伝達を表す $\tau_{ik}^R\bar{S}_{ik}$ は，式(4.17)と式(4.18)の両方に現れ，互いに反対の符号をもっている．

さて，$\tau_{ik}^R\bar{S}_{ik}$ は，乱れにつぎ込まれ，カスケード過程において小規模渦へ転送されるエネルギーの時間割合を表している．この量を ρG (G は生成) と書くことにする．また，式(4.18)の最後の項は，変動する粘性応力によってエネルギーが散逸される割合である．これを $\rho\varepsilon$ と書く．つまり，

$$\text{生成：} G = -\overline{u_i'u_j'}\bar{S}_{ij} \tag{4.19}$$

$$\text{散逸：} \varepsilon = 2\nu\overline{S_{ij}'S_{ij}'} \tag{4.20}$$

である．記号をもう一つ定義するのが便利である．

$$\text{輸送：} \rho T_i = \frac{1}{2}\rho\overline{u_i'u_j'u_j'} + \overline{p'u_i'} - 2\rho\nu\overline{u_j'S_{ij}'}$$

---

[3] 例題 4.3 参照.

これらを用いると，いま求めた乱流エネルギー方程式は，

$$\bar{\mathbf{u}} \cdot \nabla \left(\frac{1}{2} \overline{\mathbf{u}'^2} \right) = -\nabla \cdot [\mathbf{T}] + G - \varepsilon \tag{4.21}$$

と書くことができる．

乱れ場が統計的に一様なら（壁面近傍ではめったにないことだが），すべての統計量の発散はゼロになるので，式(4.21)は，

$$G = \varepsilon$$

となり，乱流エネルギー生成率が粘性散逸率に等しくなる．第3章において，カスケード過程で大スケール渦から小スケール渦へと伝達されるエネルギー流束を表すのに，Πという記号を用いた．もし，カスケード過程のどこか特定のサイズの渦において，エネルギーが継続的に減少したり，逆に蓄積されたりするとすれば，カスケードを下っていくにつれて，Πは変化することになる．しかし，定常で一様な乱流ではカスケードのすべての段階においてΠは同じであり，

$$G = \Pi = \varepsilon$$

（カスケードに流入する KE）＝（カスケードを下る流束）＝（小規模渦における散逸）

となる．さらに，第3章で大スケール渦がそのターンオーバー時間程度の時間スケールで崩壊することを知った．すなわち，$\Pi \sim u^3/l$, $u^2 \sim \overline{\mathbf{u}'^2}$, l は積分スケール（大スケール渦のサイズ）である．したがって，定常一様乱流では，

$$G = \Pi = \varepsilon \sim u^3/l$$

（一様，平均的に定常）

となる．しかし，せん断流が一様であることはめったにない．また，もし，一様だとしても，定常であるという保証はない．たとえば，一次元せん断流 $\bar{\mathbf{u}} = \bar{u}_x(y)\hat{\mathbf{e}}_x$, $\partial \bar{u}_x/\partial y = S = $ 一定，は，エネルギーの生成 $\tau_{ij}^R \bar{S}_{ij}$ が散逸 $\rho\varepsilon$ を上まわって非定常流になる傾向がある．実際，風洞実験のデータは，$G/\varepsilon \sim 1.7$, $G = \tau_{xy}^R S/\rho$ であることを示している（Champagne, Harris and Corssin（1970），Tavoularis and Corssin（1981））(4.4.2項または表4.1参照)．しかし，非定常，非一様な乱流であっても，G, Π, ε は同じオーダーになる傾向があるため，

$$G \sim \Pi \sim \varepsilon \sim u^3/l$$

（非一様，非定常）

とすることが多い．この法則のおもな例外は自由減衰乱流で，その場合は，第3章

表 4.1 一次元一様せん断流の漸近状態の風洞実験データ. u は $u^2 = \overline{u'^2}/3$ により定義

$\tau_{xy}^R/\rho u^2$	~ 0.42
Su^2/ε	~ 4.2
G/ε	~ 1.7
$\varepsilon/(u^3/l)$	~ 1.1

で述べたように $G = 0$ であるが,$\Pi \sim \varepsilon \sim u^3/l$ は成り立つ.

4.1.4 k-ε モデルの概観

ここで,乱流の工学的モデルに注意を向けよう.それは,大体において渦粘性モデルである.まず,プラントルの混合距離理論についてもう一度考え,次に,現在使われているもっともよく知られた k-ε モデルに話を進める.単純な一次元流に対するプラントルの混合距離モデルは,

$$\tau_{xy}^R = \rho l_m^2 \left|\frac{\partial \bar{u}_x}{\partial y}\right| \frac{\partial \bar{u}_x}{\partial y} = \rho \nu_t \frac{\partial \bar{u}_x}{\partial y} \tag{4.22}$$

である.式 (4.22) を導くにあたっては,筋の通らないステップがいくつかあったが,それでも特性長さスケールを一つしかもたない単純せん断流に限れば,かなりうまくいくようである.一体,なぜうまくいくのだろうか.答えは渦の動力学である.われわれは,しばしば平均流と乱れの二つの流れがあるかのように考える.しかし,もちろんこれはつくり話だ.もともと一つの渦度場しかなく,平均流と乱れはこの渦度場の異なる現れにすぎない.平均流にともなう渦度は x-y 面に直角向き,すなわち,$\bar{\boldsymbol{\omega}} = (0, 0, \bar{\omega}_z)$ であり,乱れにともなう渦度はランダムであるが,各瞬間における真の渦度場はこの二つの和になっている.このように,大スケール渦と平均流は同じ渦線の異なる現れだから,それぞれの渦度は概して同じオーダーである.この考えをうまく表す簡単な(多分,簡単すぎる)ポンチ絵がある.z 方向を向いた渦線が乱流変動によって三次元の形になる場面を想像できるだろう.この過程で生まれた渦は,平均流の渦度と同じオーダーの渦度をもつ(図 4.6).ともかく,u が $|\mathbf{u}'|$ の,また l がエネルギーを保有する大スケール渦のサイズを代表しているとすると,

$$\frac{u}{l} \sim |\bar{\omega}_z| \sim \left|\frac{\partial \bar{u}_x}{\partial y}\right| \tag{4.23}$$

となる.4.1.2 項で述べた理由により,乱流せん断流では u'_x と u'_y は強い相関をもっている.そのうえ,u'_x と u'_y は同じオーダーである.したがって,

$$|\overline{u'_x u'_y}| \sim u^2 \sim l^2 \left(\frac{\partial \bar{u}_x}{\partial y}\right)^2 \tag{4.24}$$

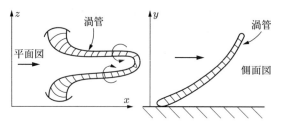

図 4.6 境界層内で発生するヘアピン渦

となり,プラントルの混合距離理論が導かれる.しかし,重要なことは,プラントルの混合距離を用いる方法は,単純せん断流以外の流れでは有益な結果をもたらすとは思えないことである.

混合距離は,実際,一次元せん断流に限られているので,もっと複雑な流れにも対応できる別の強力なモデルが必要である.この場合,昔から技術者はブシネスク・プラントルの式,

$$\tau_{ij}^R = 2\rho\nu_t \bar{S}_{ij} - \left(\frac{\rho}{3}\right)\overline{(u'_k u'_k)}\delta_{ij} \qquad (4.25)$$

$$\nu_t = l_m V_T \qquad (4.26)$$

に立ちもどるのが普通であった.式(4.25)の背景となっているアイディアは,分子運動による微視的な運動量輸送と同様の形で,渦運動によって運動量が交換されるというものである.残念ながら,この考え方には欠点がある.なぜなら,分子は離散的であるのに対し,乱流渦は分布しながら互いにつねに干渉し合う存在だからである.そのうえ,分子の平均自由行程は流れの巨視的サイズに比べて微小だが,さまよい動く乱流渦の場合はそうはいかない.大スケールのエネルギー保有渦は,じつに平均流の代表寸法に匹敵するほどの大きさにもなる.

仮に,運動量の分子輸送と乱流輸送の性質が異なるとすると,渦粘性の概念を正当化するための別の方法が必要になる.一つの議論は,式(4.25)が,単にν_tを定義しているだけであり,また,式(4.26)は,単に次元の一致からくるにすぎないという指摘である(V_Tはまだ決めていない).しかし,この議論もまた適切ではない.渦粘性の仮説には,実際,三つの欠点がある.第一は,τ_{ij}^Rと$\bar{S}_{ij}$がテンソルではなく単なるスカラー量ν_tを使って関係づけられていることだ.したがって,たとえば,τ_{xy}^Rと$\bar{S}_{xy}$の関係は,τ_{yz}^Rと$\bar{S}_{yz}$の関係と同じになってしまう.このことは,たとえば,成層や回転が重要となるような非等方性が強い流れでは,渦粘性モデルはうまく機能しないことを暗示している.第二は,$\bar{S}_{ij}=0$のとき,式(4.25)は$\langle (u'_x)^2 \rangle = \langle (u'_y)^2 \rangle =$

$\langle (u'_z)^2 \rangle$, すなわち, 乱れが等方的であると予測してしまう. しかし, 格子乱流の研究から, 平均せん断の有無にかかわらず, 非等方性が長期間持続することがわかっている (4.6.1項参照). 第三に, 式(4.25)では, τ^R_{ij} が乱れによるひずみの履歴ではなく, 局所のひずみ速度で決まると仮定されている. この仮定が, 一般には成り立たない理由を示すのは簡単だ. 要は, レイノルズ応力の大きさが, 局所の渦（渦度の塊）の形や強さに依存していて, それは, その点に至る以前に渦が受けたひずみによって決まるということである. つまり, 乱流渦が局所の条件だけで決まるような, ある種の統計平衡に落ちつくものと勝手に仮定するわけにはいかないのだ. どうやら, 式(4.25)が信用できない理由はたくさんあるようで, その多くについては, 今後もたびたび出てくる. それでも, これらの限界を頭においたうえで, とりあえず, さきに進もう.

ここで質問するが, ν_t とは何か. V_T を $k^{1/2}$, $k = \overline{\mathbf{u}'^2}/2$, とするのは自然の考えであろう[4]. これは, 乱れが活発なほど運動量交換も大きく, したがって, ν_t も大きくなるだろうという考えにもとづいている. また, 運動量交換に寄与するのは大スケール渦であろうという物理的理由から, l_m は積分スケール l 程度のオーダーになると予想できる. すると,

$$\nu_t \sim k^{1/2} l \tag{4.27}$$

となる. 次の問題は, 流れの各点で k と l をどうやって見積もるか, である. いわゆる, k-ε モデルでは, この問題を以下のように処理している. ほとんどの乱れで, $\varepsilon \sim u^3/l$ であったことを思い出そう. この関係を用い, 式(4.27)を信用するとすれば,

$$\nu_t \sim \frac{k^2}{\varepsilon}$$

が得られる. k-ε モデルでは, 普通,

$$\nu_t = c_\mu \frac{k^2}{\varepsilon} \tag{4.28}$$

と表される. ここで, 係数 c_μ はほぼ 0.09 とされている（この値は簡単な境界層におけるせん断応力と速度勾配の経験則に一致するように選ばれている. 4.2.3項参照). これを用いると, 経験則にもとづく k と ε の輸送方程式が得られる. k 方程式のもとは式(4.18)であり, 非定常流に対して一般化すると,

---

[4] 波数と乱流運動エネルギーのどちらも k と書くことが習慣になっているのは残念なことだが, 混乱はめったに起こらない.

$$\frac{\partial k}{\partial t} + \bar{\mathbf{u}} \cdot \nabla(k) = -\nabla \cdot (\mathbf{T}) + \frac{\tau_{ij}^R}{\rho} \bar{S}_{ij} - \varepsilon \tag{4.29}$$

$$\rho T_i = \frac{1}{2} \rho \overline{u_i' u_j' u_j'} + \overline{p' u_i'} - 2\rho\nu \overline{u_j' S_{ij}'}$$

となる（統計平均値の変化の時間スケールは，乱流変動のそれに比べて長いと仮定し，非定常流なのに時間平均操作が行われている）．もちろん，問題は，未知量 $\overline{p' u_i'}$ と $\overline{u_i' u_j' u_j'}$ をどうするかだ（**T** に対する粘性の影響は，普通は小さい）．k-ε モデルでは，乱流渦による圧力変動は，乱流運動エネルギーを乱れの強い領域から弱い領域へ広げるはたらきをすること，またこのエネルギーの再配分は拡散過程であると仮定されている．この仮定は三重相関についても同じで，ベクトル **T** は，

$$\mathbf{T} = -\nu_t \nabla k$$

とおかれる．これは，かなり大胆な仮定だが，k 方程式をわき出し項 G と吸い込み項 ε をもった単純な移流拡散方程式の形にもち込めるという実用的なメリットがある．その結果は，

$$\frac{\partial k}{\partial t} + \bar{\mathbf{u}} \cdot \nabla k = \nabla \cdot (\nu_t \nabla k) + \frac{\tau_{ij}^R}{\rho} \bar{S}_{ij} - \varepsilon \tag{4.30}$$

である．この方程式は，少なくとも k が質のよいパラメータであることを保証している．一方，ε 方程式のほうは，ほぼ純粋に創作である．これには三つの係数が含まれ，それらは名目上，任意であり，十分裏づけられている流れに結果が一致するように決められている．事実上，k-ε モデルは，ある種の標準的な実験データのきわめて込み入った補完法ともいえる．

4.6.1 項で，再びこのモデルについてとりあげる．そのときには，ε 方程式について少し詳しく述べ，k-ε モデルの限界を明確にする．ここでは，k-ε モデルが思ったよりずっとうまくいくことだけを述べておけば，おそらく十分であろう．事実，k-ε モデル（およびその兄弟）は，現在，工業界では標準的な乱流モデルとして使われている．それには不備はあるが，簡単だし，いろいろな形状に対して平均流の予測に役立つ．しかし，ひどく誤った結果になることも多い．おそらく，簡単さと親しみやすさのために，実用性を重んじる技術者にとっては，もっとも人気のあるモデルとなっているのだろう．

渦粘性モデルの簡単な紹介に続いて，工業的に重要ないろいろなタイプの流れについて調べてみよう．まず，固体壁面を境界とする流れからはじめよう．

4.2 壁面境界をもつせん断流と壁面対数法則

境界の存在は，せん断乱流にとくに強い影響を及ぼす．一つには，速度変動が壁面の近くでゼロまで落ちなければならないからだ．壁面境界をもつ流れは，普通，内部流 (円管，ダクトなど) と外部流 (境界層) とに分類される．まず，内部流から話をはじめよう．

4.2.1 チャネル乱流と壁面対数法則

図 4.7 に示したような，滑らかな平行平板間で完全発達した一次元平均流，$\bar{\mathbf{u}} = (\bar{u}_x(y), 0, 0)$ を考える．式(4.4)の x 成分と y 成分は，

$$\rho \frac{\partial}{\partial y}\left(\nu \frac{\partial \bar{u}_x}{\partial y} - \overline{u'_x u'_y}\right) = \frac{\partial \bar{p}}{\partial x} \tag{4.31}$$

$$\rho \frac{\partial}{\partial y}\left(-\overline{u'_y u'_y}\right) = \frac{\partial \bar{p}}{\partial x} \tag{4.32}$$

となる．(ここでは，流れが完全に発達しきっているので，$\bar{p}$ 以外のすべての統計的性質は，x に無関係であると仮定した)．

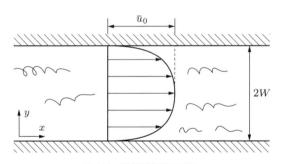

図 4.7 平行平板間の流れ

新たに記号，

$$\bar{p}_w = \bar{p} + \rho \overline{u'_y u'_y} \tag{4.33}$$

を定義する．これを用いると，式(4.32)から，$\bar{p}_w$ は x だけの関数となり，さらに，$y = 0$ で $\mathbf{u}' = 0$ なので，

$$\bar{p}_w = \bar{p}_w(x) = \bar{p}(y = 0)$$

となる．もちろん，$\bar{p}_w$ は壁面上の圧力である．$\rho \overline{u'_y u'_y}$ が x に無関係であることに注

意すると，式(4.31)は，

$$\rho \frac{\partial}{\partial y}\left(\nu \frac{\partial \bar{u}_x}{\partial y} - \overline{u'_x u'_y}\right) = \frac{d\bar{p}_w}{dx} \tag{4.34}$$

となる．左辺は x に無関係，右辺は y に無関係だから，この式は，次の形となるしかない．

$$\frac{d}{dy}\left(\nu \frac{d\bar{u}_x}{dy} - \overline{u'_y u'_x}\right) = -K \tag{4.35}$$

ここで，ρK はもちろん管内の圧力勾配の大きさであり，正の定数である．

式(4.35)を積分すると，せん断応力の合計 $\bar{\tau}_{xy} + \tau^R_{xy}$ が，y に対して直線的に変化することがわかる．積分定数は，流れが $y = W$ に対して対称であることから決まる．

$$\tau = \bar{\tau}_{xy} + \tau^R_{xy} = \rho K(W - y) = \tau_w\left(1 - \frac{y}{W}\right) \tag{4.36}$$

新たな記号，

$$V_*^2 = \frac{\tau_w}{\rho} = KW \tag{4.37}$$

を導入すると便利である．ここで，τ_w は壁面せん断応力，V_* は摩擦速度として知られている．これを用いると，式(4.36)は，

$$\frac{\tau}{\rho} = \nu \frac{d\bar{u}_x}{dy} - \overline{u'_x u'_y} = V_*^2 - Ky \tag{4.38}$$

となる．

式(4.38)を解くためには，τ^R_{xy} の分布を知らなければならないから，ここで行き詰まったように見える．これを突破するには，二つのやり方がある．一つは，混合距離のような完結モデルを利用する方法だが，これだと結果の妥当性に疑問が残る．もう一つのやり方は，もっと一般的な次元解析と漸近整合法を用いる方法だ．以下に示すように第二の方法のほうが確かな結果を与える．

図4.8(a)に示すように，流れをいくつかの領域に分割する．壁面近傍 $y \ll W$ では，式(4.38)で与えられるせん断応力の変化は無視でき，τ は一定で τ_w に等しいと仮定できる．すると，この領域の流れは，

$$\frac{\tau}{\rho} = \nu \frac{d\bar{u}_x}{dy} - \overline{u'_x u'_y} = V_*^2, \quad \frac{y}{W} \ll 1 \tag{4.39}$$

のようにモデル化できる．この領域は，内層あるいは内部領域とよばれる．壁面近傍では u′ はゼロに近づき，せん断応力は層流のものだけとなるので，式(4.39)では，粘性項がそのまま残されている．内層では，$\bar{\tau}_{xy}$ や τ^R_{xy} が急激に変化するという特徴がある．二つの応力の合計は一定だが，τ は $y = 0$ での純粋な粘性応力に等しいとい

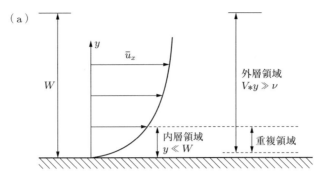

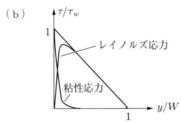

図 4.8 （a）ダクト内の乱流におけるさまざまな領域．（b）レイノルズ応力と粘性応力の y 方向変化

う状況から，わずかな距離のあいだに $\tau \approx \tau_{xy}^R$ という状況に急激に変化する（図 4.8 (b)）．このことは，層流応力が無視できる外層とよばれる第二の領域，

$$\frac{\tau}{\rho} = -\overline{u'_x u'_y} = V_*^2 - Ky, \quad \frac{V_* y}{\nu} \gg 1 \tag{4.40}$$

を考えるのがよいことを暗に示している．われわれは，「壁面から離れた」という言葉を，無次元距離 $V_* y/\nu$ にもとづいて考えていることに注意しよう．これは，次のような理由で妥当と思われる．すなわち，変数が与えられたとした場合，y の無次元化には二つの方法，すなわち，$\eta = y/W$ あるいは $y^+ = V_* y/\nu$ のどちらかしかない．無次元の y が大きな値をとり得るのは第二の方法だけである．とはいえ，$V_* y/\nu \gg 1$ が本当に粘性応力無視の条件になるのかどうかは，あらためてチェックする必要がある．

さて，壁面近傍では，$\bar{u}_x$ に関係し得るパラメータは，V_*，y，ν だけである．チャネルの幅 W は適当なパラメータではない．なぜなら，壁からの距離 y を中心とする渦（渦度の塊）のサイズは，一般に，y に比べて非常に大きくはなれないからだ．そのため，壁の近くで重要になる渦は，概して非常に小さく（W よりはるかに小さく），乱れは反対側の，すなわち，距離 $2W$ にあるもう一つの境界の存在を感知しないし，影響されることもないと考えるのが妥当であろう[5]．

一方，外部領域では粘性応力が無視できるから，ν は適切なパラメータとはいえない．運動量輸送におもにかかわるもっとも大きな渦は W のオーダーだから，速度勾配は W でスケールするのがよいだろう．したがって，中心線上の速度からのずれ $\Delta \bar{u}_x = \bar{u}_0 - \bar{u}_x$ は ν ではなく，W に依存するものと考えられる．これらがいずれも正しいものとすれば，

内部領域： $\bar{u}_x = \bar{u}_x(y, \nu, V_*)$ $\quad (y/W \ll 1)$

外部領域： $\bar{u}_0 - \bar{u}_x = \Delta \bar{u}_x(y, W, V_*)$ $\quad (V_* y/\nu \gg 1)$

が得られる．これらの無次元形は，

$$\frac{\bar{u}_x}{V_*} = f(y^+) \quad (\eta \ll 1) \qquad (4.41)$$

$$\frac{\Delta \bar{u}_x}{V_*} = g(\eta) \quad (y^+ \gg 1) \qquad (4.42)$$

となる．ここで，$\eta = y/W$，$y^+ = V_* y/\nu$ である．最初の式(4.41)は壁法則として，また二番目の式(4.42)は速度欠損則として知られている．いま，$\mathrm{Re} = WV_*/\nu \gg 1$ の場合を考える．このとき，y を W でスケールすると小さく，ν/V_* でスケールすると大きいような，重複領域（慣性小領域とよばれることもある）が存在するとする．このとき，この領域は（$\eta \ll 1$ なので）τ がほぼ一定であり，また（$y^+ \gg 1$ なので）層流応力が無視できるという性質をもっている．このとき，式(4.41)と式(4.42)が両方とも成り立つので，

$$y \frac{\partial \bar{u}_x}{\partial y} = V_* y^+ f'(y^+) = -V_* \eta g'(\eta) \qquad (4.43)$$

となる．この式で，y^+ と η は互いに独立な変数である（ν または V_* がかわると η ではなく y^+ がかわり得るが，W がかわると y^+ ではなく η がかわり得る）．このことから，

$$y^+ f'(y^+) = -\eta g'(\eta) = 一定 = \frac{1}{\kappa}$$

が得られる．積分すると，

$$\frac{\bar{u}_x}{V_*} = \frac{1}{\kappa} \ln y^+ + A \qquad (4.44)$$

5） 実際は，情報は圧力を介して全領域に伝わるから，これは厳密には正しくない．原理的には，壁近くの渦は流れ場のすべての渦の存在を感知している．事実，中央の大きな渦，つまり W 程度のサイズの渦も壁近くの渦に影響を及ぼす．しかし，この影響は乱流運動エネルギーの分布に限られ，レイノルズ応力や平均速度分布には影響しない．この問題については，4.2.2項で議論する．

$$\frac{\bar{u}_0 - \bar{u}_x}{V_*} = -\frac{1}{\kappa} \ln \eta + B \tag{4.45}$$

が得られる．これが有名な壁面対数法則で，定数 κ はカルマン定数とよばれている．実験で求められた κ には多少ばらつきがあるが，ほとんどのデータは 0.38 から 0.43 のあいだにある．多くの研究者は，$\kappa = 0.41$ を用いているが，二桁目は不確かなので，この本では $\kappa = 0.4$ を採用する．

壁面対数法則は，誘導の際に非常に一般性のある論拠だけにもとづいているので，かなりよい結果を生む[6]．実験データと非常によく一致するのを見るのは大きな満足である．とくに，$A \approx 5.5$，$B \approx 1.0$ と選ぶと，式(4.44)と式(4.45)は，それぞれ $y^+ > 60$ と $\eta < 0.2$ の範囲でよい一致を示す．$y^+ < 5$ の領域では，流れは部分的に（完全ではなく）層流で，$\bar{u}_* \approx V_*^2 y/\nu$ となる．この領域は粘性底層，また $5 < y^+ < 60$ の領域は遷移層とよばれる．これらは，図 4.9 と表 4.2 にまとめられている．

ほかにも，壁面対数法則を導くいくつかの方法がある．一つの例は，プラントルの混合距離理論で $l_m = \kappa y$ とすると，演習問題 4.5 のように式(4.44)を導くことができる（$l_m \propto y$ とする従来からの論拠は，平均の渦サイズが壁から離れるに従って大きくなることである）．しかし，上で述べた誘導は，用いている仮定が一番少ないという意味でもっとも納得できるものだ．ついでに，外部領域では，欠損則を次の形に書いておくと便利である．

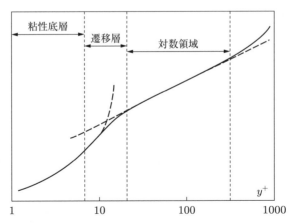

図 4.9 壁面対数則を示す $\bar{u}_x/V_*$ vs y^+ のプロット

---

6) 画期的な成果をもたらした壁面対数法則でさえ，けなす人々がいるのは乱流分野ではいつものことである．指数法則のほうを支持する人々や，普遍性に疑問を唱える人々がいる．とくに，式(4.44)は，$\bar{u}_x/V_* = a(y^+)^n$，a と n は Re の関数，とおき換えるべきだという主張がなされてきた．それでも，実験データは式 (4.44) によく一致し，指数法則より普遍性がある．この論争については，Buschmann and Gad-el-Hak (2003) を参照のこと．

表 4.2 チャネル流におけるさまざまな領域と対応する速度分布

外部領域, $y^+ \gg 1$	速度欠損則	$\dfrac{\bar{u}_0 - \bar{u}_x}{V_*} = g(y/W)$
重複領域, $y^+ \gg 1$, $\eta \ll 1$	壁面対数則	$\dfrac{\bar{u}_x}{V_*} = \dfrac{1}{\kappa} \ln\left(\dfrac{V_* y}{\nu}\right) + A$
内部領域, $\eta \ll 1$	壁法則	$\dfrac{\bar{u}_x}{V_*} = f(V_* y/\nu)$
粘性底層, $y^+ < 5$		$\bar{u}_x = V_*^2 y/\nu$

$$\frac{\Delta \bar{u}_x}{V_*} = \frac{\bar{u}_0 - \bar{u}_x}{V_*} = -\frac{1}{\kappa} \ln \eta + B - \Pi_w(\eta) \tag{4.46}$$

ここで，欠損法則と対数法則の差 $\Pi_w(\eta)$ は，後流関数とよばれる．Π_w についてはいくつかの経験則があり，興味ある読者は Tennekes and Lumley (1972) を見るとよい．また，式(4.44)と式(4.45)を組み合わせると，

$$\frac{\bar{u}_0}{V_*} = \frac{1}{\kappa} \ln\left(\frac{WV_*}{\nu}\right) + A + B$$

が得られ，この式は中心線上の速度と V_*，したがって，圧力勾配 K を関係づける．この関係式は，Re > 3000 の範囲で実験ときわめてよく一致する．

4.2.2 不活性運動：対数法則にとって問題か？

われわれは，レイノルズ応力と平均流速の分布について，実験に裏打ちされた，かなり完全な描像を描くことができた．しかし，対数法則のもとになっているスケールに関する議論はアキレス腱となっている．それは，壁面近傍の乱れが W には無関係であるという考えにもとづいているのだが，少し考えればそんなことはあり得ないことがすぐにわかる．われわれは，乱れをみずからカオス的に移流する渦度場と定義したことを思い出そう．チャネル流や境界層では，これは固体表面からはがれて流れのなかへと押し流される渦度である．この渦度は（ほとんど）流体に凍結されていて，渦度方程式に従ってカオス的に移流する．乱流速度場というのは，いろいろな意味で補助的なもので，ビオ・サヴァールの法則に従って各瞬間における渦度分布によって決まる．そのため，流れのコア部にある渦（渦塊）は，壁面近傍を含む流れ全体にわたる速度場を誘起する．しかし，コア部の渦はチャネル幅 $2W$ を感じ，それに依存している．そのため，壁面近傍の速度変動のなかにも W に関係した成分が含まれている．このことは，対数法則の導出に疑いを抱かせるのに十分のようだ．

それなら，なぜ実際問題として対数法則は，これほどうまくいくのだろうか．それは，壁面近傍の速度変動のうち，壁面から遠いコア領域の渦に起因する成分が，τ_{xy}^R にはほとんど寄与せず，その結果，壁面近傍の平均流速分布にも大きな影響を及ぼさ

ないからだ．そうだということは，次のようにして示すことができる．まず，

$$\frac{\partial}{\partial y}\left(-\overline{u'_x u'_y}\right) = \overline{u'_y \omega'_z} - \overline{u'_z \omega'_y} + \frac{1}{2}\frac{\partial}{\partial x}\left[\overline{(u'_x)^2} - \overline{(u'_y)^2} - \overline{(u'_z)^2}\right]$$

に注目しよう．この関係は，渦度成分を展開することで証明できる．統計量は x に依存しないので，この関係は，次のように簡単になる．

$$\frac{\partial}{\partial y}\left(\frac{\tau^R_{xy}}{\rho}\right) = \left(\overline{\mathbf{u}' \times \boldsymbol{\omega}'}\right)_x$$

この式から明らかなように，壁面近傍のレイノルズ応力は，壁面近傍の渦度変動と，それと強い相関をもつ速度変動にのみ依存する．いま，壁面近傍の乱流速度変動を二つに分割する．一つは壁面近傍の小スケールの渦によるもの，もう一つは遠く離れたコア領域の渦によるものである．前者はおもに回転流れであり，後者はほとんど非回転流れである（コア領域の渦の一部が壁面にまで届くこと以外は）．

$$\mathbf{u}' = \mathbf{u}'_{\rm rot} + \mathbf{u}'_{\rm irrot}$$
（壁面近傍の速度）＝（壁面近傍の渦による）＋（離れたコア領域の渦による）

すると，壁面近傍の速度は，

$$\frac{\partial}{\partial y}\left(\frac{\tau^R_{xy}}{\rho}\right) = \left(\overline{\mathbf{u}'_{\rm rot} \times \boldsymbol{\omega}'}\right)_x + \left(\overline{\mathbf{u}'_{\rm irrot} \times \boldsymbol{\omega}'}\right)_x$$

となる．しかし，壁面近傍の渦度変動のほとんどはスケールが小さいのに対して，離れたコア領域の渦により誘起される壁面近傍の運動は，大スケールかつ二次元的で，壁面に平行なスウィープ運動である．この非回転運動は，壁面近傍の渦度変動よりもはるかに大きな時間・空間スケールをもっている．このことから，$\mathbf{u}'_{\rm rot}$ と $\boldsymbol{\omega}'$ はかなり高い相関を示すのに対し，$\mathbf{u}'_{\rm irrot}$ と $\boldsymbol{\omega}'$ の相関は弱いものと予想される．確かに，壁面近傍の渦を考える限り，コア領域の渦によるゆっくりしたスウィープ運動は，平均流のランダム変動のように見えるのだろうと想像できる．これらを正しいとすれば，大スケールの非回転変動は壁面近傍のレイノルズ応力にほとんど，あるいはまったく寄与しないと考えられ，

$$\frac{\partial}{\partial y}\left(\frac{\tau^R_{xy}}{\rho}\right) \approx \left(\overline{\mathbf{u}'_{\rm rot} \times \boldsymbol{\omega}'}\right)_x$$

となる．これが，対数法則が成功したおもな理由である．このようなわけで，$\mathbf{u}'_{\rm irrot}$ は「不活性運動」(Townsend (1976)) とよばれることがある．しかし，$\mathbf{u}'_{\rm irrot}$ は壁面近傍の運動エネルギー分布には影響するから，対数領域における $\overline{(u'_x)^2}$，$\overline{(u'_z)^2}$，k の分布は，原理的にチャネル幅 W に依存することに注意しよう（$\overline{(u'_y)^2}$ は依存しない）．

壁面近傍の動力学を論じる限り，コアの渦によるゆっくりしたスウィープ運動を平

均流のランダム変調のように見るというタウンゼントのアイディアは，興味深い波紋をよんだ．とくに，カルマン定数 κ の普遍性についての疑問を投げかけた．その考えとは，次のようなものである．われわれは，コア渦の時間スケールが壁面近傍の渦のターンオーバー時間に比べてはるかに大きいことは知っている．このため，不活性運動（コア渦によるスウィープ効果）は，壁面近傍の流れを擬似平衡状態に保つ．壁面渦の短い時間スケールにわたって平均すると，

$$\frac{\partial(\bar{\mathbf{u}}+\mathbf{u}')}{\partial y} = \frac{\boldsymbol{\tau}/\rho}{(|\boldsymbol{\tau}|/\rho)^{1/2}\kappa y}$$

となる．ここで，$\mathbf{u}'$ は（非定常の）不活性運動を代表し，$\boldsymbol{\tau}$ は非定常の壁面応力で，平均流のせん断による成分 $\tau_0 \hat{\mathbf{e}}_x$ と，不活性運動にもとづく $\boldsymbol{\tau}'$ からなる．流れ方向成分は，当然，

$$\frac{\partial(\bar{u}_x+u'_x)}{\partial y} = \frac{\tau_0+\tau'_x}{\tau_0^{1/2}|\tau_0 \hat{\mathbf{e}}_x + \boldsymbol{\tau}'|^{1/2}} \frac{V_0}{\kappa y}$$

である．ここで，V_0 は τ_0 を用いて定義された摩擦速度，$V_0 = \sqrt{\tau_0/\rho}$ である．この式で，$|\boldsymbol{\tau}|^{-1/2}$ を $|\boldsymbol{\tau}'|/\tau_0$ のべき級数に展開すると，

$$\frac{\partial(\bar{u}_x+u'_x)}{\partial y} = \left[1 + \frac{\tau'_x}{2\tau_0} - \frac{(\tau'_x)^2}{8\tau_0^2} - \frac{(\tau'_z)^2}{4\tau_0^2} + O(\tau'^3) \right] \frac{V_0}{\kappa y}$$

が得られる．次に，$\mathbf{u}'$ と $\boldsymbol{\tau}'$ の関係について考える．$\boldsymbol{\tau} \sim |\mathbf{u}|\mathbf{u}$ から出発して，もう一度べき級数に展開すると，

$$\tau'_x = \tau_0 \left[2\frac{u'_x}{\bar{u}_x} + \frac{u'^2_x}{\bar{u}^2_x} + \frac{u'^2_z}{2\bar{u}^2_x} + O(u'^3) \right], \quad \tau'_z = \tau_0 \left[\frac{u'_z}{\bar{u}_x} + \frac{u'_x u'_z}{\bar{u}^2_x} + O(u'^3) \right]$$

となることが容易に確かめられる．そして，$\mathbf{u}'$ を使って $\boldsymbol{\tau}'$ を書き換えると，さきほどの壁法則は，

$$\frac{\partial(\bar{u}_x+u'_x)}{\partial y} = \left[1 + \frac{u'_x}{\bar{u}_x} + O(u'^3) \right] \frac{V_0}{\kappa y}$$

のように簡単になる．最後に，不活性運動の長い時間スケールにわたって平均すると，

$$\frac{\partial \bar{u}_x}{\partial y} = \frac{V_0}{\kappa y}$$

となる．この式は，さきほどの τ'_x の長時間平均が，

$$\bar{\tau}_x = \tau_0 + \overline{\tau'_x} = \tau_0 \left[1 + \frac{\overline{u'^2_x}}{\bar{u}^2_x} + \frac{\overline{u'^2_z}}{2\bar{u}^2_x} + O(u'^3) \right]$$

となることに気づくまでは，一見，あたりまえに見える（対数法則に矛盾していないというだけだ）．要するに，壁面せん断応力の時間平均は τ_0 ではなく，$\tau_0 + \overline{\tau'_x}$ なのである．そのため，たとえば，圧力勾配などを用いて測定された V_* は，V_0 とは異な

り，じつは，
$$V_* = \gamma V_0, \quad \gamma = 1 + \frac{\overline{u'^2_x}}{2\bar{u}^2_x} + \frac{\overline{u'^2_z}}{4\bar{u}^2_x} + O(u'^3)$$
なのである．したがって，対数法則の長時間平均は，
$$\frac{\partial \bar{u}_x}{\partial y} = \frac{V_*}{(\gamma \kappa)y} = \frac{V_*}{\kappa_{\text{eff}} y}, \quad \kappa_{\text{eff}} = \gamma \kappa$$
となる．つまり，実験で得られたカルマン定数 κ_{eff} は，すべて，想定された普遍定数 κ より係数 γ だけ大きいのである．それだけではなく，この増加率は Re によってかわる．しかし，実際には，不活性運動は平均流よりずっと弱いため，この影響は小さい（2%以下）．κ の実験誤差が ±5% であるとすれば，この不活性運動の効果を検知することは困難であるといえる．

壁面近傍では，複数の長さスケールがあり得るという観察結果は，とくに円管流において壁面対数法則に代わる新たな法則を見い出そうとする研究者を勇気づけてきた．よくある提案の一つは，指数法則，$\bar{u}_x/V_* = a(y^+)^n$ で，a と n は，普通，レイノルズ数の関数とされる．概説は Buschmann and Gad-el-Hak (2003) 参照のこと．もちろん，ここでの弱点は係数 a と n のレイノルズ数依存性である．「オッカムの剃刀」に従えば，対数法則のほうがよさそうだ．

4.2.3 チャネル流における乱れの分布

チャネル流においては，τ^R_{xy} や $k = \overline{(\mathbf{u}')^2}/2$ や $S = \partial \bar{u}_x/\partial y$ の測定が盛んに行われてきた．τ^R_{xy}，および $2k$ を構成している $\overline{(u'_x)^2}$，$\overline{(u'_y)^2}$，$\overline{(u'_z)^2}$ のそれぞれは，粘性底層から遷移層の下半部にかけて，すなわち，ほぼ $y^+ < 15$ の領域で単調に増加する．遷移層の上半部では，τ^R_{xy}，$\overline{(u'_y)^2}$，$\overline{(u'_z)^2}$ は引き続き増加するが，$\overline{(u'_x)^2}$ は若干減少する（図 4.10）．対数領域に達するまでには，つまり，$y^+ > 60$ でレイノルズ応力と乱流速度変動成分の rms 値は，ほぼ（完全ではないが），
$$\frac{\overline{u'^2_x}}{k} \approx 1.1, \quad \frac{\overline{u'^2_y}}{k} \approx 0.3, \quad \frac{\overline{u'^2_z}}{k} \approx 0.6, \quad \frac{\tau^R_{xy}}{\rho k} \approx 0.28$$
に落ち着く．大きなコア渦（すなわち，不活性運動）のために，k と τ^R_{xy} の比は対数領域で完全には一定でなく，壁から離れるに従ってゆっくりと減少する．Townsend (1976) はこの減衰を予測し，コアにおける渦の分布についてあるもっともらしい仮定をして，対数領域における k の分布に対して，
$$\frac{\overline{u'^2_x}}{V^2_*} = c_1 + d_1 \ln\left(\frac{W}{y}\right)$$

$$\frac{\overline{u_z'^2}}{V_*^2} = c_2 + d_2 \ln\left(\frac{W}{y}\right)$$

$$\frac{\overline{u_y'^2}}{V_*^2} = c_3$$

を導いた．c_1 と c_2 は，コア渦の形や分布によって決まる 1 のオーダーの定数である（タウンゼントのモデルは，直径 d の標準的な渦は，壁から $d/2$ の距離に中心をもち，したがって，どのサイズの渦も壁面に接しているという考えにもとづいている．これは付着渦仮説とよばれている）．

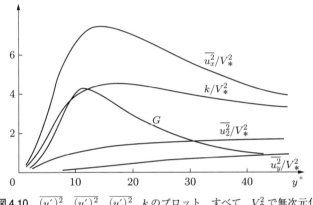

図 4.10 $\overline{(u_x')^2}$, $\overline{(u_y')^2}$, $\overline{(u_z')^2}$, k のプロット．すべて，V_*^2 で無次元化

再び，壁面近傍における乱れの測定に話題をもどそう．図 4.10 には，乱流エネルギー生成率 $G = (\tau_{xy}^R/\rho)\partial\bar{u}_x/\partial y$ の分布の概形も描かれている．G は壁面上ではゼロ，対数領域では $G = V_*^3/\kappa y$ となることがわかっている．したがって，G は遷移層で最大になると予想されるが，確かにそのとおりになっている．壁面上で $G = 0$ から滑らかに増加し，$y^+ \sim 12$ 付近で最大になったあと，遷移層上半部から対数領域にかけて減少する．同様の傾向は，k や無次元パラメータ G/ε，Sk/ε にも認められる．これらは，いずれも遷移層の下半部で最大になる．明らかに，遷移層 ($5 < y^+ < 60$) は乱流運動がもっとも活発な場所である．弱い対数依存性はあるものの，大部分のデータは $y^+ > 60$，$y/W < 0.2$ で G/ε や Sk/ε がほぼ一定の値に落ちつくことを示している．対数領域における G/ε や Sk/ε の値は (Pope (2000))，

$$G/\varepsilon \approx 0.91, \quad Sk/\varepsilon \approx 3.2$$

である．G と ε が釣り合わないのは少しおかしく思える．しかし，式(4.21)をチャネル流に適用すると，$G - \varepsilon = \partial T_y/\partial y$ となる．**T** は粘性応力，圧力変動，三重相関

から生まれる運動エネルギーの拡散流束である．明らかに，流れを横切る方向への乱流エネルギーの拡散が多少はある．

この流れに対しては，k-ε モデルの定数 c_μ を簡単に見積もることができる．それは，式(4.28)で定義され，

$$c_\mu = \nu_t \left(\frac{\varepsilon}{k^2}\right) = \left(\frac{\tau_{xy}^R}{\rho S}\right)\left(\frac{\varepsilon}{k^2}\right)$$

となる．$\tau_{xy}^R/\rho k \approx 0.28$ と $Sk/\varepsilon \approx 3.2$ を与えると $c_\mu \approx 0.09$ となり，これは，まさに k-ε モデルで採用されている値である．ただし，ここでも y への対数依存性は無視されている．

G/ε の最大値は $10 < y^+ < 15$ 付近で現れ，1.5 から 2.0 のあいだの値になる．明らかに，壁面にごく近いところでは，運動エネルギーの生成はその場所での散逸を大きく下まわる．このように，この領域では，壁面とコア領域の双方に向かってかなりの横断方向の拡散がある．G, ε, τ_{xy} についてのさらなる詳細は，Townsend (1976) を参照のこと．

4.2.4 粗面上の対数法則

壁面の粗さが速度分布に及ぼす影響については，これまで一切ふれなかった．粗さ要素の高さの rms 値 $\hat{k}$ が十分大きい（粘性底層の厚さより大きい）場合は，$\hat{k}$ は新たに重要なパラメータとなり，内部領域の速度分布は，

$$\frac{\bar{u}_x}{V_*} = f(y/\hat{k}, V_* y/\nu), \quad \frac{y}{W} \ll 1$$

となる．$V_*\hat{k}/\nu$ が大きいときは，粗さ要素により発生する乱れに比べて粘性の影響は無視でき，ν はもはや適切なパラメータではなくなる（壁面のごく近傍を除いて）．この場合，$\bar{u}_x/V_*$ の式は，$\bar{u}_x/V_* = f(y/\hat{k})$ のように簡単になる．式(4.44)に至るまでの議論をもう一度繰り返すと，修正された壁法則として，

$$\frac{\bar{u}_x}{V_*} = \frac{1}{\kappa}\ln\left(\frac{y}{\hat{k}}\right) + 定数 = \frac{1}{\kappa}\ln\left(\frac{y}{y_0}\right) \quad (粗面)$$

が得られる．y_0 は $\hat{k}$ と未知定数で定義される．砂粒型の粗さの場合，$V_*\hat{k}/\nu < 4$ であれば，式(4.44)はそのまま成り立ち，粗さは無視してよいが，$V_*\hat{k}/\nu > 60$ では上の完全粗面の式が成り立ち，付加定数はほぼ 8.5 となる（$4 < V_*\hat{k}/\nu < 60$ の範囲では内挿公式がある）．このほぼ 8.5 という付加定数は $y_0 \approx \hat{k}/30$ に相当し，$\hat{k}$ よりはるかに小さい．

4.2.5 乱流境界層の構造

上の議論の要点は，壁面近傍に外側領域の流れの詳細を感知しない，あるいは影響されない流れの領域があるということである．その流れの性質は普遍的で，V_*，y，ν（あるいは粗面の場合は V_* と $\hat{k}$）だけで決まる．したがって，任意の滑らかな固体表面に沿うせん断層中でも，壁面の近くには対数法則層や粘性底層があるものと期待される．また，式(4.44)の κ や A は普遍的であるはずだ．条件は $\mathrm{Re} \gg 1$ であることと，$\bar{u}_x$ や $\overline{u'_x u'_y}$ などの流れ方向への変化が小さいことだけだ．観察結果は，実際，そのとおりになっている．たとえば，半径 R の滑らかな円管においては，

内部領域： $\bar{u}_x = V_* f(y^+)$　　　　　　　　　　$y \ll R$

外部領域： $\bar{u}_0 - \bar{u}_x = V_* g(y/R)$　　　　　　$y^+ \gg 1$

重複領域： $\bar{u}_x = V_* \left(\dfrac{1}{\kappa} \ln y^+ + A \right)$　　$y^+ \gg 1$,　$y \ll R$

が成り立つ．同様に，平板上の乱流境界層でも，次の関係が成り立つ．

内部領域： $\bar{u}_x = V_* f(y^+)$　　　　　　　　　　$y \ll \delta$

外部領域： $\Delta \bar{u}_x = \bar{u}_\infty - \bar{u}_x = V_* g(y/\delta)$　　$y^+ \gg 1$

重複領域： $\bar{u}_x = V_* \left(\dfrac{1}{\kappa} \ln y^+ + A \right)$　　$y^+ \gg 1$,　$y \ll R$

図 4.11 に示すように，δ は境界層厚さ，$\bar{u}_\infty$ は主流の速度を表す．そして，対数法則は $y^+ > 60$，$y/\delta < 0.2$ の範囲で成り立つ．内部領域では，$\bar{u}_x$ は普遍性を有する（Re が十分大きい場合）が，外部領域での流れの詳細は，全体の流れの性質，とくに主流の圧力勾配に強く影響される．

重要なことは，粘性底層が完全に静穏ではないことだ．そこでの流れは，たびたび乱流バーストの影響を受けることになる．乱流バーストとは，流体が強い渦度をもって壁面から噴出する現象である．実際，このバーストが境界層内で強い渦度が維持される機構の一つであると考えられている．言い換えると，境界層内のすべての渦度は（平均成分も乱流成分も）固体壁に起源があるに違いないのだ．この渦度は拡散や対流によって上空へ広がる．静かな粘性底層におけるおもな機構は拡散であり，それによって渦度は壁面から隣接する流体へとにじみ出る．しかし，これはゆっくりとした過程で，ひとたび乱流バーストが発生すると局所の Re が大きくなり，流体自体の移動というもっと効率的な機構で渦度が運ばれる．このように，乱流バーストが起こるたびに壁面近傍の渦度が境界層のコア領域に押し出される．壁面近傍で，同時に起こっている二つの過程を考えるのがおそらくわかりやすい．一つは，渦度が固体表面

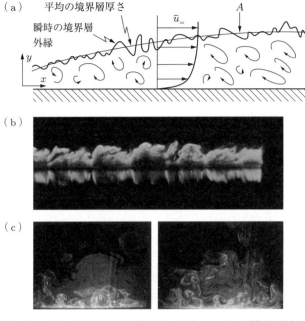

図 4.11 （a）乱流境界層の模式図．（b）レーザー誘起蛍光法を用いた乱流境界層内の大スケール渦の側面写真．（c）煙を用いて可視化した境界層の斜め方向および横断方向の断面．（b）は eflucids.com の厚意による．写真は M. Gad-el-Hak による（R. E. Britter の厚意による）

から次々と拡散し，壁面近傍にエンストロフィーの溜まりが形成される．もう一つは，ランダムな乱流バーストが溜まったエンストロフィーをときどき奪いとり，境界層の本体部分に放りあげる．

図 4.11（a），（b）に示された乱流境界層の一つの顕著な特徴は，各瞬間における境界層外縁の強い巻き込みである．たとえば，点 A に置かれたプローブは，間欠的な乱流バーストに遭遇するだろう．おそらく，図 4.11（a）に描かれている境界層外縁（粘性スーパーレイヤーとよばれている）とは，実際は，何を指しているのかについて説明の必要があるだろう．巻き込んだ縁の下側には渦度があり，上側には渦度がない．つまり，「乱流境界層」とは，「壁面で発生した渦度が広がる範囲」を意味している．Re が大きい場合，渦度は見かけ上，流体に凍結していて流体とともに移動する．このように，入り組んだ外縁は境界層に沿って転がり，巻き上がる大きな渦による渦度の実質移流を表している（スーパーレイヤーにおける，より小スケールの現象は，境界層外縁における局所的な動力学過程にもとづいているのかもしれない）．

なぜ乱れは，流れのなかでも ω がゼロでない部分にだけ限られるのかとたずねた

くなるだろう．これは，おもしろい質問だ．事実，非回転の領域（境界層の外部）で速度 u や圧力 p を測定すると，確かにランダムな変動が検知される．式(2.23)は，任意の点の速度変動が圧力波を生み（非圧縮性流体では，この波は無限大の速さで伝播する），それが非回転流れを引き起こすからだ．このようにして，境界層に沿って渦が巻き上がるときに圧力変動が生まれ（それは y^{-3} で減少する）[7]，境界層外側の流体に圧力による力と速度の変動をもたらす．しかし，変動する非回転流れのことを，われわれは乱流とはよばない．むしろ，隣接する乱流渦度場から受ける受動的反応であると考える．これはやや勝手な考えだが，非回転流れにおいては，渦の伸張による速度変動の強化やエネルギーカスケードは起こり得ないという事実を反映している．さらに，非回転流れの領域では，レイノルズ応力 τ_{xy} の y 方向微分はゼロとなることは容易に証明できるから，$\bar{u}_x$ が主流の値 $\bar{u}_\infty$ に達する位置は，回転領域の外縁の時間平均位置と事実上一致する．

4.2.6 組織構造

境界層のもう一つの驚くべき特長は，組織構造の存在である．これは，ややあいまいな言葉だが，渦自体のターンオーバー時間の何倍もの長時間にわたって個性を保ち続け，ほぼ同じような形状で繰り返し出現するような頑固な渦構造のことを普通は指している．このような構造の一つの例が，図 4.11（c）に見られる．これは，境界層内の構造を煙とレーザーシートを使って可視化したものである．このような流れでは，マッシュルームのような形をした渦が共通の特徴であることが明らかだ．ただし，写真はある断面での現象を示しているにすぎないことに注意が必要で，このマッシュルームのような構造の解釈は論争の的になってきた．ある研究者は，いわゆる，ヘアピン渦の断面であると主張している．それは，境界層を横切って壁面からアーチ状にまたがる渦輪である（図 4.6）．

いずれにせよ，組織構造のなかでもっとも有名なのは，いわゆる，ヘアピン渦である．これは長い，中程度の直径のアーチ状渦である．長さは最大で δ のオーダーで，直径は小さく $5\nu/V_*$ 程度である．中程度の Re での流れの可視化実験によると，乱流境界層にはさまざまな大きさのヘアピン渦が存在し，そのいくつかは平均流に対して 45° 方向を向いている（Head and Bandyopadyay (1981)）．それらは受動的どころではなく，レイノルズ応力や，ひいては乱流エネルギー生成に大きく寄与しているらしい[8]．

---

[7] 渦による圧力変動が y^{-3} で減少するという事実は，第 6 章ではっきりする．
[8] Perry et al. (1982, 1986) は，境界層がいろいろなスケールをもつ多数のヘアピン渦の階層から構成されていると考えることにより，観察される多くの統計的性質を再現できることを示した．

エネルギーは，平均流から乱れへ単位時間あたり，

$$\tau_{xy}^R \bar{S}_{xy} \sim -\rho \overline{u'_x u'_y} \frac{\partial \bar{u}_x}{\partial y}$$

の割合で受け渡されることを思い出そう．ここで，(x,y)座標に対して$45°$傾いた座標系(x^*, y^*)を考える．レイノルズ応力は，この新たな座標系においては，

$$\tau_{xy}^R = \frac{\rho}{2}\left[\overline{(u'_{y^*})^2} - \overline{(u'_{x^*})^2}\right] \tag{4.47}$$

となる．したがって，y^*方向への強い変動とx^*方向への弱い変動にともなって大きなレイノルズ応力が生まれる（図 4.12（b））．ヘアピン渦がやっているのはまさにこれであり（図 4.12（c）），正のτ_{xy}^Rや，おそらく，正の$\tau_{xy}^R \bar{S}_{xy}$を生み出すおもな候補である[9]．

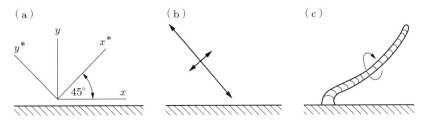

図 4.12　（a）x^*-y^*座標系．（b）大きなレイノルズ応力を生む速度変動．（c）ヘアピン渦の側面図

この乱流エネルギーの高い生成率は，おそらく，次のように説明できる．ヘアピン渦は，理想的には平均流による伸張の方向に向いている．なぜなら，それは平均流のひずみ速度テンソルの主軸（すなわち，最大伸張方向）に整列させられるからだ．平均流による伸張を受けると渦管にともなわれる運動エネルギーが増加し，これが平均流から乱れへのエネルギー交換を表す．

ヘアピン渦が，最初にどのようにして生まれるのかを見るのは難しくない．図 4.13（a）に示されるように，平均流$\bar{u}_x$が渦度場$\bar{\omega} = (0, 0, \bar{\omega}_z)$にともなわれている．この渦度場は，多数の渦糸あるいは渦管から構成されていると想像することができる．Reが大きいときは，渦管は（ほとんど）流体に凍結されていることを思い出そう．こ

---

[9]　あるいは，$\frac{\partial}{\partial y}[\tau_{xy}^R] = \rho[\overline{\mathbf{u'} \times \boldsymbol{\omega'}}]_x$であったことから，直角方向の速度変動と横断方向の渦度変動が結びついてレイノルズ応力の勾配が生まれる．これは，ちょうど立ち上がるヘアピン渦の先端での状況である．

[10]　この過程の最初の段階では，乱れは渦線を引き伸ばすことによって平均流の渦度に作用する．その後，ヘアピン渦は乱れの一部分とみなされるようになり，立場は逆転する．すなわち，平均流が乱れに対して仕事をするようになる．この二つの段階のあいだに明確な区別はなく，一つではなく二つの流れがあるかのように考えることはやや無理がある．

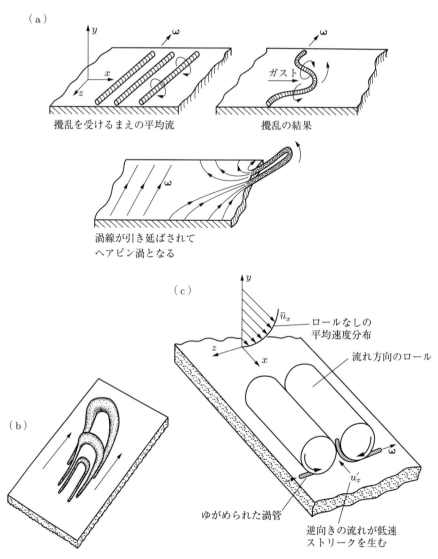

図 4.13 （a）ヘアピン渦の形成．（b）ヘアピン渦の集団．
（c）一対の渦ロールによる平均流の渦度の変形

のため，速度の主流方向変動（ガスト）はもとの渦軸を歪め，軸方向成分を生み出す．これがヘアピン渦のはじまりとなる[10]．曲げられたヘアピン渦は，渦輪の半分のような形になって速度を誘起し，それがさらにヘアピン渦の先端を主流中に運び上げることが簡単に確認できる．半渦輪が回転をはじめると，ただちに，その先端は根元より速い平均速度の位置にもち上がる．すると，半渦輪は平均流によって引き伸ばさ

れ，最初の攪乱が強められ，ますます速く回転する．もちろん，ヘアピン渦が先端をもち上げるように回転する傾向は，平均せん断が渦を反対方向に回転させようとする傾向とある程度は打ち消し合う．ほぼ45°方向を擬似定常的に維持するためには，二つの過程がおおよそマッチしていなければならず，そのために特定の強さの渦管が好まれる結果となる．

　ヘアピン渦の成長のために必要な栄養を供給するのは平均渦度であるが，もしも，それが境界層の壁面に近い領域でもっとも強いということ以外に特別な理由がなければ，ヘアピン渦は境界層の壁面に近い領域で最初に発生すると考えるのが妥当である．また，これらの渦は，境界層内のほかの構造との干渉や，おそらく，ヘアピン渦の反対側の足とのあいだでの相互拡散によって最終的には崩壊する．ヘアピン渦の一生についてまとめると，以下のようにいえる．

（ⅰ）　壁面近傍の軸方向ガスト ＋ 横方向の平均渦度 → 小さい水平方向の渦ループ
（ⅱ）　小さな渦ループの自己誘導 → ループの回転
（ⅲ）　傾斜ループ ＋ 平均流のシアー → 渦ループの伸張と強化
（ⅳ）　ループの強化 → 回転の加速 → さらなる伸張
（ⅴ）　最後にほかの渦との干渉または隣り合う足とのあいだでの相互拡散による崩壊

　しかし，これはかなり理想化された図式であることを強調しておく．ヘアピン渦はめったに対称構造にはならない．ほとんどいつも，片方の足が，もう一方の足よりずっとしっかりしていて，また片方の足しか現れないことも多い．また，図4.13（a）に描かれている一連のイベントの引き金は何かについての論争も行われている．一つの可能性は，最初の攪乱が壁面近傍のイベントのサイクルの一部として壁面近傍の局所で起こる（下に示す）．もう一つのシナリオは，境界層の外部領域の大スケール渦が壁に向かって降りてきて，そこで遷移層にぶつかる．そのとき，壁面近傍の平均渦線が外側にねじ曲げられ，上で述べた（ⅱ）につながる．この第二の描像では，ヘアピン渦は壁から遠く離れた領域で起こった事象に刺激されて発生する．これは，一種の「トップダウン型」の描像であり，「ボトムアップ型」のそれとは対照的である．

　観察される構造についての説明は，ほかにもいろいろある．ある説明はReが小さいほどよくあてはまり，ほかの説明はReが大きいほどよくあてはまる．また，ある説明は粗面壁の状況を捉えているのに対し，ほかの説明は滑らかな壁に対してもっともうまくあてはまる．どれもこれもポンチ絵にすぎないが，共通しているのは，渦管を引き伸ばし，境界層を横切る傾いた形状にするという，平均せん断の威力である．

普通，これらの構造は非対称で，片方の足は短く他方は長い．ときどき，一つのヘアピン渦がみずからの後流中に，別のヘアピン渦を生み出すという具合に，集団となって現れることもある（図4.13（b））．事実，ヘアピン渦は収拾がつかないほどさまざまな形を見せる．多くの著者がその起源や形状について詳しく論じているが，少なくとも中程度の Re の場合には，境界層中にある決まった形のヘアピン渦があるという点ですべて一致している．

非常に壁近くでは，これとは別の，しかし，これに関係しているかもしれないタイプの構造が存在すると考えられている．とくに，対になった互いに反対に回転する流れ方向の渦管（またはロール）が，$y^+ < 50$ では支配的な構造になっていると考えている人もいる（図4.13（c））．

渦管内の回転は，壁近くの流体を渦管の隙間に向かって水平に運び，続いて壁面から上空に運び上げるというように作用する．どの瞬間においても，このような対になったロールが多数存在し，そのため，境界層内に導入されたマーカー，たとえば水の場合なら水素気泡は長い流れ方向のストリークを形成し，まさに，これが $y^+ < 20$ で実際に観察される構造なのである[11]．

これらのロールと平均のスパン方向渦度のあいだには相互作用があり，スパン方向の渦線はロールの隙間で上向きにゆがめられる．これが速度攪乱 u'_x を誘起し，それは平均流に逆行するため，ストリーク内部の流れ方向速度は周囲の速度より遅くなる（例題4.5参照）．このため，これらは低速ストリークとよばれる．このストリークは最後には，ロールのあいだの上昇流に出合って壁面付近から上空に吹き上げられる．このイジェクションの過程に続いていわゆるバーストが起こる．そのとき，上昇中の流体は，突然，安定性を失い，より不規則な運動が起こる．実際，ある人々はこの壁面近傍のバーストが境界層における乱流エネルギー生成の主要な機構であると考えている．ある説明図では流れ方向のロールがヘアピン渦の下部をともなっていて[12]，この壁近くの渦対が強い局所のシアーによって激しく引き伸ばされる．さらに，ヘアピン渦自体が次々と後ろにつながって（図4.13（b）参照），束となって現れるという証拠があり[13]，その結果，このヘアピン集団の下には単独のヘアピンに比べては

11） 観察されるストリークには別の説明もある．Robinson（1991）を参照のこと．
12） この図では，ロールはヘアピン渦の足跡になっていて，そこではヘアピン渦の下部が流れ方向への強いひずみを受け，その結果，流れ方向渦度が強化される（図4.13（b）参照）．この伸張は，またヘアピン渦の2本の足に同時に起こり，その結果，図4.13（c）に示されるような構造が連想される．
13） このような集団は，次のようにして現れる．ヘアピンの足の部分で渦が壁面から浮き上がりはじめ，壁面に対して少し傾きつつあるとする．この位置で誘起された速度は流れ方向成分をもっていて，それが平均流の渦線をゆがめる．これが上述のステップ（i）に相当する．そして，この親渦の後流にさらに「子供のヘアピン」が生まれる．

るかに長い低速ストリークが現れる（典型的な低速ストリークの長さは壁面単位で 10^3 程度，すなわち，$\sim 10^3 \nu/V_*$ であるのに対し，単独の流れ方向ロールは $\sim 200\nu/V_*$ 程度である）．このモデルでは，ストリークは流れ方向のロールに必ず付随する結果で，ロール自体は一つあるいは複数のヘアピン渦の足跡，または壁面近傍の断片と考えられている．しかし，また別の説明もある．

もう一つのモデルでは，ロールは境界層の外部領域の渦構造に結びついているのではなく，ストリークもロールも動力学的に互いに干渉し合う，ある種の壁面サイクルにその存在の源があるとする．たとえば，ある研究者は，ロールがストリークを生み，そのストリークが不安定化し，非線形不安定がさらに新たなロールを生むといった再生サイクルを信じている．実験事実をいかに正確に説明するかについては，明らかにまだ多くの論争が続いているが，より詳しいことは，Marusic et al. (2010)，Jimenez (2002)，Penton (2001)，Holme et al. (1996) を参照されたい．

例題 4.5　一対の渦ロールによる平均流の渦度の変形　図 4.13（c）に示されているように，境界層における一対の渦ロールによる平均流の渦度，$\bar{\omega}_z = -\partial \bar{u}_x/\partial y$ の変形について考えよう．平均流の渦線がロールのあいだで上向きに曲げられ，図に示されているように直角方向の渦度成分が生まれる．ビオ・サヴァールの法則を利用して，渦線の変形によるロールの中間での速度攪乱が平均流に逆行する方向であり，これが低速ストリークを生み出すことを示せ．

例題 4.6　単独の流れ方向渦にともなう平均流渦度の巻き上がり　一様な z 方向せん断流，$\mathbf{u} = Sy\hat{\mathbf{e}}_z$ を考える．流れ方向の線状渦を導入することによって，この流れがどのようにゆがめられるかに興味がある．図 4.14 に示すように，平均流の渦度 $\boldsymbol{\omega} = S\hat{\mathbf{e}}_x$ は，この線状渦により巻き上げられることは明らかである．その結果，速度 $u_z(x,y)$ は波状に変化し，平均流の不安定化が起こると思われる．この現象をモデル化するために，$t = 0$ で線状渦が導入されるという初期値問題を考える．解析を簡単にするために，$t = 0$ では流れは z に依存しないとすると，全時間にわたって z に依存しない解が得られるはずである．このとき，流れは次の二つの成分の和で表せることを確認せよ．

軸流：　$\mathbf{u}(x,y,t) = u_z(x,y,t)\hat{\mathbf{e}}_z, \quad \boldsymbol{\omega}(x,y,t) = \omega_x \hat{\mathbf{e}}_x + \omega_y \hat{\mathbf{e}}_y$

線状渦：$\mathbf{u}(x,y,t) = u_x \hat{\mathbf{e}}_x + u_y \hat{\mathbf{e}}_y, \quad \boldsymbol{\omega}(x,y,t) = \omega_z(x,y,t)\hat{\mathbf{e}}_z$

また，各成分の支配方程式は，

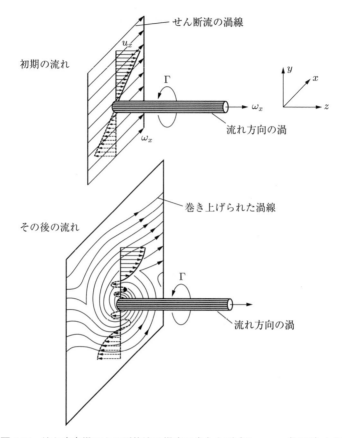

図 4.14 流れ方向渦による平均流の渦度の巻き上げ (Sherman (1990) より)

$$\frac{\partial u_z}{\partial t} + \mathbf{u}_\perp \cdot \nabla u_z = \nu \nabla^2 u_z, \quad \frac{\partial \omega_z}{\partial t} + \mathbf{u}_\perp \cdot \nabla \omega_z = \nu \nabla^2 \omega_z$$

となる.ここで,$\mathbf{u}_\perp = u_x \hat{\mathbf{e}}_x + u_y \hat{\mathbf{e}}_y$ である.線状渦はせん断流とは切り離されていることに注意しよう.第5章において,粘性の影響で自由減衰する線状渦が,次式で表現できることが示される.

$$\omega_z = \frac{\Gamma_0}{\pi \delta^2} \exp(-r^2/\delta^2), \quad \delta^2 = \delta_0{}^2 + 4\nu t$$

$$u_\theta = \frac{\Gamma_0}{2\pi r}\big[1 - \exp(-r^2/\delta^2)\big], \quad u_r = 0$$

ここでは,渦軸上に中心をもつ円柱極座標が用いられている.定数 Γ_0 は渦の強さ,また δ は渦の代表半径である.簡単にするために $\delta_0 = 0$ とする.

さて,問題は,軸方向速度 u_z の発達をどのように決めるかである.$\nu = 0$ のと

き解は,

$$u_z = Sr\sin(\theta - \tau), \quad \tau = \frac{\Gamma_0 t}{2\pi r^2}$$

となることを証明せよ. 次に, r に対する u_z と ω_θ との関係をスケッチし, 原点に近づくにつれて振動し, その周波数は増加し続けることを示せ. 次に, 粘性がゼロでない場合の解が,

$$\frac{u_z}{Sr} = A(\tau)\sin(\theta) + B(\tau)\cos(\theta)$$

の形になることを示し, A と B を決める方程式を導け. 粘性が小さい場合の漸近解は,

$$\frac{u_z}{Sr} = \exp\left(-\frac{8\pi\tau^3}{3\Gamma_0/\nu}\right)\sin(\theta - \tau)$$

となることを示せ.

4.2.7 壁面近傍のスペクトルと構造関数

これまでは, 境界層における一点統計量, すなわち, 空間一点における測定から得られた統計量に限って述べてきた. 第3章でわれわれは, 流れのなかのある領域における, 異なるサイズの渦のあいだでのエネルギーの分布状況を知るには, 構造関数,

$$\langle [\Delta u'_x]^2 \rangle = \langle [u'_x(\mathbf{x} + r\hat{\mathbf{e}}_x) - u'_x(\mathbf{x})]^2 \rangle$$

のような, 二点統計量が必要であることを強調した. 境界層に関する大まかな展望を終えるまえに, $\langle [\Delta u'_x]^2 \rangle(r)$ について少しコメントしておこう. この量は, サイズ r, およびそれ以下の渦がもつ合計のエネルギーの尺度になることを覚えているだろう (ここでは, x も r も流れ方向に測られている).

Re が大きい場合, 境界層の外層部分では $\eta \ll r \ll \delta$ (η はコルモゴロフのマイクロスケール) の範囲で, コルモゴロフの 2/3 乗則 $\langle [\Delta u'_x]^2 \rangle \sim \varepsilon^{2/3} r^{2/3}$ が成り立つことが観察されている. もちろん, これは予想どおりの結果である. なぜなら, 慣性小領域を近似的に一様等方性として扱う限り, コルモゴロフの 2/3 乗則は, つねに成り立つと予想できるからだ (第3章参照). しかし, さらに壁面に近づくと, 壁に垂直方向の速度変動が平行方向のそれに比べてはるかに速く減少するため, 次第に非一様で非等方的となる. このために, 2/3 乗則からのずれが大きくなる. とくに, $r^{2/3}$ の慣性小領域が狭くなり, $r^{2/3}$ と大スケールのあいだに新たな層が現れる (Perry, Henbest, and Chong (1986), Davidson and Krogstad (2009)). この新たな領域は, 運動エネルギー密度がほぼ一定で V_*^2 となるような渦サイズの領域といえる (対

数領域では，大スケール渦によっておもに決まる $\overline{\mathbf{u}'^2}$ が V_*^2 でスケールされることを思い出そう）．さらに，3.2.5 項の議論から，サイズが r の渦のエネルギーが，

$$r\frac{\partial}{\partial r}\langle[\Delta u'_x]^2\rangle$$

のオーダーとなり，したがって，この新たなスケール範囲は，

$$r\frac{\partial}{\partial r}\langle[\Delta u'_x]^2\rangle \sim V_*^2$$

あるいは同じ意味で，

$$\langle[\Delta u'_x]^2\rangle \sim V_*^2 \ln(r)$$

を満たすことが予想される．

上の式における適切な規格化の問題については，Davidson and Krogstad (2009, 2014) で論じられており，そこでは壁面近傍の対数領域で，

$$\frac{\langle[\Delta u'_x]^2\rangle}{V_*^2} = A_2 + B_2 \ln\left(\frac{\varepsilon r}{V_*^3}\right)$$

となり，A_2 と B_2 は普遍定数であることが示されている．しかし，われわれは，対数領域では $G = V_*^3/\kappa y$，$G \approx \varepsilon$ であり，両者から $V_*^3/\varepsilon \approx \kappa y$ であることを知っているから，上式に対する妥当な近似は，

$$\frac{\langle[\Delta u'_x]^2\rangle}{V_*^2} \approx A_2 + B_2 \ln\left(\frac{r}{\kappa y}\right)$$

となる．このようにして，壁に近づくにつれて慣性小領域の右側（大きな r）において $\langle[\Delta u'_x]^2\rangle \sim V_*^2 \ln(r/y)$，慣性小領域の左端（小さい r）で $\langle[\Delta u'_x]^2\rangle \sim \varepsilon^{2/3} r^{2/3}$ が引き続き成り立つことがわかる．このことは，図 4.15 に示されている．

$\langle[\Delta u'_x]^2\rangle \sim V_*^2$ から $\langle[\Delta u'_x]^2\rangle \sim \varepsilon^{2/3} r^{2/3}$ への切り替わりが，$r \sim y$ 付近で起こることは，次のようにして示すことができる．$\varepsilon \approx G = V_*^3/\kappa y$ だから，二つの領域での $\langle[\Delta u'_x]^2\rangle(r)$ の形は，

$$\langle[\Delta u'_x]^2\rangle \sim V_*^2 \ln\left(\frac{r}{y}\right), \quad \langle[\Delta u'_x]^2\rangle \sim V_*^2 \left(\frac{r}{y}\right)^{2/3} \quad (y \ll \delta)$$

となる．これより，$r \sim y$ 付近で一方から他方へ切り替わるのは明らかである．以上の結果は，次のようにまとめられる．

$$\langle[\Delta u'_x]^2\rangle \sim V_*^2 \ln\left(\frac{r}{y}\right), \quad y < r < \delta \quad (y \ll \delta)$$

$$\langle[\Delta u'_x]^2\rangle \sim V_*^2 \left(\frac{r}{y}\right)^{2/3}, \quad \eta \ll r < y \quad (y \ll \delta)$$

4.2 壁面境界をもつせん断流と壁面対数法則　159

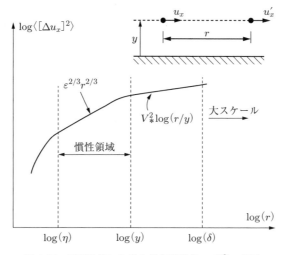

図 4.15 壁面近傍における構造関数 $\langle[\Delta u'_x]^2\rangle$ の形状

実際に，大気境界層や風洞実験で得られたデータは，Re が大きいときは $\langle[\Delta u'_x]^2\rangle \sim V_*^2 \ln(r/y)$ の法則が，$r \sim 5\delta$ 程度まで成り立つことを示している．

通常，これらの結果は，u'_x の一次元フーリエ変換を用いて表現される．$E_x(k_x)$ を u'_x の一次元パワースペクトルとすると，フーリエ空間での対応する式は，小から中程度の k，および中程度から最大の k までに対して，それぞれ，

$$E_x(k_x) \sim V_*^2 k_x^{-1}, \quad E_x(k_x) \sim \varepsilon^{2/3} k_x^{-5/3}$$

となる．このことは，

$$k_x E_x(k_x) \sim [\text{スケールが } k_x^{-1} \text{の渦のエネルギー}]$$

という事実から得られる（第 8 章参照）．この k_x^{-1} 挙動は，u_y の一次元スペクトルには現れないことに注意しよう．また，k_x^{-1} 領域を観察するには，大きい Re（Re $> 10^6$）が必要であることにも注意しよう．確かに，Re $= 10^6$ でも k_x^{-1} 領域はあまりに狭いので，その存在をまだ疑っている人もいる．これとは対照的に，$\langle[\Delta u'_x]^2\rangle \sim V_*^2 \ln(r/y)$ の法則は中程度以上の Re ではっきり観察されている（Davidson and Krogstad (2009)）．$\langle[\Delta u'_x]^2\rangle \sim V_*^2 \ln(r/y)$ 法則と $E_x(k_x) \sim V_*^2 k_x^{-1}$ 法則とは，Re $\to \infty$ では等価なのだから，この結果は一見おかしい．ほどほどの Re におけるこの二つの法則の挙動に差があるのは，一次元エネルギースペクトルが乱流における各スケールがもつエネルギーを表すには不向きだからである（第 8 章参照）．

これで，壁面せん断流の非常に大雑把な紹介を終わる．この話題は重要で，関連す

る文献は非常に多い．この章の終わりの文献欄にいくつかが推薦されている．

4.3 自由せん断流

今度は，境界から遠く離れたせん断流，いわゆる自由せん断流の話題に移ろう．これには，乱流噴流や乱流後流が含まれる．簡単のために，まず，二次元の噴流と後流から話をはじめる．

4.3.1 二次元の噴流と後流

二次元の噴流および後流の例が，図 4.16 に示されている．平均流は $\bar{u}_x \gg \bar{u}_y$，$\partial/\partial x \ll \partial/\partial y$ という特徴をもっている．一方，乱れは乱流渦度場から外側の非回転流へ突然切りかわる．境界層の場合と同じく二つの領域の境界はきわめて入り組んでいて，図 4.16 の点 A または点 B に置かれたプローブは，間欠的かつ突発的な乱れを検知する．しかし，不思議なことに，この境界の性質は $\mathrm{Re} \sim 10^4$ 付近で劇的に変化する (Dimotakis (2000))．$\mathrm{Re} \sim 10^4$ 以下では，細かいスケールの乱れは比較的少なく，乱流と非回転流の境界は大きなスケールで波打つ．$\mathrm{Re} \sim 10^4$ 以上では乱れは完全発達し，細かいスケールの構造がはっきりしてくる．この場合，乱流/非乱流

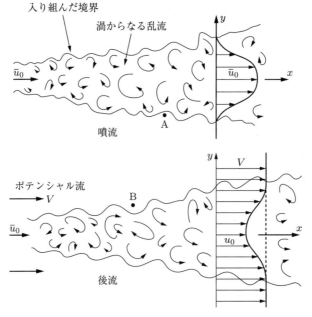

図 4.16　二次元噴流と二次元後流の模式図

の境界はますます複雑になり，大小両方のスケールをもったしわ状を呈する．この興味深い遷移については，いまのところまだ満足な説明ができていないが，乱れの境界についての最近の議論は Emes and Flor (2011) に見られる．

ここで，噴流と後流に対する支配方程式を提示しよう．まず，これらの流れには，簡単化を可能にする三つの性質があることに注目しよう．

(ⅰ) レイノルズ応力の軸方向勾配 $\partial \tau_{ij}^R/\partial x$ は，横方向勾配に比べてはるかに小さい．

(ⅱ) 層流応力は，レイノルズ応力に比べて無視できる．

(ⅲ) 平均慣性項の横方向成分 $(\bar{\mathbf{u}}\cdot\nabla)\bar{u}_y$ は，$\bar{u}^2/$(平均流線の曲率半径) のオーダーであり，したがって，非常に小さい．

このとき，運動方程式の軸方向および横方向成分は，次のように簡単になる．

$$\rho(\bar{\mathbf{u}}\cdot\nabla)\bar{u}_x = \frac{\partial}{\partial y}\left(\tau_{xy}^R\right) - \frac{\partial \bar{p}}{\partial x} \tag{4.48}$$

$$0 = \frac{\partial}{\partial y}\left(\tau_{yy}^R\right) - \frac{\partial \bar{p}}{\partial y} \tag{4.49}$$

第二式より，

$$\bar{p} + \rho \overline{(u'_y)^2} = \bar{p}_\infty(x)$$

となる．ここで，$\bar{p}_\infty(x)$ は，噴流や後流から遠く離れた位置での圧力である．しかし，後流の外側での流れが一様の場合には，$\bar{p}_\infty$ は一定となり（ここでは，そのように仮定する），また噴流では確かに一定である．したがって，どちらの場合にも $\bar{p}$ は x のみの関数となるが，その依存度は $\overline{(u'_y)^2}$ が軸方向に変化するのと同程度である．レイノルズ応力の軸方向勾配は無視できるので，式(4.48)は簡単化されて，

$$\rho(\bar{\mathbf{u}}\cdot\nabla)\bar{u}_x = \frac{\partial \tau_{xy}^R}{\partial y} \tag{4.50}$$

となり，これに，

$$\nabla\cdot\bar{\mathbf{u}} = 0 \tag{4.51}$$

が加わる．これらを合わせると，簡単化された運動方程式，

$$\frac{\partial}{\partial x}(\rho \bar{u}_x^2) + \frac{\partial}{\partial y}(\rho \bar{u}_y \bar{u}_x) = \frac{\partial \tau_{xy}^R}{\partial y} \tag{4.52}$$

が得られる．後流の場合には，次のように書き換えるとさらに便利である．

$$\frac{\partial}{\partial x}[\rho\bar{u}_x(V-\bar{u}_x)] + \frac{\partial}{\partial y}[\rho\bar{u}_y(V-\bar{u}_x)] = -\frac{\partial \tau_{xy}^R}{\partial y} \tag{4.53}$$

Vは外側の流れの速度，$V-\bar{u}_x$ は欠損速度として知られている．$\bar{u}_x$（噴流の場合）と $(V-\bar{u}_x)$（後流の場合）はどちらも $|y|$ が大きいところではゼロとなり，これは，τ_{xy}^R についても同じである．このため，式(4.52)と式(4.53)を $y=-\infty$ から $y=+\infty$ のあいだで積分すると，

$$M = \int_{-\infty}^{\infty} \rho\bar{u}_x^2 dy = \text{一定} \quad (\text{噴流}) \tag{4.54}$$

$$D = \int_{-\infty}^{\infty} \rho\bar{u}_x(V-\bar{u}_x) dy = \text{一定} \quad (\text{後流}) \tag{4.55}$$

が得られる．第一式は，噴流においては運動量流束が保存されること，すなわち，x に無関係であることを示している．一方，第二式は，後流において運動量欠損が一定であることを示している．運動量あるいは運動量欠損は，噴流あるいは後流において保存されるが，質量流束 $\dot{m}$ は必ずしも保存されないことに注意しよう．実際，乱流噴流は，層流噴流の場合と同じように，周囲の流体を引きずり込む結果，質量流束が増加する．この過程は連行として知られている．層流噴流では，連行は粘性抗力によって起こるが，乱流の場合には，入り組んだ外側の境界で外部の非回転の流体を次々と巻き込む結果として起こる．このように，噴流から遠く離れたところでも噴流に向かって小さいながら有限の流れが生じ，これにより噴流幅が増加する（図 4.17）．

今度は，噴流と後流を別々に考える．まず，前者からはじめよう．乱流噴流をモデル化するやり方には，伝統的に二つの異なるアプローチがあるが，最終的には両者は

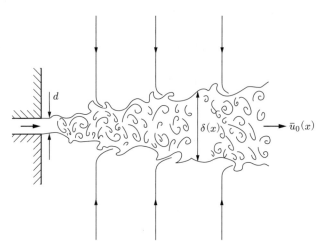

図 4.17 二次元噴流における連行

ほぼ似たような結果になる．一つの方法は，渦粘性に関するブシネスクとプラントルのアイディアにもとづいており，もう一つは，噴流への連行率にもとづいている．まず，連行の考え方から述べよう．

d を噴流の初期の幅とする．観察結果によると，$\sim 30d$ 程度より下流で噴流は初期の詳しい状況を忘れ，局所構造は，たとえば中心線上の速度のような，その場所での噴流速度と噴流幅 $\delta(x)$ で決まり，$\bar{u}_x(x, y) = f[y, \bar{u}_0(x), \delta(x)]$ と書ける．すると，噴流が自己相似構造となるための次元関係から，

$$\frac{\bar{u}_x}{\bar{u}_0(x)} = f(y/\delta(x)) = f(\eta) \tag{4.56}$$

が得られる．ここで，$\bar{u}_0$ は中心線上の速度である．$\bar{u}_x$ の自己相似性に関するこの単純だが重要な観察のおかげで，われわれはさらに解析を進めることができる．その結果をたどってみよう．すぐに得られる二つの結果は，大きい x に対して，

$$M = \int_{-\infty}^{\infty} \rho \bar{u}_x^2 dy = \rho \bar{u}_0^2 \delta \int_{-\infty}^{\infty} f^2 d\eta = \text{一定}$$

$$\dot{m} = \int_{-\infty}^{\infty} \rho \bar{u}_x dy = \rho \bar{u}_0 \delta \int_{-\infty}^{\infty} f d\eta \sim \rho \bar{u}_0 \delta$$

である．

ここで，ある点での質量の連行率が，局所の速度変動 $\mathbf{u}'$ に比例するものと仮定する．$\mathbf{u}'$ は噴流の平均（局所）速度に比例するから，次元関係を考えると，

$$\frac{d}{dx}(\dot{m}) = \alpha \rho \bar{u}_0 \int_0^{\infty} f d\eta$$

となる．α（無次元数）は連行係数の一つの例である（右辺の積分は，計算の便宜のために付加されている）．以上から，十分下流では，

$$\bar{u}_0^2 \delta = \text{一定}, \quad \frac{d}{dx}(\bar{u}_0 \delta) = \frac{1}{2} \alpha \bar{u}_0$$

となる．α を一定とすると，これらの式は積分できて，

$$\frac{\delta}{\delta_0} = 1 + \frac{\alpha x}{\delta_0} \tag{4.57a}$$

$$\frac{\bar{u}_0}{V_0} = \left(1 + \frac{\alpha x}{\delta_0}\right)^{-1/2} \tag{4.57b}$$

が得られる．x の原点は自己相似領域の開始点，δ_0，V_0 は $x = 0$ での δ と $\bar{u}_0$ である．実際，式(4.57a)から得られる，

$$\frac{d\delta}{dx} = \alpha = \text{一定}$$

の関係は，$\alpha \approx 0.42$ としたときに，実験データときわめてよく一致し，半頂角は $\sim 12°$ となる．この結果は，連行係数を一定と仮定することがある程度妥当であることを示している（$\bar{u}_x/\bar{u}_0 = 0.5$ となる位置で定義したくさびの半頂角を使うこともよく行われる．この定義によると，約 $6°$ となる）．

次に，ブシネスク・プラントルの仮説を二次元噴流に適用するとどうなるかを見てみよう．便宜上，ν_t は y に依存せず，局所の $\bar{u}_0(x)$ と $\delta(x)$ によって決まるものとする．次元関係から，$\nu_t \sim \delta(x)\bar{u}_0(x)$ となるので，b をある定数として，$\nu_t = b\delta(x)\bar{u}_0(x)$ と書く（この ν_t の見積もりは，最初にプラントルによって1942年に提案された．これは，自由せん断流にのみ適用できるが，使いやすく，また噴流中心で $\nu_t = 0$ という非物理的な結果にならないため，式(4.13b)より有利である）．これを用いると，支配方程式(4.50)は，

$$\bar{u}_x \frac{\partial \bar{u}_x}{\partial x} + \bar{u}_y \frac{\partial \bar{u}_x}{\partial y} = b\delta(x)\bar{u}_0(x) \frac{\partial^2 \bar{u}_x}{\partial y^2}$$

となる．この式は，式(4.56)の形の自己相似解をもつ．すなわち，

$$F'^2 + FF'' + \frac{1}{2}\lambda^2 F'''' = 0, \quad f = F'(\eta)$$

$$\frac{\delta}{\delta_0} = 1 + \frac{4bx}{\lambda^2 \delta_0}$$

$$\frac{\bar{u}_0}{V_0} = \left(1 + \frac{4bx}{\lambda^2 \delta_0}\right)^{-1/2}$$

ここで，λ は（いまのところ）未定の係数である．明らかに，まえと同じべき乗則になっている（$\delta \sim x$，$\bar{u}_0 \sim x^{-1/2}$）．また，渦粘性の係数 b と連行係数のあいだには，次式の関係がある．

$$\alpha = \frac{d\delta}{dx} = \frac{4b}{\lambda^2}$$

F に対する式は層流噴流の理論においておなじみで，積分すると（例題4.7），

$$\frac{\bar{u}_x}{\bar{u}_0} = f(y/\delta) = \text{sech}^2\left(\frac{y}{\lambda \delta}\right)$$

となる．上ではまだ δ は正確には定義していなかったが，この δ 次第で λ の値が決まる．もちろん，時間平均の速度分布は y とともに指数関数的に減少していくから，どう定義したとしても多少はあいまいさが残る．ここでは，簡単な定義，すなわち，噴流の速度が $\bar{u}_0$ の10%に落ちる位置を $y = \pm \delta/2$ とする．こうすると，$\lambda = 0.275$ となり，$\alpha \approx 0.42$ を与えると $b \approx 8.0 \times 10^{-3}$ が得られる．すると，渦粘性は $\nu_t \approx 0.008\delta\bar{u}_0$ となる．

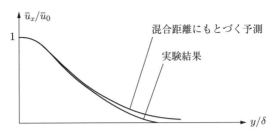

図 4.18 二次元噴流の理論と実験の比較

混合距離を用いた計算は実験と比べてどうだろうか．答えは驚くほどよい．噴流がまだ完全発達していない最上流部を除けば，$\delta \sim x$, $\bar{u}_0 \sim x^{-1/2}$ および $f \sim \text{sech}^2(y/\lambda\delta)$ という予測結果は，図4.18に示されているように，実験結果ときわめてよく一致する．さらに，$\nu_t \sim 8 \times 10^{-3} \delta \bar{u}_0$ も実測値に近い．

例題 4.7 二次元噴流に対する方程式，

$$F'^2 + FF'' + \frac{1}{2}\lambda^2 F''' = 0, \quad f = F'(\eta)$$

を2回積分すると，

$$\lambda^2 (F' - 1) + F^2 = 0$$

となることを示せ．このとき，噴流の速度分布は，

$$\frac{\bar{u}_x}{\bar{u}_0} = f(y/\delta) = \text{sech}^2\left(\frac{y}{\lambda\delta}\right)$$

となることを確認せよ．

次に，図4.16の二次元後流について考える．後流の発生源である物体から十分離れると，速度欠損 $\bar{u}_d = V - \bar{u}_x$ は V よりはるかに小さくなり，式(4.50)は，通常，

$$\rho V \frac{\partial \bar{u}_d}{\partial x} = -\frac{\partial \tau_{xy}^R}{\partial y}$$

の形に精度よく近似できる．$\bar{u}_{d0}(x) = \bar{u}_d(y=0)$ とし，まえと同様に，$\nu_t = b\delta(x)\bar{u}_{d0}(x)$ であるとすると，この単純化された運動方程式は，

$$V \frac{\partial \bar{u}_d}{\partial x} = b\delta(x)\bar{u}_{d0}(x) \frac{\partial^2 \bar{u}_d}{\partial y^2}$$

となる．この式は，$\delta \sim x^{1/2}$, $\bar{u}_0 \sim x^{-1/2}$ の形の自己相似解をもち，$\bar{u}_d$ は，

$$\bar{u}_d = \bar{u}_{d0}(x) \exp[-y^2/(\lambda\delta^2)]$$

を満足する．$\delta \sim x^{1/2}$, $\bar{u}_{d0} \sim x^{-1/2}$ を組み合わせると，

$$\int_{-\infty}^{\infty} \rho V(V - \bar{u}_x) dy = 一定$$

の形で式(4.55)を満足する．二次元後流の場合，発生源である物体から十分離れると，δ と $\bar{u}_{d0}$ が $x^{1/2}$ と $x^{-1/2}$ でスケールされることが実際の測定により確認されている．さらに，速度分布は自己保存型，すなわち，$\bar{u}_d = \bar{u}_{d0} f(y/\delta)$ となり，混合距離を用いて求められる f は，データとよく一致する．噴流と同様，λ の値は δ を適切に定義することによって決まる．たとえば，δ を $\bar{u}_d(\delta/2) = 0.05\bar{u}_0$ で定義すれば，$\lambda \sim 0.083$ となる．

4.3.2 円形噴流

次に，軸対称噴流について考えよう．二次元噴流と同様に，$\bar{u}_z \gg \bar{u}_r$, $\partial/\partial z \ll \partial/\partial r$ という特徴をもっている（この節では，極座標 (r, θ, z) が用いられている）．もちろん，$\bar{u}_z$ は軸方向に減速するが，噴流の時間平均直径 δ は噴流の広がりに応じて増加する．しかし，直径の約 30 倍以上の下流では，時間平均速度分布は半径座標 r，その位置での噴流直径 δ，およびその位置での中心線速度にのみ依存することが観察されている．すると，次元関係から $\bar{u}_z(r, z)$ は自己相似形

$$\frac{\bar{u}_z(r, z)}{\bar{u}_0(z)} = f(r/\delta(z)), \quad \bar{u}_0 = \bar{u}_z(0, z)$$

と書ける．この乱流は，ノズル内面から押し出されて下流へ流される渦度の現れであることから想像されるとおり，乱流噴流とその周囲の流れとの境界は激しく入り組んでいる（図 4.19）．Re が大きい場合，これらの渦度は見かけ上，流体中に凍結されているので，渦度領域の外側のへりにあたる入り組んだ噴流外縁は，噴流内部の渦巻き運動の必然的な結果である．二次元噴流の場合と同じく，入り組んだ外縁が非回転の流体を巻き込むという形で周囲の流体を連行する．このようにして，噴流の質量流束は z 方向に増加する．

円形噴流の支配方程式は，次の三つの理由により，簡単化することができる．

（ⅰ）レイノルズ応力の軸方向勾配は，半径方向勾配に比べてはるかに小さい．
（ⅱ）層流応力は無視できる．
（ⅲ）平均慣性力の半径方向成分は無視できる．

このとき，時間平均のナヴィエ・ストークス方程式は，次のようになる（付録 1 参照）．

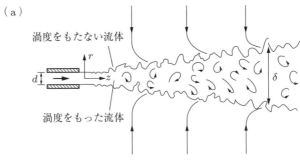

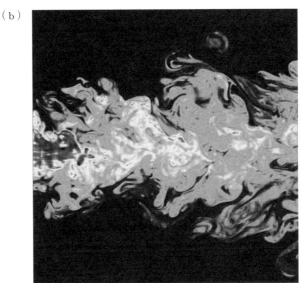

図 4.19 (a) 円形噴流の模式図. 噴流はノズル内面からはがれて下流に流される渦度から構成されている. (b) 噴流がレーザー誘起蛍光法によって可視化されている. 噴流境界の入り組んだようすが, 渦度で満たされた流体と外部の渦度をもたない流体の境界を示している.
(写真は C. Fukushima and Westerweel による. efluids.com の厚意による)

$$\rho \bar{\mathbf{u}} \cdot \nabla \bar{u}_z = -\frac{\partial \bar{p}}{\partial z} + \frac{1}{r}\frac{\partial}{\partial r}(r\tau_{rz}^R)$$

$$0 = -\frac{\partial \bar{p}}{\partial r} + \frac{1}{r}\frac{\partial}{\partial r}(r\tau_{rr}^R) - \frac{\tau_{\theta\theta}^R}{r}$$

二番目の式を積分すると,

$$\bar{p} = \tau_{rr}^R - \int_r^\infty \left(\frac{\tau_{rr}^R - \tau_{\theta\theta}^R}{r} \right) dr$$

となる.ここで,$r \to \infty$における圧力をゼロとした.レイノルズ応力の軸方向勾配は半径方向勾配よりはるかに小さいので,軸方向運動方程式中で,$\partial \bar{p}/\partial z = 0$とおけることがこの式からわかる.最終結果は,

$$\rho \bar{\mathbf{u}} \cdot \nabla \bar{u}_z = \frac{1}{r} \frac{\partial}{\partial r}(r\rho \bar{u}_r \bar{u}_z) + \frac{\partial}{\partial z}(\rho \bar{u}_z^2) = \frac{1}{r} \frac{\partial}{\partial r}(r\tau_{rz}^R)$$

となり,この式から,次のように運動量流束は保存されることがわかる.

$$M = \int_0^\infty (\rho \bar{u}_z^2) 2\pi r dr = \text{一定}$$

自己相似近似,$\bar{u}_z = \bar{u}_0 f(r/\delta)$を用いると,質量と運動量の流束は,

$$\dot{m} = \rho \bar{u}_0 \delta^2 \int_0^\infty 2\pi \eta f(\eta) d\eta$$

$$M = \rho \bar{u}_0^2 \delta^2 \int_0^\infty 2\pi \eta f^2(\eta) d\eta = \text{一定}$$

$\eta = r/\delta$となる.二次元噴流と同様に,$\bar{u}_0$とδの変化率を連行の考え方,あるいは渦粘性近似を用いて見積もることができる.まず,連行のほうから述べる.単位長さあたりの質量の連行率は,噴流の外周の長さと局所の乱流変動の強さに比例すると考えるのが妥当だろう.この乱流変動は,また局所の$\bar{u}_0$に比例すると考えられる.すると,

$$\frac{d\dot{m}}{dz} = \alpha \rho \bar{u}_0 \delta \int_0^\infty 2\pi \eta f(\eta) d\eta$$

となり,αは連行係数,右辺の積分は便宜上付加されている.以上から,二つの式,

$$\frac{d}{dz}(\bar{u}_0 \delta^2) = \alpha \bar{u}_0 \delta$$

$$\bar{u}_0^2 \delta^2 = \text{一定}$$

が得られた.これらを積分すると,

$$\frac{\delta}{\delta_0} = 1 + \frac{\alpha z^*}{\delta_0}$$

$$\frac{\bar{u}_0}{V_0} = \left(1 + \frac{\alpha z^*}{\delta_0}\right)^{-1}$$

が得られる.ここで,z^*は自己相似領域の開始点から測った下流への距離,δ_0とV_0は$z^* = 0$における値である.二次元噴流の場合と同様に,

$$\frac{d\delta}{dz} = \alpha = 一定$$

となる．この δ の直線的な増加は観察のとおりであり，δ を $r = \delta/2$ で $\bar{u}_x/\bar{u}_0 = 0.1$ と定義すれば，$\alpha \approx 0.43$ となる（二次元噴流の場合は $\alpha \approx 0.42$）．

渦粘性を用いる方法は，二次元噴流の場合と同じである．$\nu_t = b\delta(z)\bar{u}_0(z)$ と仮定して，

$$\bar{\mathbf{u}} \cdot \nabla \bar{u}_z = (b\delta\bar{u}_0) \frac{1}{r} \frac{\partial}{\partial r}\left(r \frac{\partial \bar{u}_z}{\partial r}\right)$$

の自己相似解を探す．$\bar{u}_z = \bar{u}_0 f(r/\delta)$ とおくと，ただちに，

$$\eta f'' + f' + \frac{\alpha}{b}\left(\eta f^2 + f' \int_0^\eta \eta f d\eta\right) = 0$$

$$\frac{d\delta}{dz} = \alpha = 一定$$

$$\bar{u}_0^2 \delta^2 = 一定$$

$\eta = r/\delta$ となることが確認できる．明らかに渦粘性の方法は，δ と $\bar{u}_0$ に関して連行係数の方法と同じ法則を導く．f の支配方程式を積分すると，

$$f = \frac{1}{(1 + a\eta^2)^2}, \quad a = \frac{\alpha}{8b}$$

が得られる．さきほど，$r = \delta/2$ で $\bar{u}_z/\bar{u}_0 = 0.1$ として δ を定義したが，これは，$\eta = 1/2$ で $f = 0.1$ ということになり，これを用いると $a = 8.65$ となる．このとき，α と b の関係は $b = \alpha/69.2$ となり，観察結果によると α は約 0.43 なので，$b \approx 6.2 \times 10^{-3}$ となる（二次元噴流の場合は $b \approx 8.0 \times 10^{-3}$）．

渦粘性法により求められた f の形は実験とよく一致するので，二次元噴流の場合と同様に，渦粘性法はうまくいくといえる．円形噴流の予測を実験結果と比較すると，二次元噴流に対する図 4.18 とほとんど同じようになる．どちらの場合も，混合距離による結果は噴流の端の領域でやや大きくなりすぎる．その理由は，ν_t が r にかかわらず一定であるという仮定が $r = \delta/2$ 付近で ν_t を大きく見積もりすぎ，その結果，平均流の横方向勾配を低めに見積もってしまうからである．

レイノルズ応力の各成分と r/δ の関係が，図 4.20（a）に示されている．$\overline{u_r'^2} \approx \overline{u_\theta'^2}$ ではあるが，噴流中の大規模構造は等方性とはほど遠く，コア部では $\overline{u_z'^2} \sim 2\overline{u_r'^2}$ にもなる．

図 4.20（b）は，乱流運動エネルギー式(4.21)への各項の寄与を模式的に描いたものである．予想どおり，散逸は噴流の中央部でかなり一様で，外縁 $r = \delta/2$ に近づく

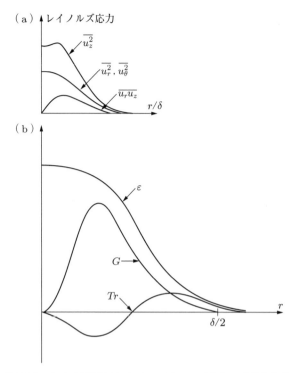

図 4.20 （a）円形噴流におけるレイノルズ応力の半径方向分布．（b）円形噴流における運動エネルギー生成 G, エネルギー輸送 Tr, および散逸 ε の半径方向分布

につれて減少する．これに反して，$r = 0$ 付近で平均流のひずみが弱いため，乱流エネルギー生成率は中心部では小さい．そして，$r = 0.3(\delta/2)$ 付近でピーク値，$G/\varepsilon \approx 0.8$ に達し，以後，噴流の外縁に向かって減少する．圧力変動と三重相関による乱流運動エネルギーの輸送項，$Tr = -\nabla \cdot (\mathbf{T})$ はコア領域では負，周辺で正となっている．これは，乱れの強い領域から弱い領域へのエネルギーの半径方向流束を表している．このことは，k-ε モデルにおいて $\nabla \cdot (\mathbf{T})$ を拡散過程として表現することが妥当であることを示している．

4.4 一様せん断流

実験室で（近似的ながら）実現できるせん断流のなかで，もっとも簡単なものは一様せん断流である．すなわち，すべての境界から十分離れていて，平均流が $\bar{\mathbf{u}} = (\bar{u}_x(y), 0, 0) = (Sy, 0, 0)$，$S$ は定数，で与えられ，乱れの物理量の空間勾配が無視

できるような流れを想像しよう．このような理想的な状況に直接の実用的興味はほとんどないが，理論的観点からはきわめて有用である．とくに，乱れと平均流のあいだでの相互作用を単純な形で説明し，異なる方向成分のあいだでのエネルギーの再配分に対して圧力による力が果たす役割を浮き彫りにする．それはまた，乱流の工学的「モデル」にとっての有益なテストケースでもある．

4.4.1 支配方程式

　定常な平均流 $\bar{u}_x = Sy$ があり，乱れの統計的性質は一様（場所によらない）だが，非定常もあり得るとする．乱れの統計量が時間とともに変化するかもしれないのだが，その変化率が乱流変動の時間スケールに比べてゆっくりであると仮定して，平均値を求めるのに時間平均を用いる．乱れは x-y 面に対して鏡映対称で，$\tau_{xz}^R = \tau_{yz}^R = 0$ である．すると，興味の対象となる物理量は，τ_{xy}^R, $\overline{(u_x')^2}$, $\overline{(u_y')^2}$, $\overline{(u_z')^2}$ となる．一様乱流に対して，式(4.8)を非定常性も考慮して書き下すと，これらの量の変化を支配する以下の方程式が得られる．

$$\frac{\partial}{\partial t}\left[\rho\overline{(u_x')^2}\right] = 2\overline{p'S_{xx}'} - 2\rho\nu\overline{\frac{\partial u_x'}{\partial x_k}\frac{\partial u_x'}{\partial x_k}} + 2\tau_{xy}^R S$$

$$\frac{\partial}{\partial t}\left[\rho\overline{(u_y')^2}\right] = 2\overline{p'S_{yy}'} - 2\rho\nu\overline{\frac{\partial u_y'}{\partial x_k}\frac{\partial u_y'}{\partial x_k}}$$

$$\frac{\partial}{\partial t}\left[\rho\overline{(u_z')^2}\right] = 2\overline{p'S_{zz}'} - 2\rho\nu\overline{\frac{\partial u_z'}{\partial x_k}\frac{\partial u_z'}{\partial x_k}}$$

$$\frac{\partial}{\partial t}\left(\tau_{xy}^R\right) = -2\overline{p'S_{xy}'} + 2\rho\nu\overline{\frac{\partial u_x'}{\partial x_k}\frac{\partial u_y'}{\partial x_k}} + \rho\overline{(u_y')^2}S$$

さて，上式の粘性項にもっとも大きく寄与するのは小スケールの渦である．これらの渦は近似的に等方的なので，粘性テンソルを一様等方性の形，

$$2\nu\overline{\frac{\partial u_i'}{\partial x_k}\frac{\partial u_j'}{\partial x_k}} = \frac{2}{3}\varepsilon\delta_{ij}$$

に書き換えることができる．すると，支配方程式は，次のように簡単になる．

$$\frac{\partial}{\partial t}\left[\frac{1}{2}\rho\overline{(u_x')^2}\right] = \overline{p'S_{xx}'} - \frac{1}{3}\rho\varepsilon + \tau_{xy}^R S \qquad (4.58\text{a})$$

$$\frac{\partial}{\partial t}\left[\frac{1}{2}\rho\overline{(u_y')^2}\right] = \overline{p'S_{yy}'} - \frac{1}{3}\rho\varepsilon \qquad (4.58\text{b})$$

$$\frac{\partial}{\partial t}\left[\frac{1}{2}\rho\overline{(u_z')^2}\right] = \overline{p'S_{zz}'} - \frac{1}{3}\rho\varepsilon \qquad (4.58\text{c})$$

$$\frac{\partial}{\partial t}(\tau_{xy}^R) = -2\overline{p'S'_{xy}} + \rho\overline{(u'_y)^2}S \qquad (4.58\text{d})$$

最初の三式を足し合わせると，おなじみのエネルギー式，

$$\frac{dk}{dt} = \tau_{xy}^R \frac{S}{\rho} - \varepsilon = G - \varepsilon \qquad (4.59)$$

となる．ここで，$k = \overline{\mathbf{u}'^2}/2$ である（連続の式から $S_{ii} = 0$ であることに注意）．明らかに，乱れはレイノルズ応力により単位時間になされる仕事 G により維持され，いつものように小規模渦によって弱められる．もし，$G = \varepsilon$ なら定常乱流になり，G と ε が釣り合わないとき，乱れは成長あるいは減衰する．

式(4.58a～c)において，τ_{xy}^R は $\overline{(u'_x)^2}$ だけを生み出すが，散逸は三式すべてに現れている．また，観察結果では $\mathbf{u}'$ の三成分は同じような大きさをもっている（あとで示すが，$\overline{(u'_x)^2} \sim k$, $\overline{(u'_y)^2} \sim 0.4k$, $\overline{(u'_z)^2} \sim 0.6k$ 程度である）．明らかに圧力ひずみ相関が，エネルギーを u'_x 成分から，u'_y 成分と u'_z 成分に再配分する役目を果たしている．これは，圧力変動の典型的な役割と考えられる，すなわち，圧力変動は乱れをかき混ぜて等方的な状態へと近づけるのである．しかし，それらは乱流エネルギーを生み出したり打ち消したりはできない．式(4.59)にこの項が現れないのはそのためである．

式(4.58d)で，平均せん断 S は τ_{xy}^R のわき出しとして直接作用していることに注意しよう．このことから，もし，乱れが初期に等方的，したがって，τ_{xy}^R がゼロであっても，そのままゼロにとどまることはないことがわかる．すなわち，

$$\frac{\partial}{\partial t}(\tau_{xy}^R) = \rho\overline{(u'_y)^2}S + [\text{圧力項}]$$

である．平均せん断による τ_{xy}^R の増加は，圧力項によるかき混ぜ効果のためにある程度相殺される．それでも，τ_{xy}^R はつねに正のままなので，生成項 G を通しての平均流から乱れへのエネルギー伝達となる．

S と τ_{xy}^R が乱流エネルギーを増加させる機構は，次のように理解できる．せん断流 $\bar{u}_x = Sy$ は，以下のように，非回転の二次元ひずみ成分と回転成分とに分解できる．

$$\bar{\mathbf{u}} = \frac{1}{2}(Sy, Sx, 0) + \frac{1}{2}(Sy, -Sx, 0)$$

第二項は一様渦度 $\bar{\omega} = (0, 0, -S)$ をもっていて，剛体回転を表している．第一項は非回転ひずみ運動で，ひずみ速度の主軸（ひずみ速度が最大および最小となる方向）は x 軸と y 軸に対して $45°$ 傾いている（図4.21（a））．明らかに，渦線は回転しながら最大ひずみの方向にほぐされる傾向がある．渦線の伸張は運動エネルギーを増加させ，これが粘性散逸に抗して乱れを維持する（図4.21（b））．この過程で生まれた渦

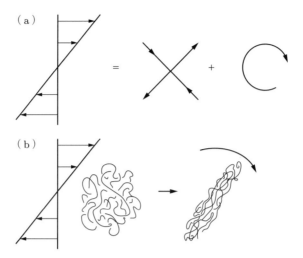

図 4.21 （a）せん断流は非回転のひずみ運動と剛体回転に分割できる．（b）絡み合う渦管に及ぼす非回転ひずみの影響が示されている．

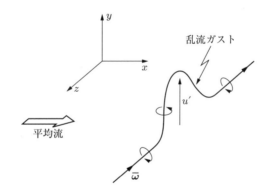

図 4.22 平均渦線に作用する乱流ガストによる乱流渦度の生成

は，最大主ひずみの方向に整列する傾向があり，これは，式(4.47)と図 4.12 で示されたように，大きな τ_{xy}^R を発生しやすい配置である．このように，正のレイノルズ応力の生成と乱流運動エネルギーの生成は，どちらも同じ過程の一部なのである．

この渦の伸張による乱流生成の考え方について，もう少し調べてみることはためになる．$\boldsymbol{\omega} = \bar{\boldsymbol{\omega}} + \boldsymbol{\omega}'$ と書くと渦度方程式は，

$$\frac{D\boldsymbol{\omega}'}{Dt} = \bar{\boldsymbol{\omega}} \cdot \nabla \mathbf{u}' + \boldsymbol{\omega}' \cdot \nabla \bar{\mathbf{u}} + \boldsymbol{\omega}' \cdot \nabla \mathbf{u}' + \nu \nabla^2 \boldsymbol{\omega}'$$

となり，いま述べた $\bar{\mathbf{u}}$ と $\bar{\boldsymbol{\omega}}$ を代入すると，

$$\frac{D\boldsymbol{\omega}'}{Dt} = \underbrace{-S\frac{\partial \mathbf{u}'}{\partial z}}_{(\mathrm{i})} + \underbrace{S\omega'_y \hat{\mathbf{e}}_x}_{(\mathrm{ii})} + \underbrace{\boldsymbol{\omega}'\cdot\nabla \mathbf{u}'}_{(\mathrm{iii})} + \underbrace{\nu\nabla^2 \boldsymbol{\omega}'}_{(\mathrm{iv})}$$

が得られる．この式の右辺の各項の寄与について考えよう．

(i) 最初の項，$-S\partial \mathbf{u}'/\partial z$ のもとになっているのは $\nabla\times(\mathbf{u}'\times\bar{\boldsymbol{\omega}})$ であり，乱流速度場による平均場の渦線の移流を表している．これは，図 4.22 のように図示できる．乱流の「ガスト」が平均流の渦線をゆがめ，乱流渦度を生み出す．たとえば，垂直方向のガスト u'_y は，垂直方向の渦度 ω'_y を誘起する．このように，$-S\partial \mathbf{u}'/\partial z$ は平均渦度を乱流渦度に変換する役目をする．

(ii) 第二項，$S\omega'_y \hat{\mathbf{e}}_x$ は，$\nabla\times(\bar{\mathbf{u}}\times\boldsymbol{\omega}')$ からでてきたもので，平均速度が乱流渦度に与える影響を表している．上で述べたように，これは平均流が渦の伸張を通じて乱流渦度を強める過程である（図 4.21（b））．これが，なぜ流れ方向の渦度の源として現れるかについては，次のように理解できる．平均速度 $\bar{u}_x = Sy$ が垂直方向渦度 ω'_y をかたむけ，それが ω'_x のみなもととなる．

(iii) $\boldsymbol{\omega}'\cdot\nabla\mathbf{u}'$ の項は，$\mathbf{u}'$ による乱流渦度のカオス的移流，すなわち，乱流自体に対する乱流の作用を表す．これが，カスケードにエネルギーを供給し，渦の伸張により小スケールに向かってエネルギーを伝達する過程である．渦度はカスケードによって強められるから，$\boldsymbol{\omega}'\cdot\nabla\mathbf{u}'$ はおもに小スケールの渦度に関係している．

(iv) いうまでもなく，$\nu\nabla^2\boldsymbol{\omega}'$ は，渦度の粘性拡散を表す．これは，小スケールにおいて重要で，互いに反対符号をもった斑点状の渦度のあいだでの相互拡散によりエンストロフィーが破壊される．

ここで，さきほどの渦度方程式に $\boldsymbol{\omega}'$ を掛けると，

$$\frac{D}{Dt}\left[\frac{1}{2}(\boldsymbol{\omega}')^2\right] = \underbrace{-S\nabla\cdot[u'_z\boldsymbol{\omega}']}_{(\mathrm{i})} + \underbrace{S\omega'_x\omega'_y}_{(\mathrm{ii})} + \underbrace{\omega'_i\omega'_j S'_{ij}}_{(\mathrm{iii})} + \underbrace{\nu\boldsymbol{\omega}'\cdot\nabla^2\boldsymbol{\omega}'}_{(\mathrm{iv})}$$

が得られる．その際，$\boldsymbol{\omega}'\cdot\nabla u'_z = \boldsymbol{\omega}'\cdot\partial\mathbf{u}'/\partial z$ を用いて右辺第一項を簡単化した．次に，一様性の条件から発散項を平均するとゼロになることに注意して，この式のアンサンブル平均をとると，

$$\frac{\partial}{\partial t}\left\langle\frac{1}{2}(\boldsymbol{\omega}')^2\right\rangle = \underbrace{S\langle\omega'_x\omega'_y\rangle}_{(\mathrm{ii})} + \underbrace{\langle\omega'_i\omega'_j S'_{ij}\rangle}_{(\mathrm{iii})} - \underbrace{\nu\langle(\nabla\times\boldsymbol{\omega}')^2\rangle}_{(\mathrm{iv})}$$

となる．おもしろいことに，この平均化された式には（i）の効果が現れていない．∇

$\times (\mathbf{u}' \times \bar{\boldsymbol{\omega}})$ は平均流の渦線を曲げることで乱流渦度を生み出すと見ることができるが，一様流の場合には，これは平均のエンストロフィー収支に影響しないのである．

そこで，渦度場およびそれにともなう乱流速度場の発達は，次のように解釈できる．乱流渦度は，平均のひずみ $\bar{S}_{ij}$ によって絶えず増幅される．このことは，平均流から乱れへのエネルギーの転送を意味する．このとき，大きいスケールの渦は $\boldsymbol{\omega}' \cdot \nabla \mathbf{u}'$（乱流の乱流への作用）の割合でエネルギーを小規模渦にカスケード転送し，最後に小さい渦になって壊される．

4.4.2 漸近状態

$t = 0$ で等方性乱流の状態から流れがはじまったとしよう．式 (4.58a～c) における非対称性は，この流れがいつまでも等方性のままではいられないことを意味している．そして，乱れは S だけで決まる新たな非等方的状態になるのかどうかが，当然，疑問になる（このような状態が定常であるべきか非定常であるべきかは，はっきりしない）．数値的あるいは実験的研究によると，乱れは，G と ε の比が τ_{xy}^R と ρk の比と同様に，一定であるような状態に漸近する傾向があることを示唆している．式 (4.59) は，

$$\frac{d}{d(St)}(\ln k) = \frac{\tau_{xy}^R}{\rho k}\left(1 - \frac{\varepsilon}{G}\right)$$

のように書きなおせるので，これより漸近状態は，

$$k = k_0 \exp(\lambda St)$$

の形となる．ここで，λ は一定値，

$$\lambda = \frac{\tau_{xy}^R}{\rho k}\left(1 - \frac{\varepsilon}{G}\right)$$

である．$\tau_{xy}^R/\rho k$ や G/ε の値はさまざまであるが，典型的な数値は 4.1.3 項の表 4.1 に与えられている．それによると，

$$\frac{\tau_{xy}^R}{\rho k} = 0.28, \quad \frac{G}{\varepsilon} = 1.7$$

で，これらを用いると，

$$k = k_0 \exp(0.12St), \quad \varepsilon = \varepsilon_0 \exp(0.12St)$$

となる．また，$\varepsilon \sim u^3/l$ なので，積分スケールは，

$$l \sim \frac{k^{2/3}}{\varepsilon} \sim l_0 \exp(0.06St)$$

に従って変化する．一様せん断流については4.6.1項でもう一度ふれる．そこでは，一様せん断流が乱流のいろいろな「モデル」の便利なテストケースとなることがわかる．

4.5 壁面せん断流における熱伝達：再び対数法則について

4.5.1 壁面近傍の乱流熱伝達と温度に対する対数法則

熱伝達に及ぼす乱れの影響は，実際問題として重要で，ちょうどよい機会なのでこれについて少しふれておく．図4.23（a）に示されているような状況を考える．熱は乱流拡散によって高温の壁から低温の壁に運ばれる．すなわち，熱はランダムな渦運動によって流体の実質部分とともに運ばれる．そして，この混合過程が高温流体を下壁面から，また低温流体を上壁面から運ぶことによって熱を移動させる．流れのコア部（境界から離れたところ）では大スケール渦がもっとも活発で広い範囲をカバーす

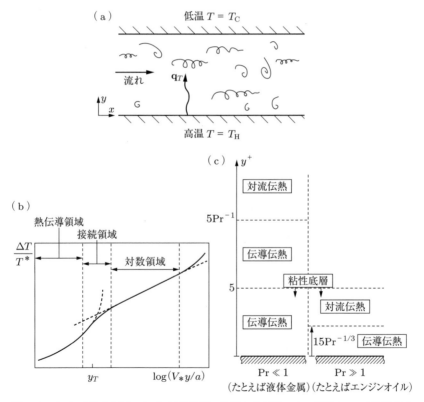

図4.23 （a）乱流熱伝達．（b）対数法則の領域と熱伝導のみの領域を y_T で接続すると A_T が決まる．（c）壁面近傍の構造はプラントル数によって決まる．

4.5 壁面せん断流における熱伝達：再び対数法則について　177

るので，もっとも重要な熱の運び手である．コア部の小スケールの渦は，ずっと短いターンオーバー時間をもつが，比較的弱く，小規模の凸凹をならすだけの一種の微小混合のはたらきをする．しかし，非常に壁に近い領域では，乱れは抑制され，熱移動の担い手は分子拡散と小スケール渦による乱流輸送とになる．したがって，壁面領域は乱流熱伝達を妨げる傾向がある．ここでの中心課題は，あらかじめ（統計的に）与えられた乱流が，壁面近傍の熱移動の速さに及ぼす影響を予測できるか，である．まず，熱移動方程式からはじめよう．

熱の移流-拡散方程式は，

$$\frac{DT}{Dt} = \alpha \nabla^2 T, \quad T = \bar{T} + T' \tag{4.60}$$

である．ここで，$\bar{T}$ と T' は平均温度および変動温度である．式(4.60)の本来の意味は，次のように書き換えると理解しやすい．

$$\frac{D}{Dt}(\rho c_p T) = -\nabla \cdot (\mathbf{q}), \quad \mathbf{q} = -k_c \nabla T \tag{4.61}$$

ここで，$\mathbf{q}$ は分子拡散による熱流束密度，k_c は熱伝導率，c_p は比熱である．式(4.61)は，ある体積 δV の流体塊から単位時間に失われる熱エネルギーと，この塊が移動するあいだに拡散によって流出する熱量を等しくおいた結果，得られる．すなわち，

$$\frac{D}{Dt}(\rho c_p T \delta V) = -\oint_{\delta S} \mathbf{q} \cdot d\mathbf{S} = -\int_{\delta V} \nabla \cdot \mathbf{q} \, dV \approx -\nabla \cdot \mathbf{q} \, \delta V$$

この両辺を δV で割ると式(4.61)となる（ここでは，粘性により発生する内部エネルギーを，通常は小さいとして無視している）．ここで，$\bar{\mathbf{u}}$ と T が統計的に定常である場合を考える．すると，式(4.61)は，

$$\bar{\mathbf{u}} \cdot \nabla(\rho c_p \bar{T}) = -\nabla \cdot (-k_c \nabla \bar{T} + \rho c_p \overline{T' \mathbf{u}'}) \tag{4.62}$$

となる．この式は，

$$\bar{\mathbf{u}} \cdot \nabla(\rho c_p \bar{T}) = -\nabla \cdot (\mathbf{q}_T) \tag{4.63}$$

$$\mathbf{q}_T = -k_c \nabla \bar{T} + \rho C_p \overline{T' \mathbf{u}'} \tag{4.64}$$

の形に書きなおせる．この式で，$\mathbf{q}_T$ は分子伝導と乱流混合を含んだ乱流熱流束密度を表す．平均操作の結果として現れた乱流項 $\overline{T' \mathbf{u}'}$ は，運動方程式の平均化の際に出てきたレイノルズ応力と明らかに同類である．

次の問題は，$\overline{T' \mathbf{u}'}$ をいかに見積もるかである．一つの方法として，τ_{ij}^R に対するブシネスク・プラントルの近似と同様に，

$$\overline{T'\mathbf{u}'} = -\alpha_t \nabla \overline{T} \tag{4.65}$$

とおく．すると，式(4.62)は，

$$\bar{\mathbf{u}} \cdot \nabla \overline{T} = \nabla \cdot [(\alpha + \alpha_t) \nabla \overline{T}] \tag{4.66}$$

となる．このように，このモデルでは乱流混合の正味の効果が熱拡散率を α から $\alpha + \alpha_t$ に増やすことで表現されている．

$$\overline{T'\mathbf{u}'} = -\alpha_t \nabla \overline{T}$$

の形の見積もりを勾配拡散近似といい，α_t は乱流拡散係数とよばれる．この考えは，平均的に見ると乱流混合が分子拡散と同様に平均温度勾配をとり除く傾向にあること，また $\overline{T}$ の勾配がきついほど混合による熱移動が活発になるということにもとづいている（じつは，式(4.65)は，単に α_t の定義式とみなすこともできる）．

さて，図 4.23（a）に示されている簡単な例に話をもどそう．流れが統計的に x と z に無関係なら，式(4.63)，(4.64)から，

$$|\mathbf{q}_T| = q_{Ty} = 一定$$

$$q_{Ty} = -k_c \frac{d\overline{T}}{dy} + \rho c_p \overline{T'u'_y}$$

が得られる．分子伝導は，乱れが弱められる壁面境界の近傍を除けば普通は無視できる．したがって，コア領域では，

$$\overline{T'u'_y} = 一定 = \frac{q_{Ty}}{\rho c_p}$$

となる．勾配拡散近似を用いると，この式は，

$$\alpha_t \frac{d\overline{T}}{dy} = 一定 = -\frac{q_{Ty}}{\rho c_p}$$

となり，α_t（y の関数となることもあり得る）がわかっていれば，平均温度分布 $\overline{T}(y)$ を計算することができる．さらに，さきに進める方法はいくつかある．一つは，レイノルズの相似則とよばれるもので，運動量輸送に関与する渦が同様に熱輸送にも関与するという事実にもとづいている．つまり，$\alpha_t = \nu_t$ と近似し，その結果，

$$\frac{q_{Ty}}{c_p \tau_{xy}^R} = -\frac{d\overline{T}/dy}{d\bar{u}_x/dy} \tag{4.67}$$

が得られる．したがって，もし，$\bar{u}_x(y)$ と $\tau_{xy}^R(y)$ がわかっていれば，この式から q_{Ty} と $\overline{T}(y)$ の関係を決めることができる．

もう一つの方法は，混合距離を使うもので，$\alpha_t = u'l_m$, $\overline{u'^2} = \overline{(u'_y)^2}$, l_m は混合距離とする．その結果，

$$\overline{T'u'_y} = -\left[\overline{(u'_y)^2}\right]^{1/2} l_m \frac{d\bar{T}}{dy}$$

が得られる．実際は，この関係は l_m の定義にほかならず，問題を，混合距離を決めることにすり替えたにすぎない．いま，ある場所での l_m の大きさが，その場所での大スケール渦の平均の大きさ程度であったとする．平均の渦の大きさは壁に近づくにつれて減少するから，l_m は y の関数といえる．すると，簡単な混合距離理論に従って，下側の境界付近では $l_m = \kappa y$，κ はカルマン定数，コア領域では l_m は一定と近似できる．

このような単純な混合距離のやり方は，図 4.23（a）のようなタイプの単純せん断流や平らな壁の近くではうまくいく．しかし，もっと複雑な形状に対しては，勾配拡散近似自体についてかなりの注意が必要である．いずれにせよ，すでに述べたように，熱伝達における熱抵抗のほとんどは壁面近傍で起こる傾向があるので，混合距離の考え方は，実際，役に立つ．図 4.23（a）における下壁面付近では，混合距離モデルより，q_{Ty} と $d\bar{T}/dy$ の関係，

$$q_{Ty} = -\rho c_p u' \kappa y \frac{d\bar{T}}{dy}$$

が得られる．したがって，$u'(y)$ がわかれば壁面近傍での平均温度分布 $\bar{T}(y)$ が求められる．

例題 4.8 温度に対する対数法則　図 4.23（a）の壁面近傍領域を考え，$u' \sim V_*$，$l_m = \kappa y$，$\bar{u}_x/V_* = \kappa^{-1} \ln y^+ + A$ とする．この混合距離の式を用いると，次式が得られることを示せ．

$$\frac{\Delta T}{T^*} = \frac{T_H - \bar{T}(y)}{T^*} = \frac{1}{\kappa_T} \ln\left(\frac{V_* y}{\alpha}\right) + A_T$$

ここで，κ_T と A_T は無次元係数，T_H は $y = 0$ における壁面温度で，

$$T^* = \frac{q_T}{\rho c_p V_*}$$

である．次に，レイノルズの相似則の式 (4.67) も，$\kappa_T = \kappa$（カルマン定数）とすれば，まったく同じ結果を与えることを示せ．

例題 4.8 の温度に対する壁面対数法則は，見かけは速度の対数法則と類似しているので興味深い．しかし，この結果が本物なのか，それとも単に混合距離近似，あるい

はレイノルズの相似則による模造品にすぎないのかが疑問になる．じつは，壁面対数法則の見かけが，単なる偶然の一致ではないことがわかってくる．事実，式(4.44)に至る議論と類似の議論に従うと，$V_* y/\alpha$ が大きく，しかも y/W が小さいとき，

$$\frac{\Delta T}{T^*} = \frac{1}{\kappa_T} \ln\left(\frac{V_* y}{\alpha}\right) + A_T \tag{4.68}$$

という関係は，次元から見て当然であることが示される（W はチャネル幅）．これは，乱流熱伝達に関する数少ない厳密な結果の一つという意味で重要な式である．係数 κ_T は普遍定数で約 0.48，A_T はプラントル数 $\Pr = \nu/\alpha$ の関数である（この法則の最初の誘導については Landau and Lifshitz (1959)，また，より最近の解説については Bradshaw and Huang (1995) を参照のこと）．κ_T の数値がカルマン定数に近いという事実は，レイノルズの相似則の妥当性を示している．

この対数法則は，熱が伝導だけで輸送される壁面近傍領域に接続されなければならない．ここでは，$\Delta T = q_T y/\rho c_p \alpha$ が成り立ち，これはさらに，

$$\frac{\Delta T}{T^*} = \frac{V_* y}{\alpha}$$

と書きなおせる．これら二つの式をマッチさせることで，A_T とその Pr 依存性が決まる（図 4.23（b））．すなわち，

$$A_T = y_T - \frac{1}{\kappa_T} \ln y_T$$

となる．ここで，y_T は直線則と対数則の交点における $V_* y/\alpha$ の値である．

この荒っぽいマッチング法によって，$A_T(\Pr)$ を決めることができるかどうかを見てみよう．熱伝導が支配的な領域の厚さ，すなわち，y_T は，Pr の値に敏感であることがわかる．たとえば，Pr が 1 のオーダーの場合には，y_T は粘性底層の厚さ $y^+ \sim 5$ 程度，すなわち，$y_T \sim 5$ となる．この結果は，$\Pr \ll 1$（熱伝導性のよい流体）の場合にも成り立つ．このため，Pr が小さい流体の場合には，壁面近傍の熱伝導が支配的な層は粘性底層より厚く，厚さの比は $\Pr^{-1}$ である．このような場合には，壁面から $y^+ \sim 5\Pr^{-1}$ 程度までの領域で拡散が熱移動のおもな機構となる（液体金属では，Pr は非常に小さいので，拡散支配の領域はコア部にまで及び，乱れは全体の熱伝達にはほとんど影響しない）．このことは，図 4.23（c）に示されている．

一方，Pr が大きい場合は，伝導による熱輸送は非常に不活発で，粘性底層内の低レベルの乱れがこの領域の伝熱を支配する．このような場合には，熱伝導支配の領域は粘性底層内のわずかな部分に限られ，この厚さの見積もりには，壁面にごく近い部分での間欠的な乱れの特性を明らかにするという微妙な問題が絡んでくる．何人かの著者たちは，熱伝導支配領域の上端を $y^+ \sim 15\Pr^{-1/3}$ であるとし，また Townsend

(1976) は $y^+ \sim 10\mathrm{Pr}^{-1/4}$ としている．$-1/3$ 乗則は，Kader (1981) の解析結果とも矛盾しないので，われわれはそちらのほうを採用する．この薄い断熱層は壁面近傍の熱抵抗を決めるので，表面からの総熱流束に不釣り合いな影響を及ぼすことがあることに注意しよう．以上をまとめると，図 4.23（c）に図示されているように，

$$y_T \sim 5 \ (\mathrm{Pr} < 1), \quad y_T \sim 15\mathrm{Pr}^{2/3} \ (\mathrm{Pr} \gg 1)$$

となる．さらに，$A_T = y_T - \kappa_T^{-1} \ln y_T$ も用いると A_T を見積もることができ，Pr が大きい，あるいは小さい極限で，

$$A_T \sim 1.65, \ (\mathrm{Pr} < 1), \quad A_T \sim 15\mathrm{Pr}^{2/3} \ (\mathrm{Pr} \gg 1)$$

が得られる．実用的には，実験データは曲線，

$$A_T \approx \frac{5}{3}(3\mathrm{Pr}^{1/3} - 1)^2 \quad (0.3 < \mathrm{Pr} < 10^4)$$

$$A_T \approx \frac{5}{3} \quad (\mathrm{Pr} < 0.3)$$

で近似でき（たとえば，Kader (1981)），上の見積もりと矛盾しない．

興味深いケースが三つある．もっとも単純な室温の気体に対しては，$\mathrm{Pr} \sim 0.7$（He, H_2, O_2, N_2, CO_2 に対して成り立つ）である．この場合，

$$\frac{\Delta T}{T^*} = \frac{1}{\kappa_T} \ln\left(\frac{V_* y}{\alpha}\right) + 4.6 \quad (\mathrm{Pr} = 0.7)$$

となり，速度分布の式，

$$\frac{\bar{u}_x}{V_*} = \frac{1}{\kappa} \ln\left(\frac{V_* y}{\nu}\right) + A \quad (A \approx 5.5)$$

に非常に近い．一方，エンジンオイル（$\mathrm{Pr} \sim 10^4$）やエチレングリコール（$\mathrm{Pr} \sim 200$）のような熱伝導性の低い流体の場合は，

$$\frac{\Delta T}{T^*} = \frac{1}{\kappa_T} \ln\left(\frac{V_* y}{\alpha}\right) + 15\mathrm{Pr}^{2/3} \quad (\mathrm{Pr} \gg 1)$$

となり，$\mathrm{Pr}^{2/3}$ 項が含まれていることから，この場合の温度降下は $\mathrm{Pr} \sim 1$ の流体の場合よりずっと大きいことがわかる．このことは，$\mathrm{Pr} \gg 1$ の場合，表面付近に熱伝導だけで熱が移動する強い断熱層があるという事実を反映している．最後に，熱伝導性が非常に高い流体（液体金属）の場合，

$$\frac{\Delta T}{T^*} = \frac{1}{\kappa_T} \ln\left(\frac{V_* y}{\alpha}\right) + \frac{5}{3} \quad (\mathrm{Pr} \ll 1)$$

である．この式は，ν に無関係であることに注意しよう．これは，完全に発達した乱

流領域であっても，事実上，すべての熱輸送が伝導のみで行われるということを考えれば当然である．

最後に，図4.23（a）のチャネル流ではなく，図4.24の境界層に注意を向けよう．熱伝達の教科書では乱流境界層を横切る熱伝達を，

$$\mathrm{St} = \frac{q_T}{\rho c_p u_\infty \Delta T},\quad (スタントン数)$$

$$c_f = \frac{\tau_w}{(1/2)\rho u_\infty^2} = \frac{2V_*^2}{u_\infty^2}\quad (摩擦係数)$$

というパラメータを使って整理するのが普通である．ここで，u_∞ は境界層の外側の速度，ΔT は層を横切る方向の正味の温度降下である．境界層全体にわたって対数法則が成り立つと仮定すると，実際，これは圧力勾配がない平板に沿う流れに対しては妥当な仮定なのだが，対数法則は St と c_f を使って書き換えられる．少し計算すると，

$$\mathrm{St} = \frac{c_f/2}{\kappa/\kappa_T + \sqrt{c_f/2}\,\kappa_T^{-1}[\ln(\mathrm{Pr}) + \kappa_T A_T - \kappa A]}$$

となる（誘導は，読者の練習としてとっておく）．工業分野では，平板境界層や円管内の熱伝達計算に，これによく似た多くの経験式が使われている（Holman (1986)）．

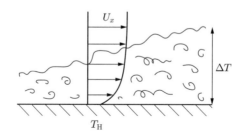

図 4.24　境界層における伝熱

4.5.2 対数法則に及ぼす成層の影響：大気境界層

これまでわれわれは，T が浮力を介して $\mathbf{u}$ に及ぼす影響は無視し，あるあらかじめ決まっている速度変動による熱輸送だけに注目してきた．今度は，その逆の問題について考える．粗い加熱壁に沿う乱流せん断流があり，表面にある決まった熱流束 q_T が与えられているとしよう（図4.25（a））．われわれの興味は，加熱された流体にともなう浮力が，どのように平均速度や乱れ場に変化を与えるかにある．浮力に対しては，いわゆるブシネスク近似を適用する．すなわち，密度の変化が十分小さいので単位体積あたり $\delta\rho \mathbf{g}$ の浮力を発生させる以外は，密度は一定とみなす．この関係は，$-\rho\beta(T - T_0)\mathbf{g}$ のように書きなおせる．ここで，β はいわゆる膨張係数で，$\beta =$

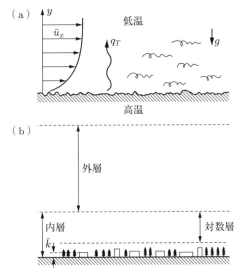

図 4.25 （a）せん断と浮力の両方で生まれる乱れ．（b）大気境界層．これは単なる模式図である．実際には，内部領域は境界層全体から見ればわずかな部分であり，対数領域は粗さ要素の高さ $\hat{k}$ の何倍にも及ぶ．

$-(d\rho/dT)\rho^{-1}$, T_0 は周囲温度を代表する基準温度である．

図 4.25（a）に描かれている流れは，大気境界層（ABL）をもっとも適切に表現していると思われる．ここでは，このような流れに注目しよう．しかし，詳しい解析に入るまえに，この境界層について少し説明しておく必要があるだろう（より詳しいことは，Garrett（1992）を参照のこと）．ABL は大気のうち，地面摩擦と地表での加熱（冷却）の直接の影響が及ぶ領域からなっている．それは，普通の境界層とは少なくとも浮力とコリオリ力の両方が重要になるという点で異なっている．ABL は 0.5 km から 5 km 程度の厚さだが，従来，二つの領域に分類されてきた．上部の 90% は外層あるいはエクマン層とよばれる．そこでは，コリオリ力と圧力による力が支配的で，地表の詳しい状況（トウモロコシ畑か森林かなど）は重要ではない．逆に，境界層底部の 10% は内層とよばれ，コリオリ力は相対的に重要ではないが地面摩擦の大きさに流れは敏感である．内層では，平均の水平方向せん断応力がほぼ一定（y に無関係）とみなすことができ，浮力がはたらかなければ平均速度は普通の対数法則，

$$\frac{\bar{u}_x}{V_*} = \frac{1}{\kappa} \ln\left(\frac{y}{y_0}\right)$$

に従う（4.2.4 項参照）．ここで，y_0 は表面粗さパラメータで，粗さ要素の高さ，形，

要素のランダム分布の密度によって決まる（砂粒タイプの場合，$y_0 \approx \hat{k}/30$，$\hat{k}$ は要素高さの rms 値）．もちろん，この普遍法則は地面のごく近く（$y \sim \hat{k}$）では成り立たず，そこでは，流れの詳細は地表面の詳しい状況に強く依存する．平均速度の測定結果から，y_0 の代表的な数値は，以下のようである．

砂地，泥地；	$y_0 = 0.001$ m ~ 0.005 m
草地；	$y_0 = 0.002$ m ~ 0.02 m
農地；	$y_0 = 0.02$ m ~ 0.1 m
森林，ブッシュ；	$y_0 = 0.2$ m ~ 0.5 m
郊外；	$y_0 \sim 0.5$ m
温帯林；	$y_0 = 0.5$ m ~ 0.9 m

ちなみに，架空の滑らかな地面があったとすると，粘性底層の厚さはわずか 1 mm にも及ばない．

　大気境界層における乱れ強さは，浮力の性質に強く依存する．これらには，安定化（低温空気の上に高温空気がある場合），不安定化（高温空気の上に低温空気がある場合），あるいは中立安定（浮力が無視できる場合）がある．中立条件は，風が強く，完全に雲に覆われているときに現れやすい．不安定条件は，太陽からの放射により地面が温められる日中によく起こり，安定条件は，長波長の放射によって地面が冷やされる夜間に多い．大気境界層理論の中心課題の一つは，平均および乱れの速度場に対する浮力の影響をパラメータ化できるかどうかである．そのためには，浮力による仕事率を考えるのがもっともよいことがわかる．簡単のために，コリオリ力が無視できる内層領域について考えてみよう．

　完全ガスに対しては，$\beta = T_0^{-1}$ が成り立つので[14]，単位体積あたりの大気に作用する浮力は $-\rho[(T-T_0)/T_0]\mathbf{g}$ である．ここで，$\theta = T - T_0$ とおくと，図 4.25（a）に示したタイプの一次元せん断流において，浮力がなす単位時間あたりの仕事は，

$$(\overline{\theta u'_y})\frac{\rho g}{T_0} = \frac{q_T g}{c_p T_0}$$

となる．式(4.18)を変形して，このエネルギー源を組み込む．その結果，一次元せん断流に対しては，

---

14) この β の見積もりは，完全ガスの法則からきたものである．そこでは，密度変動がもっぱら温度変動によって生じること，および圧力変動による密度の変化は無視できるという仮定にもとづいている．この近似の一つの結果は，不安定成層（軽い流体の上に重い流体）が $dT/dy < 0$ に対応するということだ．実際には，もっと詳しい熱力学的考察から，不安定成層が $dT/dy < -G_a$，$G_a = (\gamma-1)g/\gamma R$ は断熱温度減率，に対応することが明らかになる（ここで，γ は，いつものとおり比熱比，R はガス定数である）．しかし，大気中では，G_a は 1 ℃/100 m のオーダーと小さく，上の近似は妥当である．

4.5 壁面せん断流における熱伝達：再び対数法則について

$$0 = -\frac{\partial}{\partial y}\left[\overline{p'u'_y} - \overline{u'_i\tau'_{iy}} - \frac{1}{2}\rho\overline{u'_iu'_iu'_y}\right] + \tau^R_{xy}\frac{\partial \bar{u}_x}{\partial y}$$

（KE の再配分）　　　　　　　　　　（せん断による KE の生成）

$$+ \overline{(\theta u'_y)}\frac{\rho g}{T_0} - 2\rho\nu\overline{(S'_{ij})^2}$$

（浮力による KE の生成）　　（KE の散逸）

となる．右辺第一項は，乱流エネルギーを生成も散逸もせずに，単に再配分するだけである．この式には，乱流エネルギーのわき出し項，$\tau^R_{xy}\partial\bar{u}_x/\partial y$ と $\overline{(\theta u'_y)}\rho g/T_0$ があり，これらが，結局，小スケールにおける粘性散逸 $2\rho\nu\overline{(S'_{ij})^2}$ と釣り合う．この単純化されたエネルギー式が浮力をともなうせん断流の，ほとんどの現象論的モデルの基礎となっている．

シアーが非常に弱いケースについては，とくに注意を向ける価値がある．この場合は，浮力による乱れの生成がほぼ粘性散逸と釣り合うので，

$$\frac{q_T g}{c_p T_0} \sim \rho\varepsilon$$

となる．さらに，混合距離を用いて，q_T を見積もると，

$$\frac{q_T}{\rho c_p} \sim -(u'l_m)\frac{d\bar{T}}{dy} \sim \theta' u'$$

となる．ここで，θ' は，$\theta = T - T_0$ の変動を表し，l_m は混合距離である．さらに，浮力は通常のカスケード過程を大きくはかえないとしよう．すると，単位質量あたりの散逸は $\varepsilon \sim u'^3/l_m$ と見積もられ，上の式と合わせると，

$$\frac{q_T}{\rho c_p} \sim \theta' u' \sim -u'l_m\left|\frac{d\bar{T}}{dy}\right| \sim \frac{T_0}{g}\frac{u'^3}{l_m}$$

となる．地面 $y = 0$ の近くでは，渦のサイズは $l_m \sim \kappa y$ に従って変化すると考えられるから，よく引用される，次の式が導かれる（Plandtl (1932)）．

$$u' \sim \left(\frac{q_T}{\rho c_p}\right)^{1/3}\left(\frac{T_0}{\kappa g}\right)^{-1/3} y^{1/3} \tag{4.69}$$

$$\theta' \sim \left(\frac{q_T}{\rho c_p}\right)^{2/3}\left(\frac{T_0}{\kappa g}\right)^{1/3} y^{-1/3} \tag{4.70}$$

$$\left|\frac{d\bar{T}}{dy}\right| \sim \left(\frac{q_T}{\rho c_p}\right)^{2/3}\left(\frac{T_0}{\kappa g}\right)^{1/3} y^{-4/3} \tag{4.71}$$

実際には，$|d\bar{T}/dy|$ は $y^{-4/3}$ より少し速く，$y^{-3/2}$ 程度の速さで減少する．このことから，中立安定状態の浮力場における単純せん断流に対してのみ厳密に成り立つはずの $l_m \sim \kappa y$ の仮定を，この問題に適用することに対して疑問が生じる．

実際，式(4.69)〜(4.71)の精度についてはいろいろな意見がある．Monin and Yaglom (1975) は，これらの式を支持する多くの証拠をあげている．一方，Townsend (1976) は，$|d\bar{T}/dy| \sim y^{-4/3}$ ではなく $\sim y^{-2}$ を提案している．Wyngaard (1992) は，モーニンとヤグロムを支持する結果を得ているが，Garrett (1992) によるデータは，$|d\bar{T}/dy| \sim y^{-3/2}$ を示唆している．y^n の指数がばらつく理由は，一つには風の影響を受けない状態での大気観測が困難なためと思われる．

今度は，せん断と浮力の両方が重要であるような，より一般的な場合に話をもどそう．これら二つの力によるエネルギー生成率の比は，いわゆるフラックス・リチャードソン数 R_f，

$$R_f = -\frac{g\overline{\theta u'_y}/T_0}{(-\overline{u'_x u'_y})\partial \bar{u}_x/\partial y} = -\frac{g}{\rho c_p T_0}\frac{q_T}{(-\overline{u'_x u'_y})\partial \bar{u}_x/\partial y} \quad (4.72)$$

である．慣例として，R_f は上向きの伝熱の場合に負，下向きの場合に正となるように定義される．R_f が負で大きい場合，乱れのおもな原因は浮力であり，負の小さい値の場合，浮力は無視できることを意味している．三番目のケース，すなわち，$0 < R_f < O(1)$ は，温度分布 T が安定成層になっている場合で，乱れは部分的に抑制されることを意味している．ここでもまた大気境界層の地面付近の領域，たとえば，〜100 m とかに注目する．ここでは，τ_{xy} は一定で，ρV_*^2 に等しい．浮力が作用しない場合と同様に，速度分布が対数法則 $\partial \bar{u}_x/\partial y = V_*/(\kappa y)$ に従うとすれば，式(4.72)は，

$$R_f = \frac{y}{L}, \quad L = -\frac{(T_0/\kappa g)V_*^3}{(q_T/\rho c_p)} \quad (4.73)$$

となる．ここで，L はモーニン・オブコフ長さとよばれ，大気流において中心的役割を果たす (Monin and Yaglom (1975))．一般的にいって，$|L|$ は数メートル程度である．$|L|$ よりずっと低いところでは，乱流生成の点で浮力は重要ではないが，$y \gg |L|$ ではせん断による乱流生成は無視でき，浮力が支配的となる．L のよい点の一つは，実質的に二つのパラメータ V_* と q_T だけで決まる点である．R_f と同様に，負の L は不安定成層（乱れの強化）を表し，正の L は安定成層（乱れの抑制）を表す．L が正で大きい場合，高度が低い領域で（y/L が小さいので）部分的に乱れが抑制されるが，高いところでは y/L が大きいため，乱れはより発達するというおもしろい現象が起こる．このような場合には，地面近くで乱流混合がもっとも活発になる．

Monin and Yaglom (1975) は，一般に地表面近く（すなわち，応力一定）の大気の流れは，

$$\frac{\partial \bar{u}_x}{\partial y} = \frac{V_*}{\kappa y}\phi(y/L)$$

で表せるとした．ϕ は対数法則の浮力に対する補正である．この式は，無次元変数

4.5 壁面せん断流における熱伝達:再び対数法則について　**187**

y/L を使うと大気流における $(\partial \bar{u}_x/\partial y)(\kappa y/V_*)$ の実験データを要領よくまとめることができることを示した点で有益であった.以下では,$\phi(y/L)$ が予測できるかどうかについて考えてみよう.

$y \ll |L|$ のとき,つまり,浮力が境界層に少ししか影響しない場合は,通常の対数法則に線形の補正項を加えるだけで浮力の影響を考慮することができることがわかる.正と負の L に対して適用できる修正された式は,

$$\frac{\bar{u}_x}{V_*} = \frac{1}{\kappa}\left[\ln\left(\frac{y}{y_0}\right) + \gamma \frac{y}{L}\right] \quad (y \ll |L|)$$

である.ここで,y_0 は表面粗さパラメータ,γ は定数である.この式は,また,

$$\frac{\partial \bar{u}_x}{\partial y} = \frac{V_*}{\kappa y}\left(1 + \gamma \frac{y}{L}\right) \quad (y \ll |L|)$$

とも書け,$|y/L|$ が小さい場合に対する ϕ が決まる.γ の見積もりには大きなばらつきがあるが,およそ 4 から 8 のあいだにあり,L が負の場合は γ は多少小さめになる (Monin and Yaglom (1975)).このように,不安定条件 ($L < 0$) の場合には,高度による $\bar{u}_x$ の変化はより緩やかになり,これは鉛直方向の混合が活発になるためである.また,安定条件 ($L > 0$) の場合には,速度の高度変化はより急になる.

次に,不安定成層で $y \gg |L|$ の場合を考えよう.この場合には,エネルギー生成には浮力がおもにかかわり,エネルギー収支に対する平均せん断の影響は無視できる.式 (4.69) にもどると,

$$u' \sim V_*\left(\frac{y}{|L|}\right)^{1/3}, \quad l_m \sim \kappa y$$

となり,渦粘性に関する現象論を信じるとすれば,

$$\nu_t \sim u' l_m \sim V_*\left(\frac{y}{|L|}\right)^{1/3} \kappa y$$

となる.ν_t は,

$$\frac{\tau_{xy}^R}{\rho} = V_*^2 = \nu_t \frac{\partial \bar{u}_x}{\partial y}$$

の関係により定義される.これらの式から,平均速度の勾配が,

$$\frac{\partial \bar{u}_x}{\partial y} \sim \frac{V_*}{\kappa y}\left(\frac{y}{|L|}\right)^{-1/3} \quad (y \gg |L|)$$

のように得られ,$y/|L|$ が小さい場合の対応する式,

$$\frac{\partial \bar{u}_x}{\partial y} = \frac{V_*}{\kappa y}\left(1 + \gamma \frac{y}{L}\right) \quad (y \ll |L|)$$

と比較される.両者とも平均速度勾配はモーニンとヤグロムの式,

$$\frac{\partial \bar{u}_x}{\partial y} = \frac{V_*}{\kappa y}\phi(y/L)$$

に一致している.ここまでが,ヒューリスティックな物理的考察の結果である.y/L の中間的な値に対する ϕ の形を決めるためには,経験則にもどらなければならない.ϕ についての多くの半経験式が,何年にもわたって提案されてきた.典型的なものとしては,

$$\phi(\zeta) \approx 1 + \gamma\zeta \quad (0 < \zeta < 0.5)$$
$$\phi(\zeta) \approx (1 - \beta\zeta)^{-1/3} \quad (-2 < \zeta < 0)$$

がある.γ は5から7のあいだ,β は8から20のあいだで変化する.もちろん,これは上述のいろいろな理論による推測結果を,大まかに補間したものである($\zeta < 0$ の場合の $\phi(\zeta)$ の指数として,$-1/3$ でなく $-1/4$ がよく使われていることに注意).

4.6 さらに一点完結モデルについて

乱流の工学的モデル,すなわちレイノルズ応力を予測し,平均流を計算するための方法に話をもどそう.これらは,Q_{ij} のような空間二点間の関係ではなく,τ_{ij}^R という空間一点の情報に注目しているという意味で,一点完結モデルとよばれている(二点完結モデルについては第6章と第8章で述べる).二つのよく知られている完結法は,(i) k-ε モデル(およびその親戚にあたる k-ω モデル)と,(ii) レイノルズ応力モデルである.まず,k-ε モデルから話をはじめよう.

4.6.1 k-ε モデルの見なおし

この方法については,すでに4.1.4項で紹介した.プラントルの混合距離と同様に,これも渦粘性モデルの一種であり,τ_{ij}^R が平均ひずみ速度 $\bar{S}_{ij}$ と,

$$\tau_{ij}^R = 2\rho\nu_t \bar{S}_{ij} - \frac{\rho}{3}\overline{(u'_k u'_k)}\delta_{ij} \tag{4.74}$$

のように関係づけられる.まえに述べたように,渦粘性仮説の三つの弱点は,

1. τ_{ij}^R と $\bar{S}_{ij}$ が,テンソル量ではなくスカラー量 ν_t を用いて関係づけられている.このため,非等方性が強い流れには適用できそうもない.
2. $\bar{S}_{ij} = 0$ のとき,あるいは平均流が一次元せん断流の場合,式(4.74)から $\overline{(u'_x)^2} = \overline{(u'_y)^2} = \overline{(u'_z)^2}$ となるが,実際には,一般にこうはならない.
3. τ_{ij}^R は,乱れがそれまで受けてきたひずみの履歴ではなく,その場での平均ひずみ速度で決まるという暗黙の仮定にもとづいている.乱れが平均流による急激

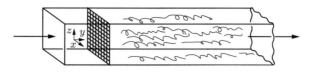

図 4.26 格子によって導入された乱れ

なひずみを受けるような場合，渦の形，したがって，レイノルズ応力の大きさは，直前の履歴に依存するので，この仮定は誤った結果を与えかねない．

　この潜在的な欠陥についてもう少し詳しく調べてみよう．最初にあげた問題点は，成層流の場合に直面する．その場合には，浮力が鉛直方向の速度変動を抑制する傾向がある．たとえば，成層流体中の噴流または後流を考えるとする．噴流中の乱れはすぐに非等方化するので，レイノルズ応力と平均せん断の関係が，水平方向と鉛直方向で同じである理由は何もない．同じ問題は系全体が強く回転する場合や，強い磁場が作用する場合にも起こる．どちらの場合も，大スケール渦が回転軸あるいは磁界の方向に引き伸ばされて，強い非等方性を呈する．

　第二の問題の例として，風洞内の格子によって発生した乱れを考える（図 4.26）．その場合，平均流は一様なので $\bar{S}_{ij} = 0$ である．それなのに，二方向の棒からなる格子でつくられた乱れは格子のすぐ下流で非等方性を示し，流れに直角方向の変動が流れ方向の変動より 10% 程度小さい，すなわち，$u_\perp / u_{//} \sim 0.9$ になる．この非等方性はなかなか消えない．実際，乱れが 1/20 から 1/30 程度に減衰するほどの長い距離を経ても，$u_\perp$ と $u_{//}$ のあいだには，まだ 5% 程度の差がはっきり残っている (Townsend (1956))．それにもかかわらず，$\bar{S}_{ij} = 0$ なので，どの渦粘性モデルを使ったとしても乱れは等方的になってしまう．同様のしつこい非等方性は数値解析でも見られ (Davidson, Okamoto, and Kaneda (2012))，初期の非等方性がシミュレーションの期間中，ほとんどロックされている．それにもかかわらず，$\bar{S}_{ij}$ がゼロなので渦粘性モデルは乱れが等方的だと信じさせてしまう．もちろん，「10% 程度の誤差など誰が気にするものか，そんなことよりもっと重大な問題に直面しているのだ」という人もいるだろうし，確かにそのとおりかもしれない．しかし，もっと強い非等方性を風洞内につくることもできるし，シアーがないにもかかわらず，その非等方性は普通の格子乱流と同じくらい頑固に持続する．このような実験の一つは，タウンゼントによって報告されている (Townsend (1976))．その実験では，格子乱流を細線でできた一連の金網を通過させた．こうして得られた流れは，$u_\perp / u_{//} \sim 1.3$ 程度の非等方性を示している．測定は乱れ強さが 1/3 に減衰する程度の下流まで行われたが，それでも $u_\perp / u_{//}$ にはっきりとした減少は見られなかった．十分長い距離を

とれば，渦度のランダム混合の結果，乱れは徐々に等方的になるというのはおそらく本当だろう．しかし，この簡単な風洞実験は，この仮定が意外にゆっくりと起こることを示している．したがって，$\bar{S}_{ij} = 0$ なら乱れは等方的であるという仮定は，一般には現実的でない．同じ問題は一次元せん断流，$\bar{\mathbf{u}} = (\bar{u}_x(y), 0, 0)$ でも起こる．この場合も渦粘性仮説に従うと，$\overline{(u'_x)^2} = \overline{(u'_y)^2} = \overline{(u'_z)^2}$ となるが，実験結果では乱流エネルギーに対するこれら三成分の寄与は等しいとはとてもいえない（4.4.1 項参照）．

次に，渦粘性の三番目の欠陥，τ^R_{ij} は乱れが受けてきたひずみの履歴ではなく，その場での平均ひずみ速度で決まるという仮定について考える．この仮定は妥当なのだろうか．単純せん断流，$\bar{\mathbf{u}} = (\bar{u}_x(y), 0, 0)$，$\bar{u}_x(y) = Sy$ を考えよう．4.4.1 項で述べたように，これは非回転のひずみ運動と渦度の一つの成分に分解できる．

$$\bar{\mathbf{u}} = \frac{1}{2}(Sy, Sx, 0) + \frac{1}{2}(Sy, -Sx, 0)$$

$$\bar{\boldsymbol{\omega}} = 0 - S\hat{\mathbf{e}}_z$$

$$\bar{S}_{xy} = \frac{1}{2}S + 0$$

ひずみの主軸（ひずみ速度が最大となる方向）は，図 4.21（a）に示されているように，x–y 軸に対して 45° 傾いている．いま，乱れの集団（絡み合った渦管）が，$t = 0$ の瞬間にこの平均流に投入されたと想像する．乱れは最初のうちは弱く，$|\boldsymbol{\omega}'| < S$ で合ったとする．このとき，乱れの渦線は平均的には図 4.21（b）に示されているように，正の最大ひずみの方向に伸張を受けるものと考えてよいだろう．渦管の伸張により運動エネルギーは増加するから，この伸張過程により，エネルギーは平均流から乱れへと転送される．さらに，傾いた渦管は，とくにレイノルズ応力 τ^R_{ij} を生み出しやすい．なぜそうなのかを理解するために，(x, y) 軸に対して 45° 傾いた (x^*, y^*) 軸を考え，x^* を最大ひずみ方向にとる．すると，この新たな座標系に対しては，

$$\tau^R_{xy} = \frac{\rho}{2}\left[\overline{(u'_{y^*})^2} - \overline{(u'_{x^*})^2}\right]$$

となる（式(4.47)参照）．この式を見ると，$|u'_{y^*}| \gg |u'_{x^*}|$ となるような渦構造が τ^R_{xy} に大きく寄与することがわかる．これはまさに，平均流に対して 45° 傾いた渦なのである．

もちろん，この議論はかなりヒューリスティックである．とくに，$\bar{\mathbf{u}}$ に対する回転の影響が無視されているが，実際には，渦線は時計方向に回転する．それでも，τ^R_{xy} の大きさは絡み合った渦管の瞬間の構造によって決まり，それは一般に乱れの集団が受けてきたひずみの履歴により決まると考えることは妥当である．

渦粘性仮説では，乱れは記憶をもつことが許されない．τ^R_{xy} の大きさ，したがって，

また渦管の統計的構造は，その場所での平均流の勾配のみで決まると仮定されている．それはあたかも，任意の一点での乱れが，その場所での条件だけで決まる，ある種の統計的平衡状態に落ちつくと仮定したようなものである．この平衡とは，たとえば図 4.21 に示されているように，渦管の乱流混合，乱れによる平均渦度の減少，$\bar{S}_{xy}$による乱流渦管の伸張，$\bar{\omega}$による渦管の回転の釣り合いのことである．

統計平衡が局所の条件によって決まるという考え方は，乱流変動の時間スケールk/εが，平均流の時間スケールに比べて短い場合には妥当かもしれない．しかし，τ_{ij}^Rに，おもに関係するのは大スケール渦であり，そのターンオーバー時間は，通常，平均渦度の逆数程度の大きさである．したがって，一般的には乱れの記憶を勝手に無視するわけにはいかない．渦粘性仮説に対するこの制限は，平均流が乱れに急激な非回転ひずみを課すような場合，すなわち，$|\bar{S}_{ij}|k/\varepsilon \gg 1$の場合に，とくにダメージが大きい．

全体として，渦粘性仮説は注意して扱われなければならないようだ．しかし，強調しておくべきおもな点は，（a）乱れが強い非等方性を帯びている場合，あるいは（b）乱れが急な非回転ひずみにさらされた場合には，式(4.74)を基礎としたどのようなモデルも疑いは避けられないということである．

以上を見る限り，k-ε モデルはあまりよく整備されていないようにも見えるし，流れの各点での渦粘性を予測するための，その場しのぎのモデルすべてについてもまだ詳しく述べていない．だからなおさら，k-ε モデルがほどほどの成功をおさめていることに驚かされる．ある標準的な流れに合うように決められた五つの経験定数だけで，k-ε モデルは，広い範囲の流れに対してレイノルズ応力をまずまずの精度で予測することができる．とくに簡単に実行できることを考えれば，日常的に使われる工学的計算法に対する標準の完結モデルとなっているのはもっともなことだと思われる．そこで，渦粘性仮説の欠点はさておいて，流れの各点における渦粘性の値を決めるための，k-ε モデルの主要な点について詳しく述べることにしよう．

τ_{ij}^Rを決めるのは局所条件であると仮定しているので，ν_tは問題となっている点での大スケール渦によって決まると考えられる．また，強い非等方性は除外しているので，これらの渦は一つの速度スケールV_Tと一つの時間スケールτ，たとえば，渦のターンオーバー時間で特徴づけられると仮定する．すると，$\nu_t = f(V_T, \tau)$と書くことができて，次元的に可能な関係は$\nu_t \sim V_T^2 \tau$だけである．V_T^2として普通は乱流運動エネルギーが選ばれるので，

$$\nu_t \sim k\tau, \quad k = \frac{1}{2}\overline{\mathbf{u}'^2} \qquad (4.75)$$

となる．この式は，乱れが活発なほど運動量交換も活発になることを意味している．今度は，式(4.75)の具体的な形として，次の三つを導入しよう．まず，大スケール渦

の渦度を ω と書くとすると,それは τ^{-1} のオーダーなので,

$$\nu_t \sim \frac{k}{\omega} \tag{4.76a}$$

となる.あるいは,$\tau \sim l/V_T$,l は大スケール渦の代表長さであることに注意すると,

$$\nu_t \sim k^{1/2} l \tag{4.76b}$$

となる.さらに,小スケール渦に作用する粘性力による乱流エネルギーの散逸率 ε が,$k^{3/2}/l$ のオーダーだったことを思い出せば,

$$\nu_t \sim \frac{k^2}{\varepsilon} \tag{4.76c}$$

も考えられる.式(4.76a〜c)は,どれも基本的に同じことをいっているので,どれを採用するかはある程度任意である.一つには,歴史的な理由もあるのだろうが,工学の分野では式(4.76c)が選ばれることが多い.したがって,k-ε モデルでは,

$$\nu_t = \frac{c_\mu k^2}{\varepsilon} \tag{4.77}$$

となる.ここで,c_μ は定数 ($c_\mu \sim 0.09$) と書かれ,これを用いて k と ε に対する半経験的な輸送方程式が記述される.k-ε モデルと親戚関係にある別のモデルでは,k と l,あるいは k と ω も用いられる.概念的にはこれらのあいだに差はないので,もっともポピュラーであるという意味で k-ε モデルについてさらに述べることにする.4.1.4 項で述べたように,k の輸送方程式は厳密なエネルギー式(4.29),

$$\frac{\partial k}{\partial t} + (\bar{\mathbf{u}} \cdot \nabla) k = -\nabla \cdot [\mathbf{T}] + \left(\frac{\tau_{ij}^R}{\rho}\right) \bar{S}_{ij} - \varepsilon \tag{4.78}$$

がもとになっている.ここで,$\mathbf{T}$ は $\overline{u'p'}$ や $\overline{u'_i u'_i u'_i}$ などの未知の相関を含んでいる.モデル化の重要なステップは,三重相関と圧力-速度相関のはたらきを,変動が強い領域から弱い領域に向かって乱流エネルギーを拡散現象のように運ぶと仮定することである.具体的にいうと,k-ε モデルでは,

$$\mathbf{T} = -\alpha_t \nabla k$$

とおかれる.ここで,α_t は未知の拡散率で,普通は ν_t に等しいとおかれる.すると,k の輸送方程式は,$\tau_{ij}^R \bar{S}_{ij}$ と ε をわき出し項にもつ単純な移流-拡散方程式となる.すなわち,

$$\frac{\partial k}{\partial t} + (\bar{\mathbf{u}} \cdot \nabla) k = \nabla \cdot (\nu_t \nabla k) + \left(\frac{\tau_{ij}^R}{\rho}\right) \bar{S}_{ij} - \varepsilon \tag{4.79a}$$

となる.これはまた,さらに一般的な形,

$$\frac{\partial k}{\partial t} + (\bar{\mathbf{u}}\cdot\nabla)k = \nabla\cdot\left[\left(\nu + \frac{\nu_t}{\sigma_k}\right)\nabla k\right] + \left(\frac{\tau_{ij}^R}{\rho}\right)\bar{S}_{ij} - \varepsilon \qquad (4.79\text{b})$$

のように書かれることもある．σ_k は定数である．こうすることで，拡散率 α_t の選択に，より広い自由度を与えることになる．しかし，実際には，σ_k はほとんどつねに 1 とおかれる．一様乱流では，式(4.78)，(4.79)の発散項はゼロに等しくなるので，この流れについていえば，これらの「モデル方程式」は厳密である．一方，ε 方程式は純然たるつくりものである．それは，

$$\frac{\partial \varepsilon}{\partial t} + (\bar{\mathbf{u}}\cdot\nabla)\varepsilon = \nabla\cdot\left[\left(\nu + \frac{\nu_t}{\sigma_\varepsilon}\right)\nabla\varepsilon\right] + c_1\frac{G\varepsilon}{k} - c_2\frac{\varepsilon^2}{k} \qquad (4.80)$$

である．ここで，$G = (\tau_{ij}^R/\rho)\bar{S}_{ij}$ で，σ_ε, c_1, c_2 は調整可能な係数で，広い範囲の標準的な流れに合うように決められる．よく用いられている値は，

$$\sigma_\varepsilon = 1.3, \quad c_1 = 1.44, \quad c_2 = 1.92$$

である．キニク学派の人々は異論を唱えるであろう．「これは単なる経験則だ．一つ二つの実験結果を再現するために任意定数を慎重に選ばなければならないような，もともと存在しないまったく架空の方程式を使って，広い範囲の流れの発達を予測できるというのか」と．しかし，意外にも，このやり方は概して，少なくとも想像した以上にうまくいく．多分，式(4.80)には見かけ以上の何かがあるのだろう．この式には，何か根底となる根拠があるのだろう．確かにあるということがわかってくる．

ε 方程式の一つの解釈がポープによって与えられている（Pope (2000)）．その説は，おおよそ，次のようなものである．大スケール渦のターンオーバー時間は $\sim l/u \sim k/\varepsilon$ である．なぜなら，ε が u^3/l のオーダーだからである．したがって，大スケールのエネルギー保有渦を特性づける渦度は $\omega \sim \varepsilon/k$ となる．ここで，一次元の一様せん断流 $\bar{\mathbf{u}} = \bar{u}_x(y)\hat{\mathbf{e}}_x$, $\partial\bar{u}_x/\partial y = S = $ 一定，を考える．エネルギー保有渦の渦度は平均流の渦線のゆがみ（乱れによって形がかえられる）からくるので，$\omega = \varepsilon/k$ は，いずれは S 程度の値，たとえば，$\omega = S/\lambda$ 程度に落ちつくと予想される（4.1.3 項の表 4.1 によると，λ は 6.3 である）．もし ω の初期値が S/λ でなければ，S^{-1} 程度の時間スケールで ω から S/λ に近づいていくものと予想される．このようすを再現するヒューリスティックな方程式は，

$$\frac{d\omega}{dt} = a^2\left[\left(\frac{S}{\lambda}\right)^2 - \omega^2\right], \quad \omega = \frac{\varepsilon}{k} \qquad (4.81)$$

一方，この一次元単純せん断流に対して k-ε モデルは，

$$\frac{dk}{dt} = G - \varepsilon$$

$$\frac{d\varepsilon}{dt} = c_1 \frac{G\varepsilon}{k} - c_2 \frac{\varepsilon^2}{k}$$

$$G = \nu_t S^2 = c_\mu \frac{k^2 S^2}{\varepsilon}$$

となる．しかし，これらを整理すると，

$$\frac{d\omega}{dt} = (c_1 - 1)c_\mu S^2 - (c_2 - 1)\omega^2, \quad \omega = \frac{\varepsilon}{k}$$

が得られる．もちろん，これは，$a^2 = (c_2 - 1)$，$a^2/\lambda^2 = c_\mu(c_1 - 1)$ とすれば，さきほどの発見的なモデル式(4.81)と同じになる．c_1, c_2 がともに1より大きいとすれば，k-ε モデルで用いられる ε 方程式は，一様せん断流において大スケール渦がもっともらしく振る舞うことを保証しているといえる．このように，ε 方程式は大スケール渦の渦度に対する輸送方程式とみなすことができ，大スケール渦の渦度を平均流の渦度に向かって押し上げるはたらきをすると考えられる．

ここで，k-ε モデルについてわかっていることをまとめておこう．ブシネスクの式，

$$\frac{\tau_{ij}^R}{\rho} = 2\nu_t \bar{S}_{ij} - \frac{2}{3} k \delta_{ij} \tag{4.82}$$

と，これと組み合わされるプラントル流の ν_t の式，

$$\nu_t = c_\mu \frac{k^2}{\varepsilon} \tag{4.83}$$

および，k と ε の経験的な輸送方程式，

$$\frac{\partial k}{\partial t} + (\bar{\mathbf{u}} \cdot \nabla)k = \nabla \cdot \left[\left(\nu + \frac{\nu_t}{\sigma_k} \right) \nabla k \right] + G - \varepsilon \tag{4.84}$$

$$\frac{\partial \varepsilon}{\partial t} + (\bar{\mathbf{u}} \cdot \nabla)\varepsilon = \nabla \cdot \left[\left(\nu + \frac{\nu_t}{\sigma_\varepsilon} \right) \nabla \varepsilon \right] + c_1 \frac{G\varepsilon}{k} - c_2 \frac{\varepsilon^2}{k} \tag{4.85}$$

$G = (\tau_{ij}^R/\rho) \bar{S}_{ij}$，がある．調整可能な係数として，普通は，

$$c_\mu = 0.09, \quad \sigma_\varepsilon = 1.3, \quad \sigma_k = 1, \quad c_1 = 1.44, \quad c_2 = 1.92$$

が用いられる．

さて，このモデルは，実際，どのくらい正しいのだろうか．比較の対象となるいくつかの定評のある流れがある．最初は $\bar{\mathbf{u}} = 0$，すなわち，平均流がない，一様等方性乱流の自由減衰問題である．k-ε モデルは，

$$\frac{dk}{dt} = -\varepsilon$$

$$\frac{d\varepsilon}{dt} = -c_2 \frac{\varepsilon^2}{k}$$

$$\overline{(u'_x)^2} = \overline{(u'_y)^2} = \overline{(u'_z)^2}$$

と予測する．積分すると，

$$k = k_0 \left(1 + \frac{t}{\tau}\right)^{-n}, \quad n = (c_2 - 1)^{-1} = 1.09$$

となる．ここで，τ は初期のターンオーバー時間に比例し，$\tau = nk_0/\varepsilon_0$ である．実際に観察すると，k はこれよりかなり速く，$k \sim t^{-n}$，$1.1 < n < 1.4$ 程度で減衰する（第6章参照）．したがって，このモデルは，この問題にはとくによいというわけではない．k-ε モデルがうまくいかないもう一つの例は，$\bar{\mathbf{u}} = 0$ の場合で，一様非等方性乱流も一様等方性乱流も同じモデル方程式となり，区別がつかない．事実上，k-ε モデルでは，自由減衰乱流はつねに等方的であると仮定することになる．しかし，格子乱流の研究では，簡単に非等方性をつくることができるし（実際は，非等方性を避けることのほうが難しい），格子によって生み出された非等方性はなかなか消えないことが知られている．

次に，境界層の対数領域について考えてみよう．この場合は，τ_{xy}^R は一定で，$\tau_w = \rho V_*^2$ に等しい．したがって，乱流エネルギーの生成率は，

$$G = \frac{\tau_{xy}^R}{\rho} \frac{\partial \bar{u}_x}{\partial y} = \frac{V_*^3}{\kappa y}$$

となる．さらに，対数領域全体にわたって，Sk/ε，k/V_*^2，G/ε はいずれもほぼ一定で，

$$\frac{G}{\varepsilon} \approx 0.91, \quad \frac{Sk}{\varepsilon} \approx 3.2, \quad \frac{k}{V_*^2} = \frac{\varepsilon}{G} \frac{Sk}{\varepsilon} \approx 3.52$$

S はシアー $\partial \bar{u}_x/\partial y$ である（4.2.3項参照）．対数領域内で k が一定である（タウンゼントの不活性運動の結果，得られる $\log(y)$ への弱い依存性はここでは無視する）としたとき，k-ε モデルは対数領域についてどのような予測をするのかを見てみよう．k 方程式(4.84)は，

$$G = \varepsilon$$

のように簡単になり，エネルギー生成と散逸が局所的に釣り合うことを要求する．すると，渦粘性の式(4.83)は，

$$\nu_t = \frac{V_*^2}{V_*/\kappa y} = c_\mu \frac{k^2}{V_*^3/\kappa y}$$

となり，さらに簡単にすると，

$$c_\mu = \left(\frac{k}{V_*^2}\right)^{-2}, \quad G = \varepsilon$$

となる．k/V_*^2 に測定値を代入すると，$c_\mu \sim 0.09$ で一定となる．次に，ε 方程式を見てみよう．$\varepsilon = G = V_*^3/\kappa y$ とし，c_μ は上のように決まるとすると，式(4.85)は，

$$\sigma_\varepsilon c_\mu^{1/2}(c_2 - c_1) = \kappa^2$$

となる．c_2 と c_1 に数値を与えれば，σ_ε が決まる（$\sigma_\varepsilon = 1.3$，$c_2 - c_1 = 0.48$ は $\kappa = 0.43$ に相当する）．このように，k-ε モデルのさまざまな係数は，標準的な流れを再現することができるように選ばれていることが徐々にわかってきた．事実，k-ε モデルは，対数領域ではそれほど悪くはない．なぜなら，そうなるように係数が選ばれているからだ．

最後に，一次元の一様せん断流，$\bar{u}_x(y) = Sy$ を考えよう．この場合には，k-ε モデルは，流れが自己相似解，

$$\frac{S}{\omega} = \frac{kS}{\varepsilon} = \left(c_\mu \frac{c_1 - 1}{c_2 - 1}\right)^{-1/2} = 4.8$$

$$\frac{\tau_{xy}^R}{\rho k} = \left(c_\mu \frac{c_2 - 1}{c_1 - 1}\right)^{1/2} = 0.43$$

$$\frac{G}{\varepsilon} = \frac{c_2 - 1}{c_1 - 1} = 2.1$$

に近づくことを予測する（読者自身で確認してみよう．ε/k の緩和を表す方程式(4.81)から出発するとよい）．この結果を 4.1.3 項の表 4.1 にある風洞実験のデータ，

$$kS/\varepsilon \sim 6.3, \quad \tau_{xy}^R/(\rho k) \sim 0.28, \quad G/\varepsilon \sim 1.7$$

と比べてみるとよい．明らかに k-ε モデルは，生成と散逸の比を大きめに見積もっている．しかし，少なくともこのモデルは，$G/\varepsilon = $ 一定，$kS/\varepsilon = $ 一定，という形の自己相似解を認めている．それだけではなく，kS/ε と G/ε の実際と予測の差は，多くの工学的目的にとっては，まあまあ許される範囲だ．これらはかなり典型的な結果である．一般に，標準の k-ε モデルは，単純せん断流には有効である（多くの係数はそうなるように選ばれてきた）．しかし，より複雑な流れ，よどみ点流れ，急激な平均ひずみ速度を受ける流れ，強い逆圧力勾配や大きな曲率をもった境界層，非等方性が強い乱流（浮力や強い旋回をともなう流れ）では，ひどい結果にもなり得る．

標準モデルを，その場その場で修正する方法はたくさんあるが，完全に満足のいくものではない．境界のごく近くでも，k 方程式と ε 方程式を粘性底層に接続しなければならないという問題が起こる．これは，結構，デリケートな問題である．

k-ε モデル（およびそれの親戚）は，工業界ではきわめてポピュラーになっている．それは，一つにはこのモデルが簡単で，単純なせん断流に対しては信頼できる結果を与えるからだ．それだけではなく，それほどうまくいかない場合についても（たとえば，系の強い回転や急に強いひずみ場にさらされる乱流など），いまではかなりよく説明されている．つまり，このモデルは，欠点がよくわかった不完全な道具といえる．k-ε モデルには，$\omega = \varepsilon/k$ として k と ω の輸送方程式を用意する k-ω の定式化など，さまざまなバリエーションがある．それらにはそれぞれの長所や短所があり，Durbin and Petterson-Reif (2001) によくまとめられている．

しかし，k-ε モデルとその変種は，結局のところ，きわめて複雑なデータセットの補間であることを忘れてはならない．最後に，物理学者ジョージ・ガモフが気まぐれに述べた言葉を引用しておこう．「理論屋は一頭の象の輪郭を五つの任意パラメータを使って近似することができないわけではない (1990)」．

4.6.2 レイノルズ応力モデル

この項では，いわゆるレイノルズ応力モデルの概要を紹介する．これは，乱れが平均流に及ぼす影響を見積もるために技術者が使う，おそらくもっとも精巧な（あるいは複雑というべきか）モデルといえるだろう．それは，ある程度，複雑な形状の流れにも簡単に適用でき，しかも，混合距離や k-ε モデルのいくつかの欠点を克服できる可能性がある．k-ε モデルと同様に，空間一点だけでの統計量が扱われるため，一点完結モデルに属する（第 6 章で，いわゆる二点完結モデルが出てくる．これらのモデルは，非局所的な相互作用の物理を再現しようとする厳しい試みだが，複雑すぎて工学的にはあまり価値がない）．

レイノルズ応力モデルの背景となっている動機は，k-ε モデルやすべての渦粘性モデルが乱れの強い非等方性や，τ_{ij}^R と $\bar{S}_{ij}$ のあいだの局所的ではない関係，すなわち，履歴効果に対応できないことである．したがって，このモデルではブシネスクの式を使わず，代わりに，

$$\rho \frac{\partial \bar{u}_i}{\partial t} + \rho (\bar{\mathbf{u}} \cdot \nabla) \bar{u}_i = -\frac{\partial \bar{p}}{\partial x_i} + \frac{\partial}{\partial x_j} (\bar{\tau}_{ij} + \tau_{ij}^R) \tag{4.86}$$

$$\frac{\partial \tau_{ij}^R}{\partial t} + (\bar{\mathbf{u}} \cdot \nabla) \tau_{ij}^R = (\sim) \tag{4.87}$$

$$\frac{\partial \varepsilon}{\partial t} + (\bar{\mathbf{u}} \cdot \nabla) \varepsilon = (\sim) \tag{4.88}$$

の形の方程式系を扱う．ε 方程式は k-ε モデルで使われたものと同じではないが，非常によく似ている．唯一の違いは，式(4.80)の右辺の拡散項にでてくる拡散係数

ν_t/σ_ε が，非等方性拡散係数におき換わっていることだけである（Hanjalic and Jakirlic (2002) を参照のこと）．一方，τ_{ij}^R の輸送方程式は式(4.8)をもとにしている．原理的にはこのやり方は，渦粘性仮説の制限を受けない分だけ k-ε モデルよりは性能がよいはずだ．しかし，やはりその場しのぎのモデルが数多く含まれており，そこで使われている多くの調整可能な係数は，標準的な流れを再現できるように選ばれている．

k-ε モデルからレイノルズ応力モデルに移行するときの鍵となるのは，もちろん，式(4.87)である．まず，それを完全な形で書き下そう．式(4.8)の各項を整理しなおすと，

$$\frac{\partial \tau_{ij}^R}{\partial t} + (\bar{\mathbf{u}} \cdot \nabla)\tau_{ij}^R = -2\overline{p'S'_{ij}} - \left(\tau_{ik}^R \frac{\partial \bar{u}_j}{\partial x_k} + \tau_{jk}^R \frac{\partial \bar{u}_i}{\partial x_k}\right) + \rho\varepsilon_{ij} + \frac{\partial}{\partial x_k}(H_{ijk}) \tag{4.89}$$

となる．ここで，

$$\varepsilon_{ij} = 2\nu \overline{\frac{\partial u'_i}{\partial x_k}\frac{\partial u'_j}{\partial x_k}}$$

および，

$$H_{ijk} = \rho\overline{u'_i u'_j u'_k} + \nu \frac{\partial \tau_{ij}^R}{\partial x_k} + \delta_{ik}\overline{p'u'_j} + \delta_{jk}\overline{p'u'_i}$$

である．乱流中の小スケール渦は近似的に等方的であると考えられ（境界の近くを除いて），また，ε_{ij} に，おもに寄与するのはこの小スケールの渦と考えられるので，このテンソルは，次式のような等方形式で近似してもよいだろう．

$$\varepsilon_{ij} = \frac{1}{3}\varepsilon_{kk}\delta_{ij} = \frac{2}{3}\varepsilon\delta_{ij}, \quad （表面付近を除く）$$

さらに，H_{ijk} 中の粘性項は，通常，ほかの項に比べて無視できるので，上の τ_{ij}^R の輸送方程式は，

$$\frac{\partial \tau_{ij}^R}{\partial t} + (\bar{\mathbf{u}} \cdot \nabla)\tau_{ij}^R = -2\overline{p'S'_{ij}} - \left(\tau_{ik}^R \frac{\partial \bar{u}_j}{\partial x_k} + \tau_{jk}^R \frac{\partial \bar{u}_i}{\partial x_k}\right) + \frac{2}{3}\rho\varepsilon\delta_{ij} + \nabla \cdot \mathbf{H}_{ij} \tag{4.90}$$

$$H_{ijk} = \rho\overline{u'_i u'_j u'_k} + \delta_{ik}\overline{p'u'_j} + \delta_{jk}\overline{p'u'_i} \tag{4.91}$$

のように簡単化される．見てのとおり，二つの新しいテンソル H_{ijk} と $\overline{p'S'_{ij}}$ が現れており，これらには完結のためのなんらかの近似が必要になる．これらを，τ_{ij}^R, ε, $\bar{\mathbf{u}}$ を用いてモデル化することができれば，閉じた方程式系が得られる．レイノルズ応力モデルのもっとも簡単なやり方では，圧力ひずみ相関項を，

$$2\overline{p'S'_{ij}} = -\rho c_R \frac{\varepsilon}{k}\left(\overline{u'_i u'_j} - \frac{2}{3}\delta_{ij}k\right) + [\text{平均ひずみ速度を含む項}] \quad (4.92)$$

により評価する．c_R は定数である（普通，$c_R = 1.8$）．これに対して H_{ijk} は，普通，式(4.90)の発散項が τ_{ij}^R の拡散項のようなはたらきをするようにモデル化され，非等方性拡散係数が用いられる（これも Hanjalic and Jakirlic（2002）を参照のこと）．これは，運動エネルギー方程式(4.78)における **T** のモデル化を連想させる．乱れが一様の場合には，H_{ijk} の発散はゼロとなるので，H_{ijk} の完結仮定は重要ではない．このため，ほとんどの論争は式(4.92)の近似についてである．式(4.92)を，

$$\overline{p'S'_{ij}} = -\rho c_R \varepsilon b_{ij} + [\bar{S}_{ij} \text{を含む項}] \quad (4.93)$$

の形に書きなおしてみよう．ここで，

$$b_{ij} = \frac{\overline{u'_i u'_j}}{2k} - \frac{1}{3}\delta_{ij} \quad (4.94)$$

である．ここで，二つの疑問がわいてくる．（ⅰ）式(4.93)のもとになっている考え方は何か．（ⅱ）式(4.93)はどの程度一般性があるのか．まず，二番目の疑問について考えてみよう．式(4.93)の最大の問題は，$p'(\mathbf{x}_0)$ が $\mathbf{x}_0$ における速度 **u** だけでなく，流れ場のすべての点での $\bar{\mathbf{u}}$ と $\mathbf{u}'$ に依存するということだ．すなわち，式(2.23)から，

$$p(\mathbf{x}) = \frac{\rho}{4\pi}\int \frac{[\nabla \cdot (\mathbf{u} \cdot \nabla \mathbf{u})]''}{|\mathbf{x} - \mathbf{x}''|}d\mathbf{x}'' \quad (4.95)$$

であり，$\mathbf{x}_0$ における p' はすべての点での渦の影響を受ける．しかし，レイノルズ応力モデルでは，$\mathbf{x} = \mathbf{x}_0$ における $\overline{p'S'_{ij}}$ を $\mathbf{x}_0$ での事象だけで評価しようとしている．この考え方は最初から問題だ．

それでも，一応，この制約を認めたうえで，式(4.93)の完結近似がどこからきたのかを理解してみることにしよう．まず，注意すべきことは，b_{ij} も $\overline{p'S'_{ij}}$ も等方性乱流ではゼロになるので（第6章参照），この近似は，ある意味で等方性からのずれを表現している．さらに，連続の式から $\overline{p'S'_{ii}} = 0$ となるので，この項は運動エネルギー式（式(4.89)で $i = j$ とおくことによって得られる）には寄与しない．むしろ，$\overline{p'S'_{ij}}$ は，異なる成分，$\overline{(u'_x)^2}$，$\overline{(u'_y)^2}$，$\overline{(u'_z)^2}$ のあいだでエネルギーを再配分すると考えることができ，$\overline{p'S'_{ij}}$ に現れている圧力変動は乱れを等方化（近似的に）するはたらきをしていると考えるのが妥当のようである．このことは，4.4.2項で見たように，一様乱流ではおおむね妥当だ．もちろん，実際には等方性には決してならないのだが．

考え方を確実にするために，非等方の格子乱流のように $\bar{\mathbf{u}} = 0$ の自由減衰一様乱流を考えよう．このような流れに対しては，式(4.90)を使って b_{ij} の変化を支配する，次の方程式を導くことができる．

$$\frac{db_{ij}}{dt} = \frac{\varepsilon}{k}\left(b_{ij} + \frac{\overline{p'S'_{ij}}}{\rho\varepsilon}\right) \tag{4.96}$$

圧力ひずみ相関項がなければ，b_{ij} は時間スケール ε/k で指数関数的に増加することに注意しよう．しかし，これは実際にはありそうもない．つまり，上で予想されたように，$\overline{p'S'_{ij}}$ の役割は，等方化を促すことにある．式(4.96)を，とりあえず，$\overline{p'S'_{ij}} = -\rho c_R \varepsilon b_{ij}$ と組み合わせてみると，

$$\frac{db_{ij}}{dt} = -\frac{\varepsilon}{k}(c_R - 1)b_{ij}, \quad c_R \sim 1.8 \tag{4.97}$$

が得られる．この式のように，完結仮説の式(4.93)を自由減衰乱流に適用すると，非等方性の尺度である b_{ij} が，ランダムな圧力変動によって最終的には消滅すると予測される．しばらくのあいだ，これはもっともだと考えられていた．そして，$\overline{p'S'_{ij}} = -\rho c_R \varepsilon b_{ij}$ とすることが，レイノルズ応力モデルにおける圧力ひずみ相関のモデル化の出発点となった．自由減衰乱流における b_{ij} の減少は「再等方化」とよばれ，係数 c_R はロッタの係数として知られている．しかし，数値解析 (Davidson, Okamoto, and Kaneda (2012)) や格子乱流などの風洞実験では，初期条件に見られた非等方性はいつまでも頑固に残り，l/u 程度の時間では必ずしも消えるとはいえないことが示されている (4.6.1 項参照)．この点は，ブラッドショウによってうまくまとめられていて，彼は，次のように述べている．「渦の伸張が波数の増加にともなって，時間的によりもずっと効果的に等方性を生み出すのは不思議なことだ」(Bradshaw (1971))．これらすべては，平均せん断がない単純なケースですら，$\overline{p'S'_{ij}}$ の見積もりに式(4.93)を使うことには注意が必要であることを物語っている．

式(4.95)を見れば，p'，したがって，また $\overline{p'S'_{ij}}$ は，乱れ $\mathbf{u}'$ だけでなく平均流にも依存することは明らかだ．式(4.92)や式(4.93)に第二項があるのはそのためである．そのため，$\overline{p'S'_{ij}}$ の完全な完結モデルには平均ひずみも含まれていなければならない．一つには，式(4.95)を，平均流を含む項と含まない項とに分割するという方法がある．境界から十分離れているとして，表面積分抜きで式(4.95)が使えるとすると，

$$p'(\mathbf{x}) = \frac{\rho}{4\pi}\int \frac{\partial^2}{\partial x''_i \partial x''_j}(u'_i u'_j - \overline{u'_i u'_j})'' \frac{d\mathbf{x}''}{|\mathbf{x}-\mathbf{x}''|} + \frac{\rho}{4\pi}\int \frac{\partial^2}{\partial x''_i \partial x''_j}(2\bar{u}_i u'_j)'' \frac{d\mathbf{x}''}{|\mathbf{x}-\mathbf{x}''|}$$

となり，これより，

$$2\overline{p'S'_{ij}}(\mathbf{x}) = \frac{\rho}{2\pi}\int \overline{\frac{\partial^2 (u'_n u'_m)''}{\partial x''_n \partial x''_m}S'_{ij}(\mathbf{x})}\frac{d\mathbf{x}''}{|\mathbf{x}-\mathbf{x}''|} + \frac{\rho}{\pi}\int \overline{\frac{\partial^2 (\bar{u}_n u'_m)''}{\partial x''_n \partial x''_m}S'_{ij}(\mathbf{x})}\frac{d\mathbf{x}''}{|\mathbf{x}-\mathbf{x}''|}$$

が得られる．この式における $\overline{p'S'_{ij}}$ への二つの寄与は，それぞれ，「スロー」項および「ラピッド」項として知られている．$\bar{\mathbf{u}}$ は空間的に（乱流渦に比べて）ゆっくり変化するものと仮定するのが普通で，そのとき，この式は少なくとも近似的に，

4.6 さらに一点完結モデルについて

$$2\overline{p'S'_{ij}}(\mathbf{x}) = \frac{\rho}{2\pi}\int\overline{\frac{\partial^2(u'_n u'_m)''}{\partial x''_n \partial x''_m}S'_{ij}(\mathbf{x})}\frac{d\mathbf{x}''}{|\mathbf{x}-\mathbf{x}''|} + \frac{\rho}{\pi}\frac{\partial \bar{u}_n}{\partial x_m}\int\overline{\frac{\partial(u'_m)''}{\partial x''_n}S'_{ij}(\mathbf{x})}\frac{d\mathbf{x}''}{|\mathbf{x}-\mathbf{x}''|}$$
(スロー項)　　　　　　　　　　　(ラピッド項)

のように簡単になる．このうち，スロー項がどのようにモデル化されるかについてはすでに述べた．次の問題はラピッド項をどうしたらよいかである．よくあるモデルは，

$$2\overline{p'S'_{ij}} = -\rho c_R \frac{\varepsilon}{k}\left(\overline{u_i u_j} - \frac{2}{3}\delta_{ij}k\right) - \rho\hat{c}_R\left(P_{ij} - \frac{2}{3}G\delta_{ij}\right) \quad (4.98)$$
(スロー項)　　　　　　(ラピッド項)

である．$\hat{c}_R$ はもう一つの係数（普通は 0.6）で，

$$\rho P_{ij} = \tau^R_{ik}\frac{\partial \bar{u}_j}{\partial x_k} + \tau^R_{jk}\frac{\partial \bar{u}_i}{\partial x_k}, \quad G = \frac{1}{2}P_{ii}$$

である．なぜ，ラピッド項が $P_{ij} - \frac{1}{3}P_{kk}\delta_{ij}$ に比例すると考えたのかを疑問に思うかもしれない．しかし，これはまた別の話であり，ここでは深入りしないことにするが，一つには積分，

$$\int\overline{\frac{\partial(u'_m)''}{\partial x''_n}S'_{ij}(\mathbf{x})}\frac{d\mathbf{x}''}{|\mathbf{x}-\mathbf{x}''|}$$

が，$\mathbf{x}$ におけるレイノルズ応力テンソルの線形関数で近似できると仮定して，

$$\int\overline{\frac{\partial(u'_m)''}{\partial x''_n}S'_{ij}(\mathbf{x})}\frac{d\mathbf{x}''}{|\mathbf{x}-\mathbf{x}''|} \sim \sum\overline{u_p u_q}$$

とし，さらに仮定を追加すると，式(4.98)となる．

ここで，基本の（あるいはもっとも簡単な）レイノルズ応力モデルとよばれる方法をまとめる．レイノルズ平均の運動方程式，

$$\rho\frac{\partial \bar{u}_i}{\partial t} + \rho(\bar{\mathbf{u}}\cdot\nabla)\bar{u}_i = -\frac{\partial \bar{p}}{\partial x_i} + \frac{\partial}{\partial x_j}(\bar{\tau}_{ij} + \tau^R_{ij})$$

がある．これにレイノルズ応力輸送方程式，

$$\frac{\partial \tau^R_{ij}}{\partial t} + (\bar{\mathbf{u}}\cdot\nabla)\tau^R_{ij} = -2\overline{p'S'_{ij}} - \left(\tau^R_{ik}\frac{\partial \bar{u}_j}{\partial x_k} + \tau^R_{jk}\frac{\partial \bar{u}_i}{\partial x_k}\right) + \rho\varepsilon_{ij} + \frac{\partial}{\partial x_k}(H_{ijk})$$

を追加する．この式の未知の項を，次のようにモデル化する．

$$\varepsilon_{ij} = \frac{2}{3}\varepsilon\delta_{ij}$$

$$H_{ijk} = 0.22\alpha_{kl}\frac{\partial \tau^R_{ij}}{\partial x_l}, \quad \alpha_{ij} = \overline{u_i u_j}\frac{k}{\varepsilon}$$

$$2\overline{p'S'_{ij}} = -\rho c_R\frac{\varepsilon}{k}\left(\overline{u_i u_j} - \frac{2}{3}\delta_{ij}k\right) - \rho\hat{c}_R\left(P_{ij} - \frac{2}{3}G\delta_{ij}\right)$$

最後に，散逸方程式も必要である．これは，式(4.85)と類似しているが，ν_t/σ_ε が非等方性の拡散係数 $0.15\alpha_{ij}$ におき換えられている．

$$\frac{\partial \varepsilon}{\partial t} + (\bar{\mathbf{u}}\cdot\nabla)\varepsilon = \frac{\partial}{\partial x_i}\left(0.15\alpha_{ij}\frac{\partial \varepsilon}{\partial x_j}\right) + c_1\frac{G\varepsilon}{k} - c_2\frac{\varepsilon^2}{k}$$

モデル化の際の一つの重要な，しかも議論の余地がある点は，圧力ひずみ相関の扱いである．式(4.98)の表現は自由せん断層に対しては良好である．しかし，もっと複雑な流れに対しては注意が必要で，とくに壁面近傍では大きな問題が生じる．もちろん，式(4.98)を改良する多くの試みが行われてきた．たとえば，不透過性の壁の近くで見られる非等方性の影響をモデル化するために，壁面補正関数を追加することは，いまでは普通に行われている．とにかく，いろいろなレイノルズ応力モデルがあり，各種のスキームに関する包括的な展望は Hanjalic and Jakirlic (2002) に見られる．しかし，どのレイノルズ応力モデルにも，ラージエディーシミュレーション（LES）というライバルがある．

4.6.3　ラージエディーシミュレーション（LES）：一点完結モデルのライバルか？

　LES では，従来の乱流モデルをあきらめて，平均流とすべての大スケール渦の両者の発展を計算する．実際には，ある一定以上のスケールの乱流構造（渦）を解像しながら，ナヴィエ・ストークス方程式の時間進行を計算する．おもに散逸にかかわる解像しきれなかった渦は，サブグリッドモデルとよばれるあるヒューリスティックなモデルを使ってパラメータ化する．このモデルは，大スケール渦からカスケード過程を経て小規模渦へ降りてくるすべての運動エネルギーを吸いとる役目を果たす．LES の利点は，一点完結モデルにつきまとう，その場限りのモデルのほとんどを捨て去ることにある．一方，欠点は，（一点完結モデルに比べて）きわめて大きな計算時間を要することと，小規模渦が動力学的に重要な役割をもつ壁面近傍で無力なことである．したがって，計算機環境が限られている場合や，境界が流れに重要な役割をもつような問題に対しては，レイノルズ応力モデルのほうが LES よりすぐれているようだ．

　このような制限にもかかわらず，LES は気象学分野では長年にわたって使われてきたし，さらに，たとえば，燃焼や都市環境における汚染物質の拡散のモデル化などを通じて，工学分野にもインパクトを与えはじめている．いくつかの技術的問題，とくにサブグリッドモデルを用いた小規模渦の扱いについては第7章で述べる．ここでは，例として，図 4.27 に示すような，高さ H の立方体まわりの流れをとりあげる．この非定常乱流は，LES のポピュラーなテストケースになっている（Rodi (2002)）．以下に述べるシミュレーションは FLUENT コードを用いて行われたもので，二つのサブグリッドモデル，すなわちよく用いられているスマゴリンスキーモデルと，

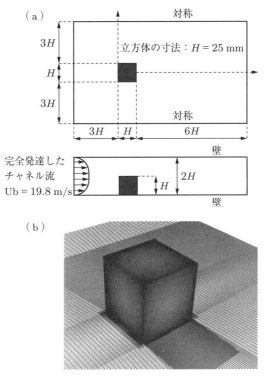

図 4.27 ある LES の研究で用いられている形状．(a) 計算領域．(b) 有限体積格子
(F. Boysan and D. Cokljat, Fluent Europe Ltd. の厚意による)

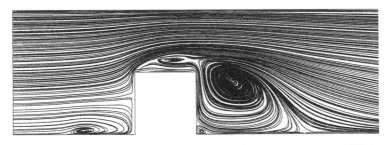

図 4.28 スマゴリンスキーのサブグリッドモデルを用いた LES によって得られた時間平均の流れパターン (F. Boysan and D. Cokljat, Fluent Europe Ltd. の厚意による)

WALE とよばれているモデルが用いられている（サブグリッドモデルの詳細は個々での議論には重要ではない．しかし，スマゴリンスキーモデルについて知りたい読者は第 7 章を参照すること）．

渦のターンオーバー時間の何倍もの時間にわたって時間平均して得られた結果が，

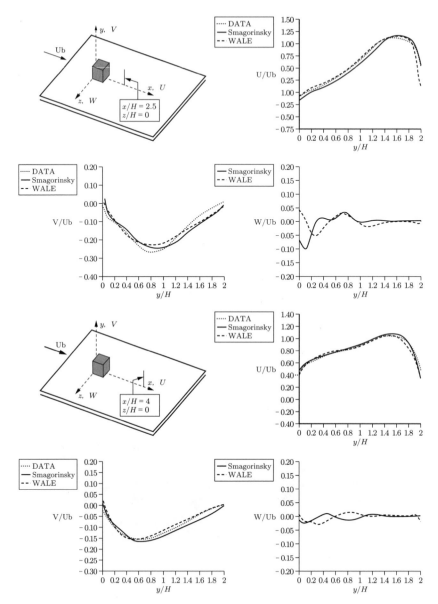

図4.29 LESの結果.時間平均速度分布の計算結果と実測結果
(F. Boysan and D. Cokljat, Fluent Europe Ltd. の厚意による)

図4.28～4.29に実験結果とともに示されている.図4.28は,スマゴリンスキーのサブグリッドモデルを用いた平均流の結果である.立方体の前方と後方の再付着点の計算結果は$1.18H$と$1.78H$で,実験結果は$1.04H$と$1.61H$である.$x = 2.5H$, z

4.6 さらに一点完結モデルについて　**205**

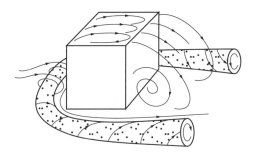

図 4.30 立方体まわりの流れのスケッチ

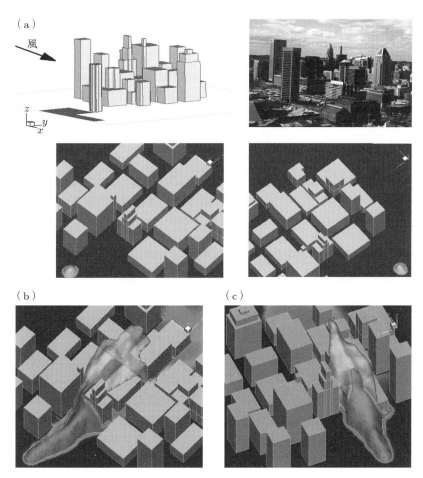

図 4.31 ボルチモア市街における汚染物質の拡散の LES．Tseng et al. (2006) より．下の二枚の図は，別々の二箇所から放出された汚染物質の等濃度線である．（画像は C. Meneveau の厚意による）

= 0，および $x = 4H$，$z = 0$ における時間平均速度分布が図 4.29 に示されている．中心線上で u_z（図中の W/Ub）がゼロになっていないことから，統計的に完全に収束するほど十分な計算時間がとれていないことがうかがえるが，全般的に見て実験データとの一致は良好である．また，比較は平均流についてだけで，乱れ自体の比較は行われていない．

この計算には，いくつもの興味深い特色がある．第一に，通常の有限差分法が用いられている（二次の中心差分）．第二に，幾何学的形状は比較的単純だが，たとえば，ビル群のまわりの流れなど，実用上，重要な問題に対応する物理的内容が多く含まれている．すなわち，乱れのレベルの流れ方向への急変，ブロック周辺での平均流渦度の伸張，異なるせん断層どうしの干渉などである（図 4.30）．これらはいずれも，障害物周辺の複雑なはく離流に共通の特徴である．

以上の傾向は，いずれも，LES が工学的に興味ある流れを予測する能力をもっていること，またその計算コストは工業界のある部門にとっては許される程度であることを示している．たとえば，都市部における汚染物質の拡散のモデリングに使われはじめている（たとえば，Tseng et al. (2006), Xie and Castro (2009)）（図 4.31 に示されているボルチモアの市街地における汚染物質の拡散の LES は Tseng et al. (2006) によるものである）．この問題におけるチャレンジの一つは，小スケールと大スケールの過程が同時に存在している点で，どちらも拡散にとって重要である．たとえば，このようなシミュレーションは，特性長さが 1 m 程度の街路のレベルでの汚染物質の流れを捉えられなければならないし，同時に超高層ビルの背後の大スケール

図 4.32 Stevens et al. (2014) による風車群の LES（画像は C. Meneveau の厚意による）

の後流や，大気境界層の大スケールの乱れも捉えなければならない．それでもコンピュータの高速化にともなって，LES が捉えられるスケールの範囲は確実に広がるだろうし，この分野でますます重要な役割を果たすことは間違いない．

LES がインパクトを与えるほかの分野としては，たとえば，燃焼や風力発電がある（図 4.32 は Stevens et al. (2014) から引用したものだが，LES による風車まわりの流れを表していて，濃淡は主流方向の流速の大きさである）．この話題は第 7 章で再びとりあげ，そこでは LES を使う場合の利点や困難な点のほか，現在，使われている標準のサブグリッドモデルについて言及する．LES を使用する場合の技術的な問題をもっと詳しく知りたい人は，Geurts (2003) や Sagaut (2009) を参照されたい．

これで，乱流せん断流の大まかな議論を終える．せん断流と一点完結モデルに関しては，まさに大量の文献があり，70 年にもわたる熱心な研究にもかかわらず，多くの未解決の問題が残されており，多くの論争が行われている．興味がある読者は，この章の最後にある文献を参照することを強く勧める．それは，少なくとも今後の研究の出発点を提示している．

演習問題

4.1 レイノルズ応力モデルを用いたビルまわりの流れの非定常シミュレーションについて考える．格子はほとんどの放出渦を捉えることができるほど十分細かく，小スケールの乱流渦だけはレイノルズ応力モデルで模擬することとする．同じ問題を LES で計算する場合，二つのやり方で基本的な相違はあるか．

4.2 n 次の相関の輸送方程式には，$(n+1)$ 次の相関が含まれることを示せ．

4.3 直径 d のノズルからの円形噴流を考える．噴流の初速度は $\bar{u}_0$ である．噴流は静止流体中ではなく，噴流と同じ方向の $V < \bar{u}_0$ の流れのなかに吹き込まれるとする．噴流の発達を記述するために，4.3.2 項の解析をどのように適用したらよいかを述べよ．

4.4 （a）三重相関 $\overline{u'_i u'_j u'_k}$ の輸送方程式を導け．（b）レイノルズ応力モデルより精密なスキームは，$\overline{u'_i u'_j u'_k}$ 方程式中にあるたくさんの未知量をモデル化することであろう．この考え方は工学的に興味ある流れに対して実用的と思うか．

4.5 壁に沿う一次元せん断流 $\bar{u}_x(y)$ を考える．$\partial \bar{p}/\partial x$ が無視できるとすれば，$\tau_{xy}(y) + \tau^R_{xy}(y) =$ 一定，となることを示せ．次に，混合距離 $l_m = \kappa y$ を使って $\bar{u}_x(y)$ を求めよ．壁面のごく近くを除いて τ_{xy} は無視できるものとする．$\bar{u}_x/V_* = \kappa^{-1} \ln y +$ 定数，$V_* = (\tau^R_{xy}/\rho)^{1/2}$ となることを確認せよ．

4.6 粗面壁上の流れで対数法則に対して粗さが最初に重要になる $V_* \hat{k}/\nu$ の値を推定せよ（$\hat{k}$ は粗さ要素の高さの rms 値）．

4.7 ヘアピン渦が図 4.13（a）に示されているように，最初にガストによって生み出されるとするとき，渦の先端は自己誘導によって浮き上がることを示せ．

推奨される参考書

[1] Bradshaw, P., 1971 *An Introduction to Turbulence and its Measurement*, Pergamon Press. （短いが読む価値のある乱流への入門書）

[2] Bradshaw, P. and Huang, G.P., 1995, *Proc. R. Soc. Lond.* A, **451**, 165-88. （対数法則に関してかなり詳しく論じられている）

[3] Buschmann, M.H. and Gad-el-Hak, M., 2003, *AIAA Jn.* **41**(A), 565-72. （壁面乱流における指数則と対数則のメリットが述べられている）

[4] Champagne, F.H. and Harris, V.G. and Corrsin, S., 1970, *J. Fluid Mech.*, **41**(1), 81.

[5] Davidson, P.A. and Krogstad, P.-Å., 2009, *Phys. Fluids*, **21**, 055105.

[6] Davidson, P.A. and Krogstad, P.-Å., 2014, *J. Fluid Mech.*, **752**, 140-56.

[7] Davidson, P.A., Okamoto, N. and Kaneda, Y., 2012, *J. Fluid Mech.*, **706**, 150-72

[8] Dimotakis, P.E., 2000, *J. Fluid Mech.*, **409**, 69-98.

[9] Durbin, P.A. and Pettersson Reif, B.A. 2001 *Statistical Theory and Modeling for Turbulent Flows*, Wiley. （第6〜8章に一点完結モデルに関する広範囲の記述がある）

[10] Eames, I. and Flor, J.-B., 2011, *Phil. Trans. A*, **369**, 701-832.

[11] Garrett, J.R., 1992, *The Atmospheric Boundary Layer*, Cambridge University Press. （大気境界層に関するモノグラフ）

[12] Geurts, B.J., 2003, *Elements of Direct and Large-Eddy Simulations*. Edwards.

[13] Hanjalic, K. and Jakirlic, S., 2002, in *Closure Strategies for Turbulent and Transitional Flows*, eds B. Launder and N. Sandham. Cambridge University Press. （レイノルズ応力モデルに関する論説）

[14] Head, M.R. and Bandyopadhyay, P., 1981, *J. Fluid Mech.*, **107**, 297-338. （境界層におけるヘアピン渦の役割についての論説）

[15] Hinze, J.O., 1975. *Turbulence*. McGraw-Hill. （第4章で一様乱流について述べられているが，気の弱い人には向かない）

[16] Holman, J.P., 1986, *Heat Transfer*, McGraw Hill. （熱伝達に関する入門書）

[17] Holmes, P., Lumley, J.L. and Berkooz, G., 1996, *Turbulence, Coherent Structures, Dynamical System and Symmetry*. Cambridge University Press. （境界層における組織構造についての記述がある）

[18] Hunt, J.C.R. et al., 2001, *J. Fluid Mech.*, **436**, 353. （多数の有益な文献を含む解説記事）

[19] Jiménez, J, 2002, in *Tubes, Sheets and Singularities in Fluid Mechanics*, eds K. Bajer, and H.K. Moffatt, Kluwer Academic Publishers, pp. 229-40.

[20] Kader, B.A., 1981, *Int. J. Heat Mass Transfer*, **24**(9), 1541-4. （境界層における熱伝達について論じている）

[21] Launder, B., Reece, G.J, and Rodi, W., 1975, *J. Fluid Mech.*, **68**, 537-66.

[22] Landau, L.D. and Lifshitz, E.M., 1959, *Fluid Mechanics*, Pergamon Press. （第5章で温度分布に対する対数法則が述べられている）

[23] Libby, P.A., 1996 *Introduction to Turbulence*. Taylor and Francis. （第10章に乱流の工学モデルに関する豊富な記述がある）

[24] Marusic, I. et al., 2010, *Phys. Fluids*, **22**, 065103.
[25] Mathieu, J. and Scott, J., 2000, *An Introduction to Turbulent Flow*, Cambridge University Press. （第5章でせん断流について述べられている）
[26] Monin, A.S. and Yaglom, A.M., 1975, *Statistical Fluid Mechanics I*. MIT Press. （第4章で加熱された媒質中の乱流について述べられている）
[27] Panchev, S., 1971, *Random Functions and Turbulence*, Pergamon Press. （第9章で大気境界層が述べられている）
[28] Panton, R.L., 2001, *Prog. Aerospace Sci.*, **37**, 341-83. （境界層の組織構造に関する解説）
[29] Perry, A.E. and Chong, M.S., 1982, *J. Fluid Mech.*, **119**, 173-217. （境界層におけるヘアピン渦の役割について述べられている．）
[30] Perry, A.E., Henbest, S. and Chong, M.S., 1986, *J. Fluid Mech.*, **165**, 163-99.
[31] Pope, S.B., 2000, *Turbulent Flows*, Cambridge University Press. （第10，11章に一点完結モデル，第7章に壁面乱流，第5章に自由せん断流について述べられている．）
[32] Prandtl, L., 1932, *Beitr. Phys. Fr. Atmos.*, **19**(3), 188-202.
[33] Robinson, S.K., 1991, *Ann. Rev. Fluid Mech.*, **23**, 601-39. （境界層の組織構造に関する総合的な展望）
[34] Rodi, W., 2002, in *Closure Strategies for Turbulent and Transitional Flows*, eds B. Launder and N. Sandham. Cambridge University Press. （ラージエディーシミュレーションについて論じている）
[35] Sagut, P., 2009, *Large Eddy Simulation for Incompressdible Flows*, 3rd edition. Springer.
[36] Stevens, R.J.A.M., Gayme, D.F., and Meneveau, C., 2014, *Renewable Sustainable Energy*, **6**, 023105.
[37] Tavoularis, S. and Corssin, S., 1981, *J. Fluid Mech.*, **104**, 311-47. （一様乱流に関する有用なデータがたくさん掲載されている）
[38] Tennekes, H. and Lumley, J.L., 1972, *A First Course in Turbulence*, MIT Press. （混合距離について第2章，平均流と乱れのあいだでのエネルギー交換について第3章，せん断流について第4章を参照）
[39] Townsend, A.A., 1976, *The Structure of Turbulent Shear Flows*, 2nd edition. Cambridge University Press. （せん断流についての豊富な情報を含んでいる）
[40] Tseng, Y.-H., Meneveau, C. and Parlange, M., 2006, *Env. Sci. & Tech.*, **40**, 2653-62.
[41] Wyngaard, J.C., 1992, *Ann. Rev. Fluid Mech.*, **24**, 205-33. （大気乱流に関する展望）
[42] Xie, Z.-T. and Castro, I.P., 2009, *Atmospheric Environment*, **43**, 2174-85.

第5章 テイラー・リチャードソン・コルモゴロフの現象論

　（テイラーとリチャードソンに従えば）乱流運動の一般的なパターンを次のように表現することができる．平均流が乱流変動をともなっている．その変動は乱れの「外部スケール」l（「混合距離」）のオーダーの最大スケールから，粘性の影響が無視できない程度の距離 η のオーダーの最小スケール（乱れの「内部スケール」）までの，さまざまなスケールにまたがっている．……大きいスケールの変動の大部分は平均流からエネルギーを受けとり，より小さいスケールの変動に受け渡す．このように，大きいスケールから小さいスケールに向かっての連続的なエネルギー転送が起こる．エネルギー散逸，すなわち，エネルギーの熱への変換は，おもに η 程度の小さいスケールで起こる．単位時間・単位体積あたりに散逸されるエネルギーの大きさ ε は，すべてのスケールの乱流運動の基本的特性である．

A. Kolmogorov (1942)

　われわれは，すでにエネルギーカスケードに関するリチャードソンのアイディアや，小スケール運動に関するコルモゴロフ理論について論じてきた．リチャードソンの仮説は，乱流においては大スケール構造から，粘性応力によって壊されるような小スケール構造まで，エネルギーが次々と転送されることを述べている．さらに，これは多くの渦サイズの階層からなる多段階の過程である．一方，コルモゴロフ理論は，小スケール渦の統計的性質が ν とカスケードによって大スケール渦から降りてくるエネルギーだけで決まると主張している．加えて，大きい Re では，小スケールは統計的に等方的であり，普遍的構造，すなわち，噴流，後流，境界層などを問わず，すべて同じ構造をもっているとしている．

　これらの主張はいかなる演繹的方法をもってしても，きちんと「証明」することはできない．われわれにできることは，高々，それらが妥当かどうかを検討し，それらのあいだでつじつまが合うかどうかをチェックし，いかに実験データがこれを支持するかを調べることくらいであろう．それが，この章のおもな目的である．途中で，乱流散乱に関するテイラー・リチャードソン理論や乱流中での渦の伸張についてふれる．なぜなら，リチャードソンのカスケードのもとになっているのは渦の伸張だからである．渦の伸張があるということは，乱流速度場がガウスの確率分布ではないことを意味していることがあとでわかるだろう．ある種の「乱流理論」では，ガウス分布に近い挙動を仮定しているので，この点は重要である．

この章の概観について、さきに述べておくのがよいであろう。話の順序は次のとおりである。

1. 再びリチャードソンについて
    - 乱流における時間スケールと空間スケール
    - 渦の伸張として描いたエネルギーカスケード
    - 乱流渦の動力学的性質
2. 再びコルモゴロフについて
    - コルモゴロフ理論における仮定と欠点
    - 受動スカラー変動への理論の拡張
3. 渦と物質線の伸張
    - 渦の伸張によるエンストロフィーの生成
    - 渦は管かシートかそれとも塊か
    - 伸張を受けた渦とシートの例
    - 渦度場において有限時間特異性は発達できるのか
    - 物質線の伸張
    - ひずみと渦度の相互作用
4. 乱流拡散
    - 単一粒子の乱流拡散(テイラー拡散)
    - 二つの粒子の相互拡散(リチャードソンの法則)
    - 乱流散乱に及ぼす平均せん断の影響
5. 乱れは決してガウス的ではない
    - 実験事実
    - その結果

まず、手はじめに、エネルギーが大スケール渦から小スケール渦へと段階的に受け渡されていくというリチャードソンのエネルギーカスケードのアイディアについて、もう一度考えてみよう。なぜ、エネルギーは大スケールから小スケールに向かって転送されるのであろう。また、なぜ、渦サイズの多段階の階層が必要なのであろう。エネルギーは小スケール渦から大スケール渦に向かって移動することはできないのだろうか。あるいは、カスケード過程を経ずに、一挙に、大スケールからコルモゴロフのマイクロスケールに直接エネルギーを転送することもできるのではないか。リチャードソンのエネルギーカスケードは渦の伸張の直接の結果であること、またエネルギー転送が大スケールから小スケールへ向かって起こるのは、ほとんど渦のカオス的なダイナミクスによるものだ(少なくとも、三次元においては)ということが示される。

したがって，リチャードソンの描像はおおよそ正しいが，例外もある．たとえば，従来のエネルギーカスケードの概念を破って小スケールから大スケールへのエネルギー転送が起こるような状況を想像することも難しいことではない．二次元乱流は，このような例の一つである（この話題については第 10 章で述べる）．

次に，5.2 節において，小スケールに対するコルモゴロフ理論についてあらためて考えてみる．これは，疑いなく乱流における最大の成功物語であるが，はたして正しいのだろうか．確かにその根拠は，ひいき目に見てもやや希薄だ．彼の解析のもとになっている仮定を再検証しながら，コルモゴロフ理論についてもう少し詳しく論じる．これらの仮定はつねに成り立つわけではなく，ある状況ではコルモゴロフ理論は行き詰まってしまうことがわかるだろう．また，コルモゴロフのアイディアが，煙や染料のような受動スカラー量の変動に対してどのように拡張されるのかも見てみよう．

5.3 節では，渦の伸張のアイディアについてもう一度考える．この重要な非線形過程がエネルギーカスケードを駆動し，乱流理論の心臓部となる．まず，エンストロフィー $\langle \omega^2 \rangle / 2$ の生成率に対する式を導く．この過程で，われわれは，エンストロフィーが渦線の伸張によって生成され，小スケールにおいて逆符号の渦度との相互拡散によって破壊されることがわかるだろう．さらに，エンストロフィーの生成率が速度勾配のひずみ度に正比例することが示される．このことは，速度変動の統計的性質が本質的に非ガウス的であることを物語っているという点で重要であり，乱流の二点完結モデルを論じる際に繰り返し引用される．

この章で繰り返されるテーマは，渦が乱れにとっての「原子」のようなもので，乱れのマクロの性質の多くが渦どうしの干渉，とくに渦の伸張に起因することである．伸張を受けた渦が「乱れの根源」であるというなら，これらの渦は一体どのような形をしているのかを，当然，知りたくなるだろう．管かシートかそれともリボンか．伸張された渦管と渦シートの例は，5.3.3 項で時間をかけて述べられる．

もちろん，典型的な乱流においては，最小渦を除いてレイノルズ数は大きい．高 Re では，渦線は流体に凍結されているから，カオス運動によって渦線が伸張を受けるということは，乱流場においては物質線が平均的に広がる傾向があるという観察結果と密接に関係している．このことは，乱流が渦線であれ染料であれ，任意の凍結されたマーカーを混合する能力を有することの根拠となっている．これは，伸張と折り畳みの繰り返しによって実現され，その際，物質線や物質面も同時に引き伸ばされ，しわがより，激しく入り組んだ構造を形成する．5.3.5 項の最後で物質線の伸張についてふれる．

5.4 節では，あらためて混合というテーマについてとりあげ，乱流拡散，すなわち，混入物の混合を加速するという乱れがもつ能力について論じる．流体粒子が押し合い

へし合いすることで起こる混入物の乱流拡散は，実用的に非常に重要である．これは，単一粒子の拡散と二つの粒子の相互拡散に分類されることが多い．前者の場合，マークした流体塊が，ランダムな乱流変動の場で初期位置から平均的にどこまで移動するのかが興味の対象となる．これは，「ランダムウォーク」としてよく知られている現象とある程度似ており，テイラー拡散とよばれている．これは，乱流の一点（たとえば，煙突）から連続的に物質が導入される場合に相当し，混入物がいかに速く広がるかを予測する．後者は隣り合う二つの粒子の相互散乱の問題であり，リチャードソンによって1926年に最初に解析された．これにちなんで，二つの粒子が平均的に隔たる速さを記述する式は，リチャードソンの法則とよばれている．この法則の基礎となっている初期の考え方は，のちのコルモゴロフの理論と密接に関係していて，実際，コルモゴロフが有名な2/3乗則を導く助けとなった．

最後に，5.5節では，速度差の確率分布にもう一度話しをもどす．そこでは，乱れが基本的に非ガウス的であることが強調される．有限なひずみ度がなければ，渦の伸張もエネルギーカスケードも起こらない．いかにこのことが，ガウスに近い挙動を仮定した完結モデルの構築の妨げになってきたかがわかるだろう．

つまり，この章のテーマは，カスケード，渦の伸張，混合である．重点は数学モデルよりも物理的アイディアにおかれている（数理については第6章で述べる）．まず，リチャードソンからはじめよう．

5.1 再びリチャードソンについて

5.1.1 乱流における時間スケールと空間スケール

フランス人の5分はスペイン人の5分より10分短いが，普通10分とされているイギリス人の5分よりはやや長い．
Guy Bellamy

観測結果は，乱れが広範囲にまたがる時間と空間スケールをもっていることを示している．たとえば，強風下では街路の速度場は1mから0.1mmのスケールにまたがる変動を示す．同じく，観測結果は乱流における渦度が最小スケールに集中していることも示している．このことは，散逸がおもに最小スケールの構造にともなって起こることを意味している．なぜなら，$\nu \langle \omega^2 \rangle$が機械的エネルギーの散逸率の尺度だからである．たとえば，さきほどの強風のもとでは，エネルギーの多くが1mmあるいはそれ以下の大きさの構造において散逸される．

さて，乱れは，通常，平均流からエネルギーを受けとる．たとえば，せん断流では乱流エネルギーの生成は，

$$\rho G = \tau_{ij}^R \bar{S}_{ij} \tag{5.1}$$

である．ここで，$\tau_{ij}^R = -\rho\langle u_i' u_j' \rangle$，$\bar{S}_{ij}$ は平均流のひずみ速度，$\bar{S}_{ij} = (1/2)(\partial \bar{u}_i/\partial x_j + \partial \bar{u}_j/\partial x_i)$ である（第4章参照）．物理的にこのことは，平均せん断によって乱流渦が引き伸ばされ，エネルギーを高めることに相当する．このエネルギー転送におもにかかわるのは流れのなかでもっとも大きい部類の渦であり，そのサイズは生まれたときの状況によって決まる．大きな乱流渦は，平均流の渦線のゆがみや不安定性から生まれることが多い．したがって，その大きさは平均流の代表長さ，たとえば，平均速度場の勾配で決まる長さの程度である．

つまり，大スケールにおいて乱れに移され，はるかに小さいスケールにおいて失われるような機械的エネルギーが存在している．エネルギーがどのようにして大スケールから小スケールに転送されるのかは，もちろん疑問になる．リチャードソンはエネルギーカスケードという考え方で，このギャップを埋めようとした．彼は，大スケールの構造がそのエネルギーを自分より少し小さい構造に受け渡し，さらに，もっと小さい渦へ次々と受け渡すことを示唆した．これをわれわれは「カスケード」とよんでいる．リチャードソンの基本的な主張は，このカスケードが異なるサイズの渦の階層からなる多段階を踏んで行われることであった．この異なるサイズの構造を，「渦（エディー）」という言葉でよぶのがこれまでの習慣であったが，これが異なる直径の球状のものを連想させる結果となった．しかし，これは少なからず誤解である．構造はシートのようなものかもしれないし，あるいは管のようなものかもしれない（図5.1）．また，エネルギーカスケードを，渦がその「不安定性」の結果として次々と小さい渦に「崩壊」していく現象として説明するのが普通である．しかし，これもまた誤解を招きやすい一種の間に合わせの表現である．「崩壊」という言葉は，じつは，より大きな渦によってより小さな渦がひずみや伸張を受け，あるいはより大きな渦が分解することによって，あるスケールから次のスケールへとエネルギーが移動することを指しているだけなのだ．さらに，「渦」はもともと定常な基準状態を表している

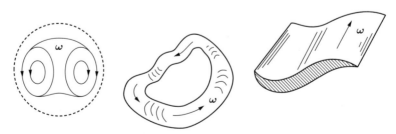

図 5.1 渦とは，渦度の「ブロップ」である．それらは，球，チューブ，シート状，あるいはもっと複雑な構造をしているのかもしれない．

わけではないのだから,「不安定性」という用語もあまり適切ではないかもしれない.

リチャードソンは,また,高レイノルズ数では最小スケールを除いて,粘性はエネルギーカスケードに一切関与しないことも示唆している. u を大スケール渦の代表速度, l をその代表長さ(積分スケール)としよう.必然的に, $ul/\nu \gg 1$ となり,大スケールではもちろん, l よりやや小さい程度のスケールでも粘性の影響は非常に小さい.そのため,リチャードソンは,より小さいスケールへの非粘性的なエネルギーカスケード,すなわち,慣性力だけで駆動されるプロセスを予想した.しかし,小スケール渦に対するレイノルズ数が1のオーダー程度にまで構造が小さくなると,このカスケードは止まる.すなわち,非常に小さな渦は粘性力によりエネルギーを散逸するのだが,粘性が重要になるためには,レイノルズ数が1のオーダーとなる必要がある.この描像においては,粘性力は事実上,受動的で,大スケールから降りてくるエネルギーをすべて吸いとる役目をする.

さて,大スケールの渦は時間スケール l/u で進化(崩壊?)するので,カスケードを通じて小スケールに降りてくる単位時間あたりのエネルギーは,

$$\Pi \sim \frac{u^3}{l} \tag{5.2}$$

である[1]. 式(5.2)の妥当性を示す証拠は,いろいろな流れで得られている.典型的な例は,図5.2に示されている.これは,格子乱流に関するもので,Batchelor (1953) と,Pearson et al. (2004) から引用されている. l は縦方向相関関数を用いて $l = \int_0^\infty f dr$ (式(3.15)参照)で定義され, $u^2 = \langle u_x^2 \rangle$ である.データは格子幅とレイノルズ数の広い範囲にわたっている.

明らかにバチェラーのデータでは, $\Pi = (3/2)Au^3/l$, A は減衰中にほぼ1のオーダーで一定,すなわち, $A \sim 1.1 \pm 0.2$ である.しかし,この当時のReは中程度であったことに注意する必要がある.最近のピアソンのデータはもっと高いReに対するもので, A の漸近値は約0.3となっている.この結果は,Kaneda et al. (2003) の数値解析の結果とも一致している.

次に,最小渦について考えよう.その特性速度を v,特性長さを η とする.機械的エネルギーの散逸率は $\nu \langle \boldsymbol{\omega}^2 \rangle$ なので,

$$\varepsilon \sim \nu \frac{v^2}{\eta^2} \tag{5.3}$$

となる.一様で統計的に定常な乱流では,平均流からのエネルギーの吸収率 $\tau_{ij}^R \bar{S}_{ij}/\rho$

---

[1] G は平均流による乱流エネルギーの生成率を,また Π はカスケードに沿って降りてくるエネルギー流束を表すのに用いていたことを思い出そう.

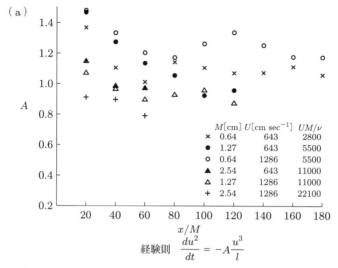

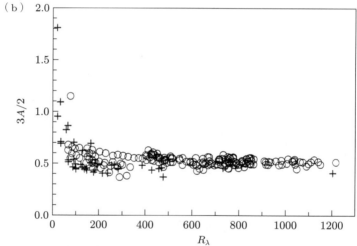

図 5.2 格子乱流におけるエネルギー散逸率．（a）Batchelor (1953)．（b）Pearson et al. (2004)．（b）において，丸は実験，十字は DNS を表し，R_λ はテイラースケールにもとづくレイノルズ数である．パラメータ A はエネルギー式 $du^2/dt = -Au^3/l$ により定義．

は，大スケールからエネルギーカスケードに降ろされる単位時間あたりのエネルギー $\Pi_A \sim u^3/l$ に等しくなければならない．これはまた，カスケードのすべての段階で単位時間あたりに転送されるエネルギーにも等しくなければならない．なぜなら，平均的に定常な乱流においては，カスケードの途中のどこかのスケールでエネルギーを失ったり獲得したりはできないからだ．すなわち，Π_A, Π_B, $\cdots$, Π_N をカスケード

の各段階でのエネルギー流束とすると，$\Pi_A = \Pi_B = \cdots = \Pi_N \sim u^3/l$ である（図 5.3）．したがって，小さい渦におけるエネルギー伝達といえども，大スケールが放出する単位時間あたりのエネルギーに支配されている．最後に，カスケードの最終段階でのエネルギー流束 Π_N は，粘性散逸率 ε に等しくなければならないことに注意しよう．以上をまとめると，一様で統計的に定常な乱流では，

$$G = \underbrace{\rho^{-1}\tau_{ij}^R \bar{S}_{ij}}_{\text{（乱れへのエネルギー転送）}} = \underbrace{\Pi_A = \Pi_B = \cdots = \Pi_N}_{\text{（カスケードを下るエネルギー流束）}} = \underbrace{\varepsilon}_{\text{（小スケールにおける散逸）}} \quad (5.4)$$

となる．式(5.2)〜(5.4)を合わせると，

$$\Pi \sim \frac{u^3}{l} \sim \varepsilon \sim \nu \frac{v^2}{\eta^2} \quad (5.5)$$

となり，さらに，

$$\frac{v\eta}{\nu} \sim 1 \quad (5.6)$$

であることも知っているのだから，式(5.3)と式(5.6)から，η と v が次のように見積もられる．

$$\eta = \left(\frac{\nu^3}{\varepsilon}\right)^{1/4} \sim l\left(\frac{ul}{\nu}\right)^{-3/4} \quad (5.7)$$

$$v = (\nu\varepsilon)^{1/4} \sim u\left(\frac{ul}{\nu}\right)^{-1/4} \quad (5.8)$$

これらは，いうまでもなく，第1章で紹介されたコルモゴロフのマイクロスケールである．流れが一様でも統計的に定常でもない場合には，G と ε は釣り合うとは限らない．しかし，Π と ε は同じオーダーなので，式(5.5)〜(5.8)は相変わらず成り立つ．

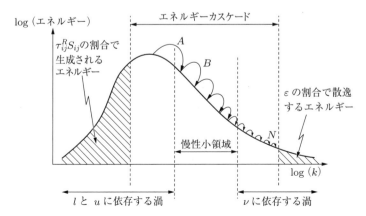

図 5.3　エネルギーカスケードの模式図

リチャードソンが想像した姿はまったくあり得ないものではないが，少なくとも，二つの根本的な疑問を投げかける．第一に，小スケールから大スケールではなく，つねに大スケールから小スケールに向かってエネルギーが伝達されなければならないという，何か一般的な過程があるのだろうか．第二に，この過程は，なぜ多段階でなければいけないのだろうか．図 5.4 に示されているような，スケール (l, u) の構造からスケール (η, v) の構造が直接生み出されるような二段階ないし三段階からなる簡単な動力学的過程もおそらくある．事実，リチャードソンのカスケードには従わないことも起こり得るし，非常に高い Re ではあまり見られないにしても，実際にこういうことが起こる[2]．この点についてもう少し詳しく調べてみよう．

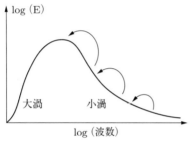 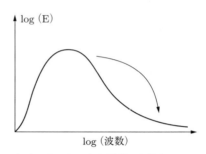

（a）渦の合体によって大スケールに向かってエネルギーが移動できるか？

（b）カスケードを経ずに直接小スケールにエネルギーが受け渡されるか？

図 5.4 リチャードソンのカスケードに従わない過程．（a）エネルギーが大スケールに向かって移動する．（b）エネルギーがカスケードをバイパスして大スケールから小スケールに直接移動する．こうしたことがなぜ起こらないのか（実際はときどき起るのである）．

5.1.2 乱流渦の伸張として描いたエネルギーカスケード

考えを絞りこむために，大スケールから小スケールへ，エネルギーが転送される簡単な非粘性過程のいくつかについて概略を述べる．これらが乱流におけるカスケードを担っている機構だといっているわけではない．小スケールへの非粘性的なエネルギー転送が別に驚くべきことではないということを示すことだけを意図している．三つの例は，（i）渦管の伸張，（ii）渦塊の自己誘導による突然の崩壊，（iii）渦シートの巻き上がりである．

最初の例として，ある弱い大スケールの渦度 ω_2 があるものと想像してみよう．こ

---

[2] じつは，図 5.4 に示した二つの過程はどちらも起こり得るし，おそらく，実際にも起こっている．（a）は二次元乱流に特徴的で，エネルギーの逆カスケードが起こっている．（b）は中程度の Re において見られる．エネルギーの逆方向輸送をともなう二次元乱流については第 10 章で述べる．

れが図 5.5 に描かれているように，空間内のある領域で大スケールのひずみ運動 $\mathbf{u}_2$ に出合ったとする（この図には，$\boldsymbol{\omega}_2$ は描かれていない）．いま，$\boldsymbol{\omega}_2$ より少しスケールが小さい渦管 $\boldsymbol{\omega}_1$ が，ひずみ場 $(S_{ij})_2$ にさらされているとする．この渦管は引き伸ばされ，そのあいだに運動エネルギー $\int (\mathbf{u}_1^2/2) dV$ は増加する．このように，ビオ・サヴァールの法則に従って，渦度場 $\boldsymbol{\omega}_1$, $\boldsymbol{\omega}_2$ にそれぞれ関連づけられている二つの速度場 $\mathbf{u}_1$ と $\mathbf{u}_2$ を考えることができる．合計の運動エネルギーは，クロス項 $\int \mathbf{u}_1 \cdot \mathbf{u}_2 dV$ があるために，単純に $\mathbf{u}_1$ と $\mathbf{u}_2$ それぞれのエネルギーの合計にはならない．それにもかかわらず，渦の伸張により $\int (\mathbf{u}_1^2/2) dV$ が増加するのにともなって，合計のエネルギーの残りの部分 $\int (\mathbf{u}_1 \cdot \mathbf{u}_2 + \mathbf{u}_2^2/2) dV$ は減少しなければならない．そして，これをわれわれは，大スケールから小スケールへのエネルギー転送と考えることができる．

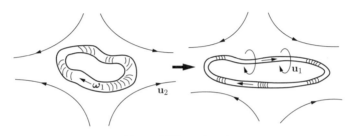

図 5.5 渦管のスケッチ

第二の例として，孤立した渦度の塊（渦）が，それがなければ静止していたはずの流体中にあるとする（図 5.6（c））．簡単のために，初期の速度場を軸対称とし，$t=0$ から少なくともしばらくのあいだは軸対称のままであると仮定する．(r, θ, z) 座標を用いて $t=0$ で $\mathbf{u} = (0, u_\theta, 0)$，したがって，渦は基本的に z 軸に平行な軸をもっていて，角運動量 $\Gamma = r u_\theta$ の密集した分布をしているとする．しかし，渦は長時間にわたってこの密集状態を続けるわけではなく，遠心力のために半径方向に「バースト」する．その過程で薄い渦シートを形成する（図 5.6（c））．渦のバーストと，そのあとの渦シートの形成は二次的な極方向流，$(u_r, 0, u_z)$ によるもので，それは初期には存在せず，渦の伸張により新たに生まれたものである．

ここで，しばらく本題からそれて，この過程について説明しておくのがよいだろう．非粘性の運動方程式と渦度方程式の周方向成分は，次式で与えられることは容易に示すことができる．

$$\frac{D\Gamma}{Dt} = \left(\frac{\partial}{\partial t} + \mathbf{u}_p \cdot \nabla\right) \Gamma = 0 \tag{5.9}$$

$$\frac{D}{Dt}\left(\frac{\omega_\theta}{r}\right) = \frac{\partial}{\partial z}\left(\frac{\Gamma^2}{r^4}\right) \tag{5.10}$$

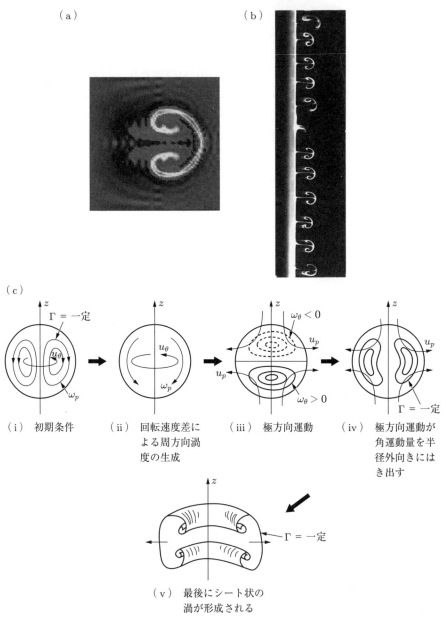

図 5.6 （a）遠心力の作用により半径方向外向きにバーストする密集した渦度の塊の数値シミュレーション．画像は渦の断面で，濃淡は角運動量密度 $\Gamma = r u_\theta$ の大きさを表している．（b）同じようなマッシュルーム型の渦は，実験室において棒の振動によってつくることができる．（c）密集した渦のバーストの種々の段階．初期の渦の塊は最終的に薄い渦シートとなる．

ここで，ω_θ は極方向速度 $\mathbf{u}_p = (u_r, 0, u_z)$ にともなう渦度，すなわち，$\boldsymbol{\omega}_\theta = \nabla \times \mathbf{u}_p$ である．逆に，周方向速度 $(0, u_\theta, 0)$ が極方向渦度 $\boldsymbol{\omega}_p = (\omega_r, 0, \omega_z) = \nabla \times \mathbf{u}_\theta$ にともなって現れる．確かに $\Gamma = r u_\theta$ は，$\boldsymbol{\omega}_p$ に対するストークスの流れ関数となっていることは簡単に確認できる．$t = 0$ では $\mathbf{u}_p$ も ω_θ もゼロである．しかし，式(5.10)から，それらがいつまでもゼロのままではないことは明らかだ．この式を見ると，旋回の軸方向勾配が周方向渦度の源となっているようだ．このことは，$\partial(\Gamma^2/r^4)/\partial z$ が $\nabla \times (\mathbf{u}_\theta \times \boldsymbol{\omega}_p)$ からきていることに気づくまでは，一見，やや不可解に見えるかもしれない．ω_θ，したがって，また $\mathbf{u}_p$ も，このように回転の差（u_θ の軸方向勾配）が初期の $\boldsymbol{\omega}_p$ の渦線をゆがめ，渦度の周方向成分をひねり出すという自己誘導過程を通じて生まれる（図5.6（c）（ii）と（iii））．式(5.10)から明らかなように，渦の上半分では $\omega_\theta < 0$，下半分では $\omega_\theta > 0$ である．また，ω_θ は Γ が存在する，あるいは存在していた領域に限定されている．

さて，Γ は実質的に保存されるので（式(5.9)），ω_θ にともなう極方向流れは，角運動量を半径方向外向きにはき出す（図5.6（c）（iv））．その結果，渦はみずからを半径方向外向きに振り飛ばしはじめる．渦が膨張するあいだ，ω_θ のひずみ対称分布は維持される．そして，式(5.10)は，

$$\frac{d}{dt} \int_{z<0} \frac{\omega_\theta}{r} dV = 2\pi \int_0^\infty \frac{\Gamma_0^2}{r^3} dr > 0 \tag{5.11}$$

となるので，$\int_{z<0}(\omega_\theta/r)dV$ は単調に増加することが容易に確認できる．ここで，$\Gamma_0(r)$ は $\Gamma(r, z = 0)$ である．そして，図5.6（c）に示されているように，渦は半径方向外向きにバーストする．しかし，これが物語の終わりではない．Γ の等値線が外向きにはき出されると，それらは，図5.6（c）（v）のような薄い軸対称のシートになる．r–z 面で見ると熱プルームの頭部に似たマッシュルーム型の構造が見える．この浮力により駆動された流れとの類似性は，じつは偶然ではない．第1章で述べたように，熱的に駆動された流れと遠心力によって駆動された流れのあいだには，直接のアナロジーが成り立つ．ここで指摘しておくべき重要なことは，Γ が $\boldsymbol{\omega}_p$ に対する流れ関数だということ，したがって，軸対称シートは実際に渦シートだということである．シートの形成は渦の先端で起こり続けるひずみによるもので，シートを徐々に薄くしていく．仮に，流れが軸対称のままだったとすれば（実際はそうではないが），シートの最終的な厚さは拡散で決まる．このように，単純な例を使ってわれわれは，薄い渦シートが渦度の塊から自動的に生まれるのを見ることができた．実際には，レイリータイプの遠心力不安定であるこのバーストの機構はきわめてよく見られる．たとえば，突然，回転をはじめた円柱は旋回する流体の輪を形成し，次に，それがこの不安定性によって崩れて図5.6（b）に示されているような軸対称のシート状の渦の

列になる.

第三の例として，図5.7 に示された流れを考えよう．これは，有名なケルビン・ヘルムホルツ不安定で，渦シートが巻き上がって渦管の列を形成する．もちろん，これが小スケールへのエネルギー転送とみなせるかどうかは，初期のシートをその厚さで特性づけられるとみなすか，それとも，より大きな横断方向の大きさで特性づけられるとみなすかによる．

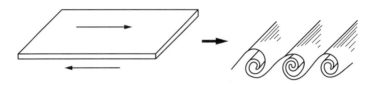

図5.7 渦シートの巻き上がり

以上をまとめると，渦の塊は渦シートを形成したがり，渦シートは渦管に巻き上がる傾向があり，渦管は引き伸ばされてエネルギーを吸収する．図5.6, 5.7 は非常に理想化された過程を表しているが，おそらく似たようなメカニズムが乱れのなかで起こっていると考えられる．いずれにしても，一様乱流における一つの見慣れたポンチ絵では，渦の塊から渦シートが形成され，大スケール渦の引き伸ばし効果により渦シートが壊れて（ケルビン・ヘルムホルツ不安定によって）渦管となる．それがカオス的な速度場において押し流されながら次々と引き伸ばされて，直径がコルモゴロフスケールに達するまで細くなる．この描像では，最初は渦シートの形成とそのあとの巻き上がり，さらにそのあとに次々と続く引き伸ばしと折り畳みを通じてカスケードにエネルギーが供給される．最後にできるのは，ワームとよばれる細い渦管からなる粗い編み目状の構造である．ワームは受動的なごみで，そのおもな役割は激しい散逸の中心となることだと考えられている．

これらの単純な例については，エネルギーが小スケールに溜まること以上に，三つの注意すべき点がある．第一に，これらの記述は速度ではなく渦度の発達に関するものだ．渦度は物質に付随した移流があれば，あるいは拡散があれば，ある場所からほかの場所へ移動するから，ω 場の発達について論じるほうが，意味がある．これに対して，直線運動の運動量は，圧力場の作用で全空間にわたって瞬時に再分布し得る（第2章参照）．この点は，上の第二の例を考えると，とくにはっきりする．そこでは，$\mathbf{u}$ は，$t=0$ では渦度の塊の内部に限定されていたが，$t>0$ では四重極子 ($|\mathbf{u}_\infty| \sim |\mathbf{x}|^{-4}$) として広がっていく．第二に，これらの機構は相次いで起こることだ．たとえば，図5.6 のバーストする渦は軸対称の渦シートを生む．このシートは不安定になって巻き上がり，たくさんの渦管を形成する．そして，もちろん，これらの渦管は，

図 5.5 に示した渦伸張メカニズムによって強められるという具合である．このように，われわれは，渦度が次々とほぐされてますます薄い渦シートあるいは細い渦管にかわるという，一連の複雑なストーリーを想像することができる．第三に，ますます小さいスケールへのエネルギーやエンストロフィーの転送は，二つの異なるスケールの渦が干渉するか (図 5.5)，あるいは自己誘導による移流を受けて単一の構造が成長する (図 5.6, 5.7) ことによって起こる．

もちろん，乱れは単純な軸対称渦や平面的な渦シートよりもはるかに複雑である．おそらく，乱れのもっと現実的な描像としては，自己誘導速度場の影響を受けながら一定の成長を続ける煮えたぎるスパゲッティ[3]の絡み合いのような，一部は渦管からなる渦度場を考えるのがよいだろう (図 3.18)．速度場をかき混ぜ続けることで渦管 (スパゲッティ) はほぐされて，さらに細い髪の毛状になる．しかし，これも，まだまだ単純な見方であり，かなり単純な描像というべきだろう．

カスケードを経て小スケールにエネルギーを降ろすおもな機構が渦の伸張であることを認めたとすると (その根底には，渦のバーストやスパゲッティのポンチ絵がある)，次に出てくる当然の疑問は，ランダムな速度場でなぜ渦管は伸張と同じくらいの速さで圧縮されないのかであろう．そう，ある意味でそれも起こる (圧縮もたびたび起こっている)．しかし，なぜ伸張がスケール間での運動エネルギー転送におもに影響するのかについては，簡単な例を使って説明することができる．

定常の二次元せん断流，$\bar{S}_{xx} = -\bar{S}_{yy} = \alpha =$ 定数，を考え，これ以外のひずみ速度テンソル成分はすべてゼロとする．これは，定常の非回転速度場 $\bar{\mathbf{u}} = (\alpha x, -\alpha y, 0)$ に相当する．この流れのなかに二つの渦管が x 軸と y 軸に沿って置かれたとする (図 5.8)．これらは，

$$\frac{D\boldsymbol{\omega}}{Dt} = \boldsymbol{\omega} \cdot \nabla \mathbf{u}$$

に従って伸張あるいは圧縮を受ける．ここで，$\mathbf{u}'$ を渦管にともなう速度とし，$|\bar{\mathbf{u}}| \gg |\mathbf{u}'|$ とすると，式 (2.36) から，

$$\frac{D}{Dt}\left(\frac{\omega^2}{2}\right) = \omega_i \omega_j \bar{S}_{ij} \tag{5.12}$$

が得られ，x 方向の軸をもつ渦の強さは，

$$\int_{V_m} \omega_x^2 dV = \int_{V_m} (\omega_x)_0^2 dV \exp(2\alpha t)$$

---

[3] 目の肥えた通は，スパゲッティとラザニアの混ざったもののほうを好むかもしれない．なぜなら，渦度が渦管だけでなく，シートやリボンのなかにも集中しているという十分な証拠があるからだ．

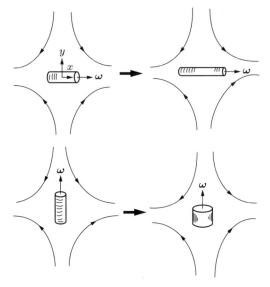

図 5.8 向きが異なる二つの渦に及ぼすひずみ場の影響

に従って大きくなることが容易に確認できる．ここで，V_m は渦管の有限部分の実質体積である．これに対して，y 方向に軸をもつ渦管は圧縮されて，ω_y^2 は，

$$\int_{V_m} \omega_y^2 dV = \int_{V_m} (\omega_y)_0^2 dV \exp(-2\alpha t)$$

に従って減少することがわかる．もし，二つの渦管の初期強さが同じなら，

$$\int_{V_m} \boldsymbol{\omega}^2 dV = \int_{V_m} \boldsymbol{\omega}_0^2 dV \cosh(2\alpha t) \tag{5.13}$$

となり，合計のエンストロフィーは増加する．エネルギー転送を見積もるために，

$$\frac{\bar{D}\mathbf{u}'}{Dt} + \mathbf{u}'\cdot\nabla\bar{\mathbf{u}} + \bar{\mathbf{u}}\cdot\nabla\bar{\mathbf{u}} = -\frac{1}{\rho}\nabla(\bar{p}+p')$$

に注目する．ここで，$D/Dt = \partial/\partial t + \bar{\mathbf{u}}\cdot\nabla$ である．この式で，$\bar{\mathbf{u}}\cdot\nabla\bar{\mathbf{u}}$ と $1/\rho\nabla\bar{p}$ は互いに打ち消し合うので，

$$\frac{\bar{D}\mathbf{u}'}{Dt} = -\mathbf{u}'\cdot\nabla\bar{\mathbf{u}} - \frac{\nabla p'}{\rho}$$

となり，これから，

$$\frac{\bar{D}}{Dt}\left[\frac{(\mathbf{u}')^2}{2}\right] = -u_i'u_j'\bar{S}_{ij} + \nabla\cdot(\sim) = \alpha[(u_y')^2 - (u_x')^2] + \nabla\cdot(\sim) \tag{5.14}$$

が得られる．右辺の発散項は積分するとゼロになるので，運動エネルギーは $\alpha[(u_y')^2 - (u_x')^2]$ の正負に応じて増えるか減るかが決まる．しかし，$(u_y')^2$ は x 方向に軸をも

つ渦の伸張によって増加し，$(u'_x)^2$ は y 方向に軸をもつ渦の圧縮により減少する（図5.8）．このため，エネルギー$(\mathbf{u}')^2/2$ の正味の変化は正となる．渦度の伸張と圧縮の両方があるにもかかわらず，エネルギーにとってもエンストロフィーにとっても，正味のゲインとなる．要するに，渦の伸張がエネルギー転送に主要な影響をもつのである．

まとめると，このつまらないような例は，長い目で見ると伸張が圧縮を上まわることを示している．事実，図5.5を考えてみても同じ結論に達する．渦管がたまたま初期にどちらを向いていたかは問題ではない．遅かれ早かれ，図に示されているように渦の長軸が最大主ひずみの方向に向いて伸張を受けることになるらしい．この考えは，次の例題で一般化される．

例題 5.1　急変形理論の孤立渦への適用　図5.5にあるような小スケールの渦を考える．この渦が隣接するはるかに大きい渦による非回転の誘導速度の場に置かれている．$\boldsymbol{\omega}^S$ を小さいほうの渦の渦度，$\mathbf{u}^S$ を $\boldsymbol{\omega}^S$ からビオ・サヴァールの法則により計算される速度場，$\mathbf{u}^L$ を大スケールの非回転流れとする．合計の速度場は $\mathbf{u} = \mathbf{u}^L + \mathbf{u}^S$ である．ここで，以下を仮定する．（ⅰ）流体は非粘性として扱える．（ⅱ）$\mathbf{u}^L$ は擬似定常と考えることができる．（ⅲ）$\mathbf{u}^L$ の勾配は小さいほうの渦のスケールで見れば一様とみなせる．すなわち，$u_i^L = (u_i^L)_0 + \alpha_{ij} x_j$．（ⅳ）小さいほうの渦は，$|\mathbf{u}^S| \ll |\mathbf{u}^L|$ とみなせるくらい弱い．このとき，$\boldsymbol{\omega}^S$ は，

$$\frac{\bar{D}\boldsymbol{\omega}^S}{Dt} = \frac{\partial \boldsymbol{\omega}^S}{\partial t} + (\mathbf{u}^L \cdot \nabla)\boldsymbol{\omega}^S = \boldsymbol{\omega}^S \cdot \nabla \mathbf{u}^L$$

に従うことを示せ．ここで，$\mathbf{u}^S$ の二次の項は省略されている．この式は $\boldsymbol{\omega}^S$ について線形であることに注意すること．さらに，$\boldsymbol{\omega}^S$ は大きいスケールの非回転流れに凍結されていて，このため，$\mathbf{u}^L$ によって伸張やねじりを受ける．この種の線形問題は，渦が隣接する大スケールの渦によって急速なひずみを受けることに関連しているため，「急変形理論」とよばれることがある．このとき，

$$\frac{\bar{D}^2}{Dt^2}\left(\frac{\boldsymbol{\omega}^2}{2}\right) = 2(\alpha_{ij}\omega_i)^2 > 0$$

を確認し，小さいほうの渦のエンストロフィーが遅かれ早かれ渦の伸張によって増大しなければならないことを示せ．次に，x, y, z が $\mathbf{u}^L$ によるひずみの主軸方向に一致していると考えよう．この場合，$\alpha_{xx} = a, \alpha_{yy} = b, \alpha_{zz} = c, \alpha_{ij} = 0 (i \neq j)$ と書くことができる．質量保存則から，$a + b + c = 0$ で，a, b, c を $a > b > c$ となるように並べるとする．このとき，ω_x^2 は時間スケール $2a$ で指数関数的に増加するのに対し，ω_z^2 は時間スケール $2c$ で指数関数的に減少することを示せ．以上か

ら，長時間で見れば，エンストロフィーは指数関数的に増大する結果となることを確認せよ．

エネルギーカスケードの根底には，渦の伸張があることが一般に認められている．ひずみによる渦度の増加は，エンストロフィー方程式を使って定量化される（2.3.2項参照）．

$$\frac{D}{Dt}\left(\frac{\boldsymbol{\omega}^2}{2}\right) = \omega_i\omega_j S_{ij} - \nu(\nabla\times\boldsymbol{\omega})^2 + \nabla\cdot[\nu\boldsymbol{\omega}\times(\nabla\times\boldsymbol{\omega})] \quad (5.15)$$

エンストロフィー $\boldsymbol{\omega}^2/2$ は，小スケールにおいて粘性力により破壊されるが，大スケールにおいてひずみ場によって強められる．実際，普通の乱流場では，$(\omega_i'\omega_j'S_{ij}')$ が正であることが，じきに（5.3.1項で）示される．

渦度場とは，もつれ合ったスパゲッティのようだとする簡単なポンチ絵をすでに紹介した（図3.18）．仮に，これが現実だとすると，小スケールの渦度場は非常に間欠的（斑点状）であることが予想される．つまり，渦管やリボンが自己誘導速度場によってほぐされながらどんどん細くなるにつれて，渦度が空間的に局在する小さな渦糸の網に集中するようになる．この描像がどれほど実際に近いかは不明だが，Reが大きいとき，小スケールの渦度が実際にきわめて間欠的であることは確かである．この話題については，第6章であらためて述べる．

この項を終えるにあたって，エネルギーは多段階を経て小スケールに転送されるのかどうかという問題にもう一度立ちもどろう．この点は，普遍的に合意されているわけではないが，ほとんどの人は，三次元乱流の場合にはカスケードモデルがある程度妥当な近似であると信じている．これについては，次のような議論がよく行われている．図5.9のような渦管を考える．これは，カスケード過程の，ある中間段階にある渦だとする．この渦管のスケールで見れば，ほぼ一様に見えるような非常に大きな構造にともなう速度場は，渦管を単に受動的に移流するだけである（図5.9（a））．また，非常に小さい渦のひずみ速度 v/η は，大スケール渦のひずみ速度よりはるかに大きい，すなわち，$(v/\eta) \sim (ul/\nu)^{1/2}(u/l)$ であることもわかっている．このため，大スケールから小スケールに移行するにつれて，ひずみ速度は単調に増加すると予想され，これがまさしく，われわれの観察結果でもある．このように，図5.9の渦管をもっとも効率的にひずませることのできる構造は，渦管自体と同程度のサイズをもっている（非常に小さい構造は渦管の表面にしわを寄せるだけなので，影響は無視できる（図5.9（b）））．そのため，もし，エネルギーカスケードが渦の伸張によって駆動されると信じるならば，より小さいスケールへのエネルギーの転送は，同程度のサイズの渦どうしが干渉するときにもっとも効率的に行われると考えられる．たとえば，

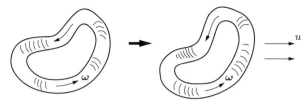

（a）大スケールの速度は単に渦管を運ぶ

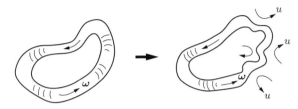

（b）小スケールの速度は渦管の表面にしわを寄せる

図 5.9 非常に大きな速度場も非常に小さな速度場も，中間サイズの渦には影響しない．

次のような場面を想像できるだろう．中間スケールの渦が自分よりやや大きいひずみ場の餌食となって，自分より小さいスケールの渦にエネルギーを受け渡している．あるいは，二つの同程度のサイズの渦が互いに干渉し合い，ひずみを与え合って，最終的により小さいスケールの構造に変化しつつある．いずれにしても，同程度のサイズの構造どうしがもっとも激しく干渉し合い，結局より小さい構造を生むものと考えられる．

5.1.3 乱流渦の動力学的性質：線インパルスと角インパルス

5.1 節の締めくくりとして，乱流渦（渦度の塊）の動力学的性質について考える．とくに強調したい点は，乱流渦や，もちろん乱流集団の挙動の多くの部分を，個々の渦の線運動量と角運動量（あるいは線インパルスと角インパルス）を用いて説明できるということだ．以下に紹介するように，少なくとも七つの有益なアイディアがある．

（i）乱流渦の線インパルス

渦（渦度の塊）は，付近にあるほかの渦による非回転速度場にとり込まれるか，あるいは，ほかの渦がいなくてもみずからの作用で，もともとは静止しているはずの流体中を動きまわる．渦がみずからを動かす能力は，これから示すように渦の直線運動の運動量の尺度である線インパルスに関係している．

初歩の静磁気学から得られる結果は，次のとおりである．電流が球状の空間 V に閉じ込められているとき，内部の平均の磁界は電流分布の双極子モーメントに比例す

る.より厳密には,

$$\int_V \mathbf{B} dV = \frac{1}{3} \mu_0 \int_V \mathbf{x} \times \mathbf{J} dV$$

である.ここで,$\mathbf{B}$は磁界,$\mathbf{J}$は電流密度を表す(図5.10)(これら二つの場はアンペアの法則 $\nabla \times \mathbf{B} = \mu_0 \mathbf{J}$ で結びついている.μ_0は自由空間の透磁率である).一方,もし,電流がすべて球状領域の外部にあれば,

$$\int_V \mathbf{B} dV = \mathbf{B}_0 V$$

となる.ここで,$\mathbf{B}_0$は球の中心における$\mathbf{B}$の値である(たとえば,Jackson (1998) の第5章を参照のこと).

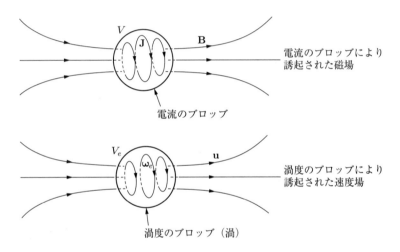

図5.10 球状の体積Vの内部に閉じ込められた電流の孤立したブロップは,$\int_V \mathbf{B} dV = (\mu_0/3) \int_V \mathbf{x} \times \mathbf{J} dV$ に従ってV内に磁場を生む.流体力学におけるこれと同等の結果は,体積V_eを占める渦度のブロップが $\int_V \mathbf{u} dV = (1/3) \int_V \mathbf{x} \times \boldsymbol{\omega} dV$ に従って速度場を生む.この式で,VはV_eを囲む任意の球状体積である.

今度は,乱流中に孤立した単独渦(渦度の塊)を考える.この渦は,そうでなければ渦度をもたない無限の流体中のある球状体積領域V_eの内部に閉じ込められている.このとき,上述の静磁気学の結果から,渦をとり囲む任意の球状体積Vに対して,

$$\int_V \mathbf{u} dV = \frac{1}{3} \int_{V_e} \mathbf{x} \times \boldsymbol{\omega} dV$$

が成り立つことが期待される.そして,実際,このことは付録2の直接計算により確認できる.いま,$V \to \infty$とすると,積分,

5.1 再びリチャードソンについて

$$\frac{1}{3}\int_{V_e} \mathbf{x} \times \boldsymbol{\omega} dV$$

は，渦の存在の結果として流体がもつことになった線運動量の尺度であると結論づけたくなるだろう．しかし，付録 2 で議論するとおり，V の外部には，つねに線運動量のある程度の残差が存在し，$V \to \infty$ の極限でそれは $(1/6)\int \mathbf{x} \times \boldsymbol{\omega} dV$ となる．その結果，流体中の線運動量の合計は，

$$\frac{1}{2}\int_{V_e} \mathbf{x} \times \boldsymbol{\omega} dV$$

となる．そして，

$$\mathbf{L} = \frac{1}{2}\int_{V_e} \mathbf{x} \times \boldsymbol{\omega} dV$$

という量のことが，渦の線インパルスとよばれている．

次に，乱流中にある渦（渦度の塊）について考えよう．この渦は，渦度 $\boldsymbol{\omega}_e$ がある球状体積 V_e の外部では無視できるという意味で，空間的にコンパクトであるとする．$\mathbf{u}_e$ を渦の存在によって流体中に誘起される速度場 $\nabla \times \mathbf{u}_e = \boldsymbol{\omega}_e$ とし，$\hat{\mathbf{u}}$ をそのほかのすべての渦（渦の塊）にともなう（ビオ・サヴァールの法則を通じて）速度場とする．合計の速度場は $\mathbf{u} = \mathbf{u}_e + \hat{\mathbf{u}}$ である．渦の直線運動の速度の空間平均を，

$$\mathbf{v}_e = \frac{1}{V_e}\int_{V_e} \mathbf{u} dV$$

と定義する．上述の静磁気学の結果より，$\mathbf{v}_e$ が次の二つの項から成り立っていることは明らかである．

$$\mathbf{v}_e = \frac{1}{V_e}\int_{V_e} \mathbf{u} dV = \hat{\mathbf{u}}_0 + \frac{1}{3V_e}\int_{V_e} \mathbf{x} \times \boldsymbol{\omega}_e dV$$

ここで，$\hat{\mathbf{u}}_0$ はほかのすべての乱流渦によって V_e の中心に誘起される速度を表す．このように，渦は一つにはほかの渦による非回転速度場にとり込まれることによって，もう一つは，自己誘導プロセスを通じて移動する．この二番目の効果が渦の線インパルス，

$$\mathbf{L}_e = \frac{1}{2}\int_{V_e} \mathbf{x} \times \boldsymbol{\omega}_e dV$$

の大きさに関係している．$\mathbf{L}_e$ を用いると（図 5.11），

$$\mathbf{v}_e = \hat{\mathbf{u}}_0 + \frac{2\mathbf{L}_e}{3V_e}$$

となる．V_e にわたっての $\boldsymbol{\omega}$ の積分はゼロ，すなわち，

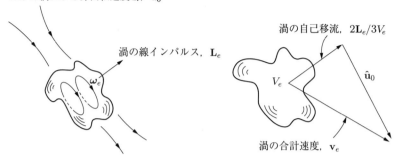

図 5.11 渦は，一部にはほかの渦の非回転速度場に捕捉されて速度 $\hat{\mathbf{u}}_0$ で，さらに一部にはみずからの移流により $2\mathbf{L}_e/3V_e$ で移動する．体積にわたって平均した渦の合計の速度は，$\mathbf{v}_e = \hat{\mathbf{u}}_0 + 2\mathbf{L}_e/3V_e$ である．

$$\int \omega_i dV = \int \nabla \cdot (\boldsymbol{\omega} x_i) dV = \oint x_i \boldsymbol{\omega} \cdot d\mathbf{S} = 0$$

なので，$\mathbf{L}_e$ は $\mathbf{x}$ の原点の選び方には無関係であることに注意すること．以上をまとめると，次のようになる．

渦の線インパルス，$\mathbf{L}_e = (1/2)\int \mathbf{x} \times \boldsymbol{\omega}_e dV$ は渦の存在により流体中に誘起される線運動量の尺度である．渦は，一つにはほかの渦による非回転速度場 $\hat{\mathbf{u}}$ にとり込まれることによって，もう一つには渦自体の線インパルスによって動きまわる．すなわち，$\mathbf{v}_e = \hat{\mathbf{u}}_0 + 2\mathbf{L}_e/3V_e$ である．

(ii) 乱れの集団における線インパルスの保存

渦度方程式 (2.31) は，$\mathbf{x} \times \boldsymbol{\omega}$ の実質変化率に対する式を導くのに利用できる．非粘性流体に対してこの式は，

$$\frac{D(\mathbf{x} \times \boldsymbol{\omega})}{Dt} = 2\mathbf{u} \times \boldsymbol{\omega} + \boldsymbol{\omega} \cdot \nabla(\mathbf{x} \times \mathbf{u})$$

あるいは，$\mathbf{u} \times \boldsymbol{\omega} = \nabla(\mathbf{u}^2/2) - \mathbf{u} \cdot \nabla \mathbf{u}$ を用いると，上と等価な式，

$$\frac{D(\mathbf{x} \times \boldsymbol{\omega})_i}{Dt} = \frac{\partial \mathbf{u}^2}{\partial x_i} + \nabla \cdot [(\mathbf{x} \times \mathbf{u})_i \boldsymbol{\omega} - 2u_i \mathbf{u}]$$

が得られる．無限に広がる流体中（もともとは渦度をもっていない）に局在する渦度分布を考える．付録2より，遠方速度場は $|\mathbf{u}|_\infty \sim |\mathbf{x}|^{-3}$ に従って減少することが知られている．このため，上式を全空間にわたって積分すると，

$$\mathbf{L} = \frac{1}{2} \int_{V_\infty} \mathbf{x} \times \boldsymbol{\omega} dV = \text{一定（線インパルスの保存）}$$

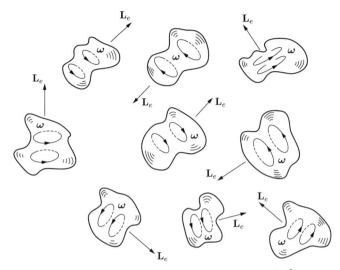

図 5.12 乱れの集団の合計の線インパルス $\mathbf{L} = \sum \mathbf{L}_e = \frac{1}{2}\int \mathbf{x} \times \boldsymbol{\omega}dV$ は,運動の不変量である.

が得られる.この結果は付録 2 に示されているように,粘性流体に対しても簡単に一般化できる.次に,たくさんの渦からなる乱れの集団 $\boldsymbol{\omega} = \sum \boldsymbol{\omega}_e$ を考える(図 5.12).上のことから次のようにいえる.

> 無限流体中で発達する乱れの集団の正味の線インパルス $\mathbf{L} = (1/2)\int \mathbf{x} \times \boldsymbol{\omega}dV$ は,それぞれの渦のインパルスの総和,$\mathbf{L} = \sum \mathbf{L}_e$ に等しく,それは運動の動力学的不変量である.

もちろん,この $\mathbf{L}$ の保存は線運動量の保存の表れである.

第 6 章で,$\mathbf{L}$ の保存から,自由に発達する乱れにおける統計的不変量(サフマン・バーコフ積分)が導かれることが示される.しかし,あるタイプの乱れでは,形成段階で無視できる程度の線インパルスしか与えられていないため,$\mathbf{L}$ はほぼゼロである.このような場合には,渦の角運動量のほうに注意が向けられる.

(iii) 乱流渦の角インパルス

これから示されるように,それぞれの乱流渦はある量の角運動量を運んでいる.乱流が互いに重なり合わない多数の孤立渦(渦度の塊)からなっているとする.そのうちの一つの渦は,渦度 $\boldsymbol{\omega}_e$ がある球状の検査体積 V_e の外部では無視できるという意味で,空間的にコンパクトであるとする(V_e は,いま問題になっている渦だけを囲んでいるとする).ベクトル恒等式,

$$6(\mathbf{x} \times \mathbf{u}) = 2\mathbf{x} \times (\mathbf{x} \times \boldsymbol{\omega}) + 3\nabla \times (r^2 \mathbf{u}) - \boldsymbol{\omega} \cdot \nabla (r^2 \mathbf{x}), \quad r = |\mathbf{x}|$$

を積分すると，V_e 内部にある，V_e の中心まわりの正味の角運動量が，

$$\mathbf{H}_e = \int_{V_e} \mathbf{x} \times \mathbf{u}\, dV = \frac{1}{3} \int_{V_e} \mathbf{x} \times (\mathbf{x} \times \boldsymbol{\omega}_e)\, dV$$

(角運動量 = 角インパルス)

で与えられる（$\mathbf{x}$ の原点が V_e の中心に位置する）．このように定義された渦がもともともっている正味の角運動量 $\mathbf{H}_e$ は，その渦内部の渦度分布によって決まり，V_e の外部にある渦度には無関係である（遠くの渦は $\mathbf{H}_e$ には寄与しない）．最右辺の積分は渦の「角インパルス」とよばれる．角インパルスも角運動量も，V_e の半径には無関係であることに注意すること．つまり，いま，考えている渦をとり囲む別の同心の球状検査体積（内部にはほかに渦を含まない）を考えたとしても，角運動量 $\mathbf{H}_e$ はすべて同じになる．

(iv) 乱れの集団の角インパルス

多数の孤立渦からなる乱れの集団 $\boldsymbol{\omega} = \sum \boldsymbol{\omega}_e$ を考える．集団の中心は $\mathbf{x}_i$ にあり，$\mathbf{x}$ の原点は集団全体をとり囲む球状の検査体積 V_c の中心とする．$\mathbf{r}_i$ を i 番目の渦の中心から測った位置ベクトル，すなわち，$\mathbf{r}_i = \mathbf{x} - \mathbf{x}_i$ とし，$\mathbf{L}_i$ を i 番目の渦の固有の線インパルス，$\mathbf{H}_i$ をその渦の中心に関しての角インパルスとする．すると，

$$\int_{V_i} \boldsymbol{\omega}_e\, dV = 0, \quad \mathbf{L}_i = \frac{1}{2} \int_{V_i} \mathbf{r}_i \times \boldsymbol{\omega}_e\, dV, \quad \mathbf{H}_i = \frac{1}{3} \int_{V_i} \mathbf{r}_i \times (\mathbf{r}_i \times \boldsymbol{\omega}_e)\, dV$$

となる．ここで，V_i は i 番目の渦をとり囲む体積である．恒等式，

$$2[\mathbf{x} \times (\mathbf{x}_0 \times \boldsymbol{\omega})] = [\mathbf{x}_0 \times (\mathbf{x} \times \boldsymbol{\omega})] + \boldsymbol{\omega} \cdot \nabla [\mathbf{x} \times (\mathbf{x}_0 \times \mathbf{x})]$$

($\mathbf{x}_0$ は任意の定ベクトル（付録1参照））を用いると，展開式，

$$\int_{V_i} \mathbf{x} \times (\mathbf{x} \times \boldsymbol{\omega}_e)\, dV = \int_{V_i} \mathbf{r}_i \times (\mathbf{r}_i \times \boldsymbol{\omega}_e)\, dV + \int_{V_i} \mathbf{r}_i \times (\mathbf{x}_i \times \boldsymbol{\omega}_e)\, dV + \int_{V_i} \mathbf{x}_i \times (\mathbf{r}_i \times \boldsymbol{\omega}_e)\, dV$$

が簡単になり，

$$\frac{1}{3} \int_{V_i} \mathbf{x} \times (\mathbf{x} \times \boldsymbol{\omega}_e)\, dV = \frac{1}{3} \int_{V_i} \mathbf{r}_i \times (\mathbf{r}_i \times \boldsymbol{\omega}_e)\, dV + \mathbf{x}_i \times \mathbf{L}_i$$

が得られる．このように，i 番目の渦は，一つにはもともとの（渦の中心に関する）角インパルスを通じて，もう一つにはみずからの線インパルスを通じて，全体の角インパルスに寄与する．このことから，集団の中心から測った集団の正味の角運動量は，$\mathbf{L}_i$ と $\mathbf{H}_i$ を用いて，次のように書ける．

$$\mathbf{H} = \int_{V_c} \mathbf{x} \times \mathbf{u} dV = \frac{1}{3}\int_{V_c} \mathbf{x} \times (\mathbf{x} \times \boldsymbol{\omega}) dV = \sum \frac{1}{3}\int_{V_i} \mathbf{x} \times (\mathbf{x} \times \boldsymbol{\omega}_e) dV$$

$$= \sum \mathbf{H}_i + \sum \mathbf{x}_i \times \mathbf{L}_i$$

次に，角インパルスの保存について考える．$D(\mathbf{x} \times (\mathbf{x} \times \boldsymbol{\omega}))/Dt$ を求めるために渦度方程式(2.31)が使える．非粘性流体に対しては，

$$\frac{D}{Dt}\frac{1}{3}[\mathbf{x} \times (\mathbf{x} \times \boldsymbol{\omega})] = \mathbf{x} \times (\mathbf{u} \times \boldsymbol{\omega}) + \frac{1}{3}\boldsymbol{\omega} \cdot \nabla[\mathbf{x} \times (\mathbf{x} \times \mathbf{u})]$$

となり，さらに，$\mathbf{u} \times \boldsymbol{\omega} = \nabla(u^2/2) - \mathbf{u}\cdot\nabla\mathbf{u}$ を用いると，

$$\frac{D}{Dt}\frac{1}{3}[\mathbf{x} \times (\mathbf{x} \times \boldsymbol{\omega})] = -\mathbf{u}\cdot\nabla(\mathbf{x} \times \mathbf{u}) - \nabla \times \left(\frac{\mathbf{u}^2}{2}\mathbf{x}\right) + \frac{1}{3}\boldsymbol{\omega} \cdot \nabla[\mathbf{x} \times (\mathbf{x} \times \mathbf{u})]$$

が得られる．これを，球状検査体積 V_c にわたって積分すると，

$$\frac{d}{dt}\frac{1}{3}\int_{V_c} \mathbf{x} \times (\mathbf{x} \times \boldsymbol{\omega}) dV = -\oint_{S_c} (\mathbf{x} \times \mathbf{u})\mathbf{u}\cdot d\mathbf{S}$$

が得られる．予期したとおり，角インパルスの時間変化率は（マイナス）検査体積から流出する角運動量流束に等しい．次に，V_c の半径を無限大まで広げ，遠方場の流速が $|\mathbf{u}|_\infty \sim |\mathbf{x}|^{-3}$ で減少することに注意すると，無限の流体（もともとは渦度をもっていなかった）のなかで発達する乱れの集団に対しては，$\mathbf{H}$ は運動の動力学的不変量であると結論づけられる．すなわち，

$$\mathbf{H} = \frac{1}{3}\int_{V_c} \mathbf{x} \times (\mathbf{x} \times \boldsymbol{\omega}) dV = 一定，\quad (角インパルスの保存)$$

となる．

（v）閉じた空間内の自由減衰乱流における角運動量の制約

半径 R の球状領域内部に閉じ込められている乱れの集団について考える．l_0 を $t=0$ のときの乱れの積分スケールとし，$R \gg l_0$ とする．乱れのエネルギー密度は，式(5.2)に従って時間スケール l/u で減少する．一方，角運動量は表面に作用する応力の結果としてのみ変化し，Landau and Lifshitz (1959) によると，これは表面効果なので，これらの応力ははるかに大きな時間スケール，たとえば，τ_H で全体の角運動量に影響を及ぼす．これは，カスケードによって高められたエネルギー散逸が，全体の角運動量の減衰よりもずっと急速に起こることを意味する．このことは，$R \gg l$ である限り，閉じ込められた乱れの自由減衰を，角運動量を保存した状態でのエネルギーの単調減少として扱えることを示唆している（図5.13）．

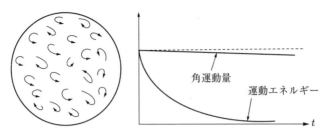

図 5.13 大きな閉じた領域の内部で乱れの集団の運動エネルギーは，角運動量よりもずっと早く減衰する．

(vi) 渦のあいだでの線インパルスの交換

多数の孤立渦からなる自由に減衰する乱れの集団 $\boldsymbol{\omega} = \sum \boldsymbol{\omega}_e$ を考える．この集団は，それがなければ渦度がないはずの無限領域にある．集団全体の線インパルス $\mathbf{L} = (1/2)\int \mathbf{x} \times \boldsymbol{\omega}\, dV$ と角インパルス $\mathbf{H} = (1/3)\int \mathbf{x} \times (\mathbf{x} \times \boldsymbol{\omega})\, dV$ は，減衰の過程で保存される（上の(ii)と(iv)参照）．しかし，それぞれの渦の線インパルス $\mathbf{L}_e$ と角インパルス $\mathbf{H}_e$ は，渦どうしのあいだでの運動量交換によって変化する．この交換の性質を明らかにしたい．この集団のなかの一つの渦を考える．それは，実質体積 V_m の内部にある渦度 $\boldsymbol{\omega}_e$ をもつ孤立した領域として特徴づけられる．粘性力を無視すれば，上の(ii)から，

$$\frac{D(\mathbf{x} \times \boldsymbol{\omega})}{Dt} = 2\mathbf{u} \times \boldsymbol{\omega} + \boldsymbol{\omega} \cdot \nabla(\mathbf{x} \times \mathbf{u})$$

が得られ，これより，

$$\frac{D\mathbf{L}_e}{Dt} = \int_{V_m} \mathbf{u} \times \boldsymbol{\omega}_e\, dV, \quad \mathbf{L}_e = \frac{1}{2}\int_{V_m} \mathbf{x} \times \boldsymbol{\omega}_e\, dV$$

となる．この式は，渦 V_m と周囲の渦のあいだでの線インパルスの交換を表している．この積分中に現れている速度は，二つの成分をもっている．すなわち，$\mathbf{u} = \mathbf{u}_e + \hat{\mathbf{u}}$ で，$\mathbf{u}_e$ は（ビオ・サヴァールの法則に従って）渦 $\boldsymbol{\omega}_e = \nabla \times \mathbf{u}_e$ にともなわれる速度，$\hat{\mathbf{u}}$ は遠くにあるほかの渦によって V_m 内部に誘起される非回転速度場である．$\mathbf{u}_e \times \boldsymbol{\omega}_e = \nabla(u_e^2/2) - \mathbf{u}_e \cdot \nabla \mathbf{u}_e$ だから，$\mathbf{u}_e \times \boldsymbol{\omega}_e$ の体積積分は表面積分に変換でき（境界を無限大まで広げる），その結果，$\mathbf{u}_e$ は上の積分にはなんら正味の寄与をしないと結論づけられる．すると，明らかに，

$$\frac{D\mathbf{L}_e}{Dt} = \int_{V_m} \hat{\mathbf{u}} \times \boldsymbol{\omega}_e\, dV$$

であり，さらに，V_m にわたっての $\boldsymbol{\omega}_e$ の体積積分はゼロなので，この式は，

$$\frac{D\mathbf{L}_e}{Dt} = \int_{V_m} (\hat{\mathbf{u}} - \hat{\mathbf{u}}_0) \times \boldsymbol{\omega}_e dV$$

と書きなおすことができる．ここで，$\hat{\mathbf{u}}_0$ は V_m の中心における $\hat{\mathbf{u}}$ である．

次に，周囲の渦による非回転ひずみ場が V_m のスケールで見れば一様とみなせるとする．このとき，上の式は，

$$\frac{D\mathbf{L}_e}{Dt} = -\left[(\mathbf{L}_e \cdot \nabla)\hat{\mathbf{u}}\right]_0$$

のように簡単になる（証明は読者の演習とする．結果に至るには V_m 内部で $\hat{\mathbf{u}}$ が非回転であることが必要である）．次に，図 5.14 に描かれているように，V_m 内にあるさきほどの渦が周囲の一つの渦と干渉することを考える．もし，これら二つの渦が大きく離れているとすると，$\hat{\mathbf{u}}$ に対して遠方場近似，

$$\hat{\mathbf{u}} = -\frac{1}{4\pi}(\hat{\boldsymbol{L}} \cdot \nabla)\left(\frac{\mathbf{r}}{r^3}\right) + O(r^{-4})$$

を用いることができる（付録 2 参照）．ここで，$\hat{\boldsymbol{L}}$ は遠方の渦の線インパルス，$\mathbf{r}$ は遠方の渦から V_m に向けてとった二つの渦の位置の隔たりである．これらの結果をまとめると，

$$\frac{D\mathbf{L}_e}{Dt} = \frac{1}{4\pi}(\mathbf{L}_e \cdot \nabla)(\hat{\boldsymbol{L}} \cdot \nabla)\left(\frac{\mathbf{r}}{r^3}\right) + O(r^{-5})$$

となる．$1/r$ 展開の初項までを考えると，二つの渦は $\hat{\boldsymbol{L}}$，$\mathbf{L}_e$，r^{-4} に比例する速さで線インパルスを交換する．このことから，もし，初期に $\hat{\boldsymbol{L}}$ と $\mathbf{L}_e$ がともにゼロなら，線運動量の交換は非常に弱く，高々 r^{-6} 程度であることがわかる．この式は，乱れの集団のなかで N 個の渦（渦の塊）が同時に干渉する場合に対しても簡単に拡張することができる．このようにして，以下の結論が得られる．

乱れの集団のなかの二つの離れた渦どうしの干渉の強さを線インパルスの交換率で評価すると，それは渦がゼロでない線インパルスをもって

図 5.14 乱れの集団のなかの渦は，線インパルスと互いの間隔 $\mathbf{r}$ によって決まる速さで線インパルスを交換する．もし，両者が有限の線インパルスをもっているとすると，r^{-4} に比例する割合で運動量を交換する．もし，両者の初期のインパルスがゼロなら，交換は $O(r^{-6})$ 以上にはならない．

いるかどうかで決まる．両者の線インパルスが有限であれば，干渉は r^{-4} のオーダーである．両者の線インパルスがどちらもゼロであれば，干渉は r^{-6} のオーダー以上にはならない．

第6章において，乱れの長距離干渉のアイディアについてもう一度述べる．そこでは，大スケール渦の動力学にとってそれが決定的な役割を演じることが示される．

最後に，さきほどの孤立渦の角インパルス，$\mathbf{H}_e = (1/3)\int_{V_m} \mathbf{x} \times (\mathbf{x} \times \boldsymbol{\omega}) dV$ について考えよう．$\mathbf{x}$ は便宜上，V_m の中心から測るものとする．上述の(iv)より，

$$\frac{D}{Dt}\frac{1}{3}[\mathbf{x} \times (\mathbf{x} \times \boldsymbol{\omega})] = \mathbf{x} \times (\mathbf{u} \times \boldsymbol{\omega}) + \frac{1}{3}\boldsymbol{\omega}\cdot\nabla[\mathbf{x} \times (\mathbf{x} \times \mathbf{u})]$$

であり，これより，$\mathbf{H}_e$ は，

$$\frac{D\mathbf{H}_e}{Dt} = \int_{V_m} \mathbf{x} \times (\mathbf{u} \times \boldsymbol{\omega}) dV$$

に従って変化することがわかる．さらに，線インパルスの場合と同様に，局所的に誘起された速度 $\mathbf{u}_e$ は右辺の積分に寄与しない．その結果，$\hat{\mathbf{u}}$ を離れた渦による非回転速度として，

$$\frac{D\mathbf{H}_e}{Dt} = \int_{V_m} \mathbf{x} \times (\hat{\mathbf{u}} \times \boldsymbol{\omega}) dV$$

が成り立つ．この関係は，V_m 内部の渦と周辺の渦のあいだでの角インパルスの交換を表している．

(vii) 異なるスケールから生まれるエンストロフィーは足し合わせ可能か？

われわれは，乱流場のエンストロフィーが，あたかもいろいろなスケールのあいだにはっきりと分布しているかのようにいうことが多い．すなわち，一つのスケールの渦が $\langle \boldsymbol{\omega}^2 \rangle/2$ に対してある寄与をし，別のスケールの渦はまた別の寄与をし，以下同様という具合である．しかし，事実はそうではない．たとえば，$\boldsymbol{\omega}_n$ をそれぞれのサイズの渦の渦度場として，$\boldsymbol{\omega} = \sum \boldsymbol{\omega}_n$ を考えてみよう．すると，$\boldsymbol{\omega}^2 = \sum\sum \boldsymbol{\omega}_n \cdot \boldsymbol{\omega}_m$ であり，$\boldsymbol{\omega}_n \cdot \boldsymbol{\omega}_m \, (n \neq m)$ の形のクロス項が現れる．このクロス項は，もちろん，ある一つのサイズの渦だけで決まるものではない．しかし，運よく渦のサイズが非常に大きく隔たっているときは，これから示すようにクロス項は小さい．

同じ空間を占める大きい渦と小さい渦を考える．それらの渦度分布を $\boldsymbol{\omega}^S$ と $\boldsymbol{\omega}^L$ と書く．このとき，合計のエンストロフィーは，

$$\frac{1}{2}\int_{V_L} \boldsymbol{\omega}^2 dV = \frac{1}{2}\int_{V_L} (\boldsymbol{\omega}^L)^2 dV + \frac{1}{2}\int_{V_S} (\boldsymbol{\omega}^S)^2 dV + \int_{V_S} \boldsymbol{\omega}^L \cdot \boldsymbol{\omega}^S dV$$

となる．ここで，V_L と V_S は大と小の渦がそれぞれ占める体積で，$V_L \gg V_S$ である．次に，

$$\boldsymbol{\omega}^L \cdot \boldsymbol{\omega}^S = \boldsymbol{\omega}^L \cdot (\boldsymbol{\omega}^S \cdot \nabla \mathbf{x}) = \boldsymbol{\omega}^S \cdot \nabla (\boldsymbol{\omega}^L \cdot \mathbf{x}) - (\boldsymbol{\omega}^S \cdot \nabla \boldsymbol{\omega}^L) \cdot \mathbf{x}$$

と書き，$\boldsymbol{\omega}^S$ がソレノイド状で V_S の外部では無視できることに注意すると，右辺第一項の V_S にわたっての積分はゼロとなる．したがって，クロス項は，

$$\int_{V_S} \boldsymbol{\omega}^L \cdot \boldsymbol{\omega}^S dV = -\int_{V_S} \omega_i^S \frac{\partial \omega_j^L}{\partial x_i} x_j dV \sim \omega^S \frac{\omega^L}{l_L} l_S V_S$$

のオーダーとなる．ここで，l_S と l_L は二つの渦の特性長さスケールで，$\mathbf{x}$ は V_S の中心から測られている．$l_S \ll l_L$ であれば，これは $(\boldsymbol{\omega}^S)^2$ に比べて小さい．

5.2 再びコルモゴロフについて

5.2.1 小スケール渦の動力学

ここでは，コルモゴロフ（1941）の普遍平衡領域の理論について考える[4]．この理論は非常に具体的で，かつきわめて確固たる予測（2/3 乗則）を可能にしたなど，いろいろな意味で突出した理論である．このような結果は，乱流の分野ではきわめてまれである．出発点は構造関数，

$$\langle [\Delta v(r)]^2 \rangle = \langle [u_x'(\mathbf{x} + r\hat{\mathbf{e}}_x) - u_x'(\mathbf{x})]^2 \rangle$$

である．第 3 章で，われわれは，$\langle [\Delta v]^2 \rangle$ が，サイズが r またはそれ以下の渦がもつすべてのエネルギーであることを知った．たとえば，等方性乱流では，

---

[4] この節で扱われているアイディアは，コルモゴロフが 1941 年にロシア語で書いた二つの論文ではじめて発表された（便宜のために英訳が文献リストに載せてある）．これらの論文は G. K. バチェラーのおかげで西側の科学者の注目を引くことになった（G. K. Bachelor (1947)）．彼は，1945 年にケンブリッジで英訳を発見した．あの混乱の時代にロシアの雑誌の英訳版が USSR から英国にもたらされたのは注目すべきことだ（Moffatt (2002) は，ソビエトの雑誌のコピー集が北極海を西に航行する船のバラストとして使われていたことが，バチェラーの幸運な発見につながったと述べている）．いずれにしても，コルモゴロフの仕事を普及させたのはバチェラーであった．しかし，科学の世界ではよくあることだが，似たようなアイディアはそれぞれ独立にほかの多くの科学者によってもほぼ同時期に考えられていた．たとえば，1945 年に軍によってケンブリッジの郊外に拘束されていたハイゼンベルクは G. I. テイラーに，彼とフォン・ワイツゼッカーが小スケールの統計理論を開発したことを打ち明けていた．この理論は，コルモゴロフの仕事と多くの点で共通していることがあとからわかった．当然，ハイゼンベルクはコルモゴロフの仕事を知るよしもなかったし，実際，ゾンマーフェルトの *Lectures on Theoretical Physics* の 1946 年版では，新たな理論をもっぱらドイツ人科学者たちの業績としていた．物理化学者の L. オンセーガーも，1945 年に同様のアイディアを発表している．

$$\langle [\Delta v(r)]^2 \rangle \sim \frac{4}{3} [\text{サイズが } r \text{ またはそれ以下の渦のエネルギー}]$$

である.とりあえず,一様な自由減衰乱流に絞って考えよう(この制限はすぐに解除される).もし,受け入れられている知識に従えば,自由減衰乱流はしばらくすると初期条件の詳細をほぼ忘れてしまい,$\langle [\Delta v]^2 \rangle$に影響を及ぼすパラメータの数は限られてくるものと期待される.実際,

$$\langle [\Delta v(r)]^2 \rangle = \hat{F}(u, l, r, t, \nu) \tag{5.16}$$

の形がしばしば想定される.ここで,uは大スケール渦の代表速度,たとえば,$u^2 = \langle (u'_x)^2 \rangle$,$l$は積分スケールで縦相関関数を使って$l = \int f dr$と定義される.本当は,式(5.16)は完全ではない.第6章において,$\hat{F}$には少なくとも一つのパラメータが欠けていることが示される.とくに,自由減衰乱流は,線インパルスの保存または角運動量の保存にともなう統計的不変量をもっている.これは,小スケールを論じる限りはおそらく重要ではないが,大きなrの領域で$\hat{F}$の形に影響する.いずれにしても,当面は上の$\hat{F}$のなかのパラメータリストは完全であると仮定して話をさきへ進めよう.最初に,大スケール渦に対するスペクトルの形について考えよう.

$r \gg \eta$(ηはコルモゴロフスケール)のとき,粘性力は無視でき,式(5.16)からνを除外することができる.無次元の形にすると,式(5.16)は,

$$\langle [\Delta v(r)]^2 \rangle = u^2 F(r/l, ut/l) \tag{5.17}$$

となる.ここで,Fは$\hat{F}$と違って無次元関数である.減衰する格子乱流では,この式は,3.2.6項で述べたように,さらに簡単化されて,

$$\langle [\Delta v(r)]^2 \rangle = u^2 F(r/l) \tag{5.18}$$

のように自己相似形になる.ここで,Fは縦相関関数fとのあいだに,$F = 2(1-f)$の関係がある.

自己相似形の式(5.18)は,自己保存型相関とよばれる.図5.15は,バチェラーによる自己保存型相関の一例である(Batchelor (1953))(じつは,この図に示されているのはFではなくfである).この相関関数は格子乱流の減衰過程中のいろいろな時刻において測定されたものである.

次に,一様流の制限を解除して,$r \ll l$の小スケールの渦について考えよう.コルモゴロフはこの領域に興味をもった.彼は,これらの小スケールの渦が統計的に等方性(局所等方性とよばれている)であり,統計的に平衡で,なおかつ普遍的な形をしていると主張した.これらの三つの用語が何を意味するのか,またなぜそれがもっと

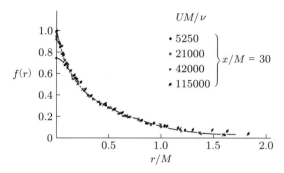

図 5.15 格子乱流の減衰過程の異なる時間における縦相関関数の測定. M はメッシュサイズ (Batchelor (1953) より)

もな仮定といえるのかを説明してみよう.

　エネルギーカスケードについての現象論を認めたとして,サイズが $r \ll l$ の渦に関していえる二つの重要な事柄がある. 第一に,それらは複雑な先祖をもっている. それらは,より大きな渦の子孫であり,そのより大きい渦はさらに大きい渦を親としている. したがって,親の,親の,親の,そのまた親に関する情報などは覚えていないと仮定するのはもっともだ. そればかりではなく,小スケールの渦は大スケールの渦に直接壊されることはなさそうだ. なぜなら,小さい渦のスケールで見れば,大スケールの構造にともなう速度場はほとんど一様に見え,それは,単に小スケールの渦を受動的に移流するだけだからである (図 5.9).

　第二に,小スケールの構造の特性時間は,大スケールのそれに比べて非常に短い. たとえば, コルモゴロフマイクロスケールではターンオーバー時間は, $(\eta/v) \sim (l/u)(ul/\nu)^{-1/2} \ll l/u$ であり, 中間サイズの渦のターンオーバー時間は大スケールから小スケールに向かって単調に減少すると予想される. つまり, 小スケールは大スケールを直接に感知することはなく, 大スケールは小スケールよりはるかにゆっくりと変化する.

　さて, 一般に大スケールは非等方性で統計的に非定常である. しかし, 非等方性は乱れを生み出し, 維持する機構から生まれるものである. 大きさのスケールが $r \ll l$ の構造は大スケールの渦を直接感知しないし, 大スケールの渦は (小スケールに比べて) 非常にゆっくりと変化するので, 小さい構造は大スケールの非等方性を感じないと見るのはもっともだ. そればかりでなく, 小スケールの構造は, カスケードに沿って降りてくるエネルギー流束が $\Pi = \Pi(t)$ で変化する以外には, 全体の流れが時間に依存していることも感じないのだろう. そのため, 小さい渦は各瞬間において大きいスケールとのあいだでほぼ統計平衡の状態にあり, 大体において等方的である. これ

が，コルモゴロフの局所等方性と統計平衡という言葉が意味するところである．$r \ll l$ の領域を普遍平衡領域という．

小スケールが統計的に見て等方的になるという傾向を説明する興味深い（少し簡単化されてはいるが）概念図がブラッドショウによって提案されている（Bradshaw (1971)）．大スケールの渦管があり，平均ひずみによって伸張を受けたとする．それが z 軸方向を向いていたとすると，伸張による運動エネルギーの増加は，おもに u'_x と u'_y をともなう．この強められた速度成分は，次に，もとの渦の近くにある，より小さな渦を引き伸ばす．たとえば，$\mathbf{u}'$ の x 成分の x 方向の勾配は x 軸方向を向いた，より小さい渦を引き伸ばし，速度増加 u''_z と u''_y を生む（二重プライムは，より小さい渦管にともなう速度場を表している）．一方，u'_y の勾配は u''_z と u''_x を生む．次に，さらに小さい渦管に対する $\mathbf{u}''$ の影響を考えるという具合に続く．このようにして，大スケールの伸張の結果が，次々と小スケールに伝播していくようすを示す「家系図」が描ける．得られた図が図 5.16 である．重要なことは，より小さなスケールに受け渡されるにつれて，大スケール渦の非等方性が急速に失われることである．

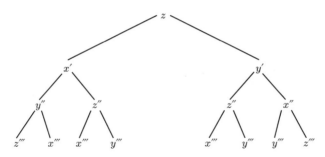

図 5.16 初期に渦管の z 方向伸張からはじまった渦伸張の三世代．三世代目に至るころには大スケールの非等方性はほとんど感じられなくなっている．

さて，もう一度，式(5.16)にもどろう．t は $\Pi \sim \varepsilon \sim u^3/l$ に影響すること以外には関係なさそうである．このことは，u や l についても同様だから，式(5.16)は，

$$\langle [\Delta v]^2 \rangle = \hat{F}(\Pi, \nu, r) \quad (r \ll l)$$

となるが，Π の代わりに ε を用いて，

$$\langle [\Delta v]^2 \rangle = \hat{F}(\varepsilon, \nu, r) \quad (r \ll l) \tag{5.19}$$

のように書かれるのが普通である．これは，コルモゴロフの第一相似仮説の特別な場合で，次のことを述べている．

5.2 再びコルモゴロフについて

Re が十分大きく $r \ll l$ のとき，$[\Delta v](r)$ の統計的性質は $\varepsilon = \langle 2\nu S_{ij}S_{ij}\rangle$, r, ν だけで決まる普遍性を示す.

式(5.19)を無次元形式で書けば，

$$\langle [\Delta v]^2 \rangle = v^2 F(r/\eta) \tag{5.20}$$

となる. v, η はコルモゴロフのマイクロスケール $v = (\nu\varepsilon)^{1/4}$, $\eta = (\nu^3/\varepsilon)^{1/4}$ である. 大スケールは小スケールに対して間接的な影響しかもたないし，また流れの全体的な形状は大スケールにしか影響を及ぼさないから，$F(r/\eta)$ は，すべての乱流に共通な普遍関数であろうと予想される（すなわち，第一相似仮説における普遍性の主張である）．これが，コルモゴロフの普遍平衡理論の基礎となっている.

高レイノルズ数の流れに対する実験データを調べてみると，式(5.20)を使ってデータは非常にうまくまとめられ，F が実際に普遍的であることがわかる．たとえば，図5.17には，境界層，後流，格子，ダクト，円管，噴流あるいは海洋まで，いろいろなデータが集められている (Saddoughi and Veeravalli (1994)). この図では，エネルギースペクトルが $\langle [\Delta v]^2 \rangle / v^2$ ではなく，コルモゴロフマイクロスケールで正規化されている．しかし，じきに示されるように，$\langle [\Delta v]^2 \rangle / v^2$ が r/η の普遍関数である場合には，つねに $kE(k)/v^2$ が $k\eta$ の普遍関数でなければならない．言い換えると，式(5.20)のテストとしては，$E(k)/v^2\eta$ が $k\eta$ の普遍関数になっているかどうかを見ればよい．k を η で，$E(k)$ を $v^2\eta$ で正規化すると，$r \ll l$ では，すべてのデータは1本の普遍曲線に乗る（各データセットは異なる Re に対するもので，普遍曲線からずれはじめる $k\eta$ の値は同じではない）．この結果は，式(5.20)の確固たる証明であり，コルモゴロフの理論 (1941) の偉大な功績である.

しかし，このデータにもとづいて，コルモゴロフ理論のすべてを是認することには注意が必要である．たとえば，普遍平衡領域が存在するということ自体は，コルモゴロフの局所等方性仮説を直接保証するものではない．局所等方性は，普通，非常に大きい k において成り立つのだが，じつは，いまでは，局所等方性が完全に満たされるより低い周波数領域で，すでに普遍平衡領域がはじまっていることを示すはっきりした証拠がある．ある極端な場合には，大スケールの非等方性が散逸領域に至るまでのほとんど全周波数領域で認められている (Ishihara, Yoshida and Kaneda (2002)).

このように，コルモゴロフによる1941年の理論の基礎の一つはやや弱いように見受けられる．普遍性というコルモゴロフのもう一つの主張も非難のまとになっている．じつは，非常に早い段階から，ランダウは平衡領域の乱れの構造が普遍的な形をしているというコルモゴロフの主張に異議を唱えていた．ランダウとリフシッツの

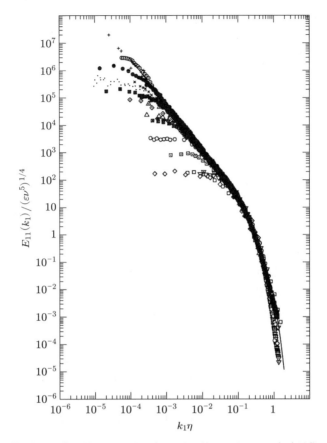

図 5.17 エネルギースペクトルとコルモゴロフスケールで無次元化された波数の関係. データは Saddoughi and Veeravalli (1994) のほか, 境界層, 後流, 格子乱流, ダクト流, 円管流, 噴流, 海洋流など, 多くの実験データがまとめられている. $kl \gg 1$ のすべてのデータはコルモゴロフスケールで正規化すると普遍曲線に乗る. このことは, 式(5.28)およびコルモゴロフの普遍平衡理論の直接のサポートとなる. (Cambridge University Press の許可済)

Fluid Mechanics の初版（英訳版は Landau and Lifshitz (1959)）には, 乱流理論に強い影響を与えた脚注が載っている. そこには, 次のような記述がある.

　　l に比較して小さなすべての r に対して $\langle [\Delta v]^2 \rangle$ を求めることができ, しかも, 任意の乱流に適用できるような普遍公式が存在する可能性が原理的にはあり得ると考えることができよう. しかし, 以下の議論から, 実際には, このような公式は存在し得ないことがわかる. $\langle [\Delta v]^2 \rangle$ の瞬

時値は，原理的には，その瞬間におけるエネルギー散逸率 ε の普遍関数であろう．しかし，これを平均すると，大事な部分は大スケール渦（サイズ $\sim l$）の時間程度にわたっての ε の時間変化の法則で決まり，この法則は流れによってまちまちである．したがって，平均の結果は普遍的ではあり得ない．

この短い言葉に込められた物理的見通しは驚くべきもので，いまだに乱流の一部の分野では，その帰結を明らかにする努力が続けられている．ランダウの反対意見は，時間領域より空間領域に読み替えられるのが普通である．ランダウが予見した困難は，次の点である．コルモゴロフ理論では，局所の Π の代わりに ε が使われている．そして，重要な散逸の全体平均 $\langle \varepsilon \rangle$ ではなく，r より少し大きく l よりはるかに小さい体積にわたっての局所平均が扱われている．この ε の局所平均は，それ自体が場所と時間のランダム関数で，原理的にその変動状況は流れごとに異なる．これは，そのあと，重要な結果をもたらすことになる，あなどりがたい点である．

以上をまとめると，実験データはコルモゴロフの第一相似仮説（少なくとも，式 (5.20) の形で）を強く支持しているように見えるが，平衡領域では，等方的かつ普遍的である（すべての流れで同じ）という彼の主張は，厳密には正しくないかもしれない．それでも，図 5.17 に力を得て，とりあえず，ランダウの反論はそのままにして，コルモゴロフの理論についてもう少し考えてみよう．

普遍平衡領域のなかに部分領域を考える．慣性小領域とよばれるこの部分領域は，$\eta \ll r \ll l$ を満足する．この領域では，ν は適切なパラメータではないと予想されることから，コルモゴロフの第二相似仮説が導かれる．これは，次のことを述べている．

　　Re が大きいとき，$\eta \ll r \ll l$ の領域では，$[\Delta v](r)$ の統計的性質は，r と $\varepsilon = \langle 2\nu S_{ij} S_{ij} \rangle$ だけで決まる普遍的な形をしている．

式 (5.20) から ν が消える唯一の可能性は，$F(x) \sim x^{2/3}$ となることである．したがって，慣性小領域では，

$$\langle [\Delta v]^2 \rangle = \beta \varepsilon^{2/3} r^{2/3} \quad (\eta \ll r \ll l) \tag{5.21}$$

となる．β は（この理論によれば）普遍定数で，約 2 であることが見い出されている．これは，コルモゴロフの 2/3 乗則として知られている．$\langle [\Delta v]^2 \rangle$ ではなく，エネルギースペクトルで表現すると，

$$E(k) = \alpha \varepsilon^{2/3} k^{-5/3} \tag{5.22}$$

となる．これより，Re→∞のとき $\alpha \approx 0.76\beta$ となる（Landau and Lifshitz（1959）参照）．式(5.22)は，コルモゴロフの5/3乗則として知られている．式(5.22)は，式(5.21)を導いたときと同様に，次元関係からも求められるし，あるいは，

$$\langle [\Delta v(r)]^2 \rangle \sim \int_{\pi/r}^{\infty} E(k)\,dk$$

を用いても求めることができる（3.2.5項参照）．

以上をまとめると，渦のスペクトルは，表5.1および図5.18に示すように，三つの領域に分割できる．

表5.1 等方性乱流における二次の構造関数のスケール則

	範囲	$\langle [\Delta v(r)]^2 \rangle$ の形
エネルギー保有渦 （自由減衰乱流のみ）	$r \sim l$	$\langle [\Delta v]^2 \rangle = u^2 F(r/l)$
慣性小領域 （すべてのタイプの乱流）	$\eta \ll r \ll l$	$\langle [\Delta v]^2 \rangle = \beta \varepsilon^{2/3} r^{2/3}$
普遍平衡領域 （すべてのタイプの乱流）	$r \ll l$	$\langle [\Delta v]^2 \rangle = v^2 F(r/\eta)$

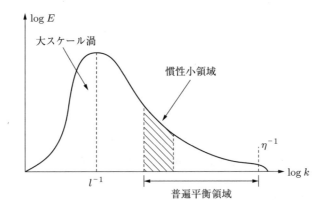

図5.18 表5.1に対応するエネルギースペクトルの各領域

第6章と第8章で再びこの表にもどるが，そのとき，この表は修正が必要であることがわかるだろう．いまの段階では，慣性小領域を得るためには非常に大きいReが必要であることだけを注意しておこう．$\eta \sim (ul/\nu)^{-3/4}$ であったことを思い出そう．もし，$\eta \ll r \ll l$ を満足するような r の領域を得たいなら，$\mathrm{Re}^{3/8} \gg 1$ を必要とする．これを風洞実験で実現することは非常に困難である．できなくはないし，現に行われたことはあるが．

5.2 再びコルモゴロフについて

オブコフによるといわれている，2/3 乗則を導くもう一つの方法がある．オブコフの理論は，$\langle[\Delta v(r)]^2\rangle$ ではなく $E(k)$ を用いて組み立られるのが普通だが，ここでは，物理空間のままで考える．大きさ r の渦が代表速度 v_r をもっているとする．カスケード過程で小スケールに降りてくるエネルギー流束は一定であることはまえに述べたとおりであり（統計的平衡状態に近いとして），したがって，普遍平衡領域の各点でのエネルギーカスケード $\Pi(r)$ は ε に等しくなければならない．また，大スケールの渦はみずからのターンオーバー時間で変化する（みずからのエネルギーを受け渡す）ので，$\Pi(l) \sim u^3/l$ となることをすでに見てきた．いま，このことがすべての渦についていえる．すなわち，大きさ r の渦は，時間スケール r/v_r で変化するものとする．すると，$\Pi(r) \sim v_r^3/r$ となる．したがって，統計的平衡状態にあるスペクトルのこの部分では，$\varepsilon = \Pi(r) \sim v_r^3/r$ となり，これから，$v_r^2 \sim \varepsilon^{2/3} r^{2/3}$ が得られる．しかし，$\langle[\Delta v]^2\rangle$ はサイズが r またはそれ以下のすべての渦の合計のエネルギーのオーダーであり，おもな寄与はサイズ r の渦からのものである．なぜなら，これらがもっとも活発だからである．すると，$v_r^2 \sim \langle[\Delta v]^2\rangle$ となり，これから $\langle[\Delta v]^2\rangle \sim \varepsilon^{2/3} r^{2/3}$ が得られる．$\langle[\Delta v]^2\rangle$ の $r^{2/3}$ 挙動を説明する方法は一つだけではなさそうだ（じつは，コルモゴロフ自身も 2/3 乗則を，まったく違った二つの方法で導いている（5.3.1 項参照））．

実験精度の範囲内で見る限り，$r^{2/3}$ 則（あるいはこれと等価な $k^{-5/3}$ 則）は正しいことは疑いない．この法則を支持する風洞実験データは，たとえば，Townsend (1976) や Frisch (1995) において報告され，Monin and Yaglom (1975) には 2/3 乗則と実験的検証についての多くの記述がある．いくつかの実験データは $r^{2/3}$ からややずれてはいるが，このずれも大抵の場合，実験データのばらつきよりは小さい．興味深いことに，コルモゴロフは，この理論を打ち立てるまえに，1935 年のゴーデッケ（Godecke）のデータを認識していて，これが $r^{2/3}$ 則の大きなきっかけになったという逸話がある（ゴーデッケのデータは Monin and Yaglom (1975) に掲載されている）．このように，コルモゴロフの普遍平衡仮説は疑いもなくひらめきによるものではあるが，自然がいくつかのヒントを与えていたようだ．

最後に，いくつかの注意を述べてこの項の結論としよう．第 3 章で，p 次の構造関数が，

$$\langle[\Delta v]^p\rangle = \langle[u_x(\mathbf{x} + r\hat{\mathbf{e}}_x) - u_x(\mathbf{x})]^p\rangle \tag{5.23}$$

のように定義できることを述べた．コルモゴロフの第二相似仮説に従うと，慣性小領域における $\langle[\Delta v]^p\rangle$ の形は，

$$\langle [\Delta v]^p \rangle = \beta_p (\varepsilon r)^{p/3} \quad (\eta \ll r \ll l) \tag{5.24}$$

である.これ以外の組み合わせでは,νをパラメータとして消し去ることはできない.$p=2$とすれば2/3乗則になる.$p=3$のときは$\langle [\Delta v]^3 \rangle = \beta_3 \varepsilon r$である.事実,乱れが全体的に見て等方的であれば,この関係はナヴィエ・ストークス方程式から直接導くことができ,その際,$\beta_3 = -4/5$となる(第6章参照).このように,厳密な式,

$$\langle [\Delta v]^3 \rangle = -\frac{4}{5} \varepsilon r \tag{5.25}$$

が,コルモゴロフの現象論的な理論の特別なケースとして得られる.これは,コルモゴロフの4/5法則として知られている.また,これは2/3乗則と同様に,実験データにより検証されている.それだけではなく,コルモゴロフが示唆したとおり,β_3が普遍定数であることは心強い.ここまでは順調である.しかし,不幸にして,pが3より大きくなると問題が起こりはじめる.$\langle [\Delta v]^p \rangle \sim r^n$の指数$n$は$p/3$より小さくなりはじめる.最初のうちは,ずれは小さいが,pが12程度になると指数nは4ではなく2.8程度となる.明らかに,コルモゴロフ理論には何か不完全な点があり,これがランダウの謎めいた(しかし,あとから考えると意味深い)反論に関係している.

問題とは,次のようなものである.散逸$2\nu S_{ij}S_{ij}$は空間的に非常に間欠的である.散逸が大きい領域と小さい領域が混在しているのである.サイズがr(rはlよりはるかに小さいと仮定する)のある領域では,小スケールへの瞬時のエネルギー流束$\Pi(r,t)$は,その領域における散逸の空間平均に等しいはずである.したがって,その場における瞬時のエネルギー流束$\Pi(r,t)$に支配されているサイズがrの渦の動力学は,全体平均の散逸率$\varepsilon = \langle 2\nu S_{ij}S_{ij} \rangle$よりも,むしろ,サイズ$r$の体積領域にわたっての$2\nu S_{ij}S_{ij}$の平均によって決まるに違いない.そこで,

$$\varepsilon_{AV}(r, \mathbf{x}, t) = \frac{1}{V_r} \int_{V_r} (2\nu S_{ij}S_{ij}) dV$$

と定義する.この式で,V_rは$\mathbf{x}$を中心とする半径rの球状体積である.すると,コルモゴロフの第二相似仮説は,次のように修正されるだろう.

> Reが大きく,rが$\eta \ll r \ll l$の範囲にある場合,$\varepsilon_{AV}(r)$に依存する$[\Delta v](r)/(r\varepsilon_{AV}(r))^{1/3}$の統計的性質は普遍的な形になり,すべてのタイプの流れに共通でνとε_{AV}に無関係となる.

このことは,式(5.24)が,

$$\langle [\Delta v]^p(r) \rangle = \beta_p \langle \varepsilon_{AV}^{p/3}(r) \rangle r^{p/3} \quad (\eta \ll r \ll l)$$

のようにおき換えられるべきであることを暗に示しており，これは，コルモゴロフの改良版相似仮説とよばれることがある (kolmogorov (1962))．もとの理論と同じく，β_p は普遍的，すなわち，すべてのタイプの流れに共通である．$\langle \varepsilon_{AV}(r) \rangle = \varepsilon$ (全体平均の散逸) であることに注意すると，4/5 法則はこの改良によってもかわらないことがわかる．しかし，$p \neq 3$ に対しては，$\langle [\Delta v]^p \rangle$ は，もはや $r^{p/3}$ の形にはスケールされない可能性がある．$\langle [\Delta v]^p \rangle$ と r の関係を決定するためには，$\varepsilon_{AV}(r)$ の統計的性質を調べ，$\langle \varepsilon_{AV}^{p/3}(r) \rangle$ を，たとえば，r, l, $\varepsilon = \langle 2\nu S_{ij} S_{ij} \rangle$ を用いて見積もる必要がある．

この問題については，第 6 章でもう一度議論する．その際，最初の理論の約 20 年後に，コルモゴロフは，$\varepsilon_{AV}(r)$ に関する対数正規モデルとよばれる簡単な統計モデルを提案し，これを使うと，式 (5.24) が，

$$\langle [\Delta v]^p \rangle = C_P (\varepsilon r)^{p/3} \left(\frac{l}{r} \right)^{\mu p (p-3)/18}$$

のようになることが示される．この式で，μ は間欠指数として知られている．μ は理論では普遍定数とされており，普通，$0.2 < \mu < 0.3$ の値が与えられるが，C_P は普遍ではない．実際は，コルモゴロフのもともとの仮説の修正を余儀なくさせた散逸の間欠性という根本的なアイディアは，いまでは一般に受け入れられているものの，Kolmogorov (1962) によって修正された正確な形については批判も多い．$p = 2$ のときには 2/3 乗則に対する修正はわずかで，おそらく，実験の不確かさの範囲内であろう．また，この修正の際にコルモゴロフは普遍性にはこだわっておらず，彼は，C_P を噴流，後流，境界層などに共通の普遍定数とはみなしていないことは注目すべきである．このことは，間欠性が流れごとにかわるとするランダウの考えと一致している．事実，第 6 章では，大スケールにもはっきりした間欠性が認められるような場合には，もとの理論の β_p も，改良後の C_P も普遍的ではないことが示される．

例題 5.2　小スケールと大スケールを識別するための速度場のフィルター操作

速度の一つの成分，たとえば，u_x が乱流場の 1 本の直線，たとえば，$y = z = 0$ に沿って測定されて $u_x(x)$ が得られたとする．この乱流場には大スケールの渦も小スケールの渦も存在しているから，得られた信号は小スケールと大スケールの変動を含んでいる．u_x に含まれる異なるスケールの信号を識別したい．そのために，新しい関数，

$$u_x^L(x) = \int_{-\infty}^{\infty} u_x(x - r) G_1(r) \, dr$$

を定義する．ここで，$G_1(r)$ は，

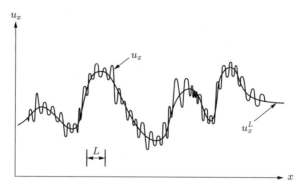

図 5.19 速度 $u_x(x)$ のフィルタリング

$$G_1(r) = 1/L \quad (|r| < L/2)$$
$$G_1(r) = 0 \quad (|r| > L/2)$$

で定義されるフィルター関数である．明らかに，u_x^L は，u_x を平滑化した，あるいは，フィルターをかけた関数で，L に比べて非常に細かいスケールの変動は含まれない．つまり，$u_x^L(x)$ は，u_x を x のまわりで長さ L にわたって平均した結果である（図 5.19）．同じような目的で使われるほかのフィルター関数としては，

$$G_2(r) = \frac{\exp(-r^2/L^2)}{\pi^{1/2}L}, \quad G_3(r) = \frac{\sin(\pi r/L)}{\pi r}$$

がある（三つの関数 G_i は，いずれも r の偶関数で，積分は 1 に等しく，$r \gg L$ では小さい）．フーリエ変換における畳み込み定理を使って，一般に，u_x^L のフーリエ変換は，

$$\hat{u}_x^L(k) = 2\pi \hat{u}_x(k) \hat{G}(k)$$

で与えられる．ここで，$\hat{u}_x(k)$ と $\hat{G}(k)$ は $u_x(x)$ と $G(r)$ のフーリエ変換である．次に，フィルター関数として G_3 を用いた場合は，$\hat{u}_x^L(k)$ は $\hat{u}_x(k)$ に対する $|k| > \pi/L$ からの寄与を消去した $u_x(x)$ の変換，すなわち，

$$\hat{u}_x^L(k) = \hat{u}_x(k) \quad (|k| < \pi/L)$$
$$\hat{u}_x^L(k) = 0 \quad (|k| > \pi/L)$$

であることを示せ．u_x^L は，サイズが L またはそれ以上の構造によって決まるのに対して，その変換は，k が π/L またはそれ以下に対してだけゼロではないことがわかる．結局，$u_x(x)$ のなかの速い変動の情報は $\hat{u}_x(k)$ のうち大きい k の部分に含まれ，一方，$u_x(x)$ のなかの遅い変動の情報は $\hat{u}_x(k)$ のうち小さい k の部分に含まれている．このように，フーリエ変換によって $u_x(x)$ 中の異なるスケールの情報を

識別することができる．この考えについては，第8章でさらに続ける．

例題 5.3 大スケールから小スケールへの運動エネルギーの転送

積分スケールがl，マイクロスケールがηの一様乱流がある．rをlとηの中間のある長さとする．渦度場を$\boldsymbol{\omega} = \boldsymbol{\omega}^L + \boldsymbol{\omega}^S$のように二つに分割する．$\boldsymbol{\omega}^L$は$r$より大きい構造による$\boldsymbol{\omega}$への寄与，$\boldsymbol{\omega}^S$を$r$より小さい構造による寄与とする（この分割はあいまいなものではなく，スケールを識別するために例題5.2で述べたフィルター関数を用いるという意味である）．ビオ・サヴァールの法則を用いれば，$\mathbf{u}$を$\mathbf{u}^L$と$\mathbf{u}^S$に分割することができ，それぞれ$\nabla \times \mathbf{u}^L = \boldsymbol{\omega}^L$，$\nabla \times \mathbf{u}^S = \boldsymbol{\omega}^S$である．また，$\mathbf{u}^L$と$\mathbf{u}^S$はソレノイド状である．ナヴィエ・ストークス方程式から，

$$\frac{\partial}{\partial t}\left\langle \frac{1}{2}\rho(\mathbf{u}^L)^2 \right\rangle + \left\langle \rho\mathbf{u}^L \cdot \frac{\partial \mathbf{u}^S}{\partial t} \right\rangle = \langle \tau_{ij}^L S_{ij}^S - \tau_{ij}^S S_{ij}^L \rangle + \nu(\sim)$$

$$\frac{\partial}{\partial t}\left\langle \frac{1}{2}\rho(\mathbf{u}^S)^2 \right\rangle + \left\langle \rho\mathbf{u}^S \cdot \frac{\partial \mathbf{u}^L}{\partial t} \right\rangle = \langle \tau_{ij}^S S_{ij}^L - \tau_{ij}^L S_{ij}^S \rangle + \nu(\sim)$$

が得られることを示せ．ここで，S_{ij}はひずみ速度で，$\tau_{ij}^L = -\rho u_i^L u_j^L$，$\tau_{ij}^S = -\rho u_i^S u_j^S$である．フィルター関数を注意深く選べば（たとえば，例題5.2のG_3のように），左辺のクロス項はゼロとすることができて（Frisch (1995)），最終的に，

$$\frac{\partial}{\partial t}\left\langle \frac{1}{2}(\mathbf{u}^L)^2 \right\rangle = -\Pi_r - \nu\langle(\boldsymbol{\omega}^L)^2\rangle$$

$$\frac{\partial}{\partial t}\left\langle \frac{1}{2}(\mathbf{u}^S)^2 \right\rangle = \Pi_r - \nu\langle(\boldsymbol{\omega}^S)^2\rangle$$

$$\rho\Pi_r = \langle \tau_{ij}^S S_{ij}^L - \tau_{ij}^L S_{ij}^S \rangle$$

となる．関数$\Pi_r(r)$は，慣性にドライブされて大スケールから小スケールへ転送されるエネルギー流束を表し，その具体的な形はフィルター関数をどのように選ぶかによる．

せん断流中では，$\tau_{ij}^R \bar{S}_{ij}$が正であるのと同じ理由で，$\langle \tau_{ij}^S S_{ij}^L \rangle$はゼロでない正であると予想される．すなわち，大スケールによるひずみS_{ij}^Lが小スケール渦に作用し，小さい渦糸をその最大ひずみの方向に引き伸ばし，エネルギーを増加させる．$\langle \tau_{ij}^S S_{ij}^L \rangle$がより小スケールへのエネルギー転送を支配するという考え方は，ラージエディーシミュレーションにおけるスマゴリンスキーのサブグリッドモデル（7.1.2項参照）やハイゼンベルクの完結仮説（8.2.2項参照）の根拠となっている．ここで，関数$V(r)$を，次のように定義する．

$$\left\langle \frac{1}{2}(\mathbf{u}^S)^2 \right\rangle = \int_0^r V(s)\,ds$$

見てわかるとおり，$V(r)$ は大きさ r の渦を特徴づけるエネルギー密度のようなものである．粘性効果が重要ではなく，乱れが擬似平衡状態にある慣性小領域では，Π_r はサイズ r の渦の挙動によって決まり，それはまた，$V(r)$ と r によって決まり，ν には依存せず，時間の陽関数でもないと予想される．このことは，暗に，$\Pi_r = \Pi_r(V, r)$ を意味する．もし，これが正しいとすれば，次元の関係から，$\Pi_r \sim V^{3/2} r^{1/2}$ でなければならないことを示せ．したがって，また，高 Re の乱れでは，コルモゴロフの 2/3 乗則のように，

$$\left\langle \frac{1}{2}(\mathbf{u}^S)^2 \right\rangle \sim \Pi^{2/3} r^{2/3}$$

であることを確認せよ．

5.2.2 乱れに誘起される受動スカラーの変動

コルモゴロフのアイディアが，混入物の乱流混合にどのように拡張できるかについて示そう．たとえば，温度，煙，染料のような，スカラー量の分布に対する乱流速度場の影響が興味の対象となるようなケースはたくさんある．もし，スカラー量が乱れに動力学的効果をもたらさないなら，われわれは，それを受動スカラーとよぶ．

ほとんどの受動スカラーは，

$$\frac{\partial C}{\partial t} + (\mathbf{u} \cdot \nabla) C = \alpha \nabla^2 C$$

の形の移流 – 拡散方程式に従う．ここで，C はスカラー量（温度や染料濃度など）で，α は拡散係数である．乱流の場合には普通であるが，ペクレ数 $\text{Pe} = ul/\alpha$ が大きい場合には大スケールの渦では，拡散は無視できる．このとき，C は流体粒子につけたマーカーのようなはたらきをする．拡散は，$\text{Pe} \sim 1$ となるようなスケールにおいてはじめて重要になる．この節で，われわれはもっぱら，$ul/\alpha \gg 1$ かつ $ul/\nu \gg 1$ であるような場合を扱う．このとき，拡散の効果はマイクロスケールの乱れに限定される．また，平均流もないものとする．この二番目の制限は現実にはめったに満たされないが，解析が大幅に簡単になるというメリットがある．

受動スカラーについて研究するときによく話題になる，三つの互いに関連した問題がある（図 5.20）．

問題 1：テイラー拡散　　点源から乱流中に染料が連続的に注入されている場面を想像せよ．時間が経つと染料の集団は乱流混合によって広がる．当然の疑問は，時間 t 後の染料集団の大きさは平均してどのくらいかである．$ul/\alpha \gg 1$ だから，この疑問は点源から注入された流体粒子が時間 t のあいだに平均してどのくらいの距離まで移

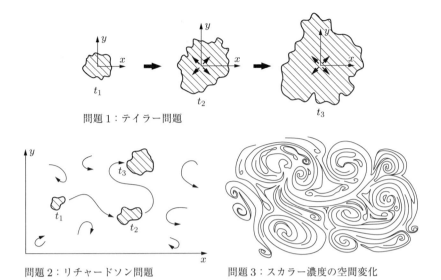

図 5.20 テイラー問題において，われわれは，定点からの混入物の連続的な注入を考え，混入物の集団が広がる速さを見積もる．リチャードソン問題では，$t = 0$ において小さなパフが注入され，それが乱流中であちこち動きまわりながら成長する速さをわれわれは求めようとする．問題3では混入物は媒質中で不均一に広がる．

動するかという疑問と同じである．この問題は，テイラーの単一粒子拡散の問題とよばれている．

問題2：リチャードソンの法則 この問題では，染料が連続的に注入されるのではなく，時刻 $t = 0$ において1個の染料集団あるいはパフがつくられる．パフの最初の大きさは積分スケール l より小さいが，コルモゴロフスケールよりは大きいとする．染料集団（パフ）が大スケール渦によって押し流されるとき，パフの重心は問題1で述べたように移動する．これに加えて，パフの大きさが小スケールの乱れのために時間とともに拡大する．問題2ではパフの平均的な広がり率を決めたい．つまり，乱流混合の結果として二つの隣り合う粒子（それは，パフの両端の印である）のあいだの距離が増加する際の平均的増加率を決めたい．これは，リチャードソン問題，あるいは二粒子の相対分散問題として知られている．

問題3：スカラー濃度の局所的乱流変動 第三の問題では，ある場所から混入物が注入されるのではなく，受動スカラーが乱流場全体に不均一に分布している場合を考える．たとえば，大きな水槽に染料が多数の斑点状にちりばめられている場合を想像

することができる．次に，水槽をかき混ぜると，最終的には水と染料はよく混ざり合うが，混合の途中の段階では染料濃度は一様ではない．すなわち，粗く見れば水槽全体にわたって染料がほぼ一様に分布していても，細かいスケールで見た染料濃度は，小スケールの混合が濃度の変動をすべて消しつくすほど十分な時間が経過するまでは非一様性が残る．このような場合には，濃度場の空間構造と混合がほぼ完了するまでに要する時間が興味の対象となる．

最初の二つの問題は，本質的に乱流場での粒子の追跡の問題であり，5.4.1項と5.4.2項において論じられる．この項では，第三の問題について考える．この問題では，コルモゴロフ流の議論が非常に有益な情報を与えてくれる．目的は，Cの空間変動の特性を調べ，混合が完了するまでの時間を求めることである．

Cの分布は，統計的には一様等方性で平均値はゼロ，すなわち，$\langle C \rangle = 0$とする（Cの基準を適切に選べば$\langle C \rangle = 0$とすることができる）．このとき，Cの分散$\langle C^2 \rangle$が混入物の非一様度の便利な目安となる．上で述べた移流-拡散方程式から，分散の変化率を表す式を，次のようにして導くことができる．両辺にCを掛けると，

$$\frac{\partial}{\partial t}\left[\frac{1}{2}C^2\right] + \nabla \cdot \left[\left(\frac{1}{2}C^2\right)\mathbf{u}\right] = \nabla \cdot [\alpha C \nabla C] - \alpha (\nabla C)^2$$

となり，アンサンブル平均を施すと一様性の仮定から発散項は消えるから，

$$\frac{d}{dt}\left\langle \frac{1}{2}C^2 \right\rangle = -\alpha \langle (\nabla C)^2 \rangle$$

が得られる．つまり，混入物の濃度変動は拡散によって，

$$\varepsilon_c = \alpha \langle (\nabla C)^2 \rangle$$

に比例する速さで減衰していく．物理的には，この過程は，Cが正の領域と負の領域のあいだでの混入物どうしの相互拡散を表す．この式の興味深い点の一つは，対流項がないことである．これより，明らかなように，Cの対流は，それ自体では分散を減らすはたらきはない．しかし，それでも，対流は決定的なはたらきをする．コーヒーにクリームを入れてかき混ぜる場面を想像してみよう．かき混ぜるとクリームはちりぢりになり，どんどん細いフィラメントになっていく．このフィラメントが非常に細くなると，拡散，すなわち，濃度変動を消し去るはたらきをする項ε_cが介入してくる．そして，分散を減少させ，小スケールにおいて，ほぼ完全な混合が達成される．つまり，拡散による$\langle C^2 \rangle$の消減に必要なCの勾配を生み出すために対流が不可欠なのである．いま，η_cをCのもっとも急な空間変動の特性長さとする．これは，$\mathbf{u}'$に対するコルモゴロフのマイクロスケールとアナログ関係にあり，拡散が重要になる長

さスケールを表している．η_c を用いると，

$$\varepsilon_c \sim \alpha \left[\frac{(\Delta C)_{\eta_c}}{\eta_c} \right]^2$$

となる．ここで，$(\Delta C)_{\eta_c}$ はオーダー η_c 程度の距離にわたっての C の空間変動の代表値である．

さて，ε_c と η_c はリチャードソン・カスケードにおける ε と η と類似の役割を果たすと考えられることを示そう．まず，はじめに，C は η_c 以上のスケールにおいて物質的に保存されているのだから，移流による継続的な混合が大スケールから小スケールへの $\langle C^2 \rangle$ の流束を生むことに注目しよう．もちろん，この流束は多段階カスケードの形をとるとは限らない．しかし，話を一歩進めて，エネルギーにおけるリチャードソンのカスケードが，対応する $\langle C^2 \rangle$ のカスケードをともなっていると推測したくなる．たとえば，大きな渦がほぐされて，より小さい渦になるにつれて，混入物は，おそらく，より細かく混ざるようになるであろう．この考えが妥当であるとしよう．すると，カスケードに沿って降りてくる運動エネルギー流束があるのとまったく同様に，スカラー量の分散 $\langle C^2 \rangle$ の流束 $\Pi_c = \varepsilon_c$ があることになる．この $\langle C^2 \rangle$ の流束は，C の変動に対する特性長さが η_c に達すると止まり，拡散がはじまる．しかし，リチャードソンのカスケードと同じく，$r \gg \eta_c$ ではスカラーカスケードの詳細は拡散係数の大きさには無関係であろうと想像できる．

エネルギーとスカラー分散に対するこの二つの互いに相似のカスケードを，すべての人が信じているわけではないことは注意しておいたほうがよいだろう．たとえば，スリーニヴァサンは，類似性はむしろ弱いことを指摘し，また，そもそも受動スカラーのカスケードなるものが存在するのかどうかに疑問を投げかけている (Sreenivasan (1991))．そのほかの人々はそれほど批判的ではない．いずれにしても，受動スカラーに関する現象論は，少なくともある種の実験結果と整合する予測結果を与えるので，当面はこの描像を受け入れることにしよう．

ここで，コルモゴロフの 2/3 乗則に相当する受動スカラーに対する法則を求めてみよう．l を乱れの積分スケール，l_c を C の大スケール変化の代表長さ，$\langle [\Delta C]^2 \rangle$ を，

$$\langle [\Delta C]^2 \rangle = \langle [C(\mathbf{x} + \mathbf{r}) - C(\mathbf{x})]^2 \rangle$$

で定義される構造関数とする．等方性乱流では，$\langle [\Delta C]^2 \rangle$ は方向には無関係なので，$r = |\mathbf{r}|$ だけの関数になる．ここで，

$$\eta_{\max} = \max[\eta, \eta_c] \ll r \ll \min[l, l_c] = l_{\min}$$

で表される中間の領域を考える．これが，いわゆる，慣性-対流小領域の定義であ

る. $r \gg \eta$ という条件が粘性力に対して慣性力が支配的であることを保証し, $r \gg \eta_c$ という条件は C の対流が拡散よりもはるかに優勢であることを保証していることがこの名前の由来である. ここで, コルモゴロフのアイディアをもう一度考えてみよう. 慣性-対流小領域では $\max[\eta, \eta_c] \ll r$ なので, ν も α も $\langle[\Delta C]^2\rangle$ には影響しないと考えてよいだろう. 一方, $r \ll \min[l, l_c] = l_{\min}$ の制限により大スケールは, 小スケールへのエネルギーとスカラー分散の流束を決めるという点でしか $\langle[\Delta C]^2\rangle$ に影響を与えない. このため, コルモゴロフと同じ理由で, 慣性-対流小領域では,

$$\langle[\Delta C]^2\rangle = f(\Pi, \Pi_c, r)$$

が成り立つものと考えることができる. Π と Π_c の代わりに ε と ε_c を用いれば,

$$\langle[\Delta C]^2\rangle = f(\varepsilon, \varepsilon_c, r)$$

となる.

次に, 次元解析にもどろう. まず, いえることは, ε と r には C, たとえば, 温度の次元は含まれていない. しかし, ε_c の次元は C^2 でスケールされるから, 関数 f は ε_c の一次関数でなければならない. すなわち,

$$\langle[\Delta C]^2\rangle = \varepsilon_c f(\varepsilon, r)$$

である. すると, 次元解析から f の形が一意的に決まる. 唯一可能な形は,

$$\langle[\Delta C]^2\rangle \sim \varepsilon_c \varepsilon^{-1/3} r^{2/3} \quad (\eta_{\max} \ll r \ll l_{\min})$$

であることは容易に確認でき, これにより, 比例定数を別として $\langle[\Delta C]^2\rangle$ が決まる. この結果は, コルモゴロフの 2/3 乗則の受動スカラー版で, オブコフにより 1949 年に, また, これとは別に, コーシンによって 1951 年に提案された. これによる予測結果がほとんどの数値解析や実験とよく一致することは心強い (Lesieur (1990)). より一般的には, コルモゴロフ・オブコフ・コーシンの議論から, p を任意の正の整数として,

$$\langle[\Delta C]^p\rangle \sim \varepsilon_c^{p/2} \varepsilon^{-p/6} r^{p/3} \quad (\eta_{\max} \ll r \ll l_{\min})$$

が導かれる. しかし, 慣性小領域においてスカラー濃度が強い間欠性を示すことによる, とくに大きな p における矛盾など, コルモゴロフ・オブコフ・コーシンの理論の不完全さを示す証拠が徐々に明らかになってきている. また, コルモゴロフの局所等方性に反して, 小スケールにおいてもスカラー濃度が驚くほど非等方的であることを示す実験データも得られている (Sreenivasan (1991), Warhaft (2000)). たとえば,

5.2 再びコルモゴロフについて

スリーニヴァサンは，単純せん断流において，受動スカラーの小スケール構造を観察した (Sreenivasan (1991))．そして，地球規模の Re においてすら，局所等方性はほとんどまったく得られないことを見い出した．このことを示す一つの例は，局所等方性であればゼロになるはずの $\partial C/\partial x$ のひずみ度 $\langle (\partial C/\partial x)^3 \rangle / \langle (\partial C/\partial x)^2 \rangle^{3/2}$ が，ゼロではなく 1 のオーダーになるという事実である．しかし，不思議なことに，この局所等方性の欠如にもかかわらず，高 Re かつ高 Pe では 2/3 乗則は正しいらしい．コルモゴロフのカスケードのアイディアを受動スカラーの統計分布に拡張することには注意が必要のようだ．

等方性乱流の場合，受動スカラーに対する支配方程式から直接，一つの厳密な結果が得られる．それは (6.2.10 項参照)，

$$\langle \Delta u_{//} [\Delta C]^2 \rangle = -\frac{4}{3} \varepsilon_c r \quad (\eta_{\max} \ll r \ll l_{\min})$$

である．ここで，$\Delta u_{//}$ は $\mathbf{u}(\mathbf{x}+\mathbf{r}) - \mathbf{u}(\mathbf{x})$ の $\mathbf{r}$ に平行方向の成分である．これは，コルモゴロフの 4/5 法則のスカラー版である．

2/3 乗則を用いると，$r \sim l_{\min}$ 程度のスケールに対する $\langle [\Delta C]^2 \rangle$ の大きさを求めることができることに注意しよう．すなわち，r の 2/3 乗に比例する変化は $r \sim l_{\min}$ よりずっとまえに崩れてしまうのに，少なくとも慣性–対流小領域の端での $\langle [\Delta C]^2 \rangle$ の値は，$r \sim l_{\min}$ における $\langle [\Delta C]^2 \rangle$ の値と同じオーダーになることが予想される．もし，そうだとすれば，

$$\langle [\Delta C]^2 \rangle_{l_{\min}} \sim \varepsilon_c \varepsilon^{-1/3} l_{\min}^{2/3}$$

同様に，

$$\langle [\Delta C]^2 \rangle_{\eta_{\max}} \sim \varepsilon_c \varepsilon^{-1/3} \eta_{\max}^{2/3}$$

となるものと期待される．

残された問題は，混入物のマイクロスケール η_c を決めることだ．その際，シュミット数 ν/α の大小を注意深く区別しなければならない．まず，大きい場合からはじめよう．シュミット数が 1 より大きい場合，すなわち，$\nu > \alpha$ の場合，C の拡散は渦度の拡散より活発ではない．したがって，$\eta_c < \eta$ において C の微細構造が発達すると考えられる．とくに，混入物の非常に薄いシートまたはリボンが，サイズが η で速度が v，すなわち，コルモゴロフのマイクロスケールの渦によって形成されることがバチェラーによって指摘された．同様のシートの形成過程は 5.3.3 項でも述べられるが，そこでは，シートの厚さが (拡散係数)$^{1/2}$ および関係する渦によるひずみのマイナス 1/2 乗に比例することが示される．このようなシートは，図 5.21 にあるような等方性乱流の計算機シミュレーションにもはっきりと認められる．図はシュミット数が 25 の場合の受動スカラーの濃度分布を示している．渦巻き状のパターンは乱流渦の

図 5.21 シュミット数が 25 の場合の等方性乱流中の受動スカラーのシミュレーション（画像はデルフト大学の G. Brethouwer and F. Nieuwstadt による．efluids.com の厚意による）

まわりに巻きついたスカラーシートを表している．

上の理論によると，図 5.21 のシートの厚さは $\alpha^{1/2}(v/\eta)^{-1/2}$ のオーダーである．したがって，$\eta_c \sim \alpha^{1/2}(v/\eta)^{-1/2}$，あるいは，

$$\frac{(v/\eta)\eta_c^2}{\alpha} \sim 1 \quad (\nu > \alpha)$$

となる．さらに，コルモゴロフのマイクロスケールのあいだに $v\eta/\nu \sim 1$ の関係があることを用いると，この式は，

$$\eta_c \sim \left(\frac{\alpha}{\nu}\right)^{1/2} \eta \quad (\nu > \alpha)$$

となり，この関係は $\eta_c < \eta$ という条件とも矛盾していない．η_c と η に挟まれた領域は，読んで字のごとく，粘性 - 対流小領域とよばれる．

次に，シュミット数が 1 より小さい場合，すなわち，$\nu < \alpha$ の場合について考えよう．この場合は，C の拡散が渦度の拡散より強いので $\eta_c > \eta$ となる．スケールが η と η_c のあいだの範囲は，いわゆる，慣性 - 拡散小領域である．このような流れでは，η_c の意味が上で述べた高シュミット数の場合とは少し違う．拡散が移流を上まわっ

て C の勾配を消し去るには，η_c にもとづくペクレ数は 1 のオーダーでなければならない．したがって，

$$\frac{v_c \eta_c}{\alpha} \sim 1 \quad (\nu < \alpha)$$

となることが予想される．v_c は，スケール η_c における速度変動の代表速度である．オブコフによるコルモゴロフの 2/3 乗則の導出から，慣性小領域では $v_r \sim (\varepsilon r)^{1/3}$ を得る．コルモゴロフのマイクロスケール v と η についても同様に，$v \sim (\varepsilon \eta)^{1/3}$ の関係が成り立つ．このように，もし，η_c が慣性または散逸領域にあるとすれば，$v_c \sim (\varepsilon \eta_c)^{1/3}$ が成り立つ．このことから，

$$\frac{(\varepsilon \eta_c)^{1/3} \eta_c}{\alpha} \sim 1 \quad (\nu < \alpha)$$

あるいは，

$$\eta_c \sim \left(\frac{\alpha}{\nu}\right)^{3/4} \eta \quad (\nu < \alpha)$$

が得られる．このシュミット数にともなうマイクロスケールの変化に関する情報は，表 5.2 にまとめられている．

表 5.2 受動スカラーの混合におけるいろいろな領域

		慣性 – 対流領域	粘性 – 対流領域
高シュミット数 ($\nu > \alpha$, $\eta_c < \eta$)	$\eta_c \sim \left(\frac{\alpha}{\nu}\right)^{1/2} \eta$	$\eta \ll r \ll l_{\min}$	$\eta_c < r < \eta$
		慣性 – 対流領域	慣性 – 拡散領域
低シュミット数 ($\nu < \alpha$, $\eta_c > \eta$)	$\eta_c \sim \left(\frac{\alpha}{\nu}\right)^{3/4} \eta$	$\eta_c \ll r \ll l_{\min}$	$\eta < r < \eta_c$

最後に，スカラー量がどのくらいの速さで混合するかという問題が残っている．$l_c \leq l$ と仮定しよう．すると，2/3 乗則から，

$$\langle C^2 \rangle \sim \varepsilon_c \varepsilon^{-1/3} l_c^{2/3}$$

となり，$\varepsilon \sim u^3/l$ を用いると，これは，さらに，

$$\varepsilon_c \sim \langle C^2 \rangle u l^{-1/3} l_c^{-2/3}$$

のように変形できる．したがって，スカラー量の分散は，

$$\frac{d}{dt} \frac{1}{2} \langle C^2 \rangle = -\varepsilon_c \sim -\frac{u}{l^{1/3} l_c^{2/3}} \langle C^2 \rangle$$

の速さで減少する．おそらく，もっとも重要な状況とは，たとえば，風洞中の加熱格子のように，同じ機構を使って乱れとスカラー変動を発生させる場合であろう．この

場合には $l_c \sim l$ で，上の式は，

$$\frac{d}{dt}\frac{1}{2}\langle C^2 \rangle = -\varepsilon_c \sim -\frac{u}{l}\langle C^2 \rangle$$

のように簡単になる．この式を自由減衰乱流におけるエネルギー散逸の式,

$$\frac{d}{dt}\left\langle \frac{1}{2}\mathbf{u}^2 \right\rangle = -\varepsilon \sim -\frac{u}{l}\langle \mathbf{u}^2 \rangle$$

と比べてみよう．明らかに，この場合には $\langle C^2 \rangle$ も $\langle \mathbf{u}^2 \rangle$ も，大スケール渦のターンオーバー時間という同じ時間スケールで減衰する．

これで，受動スカラーの混合についての簡単な紹介を終える．ここでは，多くの事項を飛ばしてしまったが，それらに興味をもつ読者は，Tennekes and Lumley (1972) の古典的な説明や，Warhaft (2000) や Gotoh and Yeung (2013) による最近の展望を参照することを強く薦める．

5.3 渦度の強化と物質線の伸張

5.3.1 エンストロフィーの生成とひずみ度

5.1.2 項で，エネルギーカスケードが渦線の伸張によって維持され，その際，エネルギーがより小さい渦に次々と受け渡されることを示した．すなわち，われわれは，カオス的に移流する渦度場をイメージし，渦管や渦シートがちぎれて次々と細かくなる場面を想像している（図 3.18）．この伸張と折り畳みの過程で，強い間欠性をもった渦度場が生まれることも述べた．もう一度，この話題にもどろう．とくに，渦の伸張（すなわち，エンストロフィー生成）とひずみ度とのあいだの密接な関係について調べたい．出発点は渦度方程式,

$$\frac{D\boldsymbol{\omega}}{Dt} = (\boldsymbol{\omega}\cdot\nabla)\mathbf{u} + \nu\nabla^2\boldsymbol{\omega} \tag{5.26}$$

で，この式から，エンストロフィー方程式,

$$\frac{D}{Dt}\left(\frac{\omega^2}{2}\right) = \omega_i\omega_j S_{ij} - \nu(\nabla \times \boldsymbol{\omega})^2 + \nabla\cdot[\nu\boldsymbol{\omega}\times(\nabla\times\boldsymbol{\omega})] \tag{5.27}$$

が導かれる（エンストロフィーを $\boldsymbol{\omega}^2/2$ と定義する人と，$\boldsymbol{\omega}^2$ と定義する人とがある）．簡単のために，統計的に一様な自由減衰乱流（平均流速ゼロ）について考える．平均をとると，式(5.27)の右辺の発散項はゼロとなる．なぜなら，$\langle \sim \rangle$ は $\nabla\cdot[\sim]$ の形で現れ，一様乱流では $\nabla\cdot[\langle \sim \rangle] = 0$ となるからだ．同じことは，$\mathbf{u}\cdot\nabla(\omega^2/2) = \nabla\cdot(\omega^2\mathbf{u}/2)$ の項についてもいえる．残された項は，

$$\frac{\partial}{\partial t}\left\langle\frac{\boldsymbol{\omega}^2}{2}\right\rangle = \langle\omega_i\omega_j S_{ij}\rangle - \nu\langle(\nabla\times\boldsymbol{\omega})^2\rangle \tag{5.28}$$

となる．(厳密にいえば，$\boldsymbol{\omega}$ と S_{ij} は乱流成分であることを表すためにプライムを付すのが習慣である．しかし，平均流がないのでプライムを付さなくても誤解を生むことはない)．式(5.28)は，エンストロフィーがひずみ場によって生成または消耗すること，また粘性力によっても消耗することを示している．流れは，全体としては大きい渦の時間スケールで変化し，小さい渦は大きい渦の局所条件に，その都度順応することをわれわれはすでに知っている．また，完全発達乱流では $\boldsymbol{\omega}$ と S_{ij} はスペクトルのコルモゴロフ側の端に集中していることも知っている(図3.6)．したがって，式(5.7)と式(5.8)から，

$$\frac{\partial}{\partial t}\left\langle\frac{\boldsymbol{\omega}^2}{2}\right\rangle \sim \frac{u}{l}\left(\frac{v}{\eta}\right)^2 \sim \frac{u}{l}\left(\frac{\varepsilon}{\nu}\right)$$

$$\langle\omega_i\omega_j S_{ij}\rangle \sim \frac{v}{\eta}\left(\frac{v}{\eta}\right)^2 \sim \frac{v}{\eta}\left(\frac{\varepsilon}{\nu}\right)$$

$$\nu\langle(\nabla\times\boldsymbol{\omega})^2\rangle \sim \frac{\nu}{\eta^2}\left(\frac{v}{\eta}\right)^2 \sim \frac{v}{\eta}\left(\frac{\varepsilon}{\nu}\right)$$

が得られる．$\mathrm{Re}\gg 1$ のときは $u/l\ll v/\eta$ なので，$\boldsymbol{\omega}^2$ の変化率は，式(5.28)におけるほかの項に比べると小さいと結論できる．その結果，Re が大きいときは右辺の二つの項は同程度の大きさをもたなければならない．すなわち，

$$\langle\omega_i\omega_j S_{ij}\rangle = \nu\langle(\nabla\times\boldsymbol{\omega})^2\rangle[1 + O(\mathrm{Re}^{-1/2})] \tag{5.29}$$

である．もちろん，これは，小スケールが近似的に統計的平衡状態にあることの表れである．いずれにしても，この式は，次の二つのことを述べている．

（i）渦線の伸張は圧縮を上まわるので，5.1.2 項で述べたように，ひずみ場の正味の効果はエンストロフィーを生成する．つまり，$\langle\omega_i\omega_j S_{ij}\rangle$ は正である．

（ii）エンストロフィーの生成と粘性散逸はほぼ釣り合っている．

これは，暗に，渦の伸張が渦度（およびそれにともなうエネルギー）を大スケールから中スケールを経て小スケールへと運び，小スケールにおいて集中的に散逸することを意味している．

第3章で，$\Delta v = \mathrm{u}_x(\mathbf{x} + r\hat{\mathbf{e}}_x) - \mathrm{u}_x(\mathbf{x})$ の確率分布のひずみ度，

$$S(r) = \frac{\langle[\Delta v]^3\rangle}{\langle[\Delta v]^2\rangle^{3/2}} \tag{5.30}$$

を導入した．r が小さい極限では，

$$S_0 = S(r \to 0) = \frac{\langle (\partial u_x/\partial x)^3 \rangle}{\langle (\partial u_x/\partial x)^2 \rangle^{3/2}} \tag{5.31}$$

となる．ガウス分布の場合には，S はゼロとなるが，実際には，S_0 は約 -0.4 である（少なくとも格子乱流の場合には）．S_0 が負になるのは偶然ではない．なぜなら，等方性乱流の場合，

$$\langle \omega_i \omega_j S_{ij} \rangle = -\frac{7}{6\sqrt{15}} S_0 \langle \boldsymbol{\omega}^2 \rangle^{3/2} \tag{5.32}$$

となることが示せる(6.2.6項参照)．ところが，式(5.29)のとおり $\langle \omega_i \omega_j S_{ij} \rangle$ は正なのだから，S_0 は負でなければならないことは明らかだ．5.5.1項でもう一度ひずみ度の考え方と物理的意味について考える．そこでは，ひずみ度と対をなす扁平度 $\delta = \langle [\Delta v]^4 \rangle / \langle [\Delta v]^2 \rangle^2$ も渦度場に関する何か重要な情報を与えてくれることがわかるだろう．とくに，δ の測定結果は，われわれが渦の伸張や折り畳みにもとづくカスケードから推定したとおり，渦度場が非常に間欠的であることの直接の証拠を提供してくれる．

この項の最後に，慣性小領域におけるひずみ度分布についても述べておこう．慣性小領域では，$\langle [\Delta v]^2 \rangle = \beta \varepsilon^{2/3} r^{2/3}$，$\langle [\Delta v]^3 \rangle = -\frac{4}{5}\varepsilon r$ であったことを思い出そう．このことから，

$$S = \frac{\langle [\Delta v]^3 \rangle}{\langle [\Delta v]^2 \rangle^{3/2}} = -\frac{4}{5}\beta^{-3/2} = 一定 \quad (\eta \ll r \ll l) \tag{5.33}$$

となることが，3.2.7項で紹介された．慣性小領域でひずみ度 S が一定になるということは，普通，次のように解釈されている．オイラー方程式はスケール不変性とよばれる性質を示す．すなわち，$\mathbf{u}(\mathbf{x},t)$ をオイラー方程式の一つの解とする．このとき，もし，

$$\mathbf{u}^* = \lambda^n \mathbf{u}, \quad \mathbf{x}^* = \lambda \mathbf{x}, \quad t^* = \lambda^{1-n} t$$

とすれば，$\mathbf{u}^*(\mathbf{x}^*, t^*)$ もまた解である．ここで，λ はスケールファクター，n はスケール指数である．このように，あるスケールの解は対応するすべてのスケールの解群をともなっている．このことから，$\mathbf{u}(\mathbf{x},t)$ の統計的挙動は，慣性小領域でスケール不変でなければならないと推測される．つまり，少なくとも，Δv の低次モーメントに対しては，

$$\langle [\Delta v]^p (\lambda r) \rangle = \lambda^{pn} \langle [\Delta v]^p (r) \rangle \quad (\eta \ll r \ll l)$$

である（あとからわかるように，コルモゴロフの1941年の理論は，高次モーメントに対しては破綻し，スケール不変性が成り立たなくなる）．

もし，スケール不変性が実際に成り立つとすれば，スケール指数 n は 4/5 法則，

$$\langle [\Delta v]^3(r) \rangle = -\frac{4}{5}\varepsilon r \quad (\eta \ll r \ll l)$$

によって規定される．すなわち，

$$\langle [\Delta v]^3(\lambda r) \rangle = \lambda^{3n} \langle [\Delta v]^3(r) \rangle = \lambda^{3n}\left(-\frac{4}{5}\varepsilon r\right) = \lambda^{3n-1}\left(-\frac{4}{5}\varepsilon\lambda r\right) = -\frac{4}{5}\varepsilon\lambda r$$

となり，これより，$n = 1/3$ が得られる．このスケール不変性からただちに得られる一つの結果は，慣性小領域でひずみ度と扁平度が一定になるということで，

$$S(\lambda r) = \frac{\langle [\Delta v]^3 \rangle (\lambda r)}{[\langle [\Delta v]^2 \rangle (\lambda r)]^{3/2}} = \frac{\lambda \langle [\Delta v]^3 \rangle (r)}{[\lambda^{2/3}\langle [\Delta v]^2 \rangle (r)]^{3/2}} = S(r)$$

$$\delta(\lambda r) = \frac{\langle [\Delta v]^4 \rangle (\lambda r)}{[\langle [\Delta v]^2 \rangle (\lambda r)]^2} = \frac{\lambda^{4/3}\langle [\Delta v]^4 \rangle (r)}{[\lambda^{2/3}\langle [\Delta v]^2 \rangle (r)]^2} = \delta(r)$$

が成り立つ．これは，コルモゴロフの 1941 年の理論が予測したとおりであり，(少なくとも近似的には) 実験でも観察されている．このように，S が式 (5.33) で示されているように一定であるということは，慣性小領域における Δv の (低次の) 統計的性質のスケール不変性の証拠と見ることができる．

事実，コルモゴロフ自身も，これらのアイディアを 2/3 乗則の別の導出に用いることができることに気づいていた．従来のやり方は，コルモゴロフの二つの相似仮説から 2/3 乗則を誘導し，次に，これがひずみ度一定を要求することを示すという順番であった．本書でもこの手順に従っており，実際，コルモゴロフの 1941 年の最初の論文に書かれている．しかし，二つの相似仮説の代わりに，慣性小領域でひずみ度が一定であるという仮定 (おそらく，スケール不変性にもとづいて) から出発することを考えてみよう．ひずみ度一定の仮定と 4/5 法則 (乱れが一様であれば厳密である) とを組み合わせることによって，2/3 乗則が誘導できる．つまり，もともとの議論の因果関係を逆転させることができるのである．コルモゴロフは，スケール不変性について直接には何も述べていないが，これは，彼の 1941 年の二番目の論文における作戦であった．どちらのやり方をとるかは好き好きである．

5.3.2 シートか管か？

あなたは尋ねた，「このうつろいやすいパターンはなに？」
真実を語るなら長い物語になるだろう．
それは海からやって来た，
そしてたちまち，また海の深みにもどって行った． (Omar Khayyarm)

式(5.32)は，興味深い結果である．エンストロフィーの生成には，圧縮ではなく伸張が必要だから，正の$\langle\omega_i\omega_j S_{ij}\rangle$が正の$\langle(\partial u_x/\partial x)^3\rangle$をともなうと思うかもしれない．ところがそうではない．実際はまったく逆である．エンストロフィー生成には$S_0<0$であることが必要なのだ．その理由は少し複雑である．まず，注意すべきことは，ある変数の平均値がゼロでひずみ度が負ということは，正になる時間が長くて浅いのに対し，負になる時間は短くて深いということである．このため，$\partial u_x/\partial x$は長時間にわたって正だが，ときどき大きく負になる．

この負(圧縮)への変化に対する物理的説明は，いまだに論議をよんでいるが，次の説明はしっくりいくようである．a, b, cを流れのなかの任意の点，任意の時刻における主ひずみ速度とすると，明白とまではいえないがS_0は$\langle abc\rangle$に比例し，これと同じ符号をもつ(5.3.6項参照)．非圧縮性により$a+b+c=0$なので，ひずみ速度の大きさの順番を仮に$a>b>c$とすると，aは正，cは負，bは$|c|>|a|$なら正，$|a|>|c|$なら負となる．したがって，中間の主ひずみ速度bは，abcとは反対の符号をもつ．S_0が負であるということは，平均的に見ると$c<0$で$a, b>0$，すなわち，一方向の強い圧縮ひずみと，ほかの二方向の弱い伸張ひずみを受けるということを示している．実際，これは数値解析で観察される$\langle a, b, c\rangle\sim(3, 1, -4)|b|$とまさに一致している．各点，各時刻において，主ひずみ速度の軸がx軸に対してランダム方向を向いているとすると，$\partial u_x/\partial x$は，ほとんどの時間は弱く正の値を示し，ときどき大きな負の値を示す．これは，$S_0<0$に対応する．

主ひずみの順番づけについては数多く論じられてきた．平均すると物質がa-b面内で伸張を受け，c方向に圧縮を受けるという図が思い浮かぶ．二軸ひずみとよばれるこの状況は，渦シートの形成にともなって現れる傾向がある(Batchelor (1953)，第7章，第4節)．つまり，渦度は強い圧縮ひずみによって圧縮されてシート状になり，そのシート自体は二方向の弱い伸張ひずみによってさらに引き伸ばされる(図5.22)[5]．このことから，ひずみ場が次々と渦シートを裂き，それがケルビン・ヘルムホルツ不安定によって巻き上がって渦管が形成されるという一連のポンチ絵が描ける．

ついでに，正のS_0，すなわち，負のbは，一方向だけの強い伸張ひずみと，ほかの二方向の弱い圧縮ひずみ(いわゆる，単軸ひずみ)をともなう状況を表す．この状況は渦管を形成する傾向があり(Batchelor (1953))，強い伸張ひずみが軸方向に渦管を引き伸ばし，弱い圧縮ひずみが管の側面を圧縮する．この二つの状況が図5.22に示されている．

---

[5] このやや単純すぎる描像では，渦の進化が外部から加えられたひずみに支配されていることを暗に仮定している．すなわち，みずから誘導したひずみは無視できるという意味で，渦度は受動的であると考えている．これを急変形理論という．

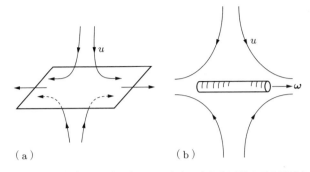

図 5.22 （a）負のひずみ度は，一方向の大きな圧縮ひずみ速度と二方向の弱い伸張ひずみ速度を必要とする．このことは，渦シートの形成をとりあえず示唆している．（b）正のひずみ度は，一方向の伸張ひずみ速度と二方向の圧縮ひずみ速度を必要とする．このことは，渦管の形成を暗示している．等方性乱流では S_0 が負だから，シートが形成される傾向があることを示している．しかし，渦自体によるひずみを考慮すると状況ははっきりしなくなり，シートの形成が支配的であるともいえなくなる．

ひずみ度が負となりやすいという統計的傾向は，渦管よりも渦シートがつくられやすいことを示しているように見えるかもしれない．しかし，状況はそれほど単純ではない．渦管が外部から加えられた軸ひずみの場によって引き伸ばされると，それ自体のひずみ場が生まれて外部から強制されるひずみに重畳され，単軸ひずみを二軸ひずみにかえる傾向がある（Moffatt et al. (1994))．ハムリントンやリュングらによる数値シミュレーション（Hamlington et al. (2008), Leung et al. (2012)）によると，乱流渦自体のひずみ場を引き去ると，残ったひずみ場（つまり，周囲の渦にともなうひずみ）は二軸ひずみよりも単軸ひずみに近くなる傾向がある．また，局所の渦度は平均すると外部から強制されたひずみ場の主軸方向にそろう[6]．このような観察結果は，とりあえず，渦シートの形成以上に渦管の伸張が優勢であることを示唆している．この点は，$\langle abc \rangle < 0$ が渦シートをつくりやすいとする従来の解釈とは真っ向から対立している．

数十年にわたる研究にもかかわらず，渦度場の形態について，とくにエネルギーカスケールを降りていくにつれて（スケール不変性を犯して）形態が変化するのかどうかについて，まだかなりの議論が行われている．最小スケールは渦管の粗い網目の形をとる[7]こと（Kaneda and Morishita (2013)）は，誰もが認めているが，より大きく，より弱い渦は塊状の形をしていることを示す結果もある（Leung et al. (2012)）.

---

6) もし，自己ひずみを差し引かなかった場合には，渦度は中間の主ひずみ速度 b の方向にならう．

ともかく，乱流渦の活発な構造がなんであれ，渦の伸張がエネルギーカスケードの根底にあることはほとんど疑いない．図 5.22 に描かれている渦管も渦シートも，渦度は正のひずみ速度の方向を向いて渦線が引き伸ばされる．もちろん，等方性乱流では伸張だけでなく，つねにいくらかの圧縮もともなう．しかし，エンストロフィー生成という点では伸張がまさる．

例題 5.4 周囲にある大スケール渦によるひずみ場の餌食になっている小スケールの渦（渦度の局所的な集団）を考える．小スケール渦の線インパルスは，

$$\mathbf{L}_e = \frac{1}{2} \int_{V_e} \mathbf{x} \times \boldsymbol{\omega}_e dV$$

である．ここで，$\boldsymbol{\omega}_e$ は小さいほうの渦の渦度場，V_e は $\boldsymbol{\omega}_e$ が占める体積である．離れたところにある大スケール渦によるひずみ場は，小スケールから見れば擬似定常で一様であるとし，小スケール渦は，十分，弱いため，$\mathbf{u}$ は離れたところの大スケール渦による（局所的）非回転速度場 $\hat{\mathbf{u}}$ に支配されているとする．x, y, z を $\hat{\mathbf{u}}$ のひずみの主軸方向に選び，a, b, c を主ひずみ速度とする（質量保存則により $a + b + c = 0$）．この場合，

$$\frac{d}{dt}[L_{ex}, L_{ey}, L_{ez}] = -[aL_{ex}, bL_{ey}, cL_{ez}]$$

が成り立つ（5.1.3 項参照）．二軸ひずみ（$c < 0, a, b > 0$）を受ける場合，L_{ez} は増加し，L_{ex} と L_{ey} は減少すると思われる．このことは，渦を構成している渦度がパンケーキのような形に押しつぶされることに対応していることを示せ．一方，単軸ひずみ（$a > 0, b, c < 0$）を受ける場合には，L_{ey} と L_{ez} は増加し，L_{ex} は減少する．これは，渦度がフィラメント状になることに対応していることを示せ．

5.3.3 集中した渦シートと渦管の例

伸張によって，渦シートや渦管がどのようにして強められるかを説明する単純な（しかし，多くの情報を含んだ）数学的な概念図がいろいろある．もっとも有名なのは，おそらく，バーガース渦であろう．渦管,

$$\boldsymbol{\omega} = \frac{\alpha \Gamma_0}{4\pi\nu} \exp(-r^2/\delta^2) \hat{\mathbf{e}}_z$$

が，軸対称で非回転のひずみ場，$u_r = -\frac{1}{2}\alpha r, u_z = \alpha z$ に置かれているとする．Γ_0

---

7) 散逸に対して中心的役割を果たす最小スケールが管状であることはほとんど避けられない．なぜなら，次項で見るように，ひずみを受けた渦管は Re→∞ の極限でエネルギーの散逸率が有限で粘性に無関係という特別な性質をもっているからである．これに対して，渦シートにはこのような性質がない．

は渦管の強さ $\Gamma_0 = \int_0^\infty \omega 2\pi r dr$ で，$\delta = (4\nu/\alpha)^{1/2}$ は渦管の太さの代表値である（図 5.23）．これは，定常のナヴィエ・ストークス方程式の厳密解であることは容易に証明できる．

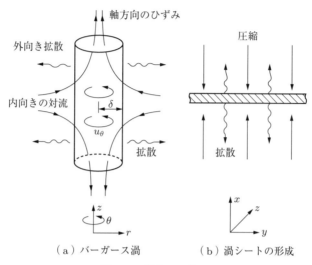

図 5.23 渦度のひずみ．

　非回転運動は，渦度を半径方向内向きに押し流すと同時に，軸方向に渦を引き伸ばす．これらの過程は，渦度の半径方向外向きの拡散と厳密に釣り合っている．

　乱流中では，ひずみ速度 α は大スケール渦によるもので，$\alpha \sim u/l$ である．このとき，

$$\delta \sim \left(\frac{ul}{\nu}\right)^{-1/2} l \sim \mathrm{Re}^{-1/2} l \sim \lambda$$

となる．$\lambda \sim \mathrm{Re}^{-1/2} l$ はテイラーのマイクロスケールとよばれ，η と l の中間の値をとる．一方，ひずみはもう少し小さいスケールに関係していて，そこでは，α はもっと大きく，δ はもっと小さい．実際，われわれは，エネルギーカスケードという現象を信じるとすれば，管のサイズの範囲を推定することができる．もし，実際の乱流中にバーガース渦に似たようなものが見い出されるなら，渦管の直径はテイラーのマイクロスケールから η までのあいだになるであろう．おもしろいことに，乱流の直接数値シミュレーションは，多かれ少なかれ，直径が $\eta \to \lambda$ の範囲におさまる大量の渦管が存在し，もっとも強い渦管のサイズは η のオーダーであることを示している（図3.18）．第7章で，この話題にもう一度ふれる．

　粘性の小さい極限において，バーガース渦によって生み出される全体のエネルギー

散逸が，有限かつνに無関係で，渦管の単位長さあたり$\alpha\Gamma_0^2/(8\pi)$に等しくなることの証明は，読者の演習のために残しておく（本章の最後にある演習問題 5.5 を見よ）．このことは，εがνに無関係であるような高 Re の乱流における散逸率や，コルモゴロフ理論においてεとνを独立のパラメータとしたことを思い出させる．事実，バーガースが彼の原著論文（Burgers (1948)）で強調したのは，ひずみを受ける管状渦のまさにこの性質であり，このような管状の渦は高 Re の乱流における散逸の中心的役割を担うことを意味している．

バーガース渦は，非定常流に対しても容易に拡張できる．いま，非回転のひずみ場が$u_r = -\frac{1}{2}\alpha(t)r$，$u_z = \alpha(t)z$で与えられているとする（すなわち，非定常の単軸ひずみ場を考える）．そして，

$$\boldsymbol{\omega} = \frac{\Gamma_0}{\pi l^2}\exp(-r^2/l^2)\hat{\mathbf{e}}_z, \quad l = l(t)$$

の形の非定常，軸対称の管状渦を探す．すると，渦の半径$l(t)$が，

$$\frac{dl^2}{dt} + \alpha(t)l^2 = 4\nu$$

を満足する場合には，非定常ナヴィエ・ストークス方程式の厳密解が求められることが容易に証明できる．いくつかの特別なケースがただちに思いあたる．もし，αが一定で$t \to \infty$なら，$l^2 = 4\nu/\alpha$となって，上で述べた定常解に帰着する．この場合には，渦度の内向きの移流が外向きの拡散と厳密に釣り合っている．一方，もし，$\alpha = 0$なら，$l^2 = l_0^2 + 4\nu t$となる（本章の最後にある演習問題 5.3 を見よ）．この場合は，渦度の内向き移流はなく，渦核が拡散によって成長する．任意の，しかし，一定のαに拡張すると，

$$l^2 = l_0^2 e^{-\alpha t} + \frac{4\nu}{\alpha}(1 - e^{-\alpha t})$$

となる．もし，初期の渦半径l_0が定常値$[4\nu/\alpha]^{1/2}$より大きければ，渦核は伸張によって細くなり，時間スケールα^{-1}で定常値に近づく．一方，もし，l_0が$(4\nu/\alpha)^{1/2}$より小さければ，渦核は拡散によって成長し，定常値に近づく．もちろん，乱流にとってもっともありそうなのは，この二つのオプションのうちの前者である．

lが$(4\nu/\alpha)^{1/2}$を大きく上まわる場合には，粘性項は無視できて，時間に依存するひずみ場におけるlに対する一般解は，

$$l^2 = l_0^2 \exp\left[-\int_0^t \alpha(t)\,dt\right]$$

となる．この場合，渦核は指数関数的な速さで縮み，渦の単位長さあたりの運動エネルギーの成長率は$\alpha\Gamma_0^2/(8\pi)$となることが容易に証明できる．

5.3 渦度の強化と物質線の伸張 267

第二の例として,外部から加えられた二軸ひずみ場にさらされた渦シートを考える.すなわち,渦シート,

$$\boldsymbol{\omega} = \omega_0 \exp(-x^2/\delta^2)\hat{\mathbf{e}}_z, \quad \delta = (2\nu/\alpha)^{1/2}$$

が非回転流 $u_x = -\alpha x$, $u_z = \alpha z$ のなかに置かれている場面を考える.この場合も,α が一定なら,これはナヴィエ・ストークス方程式の厳密解であることは簡単に確認できる.この場合,外向きに拡散する渦度が内向きの移流および渦度場の(圧縮)ひずみと釣り合っている(図 5.23).もちろん,このシートはケルビン・ヘルムホルツ型の不安定にさらされるから,どうみても長時間生き延びることはできない.むしろ,壊れて渦管になる.

このひずみを受ける渦シートとバーガースの管状渦との重要な違いは,後者が有限かつ $\mathrm{Re} \to \infty$ の極限で ν に無関係な粘性散逸を生むのに対して,渦シートの場合は同じことにはならない.むしろ,シートの単位面積あたりの粘性散逸は $\sqrt{\alpha\nu}$ でスケールされ,$\mathrm{Re} \to \infty$ でゼロとなる傾向がある.高 Re における散逸の中心は,ほとんど間違いなく管状ということだ(図 3.18).

例題 5.5 渦シートの形成 上で述べた定常の二軸ひずみ場に置かれた渦シートの例は,$\delta(0) \ne (2\nu/\alpha)^{1/2}$ の場合には,

$$\boldsymbol{\omega} = \left(\frac{u_0}{l}\right)\exp(-x^2/l^2)\hat{\mathbf{e}}_z, \quad u_0 = \text{一定}, \quad l = l(t)$$

の形に一般化され,その際,l は,

$$\frac{dl^2}{dt} + 2\alpha l^2 = 4\nu$$

を満たすことを確認せよ.また,$l(t)$ の解を求め,$l(0)$ が $(2\nu/\alpha)^{1/2}$ 以上の場合は,シートは $l = (2\nu/\alpha)^{1/2}$ になるまで圧縮され,$(2\nu/\alpha)^{1/2}$ 以下の場合は,拡散によりシートの厚さが増加することを示せ.どちらの場合にも,l は時間スケール α^{-1} で $(2\nu/\alpha)^{1/2}$ に近づく傾向がある.

5.3.4 渦度場に特異性はあるか?

実在の流体は,必ず有限な粘性をもっているので,渦度場には,特異性は発達できないと考えるのがもっともらしく見える.このことは,例題 5.5 に示されていて,そこでは,ひずみを受けた渦シートの厚さがつねに $(2\nu/\alpha)^{1/2}$ に近づく傾向があることがわかる.もし,$l(0)$ が何かの理由で $(2\nu/\alpha)^{1/2}$ より小さければ,シートは拡散によって厚みを増す.同じことは,バーガース渦でも見られる.だから,わずかな粘性

でも，渦度場に潜在する特異性を解消するには十分といえそうだ．

それでは，非粘性流体中であれば，エンストロフィーの爆発的な増大といった特異性が起こり得るのだろうか．これは，もう少し学問的な意味での疑問である．この問題については多くの議論が行われ，いくつかの論争の種にもなってきた．非粘性流体中では，十分な時間が経ちさえすれば，いずれ，特異性が現れることは疑う余地がない．もう一度，ひずみを受ける渦シートの例を考えよう．$\nu = 0$ の場合の解は，

$$l = l(0)\exp(-\alpha t), \quad \frac{D}{Dt}\frac{1}{2}\omega^2 = \alpha\omega^2$$

となり，ω^2 は指数関数的に増加することは容易に確認できる．より重要な（論争の種になっている）疑問は，非粘性的な特異性が有限な時間内に起こるかどうか，つまり，いわゆる，有限時間特異性が存在するのかどうかである．かつては，このような特異性があると広く信じられていたが，このような特異性の探求には，かなり問題があったということがわかってきた．有限時間特異性を示す間接的（非常に説得力があるとはいえない）証拠は，次のようなものである．

(i) リチャードソンカスケードのいくつかのモデルは，l から η までエネルギーが転送されるのに要する時間が l/u のオーダーで，これは，$\nu \to 0$ の極限で有限であることを示唆している（Frisch (1995)）．さらに，ν が小さくなるとき，η は $\nu^{3/4}$，ω^2 は ν^{-1} で変化する．このことは，粘性がゼロに近いとき，有限時間内にエネルギーが特異点近傍に集中することを暗示している．

(ii) 擬似正規完結スキームのようなある種の乱流モデルは，$\nu = 0$ のとき，有限時間特異性を予測する．

このような特異性が存在するのかどうかをはっきりさせたい一つの理由は，もし，存在するとすれば，同じような構造が非常に高い Re の乱流においても現れるはずだからだ．しかし，これは一つの仮定にすぎない．いずれにしても，有限時間特異性に賛成するヒューリスティック論拠は多数の教科書に載っている．典型的な論法は，次のようなものである．まず，実在（粘性）流体の渦度方程式から出発し，実験に裏打ちされた，あるもっともな仮定を用いてエンストロフィー生成率を求めてみる．次に，この生成率が非粘性流体でも同じであると仮定する．もっとも，この仮定は正当であるとはまったくいえない．このような解析から得られた結論は，ほとんど意味がないが，多くの興味深い点もあるので，一応，詳しく見ておくのがよいだろう．解析を複雑にしないために，等方性乱流に限って考える．

おそらく，もっともよく行われる二つのヒューリスティックな議論は，いわゆる，擬似正規モデルと定ひずみ度モデルであろう．どちらの場合も，出発点は，

5.3 渦度の強化と物質線の伸張

$$\frac{D\boldsymbol{\omega}}{Dt} = (\boldsymbol{\omega}\cdot\nabla)\mathbf{u} + \nu\nabla^2\boldsymbol{\omega}$$

で，この式から，

$$\frac{D}{Dt}\left(\frac{\boldsymbol{\omega}^2}{2}\right) = (\omega_i\omega_j S_{ij}) + \nu(\sim)$$

が得られる．右辺の最後の項は粘性の寄与を表しているが，詳細はここでは重要でない．定ひずみ度モデルでは，式(5.32)を使ってこの式を，

$$\frac{d}{dt}\left\langle\frac{\boldsymbol{\omega}^2}{2}\right\rangle = \langle\omega_i\omega_j S_{ij}\rangle + \nu(\sim) = -\frac{7}{6\sqrt{15}}S_0\langle\boldsymbol{\omega}^2\rangle^{3/2} + \nu(\sim)$$

のように書きなおす．さて，高 Re の完全発達乱流の観察結果では，速度勾配 $\partial u_x/\partial x$ のひずみ度 S_0 は -0.4 程度でほぼ一定である．仮に，これが，非粘性流体においても正しいとしよう．すると，非粘性流体に対しては，

$$\frac{d}{dt}\left\langle\frac{\boldsymbol{\omega}^2}{2}\right\rangle = -\frac{7}{6\sqrt{15}}S_0\langle\boldsymbol{\omega}^2\rangle^{3/2}$$

となる．ここで，S_0 は負の定数である．積分すると，

$$\left\langle\frac{\boldsymbol{\omega}^2}{2}\right\rangle \sim (t_0 - t)^{-2}$$

となる．t_0 は $\langle\boldsymbol{\omega}_0^2\rangle^{-1/2}$ に比例する定数，$\langle\boldsymbol{\omega}_0^2\rangle$ はエンストロフィーの初期値である．この結果は，時刻 t_0 においてエンストロフィーが爆発的に増大することを示している．もちろん，この議論の問題点は，ひずみ度が粘性流体でも非粘性流体でも同じ挙動を示すと仮定する理由がまったくないことだ．そこで，擬似正規モデルならいくらかましなのかどうかを見てみよう（そうはいかないことは，じきにわかる）．

擬似正規モデルでは，四次相関までの計算を考える限り，速度場がガウスの確率分布をしていると仮定される．この近似には，多くの実験的サポートがあると考えられていた時期もあった．このスキームは，第 8 章で詳しく述べられ，その際に，欠点も指摘される．しかし，ここで注意しておくべき大切な点は，擬似正規 (QN) モデルが $\langle\boldsymbol{\omega}^2\rangle(t)$ についての二階の微分方程式，

$$\frac{d^2}{dt^2}\left\langle\frac{\boldsymbol{\omega}^2}{2}\right\rangle = \langle[\omega_i S_{ij}]^2\rangle + \nu(\sim) \quad \text{（擬似正規モデルのみ）}$$

を導くということである．ここで疑問になるのは，$(\omega_i S_{ij})^2$ の大きさを見積もることができるかどうかである．それは，$\langle\boldsymbol{\omega}^2\rangle^2$ のオーダーになるはずだと考える人もあるだろう．これはまさに，QN モデルの結論である．われわれは，第 8 章で QN モデルが，

$$\frac{d^2}{dt^2}\left\langle\frac{1}{2}\boldsymbol{\omega}^2\right\rangle = \frac{2}{3}\left\langle\frac{1}{2}\boldsymbol{\omega}^2\right\rangle^2 + \nu(\sim) \quad \text{（擬似正規モデルのみ）}$$

を導くことを知るだろう．実際に，この結果は，完全発達した高 Re の乱流で $\partial u_x/\partial x$ のひずみ度が有限で一定値になるという観察結果と整合している．すなわち，ひずみ度 S_0 を一定とすると，エンストロフィー方程式が，

$$\frac{d^2}{dt^2}\left\langle\frac{1}{2}\boldsymbol{\omega}^2\right\rangle = \frac{49}{45}S_0^2\left\langle\frac{1}{2}\boldsymbol{\omega}^2\right\rangle^2 + \nu(\sim) \quad \text{(定ひずみ度モデル)}$$

となることが容易に確認できる．このことから，上述の擬似正規モデル方程式は，定ひずみ度モデルのひずみ度に，ある特定の値を与えた場合に相当することがわかる[8]．高 Re の完全発達乱流では，式(5.29)から，右辺の二つの項の大きさは非常に近く，反対符号であることがわかる．したがって，左辺はゼロに近いか，あるいはもっと正確にいうなら，$(ul/\nu)^{-1}$ のオーダーと右辺の片方の項の積になる．

ここまでは，ν は小さいが有限であるとしてきた．今度は，モデル式において慣性項はそのままと仮定して粘性をゼロとおく．もちろん，これは危険な作戦である．というのは，QN モデル（あるいは，S_0 が一定と仮定すること）をサポートする実験データは，実在の（つまり，粘性のある）流体のものだからだ．それでもかまわずに，どんな結果になるのかを見てみよう．QN モデルから，

$$\frac{d^2}{dt^2}\left\langle\frac{1}{2}\boldsymbol{\omega}^2\right\rangle = \frac{2}{3}\left\langle\frac{1}{2}\boldsymbol{\omega}^2\right\rangle^2 \quad \text{(擬似正規モデルのみ)}$$

が得られ，1回積分すると，

$$\frac{d}{dt}\left\langle\frac{1}{2}\boldsymbol{\omega}^2\right\rangle = \frac{2}{3}\left[\left\langle\frac{1}{2}\boldsymbol{\omega}^2\right\rangle^3 - \left\langle\frac{1}{2}\boldsymbol{\omega}_0^2\right\rangle^3\right]^{1/2}$$

となる．ここでは，便宜上，$d\langle\boldsymbol{\omega}^2\rangle/dt$ の初期値はゼロとおいた[9]．もう一度積分すると，$t \to t_0$ のとき，

$$\left\langle\frac{1}{2}\boldsymbol{\omega}^2\right\rangle \to \frac{9}{(t_0-t)^2}$$

が得られる．t_0 は $\langle\boldsymbol{\omega}_0^2\rangle^{-1/2}$ のオーダーの時間スケールである（この関係は上の微分方程式の $\langle\boldsymbol{\omega}_0^2\rangle$ の項を，二度目の積分の際に省略することにより確認できる）．このように，擬似正規完結スキームは定ひずみ度モデルの特別な場合と同様に，有限時間内でのエンストロフィーの爆発的増大を予測する．しかし，のちに擬似正規スキームは信用できないという，はっきりした理由があることがわかるだろう（このモデルは数々の誤った結果を導く）．

---

[8] これら二つの方程式を比較すると，QN モデルにおけるひずみ度は −0.782 に等しくなることが簡単に確認できる．しかし，実際には高 Re 乱流のひずみ度は −0.4 に近く，QN モデルはエンストロフィーの生成をかなり大きく見積もってしまう．モデルのこの欠点はライトヒルの1957年の論文（未公刊）の論点であった．

[9] たとえば，ガウスの初期条件は $t=0$ で $d\langle\boldsymbol{\omega}^2\rangle/dt = 0$ を与える．

5.3 渦度の強化と物質線の伸張

QN モデルがエンストロフィーの有限時間爆発を予測する理由は，以下のように理解できる．最初の見積もり，

$$\frac{d^2}{dt^2}\left\langle \frac{\boldsymbol{\omega}^2}{2} \right\rangle = \langle [\omega_i S_{ij}]^2 \rangle + \nu(\sim)$$

はもっともだし，実際，いくつかの実験データもこれを支持している．ν をゼロとしたときに有限時間爆発をもたらすのは第二の見積もり，

$$\frac{d^2}{dt^2}\left\langle \frac{1}{2}\boldsymbol{\omega}^2 \right\rangle = \frac{2}{3}\left\langle \frac{1}{2}\boldsymbol{\omega}^2 \right\rangle^2 + \nu(\sim)$$

である．すなわち，任意の点における渦糸のひずみ速度は，その場所の渦度のオーダーであり，両者のあいだに強い相関があるというのが QN モデルの暗黙の了解である．この S_{ij} と $\boldsymbol{\omega}$ の強い結合が，予測された有限時間における特異性の背景となっている．しかし，前節で述べたひずみを受けた渦シートや渦管の例は，右辺の別の見積もり，

$$\frac{d^2}{dt^2}\left\langle \frac{1}{2}\boldsymbol{\omega}^2 \right\rangle \sim \alpha^2 \left\langle \frac{1}{2}\boldsymbol{\omega}^2 \right\rangle$$

を示唆している．α はエンストロフィー保有渦よりもいくらか大きい渦を特徴づけるひずみ速度を表す（これは，Laval et al. (2001) や Jiménez and Wray (1998) のシミュレーションから得られる描像である）．α を $\boldsymbol{\omega}^2$ から切り離すと，QN モデルから得られる有限時間特異性ではなく，エンストロフィーの穏やかな指数関数的成長が得られる．

このように，$\langle (\omega_i S_{ij})^2 \rangle$ についてのいろいろな，もっともではあるがヒューリスティックな推定は，エンストロフィーの運命に対して大きく異なる予測結果を与える．すべては小スケールの渦管を壊すひずみ場の大きさの仮定にかかっている．もし，渦の伸張に関与するひずみの局所成長がエンストロフィーの局所成長と歩調を合わせる（ビオ・サヴァールの法則を通じて）なら，モデルは有限時間特異性を予測する．しかし，もし，特異状態に近い渦のひずみが遠方の，より弱い渦からきたものであれば，S_{ij} と $\boldsymbol{\omega}$ の局所値は互いに切り離され，より緩やかな指数関数的成長となる．上で述べたタイプのヒューリスティックモデルは，いずれも非常に不満足なものであることは明らかだ．具体的にいうと，それらのモデルには，指数関数的か有限時間の特異性かを区別するのに必要な詳しい動力学の情報を組み込むことができない．もっと合理的な議論が展開されるか，あるいは特異性を示す厳密解が発見されて，はじめてこの問題は解決される．

有限時間特異性を示すような，単純なモデル問題を組み立てる試みが数多くなされてきた．初期の候補は，図 5.6 に示された渦塊の自己遠心作用であった．図 5.6 (c)

の最後の図を考えてみよう．プミアとシッギアは，$\Gamma = ru_\theta$ が一定の線で表される極方向渦シートが不安定であることを示唆した（Pumir and Siggia (1992)）．すなわち，シートのしわが Γ の軸方向勾配を強め，それが，式(5.10)に従って周方向渦度の源となる．これが，さらに局所のひずみ場を強め，Γ（すなわち，シート）を移流することで新たなしわをつくり，渦シートを薄くする．プミアとシッギアは，このことが暴走状態を生み，特異性をもたらすことを示唆した．しかし，このよう特異性は，エンストロフィーの有限時間における爆発的増加に必要な代数的成長ではなく，時間に対して指数関数的に成長するであろうと，いまでは考えられている．

別のモデル問題のなかには，いわゆる，リレイの自己相似流れ（この章の最後にある例題 5.7 参照）あるいはもつれ合った渦管があるが，これらもまた，多くの問題を抱えていることがわかっている．これらの単純なモデルの失敗の結果，より複雑な流れの数値シミュレーションへと重点が移ることになった．しかし，このようなシミュレーションは，潜在的な特異性を追跡する能力が求められるため，簡単ではない．このような計算の結果は，いまのところ，まだ決定的ではないが，興味ある読者は Bajer and Moffatt (2002) や Pelz (2001)，あるいは Gibbon (2008) を見るとよい．とにかく，予想されている有限時間特異性は，解明をかたくなに拒んだままである．

例題 5.6 式(5.28)と式(5.32)から，非粘性流体においてはエンストロフィーが，

$$\frac{d}{dt}\left\langle \frac{\boldsymbol{\omega}^2}{2} \right\rangle = \langle \omega_i \omega_j S_{ij} \rangle = -\frac{7}{6\sqrt{15}} S_0 \langle \boldsymbol{\omega}^2 \rangle^{3/2}$$

に従って変化することを示せ．次に，S_0 が時間に依存し，かつ負であると仮定してこの式を積分せよ．さらに，有限時間内でのエンストロフィーの爆発的増加を避けるためには，十分，大きな時間に対して，S_0 が t^{-1} より速く減少しなければならないことを示せ．

5.3.5 物質線要素の伸張

高 Re では，拡散が起こるコルモゴロフのマイクロスケールを除いて，渦線は流体に凍結されている．乱流中では，渦線は次々と引き伸ばされエンストロフィーが増大するから，平均的に見て物質線の線素も引き伸ばされると予想される．実験結果は確かにそうなっているが，これをきちんと証明するのはいらだたしいほど難しい．

次のような単純な例について考えることが，証明をどう進めたらよいかについてのヒントになる．$t = 0$ において半径 δ の球形をしていた小さな流体要素を考える．微小のひずみにさらされたこの球は，短時間後には主ひずみ速度の方向に三軸をもつ楕円体に変化する．$\gamma_1, \gamma_2, \gamma_3$ を三つの主ひずみ速度，すなわち，ひずみテンソルの

固有値とすると，楕円体の三つの主軸の長さは $w_1\delta = (1+\gamma_1)\delta$, $w_2\delta = (1+\gamma_2)\delta$, $w_3\delta = (1+\gamma_3)\delta$ となる．w_i は軸のスケールファクターである．体積は変形の際に保存されるので，$w_1w_2w_3 = 1$ である．さらに，相加平均は相乗平均より大きいか等しいので，

$$\frac{1}{3}(w_1 + w_2 + w_3) \geq (w_1w_2w_3)^{1/3} = 1$$

と結論できる．

　明らかに，ある流体要素は変形の際に収縮し，ほかの要素は膨張する．しかし，重要なのは，$t = 0$ にランダム方向を向いていた球の差し渡しの（直径の）線素が，そのあと，どうなるかである．上述の楕円体の三つの主軸の平均長さが，変形を受けたあとのランダム方向の線素の長さの期待値を表しているとすると，乱流中では，それは平均的に増加する．これが，線素は平均的に見て縮むより引き伸ばされることを証明する多くの試みの鍵となっている考え方である．しかし，埋めなければならない多くのギャップがある．たとえば，ランダムな線素の期待される伸びを，ひずみの主軸の伸びの相加平均に等しくおくことが妥当であることを示す必要がある．また，線素が有限な時間のあいだにどうなるのかを知りたい．言い換えれば，われわれは，有限なひずみを考えなければならない．最後に，上の議論は規則的な層流にも同様にあてはまるのだが，そのうえに，乱流の場合に重要になるのはカオス的混合による物質線の継続的な伸張である．あれやこれやで，やるべきことはたくさんある．

　もっと正式な証明は，以下の筋書きに従って進められる．$\mathbf{x}(\mathbf{a},t)$ を，初期に乱流中の点 $\mathbf{a}$ にあった粒子 $\mathbf{x}(\mathbf{a},0) = \mathbf{a}$ の軌跡とする．統計的に定常な流れのなかに，同じ点 $\mathbf{a}$ から粒子を次々に放出するとする．このとき，$\mathbf{a}$ はランダムではないが，n 番目の粒子の軌跡 $\mathbf{x}_n(\mathbf{a},t)$ はランダムである．いま，$t = 0$ で点 $\mathbf{a}$ にあった短い線素 $\delta\mathbf{a}$ を考える．時間 t のあいだに線素の両端はそれぞれ異なる軌跡を描き（図5.24），試行

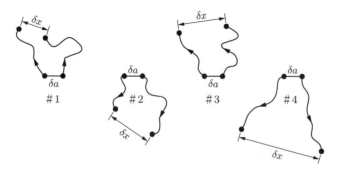

図 5.24　線素の伸張．説明のために，無限小ではなく有限の長さの線素の変遷が描かれている．

ごとに,

$$\delta x_i(t) = \frac{\partial x_i}{\partial a_j} \delta a_j$$

が成り立つ.ここで,$\delta \mathbf{x}$ は,時刻 t における両端の隔たりである.$\partial x_i/\partial a_j$ はひずみテンソルとよばれ,体積を保存する,すなわち,$\det(\partial x_i/\partial a_j) = 1$ である (Sokolnikoff (1946) も参照のこと).$t = 0$ で $\delta \mathbf{a}$ を固定して同じ実験を何度も繰り返す.結果をアンサンブル平均すると,

$$\langle (\delta \mathbf{x})^2 \rangle = \left\langle \frac{\partial x_i}{\partial a_j} \frac{\partial x_i}{\partial a_k} \right\rangle \delta a_j \delta a_k \tag{5.34}$$

が得られる.$\delta \mathbf{a}$ はランダムではないので(つまり,実験ごとに同じなので),δa_j,δa_k は平均演算子の外におかれている.

ここで,対称行列 $D_{jk} = (\partial x_i/\partial a_j)(\partial x_i/\partial a_k)$ を定義する.これは,三つの実数の固有値 λ_1, λ_2, λ_3 をもっていて,行列理論から,

$$\lambda_1 + \lambda_2 + \lambda_3 = \text{Trace}(\mathbf{D})$$
$$\lambda_1 \lambda_2 \lambda_3 = \det(\mathbf{D})$$

である.さらに,$\det(\partial x_i/\partial a_j) = 1$ なので,$\det(\mathbf{D}) = 1$ となる.これより,実験ごとに,

$$\frac{1}{3}(\lambda_1 + \lambda_2 + \lambda_3) \geq (\lambda_1 \lambda_2 \lambda_3)^{1/3} = 1 \tag{5.35}$$

となる.ここで,乱れが等方的であるとしよう.すると,流れの統計的性質である $\langle D_{jk} \rangle$ も等方的でなければならないから,対角行列,

$$\left\langle \frac{\partial x_i}{\partial a_j} \frac{\partial x_i}{\partial a_k} \right\rangle = \alpha(t) \delta_{jk}, \quad \alpha = \frac{1}{3} \langle \text{Trace}(\mathbf{D}) \rangle = \frac{1}{3} \langle (\lambda_1 + \lambda_2 + \lambda_3) \rangle$$

となる.しかし,実験ごとに D_{ij} の固有値は式(5.35)を満足するから,アンサンブル平均をとると,$\alpha \geq 1$ であることがわかる.この式で,等号はまったく成り立ちそうもない.なぜなら,等号が成り立つとすれば,式(5.35)でも等号が成り立たなければならず,そうなると,各実験で λ_i は三つとも 1 に等しいことになってしまうからだ.式(5.34)は,

$$\langle (\delta \mathbf{x})^2 \rangle = \alpha(t)(\delta \mathbf{a})^2 \quad (\alpha \geq 1) \tag{5.36}$$

となる.この式は,平均的に見ると,$t = 0$ のときより $t = t$ のときのほうが粒子の隔たりが大きくなっていることを意味していて,これは期待どおりの結果である.少し違った議論から,より一般的な結果として,$\langle |\delta \mathbf{x}|^p \rangle = \alpha(t)|\delta \mathbf{a}|^p$, $\alpha \geq 1$ が得られる

(Monin and Yaglom (1975)). この結果から, $\langle(\delta \mathbf{x})^2\rangle$ は絶えず成長を続けると結論づけたくなるが, 式(5.36)は, そうはならないことを示している. たとえば, $\langle(\delta \mathbf{x})^2\rangle$ = $(\delta \mathbf{a})^2 + [(\delta \mathbf{b}) \cos \omega t]^2$ も式(5.36)を満足する (図5.25 (a) を見よ). より有益な結果を得るために, 「有限記憶」とよばれる近似が, 通常, 用いられる. これによって乱れに「時間の矢」を付与することができる. まず, 時間を多数の微小部分に分割する. 最初の微小時間に対して, 式(5.36)が適用されて線素が成長する. この期間の最後の瞬間の速度場は, 統計的には最初の瞬間の速度場とは無関係であると仮定する. そのうえで, 式(5.36)をもう一度適用すると, 線素は二度目の伸張を受けるという具合に繰り返す (図5.25 (b)).

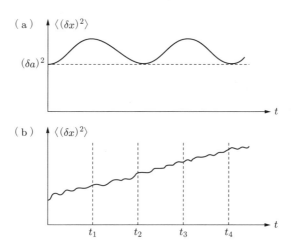

図5.25 (a) 式(5.36)は, 線素の長さが単調に増加することを必ずしも意味していない. たとえば, $\langle(\delta \mathbf{x})^2\rangle = (\delta \mathbf{a})^2 + [(\delta \mathbf{b}) \cos \omega t]^2$ も式(5.36)を満足する. (b) 「有限な記憶」は線素の単調な増加を保証する (Moffatt (1977), Lecture Notes on Turbulence, Ecole Polytechnique, Paris. による).

「有限記憶」の根拠を理論的に示すことはやや困難だが, 可視化観察の結果では, 確かに乱流中で線素が絶え間なく引き伸ばされている. 実際, 平均的に見て物質線 (または物質面) の長さ (または面積) は時間とともに指数関数的に増加することがわかっている (Monin and Yaglom (1975)). 面の場合には, 引き伸ばし, ねじり, 折り畳みが次々と起こる. このことが引き伸ばしによる渦度の強化と, スケール間でのエネルギー転送の機構の根底にあると一般に考えられている[10]. 物質要素の伸張は, おそらく葉巻やタバコの煙にもっとも簡単に見ることができる (図5.26).

図 5.26 煙の集団の写真．こうした集団を観察すると，物質線と物質面が乱れによって引き伸ばされることがわかる．

5.3.6 ひずみ場と渦度場の相互作用

乱流渦の動力学の話題の最後に，乱流におけるひずみ場の構造と渦度場との関係について簡単に述べよう．これは，散逸が空間的にどのように分布しているのかとか，エンストロフィー方程式，

$$\frac{D}{Dt}\left(\frac{\omega^2}{2}\right) = \omega_i \omega_j S_{ij} + \nu(\sim)$$

---

10) じつは，線素の伸張と渦線の伸張とを直接関係づけることには注意が必要である．上で述べた議論は純粋に運動学的なもので，任意のランダムな速度場にあてはまる．実際，ガウス分布をしているような速度場にも適用できるが，そのような場合には，ひずみ度はゼロで平均的な渦の伸張はない．重要な点は，染料の線と違って渦線は動力学的には受動的でないことだ．また，$\mathbf{u}$ と無関係に規定することもできない．したがって，渦線は直接流れに影響を与え，実際，ある意味で渦線は流れそのものなのだ．渦線が引き伸ばされるという言い方をするときは，動力学的にも（ナヴィエ・ストークス方程式を満たす）運動学的にも許容できる流れを念頭においている．なぜなら，そのときに限って渦線は，部分的に流体中に凍結されるからだ．このような動力学的に許容される流れというのは決してガウス的ではない．

における渦伸張項をどのようにモデル化したらよいかを理解しようとするときに非常に重要になるが，ほとんど未解決の話題である．おもな目的は，ベチョフの理論（Betchov (1956)）を紹介することだが，そのまえに，背景について少し述べておこう．

まず，散逸から話をはじめよう．一様乱流では，平均の散逸率はエンストロフィーを使って，

$$\varepsilon = \langle 2\nu S_{ij}S_{ij}\rangle = \nu\langle\boldsymbol{\omega}^2\rangle$$

のように書くことができる．$2\nu S_{ij}S_{ij}$ と $\nu\boldsymbol{\omega}^2$ の差は発散形をしているが，一様乱流の場合，平均値の発散はゼロ，すなわち，$\nabla\cdot[\langle\sim\rangle]=0$ だからである．そのため，一様乱流を論じる場合は，エンストロフィーと散逸を一緒に扱うのが普通である．これは，全体的な収支を議論する場合は許されるが，散逸の瞬時の分布を特定する場合には間違いを起こす．実際には，ある瞬間において，散逸が大きい場所とエンストロフィーが大きい場所とがつねに一致するわけではない．すなわち，平均するまえの $2\nu S_{ij}S_{ij}$ と $\nu\boldsymbol{\omega}^2$ はむしろ違って見える．このことは，ひずみ速度テンソルと渦度場がビオ・サヴァールの法則によって互いに関係しているとはいっても，少し違った空間構造をしていることの一つの現れである．

一例として，5.3.3項で述べたバーガース渦を考えよう．Γ_0/ν が大きいとき，エンストロフィーと散逸は，それぞれ次式で表せることは容易に確認できる．

$$\nu\boldsymbol{\omega}^2 = \nu\left(\frac{\alpha\Gamma_0}{4\pi\nu}\right)^2 F_\omega(x)$$

$$2\nu S_{ij}S_{ij} = \nu\left(\frac{\alpha\Gamma_0}{4\pi\nu}\right)^2 F_s(x)$$

ここで，Γ_0 は渦の循環で，$x=r^2/\delta^2$，r は半径座標，δ は渦の代表半径である．二つの無次元関数 F_ω と F_s は，

$$F_\omega = e^{-2x}$$
$$F_s = x^{-2}[1-(1+x)e^{-x}]^2$$

であり，$2\nu S_{ij}S_{ij}$ と $\nu\boldsymbol{\omega}^2$ の体積積分は等しいので，期待したとおり，$2\nu S_{ij}S_{ij}$ と $\nu\boldsymbol{\omega}^2$ は全体としてはマッチしている．しかし，エンストロフィーは半径とともに指数関数的に減少するのに対して，散逸は最初 $\varepsilon\sim r^4$ に従って増加したあと，大きい r では $\varepsilon\sim r^{-4}$ に従って減少する．実際，$2\nu S_{ij}S_{ij}$ と $\nu\boldsymbol{\omega}^2$ が空間的にオーバーラップする範囲はわずかで，エンストロフィーが最大値の3%以下にまで減少した点で散逸率は最大となる．大まかにいうと，環状の散逸分布の中心部にエンストロフィーが埋もれて

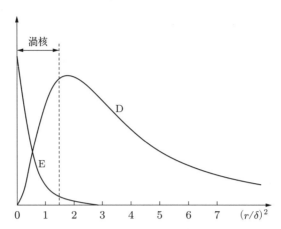

図 5.27 バーガース渦の場合のエンストロフィー（曲線 E）と散逸（曲線 D）の分布．D の縦軸のスケールは E の 10 倍に拡大されている．

いる（図 5.27）．

乱流渦度場はつねに間欠的で，おそらく，互いに十分離れた渦管で占められており（図 3.18），このことがひずみ場に関して次のような疑問を生む．

- ひずみ場も同様に間欠的で，その間欠性は渦度場と同様の空間構造をしているのか？
- エンストロフィーが大きい場所は，ひずみのピーク位置に大体一致しているのか？
- 渦度は，簡単な渦伸張の議論から予想されるように，平均的に見て最大ひずみの方向に向いているのか？

以下では，これらの疑問のいくつかについて述べる．議論を簡潔に進めるために，平均流がない一様乱流に話題を限定する．はじめに運動学，とくに速度勾配テンソル $A_{ij} = \partial u_i / \partial x_j$ について少しふれる．

第 2 章において，われわれは，速度勾配テンソルの対称成分と反対称成分が，次式のように，それぞれひずみ速度テンソル S_{ij} および回転速度テンソル W_{ij} であることを見てきた．

$$A_{ij} = \frac{\partial u_i}{\partial x_j} = \frac{1}{2}\left(\frac{\partial u_i}{\partial x_j} + \frac{\partial u_j}{\partial x_i}\right) + \frac{1}{2}\left(\frac{\partial u_i}{\partial x_j} - \frac{\partial u_j}{\partial x_i}\right) = S_{ij} + W_{ij} = S_{ij} - \frac{1}{2}\varepsilon_{ijk}\omega_k$$

ところで，われわれは，流れのなかの任意の点で，つねに S_{ij} の主軸を見つけることができ，もし，座標軸をこの主軸の方向に選べば S_{ij} は対角行列となり，A_{ij} は，

$$A_{ij} = S_{ij} + W_{ij} = \begin{vmatrix} a & 0 & 0 \\ 0 & b & 0 \\ 0 & 0 & c \end{vmatrix} + \frac{1}{2} \begin{vmatrix} 0 & -\omega_c & \omega_b \\ \omega_c & 0 & -\omega_a \\ -\omega_b & \omega_a & 0 \end{vmatrix}$$

のように簡単な形となる．ここで，a, b, c はひずみ速度の三つの主軸，ω_a, ω_b, ω_c は $\boldsymbol{\omega}$ の主軸方向成分である．a, b, c は，$a \geq b \geq c$ の順に並べる．さらに，連続の式から，$A_{ii} = S_{ii} = a + b + c = 0$ であり，これより，

$$a^2 + b^2 + c^2 = -2(ab + bc + ca)$$

$$a^3 + b^3 + c^3 = 3(abc)$$

$$a^4 + b^4 + c^4 = \frac{1}{2}(a^2 + b^2 + c^2)^2$$

となる．これらの関係についてはあとで述べる．とりあえず，流体とともに移動する観察者から見た流れ場の局所構造が，以下によって決まることだけ注意しておこう．

（ⅰ） ひずみ速度の三つの主軸，そのうち二つだけが独立．
（ⅱ） 渦度の大きさ．
（ⅲ） ひずみの主軸に相対的な $\boldsymbol{\omega}$ の方向．

つまり，一点での流れを識別するには，a, b, $\boldsymbol{\omega}^2$, および主軸に相対的な $\boldsymbol{\omega}$ の方向を定めるための二つの角度の，合計五つのパラメータが必要である．これだけの情報をすべて用意するのは容易ではないから，これらのうちの一部，またはこれらのある組み合わせだけでも有益な情報にならないのかと問いかけたくなる．

近年，多くの研究者たちは，五つの独立なパラメータを単純に組み合わせてできる，Q と R という二つの量に注目している．これらは，A_{ij} のいわゆる不変量のうちの二つである（不変量という言葉は，ここでは，A_{ij} からつくられるスカラー量で座標系の回転に対して不変の量という意味で，動力学よりも運動学的な意味で使われている）．

よく知られているように，二階のテンソルは固有値に直結した三つの不変量をもっている．いま，A_{ij} の固有値を λ_i と書き，これらの固有値に対する特性方程式を，

$$\lambda^3 - P\lambda^2 + Q\lambda - R = 0$$

とする．λ_i，したがって，P, Q, R は座標軸の選び方によらない．これらを A_{ij} の第一，第二，第三不変量とよぶ．三次方程式の根の性質と，初歩の固有値理論から，

$$P = (\lambda_1 + \lambda_2 + \lambda_3) = \mathrm{Trace}(A_{ij}) = A_{ii}$$

$$Q = (\lambda_1\lambda_2 + \lambda_2\lambda_3 + \lambda_3\lambda_1) = \frac{1}{2}P^2 - \frac{1}{2}A_{ij}A_{ji}$$

$$R = (\lambda_1\lambda_2\lambda_3) = \det(A_{ij})$$

となる．さらに，連続の式から $\lambda_1 + \lambda_2 + \lambda_3 = 0$ だから，第一不変量は $P = 0$ となる．また，ケイリー・ハミルトンの定理から，A_{ij} はみずからの特性方程式，

$$\mathbf{A}^3 + Q\mathbf{A} - R\mathbf{I} = 0$$

を満足し，そのトレースは，

$$R = \frac{1}{3}A_{ij}A_{jk}A_{ki}$$

となる．まとめると，速度勾配テンソルの第二，第三不変量は，

$$Q = -\frac{1}{2}A_{ij}A_{ji} = (\lambda_1\lambda_2 + \lambda_2\lambda_3 + \lambda_3\lambda_1) = -\frac{1}{2}(\lambda_1^2 + \lambda_2^2 + \lambda_3^2)$$

$$R = \frac{1}{3}A_{ij}A_{jk}A_{ki} = (\lambda_1\lambda_2\lambda_3) = \frac{1}{3}(\lambda_1^3 + \lambda_2^3 + \lambda_3^3)$$

となる．この関係は，S_{ij} と W_{ij} を使って書きなおすと便利である．$A_{ij} = S_{ij} + W_{ij}$ を用い，A_{ij} の積を展開すると，

$$Q = -\frac{1}{2}S_{ij}S_{ji} + \frac{1}{4}\boldsymbol{\omega}^2 = -\frac{1}{2}(a^2 + b^2 + c^2) + \frac{1}{4}\boldsymbol{\omega}^2$$

$$R = \frac{1}{3}\left(S_{ij}S_{jk}S_{ki} + \frac{1}{4}\omega_i\omega_j S_{ij}\right) = \frac{1}{3}(a^3 + b^3 + c^3) + \frac{1}{4}\omega_i\omega_j S_{ij}$$

となる（多くの著者は，R を上とは反対符号で定義している．すなわち，$R = -(1/3)A_{ij}A_{jk}A_{ki}$）．

説明のために，渦度が局所的にゼロの場合を考える．このとき，不変量 Q と R はひずみ速度テンソルの不変量に等しくなる．

$$Q_s = -\frac{1}{2}S_{ij}S_{ji} = -\frac{1}{2}(a^2 + b^2 + c^2)$$

$$R_s = \frac{1}{3}S_{ij}S_{jk}S_{ki} = \frac{1}{3}(a^3 + b^3 + c^3) = abc$$

逆に，ひずみがない場合，不変量は $Q_\omega = \boldsymbol{\omega}^2/4$，$R_\omega = 0$ となる．ひずみも渦度も，どちらもゼロでないようなもっと一般的な場合には，Q は両者の相対的な大きさの尺度となる．すなわち，Q が負の大きい値の領域は強いひずみの領域を表し，Q が正の大きい値の領域は強いエンストロフィーの領域を表す．

このように，流れ場の各点が強い渦度の領域に属するか強いひずみの領域に属する

かを区別するのに，この二つの不変量を使うことが（何人かの研究者によって）提案されている．しかし，この二つだけが運動の運動学的不変量ではないことに注意すべきである．実際，次の五つの独立な不変量があることがわかっている．

$$I_1 = S_{ij}S_{ji}, \quad I_2 = S_{ij}S_{jk}S_{ki}, \quad I_3 = \boldsymbol{\omega}^2, \quad I_4 = \omega_i\omega_j S_{ij}, \quad I_5 = \omega_i S_{ij}\omega_k S_{kj}$$

Q と R は，単に I_1 から I_4 の組み合わせにすぎない．

ここで，ベチョフの理論にもどろう（Betchov (1956)）．ベチョフは Q と R が発散形式で，

$$Q = -\frac{1}{2}\frac{\partial}{\partial x_j}\left(u_i\frac{\partial u_j}{\partial x_i}\right)$$

$$R = \frac{1}{3}\frac{\partial}{\partial x_i}\left(\frac{\partial u_i}{\partial x_j}\frac{\partial u_j}{\partial x_k}u_k - \frac{1}{2}u_i\frac{\partial u_k}{\partial x_j}\frac{\partial u_j}{\partial x_k}\right)$$

のように書けることに注目した．そして，一様乱流では平均の発散はゼロなので，$\langle Q \rangle = 0$, $\langle R \rangle = 0$ となる．このことから，平均エンストロフィー $\langle \boldsymbol{\omega}^2 \rangle$ も平均のエンストロフィー生成率 $\langle \omega_i \omega_j S_{ij}\rangle$ も，主ひずみを使って，

$$\langle \boldsymbol{\omega}^2 \rangle = 2\langle S_{ij}S_{ji}\rangle = 2\langle a^2 + b^2 + c^2\rangle$$

$$\langle \omega_i\omega_j S_{ij}\rangle = -\frac{4}{3}\langle S_{ij}S_{jk}S_{ki}\rangle = -\frac{4}{3}\langle a^3 + b^3 + c^3\rangle$$

と書くことができる．もちろん，最初の式は，運動エネルギーの平均散逸率としてすでにおなじみであるが，二番目の式は初登場である．これは，タウンゼントが最初に発見した画期的な結果で（Townsend (1951)），のちにベチョフも1956年に再発見し，

$$\langle \omega_i\omega_j S_{ij}\rangle = -4\langle abc\rangle$$

の形に表した．渦線の伸張によるエンストロフィーの生成率が，ひずみ場だけで表されるとは不思議だ．この簡潔な式から数々の重要な結果が導かれる．エンストロフィー生成は正であることがわかっているから，このベチョフの式から $\langle abc \rangle < 0$ であることがわかる．連続の式 $a + b + c = 0$, およびさきほど決めた大きさの順番 $a \geq b \geq c$ から，abc は $-b$ と同じ符号をもつ．したがって，ベチョフが注目したように，乱れは $c < 0$ かつ $a, b > 0$, すなわち，一つの大きな圧縮ひずみと二つの弱い伸張ひずみを示す傾向がある．5.3.2項で述べたとおり，これは二軸ひずみとよばれ，渦シートの形成にともなって現れるといわれてきた．しかし，これは同時に渦管の伸張の特性でもあるという，5.3.2項の注意を参照すること．

ここで，一つの疑問が湧いてくる．エンストロフィー生成にとって，どの主ひずみ

が主としてかかわっているのだろうか．主軸に一致した座標系を用いると，

$$\langle \omega_i \omega_j S_{ij} \rangle = \langle a\omega_a^2 + b\omega_b^2 + c\omega_c^2 \rangle = -4\langle abc \rangle$$

が得られる．中程度の Re に対する乱流の直接数値シミュレーションから明らかになったことは，

(i) ひずみ速度テンソルの主値の比は $\langle a, b, c \rangle \sim (3, 1, -4)|b|$,
(ii) $\boldsymbol{\omega}$ は平均して中間の主ひずみ b の方向に向く，

である（これらのシミュレーションの詳細は第 7 章で述べる）．このことから，$\langle b\omega_b^2 \rangle$ が $\langle \omega_i \omega_j S_{ij} \rangle$ に対してもっとも寄与が大きいと推測できる．しかし，計算機シミュレーションの結果はそうではないことを暗示している．むしろ，$\langle \omega_i \omega_j S_{ij} \rangle$ の 50% 以上が最大の主ひずみ $\langle a\omega_a^2 \rangle$ からきている．さらに，5.3.2 項で強調したように，渦の自己誘導によるひずみと外部から強制されたひずみを区別することが重要である．自己誘導ひずみを引き去ると，渦度は（平均して）外部からのひずみ場の最大主ひずみ速度の方向を向く (Hamlington et al. (2008), Leung et el. (2012))．この結果は，単純な渦伸張の議論から予想されることとまさに一致している．

ベチョフは，主ひずみに関してほかにも多くの結果を得た．たとえば，等方性乱流では，

$$\left\langle \left(\frac{\partial u_x}{\partial x}\right)^2 \right\rangle = \frac{2}{15}\langle a^2 + b^2 + c^2 \rangle$$

$$\left\langle \left(\frac{\partial u_x}{\partial x}\right)^3 \right\rangle = \frac{8}{105}\langle a^3 + b^3 + c^3 \rangle = \frac{24}{105}\langle abc \rangle$$

$$\left\langle \left(\frac{\partial u_x}{\partial x}\right)^4 \right\rangle = \frac{8}{105}\langle a^4 + b^4 + c^4 \rangle = \frac{4}{105}\langle (a^2 + b^2 + c^2)^2 \rangle$$

であることを示した．この関係を用いると，$\partial u_x/\partial x$ のひずみ度と扁平度の表現は，

$$S_0 = \frac{\langle (\partial u_x/\partial x)^3 \rangle}{\langle (\partial u_x/\partial x)^2 \rangle^{3/2}} = \frac{12\sqrt{15}}{7\sqrt{2}} \frac{\langle abc \rangle}{\langle a^2 + b^2 + c^2 \rangle^{3/2}} = -\frac{6\sqrt{15}}{7} \frac{\langle \omega_i \omega_j S_{ij} \rangle}{\langle \boldsymbol{\omega}^2 \rangle^{3/2}}$$

$$\delta_0 = \frac{\langle (\partial u_x/\partial x)^4 \rangle}{\langle (\partial u_x/\partial x)^2 \rangle^2} = \frac{15}{7} \frac{\langle (a^2 + b^2 + c^2)^2 \rangle}{\langle a^2 + b^2 + c^2 \rangle^2}$$

となる．このひずみ度の式は，式 (5.32) と等価であることに注意しよう．この式は，測定しやすい量である S_0 と，とりわけ，重要な渦伸張項とを，

$$\langle \omega_i \omega_j S_{ij} \rangle = -\frac{7}{6\sqrt{15}} S_0 (\boldsymbol{\omega}^2)^{3/2}$$

の形で結びつける重要な式である．第 6 章では，この式を（等価ではあるが）別のや

り方で導く．

　上で述べた不変量 Q と R，およびそれらを用いた乱流中の領域分類に話をもどそう．Q と R は流れの局所構造を一意的に定義しているわけではないが（それには五つの量が必要である），大まかな分類法としてこれらを用いている著者もいる．

$$Q = \frac{1}{4}\boldsymbol{\omega}^2 - \frac{1}{2}(a^2+b^2+c^2), \quad \langle Q \rangle = 0$$

$$R = \frac{1}{4}\omega_i\omega_j S_{ij} + abc, \quad \langle R \rangle = 0$$

であったことを思い出そう．Q が負で大きいということは，強いひずみと非常に小さい渦度があることを意味している．逆に，Q が正で大きいということは，渦度が支配的であることを意味している．たとえば，バーガース渦の場合，渦のコア部で Q は正，散逸が支配的なコアの外側部分で負である．いま，Q が正で大きい場合を考える．このような場所ではひずみは弱く，$R \sim \omega_i\omega_j S_{ij}/4$ である．この場合，正の R は渦の伸張を，また負の R は渦の圧縮を意味する．一方，Q が負で大きい場合には，$R \sim abc$ となる．このときは正の R が軸方向ひずみ $(a>0; b, c<0)$ の領域を表し，負の R は二軸ひずみ $(c<0; a, b>0)$ の領域を表す．四つの領域は表 5.3 にまとめられている．もちろん，この種の議論の問題点は，「正で大きい」とか「負で大きい」とは何を意味しているのかを，まだ定義していないことだ．「大きい」とは何と比べてか（このため，表 5.3 の左側の列では疑問符がつけられている）．

表 5.3　Q と R を用いた乱流中の各点の大まかな分類

	$R < 0$	$R > 0$
$Q \gg ?$	渦の圧縮	渦の伸長
	$\omega_i\omega_j S_{ij} < 0$	$\omega_i\omega_j S_{ij} > 0$
$Q \ll ?$	二軸ひずみ	軸ひずみ
	$abc < 0$	$abc > 0$

　ペリーとチョンは，一連の論文のなかで，$Q < Q^*$ と $Q > Q^*$，$Q^* = -3(R^2/4)^{1/3}$ では状況が大きく異なることを示唆している（この研究の評価については，たとえば，Ooi et al. (1999) を参照）．この区別の背景に横たわる論理は，$\partial u_i/\partial x_j$ の固有値が $Q < Q^*$ ではすべて実数であるのに対し，$Q > Q^*$ では一組の複素共役が含まれることである．定常層流のきわめて限られたクラスの流れ（一様な速度勾配をもった）における流線形態に対して，このことはある意味をもっているが，乱流における意味合いについては，まったく不明である[11]．いずれにせよ，この著者たちに従って表 5.3 の疑問符は Q^* におき換えるべきであろう（図 5.28 (a) 参照）．

　Q^* にもとづく，このようなはっきりした区別が妥当かどうかについては論争のま

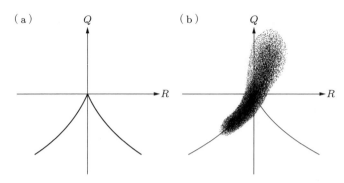

図 5.28 （a）Perry and Chong は Q-R 平面が $Q < Q^*$ と $Q > Q^*$ の二つの領域に分類され，それぞれの領域で異なる挙動を示すことを示唆した．（b）Q-R 平面における典型的な散布図．ほとんどの流れのほとんどの点で Q と R は同符号を示す．

とになっている．それでも，Q および R を大まかな識別に使うことは普通に行われている．たとえば，瞬時の速度場を Q-R 面上で散布図としてプロットする（流れの各点が Q-R 面の一点に対応する）．このようなプロットは，ほとんどの点が $Q, R < 0$ および $Q, R > 0$ の二つの象限に属するという点で，いろいろな流れ（一様流でも非一様流でも）において定性的に共通である（図 5.28（b）参照）．言い換えれば，Q と R のあいだに強い正の相関がある．すなわち，$\langle QR \rangle > 0$ である．つまり，もっともよく起こる二つの状況は，渦の伸張 $\omega_i \omega_j S_{ij} > 0$ と二軸ひずみ $abc < 0$ であり，この点はベチョフが 1956 年に予測したとおりである．

例題 5.7 a^2, b^2, c^2 の相乗平均は相加平均より小さいことを利用し，シュワルツの不等式と組み合わせて，
$$\langle |abc| \rangle \leq \frac{1}{3\sqrt{3}} \langle (a^2 + b^2 + c^2)^{3/2} \rangle \leq \frac{1}{3\sqrt{3}} \langle (a^2 + b^2 + c^2)^2 \rangle^{1/2} (a^2 + b^2 + c^2)^{1/2}$$
が成り立つことを示せ．次に，ベチョフの扁平度の式を使って，
$$\frac{\langle |abc| \rangle}{\langle a^2 + b^2 + c^2 \rangle^{3/2}} \leq \frac{\sqrt{7}}{9\sqrt{5}} \sqrt{\delta_0}$$
となることを示せ．

---

11) ある著者は，$Q = Q^*$ を通過する際に乱流の流線のトポロジー構造が変化することを指摘している．しかし，それは違う．なぜなら，トポロジーの議論は速度勾配が時間的に一定で空間的にも広い範囲で一様であるという仮定にもとづいていて，乱流では決して満たされないからだ．

例題 5.8 半径 R, 密度 ρ_p ($\rho_p \gg \rho$) の非常に小さな粒子が, 密度 ρ の流体の流れのなかに薄く懸濁している. $n(\mathbf{x}, t)$ を粒子の数密度, $\mathbf{v}$ をある粒子の速度とする. 粒子は非常に小さいので, 流れのなかでほとんど受動的なトレーサーとして作用し, $\mathbf{v}$ と流体の速度 $\mathbf{u}$ のわずかな差が $\mathbf{u} - \mathbf{v}$ に比例するストークス抗力を生んでいる. 粒子の運動方程式は,

$$\frac{d\mathbf{v}}{dt} - \beta \frac{d\mathbf{u}}{dt} = \frac{\mathbf{u} - \mathbf{v}}{\tau}$$

で, $\mathbf{u}$ は粒子の中心位置での流体のオイラー速度, $\beta = 3\rho/(\rho + 2\rho_p)$, $\tau = R^2/3\beta\nu$ は粒子の緩和時間 (この例では小さいと仮定) である. $\rho_p \gg \rho$ のとき, この式は,

$$\frac{d\mathbf{v}}{dt} = \frac{\mathbf{u} - \mathbf{v}}{\tau}$$

のように簡単になる. 粒子数は保存されるから,

$$\frac{\partial n}{\partial t} = -\nabla \cdot (n\mathbf{v})$$

が成り立つ. $|\mathbf{u} - \mathbf{v}| \ll |\mathbf{u}|$ の極限, すなわち, τ が流れの時間スケールに比べてはるかに小さいとき,

$$\frac{Dn}{Dt} = n\nabla \cdot (\mathbf{u} - \mathbf{v}) = n\tau \nabla \cdot \frac{D\mathbf{u}}{Dt}$$

が成り立つことを示せ. これより,

$$\frac{D}{Dt} \ln n = \tau \frac{\partial u_i}{\partial x_j} \frac{\partial u_j}{\partial x_i} = -2\tau Q = \tau \left(S_{ij} S_{ij} - \frac{1}{2} \boldsymbol{\omega}^2 \right)$$

が成り立つことを確認せよ. 粒子は Q が正の領域 (エンストロフィーが大きい領域) を抜け出して, Q が負の領域 (ひずみが大きい領域) に蓄積されるように見えるだろう. 次に, この式を,

$$\frac{Dn}{Dt} = -n\tau \nabla^2 \frac{p}{\rho}$$

のように書きなおす. ∇p が流線の曲率に関係していることに注意して, 粒子は曲がった流線の曲率中心から離れていくことを説明せよ.

5.4 連続的な運動による乱流拡散

乱流中の二点は平均して徐々に離れていく傾向があるという事実は, 乱流における散乱現象の基礎をなす. たとえば, 図 5.24 を考えてみよう. ある混入された化学物質, たとえば, 煙や染料などの球形の集団の $t = 0$ における位置と大きさを $\delta\mathbf{a}$ が表

しているとする．すなわち，$t=0$ でこの物質が，$\delta \mathbf{a}$ の中点を中心とする直径 $|\delta \mathbf{a}|$ の球の内部に閉じ込められているとする．C をこの物質の濃度分布とし，物質は反応性をもたず，動力学的にも受動的であるとする．すると，この物質は熱と同様の移流 – 拡散方程式，

$$\frac{DC}{Dt} = \alpha \nabla^2 C$$

を満足する．ここで，α は C の拡散係数である．乱流のほとんどの受動スカラーにおいていえるように，ul/α は十分大きいと仮定すると，C は物質的にほぼ保存されながら流体粒子の運動にともなって移動する．しかし，5.3.5 項において，$\delta \mathbf{a}$ の両端は流れの発達にともなって平均的に離れていくことを知った．このことは，$t=0$ において球状の集団の直径となっていた線素 $\delta \mathbf{a}$ についても同じである．したがって，混入物の集団は乱流変動のために広がる（離散する）（図 5.29）．これが乱流拡散の一例である[12]．

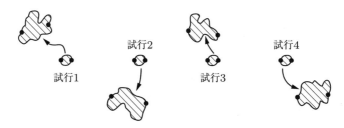

図 5.29 数回の試行における混入物の小さなパッチの広がり

ここで，テイラー（1921）やリチャードソン（1926）の時代にさかのぼって，乱流拡散のかなり古典的な説明を試みる．混合槽のなかに一点から染料を注入する場合のように，乱流中のある位置から混入物を注入する場面を想像する．簡単のために，ペクレ数 ul/α が大きく，平均流速はゼロ，乱れは等方的で統計的に定常とする．これらの仮定は，実際とはかなり違うが出発点としては便利である（5.4.3 項で平均せん断がある場合を論じる．そのとき，平均流の勾配が散乱に決定的な影響を与えることが示される）．

ペクレ数が大きいので，混入物の広がりを予測する問題は，個々の流体粒子の移動を追跡する問題に帰着される．平均速度がゼロの場合についていうと，答えなければならないのは，次の二つのかなり異なる疑問である（図 5.30），

---

12) ここでは，乱流散乱（turbulent dispersion）という言葉も使われている．しかし，この言葉には，平均せん断とランダムな渦の両方による離散効果が含まれていて，より一般的な概念を意味している．5.4.3 項を見よ．

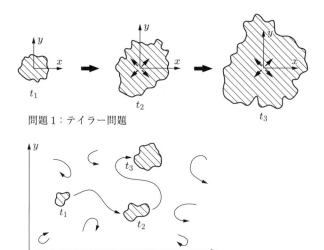

問題1：テイラー問題

問題2：リチャードソン問題

図 5.30 テイラー問題において，われわれは，定点からの混入物の連続的な注入を考え，混入物の集団が広がる速さを見積もる．リチャードソン問題では，$t=0$ において小さなパフが注入され，それが乱流中であちこち動きまわりながら成長する速さを求めようとする．

（ⅰ）単一粒子の拡散に関するテイラー問題—「乱流渦の作用で単一の粒子は，時間 t までに平均して出発点からどのくらい遠くまで移動するか」(Taylor (1921))

（ⅱ）相対散乱に関するリチャードソン問題—「乱流中で一対の粒子は平均してどのくらいの速さで隔たっていくか」(Richardson (1926))

最初の問題は，ある一点から連続的に放出される汚染物質の離散の問題に相当する．すなわち，乱流中に連続的に放出された混入物が，インキが吸いとり紙の上に広がっていくかのように広がり，その広がり速度は放出位置から流体粒子が移動する速さで決まる．一対の粒子の相対的分散という第二の問題は，混入物の小さな集団を個別に投入する場合に相当する（「小さい」とは，コルモゴロフスケールよりは大きいが大スケール渦のサイズに比べればかなり小さいという意味である）．この集団は，そのあとどうなるかを考えてみよう．小さい集団が大スケール渦に飲み込まれて連れまわされるあいだに，その重心はカオス的に動きまわる．同時に，小スケールの乱流混合の結果，集団の大きさは増加する．テイラー問題は重心がどのように移動するかを問題にするのに対して，リチャードソン問題は集団の成長の速さを問題にする．すなわち，混入物の小さな集団あるいはパフが広がる速さが，放出された瞬間に集団の

両端にあった印をつけた流体粒子の距離が相対的に広がる速さで決まる．

乱流中の二つの粒子の相対運動を定量化することが，いかに難しいかをすでに見てきた．そこで，まず，簡単なほうの問題，すなわち，単一粒子の分散からはじめよう．そこでは，オイラー法ではなくラグランジュ法が使われる．したがって，ここで使われる記号の意味は，そのほかの章でのものとは少し違う．

5.4.1 単一粒子のテイラー拡散

乱流拡散の解析に着手するまえに，より簡単でよく見かける問題，すなわち，ランダムウォークの問題について思い出しておくのがよいだろう．これは，評判の悪い「酔っぱらった船乗り」のよろよろ歩きにしばしばたとえられる．考え方は次のとおりである．船乗りが酒場を出て，距離 l だけ歩いては立ち止まり，これを繰り返す．ただし，立ち止まるたびに歩く方向はランダムにかわる．質問は次のようなものである．距離 l の歩行を N 回繰り返すと，平均してこの船乗りは酒場からどれだけ遠ざかるか．ステップごとに方向はランダムなので，答えはゼロだと思うかもしれない．しかし，そうではない．ステップごとに彼は酒場から遠ざかる傾向があるのだ．このとき，船乗りの平均的な移動を次のように見積もることができる．$\mathbf{R}_N$ を N ステップ後の彼の位置とし，$\mathbf{L}_N$ を N ステップ目の移動ベクトルとすると，

$$\mathbf{R}_N^2 = \mathbf{R}_{N-1}^2 + 2\mathbf{R}_{N-1} \cdot \mathbf{L}_N + \mathbf{L}_N^2$$

となる．$\mathbf{L}_N$ の方向がランダムであるということは，$\langle \mathbf{L}_N \rangle = 0$ を意味する．さらに，第 N ステップの方向は位置 $\mathbf{R}_{N-1}$ とは無関係と仮定すると，$\langle \mathbf{L}_N \cdot \mathbf{R}_{N-1} \rangle = \langle \mathbf{L}_N \rangle \cdot \langle \mathbf{R}_{N-1} \rangle = 0$（船乗りが第 N ステップを踏み出そうとするとき，彼は自分がいまどこにいるのかはまったく意識していない）ということは，たくさんのステップのあとには，

$$\langle R_N^2 \rangle = \langle R_{N-1}^2 \rangle + \langle L_N^2 \rangle = \langle R_{N-1}^2 \rangle + l^2$$

となり，計算すると，

$$\langle R_N^2 \rangle = N l^2$$

が得られる．つまり，しらふの人間がまっすぐ歩く距離はステップ数 N に比例するのに対して，この船乗りは，気の毒にも酒場からのろのろと離れていき，$N^{1/2}$ に比例する距離しか進めないのである．

ランダムな乱流中の粒子もこれと同じ挙動を示すものと想像される．確かに，われわれは，粒子が時間 t のあいだに $t^{1/2}$ のオーダーの距離だけ移動すると考えてよいだろう．これは，次に示すように，例外はあるものの大体は正しい．$\mathbf{x} = \mathbf{X}(t)$ を $t = 0$

で原点から放出された流体粒子の時刻 t における位置とする（図 5.31）．粒子のラグランジュ速度は $\mathbf{v} = d\mathbf{X}/dt$ である．問題を簡単にするために，粒子が投入される乱流場が平均速度ゼロで統計的に一様かつ定常と仮定する．

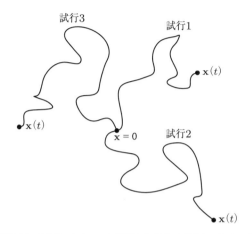

図 5.31 3 回にわたって点源から乱れた環境のなかに放たれた粒子（同じバーから同時に出てきた三人の酔っぱらった船乗りを思い浮かべるとよい）

投入された位置から粒子が離れていく速さは，

$$\frac{d}{dt}[\mathbf{X}^2] = 2\mathbf{X}\cdot\mathbf{v} = 2\mathbf{v}(t)\cdot\int_0^t \mathbf{v}(t')dt'$$

で与えられ，書きなおすと，

$$\frac{d}{dt}[\mathbf{X}^2] = 2\int_0^t \mathbf{v}(t)\cdot\mathbf{v}(t-\tau)d\tau, \quad \tau = t - t'$$

となる．このような粒子を次々と放出するとする．そして，これらの粒子を追跡し，結果をアンサンブル平均すると，

$$\frac{d}{dt}\langle\mathbf{X}^2\rangle = 2\int_0^t \langle\mathbf{v}(t)\cdot\mathbf{v}(t-\tau)\rangle d\tau$$

となる．ここで，右辺の被積分関数，

$$Q_{ii}^L(\tau) = \langle\mathbf{v}(t)\cdot\mathbf{v}(t-\tau)\rangle$$

について考える．これは，時刻 t における $\mathbf{v}$ と，時刻 t' における $\mathbf{v}$ の相関の強さを表している．もし，$t = t'$ なら，$Q_{ii}^L = \langle\mathbf{v}^2\rangle$ となる．もし，$\tau = t - t'$ が，たとえば，大スケール渦のターンオーバー時間のような乱れの特性時間スケールよりはるかに大きければ，$Q_{ii}^L \approx 0$ となると考えられる．ここで，

$$Q_{ij}^L(\tau) = \langle \mathrm{v}_i(t)\mathrm{v}_j(t-\tau)\rangle$$

は，ラグランジュ速度相関テンソルとよばれる．第3章で紹介した速度相関テンソル $Q_{ij}(\mathbf{r})$ と似てはいるが，（オイラー速度ではなく）ラグランジュ速度が用いられていることと，含まれているのが空間的な位置の差ではなく時間的な差である点が異なっている．統計的に定常と仮定しているので，Q_{ii}^L は t ではなく τ だけの関数となる．ラグランジュ相関時間 t_L を使って，

$$\langle \mathbf{u}^2\rangle t_L = \int_0^\infty Q_{ii}^L(\tau)d\tau$$

と書かれるのが普通である．この時間スケールは，要するに，流体粒子が放出時の状況を記憶にとどめている時間の尺度である．ここで再び，さきほどの $\langle \mathbf{X}^2\rangle$ の変化率の式にもどると，

$$\frac{d}{dt}\langle \mathbf{X}^2\rangle = 2\int_0^t Q_{ii}^L(\tau)d\tau$$

である．とくに興味深いケースとして，t が小さい場合と大きい場合の二つがある．$t \ll t_L$ のとき，$Q_{ii}^L = \langle \mathbf{v}^2\rangle = \langle \mathbf{u}^2\rangle$ とおくことができるので，

$$\frac{d}{dt}\langle \mathbf{X}^2\rangle \approx 2\langle \mathbf{u}^2\rangle t \quad (t \ll t_L)$$

となり，

$$\langle \mathbf{X}^2\rangle \approx \langle \mathbf{u}^2\rangle t^2 \quad (t \ll t_L)$$

が得られる．この関係は，t が小さいうちは，粒子は単純に初速度で移動し，$\mathbf{X} \approx \mathbf{v}(0)t$ であるという事実を反映している（これは弾道期間とよばれ，上述の酔っ払った船乗りの例でいえば，最初の一歩に相当する）．これに対して，t が大きくなると，

$$\frac{d}{dt}\langle \mathbf{X}^2\rangle \approx 2\int_0^\infty Q_{ii}^L(\tau)d\tau \quad (t \gg t_L)$$

となることが期待され，これより，

$$\langle \mathbf{X}^2\rangle \approx [2\langle \mathbf{u}^2\rangle t_L]t \quad (t \gg t_L)$$

が得られる．この場合には，変位の rms 値は $t^{1/2}$ に比例し，これはブラウン運動，あるいはランダムウォークの特徴である．l を積分スケールとすると，$t_L \sim l/u'$ だから $t \gg t_L$ は $\langle \mathbf{X}^2\rangle \gg l^2$ に相当することに注意しよう．

以上の事柄は，混入物の散乱に対してどのような意味をもつのだろうか．乱流中の

固定点から連続的に混入物が投入されたとする．平均的に見ると混入物の集団の半径 R は，$t \ll t_L$ では $R \sim t$ で，また $t \gg t_L$ では $t^{1/2}$ で増加する．このときまでには，集団の直径は積分スケールよりもはるかに大きくなっている．$R \sim t^{1/2}$ という成長は混合距離近似，

$$\frac{\partial \langle C \rangle}{\partial t} = \alpha_t \nabla^2 \langle C \rangle, \quad \alpha_t = u' l_m$$

から求められる結果とまさに一致している．$\langle C \rangle$ は混入物の濃度（アンサンブル平均），α_t は乱流拡散係数，l_m は混合距離で大スケール渦のオーダーである（4.5.1項の熱拡散の項で述べられている）．

5.4.2 二粒子の相対拡散に対するリチャードソンの法則

混入物が連続的ではなく離散的に投入される場合には，状況はもっと複雑になる．この状況は，普通，相対拡散とよばれ，$t = 0$ において投入された小さな単独のパフ，あるいは集団の拡散に関連している．実際には，5.3.5項で述べた一対の粒子の相対分散の話題に帰着される．すなわち，集団の両端に位置する二粒子間の距離の平均増加率が集団の拡大率の目安となるのである．

この問題は，単一粒子の拡散とは大きく異なることを理解しておくことが重要である．なぜかを理解するために，$t = 0$ において互いに隣り合わせていた二つの粒子を考える．乱流渦によって引きまわされる際に，しばらくのあいだ，これらは一対として運動する傾向がある．しかし，動きまわっているあいだに互いに徐々に離れる．そして，ここでの興味は，一対としての動きよりも互いの距離である．もし，二粒子が最初に非常に近くにあったとすれば，互いの距離の増加は一対としての運動よりずっと遅いと想像されるし，実際，そのとおりだ．したがって，小さな集団は乱流拡散によって広がるにしても，その速さは重心の移動速度よりはいくらか遅いはずだ．しかし，どのくらい遅いのだろうか．

$R(t)$ を時刻 t における集団の平均半径とする．われわれは l を積分スケールとして，$\eta \ll R \ll l$ の集団を興味の対象としている．おそらく，大きさが R 程度の渦がパフの成長にもっとも影響すると考えられるだろう．なぜなら，小さな渦は表面にしわを寄せるだけだし，一方，大きい渦は形をかえずに集団を運ぶだけだからである．このようすは，図 5.32 に図示されている．

大きさが r の渦は，そのターンオーバー時間程度でエネルギーを受け渡し，したがって，$\varepsilon \sim v_r^3/r$ となることはすでに述べた．ここで，ε は単位質量あたりの乱流エネルギーの散逸率である．このことから，$v_r \sim (\varepsilon r)^{1/3}$ となる．いま，集団が十分大きくなって初期の記憶をすでに失っているが，半径はまだ積分スケール l に比べれば

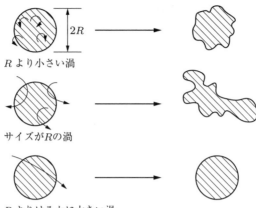

図 5.32 混入物の集団に対する異なる渦サイズの影響

かなり小さいとする．大きさ R 程度の渦が R の変化にもっとも寄与するから，R の平均変化率は ν, u, l には無関係で，v_R と t のみで決まると考えられる．すなわち，$dR/dt = f(v_R, t)$ である．次元的に妥当な関係は唯一，

$$\frac{dR}{dt} \sim v_R \sim (\varepsilon R)^{1/3}$$

である．

同じ式は小スケールに対するコルモゴロフ理論を用いても得られることに注意しよう．すなわち，慣性小領域では，縦方向の速度の増分 $\langle [\Delta v]^p \rangle$ は ε と r だけに依存する．たとえば，$\langle [\Delta v]^2 \rangle = \beta \varepsilon^{2/3} r^{2/3}$, $\langle [\Delta v]^3 \rangle = (-4/5)\varepsilon r$ などである．しかし，Δv は，二つの粒子を結ぶ直線に沿った粒子間距離の時間増加率を表している．つまり，dR/dt は ε と R だけの関数である．次元的な理由から，dR/dt は $dR/dt \sim (\varepsilon R)^{1/3}$ の形でなければならない．この式は，普通，

$$\frac{dR^2}{dt} \sim \varepsilon^{1/3} R^{4/3} \quad (\eta \ll R \ll l)$$

と書かれる．これは，リチャードソンの 4/3 乗則として知られている[13]．この法則は，R の成長速度が $u(R/l)^{1/3}$ のオーダーであることを意味している．ここで，u は大スケール渦の速度変動の目安である．

---

13) この法則は，最初，リチャードソンによって経験的に与えられたもので，彼は風船を大気中に放し，その軌跡をたどった．その起源は経験的であるにもかかわらず，4/3 乗則はかなり広く成り立つ．リチャードソンは訪ねてきた友人に，パースニップ (せり科の二年草，別名アメリカボウフウ) を湖に放り投げてそのあとの運動を観察するという方法で，この法則を実演して見せたというおもしろい記述が Hunt (1998) にある．

5.4 連続的な運動による乱流拡散

リチャードソンは混入物の小さな集団の拡散に興味があったのだが，目印をつけた一対の流体粒子間の距離を考えるほうが便利なことが多い．目印をつけた二つの粒子の離散と混入物の小さい集団の広がりの関係は，多分，直感的に理解できるだろう．とはいえ，二つの問題の正確な関係をはっきりさせておくほうがよい．正式な関係はブライアーによって 1950 年に，また少し遅れて 1952 年にバチェラーによって確立された (Monin and Yaglom (1975) にこれらの論文の詳しい論評が載っている)．鍵となる結果は，次のとおりである．$\delta\mathbf{x}(t)$ を集団中の目印をつけた二つの粒子のあいだのある瞬間における間隔とする．多くの対についての平均 $\langle|\delta\mathbf{x}|^2\rangle$ は，集団の重心のまわりの分散 σ の 2 倍に等しい．

$$\langle|\delta\mathbf{x}|^2\rangle_{AV} = 2\sigma = 2\frac{\int\langle(\mathbf{x}-\mathbf{x}_c)^2 C\rangle d\mathbf{x}}{\int\langle C\rangle d\mathbf{x}}$$

C は混入物の濃度，$\mathbf{x}_c$ は集団の重心位置，添え字 AV は集団のすべてのマーカー対にわたっての平均を意味する．したがって，$\langle|\delta\mathbf{x}|^2\rangle_{AV}^{1/2}$ は，集団の実質的な直径の便利な目安となる．たとえば，もし，濃度 $\langle C\rangle$ がガウス分布に従って減少するのであれば，半径 $(1/2)\langle|\delta\mathbf{x}|^2\rangle_{AV}^{1/2}$ は濃度が最大値の 50% に低下する点を表す．

4/3 乗則を二粒子の間隔に適用すると，

$$\frac{d}{dt}\langle|\delta\mathbf{x}|^2\rangle \sim \varepsilon^{1/3}\langle|\delta\mathbf{x}|^2\rangle^{2/3} \quad (\eta \ll |\delta\mathbf{x}| \ll l)$$

となる．$\delta\mathbf{x}(t)$ は，$t=0$ において隣り合う二つの固定点から放出された二粒子の，ある時刻における間隔である．この式は，次の場合にのみ成り立つことを憶えておこう．

（i） $\eta \ll |\delta\mathbf{x}| \ll l$.

（ii） 放出されたときの詳しい条件を忘れるほど十分長い時間が経過していること．「記憶時間」は $(|\delta\mathbf{x}|_0^2/\varepsilon)^{1/3}$ のオーダー．

統計的に定常な流れに対しては，リチャードソンの法則は積分できて，

$$\langle|\delta\mathbf{x}|^2\rangle = g\varepsilon t^3$$

が得られる．g はリチャードソン定数とよばれるある係数である．かつて，コルモゴロフ定数 β が（大なり小なり）普遍であると考えられていたのと同様に，g も $Re \to \infty$ において，流れのタイプによらない普遍定数と考えることもできるだろう．しかし，文献にある実験結果は 0.1〜1 程度とかなり広い範囲にまたがっている（たとえば，Monin and Yaglom (1975) を見よ）．完結モデルを用いた相対的な広がりの予測結

果も，0.1〜5と広い範囲にまたがっている（最近の展望については，Sawford (2001) を参照のこと）．一方，数値シミュレーションでは，gは約 0.4 から 0.7 のあいだにあり（Boffetta and Sokolov (2002), Ishihara and Kaneda (2002)），最近の実験データと一致している (Ott and Mann (2000))．また，高 Re 乱流の最近のもっとも信頼できる値は約 0.6 である．なぜ，gの値がこれほどまでにばらつくのかについては，まだ論争中である．ただ，実験や数値シミュレーションにおける Re はさほど大きくないことには注意すべきであろう．リチャードソンのt^3法則についての最近の展望については，Sawford and Pinton (2013) にある．

おもしろいことに，粒子が離れていくようすは，どこか散発的であることを示す形跡がいくつかある．すなわち，隣り合う粒子は長時間にわたって近くに居つづけ，そのあと，突然，離れるのである．もし，これが正しいなら，二粒子は急激なバーストの繰り返しによって離れ，バーストどうしのあいだの期間では，一定の間隔を保つと想像できる．

二粒子の散発的な離れ方を説明できるかもしれない簡単なポンチ絵がある．これは，慣性小領域における渦度が，空間的にまばらでランダムな方向をもった渦管からなっているらしいという観察結果にもとづいている（図 3.18）．加速度場も同様に間欠的で，渦管を囲む薄い環状領域で非常に強く，渦管のあいだの非回転領域では少し弱い．したがって，単一粒子は，一連の直線に近い軌跡からなる非常に不規則な軌跡（弾道とよばれることもある）を描き，速度の急変によって分散していく．このような，散発的な軌道の急変は，粒子が渦管に近づき，局所的な強い加速にさらされたときに起こる（荒っぽいが，ピンボール機におけるボールの動きにたとえられる）．いま，印をつけた二つの粒子について考えると，両方ではなくどちらかの粒子が渦管による強い加速度場にさらされたときに，粒子間の距離に急激な変化が起こると予想される．

次に，半径 R の小さな乱流パフの話題にもどり，この集団の成長に対するリチャードソンの法則の意味を考えよう．簡単のために，統計的に定常な乱流に限ると，上の式は $R^2 \sim \varepsilon t^3$ となる．この式は $R \sim (ult)^{1/2}(R/l)^{2/3}$ と書きなおすことができ，リチャードソンの法則は $R \ll l$ の場合にだけ成り立つから，結局，$R \ll (ult)^{1/2}$ となる．さて，前節の単一粒子のランダムウォークの議論では，十分大きい t に対して $\langle \mathbf{X}^2 \rangle \sim (ult)$ であった．考えている小さなパフの重心に対してこの議論をあてはめると，時間 t のあいだに重心が移動する平均距離は $(ult)^{1/2}$ となり，これは，リチャードソンの R の予測結果よりずっと大きい．もちろん，この結果は予想どおりである．小さいパフは分散するより速く移動するのである．

パフの直径が大スケール渦の大きさを超えると，すなわち，$R > l$ となると，大き

さ R 程度の渦はいなくなるから，リチャードソンの法則は成り立たなくなる．このとき，パフの両端の粒子は多かれ少なかれ互いに独立で，それぞれがブラウン運動のように振る舞うので，パフは $R \sim t^{1/2}$ で広がる．すなわち，パフの分散は，連続放出でできる集団の分散と基本的に同じで，$R \sim (ult)^{1/2}$ になる．

$R \gg l$（かつ乱れが統計的に定常で等方的）のとき，混入物の集団の広がりは少なくとも近似的には渦拡散係数を用いて記述できる．すなわち，

$$\frac{\partial \langle C \rangle}{\partial t} = \alpha_t \nabla^2 \langle C \rangle, \quad \alpha_t = u' l_m$$

となる．$\langle C \rangle$ はアンサンブル平均濃度場，α_t は渦拡散係数，混合距離 l_m は乱れの積分スケール程度のオーダーである．最初に集団が球形だったとすると，よく知られた解，

$$\langle C \rangle = \frac{I_0}{(4\pi\alpha_t t)^{3/2}} \exp\left[-r^2/(4\alpha_t t)\right], \quad I_0 = \int \langle C \rangle dV = 定数$$

が得られ，この関係は $\sqrt{\alpha_t t}$ が初期の集団の半径よりずっと大きくなるような時間に対して成り立つ．期待されたとおり，集団の半径は $R \sim (\alpha_t t)^{1/2}$ で増加する．

これで相対散乱の大まかな紹介を終える．興味のある読者には，絶対散乱（単一粒子）と相対散乱（二粒子）の両方についての Sawford and Pinton (2013) の展望を薦める．

5.4.3 乱流散乱に及ぼす平均せん断の影響

ここまで，われわれは，平均流速をゼロと仮定してきた．ゼロでない場合や，とくに平均せん断もある場合には，まえの二つの項での議論は成り立たず，せん断による散乱という新たな現象が加わる．これは，次の簡単な（やや人工的ではあるが）例で，おそらくもっともうまく説明できるだろう．定常で一様なせん断乱流 $\langle \mathbf{u} \rangle = Sy\hat{\mathbf{e}}_x$ があるとする．われわれの興味の対象は，平均半径が積分スケール l よりはるかに大きい混入物の集団が $t = 0$ で導入されたあとの，長時間にわたる広がりである．$R \gg l$ で $t \gg l/u'$ だから，とりあえず，渦拡散係数 $\alpha_t \sim u'l$ を用いてモデル化できる．厳密にいえば，4.4.1 項で見たように，せん断流中の乱れは非等方的だから非等方渦拡散係数が必要である．しかし，この例は単に説明を目的としているので，簡単のために拡散係数をスカラー量として扱う．求めたいアンサンブル平均の濃度に対する方程式は，

$$\frac{\partial \langle C \rangle}{\partial t} + Sy \frac{\partial \langle C \rangle}{\partial x} = \alpha_t \nabla^2 \langle C \rangle$$

である．もし，集団が最初に球形で，$\sqrt{\alpha_t t}$ が初期の半径よりもはるかに大きければ，

この式は，

$$\langle C \rangle = \frac{I_0}{(4\pi\alpha_t t)^{3/2}(1+\lambda^2)^{1/2}} \exp\left[-\frac{(x-\sqrt{3}\lambda y)^2}{4\alpha_t t(1+\lambda^2)} - \frac{y^2}{4\alpha_t t} - \frac{z^2}{4\alpha_t t}\right], \quad \lambda = St/\sqrt{12}$$

という解をもつことが容易に確認できる．St が小さいとき，この解は，上で述べたせん断がないときの解に帰着する．一方，St が大きい場合は，

$$\langle C \rangle = \frac{I_0}{(4\pi\alpha_t t)^{3/2}} \frac{1}{\lambda} \exp\left[-3(\hat{x}-\hat{y})^2 - \hat{y}^2 - \hat{z}^2\right]$$

$$\hat{x} = \frac{x}{St\sqrt{\alpha_t t}}, \quad \hat{y} = \frac{y}{\sqrt{4\alpha_t t}}, \quad \hat{z} = \frac{z}{\sqrt{4\alpha_t t}}$$

となる．集団は明らかに y 方向と z 方向には普通どおりに，$R_y \sim (4\alpha_t t)^{1/2}$, $R_z \sim (4\alpha_t t)^{1/2}$ で広がる．しかし，x 方向にはずっと速い速度，$R_x \sim St(\alpha_t t)^{1/2}$ で広がる．したがって，最初，球状だった集団は徐々に傾いた楕円体へと形がかわる．x 方向へ速く広がる機構は明らかだ．時間 t のあいだに混入物が y から $y+\delta y$ に拡散したとする．流れを横切る方向への拡散は通常どおりに進むので，$\delta y = (\alpha_t t)^{1/2}$ となる．しかし，$y+\delta y$ における流体は y とは違った速度で移動し，軸方向速度の差は $S\delta y$ となる．このように，混入物が上向きに拡散するあいだに平均流のせん断を受ける．時間 t のあいだの y と $y+\delta y$ における水平方向の移動量の差は，$S\delta y t \sim St(\alpha_t t)^{1/2}$ となる．これが，せん断によって強化された拡散の場での x 方向スケールを決める（図 5.33）．

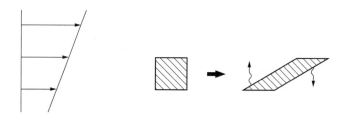

図 5.33 染料のパッチは流下しながらせん断を受ける．せん断と横断方向の拡散の組み合わせがパッチの流れ方向への急速な成長の原因となる．

この単純化された問題は，乱流散乱に対する平均せん断の影響をうまく説明してはいるが，その結論を応用する際には注意が必要である．われわれは，無限の流体（境界がない）と一様せん断を仮定した．平均せん断も固体境界もあるときは，挙動は大きくかわってくる．もっとも簡単な例は円管内の乱流散乱だろう．この問題は，テイラーによって 1954 年に研究されたが，鍵となるアイディアはそれより少しまえの，層流の円管流に関する同じくテイラーの論文に見られる（Taylor (1953)）．境界の存

在がどれだけ大きな変化をもたらすかを示すために，ここでテイラーの発見について
まとめておくのがよいだろう．

まず，円管内の層流からはじめよう．u_0 を中心線上の速度とすると速度分布は，$u = u_0[1 - r^2/R^2]$ で与えられる．管内に汚染物質の塊あるいはスラグを導入したとする．スラグは下流に流され，同時に拡散によって広がる．二つの当然の疑問は，スラグの重心はどのくらいの速さで下流に流されるのか，また，スラグはどのくらいの速さで広がるのか，である．テイラーは，流れに直角方向の汚染物質の拡散が，平均速度の半径勾配による管軸方向への散らばりの速度に比べて，はるかに速い場合に注目した（これは，円管乱流にとって重要となるケースである）．これは，ある意味で円管が細いか，あるいは拡散係数が大きい場合といえる．このことは，もっと正確に扱うことができる．汚染物質が中心線から壁面に拡散するのに要する時間は，$\tau \sim R^2/14\alpha$ のオーダーである（係数 14 は半径方向拡散方程式からきたもので，その解はベッセル関数を含む）．そのあいだに，平均速度の流れに直角方向の勾配が，はじめに同じ面内でそれぞれ別の半径位置にあった二つの隣り合う流体塊を $\delta z \sim u_0 \tau$ だけ引き離す．あるいは，最初に軸方向に $\delta z \sim u_0 \tau$ だけ離れていた二点が，τ 秒後に同じ面にくると考えてもよい．この軸方向の運動の差が C に，

$$\delta C \sim \left(\frac{\partial C}{\partial z}\right)\delta z \sim \left(\frac{\partial C}{\partial z}\right)u_0\tau$$

のオーダーの半径方向変化を生む．もし，

$$u_0 R^2/\alpha L_z \ll 1$$

なら，軸方向速度の差が C の半径方向勾配を生むよりずっと速く，拡散が半径方向に一様化する（ここで，L_z は，混入物の集団の軸方向長さスケールである）．テイラーは，もし，この条件が満たされるなら，スラグの重心は管内の断面平均流速 $\bar{u} = u_0/2$ で移動することを示した．その理由は，基本的に半径方向への急速な一様化にあることが，次のヒューリスティックな議論で明らかである．ある瞬間における C のピーク $\hat{C}$ が管軸に直角な平面状の形をしていたとする（図 5.34）．すると，この面内の各点は半径位置に応じて異なる速度で移動し，$C = \hat{C}$ の等値面は放物面状になりはじめ

図 5.34 シート状だった染料は，流下しながらせん断を受けて放物面状に変化する．せん断と横断方向の拡散の組み合わせが，シートを長さ $u_0 \delta t$ のスラグへと成長させる．

る．しかし，C の半径方向勾配は非常に大きくはなれない．なぜなら，半径方向勾配が生まれるとすぐに横断方向の拡散がそれを打ち消そうとするからだ．このように，拡散さえなければ $u_0 \delta t$ を頂点とする放物面となっていたはずの $C = \hat{C}$ の等値面は，拡散して長さ $u_0 \delta t$ の円筒状となり，円筒の中点は最初の地点から下流 $u_0 \delta t / 2 = \bar{u} \delta t$ に位置する．つまり，C のピークは速度 $\bar{u}$ で移動する（実際は，この議論は単純すぎるので，読者はテイラーのもとの論文にある，もっと合理的な誘導を参照することを薦める）．テイラーは，また，スラグは見かけの軸方向拡散係数，

$$k_z = \frac{\bar{u}^2 R^2}{48\alpha}$$

で，その中点を中心にして軸方向に拡散することを示した．スラグの中心が速度 $\bar{u} = u_0/2$ で移動することは，一見，特別なことではないように見える．しかし，少し考えてみれば，この結果は，じつに画期的であることがわかる．管の中心軸上で，スラグより上流にある流体塊を考える．これは，平均流速の2倍で移動し，スラグに近づき，追い越して，その下流端に再び現れる．流体塊がスラグのなかを通過するあいだに汚染物質を吸収する．このことは別に驚くには値しない．驚くべきことは，流体塊が汚染されずに再び現れることだ．この不思議な挙動は次のように説明できる．管の中心軸上の流体塊が汚染物質の集団の下流端から再び顔を出したとき，周囲を汚染された流体にとり囲まれる．続いて，横断方向拡散によって周囲の流体に向かって汚染物質を放出しはじめる．細い管では，この過程は非常に速いので，流体は長距離を進まないうちに汚染物質をすべて失う．これが，この奇妙な挙動の説明である．それにしても，この現象は大いに直感に反したものであったから，テイラーは実験によって自分の予測を証明してみせなければならなかった．彼の1953年の報告では，実験により彼の解析が確認されたことが満足気に語られている．

これらのアイディアの多くは，円管乱流にも応用できる．たとえば，層流の場合と同様に，汚染物質の中心は断面平均速度で移動する．さらに，スラグの長さ（中心からの）は拡散により増加し，そのときの見かけの管軸方向拡散係数は，

$$k_z \sim 10 R V_*$$

となる．V_* は摩擦速度である．この k_z の推定は，渦拡散係数の考えを用いて合理的に説明できる．渦拡散係数は渦粘性係数のオーダー，すなわち，RV_* のオーダーと考えられるので，層流の結果を参考にすると，$k_z = \bar{u}^2 R^2 / 48 \alpha_t \sim \bar{u}^2 R / 48 V_*$ と考えられる．$\bar{u}/V_*$ は Re の弱い対数関数で，実用的なレイノルズ数範囲では 23 から 27 程度である．これを $\bar{u}/V_*$ に代入すると，$k_z \sim 13 R V_*$ となる．もう少し，注意深い解析では，係数は 13 ではなく 10 となる．

これで，乱流拡散の大まかな紹介を終える．現在，研究中の難しいが興味深い課題にかろうじて表面的にふれたが，最近の展望は，Sawford and Pinton (2013) や Gotoh and Yeung (2013) に見られる．

5.5 乱流はなぜ決してガウス的でないのか？

この章を終えるにあたって，$\mathbf{u}$ の確率分布の性質に対する疑問について，もう一度考えてみよう．強調したいおもな点は，乱れの動力学がガウス分布とはほど遠い $\mathbf{u}$ の確率分布を与えることだ．これは重要なことで，よく知られている完結モデルのなかには，速度場をガウス分布と仮定して導かれているものもある．これらの完結モデルは，そのままの形ではすぐに困難に見舞われ，自然法則に違反することを避けるために，その場その場の修正が必要になる．そこで，このような完結モデルを使う場合には，とくに注意が必要だということを，ここではっきり述べておこう．

5.5.1 実験事実とその解釈

まず，統計学におけるいくつかの基礎的な考え方を思い出そう．ある実験結果から決まるランダム変数 u があるとしよう．$P(u)$ を u の確率密度関数とすると，$P(u_0)du$ はランダム変数 u が平均的に見て $(u_0, u_0 + du)$ の範囲にある時間の割合である．確率の合計は 1 になるから，定義から，

$$\int_{-\infty}^{\infty} P(u)\,du = 1$$

である．ある関数 $f(u)$ のアンサンブル平均は，

$$N^{-1} \sum_{i=1}^{N} \left[f(u_i) \times (u_i \text{ となる回数}) \right]$$

である．N は全サンプル数である．$P(u_i)du$ は u_i となるであろう回数の全体に対する割合だから，この式は，

$$\langle f \rangle = \int_{-\infty}^{\infty} f(u) P(u)\,du$$

のように書きなおせる．たとえば，u がある値をとる割合は $P(u)du$ なので，u の平均値は，

$$\langle u \rangle = \int_{-\infty}^{\infty} u P(u)\,du$$

となる．次に，平均値がゼロ，すなわち，$\langle u \rangle = 0$ であるようなランダム変数に限って考える．というのは，乱流理論におけるほとんどの興味がこのケースにあたるから

だ．このとき，確率密度関数 $P(u)$ の特徴を表現する三つの量が導入される．

$$\langle u^2 \rangle = \int_{-\infty}^{\infty} u^2 P(u) du = \sigma^2$$

$$\langle u^3 \rangle = \int_{-\infty}^{\infty} u^3 P(u) du = S\sigma^3$$

$$\langle u^4 \rangle = \int_{-\infty}^{\infty} u^4 P(u) du = \delta\sigma^4$$

σ^2, S, δ は，それぞれ分散，ひずみ度，扁平度である．パラメータ S と δ は，当然，無次元量である．分散 σ^2 はゼロのまわりでの $P(u)$ の広がりの目安である．もし，σ^2 が小さければ，u はほとんどの時間，ゼロに近い値をとる．逆に，もし，σ^2 が大きければ，u から遠く離れた値もとる．

ひずみ度 S は，$P(u)$ の偏りの目安である（図 5.35（a））．$P(u)$ が $u = 0$ に対して対称であれば，u が正および負となる確率は等しいので，$S = 0$ となる．S の符号は，u が $u = 0$ の正側か負側のどちらにおもに現れやすいかを示している．もし，u が $u = 0$ の正側より負側に現れやすければ S は正となる．

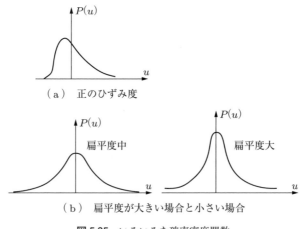

（a） 正のひずみ度

（b） 扁平度が大きい場合と小さい場合

図 5.35　いろいろな確率密度関数

σ^2 が与えられた場合，扁平度は u が $u = 0$ からどの程度，またどのくらいの時間離れているかを表す（図 5.35（b））．確率密度関数が狭いピークと広い裾野をもつ場合，δ は比較的大きくなる．この場合の原信号は，普通，非常に間欠的で，静かな期間のなかに $u = 0$ から大きく離れる期間が散在する（3.2.7 項参照）．

3.2.7 項では，u'_x と $\Delta v = u'_x(\mathbf{x} + r\hat{\mathbf{e}}_x) - u'_x(\mathbf{x})$ の確率分布に対する考え方を紹介した．そこでは，完全発達した格子乱流における u'_x の確率密度関数は，ガウス分布に

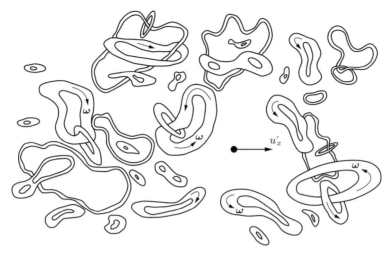

図 5.36 $u'_x(\mathbf{x}_0)$ は，x_0 付近にある多数のランダムな方向を向いた渦の結果なので，$u'_x(\mathbf{x}_0)$ の確率密度関数はガウス分布に近い．

非常に近いことを見た．そして，これを次のように説明した．任意の点 $\mathbf{x}$ における速度は近傍の多数のランダム方向の渦構造の結果で，$\mathbf{u}$ と周囲の渦度とのあいだはビオ・サヴァールの法則で結びつけられている（図 5.36）．関係する渦が多数で，それらの方向がまったくランダムな場合，中心極限定理から $\mathbf{u}$ はガウス分布となる（中心極限定理の概要については 3.2.3 項参照）．

これに対して，Δv の確率分布はガウス分布とはまったく異なる．任意の瞬間における速度差は純粋な偶然ではないのだから，こうなるのは当然である．サイズが r またはそれ以上の渦が $\mathbf{x}$ と $\mathbf{x} + r\hat{\mathbf{e}}_x$ を含む領域を通過するとき，二点における速度は互いに強く関係するから，Δv の確率分布は乱れの動力学に強く依存することになる（図 5.37）．図 5.38 は（模式図ではあるが）格子乱流に対する扁平度とひずみ度を示している．$r \leq l$ の場合には，それらはガウス分布の場合の $\delta(r) = 3$，$S(r) = 0$ とはかなり違っている．

このガウス分布からのずれは偶然ではない．一様等方性乱流を考えてみよう．エンストロフィー方程式 (5.28) と式 (5.32) から，

$$\frac{\partial}{\partial t}\left\langle \frac{\boldsymbol{\omega}^2}{2} \right\rangle = -\frac{7}{6\sqrt{15}} S_0 \langle \boldsymbol{\omega}^2 \rangle^{3/2} - \nu \langle (\nabla \times \boldsymbol{\omega})^2 \rangle \tag{5.37}$$

が得られる．ここで，$S_0 = S(0)$ である．もし，Δv のひずみ度がガウス分布の場合のようにゼロだとすると，$\langle \boldsymbol{\omega}^2 \rangle$ は粘性散逸のために単調に減少するであろう．この場合は，渦の伸張もエネルギーカスケードも起こらない．このように，ひずみ度がゼロでないことが乱れの動力学にとって本質的なのである[14]．そればかりでなく，小

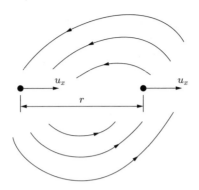

図 5.37 Δv の確率密度関数は偶然ではなく，流れの局所の動力学によって決まる．

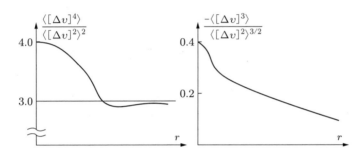

図 5.38 $\mathrm{Re} = u'l/\nu \sim 500$ の格子乱流における Δv のひずみ度と扁平度の模式図

スケールに対するコルモゴロフ理論は 4/5 法則と 2/3 乗則の組み合わせ，

$$S(r) = \frac{\langle [\Delta v]^3 \rangle}{\langle [\Delta v]^2 \rangle^{3/2}} = -\frac{4}{5}\beta^{-3/2} \quad (\eta \ll r \ll l)$$

が要求するとおり，非常に非ガウス的である．

次に，Δv の扁平度がガウス分布の値である 3 を超えている場合について考える．扁平度が大きいということは，確率密度関数の形状が同じ分散をもったガウス分布よりも狭くて高いピークと広い裾野をもっていることを意味する．このことは，非常に小さい，あるいは非常に大きい Δv がガウス分布よりも起こりやすいことを示している．小さい r に対しては，$\Delta v/r \sim \partial u_x/\partial x$ なので，

$$\delta(0) = \delta_0 = \frac{\langle (\partial u_x/\partial x)^4 \rangle}{\langle (\partial u_x/\partial x)^2 \rangle^2}$$

となる．$\mathrm{Re} = u'l/\nu \sim 500$ の格子乱流では $\delta_0 \sim 4$ であった（図 5.38）．たとえば，

---

14) Betchov (1956) は，等方性乱流において，流体の非圧縮性が S_0 に制限を課すことを示した．すなわち，$|S_0| \leq [4\delta(0)/21]^{1/2}$．$\Delta v$ のひずみ度はエンストロフィーの生成率を決めるが，扁平度による制限を受ける．

大気境界層のような，より大きい Re での測定結果は，$10^3 < \mathrm{Re} < 10^7$ において $\delta_0 \sim 3 + \frac{1}{2}(u'\,l/\nu)^{0.25}$ であることを示している[15]．このように，扁平度は Re とともに増加する．いま，$\partial u_x/\partial x$ の代わりに $\partial^n u_x/\partial x^n$ の扁平度，

$$\delta_n = \frac{\langle (\partial^n u_x/\partial x^n)^4 \rangle}{\langle (\partial^n u_x/\partial x^n)^2 \rangle^2}$$

を測定したとする．結果にはかなりのばらつきがあるものの，中程度の Re，すなわち $\mathrm{Re} \sim 10^3$ 程度の格子乱流の風洞データは，

$$\delta_n = (n+3) \pm 20\% \tag{5.38}$$

を示しており，$\delta_1 \sim 4$，$\delta_2 \sim 5$ などとなる (Batchelor (1953))．つまり，高次の導関数ほど確率密度分布はガウス分布とはみなせなくなる．また，レイノルズ数が大きいほど正規分布からのずれが大きくなる．さて，すでに注意したように，非常に大きな扁平度は長時間にわたってゼロでありながら，突然，変動して再びゼロにもどるような，強い間欠性をもった信号のときに現れる．そのため，速度勾配（コルモゴロフスケールにおいてもっとも顕著）は空間的に間欠的であるように見える．これは，ω が非常に弱い領域が空間のかなりの部分を占める一方，渦度が集中する領域が点在することを意味する．言い換えると，渦度場は小スケールでは斑点状になっている．

この観察結果は，乱流における渦管の集まりを沸騰するスパゲッティの絡み合いにたとえた「スパゲッティの描像」と整合している（図 3.18）．渦管によって（ビオ・サバールの法則に従って）誘起された速度場が渦糸（スパゲッティ）を絶えずかきまわし，次々と細い構造にほぐす．このような過程は，非常に間欠的な，しかも，微細な渦糸に集中した小スケールの渦度場を産む．さらに，Re の増加とともにコルモゴロフスケールに至るために，より多くの伸張と折り畳みが必要になるため，完結性はますます強まる．これら，すべては観察結果と整合している．

とにかく間欠性の原因がなんであれ，Δv の確率分布が決してガウス的ではないことは実験結果から明らかだ．実際，式(5.37)は，ガウスの統計的性質が渦伸張によるエネルギーカスケードをともなうコルモゴロフの描像とは，相容れないことを示している．しかし，不思議にも，ガウス統計に近いという仮定は，ある種の完結モデルの基礎をなしているのである．

5.5.2 ガウス統計近似を用いた完結スキームを一瞥する

第 4 章で，ナヴィエ・ストークス方程式を次々と平均すると，

---

[15] Sreenivasan and Antonia (1997) を参照のこと．

$$\frac{\partial}{\partial t}\langle uu\rangle = \frac{\partial}{\partial x}\langle uuu\rangle + \cdots$$

$$\frac{\partial}{\partial t}\langle uuu\rangle = \frac{\partial}{\partial x}\langle uuuu\rangle + \cdots$$

$$\frac{\partial}{\partial t}\langle uuuu\rangle = \frac{\partial}{\partial x}\langle uuuuu\rangle + \cdots$$

の形の一連の方程式が得られることを見てきた．ここで，$\langle uu\rangle$は二次相関，$\langle uuu\rangle$は三次相関，以下同様，を表す記号である．この列をどこかで打ち切ると，必ず方程式より多い数の未知数が現れるという乱流の完結問題に直面する．この行き詰まりは，ミリオンシュチコフによって1941年に克服された．その方法とは，四次の速度相関を扱う際に，**u**の確率分布がガウス分布であるかのように考えるのである．これについては，6.2.9項において，より詳しく述べるが，注目すべき要点は，**u**をガウス分布と仮定すると四次相関が二次相関の積として，

$$\langle uuuu\rangle = \sum \langle uu\rangle\langle uu\rangle$$

のように書きなおせるということである．これで，一挙に完結問題は解決する．もちろん，ガウス統計の仮定は三次相関には成り立たない．なぜなら，これでは渦伸張は完全に排除されてしまい，したがって，エネルギーカスケードも起こらない．このため，ミリオンシュチコフの提案では，四次相関だけにガウス分布が仮定される．これが，いわゆる，擬似正規仮説である[16]．これを用いると，さきほどの動力学方程式は，

$$\frac{\partial}{\partial t}\langle uu\rangle = \frac{\partial}{\partial x}\langle uuu\rangle + \cdots$$

$$\frac{\partial}{\partial t}\langle uuu\rangle = \frac{\partial}{\partial x}\sum\langle uu\rangle\langle uu\rangle + \cdots$$

となり，これなら原理的には解けるであろう．実際には，このスキームは閉じてはいるが，まだとても複雑で，一様乱流といった理想化された場合にしかさきへ進めない．それにもかかわらず，擬似正規近似は多くの二点完結スキームのよりどころとなっている．これらについては第6章と第8章で述べるが，ここでは，その基本的な形のままではただちに問題を起こし，非物理的な結果を生むことだけ注意しておこう．これらが機能するようにするには，その場その場の修正を工夫する必要がある．この点では，第4章で述べた一点完結モデルとなんらかわらない．これらの完結ス

---

16) このアイディアは，格子乱流の計測結果に重きをおいている．そこでは，十分離れた二点では，$\langle uuu\rangle$はガウス分布に非常に近いことが示されている．たとえば，Van Atta and Yeh (1970) を参照のこと．しかし，隣り合う二点間では，ガウス的挙動は見られないことはきわめて重大である．

キームのこのような明らかな欠陥にもかかわらず，完結スキームは物理分野と数学分野では広く使われており，乱流構造について詳しい情報を提供している．これらの情報は，一点完結モデルからは得られないものである．

5.6 終わりに

　これで，リチャードソンとコルモゴロフの現象論的モデルの大まかな説明を終える．これらの理論は，非常に複雑な非線形系に関して，どちらかというと手軽な議論で，かつ，きわめて一般的に論じようとしている点で普通の物理学の法則とはだいぶ違う．

　エネルギーが多段階を踏んで転送されるとするリチャードソンのエネルギーカスケードを支持するいくつかの事例を見てきた．一方，エネルギーがカスケードを経ずに大スケールから小スケールに直接移るとする「非局所的」干渉を完全に排除することもできない[17]．われわれは，また，コルモゴロフの2/3乗則を支持する多くの実験データがあることも知った．このことは，この法則がやや不確実な根拠にもとづいていることを考えると注目に値する．最後に，カスケードを経てエネルギーが小スケールに降りていく機構は渦の伸張であること，また，このことは，Δv の確率分布がガウス的ではあり得ないことを意味していることも述べた．渦度が引き伸ばされる理由は，ν が小さい場合には渦線が流体に凍結され，乱流中では，当然，物質線は平均して引き伸ばされるからである．乱流中では物質線や物質面が継続的に引き伸ばされることは物理的には理解できるが，確かにそうだということを合理的に証明することはかなり難しいことも覚えているだろう．

　物質要素の継続的な引き伸ばしを合理的に証明することが，これほど難しいという事実は，乱流に関して何か大切なことをわれわれに伝えているように思える．もっとも簡単で直感的には明らかな仮説でさえ，合理的な方法で定量化し，正当であることを示すことはきわめて難しい．この点で，乱流の研究は，ほかの多くの応用数学や理論物理学の分野とは少し異なる．われわれは，豊富な実験データと，いくらかのもっともらしいアイディアをもっているが，合理的な結果となるとわずかしかもっていない．だから，コルモゴロフが，$\langle [\Delta v]^2 \rangle = \beta \varepsilon^{2/3} r^{2/3}$ や $\langle [\Delta v]^3 \rangle = (-4/5)\varepsilon r$ のように，何か確実に予測できたことは，一層，奇跡的に見える．次章では，応用数学の

---

17) リチャードソンの多段階カスケードをあまり信用しすぎないようにという注意の意味で，ベチョフはリチャードソンによるスウィフトのソネットの有名なパロディーを，次のように書き換えることを提案した．「*Big whirls lack smaller whirls, to feed on their velocity. They crash to form the finest curls, permitted by viscosity*」（リチャードソンのものについては1.6節を見よ）

威力が乱流に何を提供してくれるかを示そう．非常に複雑な相関テンソルを導入し，ナヴィエ・ストークス方程式からこれらの複雑な量に対する一連の発展方程式を導き，それらをできる限り操作してみる．それでも，意味のある合理的な発見となるとわずかしかない．われわれが得たわずかな合理的な（あるいは合理的に近い）結果は，大抵，単純な物理法則にもとづくものだ．たとえば，自由発達乱流におけるサフマン・バーコフ不変量の保存（3.2.3項参照）は，単に線運動量の保存則の一つの表れにすぎないのである．

乱流の完結問題は，合理的予測モデルの開発にとって厄介な障壁であり，実際，「乱流問題」のほとんどが未解決のままであることがはっきりしてきた．近い将来，この状況がかわるとも思えないし，おそらく，実験データと，たまに出会う理論的発見に支えられた，たそがれのポンチ絵の世界に住み慣れざるを得ないようだ．

演習問題

5.1 図5.6（c）の渦のバーストについて考える．
$$\frac{d}{dt}\int_{z<0}\frac{\omega_\theta}{r}dV = 2\pi\int_0^\infty \frac{\Gamma_0^2}{r^3}dr > 0$$
$\Gamma_0 = \Gamma(z=0)$，を証明せよ．次に，渦が半径方向外向きに広がる速さを見積もれ．

5.2 $\partial^n u_x/\partial x^n$ の確率密度分布を，原点において面積 $(1-\gamma)$ を占める δ 関数と，そのほかのすべての $\partial^n u_x/\partial x^n$ における正規分布（面積 δ）の組み合わせからなるとする．これは，$(1-\gamma)$ パーセントの期間においてゼロで，そのほかの期間でガウス分布をする間欠的なランダム変数を表している．$\text{Re} \sim 10^3$，$\delta_n \approx (n+3)$ として，間欠係数 γ と n のあいだに $\gamma = 3/(n+3)$ が成り立つことを示せ．

5.3 バーガース渦から外部ひずみ場をとり去ると，渦は，
$$\omega = \left(\frac{\Gamma_0}{4\pi\nu t}\right)\exp\left[-r^2/(4\nu t)\right]$$
に従って広がり弱まることを示せ．

5.4 図5.23の渦シートについて考える．シートを生み出したひずみ場が大スケール渦にともなっている，すなわち，$S_{ij} \sim u/l$ とするとき，シートの厚さを見積もれ．次に，シートの安定性を考え，ケルビン・ヘルムホルツ不安定から生じた渦管の直径を見積もれ．

5.5 定常バーガース渦において，エンストロフィーと散逸の分布を計算し，粘性がゼロの極限で，渦の単位長さあたりの散逸が ν に関係なく，$\alpha\Gamma_0^2/(8\pi)$ となることを示せ．これは，無限遠から内向きに流れる正味のエネルギー流束に等しいことを示せ．

ν が有限の場合は，$2\nu S_{ij}S_{ij}$ と $\nu\omega^2$ の体積積分のあいだに差が生じる．積分範囲を渦と同心で半径が大きな円筒とするとき，これらの積分の差が $(3\nu\alpha^2)\text{Vol}$ となることを示せ．また，この差が円筒表面に作用する粘性垂直応力による仕事に起因していることを示せ．

5.6 5.3.3項の定常かつ粘性のある渦シートを考える．エンストロフィーと散逸の分布を計算し，$2\nu S_{ij}S_{ij} = \nu\omega^2 + 4\nu\alpha^2$ であることを示せ．次に，散逸と $\nu\omega^2$ の体積積分のあいだ

になぜ差が生じるのかを説明せよ.

5.7 $\mathbf{u}(\mathbf{x},t) = \hat{\mathbf{u}}(\hat{\mathbf{x}})/[2f(t_0-t)]^{1/2}$ と $\hat{\mathbf{x}} = \mathbf{x}/[2f(t_0-t)]^{1/2}$ で定義される無次元の速度と座標, $\hat{\mathbf{u}}$ と $\hat{\mathbf{x}}$ を考える. ここで, f と t_0 は正の定数とする. $t = t_0$ において爆発する, このいわゆるラレイ (Larey) の解は, ある Π に対して $(\hat{\mathbf{u}} + f\hat{\mathbf{x}}) \times \hat{\boldsymbol{\omega}} = \hat{\nabla}\Pi$, $\hat{\boldsymbol{\omega}} = \hat{\nabla} \times \hat{\mathbf{u}}$ と仮定すれば, オイラー方程式を満足していることを示せ.

推奨される参考書

[1] Bajer, K. and Moffatt, H.K., 2002, *Tubes, Sheets, and Singularities in Fluid Dynamics*, Kluwer Academic Publishers. （有限時間特異性についてのいくつかの記述がある）
[2] Batchelor, G.K., 1947, *Proc. Camb. Phil. Soc.*, **43**, 533–59.
[3] Batchelor, G.K., 1953, *Theory of Homogeneous Turbulence*. Cambridge University Press. （第Ⅵ章にコルモゴロフ理論に関係した測定結果, 第Ⅷ章に **u** の確率分布に関する見事な考察がある）
[4] Betchov, R., 1956, *J. Fluid Mech.*, **1**(5), 497.
[5] Boffetta, G. and Sokolov, I.M., 2002, *Phys. Rev. Lett.*, **88**(9), 094501.
[6] Bradshaw, P., 1971, *An Introduction to Turbulence and its Measurement*, Pergamon Press. （短い入門書）
[7] Burgers, J.M., 1948, *Adv. Appl. Mech.*, **1**, 171–99.
[8] Frisch, U., 1995, *Turbulence*. Cambridge University Press. （ほとんど全体にわたってコルモゴロフ理論について書かれており, そのなかのいくつかは斬新な視点で再考されている. 本書では従来どおりの見方に立っている）
[9] Gibbon, J.D., 2008, *Physica D*, **237**, 1894–904.
[10] Gotoh, T. and Yeung, P.K., 2013, in *Ten Chapters in Turbulence*, eds. P.A. Davidson, Y. Kaneda, and K.R. Sreenivasan. Cambridge University Press.
[11] Hamlington, P.E., Schumacher, J., and Dahm, J.A.W., 2008, *Phys. Fluids*, **20**, 111703.
[12] Hunt, J.C.R., 1998, *Ann. Review. Fluid Mech.*, **30**, 8–35.
[13] Hunt, J.C.R., et al. 2001, *J. Fluid Mech.*, **436**, 353.
[14] Ishihara, T. and Kaneda, Y., 2002, *Phys. Fluids*, **14**(11), L69.
[15] Ishihara, T., Yoshida, K., and Kaneda, Y., 2002, *Phys. Rev. Lett.*, **88**(15), 154501.
[16] Jackson, J.D., 1998, *Classical Electrodynamics*., 3rd edition. Wiley. （電気力学のすぐれた参考書）
[17] Jiménez, J. and Wray, A.A., 1998, *J. Fluid Mech.*, **373**, 255–85.
[18] Kaneda, Y., et al., 2003, *Phys. Fluids*, **15**(2), L21.
[19] Kaneda, Y. and Morishita, K., 2013, in *Ten Chapters in Turbulence*, eds. P.A. Davidson, Y. Kaneda, and K.R. Sreenivasan. Cambridge University Press.
[20] Kolmogorov, A.N., 1962, *J. Fluid Mech.*, **13**, 82–5.
[21] Kolmogorov, A.N., 1991, *Proc. Roy. Soc.* A, **434**, 9–13, 15–17. （小スケールに関

するコルモゴロフの 1941 年の論文の英訳)

[22] Landau, L.D. and Lifshitz, E.M., 1959, *Fluid Mechanics*, 1st edition. Pergamon Press. (第 3 章は乱流に関するもっとも洗練された簡潔な導入)
[23] Laval, J.P., et al. 2001, *Phys. Fluids*, **13**(7), 1995-2012.
[24] Lesieur, M., 1990, *Turbulence in Fluids*, Kluwer Academic Publishers. (第 6 章でコルモゴロフ理論とオバコフの法則について述べられている)
[25] Leung, T., Swaminathan, N., and Davidson, P.A., 2012, *J. Fluid Mech.*, **710**, 453-81.
[26] Moffatt, H.K., 2002, *Ann, Rev. Fluid Mech.*, **34**, 19-35.
[27] Moffatt, H.K., Kida, S., and Ohkitani, K., 1994, *J. Fluid Mech.*, **259**, 241-64.
[28] Monin, A.S. and Yaglom, A.M., 1975, *Statistical Fluid Mechanics II*. MIT Press. (一様乱流のバイブル. 第 8 章で局所等方性乱流について述べている)
[29] Ooi, A. et al. 1999, *J. Fluid Mech.*, **381**, 141-74.
[30] Ott, S. and Mann, J., 2000, *J. Fluid Mech.*, **422**, 207.
[31] Pearson, B.R., et al., 2004, in *Reynolds Number Scaling in Turbulent Flows* ed. A.J. Smits. Kluwer Academic Publishers.
[32] Pelz, R.B., 2001 in: *An Introduction to the Geometry and Topology of Fluid Flows*, ed. R.L. Ricca. Nato Science Series.
[33] Pumir, A. And Siggia, E.D., 1992, *Phys. Fluids*, A**4**, 1472-91.
[34] Richardson, L.F., 1926, *Proc. Roy. Soc. London* A, **110**, 709-37.
[35] Saddoughi, S.G. and Veeravalli, S.V., 1994, *J. Fluid Mech.*, **268**, 333-72.
[36] Sawford, B.L., 2001, *Ann. Rev. Fluid Mech.*, **33**, 289.
[37] Sawford, B.L. and Pinton, J.-F., 2013, in *Ten Chapters in Turbulence*, eds. P.A. Davidson, Y. Kaneda, and K.R. Sreenivasan. Cambridge University Press.
[38] Sokolnikoff, I.S. 1946, *Mathematical Theory of Elasticity*. McGraw Hill. (1.11 節で連続媒体中での有限ひずみの影響について述べられている)
[39] Sreenivasan, K.R., 1991, *Proc. Roy. Soc.* A. **434**, 165-82.
[40] Sreenivasan, K.R. and Antonia, R.A., 1997, *Ann. Rev. Fluid Mech.*, **29**, 435-72.
[41] Taylor G.I., 1921, *Proc. London Maths. Soc.*, **20**, 196-211.
[42] Taylor G.I., 1953, *Proc. Roy. Soc.* A, CCXIX, 186-203.
[43] Taylor G.I., 1954, *Proc. Roy. Soc.* A, CCXXIII, 446-68.
[44] Tennekes, H. and Lumley, J.L. 1972, *A first Course in Turbulence*, MIT Press. (第 6 章と第 8 章は, 乱流の統計的性質とエネルギーカスケードについてのすぐれた入門)
[45] Townsend, A.A., 1951, *Proc. Roy. Soc.* A. **208**, 534.
[46] Townsend, A.A., 1976, *The Structure of Turbulent Shear Flow*, 2nd edition. Cambridge University Press. (第 1 章と第 3 章は乱流に関する簡潔ながら情報に富んだ紹介)
[47] Van Atta, C.W. and Yeh, T.T., 1970, *J. Fluid Mech.*, **41**(1), 169-78.
[48] Warhaft, Z., 2000, *Ann. Rev. Fluid Mech.*, **32**, 203.

第II部　自由減衰一様乱流

　一様乱流の厳しくしつこい困難さは，線形化が可能な部分がすべてはぎとられ，むき出しの非線形性だけが残っているという事実による．　　　　　　　　　H. K. Moffatt (2002)

　以下の三つの章では，乱流のなかでも，おそらくもっとも困難と思われる問題に立ちもどる．すなわち，自由に減衰しつつある一様乱流の時間経過を予測するという問題である．「自由減衰」という言葉は，乱れを維持し，構造を決めるかもしれないような，平均せん断も体積力もはたらかないことを意味している．その典型的な例は格子乱流である．平均せん断や体積力のような複雑な要素がまったく含まれないような乱れが，じつはもっとも予測しにくいというのは奇妙に思えるかもしれないが，実際，そうらしいのである．要点はこうだ．乱れが，たとえば，平均せん断によって維持されているときは，強制力によってせん断流中のヘアピン渦のような特有のタイプ，あるいは形状の，大スケール渦が形成される．そのうえ，実験，あるいは急変形理論のような線形理論によって，これらの渦の性質を少なくともいくらかは知ることができる．乱流中の大スケール渦がある程度決まった構造をもっていて，この構造がどのようなものかについて，実験，あるいは線形理論が少なくともヒントを与えてくれれば，われわれは，レイノルズ応力や乱流エネルギーレベルといった有益な量についての予測をはじめることができる．つまり，ジグソーパズルを組み立てはじめることができるのである．

　自由減衰乱流の問題点は，大スケール渦の形を決めたり組織したりするような機構がもともとなく，われわれに残されているのは形のない乱れた渦管の，カオス的，非線形な絡み合いだけだという点である．モファットの言葉を借りれば，われわれは「むき出しの非線形性の問題」以外はすべてはぎとられてしまっているのだ．確かに自由減衰乱流は，概念的にはもっとも単純な乱流ではあるが，乱流渦の非線形干渉というもっとも厄介な課題そのものであるという理由から，もっともとり組みにくい問題であることがはっきりしているのである．

　自由に減衰する一様乱流が概念的には単純だという意味は，統計量を支配する方程式が比較的書き下しやすいということである（せん断流に対する同等の式に比べてはるかに単純だ）．一方，われわれは，この問題に対してはなんら直感的な関係をもっ

ていない.このため,物理的視点からの問題解決の手段がまったく不明なのだ.このような状況下では,数学がわれわれの物理的直感では見通すことができない結果を暴き出してくれることを期待しつつ,形式的な数学的手段に頼るのが自然のようだ.このため,一様乱流の研究の特徴は,高度な数学的複雑さにある.プラントルの混合距離やテイラーによる噴流の連行係数のような,単純で直感的な仮説は,一切,使われない.その代わりに,統計量を支配する方程式の厳格で詳細な解析が行われる.したがって,これからの章は,一様乱流の入門というだけでなく,統計流体力学の正式な数学への入門でもある.

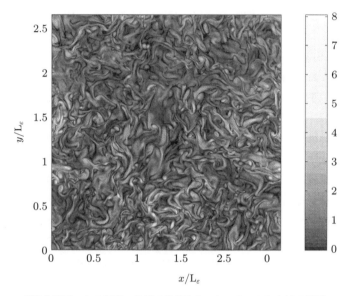

乱流とはワームの缶詰.乱流の数値シミュレーションにおける渦度の等値面.渦度はみずからが誘導した速度場のなかでカオス的に移流する.渦度場はきわめて複雑なため,一様乱流には統計的手法を用いるのが自然である.(J. Jiménez 提供)

第6章　等方性乱流（物理空間）

Moriarty：数学はどう？
Seagoon：まるで母国語のように使っているよ．　　　Spike Milligan, The Goon Show

　ここまで，われわれは，複雑な数学を注意深く避けてきた．その代わりに，時として，数学的合理的性を欠いた単純な，むしろ大げさともいえる物理的議論を頼りにしてきた．もちろん，このようなアプローチには限界があり，最終的な解析に対してはきわめて不十分である．ある問題については，われわれは辛抱して式や法則や合理的な証明を並べなければならない．これは，乱流の初心者にとっては苦痛であろう．乱流の正式な言語には，非常に複雑なテンソルが含まれ，式もまた同様に不快なものである．それらは，たとえば，電磁気学におけるマクスウェルの式のようにエレガントとは決していえない．それらは，高階のテンソルを含む複雑な非線形偏微分方程式である．この章の目的の一つは，これらの式を導入することである．導入の際の苦痛をできる限り少なくするために，二つの仮定を設ける．一つは物理的，もう一つは数学的仮定である．まず，等方性乱流に限定する．これにより，支配方程式は非常に簡単になる．第二に，多くの人々が一様乱流の基本言語であると信じているフーリエ変換を，可能な限り避ける．

6.1　導入：物理空間における等方性乱流について

　一様乱流の統計理論の非常に詳しい説明に入るまえに，少しもどって，このようなモデルに何を期待するのか，また，フーリエ空間に移らずに，物理空間にとどまることでどのようなメリットがあるのかについて考えておくのがよいだろう．最初に，一つの疑問を提起しよう．統計モデルの効用は何か．

6.1.1　決定論的描像と統計的現象論の対比

　乱流におけるもっとも単純，かつもっとも古い問題とは，おそらく次のようなものであろう．無限に広がる静かな流体中に，$t = 0$で局所的に乱れの集団が形成されたとする．すなわち，絡み合った渦糸を発生させ，それが自己誘導速度場によってみず

からをカオス的に移流する場面を想像する.Rを渦度場をとり囲む球状検査体積V_Rの半径とする.そして,lを積分スケールとして$R \gg l$が成り立つほど集団は十分大きいとする.この乱れの集団について,われわれは何がいえるのだろうか.無意味ではない合理的な内容に限るというなら,答えは憂鬱だ.ほとんど何もいえないのだ.事実,動力学的にいえることは次の三つしかない(図6.1).

(1) 線インパルス $\mathbf{L} = (1/2)\int_{V_R} \mathbf{x} \times \boldsymbol{\omega} dV = \int_{V_\infty} \mathbf{u} dV$ で評価した集団の線運動量,$\mathbf{L} = \int_{V_\infty} \mathbf{u} dV$ は,運動に対して不変である(5.1.3項).

(2) 角インパルス $\mathbf{H} = (1/3)\int_{V_R} \mathbf{x} \times (\mathbf{x} \times \boldsymbol{\omega}) dV = \int_{V_\infty} \mathbf{x} \times \mathbf{u} dV$ で評価した集団の角運動量 $\mathbf{H} = \int_{V_\infty} \mathbf{x} \times \mathbf{u} dV$ は,運動に対して不変である(5.1.3項).

(3) 運動エネルギーの合計は,

$$\frac{d}{dt}\int_{V_\infty} \frac{1}{2}\mathbf{u}^2 dV = -\nu \int_{V_\infty} \boldsymbol{\omega}^2 dV$$

に従って減少する.

(簡単のために,線運動量と角運動量を議論する際に,通常,ρ を省略する).これらに,さらに二つのもっともらしい仮説が加わる.それらはどちらも,高 Re では渦度はカオス的な速度場によって,次々と細かいフィラメントにほぐされるという観察結果にもとづいている.それらは,

(1) エネルギーは,平均的に大きいスケールから小さいスケールへと転送され,最後に散逸する.

(2) 渦度の多くは細かいスケールで終わりとなり,この小スケールの渦度はほぼ間違いなく空間的に間欠的(斑点状)である.

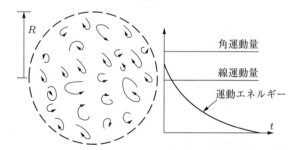

図6.1 自由減衰乱流の動力学について合理的な説明ができるのはおそらく,次の三つだけであろう.(1) 線運動量を保存する.(2) 角運動量を保存する.(3) 運動エネルギーが単調に減少する.

6.1 導入：物理空間における等方性乱流について

　残念なことに，これらは，それ自体では集団の詳しい挙動を予測するうえでほとんど役に立たない．さらにさきへ進めたいなら，おそらく，実験あるいは数値実験で得られた証拠にもとづくであろう仮説を追加する必要がある．従来から，二つの異なるアプローチがとられてきた．それらは，統計的現象論と決定論的描像と名づけることができる．一様乱流に関するほとんどの文献は前者に属し，そのもっとも顕著な成果は小スケールに対するコルモゴロフ理論である．このアプローチでは，エネルギースペクトル $E(k)$ や構造関数 $\langle[\Delta v]^2\rangle$ といった統計量のみが扱われ，流れについての統計的結果だけを追い求める．完結問題を克服するために用いられるその場その場の仮説もまた，統計的なものである．コルモゴロフの1941年の理論は，このアプローチによって得られた輝かしい成果の一例であるが，ほかには成功例はほとんど見あたらない．統計的アプローチの欠点の一つは，流体力学の方程式が，しばしば，統計仮説やその定式化のための補助的な役割しか果たしていないように見えることだ．このことは，ある種の二点完結モデルや小スケールの渦度場の間欠性を説明しようとする試みにおいてとくに顕著である．実際，この困難な状況を見て，Pullin and Saffman (1998) は，このような統計的現象論モデルは「動力学的にも運動学的にもほとんど内容がなく，流体力学とはほとんど無関係だ」というやや刺激的な結論を導いた．われわれは，このような極端な見方はしない．いずれにせよ，一様乱流の研究のほとんどはこの統計モデルを中心としたものなので，この章では少し時間を割いて，このようなモデルが提案され，展開された背景について数学的な展望を試みよう．

　もう一つの考え方である決定論的描像は，統計的手法と同じくらい昔からあるが，それほど発達していない．この考え方は，典型的な渦の標準的な形状についての仮説からはじまる．たとえば，境界層では，大スケール渦はおもにヘアピン構造をしていると考えることができる（図 6.2）．一方，等方性乱流の小スケール渦は，バーガース

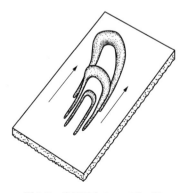

図 6.2　境界層内のヘアピン渦

渦のような渦管の構造をしていると考えることができる（図3.18）．鍵となる渦構造が決まると，次に，理想化された描像とはいえ，このような渦の動力学的挙動について詳しく調べる（ここで，われわれは再び古典流体力学の世界にもどる）．最後に，このモデル渦の誕生や死や分布に関するいくつかの洗練された仮定を用いて，全体としての乱れの統計情報を再構築することができる．この手法は，せん断流に関してタウンゼントによって先導され（第4章の文献参照），Lundgren (1982) と Pullin and Saffman (1998) によって展開されて，一様乱流に対してある程度の成果をおさめた．計算機シミュレーションによっていろいろなタイプの流れにおける，典型的な渦構造に関する情報が提供されるようになると，この方法は徐々に評判が高まる（そして，成功する）と思われる．

　どちらの方法も（統計的現象論も決定論的描像も），それぞれ長所と短所をもっている．しかし，決定論的描像のほうは，個々の渦の挙動に関するわれわれの研ぎすまされた直感が開発されさえすれば，次の一世紀のあいだに徐々に重要性が増すものと予想される．統計理論に対しては，同様の直感的な関係をもつことはできず，結局，完結問題の呪いに苦しめられることになる．

　これらのアプローチは，どちらも乱れの集団について何かを述べるうえで，あまり役に立たないという事実を乱流の初心者が聞くと，きっと驚くことだろう．とくに，どちらの考え方も，集団が線インパルス $\mathbf{L}$ と角インパルス $\mathbf{H}$ を保存しているという事実を活かしていないのである．一見，おどろくべきことだ．なんといっても，これらの保存則は，集団の発達の仕方に強い拘束を与える．集団の正味の線インパルスや角インパルスには大スケール渦の寄与が大きいので，このような保存則は大スケール渦の挙動を考えるうえでとくに重要であると考えられる．

　じつは，厳密に一様な乱れに対して，これらの保存則を基礎にした大スケールの統計理論はあるのだが，それらには異論もあり，また，あまり議論されていない．大まかにいうと，二つの理論と二つの陣営がある．ある人々は，一様乱流場を形づくっている渦はかなりの線インパルス（線運動量）をもっていると信じている．つまり，代表的な渦の線インパルス $\mathbf{L}_e = (1/2)\int_{V_e} \mathbf{x} \times \boldsymbol{\omega}_e dV$ が $\sim |\boldsymbol{\omega}_e| V_e l_e$ のオーダーだと考えている（添え字 e は個々の渦を指していて，$|\boldsymbol{\omega}_e|$ は渦の代表渦度，V_e と l_e はその渦の体積と大きさを表している）．この場合には，一様乱流中の大きな球形検査体積内部に含まれる正味の線インパルス $\mathbf{L}_R = (1/2)\int_{V_R} \mathbf{x} \times \boldsymbol{\omega} dV$ は，渦の向きがランダムであるにもかかわらずゼロではない．すなわち，有限サイズの検査体積 V_R に対して総和 $\mathbf{L}_R = \sum \mathbf{L}_e$ を計算する場合，完全にはキャンセルされない線インパルスがつねに

1）ここでは，V_R は一様乱流中の半径 $R \gg l$ の球状検査体積を表している．

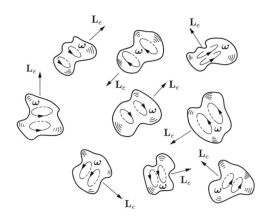

図 6.3 乱れが有限な線インパルス $\mathbf{L}_e = (1/2)\int_{V_e} \mathbf{x} \times \boldsymbol{\omega}_e dV$ をもった多数の渦からなっている場合，その乱れは統計的不変量 $\langle \mathbf{L}^2 \rangle/V_R = \int \langle \mathbf{u} \cdot \mathbf{u}' \rangle d\mathbf{r}$ をもつ．$\mathbf{L} = \int_{V_R} \mathbf{u} dV$ である．

あり，$\mathbf{L}_R$ がランダムウォークの場合のように蓄積される（図 6.3）[1]．重大なことに，Saffman (1967) は，かなりの線インパルスをもつ渦からなる一様乱流については $\left\langle \left(\int_{V_R} \mathbf{u} dV\right)^2 \right\rangle/V_R = \langle \mathbf{L}^2 \rangle/V_R$ がゼロでない有限な値をもち，$R \to \infty$ の極限で $\int \langle \mathbf{u} \cdot \mathbf{u}' \rangle d\mathbf{r}$ に等しくなることを示した．すなわち，

$$\lim_{R \to \infty} \frac{\langle \mathbf{L}^2 \rangle}{V_R} = \int \langle \mathbf{u} \cdot \mathbf{u}' \rangle d\mathbf{r}, \quad \mathbf{L} = \int_{V_R} \mathbf{u} dV \qquad (6.1)$$

である．ここで，$\mathbf{u}$ と $\mathbf{u}'$ は変位ベクトル $\mathbf{r}$ だけ離れた二点で測定された流速を表す[2]．この場合のエネルギースペクトルは，小さな k の範囲で $E(k) \sim k^2$ で成長する．このようなスペクトルは，サフマン・スペクトルとよばれる[3]．

サフマンはまた，積分 $\int \langle \mathbf{u} \cdot \mathbf{u}' \rangle d\mathbf{r}$ が運動の際に不変で，この性質は線運動量保存の直接の結果であることを示した（最近の展望については Davidson (2010) を見よ）．最後に，サフマンは，$\int \langle \mathbf{u} \cdot \mathbf{u}' \rangle d\mathbf{r} = $ 一定，という制約の結果，完全に発達した等方性乱流の運動エネルギーは $u^2 \sim t^{-6/5}$ で減衰することを示した．この結果は，のちに直接数値シミュレーションで確認され，Davidson et al. (2012) において統計的に軸対称な乱流に拡張された．

---

2) ベクトル $\mathbf{L} = \int_{V_R} \mathbf{u} dV$ の大きさは，$R \to \infty$ で $\langle \mathbf{L}^2 \rangle \sim \langle \mathbf{L}_R^2 \rangle$ という意味で，$\mathbf{L}_R = (1/2)\int_{V_R} \mathbf{x} \times \boldsymbol{\omega} dV$ に比例する (Davidson (2013))．

3) Birkhoff (1954) は 10 年前に $E(k) \sim k^2$ スペクトルに対して積分 $\int \langle \mathbf{u} \cdot \mathbf{u}' \rangle d\mathbf{r}$ が存在すること，および，いくらかの運動学的性質に注目していた．しかし，彼はその動力学的重要性は評価していなかった．

一方,代表的な渦の線インパルス(線運動量)が,

$$\mathbf{L}_e = \frac{1}{2}\int_{V_e} \mathbf{x}\times\boldsymbol{\omega}_e dV \ll |\boldsymbol{\omega}_e|V_e l_e$$

という意味で,無視できると考えている人々もいる(このことは,渦が静止していることを意味しているわけではない.渦はみずからのインパルスによっても,また周囲の渦の非回転速度場によっても動かされることを思い出そう.5.1.3項を参照のこと).この場合には,$\int\langle\mathbf{u}\cdot\mathbf{u}'\rangle d\mathbf{r}=0$ であることが示せるが,$\int\mathbf{r}^2\langle\mathbf{u}\cdot\mathbf{u}'\rangle d\mathbf{r}$ は有限で負の(ほぼ)定数となることも示せる(図6.4).あとでわかるように,このとき運動エネルギーは $u^2\sim t^{-10/7}$ で減衰し,$E(k)$ は k が小さい範囲で $E(k)\sim k^4$ で成長する.じつは,これは,サフマンの画期的な論文(Saffman, 1967)にさかのぼる古典的な考え方である.積分 $-\int\mathbf{r}^2\langle\mathbf{u}\cdot\mathbf{u}'\rangle d\mathbf{r}$ は,乱流集団の角運動量 $\hat{\mathbf{H}}$ の二乗の近似的な目安である.$\hat{\mathbf{H}}$ は一様乱流のなかにある大きな球状体積 V_R に付随している(必ずしもそのなかに含まれているわけではないが).すなわち,

$$\lim_{R\to\infty}\frac{\langle\hat{\mathbf{H}}^2\rangle}{V_R}\approx-\int\mathbf{r}^2\langle\mathbf{u}\cdot\mathbf{u}'\rangle d\mathbf{r}$$

である.

$\hat{\mathbf{H}}$ を定義する際にはかなりの注意が必要である.$|\mathbf{x}|=R$ での打ち切りが積分の収束の問題を起こすので,$\mathbf{H}=\int_{V_R}\mathbf{x}\times\mathbf{u}dV$ という単純な定義は避ける必要がある(はっきりしているとはいえないが).むしろ,角運動量の重みつき積分,

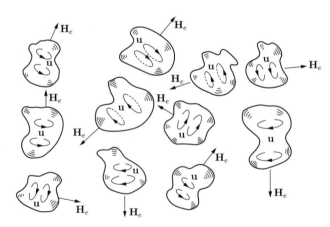

図 6.4 完全発達乱流において,渦の線インパルスが無視でき,角インパルス(角運動量)$\mathbf{H}_e=(1/3)\int\mathbf{x}\times(\mathbf{x}\times\boldsymbol{\omega}_e)dV$ が有限の場合,統計量 $\langle\hat{\mathbf{H}}^2\rangle/V_R=-\int\mathbf{r}^2\langle\mathbf{u}\cdot\mathbf{u}'\rangle d\mathbf{r}$ は有限で,近似的に保存される.ここで,$\hat{\mathbf{H}}$ は角運動量の空間全体にわたっての加重平均で,積分は球状検査体積 V_R を中心とする.

$$\hat{\mathbf{H}} = \int_{V_\infty} \mathbf{x} \times \mathbf{u} G(r/R) d\mathbf{x} \quad (r = |\mathbf{x}|)$$

を導入すべきである．V_∞ は空間全体での積分を意味し，G は検査体積を中心とする重み関数，たとえば，

$$G = \sqrt{\frac{2}{3}} \quad (r \leq R)$$

$$G = \sqrt{\frac{2}{3}} \left(\frac{r}{R}\right)^{-3} \quad (r > R)$$

などである．このように G を定義すると，$R \to \infty$ で[4]，

$$\frac{\langle \hat{\mathbf{H}}^2 \rangle}{V_R} = -\int \mathbf{r}^2 \langle \mathbf{u} \cdot \mathbf{u}' \rangle d\mathbf{r} \tag{6.2}$$

となる．さらに，完全発達乱流における $-\int \mathbf{r}^2 \langle \mathbf{u} \cdot \mathbf{u}' \rangle d\mathbf{r}$ の（近似的な）保存は，角運動量保存原理に端を発している．詳細は Davidson (2009, 2013) に書かれており，また 6.3 節で論じられる．

さて，どちらの陣営が正しいのか．短い答えは，「どちらも正しい」である．すなわち，数値解析では $E(k \to 0) \sim k^2$ も $E(k \to 0) \sim k^4$ も観察されているし[5]，Krogstad and Davidson (2010) の格子乱流の実験ではサフマン乱流が認められている．どちらが現れるかは初期条件によるのである．もし，初期の線インパルスが十分大きければサフマンの $E \sim k^2$ スペクトルが保障される．逆に，小さければ $E \sim k^4$ スペクトルが得られる．おもな論争の中心は，格子乱流のような現実の乱流ではどちらのタイプがより現れやすいかという微妙な問題だ．この点で意見の一致はほとんど見られない．第二の論争は，$\mathbf{L}_e \approx 0$ の場合に，$-\int \mathbf{r}^2 \langle \mathbf{u} \cdot \mathbf{u}' \rangle d\mathbf{r}$ がどの程度，純粋に保存されるのかである．この二つの論争については 6.3 節であらためて述べる．

このように，半世紀にわたる力を合わせての努力の結果として，一様乱流に関するわれわれの理解は一体どうなったというのだろうか．小スケールに関するコルモゴロフの近似理論と，大スケールに関する数々の競合する（論争の的となる）理論と，慎重に蓄積された非常に多くの実験データと数値実験データと，そして非常に多くの疑問をわれわれは抱えている．統計的現象論は行きつくところまで行ったように思えるし，決定論的描像のほうも支配的な渦構造がどのような形をしているのかについて，まだ一致した見解がもてないという厄介な問題を抱えたままである．この行き詰まりは個々の乱流の数値解析によって，いずれは突破できるかもしれない．それはきっ

---

[4] 6.3 節で論じるように，たとえば，$G \sim \exp[-(r/R)^2]$ のようなほかの加重関数を使うこともできる．
[5] 後者の例として Ishida et al. (2006)，前者の例として Davidson et al. (2012) がある．

と，1949年の昔に，数値解析によってこの問題に挑戦しようとしたフォン・ノイマンを喜ばせる成果となるに違いない．いずれにしても，これは今後の課題である．

終わりの見えない問題だとしても，等方性乱流に関するわれわれの説明は不完全であることは認めざるを得ない．結局のところ，終わりのない物語なのだ．いずれにせよ，この問題に対しては，これまで発達してきた（不完全だとしても）統計理論にもとづく従来からのアプローチをわれわれは採用しよう．まだ，はっきりした成果が得られていない決定論的描像にはあまり力を入れない．ただし，一つの点で従来の考え方から逸脱する．それは，議論がほとんど例外なく，フーリエ空間ではなく物理空間でなされることだ．すなわち，$\mathbf{u}$のフーリエ変換ではなく$\mathbf{u}$そのものを扱うのである．

物理空間を選択する理由は，速度相関のような見慣れた物理量を使って議論が展開できるからだ．このほうが初心者にとってはありがたいはずだ．確かに，従来のフーリエ空間でのアプローチの最も不愉快な点は，速度相関のフーリエ変換という，理論の中核をなす事柄の物理的意味があまりはっきり見えないことである．しかし，以下に示されるように，物理空間にとどまることには支払うべき犠牲もある．

6.1.2 フーリエ空間の強みと弱み

一様乱流に関する統計理論の論文の多く（おそらくほとんど）は，フーリエ空間で書かれている．それには，おそらく二つの理由が考えられる．一つはあまり重要でない理由，もう一つはかなり重要な理由である．あまり重要でないほうの理由とは，フーリエ空間のほうがある種の数学的とり扱いが簡単になることだ．もっと本質的な理由とは，フーリエ空間がエネルギースペクトル$E(k)$を提供してくれることだ．

アイディアは，次のとおりである．乱流中に存在する渦サイズの階層を反映できるように，速度場を多数の成分に分解する方法がほしいとする．理想的には，これらの成分は足し合わせると$\langle \mathbf{u}^2 \rangle/2$になる性質をもっていてほしい．すなわち，もし，$\mathbf{u} = \sum_n \mathbf{u}_n$であれば，$\langle \mathbf{u}^2 \rangle/2 = \sum_n \langle \mathbf{u}_n^2 \rangle/2$であってほしい．言い換えれば，互いに直交するように，すなわち，$n \neq m$なら$\langle \mathbf{u}_n \cdot \mathbf{u}_m \rangle = 0$となるように，$\mathbf{u}$を「モード」(mode)に分解したい（ここでは，アンサンブル平均を体積平均のように捉えるのがよいかもしれない）．フーリエ解析はこの目的に適しているように見える．実際，第8章で見るように，$\hat{\mathbf{u}}(\mathbf{k})$を$\mathbf{u}(\mathbf{x})$の三次元フーリエ変換とすると，エネルギースペクトル$E(k)$は，

$$E(k)\delta(\mathbf{k} - \mathbf{k}') = 2\pi k^2 \langle \hat{\mathbf{u}}^\dagger(\mathbf{k}) \cdot \hat{\mathbf{u}}(\mathbf{k}') \rangle, \quad k = |\mathbf{k}|$$

で与えられる．$\mathbf{k}$は三次元波数ベクトル，$\mathbf{k}$と$\mathbf{k}'$は互いに異なる波数ベクトル，δは三次元デルタ関数，$\dagger$は複素共役を表す．このようにして，$\hat{\mathbf{u}}(\mathbf{k})$の$\mathbf{k}$番目のモード

がもつエネルギーは $E(k)$ に比例することになる．さらに，異なる波数ベクトルをもつモードの積は $E(k)$ になんら寄与しない．

そこで，われわれは，$E(k)$ を次の理由でいろいろなサイズの渦のあいだでのエネルギーの分布として解釈することにする．（ⅰ）それは負にならない，（ⅱ）それは，

$$\frac{1}{2}\langle \mathbf{u}^2 \rangle = \int_0^\infty E(k)\,dk$$

という性質をもつ，（ⅲ）ランダムに分布している決まったサイズ l_e の渦を集めると，$k \sim \pi/l_e$ 付近にピークをもつエネルギースペクトルになる（3.2.5 項，6.4 節，図 6.5 参照）．したがって，任意の瞬間における $E(k)$ がわかれば，異なるサイズの渦の間でエネルギーがどのように分布しているのかについて何かがいえるはずだ[6]（もちろん，これは，渦サイズの階層の概念を進んで受け入れると仮定してのことである）．

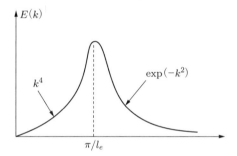

図 6.5 サイズが l_e の渦がランダムに分布している場合，エネルギースペクトルは $k \sim \pi/l_e$ 付近でピークを示す．

次に，ナヴィエ・ストークス方程式を，

$$\frac{\partial E}{\partial t} = (\text{非線形項}) + (\text{粘性項}) \tag{6.3}$$

の形に整理する．カスケードを信じる人々はこの形を好む．なぜなら，彼らは非線形項に注目し，それがフーリエ空間におけるエネルギー再分配の機構であると考えるからだ（E についてのわれわれの解釈が正しいと仮定して）．式(6.3)の非線形項は，大体において，エネルギーを大スケールから小スケールに（小さな k から大きな k へ）転送する効果をもっていることになり，これは，リチャードソンの描像とぴったり一致している（図 6.6）．

---

[6] 実際は，6.4 節で見るように，この解釈は厳密には正しくない．とくに，$k \ll l^{-1}$ や $k \gg \eta^{-1}$ では渦がないのに E は有限であるという奇妙なことが起こる．

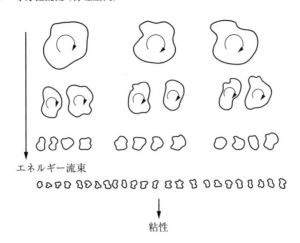

エネルギー流束

粘性

図 6.6 リチャードソンのエネルギーカスケードの模式図（Frisch (1995) による）

　もちろん，あらたまっていえば，式(6.3)を書き下してもあまり多くは得られない．乱流の完結問題は，式(6.3)の非線形項を見積もるためにほかの式が必要で，その式にはさらに新たな未知量が含まれてしまうと述べている．乱れを記述するための合理的な統計量の閉じた方程式系を書くことはできないのである．それにもかかわらず，一般形の式(6.3)はリチャードソンカスケードという現象をうまく説明でき，そのために，多くの研究者は完結モデル構築の出発点としてこの式を利用している．すなわち，彼らは，式(6.3)を補助して方程式系を閉じるために，非線形項の挙動（すなわち，エネルギーがカスケードを降りてくる状況）について，その場その場の仮定を導入する．

　しかし，初心者にとってフーリエ空間はあまり魅力的ではない．見慣れない式に支配されているきわめて複雑なテンソルを扱うのは苦痛だ．すべての量をフーリエ空間に変換することは，一層難しく見えるだろう．そのうえ，フーリエ空間で定義された量に物理的意味づけをすることも難しい．乱れは渦構造（管やシートなど）からなっていて，波動ではない．以前にわれわれは，とりあえず，π/k を渦のサイズに関係しているとした．もちろん，この考え方はあまりに単純すぎる．たとえば，ある与えられたサイズのコンパクトな渦構造をフーリエ変換すると，$k = \pi/l_e$ を中心とするとはいっても，全範囲にわたる波数成分が得られてしまう（図 6.5）．このように，フーリエ空間における関数は単純な物理的解釈を許さない．これは馬鹿にならない．乱流研究の多くが完結モデルの構築と応用を中心課題としてきた．当然，これらには統計平均した方程式を閉じるために，物理的直感や実験観察の結果にもとづいた，その場その場の仮説が用いられてきた．このため，このようなモデルを構築し，あるいは展開

しようとするなら，健全な物理的直感をもつことが大切である．

このような理由で，われわれは，等方性乱流の形式的な解析を物理空間においてはじめよう．あとから第8章において，フーリエ変換という複雑な手法を導入する．

6.1.3 本章の概要

一様乱流の統計理論に関する文献は，非常にたくさんある．最初の決定的なものはバチェラーによる古典的な教科書，*Theory of Homogeneous Turbulence* (G. K. Batchelor (1953)) であろう．簡潔を旨とする彼の特性を活かして，バチェラーは戦後の一様乱流研究の発達について，わずか187ページにまとめている．しかし，1975年までにモーニンとヤグロムは，鍵となるアイディアを把握するには650ページあっても満足とはいえないことを悟った．それ以来，1990年に刊行されたルシュール (M. Lesieur) の *Turbulence in Fluids* 第2版 (M. Lesieur (1990)) やマッコームの *The Physics of Fluid Turbulence* (W. D. McComb (1990)) など，たくさんの文献が研究の状況を紹介している．このような状況だから，どうすれば，わずか1章でこれらを正当に評価することができるのだろうか．早い話が「できない」，せいぜいできるのは，本書の第I部で述べた基本的なアイディアと，より進んだ一様乱流に関する研究論文とのあいだの橋渡しをすることだけであろう．

本章のおもな目的は，統計流体力学の用語を確立すること，ニュートンの第二法則を，統計量を用いて書き下すこと，および，この方程式からただちに得られるいくつかの結果について述べることである．簡単のために平均流がない等方性乱流に限る．章の構成は以下のとおりである．

- 支配方程式 (6.2節)
- 大スケール渦の動力学 (6.3節)
- いろいろなタイプの渦の特徴 (6.4節)
- 小スケール渦の間欠性 (6.5節)
- いろいろなサイズの渦のあいだでのエネルギーとエンストロフィー分布の評価 (6.6節)

最初に各節について少し説明し，全体としてどのようにつながるかを述べておこう．

支配方程式

困難な作業のほとんどは，等方性乱流を支配する統計量の方程式を導出する6.2節にある．そのあとの6.3節から6.6節までは，これらの方程式から得られるいくつかの結果について調べるだけだ．6.2節は三つの部分に分かれる．運動学，動力学，完

結問題である．まず，乱れの集団の統計的状態が相関関数と構造関数で表現できるという第3章ですでに紹介されたアイディアを一般化することからはじめる．統計的な等方性の仮定と質量保存則から得られる，これらの量のあいだの運動学的関係についても検討する．次に，（乱流場に適用される）ニュートンの第二法則を統計量形式で書き下す．その結果，得られる式は，カルマン・ハワース方程式として知られていて，等方性乱流の理論における唯一の重要な式である．この式はほとんどすべての動力学理論の出発点であり，実際，カルマン・ハワース方程式から得られる直接の成果が，コルモゴロフの有名な4/5法則である．

6.2節の最後で，読者に乱流の完結問題を思い出してもらう．すなわち，ナヴィエ・ストークス方程式を統計形式で書くと，得られる一連の方程式はつねに未知量の数が方程式の数より多いという意味で閉じない．第3章で強調したように，これはナヴィエ・ストークス方程式の非線形性に起因している．乱流の統計理論では合理的な方程式を補うために例外なく，問題に応じた仮説や仮定を必要としているという意味で，完結問題は重大だ．このような完結スキームは多数あるが，6.2節ではそのうちの二つだけについて述べる．もっとも単純なものはオバコフの1949年の提案であろう．それは，平衡領域（小から中程度のサイズの渦）にのみあてはまるもので，速度差 Δv のひずみ度が平衡領域にわたって一定であると仮定する．この仮定は実験データとそれほど大きくは離れていないし，予測結果はごく最近の計算機シミュレーションの結果ともかなり近い．これとは対照的に，二番目の完結スキームは複雑で，成立を保証することが難しい多くの仮定を含んでいる．これは，有名な（そして広く用いられている）EDQNMモデルで，その不運な前身が擬似正規スキームである．EDQNMスキームは小から大まですべてのスケールに適用できるという点で，オバコフの定ひずみ度のスキームよりずっと一般性がある．このスキームがいくつかの画期的な成果をあげてきたと主張する人もいるし，疑ってかかっている人もいる．

大スケールの動力学

6.3節から6.6節では，等方性乱流の支配方程式の性質と，それから得られるいくつかの結果について述べる．6.3節では，まず，大スケール渦の動力学について考える．やり方は二つある．一つはフーリエ空間に乗り移って，k が小さい範囲での $E(k)$ について調べる．もう一つの方法は，たくさんの渦の集団に対する運動量保存則の意味について考える．この二番目のアプローチはランダウによって先導されたものだが，このほうがこの章の目的にかなっている．ランダウによって発見され，サフマンによって発展させられた重要な点は，等方性の乱れのなかに置かれた半径 R，体積 V_R の大きな球状検査体積に付随する線運動量と角運動量が，統計量 $\langle \mathbf{u}(\mathbf{x}) \cdot \mathbf{u}(\mathbf{x} +$

6.1 導入：物理空間における等方性乱流について

$\mathbf{r}))\rangle = \langle \mathbf{u} \cdot \mathbf{u}' \rangle$ とのあいだに[7]，

$$[線運動量]^2 \sim V_R \int \langle \mathbf{u} \cdot \mathbf{u}' \rangle d\mathbf{r} + (補正項, C_1)$$

$$[角運動量]^2 \sim -V_R \int \mathbf{r}^2 \langle \mathbf{u} \cdot \mathbf{u}' \rangle d\mathbf{r} + (補正項, C_2)$$

の関係があるという点である．$\langle \mathbf{u} \cdot \mathbf{u}' \rangle$ が $|\mathbf{r}|$ の増加にともなって，十分，速く減衰するとすれば，補正項 C_1, C_2 は消える．このような場合には，乱れの集団に対する運動量保存則は，自由発達乱流において積分，

$$L = \int \langle \mathbf{u} \cdot \mathbf{u}' \rangle d\mathbf{r}, \quad I = -\int \mathbf{r}^2 \langle \mathbf{u} \cdot \mathbf{u}' \rangle d\mathbf{r} \tag{6.4}$$

が不変量でなければならないことを意味している．実際，離れた点での乱れが統計的に互いに独立のとき，すなわち，$\langle \mathbf{u} \cdot \mathbf{u}' \rangle$ が大きい $|\mathbf{r}|$ においてきわめて小さくなる場合には，このことは，カルマン・ハワース方程式を用いて直接証明することができる．とくに，離れた点が統計的に独立なら，

$$L = 0, \quad I = 定数$$

となることがわかるであろう．次に，乱れの集団の角運動量がおもに大スケールの渦によって決まっていると考えてよいだろう．これは，いま与えられた積分 I と矛盾しない（積分は大きい $|\mathbf{r}|$ の範囲での被積分関数の寄与によって決まる）．このため，完全発達乱流における I を，

$$I \sim u^2 l^5$$

のように推定するのが普通で，実際，これは正しい．ここで，l は積分スケール（大きい渦のサイズ）である．I を不変であるとすることは疑わしいが，コルモゴロフはこれとエネルギーの減衰法則，

$$\frac{du^2}{dt} \sim -\frac{u^3}{l}$$

を使って乱流集団のエネルギー減衰率を予測した．結果は $u^2 \sim t^{-10/7}$ となることを容易に示すことができる．これは，コルモゴロフの減衰法則として知られており，物理実験や数値実験とよく合う (Ishida et al. (2006))．ここまではうまくいった．

---

[7] V_R に付随する線運動量は，単純に $\int_{V_R} \mathbf{u} dV$ で定義される．しかし，6.1.1 項で注意したように，V_R に付随する角運動量は，$\mathbf{x} \times \mathbf{u}$ の収束性が悪いため，より注意して定義する必要がある．具体的には，被積分関数の鋭い不連続を避けるために，V_R に中心をもつ加重平均を $\mathbf{x} \times \mathbf{u}$ の全空間にわたってとらなければならない．

しかし，1956 年に状況は一変した．鍵となったのは，圧力場による長距離の情報伝達のために，一般に⟨**u**·**u**′⟩は大きな |**r**| において非常に小さくはならないというバチェラーの発見であった．このことは，I が自由発達乱流の不変量であるとする形式的な（カルマン・ハワース方程式を通じての）証明を否定する結果となった．バチェラーは，さらに，従来の理論のとおり $L = 0$ と予想できるが，I は時間に依存することを示唆した．はっきりとはいっていないが，コルモゴロフの減衰法則に疑いがかけられたのである．のちにサフマンは，「初期条件によっては」従来の理論からの，もっと劇的な逸脱も起こり得ることを示した．とくに彼は，L がゼロでない定数，かつ I が発散してしまう（存在しない）ような乱れをつくることができることを示した．

これらの発見は多くの物議をかもし，いまだに格子乱流がサフマン型（I 発散，$L \neq 0$）かバチェラー型（I 収束，$L = 0$）かについての合意は得られていない．6.3 節では，ランダウとコルモゴロフの古典理論と，バチェラーとサフマンのその後の反論について述べる．さらに，実験データや数値計算データについても言及する．ある種の初期条件に対して，乱れは長距離の相関が弱く，したがって，ランダウとコルモゴロフの古典理論がかなりよく成り立つような状態になることが結論づけられる．しかし，また別の初期条件では，古典的な見方を捨て，サフマンの理論を採用しなければならなくなる．

いろいろなタイプの渦のサイン

6.4 節では，動力学からいったん離れて運動学にもどる．次の点が問題となる．統計理論では，エネルギースペクトル $E(k)$ や構造関数 $\langle[\Delta v]^2\rangle$ などが解析対象となる．完結モデルは，$E(k)$ や $\langle[\Delta v]^2\rangle$ の発展を予測し，その結果を評価するための物理実験や数値シミュレーションが行われる．しかし，$E(k)$ や $\langle[\Delta v]^2\rangle$ は統計量であり，細かい点で個々に異なるたくさんの繰り返し実験の平均として何が起こるかを示すだけである．しかし，1 回の実験のなかでは，流れは渦の階層構造を示していて，流れの発達は渦の動力学の法則に従って渦どうしが干渉し合うことによって進むものと期待される．当然ながら，問題は，合理的かつ決定論的な法則や物理的直感が，後者の視点（1 回の実験における渦の干渉）に立っているのに対して，統計的完結モデルとそれが目指すことは前者の視点に立っていることである．これら，二つの視点のあいだの関係をはっきりさせることが大切であり，$E(k)$ や $\langle[\Delta v]^2\rangle$ のスナップショットから，特定の 1 回の実験における瞬時の渦構造について何かがいえるのかどうかに疑問をもつことが，自然な出発点であろう．これは，タウンゼントがとくに問題にした点で，せん断流に関する彼の有名な著書の第 1 章で，多くのページを割いて述べられている．6.4 節でタウンゼントのアイディアとその後の発見，たとえば，ラング

レンの引き伸ばされる螺旋渦が $k^{-5/3}$ スペクトルをもたらすことなどについてさらに詳しく解説する.

慣性小領域における渦の間欠性

6.5 節では，乱流において ω の分布が何やら斑点状であるという観察結果の重要性について考える（図 3.18）．そのために，コルモゴロフの 1941 年の理論に対する修正が必要になったことがわかる．

第 5 章で述べたように，乱流における成功物語の一つは小スケールに関するコルモゴロフの普遍理論である．しかし，当初からランダウはこの理論の妥当性について疑問をもっていた．とくに，小スケールの普遍性（乱れが生成，維持される機構に無関係）という統計的性質を信用していなかった．彼の反論は，次のようなものであった．彼は，慣性小領域における構造関数 $\Delta v = u_x(\mathbf{x} + r\hat{\mathbf{e}}_x) - u_x(\mathbf{x})$ の統計的性質が，コルモゴロフがいうように ε（単位質量あたりの散逸）と r だけの普遍関数で表せることは認めた．しかし，彼は，ε の適切な値とは，Δv を計算する領域（大きさ r）にわたっての，その瞬間における散逸（あるいはエネルギー流束）の値の空間平均であるべきだと考えた．われわれは，それを $\varepsilon_{AV}(r, \mathbf{x}, t)$ と書くことにする．別の言い方をすると，平均するまえのコルモゴロフの法則に現れる ε は，それ自体が場所と時間のランダム関数なのだ（ω, したがって，また散逸は，空間的にはっきりした斑点状であったことを思い出そう）．さて，$\langle [\Delta v]^2 \rangle$ や，さらに高次のモーメントの式を導くために，$\Delta v = f(\varepsilon_{AV}, r, \mathbf{x}, t)$ を平均すると何が起こるかを考えなければならない．Δv の ε_{AV} や r への依存の仕方はコルモゴロフのオリジナル論文のように普遍的であるかもしれないが，ε_{AV} の統計的挙動が問題にしている流れのタイプ，すなわち，後流，噴流，境界層で同じでないなら，平均操作の結果は普遍的ではなくなる．つまり，ランダウがいうように，散逸が空間的に，あるいは，ある場所で時間的に変化するようすは，決して普遍的ではない流れの大スケールの状況に依存している．もし，乱流中で散逸が空間的に一様，あるいは近似的に一様であれば，何も問題はない．なぜなら，唯一，妥当な ε は考えている瞬間における，散逸の空間平均だからである．しかし，問題は，渦度もエンストロフィーも散逸もすべて空間的にきわめて間欠的だという点である．この点は G. I. テイラーによって 1917 年にすでに予想され，その後，ランダウによって 1941 年に再度強調されたとおりである．したがって，コルモゴロフ理論がこの間欠性を考慮して修正されるべきかどうかについて検討するのは当然のことである．

問題の性質についてのヒントは，Monin and Yaglom (1975) によって提案された，やや人工的ではあるが単純な例のなかにある．じつは，この例は，散逸における大ス

ケールの非一様性の意味を説明するためにつくられたもので,小スケールの非一様性が対象ではなかった.それにもかかわらず,なんと,この例は散逸の空間分布がコルモゴロフの最初の理論とは相容れないことを明らかにする結果となった.積分スケール l のオーダーの領域にわたって空間平均された散逸 ε が,l よりはるかに大きい長さスケールをもって場所的にゆっくりと変化するような乱れを考えてみよう.すなわち,この乱れは,l よりずっと大きなスケール L で見るとやや非一様なのである(図6.7).さらに,弱い非一様性は空間的にランダムだが,全体スケール L_G ($L_G \gg L$) で見ると乱れが統計的に一様に見えるとする.

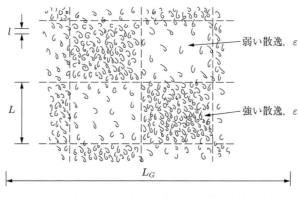

図 6.7 スケール L で見ると,弱い非一様性を示す乱れ

コルモゴロフ理論に従うと,p 次の構造関数 $\langle [\Delta v]^p \rangle$ は,慣性小領域においては式(5.24)で与えられたとおり,

$$\langle [\Delta v]^p \rangle = \beta_p (\varepsilon r)^{p/3}$$

となる($[\Delta v]^p$ は ε と同様に,オーダー l^3 の体積にわたっての平均である).さらに,コルモゴロフ理論では,β_p はどの流れでも同じ普遍定数である.いま,$\langle [\Delta v]^p \rangle$ と ε が,流れのなかの十分離れた N 個の点において測定され,したがって,ε も $\langle [\Delta v]^p \rangle$ も各点ごとに異なるとする.そして,平均値 ε と $\langle [\Delta v]^p \rangle$ のさらなる平均を,

$$\bar{\varepsilon} = \frac{1}{N} \sum_{i=1}^{N} = \varepsilon_i, \quad \overline{\langle [\Delta v]^p \rangle} = \frac{1}{N} \sum_{i=1}^{N} \langle [\Delta v]^p \rangle_i$$

のように計算する.流れは全体のスケール L_G で見ると一様だから,コルモゴロフ理論に従うと,$\bar{\varepsilon}$ と $\overline{\langle [\Delta v]^p \rangle}$ には,

$$\overline{\langle [\Delta v]^p \rangle} = \beta_p (\bar{\varepsilon} r)^{p/3}$$

の関係がある.このことから,もし,コルモゴロフ理論が正しいとすれば,

$$\frac{1}{N}\sum \beta_p \varepsilon_i^{p/3} r^{p/3} = \beta_p r^{p/3} \left(\frac{1}{N}\sum \varepsilon_i\right)^{p/3}$$

となり，これより，

$$\frac{1}{N}\sum \varepsilon_i^{p/3} = \left(\frac{1}{N}\sum \varepsilon_i\right)^{p/3} \tag{6.5}$$

が得られる．この式は，$p=3$ であれば満足され，われわれは 4/5 法則，

$$\langle [\Delta v]^3 \rangle = -\frac{4}{5}\varepsilon r$$

が（おそらく）正しいと信じているので，これは好都合である．しかし，ε が一様でなく $p \neq 3$ の場合には成り立たない．実際，$p \neq 3$ に対してはコルモゴロフの普遍平衡理論からのずれが確認されている（ε が一様でなく $p \neq 3$ の場合に等号が成り立たないことは，ヘルダーの不等式によって保証される）．

たとえば，$p=2$ の場合について考えてみよう．すでに見たように，$\langle [\Delta v]^2 \rangle \sim r^{2/3}$ となることを示すはっきりとした証拠がある．この 2/3 乗則を認めたとして，各点においてコルモゴロフの法則を適用することによって，

$$\langle [\Delta v]^2 \rangle_i = (\beta_2)_L (\varepsilon_i r)^{2/3}$$

が得られる．ここで，$(\beta_2)_L$ は β_2 の局所値である．いま，測定値の半分が $\varepsilon_i = (1-\gamma)\bar{\varepsilon}$，残りの半分が $\varepsilon_i = (1+\gamma)\bar{\varepsilon}$，すなわち，局所平均の散逸が，$(1\pm\gamma)\bar{\varepsilon}$ のどちらかを同確率でもつとする（もちろん，γ は 1 と 0 のあいだの値である）．平均の平均をとると，

$$\overline{\langle [\Delta v]^2 \rangle} = \frac{1}{2}\left[(1-\gamma)^{2/3} + (1+\gamma)^{2/3}\right](\beta_2)_L \bar{\varepsilon}^{2/3} r^{2/3}$$

が得られる．したがって，平均の平均に現れるコルモゴロフ定数は，

$$(\beta_2)_{SA} = \frac{1}{2}\left[(1-\gamma)^{2/3} + (1+\gamma)^{2/3}\right](\beta_2)_L$$

となる（添え字 SA は平均の平均を意味している）．この値は γ に依存しているので，コルモゴロフ定数は一定ではありえず，平均操作の際のスケールに依存する．このことは，大スケールにおける ε の非一様性が，コルモゴロフ定数 β_2 を変化させ，慣性小領域における統計量の普遍性はまったく成り立たなくなることを暗示している．これが，ランダウが予想した β_p の普遍性の欠如である．

第二の問題は，慣性小領域における渦度の間欠性，すなわち，小スケール間欠性である．ここでは問題は少し違う．すなわち，β_p に普遍性がないことが問題なのではなく，べき乗則依存性 $\langle [\Delta v]^p \rangle \sim r^{p/3}$ の問題である．要点は $p/3$ 乗則が，慣性小領

域における $\langle[\Delta v]^p\rangle$ が $\langle\varepsilon\rangle = \langle 2\nu S_{ij}S_{ij}\rangle$ と r だけに依存しているという仮定からきていることである(ここで,S_{ij} はひずみ速度テンソルである).もし,ほかの要素,たとえば小スケールの間欠性の程度や性質などもあり得るとするならば,$p/3$ 乗則からのずれも認めざるを得ない.要するに,渦度の隙間だらけの空間分布の状況が大事な要素となる.

しかし,コルモゴロフの普遍平衡理論からの逸脱は,特異な条件においてのみ現れることを強調しておく必要がある.たとえば,上で述べた簡単な問題についていえば,$\gamma = \frac{1}{2}$ という値は大スケールにおける強い非一様性を表しているが,$(\beta_2)_{SA}$ と $(\beta_2)_L$ のあいだに,わずか 3% の差しか生まない.この程度の差はおそらく β_2 の測定の際の不確かさより小さいであろう.このように,β_p にはっきりとした変化を認めるには,大スケールにおける非常に強い非一様性が必要である.また,$r^{p/3}$ 法則からのずれは,p が 4 あるいは 5 より大きくないと観察しにくい.

間欠性の問題やコルモゴロフ理論の誤りは乱流一般に見られることで,等方性乱流だけに限ったことではないが,そこに含まれる問題は,物理空間における動力学についてというこの章の目的にかなっている.そこで,6.5 節では,間欠性に対するコルモゴロフ理論をどう修正するのがベストかを述べる.とくに,慣性小領域における間欠性に関するよく知られた描像,対数正規モデルと $\hat{\beta}$ モデルとよばれる二つのモデルについて述べる.たとえば,$\hat{\beta}$ モデルでは,コルモゴロフの式,

$$\langle[\Delta v]^p\rangle = \beta_p \varepsilon^{p/3} r^{p/3}$$

は,次のように一般化される.

$$\langle[\Delta v]^p\rangle = \beta_p \varepsilon^{p/3} r^{p/3} (r/l)^{(3-p)(1-s)}$$

ここで,s はモデルパラメータで,散逸分布が間欠的な場合は 1 より小さく,滑らかな分布の場合には 1 に等しい.$p=3$ あるいは $s=1$ のときは,補正項は消えることに注意しよう.また,補正項には積分スケール l が含まれているので,大スケールの渦が $\langle[\Delta v]^p\rangle$ に直接の影響をもつことにも注意しよう.さらに,β_p は大スケールの非一様性(すなわち,大スケール渦がどの程度まばらか)により影響されるので普遍ではなく,流れのタイプによって異なる.この点は,コルモゴロフの法則に対するランダウの異議に合っている.

$\hat{\beta}$ モデルはもっともな結果を与えてはいるが,間欠性の影響を本当に予測するモデルとはいえない.それでも,有益な概念を提供しており,これに関連した多くの話題がある.

いろいろなサイズの渦にわたってのエネルギー分布とエンストロフィー分布の評価

6.6節は，第6章におけるもっともデリケートな話題である．問題とはこうだ．フーリエ空間で問題を扱う一つの非常に大きなメリットは，ほとんどのスペクトル理論においてエネルギースペクトル $E(k)$ がおもな目的となっていることである．われわれは，$E(k)$ を，異なるサイズの渦のあいだでのエネルギーの分布であると理解しているから，スケール間でのエネルギー転送というカスケードの動力学を記述するうえで，これは格好の道具といえる．もし，物理空間にとどまろうとするなら，渦がもつエネルギーをスケールごとに区別するための何か新しい関数を導入しなければならない．二次の相関関数がある程度この目的にかなっている．なぜなら，われわれは，$\langle [\Delta v]^2 \rangle$ を，

$$\langle [\Delta v]^2 \rangle (r) \sim [\text{サイズが} r \text{またはそれ以下の渦がもつエネルギー}]$$

と解釈しているからである．実際，これは，ランダウやタウンゼントやそのほかの多くの人々がとってきた立場である．しかし，第3章で述べたように，この関係はややあいまいである．スペクトル理論のようなスタイルでカスケードの動力学を研究するにはあいまいすぎる．つまり，$\langle [\Delta v]^2 \rangle$ は，サイズが r またはそれ以下の渦の情報ばかりでなく，r より大きな渦のエンストロフィーに関する情報も同時に含んでいるのである．

したがって，われわれにとってもっと都合のよい物理空間において $E(k)$ に相当する関数を見い出そうとするなら，まず，なぜわれわれは，$E(k)$ が流れのなかの異なるサイズの渦にわたって分布するエネルギーを表すと信じているのかを問いなおす必要がある．表面的には答えは明らかである．すなわち，$E(k)$ は，$\mathbf{u}(\mathbf{x})$ に含まれるいろいろなフーリエモードにわたってのエネルギー分布である（6.1.2項参照）．しかし，これでは十分ではない．乱流の速度場は波動ではなく，渦度の集団からなっているのだ．このため，$E(k)$ についてもっと慎重な解釈が必要である．このことを反映して，カスケードの動力学を理解する際に，$E(k)$ の次の三つの性質を利用する．

（1）　$E(k) > 0$
（2）　$\int_0^\infty E(k) dk = \langle \mathbf{u}^2 \rangle / 2$
（3）　ある一定のサイズ l_e のランダムな渦群に対応する $E(k)$ は，$k \sim \pi/l_e$ 付近に鋭いピークをもつ．

最初の二つの性質は，$E(k)$ が k 空間においての運動エネルギーの分布を表していることを頭に描かせる．一方，三番目の性質は，サイズが k^{-1} の渦に結びつけて考えることができる．この最後の点はあまり正確ではないが（サイズが l_e の渦は，$k \sim$

π/l_e 付近に中心をもつとはいっても,分布したスペクトルをつくる).エネルギースペクトルはある瞬間におけるエネルギー分布を可視化する便利な方法である.

そこで,もし,物理空間においてカスケードの動力学を調べようとするのであれば,次の性質をもつような関数 $V(r)$ がほしくなる.

(1) $V(r) > 0$
(2) $\int_0^\infty V(r) dr = \langle \mathbf{u}^2 \rangle / 2$
(3) ある一定のサイズ l_e のランダムな渦群に対応する $V(r)$ は,$r \sim l_e$ 付近に鋭いピークをもつ.

さらに,便利にするためには,この $V(r)$ が,$\langle [\Delta v]^2 \rangle$ や $E(k)$ などといったおなじみの量と簡単な関係にあることが望ましい.残念ながら,著者の知る限りこのような関数は存在していない.それでは,どうすれば物理空間で異なるサイズの渦のあいだでのエネルギー交換を表現できるのだろうか.答えは,残念ながら「ちょっと難しい」であり,妥協せざるを得ないようだ.一つの妥協は次のようなものである.上であげた条件 (2) と (3) を満たす関数は見つけることができるが,条件 (1) は緩めて,もっと弱い条件,

(1b) $\int_0^r V(r) dr > 0$

におき換えなければならない(実際は,完全発達乱流に対しては $V(r)$ は正になるので,条件 (1) と (1b) の違いは,多くの場合,重要ではない).さらに,のちにわかるように,上の $V(r)$ の定義は $\langle [\Delta v]^2 \rangle$ と単純に関係づけられ,その結果,$V(r)$ の発展方程式を導くことは難しくない.それは,

$$\frac{\partial V}{\partial t} = [\text{非線形項}] + [\text{粘性項}]$$

の形をしていて,同等のスペクトル方程式,

$$\frac{\partial E}{\partial t} = [\text{非線形項}] + [\text{粘性項}]$$

を思い出させる.そこで,$E(k)$ がフーリエ空間における運動エネルギー密度であったのと同様に,$V(r)$ を一応,物理空間における運動エネルギー密度と解釈する.さらに,これを使って非線形の慣性力によるスケール間でのエネルギー伝達に関する調査を開始することができる.

関数 $V(r)$ は,もう一つ役に立つ性質をもっている.フーリエ空間では,$kE(k)$ を波数が $\sim k$ の渦がもつエネルギーと考えるのが普通である.すなわち,$k \sim \pi/l_e$ のように対応させると,

$$[\text{サイズが } l_e \text{ の渦の KE}] \approx [kE(k)]_{k \approx \pi/l_e} \quad (\eta < l_e < l)$$

であり，あとからわかるように，$V(r)$ もこれと類似の性質をもっている．すなわち，

$$[\text{サイズが } l_e \text{ の渦の KE}] \approx [rV(r)]_{r=l_e} \quad (\eta < l_e < l)$$

である．二つの式をまとめると，

$$rV(r) \approx [kE(k)]_{k=\hat{\pi}/r} \quad (\eta < l_e < l)$$

となる．この式で，$\hat{\pi}$ は π に近い数値を表す（これらの関係は，l_e がコルモゴロフのマイクロスケール η より大きく，積分スケールより小さい場合にだけ成り立つことに注意）．事実，あとでわかるように，十分発達した乱流では，$rV(r)$ と $[kE(k)]_{k=\hat{\pi}/r}$ は，$\hat{\pi} = 9\pi/8$ とするとかなりよく対応する．モデルスペクトル，

$$E(k) = \hat{k}^4 (1 + \hat{k}^2)^{-17/6} \exp(-\hat{k} \mathrm{Re}^{-3/4}), \quad \hat{k} = kl$$

に対して，二つの関数 $f_1(r) = [kE(k)]_{k=\hat{\pi}/r}$ と $f_2(r) = rV(r)$ が以下に示される．このスペクトルは k が小さい領域では k^4，中程度の k においては $k^{-5/3}$，k が大きい領域では指数関数になる．このような傾向は，高 Re の十分発達した格子乱流において典型的と思われるので，例証のためのモデルスペクトルとしてしばしば用いられる．図 6.8 には，$\mathrm{Re}^{3/4} = 100$ における $f_1(r)$ と $f_2(r)$ が示されている．明らかに，両曲線

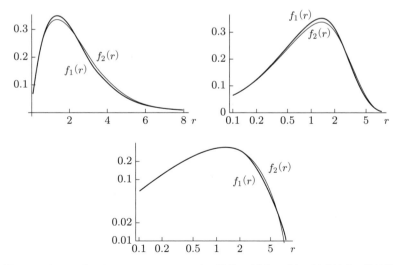

図 6.8 モデルエネルギースペクトルにおける関数 $f_1(r)$ と $f_2(r)$．通常目盛，片対数，両対数のプロットが示されている．対数プロットは慣性小領域を強調している．

は非常に似ていて，$V(r)$ も $E(k)$ もほとんど完全に同じ情報を伝えていることを示している．$\eta < r < l$ の領域に見られる $V(r)$ と $E(k)$ の近い関係は，十分発達した乱流におけるように $E(k)$ が k の滑らかな関数であればいつでも成り立つ．それでは，$E(k)$ の物理空間における近似形はどうなるのだろう．それは，

$$V(r) = -\frac{3}{8}r^2\frac{\partial}{\partial r}\frac{1}{r}\frac{\partial}{\partial r}\langle[\Delta v]^2\rangle \tag{6.6}$$

となる．$V(r)$ のおもな利点は，フーリエ空間に移らずにエネルギーカスケードの動力学について議論できることである．しかし，これには注意が必要で，$V(r)$ に関するわれわれの物理的解釈を過度に信用してはならない．たとえば，$\eta < r < l$ の領域に対して $V(r)$ への小さな負の寄与をするようなスペクトル（とても異常なスペクトルではあるが）を想像することができる．当然，このような場合には，$rV(r)$ を運動エネルギーと解釈することはできない．さらに，

$$[\text{サイズが } l_e \text{ の渦の KE}] \approx [kE(k)]_{k=\hat{\pi}/l_e}$$
$$[\text{サイズが } l_e \text{ の渦の KE}] \approx [rV(r)]_{r=l_e}$$

という見積もりは，η をコルモゴロフのマイクロスケール，l を積分スケールとして，$\eta < r < l$ の領域においてのみ成り立つことがあとでわかる．要するに，$E(k)$ も $V(r)$ も，$r \ll \eta$ あるいは $r \gg l$ の領域の渦のエネルギーを表すことはできない（実際は，$r \ll \eta$ あるいは $r \gg l$ の領域には渦はないので，これは正しい）．

結局のところ，$V(r)$ は $E(k)$ の弱点を継承していると認めなければならない．それにもかかわらず，$V(r)$ はフーリエ解析を経ずに，カルマン・ハワース方程式からエネルギーカスケードに関するある程度の情報を引き出すことができる点で価値がある．

これで，この章の概要説明を終える．本節の最初で述べたように，われわれはかろうじて一様乱流の統計理論の表面をなでた．しかし，少なくとも今後の研究の出発点は与えることができたと思う．

6.2 等方性乱流の支配方程式

> 私が長年抱いてきた考え，すなわち，ナヴィエ・ストークス方程式を，完全かつ，非線形のままの形で積分しても，結局乱流を説明することはできないという考えは誤っていたことが証明された．……気体分子運動論と同様に，統計的な手法の優位性が示されたのだ．
>
> A. Sommerfeld (1964)

6.2.4 項から 6.2.9 項において，等方性乱流の動力学について調べる．しかし，そ

のまえにたくさんの下準備が必要である．とくに，乱れの集団の状態を記述するいろいろな統計量を導入し，連続の式や等方性からくる対称性によって課せられる制限について調べておかなければならない．

乱流の速度場の統計的状態を記述するために，従来，三つの互いに関連する量が用いられてきた．それらは 3.2.5 項ですでに導入した，速度相関関数，構造関数およびエネルギースペクトルである．そのなかでもっとも基本的なものは，おそらく速度相関関数であろう．これは，層流における $\mathbf{u}(\mathbf{x}, t)$ に相当するものとして，乱流に対してテイラーによって 1921 年に導入された．これは，統計理論の基礎をなす要素であり，共通の通貨のようなものである．エネルギースペクトルと構造関数は，速度相関関数の親戚であり，異なるサイズの渦間でのエネルギー分布をそれぞれ別の方法で記述しようとしている．6.2.1 項の目的は，これらの量の定義を再確認し，その運動学的性質のいくつかについて述べることである．つまり，われわれは統計理論に用いられる「言語」を確かなものにし，これに付随する「文法」を定めることである．

続いて，6.2.2 項において，等方性の仮定と質量保存則から得られる結果について調べる．これらのおかげで速度相関関数の形が非常に簡単になること，またこの大きな簡単化のゆえに，等方性乱流の理論を比較的容易に展開することができることを示す．

6.2.1 項と 6.2.2 項ではたくさんの計算が必要で，そのいくつかは退屈なものである．しかし，結果は非常に重要なので，6.2.3 項でまとめられている．6.2.4 項にたどりついてはじめて，われわれは動力学のもっと重要な問題にとり組む準備ができたことになる．

6.2.1　いくつかの運動学：速度相関関数と構造関数

問題を簡単にするために，体積力がなく平均流速がゼロの一様等方性乱流[8]に限る．平均せん断がない場合，乱れにエネルギーが注入されないので，このような流れはつねに時間とともに減衰する．激しくかき混ぜられたあと，そのまま放置されている流体を想像すればよい．もちろん，このような乱流は時間に依存するから，統計量は時間平均 $\overline{(\sim)}$ ではなくアンサンブル平均 $\langle \sim \rangle$ を用いて定義される．また，平均流と乱れを区別する必要がないので，変動速度場にプライム記号をつけずに，単に $\mathbf{u}$ と書く．

速度相関関数，構造関数，エネルギースペクトルの概念は 3.2.5 項においてすでに紹介した．たとえば，二次の速度相関テンソルは，

---

[8]　統計量の一様性と等方性の定義については 3.2.5 項にある．

$$Q_{ij}(\mathbf{r}, \mathbf{x}, t) = \langle u_i(\mathbf{x}) u_j(\mathbf{x}+\mathbf{r}) \rangle$$

で定義される[9]．一様乱流では定義によって，すべての統計量は $\mathbf{x}$ によらないから，

$$Q_{ij}(\mathbf{r}) = \langle u_i(\mathbf{x}) u_j(\mathbf{x}+\mathbf{r}) \rangle$$

となる．時間依存性はいうまでもないので，ここでは t は省いた．別の表記法を用いると，

$$Q_{ij}(\mathbf{r}) = \langle u_i u_j' \rangle$$

となる．ここで，プライム記号は，u_j が場所 $\mathbf{x}' = \mathbf{x}+\mathbf{r}$ において得られたものであることを表している．この相関テンソル（相関関数とよばれることもある）は，

$$Q_{ij}(\mathbf{r}) = Q_{ij}(-\mathbf{r})$$

という幾何学的性質をもっている．なぜなら，一様乱流では $\mathbf{r}$ を逆転させるということは，単に $\mathbf{x}$ と $\mathbf{x}'$ を入れ替えたにすぎないからだ（図6.9）．

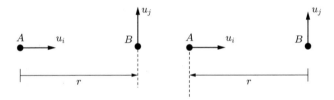

図6.9 $Q_{ij}(\mathbf{r}) = Q_{ij}(-\mathbf{r}) = \langle (u_i)_A (u_j)_B \rangle$ の幾何学的関係

Q_{ij} のさらに四つの性質は，

(i) $Q_{ii}(0)/2 = \langle \mathbf{u}^2 \rangle /2 =$ 運動エネルギー密度 (6.7)

(ii) $Q_{ii}(0) = -\tau_{ij}^R/\rho = -$ レイノルズ応力 (6.8)

(iii) $Q_{ij}(\mathbf{r}) \leq Q_{xx}(0)$ (6.9)

(iv) $\partial Q_{ij}/\partial r_i = \partial Q_{ij}/\partial r_j = 0$ (6.10)

である．第二の性質は，Q_{ij} の一つの解釈を与える．$\mathbf{r} = 0$ という特別の場合には，Q_{ij} はレイノルズ応力 τ_{ij}^R に比例する．より一般的には，Q_{ij} は二点 $\mathbf{x}$ と $\mathbf{x}'$ における流れが統計的に見てどの程度関連しているかを表している．$\mathbf{x}$ で起こった事象が $\mathbf{x}'$

---

[9] これは，二点一時刻速度相関とよばれることがある．ある理論では三点での速度の相関（いわゆる三点相関）が扱われ，また別の理論では一点ではあるが異なる時刻どうしの相関（一点二時刻相関）が扱われるなどである．

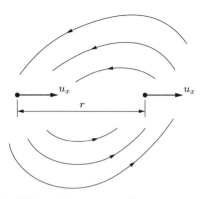

図 6.10 渦が区間 r にまたがっている場合, Q_{ij} はゼロではない.

での事象と (ほとんど) 無関係なほど $\mathbf{x}$ と $\mathbf{x}'$ が十分離れていれば, $Q_{ij} \approx 0$ となる. 一方, 二点の間隔が積分スケール l に比べて小さければ, ある与えられた構造の渦が $\mathbf{x}$ と $\mathbf{x}'$ の両方にまたがって通過するため, $\mathbf{x}$ と $\mathbf{x}'$ ははっきりした相関を示すだろう (図 6.10).

性質 (iii) と (iv) の起源は, (i)(ii) ほどは自明ではない. どこからきたのかを考えてみよう. この三番目の性質はシュワルツの不等式,

$$\left(\int \mathbf{A} \cdot \mathbf{B} dV\right)^2 \leq \int \mathbf{A}^2 dV \int \mathbf{B}^2 dV \tag{6.11}$$

からきている. 体積平均をアンサンブル平均に読み替えれば (3.2.4 項参照),

$$Q_{ij}^2 \leq V^{-2} \int_V u_i^2 dV \int_V u_j^2 dV = \langle u_i^2 \rangle \langle u_j^2 \rangle = \langle u_x^2 \rangle^2 \tag{6.12}$$

が得られる. 四番目の関係は連続の式 $\nabla \cdot \mathbf{u} = 0$ からきたもので, 演算子 $\langle \sim \rangle$ と $\partial/\partial x_i$ を交換し, 平均操作の際に $\partial/\partial x_i = -\partial/\partial r_i$, $\partial/\partial x_j' = \partial/\partial r_j$ を用いるとただちに得られる.

ここで, 3.2.5 項で紹介したいくつかの記号について確認しておこう. とくに, Q_{ij} の三つの特別な形を導入するのが便利であった.

$$R(r) = \frac{1}{2} Q_{ii} = \frac{1}{2} \langle \mathbf{u} \cdot \mathbf{u}' \rangle \tag{6.13}$$

$$u^2 f(r) = Q_{xx}(r\hat{\mathbf{e}}_x) \tag{6.14a}$$

$$u^2 g(r) = Q_{yy}(r\hat{\mathbf{e}}_x) \tag{6.14b}$$

ここで, u は,

$$u = \langle u_x^2 \rangle^{1/2} = \langle u_y^2 \rangle^{1/2} = \langle u_z^2 \rangle^{1/2} = \left(\frac{1}{3} \langle \mathbf{u}^2 \rangle\right)^{1/2}$$

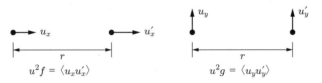

図 6.11 縦相関関数 f と横相関関数 g の定義

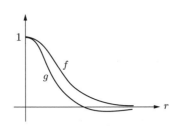

図 6.12 速度相関関数 f と g の概形

のように定義される．関数 f と g は速度の縦相関関数および横相関関数として知られている（図 6.11）．これらは無次元であり，$f(0) = g(0) = 1$，$f, g \leq 1$ である．f と g の形は図 6.12 に模式的に示されている．完全発達した乱流では，f は負にならないことに注意すること．

乱れの積分スケール l は，通常，

$$l = \int_0^\infty f(r)\,dr \tag{6.15}$$

で定義される．この定義には多少の任意性があるが，速度がはっきりした相関をもつ領域の広さを示す便利な指標である．つまり，l は，大スケールのエネルギー保有渦のサイズを代表している．実際には，f と g は独立ではなく，等方性乱流では，

$$g = f + \frac{1}{2} r f'(r) \tag{6.16}$$

の関係がある．この結果は，じきに示されるように，質量保存則から得られる．

三次の速度相関関数（あるいはテンソル）は，

$$S_{ijk}(\mathbf{r}) = \langle u_i(\mathbf{x}) u_j(\mathbf{x}) u_k(\mathbf{x}+\mathbf{r}) \rangle \tag{6.17}$$

で定義され，その特別なケースは，

$$u^3 K(r) = \langle u_x^2(\mathbf{x}) u_x(\mathbf{x}+r\hat{\mathbf{e}}_x) \rangle \tag{6.18}$$

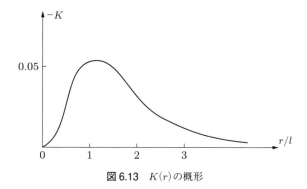

図 6.13 $K(r)$ の概形

である．関数 $K(r)$ は縦三重相関関数とよばれる．これはつねに負で，r が小さい範囲では $K \sim r^3$ で変化する．一般的な概形が図 6.13 に示されている．

3.2.5 項において，乱流場の状態を記述するもう一つの関数として，構造関数を紹介した．これは，縦方向速度の増分 $\Delta v = u_x(\mathbf{x} + r\hat{\mathbf{e}}_x) - u_x(\mathbf{x})$ を用いて定義される．たとえば，二次の縦構造関数の定義は，

$$\langle [\Delta v]^2 \rangle = \langle [u_x(\mathbf{x} + r\hat{\mathbf{e}}_x) - u_x(\mathbf{x})]^2 \rangle \tag{6.19}$$

である．明らかに，これは f とのあいだに，

$$\langle [\Delta v]^2 \rangle = 2u^2(1 - f) \tag{6.20}$$

の関係がある．三次の縦構造関数は $\langle [\Delta v]^3 \rangle$ である．これは，$K(r)$ とのあいだに，

$$\langle [\Delta v]^3 \rangle = 6u^3 K(r) \tag{6.21}$$

の関係があることは簡単に確認できる．

$\langle [\Delta v]^2 \rangle$ の物理的重要性については 3.2.5 項で述べた．実際，それは，サイズが r またはそれ以下の渦の情報だけをとり出す一種のフィルターの役目をする．すなわち，r またはそれ以下のサイズのすべての渦は，二点 $\mathbf{x}$ と $\mathbf{x}'$ に異なる速度を与えるから，$\langle [\Delta v]^2 \rangle$ に直接寄与する．一方，r よりずっと大きい渦は，二点 $\mathbf{x}$ と $\mathbf{x}'$ に似かよった速度を与えるから，$\langle [\Delta v]^2 \rangle$ にはほとんど寄与しない．このことは，

$$\frac{3}{4} \langle [\Delta v]^2 \rangle \sim [\text{サイズが } r \text{ またはそれ以下の渦がもつエネルギーの合計}] \tag{6.22}$$

であることを暗示している．式 (6.22) に係数 3/4 が入っているのは，$r \to \infty$ のとき $(3/4)\langle [\Delta v]^2 \rangle \to (3/2)u^2 = (1/2)\langle \mathbf{u}^2 \rangle$ となることによる．

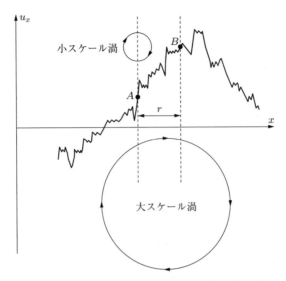

図 6.14 サイズ l_e ($l_e \ll r$) の小さな渦は $\langle[\Delta v]^2\rangle$ に対して運動エネルギーのオーダーの寄与をする．一方，大きな渦 ($l_e \gg r$) は $r^2 \times$ エンストロフィーのオーダーの寄与をする．

しかし，これは簡単化されすぎている．サイズが r 以上の渦も Δv に，$r\times$（渦の速度勾配），あるいは $r|\boldsymbol{\omega}|$ 程度のオーダーのわずかではあるが有限な寄与をする（図6.14）．このことから，$\langle[\Delta v]^2\rangle$ のより精密な見積もりは，

$$\frac{3}{4}\langle[\Delta v]^2\rangle \sim [\text{サイズが } r \text{ またはそれ以下の渦がもつエネルギーの合計}]$$
$$+ (r/\pi)^2 [\text{サイズが } r \text{ あるいはそれ以上の渦に含まれるエンストエロフィー}] \tag{6.23}$$

であるといえる．このあとすぐに，この見積もりについてもう一度述べ，その際に，なぜ係数 π^2 が右辺第二項に含まれているのかを説明する．とりあえず，エネルギースペクトル $E(k)$ をもう一度紹介しておく．それは一対の変換[10]，

$$E(k) = \frac{2}{\pi}\int_0^\infty R(r)\,kr\sin(kr)\,dr \tag{6.24}$$

$$R(r) = \int_0^\infty E(k)\frac{\sin(kr)}{kr}\,dk \tag{6.25}$$

---

10) これは，実質的に，奇関数 E/k と rR の正弦変換対である．式(6.24)は等方性乱流においてのみ成り立つことに注意せよ．非等方性乱流の場合に $E(k)$ がどのように定義されるのかについては，第8章で述べる．

によって定義される．エネルギースペクトルは，次の有用な性質をもっている．

（1）　$E(k) \geq 0$
（2）　サイズが l_e の渦のランダム分布は，$k \sim \pi/l_e$ 付近にピークをもつ．
（3）　$r \to 0$ の極限で，式(6.25)は，

$$\frac{1}{2}\langle \mathbf{u}^2 \rangle = \int_0^\infty E(k)\,dk \tag{6.26}$$

となる．

(性質（1）については第8章で，また性質（2）については6.4.1項で論じられる)．これらの性質のために，$E(k)dk$ を，波数が $(k, k+dk)$，$k \sim \pi/l_e$ の範囲のすべての渦による $\langle \mathbf{u}^2 \rangle/2$ への寄与であると解釈されるのが普通である．実際には，6.4.1項で示されるように，この解釈は，とくに $k \ll l^{-1}$ および $k \gg \eta^{-1}$ に対してやや甘い．η はコルモゴロフのマイクロスケール，l は積分スケールである．それでも当面は，$E(k)$ についてのこの単純な解釈を受け入れることにしよう[11]．$E(k)$ がさらにもう一つの性質，

$$\frac{1}{2}\langle \boldsymbol{\omega}^2 \rangle = \int_0^\infty k^2 E(k)\,dk \tag{6.27}$$

をもつことを示すことができる（第8章参照）．したがって，$k^2 E(k)dk$ を，波数が k から $k+dk$ までの範囲のすべての渦による $\frac{1}{2}\langle \boldsymbol{\omega}^2 \rangle$ への寄与であると解釈できる．

$R = u^2(g + f/2)$ に注意すると，E と $\langle [\Delta v]^2 \rangle$ の関係を導くことができる．この式は式(6.16)を用いて，

$$R = \frac{u^2}{2r^2}\frac{\partial}{\partial r}(r^3 f)$$

と書きなおすことができる．式(6.25)で，R に $(r^3 f)'$ を代入し，f を $\langle [\Delta v]^2 \rangle$ と関係づけるために式(6.20)を用いると，

$$\frac{3}{4}\langle [\Delta v]^2 \rangle = \int_0^\infty E(k) H(kr)\,dk$$

---

11) $E(k)$ に対する，結局は等価だがもう一つの解釈が第8章で与えられている．$\hat{\mathbf{u}}(\mathbf{k})$ を $\mathbf{u}(\mathbf{x})$ の三次元フーリエ変換とする．乱れが等方性であれば，$2\pi k^2 \langle \hat{\mathbf{u}}^\dagger(\mathbf{k}) \cdot \hat{\mathbf{u}}(\mathbf{k}') \rangle = E(k)\delta(\mathbf{k}-\mathbf{k}')$ であることが示される．$\mathbf{k}$ と $\mathbf{k}'$ は二つの波数ベクトル，$k = |\mathbf{k}|$，†は複素共役，δ は三次元のディラックのデルタ関数である．このように，$\hat{\mathbf{u}}(\mathbf{k})$ は k 番目のモードがもつ運動エネルギーの尺度である．さらに，ランダム信号のフーリエ変換は，速い変動成分の情報を高波数に，また遅い変動成分の情報を低波数に集約する（引っ張られた弦のフーリエ級数を想像せよ）．このように，$E(k)$ の高波数部分は小スケール渦のエネルギーを，また低波数部分は大スケール渦のエネルギーに対応する傾向がある．

が得られる．ここで，

$$H(x) = 1 + 3x^{-2}\cos x - 3x^{-3}\sin x$$

である．第8章では，$H(x)$ がフィルター関数のようなはたらきをし，その適切な近似形は（図6.15参照），

$$\hat{H}(x) \approx \begin{cases} (x/\pi)^2 & (x < \pi) \\ 1 & (x > \pi) \end{cases}$$

であることが示される．これより，

$$\frac{3}{4}\langle[\Delta v]^2\rangle \approx \int_{\pi/r}^{\infty} E(k)\,dk + \frac{r^2}{\pi^2}\int_0^{\pi/r} k^2 E(k)\,dk \qquad (6.28)$$

となり，式(6.23)との類似性は心強い．$r\to\infty$ と $r\to 0$ の極限で式(6.28)は，

$$\langle[\Delta v]^2\rangle(r\to\infty) \approx 2u^2, \quad \langle[\Delta v]^2\rangle(r\to 0) \approx \frac{1.01}{15}\langle\boldsymbol{\omega}^2\rangle r^2$$

となることに注意し，厳密な結果，

$$\langle[\Delta v]^2\rangle(r\to\infty) = 2u^2, \quad \langle[\Delta v]^2\rangle(r\to 0) \approx \frac{1}{15}\langle\boldsymbol{\omega}^2\rangle r^2$$

と比較してみよう．

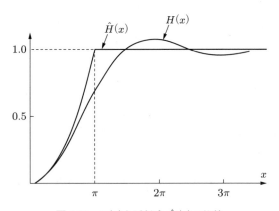

図6.15 $H(x)$ と近似式 $\hat{H}(x)$ の比較

最後に，別の形の二次の構造関数を用いている著者もいることを注意しておこう．それはベクトル形式とよばれることもあり，

$$\langle[\Delta\mathbf{v}]^2\rangle = \langle[\mathbf{u}(\mathbf{x}+\mathbf{r}) - \mathbf{u}(\mathbf{x})]^2\rangle \qquad (6.29)$$

のように定義される（われわれは，式(6.29)でΔvではなく$\Delta\mathbf{v}$を用いて二つの形を

区別している).右辺の二乗の項を展開すると,

$$\langle [\Delta \mathbf{v}]^2 \rangle = 2\langle u^2 \rangle - 2\langle \mathbf{u} \cdot \mathbf{u}' \rangle$$

となる.同様にベクトル形式の三次の構造関数を,

$$\langle [\Delta \mathbf{v}]^2 \Delta \mathbf{v} \rangle = \langle (\mathbf{u}' - \mathbf{u})^2 (\mathbf{u}' - \mathbf{u}) \rangle$$

のように導入できる.

6.2.2 さらに運動学:等方性と渦度相関関数の簡単化

ここでは,(i)等方性にともなう対称性と,(ii)連続の式がもたらす結果について調べよう.これらが,Q_{ij} と S_{ijk} の一般形に厳しい制限を課すことがわかるだろう.まず,対称性からはじめよう.

A, B, C, D を r の対称関数とする.すると,一階,二階,三階の等方テンソルの一般形は[12],

$$Q_i(r) = A r_i \tag{6.30}$$

$$Q_{ij}(r) = A r_i r_j + B \delta_{ij} \tag{6.31}$$

$$Q_{ijk}(r) = A r_i r_j r_k + B r_i \delta_{jk} + C r_j \delta_{ki} + D r_k \delta_{ij} \tag{6.32}$$

となる(Batchelor, 1953 参照).たとえば,Q_{ij} を考えてみよう.この場合,関数 A と B は,式(6.14)によって f と g に関係づけられていて,このことから,

$$B = u^2 g \tag{6.33}$$

$$A = \frac{u^2}{r^2}(f - g) \tag{6.34}$$

が得られる.結局,Q_{ij} の一般形は,

$$Q_{ij}(\mathbf{r}) = u^2 \left(\frac{f-g}{r^2} r_i r_j + g \delta_{ij} \right) \tag{6.35}$$

のように書きなおすことができる.さらに,式(6.10)の形の連続の式から,

$$\frac{\partial Q_{ij}}{\partial r_i} = [r A'(r) + 4A + r^{-1} B'(r)] r_j = 0$$

でなければならず,その結果,

---

12) ここでは,等方性という言葉が,Q_i, Q_{ij}, Q_{ijk} が回転不変であることを意味している.すなわち,これらの量が座標系の回転や反射に対してかわらない.ここでは使わないが,もう少し緩い定義では,すべてのテンソルが球対称を保つが鏡映対称は要求しない.このような乱れは平均ヘリシティーを有する.

$$r^2 A'(r) + 4rA + B'(r) = 0 \tag{6.36}$$

が得られる．A と B を f と g を用いて書き換えると，式(6.16)となる．これらの結果をまとめると，式(6.35)から g を消去することができて，Q_{ij} が f のみの関数として，

$$Q_{ij} = \frac{u^2}{2r}\left[(r^2 f)' \delta_{ij} - f r_i r_j\right] \tag{6.37}$$

の形に書きなおされる．なお，レイノルズ応力 $\langle u_x u_y \rangle$, $\langle u_y u_z \rangle$, $\langle u_z u_x \rangle$ は等方性乱流ではすべてゼロとなることに注意する必要がある．

同様の考え方を使って，S_{ijk} が $K(r)$ のみの関数として書きなおされる．詳しい計算の末に，

$$S_{ijk} = u^3 \left[\frac{K - rK'}{2r^3} r_i r_j r_k + \frac{2K + rK'}{4r}(r_i \delta_{jk} + r_j \delta_{ik}) - \frac{K}{2r} r_k \delta_{ij}\right] \tag{6.38}$$

が得られる．式(6.37)と式(6.38)は非常に役に立つ．複雑なテンソル Q_{ij} や S_{ijk} が，二つのスカラー関数 $f(r)$ と $K(r)$ だけで簡単に表現できるのである．等方性乱流の解析を比較的容易にするのは，この大きな簡単化の結果である．

式(6.37)と式(6.38)からは多くの有益な運動学上の結果が直接導かれる．たとえば，式(6.13)と式(6.37)から，

$$R(r) = \frac{1}{2}\langle \mathbf{u} \cdot \mathbf{u}' \rangle = \frac{u^2}{2r^2}(r^3 f)' \tag{6.39}$$

の関係が証明でき，この関係から，積分スケール l も同様に，

$$u^2 l = \int_0^\infty R dr = u^2 \int_0^\infty f dr$$

となることがわかる．また，式(6.29)と式(6.39)から，

$$\langle [\Delta \mathbf{v}]^2 \rangle = \frac{1}{r^2} \frac{\partial}{\partial r}[r^3 \langle (\Delta v)^2 \rangle] \tag{6.40a}$$

となり，ベクトル形式と前項で導入された縦の二次構造関数のあいだの関係が明らかになった．そればかりではなく，三次のベクトル形式の構造関数，

$$\langle [\Delta \mathbf{v}]^2 \Delta \mathbf{v} \rangle = \langle (\mathbf{u}' - \mathbf{u})^2 (\mathbf{u}' - \mathbf{u}) \rangle$$

を導入すると，式(6.38)の形の等方性は，

$$\langle [\Delta \mathbf{v}]^2 \Delta \mathbf{v} \rangle = \frac{\mathbf{r}}{3r^4} \frac{\partial}{\partial r}[r^4 \langle (\Delta v)^3 \rangle] \tag{6.40b}$$

となることが容易に確認できる．

次に，渦度相関テンソル $\langle \omega_i \omega_j' \rangle$ を導入しよう．次の式が成り立つことは簡単に確認

できる (Batchelor (1953)).

$$\langle \omega_i \omega'_j \rangle = \nabla^2 Q_{ij} + \frac{\partial Q_{kk}}{\partial r_i \partial r_j} - (\nabla^2 Q_{kk})\delta_{ij} \tag{6.41a}$$

特別なケース,

$$\langle \boldsymbol{\omega} \cdot \boldsymbol{\omega}' \rangle = -\nabla^2 \langle \mathbf{u} \cdot \mathbf{u}' \rangle \tag{6.41b}$$

はとくに興味深い. $R(r)$ を用いると, この式は,

$$\frac{1}{2}\langle \boldsymbol{\omega} \cdot \boldsymbol{\omega}' \rangle = -\frac{1}{r^2}\frac{\partial}{\partial r}\left(r^2 \frac{\partial R}{\partial r}\right)$$

となり, 式(6.39)と組み合わせると,

$$\langle \boldsymbol{\omega} \cdot \boldsymbol{\omega}' \rangle = -\frac{u^2}{r^2}\frac{\partial}{\partial r}\left[r^2 \frac{\partial}{\partial r}\frac{1}{r^2}\frac{\partial}{\partial r}(r^3 f)\right] \tag{6.42}$$

が得られる. これはあまり見通しのよくない式に見える. しかし, 式(6.42)の画期的な点は, 以下に示すように, $r=0$ 近傍における f の形が $\langle \boldsymbol{\omega}^2 \rangle$, したがって, 散逸 $\varepsilon = \nu \langle \boldsymbol{\omega}^2 \rangle$ によって決まることである. f は r の偶関数であり, $f(0) = 1$, $f \leq 1$ だから, λ をある係数として,

$$f(r) = 1 - \frac{r^2}{2\lambda^2} + O(r^4)$$

のように書くことができる. これを式(6.42)に代入し, エンストロフィーと散逸のあいだに, $\varepsilon = \nu \langle \boldsymbol{\omega}^2 \rangle$ の関係があることを考慮すると,

$$\lambda^2 = \frac{15u^2}{\langle \boldsymbol{\omega}^2 \rangle} = \frac{15\nu u^2}{\varepsilon} \tag{6.43}$$

となり, この式から,

$$f(r) = 1 - \frac{\varepsilon r^2}{30\nu u^2} + \cdots$$

が得られる. さて, $\varepsilon \sim u^3/l$ であったから, $\mathrm{Re} = ul/\nu \gg 1$ のとき, $r=0$ 付近における曲率は非常に大きくなる (図6.16). 長さスケール λ はテイラーのマイクロスケールとして知られている. 式(6.43)から, $\lambda^2/l^2 \sim 15(ul/\nu)^{-1}$ となる. このように, テイラーのマイクロスケールは, 積分スケール l とコルモゴロフのマイクロスケール $\eta \sim l(\mathrm{Re})^{-3/4}$ の中間の値をとる.

三つの長さスケールのあいだの関係をまとめると, 次のようになる.

- (テイラーのマイクロスケール)/(積分スケール) = $\lambda/l \sim \sqrt{15}\,\mathrm{Re}^{-1/2}$
- (コルモゴロフのマイクロスケール)/(テイラーのマイクロスケール) = $\eta/\lambda \sim$

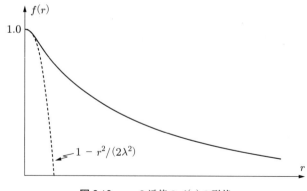

図 6.16　$r=0$ 近傍の $f(r)$ の形状

$\mathrm{Re}^{-1/4}/\sqrt{15}$

● (コルモゴロフのマイクロスケール)/(積分スケール) $= \eta/l \sim \mathrm{Re}^{-3/4}$

式 (6.41b) は,

$$\langle (\nabla \times \boldsymbol{\omega}) \cdot (\nabla \times \boldsymbol{\omega})' \rangle = -\nabla^2 \langle \boldsymbol{\omega} \cdot \boldsymbol{\omega}' \rangle$$

であることを意味し, f を代入すると,

$$\langle (\nabla \times \boldsymbol{\omega}) \cdot (\nabla \times \boldsymbol{\omega})' \rangle = \nabla^4 \left[\frac{1}{r^2} \frac{\partial}{\partial r} (r^3 u^2 f) \right]$$

となる. この関係から, $r=0$ 近傍における $f(r)$ の展開の次の項を決めることができる. 少し計算すると,

$$u^2 f = u^2 - \frac{\langle \boldsymbol{\omega}^2 \rangle}{30} r^2 + \frac{\langle (\nabla \times \boldsymbol{\omega})^2 \rangle}{840} r^4 - \frac{\langle (\nabla^2 \boldsymbol{\omega})^2 \rangle}{45360} r^6 + \cdots \quad (6.44)$$

が得られる.

最後に, f の符号について考える. 実際には, 十分発達した乱流においては $f>0$ であったが, こうなる必然的な理由があるのだろうか. これに関しては, 式 (6.25) と式 (6.39) を組み合わせると,

$$u^2 f(r) = 2 \int_0^\infty E(k) H^*(kr) dk, \quad H^*(x) = (\sin x - x \cos x)/x^3$$

となることを利用するとよい. 関数 $H^*(x)$ は大部分が正であり, $x = 2\pi, 4\pi$, などを中心とする狭い領域で負になるだけである. ここで, 初期条件を少し変更して, $E(k)$ が $k = \hat{k}$ 付近を中心とするデルタ関数となるようにしたとしよう. すると,

6.2 等方性乱流の支配方程式 345

$$u^2 f(r) = \langle \mathbf{u}^2 \rangle H^*(\hat{k}r)$$

となり，このエネルギースペクトルなら f は負の値になる．このように，f は原理的には負となり得る．しかし，このようなスペクトルは，現実にはまったく起こり得ないことに気づくことが重要である．なぜなら，もし，初期にサイズが l_e の渦だけからなっていたとしても，エネルギースペクトルは δ 関数ではなく，考えている渦のタイプによって $E \sim k^4 \exp(-k^2 l_e^2)$ あるいは $E \sim k^2 \exp(-k^2 l_e^2)$ の形をとるからだ（6.4.1 項参照）．完全発達乱流で f が正になるということは，H^* がおもに正の関数であるという事実を反映している．

6.2.3 運動学的関係についてのまとめ

上の二つの項で多くの基礎事項を述べたので，さきに進むまえに，これらの運動学的関係についてまとめておくのがよいと思われる．

1. 二次の速度相関関数
   - 定義　$Q_{ij}(\mathbf{r}) = \langle u_i(\mathbf{x}) u_j(\mathbf{x}+\mathbf{r}) \rangle$
   - 性質
     - （ⅰ）　$Q_{ij}(\mathbf{r}) = Q_{ij}(-\mathbf{r})$　　（幾何学的性質）
     - （ⅱ）　$\dfrac{1}{2} Q_{ii}(0) = \dfrac{1}{2} \langle \mathbf{u}^2 \rangle$
     - （ⅲ）　$Q_{ij}(0) = -\dfrac{\tau_{ij}^R}{\rho}$
     - （ⅳ）　$Q_{ij}(\mathbf{r}) \leq Q_{xx}(0)$　　（シュワルツの不等式）
     - （ⅴ）　$\dfrac{\partial Q_{ij}}{\partial r_i} = \dfrac{\partial Q_{ij}}{\partial r_j} = 0$　　（連続の式）
   - 特別なケース
     - （ⅰ）　$R(r) = \dfrac{1}{2} Q_{ii} = \dfrac{1}{2} \langle \mathbf{u} \cdot \mathbf{u}' \rangle$
     - （ⅱ）　$Q_{xx}(r\hat{\mathbf{e}}_x) = u^2 f(r)$　　（縦相関）
     - （ⅲ）　$Q_{yy}(r\hat{\mathbf{e}}_x) = u^2 g(r)$　　（横相関）

     これらの定義については図 6.17 参照のこと．
   - 等方性乱流の場合の一般形

     $$Q_{ij} = \frac{u^2}{2r} \left[(r^2 f)' \delta_{ij} - f' r_i r_j \right]$$

第6章 等方性乱流（物理空間）

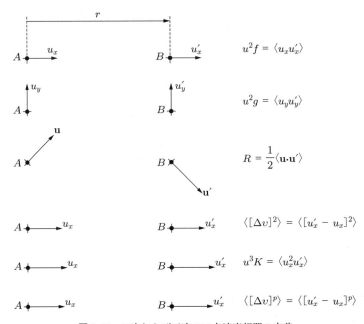

図6.17　二次および三次の二点速度相関の定義

● f, g, R のあいだの関係

（ⅰ）　$g = \dfrac{1}{2r}(r^2 f)'$

（ⅱ）　$R = \dfrac{1}{2}\langle \mathbf{u} \cdot \mathbf{u}' \rangle = \dfrac{u^2}{2r^2}(r^3 f)'$

● 積分スケール l の定義

$$l = \int_0^\infty f dr \quad \text{または} \quad u^2 l = \int_0^\infty R dr$$

● テイラーのマイクロスケール λ の定義

$$f = 1 - \dfrac{r^2}{2\lambda^2} + \cdots, \quad \lambda^2 = \dfrac{15\nu u^2}{\varepsilon}$$

● テイラーのマイクロスケールと積分スケールの関係

$$\dfrac{\lambda}{l} \sim \sqrt{15}\left(\dfrac{ul}{\nu}\right)^{-1/2}$$

● $r = 0$ のまわりでの $f(r)$ の展開

$$u^2 f = u^2 - \dfrac{\langle \boldsymbol{\omega}^2 \rangle}{30} r^2 + \dfrac{\langle (\nabla \times \boldsymbol{\omega})^2 \rangle}{840} r^4 - \dfrac{\langle (\nabla^2 \boldsymbol{\omega})^2 \rangle}{45360} r^6 + \cdots$$

2. 三次の速度相関関数
- ●定義　$S_{ijk}(\mathbf{r}) = \langle u_i(\mathbf{x})u_j(\mathbf{x})u_k(\mathbf{x}+\mathbf{r})\rangle$
- ●特別なケース　$u^3 K(r) = \langle u_x^2(\mathbf{x})u_x(\mathbf{x}+r\hat{\mathbf{e}}_x)\rangle$
- ●等方性乱流の場合の一般形

$$S_{ijk} = u^3\left[\frac{K-rK'}{2r^3}r_i r_j r_k + \frac{2K+rK'}{4r}(r_i\delta_{jk}+r_j\delta_{ik}) - \frac{K}{2r}r_k\delta_{ij}\right]$$

3. 縦構造関数
- ●定義

$$\langle[\Delta v]^2\rangle = \langle[u_x(\mathbf{x}+r\hat{\mathbf{e}}_x)-u_x(\mathbf{x})]^2\rangle \quad (\text{二次の構造関数})$$
$$\langle[\Delta v]^p\rangle = \langle[u_x(\mathbf{x}+r\hat{\mathbf{e}}_x)-u_x(\mathbf{x})]^p\rangle \quad (p\text{ 次の構造関数})$$

- ●$f,\ K$ との関係

$$\langle[\Delta v]^2\rangle = 2u^2(1-f)$$
$$\langle[\Delta v]^3\rangle = 6u^3 K$$

- ●r による展開

$$15\langle[\Delta v]^2\rangle = \langle\boldsymbol{\omega}^2\rangle r^2 - \frac{\langle(\nabla\times\boldsymbol{\omega})^2\rangle}{28}r^4 + \frac{\langle(\nabla^2\boldsymbol{\omega})^2\rangle}{1512}r^6 + \cdots$$

4. ベクトル形式の二次および三次の構造関数
- ●定義

$$\langle(\Delta\mathbf{v})^2\rangle = \langle[\mathbf{u}(\mathbf{x}+\mathbf{r})-\mathbf{u}(\mathbf{x})]^2\rangle = \langle(\mathbf{u}'-\mathbf{u})^2\rangle$$
$$\langle(\Delta\mathbf{v})^2\Delta\mathbf{v}\rangle = \langle(\mathbf{u}'-\mathbf{u})^2(\mathbf{u}'-\mathbf{u})\rangle$$

- ●縦構造関数との関係

$$\langle(\Delta\mathbf{v})^2\rangle = \frac{1}{r^2}\frac{\partial}{\partial r}[r^3\langle(\Delta v)^2\rangle]$$

$$\langle(\Delta\mathbf{v})^2\Delta\mathbf{v}\rangle = \frac{\mathbf{r}}{3r^4}\frac{\partial}{\partial r}[r^4\langle(\Delta v)^3\rangle]$$

5. 渦度相関関数
- ●定義　　$\langle\omega_i(\mathbf{x})\omega_j(\mathbf{x}+\mathbf{r})\rangle = \langle\omega_i\omega_j'\rangle$
- ●Q_{ij} との関係　　$\langle\boldsymbol{\omega}\cdot\boldsymbol{\omega}'\rangle = -\nabla^2 Q_{ii}(\mathbf{r})$
- ●テイラーのマイクロスケールとの関係

$$\lambda^2 = \frac{15u^2}{\langle\boldsymbol{\omega}^2\rangle} = \frac{15\nu u^2}{\varepsilon}$$

6. エネルギースペクトル
● 定義
$$E(k) = \frac{2}{\pi} \int_0^\infty R(r) \, kr \sin(kr) \, dr$$

$$R(r) = \int_0^\infty E(k) \frac{\sin(kr)}{kr} \, dk$$

● 性質

（ⅰ）　$E(k) \geq 0$

（ⅱ）　$\int_0^\infty E(k) \, dk = \frac{1}{2} \langle \mathbf{u}^2 \rangle$

（ⅲ）　$\int_0^\infty k^2 E(k) \, dk = \frac{1}{2} \langle \boldsymbol{\omega}^2 \rangle$

● $f(r)$ との関係
$$u^2 f(r) = 2 \int_0^\infty E(k) H^*(kr) \, dk, \quad H^*(x) = (\sin x - x \cos x)/x^3$$

● 積分スケール l との関係
$$l = \int_0^\infty f(r) \, dr = \frac{\pi}{2u^2} \int_0^\infty k^{-1} E(k) \, dk$$

● $\langle [\Delta v]^2 \rangle$ との関係
$$\frac{3}{4} \langle [\Delta v]^2 \rangle = \int_0^\infty E(k) H(kr) \, dk, \quad H(x) = 1 + 3x^{-2} \cos x - 3x^{-3} \sin x$$

● $\langle [\Delta v]^2 \rangle$ との近似関係
$$\frac{3}{4} \langle [\Delta v]^2 \rangle \approx \int_{\pi/r}^\infty E(k) \, dk + \frac{r^2}{\pi^2} \int_0^{\pi/r} k^2 E(k) \, dk$$

7. ここでは誘導しなかったそのほかの関係（Hinze (1959) の第3章を参照のこと）

● 速度勾配の積
$$\left\langle \frac{\partial u_i}{\partial x_n} \frac{\partial u_j}{\partial x_m} \right\rangle = \frac{2u^2}{\lambda^2} \left[\delta_{ij}\delta_{mn} - \frac{1}{4}(\delta_{in}\delta_{jm} + \delta_{im}\delta_{jn}) \right]$$

● 単位質量あたりのエネルギー散逸率のいろいろな表現
$$\varepsilon = \nu \langle \boldsymbol{\omega}^2 \rangle = 15\nu \left\langle \left(\frac{\partial u_x}{\partial x} \right)^2 \right\rangle = \frac{15}{2} \nu \left\langle \left(\frac{\partial u_x}{\partial y} \right)^2 \right\rangle$$

8. 三つの主ひずみ速度 a, b, c のあいだのベチョフの関係（5.3.6項を参照のこと）

● $\left\langle \left(\dfrac{\partial u_x}{\partial x} \right)^2 \right\rangle = \dfrac{2}{15} \langle a^2 + b^2 + c^2 \rangle = \dfrac{1}{15} \langle \boldsymbol{\omega}^2 \rangle$

- $\left\langle \left(\dfrac{\partial u_x}{\partial x}\right)^3 \right\rangle = \dfrac{24}{105}\langle abc \rangle = -\dfrac{2}{35}\langle \omega_i \omega_j S_{ij} \rangle$

- $\left\langle \left(\dfrac{\partial u_x}{\partial x}\right)^4 \right\rangle = \dfrac{8}{105}\langle a^4 + b^4 + c^4 \rangle = \dfrac{4}{105}\langle (a^2 + b^2 + c^2)^2 \rangle$

6.2.4　最後に動力学：カルマン・ハワース方程式

　最後に，動力学について少し紹介しよう．とくに，以下に示すように，ナヴィエ・ストークス方程式を二次の速度相関関数の発展を支配する方程式に変換することができる．しかし，そのまえに，乱流の速度場と渦度場が果たす役割について少し述べておこう．

　乱流のもっとも顕著な兆候は，速度場に見られるガストや変動である．風の強い街路に立っていると，速度場のいろいろな兆候を感じ，あるいは目にする．落ち葉を吹き払うのも，車の後部から排出される排気ガスをまき散らすのも，窓枠をガタガタ鳴らすのも，みな速度場である．実験室でもまた，速度場に最大の注意を払う．たとえば風洞実験では，なんといっても **u** がもっとも自然な測定量である．

　しかし，より深い意味では，速度場の乱流成分は渦度場の各瞬間における表れにほかならない．高 Re では渦度は見かけ上，流体に凍結されていて，渦度方程式に従ってカオス的にみずからを移流する．すなわち，与えられた **ω** の分布がビオ・サヴァールの法則に従って速度場を誘起し，それがあたかも染料の線が流体に凍結されているかのごとく渦度を運ぶ．この渦度がみずから持続するカオス的な移流のことをわれわれは乱流とよんでおり，渦度の発展が，すなわち速度の発展なのである．とはいえ，強風のなかで街路に立つ人は渦度場を見たり感じたりはできないし，実験室でも渦度は簡単には測れない．このため，従来の乱流理論では，**u** とその統計的性質が中心課題となる傾向があった．その考え方では，**u** の動力学が記述できれば，乱流のすべての基本的性質がわかるだろうと考えるのである．**ω** は **ω** = ∇ × **u** によって **u** と関係づけられているのだから，形式的にいえばこの考えは正しい．つまり，**u** についてのすべてを知れば，**ω** の挙動もわかる．しかし，**ω** をおろそかにして，代わりに **u** に神経を集中すると，根底にある動力学の物理的解釈を誤るおそれがある．なんといっても流体に張りついているのは **u** ではなく **ω** なのである．それにもかかわらず，先人たちは，乱流を **u**(**x**, t) とその統計的性質を使って記述してきたし，また，ほとんどの教科書もそうであった．この習慣を打ち壊そうとは思わない．しかし，それでも，これから数々の動力学理論と格闘する際に，渦度場は一体何をしてくれるのだろうかという疑問を，つねにもち続けることは有益だと感じることであろう．

　このような注意をしたうえで，$\langle u_i u_j' \rangle$ の発展方程式が得られるのかどうかを見てみ

よう．$\mathbf{x}' = \mathbf{x} + \mathbf{r}$, $\mathbf{u}(\mathbf{x}') = \mathbf{u}'$ と書くことにする．すると，

$$\frac{\partial u_i}{\partial t} = -\frac{\partial (u_i u_k)}{\partial x_k} - \frac{\partial (p/\rho)}{\partial x_i} + \nu \nabla_x^2 u_i$$

$$\frac{\partial u'_j}{\partial t} = -\frac{\partial (u'_j u'_k)}{\partial x'_k} - \frac{\partial (p'/\rho)}{\partial x'_j} + \nu \nabla_{x'}^2 u'_j$$

第一式に u'_j を，第二式に u_i を掛けて足し合わせてから平均をとると，

$$\frac{\partial}{\partial t}\langle u_i u'_j \rangle = -\left\langle u_i \frac{\partial u'_j u'_k}{\partial x'_k} + u'_j \frac{\partial u_i u_k}{\partial x_k} \right\rangle - \frac{1}{\rho}\left\langle u_i \frac{\partial p'}{\partial x'_j} + u'_j \frac{\partial p}{\partial x_i}\right\rangle$$
$$+ \nu \langle u_i \nabla_{x'}^2 u'_j + u'_j \nabla_x^2 u_i \rangle \tag{6.45}$$

が得られる．この少しややこしい式は以下のことを考慮するとかなり簡単になる．

（ⅰ）平均操作 $\langle \sim \rangle$ と微分操作は交換できる．
（ⅱ）平均量に対する $\partial/\partial x_i$ と $\partial/\partial x'_j$ は $-\partial/\partial r_i$ と $\partial/\partial r_j$ におき換えることができる．
（ⅲ）u_i は $\mathbf{x}'$ と無関係，u'_j は $\mathbf{x}$ と無関係である．
（ⅳ）等方性乱流の場合，$\langle u_i u'_j u'_k \rangle(\mathbf{r}) = \langle u_j u_k u'_i \rangle(-\mathbf{r}) = -\langle u_j u_k u'_i \rangle(\mathbf{r})$ の関係がある．

このとき，式 (6.45) は簡単化されて，次のような短い式になる．

$$\frac{\partial Q_{ij}}{\partial t} = \frac{\partial}{\partial r_k}(S_{ikj} + S_{jki}) + 2\nu \nabla^2 Q_{ij} \tag{6.46}$$

なお，等方性乱流では，式 (6.30) と連続の式から，

$$\langle \mathbf{u} p' \rangle = 0 \tag{6.47}$$

となるため，圧力項は消去されている（本章の最後にある例題 6.2 参照）．$i = j$ とおき，Q_{ij} と S_{ijk} をスカラー関数 $f(r)$ と $K(r)$ を使って書き換えると，少し計算したあと，

$$\frac{\partial}{\partial t}\langle \mathbf{u}\cdot\mathbf{u}'\rangle = 2\Gamma(r) + 2\nu \nabla^2 \langle \mathbf{u}\cdot\mathbf{u}'\rangle, \quad \Gamma = \frac{1}{2r^2}\frac{\partial}{\partial r}\left[\frac{1}{r}\frac{\partial}{\partial r}(r^4 u^3 K)\right]$$
(6.48a)

が得られる[13]．この式はおそらく，等方性乱流における唯一のもっとも重要な式であり，カルマン・ハワース方程式とよばれている．$f(r)$ を使うと，式 (6.48a) は，

$$\frac{\partial}{\partial t}[u^2 f(r,t)] = \frac{1}{r^4}\frac{\partial}{\partial r}[r^4 u^3 K(r)] + 2\nu \frac{1}{r^4}\frac{\partial}{\partial r}[r^4 u^2 f'(r)] \quad (6.48\mathrm{b})$$

---

13) この式でラプラシアンは球対称関数に作用しているので，∇^2 は $\frac{1}{r^2}\frac{d}{dr}r^2\frac{d}{dr}(\sim)$ を表している．

のように書きなおせる．この式では，rの微分が消えている．最後に式(3.40b)を用いると，式(6.48a)は，

$$\frac{\partial}{\partial t}\langle \mathbf{u}\cdot\mathbf{u}'\rangle = \frac{1}{2}\nabla\cdot[\langle (\Delta\mathbf{v})^2\Delta\mathbf{v}\rangle] + 2\nu\nabla^2\langle \mathbf{u}\cdot\mathbf{u}'\rangle \tag{6.48c}$$

のように書きなおせる．カルマン・ハワース方程式のこの最後の形は，非等方性の，しかし，一様な乱れに対しても成り立つ (Monin and Yaglom (1975), Davidson (2013))．

式(6.48a～c)の問題点は，$K(r)$がわからなければ，fやRの変化を予測できないことである．もちろん，$K(r)$の変化率は四次の相関に依存する．ここで，われわれは乱流の完結問題に突きあたる．それでも次節で述べるように，式(6.48a～c)から非常に多くの情報を得ることができる．

例題 6.1 渦度相関に対する動力学方程式 変動速度場は，一番はっきりした乱れの表れではあるし，確かに，$\mathbf{u}$はもっとも測定しやすい量ではあるが，より深いレベルではもっと大切な量は$\boldsymbol{\omega}$である．渦度は速度と違って流体に付随していて流体とともに移動する．また，染料のように拡散または移流によってのみ広がる．さらに，各瞬間における速度場は，渦度分布からビオ・サヴァールの法則によって一意的に決まる．すると，動力学的観点からは速度場は瞬時の渦度場の受動的な表れにすぎない．$f_\omega(r)$を$\boldsymbol{\omega}$の縦相関関数，$\omega^2 = \langle\omega_x^2\rangle$とする．式(6.48b)に相当する渦度の式が，

$$\frac{\partial}{\partial t}[\omega^2 r^4 f_\omega(r)] = -\frac{\partial}{\partial r}r^4\frac{\partial}{\partial r}\frac{1}{r^4}\frac{\partial}{\partial r}[r^4 u^3 K] + 2\nu\omega^2\frac{\partial}{\partial r}[r^4 f'_\omega(r)]$$

となることを示せ（ヒント：式(6.41b)を使って式(6.48a)を$\langle\boldsymbol{\omega}\cdot\boldsymbol{\omega}'\rangle$の発展方程式に変換し，式(6.39)に相当する渦度の関係式を使って，f_ωの式にする）．ある種の乱流（すなわち，いわゆるサフマン・スペクトルをもった乱流）では，大きいrに対して$f(r) \sim r^{-3}$，$f_\omega(r) \sim r^{-6}$，一方，Kはr^{-4}で減少する．このような場合には，

$$\omega^2 \int_0^\infty r^4 f_\omega(r)\,dr$$

は運動の不変量となり，積分$L = \int\langle\mathbf{u}\cdot\mathbf{u}'\rangle d\mathbf{r}$に比例することを示せ．$L$が不変量となることは数値シミュレーションによって確認されている (Davidson et al. (2012))．

例題 6.2 減衰終期 等方性乱流の減衰の最終段階では，$ul/\nu \to 0$となり，非線形

項は重要ではなくなる (図 6.18). この場合には, 式 (6.48b) で $K(r) = 0$ とおくことができる. この最終段階におけるカルマン・ハワース方程式の一つの解は,

$$f \sim \exp[-r^2/(8\nu t)], \quad u^2 \sim t^{-5/2}$$

であることを示せ. この結果は実験結果とよく合う (Monin and Yaglom (1975)). 最終段階におけるそのほかの解については, 6.3 節で述べる.

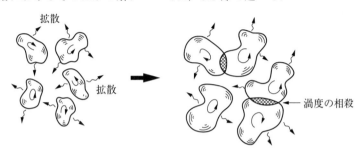

図 6.18 減衰終期には慣性力は無視でき, 渦度は拡散により広がり混ざる.

6.2.5 コルモゴロフの 4/5 法則

今度は, カルマン・ハワース方程式からコルモゴロフの 4/5 法則を導く. 乱流における一つの顕著な成果であるこの法則は, 慣性小領域においては, $\langle [\Delta v]^3 \rangle$ が $-(4/5)\varepsilon r$ に等しいことを述べている. これは等方性乱流の統計理論における, 数少ない厳密かつ無意味でない結果である. 手はじめに, $\langle [\Delta v]^2 \rangle$ の形について考える. r が小さい場合は, $\langle [\Delta v]^2 \rangle = \varepsilon r^2/15\nu$ となることを式 (6.44) は示している. 一方, 慣性小領域では, コルモゴロフの 2/3 乗則, $\langle [\Delta v]^2 \rangle = \beta \varepsilon^{2/3} r^{2/3}$ が成り立つ. したがって, η と v をコルモゴロフのマイクロスケール, $\eta = (\nu^3/\varepsilon)^{1/4}$, $v = (\nu\varepsilon)^{1/4}$ とすると, $\langle [\Delta v]^2 \rangle$ の形は, 次のように見積もられる.

$$\langle [\Delta v]^2 \rangle = \frac{\varepsilon r^2}{15\nu} = \frac{v^2}{15}\frac{r^2}{\eta^2} \quad (r < \eta) \tag{6.49}$$

$$\langle [\Delta v]^2 \rangle = \beta \varepsilon^{2/3} r^{2/3} = \beta v^2 \frac{r^{2/3}}{\eta^{2/3}} \quad (\eta \ll r \ll l) \tag{6.50}$$

次に, カルマン・ハワース方程式 (6.48b) を, 二次, 三次の構造関数を使って書きなおすことを考える. 式 (6.20), (6.21) から,

$$-\frac{2}{3}r^4\varepsilon - \frac{r^4}{2}\frac{\partial}{\partial t}\langle [\Delta v]^2 \rangle = \frac{\partial}{\partial r}\left[\frac{r^4}{6}\langle [\Delta v]^3 \rangle\right] - \nu \frac{\partial}{\partial r}\left[r^4 \frac{\partial}{\partial r}\langle [\Delta v]^2 \rangle\right] \tag{6.51}$$

が得られる. 普遍平衡領域では, $\langle [\Delta v]^2 \rangle \sim \varepsilon^{2/3} r^{2/3}$, またはそれ以下だから, $r \ll l$ では, 右辺第二項は高々,

$$r^4 \frac{\partial}{\partial t}(\varepsilon^{2/3} r^{2/3}) \sim r^4 \left(\frac{u}{l}\right) \varepsilon^{2/3} r^{2/3} \sim r^4 \varepsilon \left(\frac{r}{l}\right)^{2/3} \tag{6.52}$$

である.これは第一項に比べて無視できるから,$r \ll l$ では式(6.52)の $\partial \langle [\Delta v]^2 \rangle / \partial t$ の項は無視できる.残りの項を積分すると,

$$\langle [\Delta v]^3 \rangle = -\frac{4}{5} \varepsilon r + 6\nu \frac{\partial}{\partial r} \langle [\Delta v]^2 \rangle \quad (r \ll l) \tag{6.53a}$$

が得られる.あるいはひずみ度,$S = \langle [\Delta v]^3 \rangle / \langle [\Delta v]^2 \rangle^{3/2}$ を使うと,

$$6\nu \frac{\partial}{\partial r} \langle [\Delta v]^2 \rangle - S \langle [\Delta v]^2 \rangle^{3/2} = \frac{4}{5} \varepsilon r \quad (r \ll l) \tag{6.53b}$$

となる.これらの二式は普遍平衡領域における動力学にとって決定的であり,コルモゴロフによって最初に得られた (Kolmogorov (1941b)).この章では何度も式(6.53a, b)を参照するが,それには理由がある.$r \to 0$ で $\langle [\Delta v]^3 \rangle \sim r^3$ だから式(6.53a)から,小さい r に対して $\partial \langle [\Delta v]^2 \rangle / \partial r$ の値が決まる.つまり,$r \to 0$ の極限で式(6.49)となる.一方,慣性小領域では粘性の影響は重要ではないから,式(6.53a)は,

$$\langle [\Delta v]^3 \rangle = -\frac{4}{5} \varepsilon r \quad (\eta \ll r \ll l) \tag{6.54}$$

となる.これが,第5章で導入されたコルモゴロフの有名な4/5法則である.これは,慣性小領域におけるコルモゴロフ理論 $\langle [\Delta v]^p \rangle = \beta_p (\varepsilon r)^{p/3}$ の特別なケースと考えることができる.明らかに,$\beta_3 = -4/5$ である.しかし,4/5法則はコルモゴロフの普遍平衡理論とは違い,因子 β_3 が一意的に決まっているという意味で厳密である.さらに,4/5法則に到達するまでに必要とした仮定は,平衡領域におけるコルモゴロフ理論に必要な仮定よりはるかに少ない(しかし,4/5法則にも,もっともなものとはいえ,いくつかの仮定があることには注意すべきである.具体的には,粘性力を免れる程度に大きく,擬似平衡とみなせる程度,すなわち,統計的に定常とみなせる程度に小さいような,渦サイズの範囲が存在しているという仮定が必要である).

式(6.54)と 2/3 乗則を組み合わせると,慣性小領域ではひずみ度 $S(r)$ が,

$$S(r) = \frac{\langle [\Delta v]^3 \rangle}{\langle [\Delta v]^2 \rangle^{3/2}} = -\frac{4}{5} \beta^{-3/2} \quad (\eta \ll r \ll l) \tag{6.55}$$

で与えられる一定値になることがわかる.ここで,$\beta \sim 2$ はコルモゴロフ定数である.この式は,慣性小領域では $S \sim -0.3$ であることを暗示しており,実験結果とかなりよく合っている(図3.20).

式(6.54)と式(6.55)にはもう一つの見方がある.実験データが示すように,慣性小領域ではひずみ度が一定になるという立場に立つこともできる.その場合,コルモゴロフの第二相似仮説の代わりに,$S(r) =$ 一定 $(\eta \ll r \ll l)$ を仮定する.すると,コル

モゴロフの 4/5 法則から，ただちに 2/3 乗則を導くことができる．このアプローチの一つのメリットは，β を普遍定数（すべての流れに対して同じ）とみなす必要がないことであり，これは，6.1.3 項で述べたコルモゴロフの 2/3 乗則に対するランダウの反論を満足させるのにいくらか助けになる．詳細は 5.3.1 項で述べた．

6.2.6 ひずみ度とエンストロフィー生成（改めて）

ここまでわれわれは，慣性小領域における $\langle [\Delta v]^3 \rangle$ の形を中心に考えてきた．しかし，$r \to 0$ での $\langle [\Delta v]^3 \rangle$ の形は，カルマン・ハワース方程式からも決めることができ，これがエンストロフィー生成にも密接にかかわっていることがわかるだろう．実際，エンストロフィーの生成が，$\langle [\Delta v]^3 \rangle_{r \to 0}$ の無次元形であるひずみ度 $S_0 = S(r \to 0)$ によって決まることをここで示そう．次のように話を進める．小さな r に対しては，式 (6.44) から，

$$u^2 f = u^2 - \frac{\langle \boldsymbol{\omega}^2 \rangle}{30} r^2 + \frac{\langle (\nabla \times \boldsymbol{\omega})^2 \rangle}{840} r^4 + \cdots$$

となる．この関係をカルマン・ハワース方程式に代入し，小さな r において $|K| \sim r^3$ であることを考慮すると，

$$10 \frac{\partial}{\partial t} \frac{1}{2} \langle \mathbf{u}^2 \rangle - \frac{\partial}{\partial t} \frac{1}{2} \langle \boldsymbol{\omega}^2 \rangle r^2 + \cdots = 105 \frac{u^3 K}{r} - 10\nu \langle \boldsymbol{\omega}^2 \rangle + \nu \langle (\nabla \times \boldsymbol{\omega})^2 \rangle r^2 + \cdots$$

が得られる．もちろん，ゼロ次の項はエネルギー式，

$$\frac{\partial}{\partial t} \frac{1}{2} \langle \mathbf{u}^2 \rangle = -\nu \langle \boldsymbol{\omega}^2 \rangle$$

のために相殺される．一方，r^2 の項は，

$$\frac{\partial}{\partial t} \frac{1}{2} \langle \boldsymbol{\omega}^2 \rangle = -\frac{35}{2} \left[\frac{\langle (\Delta v)^3 \rangle}{r^3} \right]_{r \to 0} - \nu \langle (\nabla \times \boldsymbol{\omega})^2 \rangle$$

となる．この式をエンストロフィー方程式 (5.28)，

$$\frac{\partial}{\partial t} \frac{1}{2} \langle \boldsymbol{\omega}^2 \rangle = \langle \omega_i \omega_j S_{ij} \rangle - \nu \langle (\nabla \times \boldsymbol{\omega})^2 \rangle$$

と比べてみよう．確かに，渦線の伸張によるエンストロフィーの生成は，$r = 0$ 近傍での $\langle [\Delta v]^3 \rangle$ の形に関係している[14]．具体的には，

$$\langle \omega_i \omega_j S_{ij} \rangle = -\frac{35}{2} \left[\frac{\langle (\Delta v)^3 \rangle}{r^3} \right]_{r \to 0} \tag{6.56}$$

---

14) 同様に，渦線の伸張によるパリンストロフィー $\langle (1/2)(\nabla \times \boldsymbol{\omega})^2 \rangle$ の生成は，$(3/4) 7!(u^3 K_5)$ に等しいことを示すことができる．ここで，K_5 は $r = 0$ 近傍での K の展開の r^5 の項の係数である．

である．$\langle(\Delta v)^3\rangle = S\langle(\Delta v)^2\rangle^{3/2}$なので，この式は$r = 0$におけるひずみ度$S_0 = S(0)$を用いて書きなおすことができる．$\langle(\Delta v)^3\rangle$を$S$におき換えれば，きわめて有用な式,

$$\langle \omega_i \omega_j S_{ij} \rangle = -\frac{7}{6\sqrt{15}} S_0 \langle \boldsymbol{\omega}^2 \rangle^{3/2} \tag{6.57}$$

を得る（ここでは，$r = 0$付近での$\langle(\Delta v)^2\rangle$を式(6.49)を用いて表した）．この関係は，たった一つのパラメータS_0の情報だけから，エンストロフィーの生成率を決めることができるという点で非常にありがたい結果である．さらに，S_0の測定が数多く行われていて，その値はReにほぼ無関係で，$(-0.5, -0.4)$の範囲にあるようだ．S_0について解けば，

$$S_0 = -\frac{6\sqrt{15} \langle \omega_i \omega_j S_{ij} \rangle}{7 \langle \boldsymbol{\omega}^2 \rangle^{3/2}} \tag{6.58}$$

が得られ，ひずみ度が負であることがエンストロフィー生成の基本であることは明らかである．以上をまとめると，三次の構造関数がエンストロフィー生成を決める．具体的に書けば，rが小さい範囲で，

$$\langle(\Delta v)^3\rangle = -\frac{2}{35} \langle \omega_i \omega_j S_{ij} \rangle r^3 + \cdots \tag{6.59}$$

となる．

6.2.7　三次相関に対する動力学方程式と完結問題

カルマン・ハワース方程式の一番著しい特徴は，圧力場がなんの役割も果たさないことである．これは等方性の場合，$\langle u_i p' \rangle = 0$でなければならないことからくる直接の結果である[15]．しかし，より高次の相関関数に対する動力学方程式を導く際にはそうはいかない．たとえば，$\partial S_{ijk}/\partial t$を計算するために（式(6.46)を導いたときと同じやり方で）ナヴィエ・ストークス方程式を用いると，

$$\rho \frac{\partial S_{ijk}}{\partial t} = \rho \langle uuuu \rangle - \frac{\partial}{\partial r_k} \langle u_i u_j p' \rangle - \left\langle u_k' \left(u_i \frac{\partial p}{\partial x_j} + u_j \frac{\partial p}{\partial x_i} \right) \right\rangle + \rho \nu (\sim) \tag{6.60}$$

が得られる．ここで，$\langle uuuu \rangle$は，四次の二点速度相関を含む項を代表する記号，$\nu(\sim)$は粘性項を表している．ここでは，等方性という条件は圧力項を消去するには不十分である．圧力項は有限であり，実際，大スケール渦の挙動を決めるうえで決定的な役割を演じる．この点については6.3節で少し詳しく述べる．

式(6.60)は，$\langle uuuu \rangle$のような項を含んでいるため，式(6.46)と式(6.60)は閉じた

15）　非等方性乱流の場合でも，$\langle \mathbf{u} \cdot \mathbf{u} \rangle$の発展方程式に関する限り，圧力項はなんらはたらかない．すなわち，連続の式より$\partial \langle u_i p' \rangle / \partial r_i = 0$だから，式(6.45)の対応する項は消える．

方程式系を構成していない．そこで，$\langle uuuu \rangle$ に対する方程式を導いて，この問題を克服してみよう．それは以下の形をしている．

$$\rho \frac{\partial}{\partial t} \langle uuuu \rangle = \rho \langle uuuuu \rangle + \frac{\partial}{\partial r} \langle uuup \rangle + \rho \nu \langle \sim \rangle$$

見てのとおり，五次相関という新たな未知量が出てきている．いうまでもなく，これは，乱流の完結問題の一例である．統計量だけを扱おうとすると，必ず未知量の数が方程式の数より多いという結果に終わる．比較的単純なはずの等方性乱流ですら，運動の経過を完全に予測することはできないということになる．この意味で，「乱流モデル」なるものはすべて半経験的であり，厳密な方程式を経験にもとづく仮説で補わなければならない．

われわれは，すでに第4章において，渦粘性タイプの完結スキームという，完結モデルの一つのグループに出合った．これらのモデルは τ_{ij}^R のような，空間一点における乱れ量だけを含むという意味で，一点完結モデルとよばれていた．

一点完結モデルは，基本的には，簡単で使いやすく，一様乱流にも非一様乱流にも適用できるという理由で，乱流の工学的応用の分野でおもに使われているが，乱流の微細構造を研究している物理学者や数学者のあいだで人気のある，別のより繊細な完結モデルがある．これらのうち，もっともよく利用されているのが，二点完結モデルである．これらにおいては，空間二点で評価される，Q_{ij} や S_{ijk} のような統計量が扱われる（これが名前の由来である）．二点モデルは（一点モデルと違って）おおむね一様乱流に限定されるが，それにもかかわらずとてもポピュラーなものとなっている．

おそらく，二点完結モデルのなかでももっとも広く用いられているのは，いわゆる擬似正規型スキームであろう．すぐあとでこのモデルについて述べるが，そのまえに，平衡領域全体を通しての，すなわち，慣性小領域と散逸領域を通しての Q_{ij} と S_{ijk} を予測することのできる，とくに単純な完結スキームの例を紹介しよう．

6.2.8 平衡領域における動力学方程式の完結

式(6.53b)は，平衡領域全体にわたる f と K を求めるための，驚くほど簡単な方法を提供してくれている．慣性小領域 $\eta \ll r \ll l$ では，$S = (-4/5)\beta^{-3/2} \sim -0.3$，一方，実験では，$r \to 0$ で $S \sim -0.4$ となることをわれわれはすでに見てきた．S が平衡領域においてはほとんど変化しないという事実から，S は平衡領域を通して一定で慣性小領域での値に等しいと仮定できると思われる．これが，われわれの完結仮説である．この場合，式(6.53b)は，

$$\frac{1}{2}\frac{dh}{dx} + h^{3/2} = x \quad (r \ll l) \tag{6.61}$$

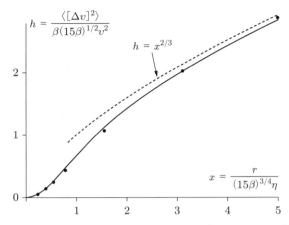

図 6.19 式 (6.61) の積分により得られた $\langle[\Delta v]^2\rangle$ の形. $\beta(15\beta)^{1/2}v^2$ で正規化. 比較のために Fukuyama et al. (2001) による乱流 ($R_\lambda = 460$) の数値シミュレーション (DNS) の結果も示されている. 実線は $h(x)$, 破線は $x^{2/3}$, 点は DNS の結果

の形にまとめられる. ここで, x と h は r と $\langle[\Delta v]^2\rangle$ の無次元量,

$$h = \frac{\langle[\Delta v]^2\rangle}{\beta(15\beta)^{1/2}v^2}, \quad x = \frac{r}{(15\beta)^{3/4}\eta}$$

である. $\eta = (\nu^3/\varepsilon)^{1/4}$ と $v = (\nu\varepsilon)^{1/4}$ はコルモゴロフのマイクロスケールで, β はコルモゴロフ定数 ($\beta \approx 2.0$) である. h の境界条件は式 (6.49) と式 (6.50) より, $x \to 0$ で $h \to x^2$, $x \to \infty$ で $h \to x^{2/3}$ である. この簡単な常微分方程式は積分できて, 平衡領域を通じての $h(x)$ が決まり, これより, $\langle[\Delta v]^2\rangle$, $\langle[\Delta v]^3\rangle$, f, K が求められる (Obukhov (1949)). その結果, 得られた $\langle[\Delta v]^2\rangle$ の形が, 最近の直接数値シミュレーション (DNS) の結果と合わせて, 図 6.19 に示されている. この単純な完結モデルが, じつにうまくいっているのは驚きであろう.

式 (6.61) における, $h(x)$ とその一階および二階導関数 (さらに高階は別として) が連続となるような $h(x)$ の近似形として,

$$h(x) = x^2 - \frac{1}{2}x^4 + \frac{1}{4}x^6 + \frac{1}{918}x^8 - \frac{167}{3240}x^{10} \quad (x \leq 1)$$

$$h(x) = x^{2/3} - \frac{2}{9}x^{-2/3} - \frac{5}{81}x^{-2} - \frac{101}{6120}x^{-10/3} \quad (x \geq 1)$$

が考えられる. これほど単純な完結モデルが, これほどの情報を提供し, DNS ともかなりよく一致する結果を与えることは注目に値する. スペクトル空間で定式化されたこれと同等の (代数的な) 二点完結仮説が, 普通はずっと複雑であり, 得られる情

報も限られていることとは対照的である (8.2 節参照).

$h(x)$ に関するオバコフの解を用いると,エネルギースペクトル $E(k)$ が, $k \sim 0.8\,\eta^{-1}$ 付近でわずかながら負となってしまうことが観察されている. したがって, 平衡領域全体で S を一定とする仮定が厳密には正しくない可能性がある. しかし, Monin and Yaglom (1975) が指摘したように, $h(x)$ の値をほんの少し調整するだけで $E(k)$ を正に保つことはできるので, これはつまらない粗捜しのようなものである[16]. また, Orszag (1970) が強調したように, もともと近似である完結モデルが, $E(k)$ をわずかに負にしたからといって, あまり気にする必要はない. 仮説が否定されなければならないのは, 擬似正規スキームの場合のように完結モデルの結果が大きな負の寄与をするような場合である.

6.2.9 擬似正規型完結スキーム(その1)

次に,必ずしも平衡領域に限定されない, もっと広い適用範囲をもった完結モデルに話題を移そう. 少なくとも記号的には, Q_{ij} と S_{ijk} の発展方程式を次のように書くことができることは, まえに述べたとおりである.

$$\frac{\partial}{\partial t}\langle uu \rangle = \langle uuu \rangle + \nu\langle uu \rangle \tag{6.62a}$$

$$\frac{\partial}{\partial t}\langle uuu \rangle = \langle uuuu \rangle + \frac{1}{\rho}\langle uup \rangle + \nu\langle uuu \rangle \tag{6.62b}$$

$$\frac{\partial}{\partial t}\langle uuuu \rangle = \langle uuuuu \rangle + \frac{1}{\rho}\langle uuup \rangle + \nu\langle uuuu \rangle \tag{6.62c}$$

圧力場は積分式,

$$p(\mathbf{x}') = \frac{\rho}{4\pi}\int \frac{1}{|\mathbf{x}-\mathbf{x}'|}\frac{\partial^2 u_m u_n}{\partial x_m \partial x_n}d\mathbf{x} \tag{6.63}$$

によって $\mathbf{u}$ と関連づけられる. したがって, $\langle uup \rangle$ のような項は $\langle uuuu \rangle$ の, また $\langle uuup \rangle$ のような項は $\langle uuuuu \rangle$ の全空間にわたる積分を使って書きなおすことができる. このようにして, 式(6.62a〜c)は, 以下のように書きなおせる.

$$\frac{\partial}{\partial t}\langle uu \rangle = \langle uuu \rangle + \nu\langle uu \rangle \tag{6.64a}$$

---

[16] 6.6 節において, 渦のエネルギーが慣性小領域で k の増加とともに徐々に減少し, $k\eta \in (0.2, 0.7)$ においてゼロに急減することが示される. $k\eta = 0.7$ 以上の波数においては $(1/2)\langle \mathbf{u}^2 \rangle$ に対する $E(k)$ からの寄与はほとんどゼロである. したがって, $k\eta = 0.8$ 付近で $E(k)$ が負になっても $(1/2)\langle \mathbf{u}^2 \rangle$ にはほとんど影響がない.

$$\frac{\partial}{\partial t}\langle uuu \rangle = \langle uuuu \rangle + \int \langle uuuu \rangle + \nu\langle uuu \rangle \tag{6.64b}$$

$$\frac{\partial}{\partial t}\langle uuuu \rangle = \langle uuuuu \rangle + \int \langle uuuuu \rangle + \nu\langle uuuu \rangle \tag{6.64c}$$

$$\frac{\partial}{\partial t}\langle u^n \rangle = \langle u^{n+1} \rangle + \int \langle u^{n+1} \rangle + \nu\langle u^n \rangle \tag{6.64d}$$

擬似正規(QN)近似の基盤は,この一連の式群を式(6.64b)までで打ち止めとして,さらに四次の相関$\langle uuuu \rangle$を,二次相関の積として求めることである.記号的には,

$$\frac{\partial}{\partial t}\langle uu \rangle = \langle uuu \rangle + \nu\langle uu \rangle \quad (\text{厳密}) \tag{6.65a}$$

$$\frac{\partial}{\partial t}\langle uuu \rangle = \langle uuuu \rangle + \int \langle uuuu \rangle + \nu\langle uuu \rangle \quad (\text{厳密}) \tag{6.65b}$$

$$\langle uuuu \rangle = \langle uu \rangle\langle uu \rangle \quad (\text{ヒューリスティック}) \tag{6.65c}$$

と書く.そこで問題となるのは,どうやって$\langle uuuu \rangle$を$\langle uu \rangle\langle uu \rangle$という形の積と関係づけるかである.そのためには,速度の統計量に関してある仮定を設ける必要がある.

ある一点で測定された速度$\mathbf{u}$の確率分布が,近似的に正規分布(ガウス分布)となっていることをわれわれはすでに見てきた.また,二点あるいはそれ以上の点で測定された$\mathbf{u}$の結合確率分布も,点どうしが十分離れていれば$(r \gg l)$ほぼ正規分布になることも見てきた(たとえば,Van Atta and Yeh (1970)).このことは,乱流中の離れた点が,(見かけ上)統計的に独立であり,したがって,たとえば,$u_i(\mathbf{x})$と$u_j(\mathbf{x}')$のあいだの関係は純粋に偶然に支配されていることを反映している.しかし,二点あるいは数点$(r \leq l)$で測定された$\mathbf{u}$の結合確率分布は,かなりガウス分布からずれており(図3.20),$\mathbf{u}$の発展を決めるナヴィエ・ストークス方程式の影響を反映している(3.2.7項参照).エネルギーカスケードを維持するためにはひずみ度がゼロでないことが必要だから,じつに,この$\mathbf{u}$の非ガウス性が乱れの動力学の基本である.ガウス挙動からのずれが重要であることが認められているにもかかわらず,QNスキームの基礎は,四次相関を考える限り二点あるいは数点で測定された$\mathbf{u}$の結合確率分布がガウス分布であるとの仮定にもとづいている.重要な点は,QNスキームでは離れた点だけでなく,隣り合う点に対してもこの仮定を適用していることである.これは,明らかに5.5.1項で述べた扁平度の測定結果に反している.

QN近似の魅力は,$\mathbf{u}$の結合確率分布が本当にガウス分布であれば,速度場のいわゆる四次のキュムラント,

$$[u_i u_j' u_k'' u_l]_{cum} = \langle u_i u_j' u_k'' u_l \rangle - \langle u_i u_j' \rangle \langle u_l u_k'' \rangle - \langle u_i u_k'' \rangle \langle u_j' u_l \rangle - \langle u_i u_l \rangle \langle u_j' u_k'' \rangle \tag{6.66}$$

がゼロになることである．これを考慮すると，擬似正規完結スキームは，記号的には次のように書ける．

$$\frac{\partial}{\partial t} \langle uu \rangle = \langle uuu \rangle + \nu \langle uu \rangle \quad （厳密） \tag{6.67a}$$

$$\frac{\partial}{\partial t} \langle uuu \rangle = \langle uuuu \rangle + \int \langle uuuu \rangle + \nu \langle uuu \rangle \quad （厳密） \tag{6.67b}$$

$$\langle u_i u_j' u_k'' u_l \rangle = \langle u_i u_j' \rangle \langle u_k'' u_l \rangle + \langle u_i u_k'' \rangle \langle u_j' u_l \rangle + \langle u_i u_l \rangle \langle u_k'' u_j' \rangle$$
$$\text{（ヒューリスティック）} \tag{6.67c}$$

式(6.67a～c)の単純さはかなり魅力的なので，1941年にミリオンシュチコフがはじめて提案して以来，QNスキームは非常にポピュラーとなってきた．しかし，残念ながら，もっとも単純な形のままではQNモデルはすぐに破綻してしまう．たとえば，このモデルでは慣性項は時間的に可逆であり，慣性力だけで乱流は「時間の矢」をもつというアイディアとは相容れない．さらに，式(6.67)の方程式系では，いずれはエネルギースペクトルに大きな負の部分が現れ，これは明らかに非物理的であることが，1963年に明らかにされた．そこで，ある世代の理論家たちは，さまざまな発見的な修正によるQNモデルの改良にとり組んだ．たとえば，1970年ごろにQNスキームは，EDQN (eddy-damped quasi-normal) モデルに道をゆずった．この新たなモデルでは，三次相関のサイズを減らすために，式(6.67b)に経験的な「減衰」項が加えられた (Orszag 1970)．残念ながら，このモデルも，$E(k)$を正に維持することはできなかった．このため，さらに1970年代にはEDQNM (eddy-damped quasi-normal Markovian) モデルに道をゆずった．このモデルでは，方程式系の式(6.67)から時間微分項をとり除くという大胆なステップを踏む（この点については，8.2節でもう少し詳しく述べる）．

EDQNMモデルに含まれている近似にはかなり任意性があるので，その予測結果は疑いをもって見るべきである．しかし，非常に大きな渦に適用する場合には問題が起こり，マルコフ化のステップは妥当とはいえないものの，多くの目的に対しては驚くほどうまくいく．QN型のモデルに関するすぐれた解説と成功例はLesieur (1990)にあり，そこでは方程式がかなり詳しく述べられていて，フーリエ空間に移行すると代数計算がいかに快適になるかが示されている[17]．

---

17) フーリエ空間におけるQNスキームの概要は8.2節で述べる．

例題 6.3 QN 近似において, $\langle [\Delta v]^4 \rangle = 12u^4(1-f)^2$ であることを, 式 (6.66) を使って示せ. また, その結果, $\langle [\Delta v]^4 \rangle = 3\langle [\Delta v]^2 \rangle^2$, すなわち, 扁平度が 3 となることを確認せよ. このような $\langle [\Delta v]^4 \rangle$ の見積もりは, 平衡領域におけるコルモゴロフ理論と整合するか.

6.2.10 等方性乱流における受動スカラーの混合とヤグロムの 4/3 法則

この節の最後として, 等方性乱流における受動スカラーの支配方程式を導こう. おもな目的は, コルモゴロフの 4/5 法則のスカラー版であるヤグロムの 4/3 法則を導出することである. 濃度が C の受動スカラーの移流 – 拡散方程式,

$$\frac{\partial C}{\partial t} + \mathbf{u} \cdot \nabla C = \alpha \nabla^2 C$$

を考える. C の平均はゼロ, 分布は一様かつ等方性であると仮定する. 5.2.2 項において, C の分散 $\langle C^2 \rangle$ が,

$$\frac{d}{dt}\left\langle \frac{1}{2}C^2 \right\rangle = -\alpha \langle (\nabla C)^2 \rangle = -\varepsilon_c$$

に支配されていることを見た. ここで, 二点相関 $\langle C(\mathbf{x})C(\mathbf{x}+\mathbf{r}) \rangle = \langle CC' \rangle$ の支配方程式を導こう. いつものようにプライム記号は $\mathbf{x}' = \mathbf{x} + \mathbf{r}$ における値を表すものとすると,

$$\frac{\partial C}{\partial t} = -\nabla \cdot (\mathbf{u}C) + \alpha \nabla^2 C$$

$$\frac{\partial C'}{\partial t} = -\nabla' \cdot (\mathbf{u}'C') + \alpha \nabla'^2 C'$$

となる. 最初の式に C' を掛け, 二番目の式に C を掛けて足し合わせて平均すると,

$$\frac{\partial}{\partial t}\langle CC' \rangle = -\left\langle C'\frac{\partial}{\partial x_i}(u_i C) + C\frac{\partial}{\partial x'_i}(u'_i C') \right\rangle + \alpha \langle C' \nabla_x^2 C + C \nabla_{x'}^2 C' \rangle$$

が得られる.

次に, 平均操作と微分操作が入れ替え可能であること, C' は $\mathbf{x}$ に無関係, C は $\mathbf{x}'$ に無関係, 平均値に対する $\partial/\partial x_i$ と $\partial/\partial x'_i$ はそれぞれ $-\partial/\partial r_i$ と $\partial/\partial r_i$ におき換えられることに注意しよう. すると, $\langle CC' \rangle$ の発展方程式は,

$$\frac{\partial}{\partial t}\langle C'C \rangle = -\frac{\partial}{\partial r_i}\langle (u'_i - u_i)C'C \rangle + 2\alpha \nabla_r^2 \langle C'C \rangle$$

のように簡単になる. 式 (6.30) から, 等方性テンソル $\langle (u'_i - u_i)C'C \rangle$ は,

$$\langle (u'_i - u_i)C'C \rangle = A(r)r_i$$

の形に書き換えることができる．ここで，$A(r)$ は，たとえば，

$$rA(r) = \langle \Delta u_{//} C'C \rangle$$

と定義できる．$\Delta u_{//}$ は $(\mathbf{u}' - \mathbf{u})$ の r に平行な成分である．以上から，

$$\frac{\partial}{\partial r_i} \langle (u'_i - u_i) C'C \rangle = rA'(r) + 3A = \frac{1}{r^2} \frac{d}{dr}(r^3 A)$$

となり，結論として $\langle CC' \rangle$ の発展方程式は，

$$\frac{\partial}{\partial t} \langle CC' \rangle = -\frac{1}{r^2} \frac{\partial}{\partial r} [r^2 (\Delta u_{//} CC')] + 2\alpha \frac{1}{r^2} \frac{\partial}{\partial r} r^2 \frac{\partial}{\partial r} \langle CC' \rangle$$

または，

$$\frac{\partial}{\partial t} [r^2 \langle CC' \rangle] = -\frac{\partial}{\partial r} [r^2 (\Delta u_{//} CC')] + 2\alpha \frac{\partial}{\partial r} r^2 \frac{\partial}{\partial r} \langle CC' \rangle$$

と書きなおせる．いつものようにここでも，$\langle CC' \rangle$ の発展を決めるために $\langle \Delta u_{//} CC' \rangle$ を知らなければならないという完結問題に突きあたる．それでも，この式からいくつかの有益な情報を得ることができる．最初のステップとして，もし，γ を任意のスカラー量とすると，式(6.47)と同様に連続の式と等方性を組み合わせることにより，

$$\langle \mathbf{u}\gamma' \rangle = 0$$

でなければならない．この関係を利用すると，

$$\langle \Delta u_{//} (\Delta C)^2 \rangle = -2 \langle \Delta u_{//} CC' \rangle, \quad \Delta C = C' - C$$

となり，求める発展方程式は，

$$\frac{\partial}{\partial t} \langle CC' \rangle = \frac{1}{r^2} \frac{\partial}{\partial r} r^2 \left[\frac{1}{2} (\Delta u_{//} (\Delta C)^2) + 2\alpha \frac{\partial}{\partial r} \langle CC' \rangle \right] \qquad (6.68)$$

となる．慣性－対流小領域を問題にする場合には，構造関数として $\langle CC' \rangle$ より $\langle (\Delta C)^2 \rangle$ を用いるほうが便利である．これらのあいだには，

$$\langle (\Delta C)^2 \rangle = 2\langle C^2 \rangle - 2\langle CC' \rangle$$

の関係がある．普遍平衡領域 $r \ll l$ では，式(6.68)の左辺は，

$$\frac{\partial}{\partial t} \langle CC' \rangle = \frac{\partial}{\partial t} \langle C^2 \rangle - \frac{1}{2} \frac{\partial}{\partial t} \langle (\Delta C)^2 \rangle \approx \frac{\partial}{\partial t} \langle C^2 \rangle = -2\varepsilon_c$$

のように簡単になる．なぜなら，$\langle (\Delta C)^2 \rangle$ の時間微分は，$\langle C^2 \rangle$ の時間微分よりはるかに小さいからである．すなわち，$\langle (\Delta C)^2 \rangle \sim \varepsilon_c \varepsilon^{-1/3} r^{2/3}$ なので $\langle (\Delta C)^2 \rangle$ の時間微分は，

$$\frac{\partial}{\partial t}\langle(\Delta C)^2\rangle \sim \frac{\partial}{\partial t}(\varepsilon_c \varepsilon^{-1/3} r^{2/3}) \sim \left(\frac{u}{l}\right)\varepsilon_c \varepsilon^{-1/3} r^{2/3} \sim \varepsilon_c \left(\frac{r}{l}\right)^{2/3} \ll \varepsilon_c$$

となる．したがって，平衡領域では，式(6.68)の積分は，

$$\langle \Delta u_{//}(\Delta C)^2\rangle - 2\alpha\frac{\partial}{\partial r}\langle(\Delta C)^2\rangle = -\frac{4}{3}\varepsilon_c r \quad (r \ll l) \tag{6.69a}$$

となる．拡散が無視できる慣性－対流小領域では，この式は，

$$\langle \Delta u_{//}(\Delta C)^2\rangle = -\frac{4}{3}\varepsilon_c r \quad (\eta \ll r \ll l) \tag{6.69b}$$

となり，これがコルモゴロフの4/5法則のスカラー版である．式(6.69b)はヤグロムの4/3法則とよばれている．これに対して，$r \to 0$ のときは，対流項は無視することができ，期待したとおり，式(6.69a)の積分から，

$$\langle(\Delta C)^2\rangle = \frac{\varepsilon_c}{3\alpha}r^2 + \cdots$$

が得られる．最後に式(6.68)にもどり，$r=0$ から $r \to \infty$ まで積分する．大きな r では $\langle CC'\rangle$ が r^{-1} よりも早く減衰すると仮定すると，

$$\frac{d}{dt}\int_0^\infty r^2\langle CC'\rangle dr = -(r^2\langle\Delta u_{//}CC'\rangle)_{r\to\infty}$$

が得られる．もし，そしてありそうもない「もし」だが，大きな r において対流相関 $\langle \Delta u_{//}CC'\rangle$ が r^{-2} より早く減衰するとすれば，この式から積分不変量，

$$I_C = \int \langle CC'\rangle d\mathbf{r} = 定数$$

が得られる．これはコーシン積分とよばれている．I_C はさらに，

$$I_C = \lim_{V\to\infty}\frac{1}{V}\left(\int C dV\right)^2$$

のように書きなおせる．ここで，V は等方性乱流中のある大きな検査体積を表す．したがって，コーシン積分は，大きな検査体積のなかの混入物の全体としての保存を意味する．$\langle\Delta u_{//}CC'\rangle_\infty$ が r^{-2} より早く減衰するということは，$V\to\infty$ の極限で検査体積の境界面から移流により流出する C を無視することと等価である．

6.3 大スケールの動力学

　平衡領域に対するコルモゴロフの1941年の理論は，乱流の成功物語の一つであることは，ほとんどの研究者が認めるところである．もちろん，それは小スケールだけに関するものである．小スケールは多くの場合（つねにではないが），実用的な重要

性が限られているので，これは残念なことである．運動量の輸送や汚染物質の飛散は，大抵の場合，大スケール渦によって決まる．

大スケールの動力学に関するわれわれの理解は，かなり波乱に富んだ歴史を刻んできた．それはロイチャンスキーによる注目すべき結果からはじまった．すなわち，彼は，等方性乱流は積分不変量，

$$I = -\int r^2 \langle \mathbf{u} \cdot \mathbf{u}' \rangle d\mathbf{r} = 定数 \qquad (6.70)$$

を有するとした．少しあとでランダウは，I の不変性が角運動量保存則の直接の結果であることを指摘した．すなわち，I とは乱れの集団が有する角運動量の二乗の尺度であって，それが不変であるということは，運動のあいだにその集団が角運動量を維持し続けることの証である．ところで，式(6.70)は単なる学術的興味にとどまらない．あとで述べるように，これのおかげでコルモゴロフは自由発達乱流のエネルギー減衰率を予測した．とくに，コルモゴロフは，

$$u^2(t) \sim t^{-10/7}$$

であることを予測し，この法則はある観察結果（すべてとはいえないが）とかなりよく一致した．そこで，しばらくのあいだは，われわれは大スケールに対しても小スケールに対しても，健全な理論をもっていると思っていた．

この幸せな時期は，圧力場の厄介な影響により，ロイチャンスキーの式(6.70)の証明には問題があることを，1956 年に G. K. バチェラーが指摘したことで終わりを告げた．同様の反論は，I が乱れの角運動量（の二乗）の尺度であるとするランダウの後の（完全に独立な）主張も否定されることになった．突然，式(6.70)や関連する $t^{-10/7}$ にも疑いがかけられた．

ほぼ同時期に擬似正規完結スキームが普及しはじめ，また，あとで述べるように I は時間に依存することも示唆されて，式(6.70)は誤りであるとの共通認識が生まれた．そして，サフマンが 1967 年に，ある種の等方性乱流では，I は存在すらしない（発散する）ことを示したことで，とどめが刺された．この場合には，式(6.70)は統計的不変量，

$$L = \int \langle \mathbf{u} \cdot \mathbf{u}' \rangle d\mathbf{r} = 定数 \qquad (6.71)$$

におき換えられなければならず，これに応じてエネルギー減衰法則は，

$$u^2(t) \sim t^{-6/5}$$

となる．あとでわかるように，L の不変性は線運動量保存の原理の統計的表現である．

バチェラーとサフマンの研究によって，ロイチャンスキー不変量はあらためてロイチャンスキー積分と名づけられ，コルモゴロフの減衰法則はスクラップにされる運命であるかに見えた．しかし，不思議なことに，$u^2(t) \sim t^{-10/7}$ というスケーリングは，あるタイプの自由発達乱流に対してはかなりよい結果をもたらす (Ishida et al. (2006))．一方，別のタイプでは，サフマンがいうとおり，$u^2(t) \sim t^{-6/5}$ が正確である (Davidson et al. (2012))．一体どうなっているのだろうか．

ここで，ランダウ，ロイチャンスキー，バチェラー，サフマンの主張と反論をまとめ，最後に式(6.70)と式(6.71)の妥当性の有無についての全体的な評価をしよう．問題の要点は，非常に遠くまで情報を（圧力波を通じて）伝える圧力場の能力にあることがわかる．このことは，原理的には，離れた位置での乱れのあいだに統計的に相関がある（互いに相手を感じている）ことを意味し，式(6.70)の妥当性が問題になるのは，この有限な長距離相関のためである．しかし，あとでわかるように，あるタイプの初期条件から発達してきた自由発達乱流では長距離相関が弱く，ある程度の近似レベルまでならランダウやロイチャンスキーの古典的な見方が成り立つ．しかし，そのほかのタイプの初期条件の場合には，ロイチャンスキーに代わって，バーコフやサフマンによる理論を受け入れなくてはならない．

6.3.1 古典的見解：ロイチャンスキー積分とコルモゴロフの減衰法則

間違った時代の正しいアイディアほど科学の発達を妨げるものはない．

Vincent de Vignaud

式(6.48b)を $r=0$ から $r \to \infty$ まで積分することを考えよう．結果は，

$$\frac{\partial}{\partial t}\left[u^2 \int_0^\infty r^4 f(r) dr\right] = [u^3 r^4 K]_\infty + 2\nu[u^2 r^4 f'(r)]_\infty \tag{6.72}$$

となる．ここで，$f(r)$ と $K(r)$ が大きな r の範囲で適当に小さくなるという，もっともらしい（あとから疑問となるが）仮定を設けよう（「適当に小さい」とはどういう意味かはあとではっきりさせる）．つまり，離れた二点 $(r \gg l)$ での乱れが統計的に独立であると仮定する．もし，これが事実なら，驚くべき結果が得られる．$u^3 K$ で代表されるような非線形の影響は消えて，

$$I = 8\pi u^2 \int_0^\infty r^4 f dr = 定数 \tag{6.73}$$

が得られる (Loitsyansky (1939))．非線形性にともなって，普通，遭遇するすべての困難をうまく避けて，単純で確実な結果を得ることができたかに見える．

この I は，かつてはロイチャンスキー不変量として知られていたが，いまではロイ

チャンスキー積分とよばれるのが普通だ．式(6.73)に含まれている係数8πは，この式が式(6.39)を使って，

$$I = -\int r^2 \langle \mathbf{u}\cdot\mathbf{u}'\rangle d\mathbf{r} = 定数 \tag{6.74}$$

の形に書きなおせるようにするために付け加えられている．この式は注目に値する結果で，もし，$[f(r)]_\infty \le O(r^{-6})$，かつ$[K(r)]_\infty \le O(r^{-5})$であれば，形式的に正当化される．添え字$\infty$は$r\to\infty$を表している．もし，これが正しいとすれば，小スケールに対するコルモゴロフ理論と同じくらい，大スケールに対して重要な結果となる．重要な理由は，エネルギー式(3.6)と組み合わせることによって，

$$\frac{du^2}{dt} = -A\frac{u^3}{l} \tag{6.75}$$

となり，等方性乱流のエネルギー減衰率を求めることができるからである．つまり，大スケールが自己相似的に発達する完全発達乱流に対しては，式(6.74)から，

$$u^2 l^5 = 定数 \tag{6.76}$$

となり，式(6.75)と組み合わせることによって，$u^2(t)$と$l(t)$の変化を計算することができる[18]．しかし，式(6.74)と式(6.76)が成立するかどうかについては，あとでわかるように，激しい論争が行われてきた．

積分Iは，エネルギースペクトル$E(k)$に関係した物理的意味をもっている．式(6.24)を考えてみよう．$\sin(kr)$をkrについてテイラー展開し，$R(r)$がrの増加とともに十分速く減少すると仮定すると[19]，

$$E(k) = \frac{Lk^2}{4\pi^2} + \frac{Ik^4}{24\pi^2} + \cdots \tag{6.77}$$

が得られる．ここで，

$$L = \int \langle \mathbf{u}\cdot\mathbf{u}'\rangle d\mathbf{r} \tag{6.78}$$

である．積分Lはサフマン積分とよばれており，ある種の初期条件の場合には大スケール渦の動力学にとってIと同じくらい重要なはたらきをする．式(6.39)から，

---

18) 積分Iにとって支配的な$\langle \mathbf{u}\cdot\mathbf{u}'\rangle$に対する大スケールの寄与が，自由減衰する等方性乱流においては自己相似的に発展することをわれわれは仮定している．この点は式(5.18)に示唆されており，完全発達乱流において観察されている．

19) $k=0$の近辺で無限テイラー級数に展開するためには，大きなrにおいて$\langle \mathbf{u}\cdot\mathbf{u}'\rangle$が指数関数的に減少する必要がある．しかし，$\langle \mathbf{u}\cdot\mathbf{u}'\rangle_\infty \le O(r^{-6})$のときは，$k=0$のまわりでテイラー級数に展開して有限項で打ち切ることができ，式(6.77)の最初の二項が残る．

$$L = 4\pi u^2 [r^3 f]_\infty \tag{6.79}$$

が得られ，大きい r において $f(r)$ が，たとえば $[f(r)]_\infty \leq O(r^{-6})$ のように急速に減少するという，さきほどの（暫定的な）仮定に従えば $L = 0$ と予想され，このとき，

$$E(k) = \frac{Ik^4}{24\pi^2} + \cdots \tag{6.80}$$

となる．われわれは，$E(k) \sim k^4 + \cdots$ の形のスペクトルを（鍵となる性質がバチェラーとプラウドマンによって 1956 年に確立されたので）バチェラー・スペクトルとよぶことにする．これに対して，$E(k) \sim k^2 + \cdots$ の形のスペクトルを（Saffman (1967) に従って）サフマン・スペクトルとよぶ．ロイチャンスキーとランダウの（1956 年以前の）古典理論では，$[f(r)]_\infty$ と $[K(r)]_\infty$ は指数関数的に小さいと仮定しているので $L = 0$ となり，すべてのスペクトルはバチェラー・スペクトルに一致し，I は不変量となるのである．

コルモゴロフは自由に発達する等方性乱流における $u^2(t)$ の減衰を見積もるのに，（真偽のほどが疑わしい）I の不変性を利用した．彼は，式(6.75)と式(6.76)から，

$$u^2(t) \sim t^{-10/7}, \quad l(t) \sim t^{2/7} \tag{6.81}$$

となることに注目した（Kolmogorov (1941a)）．これらは，コルモゴロフの減衰法則として知られ，いくつかの実験データや（決して全部ではないが）いくつかの数値解析 (Ishida et al. (2006)) ともおおよそ一致する．積分スケールの成長は，最初は期待に反するように見える．これは，普通，次のように解釈されている．式(6.74)と式(6.80)は，k が小さい範囲では $E(k)$ の形がかわらないことを意味している．したがって，乱れが減衰する際に，$E(k)$ は図 6.20 のように発達しなければならない．スペクトルは k の大きい端から崩れていくから，$I = \int_0^\infty f dr$ で評価した平均の渦サイズは増加するのである．

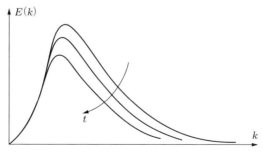

図 6.20 等方性乱流における $E(k)$ の減衰．スペクトルの左側の部分は減衰過程で変化しない．

6.3.2 ランダウの角運動量

式(6.74)は，驚くほど簡単である．このことは，何か基礎となる物理原理がはたらいていることを匂わせるが，実際，そのとおりなのである．ランダウ (Landau and Lifshitz, *Fluid Dynamics* 1st edition) は，I の不変性が角運動量保存則に関係していることを指摘した．ランダウの議論は，バチェラー乱流における大スケールに対する自己矛盾のない理論を導くために適用できる可能性があるが，彼の解析には欠陥があることがわかってきた．どのように導かれるかについては 6.3.5 項で述べるが，とりあえず，ランダウのオリジナルな理由づけをたどってみるのがよいだろう．

鍵となる結果は，長距離の速度相関が指数関数的に弱いことを仮定した場合，閉じた大きな空間内の一様でない乱流は，

$$I = \lim_{V \to \infty} \frac{\langle \mathbf{H}^2 \rangle}{V}, \quad \mathbf{H} = \int_V (\mathbf{x} \times \mathbf{u}) \, dV \tag{6.82}$$

を満足する．ここで，V は領域の体積，$V \gg l^3$，l は積分スケールである．この式と式(6.74)からランダウ・ロイチャンスキー方程式，

$$I = -\int \mathbf{r}^2 \langle \mathbf{u} \cdot \mathbf{u}' \rangle d\mathbf{r} = \frac{\langle \mathbf{H}^2 \rangle}{V} = \text{定数} \tag{6.83}$$

が得られる．ランダウもロイチャンスキーと同じく，f_∞ と K_∞ が適当に小さいという意味で，遠く離れた二点での乱れが統計的に独立であると仮定しなければならなかった．もし，これが事実でないなら，式(6.82)は成り立たない．また，この結果は，大きな閉領域のなかの一様でない乱れに対してだけあてはまることにも注意すべきである．あとでわかるように，厳密に一様な乱れに対する解析を修正することは簡単ではない．

今度は，式(6.82)をもっと詳しく考えてみよう．最初の質問は，なぜ乱れの集団は $V \to \infty$ の極限で正味の角運動量 $\mathbf{H}$ をもっているのかである．これについては第 3 章で少しふれた．図 6.21 に示されているような風洞格子の一部を考えてみよう．角運動量 (渦度) は格子棒の表面で生成され，下流に流されることは明らかだ．しかし，

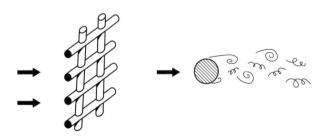

図 6.21 格子によって角運動量が乱流に注入される．

実際は，格子が流れのなかに角運動量を放出するのかどうかは疑問だ．なぜなら，もし，棒どうしの結合が緩ければ，流体力を受けて揺れたり激しく振動したりするだろう．そうなれば，乱れの大きな集団 ($V \gg l^3$) のなかで渦の方向はランダムになり，総和の角運動量は限りなくゼロに近くなるはずだ．ある意味でこれは正しい．しかし，中心極限定理に従えば，この打ち消し合いは必ず不完全で，V の内部には，つねに残りの角運動量が存在する．

次の質問は，どのような条件で $\mathbf{H}$ は $\langle \mathbf{H}^2 \rangle \sim V$ のように V でスケールされるのかである．この点で，5.1.3 項で述べた線インパルスと角インパルスの議論にもどるのがよいだろう．無限領域に発達する有限サイズの（すなわち，渦度場は有限の空間領域に限られている）乱れの集団を考えよう．$\mathbf{L}_i$ と $\mathbf{H}_i$ を，次式で定義される V 内の i 番目の渦固有の線インパルスと角インパルスとする．

$$\mathbf{L}_i = \frac{1}{2} \int_{V_i} \mathbf{r}_i \times \boldsymbol{\omega}_e dV, \quad \mathbf{H}_i = \frac{1}{3} \int_{V_i} \mathbf{r}_i \times (\mathbf{r}_i \times \boldsymbol{\omega}_e) dV$$

ここで，V_i は i 番目の渦を囲む体積，$\mathbf{r}_i$ をこの渦の中心から測った動径ベクトルとする（渦度の塊の線インパルスと角インパルスは渦の存在の結果として流体につぎ込まれた線運動量と角運動量であったことを思い出そう）．すると，5.1.3 項（および例題 6.10）から，集団の中心に関する正味の角運動量は，$\mathbf{L}_i$ と $\mathbf{H}_i$ を使って，次のように表すことができる．

$$\mathbf{H} = \int_{V_c} \mathbf{x} \times \mathbf{u} dV = \sum \mathbf{H}_i + \sum \mathbf{x}_i \times \mathbf{L}_i \tag{6.84}$$

ここで，$\mathbf{x}_i$ は i 番目の渦の中心に位置している．もし，（これは決定的な仮定となるが）渦が非常にわずかな線インパルスしかもっていないなら，つまり，$\mathbf{L}_i \approx 0$ なら，$\mathbf{H}$ は個々の渦が本来もっている角運動量（あるいは角インパルス）の合計，すなわち，$\mathbf{H} = \sum \mathbf{H}_i$ と考えることができる．さらに，もし，多数回の試行を実行し，各回ごとに $\mathbf{H}$ を測定したとすれば，$V \gg l^3$ である限り，中心極限定理は $\langle \mathbf{H}^2 \rangle$ が渦の個数でスケールされること，すなわち，$\langle \mathbf{H}^2 \rangle$ は集団の体積に比例することを示唆している．この場合には，$V \to \infty$ の極限で，

$$\langle \mathbf{H} \rangle = 0, \quad \langle \mathbf{H}^2 \rangle \sim V$$

となる．つまり，式 (6.82) が示しているように，$\langle \mathbf{H}^2 \rangle / V$ は有限で V に無関係となることが予想される．しかし，このスケーリングは，$\mathbf{H}$ が個々の渦の固有の角運動量によって決まっている場合にのみ妥当であることに注意しよう．式 (6.84) が $\mathbf{x}_i$ を含んでいるから，もし，渦が無視できない程度の線インパルスをもっている場合には，これは成り立ちそうもない．また，式 (6.84) は，無限領域における有限の大きさ

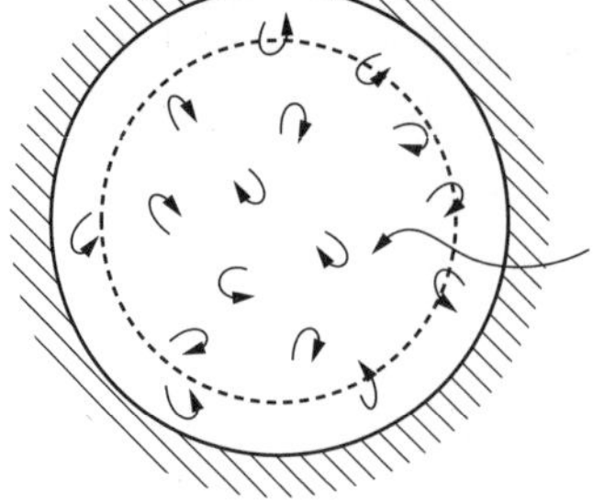

370   第 6 章　等方性乱流（物理空間）

図 6.22　ランダウの思考実験（表面から離れたほぼ等方性の乱れ）

の乱れの集団に対してだけ適用できるのだが，そのほかの場合，たとえば，乱れが閉じた空間において発達するような場合に，$\langle \mathbf{H}^2 \rangle$ がどのようにスケールされるべきかも示唆していることに注意しよう．

次に，式(6.83)のランダウによる証明について考えよう．二つの疑問がある．（i）なぜ，そしてどのような条件で $I = \lim_{V \to \infty} \langle \mathbf{H}^2 \rangle / V$ が成り立つのか？（ii）そのような状況のとき，なぜ，$\langle \mathbf{H}^2 \rangle / V$ が不変なのか？　最初の疑問に答えるためにランダウは，次のような思考実験を考えた．図 6.22 に示されているように，半径 R，$R \gg l$，の閉じた球の内部で自由に発達する乱れの大きな集団を考える．すなわち，球の内部の流体をかき混ぜたあと，放置して乱れが減衰するにまかせる．任意の 1 回の試行で，

$$\mathbf{H}^2 = \int_V (\mathbf{x} \times \mathbf{u}) dV \cdot \int_{V'} (\mathbf{x}' \times \mathbf{u}') dV' \tag{6.85}$$

を求める．

加えて，集団にわたっての $\mathbf{u}$ の積分はゼロなので，流れの線インパルスはゼロ，すなわち，

$$\mathbf{L} = \int \mathbf{u} dV = 0 \tag{6.86}$$

である．（実際は，式(6.84)が示しているように，閉じた領域を用いることで $\mathbf{L}$ がゼロになることは，ランダウ理論の核心である．開領域において起こるように，$\mathbf{L}$ がゼロでない場合には違った結果になる）．次に，閉領域では $\mathbf{u} \cdot d\mathbf{S} = 0$ であるという事実を利用すると，式(6.85)は，

$$\mathbf{H}^2 = \iint 2\mathbf{x} \cdot \mathbf{x}' (\mathbf{u} \cdot \mathbf{u}') dx' dx$$

のように書きなおされ，式(6.86)と合わせると，

$$\mathbf{H}^2 = -\iint (\mathbf{x}' - \mathbf{x})^2 \mathbf{u} \cdot \mathbf{u}' \, d\mathbf{x}' d\mathbf{x}$$

が得られる（この式の誘導の詳細は，本章最後の例題6.5にある）．次に，実験を多数回繰り返し，この式のアンサンブル平均を求めると，

$$\langle \mathbf{H}^2 \rangle = -\iint \mathbf{r}^2 \langle \mathbf{u} \cdot \mathbf{u}' \rangle d\mathbf{r} d\mathbf{x} \tag{6.87}$$

となり，これはロイチャンスキー積分とよく似ている．最後にランダウは，先人ロイチャンスキーと同様に，f_∞ が指数関数的に小さいと仮定した．このような場合には，境界の近くでとった速度相関だけしかこの表面の存在を感知せず，その意味で全体の乱れは近似的に一様等方性とみなせる．また，積分 $\int \mathbf{r}^2 \langle \mathbf{u} \cdot \mathbf{u}' \rangle d\mathbf{r}$ に対する遠方場の寄与は小さいので，境界から離れたすべての $\mathbf{x}$ に対して，式(6.87)の二重積分のうち，内側の積分は全空間にわたる積分におき換えることができる．すると，式(6.87)の積分は，

$$\langle \mathbf{H}^2 \rangle = -V \int \mathbf{r}^2 \langle \mathbf{u} \cdot \mathbf{u}' \rangle d\mathbf{r} + O[(l/R)V]$$

となり，$R/l \to \infty$ の極限で，

$$\frac{\langle \mathbf{H}^2 \rangle}{V} = -\int \mathbf{r}^2 \langle \mathbf{u} \cdot \mathbf{u}' \rangle d\mathbf{r} = I$$

となる．このように，f_∞ が指数関数的に小さければ，I は $\langle \mathbf{H}^2 \rangle$ に比例する．しかし，これでもまだ，なぜ I が不変なのかは説明できていない．なぜなら，ランダウの思考実験において $\mathbf{T}_\nu$ を境界に作用する粘性トルクとすると，各試行ごとに $d\mathbf{H}/dt = \mathbf{T}_\nu$ が成り立つからである．幸運なことに，中心極限定理が再びわれわれを救ってくれる．境界近傍の渦がランダムな方向を向いていると仮定することによって $\mathbf{T}_\nu$ を見積もることができる．このことは，$R/l \to \infty$ のとき，$\mathbf{T}_\nu$ の影響は無視できることを示唆している．この意味で，$\mathbf{H}$（したがって $\mathbf{H}^2$）が各試行において保存され，したがって，I は流れの不変量となる．

以上をまとめると，大きな閉空間において発達する乱れにおいては，長距離相関が十分小さいとすれば，

$$I = -\int \mathbf{r}^2 \langle \mathbf{u} \cdot \mathbf{u}' \rangle d\mathbf{r} = \frac{\langle \mathbf{H}^2 \rangle}{V} = 定数 \tag{6.88}$$

が成り立つ．さらに，式(6.88)の誘導の際の重要な部分は，閉領域であることによって $\mathbf{L} = \int \mathbf{u} dV = 0$ という条件が課されることであり，実際，式(6.84)は，渦がある程度の線インパルスをもつことが許されるなら，また別の結果が得られたかもしれないことを暗示している（この可能性については，6.3.4項と6.3.5項で調べよう）．いず

れにしても，I の不変性が式 (6.74) と式 (6.88) の二つの別々のルートで立証できたこと，および I の保存を基礎にしているコルモゴロフの減衰法則が，ある種の実験データとかなりよく一致するという事実のために，一時は大多数の人々が式 (6.88) で満足していた．しかし，1956 年にすべてが一変した．

例題 6.4　無限領域において発達する有限サイズの乱れの集団に対するランダウ・ロイチャンスキー方程式　ランダウによる解析は閉領域に限られていた．しかし，無限領域において発達する有限サイズの乱れの集団に対しても同様の解析を行うことができる．半径 R の乱れた渦度の集団が，無限の空間において発達する場合を考える（球 $|\mathbf{r}| = R$ の外側の流れは非回転とする）．R は乱れの積分スケール l よりもはるかに大きいとする．5.1.3 項から，乱れの集団の角運動量は保存され，

$$\mathbf{H} = \frac{1}{3} \int_{V_\infty} \mathbf{x} \times (\mathbf{x} \times \boldsymbol{\omega}) dV = 定数$$

と書けることをわれわれはすでに知っている．集団の線運動量 $\mathbf{L}$ は，ランダウの解析の式 (6.86) に従って最初はゼロだったとする．すると，5.1.3 項から，全時間にわたって，

$$\mathbf{L} = \frac{1}{2} \int_{V_\infty} \mathbf{x} \times \boldsymbol{\omega} dV = 0, \qquad \int_{V_\infty} \boldsymbol{\omega} dV = 0$$

となる（第二の積分方程式は，$\boldsymbol{\omega}$ がソレノイド状であることの直接の結果である）．ベクトル恒等式，

$$2[\mathbf{x} \times (\mathbf{x}_0 \times \boldsymbol{\omega})]_i = [\mathbf{x}_0 \times (\mathbf{x} \times \boldsymbol{\omega})]_i + \nabla \cdot [(\mathbf{x} \times (\mathbf{x}_0 \times \mathbf{x}))_i \boldsymbol{\omega}]$$

および，上の積分方程式を用いて，

$$\mathbf{H} = \frac{1}{3} \int_{V_\infty} (\mathbf{x} - \mathbf{x}_0) \times [(\mathbf{x} - \mathbf{x}_0) \times \boldsymbol{\omega}] d\mathbf{x} = 定数$$

となることを示せ．ここで，$\mathbf{x}_0$ は定ベクトルである．このようにして，角運動量の二乗は，

$$\mathbf{H}^2 = \frac{1}{9} \iint [\mathbf{r} \times (\mathbf{r} \times \boldsymbol{\omega})] \cdot [\mathbf{r} \times (\mathbf{r} \times \boldsymbol{\omega}')] d\mathbf{x} d\mathbf{x}'$$

$$= \frac{1}{9} \iint [(\boldsymbol{\omega} \cdot \boldsymbol{\omega}') r^4 - r^2 (\mathbf{r} \cdot \boldsymbol{\omega})(\mathbf{r} \cdot \boldsymbol{\omega}')] d\mathbf{x} d\mathbf{x}'$$

，$\mathbf{r} = \mathbf{x}' - \mathbf{x}$，で与えられることを確認せよ．もし，大きな r に対して，$\langle \boldsymbol{\omega} \cdot \boldsymbol{\omega}' \rangle$ が指数関数的な速さで減衰するという意味で長距離相関がないとすれば，集団の乱れは全体として一様等方性となり，$\int \langle \boldsymbol{\omega} \cdot \boldsymbol{\omega}' \rangle r^4 dr$ の形の積分は急速に収束する．こ

のような状況では，$R/l \to \infty$ の極限において，

$$\frac{\langle \mathbf{H}^2 \rangle}{V} \sim \int [r^4 \langle \boldsymbol{\omega} \cdot \boldsymbol{\omega}' \rangle - r^2 r_i r_j \langle \omega_i \omega_j' \rangle] d\mathbf{r}$$

となる．次に，式(6.41a)を使って，この積分が，

$$\frac{\langle \mathbf{H}^2 \rangle}{V} \sim -\int r^2 \langle \mathbf{u} \cdot \mathbf{u}' \rangle d\mathbf{r}$$

のように簡単になることを確認せよ．$\mathbf{H}$ は集団のなかで保存され，また V の変化は表面効果なので，

$$-\int r^2 \langle \mathbf{u} \cdot \mathbf{u}' \rangle d\mathbf{r} \sim \frac{\langle \mathbf{H}^2 \rangle}{V} \approx 定数$$

となり，ランダウ・ロイチャンスキー方程式を連想させる．この誘導の際にわれわれは，（ⅰ）乱れは総和として運動量をもたない，（ⅱ）長距離相関がない，という二つの重要な仮定を設けなければならなかったことに注意しよう．

6.3.3 バチェラーの圧力による力

「私のは長くて悲しい物語（tale）だよ！」鼠はアリスの方を振り返り，ため息をつきながら言った．
「本当に長いしっぽ（tail）ね」アリスは鼠の長いしっぽを，当惑の目で見ながら言った．
「でも，なぜそれを悲しいなんていうの？」
Lewis Carroll

ランダウ・ロイチャンスキー方程式ではうまくいかないことの最初の兆候は，Proudman and Reid (1954) の等方性乱流に関する研究に現れた．彼らは，擬似正規近似の動力学について研究していた（このモデルでは，速度場の統計的性質が，四次の多点速度相関のキュムラントがゼロとなる程度にガウス的であると仮定して，三次で問題が閉じられていたことを思い出そう）．彼らは，擬似正規近似をすると大きな r において，三重相関が，従来，仮定されていたように指数関数的な速さではなく，r^{-4} で減衰することを発見した．もし，このことが現実の乱れにおいても正しいとすれば，I の不変性についてのロイチャンスキーの証明もランダウの証明も成り立たなくなる．確かに，QN 完結モデルによる予測では[20]，

---

20) ついでに擬似正規完結モデルの子孫である，いわゆる EDQNM モデルの結果は，$dI/dt = 8\pi [u^3 r^4 K]_\infty \sim \theta(t) J_{QN}$ である．θ は時間の次元をもった任意のモデルパラメータである (8.2 節参照)．これは，単に $[r^4 K]_\infty$ がゼロでないこと，その値は任意パラメータ θ によって決まることを意味しているのは明らかである．これを，式(6.89)と一致させることは困難である．とくに，マルコフ化の結果として時間微分を勝手にとり除くことは正当とはいえない．

$$\frac{d^2 I}{dt^2} = 8\pi \frac{d}{dt}(u^3 r^4 K)_\infty = \frac{7}{5}(4\pi)^2 \int_0^\infty \frac{E^2}{k^2} dk \tag{6.89}$$

となり,さらに,

$$\frac{d^2 I}{dt^2} = 6 J_{QN}, \quad J_{QN} = \frac{7}{30}(4\pi)^2 \int_0^\infty \frac{E^2}{k^2} dk$$

と書き換えられる.

これらの発見は少し驚きであったし,1956 年にバチェラーとプラウドマンが問題の全体を洗いなおすきっかけとなった.彼らは(一様ではあるが)非等方性の乱流をとりあげ,QN 近似を放棄した.彼らのおもな結論は,$\langle u_i u_j p' \rangle$ の形の相関が大きな r で比較的ゆっくりと,実際は r^{-3} で減衰するということであった.これは,局所の速度変動にともなって生じる圧力場のゆっくりとした減衰 ($p_\infty \sim r^{-3}$) の結果である(図 6.23(a)).このように,乱れ場の離れた点は圧力場を介して統計的に関連している(図 6.23(b)).

QN の結果に隠れていたこの発見は,乱流場における大スケールについての考え方

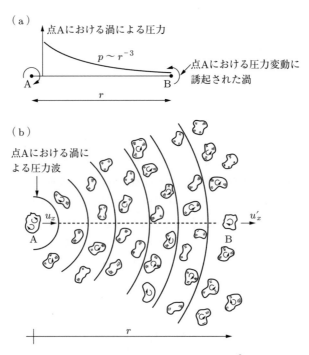

図 6.23 (a) 局所の速度変動にともなう圧力場は r^{-3} でゆっくりと減衰する.(b) 圧力場を通じて情報が遠くまで伝わるため,乱れ場における遠く離れた点どうしは統計的に相関がある.

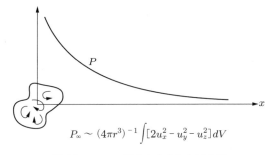

図 6.24 一つの渦から生まれた圧力場

に強い影響を与えるので，少し時間をとって，もとになる考え方と重要さについて説明しておこう．非局所的な圧力場が長距離にわたって情報を交換するので，離れた点のあいだに統計的な長距離相関が存在し得る．すなわち，

$$\nabla^2 p = -\rho \frac{\partial^2 u_i u_j}{\partial x_i \partial x_j}$$

は，ビオ・サヴァールの法則を使って，

$$p(\mathbf{x}) = \frac{\rho}{4\pi} \int \frac{\partial^2 u_i'' u_j''}{\partial x_i'' \partial x_j''} \frac{d\mathbf{x}''}{|\mathbf{x}'' - \mathbf{x}|}$$

のように変換できる．したがって，任意の点 $\mathbf{x}'$ における速度変動が圧力波を送り出し，流れ場のすべての場所に伝わっていく．たとえば，$\mathbf{x} = 0$ に1個の渦があるとしよう（図 6.24）．すると，この渦から遠く離れた点でのこの渦による圧力場は，

$$p = \frac{\rho}{4\pi} \frac{\partial^2}{\partial x_i \partial x_j} \left(\frac{1}{|\mathbf{x}|}\right) \int u_i'' u_j'' d\mathbf{x}'' + O(|x|^{-4})$$

となる．（$|\mathbf{x}'' - \mathbf{x}|^{-1}$ のテイラー展開の最初の二項は積分するとゼロになる．付録2または本章末尾の演習問題 6.6 参照）．考えている渦にともなう圧力場は，このように比較的緩やかに，実際，$|\mathbf{x}|^{-3}$ で低下していく．この圧力場が流体全体にわたって，力，したがってまた運動を誘起し，この運動はもちろん $\mathbf{x} = 0$ における渦と相関関係をもっている．

例題 6.5 図 6.24 に示されている孤立渦について，遠方場の圧力が渦中心からの距離 r の x 軸上の一点で，

$$p'_\infty(r\hat{\mathbf{e}}_x) = \frac{\rho}{4\pi r^3} \int (2u_x^2 - u_y^2 - u_z^2) d\mathbf{x} + O(r^{-4})$$

となることを確認せよ．

バチェラーとプラウドマンは，非等方性の一様乱流場において，この非局所的な効果が，

$$\langle u_i u_j p' \rangle_\infty \sim r^{-3}, \quad r = |\mathbf{x}' - \mathbf{x}|$$

の形の長距離の圧力-速度相関をもたらすことを示した．たとえば，図 6.24 の場合に例題 6.5 の結果を用いると，

$$\langle u_x^2 p' \rangle_\infty = \frac{\rho}{4\pi r^3} \int \langle u_x^2 (2(u_x'')^2 - (u_y'')^2 - (u_z'')^2) \rangle d\mathbf{x}''$$

となる．p' は $\mathbf{x} = r\hat{\mathbf{e}}_x$ における圧力，u_x^2 は $\mathbf{x} = 0$ での値である．

さて，まえに見たように，三重相関 S_{ijk} は，

$$\rho \frac{\partial S_{ijk}}{\partial t} = \langle uuuu' \rangle - \frac{\partial}{\partial r_k} \langle u_i u_j p' \rangle + \cdots$$

の形の方程式に支配されている．したがって，S_{ijk} が $t=0$ では代数的な尾部をもたなかったとしても，$t>0$ に対しては代数的な尾部があることを示しており，一般的に，$\langle uuu' \rangle_\infty \sim r^{-4}$ であることが期待される[21]．カルマン・ハワース方程式の非等方版から，非等方乱流においては $\langle uu' \rangle_\infty \sim r^{-5}$ であることがわかる．この長距離速度相関は非回転なので，対応する回転をともなう速度変動に期待されたような渦度相関 $\langle \omega\omega' \rangle_\infty \sim r^{-7}$ ではなく，$\langle \omega\omega' \rangle_\infty \sim r^{-8}$ を生じる（詳細は Batchelor and Proudman (1956) を参照のこと）．

等方性乱流の場合には少し違ってくる．非等方性乱流の場合と同様に，長距離の圧力変動 $\langle u_i u_j p' \rangle_\infty$ が $\langle uuu' \rangle_\infty \sim r^{-4}$ をもたらす．しかし，等方性にともなう対称性を課すと，$\langle uu' \rangle_\infty$ の最大項は消えて，$\langle uu' \rangle_\infty \sim r^{-6}$ となる．これは，式(6.48b)を適用して得られるとおりである．$E(k \to 0) \sim k^4$ という性質をもったバチェラー乱流に対するこれらのいろいろな長距離相関については，表 6.1 にまとめられている．

次に，一般化されたロイチャンスキー型の積分，

表 6.1　$E(k) \sim k^4$ のバチェラー乱流における長距離相関

	非等方性バチェラー乱流	等方性バチェラー乱流
$\langle u_i u_j' \rangle_\infty$	$\leq O(r^{-5})$	$\leq O(r^{-6})$
$\langle u_i u_j u_k' \rangle_\infty$	$\leq O(r^{-4})$	$\leq O(r^{-4})$
$\langle \omega_i \omega_j' \rangle_\infty$	$\leq O(r^{-8})$	$\leq O(r^{-8})$

---

[21] $\langle uuu' \rangle_\infty \sim r^{-4}$ のもう一つの誘導については，付録 2 を参照のこと．

6.3 大スケールの動力学 377

$$I_{ijmn} = \int r_m r_n \langle u_i u_j' \rangle d\mathbf{r}$$

について考える．非等方性の乱れでは $\langle uu' \rangle_\infty \sim r^{-5}$ だから，I_{ijmn} の収束性には明らかに問題があり，場合によっては対数的発散も起こり得る．実際には，積分をまず大きな球について行い，そのあとで球の半径を無限大にすれば，発散は起こらない．ポイントは，遠方場における $\langle u_i u_j' \rangle$ が，大きな半径の球環から I_{ijmn} の主要項への寄与がゼロとなるような形をしていることである．しかし，$\langle uuu' \rangle$ がゆっくりと減少するということは，一般に I_{ijmn} が時間に依存しており（Batchelor and Proudman (1956)），従来，仮定されていたように，不変的ではないことを意味している（長距離効果がなければ I_{ijmn} は不変的になることの証明は Batchelor (1953) を見よ）．非等方性乱流では I_{ijmn} が時間に依存するのだから，等方性乱流でも I は時間に依存すると結論づけるのは自然であろう．

このため，1956 年以後，バチェラーとプラウドマンが I の時間依存性を示したと公にいわれるようになり，ロイチャンスキーは信用を失い，コルモゴロフの減衰法則は否定された．しかし，彼らの論文を注意深く読んでみると，バチェラーとプラウドマンはもう少し慎重であったことがわかる．注意しなければならない点が多々ある．第一の点は，彼らの解析がある無次元係数 C_{ij} を含んで，

$$\langle u_i u_j p' \rangle_\infty \sim C_{ij} u^4 \left(\frac{r}{l} \right)^{-3}$$

であることを述べていることだ．しかし，別に C_{ij} の値については，たとえばゼロなどとはいっていない．そうなると，長距離圧力速度相関 $\langle u_i u_j p' \rangle_\infty \sim C_{ij} u^4 (r/l)^{-3}$ の大きさや，これから $\langle u_i u_j u_k' \rangle_\infty \sim D_{ijk} u^3 (r/l)^{-4}$ を推定する合理的な手段がなくなる．つまり，C_{ij} や D_{ijk} の大きさが合理的手段では決められないのである．C_{ij} と D_{ijk} を見積もる唯一の方法は測定するか，あるいは何かの完結スキームに頼るかである．もちろん，われわれは，ある完結スキームが信頼できるのかどうかを知るよしもない．したがって，実験データを調べてみるのがよいだろう．バチェラーとプラウドマンはまさにこれをやった．彼らは格子乱流の減衰終期における $f(r)$ の形に注目し，$\langle uu' \rangle$ がそれまで考えられていたような代数的減少ではなく，指数的減少を示すことを発見した．このことは，彼らに，「……この理論（つまり彼ら自身の理論）がこれまでの理論以上のことはできないとは困ったものだ」といわしめた．

より大きな心理的影響を与え，I が時間に依存することを広く確信させたのは，じつは QN の結果である式(6.89)だったのである．もちろん，いまでは，われわれは QN 完結スキームが根本的に誤っていることを知っている．しかし，このことは，計算機の能力が向上して，式(6.67)の方程式系の積分が可能となった（そして，負のエ

ネルギースペクトルが見い出された）1963年までは，決定的な形で示されることはなかった．1963年以前には，擬似正規近似は合理的なものとして広く認められていた．そして，I が時間に依存するという予測結果（とりあえず，バチェラーとプラウドマンに支持された）は，理論の弱点というより，むしろ優位を示すものとみなされた．皮肉にも，われわれはこのあとすぐに，QN方程式(6.89)が実験データから大きく外れていることを知ることになる．

バチェラーとプラウドマンの先駆的研究から半世紀後，Ishida et al. (2006) は直接数値シミュレーションを使ってこの問題の再評価を行い，$E(k\to 0) \sim k^4$ という性質をもった乱流が完全に発達すると，長距離三重相関 $\langle u_i u_j u_k' \rangle_\infty \sim D_{ijk} u^3 (r/l)^{-4}$ の係数 D_{ijk} が無視できること，その結果，ロイチャンスキー積分が計算精度の範囲内で保存されることを見い出した．このとき，乱れはコルモゴロフの減衰法則 $u^2(t) \sim t^{-10/7}$, $l(t) \sim t^{2/7}$ に従って減衰する．要するに，乱れが完全に発達すると古典的な見方が優勢になるのである（図6.25に示したラージエディーシミュレーション（Lesieur et al. (2000)）でも，この点についてのあるヒントが示されていた）．

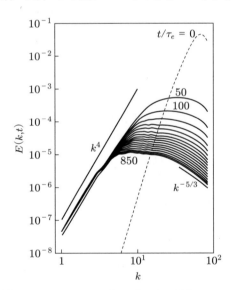

図6.25 Lesieur et al. (2000) による減衰のシミュレーション．超高粘度のラージエディーシミュレーション

6.3.4 サフマン・スペクトル

ここまで，われわれは，$E(k\to 0) \sim k^4$ の形のバチェラー乱流に限って話を進めてきた．等方性の場合，これは $\langle uu' \rangle_\infty \leq O(r^{-6})$ に対応していた．1967年にサフマン

は，式(6.77)の級数展開，

$$E(k) = \frac{Lk^2}{4\pi^2} + \frac{Ik^4}{24\pi^2} + \cdots$$

に立ち帰り，

$$L = \int \langle \mathbf{u} \cdot \mathbf{u}' \rangle d\mathbf{r} = 4\pi u^2 [r^3 f]_\infty$$

の項を新たな目で見なおした．1967年以前には f_∞ が r^{-3} の速さで減衰すると思われていたから，L はゼロとしてこの項はとり入れられていなかった．しかし，サフマンは，おそらく，それよりまえのバーコフの研究 (Birkhoff (1957)) に触発されたものと思われるが，初期条件次第では，f_∞ が r^{-3} のオーダーでなければならない理由はないことを示した．サフマンの乱れでは典型的な渦が有限な線インパルスをもっていて，そのため，各渦は $u_\infty \sim r^{-3}$ で距離とともにゆっくり減衰する遠方速度場を形成するというのが一般的な考え方である．これが，L が有限な値を保ち続けるために必要な長距離相関 $\langle u_i u'_j \rangle_\infty \sim r^{-3}$ のもととなっている．

予想どおり，サフマン乱流における各種の長距離相関は，一般にバチェラー乱流のそれよりも強い．このことは，Saffman (1967) や Davidson (2013) に詳しく述べられており，表6.2にまとめられている．等方性のサフマン乱流では，式(6.39)から，$\langle \mathbf{u} \cdot \mathbf{u}' \rangle_\infty$ が f_∞ よりも弱い長距離相関を示し，$\langle \mathbf{u} \cdot \mathbf{u}' \rangle_\infty \leq O(r^{-4})$ で減衰することに注意すること．

表6.2 $E(k) \sim k^2$ のサフマン乱流における長距離相関

	非等方性サフマン乱流	等方性サフマン乱流
$\langle u_i u'_j \rangle_\infty$	$O(r^{-3})$	$O(r^{-3})$
$\langle \mathbf{u} \cdot \mathbf{u}' \rangle_\infty$	$\leq O(r^{-3})$	$\leq O(r^{-4})$
$\langle u_i u_j u'_k \rangle_\infty$	$O(r^{-3})$	$\leq O(r^{-4})$
$\langle \omega_i \omega'_j \rangle_\infty$	$\leq O(r^{-6})$	$\leq O(r^{-6})$

以上をまとめると，サフマンは[22]，

$$E(k) \sim Lk^2 + \cdots, \quad f_\infty \sim r^{-3} \tag{6.90}$$

の形の新しい一様乱流を提案した．さらに，V を等方性乱流場のなかのある大きな検査体積とすると，

---

[22] この結果は，以前に Birkhoff (1954) によって得られており，彼はサフマンの発見の多くを予想していた．とくに，$E \sim k^2$ や $f_\infty \sim r^{-3}$ は理論的にあり得ることに注目していた．

380　第6章　等方性乱流（物理空間）

$$L = \lim_{V\to\infty} \frac{\left\langle \left(\int \mathbf{u} dV\right)^2 \right\rangle}{V} \tag{6.91}$$

と書くことができる．明らかに，L は大きさが V の乱れの集団がもつ線運動量の二乗の尺度である．一見，参照系を適切に選べば V 内の線運動量，したがって，L をゼロとすることができるかに見える．しかし，参照系は $\langle \mathbf{u} \rangle = 0$ が満たされるように，つまり，

$$\lim_{V\to\infty} \frac{1}{V} \int_V \mathbf{u} dV = 0$$

のように選ばれなければならず，これでは，

$$\lim_{V\to\infty} \frac{1}{V} \left(\int_V \mathbf{u} dV\right)^2 = 0$$

を保証するには十分ではない．もし，大きな検査体積内部の線運動量が有限で，$V^{1/2}$ のオーダーなら，L はゼロにはならない．

この $V^{1/2}$ によるスケーリングは，次のように理解される．5.1.3項において，渦度場の線運動量がその場における正味の線インパルス $(1/2)\int_V (\mathbf{x} \times \boldsymbol{\omega}) dV$ で表せることをわれわれは知った．つまり，乱れの集団の線運動量は，その集団のなかの個々の渦の線インパルスの合計に等しいと考えることができる（このことの証明は，Davidson (2013) の例題11.1を参照のこと）．もし，個々の渦，したがって，集団が全体としてほとんど線インパルスをもたなければ，スペクトルは $E \sim k^4$ の形となる（ランダウの議論は閉領域を扱っていたので，$\int \mathbf{u} dV$ は厳密にゼロに等しかったことを思い出そう）．一方，もし，個々の渦が無視できない線インパルスをもっていれば，それらの渦からなる乱れの集団は $V^{1/2}$ で成長する正味の線運動量（線インパルス）をもつであろう．この場合には，サフマンのスペクトルとなる．

サフマンのスペクトル ($E \sim k^2$) とバチェラーのスペクトル ($E \sim k^4$) との違いを理解する一つの方法として，一つの孤立した渦（渦度の塊）を考えるとよい．この渦によって遠方場に誘起される速度は（付録2参照），

$$4\pi \mathbf{u}_\infty = (\mathbf{L}\cdot\nabla)\nabla(r^{-1}) + O(r^{-4}), \quad \mathbf{L} = \frac{1}{2}\int \mathbf{x}' \times \boldsymbol{\omega}' d\mathbf{x}'$$

である．もし，この渦が有限な線インパルスをもっているなら，すなわち，この渦についての $\mathbf{L} = (1/2)\int \mathbf{x} \times \boldsymbol{\omega} dV$ がゼロでないなら（これは，サフマン乱流中の渦の特徴である），遠方におけるこの渦の影響は $|\mathbf{u}| \sim r^{-3}$ で減少する．一方，もし，線インパルスをもたないなら，すなわち，$(1/2)\int \mathbf{x} \times \boldsymbol{\omega} dV = 0$ なら（これは，バチェラー乱流中の渦の特徴である），遠方場はより弱く，$|\mathbf{u}|_\infty \leq O(r^{-4})$ となる．たとえば，$\mathbf{x} = 0$ に中心をもつ孤立渦（渦度の塊）が半径 R の小さな球状検査体積 V_R に囲まれ

ているとしよう.この渦によって $\mathbf{x} = r\hat{\mathbf{e}}_1$ に誘起される遠方場の速度 u_1' は,$u_1' = (L_1/2\pi)r^3 + \cdots$ である.$\mathbf{L} = (1/2)\int \mathbf{x} \times \boldsymbol{\omega} d\mathbf{x}$ は渦の線インパルスである.いま,この u_1' と,原点にある渦の内部の速度 u_1 の積を考える.V_R にわたっての u_1 の平均値は,周囲の渦すべてが誘起した V_R の中心における非回転速度と,V_R 内部の渦の線インパルスから生まれる成分 $\langle u_1 \rangle = 2L_1/3V_R$ の,二つの部分からなっていることが,5.1.3 項からわかっている.後者の寄与と u_1' とのあいだには相関があることは明らかで,したがって,相関 $\langle u_1 u_1' \rangle (r\hat{\mathbf{e}}_1)$ に,

$$\langle u_1 u_1' \rangle_\infty (r \to \infty) = \frac{L_1^2}{3\pi V_R r^3}$$

の形の寄与がある.ここで,平均は V_R にわたっての体積平均と定義されている.このように定義された平均値は,L_1 がゼロでなければ r^{-3} で減衰する.このように,線インパルスをもつ孤立渦は,もたない渦よりも長い距離にわたって影響を及ぼし,より強い長距離相関をもたらす.サフマン・スペクトルの背景にあるのは,この効果なのである.大まかにいえば,サフマン乱流は,それぞれが流体の線インパルス(線運動量)に有限な寄与をする渦の海からなっているといえる(図 6.26).これに対して,バチェラーのスペクトルは,それぞれが有限の角運動量をもっているが線インパ

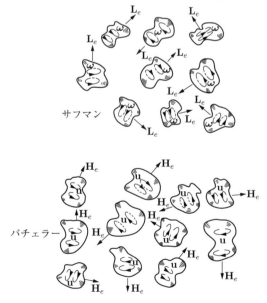

図 6.26 サフマン乱流は,かなりの大きさの線インパルス $\mathbf{L}_e$ をもった渦群に相当する.これに対して,バチェラー乱流は有限の角インパルス $\mathbf{H}_e$ をもち,線インパルスは無視できるような渦群に相当する.

ルスは無視できるような，すなわち，$(1/2)\int \mathbf{x} \times \boldsymbol{\omega} dV \approx 0$ の渦の海を表している．

次に，カルマン・ハワース方程式(6.48a)，

$$\frac{\partial}{\partial t}[r^2\langle \mathbf{u}\cdot \mathbf{u}'\rangle] = \frac{\partial}{\partial r}\frac{1}{r}\frac{\partial}{\partial r}(r^4 u^3 K) + 2\nu \frac{\partial}{\partial r}\left[r^2 \frac{\partial}{\partial r}\langle \mathbf{u}\cdot \mathbf{u}'\rangle\right]$$

から，L が不変であることは明らかである．すなわち，等方性のサフマン乱流では $K_\infty \sim r^{-4}$ だから，式(6.48a)を積分すると，$L = $ 一定，が得られる．したがって，L はサフマンのスペクトルの不変量であり，$E \sim k^4$ スペクトルにおける I と似た役割をしている．

ランダウと似た論法に従って，角運動量を線運動量におき換えれば，$L = $ 一定，の関係が線運動量保存の原理から直接導かれる．L の不変性に対する手軽な証明は，次のようなものである（もっと詳しい証明は，のちの例題 6.6 と 6.7 を参照のこと）．開いた領域において発達する大きさ R の大きな乱れの集団を考える．すなわち，集団を構成する渦度場が半径 R の大きな球のなかに閉じ込められている（大きいとは $R \gg l$ を意味する）．乱れは集団の端はもちろん除いて，近似的に等方的であると仮定する．集団の線運動量の尺度である線インパルス，$(1/2)\int_V (\mathbf{x} \times \boldsymbol{\omega})dV$ は，運動に対して不変であることがわかっている (5.1.3 項あるいは付録 2 参照)．すなわち，

$$\int \mathbf{x} \times \boldsymbol{\omega} dV = \text{定数}, \quad \int \boldsymbol{\omega} dV = 0$$

である．式(6.87)を使うにはこの関係で十分であり，$\mathbf{u}$ を $\boldsymbol{\omega}$ におき換えれば，

$$\left[\int (\mathbf{x} \times \boldsymbol{\omega}) dV\right]^2 = -\iint (\mathbf{x}' - \mathbf{x})^2 \boldsymbol{\omega}\cdot \boldsymbol{\omega}' dV dV' = \text{定数}$$

が得られる．R は積分スケール l よりずっと大きいから，この式は多数回の試行のアンサンブル平均として，

$$\frac{1}{V}\left\langle \left[\int (\mathbf{x} \times \boldsymbol{\omega}) dV\right]^2\right\rangle = -\int r^2 \langle \boldsymbol{\omega}\cdot \boldsymbol{\omega}'\rangle d\mathbf{r} + O(l/R) = \text{定数}$$

のように書きなおすことができる．$l/R \to 0$ の極限で，

$$-\int r^2 \langle \boldsymbol{\omega}\cdot \boldsymbol{\omega}'\rangle d\mathbf{r} = \text{定数}$$

が得られる．しかし，インパルス $(1/2)\int (\mathbf{x} \times \boldsymbol{\omega})dV$ は集団の線運動量の目安なのだから，渦度の不変量は L と関連づけられると予想される．事実，もし，$\langle \mathbf{u}\cdot \mathbf{u}'\rangle_\infty \leq O(r^{-4})$ が成り立つなら，運動学的関係 $\langle \boldsymbol{\omega}\cdot \boldsymbol{\omega}'\rangle = -\nabla^2 \langle \mathbf{u}\cdot \mathbf{u}'\rangle$ から期待どおり，

$$L = -\frac{1}{6}\int r^2 \langle \boldsymbol{\omega}\cdot \boldsymbol{\omega}'\rangle d\mathbf{r} = \text{定数} \tag{6.92}$$

が得られる．インパルスの保存が直接 L の不変性を導くのである[23]．

ロイチャンスキー積分と同様に，L においても $\langle \mathbf{u} \cdot \mathbf{u}' \rangle$ への大スケールの寄与が著しい．したがって，大スケールが自己相似的に発展するサフマン乱流では，L が不変的であるために，$u^2 l^3 =$ 一定，であることが必要である．これとエネルギー式 (6.75) から，コルモゴロフの減衰法則と同様の関係が求められる．それは，

$$u^2(t) \sim t^{-6/5}, \quad l(t) \sim t^{2/5} \tag{6.93}$$

であることを示すのは簡単である．

サフマンの 1967 年の論文以来，ほぼ半世紀が過ぎたが，バチェラー乱流 $E \sim k^4$ とサフマン乱流 $E \sim k^2$ のどちらが実際に現れやすいのかについて論争が続いている．どちらも原理的には実現可能のように見え，計算機シミュレーションで発生させることができるようだ．もっと現実的な質問は，実験ではどちらが現れやすいかであろう．この点に関しては，初期条件が決定的なのである．

バチェラー乱流において，長距離相関の原因となった圧力による力は，$\langle u_i u_j p' \rangle_\infty \sim r^{-3}$ より強くなり得なかったこと，また，

$$\frac{\partial S_{ijk}}{\partial t} = -\frac{\partial}{\partial r_k} \langle u_i u_j p' \rangle + \cdots$$

だから，これにともなう三重相関は $\langle uuu \rangle_\infty \sim r^{-4}$ より大きくはなりえなかったことを思い出そう．すると，等方性乱流では，$\langle uu \rangle_\infty$ は r^{-6} より強くはなれないことを，カルマン・ハワース方程式が物語っている．これらはいずれも，サフマンの主張である $f_\infty \sim r^{-3}$ とは相容れないように見える．しかし，$t = 0$ で $f_\infty \sim r^{-3}$ とおいてみよう．こうすると，長距離の統計的相関を生むのに圧力場は，必要はなくなる．自己永続性があるのだ．このように，$E \sim k^2$ か $E \sim k^4$ かは初期条件によって決まるというわけである．もし，乱れが $E \sim k^2$ で始まれば $E \sim k^2$ のままであり，$E \sim k^4$ から始まれば $E \sim k^4$ のままなのである．とくに乱れを，

$$\left\langle \int \mathbf{u} dV \right\rangle \ll V^{1/2} \quad (V \gg l^3)$$

となるように発生させた場合には，$t = 0$ で L はゼロとなり，したがって，そのあともゼロのままである（L は不変であったことを思い出そう）．この場合には，バチェラーのスペクトル $E \sim k^4$ になり，ロイチャンスキー積分が存在する．これに対して，もし，$t = 0$ で，

---

23) この単純な議論の一つの問題点は，乱流の集団が非一様という点である．厳密に一様なケースについては，例題 6.6 と 6.7 で考えられている．

$$\left\langle \int \mathbf{u}\,dV \right\rangle \sim V^{1/2}$$

であれば，L はゼロではなく，したがって，全時間にわたって $E \sim k^2$ となる．どちらの条件もコンピュータ上では発生させることができるから，数値計算では k^2 スペクトルも k^4 スペクトルも見られるのである（たとえば，後者の例は Ishida et al. (2006)，前者の例は Davidson et al. (2012) を参照のこと）．しかし，もっと重要な疑問は，自然界では一体どちらが好まれるのか，格子乱流では $E \sim k^2$ なのか $E \sim k^4$ なのかである．残念ながら明快な答えはない．本書の執筆時点では，どちらかであることを示す決定的な証拠はなく，また，実際，すべての格子乱流が同じでなければならないと信じる理由もなかった．おそらく，たとえば，振動する格子は静止した格子とは違った結果を生むだろう．従来の格子乱流データはバチェラー型らしいことを示す兆候はあるが，それはいずれも減衰の最終段階のもので，全面的に信用するわけにはいかない（減衰の最終段階では近似的に $u^2 \sim t^{-5/2}$ であり，これは $E \sim k^2$ ではなく $E \sim k^4$ と整合する．下の例題 6.9 または Batchelor (1953) を参照のこと）．一方，Krogstad and Davidson (2010) は高 Re の格子乱流において，サフマンの減衰法則（$u^2 \sim t^{-6/5}$）に近い何かを発見した．したがって，われわれは当面，$E \sim k^2$ も $E \sim k^4$ も認めざるを得ないようだ．

ちなみに，L は必ずしもゼロではなく，したがって，あらゆるタイプの一様乱流において $E \sim k^2$ とは限らないことを示そうとする試みが数多くなされてきた．これらのなかの代表的なものとしては Rosen (1981) がある．しかし，ローゼンの解析には誤りがあり，まだ確立されていない．

これで，サフマン乱流に関するおおよその議論を終える．しかし，好奇心の強い人や熱心な人のために，以下の例において渦の線インパルスと角インパルス（または運動量）の関係，およびそれらが生み出すサフマンとバチェラーのスペクトルについてさらに詳しく述べる．

例題 6.6　等方性乱流における運動量密度　無限に広がる等方性乱流中に半径 R の球状の検査体積 V を考える．$\mathbf{L}$ を V の内部の正味の線運動量として，$\langle \mathbf{L}^2 \rangle$ を求めたい．$u_i = \nabla \cdot (\mathbf{u} x_i)$ を使って，

$$\mathbf{L}^2 = \int u_i\,dV \oint_S x_i \mathbf{u} \cdot d\mathbf{S}$$

となることを示せ．S は球状検査体積の表面で，$\mathbf{x}$ の原点は V の中心とする．これより，

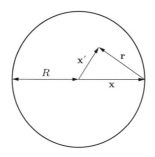

図 6.27 例題 6.6 と例題 6.7 で用いられた検査体積と座標系

$$\langle \mathbf{L}^2 \rangle = 4\pi R^3 \int_V \langle u_x u'_x \rangle dV$$

であることを確認せよ．ここで，u_x は表面($\mathbf{x} = R\hat{\mathbf{e}}_x$)上のある点における速度の x 成分，u'_x は内部の点 $\mathbf{x}'$ における速度である（図 6.27）．次に，等方性乱流における Q_{ij} の一般形を用いて，右辺の積分を計算せよ．表面上の点 $\mathbf{x} = R\hat{\mathbf{e}}_x$ を中心とする球極座標を使うと，任意の関数 $g(r)$ に対して，

$$\int_V g(r) r_x^n d\mathbf{r} = (-1)^n \frac{2\pi}{n+1} \int_0^{2R} g(r) r^{n+2} \left[1 - \left(\frac{r}{2R}\right)^{n+1} \right] dr$$

が成り立つことに気づくと役に立つだろう．これより，

$$\langle \mathbf{L}^2 \rangle = 4\pi^2 R^2 u^2 \int_0^{2R} r^3 f \left[1 - \left(\frac{r}{2R}\right)^2 \right] dr$$

であることを確認せよ．f は通常の縦相関関数である．サフマンのスペクトル ($f_\infty \sim r^{-3}$) の場合には，この関係から，$R/l \to \infty$ の極限において，

$$\frac{\langle \mathbf{L}^2 \rangle}{V} = 4\pi u^2 (r^3 f)_\infty \quad [\text{サフマン・スペクトル}]$$

となることを示せ（式(6.79)と比較せよ）．これに対して，バチェラーのスペクトル ($f_\infty \sim r^{-6}$) の場合には，$R/l \to \infty$ において，

$$\langle \mathbf{L}^2 \rangle = 4\pi^2 R^2 u^2 \int_0^\infty r^3 f dr \quad [\text{バチェラース・ペクトル}]$$

となる．これらの結果は，

$$\frac{\langle \mathbf{L}^2 \rangle}{V} = \int \langle \mathbf{u} \cdot \mathbf{u}' \rangle dV \neq 0, \quad \frac{\langle \mathbf{L}^2 \rangle}{V} = 0, \quad (R \to \infty)$$
[サフマン・スペクトル] 　 [バチェラー・スペクトル]

と整合する．

例題 6.7　線運動量の保存によるサフマン積分の保存性　次に，等方性乱流におけるサフマン積分の保存性が，大きな球状検査体積に対する線運動量保存の直接の結果であることを示そう．

例題 6.6 と同じ検査体積を用いて，V 内の $\mathbf{L}^2$ の変化率が，

$$\frac{d\mathbf{L}^2}{dt} = 2\mathbf{L}\cdot\frac{d\mathbf{L}}{dt} = -2\int_V u_i dV \left(\oint_S u_i\mathbf{u}\cdot d\mathbf{S} + \oint_S \frac{p}{\rho}dS_i\right)$$

で与えられることを示せ（粘性応力は省略してよい）．次に，等方性乱流では $\langle u_i p'\rangle = 0$ なので，

$$\frac{d}{dt}\langle \mathbf{L}^2\rangle = -8\pi R^2 \int_V \langle u_i u_x u_i'\rangle dV$$

であることを示せ．まえと同じく，$\mathbf{x}$ は表面 $S(\mathbf{x} = R\hat{\mathbf{e}}_x)$ 上の点，$\mathbf{x}'$ は V の内部の点である．次に，等方性乱流における S_{ijk} の一般形を用いて，右辺の積分を計算せよ．例題 6.6 と同様，表面上の点 $\mathbf{x} = R\hat{\mathbf{e}}_x$ を中心とする球極座標を使うと，任意の関数 $g(r)$ に対して，

$$\int_V g(r) r_x^n d\mathbf{r} = (-1)^n \frac{2\pi}{n+1}\int_0^{2R} g(r) r^{n+2}\left[1 - \left(\frac{r}{2R}\right)^{n+1}\right] dr$$

となることに気づくと役に立つだろう．これを使って，

$$\frac{d}{dt}\langle \mathbf{L}^2\rangle = 4\pi^2 R^2 u^3 \int_0^{2R}\left[\left[1 - \left(\frac{r}{2R}\right)^2\right]\frac{1}{r}\frac{\partial}{\partial r}(r^4 K)\right] dr$$

であることを確認せよ．ここで，$K(r)$ は，縦三重相関関数である．$K_\infty \sim r^{-4}$ だから，$R/l \to \infty$ で，

$$\frac{d}{dt}\langle \mathbf{L}^2\rangle \sim R^2$$

となる．この結果を例題 6.6 の結果と比較し，サフマン乱流では $R/l \to \infty$ の極限で，

$$\frac{\langle \mathbf{L}^2\rangle}{V} = 4\pi u^2 (r^3 f)_\infty = \int \langle \mathbf{u}\cdot\mathbf{u}'\rangle dV = 定数$$

であることを確認せよ．V に流入あるいは流出する線運動量流束は十分小さいので，$R/l \to \infty$ の極限で $\langle \mathbf{L}^2\rangle/V$ はかわらない．これがサフマン積分が保存される根拠である．

例題 6.8　線運動量保存から得られるコルモゴロフの 4/5 法則　次に，カルマン・ハワース方程式を経ずに線運動量保存から直接，4/5 法則が得られることを示そう．

例題 6.6 と 6.7 にもどるが，今度は R が慣性小領域 $\eta \ll R \ll l$ にあるものとする．例題 6.6 において確認したとおり，

である．$R \ll l$ なので，$f = 1$ とおくことでき，この式は，

$$\langle \mathbf{L}^2 \rangle = 4\pi^2 R^2 u^2 \int_0^{2R} r^3 \left[1 - \left(\frac{r}{2R}\right)^2\right] dr, \quad (R \ll l)$$

のように簡単になる．一方，例題 6.7 より，

$$\frac{d}{dt}\langle \mathbf{L}^2 \rangle = \frac{2}{3} \pi^2 R^2 \int_0^{2R} \left[\left[1 - \left(\frac{r}{2R}\right)^2\right] \frac{1}{r} \frac{\partial}{\partial r} (r^4 \langle [\Delta v]^3 \rangle)\right] dr$$

となる．ここで，$K(r)$ に $\langle [\Delta v]^3 \rangle$ を代入し，また $R \gg \eta$ だから粘性応力は当然無視されている．これら二つの式から，

$$\int_0^{2R} \left[\left[1 - \left(\frac{r}{2R}\right)^2\right] \frac{1}{r} \frac{\partial}{\partial r} \left(r^4 \langle [\Delta v]^3 \rangle + \frac{4}{5} \varepsilon r^5 \right)\right] dr = 0$$

が得られることを示せ．この関係は，もし，$\langle [\Delta v]^3 \rangle = (-4/5)\varepsilon r$ なら，そして，その場合に限って成立することを確認せよ．もちろん，これはコルモゴロフの 4/5 法則である．

例題 6.9 減衰終期（再び） 減衰の最終段階（三重相関が無視できる）におけるカルマン・ハワース方程式の一つの解が，

$$f(r, t) = M\left[n, \frac{5}{2}, \frac{-r^2}{8\nu t}\right] = M\left[\frac{5}{2} - n, \frac{5}{2}, \frac{r^2}{8\nu t}\right] \exp[-r^2/(8\nu t)]$$

であることを示せ．ここで，$u^2 \sim t^{-n}$ であり，M はクンマーの超幾何関数（付録3 参照）である．これに対応するエネルギースペクトルが，

$$E \sim k^{2n-1} \exp(-2\nu k^2 t)$$

の形になることを確認せよ．バチェラーの k^4 スペクトルは $n = 5/2$ の場合に相当する．このとき，上の解は，

$$f \sim \exp[-r^2/(8\nu t)], \quad u^2 \sim t^{-5/2}$$

となることを証明せよ．一方，サフマンの k^2 スペクトルの場合は $n = 3/2$ で，これは，

$$f(r, t) \sim M\left[\frac{3}{2}, \frac{5}{2}, \frac{-r^2}{8\nu t}\right], \quad u^2 \sim t^{-3/2}$$

に対応する．格子乱流のデータは $u^2 \sim t^{-5/2}$ であることを示しており（Monin and Yaglom (1975)），格子乱流がバチェラー型であるという考えをサポートしている．

例題 6.10 サフマン乱流における全体としての角運動量のスケーリング この例題では，大きくかつ有限な乱れの集団の角運動量を体積 V でスケールする際，バチェラー乱流とサフマン乱流では異なることを示す．

多数の渦から構成される体積 V の乱れの集団を考える．すなわち，渦度が V の外側ではゼロの集団である．乱れは無限の領域で発達し，中心が $\mathbf{x}_i$ にある多数の孤立した渦からなっている．$\mathbf{r}_i$ を i 番目の渦中心を基点とする位置ベクトル，$\mathbf{r}_i = \mathbf{x} - \mathbf{x}_i$，$\mathbf{L}_i$ と $\mathbf{H}_i$ を i 番目の渦の中心を基準に測った線インパルスと角インパルスとする．すると，

$$\int_{V_i} \boldsymbol{\omega} dV = 0, \quad \mathbf{L}_i = \frac{1}{2}\int_{V_i} \mathbf{r}_i \times \boldsymbol{\omega} dV, \quad \mathbf{H}_i = \frac{1}{3}\int_{V_i} \mathbf{r}_i \times (\mathbf{r}_i \times \boldsymbol{\omega}) dV$$

である．集団の正味の角運動量，

$$\mathbf{H} = \frac{1}{3}\int_V \mathbf{x} \times (\mathbf{x} \times \boldsymbol{\omega}) dV = \sum \frac{1}{3}\int_{V_i} \mathbf{x} \times (\mathbf{x} \times \boldsymbol{\omega}) dV$$

は，$\mathbf{L}_i$ と $\mathbf{H}_i$ を使って，

$$\mathbf{H} = \sum \mathbf{H}_i + \sum \mathbf{x}_i \times \mathbf{L}_i$$

と書けることを示せ（ヒント：次のベクトル恒等式が役に立つはずである）．

$$2[\mathbf{x} \times (\mathbf{x}_0 \times \boldsymbol{\omega})]_k = [\mathbf{x}_0 \times (\mathbf{x} \times \boldsymbol{\omega})]_k + \nabla \cdot [\mathbf{x} \times (\mathbf{x}_0 \times \mathbf{x})_k \boldsymbol{\omega}], \quad \mathbf{x}_0 = 定数$$

バチェラー・スペクトルの場合，$\mathbf{L}_i = 0$ なので $\mathbf{H} = \sum \mathbf{H}_i$，一方，サフマン・スペクトルの場合，$\mathbf{H}$ はおもに線運動量による寄与で決まるので，$\mathbf{H} \approx \sum \mathbf{x}_i \times \mathbf{L}_i$ となる．この結果から，$\mathbf{H}$ を V でスケールするとき，二つのスペクトルでは異なることがわかる．

6.3.5 バチェラー乱流における大スケールの矛盾のない理論

$E(k \to 0) \sim k^2$ のサフマン乱流の議論はさておいて，より古典的な $E(k \to 0) \sim k^4$ に話をもどそう．まず，ランダウの角運動量の議論を単純に一様乱流場に拡張すると，すぐに困難に遭遇することを示そう．次に，この問題は，Davidson (2009) の示唆に従えば解決できることを示す．

6.3.2 項で述べたように，バチェラー乱流に関するランダウの理論を厳密に一様な乱れについてつくりなおそうとすると途端に困難に陥る．この問題の性質を理解するためには，等方性乱流中の半径 R，体積 V_R の大きな球状検査体積においてランダウの解析を再検討するのがよいだろう．とくに，例題 6.6 と 6.7 で考えた線運動量の釣り合いにならって，角運動量の釣り合いを考えてみよう．粘性応力を無視すると，角

運動量保存則から，

$$\frac{d\mathbf{H}}{dt} = -\oint_{S_R}(\mathbf{x}\times\mathbf{u})\mathbf{u}\cdot d\mathbf{S}$$

が成り立つ．ここで，S_R は V_R の表面で，$\mathbf{H} = \int_{V_R}\mathbf{x}\times\mathbf{u}dV$ である．この式から，

$$\frac{d\mathbf{H}^2}{dt} = -2\int_{V_R}\mathbf{x}'\times\mathbf{u}'d\mathbf{x}'\cdot\oint_{S_R}(\mathbf{x}\times\mathbf{u})\mathbf{u}\cdot d\mathbf{S}$$

が得られ，平均すると，

$$\frac{d}{dt}\langle\mathbf{H}^2\rangle = -2\left\langle\int_{V_R}\mathbf{x}'\times\mathbf{u}'d\mathbf{x}'\cdot\oint_{S_R}(\mathbf{x}\times\mathbf{u})\mathbf{u}\cdot d\mathbf{S}\right\rangle$$

となる．境界面 S_R 上のすべての点は統計的に同じであることに注意して，表面上の点 $\mathbf{x} = R\hat{\mathbf{e}}_x$ に注目すると，この式は，

$$\frac{d}{dt}\langle\mathbf{H}^2\rangle = -8\pi R^2\int_{V_R}\langle(\mathbf{x}'\times\mathbf{u}')\cdot(\mathbf{x}\times\mathbf{u})u_x\rangle d\mathbf{r}$$

のように簡単になる．この式で $\mathbf{x}'$ は V_R の内部の点で，$\mathbf{r} = \mathbf{x}' - \mathbf{x}$ である．$\mathbf{r}$ は表面上の点 $\mathbf{x} = R\hat{\mathbf{e}}_x$ から V_R の内部に向かっていることに注意しよう（図 6.27）．次に，右辺の積分にある三重相関に，等方性乱流に対する式 (6.38) を代入する．すると，被積分関数は $g(r)r_x^n$ の形の項を含むことになる．$\mathbf{x} = R\hat{\mathbf{e}}_x$ を中心とする球極座標を用いると，任意の関数 $g(r)$ に対して，

$$\int_{V_R}g(r)r_x^n d\mathbf{r} = (-1)^n\frac{2\pi}{n+1}\int_0^{2R}g(r)r^{n+2}\left[1 - \left(\frac{r}{2R}\right)^{n+1}\right]dr$$

が成り立つことが示される．この関係を用いると右辺の積分を計算することができ，多少の演算の末に，

$$\frac{d}{dt}\langle\mathbf{H}^2\rangle = 4\pi^2 R^4 u^3\int_0^{2R}\left[1 - 3\left(\frac{r}{2R}\right)^2 + 2\left(\frac{r}{2R}\right)^4\right]\frac{1}{r}\frac{\partial}{\partial r}(r^4 K)dr$$

が求められる (Davidson (2009))．これは，例題 6.7 の線運動量の釣り合いとアナロジーの関係にある．非粘性のカルマン・ハワース方程式は，

$$\frac{\partial}{\partial t}(u^2 r^3 f(r,t)) = \frac{u^3}{r}\frac{\partial}{\partial r}(r^4 K)$$

と書くことができ，これを t について積分すると，

$$\langle\mathbf{H}^2\rangle = 4\pi^2 R^4 u^2\int_0^{2R}r^3 f(r)\left[1 - 3\left(\frac{r}{2R}\right)^2 + 2\left(\frac{r}{2R}\right)^4\right]dr$$

が得られる．

次に，$R/l \to \infty$ の極限を考えよう．$K_\infty \sim r^{-4}$ に注意すると，$d\langle\mathbf{H}^2\rangle/dt$ に対するわれわれの式は，

第 6 章 等方性乱流 (物理空間)

$$\frac{d}{dt}\langle \mathbf{H}^2\rangle = 4\pi^2 R^4 u^3 \int_0^\infty \frac{1}{r}\frac{\partial}{\partial r}(r^4 K)\,dr$$

となり, 例題 6.7 の結果と合わせると,

$$\frac{d}{dt}\langle \mathbf{H}^2\rangle = R^2 \frac{d}{dt}\langle \mathbf{L}^2\rangle, \quad \mathbf{L} = \int_{V_R} \mathbf{u}\,dV$$

が得られる. この関係は $E \sim Lk^2$ 乱流でも, $E \sim Ik^4$ 乱流でも成り立つ. これに対して, われわれの $\langle \mathbf{H}^2\rangle$ の式は例題 6.6 の結果と合わせると,

$$\langle \mathbf{H}^2\rangle = 4\pi^2 R^4 u^2 \int_0^\infty r^3 f(r)\,dr = R^2\langle \mathbf{L}^2\rangle$$

となる. この式はバチェラー乱流だけに適用される. バチェラー乱流のなかの開いた検査体積に対しては, $\langle \mathbf{H}^2\rangle$ は, 式 (6.83) で示唆されたような $\langle \mathbf{H}^2\rangle \sim R^3$ ではなく,

$$\langle \mathbf{H}^2\rangle = R^2 \langle \mathbf{L}^2 \rangle \sim R^4 \tag{6.94}$$

のように変化する. 問題はもちろん, V_R 内部の $\langle \mathbf{H}^2\rangle$ へのおもな寄与が, 渦がもつ本来の角インパルスではなく, 検査体積内の線運動量の残差 $\langle \mathbf{L}^2\rangle \sim u^2 l^4 R^2$ だという点である. これは, ランダウが提案したスケーリング $\langle \mathbf{H}^2\rangle \sim R^3$ を変更するのに十分だ. ランダウは閉領域を選ぶことで $\mathbf{L} = 0$ とおいたのだから, もし, ランダウの角運動量の議論を厳密な一様乱流に適用しようとするなら, われわれはもっと手のこんだアプローチをとらなければならないことは明らかである.

そこで, ランダウの解析を自己矛盾のない形で一様乱流に一般化できることを示そう. 鍵は V_R 内部の角運動量におもに寄与する線運動量の残差 $\langle \mathbf{L}^2\rangle \sim u^2 l^4 R^2$ が, 表面 S_R をまたぐ渦によるとするコルモゴロフの示唆である. もし, ランダウのスケーリング $\langle \mathbf{H}^2\rangle \sim R^3$ を再現しようとするなら, この表面をとり除いて, 代わりに全空間にわたって積分した, V_R の中心に関する角運動量密度の加重平均を用いる. その方法は一つではないが, コルモゴロフによって示唆された一つのアプローチが例題 6.11 に与えられている. ここでは, Davidson (2009) の方法をとりあげよう.

まず, $\mathbf{u}$ に対するベクトルポテンシャルを, いつものように, $\nabla \times \mathbf{A} = \mathbf{u}$, $\nabla \cdot \mathbf{A} = 0$ の形で導入する. 明らかに,

$$\langle \mathbf{u}\cdot\mathbf{u}'\rangle = -\nabla^2 \langle \mathbf{A}\cdot\mathbf{A}'\rangle$$

かつ,

$$I = -\int r^2 \langle \mathbf{u}\cdot\mathbf{u}'\rangle\,d\mathbf{r} = \int r^2 \nabla^2 \langle \mathbf{A}\cdot\mathbf{A}'\rangle\,d\mathbf{r}$$

である. さて, 等方性バチェラー乱流では, $\langle \mathbf{u}\cdot\mathbf{u}'\rangle_\infty \leq O(r^{-6})$ であることをわれわ

れは知っている．これより，$\langle \mathbf{A} \cdot \mathbf{A}' \rangle_\infty \leq O(r^{-4})$ となる．部分積分を実行すると，

$$I = 6 \int \langle \mathbf{A} \cdot \mathbf{A}' \rangle d\mathbf{r}$$

となり，これより，

$$I = \lim_{V \to \infty} \frac{6}{V} \left\langle \left(\int_V \mathbf{A} dV \right)^2 \right\rangle \tag{6.95}$$

が得られる．これは，サフマン乱流における L の式 (6.91) に相当する．重大な点は，V が，もし，半径 R，体積 V_R の大きな球状検査体積とすると，静磁気学の標準的な結果から，$\int_V \mathbf{A} dV$ を角運動量の全空間にわたっての加重積分として書きなおせる（Jackson (1998)）．つまり，

$$\int_{V_R} \mathbf{A} dV = \frac{1}{\sqrt{6}} \int_{V_\infty} (\mathbf{x} \times \mathbf{u}) G(|x|/R) d\mathbf{x}$$

である．ここで，G は重み関数，

$$G = \sqrt{\frac{2}{3}}, \quad (|x| \leq R), \quad G = \sqrt{\frac{2}{3}} \left(\frac{|x|}{R} \right)^{-3} \quad (|x| > R)$$

で，V_∞ は全空間にわたっての積分を意味する．ここで，角運動量密度 $\mathbf{x} \times \mathbf{u}$ の全空間にわたっての加重積分，

$$\hat{\mathbf{H}}_R = \int_{V_\infty} (\mathbf{x} \times \mathbf{u}) G(|x|/R) d\mathbf{x}$$

を導入するのが便利である．加重関数は V_R を中心とする．上の結果と合わせると，

$$I = -\int r^2 \langle \mathbf{u} \cdot \mathbf{u}' \rangle d\mathbf{r} = \lim_{R \to \infty} \frac{\langle \hat{\mathbf{H}}_R^2 \rangle}{V_R} \tag{6.96}$$

が得られる．これは，ランダウの式 (6.83) と類似している．

長距離三重相関 $K_\infty \sim r^{-4}$ がないと，なぜ I が不変となるかを，同じアプローチで説明できる．次のように話は進む．粘性応力を無視し，$\mathbf{F}(\rho)$ を半径 ρ の球面 S_ρ から流出する角運動量流束，すなわち，

$$\mathbf{F}(\rho) = \oint_{S_\rho} (\mathbf{x} \times \mathbf{u}) \mathbf{u} \cdot d\mathbf{S}$$

とすると，

$$\frac{d\hat{\mathbf{H}}_R}{dt} = -\sqrt{6} R^3 \int_R^\infty \mathbf{F}(\rho) \frac{d\rho}{\rho^4}, \quad \rho = |\mathbf{x}|$$

が成り立つことは容易に確認できる．このことから，

$$\frac{dI}{dt} = \lim_{R \to \infty} \frac{1}{V_R} \frac{d}{dt} \langle \hat{\mathbf{H}}_R^2 \rangle = -\lim_{R \to \infty} \frac{3\sqrt{6}}{2\pi} \int_R^\infty \langle \hat{\mathbf{H}}_R \cdot \mathbf{F}(\rho) \rangle \frac{d\rho}{\rho^4} \tag{6.97}$$

が得られる．右辺の積分に注目しよう．Davidson (2009) は長距離相関 $K_\infty \sim r^{-4}$ がないとき，$\mathbf{F}(\rho)$ と $\hat{\mathbf{H}}_R$ は十分に無相関となり，右辺の積分は $R \to \infty$ で消失することを示した．つまり，S_ρ を通して流出する角運動量流束と S_ρ 付近の角運動量のあいだの相関が無視でき，これが I の保存のもととなっているのである．

例題 6.11　バチェラー乱流における大スケールに関するコルモゴロフ理論　この例では，バチェラー乱流における大スケールに関するコルモゴロフ理論について概観する．著者の知る限り，公刊されている唯一の説明は Monin and Yaglom (1975) で，それは完全にコルモゴロフに依存している．しかし，モーニンとヤグロムの詳細はやや不完全なので，ここではそのギャップを埋める．まず，角運動量の加重積分，

$$\hat{\mathbf{H}}_R = \int_{V_\infty} (\mathbf{x} \times \mathbf{u}) \exp(-\rho^2/R^2) d\mathbf{x}, \quad \rho = |\mathbf{x}|$$

を導入して，積，

$$\langle \hat{\mathbf{H}}_R^2 \rangle = \iint \langle (\mathbf{x} \times \mathbf{u}) \cdot (\mathbf{x}' \times \mathbf{u}') \rangle \exp[-(\rho^2 + \rho'^2)/R^2] d\mathbf{x} d\mathbf{x}'$$

をつくる．次に，新しい座標系 $\mathbf{r} = \mathbf{x}' - \mathbf{x}$, $\mathbf{s} = (\mathbf{x}' + \mathbf{x})/2$ を導入し，$d\mathbf{x}' d\mathbf{x}$ と $d\mathbf{r} d\mathbf{s}$ とを関係づけるヤコビアンのモジュラスが 1 であることに注意する．$\mathbf{r}$ と $\mathbf{s}$ を使って，

$$\langle \hat{\mathbf{H}}_R^2 \rangle = \iint \left[\langle \mathbf{u} \cdot \mathbf{u}' \rangle \left(s^2 - \frac{1}{4} r^2 \right) - \frac{1}{2} \langle u_i u_j' \rangle \left(2 s_i s_j + r_i s_j - r_j s_i - \frac{1}{2} r_i r_j \right) \right] e^{-(4s^2 + r^2)/2R^2} d\mathbf{r} d\mathbf{s}$$

を示せ．$\langle u_i u_j' \rangle$ が $\mathbf{r}$ のみの関数なので，$\mathbf{s}$ の奇関数の積分はゼロになることに注意して，この式が，

$$\langle \hat{\mathbf{H}}_R^2 \rangle = \iint \left[\langle \mathbf{u} \cdot \mathbf{u}' \rangle \left(\frac{2}{3} s^2 - \frac{1}{4} r^2 \right) + \frac{1}{4} \langle u_i u_j' \rangle r_i r_j \right] e^{-r^2/2R^2} e^{-2s^2/R^2} d\mathbf{r} d\mathbf{s}$$

のように簡単化され，$\langle u_i u_j' \rangle$ の等方性の形を代入して積分すると，

$$\lim_{R \to \infty} \frac{\langle \hat{\mathbf{H}}_R^2 \rangle}{\hat{V}_R} = \frac{5}{8} I$$

が得られることを示せ．ここで，

$$\hat{V}_R = \int_{V_\infty} \exp(-2r^2/R^2) d\mathbf{x} = \frac{\pi^{3/2}}{2\sqrt{2}} R^3$$

である．明らかに，$\hat{V}_R$ はランダウのオリジナルの解析における閉じた体積 V と類

6.3 大スケールの動力学 393

似の役割をしている．さらに，ランダウのスケーリング $\langle \mathbf{H}^2 \rangle \sim R^3$ が再現された．
次に，

$$\frac{d}{dt}\frac{\langle \hat{\mathbf{H}}_R^2 \rangle}{\hat{V}_R} = \frac{\pi}{2R^2}\int_0^\infty (u^3 r^4 K)\left[7 - \frac{r^2}{R^2}\right]\exp(-r^2/2R^2)\,dr^2$$

を示し，長距離相関 $K_\infty \sim r^{-4}$ がない場合，$R \to \infty$ の極限で $\langle \hat{\mathbf{H}}_R^2 \rangle / \hat{V}_R$ が保存されることを確認せよ．

例題 6.12　大スケールに対するコルモゴロフ理論の線運動量への適用　例題 6.11 の解析を線運動量に適用してもう一度繰り返す．

$$\hat{L}_R = \int_{V_\infty} \mathbf{u}\exp(-\rho^2/R^2)\,d\mathbf{x}, \quad \rho = |\mathbf{x}|$$

を導入し，

$$\lim_{R\to\infty}\frac{\langle \hat{\mathbf{L}}_R^2 \rangle}{\hat{V}_R} = \int \langle \mathbf{u}\cdot\mathbf{u}' \rangle\,d\mathbf{r} = L$$

を示せ．

6.3.6 大スケールの動力学のまとめ

　ここで，等方性乱流の大スケールについて，われわれが知っていることをまとめよう．二つの標準的なケースがある．一つはバチェラー乱流 $E(k \to 0) \sim Ik^4$，もう一つはサフマン乱流 $E(k \to 0) \sim Lk^2$ である．どちらのタイプも計算機シミュレーションで観察することができるし，どちらも格子乱流において発生させることができるという証拠もある．どちらのタイプが現れるかは初期条件による．もし，渦が初期に十分な線インパルスをもっていて，すなわち，L がゼロでなければ，そのあとの全時間にわたってサフマンのスペクトルが現れる．もし，そうでなければ，バチェラーのスペクトルが現れる公算が高い（しかし，以下を見てほしい）．
　$L = 4\pi u^2[r^3 f]_\infty$ だから，サフマン乱流は $\langle u_i u_j' \rangle_\infty \sim r^{-3}$ の形の長距離相関がある場合に限って可能で，個々の渦が双極子型のとき，実際，このような長距離相関は自然である．さらに，サフマン乱流は不変量，

$$L = \int \langle \mathbf{u}\cdot\mathbf{u}' \rangle\,d\mathbf{r} = \lim_{V\to\infty}\frac{\left\langle\left(\int \mathbf{u}\,dV\right)^2\right\rangle}{V} = \text{定数}$$

がゼロでないという特徴がある．大スケールが自己相似的に成長するような完全発達乱流では，この不変性は，$u^2 l^3 = $ 一定，を要求する．このことと，エネルギー法則の式(6.75)から，サフマンの減衰法則，

$$u^2(t) \sim t^{-6/5}, \quad l(t) \sim t^{2/5}$$

が得られる．

これに対して，バチェラー乱流は，より弱い長距離相関 $\langle u_i u_j' \rangle_\infty \sim r^{-6}$ を示す．完全に発達すると，

$$I = -\int r^2 \langle \mathbf{u} \cdot \mathbf{u}' \rangle d\mathbf{r} = \lim_{R \to \infty} \frac{\langle \hat{\mathbf{H}}_R^2 \rangle}{V_R} = 定数$$

という特徴を示し（式(6.96)参照），その結果，$u^2 l^5 = $ 一定，となる．したがって，コルモゴロフの減衰法則は，

$$u^2(t) \sim t^{-10/7}, \quad l(t) \sim t^{2/7}$$

となる．原理的に I は時間に依存するが，実際には，この時間依存性は初期の過渡期においてだけ見られ，完全に発達してしまうと時間依存性は消滅する (Ishida et al. (2006), Davidson (2011b))．二点完結モデルによる I の挙動の予測は信用できない．たとえば，擬似正規モデルを使うと，

$$\frac{d^2 I}{dt^2} = 6 J_{QN}, \quad J_{QN} = \frac{7}{30}(4\pi)^2 \int_0^\infty \left(\frac{E^2}{k^2}\right) dk$$

となるが，これは観察結果と大きく異なっている．これに反して，EDQNM完結モデルでは，

$$\frac{dI}{dt} = 8\pi (u^3 r^4 K)_\infty \sim \theta(t) J_{QN}$$

となる．この式で，θ は，問題ごとに設定される時間の次元をもつパラメータである（8.2節参照）．この結果は単純に $[r^4 K]_\infty$ がゼロでないという主張となり，その大きさは任意のモデルパラメータ θ によって調節される．いずれにしても，この式を QN 完結モデルと調和させることは困難である．とくに，マルコフ化の結果として時間微分項を勝手にとり除くことは正当とは思えない．

以下の例題6.13で議論するように，$E(k \to 0) \sim k^p$, $p < 4 (p \neq 2)$ のような古典的ではないスペクトルもあり得る．この p は1でも3でも，あるいは非整数すらあり得る．ただし，Davidson (2011a) では，$p = 1$ は格子乱流では物理的に起こりそうもないとされている．しかし，Davidson (2011a, 2013) で強調されているように，バチェラーやサフマンの古典的スペクトルと古典的でないスペクトルとのあいだには，決定的な相違があることに注意しよう．鍵は，古典的でないスペクトルを実現するためにはきわめて特殊な初期条件を必要とするのに対し，サフマンやバチェラーの標準的なケースは広範囲の初期条件においてきわめて自然に実現する．とくに，古典

的でないスペクトルを排除してサフマン乱流やバチェラー乱流を確保するためには，$t=0$ で $\langle \omega_i \omega_j' \rangle_\infty \leq O(r^{-8})$ であるだけで十分なのである．

例題6.13 完全に発達した乱れにおいて $E \sim k^2$ や $E \sim k^4$ に代わるものはあるのか？
この例題では，$E \sim k^2$ や $E \sim k^4$ に代わるスペクトルを探そう．

$$E(k) = \frac{1}{\pi} \int_0^\infty \langle \mathbf{u} \cdot \mathbf{u}' \rangle kr \sin(kr) dr$$

を展開して，式(6.77)を，

$$E(k) = \frac{Lk^2}{4\pi^2} + \frac{Ik^4}{24\pi^2} + \cdots$$

の形にするというやり方は，$\langle \mathbf{u} \cdot \mathbf{u}' \rangle$ が r の増加とともに十分早く減衰する場合のみに使える．$\langle \mathbf{u} \cdot \mathbf{u}' \rangle$ が任意の指数法則に従って減衰するとしたら何が起こるかを見てみよう．なんとかして，$f(r)$ が $t=0$ で，

$$u^2 f(r \to \infty) = u^2 f_\infty = C_n r^{-n}$$

に従って減衰するようにアレンジしたとしよう．カルマン・ハワース方程式と，高々 $K_\infty \sim r^{-4}$ だという観察結果を使って，$n < 6$ であれば C_n は不変量であることを示せ．もちろん，

$$L = \int \langle \mathbf{u} \cdot \mathbf{u}' \rangle d\mathbf{r} = 4\pi u^2 (r^3 f)_\infty$$

だから，$n=3$ はサフマンの乱れ，$L = 4\pi C_3$ である．次に，L を収束させたい．なぜなら，$(LV)^{1/2}$ は大きな検査体積内の正味の線運動量であり，中心極限定理により合計の線運動量が $V^{1/2}$ より早く成長することはないと考えられるからである．おそらく，$n \geq 3$ に限るのがよいだろう．次に，この制限のもとで R をある長さとして，

$$E(k \to 0) = \frac{k^4}{3\pi} \int_0^R r^4 u^2 f dr - \frac{C_n k^{n-1}}{\pi} \int_{kR}^\infty x^{-(n-3)} \frac{d(x^{-1} \sin x)}{dx} dx + \cdots$$

より，$u^2 f = C_n r^{-n}$ が f のよい近似であることを示せ．$n=3$ と $n=6$ がサフマンとバチェラーのケースとなることを確認せよ．次に，$n=4$ の場合，小さい k に対して E は $E \sim C_4 k^3/4 + O(k^4)$ で発達することを示せ．この結果は，もし，なんとかして $t=0$ で k^3 スペクトルを発生させることができれば，そのあとの全時間にわたって k^3 スペクトルが維持されることを意味している．

古典的でないスペクトルのいろいろな性質については，Davidson (2011a) のなかで詳細に述べられている．

6.4 いろいろな形状の渦を特徴づける信号

乱流の一つの大きな特徴は，普通，渦とよばれている比較的安定で持続性のある流れパターンである．この言葉を使うとき，流れ全体が，基本となる多くの単純な渦による速度場の重ね合わせからなっていることを意味している．それらの基本となる渦は，ヒルの球状渦や渦輪に比べても大して複雑なものではない．この考え方が有益であるためには，個々の渦の寿命が比較的長いことが必要で，一様乱流における測定の結果は寿命がかなり長いことを示している．
A.A. Townsend (1970)

自由発達乱流中で $f(r,t)$ や $E(k,t)$ の変化を観察する際，当然，f や E の形状の変化を，乱れ場を構成している渦集団の変化に結びつけようとする．これは，f や E を渦の形状や分布に関連づけるという運動学上の問題である．この点で，与えられたサイズと構造を有する渦のランダムな分布にともなう $f(r)$ と $E(k)$ の形を考えることが役に立つ．このゲームにおける基本構成要素として，いろいろな「モデル渦」を用いることにより，f や E への渦構造の影響に関する直感を磨くことができる．

6.4.1 タウンゼントのモデル渦とその親類

例として，(r, θ, z) 座標系において，

$$\mathbf{u} = \Omega r \exp(-2\mathbf{x}^2/l_e^2)\hat{\mathbf{e}}_\theta$$

で表される「モデル渦」を考えよう．これは，図 6.28(a) に示されているように，特性長さが l_e の回転する流体の塊を表している．Townsend (1956) は，中心がランダムに分布し，回転軸が一方向にそろった，このタイプの渦の集まりを考えた．x-y 面だけに注目すると，これは，二次元という意味では等方的な，二次元一様乱流の運動学的表現となる．タウンゼントはこのような乱流場における縦相関関数が，

$$f(r) = \exp(-r^2/l_e^2)$$

であることを示した．

三次元の一様等方性乱流の運動学的表現を得るには，渦群がランダムな空間分布とランダムな方向をもっていると考えなければならない．この場合も，f は指数関数的に減衰するし（例題 6.14 参照），縦相関関数，ベクトル相関 $\langle \mathbf{u}\cdot\mathbf{u}'\rangle$，構造関数 $\langle [\Delta v]^2\rangle$，エネルギースペクトル $E(k)$ が，次式で与えられることは容易に示せる．

6.4 いろいろな形状の渦を特徴づける信号　**397**

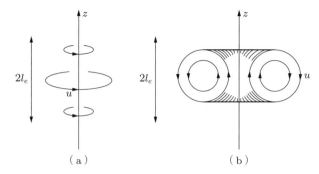

図 6.28 二つのモデル渦．（a）線インパルスがゼロで角運動量は有限な旋回する流体塊（タウンゼント渦）．（b）正味の運動量流束がゼロ，したがって，線インパルスも正味の角運動量もゼロの渦輪．前者のスペクトルは $E \sim k^4$，後者のスペクトルは $E \sim k^6$ となる．

$$f(r) = \exp(-r^2/l_e^2) \tag{6.98a}$$

$$\langle \mathbf{u} \cdot \mathbf{u}' \rangle = \langle \mathbf{u}^2 \rangle \left(1 - \frac{2r^2}{3l_e^2}\right) \exp(-r^2/l_e^2) \tag{6.98b}$$

$$\frac{3}{4}\langle [\Delta v]^2 \rangle = \frac{1}{2}\langle \mathbf{u}^2 \rangle [1 - \exp(-r^2/l_e^2)] \tag{6.98c}$$

$$E(k) = \frac{\langle \mathbf{u}^2 \rangle l_e}{24\sqrt{\pi}} (kl_e)^4 \exp(-l_e^2 k^2/4) \tag{6.98d}$$

$E(k)$ は小さい k の範囲で k^4 で成長することに注意しよう．それは当然で，このモデル渦は有限な角運動量をもち，線運動量はもたないのだから，サフマンのスペクトル $(E \sim k^2)$ にはなり得ないのである．また，渦は互いに統計的に独立なので，代数的な長距離相関はないことにも注意しよう．したがって，一定サイズ l_e の渦からなるこのつくられた乱れ場では，エネルギースペクトルは，広いバンド幅をもち，$k = \sqrt{8}/l_e \sim \pi/l_e$ にかなり鋭いピークを示す．最後に，このモデル渦の渦度分布とベクトルポテンシャルは，

$$\boldsymbol{\omega} = 2\Omega \left[\frac{2rz}{l_e^2}\hat{\mathbf{e}}_r + \left(1 - \frac{2r^2}{l_e^2}\right)\hat{\mathbf{e}}_z\right] \exp(-2\mathbf{x}^2/l_e^2)$$

$$\mathbf{A} = \frac{1}{4}\Omega l_e^2 \exp(-2\mathbf{x}^2/l_e^2)\hat{\mathbf{e}}_z + \nabla\phi$$

であることに注意すること．ϕ は $\mathbf{A}$ に課されるゲージ条件に依存し，普通，$\nabla \cdot \mathbf{A} = 0$ が用いられる．

例題 6.14 タウンゼントのモデル渦のランダム分布からなる等方性乱流における相関関数とエネルギースペクトル 次式のベクトルポテンシャルを考える．

$$\mathbf{A} = \frac{1}{4}\Omega l_e^2 \exp(-2\mathbf{x}^2/l_e^2)\hat{\mathbf{e}}_z$$

（われわれは，$\nabla\cdot\mathbf{A}=0$ のゲージ条件を課す面倒は省く）これに対応した速度場は (r,θ,z) 座標で，

$$\mathbf{u} = \nabla\times\mathbf{A} = \Omega r \exp(-2\mathbf{x}^2/l_e^2)\hat{\mathbf{e}}_\theta$$

である．もちろん，これはタウンゼントのサイズが l_e のモデル渦である．次に，この渦をランダムに，しかし，空間的に一様に分布させて人工的な乱れ場をつくったとしよう．すると，

$$\mathbf{A} = \frac{1}{4}\Omega l_e^2 \sum_m \exp[-2(\mathbf{x}-\mathbf{x}_m)^2/l_e^2]\hat{\mathbf{e}}_m$$

となる．$\hat{\mathbf{e}}_m$ と $\mathbf{x}_m$ は m 番目の渦の方向と位置を与える．$\hat{\mathbf{e}}_m$ と $\mathbf{x}_m$ の成分はランダム変数のセットとなっている．いま，$\mathbf{x}=0$ と $\mathbf{x}=\mathbf{r}$ における $\mathbf{A}$ の積を考える．

$$\mathbf{A}(0)\cdot\mathbf{A}(\mathbf{r}) = \left(\frac{1}{4}\Omega l_e^2\right)^2 \sum_m \exp[-2(\mathbf{x}_m)^2/l_e^2]\hat{\mathbf{e}}_m\cdot\sum_n \exp[-2(\mathbf{r}-\mathbf{x}_n)^2/l_e^2]\hat{\mathbf{e}}_n$$

$\hat{\mathbf{e}}_m$ と $\hat{\mathbf{e}}_n$ の成分は平均がゼロの独立のランダム変数だから，$m\neq n$ に対して $\langle\hat{\mathbf{e}}_m\cdot\hat{\mathbf{e}}_n\rangle=0$ である．これより，

$$\langle\mathbf{A}(0)\cdot\mathbf{A}(\mathbf{r})\rangle = \frac{1}{16}\Omega^2 l_e^4 \sum_m \langle\exp[-2(\mathbf{x}_m^2+(\mathbf{r}-\mathbf{x}_m)^2)/l_e^2]\rangle$$

が得られる．この式は，

$$\langle\mathbf{A}(0)\cdot\mathbf{A}(\mathbf{r})\rangle = \frac{1}{16}\Omega^2 l_e^4 \exp(-r^2/l_e^2)\sum_m \langle\exp(-4\mathbf{y}_m^2/l_e^2)\rangle$$

のように簡単になることを示せ．この式で $\mathbf{y}_m = \mathbf{x}_m - \frac{1}{2}\mathbf{r}$ は，原点をずらすことで $\mathbf{x}_m$ からつくられた新しいランダム変数である．右辺の総和は l_e に依存する単純な係数なので，

$$\langle\mathbf{A}(0)\cdot\mathbf{A}(\mathbf{r})\rangle = \langle\mathbf{A}\cdot\mathbf{A}'\rangle = \langle\mathbf{A}^2\rangle\exp(-r^2/l_e^2)$$

となる．次に，

$$\langle\mathbf{u}\cdot\mathbf{u}'\rangle = \frac{\partial^2\langle A_i A_j'\rangle}{\partial r_i \partial r_j} - \nabla^2\langle\mathbf{A}\cdot\mathbf{A}'\rangle, \quad \langle A_i A_j'\rangle = \frac{1}{3}\delta_{ij}\langle\mathbf{A}\cdot\mathbf{A}'\rangle$$

の関係から $\langle\mathbf{u}\cdot\mathbf{u}'\rangle$ を決定し，

を使って，縦相関関数 $f(r)$ が，

$$\langle \mathbf{u}\cdot\mathbf{u}'\rangle = \frac{1}{r^2}\frac{\partial}{\partial r}r^3 u^2 f(r), \quad f(0)=1$$

$$f(r) = \exp(-r^2/l_e^2)$$

で与えられることを示せ．最後に，式(6.24)を使って対応するスペクトルが，

$$E(k) = \frac{\langle \mathbf{u}^2\rangle l_e}{24\sqrt{\pi}}(kl_e)^4\exp(-l_e^2 k^2/4)$$

となることを示せ．

次に，タウンゼント渦のランダム分布に対応する渦度の二点相関を考えよう．等方性乱流では渦度相関関数は，

$$\langle \boldsymbol{\omega}\cdot\boldsymbol{\omega}'\rangle = -\nabla^2\langle \mathbf{u}\cdot\mathbf{u}'\rangle, \quad \langle \mathbf{u}\cdot\mathbf{u}'\rangle = \frac{u^2}{r^2}\frac{\partial}{\partial r}(r^3 f)$$

によって速度相関関数と結びついていることをすでに見てきた．したがって，渦度の縦相関関数（これを f_ω としよう）は，

$$\omega^2 f_\omega = -\frac{u^2}{r}\frac{\partial}{\partial r}\frac{1}{r^2}\frac{\partial}{\partial r}(r^3 f), \quad \omega^2 = \frac{1}{3}\langle \boldsymbol{\omega}^2\rangle$$

によって f と関係づけられる．したがって，上で与えられた単純な渦のランダムな集合からなる乱れ場では，

$$f_\omega = \left(1 - \frac{2}{5}\frac{r^2}{l_e^2}\right)\exp(-r^2/l_e^2)$$

が成り立つ．この点については，すぐあとで再び考える．

次に，上に代わる二つのタイプの渦を考える．最初に速度分布，

$$\mathbf{u} = 2V\left[\left(\frac{2rz}{l_e^2}\right)\hat{\mathbf{e}}_r + \left(1 - \frac{2r^2}{l_e^2}\right)\hat{\mathbf{e}}_z\right]\exp(-2\mathbf{x}^2/l_e^2)$$

を考えてみよう．ここでも，円柱曲座標 (r,θ,z) が用いられている．この $\mathbf{u}$ の構造はタウンゼント渦の $\boldsymbol{\omega}$ と同じで，図6.28(b)の渦輪を思わせる極方向速度場を表している．まえのケースと同様に，このような渦を空間全体にランダムに分布させてつくった乱流場を考える．上の f_ω の式で $\boldsymbol{\omega}$ を $\mathbf{u}$ におき換えると明らかなように，このようにつくられた乱れ場の縦相関関数は，

$$f = \left[1 - \frac{2}{5}\left(\frac{r}{l_e}\right)^2\right]\exp(-r^2/l_e^2)$$

である．すると，式(6.24)から，対応するエネルギースペクトルが，

$$E(k) = \frac{\langle \mathbf{u}^2 \rangle l_e}{240\sqrt{\pi}} (kl_e)^6 \exp(-k^2 l_e^2/4)$$

となる．まえの例と同じく，E は $k \sim \pi/l_e$（実際は $k = \sqrt{12}/l_e$）付近でピークを示す．しかし，今度の場合は，$E(k)$ は k が小さい範囲では k^6 で変化する．これは，式(6.77)の必然的な結果であり，モデル渦を正味の線インパルスも角インパルスもゼロとなるように選んだのだから当然である．第三の例として速度場が，

$$\mathbf{u} = \Omega l_e \exp(-2\mathbf{x}^2/l_e^2)\hat{\mathbf{e}}_z + \nabla\varphi$$

で与えられるようなモデル渦を考える．今度の場合，$\mathbf{u}$ の空間構造はタウンゼント渦における $\mathbf{A}$ と同じである．まえのケースと同じように，このような渦を空間全体にランダムに分布させてつくった人工的な乱れ場を考える．タウンゼント渦からなる乱れに対しては，$\langle \mathbf{A} \cdot \mathbf{A}' \rangle = \langle \mathbf{A}^2 \rangle \exp(-r^2/l_e^2)$ だから（例題6.14を参照のこと），この第三のケースでは，

$$\langle \mathbf{u} \cdot \mathbf{u}' \rangle = \langle \mathbf{u}^2 \rangle \exp(-r^2/l_e^2)$$

となることがただちにわかり，これより，

$$E(k) = \frac{\langle \mathbf{u}^2 \rangle l_e}{4\sqrt{\pi}} (kl_e)^2 \exp(-k^2 l_e^2/4)$$

となる．今度の場合，$E(k)$ は小さい k において k^2 で成長する．われわれは，有限な線インパルスをもったモデル渦を選んだのだから，サフマンのスペクトルになるのは当然である．これらのケースは図6.29に模式的に描かれている．

ここで，シグネチャー関数（signature function）とよばれる新たな関数 $V(r)$ を導

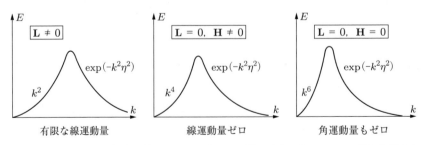

図 6.29 無視できない程度の線インパルスをもった渦，すなわち，$\mathbf{L} \neq 0$ の渦から構成される乱流場は，k が小さい範囲で，$E \sim k^2$ の形のエネルギースペクトルをもつ．もし，渦の線インパルスが無視できるが角運動量は無視できない場合には，$E \sim k^4$ となる．代表的な渦の線インパルスも角インパルスも無視できる場合には，スペクトルは $E \sim k^6$ の形になる．

入する．その定義は，

$$V(r,t) = \langle \mathbf{u}^2 \rangle r^3 \left(\frac{\partial}{\partial r^2} \right)^2 f(r,t)$$

である．サイズが l_e のタウンゼントのモデル渦のランダムな分布からなる特別な乱れの場合，

$$rV(r) = \langle \mathbf{u}^2 \rangle \left(\frac{r}{l_e} \right)^4 \exp(-r^2/l_e^2)$$

である．一般に，$f(r)$ の任意の分布に対して関数 $V(r)$ は正にも負にもなり得るが，タウンゼント渦のランダムな分布からなる特別な乱れの場合には明らかに正である．事実，上で定義した $V(r)$ は，$f(r)$ が単調に減少するような完全発達乱流では正になることが6.6節でわかる．$f(r)$ の単調減少は，完全発達した等方性乱流では普通のことである．このため，$V(r)$ はすべての r において「普通は」正である．さらに，注目すべき二つの性質ももっている．

（ⅰ）上の表式では，$V(r)$ は $r \sim l_e$ 付近で鋭いピークを示す．

（ⅱ）任意の $f(r)$ に対して $\int_0^\infty V(r)dr = \langle \mathbf{u}^2 \rangle/2$ となる．

（この二番目の性質は，V を部分積分することによって確認できる）．これを $E(k)$ と比べてみよう．$E(k)$ は正であり，式(6.98d)で明らかなように，$k \sim \pi/l_e$ 付近で鋭いピークを示し，積分すると $\langle \mathbf{u}^2 \rangle/2$ になる．このように，$V(r)$ と $E(k)$ は，一方がフーリエ空間，もう一方が物理空間で定義されているものの，ある共通性をもっているらしい．この問題については6.6節であらためて考え，そこでは，$V(r)$ が $E(k)$ と同様に，異なるサイズの渦から $\langle \mathbf{u}^2 \rangle/2$ への寄与を識別するのに使えることが示される．

6.4.2　いろいろなサイズのタウンゼントのモデル渦からなる乱れ

ここで，議論をさらに一歩進めよう．乱れ場が，サイズが l_1 のランダムな渦列と，サイズが l_2, l_3, l_4 などの渦のランダムな分布からなっているとしよう．各サイズの渦について，その基本構成要素としてタウンゼント渦，

$$\mathbf{u}_i = \mathbf{\Omega}_i r \exp(-2\mathbf{x}^2/l_i^2) \hat{\mathbf{e}}_\theta$$

をとりあげる．また，$l_1, l_2, \cdots, l_N$ は，たとえば，

$$l_2 = 0.1 l_1, \quad l_3 = 0.1 l_2, \quad \cdots, \quad l_N = 0.1 l_{N-1}$$

とする．もし，すべての渦が統計的に独立であれば，相関関数は $\exp(-r^2/l_i^2)$ の形の，指数関数的に減衰する関数の和，

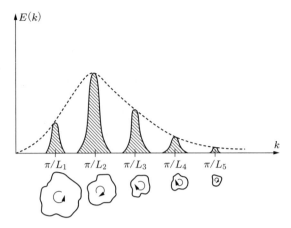

図 6.30 サイズが十分離れた $l_1, l_2, \cdots, l_N$ の階層構造における $E(k)$ の形状

$$f(r) = \sum_i \frac{\langle \mathbf{u}_i^2 \rangle}{\langle \mathbf{u}^2 \rangle} \exp(-r^2/l_i^2)$$

となる．ここで，$\langle \mathbf{u}_i^2 \rangle/2$ は，サイズが l_i の渦の $\langle \mathbf{u}^2 \rangle/2$ への寄与，$\langle \mathbf{u}^2 \rangle/2 = \sum \langle \mathbf{u}_i^2 \rangle /2$ である．もちろん，対応するエネルギースペクトルは，

$$E(k) = \sum_i \frac{\frac{1}{2}\langle \mathbf{u}_i^2 \rangle l_i}{12\sqrt{\pi}} (kl_i)^4 \exp(-l_i^2 k^2/4)$$

の形となる．このことは，図 6.30 に表されており，これでわれわれは，幅広い長さスケールにまたがる現実の乱流のエネルギースペクトルが，個々の渦の性質からどのように組み立てられるかを見ることができる（このアイディアについては，本章末尾の演習問題 6.12 でさらに考える）．

これらの乱れの簡単な運動学的モデルから，さらに二つのことを学ぶ．第一の点は，6.4.1 項で議論した，どのタイプのモデル渦でも，大きい k の領域で E は指数関数的に減少することだ．これは現実の乱流においても正しい．なぜなら，もし，速度場に特異性がないとすれば，E は k が大きい範囲で指数関数的に微小にならなければならないことが示せるからである（有限な粘性は $\mathbf{u}$ の特異性を許さない）．現実の乱流における最小渦はコルモゴロフのマイクロスケール η 程度のサイズだから，$k \to \infty$ で $E \sim \exp[-C(k\eta)^\alpha]$ であると予想される．ここで，C と α は定数である．実際は，ときに応じて $\alpha = 1$，$\alpha = 4/3$，$\alpha = 2$（最後のものは式 (6.98d) と整合）などといわれてきたが，いまでは，ほとんどの研究者は，$\alpha = 1$，C は $5 \sim 7$ 程度であると考えている（たとえば，Saddoughi and Veeravalli (1994) を参照のこと）．$\alpha = 1$

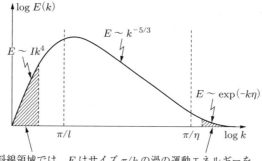

斜線領域では，E はサイズ π/k の渦の運動エネルギーを表していない

図6.31 エネルギースペクトルのうち，領域 $\pi/l < k < \pi/\eta$ 以外の部分は，サイズ π/k の渦のエネルギーとはほとんど無関係である．

を選択する理由は，一つには次のように説明できる．サイズが s の渦は $E \sim \exp(-k^2 s^2)$ の形の裾野をもち，渦サイズ全体にわたって積分すると，$E \sim \exp(-k\eta)$ となる（このアイディアは，以下でもっと詳しく考える）．

注目すべき第二の点は，$k \to 0$ のときサイズ l_i の渦は $E(k)$ に対して，$E(k \to 0) \sim \langle \mathbf{u}_i^2 \rangle l_i^5 k^4$ のオーダーの寄与をすることを，式(6.98d)は示していることだ．したがって，渦サイズが階層をなしている場合は，

$$E(k \to 0) = \frac{Ik^4}{24\pi^2} + \cdots \sim \left[\sum_i \langle \mathbf{u}_i^2 \rangle l_i^5 \right] k^4 + \cdots$$

となることが期待される．ここで，I はロイチャンスキー積分である．鍵は，小さい k における $E(k)$ の形状が，サイズ π/k の渦とはまったく関係がないということだ（図6.31）．それはむしろ，k^{-1} よりはるかに小さい渦の強さについて，何かを伝えている．具体的にいうと，小さな k における $E(k)$ へのおもな寄与は，エネルギー保有渦からきていて，そのため，$E(k \to 0) \sim Ik^4 + \cdots \sim \langle \mathbf{u}^2 \rangle l^5 k^4 + \cdots$ と書ける．l は積分スケール（エネルギー保有渦のサイズ）である．自由減衰する完全発達したバチェラー乱流において，小さい k でのスペクトルが半永久的であるということは，サイズが k^{-1} の渦が，そのエネルギーを維持し続けることを意味しているわけではないことは明らかだ．むしろ，エネルギー保有渦の動力学について何かを語っているのだ．すなわち，エネルギー保有渦は統計的不変性を表していて，もちろん，この不変量こそ角運動量（の二乗）の尺度なのである[24]．

今度は，渦サイズが連続的に分布しているという極限の場合を考える．l_i を連続変

---

24) もちろん，同様の議論は $E(k \to 0) \sim k^2$ スペクトルについてもあてはまる．

数 s（サイズ）におき換える．また，$\langle \mathbf{u}_i^2 \rangle /2$ を物理空間におけるエネルギー密度 $\hat{E}(s)$ におき換える．$\hat{E}(s)$ は，$\hat{E}(s)ds$ が $(s, s+ds)$ の範囲のサイズの渦からの $\langle \mathbf{u}^2 \rangle /2$ への寄与となるように次式で定義されている．

$$\frac{1}{2}\langle \mathbf{u}^2 \rangle = \int_0^\infty \hat{E}(s)\,ds = \int_0^\infty E(k)\,dk$$

すると，タウンゼントのモデル渦に対しては，

$$E(k) = \int_0^\infty \frac{\hat{E}(s)s}{12\sqrt{\pi}}(ks)^4 \exp[-(ks)^2/4]\,ds$$

となり，これは，エネルギースペクトル $E(k)$ と物理空間におけるエネルギー密度 $\hat{E}(s)$ の関係を示している．

もちろん，現実の乱れはタウンゼントのモデル渦の集まりではないから，この議論は少し作為的である．それでも，運動学的意味では許されることで，合理性のある初期条件を表している．上の表現で大事な点は，異なる渦サイズにわたってのエネルギーの分布を表すのは，$E(k)$ ではなく $\hat{E}(s)$ だということである．したがって，これはエネルギーの分布を表現するうえで $E(k)$ がどれだけよい（あるいは悪い）はたらきをするのかを見るよい機会といえる．説明のために，

$$\hat{E}(s) = \frac{\langle \mathbf{u}^2 \rangle \exp(2\eta/l)}{\sqrt{\pi}\,l}\exp[-(s/l)^2 - (\eta/s)^2], \quad (\eta \ll l)$$

で与えられるエネルギー分布を考えよう．この式の指数の項はほぼ定数で，$(\pi\eta) < s < (l/\pi)$ に対しては 1，$s < (\eta/\pi)$ および $s > (l\pi)$ では小さい．したがって，これは，$\eta < s < l$ の範囲のサイズにわたってエネルギーが比較的一様に分布するが，この範囲を外れると $\hat{E}(s)$ が指数関数的に減少するような，ランダムな速度場を表しているといえる．対応するエネルギースペクトルは，

$$E(k) = \frac{\langle \mathbf{u}^2 \rangle \eta^2 e^{2\eta/l}}{12\pi l}(\eta k)^4 \frac{K_3(2\sqrt{(\eta/l)^2 + (\eta k/2)^2})}{((\eta/l)^2 + (\eta k/2)^2)^{3/2}}$$

で，K_3 は通常の変形ベッセル関数である．小さい k と大きい k の極限を見てみることはためになる．小さい η/l に対しては，

$$E(k \to 0) = \frac{\langle \mathbf{u}^2 \rangle l^5 k^4}{12\pi}, \quad E(k \to \infty) = \frac{\sqrt{2}\langle \mathbf{u}^2 \rangle \eta}{3\sqrt{\pi}\,l}(k\eta)^{1/2}\exp(-k\eta)$$

となる．これらの式には二つの興味深い性質がある．

(ⅰ) $E(k)$ は $\exp(-k^2\eta^2)$ ではなく，$\exp(-k\eta)$ に従って減少する．上でも述べたように，これはまさに観察結果と同じである．

(ⅱ) $k \sim \pi/s$ とすれば，$E(k)$ は，実際には $s > l$ の範囲にほとんど渦がないにも

かかわらず，エネルギーのかなりの部分があるかのような誤解を与える．すでに強調したように，これはエネルギースペクトルに共通の欠陥である．$E(k)$ をエネルギー分布として扱うことに物理的意味があるのは，乱れが波動から構成されている場合だけだ．しかし，実際はそうではないのである．数値シミュレーションは，乱れが渦度の塊，シート，チューブ，…からなっていることを示している．

6.4.3 そのほかのモデル渦

これまでは，非常に単純なモデル渦についてのみ考えてきた．しかし，実際は，乱流の特徴のいくつかを再現できるような，より複雑なモデル構造を探し求めてきた長い歴史がある．そのなかでも，もっとも古いものは，ヒルの球状渦のランダム配置を考えた Synge and Lin (1943) であろう．タウンゼントの 1956 年のモデル渦とは違って，ヒルの球状渦は有限なインパルスをもっているため，必然的にサフマンのスペクトル ($E \sim k^2$) が見い出される．事実，Synge and Lin は，$f_\infty \sim r^{-3}$ を得ており，これはサフマンのスペクトルの特徴である．しかし，ヒルの球状渦は Townsend (1956) のモデル渦と同様に，単に渦度が詰まった塊にすぎない．そのため，おそらくチューブの形をとりやすいと思われる，もっとも強い乱流渦を代表しているとは思えない（図 3.18）．

1951 年に，タウンゼントはいろいろな形の渦の効果について調べた．その結果，大きい k に対して，チューブ状の渦（バーガース渦）の集まりは，α をモデルパラメータとして $E \sim k^{-1} \exp(-\alpha k^2 \nu)$ を与えること，またシート状の渦は $E \sim k^{-2} \exp(-\alpha k^2 \nu)$ を与えることを示した．コルモゴロフの $E \sim k^{-5/3}$ は，チューブ状の k^{-1} とシート状の k^{-2} の中間にあることに注目しよう．このことは，チューブ状とシート状の両方の性質を備えたモデル渦を探せばよいことを示している．まさに，この性質をもった渦が Lundgren (1982) によって提案された．ラングレンは，非定常の引き伸ばされたバーガース型の渦糸を考えた．その内部構造は，軸対称ではなく螺旋状で，紙の巻物のような形をしている（図 6.32）．この場合には，$E(k)$ は，

$$E \sim k^{-5/3} \exp(-\alpha k^2 \nu)$$

の形になる．ここでも，α はモデルパラメータである（$k^{-5/3}$ スペクトルは渦糸の内部構造が螺旋状であることから生じる）．ラングレンが，この単純なモデル渦を使ってコルモゴロフの 5/3 乗則を再現できたことは特筆に価する．さらに，乱流中の小スケールの渦管が渦シートの巻き上がりから生じたとすれば，ラングレンの渦管は小スケール渦の自然なモデル候補として適当であろう．しかし，このことからただち

図 6.32　ラングレンの螺旋渦

に，小スケールの乱れが螺旋渦管の集まりからなると断定することはできない．なぜなら，$k^{-5/3}$ 則は渦の形状とは無関係に，単に次元解析だけからも導くことができたではないか．すなわち，慣性小領域が渦サイズの広い範囲にわたっている場合は（Re $\gg 1$），$k^{-5/3}$ の形の $E(k)$ は異なるスケールにわたってのエネルギー分布を表現しているのであって，与えられたスケールにおける渦の形を表現しているのではないのだ．それでもなお，ラングレンの螺旋渦モデルは魅力的である．渦のタイプの影響についてさらに詳しく知りたい人は，Pullin and Saffman (1998) を参照するのも悪くないだろう．

6.5　慣性小領域における渦の間欠性

1939 年から 1941 年にかけて私とオブコフによって開発された，高 Re における乱流の局所構造に関する仮説は，物理的にはリチャードソンのアイディアにもとづいている．そのアイディアとは，乱流中には $\eta < r < l$，すなわち，外部スケール l から内部スケール η にまたがるすべてのスケールの渦が存在し，粗いスケールから細かいスケールへエネルギーを転送するある種の機構が存在するというものである．多くの著者はそれぞれ独立にこれらの仮説に到達し，非常に広く受け入れられてきた．しかし，その理論が打ち立てられた直後にランダウは，粗いスケールから細かいスケールへのエネルギー転送機構が本質的にもつ偶然かつランダムな性質の仮定からくる状況を，彼らは考慮していないことを指摘した．

A.N. Kolmogorov (1962)

ここで，小スケールの間欠性に話題を移そう．これは等方性乱流に限ったことではなく，実際，高 Re の運動に普遍的に見られる特徴である．しかし，ここでは，物理空間における一様乱流に関するわれわれの議論に合う話題としてとりあげる．半世紀にわたって一様乱流の理論的理解の基礎となってきた小スケールに対するコルモゴロ

フ理論に疑問を投じるのだから，間欠性は重要である．

6.5.1 コルモゴロフ理論の問題点とは？
科学の悲劇 — 醜い事実による美しい仮説の抹殺　　　　　　　　　　　　T.H. Huxley

第5章において，われわれは，コルモゴルフの第二相似仮説から，

$$\langle [\Delta v]^p \rangle = \beta_p \varepsilon^{p/3} r^{p/3} \quad (\eta \ll r \ll l)$$

という関係が導かれることを見てきた．1941年の理論によれば，β_p は普遍定数，すなわち，噴流でも後流でも格子乱流でも，そのほかの流れでもかわらない．しかし，当初からランダウは小スケールの乱れが普遍的な構造をもっているとするコルモゴロフの主張に反論し，粘性散逸（暗に小スケールへのエネルギー流束）がきわめて間欠的であり，その間欠性は大スケールに依存し得ること，したがって，また，それぞれの流れで変化することを指摘した．これらの反論は将来への予言となった．

この間欠性についてのランダウの指摘は非常に謎めいていたため，多くの研究者はこのコメントに説明を加えようとした．もちろん，ランダウの終着点は何で，研究者の出発点は何かを見きわめることはやや困難な場合もある．いずれにせよ，ここで一つの解釈について述べよう（より完全な議論については Monin and Yaglom (1975)，または Frisch (1995) を参照のこと）．大スケールにおける間欠性と小スケールにおける間欠性を区別して扱うことが大切で，それぞれ積分スケールの間欠性および慣性領域の間欠性と名づけることにしよう．前者は，l のオーダーのスケールで見た渦度と散逸の凝集性を指す（図 6.7）．格子の直後や噴流中の乱れを考えてみよう．渦度や散逸がとくに強い活発な領域と，ほとんど非回転で渦度や散逸が弱い領域とが散在している．格子乱流の場合には，カルマン渦の痕跡の部分で渦度が強い．また，噴流では，噴流中にとり込まれた外部の非回転の流体の部分が不活発な領域に相当する．したがって，これらの流れでは，平均の散逸率に大スケールの不均一性が存在し，ランダウはこの大スケールの間欠性の詳しい性質が，噴流，後流，境界層など，乱流のタイプによって異なることを指摘した．この大スケールの凝集性は，局所のカスケードにエネルギーを供給する局所エネルギー流束 Π を弱めるはたらきがある．局所の平均エネルギー流束（l のオーダーのスケールにわたっての平均）は，流れのタイプに依存した空間分布をもっているから，局所の平均エネルギー流束に対してある意味で受動的に反応する小スケールの統計量も，流れのタイプに依存することになる．このため，ランダウは平衡領域における統計は普遍的でなければならない（噴流でも，後流でも，そのほかでも同じ）というアイディアに反対したわけである．たとえば，6.1.3

項で，われわれは，積分スケールでの間欠性のために，コルモゴロフの式に現れる係数 β_p が普遍的でなくなることを見てきた．

要するに，ランダウが予見したキーポイントは，$\Delta v(r)$ の統計にとって重要なのは，全体平均の散逸 $\langle 2\nu S_{ij}S_{ij}\rangle$ ではなく，適切に定義された局所平均の Π あるいは $2\nu S_{ij}S_{ij}$ だということである．さらに，乱流中には唯一のカスケードがあるのではなく，多数のカスケードがあちこちで起こっていて，局所平均の Π によってそれぞれ異なる率でエネルギー供給を受けているということである．全体の統計的性質を導くためにこれらのカスケードを平均すると，大スケールの凝集パターンの非普遍性が，慣性領域での統計的性質の非普遍性を産む結果になる．実際，大スケールにおける間欠性の結果，係数 β_p が普遍的でなくなることを示した 6.1.3 項の簡単な例は，まさにこのことの一つの表れであった．

コルモゴロフ理論の第二の問題点は，小スケールの渦度場が斑点状の構造をしていることだ（図 3.18）．この小スケールの間欠性は，大スケールの間欠性とは性質が少し異なる．小スケールの間欠性は，乱流の初生や維持の機構に関係する非一様性，すなわち，大スケールにおける凝集性にともなって起こるのではない．それは，すべての乱流の本来的な性質であり，渦度を次々と細かいスケールに砕く渦伸張という現象の直接の結果なのである．大スケールの間欠性は普遍的でないのは確かだが，慣性領域の間欠性はある種の統計的普遍性をもっている可能性がある．したがって，小スケールの間欠性はコルモゴロフ理論の普遍性に対して，必ずしも問題を提起するとは限らない．しかし，$\langle [\Delta v]^p \rangle \sim r^{p/3}$ というスケーリングの妥当性は疑わしい．疑問なのは，このスケーリングが，慣性小領域の動力学を支配するパラメータが，唯一 $\langle 2\nu S_{ij}S_{ij}\rangle$ しかないという仮定にもとづいている点である．おそらく，関連する別のパラメータがあるのだろう．$\nu\omega^2$ あるいは $2\nu S_{ij}S_{ij}$ の斑点の程度は，慣性領域内でスケール r とともに変化すると思われる．もし，このことが本当に重要なら，$\langle [\Delta v]^p \rangle \sim r^{p/3}$ というスケーリングは怪しくなる．ここで述べようとしているのは，この慣性領域におけるスケーリングの問題と普遍性の欠如の問題である．

コルモゴロフ理論がすべてよいわけではないことの最初の証明は，$\langle [\Delta v]^p \rangle \sim r^{\zeta_p}$ の指数 ζ_p の測定値とコルモゴロフの予測値 $\zeta_p = p/3$ との比較であった．$p \leq 4$ に対してはコルモゴロフの予測は妥当であったが，p の増加とともに徐々に $p/3$ からずれていき，$\zeta_p < p/3$ となる．たとえば，$p = 12$ のとき，測定結果の ζ_p は期待された 4 ではなく $\zeta_p \sim 2.8$ となる．上で述べたように，この不一致は散逸 $2\nu S_{ij}S_{ij}$ が空間的にきわめて間欠的（斑点状）であることによることがすぐにわかる．

小スケールが間欠的であるという事実は驚くようなことではない．乱流が渦管やリボンの絡み合いからなっていて，それがみずからの誘導速度で互いに運ばれるという

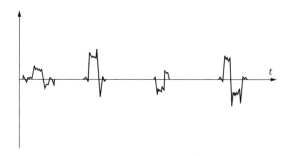

図 6.33　間欠的な信号の例

描像を描いたことを思い出そう．リボンや管がますます細かい構造へとちぎられていく際に，渦度場は徐々に斑点状になっていき，渦度が大きい領域と小さい領域が混在するようになる．そのため，ω は小スケールではきわめて間欠的になり，その結果，散逸 $2\nu S_{ij}S_{ij}$ は細い管や薄いシートに集中するようになる．

この描像が正しいことを示唆する二つの測定結果がある．まず，$\partial u_x/\partial x$ の確率分布の扁平度がガウス分布の値より大きいことに注目しよう．中程度の Re の格子乱流では $\delta_0 \sim 4$，大気乱流 ($\mathrm{Re} \sim 10^7$) では ~ 40 程度にまで達する．実際，第 5 章で Re にともなう δ_0 の変化が，たとえば，$\delta_0 \approx 3 + (1/2)(ul/\nu)^{1/4}$ などで表せることを見てきた．扁平度が大きいということは，長時間にわたって変動がゼロの状態が続き，ときどき突然活発な変動が起こり，また静かな状態にもどるというような信号であることを示している（図 6.33）．つまり，δ_0 の測定値は，小スケールの構造が斑点状であることと整合している．δ_0 が Re とともに増加するということも，また，われわれが描いた描像と矛盾しない．なぜなら，Re が大きいということは，渦管が散逸スケール η に達するまでのあいだに，多くの伸張や折り畳みを受けるからである．

$\partial u_x/\partial x$ が空間的に間欠的であることを示す第二の証拠は，式 (5.38) からきている．この式は，風洞実験程度の中間 Re においては，

$$\frac{\langle (\partial^n u_x/\partial x^n)^4 \rangle}{\langle (\partial^n u_x/\partial x^n)^2 \rangle^2} \sim (n+3) \pm 20\%$$

であることを示唆している．高次の導関数ほど確率分布はガウス分布から遠ざかる．

ここで，慣性領域の間欠性に関する二つのよく知られたモデルについて見てみよう．これらのモデルには弱点があるが，過程の基本的性質は捉えているようだ．

6.5.2　間欠性に関する対数正規モデル

オブコフとコルモゴロフの研究以来，慣性領域の間欠性の影響を定量的に表す試みが数多く行われてきた．今日，対数正規モデルとして知られている最初の試みは，

1960年代初頭にコルモゴロフとオブコフによって導入され，Kolmogorov (1962) にまとめられている．これは，多くの間欠性に関するモデルの最初のものであったが，p にともなう ζ_p の変化の予測は少なくとも $p = 12$ までは驚くほどよい．このモデルによると，

$$\zeta_p = \frac{p}{3} + \frac{\mu}{18}(3p - p^2)$$

で，モデル係数 μ は普通 $0.2 \sim 0.3$ の範囲である．

対数正規モデルの背景にあるアイディアは，以下のようである．コルモゴロフのオリジナル理論では $\Delta v(r)$ の統計的性質が，小スケールのエネルギー流束の代わりに平均散逸率 ε によってコントロールされていると仮定されていた．しかし，実際問題として $\Delta v(r)$ の統計的性質は，全体的な平均よりも，その場所の，その瞬間におけるエネルギー流束の大きさにより決まると予想される．大きさが $r(r \ll l)$ のある領域で，小スケールへの瞬間的で局所的なエネルギー流束 $\Pi(r, \mathbf{x}, t)$ は，その領域について平均した散逸率の瞬時値，$\varepsilon_{AV}(r, \mathbf{x}, t)$ に等しい．$\Pi(r, \mathbf{x}, t)$ はサイズが r の渦の動力学によって決まるのだから，$\Delta v(r)$ の統計的性質は，それはまたサイズが r の渦の動力学を反映しているが，全体平均の ε ではなく，局所平均の散逸 $\varepsilon_{AV}(r, \mathbf{x}, t)$ に依存すると予想される．コルモゴロフのオリジナル理論を修正するためには，ε を $\varepsilon_{AV}(r, \mathbf{x}, t)$ におき換えたうえで，ランダム変数である $\varepsilon_{AV}(r, \mathbf{x}, t)$ の統計的性質と r，ε，l などの測定可能な量の関係を探さなければならない．これができれば，ε の指数を $\varepsilon_{AV}(r, \mathbf{x}, t)$ の統計モーメントにおき換えることによって，コルモゴロフの相似仮説を改良することができる．そこで，統計的性質 $\varepsilon_{AV}(r, \mathbf{x}, t)/\varepsilon$ と r/l を関係づけるモデルを見い出すことからはじめよう．

等方性乱流では，エネルギー散逸率の平均 $\varepsilon = \langle 2\nu S_{ij} S_{ij} \rangle$ は，

$$\varepsilon = 15\nu \left\langle \left(\frac{\partial u_x}{\partial x}\right)^2 \right\rangle$$

と書ける．そこで，多くの実験データが存在する散逸に似た量，

$$\hat{\varepsilon} = 15\nu \left(\frac{\partial u_x}{\partial x}\right)^2$$

の統計について考えてみよう．具体的には，半径 r の球体積にわたって平均したときの $\hat{\varepsilon}$，

$$\hat{\varepsilon}_{AV} = \frac{1}{V_r} \int_{V_r} \hat{\varepsilon} dV$$

の挙動に注目する．大きな体積にわたっての平均はアンサンブル平均と等価だから，大きい $r(r \gg l)$ に対しては $\hat{\varepsilon}_{AV} = \varepsilon$ である．一方，小さい $r(r \leq \eta)$ に対しては，体積

平均の影響はなく，$\hat{\varepsilon}_{AV}$ は実質的にその点での $\hat{\varepsilon}$ に等しくなる．ここで，$r \to \eta$ にともなって，$\hat{\varepsilon}_{AV}$ は徐々に間欠的になると予想され，実際，この間欠性への移行を 5.5.1 項の結果を用いて定量的に表現することができる．具体的には，$\langle \hat{\varepsilon}_{AV} \rangle = \varepsilon$ であり，また，$\langle \hat{\varepsilon}^2 \rangle$ は $\langle (\partial u_x/\partial x)^4 \rangle$ に比例するから，積分スケール程度の間欠性を無視して，

$$\frac{\langle \hat{\varepsilon}_{AV}^2 \rangle}{\varepsilon^2} \approx 1 \quad (r \geq l)$$

$$\frac{\langle \hat{\varepsilon}_{AV}^2 \rangle}{\varepsilon^2} \approx \delta_0 \quad (r \leq \eta)$$

が得られる．ここで，δ_0 は 5.5.1 項で導入した $\partial u_x/\partial x$ の扁平度である．さらに，δ_0 は Re の増加とともに，

$$\delta_0 \approx 3 + \frac{1}{2}\left(\frac{ul}{\nu}\right)^{0.25} \approx 3 + \frac{1}{2}\left(\frac{l}{\eta}\right)^{1/3}$$

に従って増加することを，すでにわれわれは見てきた．したがって，大きい Re に対しては，

$$\frac{\langle \hat{\varepsilon}_{AV}^2 \rangle}{\varepsilon^2} \approx 1 \quad (r \geq l)$$

$$\frac{\langle \hat{\varepsilon}_{AV}^2 \rangle}{\varepsilon^2} \approx \left(\frac{l}{\eta}\right)^{1/3} \quad (r \leq \eta)$$

となるものと予想される．これら二つの極限のあいだを内挿すると，

$$\frac{\langle \hat{\varepsilon}_{AV}^2 \rangle}{\varepsilon^2} \approx \left(\frac{l}{r}\right)^{1/3} \quad (\eta \leq r \leq l)$$

となり，この結果は経験的に支持されている．ここで疑問となるのは，真の散逸 $2\nu S_{ij}S_{ij}$ が一次元の代替量 $\hat{\varepsilon}$ と同様に振る舞うだろうかということである．これに答えるためには，まず，上で述べた手順の鍵が扁平度 δ_0 と $\langle \hat{\varepsilon}^2 \rangle / \varepsilon^2$ を同じとみなすことであったことに注意しなければならない．同じような関係が，δ_0 と $2\nu S_{ij}S_{ij}$ のあいだにも成り立つのだろうか．この点で，ベチョフの解析が助けになる（5.3.6 項参照）．乱れが等方性であると仮定すると，

$$\delta_0 = \frac{15}{7}\frac{\langle (2\nu S_{ij}S_{ij})^2 \rangle}{\langle 2\nu S_{ij}S_{ij} \rangle^2}$$

となるから，上のすべての手順は，$\hat{\varepsilon}$ を $2\nu S_{ij}S_{ij}$ におき換えて同じように繰り返すことができる．このようにして，経験的な結論，

$$\frac{\langle \varepsilon_{AV}^2(r) \rangle}{\varepsilon^2} = B\left(\frac{l}{r}\right)^{\mu} \quad (\eta \leq r \leq l)$$

が得られる．ここで，

$$\varepsilon_{AV}(r, \mathbf{x}, t) = \frac{1}{V_r} \int_{V_r} 2\nu S_{ij} S_{ij} dV$$

である. μ は間欠指数とよばれるモデルパラメータで, 0.3 近辺の値になると予想されている. コルモゴロフはこの近似を用い, μ は普遍的 (どのタイプの乱れに対しても同じ) であると仮定したが, 定数 B は普遍的ではないとした. これはおそらく, ランダウの批評に応えるために, モデルのなかに普遍的ではない部分をとり込みたかったためと思われる.

次のステップは, コルモゴロフの第二相似仮説を修正, あるいは改良することだ. 具体的には, 慣性小領域における速度の増分 $\Delta v(r)$ の統計的性質が, ε と r ではなく, $\varepsilon_{AV}(r, \mathbf{x}, t)$ と r によって決まると考える. コルモゴロフは $\eta \ll r \ll l$, $\mathrm{Re} \gg 1$ に対して, $\Delta v(r)/[r\varepsilon_{AV}(r)]^{1/3}$ の確率密度関数が Re や流れのタイプに無関係な普遍性を有するとした. この改良された考え方は,

$$\langle [\Delta v]^p \rangle = \beta_p \varepsilon^{p/3} r^{p/3} \quad (\eta \ll r \ll l)$$

を,

$$\langle [\Delta v]^p \rangle = \beta_p \langle \varepsilon_{AV}^{p/3}(r) \rangle r^{p/3} \quad (\eta \ll r \ll l)$$

におき換えることを示唆している. ここで, β_p はまえと同様に普遍係数である. これがコルモゴロフの改良された相似仮説である (Kolmogorov (1962)). この仮説を受け入れるとすれば, $\langle [\Delta v]^p \rangle$ を予測するという問題は, $\langle \varepsilon_{AV}^{p/3}(r) \rangle$ を見積もるという問題にかわる. 具体的には, 経験式,

$$\frac{\langle \varepsilon_{AV}^2(r) \rangle}{\varepsilon^2} = B \left(\frac{l}{r} \right)^\mu \quad (\eta \leq r \leq l)$$

を用いて, $\langle \varepsilon_{AV}^{p/3}(r) \rangle$ を見積もる. ただちに二つの特別なケースが思いつく.

$$p = 3 : \langle \varepsilon_{AV} \rangle = \varepsilon$$
$$p = 6 : \langle \varepsilon_{AV}^2 \rangle = B\varepsilon^2 (l/r)^\mu$$

これより,

$$p = 3 : \langle [\Delta v]^3 \rangle = \beta_3 \varepsilon r$$
$$p = 6 : \langle [\Delta v]^6 \rangle = B\beta_6 \varepsilon^2 r^2 (l/r)^\mu$$

となる. もちろん, 前者は厳密かつ普遍的と考えられている 4/5 法則である. すなわち, 補正項がまったく含まれない. 後者には B が含まれていて, これは (コルモゴロフによれば) 流れによって変化するから普遍的ではない.

そのほかの p の値に対しては，$\langle \varepsilon_{AV}^{p/3} \rangle$ を予測するために新たな仮説を追加しなければならない．そのために，コルモゴロフはオブコフの例に従い，ε_{AV} の確率密度関数が対数正規分布であると仮定した．これを用いると，

$$\frac{\langle \varepsilon_{AV}^m \rangle}{\varepsilon^m} = \left[\frac{\langle \varepsilon_{AV}^2 \rangle}{\varepsilon^2}\right]^{m(m-1)/2}$$

となることを示すことができる．これと，経験的な関係 $\langle \varepsilon_{AV}^2 \rangle = B\varepsilon^2(l/r)^\mu$ およびコルモゴロフの改良された相似仮説を用いると，

$$\langle [\Delta v]^p \rangle = C_p (\varepsilon r)^{p/3} \left(\frac{l}{r}\right)^{\mu p(p-3)/18}$$

が得られる．$C_p = \beta_p B^{p(p-3)/18}$ である．この式は，

$$\langle [\Delta v]^p \rangle \sim r^{\zeta_p}, \quad \zeta_p = \frac{p}{3} + \frac{\mu}{18}(3p - p^2) \tag{6.99}$$

の形に書きなおされる．この式は，$\mu \approx 0.2$ に選ぶと $p = 12$ まで実験データとよく一致する．

ここで，いくつかコメントしておこう．まず，第一に，$p \leq 4$ に対しては，（ⅰ）実験誤差，および（ⅱ）多くの実験における中程度の Re から生まれる ζ_p の系統的なゆがみの範囲に入ってしまうという意味で，コルモゴロフのオリジナル理論に対する補正はおそらく無視できる（6.6.3 項の最後の例題 6.22 と 6.23 を参照のこと）．第二に，改良された理論においてもコルモゴロフは，C_p こそ普遍定数とはしなかったものの，μ と β_p は普遍定数とすることで相変わらず普遍性を求めた．第三に，間欠性に対する補正は $p = 3$ のとき，当然ゼロとなる．第四に，次節で述べる $\hat{\beta}$ モデルと異なり，$p = 0$ のとき，正しい極限が得られる．

このように，一見すると対数正規モデルはかなりよいように見える．しかし，それにはかなりの任意性がある．たとえば，

- B は問題の流れのタイプによってかわるのに，なぜ μ は普遍的でなければならないのか．
- なぜ ε_{AV} は対数正規則に従って分布するのか．

事実，実験データは μ の普遍性を支持しているから，μ と B の互いの役割についてのコルモゴロフの推測は，おそらく正しい．それでもなお，コルモゴロフモデルには多くの大きな欠陥があり，それらについては Frisch (1995) に詳しく述べられている．たとえば，式 (6.99) は，ζ_p が $p > 3/2 + 3/\mu$ の範囲で p の減少関数であることを示しているが，これは物理的にあり得ないことがわかっている．この欠点にもかかわらず，対数正規モデルはその後の数十年にわたる議論の方向を定めた点で歴史的に重

要である.

6.5.3 間欠性に対する $\hat{\beta}$ モデル

$\hat{\beta}$ モデルとよばれる間欠性に関するもう一つのよく見るポンチ絵は,（詳しくはないが）問題の香りを伝えている[25]. 出発点は 5.2.1 項で述べた 2/3 乗則のオブコフによる説明である. 似たような議論であったことを思い出すだろう. v_r をスケールが r の渦にともなう速度の代表値とする. これらの渦が時間スケール r/v_r で変化するとすると, エネルギーがカスケードを下る率は $\Pi(r) \sim v_r^3/r$ である. さらに, もし, 乱れが統計的に平衡であれば, すなわち慣性小領域では, $\Pi(r) = \varepsilon$ である. ε はまえと同じく空間平均の散逸である. このことから, $v_r^2 \sim (\varepsilon r)^{2/3}$ となり, $v_r^2 \sim \langle[\Delta v]^2\rangle(r)$ とすれば 2/3 乗則が得られる.

r が小さくなるにつれて, エディー（渦）はおそらく空間的に粗になるだろうと考えて, さらに議論を進めよう（図6.34）. 連続的な変数 r を離散的な変数 l_n におき換え,

$$l = l_0 = 2l_1 = 2^2 l_2 = \cdots = 2^n l_n = \cdots$$

とする. l_n は積分スケール l から η に至る渦サイズの階層を表している. いま, スケール l_n において, 各渦がサイズ l_{n+1} の N 個の小さい渦に分裂するとする. すると, ある世代から次の世代への体積の減少割合は,

$$\hat{\beta} = \frac{N l_{n+1}^3}{l_n^3} = \frac{N}{2^3} = \frac{2^D}{2^3} \leq 1$$

となる. ここで, D は過程を特徴づける, いわゆるフラクタル次元で, $D < 3$ である. もし, 最大の渦が空間を満たしていたとすると, 第 N 世代の渦は空間全体の $(\hat{\beta})^n$ を占めることになる. これによって, 空間平均のエネルギー流束 $\Pi(l_n)$ の見積もりが,

$$\Pi(l_n) = \Pi_n \sim \frac{(\hat{\beta})^n v_n^3}{l_n}$$

のように改良される（ここで, v_n はスケールが l_n の渦の代表速度である). 統計的に定常な乱れでは, $\langle \Pi_n \rangle$ は空間平均の散逸 ε に等しいから, 上の見積もりと合わせると,

$$\langle (KE)_n \rangle \sim (\hat{\beta})^n v_n^2 \sim (\hat{\beta}^n v_n^3)^{2/3} \hat{\beta}^{n/3} \sim (\varepsilon l_n)^{2/3} (2^{D-3})^{n/3} \sim \varepsilon^{2/3} l_n^{2/3} \left(\frac{l_n}{l_0}\right)^{(3-D)/3}$$

が得られる. これは,

$$\langle [\Delta v]^2 \rangle \sim \varepsilon^{2/3} r^{2/3} \left(\frac{r}{l}\right)^{(3-D)/3}$$

---

25) この理論に用いられる $\hat{\beta}$ を, コルモゴロフ定数と混同しないように.

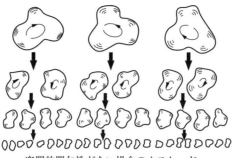

空間的間欠性がない場合のカスケード

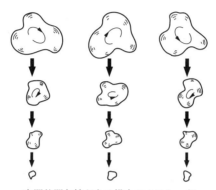

空間的間欠性がある場合のカスケード

図 6.34 間欠性がない場合のカスケードはすべてのスケールにおいて空間を満たしている．実際は，渦伸張のために小スケールにいくほど空間的にまばらになっていく（Frisch (1995) による）．

の形の二次の構造関数を示唆している．同様に，$\hat{\beta}$ モデルは任意の正整数に対して，

$$\langle [\Delta v]^p \rangle \sim \varepsilon^{p/3} r^{p/3} \left(\frac{r}{l} \right)^{(3-p)(3-D)/3}$$

を与え，この関係からスケール指数として，

$$\zeta_p = (3 - D) + \frac{p(D - 2)}{3}$$

が求められる．少しコメントしておこう．第一に，これは予測理論というよりポンチ絵である．それにもかかわらず，$D = 2.8$ とすると $p = 8$ までは ζ_p の測定結果とよく合っている．第二に，$p = 0$ に対しては $D = 3$ でない限りこの理論は破綻する．第三に，$D = 3$ はすべてのスケールの渦が空間を埋めつくす場合で，コルモゴロフの 1941 年の理論にもどる．第四に，$p = 3$ に対して $\hat{\beta}$ 修正はゼロとなり，これで 4/5 法則が（おそらく）厳密であることがあらためて確認される．図 6.35 に，$\hat{\beta}$ モデルが Kolmogorov (1941) と比較されている．

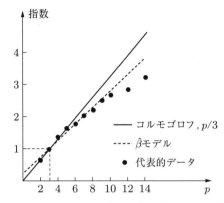

図 6.35 Kolmogorov (1941b) と $\hat{\beta}$ モデルの比較

$\hat{\beta}$ モデルと対数正規モデルをはじめとするいろいろな理論はいずれも少し怪しい．慣性小領域の間欠性を特徴づけるという問題は，相変わらず乱流研究の活発な分野である．事実，高 Re における慣性小領域の間欠性の存在自体を疑問視する人もいる（たとえば，Lundgren (2003))．詳細な論説は Frisch (1995) を参照のこと．

6.6 いろいろな渦サイズにわたってのエネルギーとエンストロフィー分布の評価

> ただ先入観を並べ替えているだけなのに，物事を考えているかのように思ってしまう人が非常に多い．
> William James

完全発達した等方性乱流において，異なるサイズの渦のあいだでのエネルギー分布を近似的に表す関数 $V(r)$ を導入する．この目的で，普通，使われる $E(k)$ と違って，それは物理空間での変数 r の関数で，r は渦サイズにともなう量である．そのため，$V(r)$ は $E(k)$ よりもわかりやすい．この関数 $V(r)$ をシグネチャー関数 (signature function) とよぶことにする．これに関連した関数 $\Omega(r) \sim r^{-2}V(r)$ は，異なるサイズの渦のあいだでのエンストロフィーの分布を表すのに用いることができる．

$V(r)$ と $\Omega(r)$ の解釈は運動学だけにとどまらない．$E(k)$ の動力学方程式に対応する $V(r)$ の動力学方程式をカルマン・ハワース方程式から導く．この式は，大スケール渦（$V(r)$ への大きい r の寄与）から小スケール渦へとエネルギーが次々と受け渡され，最後に粘性力によって壊されるというカスケード過程の描像と一致している．われわれのこの使い慣れた表現をあらためて確認する一方で，一言，注意しておくのがよいだろう．$V(r,t)$ とそれを支配する方程式を導入することは，何も新しい動力学

を導入するわけではないということを頭に入れておくことが重要である．われわれは，ただ，カルマン・ハワース方程式に含まれている情報をパックしなおすだけだ．同じことは，$E(k,t)$ とその動力学方程式を導入するときにもいえる．こうした演習で期待されることは，新しい枠組みを確立し，これを通じてカルマン・ハワース方程式に含まれている動力学的情報を解き明かすことである．要するに，われわれは乱流のダイナミクスを観察するための適切なレンズを探しているのだ．このプロセスは，原理的には有用であることが示されているものの，言葉を再整理しただけなのにあたかも進歩したかのように錯覚してしまう危険性をつねにともなっている．したがって，この節を読むときには，William James の忠告を心にとどめておくのがおそらく健全なやりかたであろう．

6.6.1 スケールによるエネルギーの変化を近似的に表す物理空間における関数

一様乱流に関する多くの論文では，エネルギースペクトル $E(k)$ について深く考察されている．理由は，それが乱れ場の瞬間状態を描き出すのに役立つからだ．ここで，$E(k)$ の性質のいくつかを思い出しておこう．

（1） $E(k) \geq 0$
（2） $\int_0^\infty E(k) dk = \langle \mathbf{u}^2 \rangle / 2$
（3） 一定サイズ l_e の単純な[26]渦のランダムな集合に対して，$E(k) \sim \langle \mathbf{u}^2 \rangle l_e [(kl_e)^m \exp(-k^2 l_e^2/4)]$, $m = 2$ または 4．これは $k \sim \pi/l_e$ 付近でピークを示す．

最初の二つの性質は，$(k, k+dk)$ の範囲の波数成分から $\langle \mathbf{u}^2 \rangle / 2$ への寄与が $E(k) dk$ で表されることを意味している．もちろん，乱流を構成している個々の構造（渦）と k とを，どのように結びつけるかという問題は残っている．性質（3）がわれわれの助けとなる．サイズ l_e の単純な渦は $k \sim \pi/l_e$ 付近にピークを有するスペクトルを生むのだから，渦サイズが広い範囲にまたがる場合，k^{-1} を，おおよその渦サイズとみなしてよいだろう．

性質（3）は別の使い道もある．サイズが l_e の渦のランダムな集合の運動エネルギーは，$l_e^{-1} E(l_e^{-1})$ のオーダーである．したがって，完全発達乱流におけるサイズが π/k_e の渦の運動エネルギーは $k_e E(k_e)$ のオーダーとなること，また，これらの渦は，代表速度 $[k_e E(k_e)]^{1/2}$ をもつことが期待される．実際，このような見積もりはよく

---

26) 「単純な渦」という言葉は，単一の長さスケールをもった渦度の塊を意味している．もちろん，$E(k)$ の厳密な形は，渦度場を構成する「モデル渦」の形に依存する．しかし，どのようなモデルが用いられたとしても，$k \sim \pi/l_e$ 付近でピークをもつことにかわりない．詳細は 6.4.1 項に述べられている．

行われている (Tennekes and Lumley (1972))[27]. たとえば，慣性小領域では $E \sim \varepsilon^{-2/3} k^{-5/3}$, したがって，サイズが r の渦の運動エネルギーは $v_r^2 \sim \varepsilon^{2/3} k^{-2/3} \sim \varepsilon^{2/3} r^{2/3}$ となる．これはコルモゴロフの 2/3 乗則，

$$\langle (\Delta v)^2 \rangle = \beta \varepsilon^{2/3} r^{2/3}$$

と一致している．

$E(k)$ の有用性は，各瞬間において異なるサイズの渦のあいだでどのようにエネルギーが分布しているかを直感させる点にあると思われる．さらに，カルマン・ハワース方程式は，

$$\frac{\partial E}{\partial t} = (慣性効果) + (粘性効果)$$

の形に表現することができ，慣性効果によってどのようにエネルギーが渦サイズにまたがって再分配され，粘性効果によって散逸されるのかについて理解する手がかりとなる．この解析がどのように展開されるかについての詳細は第 8 章で述べる．しかし，異なるスケールの渦がもつエネルギーを区別するのに，なぜフーリエ変換を引き合いに出さなければならないのかを疑問に思うのは当然である．なんといっても，フーリエ変換は信号を波動の階層に分解するために工夫されたものであり，一方，乱流は空間的に孤立した構造（渦）からなっていて波動ではない[28]．さらに，フーリエ空間において書かれた動力学方程式は，少なくとも初心者にとってはあまりなじみがない．だから，$E(k)$ とおおよそ同じはたらきをするような「物理空間」における関数 $V(r)$ (r は乱流中の二点間の距離) を見つけることができるのかどうかと聞きたくなるのは当然であろう．もし，そのような関数が本当に存在するなら，異なるスケール間でのエネルギー伝達に関するいつもの疑問を，フーリエ空間に移動することなし

---

27) テネケスとラムレイは，サイズが π/k_e の渦を，$k = k_e$ を中心とする幅が k_e の滑らかな局在する関数で近似している．その運動エネルギーは $\int_0^\infty E(k) dk \sim k_e E(k_e)$ である．このとき，異なるサイズの渦のあいだでのエネルギー交換は波数空間では，オクターブ波数と隣接するオクターブ波数のあいだでの交換と解釈される．

28) フーリエ変換が速度場を渦ではなく波の階層に分解するという事実は，乱流理論の分野において，数十年にわたって絶えることのない関心事であった．ウェーブレットのような，より込み入った変換テクニックまで引き出した．しかし，「渦」とは何を意味するのかについてわれわれの意見が一致しない限り，この問題は解決しそうにはない．すなわち，渦がどのように見えるのかについて一致した考えをもたない限り，乱流信号から渦に関する情報を引き出すためのフィルタやテンプレートを設計することはできない．この節の目的はもっと控えめなものである．われわれは，ただ，$E(k)$ を物理空間における関数 $V(r)$ におき換えようとしているだけだ．$E(k)$ も $V(r)$ も，どちらかというと鈍い道具である．たとえば，それらは空間平均しか扱っていないから，詳しく見れば大きく異なるような速度場でも，$E(k)$ や $V(r)$ は同じになり得る．

に考えることができる．

そこで，関数 $V(r)$ がもつべき性質をあげてみよう．$E(k)$ の性質とのアナロジーから，

（1） $V(r) \geq 0$
（2） $\int_0^\infty V(r)\,dr = \langle \mathbf{u}^2 \rangle / 2$
（3） ある決まったサイズ l_e の単純な渦のランダムな集合に対して，$V(r)$ は $r \sim l_e$ 付近で鋭いピークをもち，$r \ll l_e$ と $r \gg l_e$ で小さい．

残念ながら今日まで，このような関数は見つかっていない．われわれにできる最善のことは，これよりやや弱い条件を満たすシグネチャー関数とよばれる関数を定義することである．具体的には，（1）が，

（1b） $\int_0^r V(r)\,dr \geq 0$

におき換えられ，（2）と（3）はそのままとする．つまり，すべての状況で $V(r)$ が厳密に負でないという条件を緩和し，より弱い条件（1b）におき換えるのである．しかし，実際は，完全発達した自由に成長する等方性乱流では，$V(r)$ はほぼ確かに正であることがやがてわかる[29]．

$V(r)$ についてはいくつかの有望な候補がある．そのなかでもっとも目立つのは，Townsend（1956）が，

$$\frac{3}{4} \langle [\Delta v]^2 \rangle (r) \sim [\text{サイズが } r \text{ またはそれ以下の渦に含まれるエネルギー}]$$

という関係からヒントを得て提案したものであろう．これは，

$$V_T(r) = \frac{d}{dr}\left[\frac{3}{4}\langle [\Delta v]^2 \rangle \right]$$

であることを示唆している．ここで，添え字はタウンゼントによる V の定義であることを意味し，係数 $3/4$ は V_T の積分が $\langle \mathbf{u}^2 \rangle /2$ となるように付加されている．明らかに，V_T は条件（1b）と（2）を満足している．実際は $V_T > 0$ という，より厳しい条件も満たしているようだ．これを確認するために，V_T を $V_T = (-3/2)u^2 f'(r)$ と書き換える．完全発達乱流では，f は，普通は単調に減少するから，$f(r) \geq 0$，$f'(r) \leq 0$ となる（図 6.36 参照）．したがって，このように定義された $V(r)$ は，完全発達乱流ではほぼ確実に正である．

---

[29] とくに，$f(r)$ が $f(0) = 1$ から単調に減少する限り，$V(r) \geq 0$ となることがやがてわかる．このことは，完全発達した等方性乱流におけるほとんどの測定結果により示されている．

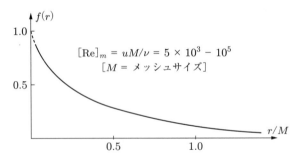

図 6.36 Townsend (1956) の 3.5 節に与えられているデータにもとづく縦相関関数 $f(r)$ の形状

そのうえ，6.4.1 項で見たように，固定サイズ l_e の渦のランダムな集合は，

$$\frac{d}{dr}\left[\frac{3}{4}\langle[\Delta v]^2\rangle\right] = \frac{\langle \mathbf{u}^2\rangle}{l_e}\left(\frac{r}{l_e}\right)e^{-(r/l_e)^2}$$

となり，これは $r \sim l_e$ 付近で最大となるから，条件（3）は（おおむね）満たされている．しかし，タウンゼントによる $V(r)$ の定義は，さきほどの三つのおもな条件は満たしているものの，採用には一つの難点がある．第3章で説明したように，$\langle[\Delta v]^2\rangle(r)$ は r より大きい渦からの寄与も含んでいると考えられる．すなわち，われわれの物理的直感は，

$$\frac{3}{4}\langle[\Delta v]^2\rangle \sim [\text{サイズが } r \text{ またはそれ以下の渦のエネルギー}]$$
$$+ r^2[\text{サイズが } r \text{ またはそれ以上の渦のエンストロフィー}]$$

であることを示唆している．このことから，式 (6.28) の形，すなわち，

$$\frac{3}{4}\langle[\Delta v]^2\rangle(r) \approx \int_{\pi/r}^{\infty} E(k)\,dk + \left(\frac{r}{\pi}\right)^2 \int_{0}^{\pi/r} k^2 E(k)\,dk$$

が浮上する．右辺の第二の積分は，エネルギー保有渦の領域では無視できるが，慣性小領域では無視できない．したがって，

$$V_T(r) = \frac{d}{dr}\left[\frac{3}{4}\langle[\Delta v]^2\rangle\right]$$

という提案は $V(r)$ の候補として不完全なことは明らかである．ここでの疑問は，$V_T(r)$ に勝るものがあるかである．つまり，$V_T(r)$ から第二の積分に含まれている情報をとり除く方法を知りたいのである．

以上は，いずれもシグネチャー関数 $V(r)$ について別の候補を探さなければならないことを示している．この本では，

$$V(r) = -\frac{r^2}{2}\frac{\partial}{\partial r}\frac{1}{r}\frac{\partial}{\partial r}\left[\frac{3}{4}\langle[\Delta v]^2\rangle\right] \tag{6.100}$$

あるいはこれと等価な，

$$\frac{3}{4}\langle[\Delta v]^2\rangle = \int_0^r V(s)\,ds + r^2 \int_r^\infty \frac{V(s)}{s^2}\,ds \qquad (6.101)$$

という定義を採用する（式(6.100)と式(6.101)が等価であることは，上の積分方程式を微分すればわかる）．式(6.101)と，

$$\frac{3}{4}\langle[\Delta v]^2\rangle(r) \approx \int_{\pi/r}^\infty E(k)\,dk + \left(\frac{r}{\pi}\right)^2 \int_0^{\pi/r} k^2 E(k)\,dk$$

との類似性に注意しよう．

式(6.100)の定義の背景については，すぐあとで説明する．しかし，まず，上のように定義されたVの二つの有益な性質をはっきりさせておく必要がある．小さなrに対して，構造関数$\langle[\Delta v]^2\rangle$は，

$$\langle[\Delta v]^2\rangle = \left\langle \left(\frac{\partial u_x}{\partial x}\right)\right\rangle^2 r^2 + O(r^4) = \left(\frac{r^2}{15}\right)\langle\boldsymbol{\omega}^2\rangle + O(r^4)$$

の形をしていたことを思い出そう．$V(r)$の二つの重要な性質とは，この式と上の定義から直接得られる．積分方程式(6.101)で$r \to 0$とし，小さなrに対して$V(r) \sim r^3$に注意すると，

$$\frac{1}{2}\langle\boldsymbol{\omega}^2\rangle = \int_0^\infty \frac{10 V(s)}{s^2}\,ds \qquad (6.102)$$

が得られる．一方，式(6.100)を部分積分すると，

$$\frac{1}{2}\langle\mathbf{u}^2\rangle = \int_0^\infty V(s)\,ds \qquad (6.103)$$

となる．

上の積分の性質は期待できそうだが，式(6.100)の定義は，このままではまだエネルギー密度を表すには有力候補にはなりそうもない．そこでもう少し考えてみよう．まず，$\langle[\Delta v]^2\rangle$の物理的意味について再検討する．$\Delta v = u_x(\mathbf{x} + r\hat{\mathbf{e}}_r) - u_x(\mathbf{x}) = (u_x)_B - (u_x)_A$で，AとBは距離$r$だけ離れた二点を表していたことを思い出そう（図6.37）．AやBの近傍にあるサイズsがrよりずっと小さい渦は，すべて$(u_x)_A$または$(u_x)_B$のいずれかに寄与するが，両方同時には寄与しない．したがって，$s \ll r$の渦は$\langle[\Delta v]^2\rangle$に対して運動エネルギーのオーダーの寄与をするであろう．事実，rよりはるかに小さい渦による$\langle[\Delta v]^2\rangle$あるいは$\langle\mathbf{u}^2\rangle$への寄与を表現するために上付き添え字$s \ll r$を用いると，$\langle[\Delta v]^2\rangle^{s \ll r} = 2\langle u_x^2\rangle^{s \ll r} = (2/3)\langle\mathbf{u}^2\rangle^{s \ll r}$，あるいはこれと等価な，$(3/4)\langle[\Delta v]^2\rangle^{s \ll r} = (1/2)\langle\mathbf{u}^2\rangle^{s \ll r}$が得られる．一方，サイズが$r$よりはるかに大きい渦は，$\langle[\Delta v]^2\rangle$に対して$r^2(\partial u_x/\partial x)^2$のオーダーの寄与をする．さらに$s \gg r$の極限で，$\langle[\Delta v]^2\rangle^{s \gg r} = \langle(\partial u_x/\partial x)^2\rangle^{s \gg r} r^2 = (1/15)\langle\boldsymbol{\omega}^2\rangle^{s \gg r} r^2$，あるいは$(3/4)\langle[\Delta v]^2\rangle^{s \gg r} =$

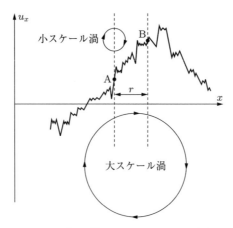

図 6.37 $\langle [\Delta v]^2 \rangle$ への大小の渦からの寄与

$(1/20)\langle \boldsymbol{\omega}^2 \rangle^{s \gg r} r^2$ となる．したがって，われわれが描いた物理的描像や，大小の r の極限とも矛盾しない $\langle [\Delta v]^2 \rangle$ は，

$$\frac{3}{4}\langle [\Delta v]^2 \rangle \approx [\text{サイズが } s < r \text{ の渦による } \frac{1}{2}\langle \mathbf{u}^2 \rangle \text{ への寄与}]$$

$$+ \left(\frac{r^2}{10}\right)[\text{サイズが } s > r \text{ の渦による } \frac{1}{2}\langle \boldsymbol{\omega}^2 \rangle \text{ への寄与}]$$

と推定される．式 (6.101) を，

$$\frac{3}{4}\langle [\Delta v]^2 \rangle = \int_0^r V(s)\,ds + \left(\frac{r^2}{10}\right) \int_r^\infty \frac{10V(s)}{s^2}\,ds$$

と書き換えて，この式と比較してみよう．積分の性質，

$$\frac{1}{2}\langle \mathbf{u}^2 \rangle = \int_0^\infty V(s)\,ds, \quad \frac{1}{2}\langle \boldsymbol{\omega}^2 \rangle = \int_0^\infty \frac{10V(s)}{s^2}\,ds$$

を思い出せば，$V(r)$ はエネルギー密度，$10V(r)/r^2$ はエンストロフィー密度と解釈できる．

このように，式 (6.100) で定義された V が異なる渦サイズ間でのエネルギー分布を与えるという考えには，少なくともとりあえず根拠があるらしい．図 6.38 は式 (6.100) に対応した，$V(r)$ の形状を示している．その際，図 6.36 に示したタウンゼントのデータをもとにした $f(r)$ が用いられている．この関数は正で，積分スケール，この場合は M をメッシュサイズとして $l \sim M/2.6$ 付近でピークをもつことに注意すること．

式 (6.100) の定義は，三つの条件をいずれも満たしていることは容易に確認できる．最後の点から逆順に検討しよう．式 (6.98a) から，サイズが l_e の単純な渦のランダム

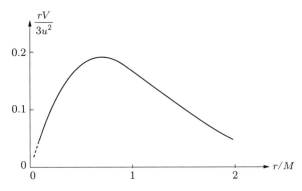

図 6.38 式 (6.100) の定義に対応し，かつ縦相関関数に対するタウンゼントのデータにもとづいた $V(r)$ の形状．M はメッシュサイズ

分布が $f(r) = \exp(-r^2/l_e^2)$ を与え，これより，

$$rV(r) = \langle \mathbf{u}^2 \rangle \left(\frac{r}{l_e}\right)^4 \exp(-r^2/l_e^2)$$

となるから，条件（3）は満たされている．この式は確かに，$r \sim l_e$ 付近でかなり鋭いピークを示し，タウンゼントの関数 $V_T(r)$ よりもピークは鋭い．式 (6.103) により条件（2）も満たされている．残っているのは条件（1b）である．われわれは，すべての r およびすべての条件で，$\int_0^r V(r)dr \geq 0$ であることを示す必要がある．ここで，式 (6.25) と定義の式 (6.100) を用いて $E(k)$ と $V(r)$ がハンケル変換，

$$rV(r) = \frac{3\sqrt{\pi}}{2\sqrt{2}} \int_0^\infty E(k)\,(rk)^{1/2} J_{7/2}(rk)\,dk \tag{6.104}$$

によって関係づけられていることに注意するとよい．ここで，$J_{7/2}$ は通常のベッセル関数である．この式を積分すると，

$$\int_0^r V(r)\,dr = \int_0^\infty E(k)\,G(rk)\,dk \tag{6.105}$$

が得られる．この式の $G(x)$ の形は図 6.39 に示されている．$G(x) \geq 0$ であり，$\int_0^r V(r)dr$ は確かに正である．

実際は，完全発達乱流においては，より厳しい条件 $V(r) > 0$ がほぼ確実に成立することを示すことができる．それは，次のようである．まず，測定結果は，発達した等方性乱流では，$f(r)$ は単調に減少することを示している（たとえば，Comte-Bellot and Corrsin (1966)，あるいは Townsend (1956) の 3.5 節にあるデータを平均して描いた図 6.36 に示されている）．そこで，われわれがやるべきことは，$f(r) \geq 0$，$f'(r) \leq 0$ である限り，式 (6.100) で定義された $V(r)$ が，すべての r に対して

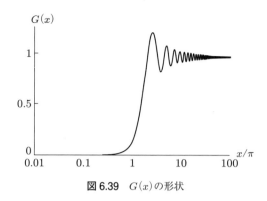

図 6.39 $G(x)$ の形状

正であることを示すことである．確かにそのとおりだということを示す三つの証拠がある．一つは，式(6.44)の展開と式(6.100)とから，

$$rV(r) = \frac{\langle (\nabla \times \boldsymbol{\omega})^2 \rangle r^4}{140} + \cdots \quad (r \ll \eta)$$

となるので，小さい r に対して $V \geq 0$ であることがわかっている．二つ目は，コルモゴロフの 2/3 乗則と式(6.100)から，

$$rV(r) = \frac{1}{3}\beta \varepsilon^{2/3} r^{2/3} \quad (\eta \ll r \ll l) \tag{6.106}$$

でなければならない．ここで，β はコルモゴロフ定数，η はコルモゴロフのマイクロスケール，l は積分スケールである．三つ目は，$f(r)$ は単調に減少し，$f'(0) = 0$ だから，$f''(r)$ は負ではじまり途中で正に転じるはずである．$f''(r)$ が符号をかえる変曲点は，散逸領域と慣性小領域の中間に位置する．$V \sim f''(r) - r^{-1}f'(r)$ なので，慣性小領域かそれより大きいすべてのスケールにおいて V は正である．したがって，V に対して負の寄与となる唯一の可能性は，散逸領域 $r \sim \eta$ からのものである．しかし，平衡領域全体にわたって式(6.53b)は，

$$V = \frac{r^2}{16\nu} \frac{\partial}{\partial r} \frac{1}{r} [|S| \langle [\Delta v]^2 \rangle^{3/2}]$$

となる．ここで，$S(r)$ はひずみ度 ($S \sim -0.3$) である．さらに 6.2.8 項において，S を一定と仮定して式(6.53b)を積分することによって，平衡領域全体にわたっての $\langle [\Delta v]^2 \rangle$ を見事に推定できることをわれわれは知った．この積分により平衡領域全体にわたって $\langle [\Delta v]^2 \rangle / r^{2/3}$ が単調に増加することが明らかになり(図 6.19)，同様のことは直接シミュレーションにおいても観察されている．以上の結果，$r \ll l$ の領域で $V \geq 0$ であると結論づけられる．

以上をまとめると，$f(r)$ が図 6.36 のように単調に減少するとすれば，V はすべて

の r において正であると予想される．したがって，完全発達乱流では $V(r) \geq 0$ であると推測できる．

> **例題 6.15** *$V(r)$ の積分の性質* 次の式を確認せよ．
> $$\int_0^\infty r^m V(r)\,dr = \frac{3}{8}|m|(2+m)\int_0^\infty r^{(m-1)}\langle[\Delta v]^2\rangle\,dr \quad (-2 < m < 0)$$
> $$\int_0^\infty r^m V(r)\,dr = \frac{1}{4}\langle \mathbf{u}^2\rangle m(2+m)\int_0^\infty r^{(m-1)} f\,dr \quad (m > 0)$$
> $f \geq 0$ であれば，$m > -2$ に対して $\int_0^\infty r^m V(r)\,dr > 0$ となるのは明らかである．とくに興味がある一つのケースは，
> $$l = \int_0^\infty f\,dr = \frac{4}{3\langle \mathbf{u}^2\rangle}\int_0^\infty rV\,dr$$
> である．

6.6.2 物理空間とフーリエ空間におけるエネルギー分布を関係づける

$V(r)$ と $E(k)$ は，どちらも異なるスケールに含まれるエネルギーを識別するとしているのだから，これら二つのあいだの関係はどうなっているのかと聞きたくなる．ここで，

$$rV(r) \approx [kE(k)]_{k \approx \pi/r}$$

の関係があることを示そう．背景にあるアイディアは，次のようなものである．式 (6.98a) を式 (6.100) の定義を合わせると，サイズが l_e の単純な渦の集合は，

$$rV(r) = \langle \mathbf{u}^2\rangle \left(\frac{r}{l_e}\right)^4 \exp(-r^2/l_e^2)$$

を与える．このことは，サイズ l_e の渦の運動エネルギーが，

$$v_{l_e}^2 = \int_0^\infty V(r; l_e)\,dr \sim V(l_e) l_e$$

であることを示唆しており，この関係は，フーリエ空間における $v_k^2 \sim kE(k)$，$k \sim \pi/l_e$ と類似している．これらの結果を合わせると，

$$v_r^2 \sim rV(r) \sim kE(k), \quad k \sim \pi/r$$

を示唆している．もし，これが正しいのであれば，これは $V(r)$ の有益な性質であり，r を渦のサイズとして $V(r)$ は「手軽なエネルギースペクトル」とでもいえるだろう．

しかし，この $V(r)$ の物理的解釈は不完全であることは，つねに心にとどめておく

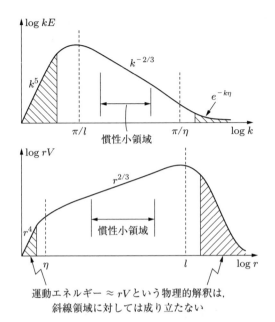

図 6.40 $kE(k)$ または $rV(r)$ が，サイズが π/k または r の渦の運動エネルギーを表すという考えは，$r < \eta$ あるいは $r > l$ に対しては意味がない．

べきである．これは，$V(r)$ にも $E(k)$ にも共通の欠陥で，どちらの場合も $k \sim \pi/l_e$ の見積もりが不正確なのである．すなわち，一定のサイズの渦が，$k \sim \pi/l_e$ 付近にピークを示すとはいえ，分布したエネルギースペクトル $E(k)$ を示すのと同様に，一定のサイズの渦が $r \sim l_e$ 付近にピークを有する $V(r)$ の連続分布を示す．その一つの結果は，$V(r)$ にしても $E(k)$ にしても，$r < \eta$ と $r > l$ の領域では物理的な意味（エネルギーという意味での）をもたないということだ（図 6.40）．しかし，こうした制限を考慮したうえで，$V(r)$ と $E(k)$ の関係をさらに詳しく見てみよう．そして，もっと厳密な形で $rV(r) \approx [kE(k)]_{k \approx \pi/r}$ を導くことができるかどうかを見てみよう．

まず，式(6.104)は，$E(k)$ と $V(r)$ がハンケル変換，

$$rV(r) = \frac{3\sqrt{\pi}}{2\sqrt{2}} \int_0^\infty E(k)\,(rk)^{1/2} J_{7/2}(rk)\,dk \qquad (6.107\text{a})$$

で関連づけられることを示していることに注目しよう．これの変換対は，

$$E(k) = \frac{2\sqrt{2}}{3\sqrt{\pi}} \int_0^\infty rV(r)\,(rk)^{1/2} J_{7/2}(rk)\,dr \qquad (6.107\text{b})$$

である．ここで，$J_{7/2}$ は普通のベッセル関数である．この少し謎めいた変換対は $E(k)$ と $V(r)$ 関係の本質を不明瞭にしている．しかし，近似的ではあるがより簡単な関係，

6.6 いろいろな渦サイズにわたってのエネルギーとエンストロフィー分布の評価

$$\int_0^r V(r)\,dr = \int_0^\infty E(k)G(rk)\,dk$$

が式(6.105)から得られる.

この式の $G(x)$ の形が図 6.39 に示されている.$G(x)$ を一種のフィルター関数と考えれば,$G(x)$ の粗い近似として,$x < \hat{\pi}$ で $G(x) \approx 0$,$x > \hat{\pi}$ で $G(x) = 1$,$\hat{\pi} = 9\pi/8$ が考えられる.これを用いると[30]),

$$\int_0^r V(r)\,dr \approx \int_{\hat{\pi}/r}^\infty E(k)\,dk, \quad \hat{\pi} = 9\pi/8$$

が得られる.もし,

$$rV(r) \approx [kE(k)]_{k=\hat{\pi}/r} \quad (\eta < r < l) \tag{6.108}$$

なら,この積分方程式は満足される.この近似関係は,$V(r)$ と $E(k)$ が比較的滑らかな関数であるときにだけ成り立つ.$E(k)$ の勾配がきつい場合には,これはよい近似ではない(本章末尾の演習問題 6.11 を参照のこと).この近似は,また,$\eta < r < l$ の外側の領域でも成り立たない.なぜなら,$rV(r)$ も $kE(k)$ も,$\eta < r < l$ の範囲以外では,サイズ r (あるいは $k \approx \pi/r$) の渦のエネルギーを表すとはいえないからだ.それでもこの制限を受け入れたうえで,式(6.108)が既知の事実と整合しているかどうかを見てみよう.

まず,式(6.108)は慣性小領域についてのわれわれの知識と整合している.この領域では式(6.106)から,

$$rV(r) = \frac{1}{3}\beta\varepsilon^{2/3}r^{2/3} = 0.667\varepsilon^{2/3}r^{2/3}$$

となり,5/3 乗則は,

$$[kE(k)]_{k=\hat{\pi}/r} = (\alpha\varepsilon^{2/3}k^{-2/3})_{k=\hat{\pi}/r} = 0.655\varepsilon^{2/3}r^{2/3}$$

を要求する($\beta \approx 2.0$,$\alpha \approx 1.52$ だったことを思い出そう).Re $\to \infty$ の極限では,慣性小領域で,$rV(r)$ と $[kE(k)]_{k=\hat{\pi}/r}$ の差は 2% しかない.

タウンゼントの風洞実験データ(図 6.36 参照)について,$rV(r)$ と $[kE(k)]_{k=\hat{\pi}/r}$ の形を比較した図 6.41 は,式(6.108)のもう一つの簡単なテストとなる.式(6.108)から予想されたように,二つの曲線は似ている.しかし,図 6.36 では平衡領域は解像されていないのだから,図 6.41 の曲線は,エネルギー保有渦だけに関係してい

---

[30]) もちろん,$G(x)$ に対する x のカットオフとして,$\hat{\pi}$ ではなく π を用いることもできる.しかし,係数 rV と $[kE]_{k=\hat{\pi}/r}$ が同じ平均値と rms 値をもつために,係数 9/8 がつく.本節末尾の例題 6.18 を参照のこと.

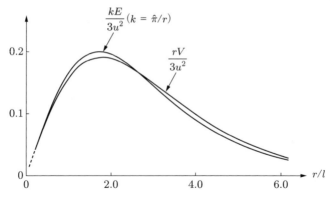

図 6.41 図 6.36 に示されている風洞実験データに対応する $rV(r)$ と $kE(k)$ の分布形状. l は積分スケール

とに注意しなければならない.

式(6.108)の最後のチェックとして，モデルスペクトル，

$$E = \hat{k}^4 (1 + \hat{k}^2)^{-17/6} \exp(-\hat{k}/\mathrm{Re}^{3/4}), \quad \hat{k} = kl$$

に対応する $V(r)$ を考える．この関係は，小さい k の範囲では k^4，中間の k では $k^{-5/3}$ で減少し，大きい k の範囲では指数関数型の尾部をもっている．つまり，現実のスペクトルに期待される性質をもっている． $rV(r)$ と $[kE(k)]_{k=\hat{\pi}/r}$ の比較が，$\mathrm{Re}^{3/4} = 100$ の場合に対して図 6.8 (6.1.3 項参照) に示されている．線形プロット，片対数プロットおよび両対数プロットの三種類の曲線が示されている（対数プロットは慣性小領域を強調するために用いられている）．比較結果は良好であり，式(6.108) の一つのサポートとなっている．

全体として見ると，$\eta < r < l$ で $rV(r) \approx [kE(k)]_{k=\hat{\pi}/r}$ という推測は，自由発達する完全発達乱流のもっともな近似であるといえる．変換対の式(6.107)は，式(6.108)のさらなるサポートとなる．詳細は以下の例題に与えられている（ハンケル変換については付録 3 が役に立つ）.

例題 6.16 指数則スペクトル $V(r)$ と $E(k)$ のあいだのハンケル変換の関係を使って，もし，E が簡単な指数法則 $E = Ak^n$, $-5 < n < 4$ の形をしていて，無限大において指数関数的に減少するとすれば，

$$[rV(r)] = \lambda_n [kE(k)]_{k=\hat{\pi}/r}$$

となることを証明せよ．この式の λ_n は n に依存する係数である．さらに，

6.6 いろいろな渦サイズにわたってのエネルギーとエンストロフィー分布の評価

$$\lambda_n = \frac{3\sqrt{\pi}}{4}\left(\frac{16}{9\pi}\right)^{n+1}\frac{\Gamma\left(\frac{5}{2}+\frac{n}{2}\right)}{\Gamma\left(2-\frac{n}{2}\right)}$$

を証明せよ．ここで，Γはガンマ関数である．たとえば，

n	-2	$-5/3$	-1	0	1	2
λ_n	1.04	1.02	1	1	0.96	0.80

例題 6.17　平衡領域のスペクトル　平衡領域におけるエネルギースペクトル，

$$E(k) = v^2\eta(\eta k)^m \exp[-(k\eta)^2]$$

について考える．ここで，vとηはコルモゴロフのマイクロスケールである．ハンケル変換対の式(6.107)とクンマーの変換則を用いて，$V(r)$が，

$$rV(r) = \frac{3\sqrt{\pi}}{2^6}\frac{\Gamma\left(\frac{5}{2}+\frac{m}{2}\right)}{\Gamma\left(\frac{9}{2}\right)}\frac{v^2 r^4}{\eta^4}\exp[-r^2/(4\eta^2)]M\left(2-\frac{m}{2},\frac{9}{2},\frac{r^2}{4\eta^2}\right)$$

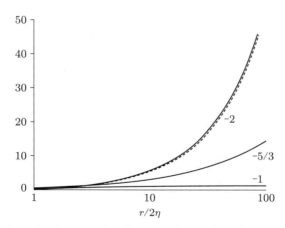

図 6.42　例題 6.17 のエネルギースペクトルの平衡領域における形状．図は$E(k) \sim (\eta k)^m \exp[-(\eta k)^2]$，$m = -1, -5/3, -2$ に対応する$f_1(r) = [kE(k)]_{k=\hat{\pi}/r}$（破線）と$f_2(r) = rV(r)$（実線）を示す．$m = -1$の場合$f_1$と$f_2$は区別がつかない．縦軸の単位は任意．

で与えられることを示せ．M はクンマーの超幾何関数である．$rV(r)$ の例と $[kE(k)]_{k=\hat{\pi}/r}$ が，$m = -1, -5/3, -2$ の場合について図 6.42 に与えられている．二つの関数は，式 (6.108) から予想されたとおり，よく一致していることに注意すること．

例題 6.18　平均値と二乗平均平方根の等価性　例題 6.15 の結果と積分スケールの表現，

$$l = \int_0^\infty f(r)\,dr = \frac{\pi}{2u^2}\int_0^\infty k^{-1}E(k)\,dk$$

を使って，

$$2u^2 l = \pi \int_0^\infty \frac{E}{k}\,dk = \frac{8}{9}\int_0^\infty rV\,dr$$

を示せ．これより，$rV(r)$ と $[kE(k)]_{k=\hat{\pi}/r}$ が，

$$\int_0^\infty [rV(r)]\,dr = \int_0^\infty [kE(k)]_{k=\hat{\pi}/r}\,dr$$

という意味で同じ平均値をもつことを確認せよ．次に，ハンケル変換対の式 (6.107) と変換対に対するレーリーの指数定理を用いて，

$$\int_0^\infty E^2\,dk = \frac{8}{9\pi}\int_0^\infty (r^2V^2)\,dr$$

を示せ．これより，

$$\int_0^\infty (r^2V^2)\,dr = \int_0^\infty (k^2E^2)_{k=\hat{\pi}/r}\,dr$$

という意味で，$rV(r)$ と $[kE(k)]_{k=\hat{\pi}/r}$ の二乗平均平方根が等しいことを確認せよ．

例題 6.19　サフマン・スペクトル　エネルギースペクトル $E = k^2 \exp(-k)$ を考える．対応するシグネチャー関数 $V(r)$ が，ガウスの超幾何関数，$_2F_1$ を使って書けることを示せ．$rV(r)$ と $[kE(k)]_{k=\hat{\pi}/r}$ を計算し，それらが図 6.43 に示されるような形をしていることを確認せよ．

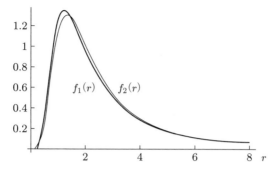

図 6.43 エネルギースペクトル $E = k^2 \exp(-k)$ に対応する，関数 $f_1(r) = [kE(k)]_{k=\dot{\pi}/r}$ と $f_2(r) = rV(r)$. 式(6.108)から予想されたとおり，f_1 と f_2 は似た形になっている．

6.6.3 物理空間におけるカスケード過程の動力学

ここで，動力学について少し紹介しよう．フーリエ空間でカスケードの動力学を考えることに慣れている読者は，最初は以下の記述はやや理解しにくいかもしれない．たとえば，$E(k)$ のプロットは，ここでは $V(r)$ のプロットになるから，小スケールほど左に，大スケールほど右にくる．しかし，これは見慣れないというだけのことだ．形式的には，ここで行われる「物理空間」での記述と，より古典的なスペクトル手法とは何もかわらない．すぐにわかるように，適切な変換を使って二つの考え方を自由に切り替えることができる．

まず，カルマン・ハワース方程式から話をはじめよう．式(6.100)の定義を使うと，$V(r)$ に対する式，

$$\frac{\partial V}{\partial t} = \frac{\partial \Pi_V}{\partial r} + 2\nu \left[\frac{\partial}{\partial r} \frac{1}{r^2} \frac{\partial}{\partial r}(r^2 V) - \frac{10}{r^2} V \right] \quad (6.109)$$

$$\Pi_V = \frac{3}{4} r^3 \frac{\partial}{\partial r} r^{-6} \frac{\partial}{\partial r}(u^3 r^4 K) \quad (6.110)$$

が得られる．関数 Π_V は，非線形の慣性力の影響をとり込んでいる．それは，エネルギーを渦から渦へと再配分することができるが，エネルギーを生成したり散逸したりはできない．散逸スケールから離れていれば，すなわち，$r \gg \eta$ なら粘性力は無視できて，式(6.109)は積分されて，

$$\frac{\partial}{\partial t} \int_r^\infty V dr = -\Pi_V(r) \quad (r \gg \eta) \quad (6.111)$$

となる．$\int_r^\infty V dr$ は，サイズが r 以上の渦がもつエネルギーの目安だから，Π_V はサイズが r またはそれ以上の渦から，r またはそれ以下の渦へ慣性力によって転送される

エネルギーを表しているに違いない．この Π_V を物理空間における運動エネルギー流束とよぶことができる．次に，式(6.109)を0から∞まで積分する．すると，慣性項は消えて，

$$\frac{d}{dt}\int_r^\infty V dr = -20\nu \int_0^\infty \frac{V}{r^2} dr \qquad (6.112)$$

が得られる．右辺の積分は式(6.102)を使って計算できて，見慣れた関係，

$$\frac{d}{dt}\frac{1}{2}\langle \mathbf{u}^2 \rangle = -\nu \langle \boldsymbol{\omega}^2 \rangle = -\varepsilon \qquad (6.113)$$

が得られる．次に，慣性小領域 $\eta \ll r \ll l$ を含む平衡領域と散逸スケール $r \sim \eta$ を考える．この領域では式(6.53a)から，$u^3 K$ は，

$$6u^3 K(r) + 12\nu u^2 f'(r) = -\frac{4}{5}\varepsilon r \qquad (6.114)$$

によって，f と関係していることをわれわれはすでに知っている（$\langle [\Delta v]^3 \rangle = 6u^3 K$ であったことを思い出そう）．式(6.109)に K を代入すると平衡領域において（予想どおり）$\partial V/\partial t = 0$ となり，式(6.112)は，

$$\frac{d}{dt}\int_r^\infty V dr = -\varepsilon \quad (r \ll l) \qquad (6.115)$$

となる．この関係と式(6.111)から，慣性小領域では物理空間における運動エネルギー流束は，

$$\Pi_V(r) = \varepsilon \quad (\eta \ll r \ll l) \qquad (6.116)$$

となることがわかる．これらの結果に対しては，単純な物理的解釈が可能である．エネルギーは，最小渦において単位時間あたり ε の割合で失われる．このエネルギーのほとんどは大スケール渦によって担われていたから，ε はまた大スケール渦からのエネルギーの吸収率でもある（式(6.115)を見よ）．慣性小領域における渦は，みずからはほとんどエネルギーをもっておらず，大スケール渦から散逸渦へのエネルギー伝達のパイプ役をつとめているだけである．したがって，慣性小領域を通過するエネルギー流束は $\Pi_V = \varepsilon$ なのである．

Π_V と $rV(r) \sim v_r^2$ の一般的な形は図6.44に示されている．運動エネルギー v_r^2 は r の増加とともに最初は r^4 で，続いて $r^{2/3}$ で増加する．そして，積分スケール付近で最大となったあと減少する．Π_V も小さな r では r^4 で，そのあと，慣性小領域で $\Pi_V = \varepsilon$ で一定となり，さらに，$r \sim l$ で再び減少する．これは正で，エネルギーが大スケールから小スケールへと転送されることを示している．

6.6 いろいろな渦サイズにわたってのエネルギーとエンストロフィー分布の評価　　433

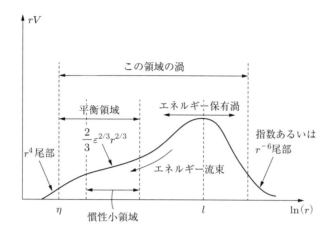

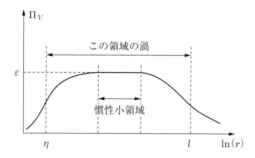

図 6.44　Π_V と $rV(r)$ の形状（模式図）

V と Π_V の正確な形は，数値解析または実験によって決まる．完結モデルを用いても推定できる．おそらく，もっとも重要なのは平衡領域 $r \ll l$ であろう．なぜなら，コルモゴロフによると（ランダウではなく）この領域では普遍性があるからである．普遍平衡領域におけるもっとも簡単な完結モデルは，6.2.8 項で述べた，Δv のひずみ度がこの範囲で一定と考えるものだろう．6.2.8 項で注意したように，この完結モデルの特徴は一つには簡単さであり，もう一つには数値解析や実験データと照合して妥当性がチェックされていることである（たとえば，図 6.19 で示したように，この完結モデルの結果は数値実験によって支持されている）．

すでに見てきたように，ひずみ度一定の仮定により，自由減衰乱流の問題は平凡な式，

$$\frac{1}{2}\frac{dy}{dx} + y^{3/2} = x \quad (r \ll l)$$

を解く問題に帰着される．ここで，

$$y = \frac{\langle[\Delta v]^2\rangle}{\beta(15\beta)^{1/2}v^2}, \quad x = \frac{r}{(15\beta)^{3/4}\eta}$$

である（式(6.61)参照）．ここで，η と v は長さと速度に対するコルモゴロフのマイクロスケール，β はコルモゴロフ定数で $\beta \approx 2.0$ である．小さい，および大きい x の値に対して，$y_0 = x^2 + \cdots$, $y_\infty = x^{2/3}$ となるが，これは，それぞれ小さい r に対する $\langle[\Delta v]^2\rangle$ の展開と，コルモゴロフの2/3乗則 $\langle[\Delta v]^2\rangle = \beta \varepsilon^{2/3} r^{2/3}$ に対応している．$rV(r)$ と $\Pi_V(r)$ の適当な無次元形は，

$$z(x) = \frac{rV}{\beta\sqrt{15\beta}\,v^2}, \quad p(x) = \frac{\Pi_V}{\varepsilon}$$

であり，小さい，および大きい x に対するそれらの漸近形は，

$$z_0(x) = \frac{3}{2}x^4 + \cdots, \quad z_\infty(x) = \frac{1}{3}x^{2/3}, \quad p_0(x) = \frac{27}{20}x^4 + \cdots, \quad p_\infty(x) = 1$$

である．$z(x)$ の形は，6.2.8項で与えられた $y(x)$ の多項式近似を用いて推定できる．結果は $y'''(x)$ が $x = 1$ で不連続となるため，この付近で不正確になる．しかし，そのほかでは推定結果は妥当である．

ひずみ度一定の仮定のもとに予測された $y(x)$, $z(x)$, $p(x)$ の正確な形状が図 6.45

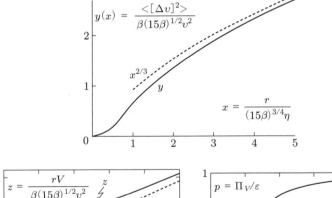

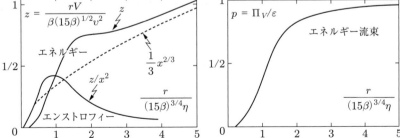

図 6.45 ひずみ度一定モデルで予測された $y \sim \langle[\Delta v]^2\rangle$, $z \sim rV(r)$, z/x^2（無次元エンストロフィー），$p = \Pi_V/\varepsilon$ の形状．横軸は $x = r/(15\beta)^{3/4}\eta$

に示されている．構造関数 $y \sim \langle [\Delta v]^2 \rangle$ は，大きい x に対する漸近曲線に比較的早く近づき，$x \sim 2$ で 2/3 乗則の値の 90% に達する（これは，$r \sim 26\eta$, $k\eta \sim 0.14$ に相当する）．そのあとの $\langle [\Delta v]^2 \rangle = \beta \varepsilon^{2/3} r^{2/3}$ への収束はやや遅く，y と y_∞ との差は $x \sim 5 (r \sim 64\eta)$ において 3% である．シグネチャー関数 $z \sim rV(r)$ も，大きい x に対する漸近曲線にかなり早く近づき，$x \sim 4 (r \sim 51\eta$, $k\eta \sim 0.07)$ までに，$z_\infty = (1/3) x^{2/3}$ の 10% 以内となる．rV は $x \sim 0.4$ から 1.5 の範囲で急速に減少している．この範囲は $r \sim 5\eta$ から 19η, $k\eta \sim 0.2$ から 0.7 に相当している．このことは，渦サイズのカットオフが $r \approx \eta$ ではなく，たとえば，5η あるいは 6η などやや大きい値になることを示唆している．$k\eta \sim 0.07$ での慣性領域の漸近値への近づき具合は，$rV(r)$ あるいは $kE(k)$ が $k\eta \sim 0.2$ から 0.7 あたりで急速に減少するという，$E(k)$ の測定結果と合っている（たとえば，Frisch (1995) の図 5.6 を参照のこと）．rV あるいは $kE(k)$ が $r/\eta > 10$ で慣性小領域での漸近値よりも大きいというこの不思議な観察結果も，実験結果と一致している（以下参照）．

関数 z/x^2 は，あとで述べるように，正規化されたエンストロフィー密度であるが，これも図 6.45 に示されている．これは，$x \sim 1 (r \sim 1.3\eta$, $k\eta \sim 0.28)$ でピークを示しているが，この位置は実験データが示している値よりいくらか小さい（データには多少ばらつきはあるものの，z/x^2 は $x \sim 2$ でピークを示している）．最後に，図 6.45 には $p(x) = \Pi_V(r)/\varepsilon$ も示されている．これは，予想どおり正で，$x > 3.0 (r > 38\eta)$ に対して慣性小領域の値，$\Pi_V = \varepsilon$ の 10% 以内となっている．

慣性小領域から散逸領域への移りかわりは，$(rV)/r^{2/3}$ を r/η に対してプロットしてみると一番よくわかる．いわゆる，補償プロットである．図 6.46 の上段が，$(rV)/r^{2/3}$ ($v^2/\eta^{2/3}$ で正規化）と r/η の関係を示している．図 6.45 と同様に，$\beta = 2.0$ のひずみ度一定モデルにもとづいている．慣性小領域では，曲線は 2/3 に近づく．この図および図 4.45 のエンストロフィー曲線を見ると，領域が次のようにいくつかに分類できることがわかる．

- 小さい側の渦のカットオフサイズ：　　$r \sim 6\eta$
- 散逸領域：　　　　　　　　　　　　　$6\eta < r < 30\eta$
- 散逸領域から慣性小領域への遷移領域：$30\eta < r < 70\eta$
- 慣性小領域：　　　　　　　　　　　　$r > 70\eta$

この大まかな分類は，ほとんどの実験結果と整合している．平衡領域における実験データの多くは，$k^{5/3} E(k)$ が $k\eta$ に対してプロットされている．これらは補償スペクトルとよばれている．$rV \approx kE(k)$, $k = \hat{r}/k$ であったことを考えると，$(rV)/r^{2/3}$ をこの形でプロットしなおすことができる．結果は，図 6.46 の下段に示されている．

第 6 章　等方性乱流（物理空間）

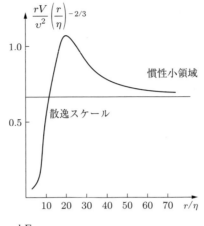

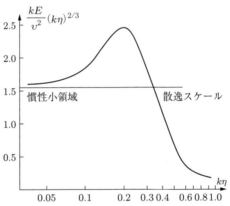

図 6.46　ひずみ度一定モデルにもとづくエネルギーの補償プロット（$\beta = 2.0$）

慣性小領域の端は $k\eta \sim 0.05$ 付近にあり，$k\eta \sim 0.2$ 付近で補償スペクトルはピークをもち，散逸領域の端は $k\eta \sim 0.7$ 付近となっている．同様の補償スペクトルは，非常に高い Re での風洞実験結果として，Saddoughi and Veeravalli (1994) によっても報告されている．これらの結果によると，慣性小領域の端は $k\eta \sim 0.02$，補償スペクトルのピークは $k\eta \sim 0.1$ で，また散逸領域の端は $k\eta \sim 0.7$ となっている．また，補償スペクトルのオーバーシュートは実験結果にもはっきり現れているが，その大きさは，図 6.46 で示したものより小さい（この差は，大きいとはいっても，有限な Re においては，大スケールの非定常性にもとづく式 (6.114) の小さな修正が必要で，これがオーバーシュートを弱めるためと思われる．詳細は本節の最後に述べられている）．

第 8 章で，式 (6.109) に相当するスペクトルの式が，

6.6 いろいろな渦サイズにわたってのエネルギーとエンストロフィー分布の評価

$$\frac{\partial E}{\partial t} = -\frac{\partial \Pi_E}{\partial k} - 2\nu k^2 E \tag{6.117}$$

となることが示される．Π_E はスペクトル運動エネルギー流束とよばれる．慣性小領域では，この式は，

$$\frac{\partial}{\partial t}\int_0^k E dk = -\Pi_E = -\varepsilon \tag{6.118}$$

となる．なぜなら，ε は大スケール渦からのエネルギーの損失率だからである．そのため，$\eta \ll r \ll l$ では $\Pi_V = \Pi_E = \varepsilon$ となることが予想される．実際，$\Pi_E(k)$ と $\Pi_V(r)$ のあいだの一般的な関係が，$kE(k)$ と $rV(r)$ のあいだの関係と同じ，すなわち，

$$\frac{\Pi_E(k)}{k} = \frac{2\sqrt{2}}{3\sqrt{\pi}}\int_0^\infty \Pi_V(r)(rk)^{1/2}J_{7/2}(kr)\,dr \tag{6.119}$$

$$\Pi_V(r) = \frac{3\sqrt{\pi}}{2\sqrt{2}}\int_0^\infty \frac{\Pi_E(k)}{k}(rk)^{1/2}J_{7/2}(rk)\,dk \tag{6.120}$$

である．6.6.2項の最後にある例題から，$\Pi_V(r)$ と $\Pi_E(k)$ が比較的滑らかな関数であれば，Π_V と Π_E は，

$$\Pi_V(r) \approx \Pi_E(k = \hat{\pi}/r) \quad (\eta \leq r \leq l) \tag{6.121}$$

という近似的な関係を満たす．

次に，減衰乱流における $V(r,t)$ の変化の特徴について考えよう．自由減衰乱流がサフマン・スペクトルをもつケースでは，$V(r)$ が時間とともに減衰していくようすは，とくに簡単になる．式(6.78)，(6.79)，(6.100)から，サフマンス・ペクトルに対して，

$$(rV)_\infty = \frac{45}{16\pi}\frac{L}{r^3}, \quad L = \int \langle \mathbf{u} \cdot \mathbf{u}' \rangle d\mathbf{r}$$

が得られる．ここで，L はサフマン不変量である．この場合には，明らかに，大きな r における rV の形状は減衰の過程で変化せず，シグネチャー関数は図6.47に示されるような変化になる．事実，バチェラーの $E(k \to 0) \sim k^4$ スペクトルも十分に発達したとき，大きな r において $V(r,t)$ の形がかわらないなど，似たような変化を示す．これは，図6.20で示した対応するスペクトルプロット $E(k,t)$ と類似している．

この減衰の終期段階では，慣性力は無視できるようになり，式(6.109)を厳密に解くことができる．この段階では，rV に対して自己相似解が，

$$rV(r) = \frac{4\alpha(\alpha+1)}{35}\langle \mathbf{u}^2 \rangle M\left(\frac{5}{2}-\alpha, \frac{9}{2}, x\right)x^2 e^{-x}, \quad \langle \mathbf{u}^2 \rangle \sim t^{-\alpha}$$

が存在することが確認されている．ここで，$x = r^2/(8\nu t)$，M はクンマーの超幾何

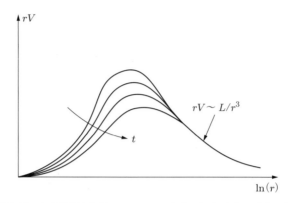

図 6.47　自由減衰するサフマン・スペクトルにおける $rV(r)$ の変化

関数である（付録3参照）．バチェラー・スペクトルに相当する $\alpha = 5/2$ のときは，$rV(r) = \langle \mathbf{u}^2 \rangle x^2 e^{-x}$ となる．一方，サフマン・スペクトルの場合は $\alpha = 3/2$ で（6.3.4 項最後の例題 6.9 参照），このときは $rV(r) = (3/7)\langle \mathbf{u}^2 \rangle M(1, 9/2, x) x^2 e^{-x}$，$\langle \mathbf{u}^2 \rangle = L/(8\pi\nu t)^{3/2}$ となる．

例題 6.20　2/3 乗則に対する一次の小スケール粘性補正：ボトルネック効果　平衡領域の定ひずみ度モデルについて考える．その支配方程式は，

$$y'(x) + 2y^{3/2} = 2x$$

である．ここで，$y = \langle [\Delta v]^2 \rangle / (\beta \sqrt{15\beta}\, v^2)$，$x = (15\beta)^{-3/4} r/\eta$ である．大きい x に対して，その解は $y = x^{2/3} - (2/9) x^{-2/3} + \cdots$ の形をしており，したがって，定ひずみ度モデルに対しては，

$$\langle [\Delta v]^2 \rangle = \beta \varepsilon^{2/3} r^{2/3} \left[1 - \frac{10}{3} \beta \left(\frac{r}{\eta} \right)^{-4/3} + \cdots \right] \quad (\eta \ll r \ll l)$$

$$rV(r) = \frac{1}{3} \beta \varepsilon^{2/3} r^{2/3} \left[1 + \frac{20}{3} \beta \left(\frac{r}{\eta} \right)^{-4/3} + \cdots \right] \quad (\eta \ll r \ll l)$$

となることを確認せよ．

$rV(r)$，したがって，$kE(k)$ は，図 6.46 にあるように，大きな r/η に対して慣性領域の漸近値を上まわることを証明せよ．これをボトルネックとよぶこともある．しかし，この効果は以下に示されるように，大スケールの時間依存性から生まれる第二の補正によって一部覆い隠される．

例題 6.21　自由減衰乱流における大スケールの時間依存性から生まれる 2/3 乗則

に対する一次オーダーの補正　式(6.51)を使って，大スケールの時間依存性による4/5法則と2/3乗則に対する一次オーダーの補正が，定ひずみ度モデルに対して，次式で与えられることを示せ．

$$\langle [\Delta v]^3 \rangle = -\frac{4}{5}\varepsilon r \left(1 + \frac{15}{34}\frac{\dot{\varepsilon}}{\varepsilon^{4/3}}\beta r^{2/3} + \cdots \right) \quad (\eta \ll r \ll l)$$

$$\langle [\Delta v]^2 \rangle = \beta\varepsilon^{2/3} r^{2/3}\left(1 + \frac{5}{17}\frac{\dot{\varepsilon}}{\varepsilon^{4/3}}\beta r^{2/3} + \cdots \right) \quad (\eta \ll r \ll l)$$

これより，

$$\langle [\Delta v]^2 \rangle = \beta\varepsilon^{2/3} r^{2/3}\left[1 - \gamma\beta\left(\frac{r}{l}\right)^{2/3} + \cdots \right] \quad (\eta \ll r \ll l)$$

$$rV(r) = \frac{1}{3}\beta\varepsilon^{2/3} r^{2/3}\left[1 - \gamma\beta\left(\frac{r}{l}\right)^{2/3} + \cdots \right] \quad (\eta \ll r \ll l)$$

を確認せよ．l は積分スケール，γ は正の無次元係数である（典型的な値は $\gamma \approx 0.2$ から 0.3）．

例題 6.22　平衡領域に対する大スケールの時間依存の影響：Kolmogorov (1941) のスケーリング則の有限 Re に対する補正の例　例題 6.21 の結果を利用して，定ひずみ度モデル $y'(x) + 2y^{3/2} = 2x$ に対する大スケール渦の弱い時間依存性の補正が，$\mathrm{Re} = (l/\eta)^{4/3}$ として，

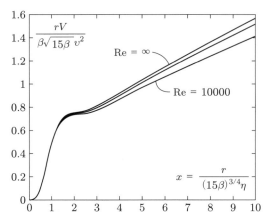

図 6.48　大スケールの時間依存性に対する一次補正を行った場合の，慣性小領域における $rV(r)$ の形状．有限 Re では慣性領域の勾配が Re によってかわる（定ひずみ度モデル，$\gamma = 0.21$，$\beta = 2$）．

$$\frac{1}{2} y'(x) + y^{3/2} = x\left(1 - \frac{3\gamma}{2}\beta\sqrt{15\beta}\, x^{2/3} \mathrm{Re}^{-1/2}\right)$$

で与えられることを示せ．この式を解いて得られた $rV(r)$ が，$\mathrm{Re} = 10^4,\ 10^5,\ \infty$ に対して図 6.48 に示されている．有限の Re は慣性領域のスロープを，コルモゴロフの $rV(r) \sim \varepsilon^{2/3} r^{2/3}$ より低い指数法則にかえることに注意すること．

例題 6.23　コルモゴロフの 1941 年のスケーリングに対するさらなる有限 Re 補正：拡張自己相似による，2/3 乗則と 4/5 法則の小スケールと大スケールに対する補正のマスキング　上述の例題 6.20 と 6.21 の結果および式 (6.108) を使って，慣性小領域における 4/5 法則と 2/3 乗則に対する有限レイノルズ数の一次オーダーの補正が，

$$\langle [\Delta v]^3 \rangle = -\frac{4}{5}\varepsilon r \left[1 - 5\beta \left(\frac{r}{\eta}\right)^{-4/3} - \frac{3}{2}\gamma\beta \left(\frac{r}{\eta}\right)^{2/3}\right]$$

$$\langle [\Delta v]^2 \rangle = \beta \varepsilon^{2/3} r^{2/3} \left[1 - \frac{10}{3}\beta \left(\frac{r}{\eta}\right)^{-4/3} - \gamma\beta \left(\frac{r}{\eta}\right)^{2/3} \mathrm{Re}^{-1/2}\right]$$

$$E(k) \approx 0.77 \beta \varepsilon^{2/3} k^{-5/3} [1 + 2.5(\eta k)^{4/3} - 4.6\gamma(\eta k)^{-2/3} \mathrm{Re}^{-1/2}]$$

となることを示せ．$\mathrm{Re} = (l/\eta)^{4/3}$，$\gamma \approx 0.2$ から 0.3 である．$E(k)$ の式の右辺の最初の補正項は粘性の影響，ボトルネック効果を表している．二番目の項は大スケールの時間依存性からくるもので，ボトルネックを覆い隠す傾向がある．

典型的な値は $\gamma \approx 0.2$ から 0.3 である．次に，2/3 乗則を証明するために，$\mathrm{Re} = 10^4$，$50 < r/\eta < 100$ の範囲での $\langle [\Delta v]^2 \rangle$ の測定結果を考えてみよう．指数が 2/3 ではなく，データは ~ 0.65 を示している．この誤差は間欠性にはまったく関係しておらず，純粋に有限レイノルズ数の影響である (Lundgren (2003) の討論も参照のこと)．

$\langle (\Delta v)^2 \rangle$ を r ではなく $\langle (\Delta v)^3 \rangle$ に対してプロットすると，このような有限レイノルズ数補正は覆い隠される．したがって，2/3 乗則に対する間欠性の補正は，$\langle (\Delta v)^2 \rangle$ を $\langle (\Delta v)^3 \rangle$ に対してプロットすると検知しやすい．これは，拡張自己相似性として知られるようになった一例である．

この節を終えるにあたって，$E(k)$，$V(r)$，Π_E，Π_V の解釈は慎重に行うべきだということを注意しておこう．われわれは，すでに $E(k)$ の通常の解釈，すなわち，サイズが $l_e \sim k^{-1}$ の渦のエネルギー密度とする解釈は，k が非常に大きいか非常に小さい場合には成り立たないことに注意した．すなわち，l から η までにまたがるさま

ざまなサイズの渦があるとして，渦の各集団が $E(k)$ に対して，

$$E(k) \sim \langle \mathbf{u}^2 \rangle l_e (kl_e)^4 \exp[-(kl_e)^2/4]$$

の形で寄与するとすれば，エネルギースペクトルは，$k < l^{-1}$ では k^4 の形の裾野，$k > \eta^{-1}$ では指数関数状の裾野をもつ．それなのに，その範囲に渦はない．明らかに，非常に小さな，あるいは非常に大きな k 領域における $E(k)$ の形状は，サイズが k^{-1} の渦のエネルギーにはなんら関係がない．Π_E はこの領域のエネルギー流束を表していないといえる．

$V(r)$ についても同様の問題が起こる．もう一度，l から η までにまたがるさまざまなサイズの渦があるとして，渦の各集団が $V(r)$ に対して，

$$V(r) \sim \frac{\langle \mathbf{u}^2 \rangle}{l_e} \left(\frac{r}{l_e}\right)^3 \exp[-(r/l_e)^2]$$

の形で寄与するとしよう．このシグネチャー関数 $V(r)$ は，$r < \eta$ では r^3，$r > l$ では指数関数的な裾野[31]をもつが，どちらも，$l_e \sim r$ のサイズの渦のエネルギーとは関係がない．このように，$V(r)$ と Π_V に対するわれわれの物理的解釈は，$r \gg l$，および $r \ll \eta$ に対しては成り立たない．

$V(r)$ と $E(k)$ の長所と短所の相対比較は，Davidson and Pearson (2005) に見られる．

演習問題

6.1 式(6.40a)を使って，$\langle \omega_i \omega_i' \rangle$ と $\langle [\Delta \mathbf{v}]^2 \rangle$ のあいだに，

$$\langle \omega_i \omega_i' \rangle = \frac{1}{2r^2} \frac{\partial}{\partial r}\left[r^2 \frac{\partial}{\partial r}\langle [\Delta \mathbf{v}]^2 \rangle\right]$$

の関係があることを示せ．

6.2 式(6.30)から $\langle p'u_i \rangle = A(r)r_i$，また，質量保存則から $\partial \langle p'u_i \rangle / \partial r_i = 0$ である．$rA' + 3A = 0$ を示し，したがって，等方性乱流では，$\langle p'u_i \rangle = 0$ であることを導き出せ．

6.3 式(6.40a)を使って，小さな r に対して $\langle [\Delta \mathbf{v}]^2 \rangle = \varepsilon r^2 / 3\nu$ であることを示せ．

6.4 式(6.75)と式(6.76)から，コルモゴロフの減衰法則を導け．

6.5 閉じた球の内部で発達する乱流に対して，

$$\mathbf{H}^2 = -\iint (\mathbf{x}' - \mathbf{x})^2 \mathbf{u} \cdot \mathbf{u}' dV dV'$$

が成り立つことを確認せよ．ここで，$\mathbf{H}$ は球内部の角運動量である（ヒント：まず，

---

[31] それぞれの渦の集合どうしのあいだで統計的相関があるときは，状況はもっと複雑になる．具体的にいうと，バチェラーの圧力による長距離相関がかなり大きいときは，バチェラーの ($E \sim k^4$) エネルギースペクトルに対して $f_\infty \sim r^{-6}$，あるいはサフマンの ($E \sim k^2$) スペクトルに対して $f_\infty \sim r^{-3}$ となる．このような場合には，$V(r)$ の指数関数型の裾野が，$V_\infty \sim r^{-7}$ または $V_\infty \sim r^{-4}$ におき換わる．

$$(\mathbf{x} \times \mathbf{u}) \cdot (\mathbf{x}' \times \mathbf{u}') = (\mathbf{x} \cdot \mathbf{x}')\cdot(\mathbf{u}\cdot\mathbf{u}') - (\mathbf{x}\cdot\mathbf{u}')\cdot(\mathbf{x}'\cdot\mathbf{u}) = 2(\mathbf{x}\cdot\mathbf{x}')\cdot(\mathbf{u}\cdot\mathbf{u}') + \nabla\cdot(\sim)$$

を示し,積分すると発散項は消えることを利用すること).

6.6 大きな $|\mathbf{x}|$ に対して,

$$|\mathbf{x}'-\mathbf{x}|^{-1} = |\mathbf{x}|^{-1} - \frac{\partial}{\partial x_i}\left(\frac{1}{|\mathbf{x}|}\right)x'_i + \frac{1}{2}\frac{\partial^2}{\partial x_i \partial x_j}\left(\frac{1}{|\mathbf{x}|}\right)x'_i x'_j + \cdots$$

であることを示せ.次に,これより,局在する渦度場に対しては,遠方圧力場が,

$$\frac{4\pi p(\mathbf{x})}{\rho} = \int \frac{\partial^2 u'_i u'_j}{\partial x'_i \partial x'_j}\frac{dx'}{|\mathbf{x}'-\mathbf{x}|} = \frac{\partial^2}{\partial x_i \partial x_j}\left(\frac{1}{|\mathbf{x}|}\right)\int u'_i u'_j dx' + \cdots$$

となることを確認せよ.

6.7 渦放出が反対称で規則的な中程度 Re の格子乱流で,なぜサフマン積分がゼロとなるのかについて,乱れの発生方法をもとにして動力学的理由を述べよ(ヒント:答えは Saffman (1967) にある).

6.8 6.6.1 項の議論と,とくに式(6.102)から,物理空間におけるエンストロフィー密度が,

$$\Omega(r) = \frac{10}{r^2}V(r)$$

で与えられることは明らかである.ここで,$V(r)$ はシグネチャー関数である.この $\Omega(r)$ の発展方程式がカルマン・ハワース方程式,

$$\frac{\partial \Omega}{\partial t} = -\frac{\partial \Pi^*}{\partial r} + 2\nu\left[\frac{\partial}{\partial r}\frac{1}{r^6}\frac{\partial}{\partial r}(r^6 \Omega)\right]$$

から直接導けることを示せ.ここで,

$$\Pi^* = -\frac{15}{2}\frac{1}{r}\frac{\partial}{\partial r}\frac{1}{r^4}\frac{\partial}{\partial r}(r^4 u^3 K)$$

である.

6.9 シグネチャー関数と二次の構造関数のあいだに,

$$\int_0^r V(r)\,dr = -\frac{3}{8}r^3 \frac{d}{dr}\left[\frac{\langle[\Delta v]^2\rangle}{r^2}\right]$$

の関係があることを示せ.次に,式(6.107)の下にある積分関係式,

$$\int_0^r V(r)\,dr = \int_0^\infty E(k)G(rk)\,dk \quad (G(rk) \geq 0)$$

を使って,$\langle[\Delta v]^2\rangle/r^2$ が r の単調減少関数であることを示せ.

6.10 ラングレンのエネルギースペクトル(6.4.3 項参照),

$$E = \alpha\varepsilon^{2/3}k^{-5/3}\exp[-(k\eta)^2], \quad \alpha = 1.52$$

(η はコルモゴロフのマイクロスケール)について考える.ハンケル変換対の式(6.107)を使って,これに対応するシグネチャー関数が,

$$rV(r) = \frac{3\sqrt{\pi}\,\Gamma(5/3)}{2^6\,\Gamma(9/2)}\frac{\alpha\varepsilon^{2/3}r^4}{\eta^{10/3}}M\left(\frac{5}{3},\frac{9}{2},-\frac{r^2}{4\eta^2}\right)$$

となることを示せ.Γ はガンマ関数,M はクンマーの超幾何関数である(付録3参照).z が大きい場合の $M(a,b,z)$ の漸近形を使って,$r \gg \eta$ でコルモゴロフの 2/3 乗則,

$$rV(r) = \frac{1}{3}\beta\varepsilon^{2/3}r^{2/3}$$

となることを示せ.

6.11 式(6.107a)から,

$$V(r) = \frac{3}{2}\int_0^\infty [k^2 E(k) x^{-1} j_3(x)] dx, \quad x = kr$$

が得られる. $j_3(x)$ は, 通常の第一種の球ベッセル関数である. 関数 $x^{-1} j_3(x)$ は, $x = \hat{\pi} = 9\pi/8$ 付近で最大, $x < 1$ および $x > 10$ で小さい. したがって, $V(r)$ に対するおもな寄与は, $k = r^{-1}$ から $k = 10 r^{-1}$ の範囲の $k^2 E(k)$ からのものである. いま, この範囲で $k^2 E(k)$ が十分ゆっくりと変化し, $k = \hat{\pi}/r$ で $k^2 E(k)$ に一致するような k の線形関数,

$$k^2 E(k) \approx [k^2 E(k)]_{k_0} + \left[\frac{\partial (k^2 E)}{\partial k}\right]_{k_0} (k - k_0), \quad k_0 = \frac{\hat{\pi}}{r}$$

で近似できるとする. この近似式を上の $V(r)$ の式に代入すると,

$$V(r) \approx [k^2 E(k)]_{k_0}\left(\frac{3\pi}{32}\right) + k_0\left[\frac{\partial(k^2 E)}{\partial k}\right]_{k_0}\left(\frac{1}{rk_0} - \frac{3\pi}{32}\right)$$

となることを確認し, これは,

$$\frac{rV(r)}{[kE(k)]_{k_0}} = \lambda \approx \left[1 - 0.0409 \frac{(\partial kE/\partial k)_{k_0}}{E(k_0)}\right]$$

のように書きなおせることを示せ. もし, $E(k)$ がゆっくり変化する関数なら, 明らかに $rV(r) \cong [kE(k)]_{k_0}$ となり, これは, 式(6.108)に一致する. 一方, もし, $\partial(kE)/\partial k$ が $E(k)$ を大きく上まわるときは, 式(6.108)の見積もりは不正確となる. 上で与えられた λ と, $E = Ak^n$ の形のスペクトルの場合の厳密な値 λ_n との比較が図 6.49 に示されている (λ_n の厳密な値については, 6.6.2 項の例題 6.16 参照)

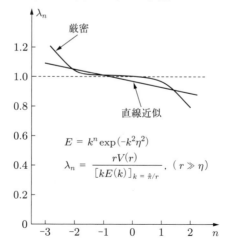

図 6.49 演習問題 6.11 に与えられている線形近似により計算された λ と, 6.6.2 項の例題 6.16 で与えられた指数関数型のスペクトルに対する厳密解との比較

6.12 6.4.1項において，サイズが一定値 l_e のタウンゼントのモデル渦（渦度の球状の塊）のランダム分布の場合，縦相関関数が $f(r) = \exp(-r^2/l_e^2)$ となることがわかった．この場合のスペクトルは，

$$E(k) = \frac{\langle \mathbf{u}^2 \rangle l_e}{24\sqrt{\pi}} (kl_e)^4 \exp(-l_e^2 k^2/4)$$

である．サイズが l_1, l_2, l_3, l_4 などのタウンゼント渦のランダム分布からなる人工的な乱流場があるとしよう（渦どうしはすべて統計的に独立であるとする）．また，$l_1, l_2, \cdots l_N$ を，$l_2 = 0.1 l_1, \cdots, l_N = 0.1 l_{N-1}$ のように選ぶ．この場合，相関関数は指数型の減衰関数 $f \sim \exp(-r^2/l_i^2)$ の和となり，エネルギースペクトルは，

$$E(k) = \sum_i \frac{\langle \mathbf{u}_i^2 \rangle l_i}{24\sqrt{\pi}} (kl_i)^4 \exp(-l_i^2 k^2/4)$$

となる．ここで，$\langle \mathbf{u}_i^2 \rangle$ はサイズが l_i の渦による $\langle \mathbf{u}^2 \rangle$ への寄与である．これに対応する，式(6.100)で定義されたシグネチャー関数 $V(r)$ の形を見い出せ．$N = 5$, $\langle \mathbf{u}_i^2 \rangle / \langle \mathbf{u}^2 \rangle = (0.05, 0.25, 0.4, 0.25, 0.05)$ の場合，$rV(r)$ は図 6.50 に示す形になることを確認せよ．図には $[kE(k)]_{k=\hat{\pi}/r}$ も示されており，これは，式(6.108)に従って同じような形にならなければならない．

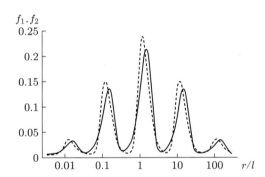

図 6.50 サイズと強さの異なる五種類のタウンゼント渦のランダム分布からなる「乱流」に対する，$f_1(r) = [kE(k)]_{k=\hat{\pi}/r}$（鎖線）と $f_2(r) = rV(r)$（実線）の比較

最後に，図 6.51 には，渦サイズの範囲は同じだが 5 ではなく 100 の異なるサイズの渦の場合，すなわち，$N = 100$, $l_N = (0.1)^{1/25} l_{N-1}$ の場合が示されている．個々のシグネチャー関数がすべて混じり合って滑らかなスペクトルを形成している．また，例題 6.11 で予想されたとおり，$rV(r)$ と $[kE(k)]_{k=\hat{\pi}/r}$ の一致も図 6.50 に示されたものよりずっとよくなっている．

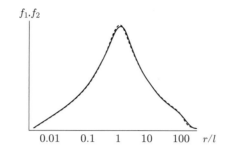

図 6.51 サイズと強さの異なる 100 種類のタウンゼント渦のランダム分布からなる「乱流」に対する, $f_1(r) = [kE(k)]_{k=\pi/r}$ (鎖線) と $f_2(r) = rV(r)$ (実線) の比較

推奨される参考書

本

[1] Batchelor, G.K., 1953, *The Theory of Homogeneous Turbulence*. Cambridge University Press.
[2] Davidson, P.A., 2013, *Turbulence in Rotating Stratified and Electrically Conducting Fluids*. Cambridge University Press.
[3] Frisch, U., 1995, *Turbulence*. Cambridge University Press.
[4] Hinze J.O., 1959, *Turbulence*. McGraw-Hill.
[5] Jackson, J.D., 1998, *Classical Electronics*, 3rd edition. Wiley.
[6] Landau, L.D. and Lifshitz, E.M., 1959, *Fluid Mechanics*, 1st edition. Pergamon.
[7] Lesieur, M., 1990, *Turbulence in Fluids*, 2nd edition. Kluwer Academic Publishers.
[8] McComb, W.D. 1990, *The Physics of Fluid Turbulence*. Oxford University Press.
[9] Monin, A.S. and Yaglom, A.M., 1975, *Statistical Fluid Mechanics II*. MIT Press.
[10] Tennekes, H. and Lumley, J.L. 1972, *A First Course in Turbulence*. MIT Press.
[11] Townsend, A.A., 1956, *The Structure of Turbulent Shear Flow*. Cambridge University Press.

雑　誌

[1] Batchelor, G.K. and Proudman, I., 1956, *Phil. Trans. Roy. Soc. A*, **248**, 369–405.
[2] Birkhoff, G., 1954, *Commun. Pure and Applied Math.*, **7**, 19–44.
[3] Chasnov, J.R., 1993, *Phys. Fluids*, **5**, 2579–81.
[4] Comte-Bellot, G. and Corssin, S., 1966, *J. Fluid Mech.*, **25**, 657–82.
[5] Davidson, P.A., 2009, *J. Fluid Mech.*, **632**, 329–58.
[6] Davidson, P.A., 2010, *J. Fluid Mech.*, **663**, 268–92.
[7] Davidson, P.A. 2011a, *Phys. Fluids*, **23**(8).
[8] Davidson, P.A., 2011b, *Phil. Trans. Roy. Soc. A.*, **369**, 796–810.
[9] Davidson, P.A., Okamoto, N., and Kaneda, Y., 2012, *J. Fluid Mech.*, **706**, 150–72.

[10] Davidson, P.A., and Pearson, B.R., 2005, *Phys. Rev. Lett.*, **95**(21), 4501.
[11] Fukuyama, D. et al., 2001, *Phys. Rev. E*, **64**, 016304.
[12] Ishida, T., Davidson, P.A., and Kaneda, Y.,, 2006, *J. Fluid Mech.*, **564**, 455–75.
[13] Kolmogorov, A.N., 1941a, *Dokl. Akad. Nauk SSSR*, **31**(6), 538–41.
[14] Kolmogorov, A.N., 1941b, *Dokl. Akad. Nauk SSSR*, **32**(1), 19–21.
[15] Kolmogorov, A.N., 1962, *J. Fluid Mech.*, **13**, 82–5.
[16] Krogstad, P.-A., and Davidson, P.A., 2010, *J. Fluid Mech.*, **642**, 373–94.
[17] Lesieur, M., Ossia, S., and Metais, O., 1999, *Phys. Fluids*, **11**(6), 1535–43.
[18] Lesieur, M. et al., 2000, *European Congress on Computational Methods in Science and Engineering*, Barcelona, September 2000.
[19] Loitsyansky, L.G., 1939, *Trudy Tsentr. Aero-Giedrodin Inst.*, **440**, 3–23.
[20] Lundgren T.S., 1982, *Phys. Fluids*, **25**, 2193–203.
[21] Lundgren T.S., 2003, *Phys. Fluids*, **15**(4), 1074–81.
[22] Obukhov, A.M., 1949, *Dokl. Akad. Nauk SSSR*, **67**(4), 643–6.
[23] Orszag, S.A., 1970, *J. Fluid Mech.*, **41**(2), 363–86.
[24] Proudman, I. and Reid, W.H., 1954, *Phil. Trans. Roy. Soc.*, A, 247, 163–89.
[25] Pullin D.I. and Saffman, P.G., 1998, *Ann. Rev. Fluid Mech.*, **30**, 31–51.
[26] Rosen, G., 1981, *Phys. Fluids*, **24**(3), 558–9.
[27] Saddoughi, S.G. and Veeravalli, S.V., 1994, *J. Fluid Mech.*, **268**, 333–72.
[28] Saffman, P.G., 1967, *J. Fluid Mech.*, **27**, 581–93.
[29] Synge, J.L. and Lin, C.C., 1943, *Trans. Roy. Soc. Canada*, **37**, 45–79.
[30] Townsend, A.A., 1951, *Proc. Roy. Soc. London.* A, **208**, 534–42.
[31] Van Atta, C.W. and Yeh, T.T., 1970, *J. Fluid Mech.*, **41**(1), 169–78.
[32] Warhaft, Z. and Lumley, J.L., 1978, *J. Fluid Mech.*, **88**, 659–84.

第7章 数値シミュレーションの役割

> 戦争直後からはじまった急速な発達は,いまやほぼおさまったようだ……われわれは,非線形偏微分方程式を解くという根本的困難に真剣にとり組んできた. G.K. Batchelor (1953)

　本章では,ナヴィエ・ストークス方程式に数値的手法を応用した結果,得られる乱流の性質について詳しく論じる. 計算機による積分は,しばしば数値実験とよばれ,この30年のあいだに計算能力の向上によって非常に広く普及してきた. これらの数値シミュレーションを実行するにあたっての「べし・べからず」を述べた分献は枚挙に暇がない[1]. ここでは,技術的問題にはふれず,基本的な考え方と得られた結果に焦点を絞る. われわれは,主として一様乱流に興味があり,これに関して計算機によって得られた結果を詳しく見てみる.

7.1　DNS, LES とは

7.1.1　直接数値シミュレーション (DNS)

　1972年に乱流理論の新しい章が開かれた. オーザックとパターソンは完全発達乱流の計算機シミュレーションが実行可能であることを示した. 重要なことは,これらのシミュレーションでは,乱流渦の影響をパラメータ化するための乱流モデルを必要としないことだ. そうではなくて,最大から最小まですべての渦が計算の対象となるのである. 与えられた初期条件から出発して,与えられた空間内でナヴィエ・ストークス方程式 $\partial \mathbf{u}/\partial t = (\sim)$ が,時間の進行方向に積分される. それは,実験を行うのに似ていて,風洞内ではなく,計算機のなかで行われる点だけが違う. 実際,このようなシミュレーションは数値実験とよばれる.

　本来的な利点は明らかである. このようなシミュレーションでは,初期条件をコントロールできるが,それは,実際の実験ではまったく不可能だ. さらに,得られるデータ量は圧倒的である. 実際,速度場 $\mathbf{u}(\mathbf{x}, t)$ の全履歴を閲覧できる. 可能性は限りなく,流体力学研究者の多くは成長を続ける直接数値シミュレーション (DNS) の

---

[1] 数値的な問題に興味がある読者は,Canuto et al. (1987) や Hirsch (1988) を参照のこと.

世界にひきつけられている．

しかし，そこには一つの落とし穴があったし，いまでもある．コルモゴロフのマイクロスケール（最小渦の大体のサイズ）が，

$$\eta = \left(\frac{ul}{\nu}\right)^{-3/4} l = \text{Re}^{-3/4} l \tag{7.1}$$

であることをわれわれはすでに知っている．l は大スケールのエネルギー保有渦のサイズ（積分スケール）である．レイノルズ数（Re）が大きいとき，それは大抵そうなのだが，η は小さくなる．乱流中のすべての渦を解像するために $\mathbf{u}$ を計算しなければならない点の数は，式(7.1)から簡単に計算できる．サンプル点の間隔 Δx は，η よりあまり大きくてはならない．したがって，最低[2]，$\Delta x \sim \eta \sim \text{Re}^{-3/4} l$ は必要である．三次元シミュレーションの際に各瞬間に必要なデータ点数は，

$$N_x^3 \sim \left(\frac{L_{\text{BOX}}}{\Delta x}\right)^3 \sim \left(\frac{L_{\text{BOX}}}{l}\right)^3 \text{Re}^{9/4} \tag{7.2}$$

となる．ここで，N_x は任意の一方向の格子点の数（あるいはフーリエモード）であり，L_{BOX} は計算領域の一辺の長さ（流れ場のサイズ）である．係数 $\text{Re}^{9/4}$ は乱流の自由度の数に関係し，この表現は Landau and Lifshitz (1959) によって使われた．式(7.2)は，

$$\text{Re} \sim \left(\frac{l}{L_{\text{BOX}}}\right)^{4/3} N_x^{4/3} \tag{7.3}$$

のように書きなおすことができ，これを見れば問題は明らかだ．つまり，大きな Re を実現するためには，非常に多くのデータ点が必要になる．もちろん，シミュレーションをするからには，計算領域のなかに少なくとも一つ以上の大スケール渦が含まれてほしいから，式(7.3)は，$\text{Re} \ll N_x^{4/3}$ と書ける．

1972年のオーザックとパターソンの先駆的な研究では，テイラーマイクロスケール[3]にもとづくレイノルズ数は，たった $R_\lambda \sim 3.5$ であった（$\lambda^2 = 15\nu u^2/\varepsilon$ で，$R_\lambda = \sqrt{15/A}\text{Re}^{1/2} \approx 6\text{Re}^{1/2}$ だったことを思い出そう）．R_λ をたとえば2倍にしようとすれば，N_x^3 は20倍ほどになってしまう．このため，何年にもわたって，R_λ の増加率は憂鬱になるほど遅かった．並列プロセッサーの出現によっても，R_λ の増加率は10年でたった2倍で，1985年までに約80倍，1990年台の半ばで約160倍であっ

---

[2] 6.6.3項において，最小渦のサイズは 6η 程度であることをわれわれは知った．したがって，最小渦を表現するためには，$\Delta x \sim 2\eta$ 程度が粗いとはいえ適当であろうと考えられるようになった．

[3] DNS を特徴づけるのに，ul/ν よりもテイラーのマイクロスケールにもとづくレイノルズ数 $u\lambda/\nu$ が用いられるのが普通となっている．理由は，ほとんどのシミュレーションが，λ や η で特徴づけられるような小スケールから中間スケールあたりに焦点をあてているからである．

た[4]．これに比べて，技術者の興味（たとえば，航空機を過ぎる流れ）や応用物理学者の興味（たとえば，大気の流れ）の R_λ は，はるかに大きい．DNSで実現できることと，技術者や科学者が知りたいこととのあいだには，莫大な隔たりがある．

数値シミュレーションのコストは，次のように見積もられる．数値的な安定性と精度を確保するためには，流体粒子は一つの時間ステップあたり，一つの格子幅以上は移動させられないから，シミュレーションにおいて許される最大の時間ステップは，$\Delta t \sim \Delta x/u \sim \eta/u$ のオーダーとなる[5]．T を解析すべき全時間とすると，シミュレーションを完了するのに必要な時間ステップ数は，

$$N_t \sim \frac{T}{\Delta t} \sim \frac{T}{\eta/u} \sim \frac{T}{l/u}\text{Re}^{3/4}$$

となる．いま，シミュレーションに必要な計算オペレーションの数が，およそ，$N_x^3 N_t$ に比例するとすれば，計算に必要な時間は，

$$\text{計算時間} \sim N_x^3 N_t \sim \left(\frac{T}{l/u}\right)\left(\frac{L_{\text{BOX}}}{l}\right)^3 \text{Re}^3 \tag{7.4}$$

となる．もちろん，比例定数は計算機の速度によるが，たとえば，現状で最速の計算機でも，$\text{Re} \sim 10^3$ の計算に約1日，$\text{Re} \sim 10^4$ では数週間かかる．このことは，1テラフロップスの計算機を用いた場合について表7.1に示されている[6]．

表7.1を見ると，L_{BOX} が $5l$ あるいはそれ以下でないと，大きな R_λ の計算はできないことがわかる．その場合でも，R_λ が1000よりもずっと大きい場合には，現在の計算機では困難である[7]．同じことは図7.1にも示されている．現実的な計算時間

---

4) 本書の執筆時点では，さらに野心的なシミュレーションは，$R_\lambda \sim 600$ から 800 程度を実現している（あとで述べる一つの例外を除いて）．1970年半ば以降，R_λ が10年ごとに約2倍に増加したことになる．しかし，このようなシミュレーションは，もっとも簡単な形状の，しかも積分スケール程度の小さな空間においてのみ可能である．

5) Δt の最適値は，使われる時間ステップの形式に依存する．実際は，多くの研究者は四次のルンゲ・クッタ法を使っているが，この場合，クーラン数 $u\Delta t/\Delta x$ が ~ 0.1 を超えてはならないことがわかっている．

6) 本書の執筆時点では，数ペタフロップスのコンピュータが実現している．しかし，コンピュータのアーキテクチャ対数値アルゴリズムという重要な問題がまだはっきりしていないので，これがどれだけ計算時間の短縮につながるのかはまだなんともいえない．

7) 本書の執筆時点では，もっとも野心的なシミュレーションは $R_\lambda = 1100 \sim 1200$ で（図3.18参照），Kaneda et al. (2003) によって行われた (Ishihara et al. (2007) も参照のこと)．このシミュレーションは，渦のターンオーバー時間の2倍にわたって行われたが，これは，慣性領域の統計が収束するのに十分であった．16テラフロップスの大型コンピュータを要したが，それでも，計算領域は積分スケールの数倍（大スケール渦数個分）以上ではなかった．もちろん，コンピュータの高速化によって，事態は，今後，改善されるだろう．経験によるとコンピュータの速度は18箇月ごとに2倍程度となる．これは，ムーアの法則として知られている．式(7.4)によると，R_λ は10年ごとに2倍程度となることが予想され，実際，ほぼそのようになっている．したがって，改善はゆっくりではあっても，現在の $R_\lambda \sim 1100$ 程度という制限は遠からず超えると思われる．

表 7.1 式 (7.4) にもとづいて推定した 1 テラフロップス計算機による計算時間. シミュレーションは周期立方体において擬似スペクトル法を用いて行われた. すなわち, 固体境界を含まない. 合計の計算時間は渦のターンオーバー時間の 10 倍, $T = 10(l/u)$ で, 解像度は $\Delta x = 2\eta$. $Re = ul/\nu$, l は積分スケール

1 テラフロップス 計算機	Re = 1000 R_λ = 190	Re = 5000 R_λ = 420	Re = 10000 R_λ = 600	Re = 50000 R_λ = 1300
$L_{\text{BOX}} = 5l$	< 1 時間	1 日	1 週間	3 年
$L_{\text{BOX}} = 10l$	2 時間	9 日	2 か月	24 年
$L_{\text{BOX}} = 20l$	1 日	2 か月	2 年	2 世紀
$L_{\text{BOX}} = 50l$	9 日	3 年	24 年	極長時間
$L_{\text{BOX}} = 100l$	2 か月	24 年	2 世紀	—

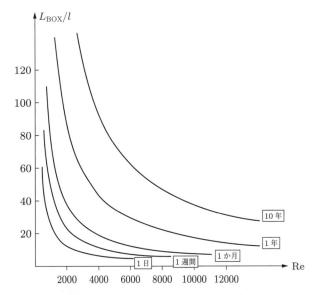

図 7.1 計算速度 1 テラフロップスの計算機を用いた場合の, 周期立方体におけるシミュレーションに対する演算時間の見積もり. 計算時間はターンオーバー時間の 5 倍, $T = 5(u/l)$, 空間解像度は $\Delta x \approx 2\eta$. $Re = ul/\nu$ で, l は積分スケール

におさめるためには, 計算領域の大きさ (これが大スケール渦を適切に表現できるかどうかを決める), R_λ の値 (これが慣性領域の幅を決める), 計算されるターンオーバー時間の数 (これが, 統計処理が適切に収束するかどうかを決める) のあいだの妥協が, つねに必要であることがわかる. どれかを犠牲にせざるを得ないのである. 慣性領域の統計情報に興味がある人は, 犠牲にするのは L_{BOX} で, たとえば $L_{\text{BOX}} \sim 5l$ などが選ばれる. また, 大スケール渦の挙動を知りたい人は, 非常に狭い慣性領域となることを認めなければならない.

式(7.4)は，過去4世紀にわたるすべての発達を覆い隠す，DNSの呪いとなってきた．それは，これらのシミュレーションを概観するうえで，われわれに強い影響を及ぼしてきた．DNSが工学的問題の解決に強力な方法となり得るという主張は通らない．明らかにそれは不可能だ．DNSは科学の道具と見るべきである．実験室における実験と同様に，中程度のReにおいて，非常に単純な形状に対して乱流の発達を調べるために使うことができる．この点で最大の成功は，乱れの基本構造を特定したことであろう．たとえば，古くから多くの議論をよんできた質問，「渦とはなにか」について，いまや，われわれは答えることができる立場にある．この点については7.3節でもう一度もどる．

　R_λを大きくとるために，研究者たちは，概してもっとも単純な形状を選んできた．一様乱流に興味がある人々は，いわゆる，三重周期立方体を選ぶことが多い．これは，領域のある面で起こる事象が反対面での事象に等しいという特殊な性質をもった立方体領域である．これは，明らかに非物理的であるが，もし，$L_{\mathrm{BOX}} \gg l$であれば，乱れの全体状況は特異な境界条件を感知しないというのが論拠となっている．周期立方体の大きな利点は，ナヴィエ・ストークス方程式を解くためのとくに効率的な，擬似スペクトル法とよばれる数値アルゴリズムを構築することができることである[8]．

　ほとんどのDNS研究は周期立方体を用いて，あるいは少なくとも一方向には周期的な領域について行われてきた．三方向のいずれにも周期性が課された場合，乱れは必然的に等方性となり，したがって，シミュレーションには固体境界は含ませることができない．しかし，もし，周期性，したがって，一様性が一方向または二方向にのみ課される場合は，境界を含ませることが可能となる．たとえば，平行平板間の十分発達した乱流は，流れ方向とスパン方向にスペクトル法を使ってシミュレートできる．一方，完全発達したチャネル流は，流れ方向に周期性を課すことができる．しかし，境界を含ませることで壁面付近の小スケール渦の構造を解像しなければならないという，別の計算上の困難が生まれる．したがって，チャネル流のシミュレーションにおけるレイノルズ数は，三重周期立方体のReより小さい[9]．

---

8) この方法では，速度場が時間に依存する係数をもち，有限項で打ち切られたフーリエ級数で表される．ナヴィエ・ストークス方程式は，個々のフーリエ係数の時間発展方程式にかわり，計算は与えられた初期条件から時間進行する．この方法のなかで，もっとも手間がかかる部分は，フーリエ空間で非線形項を計算する部分で，各ステップにつきN_x^6回のオペレーションが含まれる．これを避けるために，各ステップごとに物理空間に変換し，そこで非線形項を計算したあと，フーリエ空間に逆変換する．このやり方だと，$N_x^3 \log N_x$回のオペレーションですむ（たとえば，Canuto et al. (1987)を参照のこと）．

9) 本書の執筆時点では，十分な解像度をもったチャネル流のシミュレーションは，$Re = WV_*/\nu = 1000 \sim 2000$は普通で，もっとも野心的なケースでは$WV_*/\nu \sim 5200$程度であった．

7.1.2 ラージエディーシミュレーション (LES)

式(7.4)の問題を克服するもう一つの方法として，ラージエディーシミュレーション (LES) がある．これは，DNS と完結スキームの中間に位置する．LES のアイディアは，平均流と大スケールのエネルギー保有渦を厳密に計算するというものである．小スケールの構造はシミュレートせず，小スケール以外の部分への影響はあるヒューリスティックなモデルを用いてパラメータ化する．LES の成功は，エネルギーや情報がエネルギーカスケードに沿って小スケールに向かって一方的に移動していく傾向があり，逆にさかのぼることはないという事実によっている．要するに，小スケールはある意味で受動的であり，降りてくるエネルギーを吸いとるだけなのだ．したがって，スペクトルをある中間波数でカットし，エネルギー流束のごみ箱を用意してやれば，大スケールはおそらく小スケールの不在を感知しないであろう[10]（図 7.2）．

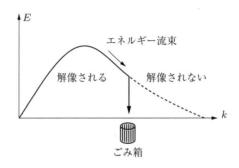

図 7.2　LES の模式図

LES の魅力は，しばしば（つねにではないが）もっとも重要なのは大スケールだという事実にある．たとえば，大スケール運動は，運動量，熱量，化学物質などの輸送を支配する．一方，DNS は見かけ上，すべての努力が小から中程度のスケールの計算に向けられている．このことは，次の簡単な例から見てとれる．いま，$k_{\max}$ をスペクトルシミュレーションにおける最大波数としよう．コルモゴロフスケール程度の解像度を得るためには，$k_{\max}\eta \sim \pi$ を必要とする．しかし，大スケールのエネルギー保有渦を特徴づける波数 k_E は，$k_E l \sim \pi$ を満足する．これより，$k_E \sim k_{\max}(\eta/l) \sim k_{\max} \mathrm{Re}^{-3/4}$ となる．たとえば，$\mathrm{Re} = 10^3 (R_\lambda \sim 190)$，$k_{\min} \sim 0.1 k_E$ としよう．この

---

[10] 実際は検知しているらしい．Lesieur (1990) あるいは Hunt et al. (2001) を参照のこと．たとえば，Lesieur は，小スケールのランダムな変動が，結局は大スケールのランダムな変動を導き，これが大スケール自体の動力学によって生まれる大スケールのランダム変動のうえに重なるとしている．LES では小スケールに含まれている情報は隠れてしまっているので，このような現象は捉えることができない．この意味では LES はよくない．それにもかかわらず，LES は，大スケール運動の統計的傾向や典型的な組織構造を捉えることはできるだろうと期待されている．

とき，$k_{\min}^3 \sim 2 \times 10^{-10} k_{\max}^3$ となり，重要な大スケール渦（たとえば，$k_{\min} < k < 10k_E$）の挙動を計算するのに，シミュレーションに使われるモードのわずか0.02%しか必要としておらず，残りの99.98%は小から中程度のスケールをシミュレートするのに使われる．大スケール渦に興味のある人々にとっては，LES は DNS よりもはるかに魅力的な提案であるのは明らかである．

　LES は，工学分野や気象分野でますます重要性を増しているので，少し詳しく述べておくことはおそらく有意義と思われる．LES の定式化の最初のステップは，フィルタリングの概念を導入することである．乱流中の1本の直線に沿って測られた一つの速度成分，たとえば，u_x を考える．たとえば，直線 $y = z = 0$ に沿って測られた $u_x(x)$ などである．この信号には小スケールと大スケールの変動がどちらも含まれているが，われわれはこれらの異なるスケールの変動を分離したい．そこで，新たな関数，

$$u_x^L(x) = \int_{-\infty}^{\infty} u_x(x-r) G(r) dr$$

を考える．ここで，$G(r)$ は，

$$G(r) = 1/L \qquad (|r| < L/2)$$
$$G(r) = 0 \qquad (|r| > L/2)$$

で定義されるフィルター関数である．明らかに，$u_x^L(x)$ は，x の近傍における長さ L にわたっての u_x の局所平均である．このように，$u_x^L(x)$ は平滑化された，あるいはフィルタリングされた u_x であり，そのなかには，L より非常に小さいスケールの変動は含まれない（図7.3(a)）．ガウスフィルターとよばれるもう一つのフィルター関数は，

$$G(r) = \frac{\exp(-r^2/L^2)}{\pi^{1/2} L}$$

の形をしている．上述の箱型フィルターと同じく r について対称で，積分は1に等しく，原点においては $1/L$ のオーダーで，$r \gg L$ では小さい．実際には，これら四つの性質をもった滑らかな関数であれば，ほとんどどれでもフィルター関数として適当である（よく使われるフィルター関数については，図7.3(b)を見よ）．LES の基本的なアイディアは気象学における Smagorinsky (1963) や工学における Deadorff (1970) のように，かなり昔にさかのぼるが，フィルター関数との畳み込み[11]によって速度場を平滑化するというアイディアは，おそらく，Leonard (1974) が最初と思われる．

---

11) 畳み込み積分についてなじみのない読者は第8章の記述を参照のこと．

(a)

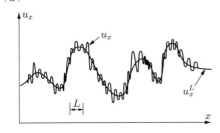

(b)

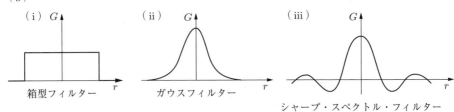

箱型フィルター　　　ガウスフィルター　　　シャープ・スペクトル・フィルター

図7.3 （a）フィルタリングの効果，（b）三つのよく使われるフィルター，（ⅰ）箱型フィルター，（ⅱ）ガウスフィルター，（ⅲ）$\sin(\pi r/L)/\pi r$ で定義される sinc フィルター（別名シャープ・スペクトル・フィルター）

ここで，記号 $\bar{u}_x(x) = u_x^L(x)$ を導入する．すなわち，$\bar{u}_x$ は平滑化された信号を表す．

$$\frac{\partial \bar{u}_x}{\partial t} = \overline{\frac{\partial u_x}{\partial t}}, \quad \frac{\partial \bar{u}_x}{\partial x} = \overline{\frac{\partial u_x}{\partial x}}$$

のように，フィルタリング操作と微分操作は入れ替え可能であるということは容易に証明できる．これらのアイディアは，すべて三次元に拡張できることははっきりしていて，その際，次の記法が導入される．$\mathbf{u}'$ を $\mathbf{u} - \bar{\mathbf{u}}$ と定義し，

$$\mathbf{u} = \bar{\mathbf{u}} + \mathbf{u}'$$

と書く．ここで，$\bar{\mathbf{u}}$ はフィルタリングが施された速度，$\mathbf{u}'$ は残差速度（residual velocity）である．これは，レイノルズ分解を思い起こさせるが，それらには重要な違いがある．たとえば，一般に，$\bar{\bar{\mathbf{u}}} \neq \bar{\mathbf{u}}$, したがって，$\overline{\mathbf{u}'} \neq 0$, つまり，残差速度にフィルターをかけるとゼロとならない[12]．また，$\bar{\mathbf{u}}$ は平均運動を表すのではなく，平

---

[12] たとえば，ガウスフィルターの場合，二重にフィルターをかけた速度 $\bar{\mathbf{u}} = (\mathbf{u}^L)^L$ は，$\mathbf{u}^{\sqrt{2}L}$ に等しくなる．すなわち，二重にフィルターをかけるということは，より大きなフィルター幅で一度だけフィルターをかけることに等しい（このことは，読者自身で確認すること）．一方，シャープ・スペクトル・フィルターの場合，二重フィルターを施した速度は一度だけのフィルターを施した速度と等しい，すなわち，$\bar{\bar{\mathbf{u}}} = \bar{\mathbf{u}}$ である．したがって，残差速度にフィルターをかけるとゼロ，すなわち，$\overline{\mathbf{u}'} = 0$ である（本章最後にある演習問題 7.2 を参照のこと）．

均運動と大スケール運動の和を表している.

次に,ナヴィエ・ストークス方程式,

$$\frac{\partial u_i}{\partial t} + \frac{\partial}{\partial x_j}(u_i u_j) = -\frac{1}{\rho}\frac{\partial p}{\partial x_i} + \nu \nabla^2 u_i$$

にもどろう.この式に,さきほどのフィルター操作を施し,フィルター操作と微分操作の順序が交換できることを利用すると,

$$\frac{\partial \bar{u}_i}{\partial t} + \frac{\partial}{\partial x_j}(\overline{u_i u_j}) = -\frac{1}{\rho}\frac{\partial \bar{p}}{\partial x_i} + \nu \nabla^2 \bar{u}_i$$

が得られる.ここで,$\bar{\mathbf{u}}$ はソレノイド状である.この式は,次のもっと見慣れた式に書きなおすことができる.

$$\frac{\partial \bar{u}_i}{\partial t} + \frac{\partial}{\partial x_j}(\bar{u}_i \bar{u}_j) = -\frac{1}{\rho}\frac{\partial \bar{p}}{\partial x_i} + \frac{1}{\rho}\frac{\partial \tau_{ij}^R}{\partial x_j} + \nu \nabla^2 \bar{u}_i$$

$$\tau_{ij}^R = \rho(\bar{u}_i \bar{u}_j - \overline{u_i u_j})$$

この式は,レイノルズ平均の運動方程式と非常によく似ている.このように,フィルタリングの影響で,残差応力とよばれる架空の応力が生まれる.これも,時間平均によって生まれるレイノルズ応力と類似している.フィルタリング後の運動方程式は,サイズが L またはそれ以上のスケール(渦)しか含まないから,$\sim L$ 程度の格子上で積分すればよい.したがって,何かの方法で残差応力テンソルを見積もることができれば,われわれは厄介な小スケールから解放される.スケール L は,普通,$\bar{\mathbf{u}}$ がエネルギー保有渦の全体を含み,慣性小領域内となるように選ばれる.残されているのは,τ_{ij}^R を見積もる方法を見つけることである.

LES において,解像できないスケールの計算にもっともよく使われる方法は,渦粘性モデルである.すなわち,ν_R を残差運動の渦粘性として,残差応力テンソルを,

$$\tau_{ij}^R = 2\rho \nu_R \bar{S}_{ij} + \frac{1}{3}\delta_{ij}\tau_{kk}^R$$

の形に表現する.これを用いると,

$$\frac{\partial \bar{u}_i}{\partial t} + \frac{\partial}{\partial x_j}(\bar{u}_i \bar{u}_j) = -\frac{1}{\rho}\frac{\partial \bar{p}^*}{\partial x_i} + 2\frac{\partial}{\partial x_j}[(\nu + \nu_R)\bar{S}_{ij}]$$

が得られる.ここで,$\bar{p}^*$ は修正圧力である.最後の,かつ決定的なステップは,ν_R を与えることである.物理的には,ν_R は解像されなかった渦のなかで,もっとも大きなエネルギーをもつもの,すなわち,L より少しだけ小さいスケールの渦によって決まると考えられる.したがって,次元的理由から自然に思いつく ν_R の候補は,

$$\nu_R \sim L(\mathrm{v}_L^2)^{1/2}$$

である．v_L^2 はサイズが L の渦の運動エネルギーである．1960 年代に気象学の分野で開発されたスマゴリンスキーモデルでは，v_L^2 は $L^2(\bar{S}_{ij}\bar{S}_{ij})$ のオーダーであるとしている．すると，

$$\nu_R = C_S^2 L^2 (2\bar{S}_{ij}\bar{S}_{ij})^{1/2}$$

となり，無次元定数 C_S はスマゴリンスキー係数とよばれ，普通，~ 0.1 とされている[13]．非常に普及しているこのモデルには，多くの欠点がある（壁面近傍では散逸が強すぎる）が，等方性乱流や自由せん断流ではうまくいっている（さらに詳しいことは，たとえば Lesieur (2005) を参照のこと）．とくに，壁面近傍の扱いを改善することを目的として，数々の改良が提案されてきた．しかし，ここでは，それらの修正について詳しくはふれない．ただ，重要な改良が Germano et al. (1991) によって行われたことだけを述べておく．彼らは，C_S を場所と時間の関数とする，いわゆる，ダイナミックモデルを提案した．このモデルでは，格子フィルターとテストフィルターという，幅の異なる二つのフィルターを用いることで，局所の流れ状態に応じて C_S の値が最適化される．

ここではいちいち述べないが，ほかにも多くのサブグリッド完結モデルが提案されている．これらのうちのいくつかは，その長所短所とともに，Pope (2000)，Lesieur (2005)，Sagaut (2009) に詳しく述べられている．

ある人々は，将来の応用計算流体力学は LES であると見ている（たとえば，Piomelli, 2014）．すべてに重要な大スケール渦をパラメータで表すような（結局は欠陥が避けられない）完結モデルに頼る必要がなく，しかも，式(7.4)で課せられた制約は受けない．実際，いまでは LES を使って工学的に興味ある流れをシミュレートできるようになっている（たとえば，4.6.3 項でとりあげたシミュレーションなど）．しかし，LES は DNS に比べればかなり計算負荷が少ないとはいえ，たとえば，k-ε モデルに比べれば計算時間が長い．したがって，高精度が要求されないような問題に対しては，渦粘性モデルとおき換わることはなさそうである．さらに，LES のアキレス腱は，非常に小さい渦が動力学的に重要となるような境界の存在である．LES に境界層を組み込むためには，表面付近に結果的に DNS になってしまうような非常

---

13) フィルタリング後の運動方程式と，それにともなうスマゴリンスキーモデルの一つの奇妙な点は，いったん C_S を選ぶとモデルはフィルターの選択とは完全に無関係となることだ．すなわち，フィルタリングの効果とは，ナヴィエ・ストークス方程式の新しいバージョンをつくり出すことで，そこでは，$\mathbf{u}$ が $\bar{\mathbf{u}}$ に，ν が $\nu + \nu_R$ におき換わり，$\nu_R(\mathbf{x}, t)$ はどのタイプのフィルターを使うかには関係ないのである．

に小さな格子を切るか，あるいは，たとえば，適当な渦粘性モデルなどで境界層を別個に計算したのちに，外側の流れに対するLESの結果と接続しなければならない．前者は比較的小さなReについてのみ実現可能である．一方，後者は，渦粘性モデルがLESの境界条件として，統計平均された情報しか与えない点で問題が多い．

　この点で，最近の航空分野や機械工学分野における重要な発展は，LESと境界近傍のために用意された一点完結モデルを組み合わせたハイブリッドスキームの導入である．これに関するとくに興味深い例は，スパラートと共同研究者によって広められたはく離渦シミュレーション（DES）法で，たとえば，Spalart (2000, 2009) に解説がある．この手法は，LESと一点完結モデルの両方の長所を利用しており，可能性の点で魅力的である．すなわち，LESは境界から離れた領域で効力を発揮する一方，一点完結モデルは境界層内部で比較的信頼性が高い（4.6節に注意が述べられているが）．このハイブリッドLESの驚くべき例が図7.4に示されている．これは，高迎角時のF15ジェット機のまわりの流れのはく離渦シミュレーションの結果である．

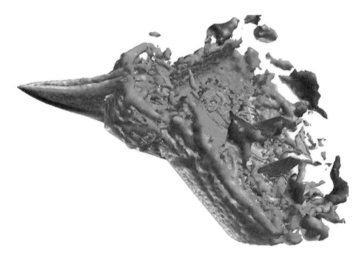

図7.4 高迎角のF15ジェット戦闘機の離脱渦シミュレーション．濃淡は圧力で評価した等渦度面．Spalart (2009) によれば力とモーメントの計算精度は6%以下（図は J.R. Forsythe and P.R. Spalart 提供）

　ハイブリッドスキームはさておいて，LESの限界を明らかにする一つのよい方法は，Sherman (1990) による洞察力に富んだ観察について，よく考えてみることであろう．彼は，乱流についての彼の見方を次のように述べている．

　　　粘性は乱流の一生にとっては助産師であり，同時に死刑執行人でもあ

る．助産師としての粘性は渦度を，その生誕の地である壁面上において生み出す．こうして流れは，それなしでは不安定になれず，したがって，乱流にもなれない何かを受けとる．死刑執行人としての粘性はトルクを生み出し，それが渦度の局所への集中をもみ消す．

そう，LES においては，粘性は助産師でもなければ死刑執行人でもない．実際には，粘性はほとんどなんの役目も果たしていない．表面での渦度の生成[14]も流体内部でのエンストロフィーの散逸もモデル化されなければならない．LES は，ただ，中年層のガイドとしてはたらくのみだ．しかし，この時期こそ，もっとも重要であるような流れがたくさんある．LES への示唆に富んだガイドとして，たとえば，Geurts (2003), Lesieur et al. (2005), Sagaut (2009) がある．

DNS も LES も，乱れおよび乱流に対するわれわれの理解に非常に役立ってきたことは疑う余地がない．7.3 節において，いくつかの成功例について述べる．しかし，そのまえに，まず，注意深く検討し，DNS の一つの限界について論じよう．具体的にいうと，ある人々が好んで使う周期立方体の考え方に対する注意からはじめる．

例題 7.1 スマゴリンスキーモデルは，運動エネルギーが大スケールの運動から解像できないスケールに向かって移動するという性質を確保していることを示せ．

例題 7.2 上付きバーを時間平均と読みかえれば，フィルタリング後の運動方程式と残差応力が，それぞれ，レイノルズ平均運動方程式とレイノルズ応力と一致することを示せ．

7.2 周期性の危険について

信心深い男が娼婦に言った，「お前は酔っている．いつも違った男と交わるなんて．」
すると彼女は答えた，「オー，シャイク，あんたの言うとおりよ．ところであんたは見たとおりなの？」
Omar Khayyam

オマル・ハイヤームのシャイクのように，周期立方体には見た目以上に多くが潜んでいる．特有の，しかし，一見，良好な境界条件が問題を引起す．式(7.3),

---

[14] はく離点が固定されている鋭いエッジをもつ物体のまわりの流れの場合，後流中の正味の渦度を見積もるだけでよいなら，必ずしも境界層を厳密に解像する必要はない．このような場合には，正味の渦度はストークスの定理により物体まわりの循環に等しく，クッタの条件のようなもので決まる．

$$\mathrm{Re} \sim \left(\frac{l}{L_{\mathrm{BOX}}}\right)^{4/3} N_x^{4/3} \tag{7.5}$$

にもどろう. 多くの研究者にとってのおもな課題は, できる限り高い Re の実現であった. その結果, L_{BOX} と l の比は, 必ずしも期待されるほどは大きくできなかった (多くの研究者は $L_{\mathrm{BOX}} \sim 5l$ を用いている). すでに見てきたように, 周期立方体に対する境界条件は非物理的だから, このことは重要である. もし, 周期立方体の内部の乱流で風洞内の乱流を模擬しようとするなら, 乱流の全体が課された周期性を感知しないようにするために, $L_{\mathrm{BOX}} \gg l$ とすることが欠かせない. もし, エネルギースペクトルの低から中程度までの k, すなわち, 大スケール渦の情報を必要とするなら, このことがとくに重要となる. 低から中程度までの k において, 課された周期性に影響されない結果を得ようとするなら, おそらく, $L_{\mathrm{BOX}} > 50l$ が必要となるであろう[15]. これは, DNS ではめったに実現できないし, できるとすれば, R_λ を極端に小さくするという犠牲を払わなければならない (表 7.1 参照).

境界条件からくる問題には, 次の二つがある. 第一に, 周期性のために大スケールに非等方性が課せられる. 図 7.5 を考えよう. 点 A と点 B は完全な相関関係にあるが, 同じ距離だけ離れた点 A と点 C はそうではない. これから L_{BOX} のスケールの非等方性が生まれるのは明らかである. $L_{\mathrm{BOX}} \gg l$ ならこの非等方性は重要ではないが, L_{BOX} が l のわずか数倍程度だと大スケールの動力学に影響する. 第二の, しかももっ

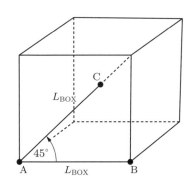

図 7.5 周期立方体. 点 A と点 B は完全な相関関係にあるが, 点 A と点 C には相関がない. 箱のスケールでの非等方性があるのは明白だ

---

15) 三次元問題に対して, L_{BOX}/l の制限を厳密に守ることはまだできていない. しかし, Ishida et al. (2006) と Davidson et al. (2012) は, あるガイドを与えている. 彼らのシミュレーションでは, L_{BOX}/l の初期値は約 100 であったが, これで正しいエネルギー減衰法則を得るのに十分な解像度で大スケール渦を捉えている.

と厳しい問題は，L_{BOX} スケールの人工的な長距離相関が課せられてしまうことだ．すなわち，箱の一方の面での事象が反対面での事象と完全に相関関係をもってしまう．L_{BOX} よりもはるかに大きな空間領域について考えてみよう．周期性を仮定しているので，この空間は図 7.6 に示されているように周期立方体の集まりからできている．もちろん，それぞれの箱のなかの流れは同じになるであろう．それだけではなく，一つの箱はほかのすべての箱と，圧力場を介して情報交換している．したがって，別々の流れがあって，すべてが同じになるように強制されており，しかも，すべてが互いに影響し合っている．明らかに，周期立方体内の乱流を，大きな空間の等方性乱流場の一部とみなすわけにはいかないのである．

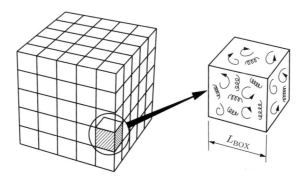

図 7.6 一つの周期立方体におけるシミュレーションは，多数の周期立方体における流れと等価である．それぞれの箱のなかの流れは同じだが，箱どうしは圧力を介して互いに情報を交換している．これが，等方性乱流を表現するとはどういう意味だろうか？

この拡大された空間領域に対する縦相関関数を考える．おそらく，図 7.7（a）に似たような形になるはずである．これには，高さが 1，幅が $\sim 2l$ の周期的なスパイクが見られる．これはまさに，課せられた周期性によって生まれた人工的な長距離相関の結果である．さて，われわれは，第 6 章において，大スケールの動力学は $r \to \infty$ における f や K に強く依存することを見てきた．すなわち，$f_\infty \sim e^{-r^2}$ か，$f_\infty \sim r^{-6}$ か，$f_\infty \sim r^{-3}$ かによって，まったく違った挙動になる．たとえば，f_∞ が指数関数的に小さくなる場合は，乱流エネルギーは $u^2 \sim t^{-10/7}$ で減衰するが，$f_\infty \sim r^{-3}$ の場合には $u^2 \sim t^{-1.2}$ となる（6.3.1 項，6.3.4 項参照）．ここで，図 7.7（a）と図 7.7（b）を比較してみよう．周期的シミュレーションで f_∞ や K_∞ について論じるのは明らかに無意味である．周期シミュレーションの結果を実際の乱流に照らしてどのように解釈すればよいのだろうか．明らかに，大スケールの動力学に関する限り答えは，それは

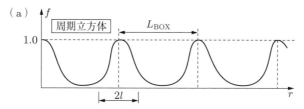

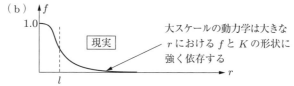

図 7.7 (a) 周期立方体の列に対する縦相関関数. (b) 等方性乱流に対する f の形. 乱流の大スケールにおける動力学は, 大きな r における f や K の形状に強く依存する. そうなると, 周期立方体内の流れは大スケールに関して, 一体, 何を伝えてくれるのだろうか？

ちょっと難しい. $L_{\mathrm{BOX}} \sim 50l$ を固く守ってベストを期待するしかないだろう.

この点に関して, 一つの有効なチェックは, まず, 小さい k におけるエネルギースペクトルが k^4 としてシミュレーションを開始し, その後の $E(k \to 0)$ の発展経過を観察することだ. もし, k^4 スペクトルが, たとえば, k^2 スペクトルに変化していくようであれば（これは, L_{BOX} が小さすぎる場合に起こり得る）, 何か悪いことが起こっているといえる. すなわち, $E(k \to 0)$ の形状は長距離相関の形状に強く依存しており (6.3.4 項参照), また, 等方性乱流では $E \sim Ik^4$ で I はほぼ一定となるか, あるいは, $E \sim Lk^2$ で L は厳密に一定 (6.3.6 項) のいずれかである. しかし, 等方性乱流において, k^4 スペクトルが自然に k^2 スペクトルに変化したり, あるいはその逆になったりすることはあり得ない. もう一つの有効なチェックは, 適切なエネルギー減衰法則がシミュレーションで再現できるかどうかである. たとえば, Ishida et al. (2006) は, $E \sim Ik^4$ の乱れにおいてコルモゴロフの減衰法則 $u^2 \sim t^{-10/7}$ を見い出したし, Davidson et al. (2012) は, $E \sim Lk^2$ の乱れにおいてサフマンの減衰法則, $u^2 \sim t^{-6/5}$ を見い出している. どちらのケースも等方性理論で予測されたものと同じ減衰率を観察している. しかし, 重要なことは, どちらのシミュレーションにおいても L_{BOX}/l の初期値は約 100 であり, この大きな L_{BOX}/l の値が正しい減衰率を捉えることを可能にしたのである.

7.3 カオスのなかの構造

われわれは，昔は答えのないたくさんの疑問を抱えていた．いまでは計算機のおかげで，かつてわれわれが疑問すら感じていなかった問題にたくさんの回答が得られている．

Peter Ustinov

ここでは，直接数値シミュレーションが生み出した，興味深い結果のいくつかの例を示そう．DNSの魅力の一つは，支配的な渦構造のイメージをつくり出す能力である．それは，しばしば，背景にある動力学過程の痕跡を直接映し出す．おそらく，もっともはっきりしているのは，ヘアピン渦がしばしば認められるせん断層と後流であろう（図7.8）．しかし，簡潔という意味で，ここでは一様乱流に話題を限ろう．また，一様乱流についての最近の進歩を系統的にカバーしようとも思わない．それは，まぎれもなく，本全体を埋めつくすことになるだろうし，第一，すぐに時代遅れになってしまうだろう．代わりに，新しいものも古いものも含めて代表的な研究について論じ，数値実験の魅力とそれらが提供する結果について深く考察する．直接数値シミュレーションのインパクトについてのより詳しい解説に興味がある人は，(i) 小スケールの乱れについては Ishihara et al. (2009) と Kaneda and Morishita (2013) を，(ii) 壁面近傍の乱れについての最近の洞察については Kawahara (2013) と Jiménez (2013) を，さらに，(iii) 受動スカラーの混合についての解説は Gotoh and Yeung (2013) を参照するのがよいだろう．

（a）上面から　　　　　　　　　　（b）側面から

図7.8 後縁からの後流における乱れの数値シミュレーション．赤はカルマン渦にともなう低圧領域，青は渦度が高い領域．図は異なる時刻における瞬時の分布を示す．軸方向の渦管がカルマン渦に巻きつくようすが見られる．（サザンプトン大学の Y. Yao and N.D. Sandham 提供）

7.3.1 管，シート，カスケード

まずはじめに，周期立方体内の「ほとんど」等方的な乱流について考える．これら

のシミュレーションのほとんどは小スケールに注目している．なぜなら，$R_\lambda \gg 1$ でなおかつ $L_{\text{BOX}} > 50l$ という条件を同時に満たすことはきわめて困難なため，大スケールに関して信頼できるデータを得ることはきわめて難しいからである．これらのシミュレーションのおもな興味は，（i）リチャードソンとコルモゴロフによる，多段階を経て情報が失われていく過程を描いたカスケードの描像の信憑性を確かめること，および，（ii）平衡領域にまたがる小スケールの渦度場の基本構造を決めること，および，（iii）コルモゴロフの 1941 年の理論による予測をテストし，間欠性の結果として必要となる補正について評価することである．大スケールの挙動を再現することが目的ではないので，これらの研究では $L_{\text{BOX}} \sim 5l$ が用いられることが多い．その結果は，乱れの多段階カスケードの構図に疑問を抱かせ，大スケールが小スケールを感知しないとすることは，やや非物理的であることを示唆する．これらのシミュレーションは，自由減衰乱流と，統計的に定常な乱流の二つに分類できる．後者の場合，大スケールにおいてランダムな強制攪拌が行われ，攪拌の詳細なやり方の違いが小スケール渦の統計に影響しないかどうかについて論じ，カスケードの描像を再検討する[16]．

　最初に，エネルギーカスケードに関するリチャードソンとコルモゴロフのモデルの信憑性への疑問について考えよう．すなわち，われわれは，次のように問う．渦の階層が一連の（スケール空間における）局所的な相互作用によってエネルギーを小スケールに運びおろすとする構図が妥当なのかである．この点に関して，Leung et al. (2012) の結果は参考になる．彼らは，あるサイズの範囲の構造を抽出するためにバンドパスフィルターを用い，そのエネルギーがどこからきたのかを調べた[17]．結果はわれわれを元気づけた．平均的に見て，与えられた範囲のサイズの渦は，それより少し大きな，たとえば，3 ないし 5 倍程度の大きさの渦の伸張によりエネルギーを受けとっている．この意味で，リチャードソンとコルモゴロフの多段階かつ情報の消失をともなうカスケードという見方は，健全なアイディアのように見える．要するに，スケール空間における相互作用は，事実局所的という傾向がある．興味深いことに，認知される相互作用の（スケール空間での）局所性は，乱れをフーリエ変換というレ

16） ランダムな人工的強制が，強制力から十分離れたスケールの流れの統計には影響しないとするアイディアは，普通の水力学的乱流に対しては妥当と思われる．しかし，強い成層や高速回転や MHD 乱流の場合にはそうはいかない．要は，これら三つの非圧縮系がいずれも内部波動をサポートするという意味で波動系の例で，これらの波動が乱れと強く干渉する（Davidson (2013)）．ドラムがつくるノイズがドラムの叩き方によって決まるのとまったく同様に，この波動系の乱流の特徴はそれがどのように強制されるかに依存する．

17） 彼らは特定のスケール s から十分離れたスケールの渦度場の寄与を抑え込むために，幅 s のガウスフィルターを用いている．

ンズを通して見たときに得られる人工的な結果で，リチャードソンのカスケードはスペクトル空間でのみ存在すると主張する人もいる．Leung et al. (2012) の結果は，そうではないことを暗に示している．

再び，平衡領域における渦度場の形態論についての疑問にもどろう．数値シミュレーションの出現のはるか以前に，平衡領域の渦の一般的な形状についての推測が広く行われていた．早くも 1948 年にバーガースは，引き伸ばされた管状渦（乱流のような）のエネルギー散逸率が，Re→∞ の極限で粘性に無関係であるという特別な性質をもつことから，散逸の中心となる小スケールの渦が管状であることを示唆した．加えて，5.3 節で論じたように，Betchov (1956) は，乱流中の任意の点における主ひずみが平均的に一方向の大きな圧縮と二方向の弱い伸張からなる二軸変形のパターンに似ているという彼の予測にもとづいて，渦シートの形成がエネルギーカスケードの重要な部分であると予想した[18]．このようなひずみ様式は，受動的な渦糸が吹き流され引き伸ばされてシート状のクラスターになりやすい結果，渦シートを形成する傾向がある．このことから，ベチョフが主張したように，慣性領域の上端がシート状の渦からなり，慣性領域の下端でのバーガース風の渦管へと壊変するという，よくいわれる構図が生まれる．Saffman (1968) は，のちに，この構図を数学的に捉え，大スケールの渦シートは λ 程度の厚さと l 程度の長さをもつこと，これに対して，シートの不安定性から生まれる小スケールの渦管は半径が η 程度であると予測した．さらに，サフマンは，このような構図では小スケールへのエネルギー流束は，実際に観察されるとおり，u^3/l のオーダーであることを示した．議論の余地はあるにしても，このような構図は多段階過程ではなく，ほぼ二段階過程（シートの形成とそれに続くシートの崩壊と渦管の形成）を考えているという点で，リチャードソンともコルモゴロフともやや食い違っている．また，動力学過程が慣性小領域の両端で異なっていることも，コルモゴロフの 1941 年の理論とは一致しない．コルモゴロフの理論では，速度の増分のひずみ率が慣性小領域を通じて一定であることが必要で，このことは，この領域を通じて動力学過程がある程度一様であることを暗に示している[19]．

最初の段階から多くのシミュレーションでは，渦度場が慣性小領域にわたって自己相似性を有するのかどうか，あるいは，ベチョフやサフマンなどが予想したようなシートからチューブへの移行が存在するのかどうかに興味があった．こうしたシミュ

---

[18] ひずみの順番についてのベチョフの予測は，のちに Ashurst et al. (1987) の DNS によって確認された．彼らの計算では，主ひずみの相対的な大きさは (3, 1, −4) であった．
[19] 6.5 節で引用したように，コルモゴロフが 1941 年の理論を記述する際に使った，「より粗いスケールの渦からより細かいスケールの渦へのエネルギー輸送をつかさどる，ある種の一様な機構」というフレーズにとくに注意すること．

レーションの典型的な例は，Vincent and Meneguzzi (1991, 1994)，Ruetsch and Maxy (1992)，非常に高いレイノルズ数にはじめて到達した Kaneda and Ishihara (2006) のパイオニア的なシミュレーション，さらに最近のものとしては Hamlington et al. (2008)，Yeung et al. (2012)，Leung et al. (2012)，Ishihara et al. (2013) があげられる．これらのうちの最初の Vincent and Meneguzzi (1991) の研究は，$R_\lambda \approx 150$ における統計的に定常な乱流に関するものであった．彼らのおもな発見は，実験データにもとづいたわれわれの直感的な見方とほぼ一致している．彼らは，次のことを見い出した．

(i) 渦度のピークは，細長い管からなる粗い網目状の部分にほぼ集中しており，管の直径は η と λ の中間くらい，長さは積分スケール l 程度である．
(ii) $k^{-5/3}$ で表される慣性領域が存在する．
(iii) コルモゴロフ定数は $\alpha \sim 2$ (ほとんどの実験が示している値より $\sim 25\%$ 程度大きい)．
(iv) $\partial u'_x/\partial x$ の確率分布はガウス分布から大きくずれている．
(v) $\Delta v = u_x(\mathbf{x}_0 + r\hat{\mathbf{e}}_x) - u_x(\mathbf{x}_0)$ の確率分布は，$r \to \infty$ とともに徐々にガウス分布に近づく．
(vi) $\partial u_x/\partial x$ のひずみ度は $S_0 \sim -0.5$ 程度である．
(vii) 扁平度はガウス分布の値よりはるかに大きく，渦度場が非常に間欠的であることと一致している．
(viii) 構造関数の法則 $\langle [\Delta v]^n \rangle \sim r^{\zeta_n}$ の指数 ζ_n は，$n \geq 5$ に対して Kolmogorov (1941) の値や $\hat{\beta}$ モデルで予測された値よりかなり小さい．
(ix) 渦度は平均してひずみの中間主軸の方向に向いている．

これらの発見のほとんどは，第3章と第5章で述べた実験事実におおむね一致しており，シミュレーションの精度について一定の信用が得られている．DNS の斬新な点は，おもに観察結果(i)にある．これは，チューブ対シートの問題について，慣性領域で起こりやすい $\boldsymbol{\omega}$ の構造としてはチューブが優勢であることを示している (この結論は以前の Siggia (1981) や，She et al. (1991) と一致している．彼らは，散逸スケールにおいて管状の構造が主流であることを観察していた)．このような細い管は，しばしば「ワーム (worms)」とよばれている (図 7.9)．管状の構造は，はるかに大きな Re における一様乱流の高解像度の LES と DNS の結果を示した図 3.18 に，さらに鮮明に見られる．

もちろん，渦管が散逸スケールにおいて支配的であるということは，ある意味で当

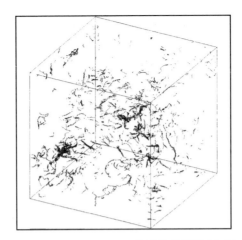

図 7.9 Vincent and Meneguzzi (1991)(承諾済み)のシミュレーションにおける等渦度面．図3.18も参照のこと．

然である．なぜなら，5.3.3項で強調したように，バーガース風の渦は散逸率が有限で，Re→∞の極限で粘性に無関係という特殊な性質をもっているからだ．バーガース風の渦シートにはこの性質はないから，これが管状渦を高Reの乱流における散逸の中心となるべき自然な候補にしている．したがって，もっとデリケートな問題は，渦管が慣性領域においても支配的なのかどうか，そして，この領域を通じてのエネルギーカスケードを支配しているのかどうかである．

これに関連して，ヴィンセントとメネグッチの論文から1年以内に，振り子が反対方向に振れたことは興味深い．もう一つの力ずくのシミュレーションで，Ruetsch and Maxey (1992) は，最強の渦度は，当然，管のなかにあるらしいが，中程度のレベルの ω はシート状になる傾向があることに気づいた．これらのシートは Betchov (1956) が予見したような形をしていて，Townsend (1976) が示唆したように，その後はケルビン・ヘルムホルツ不安定によって巻き上がる．このように，リュッチュとマクセイの結果は，中間スケールの渦はシート状だとする，むしろ，古典的な見方を支持した[20]．

ヴィンセントとメネグッチは，強制力のない減衰のシミュレーションにおいて，1994年の課題について再検討した．彼らの発見は，渦シートが最初に現れ，管は次々と起こるケルビン・ヘルムホルツ不安定の残骸であるとするリュッチュとマクセイの見方を確認した．彼らは，また，管はシートより安定（長生き）であり，DNSで

---

[20] 中程度の強さの渦度はシート状に，非常に強い渦度は管状に分布するというこの描像は，Jiménez et al. (1993) の DNS でも示唆されている．

管のほうがしばしば見られるのはそのためであることを示唆した．しかし，彼らの見方は，エネルギーカスケードにおもにかかわる機構の一つは，渦シートの形成とその後の分裂であるという，どちらかというと古典的なものであった．

同様の結論には，Boratav and Peltz (1997) も到達しており，彼らは慣性領域の間欠性にもっとも強く影響するのはリボンのような構造で，管状ではないことを示唆した．さらに，彼らは渦度場よりもひずみ場の間欠性がコルモゴロフの1941年の理論からのずれの原因であるとした[21]（二つの場は大なり小なり一致しているので，渦シートについては，識別はそれほど重要ではない．しかし，チューブやリボンあるいはもっと複雑な構造については区別することが重要かもしれない）．

渦度場の形態が慣性領域にわたって変化するかもしれないというアイディアは，Leung et al. (2012) からも浮かんでくる．彼らは，異なるスケールの渦度場に潜む構造を捉えるためにバンドパスフィルターを用い，構造の形態を分類するための客観的手法としてミンコフスキー汎関数を用いた．過去の研究に沿って彼らは，慣性領域を通じた系統的な形態の変化を見い出し，管は小さいスケールにおいてのみ支配的に現れるとした．

これらのシミュレーションは，以前のベチョフやサフマンやタウンゼントの仮説とおおむね一致しているのは興味深い[22]．しかし，5.3.2項で述べたように，渦シートの形成に至る系統的なバイアスというベチョフの示唆は，最近，Hamlington et al. (2008) と Leung et al. (2012) によって疑問視されるようになった．とくに，局所のひずみ場から渦自体による自己誘導ひずみを差し引くと，残った非局所的なひずみは平均して二軸ひずみよりも一軸ひずみ（一方向の大きな伸張ひずみと二方向の弱い圧縮ひずみ）を呈する．さらに，これらのシミュレーションにおける局所の渦度は，平均して非局所ひずみ場の最大伸張方向に向く．これらの発見の重要な点は，5.3.2項で述べたように，軸方向ひずみがシートよりもチューブを形成しやすい傾向があることだ．そこで，結論として，渦の自己ひずみをとり除けば，隣り合う渦によって軸方向に引き伸ばされたバーガース渦を思わせる構図となる．これらはすべて，渦シート形成からシートの崩壊と最終的にコルモゴロフスケールのワームへという簡単な構図は単純すぎることを示している．そのうえ，これまで述べてきた数値実験の大部分では，R_λ の値が控えめ（高々100〜200）であったことを忘れてはならない．これは，

---

21) Yeung et al. (2012) は，ひずみ場と渦度場の相対的役割と，それがレイノルズ数によってどのように変化するかについて調べてきた．とくに，彼らは，$140 < R_\lambda < 1000$ において散逸とエンストロフィーの統計的性質を調べ，R_λ の増加とともに次第に散逸とエンストロフィーが同じ場所で起こるようになると結論づけた．
22) 渦シートが壊れて渦管の集合に変化するようすを表した有益な概念図が，Lin and Corcos (1984) によって与えられている．

R_λ が数百から 10^3 に増えると渦度場にかなり大きな変化が現れるという Ishihara et al. (2007, 2013) による提言に照らして重要な警告である．とくに，彼らは，R_λ が 10^3 に近づくにつれてコルモゴロフスケールの渦管の大きなクラスターが徐々に重要になることを示した．この観察については，7.3.2 項でもう一度述べる．

ひずみ場に注意を払うべきだという Boratav and Peltz (1997) の提言は，慣性領域の一般的な構造について，現在，繰り広げられている論争とともに，DNS の結果をどのように可視化するかという微妙な問題を提起している．たびたび遭遇する困難は，コルモゴロフがいうように，散逸スケールの渦の特性エンストロフィーが慣性小領域の上端のそれよりはるかに大きいという事実である．このため，ω^2 の rms 値に閾値を設けてエンストロフィーのイメージを単純につくると，どうしても，散逸スケールを強調し，より大きな構造を覆い隠してしまう．

これに代わる多くの手法が提案されてきた．簡単にいうと，画像にいろいろなスケールでフィルターをかけるか（たとえば，Leung et al. (2012)），あるいは，画像にフィルターはかけないが，画像表現の際に，より繊細なやり方を使うかである．可視化の手法が異なると流れ場の異なる切り口を強調する傾向があり，性質の異なる画像となる．もっとも簡単でもっともわかりやすいのは，どの場に興味があるかによって ω^2 あるいは $S_{ij}S_{ij}$ の等値面をプロットし，閾値をかえることで異なるスケールの場を検討するという方法である．上で述べたように，散逸スケールの渦がエンストロフィーとひずみ場を支配しているから，用いる閾値に関係なくこの方法で得られた結果は，消散スケールの渦を強調することになる．このため，Kida (2000) のような研究者は，低圧領域を探索して渦管の軸の位置を特定する方法を採用している．この方法は，強い渦糸を抽出するにはとくに効果的だが，渦シートやひずみ場についてはほとんど情報が得られない．これと関連したもう一つのものは，速度勾配テンソルの第二不変量 Q の等値面をプロットする方法である．5.3.6 項で見たように，これは，

$$Q = -\frac{1}{2}\frac{\partial u_i}{\partial x_j}\frac{\partial u_j}{\partial x_i} = -\frac{1}{2}S_{ij}S_{ij} + \frac{1}{4}\omega^2 = \frac{1}{2}\nabla^2\frac{p}{\rho}$$

によって定義される．正の Q の等値面をプロットすることで，ひずみよりも渦度が勝る領域が特定できる．一方，負の Q の等値面は，ひずみが支配的な領域に印をつける．組織渦を探そうとする人は，正の Q と低圧を併用することもある．しかし，渦シートでは $Q = 0$ だから，Q をベースとした可視化法は，いずれも，不活発な（ω^2 や $S_{ij}S_{ij}$ が小さい）領域と渦シートやリボンを識別することができないことに注意しよう．また，$\nabla^2(p/\rho) = 2Q$ だから，渦軸を探す低圧手法と大きな正の Q の領域を探す手法は，互いに近い関係にあることも注意しよう．

ほかにも，いろいろな可視化手法が折にふれて提案されてきた．たとえば，Chong

et al. (1990) の Q-R 判定基準，あるいは Jeong and Hussain (1995) のエンストロフィーとひずみを併用する方法などである（これらのスキームの多くは，Jeong and Hussain にまとめられている）．多くの手法はあるにしても，慣性小領域の渦の画像については，多くの研究者がそれぞれ異なる手法を奨励していることは驚くほどではない．

慣性領域の渦度場を分類するという課題は，全体にデリケートであり，引き続き検討する必要がある．たとえば，シミュレーションにおける最大の R_λ は，いまのところ Kaneda et al. (2003) の $R_\lambda \sim 10^3$ である (Kaneda and Ishihara (2006) と Ishihara et al. (2007) も参照)．この研究で得られた散逸領域で支配的な構造は明らかに管状であるが（図 3.18），より大きなスケールでは，これらの渦管は厚さがテイラーのマイクロスケール程度，長さが積分スケール程度のシート状のクラスターに整列する兆候が見られる (Ishihara et al. (2003))．これらのクラスターはとくに高い散逸率を示し，動力学的におそらく重要であろう．次節でこの話題をとりあげる．

まとめると，散逸領域の渦が管状であることは確かなようだが，エネルギーカスケードにおいて，シート，チューブ，チューブのクラスターのどれが重要かについては論争が続いている．ある人は慣性領域全体にわたって渦管が決定的な構造だとしているし，また渦シートあるいはシート状をした渦管のクラスターが慣性領域の動力学にとって重要だとする人もいる．とにかく，決着はまだついていない．

7.3.2 ワームおよびワーム・クラスターの分類

渦管（ワーム）が，エネルギーカスケードにとって支配的かどうかは別として，等方性乱流の DNS では至るところに現れるから，その性質を調べて列挙したくなるのは当然である．このような研究はたくさんある．おもなテーマは，次の三つである．

(i) その構造（直径，長さ，形，数密度など）はどうか？
(ii) 代表的な寿命はどうか？
(iii) これらのようすは R_λ によってかわるのか？

ここでもまた DNS を，ほどほどの R_λ の初期の研究と，のちの大きな R_λ の研究に分けて考える．初期の研究の代表的なものは，Jiménez et al. (1993), Jiménez and Wray (1998), Kida (2000) であり，どれも R_λ はさほど大きくない．より最近の研究としては，Leung et al. (2012), Ishihara et al. (2012) がある．彼らは，とくに大きな R_λ における乱れについて考えている．まず，初期の研究とジメネッツとウレイの研究からはじめよう．彼らは，$R_\lambda = 40 \sim 170$ の範囲のレイノルズ数において，強制された，統計的に定常なシミュレーションを行った．彼らは，閾値 $\omega^2 \approx \langle \omega^2 \rangle$

R_λ によって識別された,エンストロフィーがとくに強い領域に注目した.このような強い渦度は,散逸スケール η においてのみ認められる.ほかの研究者と同じく彼らは,この渦度のピークが細長い管の粗い網目のなかに存在すると結論づけた.これらの管の直径は,ほぼ $\delta \sim 5\eta$ 程度で,これは高 Re の乱流で見られる最小の構造に匹敵する(6.6.3 項参照).この半径は,R_λ によってはかわらないようである.渦管自体は非一様なバーガース風の渦と似ており,長さは積分スケール l と同程度である.これらの渦は,$\alpha \sim \langle \omega^2 \rangle^{1/2}$ 程度の大きさの,変動するひずみ場によって引き伸ばされる.管は長いのだが,伸張はそのうちの比較的短い一部分,おそらく,η の数倍程度の部分だけでコヒーレントである.このバーガース風の渦によって占められる体積部分は小さく,R_λ^{-2} に従って減少する.したがって,Re の増加とともに乱れはより間欠的になり,これは期待したとおりの結果である.

ω^2 に対する閾値が高く設定されているため,ジメネツとウレイは,もっとも強い渦についてだけ性質を列挙している.しかし,渦度の大部分はこれらの管の外部にあるため,これらの渦はエネルギーカスケードにはほとんど寄与しない[23].これとは対照的に,Kida (2000) の興味は,渦度場の全体の構造を列挙することであった.そこで,彼は渦を可視化する方法として,エンストロフィーに制限を設けることはやめて,その代わりに,圧力の空間的な極小値に注目し,これを渦管の中心軸を特定するのに用いた(図 7.10(a)).渦管の「縁」あるいは半径は,u_θ^2/r が最大となる位置を探すことによって求められた.ここで,u_θ は渦軸に直角な面内の局所の旋回速度である.このような渦管の例が図 7.10(b)に示されている.これらのシミュレーションは統計的に定常で,$R_\lambda = 80 \sim 170$ の範囲で行われた.木田の可視化法の利点は,最強の渦に限定されないことだ.しかし,欠点は,渦管だけが特定されるため,渦シートやリボンではなくて,渦管の重要性だけが強調されすぎることである.木田の発見のいくつかは表 7.2 にまとめられている.

渦管で占められる体積割合および平均半径は,R_λ とともに減少する.体積割合については Jiménez and Wray (1998) と同じだが,平均半径は逆になっている.しかし,ジメネツとウレイは最強の渦のみに着目しているのに対して,木田はいろいろな強さの渦の平均に注目しているということを忘れてはならない.平均の渦核半径の正確な値は,R_λ にともなう全体の半径の変化に比べれば,おそらくあまり重要ではない.なぜなら,木田が用いた渦核半径の定義は,やや任意性があるからである.

表 7.2 に示されているもっと興味深いことは,エンストロフィーの多くが渦核内部

---

[23] このことは,Jiménez et al. (1993) によって,劇的な方法で立証された.彼らは,これらの強い渦管を数値解析の結果から人工的にとり除いてみたが,その後のエネルギー損失率はほとんど変化しなかったのである.

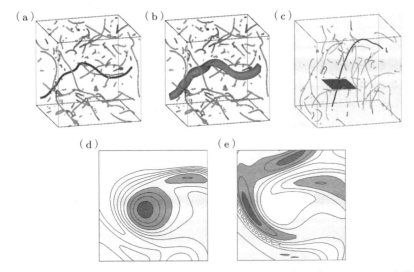

図 7.10 ほぼ等方性の乱流における渦度場の構造を示す Kida (2000) による DNS. 渦管の軸は圧力の局所的な最低点, 渦管の縁は u_θ^2/r の最大点として決められている. (a) 渦管の軸, (b) ある典型的な渦管, (c) 渦管に直角な平面. (d)(c) に示した平面における軸方向渦度の等値線, (e)(c) に示した平面における軸直角方向渦度の等値線. 軸直角方向渦度が渦核をとり巻いていることに注意.

表 7.2 Kida (2000) による DNS の結果. 図 7.10 も参照のこと.

R_λ	渦核が占める体積	渦核内の正味のエンストロフィー	渦核内の正味の散逸	渦核の平均半径 (η の倍数)
86	22%	46%	19%	8
120	16%	39%	14%	6
170	13%	36%	14%	4

にあるのに, そこには, 散逸 $2\nu S_{ij}S_{ij}$ はわずかしかないことである. この点は, 従来のバーガース渦についての図 5.27 と整合しており, そこでは, この渦における散逸が渦核の外部にあることが示されている. この点に関しては, 図 7.10(d) と図 7.10(e) を見るのも興味深い. これらの図には, ワーム状の渦の軸に直角な面での渦度の等値線が描かれている (対応する面は図 7.10(c) に示されている). 図 7.10(d) は渦度の軸方向成分の等値線, 図 7.10(e) は渦軸に直角方向の渦度成分を表している. ばらばらになった渦糸が, おそらく強い旋回運動によって中心のコア渦に巻きつけられているようすがはっきり見える. したがって, このことから, 局所の散逸の大部分は渦核自体の内部ではなく, 軸に直角方向の渦度成分が強い周囲の環状領域にお

いて認められるといえる．しかし，このことが必ずしも散逸の原因が軸に直角な渦度成分にあることを意味しているわけではない．なぜなら，古典的なバーガース渦においても，散逸の大部分は渦核周囲の環状領域にあるからだ（図5.27参照）．この散逸の環状分布は，渦管を囲む環状領域における体積割合，エンストロフィーおよび散逸を示した表7.3にはっきり見られる．三つのケース，すなわち，$R = R_{\text{core}}$，$R = 2R_{\text{core}}$，$R = 3R_{\text{core}}$ が考えられている．全散逸の3/4が渦管の軸から $2R_{\text{core}}$ 以内にあり，96%が $3R_{\text{core}}$ 以内にあるというのは興味深い．一方，表7.3の第二列（体積%）と第四列（散逸%）はよく対応している．したがって，この結果から，あまり多くのことを読みとってはいけないようだ．

表7.3　Kida (2000) による DNS の結果．$R_\lambda = 86$

R/R_{core}	体積割合	エンストロフィー	散　逸
1	22%	46%	19%
2	70%	82%	76%
3	93%	96%	96%

Kida (2000) の結果は，とりあえず，散逸の多くが孤立した渦管（ワーム）を囲む環状領域に存在することを示唆している．しかし，レイノルズ数があまり大きくなく，R_λ の増加とともにようすはほぼ確実に変化することを強調しなければならない．この点は，さらに最近の Ishihara et al. (2007, 2013)，Yeung et al. (2012)，Leung et al. (2012) を見ると明らかで，これらは，すべて高いレイノルズ数についてのものである．たとえば，Yeung et al. (2012) は，$140 < R_\lambda < 1000$ の範囲を考えており，R_λ の増加とともに，散逸とエンストロフィー場が空間的に徐々に相関をもつようになると結論づけている．さらに，Ishihara et al. (2007, 2013) と Leung et al. (2012) は，より大きな R_λ では，渦管は大スケールのクラスターに組織化され，クラスターとクラスターのあいだには比較的不活発な領域をともなうと主張している．とくに，Ishihara らは，R_λ が 100 から $R_\lambda \sim 10^3$ に増えていくにつれて，渦度の孤立した複雑なクラスターから，高い渦度をともなう構造の形に変化し，クラスターの形成が次第に重要になっていくことを示唆した．

Ishihara et al. (2013) は，とくに大きなレイノルズ数（$R_\lambda \sim 1130$）のデータセットに注目し，クラスターはシートに似ていて（図7.11），厚さは λ 程度，間隔は積分スケール程度であることを明らかにした．クラスター内部の渦管は狭い空間に詰め込まれるように密集していて，平均厚さと間隔は $\sim 10\eta$ 程度である．さらに，それらは部分的に整列していて，シート自体は全体平均の渦度をもっていて，少なくとも目が粗いという意味でせん断層のそれに似ている．これらのせん断層にわたっての速度

7.3 カオスのなかの構造 **473**

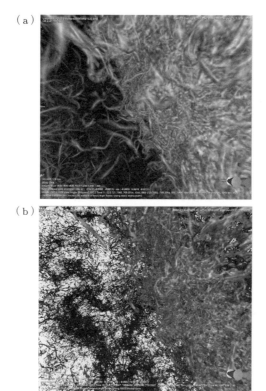

図 7.11 Ishihara et al. (2013) によるワームの集団の縁．二つのイメージは異なる閾値を用いた渦度の等値面を表す．

差は大きく，積分スケールの速度のオーダーである．Ishihara らは，シート状のクラスターの内部でのエネルギー散逸率の平均は大きく，おそらく，流れ場全体にわたって平均した散逸率の十倍程度であることを示し，この渦管のクラスター化が動力学的に重要であることを示唆した．

興味深い疑問は，このシート状のクラスターが，そもそもどのように形成されるのかである．渦管は，Betchov (1956) が予想したような，シート状の領域に吹き溜まった擬似受動的なごみなのか，それとも，Saffman (1968) の提案のように，チューブ状の渦はもっと一様な渦シートが壊れた結果なのか．とにかく，答えがどうであれ，これはまだ結論に至っていない物語であり，渦管のクラスター化の原因も分類も動力学的意味も引き続き研究されている．

演習問題

7.1 フィルターを通した信号，

$$u_x^L(x) = \int_{-\infty}^{\infty} u_x(x-r) G(r) dr$$

を考える．$G(r)$ はフィルター関数である．$\hat{u}_x(k)$ と $\hat{G}(k)$ は，u_x と G の一次元変換とする．畳み込みの定理を使って，$\hat{u}_x^L(k) = 2\pi \hat{u}_x(k)\hat{G}(k)$ を示せ．次に，フィルター関数として，

$$G(r) = \frac{\sin(\pi r/L)}{\pi r}$$

を考える．$k < \pi/L$ に対して $\hat{u}_x^L(k) = \hat{u}_x(k)$，$k > \pi/L$ に対して $\hat{u}_x^L(k) = 0$ となることを確認せよ．明らかに，このフィルター関数は，スペクトル空間においてフーリエ変換を打ち切ることに相当する．これは，シャープ・スペクトル・フィルターとよばれる．

7.2 残差応力テンソルが，

$$\tau_{ij}^R/\rho = (\bar{u}_i \bar{u}_j - \overline{\bar{u}_i \bar{u}_j}) - (\overline{\bar{u}_i u_j'} + \overline{\bar{u}_j u_i'}) - \overline{u_i' u_j'}$$

と書けることを示せ．右辺の第一項，$(\bar{u}_i \bar{u}_j - \overline{\bar{u}_i \bar{u}_j})$ は，一見，意外である．これは，レナード応力とよばれることがある．シャープ・スペクトル・フィルターの場合，レナード応力はゼロとなることを示せ．

7.3 L が積分スケール l よりはるかに大きい場合は，スマゴリンスキーモデルは平均流に対する在来の渦粘性モデルに帰着することを示せ．また，等方性の渦粘性の使用は表面近傍の流れには不適当であることを示せ．

7.4 スマゴリンスキーモデルにおいて，$L = \eta$ とおくと，

$$\nu + \langle \nu_R^2 \rangle^{1/2} = (1 + C_S^2)\nu \approx 1.01\nu$$

となることを示せ．このように，高解像度の極限では妥当な挙動となる．すなわち，スマゴリンスキーモデルを用いた LES は，解像度が高まるにつれて滑らかに DNS に接続する．

推奨される参考書

[1] Ashurst, W.T. et al., 1987, *Phys. Fluids*, **30**, 2343–53.
[2] Betchov, R., 1956, *J. Fluid Mech.*, **1**, 497–504.
[3] Boratav, O.N. and Peltz, R.B., 1997, *Phys. Fluids*, **9**, 1400–15.
[4] Burgers, J.M., 1948, Adv. Appl. Mech., **1**, 171–99.
[5] Canuto, et al., 1987, *Spectral Methods in Fluid Dynamics*. Springer.
[6] Chong, M.S., Perry, A.E. and Cantwell, B.J., 1990, in *Topological Fluid Mechanics*, Eds. H.K. Moffatt and A. Tsinober, Cambridge University Press.
[7] Davidson, P.A., Okamoto, N., and Kaneda, Y., 2012, *J. Fluid Mech.*, **706**, 150–72.
[8] Davidson, P.A., 2013, *Turbulence in Rotating, Stratified and Electrically Conducting Fluids*. Cambridge University Press.
[9] Deadorff, J.W., 1970, *J. Fluid Mech.*, **41**(2), 453–80.
[10] Germano, et al., 1991, *Phys. Fluids* A, **3**, 1760–65.
[11] Geurts, B.J., 2003, *Elements of Direct and Large-Eddy Simulations*. Edwards.

[12] Gotoh, T. And Yeung, P.K., 2013, in *Ten Chapters in Tuebulence*, eds P.A. Davidson, Y. Kaneda and K.R. Sreenivasan. Cambridge University Press.
[13] Hamlington, P.E., Schumacher, J. and Dahm, J.A.W., 2008, *Phys. Fluids*, **20**, 111703.
[14] Hirsch, C., 1988, *Numerical Computation of Internal and External Flows*. Wiley.
[15] Hunt, J.C.R. et al., 2001, *J. Fluid Mech.*, **436**, 353–91.
[16] Ishida, T., Davidson, P.A. and Kaneda, Y., 2006, *J. Fluid Mech.*, **564**, 455–75.
[17] Ishihara, T. et al., 2007, *J. Fluid Mech.*, **592**, 335–66.
[18] Ishihara, T., Gotoh, T., and Kaneda, Y., 2009, *Ann. Rev. Fluid Mech.*, **41**, 165–80.
[19] Ishihara, T., Kaneda, Y. and Hunt, J.C.R., 2013, *Flow Turbul. Combust.*, **91**(4), 895–929.
[20] Jeong, J. and Hussain, F., 1995, *J. Fluid Mech.*, **285**., 69–94.
[21] Jiménez, J., 2013, *Phys. Fluids*, **25**, 110814.
[22] Jiménez, J. and Kawahara, G., 2013, in *Ten Chapters in Tuebulence*, eds P.A. Davidson, Y. Kaneda and K.R. Sreenivasan. Cambridge University Press.
[23] Jiménez, J. and Wray, A.A., 1998, *J. Fluid Mech.*, **373**, 255–85.
[24] Jiménez, J. et al., 1993, *J. Fluid Mech.*, **255**, 65–90.
[25] Kaneda, Y. and Ishihara, T., 2006, J. Tarbul., **7**(20), 1–17.
[26] Kaneda, Y. and Morishita, K., 2013, in *Ten Chapters in Turbulence*, eds P.A. Davidson, Y. Kaneda and K.R. Sreenivasan. Cambridge University Press.
[27] Kaneda, Y. et al., 2003, *Phys. Fluids*, **15**(2), L21–4.
[28] Kida, S., 2000, in *Mechanics for a New Millenium*. eds. H. Aref and J.W. Phillips, Kluwer Academic Pub.
[29] Landau, L.D. and Lifshitz, L.M., 1959, *Fluid Mechanics*. Pergamon Press.
[30] Leonard, A., 1974, *Adv. Geophys.*, **18**A, 237–48.
[31] Lesieur, M., 1990, *Turbulence in Fluids*, 2nd edition. Kluwer Academic Publishers.
[32] Lesieur, M., Metais, O., and Comte, P., 2005, *Large Eddy Simulation of Turbulence*. Cambridge University Press.
[33] Leung, T., Swaminathan, N. and Davidson, P.A., 2012, *J. Fluid Mech.*, **710**, 453–81.
[34] Lin, S.J. and Corcos, G.M., 1984, *J. Fluid Mech.*, **141**, 139–78.
[35] Orszag, S.A. and Patterson, G.S., 1972, *Phys. Rev. Lett.*, **28**, 76–9.
[36] Piomelli, U., 2014, *Phil. Trans. R. Soc. A*, **372**(2022).
[37] Pope, S.B., 2000, *Turbulent Flows*, Cambridge University Press.
[38] Ruetsch, G.R. and Maxey, M.R., 1992, *Phys. Fluids* A, **4**(12), 2747–66.
[39] Saffman, P.G., 1968, *Lectures in Homogeneous Turbulence. Topics in Non-Linear Physics* (N.J. Zabusky, ed.). Springer Verlag, 485–614.
[40] Sagaut, P., 2009, *Large Eddy Simulations for Incompressible Flows*, 3rd edition.

Springer.
- [41] She, Z.S., Jackson, E. and Orszag, S.A., 1991, *Proc. Roy. Soc. London* A, **434**, 101.
- [42] Sherman, F.S., 1990, *Viscous Flow*. McGraw Hill.
- [43] Siggia, E.D., 1981, *J. Fluid Mech.*, **107**, 375–406.
- [44] Smagorinsky, J., 1963, *Mon. Weath. Rev.*, **91**, 99–164.
- [45] Spalart, P.R., 2000, *Int J. Heat Fluid Flow*, **21**, 251–63.
- [46] Spalart, P.R., 2009, *Ann. Rev. Fluid Mech.*, **41**, 181–202.
- [47] Townsend, A.A., 1976, *The Structure of Turbulent Shear Flow*. Cambridge University Press.
- [48] Vincent, A. and Meneguzzi, M., 1991, *J. Fluid Mech.*, **225**, 1–20.
- [49] Vincent, A. and Meneguzzi, M., 1994, *J. Fluid Mech.*, **258**, 245–54.
- [50] Yeung, P.K., Donzis, D.A. and Sreenivasan, K.R., 2012, *J. Fluid Mech.*, **700**, 5–15.

第8章　等方性乱流（スペクトル空間）

> 時間と空間ほど私を悩ませるものはない．それについて何も考えずにすめば，これほど楽なことはない．
>
> Charles Lamb

　今度は，物理空間からフーリエ空間に移動し，r と t の代わりに，k と t を用いて乱流の方程式をつくりなおす．これは，なんら新たな情報を生み出すわけではないことを心にとどめておくことが大切である．われわれがすでに知っていること（あるいは知っていると思っていること）を単にアレンジしなおしているだけなのだ．しかし，非常に重要なエネルギースペクトル $E(k)$ を中心課題に据えるという点で，大きな利点がある．

　まず，注意事項からはじめよう．スペクトル空間での作業の潜在的な問題は，乱れが波動ではなく，渦（渦度の塊）からなっていて，そのために，スペクトルの解釈を誤りやすいことである．もし，流れの詳細の多くを捨てて平均的な性質だけを相手にするのなら，この問題は薄まる．乱れの瞬時のイメージがないとき，渦ではなく，フーリエモードを乱れの「原子」と考えることからはじめるのは，いたって簡単だ．次のアナロジーを考えてみよう．刻々と変化する風に対する森の木々の応答をしらべたかったとする．そして，何かの理由で木々を直接観察することができず，木々のイメージのフーリエ変換だけが頼りだったとする．こうした，変換されたイメージから（以下で議論するように）エネルギースペクトルをつくることができ，大きな k の構造（葉）が短い時間スケールの早い変動を示すのを観察したことだろう．われわれはまた，中間の波数領域（いろいろなサイズの小枝や大枝）で変動が最小渦の時間スケール（葉）よりも遅い時間スケールで起こること，しかし，活発な活動時期（強い風）は小スケールの活発な活動時期と一致することも観察しただろう．そして，この中間波数の領域では，時間スケールに広がりがあり，特性時間スケール対波数のプロットは指数法則にあてはまりそうだ．小さい k の構造（木の幹）は，サフマンやロイチャンスキーの不変量と似たように，活発な活動はほとんど示さなかった．次に，このスペクトルの挙動を乱流の専門家に見せた．しかし，これが風に揺れる木々のイメージを表しているという事実は隠しておいた．もし，葉や枝や幹の代わりに「大きな k」，「慣性領域」，「小さな k」におき換えれば，流体力学の専門家は風に揺れる森

の木々を，互いに干渉するフーリエモードと自然に読み替え，森の構成要素としての葉や枝や幹は認識しないであろう．抽象的な運動学的意味では正しい視点である．しかし，データを物理現象と結びつけて解釈しようとすると問題が起こる．すなわち，「慣性領域」における時間スケールと波数を関係づけるような，ある種の予測モデルを展開しようとする場合，すなわち，小枝と大枝の動力学を問題にするような場合である．もし，スペクトル空間に居続けるなら，物理的意味をフーリエモードに帰せなければならない．一方，現象を考えるもっと自然な方法は，物理空間に身をおき，支配方程式を直接扱い，枝の曲げ強さが太さによってかわり，これが風への応答を決めることに注目することである．このように，乱れのフーリエモードにあまり多くの物理的（運動学とは違って）意味を帰せないように，つねに注意しなければならない．

8.1　スペクトル空間における運動学

　本章の前半では，運動学に注目する．すなわち，エネルギースペクトルと，関連するいろいろな量の運動学的性質をはっきりさせようとしている．しかし，三次元の速度場の議論に直接ジャンプするのではなく，一次元のランダム信号に対して，フーリエ変換がいろいろなスケールの識別にいかに役立つかを説明することからはじめよう．なぜなら，乱流理論で用いられる三次元スペクトルが，一次元信号の分解に用いられるフーリエ変換の単純な拡張であることを示したいからである．

　まず，8.1節の構成について少しふれておくのがよいだろう．この節は，次のような項に分かれている．

- （1）　フーリエ変換の性質
- （2）　フィルターとしてのフーリエ変換
- （3）　自己相関関数とパワースペクトル
- （4）　三次元エネルギースペクトル $E(k)$
- （5）　三次元乱流における一次元スペクトル
- （6）　$E(k)$ と二次の構造関数のあいだの関係
- （7）　補足説明1：スペクトルにおける特異性
- （8）　補足説明2：速度場の変換
- （9）　補足説明3：乱流における一次元および三次元スペクトルの物理的重要性

8.1.1項では，まず，フーリエ変換に関連する性質について述べる．次に，フーリエ変換が変動する信号中に含まれる異なるスケールをふるい分ける，フィルターのようなはたらきをすることについて述べる．フーリエ変換が乱流においてこれほど有益な

のは，このスケールを識別できる能力による．フィルタリングに関する 8.1.2 項は，LES に関する 7.1.2 項と多くの点で共通している．

一次元信号，たとえば，$g(x)$ を扱う場合，フーリエ変換を，$\langle g(x)g(x+r)\rangle$ で定義される自己相関関数のアイディアと結びつけて論じることが普通である．8.1.3 項では，自己相関関数のフーリエ変換が $|G(k)|^2$（$G(k)$ は $g(x)$ のフーリエ変換），に比例することが示される．$\langle g(x)g(x+r)\rangle$ の変換は $g(x)$ の一次元エネルギースペクトルとよばれ，原信号中に含まれる異なるフーリエモード（スケール）の相対的振幅を表す便利な指標である．一次元エネルギースペクトルの単純なアイディアは，三次元スペクトル $E(k)$ を導く基礎となる．

8.1.4 項では，乱流が話題となる．ここでは，（フーリエ変換を使った）フィルタリングのアイディアを三次元の乱流速度場に拡張する．これは，速度相関テンソル Q_{ij} の変換によって得られる．最終結果は，非常に重要な三次元エネルギースペクトル $E(k)$ となり，これは異なるサイズの渦のあいだでのエネルギー分布のおおよその尺度となる．しかし，実際には実験で $E(k)$ を測定することはめったにない．その代わりに，三次元速度場のいろいろな切り口を表す一次元スペクトルを求めるのが精一杯である．したがって，乱流の理論的研究では，ほとんどの場合，$E(k)$ が扱われているのに対し，それに対応する実験的研究では，ある特定の一次元スペクトルが議論されることが多い．8.1.5 項では，$E(k)$ とその代わりとなる各種の一次元スペクトルとの関係について述べる．

最後に，三つの補足説明を掲げて 8.1 節を終える．最初に 8.1.7 項で，$\mathbf{k}=\mathbf{0}$ においてスペクトルが特異性を示すことがあること，この特異性は，Q_{ij} の積分モーメントが完全には収束しないことによることを指摘する．この点は，非等方性乱流においてとくに問題となる．第二の補足説明として，8.1.8 項において $E(k)$ を定義するもう一つの，しかし，等価な方法について述べる．そこでは，速度相関 Q_{ij} ではなく速度場自体を直接変換する．最後の補足説明は注意事項である．エネルギースペクトルはスケールを識別する有力な方法ではあるが，$E(k)$ とその代わりとなる一次元スペクトルの物理的解釈には特別な注意が必要である．油断するとたくさんの落とし穴がまっている．これについては 8.1.9 項で述べる．

さて，フーリエ変換の性質のいくつかを思い出すことからはじめよう．

8.1.1 フーリエ変換とその性質

Hardy の指導のもとで長年フーリエ積分の理論について勉強したあとで，これが応用数学において応用されていることに気づいた．

E.C. Titschmarsh

ある関数 $f(x)$ のフーリエ変換は，

$$F(k) = \frac{1}{2\pi} \int_{-\infty}^{\infty} f(x) e^{-jkx} dx \tag{8.1}$$

によって定義される．もし，$-\infty$ から ∞ までの $|f(x)|$ の積分が存在すれば，この積分も存在し，したがって，$F(k)$ が定義できる[1]．フーリエ積分定理により，逆変換が，

$$f(x) = \int_{-\infty}^{\infty} F(k) e^{jkx} dk \tag{8.2}$$

のように表される．$f(x)$ が偶関数の場合には，

$$F(k) = \frac{1}{\pi} \int_{0}^{\infty} f(x) \cos(kx) dx \tag{8.3}$$

となる．これより，$F(k)$ もまた偶関数となり，式(8.2)から，

$$f(x) = 2 \int_{0}^{\infty} F(k) \cos(kx) dk \tag{8.4}$$

となる．変換対の式(8.3)と式(8.4)は余弦変換とよばれる．一方，$f(x)$ が奇関数の場合に，j を F の定義のなかに含めてしまえば，正弦変換対，

$$F(k) = \frac{1}{\pi} \int_{0}^{\infty} f(x) \sin(kx) dx \tag{8.5}$$

$$f(x) = 2 \int_{0}^{\infty} F(k) \sin(kx) dk \tag{8.6}$$

を得る．実際，われわれは，式(6.24)と式(6.25)，

$$\frac{\mathrm{E}(k)}{k} = \frac{1}{\pi} \int_{0}^{\infty} [r\langle \mathbf{u} \cdot \mathbf{u}' \rangle] \sin(kr) dr \tag{8.7}$$

$$r\langle \mathbf{u} \cdot \mathbf{u}' \rangle = 2 \int_{0}^{\infty} \left[\frac{\mathrm{E}(k)}{k}\right] \sin(kr) dk \tag{8.8}$$

の形で，この変換対にはすでに出合っている．フーリエ変換のおもな用途は，

$$変換[f'(x)] = jk F(k)$$

という性質に由来する．この関係は，式(8.2)を微分すれば，ただちに確認できる．これによって，線形常微分方程式（ODE）が線形代数方程式に変換される．フーリエ変換をこのように便利な道具にしているのは，線形微分方程式を線形代数方程式に変換するこの能力である．フーリエ変換のそのほかの性質を列挙すると，以下のように

---

[1] $f(x)$ には，不連続性と極大・極小の山数の有界性に関する制限も加わるが，これらの特殊な事項についてはここではふれない．

なる．†は複素共役を表す．

1. レイリーの定理
$$\int_{-\infty}^{\infty} |f(x)|^2 dx = 2\pi \int_{-\infty}^{\infty} |F(k)|^2 dk \tag{8.9}$$

2. 指数定理（実関数 f と g に対して）
$$\int_{-\infty}^{\infty} f(x)g(x) dx = 2\pi \int_{-\infty}^{\infty} F(k)G^{\dagger}(k) dk \tag{8.10}$$

3. 畳み込み定理
$$2\pi F(k)G(k) = \text{変換}\left[\int_{-\infty}^{\infty} f(u)g(x-u) du\right] \tag{8.11}$$

4. 自己相関定理（実関数 f に対して）
$$2\pi |F(k)|^2 = \text{変換}\left[\int_{-\infty}^{\infty} f(u)f(u+x) du\right] \tag{8.12}$$

定理 1 と 2 は，実質的に定理 3 の特別な場合である．

フーリエ変換の概念は，変数が複数ある場合に対して一般化できる．たとえば，

$$F(k_x, k_y) = \frac{1}{(2\pi)^2} \int_{-\infty}^{\infty}\int_{-\infty}^{\infty} f(x,y) e^{-jk_x x} e^{-jk_y y} dx dy$$

$$f(x, y) = \int_{-\infty}^{\infty}\int_{-\infty}^{\infty} F(k_x, k_y) e^{jk_x x} e^{jk_y y} dk_x dk_y$$

という変換対がある．この関係は，まず，一つの変数，たとえば，x に関して変換し，次に，もう一つの変数 y に関して変換するという単純なプロセスを表している．これをもっとコンパクトに表現すれば，

$$F(\mathbf{k}) = \frac{1}{(2\pi)^2} \int f(\mathbf{x}) e^{-j\mathbf{k}\cdot\mathbf{x}} d\mathbf{x} \tag{8.13}$$

$$f(\mathbf{x}) = \int F(\mathbf{k}) e^{j\mathbf{k}\cdot\mathbf{x}} d\mathbf{k} \tag{8.14}$$

となる．このように書く場合，$\mathbf{k}$ はベクトルとみなされる．もちろん，これは三次元に一般化され，その際，式 (8.13) の係数 $(2\pi)^2$ は $(2\pi)^3$ におき換えられる．

ベクトル量のフーリエ変換も，単純に各成分ごとに順番に変換することによって得られる．たとえば，三次元速度場 $\mathbf{u}$ のフーリエ変換 $\hat{\mathbf{u}}$ は，変換対，

$$\hat{\mathbf{u}}(\mathbf{k}) = \frac{1}{(2\pi)^3} \int \mathbf{u}(\mathbf{x}) e^{-j\mathbf{k}\cdot\mathbf{x}} d\mathbf{x} \tag{8.15}$$

$$\mathbf{u}(\mathbf{x}) = \int \hat{\mathbf{u}}(\mathbf{k}) e^{j\mathbf{k}\cdot\mathbf{x}} d\mathbf{k} \tag{8.16}$$

を満足する.ついでに連続の式は,

$$\nabla\cdot\mathbf{u} = \int j\mathbf{k}\cdot\hat{\mathbf{u}} e^{j\mathbf{k}\cdot\mathbf{x}} d\mathbf{k} = 0$$

となり,この関係はすべての $\mathbf{x}$ に対して成り立つから,

$$\mathbf{k}\cdot\hat{\mathbf{u}} = 0 \tag{8.17}$$

となる.また,渦度と $\hat{\mathbf{u}}$ とのあいだには,

$$\boldsymbol{\omega} = \nabla\times\mathbf{u} = \int (j\mathbf{k})\times\hat{\mathbf{u}} e^{j\mathbf{k}\cdot\mathbf{x}} d\mathbf{k} \tag{8.18}$$

の関係があり,したがって,渦度場の変換は $\hat{\boldsymbol{\omega}} = j\mathbf{k}\times\hat{\mathbf{u}}$ を満足する.

次に,三次元で定義された関数 $g(\mathbf{x})$ があり,球対称 $g = g(|\mathbf{x}|)$ であるとする.このとき,$G(\mathbf{k})$ も $\mathbf{k}$ 空間において球対称となることが容易に示せる.すなわち,(r,θ,ϕ) 座標において,

$$G(k) = \frac{1}{(2\pi)^3} \int g(r) e^{-j\mathbf{k}\cdot\mathbf{x}} d\mathbf{x}, \quad k = |\mathbf{k}|$$

となる.θ と ϕ について積分すると,

$$G(k) = \frac{1}{2\pi^2} \int_0^\infty r^2 g(r) \frac{\sin(kr)}{kr} dr \tag{8.19}$$

が得られる(Bracewell (1988) 参照).同様に,

$$g(r) = 4\pi \int_0^\infty k^2 G(k) \frac{\sin(kr)}{kr} dk \tag{8.20}$$

も示すことができる.じつは,この変換対にわれわれはすでに出合っている.たとえば,$E/(4\pi k^2)$ と $R(r) = \langle\mathbf{u}\cdot\mathbf{u}'\rangle/2$ は,まさにこのような変換対,

$$\left(\frac{E}{4\pi k^2}\right) = \frac{1}{2\pi^2} \int_0^\infty r^2 R(r) \frac{\sin(kr)}{kr} dr \tag{8.21a}$$

$$R(r) = 4\pi \int_0^\infty k^2 \left(\frac{E}{4\pi k^2}\right) \frac{\sin(kr)}{kr} dk \tag{8.21b}$$

によって関係づけられていたのである.このように,$R = \langle\mathbf{u}\cdot\mathbf{u}'\rangle/2$ と $E/(4\pi k^2)$ は,三次元フーリエ変換対となっている.それが重要な意味をもっていることは,このあと,すぐに述べる.最後に,式(8.21b)は,積分すると $E(k)$ と積分スケール l のあいだの関係,

$$l = \int_0^\infty f dr = \frac{\pi}{2u^2} \int_0^\infty \frac{E}{k} dk \tag{8.22}$$

となることを注意しておく（本章末尾の演習問題 8.1 参照）．

8.1.2 フィルターとしてのフーリエ変換

　前節では，フーリエ変換を定義し，その一般的な性質のいくつかを，かいつまんで述べただけだった．そこでは，異なるスケールの識別能力という点には何もふれなかったが，この性質こそ，乱流理論においてこの変換が用いられるおもな理由なのである．

　鍵は，フーリエ変換が乱流信号中に含まれるいろいろなスケールをふるい分ける，一種のフィルターのはたらきをもっているということだ．どのようにしてこれができるのかについては，おそらく，一次元で説明するのがよいだろう．異なる特性長さをもった変動からなる関数 $f(x)$ を考える．たとえば，$f(x)$ は乱流中の瞬時の速度成分 $u_x(x, y = 0, z = 0)$ で，異なるサイズの渦が異なるスケールの変動 $u_x(x)$ を生み出していると考えることもできる．ここで，いわゆる箱関数，

$$H(r) = \begin{cases} L^{-1} & (|r| < L/2) \\ 0 & (|r| > L/2) \end{cases}$$

を導入し，

$$f^L(x) = \int_{-\infty}^\infty H(r) f(x-r) dr$$

で定義される新たな関数 $f^L(x)$ を考える．物理的には，$f^L(x)$ は，f から以下のようにして組み立てられている．x の任意の一つの値に対して，f を $x - L/2$ から $x + L/2$ まで積分し，L で割ることによって，x の近傍での平均値を求める．このように，$f^L(x)$ は $f(x)$ にフィルタをかけた，あるいは長さ L にわたって「平滑化」された関数であるといえる．つまり，$f^L(x)$ は長さスケール L で定義される平均操作によって得られた $f(x)$ の局所平均である．この平滑化の操作の効果は，$f(x)$ のうち，L よりかなり小さな特性長さをもった成分がカットされることである（図 8.1（a）参照）．

　次に，畳み込み定理を使って $f^L(x)$ のフーリエ変換を求めてみよう．$H(r)$ のフーリエ変換は $\sin \kappa / 2\pi\kappa$，$\kappa = kL/2$ だから，結果は，

$$F^L(k) = \frac{\sin(kL/2)}{kL/2} F(k)$$

となる．関数は，$\sin(\kappa)/\kappa$ は $\mathrm{sinc}(\kappa)$ と書かれることもあるが，フィルター関数の一つとして知られている．この関数は，$\mathrm{sinc}(0) = 1$，$\int_{-\infty}^\infty \mathrm{sinc}(\kappa) d\kappa = \pi$ という性質を

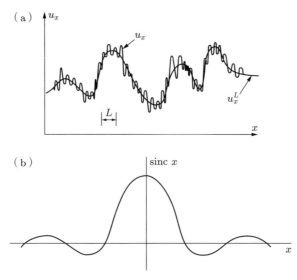

図 8.1 （a）箱型フィルターを用いた乱流信号の平滑化．（b）$\mathrm{sinc}\, x = (\sin x)/x$ の形状

もっている．したがって，$\mathrm{sinc}(kL/2)$ は原点にピークをもち，$k = 2\pi/L$ でゼロとなり，そのあとは振動しながら減衰する（図 8.1（b））．$k > 2\pi/L$ での弱い振動を無視すれば，$F^L(k)$ は $F(k)$ のうち $k > 2\pi/L$ の部分を $\mathrm{sinc}(kL/2)$ によって打ち切った，新たな関数とみなせる．

このように，$f(x)$ を長さスケール L にわたって平滑化して，L より小さいスケールの寄与を除去するという操作は，$F(k)$ を $k \sim \pi/L$ 付近でカットし，高波数からの寄与を捨て去ることとほぼ等価である．このことは，$f(x)$ に含まれる短波長の情報が，$F(k)$ の高波数部分に保持されていることを意味している．その意味で，k 空間におけるカットオフが急なステップ状ではないのでフィルターは完全とはいえないものの，フーリエ変換はスケールの識別を可能にする．

もちろん，$f(x)$ を平滑化するためには，別に箱関数 $H(r)$ にこだわる必要はない．たとえば，ガウスフィルター，

$$G(r) = \frac{\exp(-r^2/L^2)}{\pi^{1/2} L}$$

も同様に使える．$H(r)$ と同様に，面積は 1，すなわち，$\int_{-\infty}^{\infty} G(r)\, dr = 1$ で，したがって，関数，

$$f^L(x) = \int_{-\infty}^{\infty} G(r) f(x-r)\, dr$$

は局所平均の，あるいはフィルターを施された $f(x)$ であり，L よりはるかに小さい

スケールは打ち切られている．この場合，$f^L(x)$ のフーリエ変換は，

$$F^L(k) = \exp(-k^2L^2/4)F(k)$$

となる．まえと同様に，物理空間におけるフィルタリング操作は，$f(x)$ のフーリエ変換において高波数成分を除去することに対応する．しかし，まえの例と同じく，波数のカットオフは急なステップ状ではなく，高波数成分の抑制は緩やかである．

フーリエ空間において，鋭いカットオフを実現するためには，物理空間でのフィルター関数として，

$$S(r) = \frac{\sin(\pi r/L)}{\pi r}$$

を採用する必要がある．この関数は面積が 1 であり，箱関数に比例するフーリエ変換をもつ（表 8.1 参照）．しかし，k 空間における鋭いカットオフは大きな犠牲を払わなければならない．すなわち，$\mathrm{sinc}\,x$ が無限大に至るまで振動的なため，$\mathrm{sinc}(\pi r/L)$ を含む平滑化の操作は L 以下のスケールも許容してしまう（図 8.2）．このように，フーリエ変換のアイディアはスケールを分別するための道具としては不完全であり，この欠陥が，しばしばわれわれを悩ませる．

表 8.1　種々のタイプのフィルター関数とそのフーリエ変換

	定義式	フーリエ変換	性質
箱型フィルター	$H(r) = \begin{cases} L^{-1}, & (|r| < L/2) \\ 0, & (|r| > L/2) \end{cases}$	$\dfrac{1}{2\pi}\mathrm{sinc}(kL/2)$	物理空間では鋭いが，スペクトル空間では振動的
ガウスフィルター	$G(r) = \dfrac{\exp(-r^2/L^2)}{\sqrt{\pi}L}$	$\dfrac{1}{2\pi}\exp[-(kL/2)^2]$	物理空間，スペクトル空間ともにガウス
sinc（またはシャープ・スペクトル）フィルター	$S(r) = \dfrac{\sin(\pi r/L)}{\pi r}$	$\dfrac{1}{2\pi}\begin{cases} 1, & (|k|L < \pi) \\ 0, & (|k|L > \pi) \end{cases}$	スペクトル空間では鋭いが，物理空間では振動的

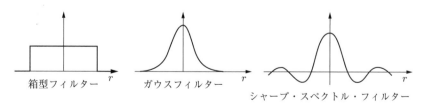

図 8.2　箱型フィルター，ガウスフィルター，シャープ・スペクトル・フィルターの形状

8.1.3　自己相関関数とパワースペクトル

スケールを分別する能力があることが，フーリエ変換が乱流理論に導入されるおも

な理由である．すなわち，われわれは，小スケールと大スケールを識別する方法を必要としている．上で示唆されたように，フーリエ変換は不完全なフィルターである．それにもかかわらず，乱流においてはほとんど例外なくフィルターとして用いられている．

実際には，ランダム信号を扱う場合，普通は自己相関関数のアイディアと組み合わせてフーリエ変換が用いられる．事実，二つの概念（フーリエ変換と自己相関関数）は，乱流の分野ではほとんどつねに協力関係にある．

自己相関関数の概念は，一次元の関数を使って説明するのがよいだろう．たとえば，$t=0$ の瞬間に，直線 $y=0$，$z=0$ 上で測定された速度成分 $u_x(x)$ を考える．もし，流れが層流であれば，u_x は図 8.3 に示されるような単純で滑らかな関数になる．このような信号の自己相関関数は，

$$v(r) = \int_{-\infty}^{\infty} u_x(x) u_x(x-r) dx = \int_{-\infty}^{\infty} u_x(x) u_x(x+r) dx$$

によって定義される（図 8.3 で明らかなように，$v(r)$ は r の偶関数だから，$v(r)$ の定義には上式の積分のどちらを使ってもよい）．シュワルツの不等式を使うと，$v(r)$ は $r=0$ で最大となることが証明できるから，$v(r)$ は $v(0)$ で正規化されるのが普通で，これが，いわゆる自己相関係数,

$$\rho(r) = \frac{\int_{-\infty}^{\infty} u_x(x) u_x(x+r) dx}{\int_{-\infty}^{\infty} u_x^2(x) dx}, \quad \rho(r) \leq 1$$

である．

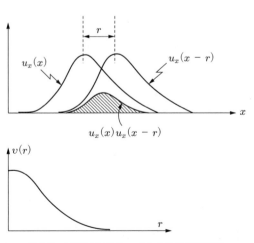

図 8.3　層流における $u_x(x)$ の自己相関関数

8.1 スペクトル空間における運動学　487

　流れが乱流で，統計的に一様かつ平均速度成分をもたない場合は，u_x は平均値がゼロのランダム関数となり，とくにはじまりも終わりもない．このような場合には，自己相関関数は収束する積分の形で，

$$v(r) = \frac{1}{2X}\int_{-X}^{X} u_x(x)u_x(x+r)\,dx$$

のように再定義される．また，自己相関係数は，

$$\rho(r) = \frac{\displaystyle\int_{-X}^{X} u_x(x)u_x(x+r)\,dx}{\displaystyle\int_{-X}^{X} u_x^2(x)\,dx}$$

となる．このとき，X は，$u_x(x)$ の変動に含まれる特性長さスケールのどれよりも，はるかに大きく選ばれる．一様乱流の場合，空間平均はアンサンブル平均と等価だから，乱流における $u_x(x)$ の自己相関関数は縦相関関数 $f(r)$ と等しくなる．

$$\rho(r) = \frac{\langle u_x(x)u_x(x+r)\rangle}{u^2} = f(r)$$

もちろん，自己相関関数は単なる二点速度相関，$v(r) = \langle u_x(x)u_x(x+r)\rangle$ にほかならない．

　それなのに，なぜ自己相関関数はこれほど役に立つのか，また，フーリエ変換との関係はどうなのか．この点は，一つの簡単な例を使って説明するのがよい．$u_x(x)$ がきわめて単純な形，たとえば，

$$u_x(x) = A_1 \sin(k_1 x + \phi_1) + A_2 \sin(k_2 x + \phi_2) + A_3 \sin(k_3 x + \phi_3)$$

をしているとする．これについて，$v(r)$ を計算してみよう．$u_x(x)$ は $|x|$ が大きくなってもゼロにはならないから，大きな距離 $2X$ にわたって積分し，$2X$ で割ってから，$X \to \infty$ にする．すると，

$$v(r) = \frac{1}{2}\left[A_1^2 \cos(k_1 r) + A_2^2 \cos(k_2 r) + A_3^2 \cos(k_3 r)\right]$$

となる．次に，$v(r)$ をフーリエ変換したとしよう．すると，$k = k_1, k_2, k_3$ にスパイクをもち，その高さは，それぞれ A_1^2, A_2^2, A_3^2 に比例する結果が得られる．

　さらに，一般的に，ある一次元関数 $g(x)$ の自己相関のフーリエ変換は，$g(x)$ の一次元エネルギースペクトルまたはパワースペクトルとよばれる．自己相関の定理（8.1.1 項の定理 4 を参照のこと）から，一次元エネルギースペクトルは，つねに正である．さらに，上の例は，一次元エネルギースペクトルが $g(x)$ に含まれるいろいろなフーリエ成分を抽出し，その大きさは（ある k において）k 番目のフーリエモード

の振幅の二乗に比例することを示唆している．無限大でゼロとなるような性質のよい関数の場合は，このことは自己相関定理によって定式化される．

$$\text{変換}\left[\int_{-\infty}^{\infty} g(x)g(x+r)dx\right] = 2\pi|G(k)|^2$$

$$= g(x)\text{の一次元エネルギースペクトル}$$

はじまりも終わりもないランダム関数に対しては，フーリエ変換はうまく定義できないため，もう一工夫が必要である．$g(x)$ がこのような性質をもった，統計的に一様で平均がゼロのランダム関数であるとする．自己相関定理を使うために，

$$g_X(x) = \begin{cases} g(x) & (|x|<X) \\ 0 & (|x|>X) \end{cases}$$

で定義される「クリップ関数」$g_X(x)$ を導入する．$g(x)$ と違って，クリップ関数 $g_X(x)$ は，はっきり定義された変換 $G_X(k)$ をともなっている．そこで，$g_X(x)$ の自己相関定理，

$$\text{変換}\left[\int_{-\infty}^{\infty} g_X(x)g_X(x+r)dx\right] = 2\pi|G_X(k)|^2$$

を考えてみよう．$g_X(x)$ は $-X<x<X$ の範囲以外ではゼロだから，

$$\text{変換}\left[\int_{\max[-X,-X-r]}^{\min[X,X-r]} g(x)g(x+r)dx\right] = 2\pi G_X(k)G_X^\dagger(k)$$

となる．この結果をアンサンブル平均し，$2X$ で割ってから X を増加させる．$|r|$ の増加とともに $\langle g(x)g(x+r)\rangle$ が急速に減少すると仮定すると，そして，あとで実際，このように仮定するのだが，積分限界は $\pm X$ におき換えてもよい．すると，結果は，

$$\text{変換}\left[\frac{1}{2X}\int_{-X}^{X}\langle g(x)g(x+r)\rangle dx\right] = \frac{\pi}{X}\langle G_X(k)G_X^\dagger(k)\rangle$$

となる．$g(x)$ は統計的に一様だから，$\langle g(x)g(x+r)\rangle$ は x に無関係で，この式は，

$$\text{変換}[\langle g(x)g(x+r)\rangle] = \lim_{X\to\infty}\left[\frac{\pi}{X}\langle G_X(k)G_X^\dagger(k)\rangle\right]$$

のように簡単になる．ランダム関数の積分である $G_X(k)$ は，大きな X に対して $X^{1/2}$ に従って増加するから，右辺は $X\to\infty$ で有限である[2]．この場合も，自己相関関数の変換は正であり，原信号に含まれる異なるフーリエモードを選り分け，一次元エネルギースペクトルの大きさが k 番目のフーリエモードの二乗に比例することがわかる．

これらのアイディアは，すべて，自明の方法で三次元に拡張される．もし，$g(\mathbf{x})$

---

2) これは中心極限定理の結果である．

が，良質かつ x, y, z のランダムでない関数で，$G(\mathbf{k})$ がその三次元変換であるとすると，$g(\mathbf{x})$ の三次元自己相関関数は，

$$v(\mathbf{r}) = \int_{-\infty}^{\infty} g(\mathbf{x})g(\mathbf{x}+\mathbf{r})d\mathbf{x}$$

で定義され，自己相関定理から，

$$変換[v(\mathbf{r})] = (2\pi)^3|G(\mathbf{k})|^2 \tag{8.23a}$$

が得られる．$g(\mathbf{x})$ が，平均がゼロのランダムな（しかし一様な）関数のときは，一次元の場合と同じやり方ができる．自己相関は，あらためて，

$$v(\mathbf{r}) = \frac{1}{V}\int_V g(\mathbf{x})g(\mathbf{x}+\mathbf{r})d\mathbf{x} = \langle g(\mathbf{x})g(\mathbf{x}+\mathbf{r})\rangle$$

と定義される．V はある大きな体積，たとえば，一辺 $2X$ の立方体などである．すると，自己相関定理から，ただちに，

$$変換[v(\mathbf{r})] = \lim_{X\to\infty}\left[\left(\frac{\pi}{X}\right)^3 \langle G_X(\mathbf{k})G_X^\dagger(\mathbf{k})\rangle\right] \tag{8.23b}$$

が得られる．明らかに，式(8.23a)と式(8.23b)の右辺は，一次元エネルギースペクトルと類似の，三次元自己相関 $v(\mathbf{r})$ に対するエネルギースペクトルを表している．しかし，われわれは，これを三次元エネルギースペクトルとよぶことは避ける．なぜかというと，このあと，すぐに示されるように，この名称は，関係はあるが別の量のためにとっておきたいからである．

要するに，自己相関（一次元でも三次元でも）を求めてから，そのフーリエ変換を求めるという手順は，原信号中に含まれるフーリエモードを分別する便利な方法である．このやり方で，もとの関数中の大スケールと小スケール（低周波と高周波）を識別することができる．乱流理論では，まさに，この方法で小スケールと大スケールを区別するのが習慣だった．しかし，その場合，$u_x(x)$ のような一次元のスカラー関数ではなく，速度相関テンソル $Q_{ij}(\mathbf{r})$ のフーリエ変換が扱われるのが普通である．もっとも，Q_{ij} の対角成分は速度成分 u_i の自己相関関数を表しているので，一般的な考え方は同じである．

しかし，このやり方は不完全であるといわなければならない．これには二つの理由がある．まず，上の簡単な一次元の例では，$u_x(x)$ を構成している三つの波動成分の位相 ϕ_1, ϕ_2, ϕ_3 が，自己相関関数 $v(r)$ には現れていないことに注意する必要がある．つまり，自己相関関数をつくる過程で，われわれは情報を失ってしまい，この情報は一次元エネルギースペクトルにおいても欠けてしまっているのである．要するに，無数の異なる信号が同じエネルギースペクトルになってしまう可能性がある．第二に，

乱流は波動ではなく，渦という空間的にまとまった構造から構成されている点である．重要なのは $\mathbf{u}$ のフーリエ成分ではなく，渦サイズの分布なのである．それにもかかわらず，フーリエ変換を一種のフィルターであると解釈するのは (8.1.2項参照)，小さい渦がエネルギースペクトル上では高周波の成分を生むのに対して，大きい渦は低周波変動をともなう傾向があるからである．そのため，エネルギースペクトルを調べると，渦サイズの分布について何かを推論することはできる．しかし，渦サイズと波数のあいだの関係は，6.4節で見てきたように，それほど簡単なものではない．この問題については，8.1.9項においてもう一度述べる．

8.1.4　相関テンソルの変換と三次元エネルギースペクトル

ここで，乱流に話をもどそう．スペクトルテンソル $\Phi_{ij}(\mathbf{k})$ を Q_{ij} の変換として，

$$\Phi_{ij}(\mathbf{k}) = \frac{1}{(2\pi)^3} \int Q_{ij}(\mathbf{r}) e^{-j\mathbf{k}\cdot\mathbf{r}} d\mathbf{r} \tag{8.24a}$$

$$Q_{ij}(\mathbf{r}) = \int \Phi_{ij}(\mathbf{k}) e^{j\mathbf{k}\cdot\mathbf{r}} d\mathbf{k} \tag{8.24b}$$

のように定義するのが普通である．また，非圧縮性の条件式(6.10)から，

$$k_i \Phi_{ij}(\mathbf{k}) = k_j \Phi_{ij}(\mathbf{k}) = 0 \tag{8.25}$$

でなければならない．Q_{xx}, Q_{yy}, Q_{zz} は u_x, u_y, u_z の三次元自己相関関数だから，Φ_{ij} の対角成分はすべて正またはゼロ，すなわち $\Phi_{ii} \geq 0$ である．さて，等方性乱流では Φ_{ij} は等方テンソルでなければならないし，式(6.31)から Φ_{ij} は，

$$\Phi_{ij} = A(k) k_i k_j + B(k) \delta_{ij}$$

の形をしているものと考えられる．ここで，A と B は $k = |\mathbf{k}|$ の偶関数である．しかし，非圧縮性条件式(8.25)から，$(Ak^2 + B)k_j = 0$ でなければならないから，Φ_{ij} は，

$$\Phi_{ij} = B(k) \left(\delta_{ij} - \frac{k_i k_j}{k^2} \right) \tag{8.26}$$

のように簡単になる．ここで，Φ_{ij} と Q_{ij} の二つの特別な場合，すなわち，Φ_{ii} と Q_{ii} について考える．Q_{xx}, Q_{yy}, Q_{zz} が u_x, u_y, u_z の三次元自己相関関数を表しているから，Φ_{xx} のような項は，式(8.23b)の意味で u_x に対する一種のエネルギースペクトルであり，したがって，これらの量はとくに興味深い．式(8.26)と式(6.39)から，Φ_{ii} と Q_{ii} が，

$$\frac{1}{2}\Phi_{ii} = B(k), \quad \frac{1}{2}Q_{ii} = \frac{1}{2}\langle \mathbf{u}\cdot\mathbf{u}'\rangle = R(r) \tag{8.27}$$

で与えられる球対称関数であることがわかる．さらに，式(8.24b)は，

$$\frac{1}{2}\langle \mathbf{u}^2 \rangle = \frac{1}{2}\int \Phi_{ii} d\mathbf{k} = \int_0^\infty 2\pi k^2 \Phi_{ii} dk \tag{8.28}$$

となり，$\Phi_{ii}/2$ を $\mathbf{k}$ 空間全体にわたって積分すると，乱れの運動エネルギー密度が得られる．Φ_{ii} は，運動エネルギーのスペクトル空間における「分布」を表すといわれることもある．

ここで，あらためて速度場の三次元エネルギースペクトル $E(k)$ を導入しよう．これは，第3章において，$R(r)$ の変換という形で最初に定義された．しかし，今度は，もう一つの，しかし，等価な方法で定義する．Φ_{ij} の対角成分が，それぞれの速度成分のエネルギースペクトルを表すことを考えると (式(8.23b))，Φ_{ii} に注目するのが自然のようである．そこで，

$$E(k) = 2\pi k^2 \Phi_{ii}, \quad E(k) > 0 \tag{8.29}$$

と書くことにすれば，

$$\frac{1}{2}\langle \mathbf{u}^2 \rangle = \int_0^\infty E dk \tag{8.30}$$

となる．式(8.26)にもどると，Φ_{ij} は，

$$\Phi_{ij} = \frac{E(k)}{4\pi k^2}\left(\delta_{ij} - \frac{k_i k_j}{k^2}\right) \tag{8.31}$$

のように表現できる．

ここで，$E(k)$ のこの新しい定義が古い定義と同じかどうかをチェックしてみよう．Φ_{ii} と Q_{ii} は，球対称の三次元変換対であることに注意すると，式(8.19)と式(8.20)を使って，

$$\Phi_{ii} = \frac{1}{2\pi^2}\int_0^\infty r^2 Q_{ii} \frac{\sin(kr)}{kr} dr, \quad Q_{ii} = 4\pi \int_0^\infty k^2 \Phi_{ii} \frac{\sin(kr)}{kr} dk$$

が得られる．Φ_{ii} と Q_{ii} に，それぞれ $E(k)$ と $R(r) = \langle \mathbf{u} \cdot \mathbf{u}' \rangle / 2$ を代入すると，古い定義，

$$E(k) = \frac{2}{\pi}\int_0^\infty R(r) kr \sin(kr) dr \tag{8.32}$$

$$R(r) = \int_0^\infty E(k) \frac{\sin(kr)}{kr} dk \tag{8.33}$$

が得られる．

これで，われわれは完全に一周した．われわれの新しい定義の利点は，これによって $E(k)$ (スペクトル) の意味がはっきりしたことである．すなわち，

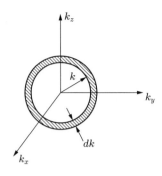

図 8.4 $E(k)dk$ は，$\mathbf{k}$ 空間の球環に含まれている Φ_{ii} による，$\langle \mathbf{u}^2 \rangle/2$ への寄与を表す．

（1） $\Phi_{ii} = E(k)/2\pi k^2$ は，速度の三成分のエネルギースペクトルの和である（式(8.23b)の意味で），

（2） $E(k)dk$ は，$\mathbf{k}$ 空間の厚さ dk の球環に含まれている Φ_{ii} の $\langle \mathbf{u}^2 \rangle/2$ への寄与を表す（図 8.4）．

ついでにいうと，小さな $|\mathbf{k}|$ に対する Φ_{ij} の形を吟味するときには注意が必要である．たとえば，式(6.77)と式(8.31)から，

$$\Phi_{ij}(k) = \frac{6L + Ik^2}{96\pi^3}\left(\delta_{ij} - \frac{k_i k_j}{k^2}\right) + \cdots$$

が得られる．バチェラー・スペクトル（$L=0, E \sim k^4$）の場合，小さな k における Φ_{ij} の形は解析的である．これに対して，サフマン・スペクトル（$L \neq 0, E \sim k^2$）の場合は，

$$\Phi_{ij}(k) = \frac{L}{16\pi^3}\left(\delta_{ij} - \frac{k_i k_j}{k^2}\right) + \cdots$$

となる．このとき，スペクトルテンソル Φ_{ij} は $k=0$ で解析的ではなくなってしまい，その値は原点への近づき方によってかわる（図 8.5）．たとえば，$16\pi^3 \Phi_{xx} = L(1 - k_x^2/k^2) + \cdots$ を考えてみよう．これは，$k_x = k$ ならゼロ，$k_x = 0$ なら L に等しい．さらに，式(8.24a)から，

$$\Phi_{ij}(\mathbf{k} \to 0) = \frac{1}{8\pi^3}\int Q_{ij}(\mathbf{r})d\mathbf{r}$$

となる．サフマン・スペクトルの場合の $\Phi_{ij}(\mathbf{k} \to 0)$ の非解析的な挙動は，明らかに $Q_{ij}(\mathbf{r})$ の積分が完全に収束しないことに対応している（サフマン・スペクトルの場合，$f_\infty \sim r^{-3}$ であったことを思い出そう）．これが，原点付近での Φ_{ij} を吟味する際に，とくに注意しなければならない点である．この問題については，8.1.7 項でもう一度

8.1 スペクトル空間における運動学　493

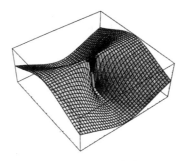

図8.5　サフマン・スペクトルの場合の，$k=0$ 付近での $\Phi_{xx}(k_x, k_y, k_z = 0)$ の形状．このプロットでは解像されていないが原点に潜在する特異性に注意．

述べる．

最後に，渦度場 $\boldsymbol{\omega}$ について考えよう．すでに，$\langle \boldsymbol{\omega} \cdot \boldsymbol{\omega}' \rangle$ が，

$$\langle \boldsymbol{\omega} \cdot \boldsymbol{\omega}' \rangle = -\nabla^2 Q_{ii}(r)$$

によって Q_{ii} と関係づけられることを見てきた．また，式(8.24b)から，

$$\langle \boldsymbol{\omega} \cdot \boldsymbol{\omega}' \rangle = \int \Phi_{ii} k^2 e^{j\mathbf{k} \cdot \mathbf{r}} d\mathbf{k}$$

である．また，とくに，第6章で示唆されたように，

$$\frac{1}{2} \langle \boldsymbol{\omega}^2 \rangle = \int_0^\infty k^2 E(k) \, dk \tag{8.34}$$

である．E は負でないことと，

$$\frac{1}{2} \langle \mathbf{u}^2 \rangle = \int_0^\infty E(k) \, dk, \quad \frac{1}{2} \langle \boldsymbol{\omega}^2 \rangle = \int_0^\infty k^2 E(k) \, dk$$

であることを考えて，$E(k)$ と $k^2 E(k)$ は波数空間における運動エネルギーとエンストロフィーの分布であると解釈され，サイズが l_e の渦は，（おおよそ）波数 $k \sim \pi/l_e$ をともなっていると考えられるのが普通である．

8.1.5　三次元乱流における一次元エネルギースペクトル

ほかに，二つのエネルギースペクトルが余弦変換対の式(8.3)と式(8.4)を使って導入されることがある．これらは，実験でもっとも普通に測定される量なので，実験研究の論文でよく使われる．それらは[3]，

$$F_{11}(k) = \frac{1}{\pi} \int_0^\infty u^2 f(r) \cos(kr) \, dr \tag{8.35a}$$

$$F_{22}(k) = \frac{1}{\pi} \int_0^\infty u^2 g(r) \cos(kr)\, dr \qquad (8.35\text{b})$$

および，その逆変換[4]，

$$u^2 f(r) = 2 \int_0^\infty F_{11}(k) \cos(kr)\, dk \qquad (8.35\text{c})$$

$$u^2 g(r) = 2 \int_0^\infty F_{22}(k) \cos(kr)\, dk \qquad (8.35\text{d})$$

である．これらの式において，g と f は，それぞれ横相関関数および縦相関関数である．もちろん，$F_{11}(k)$ と $F_{22}(k)$ は，単に，8.1.3 項で導入された直線 $y = z = 0$ に沿っての $u_x(x)$ と $u_y(x)$ の一次元エネルギースペクトルである．部分積分することによって，

$$k \frac{d}{dk} \frac{1}{k} \frac{dF_{11}}{dk} = \frac{1}{\pi} \int_0^\infty (u^2 r^3 f)' \frac{\sin kr}{kr}\, dr$$

となることが簡単に確認できる．f を R で表し，式 (8.32) を用いると，$E(k)$ と $F_{11}(k)$ のあいだの簡単な関係，

$$E(k) = k^3 \frac{d}{dk} \left(\frac{1}{k} \frac{dF_{11}}{dk} \right) \qquad (8.36\text{a})$$

が得られる．また，F_{11} と F_{22} のあいだには，

$$\frac{d^2 F_{11}}{dk^2} = -\frac{2}{k} \frac{dF_{22}}{dk} \qquad (8.36\text{b})$$

の関係があることも示すことができる（演習問題 8.2 を参照のこと）．第三の一次元スペクトルは，変換対，

$$E_1(k) = \frac{1}{\pi} \int_0^\infty \langle \mathbf{u} \cdot \mathbf{u}' \rangle \cos(kr)\, dr \qquad (8.37\text{a})$$

$$\langle \mathbf{u} \cdot \mathbf{u}' \rangle = 2 \int_0^\infty E_1(k) \cos(kr)\, dk \qquad (8.37\text{b})$$

によって定義される．$\langle \mathbf{u} \cdot \mathbf{u}' \rangle = u^2(f + 2g)$ だから，E_1 と F_{11}, F_{22} のあいだには，

$$E_1(k) = F_{11}(k) + 2F_{22}(k)$$

---

[3] 一次元スペクトルには統一的な記号がない．Batchelor (1953), Hinze (1975), Tennekes and Lumley (1972), Monin and Yaglom (1975) は，いずれも異なる記号を用いている．本書では，Tennekes and Lumley にならって，$u^2 f$ と $u^2 g$ に対する一次元スペクトルを F_{11}, F_{22} と書き，$\langle \mathbf{u} \cdot \mathbf{u}' \rangle$ に対する一次元スペクトルを E_1 と書くことにする．Hinze は，われわれの $2F_{11}$ を E_1 と書いていることに注意．

[4] もちろん，ここでは，k は k_x の意味で使われており，$\mathbf{k}$ の絶対値の意味ではない．

の関係があることがわかる．また，式(8.36a, b)より，

$$\frac{dE_1}{dk} = -\frac{E}{k}, \quad E_1(k) = \int_k^\infty \frac{E(p)}{p} dp \tag{8.37c}$$

となることが示せる．これは，$E(k)$ と $E_1(k)$ の関係を定めている．$E(k)$ と同様に $E_1(k)$ も積分すると，全運動エネルギー，

$$\frac{1}{2}\langle \mathbf{u}^2 \rangle = \int_0^\infty E_1(k) dk$$

となることに注意すること．明らかに，$E_1(k)$ は，ちょうど自己相関関数 $\langle \mathbf{u} \cdot \mathbf{u}' \rangle$ の一次元エネルギースペクトルになっている．これを見ると，$E(k)$ が同じ自己相関関数の三次元変換から得られたことが思い出される．しかし，$E(k)$ と $E_1(k)$ は別の関数だということがわかるだろう．F_{11}, F_{22} および E_1 の性質は，表8.2に比較されている．

表8.2　一次元エネルギースペクトルの性質

	$F_{11}(k)$	$F_{22}(k)$	$E_1(k)$
一次元変換対	$u^2 f(r)$	$u^2 g(r)$	$\langle \mathbf{u} \cdot \mathbf{u}' \rangle$
$E(k)$ との関係	$E = k^3 \dfrac{d}{dk}\dfrac{1}{k}\dfrac{dF_{11}}{dk}$	—	$\dfrac{dE_1}{dk} = -\dfrac{E}{k}$
ほかの一次元スペクトルとの関係	$\dfrac{d^2 F_{11}}{dk^2} = -\dfrac{2}{k}\dfrac{dF_{22}}{dk}$	—	$E_1 = F_{11} + 2F_{22}$
積分	$\int_0^\infty F_{11}(k)dk = \dfrac{1}{2}u^2$	$\int_0^\infty F_{22}(k)dk = \dfrac{1}{2}u^2$	$\int_0^\infty E_1(k)dk = \dfrac{1}{2}\langle \mathbf{u}^2 \rangle$
$k = 0$ における値	$u^2 l/\pi$	$u^2 l/2\pi$	$2u^2 l/\pi$

なぜ，F_{11} と F_{22} がよく話題になるかというと，実験的には，$E(k)$ を測定するよりも，このほうが楽だからである．そのため，ほとんどの実験論文では $E(k)$ ではなく，F_{11} または F_{22} が報告されている．しかし，F_{11} や F_{22} や $E_1(k)$ に物理的解釈を加えるときには，とくに注意が必要である．たとえば，$E(k)$ と $E_1(k)$ は，大きな k に対しては相似形をしているが（すなわち，慣性小領域では $E(k) \approx (5/3)E_1(k)$），中くらいから小さいスケールにかけては非常に異なる形をしている（図8.6(a)）．小さな k における $E(k)$, $F_{11}(k)$, $E_1(k)$ を比較してみよう．すでに見たとおり，式(8.32)を展開すると，

$$E = \frac{L}{4\pi^2}k^2 + \frac{I}{24\pi^2}k^4 + \cdots, \quad L = 4\pi u^2 (r^3 f)_\infty$$

となる．たとえば，$L = 0$ の場合（バチェラー乱流）を考えてみよう．このとき，

$$E = \frac{I}{24\pi^2}k^4 + \cdots$$

となるから，式(8.35a)と式(8.37a)を展開すると，

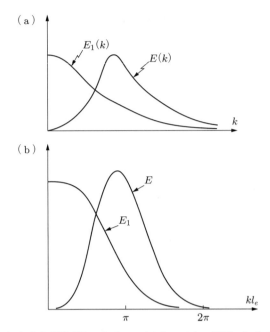

図 8.6 （a）完全発達乱流における $E(k)$ と $E_1(k)$ の概形．（b）サイズが l_e の球状タウンゼント渦のランダム列に対する $E(k)$ と $E_1(k)$．

$$F_{11} = \frac{u^2 l}{\pi} - \left(\frac{u^2}{2\pi}\int_0^\infty r^2 f dr\right) k^2 + \left(\frac{I}{24\pi^2}\right)\frac{k^4}{8} + \cdots$$

$$E_1 = \frac{2u^2 l}{\pi} - \left(\frac{I}{24\pi^2}\right)\frac{k^4}{4} + \cdots$$

が得られ，これらは $E(k)$ とはまったく違う！　$E_1(k)$ は，$\langle \mathbf{u}\cdot\mathbf{u}'\rangle$ の一次元エネルギースペクトルに比例するから負にはならない．これは，また，積分すると $\langle \mathbf{u}^2\rangle/2$ となる．このため，$E(k)$ をエネルギー密度と解釈したのと同じように，$E_1(k)$ を渦の $\mathbf{k}$ 空間において測られた渦のエネルギー密度であると解釈しがちである．しかし，小から中程度の k に対しては，明らかにこれは適当でない．この領域では，両者の形状は非常に大きく異なっているのである．

この点を強調するために，一定なサイズ l_e の渦のランダム配列からなる乱れを考える．たとえば，タウンゼント風のガウス渦のランダム場である．これは，$k \sim \pi/l_e$ 付近にピークをもつ三次元スペクトル $E(k)$ を生む（6.4.1 項を参照のこと）．しかし，同じ渦が幅の広い一次元スペクトル $E_1(k)$ を生み，それは，$k \sim \pi/l_e$ ではなく $k = 0$ にピークをもつ．この違いが図 8.6（b）に示されている．表 8.3 に示されているように，$E(k)$ と $E_1(k)$ は少し違う．

表 8.3　$E(k)$ と $E_1(k)$ の性質

$E(k)$の性質	$E_1(k)$の性質
（ⅰ）$E(k) \geq 0$ （ⅱ）$\int_0^\infty E(k)\,dk = \frac{1}{2}\langle \mathbf{u}^2 \rangle$ （ⅲ）一定サイズ l_e の渦のスペクトル $E(k)$ は $k \sim \pi/l_e$ に鋭いピークをもつ	（ⅰ）$E_1(k) \geq 0$ （ⅱ）$\int_0^\infty E_1(k)\,dk = \frac{1}{2}\langle \mathbf{u}^2 \rangle$ （ⅲ）一定サイズ l_e の渦のスペクトル $E_1(k)$ は $k \sim \pi/l_e$ ではなく $k=0$ にピークをもつ

　三次元スペクトルのいろいろな波数部分を，サイズが π/k の渦と結びつけることが許されるのは，表 8.3 にある $E(k)$ の第三の性質があるからである．大雑把にいえば，与えられたサイズ l_e の渦はエネルギースペクトルの $k \sim \pi/l_e$ 付近に幅の狭いスパイクを生み，全体のエネルギースペクトル $E(k)$ は，多数のこのようなスパイクの総和であると考えることができる．これに対して，$E_1(k)$ にはこのような性質はなく，E_1 を積分すると $\langle \mathbf{u}^2 \rangle/2$ となるにもかかわらず，乱流中に含まれるさまざまなサイズの渦が $E_1(k)$ の各波数成分にどのように寄与するのかは，$E_1(k)$ を見てもわからないのである．一次元スペクトル（三次元に応用した場合）の，この奇妙で誤りやすい性質は，8.1.9 項で述べるエイリアシングとよばれる現象が原因である．

　さらに，$E(k)$ もまた，エネルギーの分布状況を表現するうえで制約があることを覚えておくべきである．この点は，第 6 章ですでに強調したことではあるが，ここでもう一度繰り返しておくのがよいだろう．確かに，サイズ l_e の渦は，$E(k)$ の $k \sim \pi/l_e$ 付近にスパイクを生じるが，そのほかの波数も励起される．したがって，与えられたサイズ l_e の渦は，たとえば，$E(k) \sim k^2 \exp(-k^2 l_e^2)$ とか $E(k) \sim k^4 \exp(-k^2 l_e^2)$ のように，幅広い波数において $E(k)$ に寄与する．これが，乱流スペクトルの低波数端と高波数端を解釈する際にとくに問題となる．たとえば，瞬時の構造が，サイズが l から η の範囲の，はっきりと定義されたコンパクトな構造（渦）から構成されているような乱れを想像しよう．$E(k)$ を求めるために $\langle \mathbf{u} \cdot \mathbf{u}' \rangle$ の変換を実行すると，E は連続関数となり，$k \in (0, \pi/l)$ において $E \sim Lk^2$ あるいは $E \sim Ik^4$ の形でかなりの寄与を示し，同様に，$k > \pi/\eta$ においても $E \sim \exp(-k\eta)$ の形の寄与を示す．しかし，どちらの領域にも渦はない．われわれは，$E(k) \sim k^n \exp(-k^2 l_e^2)$ の形のエネルギースペクトルの裾野の部分を見ているだけなのだ．この問題については，8.1.9 項であらためて述べる．

8.1.6　エネルギースペクトルと二次の構造関数を関係づける

　第 3 章と第 6 章において，二次の構造関数 $\langle [\Delta v]^2 \rangle$ が，異なるスケールにおけるエ

ネルギーを識別するもう一つの方法として使えることを述べた．すなわち，$\langle[\Delta v]^2\rangle$は，サイズが$r$またはそれ以下の渦の累積エネルギーに結びつけて考えるのが普通である．しかし，この考え方は少し単純すぎる．なぜなら，サイズがr以上の渦も$\langle[\Delta v]^2\rangle$に対して$r^2\times$（渦のエンストロフィー）程度のオーダーの寄与をするからである．そこで，もう少し詳しく，$E(k)$と$\langle[\Delta v]^2\rangle$の関係を考えてみよう．まず，式(8.33)を，

$$R(r) = \frac{u^2}{2r^2}(r^3 f)' = \int_0^\infty E(k)\frac{\sin kr}{kr}dk$$

の形に書く．fを求めるために1回積分し，$\langle[\Delta v]^2\rangle = 2u^2(1-f)$に注意すると，

$$\frac{3}{4}\langle[\Delta v]^2\rangle = \int_0^\infty E(k)H(kr)dk \tag{8.38}$$

$$H(\chi) = 1 + \frac{3\cos\chi}{\chi^2} - \frac{3\sin\chi}{\chi^3} \tag{8.39}$$

となる．関数$H(\chi)$は，図8.7のような形状をしている．小さなχに対しては，$H(\chi)\sim\chi^2/10$で緩やかに増加する．一方，大きなχに対しては，Hは振動しながら$H=1$に漸近する．また，図8.7には，$H(\chi)$に対する粗い近似式，

$$\hat{H}(\chi) = \begin{cases}(\chi/\pi)^2 & (\chi<\pi)\\ 1 & (\chi>\pi)\end{cases}$$

も示されている．

ここで，$H(kr)$を，$E(k)$のフィルタリングの際の重み関数とみなせば，Hを$\hat{H}$におき換えることによって，$\langle[\Delta v]^2\rangle$の一般的な形を求めることができる．これを，式(8.38)に代入すると，

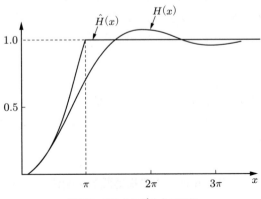

図8.7　$H(\chi)$と$\hat{H}(\chi)$の形状

$$\frac{3}{4}\langle [\Delta v]^2\rangle \approx \int_{\pi/r}^{\infty} E(k)\,dk + \frac{r^2}{\pi^2}\int_0^{\pi/r} k^2 E\,dk \tag{8.40}$$

が得られる．言葉で書けば，

$$\frac{3}{4}\langle [\Delta v]^2\rangle \approx [\text{サイズが}\,r,\,\text{またはそれ以下の渦のエネルギー}]$$

$$+ \frac{r^2}{\pi^2}[\text{サイズが}\,r,\,\text{またはそれ以上の渦のエンストロフィー}]$$

となる．6.2.1 項で述べたように，これは，$\langle [\Delta v]^2\rangle$ に対するわれわれの物理的解釈に合致する．

これが，スペクトル空間での運動学について述べたかったことのほとんどすべてである．しかし，終えるにあたって，いくつかの点を補足しておきたい．第一に，$\mathbf{k}=0$ 付近での Φ_{ij} あるいはその導関数を求める際には，特別な注意が必要だということを強調しておく．このテンソルは，原点でしばしば非解析的なのである．第二に，多くの著者はスペクトルテンソル Φ_{ij} を，等価ではあるが異なる方法で導入している．もう一つのアプローチについても概観しておくのが賢明であろう．そして，最後に，$E(k)$ と $E_1(k)$ に物理的な意味づけをする際には，注意が必要だということである．これらの関数が異なるサイズの渦のあいだでの運動エネルギー分布のようなものを表しているという考えには，あまり深入りしすぎないほうがよい．軽率に扱うと，多くの落とし穴がまっている．まず，Φ_{ij} の導関数の特異性に関する注意からはじめよう．

8.1.7 補足：非等方性に起因するスペクトルの特異性

8.1.4 項において，サフマン・スペクトル $E(k\to 0)\sim k^2$ の場合には，$\mathbf{k}=0$ において $\Phi_{ij}(\mathbf{k})$ は解析的でなくなることに注目した．それは，積分 $\int Q_{ij}(\mathbf{r})\,d\mathbf{r}$ が絶対収束性をもたないことに関係している．しかし，等方性乱流ではバチェラー・スペクトル ($E\sim k^4$) であれば特異性はない．ところが，等方性から非等方性に移ると，ことは悪い方向に進む（一様性は仮定したままとする）．非等方性の $E(k\to 0)\sim k^4$ の乱流でも，三重相関は大きな r に対して，等方性乱流の場合と同様に r^{-4} で減衰する．しかし，バチェラー・スペクトルの場合，Q_{ij} は大きな r に対して等方性の場合の r^{-6} とは異なり，$Q_{ij}\sim r^{-5}$ となることが非等方性のカルマン・ハワース方程式からわかる．事実，詳しい運動学的解析 (Batchelor and Proudman (1956)) によると，

$$Q_{ij}\sim \pi^2 C_{lmnp}\left(\delta_{il}\nabla^2 - \frac{\partial^2}{\partial r_i \partial r_l}\right)\left(\delta_{jm}\nabla^2 - \frac{\partial^2}{\partial r_j \partial r_m}\right)\frac{\partial^2 r}{\partial r_n \partial r_p} + O(r^{-6})$$

（バチェラー・スペクトル，非等方性乱流）

となる．非等方性乱流における Q_{ij} の r^{-5} 挙動は[5]，

$$I_{mnij} = \int r_m r_n Q_{ij}(\mathbf{r}) d\mathbf{r}$$

の形の積分の収束性に問題を引き起こす．もっとも，これは，見かけほどは重大な問題ではない．I_{mnij} を大きな球状領域にわたって計算し，そのあと，球の半径を無限大にすれば，積分は実際には収束する．なぜなら，$|\mathbf{r}| > R$ (ある大きな R) の範囲で積分するとき，r^{-5} の項はキャンセルされるためである．しかし，I_{mnij} は，一般に絶対収束ではない．

さて，ある解析的なスペクトルにおいては，Φ_{ij} の定義から，

$$I_{mnij} = -8\pi^3 \left(\frac{\partial^2 \Phi_{ij}}{\partial k_m \partial k_n} \right)_{k=0}$$

であることをわれわれは知っている．そこで，I_{mnij} が絶対収束ではないということが，Φ_{ij} の二階微分を $\mathbf{k} = 0$ でどのように定義すればよいのかが問題になる．それらは良性ではなく，その値は原点への近づき方によってかわる．事実，小さな k に対しては，バチェラー乱流におけるスペクトルテンソルの非等方性の形は (Batchelor and Proudman (1956))，

$$\Phi_{ij} = C_{lmnp} \left[\delta_{il} - \frac{k_i k_l}{k^2} \right] \left[\delta_{jm} - \frac{k_j k_m}{k^2} \right] k_n k_p + O(k^3 \ln k)$$

$$E(k) = Ck^4 + O(k^5 \ln k)$$

（バチェラー・スペクトル，非等方性乱流）

となる．これに対応するサフマン・スペクトルに対する結果は (Saffman (1967))，

$$Q_{ij} \sim -\pi^2 C_{lm} \left(\delta_{il} \nabla^2 - \frac{\partial^2}{\partial r_i \partial r_l} \right) \left(\delta_{jm} \nabla^2 - \frac{\partial^2}{\partial r_j \partial r_m} \right) r + \cdots$$

$$\Phi_{ij} = C_{lm} \left(\delta_{il} - \frac{k_i k_l}{k^2} \right) \left(\delta_{jm} - \frac{k_j k_m}{k^2} \right) + \cdots$$

$$E(k) = \frac{4}{3} \pi C_{ii} k^2 + O(k^3)$$

（サフマン・スペクトル，非等方性乱流）

である．

乱れが非等方性である場合は，どちらのスペクトルも原点への近づき方によって

---

[5] ついでに，等方性乱流では $C_{lmnp} = A\delta_{lm}\delta_{np} + B(\delta_{ln}\delta_{mp} + \delta_{lp}\delta_{mn})$，$A$ と B はスカラー，となることがバチェラーとプラウドマンによって示されている．このことより，等方性乱流では Q_{ij} の展開の主要項は恒等的にゼロで $Q_{ij} \sim r^{-6}$ にもどる．このような等方性乱流における r^{-6} 挙動は，$K_\infty(r) \sim ar^{-4} + br^{-5} + \cdots$ に注意すれば，カルマン・ハワース方程式からも導くことができる．

Φ_{ij} (あるいは，バチェラー・スペクトルの場合はその二階微分) がかわるのだから，明らかに，$\mathbf{k}=0$ で非解析的である．

8.1.8 もう一つの補足：速度場の変換

8.1.4 項と 8.1.5 項において，Q_{ij} のような統計平均された量に対してフーリエ変換を適用した．しかし，まだ，ランダムな各瞬間の速度場自体には適用していない．フーリエ変換の一つの大きな利点は，ランダム信号にフィルターをかけてスケールに関する情報をとり出せることなのだから，このことは少し驚きである (8.1.2 項を参照のこと)．ここでは，このようにすると何が起こるか，また，これが別のルートからどのように Φ_{ij} に帰着するかを述べる．

$\mathbf{u}(\mathbf{x},t)$ が，統計的に一様で平均値はゼロだが，必ずしも等方的とは限らないとする．$\mathbf{u}(\mathbf{x})$ のフーリエ変換を，いつものように，

$$\hat{\mathbf{u}}(\mathbf{k}) = \frac{1}{(2\pi)^3}\int \mathbf{u}(\mathbf{x})e^{-j\mathbf{k}\cdot\mathbf{x}}d\mathbf{x}$$

と定義する．積分は収束しないので，$\hat{\mathbf{u}}$ を超関数とみなさなければならない．しかし，これは，普通の法則を使って積分演算を実行する妨げにはならない．

$\hat{\mathbf{u}}(\mathbf{k})$ の複素共役は，$\hat{\mathbf{u}}^{\dagger}(-\mathbf{k})=\hat{\mathbf{u}}(\mathbf{k})$ という性質があり，次の形の積，

$$\hat{u}_i^{\dagger}(\mathbf{k})\hat{u}_j(\mathbf{k}') = \frac{1}{(2\pi)^6}\iint u_i(\mathbf{x})u_j(\mathbf{x}')e^{j(\mathbf{k}\cdot\mathbf{x}-\mathbf{k}'\cdot\mathbf{x}')}d\mathbf{x}d\mathbf{x}'$$

をつくることができる．ここで，$\mathbf{r}=\mathbf{x}'-\mathbf{x}$ とおいてアンサンブル平均を施す．右辺のランダムな項は u_i と u_j' だけだから，

$$\langle \hat{u}_i^{\dagger}(\mathbf{k})\hat{u}_j(\mathbf{k}')\rangle = \frac{1}{(2\pi)^6}\iint \langle u_iu_j'\rangle e^{j(\mathbf{k}-\mathbf{k}')\cdot\mathbf{x}}e^{-j\mathbf{k}'\cdot\mathbf{r}}d\mathbf{x}d\mathbf{r}$$

となる．次に，一様性を考えると，$\langle \mathbf{u}\cdot\mathbf{u}'\rangle$ は $\mathbf{r}$ には依存するが $\mathbf{x}$ には依存しないから，二重積分は次のように変形できる．

$$\langle \hat{u}_i^{\dagger}(\mathbf{k})\hat{u}_j(\mathbf{k}')\rangle = \frac{1}{(2\pi)^6}\int \langle u_iu_j'\rangle e^{-j\mathbf{k}'\cdot\mathbf{r}}\left[\int e^{j(\mathbf{k}-\mathbf{k}')\cdot\mathbf{x}}d\mathbf{x}\right]d\mathbf{r}$$

最後に，内側の積分は単に $(2\pi)^3\delta(\mathbf{k}-\mathbf{k}')$ (δ は三次元のディラックのデルタ関数) となることはわかる．これより，

$$\langle \hat{u}_i^{\dagger}(\mathbf{k})\hat{u}_j(\mathbf{k}')\rangle = \delta(\mathbf{k}-\mathbf{k}')\frac{1}{(2\pi)^3}\int Q_{ij}e^{-j\mathbf{k}'\cdot\mathbf{r}}d\mathbf{r}$$

が得られる．明らかに，$\hat{u}_i^{\dagger}(\mathbf{k})$ と $\hat{u}_j(\mathbf{k}')$ は，$\mathbf{k}=\mathbf{k}'$ でない限り無相関である．式 (8.24a) の定義を用いると，この式は，

$$\langle \hat{u}_i^\dagger(\mathbf{k})\hat{u}_j(\mathbf{k}')\rangle = \delta(\mathbf{k}-\mathbf{k}')\Phi_{ij}(\mathbf{k}) \tag{8.41a}$$

の形に書きなおすことができる．こうして，スペクトルテンソルと速度場の変換の関係が得られた．フーリエ変換のフィルターとしての性質から，小さな渦は $\hat{u}(\mathbf{k})$ の高波数成分に付随し，したがって，おもに小さなスケールが Φ_{ij} の高波数部分に寄与する．等方性乱流の場合には，式(8.41a)は，$E(k)$ を用いて，

$$2\pi k^2 \langle \hat{u}^\dagger(\mathbf{k})\cdot\hat{u}(\mathbf{k}')\rangle = \delta(\mathbf{k}-\mathbf{k}')E(k) \tag{8.41b}$$

のように書きなおすことができ，これは，$E(k)\geq 0$ であることを証明している．

さて，このもう一つのアプローチから，われわれは何を学んだのだろうか．この方法の一つの利点は，

小さな渦 ↔ Φ_{ij} と $E(k)$ の高波数部分
大きな渦 ↔ Φ_{ij} と $E(k)$ の低波数部分

という関係がおおむね成り立つことが，8.1.2項で述べたように，フーリエ変換のフィルターとしての性質の直接の結果であることが見てとれたことである．もう一つの利点は，$\hat{u}_i^\dagger(\mathbf{k})$ と $\hat{u}_j(\mathbf{k}')$ は，$\mathbf{k}=\mathbf{k}'$ でない限り無相関であることが発見できたことだ．欠点は，もちろん，$\hat{u}(\mathbf{k})$ のような超関数の解釈に大きな注意が必要な点である．

8.1.9 これこそ最後の補足：$E(k)$ と $E_1(k)$ は実際に何を表しているのか？

どのような変換でも，それを用いるときに非常に陥りやすい落とし穴は，解析している関数が変換された場にあるということを忘れてしまうことだ．その結果，ひどい誤解を生み，解析している関数の構造が，調べている現象の性質であるかのように思ってしまう．

M. Farge (1992)

6.4.2項で最初に述べた課題にもどって，スペクトル運動学の概要説明を締めくくろう．問題になっていることは，$E(k)$ と $E_1(k)$ にどのような物理的解釈を与えるかである．一つ，強調しておきたいことは，乱れが波動ではなく渦から成り立っていることだ．さらに，一つの渦（すなわち，空間的にコンパクトな渦構造）の結果が，幅広い波数範囲にまたがる $E(k)$ となってしまい，$k\sim\pi/$(渦サイズ) におけるデルタ関数にはならない．したがって，k^{-1} を厳密に渦のサイズに結びつけるわけにはいかず，スペクトルをうっかり誤って解釈してしまう危険がつねにある．

たとえば，6.4.1項で，われわれは，一定のサイズ l_e の球状渦がランダムに分布している場合，もし，渦が有限の線インパルスをもっているなら，

$$E(k) \sim \langle \mathbf{u}^2 \rangle l_e (k l_e)^2 \exp[-(k l_e/2)^2] \tag{8.42}$$

また，そうでない場合には，

$$E(k) \sim \langle \mathbf{u}^2 \rangle l_e (k l_e)^4 \exp[-(k l_e/2)^2] \tag{8.43}$$

というスペクトルを生むことを見てきた．どちらにしても，次のように結論できる．

（1） 完全発達乱流のエネルギースペクトルは，$k \ll l^{-1}$ に対して，

$$E(k) \sim (u^2 l^3) k^2 + \cdots, \quad \text{あるいは，} \quad E(k) \sim (u^2 l^5) k^4 + \cdots$$

の形となる．l は積分スケールである．スペクトルのこの部分は，サイズが k^{-1} の空間構造を表しているのではなく，エネルギー保有渦にともなって現れるスペクトルの裾野部分にすぎない．

（2） 第6章で論じたように，$E(k)$ のうち小さい k 側の端に含まれている情報はエネルギーにはほとんど関係がない．むしろ，乱れがどの程度の線インパルスや角インパルスをもっているかの尺度である．

（3） 完全に発達した乱流のエネルギースペクトルは，$k \gg \eta^{-1}$ に対して，

$$E(k) \sim \exp[-(\eta k)^\alpha]$$

の形となる．η はコルモゴロフのマイクロスケールである．スペクトル $E(k)$ のこの部分は，サイズが η 程度の散逸スケールの渦にともなって現れるスペクトルの高波数側の裾野である．

（4） エネルギーカスケードにおける渦の干渉が，概して似たようなサイズの渦どうしで起こるとしても（そうかもしれないし，そうでないかもしれないが），$\mathbf{k}$ 空間では必ずしも局所的に限定されるわけではない．逆に，$\mathbf{k}$ 空間において局所的な干渉は，物理空間において局所的とは限らない．

$E(k)$ を単純にスケール π/k の渦のエネルギー密度を表すとみなすのは明らかに甘すぎる．

とりあえず，この微妙な問題は置いておき，$\pi/l < k < \pi/\eta$ における $E(k)$ と $E_1(k)$ の挙動を比較してみよう．式(8.42)と式(8.43)は，どちらも $k \sim \pi/l_e$ 付近でかなり鋭いピークを示していることに注意すると（図8.8），$E(k)$ のおもな物理的性質は，次のようにまとめられる．

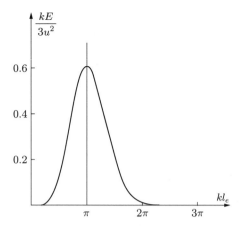

図 8.8 一定のサイズ l_e の球状タウンゼント渦群から生まれるエネルギースペクトル $E(k)$

(ⅰ) $E(k) \geq 0$

(ⅱ) $\dfrac{1}{2}\langle \mathbf{u}^2 \rangle = \displaystyle\int_0^\infty E\,dk$

(ⅲ) サイズが l_e の渦は，おもに $k = \pi/l_e$ の領域で $E(k)$ に寄与するが，必ずしもそうばかりではない．

性質（ⅰ）と（ⅱ）により，$E\,dk$ を波数 $k \to k + dk$ の範囲のエネルギーと解釈できる．また，性質（ⅲ）から，k は近似的に $\pi/($渦サイズ$)$ であると考えることができる．これが $E(k)$ の普通の解釈である．もちろん，上で注意したように，$k \ll l^{-1}$ および $k \gg \eta^{-1}$ の場合には，この解釈はひどい誤りである．

次に，一次元スペクトル $E_1(k)$ を考えてみよう．$E(k)$ と同様に，以下の性質をもつ．

(ⅰ) $E_1(k) \geq 0$

(ⅱ) $\displaystyle\int_0^\infty E_1(k)\,dk = \dfrac{1}{2}\langle \mathbf{u}^2 \rangle$

しかし，重要なことは，$E(k)$ がもつ第三の性質を $E_1(k)$ はもたないことだ．一定サイズ l_e の球状渦のランダム分布に対して $E_1(k)$ を計算してみよう．たとえば，式 (8.37c) と式 (8.43) から，バチェラー乱流の場合，

$$E_1(k) \sim \langle \mathbf{u}^2 \rangle l_e (1 + k^2 l_e^2/4) \exp(-k^2 l_e^2/4)$$

となる．明らかに，E_1 は，$k \sim \pi/l_e$ ではなく $k = 0$ でピークをもつ（図 8.6（b）参照）．これが，一次元エネルギースペクトルでは，完全発達乱流におけるエネルギー分布を正しく見積もることができない理由である．どのようなサイズの渦も，すべて，$k \sim$

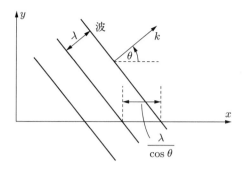

図 8.9 エイリアシングの問題

π/l_e ではなく，おもに $k=0$ で $E_1(k)$ に寄与する．この奇妙な性質の物理的理由については，Tennekes and Lumley (1972) に述べられている．ここでは，彼らの議論の概要を述べるにとどめる．

一次元スペクトルが三次元過程について誤った印象を与える傾向は，エイリアシングとして知られている（図 8.9）．x 軸に対して θ だけ傾いて伝播する波長 λ の波動を考える．いま，x 軸に沿っていろいろな場所で $\mathbf{u}$ を測定したとすると，波長が $\lambda/\cos\theta$ の正弦波を得る．ここで，8.1.5 項で述べたように，$\mathbf{u}$ の一次元スペクトルを計算すると，波長が $\lambda/\cos\theta$ に対応するスパイクが得られる．こうして，一次元スペクトルは波数 k の波動を，波数 $k\cos\theta$ の波動ととり違えてしまい，波のエネルギーは，$\mathbf{k}$ 空間では本来の波数より原点に近い側に現れる．これを，われわれは，エネルギーが原点 $k=0$ の方向にエイリアスされたという．$E(k)$ が $k\sim\pi/l_e$ にピークをもつのに，$E_1(k)$ は原点 $k=0$ 付近にピークをもつのはこのためである．要するに，一次元スペクトルは，測定線に平行な方向に伝播する波数 k の波動と，測定線に対して傾いて伝播する，より波数の大きな波動との区別がつけられないのである．

$E_1(k)$ がエネルギーを原点 $k=0$ の方向にエイリアスしてしまう傾向は，式 (8.37c)，

$$E_1(k) = \int_k^\infty \frac{E(p)}{p} dp$$

を見てもわかる．この式は，k に等しいか k より大きな波数の波はすべて $E_1(k)$ に寄与することを示している．

まとめると，$E(k)$ も $E_1(k)$ も物理的解釈を与える際には，特別な注意が必要であるということになる．$E(k)$ は $\eta < k^{-1} < l$ の範囲でのみエネルギー分布の印象を与えるが，$E_1(k)$ のほうはすべての k に対して誤った印象を与える．この注意を最後にして運動学から離れ，もっと大切な動力学の議論に移ろう．

8.2 スペクトル空間における動力学

8.2.1 $E(k)$ の発展方程式

これまでのところでは，乱流に関してなんら新しいことは発見してこなかったことを強調することが大切である．単に，乱流を記述するためのもう一つの言語を整えただけである．この言語が積極的に利用できるかどうかをここで見てみよう．出発点はカルマン・ハワース方程式(6.48)[6]，

$$\frac{\partial}{\partial t}\langle \mathbf{u}\cdot\mathbf{u}'\rangle = 2\Gamma(r,t) + 2\nu\nabla^2\langle\mathbf{u}\cdot\mathbf{u}'\rangle, \quad \Gamma(r,t) = \frac{1}{2r^2}\frac{\partial}{\partial r}\frac{1}{r}\frac{\partial}{\partial r}(u^3 r^4 K) \quad (8.44)$$

である．ところで，$E(k)$と$\langle\mathbf{u}\cdot\mathbf{u}'\rangle$のあいだには，

$$E(k) = \frac{1}{\pi}\int_0^\infty \langle\mathbf{u}\cdot\mathbf{u}'\rangle kr\sin(kr)\,dr \quad (8.45)$$

の関係があった．これを用いると，式(8.44)は，$E(k)$の発展方程式，

$$\frac{\partial E}{\partial t} = T(k,t) - 2\nu k^2 E \quad (8.46)$$

$$T(k,t) = \frac{k}{\pi}\int_0^\infty \frac{1}{r}\frac{\partial}{\partial r}\frac{1}{r}\frac{\partial}{\partial r}(r^4 u^3 K)\sin(kr)\,dr \quad (8.47)$$

の形に変形できる．これは，スペクトル表記のカルマン・ハワース方程式である．$T(k,t)$は，普通$T(k)$と略記され，スペクトル運動エネルギー伝達関数とよばれる．エネルギーカスケードのいい方をすれば，$T(k)$は大スケールからのエネルギーの吸収と，小スケールにおけるエネルギーの沈着を表すものと解釈できる．したがって，小さなkでTは負（大スケールにおけるエネルギーの吸収），大きなkでは正（小スケールにおけるエネルギーの沈着）であると予想される．

$E(k)$と$R(r) = \langle\mathbf{u}\cdot\mathbf{u}'\rangle/2$の関係，および$T(k)$と$\Gamma(r)$の関係の対称性に注意すると，

$$E(k) = \frac{2}{\pi}\int_0^\infty R(r)kr\sin(kr)\,dr, \quad T(k) = \frac{2}{\pi}\int_0^\infty \Gamma(r)kr\sin(kr)\,dr$$

$$R(r) = \int_0^\infty E(k)\frac{\sin(kr)}{kr}\,dk, \quad \Gamma(r) = \int_0^\infty T(k)\frac{\sin(kr)}{kr}\,dk$$

となる．

$T(k)$で表されている非線形の慣性項は，エネルギーを壊すことなくスケール間に伝達するから，

---

6) 第6章で定義したように，Kは三重相関関数である．

$$\int_0^\infty T(k)\,dk = 0 \tag{8.48}$$

となると推測できる．これは，式(8.47)を実際に積分することで証明できる（演習問題 8.3 参照）．これを考慮すると，

$$\frac{d}{dt}\int_0^\infty E\,dk = -2\nu \int_0^\infty k^2 E\,dk \tag{8.49}$$

となり，この関係は見慣れた式，

$$\frac{d}{dt}\left[\frac{1}{2}\langle \mathbf{u}^2 \rangle\right] = -\varepsilon = -\nu \langle \boldsymbol{\omega}^2 \rangle \tag{8.50}$$

であることに気づく．エネルギー式(8.46)は，普通，別の形で，

$$\frac{\partial E}{\partial t} = -\frac{\partial \Pi_E}{\partial k} - 2\nu k^2 E \tag{8.51}$$

と書かれる．ここで，

$$\Pi_E = -\int_0^k T(k)\,dk = \int_k^\infty T(k)\,dk$$

である．関数 $\Pi_E(k)$ はスペクトル運動エネルギー流束とよばれ，波数が k 以下のすべての渦から，波数が k 以上の渦に伝達される正味のエネルギーを表す．$T(k)$ と $\Pi_E(k)$ の概形は，図 8.10 に示されている．$T(k)$ は小さな k で負（大スケール渦からのエネルギーの吸収），大きな k で正（慣性による小スケールへのエネルギー伝達）である．これに対して，エネルギー流束が小スケールに向かっているので，Π_E は正である．慣性小領域では，$\partial E/\partial t$ も粘性の影響も無視できるので，$T \approx 0$（式(8.46)より），$\Pi_E = \varepsilon$ である．

ここで，$T(k)$ と $\Pi_E(k)$ の形状について，もう少し詳しく考えてみよう．式(8.47)を用いると，$\Gamma(r)$ と $\Pi_E(k)$ が変換対，

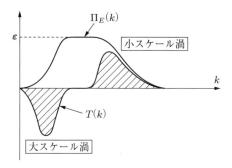

図 8.10　$T(k)$ と $\Pi_E(k)$ の概形

$$\Pi_E(k) = -\frac{2}{\pi} \int_0^\infty \frac{1}{r} \frac{\partial}{\partial r}(r\Gamma) \sin(kr) \, dr \qquad (8.52\mathrm{a})$$

$$\frac{1}{r} \frac{\partial}{\partial r}(r\Gamma) = -\int_0^\infty \Pi_E(k) \sin(kr) \, dk \qquad (8.52\mathrm{b})$$

で関係づけられていることが示せる．さらに，式(8.47)を部分積分すると，

$$T(k) = \frac{k^4}{3\pi} \int_0^\infty \frac{d}{dr}[u^3 r^4 K(r)] G(kr) \, dr \qquad (8.53)$$

が得られる．ここで，

$$G(\chi) = 3(\sin\chi - \chi\cos\chi)\chi^{-3}$$

である．これは，$T(k)$ と三重相関関数 $K(r)$ の関係を単純な形で表現している．$G(\chi)$ の一般的な形は図8.11に示されている．これは，$\chi < 5\pi/4$ で正で，その後，χ の増加とともに $G=0$ を挟んで振動し，その振幅は急速に減少する．

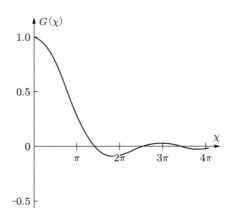

図 8.11 式(8.53)の $G(\chi)$ の形状

小さな k に対しては，$G(\chi) \approx 1 - (\chi^2/10) + \cdots$ となるので，

$$T(k) = \frac{k^4}{3\pi}(u^3 r^4 K)_\infty - \frac{k^6}{30\pi} \int_0^\infty r^2 \frac{d}{dr}(u^3 r^4 K) \, dr + \cdots \qquad (8.54)$$

が得られる．これと，式(8.46)および展開，

$$E = \frac{L}{4\pi^2}k^2 + \frac{I}{24\pi^2}k^4 + \cdots$$

から，見慣れた結果（粘性項は別として），

$$L = 定数, \qquad \frac{dI}{dt} = 8\pi(u^3 r^4 K)_\infty$$

が得られる．この式で，LとIは，それぞれ，サフマン積分およびロイチャンスキー積分である．この式は，ロイチャンスキー積分と$[r^4K]_\infty$の関係を示している．長距離の三重相関がない場合には，Tの展開式中のk^4の項は消えるから，小さなkにおいて$T \sim k^6$となる．

8.2.2　スペクトル空間における完結問題

　ジェームスは神学者の友人にからかわれていた．友人は彼にこういった．「哲学者というのは真っ暗な地下室のなかで，黒い猫などそこには居ないのにそれを探し求めている盲人のようなものだよ．」「そのとおり」ウィリアム・ジェームスは答えた．「でも，哲学と神学の違いは，神学は猫を見つけることだよ．」
A.J. Ayer on William James

　物理空間で考えるときは，ある適当な仮説を使って$\langle uuu \rangle$を$\langle uu \rangle$で表すことによって系を閉じさせることができるのかという形で完結問題を組み立てるのが自然である．一方，これに対応するスペクトル場での問題は，$T(k)$（あるいは，その時間微分）を，$E(k)$を使って表すことによって，式(8.51)の積分を実行可能にできるかである．これについてはたくさんの試みが行われてきた．そのいくつかは，慣性小領域における$E \sim k^{-5/3}$という形を再現した．しかし，物理空間における類似の考えとまったく同じように，遅かれ早かれ行き詰まり，しばらくして，自分は，ジェームスの存在しない猫を捜し求めていたのではないかと思うようになる．要するに，すべてのkに対して信頼できる唯一の完結スキームなどありそうもないのである[7]．

　大まかにいうと，スペクトル空間における完結仮説には二つのグループがある．単純な代数的なスキームでは，スペクトルエネルギー流束$\Pi_E(k)$が，$\Pi_E = \Pi_E(E, k)$の形で$E(k)$と関係づけられるとする．そして，$\Pi_E(k)$と$E(k)$を関係づける関数はよく知られた慣性小領域における性質，すなわち，$E = \alpha \varepsilon^{2/3} k^{-5/3}$，$\Pi_E = \varepsilon$を満足するように選ばれる．関係式$\Pi_E = \Pi_E(E, k)$を慣性小領域以外の領域，たとえば散逸領域に適用した場合に，実験データと同等の結果が得られるので期待がもてる．実質的には，これは内挿問題である．唯一，パオの間欠モデルだけは，あとで見るように，平衡領域において驚くほどよい結果を与えるが，そのほかの代数スキームのほとんどはすでに使われなくなっている．

　完結スキームの第二のグループでは，$T(k,t)$に対して$\partial T/\partial t = (\sim)$の形の動力学

---

[7]　手短にいうと，スペクトル空間における状況は，物理空間におけるものと，大体，類似している．普遍平衡領域に対しては，妥当な完結スキームを考案することは可能であるが（物理空間におけるこの種の完結スキームについては，6.2.8項参照のこと），スペクトルのうち，小さなkの端については満足なスキームは存在しない．

方程式を仮定する．擬似正規（QN）近似やそれに関連する「渦抑制」法（たとえば，EDQN）は，このグループの一例である．これは，より大胆で複雑な作戦である．そこで，簡単な代数モデルの方から話をはじめよう．これにもいろいろなものが提案されてきた．これらは，平衡領域（小スケール）にだけ適用できる．普及している提案を以下にリストする．

● オブコフの仮説（1941）

$$\Pi_E(k) = \alpha_1 \int_k^\infty E dk \left(\int_0^k k^2 E dk \right)^{1/2} \tag{8.55}$$

● エリソンによるオブコフの仮説の修正（1961）

$$\Pi_E(k) = \alpha_2 k E(k) \left(\int_0^k k^2 E dk \right)^{1/2} \tag{8.56}$$

● ハイゼンベルクの仮説（1948）

$$\Pi_E(k) = \alpha_3 \int_k^\infty k^{-3/2} E^{1/2} dk \int_0^k k^2 E dk \tag{8.57}$$

● コヴァツネイの仮説（1948）

$$\Pi_E(k) = \alpha_4 E^{3/2} k^{5/2} \tag{8.58}$$

● パオの仮説（1965）

$$\Pi_E(k) = \alpha_5 \varepsilon^{1/3} k^{5/3} E \tag{8.59}$$

α_i を適切に選べば，上のどのスキームも期待どおり，$E = \alpha \varepsilon^{2/3} k^{-5/3}$ のとき，$\Pi_E = \varepsilon$ となることは容易に確認できる（たとえば，パオのモデルでは $\alpha_5 = 1/\alpha$）．Π_E に対する最初の二つの提案の物理的根拠は，一種の混合距離の考え方である．せん断流においては，エネルギーは平均流から乱れに，$\tau_{ij}^R \bar{S}_{ij}$ の割合で伝達されることを思い出そう．これとのアナロジーで，波数 k においてカスケードに沿って降りていくエネルギー流束は，（i）k^{-1} より小さい渦にともなう一種のレイノルズ応力と，（ii）k^{-1} より大きい渦の平均ひずみとの積であると考える．つまり，$\Pi_E(\hat{k}) = \tau_{ij}^R(k > \hat{k}) S_{ij}(k < \hat{k})$ であるとする．式(8.55)と式(8.56)において，$S_{ij}(k < \hat{k})$ は，サイズが k^{-1} あるいはそれ以上の渦のエンストロフィーの平方根に比例するとする．さらに，式(8.55)で，$\tau_{ij}^R(k > \hat{k})$ はサイズが k^{-1} 以下の渦に蓄積されたエネルギーに比例し，一方，式(8.56)で，$\tau_{ij}^R(k > \hat{k})$ はサイズが k^{-1} の渦がもつエネルギーのオーダーとする．

これに対して，ハイゼンベルクの提案は，基本的に渦粘性の概念にもとづいている．エネルギーは小スケールにおいて，$2\nu \int_0^\infty k^2 E dk$ の割合で失われる．ハイゼンベ

ルクは，波数kにおけるエネルギー流束Π_Eが渦粘性ν_tとk^{-1}より大きい渦のエンストロフィーの積に等しいと考えた．渦粘性は，k^{-1}より小さい渦の影響をパラメータ化し，次元関係を考慮して$\alpha_3\int_k^\infty k^{-3/2}E^{1/2}dk$とおかれている．

式(8.55)〜(8.57)における一つの問題は，ある意味では，エネルギーカスケードについてのわれわれの直観に反している点である．すなわち，サイズが大きく異なる渦どうしの干渉は弱いから，エネルギー流束$\Pi_E(k)$は，おもに（例外もあるが）サイズがk^{-1}のオーダーの渦によって決まるとわれわれは考える[8]．これが，コヴァツネイの提案の根拠である．もし，$\Pi_E(k)$が$E(k)$とkだけの関数で，しかも，$\Pi_E(k)$が$\sim k^{-1}$程度のサイズの渦だけによって決まると仮定すると，次元関係から，式(8.58)となる．パオの提案も局所的であるが，Π_Eがεに依存し，また，Π_EがEに比例するとしている．

さて，$\Pi_E(k)$に関する上の五つの提案は，いずれも，慣性小領域においては大体うまくいく．これは，そうなるようにつくられたものなのだから驚くことではない．これ以外の領域で，実験データと一致する正しい予測ができる場合に，はじめて有益だといえる．平衡領域に限定すれば（この領域は，これらの完結スキームがねらった領域だが），$\partial E/\partial t$は無視でき，

$$0 = -\frac{\partial \Pi_E}{\partial k} - 2\nu k^2 E$$

となる．$\Pi_E(k)$に式(8.55)〜(8.59)のどれか一つを代入すれば，散逸領域における$E(k)$が計算でき，これが完結仮説の厳しいテストになる．その際に注目すべき点は，たとえば，$k\to\infty$でEが指数関数的に減衰するかどうかである．なぜなら，速度場は特異性をもたないからだ．結果は，式(8.56)と式(8.59)だけがこの基準を満たし，そのほかはすべて$k \geq \eta^{-1}$で異常な挙動[9]を示す（ηはコルモゴロフのマイクロスケール）．事実，式(8.56)は，$\eta k\to\infty$で$E\sim(\eta k)^{-1}\exp[-\sqrt{2}(\eta k)^2/\alpha_2]$となる．また式(8.59)は，平衡領域全体を通して，

$$E = \alpha\varepsilon^{2/3}k^{-5/3}\exp[-(3\alpha/2)(\eta k)^{4/3}] \tag{8.60}$$

（パオのスペクトル）

---

[8] この考えは，あまり強くは薦められない．すでに見てきたように，サイズがl_eの渦のスペクトルは連続的で，$k\sim\pi/l_e$付近にピークをもつとはいえ，同時にすべてのkからの寄与も受ける．このように，干渉は，大なり小なり，ある程度は特定の渦サイズにおいて起こるとしても，スペクトル空間においては同じ干渉が必ずしも特定の波数に限って起こるわけではない．

[9] オバコフとコヴァツネイのスキームは，kがηに近づくと破綻し，ハイゼンベルクのスキームでは散逸領域で$E\sim k^{-7}$となる．詳細はMonin and Yaglom (1975)に述べられている．本章末尾の演習問題8.6も参照のこと．

となる．式(8.60)は，$\eta k > 0.5$ では $E(k)$ をやや過大に評価するが，$k \leq (2\eta)^{-1}$ においてはかなり正しく $E(k)$ を予測する．

これまでに提案されてきた，いろいろな仮説と，散逸領域において，それらがほとんど失敗していることから，「スペクトル渦粘性」や「スペクトルレイノルズ応力」などに訴えるこのヒューリスティックなやり方には，大きな問題があることは明らかなようである．事実，評価に耐えられるのはパオの仮説だけしかない．次の二つの仮定にもとづいて，パオの仮説が妥当であることを証明することができる．

(ⅰ) エネルギーの伝達は k 空間において局所的である．
(ⅱ) $\Pi_E(k)$，そしていうまでもなく $E(k)$ は，散逸領域を通じて指数関数的に減衰してゼロに向かう．

議論は次のように進む．平行領域では，E は k と ε と ν だけで決まる（これは，コルモゴロフ理論の基本である）．もし，エネルギー伝達が k 空間において局所的であれば，Π_E もまた k と ε と ν だけで決まるはずである．すなわち，

$$E = E(k, \varepsilon, \nu), \quad \Pi_E = \Pi_E(k, \varepsilon, \nu)$$

である．次元的に正しい組み合わせは唯一，

$$E = \alpha \varepsilon^{2/3} k^{-5/3} \hat{E}(\eta k), \quad \Pi_E = \varepsilon \hat{\Pi}_E(\eta k)$$

だけである．ここで，η はコルモゴロフのマイクロスケール $\eta = (\nu^3/\varepsilon)^{1/4}$，$\hat{E}$ と $\hat{\Pi}_E$ は無次元関数である．また，平衡領域では，

$$\frac{\partial \Pi_E}{\partial k} = -2\nu k^2 E$$

である．E と Π_E を，$\hat{E}$ と $\hat{\Pi}_E$ で表し，$\chi = (\eta k)^{4/3}$ を用いると，

$$\frac{d\hat{\Pi}_E}{d\chi} = -\frac{3}{2}\alpha \hat{E}(\chi)$$

となる．また，ここまでは上の仮定（ⅰ）だけを使った．次に，二番目の仮定を導入しよう．$\hat{\Pi}_E$ と $\hat{E}$ は χ のみの関数だから，$\hat{\Pi}_E = \hat{\Pi}_E(\hat{E})$ となる．したがって，

$$\int [\hat{E}(\hat{\Pi}_E)]^{-1} d\hat{\Pi}_E = -\frac{3}{2}\alpha \chi$$

となる．また，$\hat{\Pi}_E$ が指数関数的に減少するためには，$\hat{\Pi}_E$ が $\hat{E}$ に比例する必要がある．すなわち，$\hat{\Pi}_E \sim \hat{E}$ でなければならない．Π_E と E にもどせば，

$$\Pi_E = \frac{1}{\alpha} \varepsilon^{1/3} k^{5/3} E(k)$$

となり，これが，Pao (1965) の仮説である．パオの完結スキームの利点は，わずか二つの仮定だけを用いて，平衡領域における E と Π_E を簡単に見積もることができることだ．すなわち，

$$E = \alpha \varepsilon^{2/3} k^{-5/3} \exp[-(3\alpha/2)(\eta k)^{4/3}]$$

さらに，予測結果は，流れのなかの最小渦にほぼ対応する $\eta k \approx 0.5$ 程度まで，実験データとかなりよく一致する．このスキームが，上にリストした五つの簡単な完結スキームのなかで，唯一，時代の評価に耐えることができる．

例題 8.1 パオの完結モデルのエネルギースペクトル全領域への適用 パオの完結スキームの一つの長所は，スペクトルの全範囲にわたって，まずまずの結果を与えることだ．このことを以下に示そう．$E(k,t)$ に対するスペクトル発展方程式に，$\Pi_E(k,t)$ に対するパオの完結モデルを導入すると，

$$\frac{\partial E}{\partial t} = -\frac{\partial}{\partial k}\left(\frac{\varepsilon^{1/3} k^{5/3} E}{\alpha}\right) - 2\nu k^2 E$$

が得られる．慣性小領域と散逸スケールを含む平衡領域では，左辺の項は無視できる．その結果，得られる方程式を積分すると，

$$E = \alpha \varepsilon^{2/3} k^{-5/3} \exp[-(3\alpha/2)(\eta k)^{4/3}] \quad (kl \gg 1)$$

が得られる．ここで，パオの完結仮説が普通は適用されないスペクトルの反対側の端について考えてみる．大スケールと慣性小領域の両方を含む，$\eta k \ll 1$ の範囲に限ろう．ここでは，粘性項は省略できるから，パオの完結スキームは，

$$\frac{\partial E}{\partial t} = -\frac{\partial}{\partial k}\left(\frac{\varepsilon^{1/3} k^{5/3} E}{\alpha}\right) \quad (k\eta \ll 1)$$

となる．ここで，

$$\hat{l}^{2/3} = \hat{l}_0^{2/3} + \int_0^t \varepsilon^{1/3} dt$$

で定義される長さスケール $\hat{l}(t)$ を導入する．自由減衰乱流では，$\hat{l}$ は積分スケール l のオーダーであることが簡単に確認できる（自由減衰乱流では $\varepsilon \sim u^3/l$, $l \sim ut$ であるという観察結果を使う）．$\hat{l}(t)$ を使うと，$E(k,t)$ に対する上述の発展方程式は，

$$\left(\frac{\partial}{\partial \hat{l}^{2/3}} - \frac{2}{3\alpha}\frac{\partial}{\partial k^{-2/3}}\right)(k^{5/3} E) = 0 \quad (k\eta \ll 1)$$

と書きなおせることを示せ．したがって，$k\eta \ll 1$ に対して，パオの完結モデルは，

$$E = \alpha k^{-5/3} F(\chi), \quad \Pi_E = \varepsilon^{1/3} F(\chi), \quad \chi = \hat{l}^{2/3}(t) + \frac{3\alpha}{2} k^{-2/3}$$

の解を与えることを確認せよ．ここで，F は χ の任意関数で，その形は初期条件によって決まる．$k\hat{l} \to \infty$ で $\Pi_E = \varepsilon$ でなければならないことから，$F(\chi)$ に対する唯一の拘束条件として，$F(\hat{l}^{2/3}) = \varepsilon^{2/3}$ であることが要求される．完全発達乱流では，$k \to 0$ で $E \sim k^4$（バチェラー・スペクトル），あるいは，$E \sim k^2$（サフマン・スペクトル）となることが期待される．どちらの形になるかは，初期条件による（6.3.6 項参照）．$F(\chi) \sim \chi^{-17/2}$ と選ぶと，

$$E = \frac{I}{24\pi^2} \frac{k^4}{[1 + (2/3\alpha)(k\hat{l})^{2/3}]^{17/2}} \quad (k\eta \ll 1)$$

ここで，

$$I = \text{定数}, \quad \hat{l} \sim t^{2/7}, \quad \langle \mathbf{u}^2 \rangle \sim t^{-10/7}$$

となることを示せ（$F(\hat{l}^{2/3}) = \varepsilon^{2/3}$ および $d\langle \mathbf{u}^2 \rangle / dt = -2\varepsilon \sim -u^3/\hat{l}$ を利用する必要がある）．これは，ロイチャンスキー積分が一定の場合のバチェラー・スペクトルであり，コルモゴロフの減衰法則 $\langle \mathbf{u}^2 \rangle \sim t^{-10/7}$ である．次に，$F \sim \chi^{-11/2}$ を選ぶと，サフマン・スペクトル，

$$E \sim \frac{k^2}{[1 + (2/3\alpha)(k\hat{l})^{2/3}]^{11/2}} \quad (k\eta \ll 1)$$

が得られ，サフマン積分 $\int \langle \mathbf{u} \cdot \mathbf{u}' \rangle d\mathbf{r}$ は一定で，サフマンの減衰法則，$\langle \mathbf{u}^2 \rangle \sim t^{-6/5}$ となることを確認せよ．これはすべて，6.3.6 項で述べた理論におおむね沿っている．このように，パオの完結スキームは，完全発達乱流に対しては大小両方の k において，無難な結果を与えることがわかる．最後に，$\text{Re} \to \infty$ に対して，大小両方の $E(k)$ を結合すると，

$$E = \frac{\alpha \varepsilon^{2/3} k^{-5/3} \exp[-(2/3\alpha)(\eta k)^{4/3}]}{[1 + (2/3\alpha)(k\hat{l})^{-2/3}]^m}$$

$$\varepsilon \hat{l}^m = \text{一定}, \quad \langle \mathbf{u}^2 \rangle \hat{l}^{2(m-1)/3} = \text{一定}$$

が得られることを確認せよ．この式において，バチェラー・スペクトル（$E \sim k^4$）の場合は $m = 17/2$，サフマン・スペクトル（$E \sim k^2$）の場合は $m = 11/2$ である．このタイプの多くのモデルスペクトルが，既知の結果の内挿にもとづいて提案されてきた．これに対して，上述のスペクトルは一つの完結仮説にもとづいて得られたものだという点が興味深い．内挿は行っていないのである．

例題 8.2　パオの完結モデルによるひずみ度の予測　渦伸張によるエンストロフィーの生成率は，$\int_0^\infty k^2 T(k) dk$ に等しい．式(6.58)を使って $\partial u_x / \partial x$ のひずみ度

S_0 が,

$$S_0 = \frac{\langle(\partial u_x/\partial x)^3\rangle}{\langle(\partial u_x/\partial x)^2\rangle^{3/2}} = -\frac{3\sqrt{30}}{14}\int_0^\infty k^2 T dk \left(\int_0^\infty k^2 E dk\right)^{-3/2}$$

で与えられることを示せ．平衡領域では $T = 2\nu k^2 E$ であり，上の積分へのおもな寄与はこの領域からのものだから，

$$S_0 = -\frac{3\sqrt{30}\nu}{7}\int_0^\infty k^4 E dk \left(\int_0^\infty k^2 E dk\right)^{-3/2}$$

となる．パオの完結モデルを使うと，$S_0 = -1.28$ となることを示せ（$\alpha = 1.52$ とし，平衡領域以外からの積分への寄与はすべて無視してよい）．この $|S_0|$ の見積もりは，測定結果 $|S_0| \approx 0.4$ よりかなり大きい．

8.2.3 擬似正規型完結スキーム（その 2）

単純な代数スペクトルモデルが，原理的に適用範囲が平衡領域に限定されない $T(k)$ に対するもっと複雑な動力学モデルに道をゆずってから久しい．6.2.9 項で述べたように，最初の二点相関モデルは，ミリオンシュチコフによる 1941 年の擬似正規 (QN) 仮説にさかのぼる．しかし，その後も数多くの提案が行われてきた．実際，おもにこの話題について書かれた研究論文は数多い．

1960 年代から 1970 年代にかけて，おもに物理学の分野で，とくに活発な時期があった．初期のころには，状況はきわめて楽観的で，現代物理学が最終的に乱流という猛獣を飼いならすことができるようになるという，信仰にも似た確信をもっていた．しかし，一世紀が過ぎたいま，成功例はますます少なくなっているように見える．カオス理論の乱流への応用と同じく，最初の意気込みは徐々に落胆へと変化していった[10]．それでもいくつかの，長持ちする成功例があり，少なくとも二つの完結スキームがこの時代に構築され，いまだに生き延びている．それは，EDQNM モデル (Eddy-Damped-Quasi-Normal-Markovian) と，テスト場モデルである．ここでは，前者に絞って述べる．

EDQNM モデルは，通常，ミリオンシュチコフの擬似正規 (QN) スキームの変形として説明されており，われわれもこの習慣に従うことにする．しかし，じきに気づくと思うが，EDQNM 完結モデルは，ED と M に大きな意味をもっていて，QN にはあまり関係していない．それでも，われわれは，EDQNM が QN モデルの問題点を補修するために生まれたとする普通の説明に従うことにする．

---

10) その結果，乱れの構造を調べる手段としてこの種のスペクトル完結スキームは，いまはほとんど DNS に道をゆずった．

そこでまず，ミリオンシュチコフのエレガントではあるが，欠点のある擬似正規仮説から話をはじめることにしよう．これについては，6.2.9項で定性的に述べた．ここでは，説明不足の点を補強する．このモデルでは，式(8.46)が厳密な形，

$$\frac{\partial E}{\partial t} = T(k,t) - 2\nu k^2 E(k,t)$$

のまま使われる．$T(k,t)$に対する厳密な方程式を導くこともできる．それは，

$$\frac{\partial T}{\partial t} = （非線形項）＋（粘性項）$$

の形をしている．いうまでもなく，問題は右辺の非線形項が四次相関の変換からなっていることだ．QNスキームは，この点に合わせてつくられたらしい．速度場の二点あるいはそれ以上の点での結合確率分布がガウス分布であると仮定すると，四次相関が，しかも，四次相関だけがモデル化できると仮定する．このとき，四次相関は二次相関の積で書きなおすことができ，これは，ガウス統計学の独特の性質である．すなわち，$\mathbf{u}$の確率分布が正規分布であるとすると，

$$\langle u_i u'_j u''_k u'''_l \rangle = \langle u_i u'_j \rangle \langle u''_k u'''_l \rangle + \langle u_i u''_k \rangle \langle u'_j u'''_l \rangle + \langle u_i u'''_l \rangle \langle u'_j u''_k \rangle$$

と書ける[11]．ここで，$\mathbf{u}$，$\mathbf{u'}$，$\mathbf{u''}$，$\mathbf{u'''}$は$\mathbf{x}$，$\mathbf{x'}$，$\mathbf{x''}$，$\mathbf{x'''}$における速度である．このように，QNモデルでは，上の$T(k,t)$方程式の右辺は$E(k,t)$を用いて書きなおされ，これによって方程式系が閉じる．

QNモデルの開発の過程で，もっとも重要だった論文は，おそらく，Proudman and Reid (1954)のものだろう．この完結仮説の動力学的意味について系統的に調べたのは彼らが最初で，これをきっかけに論争がはじまった．ここでは，彼らの解析のおもな結果についてだけ概観し，その背後にある長々とした演算についてはふれない．

QN仮説は，直接$T(k)$の発展方程式に適用することはできないことがわかる．そうではなくて，第6章で紹介した二点三重相関の一般形のフーリエ変換から出発しなければならない．この三重相関の発展方程式はナヴィエ・ストークス方程式から得られ，QN仮説の導入によって非常に簡単な形になる．

まず，いくつかの記号を導入しよう．記号$S_{i,j,k}$は三次の三点速度相関テンソル，

$$S_{i,j,k}(\mathbf{r},\mathbf{r'}) = \langle u_i(\mathbf{x}) u_j(\mathbf{x'}) u_k(\mathbf{x''}) \rangle = \langle u_i u'_j u''_k \rangle$$

を表す．ここで，$\mathbf{r} = \mathbf{x'} - \mathbf{x}$，$\mathbf{r'} = \mathbf{x''} - \mathbf{x}$である．$S_{i,j,k}$の六次元フーリエ変換が，

---

11) これは，キュムラント打ち切り仮説 (cumulant discard hypothesis) とよばれることがある．$\langle uuuu \rangle_{QN}$を擬似正規を仮定して推定した$\langle uuuu \rangle$とすると，$\langle uuuu \rangle - \langle uuuu \rangle_{QN}$の形の項は四次のキュムラントとして知られているためである．

$$\Phi_{ijk}(\mathbf{k},\mathbf{k'}) = j(2\pi)^{-6}\iint S_{i,j,k} e^{-j(\mathbf{k}\cdot\mathbf{r}+\mathbf{k'}\cdot\mathbf{r'})}d\mathbf{r}d\mathbf{r'}$$

と定義され，$T(k)$ は Φ_{ijk} を使って，

$$T(k) = 4\pi k^2 k_j \int \Phi_{iij}(\mathbf{k},\mathbf{k'})d\mathbf{k'}$$

のように書ける．Φ_{ijk} の支配方程式はナヴィエ・ストークス方程式から誘導され，

$$\left[\frac{\partial}{\partial t} + \nu(\mathbf{k}^2 + \mathbf{k'}^2 + \mathbf{k''}^2)\right]\Phi_{ijk} = 変換[\langle uuuu\rangle]$$

の形になる．$\langle uuuu\rangle$ は四次相関の記号表現であり，$\mathbf{k}$, $\mathbf{k'}$, $\mathbf{k''}$ は，

$$\mathbf{k} + \mathbf{k'} + \mathbf{k''} = 0$$

で関係づけられる波数ベクトルの三つ組である．四次相関は QN 仮説を使って見積もられ，$\langle uuuu\rangle$ が $\langle uu\rangle$ で表現される．Φ_{ijk} に対する上の動力学方程式の右辺は，Φ_{ij} を使って計算され，長い計算の末に，

$$\left[\frac{\partial}{\partial t} + \nu(\mathbf{k}^2 + \mathbf{k'}^2 + \mathbf{k''}^2)\right]\Phi_{ijk}(\mathbf{k},\mathbf{k'}) = P_{i\alpha l}(\mathbf{k''})\Phi_{\alpha j}(\mathbf{k})\Phi_{lk}(\mathbf{k'})$$
$$+ P_{j\alpha l}(\mathbf{k})\Phi_{\alpha k}(\mathbf{k'})\Phi_{li}(\mathbf{k''})$$
$$+ P_{k\alpha l}(\mathbf{k'})\Phi_{\alpha i}(\mathbf{k''})\Phi_{lj}(\mathbf{k})$$

が得られる．ここで，

$$P_{i\alpha l}(\mathbf{k}) = k_l\Delta_{i\alpha}(\mathbf{k}) + k_\alpha\Delta_{il}(\mathbf{k}), \quad \Delta_{i\alpha}(\mathbf{k}) = \delta_{i\alpha} - k_i k_\alpha/\mathbf{k}^2$$

である．簡潔に表現するために記号形式で，

$$\left[\frac{\partial}{\partial t} + \nu(\mathbf{k}^2 + \mathbf{k'}^2 + \mathbf{k''}^2)\right]\Phi_{ijk}(\mathbf{k},\mathbf{k'}) = \sum_{QN}\Phi_{ij}\Phi_{ij} \quad (8.61a)$$

（擬似正規モデル）

と書きなおす．非線形干渉は三つ組関係 $\mathbf{k} + \mathbf{k'} + \mathbf{k''} = 0$ を満足するフーリエモードだけを含むことに注意しよう．この点は，QN モデルだけに限られるわけではなく，問題をフーリエ表記するときの一般的性質である．

最後のステップは，$\mathbf{k'}$ について積分し，$T(k,t)$ の発展方程式を求めることである．得られた結果は，

$$\frac{\partial T}{\partial t} = 4\pi k^2 \int\left[G(\mathbf{k}\cdot\mathbf{k'})\frac{E(k'')}{k''^2}\left(\frac{E(k')}{k'^2} - \frac{E(k)}{k^2}\right)\right]d\mathbf{k'} + \nu(\sim) \quad (8.61b)$$

を得る．ここで，$G(\mathbf{k},\mathbf{k'})$ は $\mathbf{k}$ と $\mathbf{k'}$ だけによって決まる純粋な幾何学的関数で[12]，

$$8\pi^2 G = \left(\mathbf{k}\cdot\mathbf{k}' + \frac{k^2 k'^2}{k''^2}\right)\left(1 - \frac{(\mathbf{k}\cdot\mathbf{k}')^2}{k^2 k'^2}\right)$$

である．上の $T(k,t)$ の式とエネルギー式，

$$\frac{\partial E}{\partial t} = T(k,t) - 2\nu k^2 E(k,t)$$

を組み合わせると系は閉じ，積分によって $E(k,t)$ が求められる．

式(8.61b)は，すべての波数スペクトルが波数 k における $T(k)$ に，したがって，また，$\Pi_E(k)$ にも寄与していることを暗に示しているように見える．この点は，エネルギーカスケードにおいては，波数 k におけるエネルギー流束 $\Pi_E(k)$ は，k に近い波数におもに依存するはずだというわれわれの直観に反している．事実，慣性小領域に対しては，式(8.61b)の積分が，確かに $k \sim k' \sim k''$ の寄与をおもに受けていることを示している．

テスト用のスペクトル $E(k)$ を与え，式(8.61b)を用いて，$\partial T/\partial t$ を計算してみるとよい勉強になる．その一つの例として，$E(k) \sim k^4 \exp[-(k/k_0)^2]$ の場合について，Proudman and Reid (1954) に述べられている．結果は，図8.12に示されているように妥当であり，$k \sim k_0$ から，より高波数へのエネルギーを伝達する三重相関についても妥当な結果が得られている．

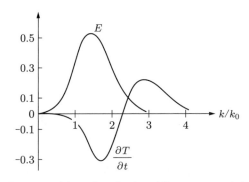

図8.12 $E(k) \sim k^4 \exp[-(k/k_0)^2]$ スペクトルを与えて QN 方程式(8.61b)を使って計算された $\partial T/\partial t$ の分布形状（縦軸の単位は任意）

QN完結モデルの最初の応用例は，小さな k における $E(k)$ の形を調べる問題であった．たとえば，Proudman and Reid (1954) は，式(8.61b)から，

---

12) 式(8.61b)について詳しく知りたい人は，Monin and Yaglom (1975) の19.3節を参照のこと．

$$\frac{\partial T}{\partial t} = \frac{14}{15} k^4 \int_0^\infty \frac{E^2(p)}{p^2} dp + O(k^6)$$

が得られることを示した．これと，式(8.46)および展開式，

$$E = \frac{I}{24\pi^2} k^4 + \cdots$$

を用いると，

$$\frac{d^2 I}{dt^2} = \frac{7}{5} (4\pi)^2 \int_0^\infty \frac{E^2(p)}{p^2} dp \tag{8.62}$$

が得られる．I はロイチャンスキー積分である．完全発達乱流に対して，この結果は数値シミュレーションの結果と大きくずれていて，Ishida et al. (2006) に述べられているように，すべてがよいわけではないとするきっかけとなった．

プラウドマンとライドは，また，式(8.61b)を使ってQN仮説から，

$$\frac{d^2}{dt^2} \left\langle \frac{1}{2} \boldsymbol{\omega}^2 \right\rangle = \frac{2}{3} \left[\left\langle \frac{1}{2} \boldsymbol{\omega}^2 \right\rangle \right]^2 + (粘性項)$$

と予測できることも示した．この式を積分すると，

$$\frac{d}{dt} \left\langle \frac{1}{2} \boldsymbol{\omega}^2 \right\rangle = \frac{2}{3} \left[\left\langle \frac{1}{2} \boldsymbol{\omega}^2 \right\rangle \right]^{3/2} + (粘性項) \tag{8.63}$$

となり，これは厳密な結果である式(6.57)，

$$\frac{d}{dt} \left\langle \frac{1}{2} \boldsymbol{\omega}^2 \right\rangle = \frac{7|S_0|}{6\sqrt{15}} [\langle \boldsymbol{\omega}^2 \rangle]^{3/2} - \nu \langle (\nabla \times \boldsymbol{\omega})^2 \rangle$$

と比較するとよい（ここで，S_0 は $\partial u_x/\partial x$ のひずみ度である）．明らかに，QNモデルはひずみ度を，

$$|S_0| = \sqrt{30}/7 = 0.782$$

と予測する．これは，測定値 $|S_0| \approx 0.4$ よりかなり大きく，パオの完結モデルと同じく（例題8.2），QN仮説が三重相関を過大に見積もることを示唆している．QNモデルはまた，ベチョフの不等式（5.5.1項を参照のこと），

$$|S_0| \leq (4\delta_0/21)^{1/2} = 0.756$$

も満たしていないことに注意しよう．なぜなら，ガウス分布の場合の平滑度は $\delta_0 = 3$ である．問題は，もちろん，四次相関を見積もる際には $\mathbf{u}$ がガウス統計に従うものと仮定しておきながら，三次相関を考える際には非ガウス統計にこだわっているという不自然さにある．

十分に離れた点 $\mathbf{x}$，$\mathbf{x}'$，$\mathbf{x}''$ に対しては，四次のキュムラントが実際に無視できるこ

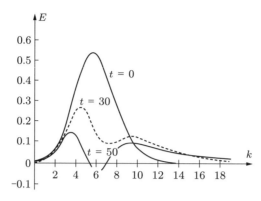

図 8.13 小倉による QN モデルを用いた $E(k,t)$ の計算．時間が経つと負の $E(k,t)$ が現れることに注目．

とが風洞実験で示されたため，一時は，式(8.61a)は大きな進歩であると考えられた．しかし，すべてよいわけではないことはすぐに明らかになった．たとえば，Ogura (1963) は，QN 方程式を積分すると，$E(k)$ が，かなり大きな負の値になるという物理的に非現実的な結果になることを示した（図 8.13）．Orszag (1970) が指摘したように，興味がないような k の範囲であれば，E が少し負になるからといってあまり心配する必要はない．完結スキームというのは，しょせんは近似にすぎないのである．小倉の計算結果（および，その後の数々の計算結果）が指摘している問題点は，$E(k)>0$ という条件の違反が小さくないうえ，動力学的にもっとも重要と思われる渦サイズの真っ只中でその違反が起こることだ．たとえば，第5章で r が小さい場合，二点間の統計量が決定的に非ガウス的となることを強調した．さらに，Ishida et al. (2006) は，QN 近似が長距離相関の強さをはなはだしく過大評価するため，式(8.62)は，完全発達乱流における I の成長率を数オーダー分も過大に評価することを示した（この点は，すぐあとでもう一度述べる）．

　1960年代の後半になって，理論家たちは，QN モデルの失敗について説明を加え，代替案を探しはじめた．影響力が大きかった Orszag (1970) の論文は，問題の一部は QN モデルが時間の矢を組み込むことに失敗したという事実にあるとした．彼の議論の出発点は，非粘性流体は粘性流体と同じように，平均的に見ると，時間とともに混合が進むという，きわめてもっともらしい示唆にあった．つまり，非粘性の流体運動を支配する方程式では時間の逆転が可能だとしても，この「非粘性乱流」の統計的挙動は不可逆だということである．統計的性質に対する非線形性の影響は時間の矢をもっており，非線形の慣性項に対する完結スキームは，つねに，t に関して非対称でなければならないことを意味している．端的にいうと，オーザックは，完結モデル

における時間の可逆性と，混合の不可逆性とは相容れないことを指摘した．しかし，非粘性の QN 方程式は時間に対して対称なのである．実際，QN モデル中の唯一の非対称性は，式(8.61a)の左辺にある粘性項だけである．このことから，オーザックは，その後，数年にわたって活躍したアイデア，すなわち，QN モデルに「渦抑制」(eddy damping) をとり入れることを思いつくに至った．これは，式(8.61a)の νk^2 を，$\nu_t k^2$ におき換えるものである．ここで，ν_t は渦粘性で，たとえば，$\nu_t \sim [E(k)/k]^{1/2}$ のオーダーとする．のちに，ν を ν_t におき換えるのではなく，追加するのが普通になった．つまり，標準となった渦抑制擬似正規 (Eddy-Damped-Quasi-Normal (EDQN)) モデルでは，式(8.61a)が，

$$\left[\frac{\partial}{\partial t} + \nu(\mathbf{k}^2 + \mathbf{k}'^2 + \mathbf{k}''^2) + \mu(\mathbf{k}) + \mu(\mathbf{k}') + \mu(\mathbf{k}'')\right]\Phi_{ijk}(\mathbf{k},\mathbf{k}') = \sum_{QN}\Phi_{ij}\Phi_{ij} \quad (8.64)$$

(EDQNM モデル)

とおき換えられ，

$$\mu(\mathbf{k}) \sim [k^3 E(k)]^{1/2}$$

あるいは，少しあとのスキームでは，

$$\mu(\mathbf{k}) \sim \left[\int_0^k p^2 E(p)\, dp\right]^{1/2}$$

とおかれた．もちろん，$\mu(\mathbf{k})$ の定義はやや場あたり的で，代数スペクトル完結モデルにつきものの不完全な現象論を思わせる．いずれにしても，EDQN 方程式は $\nu = 0$ でも不可逆である．渦抑制の導入のもう一つの，しかも，不可逆性の組み込み以上に重要な動機は，次のようなものである．もし，ν が小さければ，最大波数以外に対して，QN スキームは，

$$\Phi_{ijk}(\mathbf{k},\mathbf{k}') = \int_0^t \sum_{QN}\Phi_{ij}\Phi_{ij}\, dt$$

を与える．このように，QN モデルでは三重相関の瞬時値は二重相関の積の全履歴に依存する．これは，オーザックによって議論されたとおり，物理的には受け入れがたい．われわれは，乱れというものが短時間の記憶しかもっておらず，Φ_{ijk} の瞬時値は $\Phi_{ij}\Phi_{ij}$ の直近の履歴[13]によって決まると予想している．そこで，EDQN モデルを考えると，

---

13) この議論は，渦が周囲の状況に素早く順応するような平衡領域においてのみあてはまる．記憶 (ターンオーバー時間) が乱れの減衰時間と同程度であるようなエネルギー保有渦に対しては，この議論は説得力があまりない．

$$\left(\frac{\partial}{\partial t} + \frac{1}{\theta}\right)\Phi_{ijk} = \sum_{\text{QN}}\Phi_{ij}\Phi_{ij} \tag{8.65}$$

と書きなおされる．ここで，

$$\theta(\mathbf{k}\cdot\mathbf{k'}) = [\mu(\mathbf{k}) + \mu(\mathbf{k'}) + \mu(\mathbf{k''}) + \nu(\mathbf{k}^2 + \mathbf{k'}^2 + \mathbf{k''}^2)]^{-1} \tag{8.66}$$

である．この式を積分すると[14]，

$$\Phi_{ijk} = \int_0^t [\exp[(\tau-t)/\theta]\sum_{\text{QN}}\Phi_{ij}\Phi_{ij}]d\tau$$

が得られる．今度は，Φ_{ijk} の瞬時値は $\Phi_{ij}\Phi_{ij}$ の直近の履歴だけで決まり，θ は緩和時間の役割を果たす．QN モデルでは，この記憶は $\nu\to 0$ のとき，非常に大きくなるが，EDQN スキームでは，θ はつねに渦のターンオーバー時間程度のオーダーになる．このように，式(8.64)の根底にある本質的な点は，三重相関と二重相関の瞬時の状態が，つねに，あたかも乱れが統計平衡状態に近いかのように密接に関係し合っているということである．いずれにしても，「渦抑制」を式(8.64)に入れると，QN モデルでは大きすぎることが知られていた Φ_{ijk} の成長率の予測値を大幅に低減するという大きな実用的利点をもつようになる．

EDQN スキームの利点や欠点がなんであろうと，QN モデルと同様に，$E(k)$ が正であることを保証できないという点で，その運命は決まった（この点に関する議論は Lesieur (1990) を参照のこと）．もっと劇的な変化が必要そうに見えた．そこで，1970 年台の半ばに，EDQN は渦抑制擬似正規マルコフ（eddy-damped-quasi-normal-Markovian（EDQNM））スキームに道をゆずった．EDQN のマルコフ化によって，式(8.64)から時間微分を消去するために，それを，Φ_{ijk} と $\sum_{\text{QN}}\Phi_{ij}\Phi_{ij}$ との単純な代数関係でおき換えるという画期的な方法が採用された．すなわち，EDQNM は大きな時間 $(k^3 E)^{1/2}t \gg 1$ に対して，

$$[\nu(\mathbf{k}^2 + \mathbf{k'}^2 + \mathbf{k''}^2) + \mu(\mathbf{k}) + \mu(\mathbf{k'}) + \mu(\mathbf{k''})]\Phi_{ijk}(\mathbf{k},\mathbf{k'}) = \sum_{\text{QN}}\Phi_{ij}\Phi_{ij} \tag{8.67}$$
(EDQNM モデル)

とする．式(8.64)から微分項をとり除くことは，おそらく，時間スケール μ^{-1} が大スケール渦の発達の時間スケールに比べて短い場合，したがってまた，$E(k,t)$ の時間スケールに比べて小さいような小スケール渦に対しては妥当と思われる．しかし，非常に重要なエネルギー保有渦を扱う場合には，その妥当性を合理的に説明することは困難である．しかし，このやり方だと少なくとも $E(k)$ は正のままとなる．

---

[14] 簡単のために，θ の時間依存性は無視している．

表 8.4 さまざまな QN タイプの完結モデルの比較. QN モデルは変換$\langle uuuu \rangle$と Φ_{ij} とのあいだの代数関係を仮定する. これに対して, EDQNM (大きな時刻における) は, Φ_{ijk} と Φ_{ij} の代数関係を仮定する. したがって, EDQNM は四次のオーダーではなく, 三次のオーダーで完結させる.

モデル	特性式	解 釈
減密	$\left[\dfrac{\partial}{\partial t} + \nu(\mathbf{k}^2 + \mathbf{k}'^2 + \mathbf{k}''^2)\right]\Phi_{ijk}(\mathbf{k}, \mathbf{k}')$ $= $変換$\langle uuuu \rangle$	—
QN	$\left[\dfrac{\partial}{\partial t} + \nu(\mathbf{k}^2 + \mathbf{k}'^2 + \mathbf{k}''^2)\right]\Phi_{ijk}$ $= $変換$\langle uuuu \rangle = \sum_{\mathrm{QN}} \Phi_{ij}\Phi_{ij}$	QN 近似は離れた点 (隣り合う点ではなく) に対して有効であることを実験は示している
EDQN	$\left[\dfrac{\partial}{\partial t} + \nu(\mathbf{k}^2 + \mathbf{k}'^2 + \mathbf{k}''^2) + \mu(\mathbf{k}) + \mu(\mathbf{k}')\right.$ $\left. + \mu(\mathbf{k}'')\right]\Phi_{ijk} = \sum_{\mathrm{QN}} \Phi_{ij}\Phi_{ij}$	● QN モデルははたらかない ● 不可逆性が必要 ● QN モデルにおける Φ_{ijk} の増大を抑える必要がある
EDQNM ($\mu t \gg 1$)	$\left[\nu(\mathbf{k}^2 + \mathbf{k}'^2 + \mathbf{k}''^2) + \mu(\mathbf{k}) + \mu(\mathbf{k}') + \mu(\mathbf{k}'')\right]\Phi_{ijk}$ $= \sum_{\mathrm{QN}} \Phi_{ij}\Phi_{ij}$	小さな (大きくない) 渦に対して $\mu(\mathbf{k}) \gg \partial/\partial t$

式(8.61a)と式(8.67)を比べてみると, 単純でエレガントであるという QN スキームの特徴はほとんど失われていることがわかる (表 8.4). 式(8.61a)は単純な仮説, すなわち, 四次相関に関する限り, 乱れの統計的性質はガウス的であり, 四次相関は二次相関の積で表せるという仮説のうえに立っている. このもっともらしい (しかし, 欠点もある) 仮説は, 風洞実験でチェックすることができ, その適用限界もわかっている. 一方, 式(8.67)は, 単純な統計原理を使って妥当性を検討することはあきらめざるを得ない. じつは, 式(8.67)では, 四次相関の役割は完全に失われている. その代わりに, 三次相関と二次相関のあいだの単純な代数関係が仮定されている. さらに, その関係の厳密な性質はモデルをつくる人の自由に任されていて, 彼はたとえば, 5/3 乗則を再現するといったある程度の制限のもとで, 意のままに $\mu(\mathbf{k})$ を選ぶことができる.

それでも, 今日では, EDQNM モデルは普及しており, いろいろな状況でうまく機能するように見える (Cambon (2002), Lesieur (1990)). しかし, 大スケール渦の成長予測の信頼性については疑問がある. たとえば, QN 方程式(8.62),

$$\frac{d^2 I}{dt^2} = \frac{7}{5}(4\pi)^2 \int_0^\infty \frac{E^2(p)}{p^2} dp \qquad (8.68)$$

は, 完全発達乱流の長距離相関を数桁も大きく見積もってしまう (Ishida et al. (2006)). EDQNM モデルでは, 式(8.68)に代わって (Lesieur (1990)),

$$\frac{dI}{dt} = \frac{7}{5}(4\pi)^2 \int \hat{\theta}(p,t) \frac{E^2(p)}{p^2} dp \tag{8.69}$$

となる.$\hat{\theta}$は時間の次元をもつその場その場のモデルパラメータで,式(8.66)のθと密接な関係にある.この式が信用できるという理由はほとんど見あたらない(Davidson (2011)).たとえば,式(8.69)は,

$$(u^3 r^4 K)_\infty = \frac{14\pi}{5} \int \hat{\theta}(p,t) \frac{E^2(p)}{p^2} dp \tag{8.70}$$

と等価である.これは,その場ごとのパラメータ$\hat{\theta}$によって大きさが決まる係数を含んで,$K_\infty \sim r^{-4}$であることを主張している.

ほかにも,もっと手の込んだスペクトルモデルがある.1960年にクライチナンは「直接干渉近似」(direct-interaction-approximation (DIA))を導入した.しかし,このモデルでは,慣性小領域にける$k^{-5/3}$挙動は再現できなかった (Hinze(1975)).もっと満足なやり方として,クライチナンのテスト場 (test-field) モデル (TFM) がある.これは,EDQNM に似ているが,マルコフ化のステップは,それほど大胆ではない.具体的にいうと,緩和時間θの決定法は,EDQNM における方法より煩雑で,別の補助的な場 (test-field の名前の由来である) で三重相関の挙動を調べることでθを決める.

いろいろなスペクトルモデルには,それぞれの愛好家がいるが,大スケールから小スケールまでの全範囲にわたって満足な結果を与えるスキームは,いまだに存在しないというのが公平な見方であろう.相変わらず,ウィリアム・ジェームスの猫[15]を捜し求めているようなものであり,今後,それが見つかるという保証もない.

演習問題

8.1 積分スケールlは,普通は縦相関関数を使って,
$$l = \int_0^\infty f dr = \frac{1}{u^2} \int_0^\infty R dr$$
のように定義される.式(8.21b)を使って,lと$E(k)$のあいだには,
$$l = \frac{\pi}{2u^2} \int_0^\infty \frac{E}{k} dk$$
という関係があることを示せ.

8.2 式(8.35a, b)から式(8.36b)を導き,慣性小領域における一次元スペクトル,F_{11}, F_{22}, E_1の形を見い出せ.

8.3 式(8.47)を使って,

---

[15] 8.2.2項の冒頭の引用文参照.

$$T(k) = \frac{d}{dk}\left[\frac{2}{\pi}\int_0^\infty \frac{1}{r}\frac{\partial}{\partial r}(r\Gamma)\sin(kr)\,dr\right]$$

を示し，これをもとに，$\int_0^\infty T(k)\,dk = 0$ を確認せよ．

8.4 式(8.36a)を使って，

$$F_{11}(k) = \frac{1}{2}\int_k^\infty \left[1 - \left(\frac{k}{\kappa}\right)^2\right]\frac{E(\kappa)}{\kappa}d\kappa$$

を確認せよ．明らかに，$F_{11}(k)$は，波数がk以上のすべての渦のエネルギーを含んでいる．

8.5 カスケード過程におけるエネルギー伝達は，渦の伸張によって起こる．任意の一つのスケール，$k \to k + \Delta k$において，物理的に重要な三つの量は，エネルギー$E\Delta k$，エンストロフィー$k^2 E\Delta k$，および，ひずみ速度で，ひずみ速度は(エンストロフィー)$^{1/2}$のオーダーであると考えられる．したがって，$\Pi_E(k)$はk，$E\Delta k$，および，$k^2 E\Delta k$の関数になると予想される．最後の量は，

$$k^2 E \Delta k \sim \int_0^k k^2 E\,dk$$

と近似される．なぜなら，積分への寄与は上限付近が主だからである．ここで，

$$\Pi_E = \Pi_E\left(k, E, \int_0^k k^2 E\,dk\right)$$

と仮定する．もし，Π_Eがエンストロフィーの平方根に比例するとすれば，Π_Eは，

$$\Pi_E \sim kE\left(\int_0^k k^2 E\,dk\right)^{1/2}$$

の形でなければならないことを示せ．これが，オバコフの完結スキームに対するエリソンの修正である(式(8.56)参照)．これに対して，もし，Π_Eがカスケードの局所性質だけで決まるとすれば，$\Pi_E = \Pi_E(k, E)$となる．この場合，次元的に許される唯一の可能性は，コヴァツネイの式，

$$\Pi_E = \alpha_4 E^{3/2} k^{5/2}$$

であることを示せ．

8.6 スペクトルの平衡領域では，$\partial E/\partial t$は無視できるので，

$$\frac{\partial \Pi_E}{\partial k} = -2\nu k^2 E$$

となる．この領域では，コヴァツネイの完結モデルから，

$$E \sim \varepsilon^{2/3} k^{-5/3}[1 - (k\hat{\eta})^{4/3}]^2 \quad (k\hat{\eta} < 1)$$

($\hat{\eta} \sim \eta$)が得られることを示せ．

8.7 一次元のエネルギースペクトルF_{11}とシグネチャー関数Vのあいだには，

$$\frac{1}{k}\frac{d}{dk}(k^3 F_{11}) \sim 変換[V]$$

の関係があることを示せ．

8.8 実際，そうであるように，もし，すべてのrにおいて$f(r) > 0$であれば，F_{11}は$k = 0$で極大となることを示せ．

推奨される参考書

[1] Batchelor G.K., 1953, *The Theory of Homogeneous Turbulence*. Cambridge University Press. （第5章でスペクトル形式の動力学方程式について述べられている）

[2] Batchelor G.K. and Proudman, I., 1956, *Phil. Trans. Roy. Soc.* A, **248**, 369-405. （バチェラー・スペクトルにおける小さな k および大きな r に対する $\Phi_{ij}(\mathbf{k})$ と $Q_{ij}(\mathbf{r})$ の形が与えられている）

[3] Bracewell, R.N., 1986, *The Fourier Transform and Its Applications*. McGraw-Hill. （フーリエ変換に関する周到な入門書）

[4] Cambon, C., 2002, in *Closure Strategies for Turbulent and Transitional Flows*, eds. B. Launder and Sandham. Cambridge University Press. （EDQNM型のモデルの状況について述べられている）

[5] Davidson, P.A. 2011, *Phil. Trans. R. Soc. A*, **369**, 796-810.

[6] Ellison, T.H., 1961, *Coll. Intern. de CNRS a Marseille*, Paris, CNRS, 113-21.

[7] Heisenberg, W., 1948, *Z. Physik*, **124**, 628-57.

[8] Hinze J.O., 1975, *Turbulence*. McGraw-Hill. （すぐれた参考書，等方性乱流に関しては第3章を見よ）

[9] Ishida, T., Davidson, P.A., and Kaneda, Y., 2006, *J. Fluid Mech.*, **564**, 455-75. （長距離相関とロイチャンスキー積分への影響について論じている）

[10] Kovasznay, L.S.G., 1948, *J. Aeronaut. Sci.*, **15**(12), 745-53.

[11] Kraichnan, R.H., 1959, *J. Fluid Mech.*, **5**(4). 497-543.

[12] Lesieur, M., 1990, *Turbulence in Fluids*, Kluwer Academic Pub. （QN型の完結スキームに関するわかりやすく，しかも詳細な記述）

[13] McComb, W.D., 1990, *The Physics of Fluid Turbulence*. Clarendon Press. （二点完結モデルについてのルシュール（Lesieur）の議論に対する有益な補足）

[14] Monin, A.S. and Yaglom, A.M., 1975, *Statistical Fluid Mechanics II*. MIT Press. （スペクトルの特異性およびQNモデルについて第15章と第18章で述べられている）

[15] Obukhov, A.M., 1941, *Dokl. Akad. Nauk SSSR*, **32**(1), 22-4.

[16] Ogura, Y., 1963, *J. Fluid Mech.*, **16**(1), 33-40.

[17] Orszag, S.A., 1970, *J. Fluid Mech.*, **41**(2), 363-86. （EDQN完結スキームに関する記述）

[18] Pao, Y.-H., 1965, *Phys. Fluids*, **8**(6), 1063. （代数スペクトル完結モデルの最大の成功例に関する記述）

[19] Proudman I. and Reid, W., 1954, *Phil. Trans. Roy. Soc.* A, **247**, 163-89. （擬似正規完結スキームに関する代表的論文）

[20] Saffman, P.G., 1967, *J. Fluid Mech.*, **27**, 581-93. （サフマン・スペクトルにおける小さな k および大きな r に対する $\Phi_{ij}(\mathbf{k})$ と $Q_{ij}(\mathbf{r})$ の形が与えられている）

[21] Tennekes, H. and Lumley, J.L., 1972, *A First Course in Turbulence*. MIT Press. （第8章で $E(k)$ と一次元スペクトルの関係が詳しく述べられている）

[22] Townsend A.A., 1976, *The Structure of Turbulent Shear Flow*, 2nd edition. Cambridge University Press. （第1章で $E(k)$ の物理的重要さが述べられている）

第Ⅲ部　トピックス

太陽表面の乱流．パネル1とパネル2は1910年10月10日にウィスコンシン州のヤーキス天文台で観測された太陽プロミネンス．パネル3は1916年5月26日にインド，カシミール州スリナガルで観測されたプロミネンス．パネル4は1919年5月29日にブラジルのソブラルにおいて日食の際に撮影された内部コロナとプロミネンス．

第9章 乱れに及ぼす回転，成層および磁場の影響

9.1 地球物理学および宇宙物理学における体積力の重要性

　概して技術者は，乱流に対する体積力の影響についてはあまり気にしない．浮力の問題が徐々に浮上しつつあるが，その程度である．技術者にとってのおもな興味は複雑な境界形状であり，これらがいかにして乱れを生み出し，また形づくるかである．これに対して，応用物理学者は，体積力が主たる要素であるような流れの問題にとり組まなければならない．たとえば，宇宙物理学者は，星の誕生と成長，あるいは，太陽の表面の激しい活動を話題にするだろう（太陽フレアー，太陽の黒点，コロナガスの噴出など）．どちらの場合も乱れは，星の内部から表面にエネルギーを運び，太陽フレアーやコロナガスの放出のきっかけとなるなど，決定的な役割を果たしている（図1.10）．そのうえ，これらは，強力な磁場によって形成され，支配されている特殊な乱れである．一方，地球物理学者は，地球内部の液体核の運動，とくに地球の磁場を引き伸ばし，ひねり，自然の力で磁場が減衰するのを食い止めている地殻内部の乱れに興味をもつだろう．そこでは，乱れに作用する主要な力はコリオリ力とローレンツ力であり，前者は地球の自転によって，後者は地磁気によって生まれる．じつに，第1章から第8章まででは，つねに頭から離れることがなかった非線形慣性力 $\mathbf{u}\cdot\nabla\mathbf{u}$ が，地球ダイナモの理論ではほとんど完全に姿を消してしまう（別の理由で非線形性が現れるのだが）．大スケールの大気や海洋の流れも，体積力に強く影響される．この場合は浮力と，とくに大きなスケールではコリオリ力である．

　普通の乱流でも予測が困難であることを考えると，重力やコリオリ力やローレンツ力を統計モデルに組み入れることは実現不可能なほど，とてつもなく難しいと考えられるかもしれない．ある意味でこれは正しい．しかし，不思議なことに，これらの複雑な乱れには，普通の乱れよりもむしろ理解しやすいという側面がある．ポイントは，浮力もコリオリ力もローレンツ力もいくつかの形の内部波動を生み，これがほかの渦を犠牲にして特定の構造の渦を成長させ，乱れを規則化し，整える傾向があるということである．たとえば，強い成層を受けると，乱れは（大スケールでは）平らなパンケーキ状の渦（図9.1(b)）に支配されるようになる．一方，高速回転する流体の場合は，回転軸に沿って渦が成形され，柱状の渦が形づくられる（図9.1(a)）．最

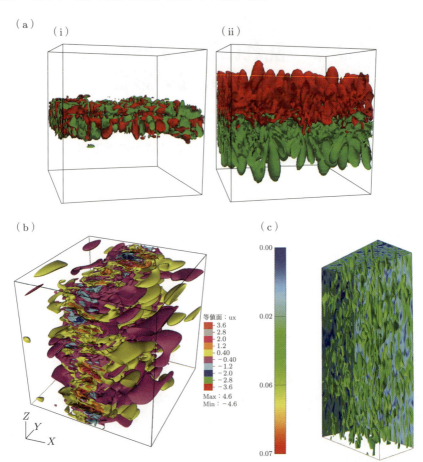

図 9.1 （a）高速回転する（Ro = 0.1）流体中の板状の乱れは，回転軸方向に伝播する低周波数の慣性波動を放射しながら広がる．左は初期条件，右は $\Omega t = 6$ のときの流れである．どちらの画像もヘリシティー $h = \mathbf{u}\cdot\boldsymbol{\omega}$ で色分けされていて，負が赤，正が緑である（Davidson (2013))．(b) 強い成層乱流の数値シミュレーションにおける水平方向速度の等値面．初期には乱れは鉛直方向に並ぶ板状部分に集中している．その後，乱れは低周波数の重力波によって水平方向に広がる（Maffioli et al. (2014) による）．(c) 鉛直磁場 $\mathbf{B}$ によって糸状に変形する中程度の導電性をもった流体の数値シミュレーション．乱れ速度の等値面．磁力線方向に伝播する拡散性アルヴェーン波によって乱れは形づくられる（Okamoto et al. (2010) による）．

後に，中程度の導電性を有する流体中の磁場は，渦を磁力線に沿って拡散し，この場合にも柱状の構造を形成する（図 9.1(c)）．一方，同じ磁場が強い導電性を有する流体中にある場合には，磁力線に沿う方向に伝播する波動を生み出し，これが乱れを整形する．このように，これらに対する支配方程式は雑然かつ複雑だが，流れ自体は普通の乱れよりも整然としているように見える．体積力存在下の乱れを理解する鍵は，

その力が波動伝播を通じて運動を組織化し，整形するメカニズムを特定することにある．もし，これができれば，解析結果から多くの有益な情報が得られる．

われわれは，回転，成層，磁場の順に影響を調べ，回転と成層が多くの共通の性質をもつため二つを同時に扱う．議論は概要のみだが，興味をもった読者には，本章末尾の参考文献に，より幅広い分析が用意されている．たとえば，Greenspan (1968) と Turner (1973) は，回転および成層乱流についての見事な入門書，Riley and Lindborg (2013) は成層乱流についての論評，Biskamp (1993, 2003) と Tobias et al. (2013) は MHD 乱流のいろいろな特徴を述べている．最後に，Davidson (2013) は回転，成層，MHD 乱流についての広範な概要を述べている．

9.2 高速回転と安定成層の影響

9.2.4 項において，高速回転する系における乱流の構造について述べる．しかし，そのまえに，コリオリ力のいくつかの性質についてまとめておく．とくに，コリオリ力が慣性波 (inertial wave) とよばれる内部波動の形成を促す傾向があることについて述べる．高速回転流において，乱流渦をこれほど劇的に整えるのは，この波動のためである．慣性波は内部重力波とよく似た構造をもっており，この波動構造の相似性が回転流体と成層流体の密接な類似性のもとになっている．

9.2.1 コリオリ力

慣性座標系に対して，相対的に一定角速度 $\bm{\Omega}$ で回転する座標系は非慣性系を構成する．二つの座標系で測定された加速度のあいだには[1]，

$$\left(\frac{d\mathbf{u}}{dt}\right)_{\text{inertial}} = \left(\frac{d\hat{\mathbf{u}}}{dt}\right)_{\text{rot}} + 2\bm{\Omega}\times\hat{\mathbf{u}} + \bm{\Omega}\times(\bm{\Omega}\times\hat{\mathbf{x}}) \tag{9.1}$$

の関係がある．ここで，上付きハット記号（^）は回転座標系で測定された量を表す．$2\bm{\Omega}\times\hat{\mathbf{u}}$ と $\bm{\Omega}\times(\bm{\Omega}\times\hat{\mathbf{x}})$ の項は，それぞれコリオリ加速度および求心加速度とよばれている．式 (9.1) は，演算子 $(d/dt)_{\text{inertial}} = (d/dt)_{\text{rot}} + \bm{\Omega}\times$，を動径ベクトル $\mathbf{x}$ に作用させ，$\mathbf{u} = \hat{\mathbf{u}} + \bm{\Omega}\times\hat{\mathbf{x}}$ を使って得られたもので，もう一度微分すると式 (9.1) となる．式 (9.1) の両辺に粒子の質量 m を掛けると，

$$m\left(\frac{d\mathbf{u}}{dt}\right)_{\text{inertial}} = m\left(\frac{d\hat{\mathbf{u}}}{dt}\right)_{\text{rot}} + m[2\bm{\Omega}\times\hat{\mathbf{u}}] + m[\bm{\Omega}\times(\bm{\Omega}\times\hat{\mathbf{x}})] \tag{9.2}$$

---

[1] 簡単のために，二つの座標系の原点は一致させている．すなわち，$x = \hat{x}$ としている．回転座標系の詳細については，たとえば，Symon (1960) を参照のこと．

となる．この式の左辺は，粒子に作用する力の合計 $\mathbf{F}$ に等しいから，これは，

$$m\left(\frac{d\hat{\mathbf{u}}}{dt}\right)_{\text{rot}} = \mathbf{F} - m[2\mathbf{\Omega} \times \hat{\mathbf{u}}] - m[\mathbf{\Omega} \times (\mathbf{\Omega} \times \hat{\mathbf{x}})] \tag{9.3}$$

のように書きなおせて，回転座標系ではニュートンの第二法則は適用できないことがわかる．しかし，現実の力 $\mathbf{F}$ に，架空の力 $\mathbf{F}_{\text{cor}} = -m[2\mathbf{\Omega} \times \hat{\mathbf{u}}]$ と $\mathbf{F}_{\text{cen}} = -m[\mathbf{\Omega} \times (\mathbf{\Omega} \times \hat{\mathbf{x}})]$ を加えることで解決できる．これらは，それぞれ，コリオリ力と遠心力として知られている．遠心力は非回転であり，$\nabla[\frac{1}{2}m(\mathbf{\Omega} \times \hat{\mathbf{x}})^2]$ と書けることに注意しよう．すなわち，

$$\nabla\left[\frac{1}{2}(\mathbf{\Omega} \times \hat{\mathbf{x}})^2\right] = \nabla\left(\frac{1}{2}\hat{\mathbf{x}}_\perp^2 \mathbf{\Omega}^2\right) = \mathbf{\Omega}^2 \hat{\mathbf{x}}_\perp = -\mathbf{\Omega} \times (\mathbf{\Omega} \times \hat{\mathbf{x}}) \tag{9.4}$$

である．ここで，$\hat{\mathbf{x}}_\perp$ は $\hat{\mathbf{x}}$ の $\mathbf{\Omega}$ に直角方向の成分である．このことは，流体力学の文脈からすると重要である．なぜなら，遠心力は圧力項 $-\nabla p$ のなかに吸収されて，修正圧力勾配となるからである．自由表面がなければ，この種の力はなんら運動を引き起こさない．修正圧力，$\hat{p} = p - \frac{1}{2}\rho(\mathbf{\Omega} \times \hat{\mathbf{x}})^2$ を導入すると，回転座標系におけるナヴィエ・ストークス方程式は，

$$\frac{\partial \hat{\mathbf{u}}}{\partial t} + \hat{\mathbf{u}} \cdot \nabla \hat{\mathbf{u}} = -\nabla\left(\frac{\hat{p}}{\rho}\right) + 2\hat{\mathbf{u}} \times \mathbf{\Omega} + \nu \nabla^2 \hat{\mathbf{u}} \tag{9.5}$$

となる．これ以後は，$\mathbf{u}$ はつねに回転座標系において測られたものとして，$\hat{\mathbf{u}}$ の上付きハットを省略し，同じく p は修正圧力を表すものとして $\hat{p}$ の上付きハットも省略する．見かけのコリオリ力 $2\mathbf{u} \times \mathbf{\Omega}$ は，$(2\mathbf{u} \times \mathbf{\Omega}) \cdot \mathbf{u} = 0$ なので，エネルギーを生成することも消費することもできないことに注意しよう．また，非線形慣性力 $\mathbf{u} \cdot \nabla \mathbf{u}$ とコリオリ力 $2\mathbf{u} \times \mathbf{\Omega}$ の相対的な大きさは，いわゆる，ロスビー数 (Rossby number) $\text{Ro} = u/l\Omega$ で与えられる．ここで，l は運動の代表長さである．

コリオリ力の影響は，粘性には無関係なので，このさき数ページにわたる説明では，式 (9.5) の粘性項は省略する．また，考えを集中するために，$\mathbf{\Omega}$ は z 方向を向いているとし，Ro が小さく，そのため，流体はほぼ剛体回転の状態にあると仮定する．このとき，式 (9.5) は，

$$\frac{D\mathbf{u}}{Dt} = 2\hat{\mathbf{u}} \times \mathbf{\Omega} - \nabla\left(\frac{p}{\rho}\right) \tag{9.6}$$

となる．図 9.2 に示したように，コリオリ力は流体粒子を瞬時速度に直角方向に曲げる傾向をもっていることに注意しよう．つまり，半径方向外向きに運動している流体粒子は，$\mathbf{\Omega}$ と反対方向の回転を誘起するような力を受け，このため，慣性系で測定した角速度は減少する．逆に，半径方向内向きに運動している粒子は，$\mathbf{\Omega}$ と同じ方向に（非慣性系に対して）回転をはじめる．慣性系から見れば，この奇妙な結果は単

なる角運動量保存則（運動量を保存するために内向き運動はスピンアップ，外向き運動はスピンダウンをともなう）の結果であろうと予想でき，事実，これはおおむね正しい．しかし，個々の流体粒子は圧力を介して角運動量を交換し得るから，この説明はやや単純すぎることに注意してほしい．

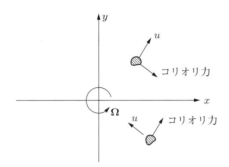

図9.2 x–y 平面内の運動に対するコリオリ力の影響

すぐあとでわかるように，コリオリ力は高速回転する流体に非常に大きな影響をもっている．とくに，コリオリ力は流体に一種の弾性のような性質を与え，慣性波（inertial wave）とよばれる内部波動の伝播を許す[2]．この現象の原因を，ある程度理解するためには，回転座標系における軸対称の運動に限って考えるのがよい．すなわち，(r, θ, z) 座標系において $\mathbf{u}$ が $\mathbf{u}(r, z) = (u_r, u_\theta, u_z)$ と表される場合について考える．図 9.3（a）に示されているように，この回転座標系において r–z 面内の極方向運動を考える．最初，流体は座標系に相対的な回転はともなっていない，すなわち，$u_\theta = 0$ である．点 A にあった流体は内向きに A′ に運ばれ，点 B にあった流体は外向きに B′ に運ばれる．この半径方向の移動はコリオリ力 $-2u_r\Omega\hat{\mathbf{e}}_\theta$ を生み，A′ において正の相対回転 $u_\theta > 0$ を，また B′ において負の相対回転を誘起する（図 9.3（b））．この誘起された回転は，慣性座標系から見て角運動量を保存する方向である．この旋回運動自体もまた，コリオリ力 $2u_\theta\Omega\hat{\mathbf{e}}_r$ を生む．この力はもともとの運動とは反対向きで，点 A′ の流体を半径方向外向きに，点 B′ の流体を半径方向内向きに移動させる傾向がある（図 9.3（c））．ここまでの過程が今度は逆になり，非粘性流体中ではエネルギーは保存されるので，平衡半径位置を挟んで流体粒子の振動がはじまるものと予想される．高速回転流体の顕著な特徴であるこの振動は，慣性波伝播の現れである．

9.2.3 項で，この慣性波についてとりあげ，その性質について詳しく分析する．と

---

[2] 慣性波に対する非常に単純で美しい説明が，われわれの説明とは違って，回転と密度成層の相似性にもとづいて Rayleigh (1916) によって与えられている．

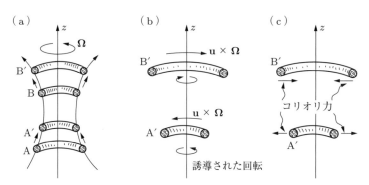

図 9.3 コリオリ力の作用によって慣性波が生まれる一連の過程

りあえず，ここでは，剛体回転に付随するもう一つの，密接に関連した結果，すなわち，コリオリ力が二次元運動を形成する傾向について考えよう．

例題 9.1 慣性系および非慣性系における角運動量保存 コリオリ力をヘルムホルツ分解するのが便利な場合がある．すなわち，非回転成分と，回転ソレノイド成分に分けるのである．$\mathbf{a}$ を $\mathbf{u}$ のベクトルポテンシャル，すなわち，$\mathbf{u} = \nabla \times \mathbf{a}$，$\nabla \cdot \mathbf{a} = 0$ と定義する．このとき，

$$2\mathbf{u} \times \mathbf{\Omega} = -\nabla(\phi) + 2\mathbf{\Omega} \cdot \nabla \mathbf{a} \tag{9.7}$$

はこのような分解となっていることを確認せよ．ここで，スカラーポテンシャルは $\nabla^2 \phi = -2\mathbf{\Omega} \cdot \boldsymbol{\omega}$ により決まる．自由表面がない場合には，スカラーポテンシャルを流体圧のなかに含めることができる．このとき，回転座標系における運動方程式は，

$$\frac{D\mathbf{u}}{Dt} = 2\mathbf{\Omega} \cdot \nabla \mathbf{a} - \nabla\left(\frac{p}{\rho}\right) \tag{9.8}$$

となり，これが，式(9.6)の代わりとなる．

9.2.2 テイラー・プラウドマンの定理

回転座標系においては，非粘性の運動方程式は，

$$\frac{D\mathbf{u}}{Dt} = 2\mathbf{u} \times \mathbf{\Omega} - \nabla\left(\frac{p}{\rho}\right), \quad \mathbf{\Omega} = \Omega \hat{\mathbf{e}}_z \tag{9.9}$$

となる．われわれの興味は，剛体回転からのずれがわずかしかない場合，すなわち，ロスビー数 $u/l\Omega$ が小さい場合である．このような場合には，コリオリ力に比べて慣性力 $\mathbf{u} \cdot \nabla \mathbf{u}$ は無視できるので，

9.2 高速回転と安定成層の影響　535

$$\frac{\partial \mathbf{u}}{\partial t} = 2\mathbf{u} \times \mathbf{\Omega} - \nabla\left(\frac{p}{\rho}\right) \tag{9.10}$$

となる．式(9.10)の回転(curl)をとると圧力項は消える．その結果，線形の渦度方程式，

$$\frac{\partial \boldsymbol{\omega}}{\partial t} = 2(\mathbf{\Omega} \cdot \nabla)\mathbf{u} \tag{9.11}$$

が得られる．運動が定常あるいは擬似定常であれば，$\partial \boldsymbol{\omega}/\partial t$ は無視できるので，結局，

$$(\mathbf{\Omega} \cdot \nabla)\mathbf{u} = 0 \tag{9.12}$$

が得られる．これで，われわれは，$u \ll \Omega l$ かつ $\partial \mathbf{u}/\partial t$ が小さければ，$\mathbf{u}$ が z に依存せず，運動は純粋に二次元的となるという，テイラー・プラウドマンの定理にたどり着いた．これは，必ずしも有限の u_z を除外しているわけではないことに注意してほしい．この定理から数々の重要な結果が得られる．たとえば，図 9.4 に示すように，高速回転する水の入った容器があって，その底面を横切って小さな障害物がゆっくり移動しているとしよう．障害物が移動するにつれて，障害物と水の表面のあいだにある柱状の流体部分も移動する．この水の柱は，あたかも底面の障害物にしっかりと固定されているかのようだ．この現象は，水に染料を入れることによって可視化できる．点 A で放たれた染料の固まりは，まとまったまま，つねに障害物の刻々の中心の上方に位置する．一方，柱状部分より前方の点 B で放たれた染料は，障害物が点 B の下を通過するとき，2 本の筋に分かれる．この流体の柱は，1921 年に，最初に

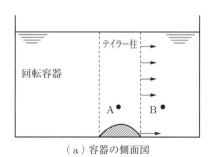

(a) 容器の側面図

(b) 染料の放出を示す平面図

図 9.4　回転容器の底面を横切ってゆっくり移動する小さな障害物の影響

この効果を実演して見せた G.I. Taylor にちなんで,テイラー柱 (Taylor column) とよばれている.

この奇怪なふるまいは,式(9.12)を使って説明でき,実際,このような柱の存在は,テイラーの実演の5年ほどまえにプラウドマンによって予言されていた.鍵は,次のとおりである.式(9.12)は流体中のすべての点で $\partial u_z/\partial z = 0$ であることを要求し,したがって,流体要素の軸方向ひずみはゼロでなければならない.このことは,鉛直の流体の柱は伸縮を受けないことを意味する.その結果,図9.4に示されているように障害物を越える流れは生じない.なぜなら,障害物を越える流れがもしあれば,柱の高さの変化をともなうことになるからである.その代わりに,障害物が移動するにつれて,流体は障害物の周囲を囲む柱のまわりを流れる.あたかも,テイラー柱が固体であるかのようだ.

テイラー・プラウドマンの定理の結果としての二次元運動の例は,ほかにも数多くある.式(9.12)が非常に強力な束縛であることは明らかである.図9.4から,当然,次の疑問が生まれる.「テイラー柱の内部の流体は,障害物と一緒に移動しなければならないことをどうやって知るのだろうか」.この疑問に対する答えは,回転流体がもつ,波動を維持する能力にさかのぼる.

9.2.3 慣性波の性質

ここで,9.2.1項で予想した波動について定量的に考えてみよう.出発点は式(9.11)である.この式を時間で微分し,回転(curl)をとると,波動方程式に似た式,

$$\frac{\partial^2}{\partial t^2}(\nabla^2 \mathbf{u}) + 4(\mathbf{\Omega}\cdot\nabla)^2 \mathbf{u} = 0 \tag{9.13}$$

を得る.この式は,

$$\mathbf{u} = \hat{\mathbf{u}} \exp[j(\mathbf{k}\cdot\mathbf{x} - \varpi t)] \tag{9.14}$$

の形の平面波,および分散関係式と位相速度,

$$\varpi = \pm 2\frac{\mathbf{k}\cdot\mathbf{\Omega}}{|\mathbf{k}|} \tag{9.15}$$

$$\mathbf{C}_p = 2\frac{(\mathbf{k}\cdot\mathbf{\Omega})\mathbf{k}}{|\mathbf{k}|^3} \tag{9.16}$$

により満たされる.角周波数 ϖ は,$\mathbf{k}$ の方向だけに依存し,大きさには無関係であることに注意してほしい.さらに重要なことは,群速度(すなわち,波束の形でエネルギーが運ばれる速さ)が,

$$\mathbf{C}_g = \frac{\partial \varpi}{\partial k_i} = \pm \left[\frac{2\mathbf{\Omega}}{|\mathbf{k}|} - \mathbf{C}_p \right] = \pm \frac{2\mathbf{k} \times (\mathbf{\Omega} \times \mathbf{k})}{|\mathbf{k}|^3} \tag{9.17a}$$

で与えられ，その結果，

$$\mathbf{C}_g \cdot \mathbf{\Omega} = \pm 2k^{-3}[k^2\Omega^2 - (\mathbf{\Omega} \cdot \mathbf{k})^2] \tag{9.17b}$$

となることである．式(9.17a)から明らかなように，この波は群速度が位相速度に直交するという，やや珍しい性質をもっている（すなわち，$\mathbf{C}_p \cdot \mathbf{C}_g = 0$）．図9.5に描かれているように，位相一定の面に沿って一方向に移動する波束は，エネルギーを垂直方向に運ぶ．すなわち，波の尾根に直角ではなく平行にエネルギーが伝播する．

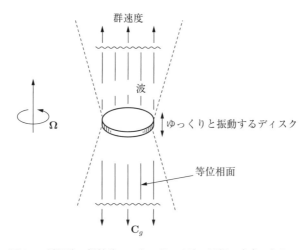

図9.5 低周波の慣性波．エネルギーは波の尾根の方向に伝わる．

$\mathbf{C}_g$ は $\mathbf{\Omega}$ と $\mathbf{k}$ がつくる平面内にあり，波の周波数は $\mathbf{k}$ と $\mathbf{\Omega}$ の方向の関係に応じて $\varpi = 0$ から $\varpi = 2\Omega$ の範囲で変化することに注意してほしい．低周波の波の群速度は，回転軸方向で大きさは $2\Omega/|\mathbf{k}|$ である．これが，図9.5に示されている状況である．したがって，エネルギーは，ゆっくり振動する障害物から離れる方向，すなわち，$\pm \mathbf{\Omega}$ の方向に，速度 $\Omega d/\pi$ で伝わる．d は障害物の代表幅（たとえば，図9.5のディスクの直径）である．これに対して，高周波の波は，波数ベクトル $\mathbf{k}$ が $\mathbf{\Omega}$ 方向となり，群速度は無視できる．つまり，一般に，エネルギーがもっとも速く伝わるのは低周波の波動において，かつ最大波長の攪乱に対してである．

このような挙動は，図9.6のように，たとえば，硬貨のような小さな物体に，突然，回転軸方向の速度を与えた場合に見られる．R を硬貨の半径としたとき，もし，硬貨の速度 V が ΩR に比べて十分小さければ，低周波の波が回転軸 $\pm \mathbf{\Omega}$ の方向に伝播

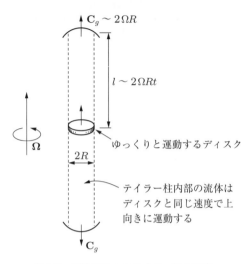

図 9.6　慣性波によるテイラー柱の形成

し，エネルギーをディスクから離れる方向に運ぶ．最大波長の波がもっとも速く伝わるから，硬貨の上方および下方 $2\Omega Rt/\pi$ の位置に波の先端が位置する．つまり，硬貨の上下には高さが $2\Omega Rt/\pi$ の筒上の領域があり，そのなかが波で満たされている．それより外側の領域，$r > R$, $|z| > 2\Omega Rt/\pi$ にある流体は（情報を伝えるような波はないから），まだ硬貨が運動していることを知らず，回転座標系から見て静止したままである．しかし，波が存在している $r < R$, $|z| < 2\Omega Rt/\pi$ では，流体は硬貨の運動を知っていて，注目すべき結果が見られる．流れはきわめて二次元的，$(\Omega \cdot \nabla)\mathbf{u} \approx 0$ で，硬貨とまったく同じ速度で軸に沿って移動する流体柱からなる．もちろん，これが過渡状態のテイラー柱で，その長さは $l \sim C_g t$ の速さで増加する．低周波数の内部波動の役割は明らかに，二次元性を強めることにある．

これで，図 9.4 の回転容器内にどのようにしてテイラー柱が形成されるのかが明らかになった．障害物が底面を横切ってゆっくりと移動するとき，速い（低周波の）慣性波を連続的に放射し続け，障害物の移動の時間スケールと比べて無限小の時間スケールで流体の深さ全体に伝わる．波が連続的に形成され，それがさらにテイラー柱を形成し，障害物とともに容器内を移動する．式 (9.11) の時間微分項を省略すると，この波の動力学的性質はとり除かれるが，擬似定常の式 (9.12) も波動伝播の長期間にわたる，あるいは平滑化された効果，すなわち，テイラー柱の形成を捉えることができる．有限領域におけるテイラー柱の形成についてさらに詳しく知りたい読者は，Greenspan (1968) の包括的な記述を参照されたい．

最後に，理解に役立つと思われるさらに二つのモデル問題を考えよう．まず，無限

に広がった回転流体中の孤立渦を考える．渦のサイズはl，代表速度はuとし，$u \ll \Omega l$とする．このとき，渦に作用するおもな力はコリオリ力となる．簡単のために，渦は角運動量$\mathbf{H}$をもった回転する流体の塊とし，図9.7(a)に示されているように，その回転軸は$\boldsymbol{\Omega}$に対してθだけ傾いているとする．この渦がなんらかの理由で$t=0$において完成したとすると，$t>0$ではどうなるだろうか．もちろん，渦は慣性波を放出しはじめ，渦のエネルギーは群速度$\mathbf{C}_g$で周囲に分散する．

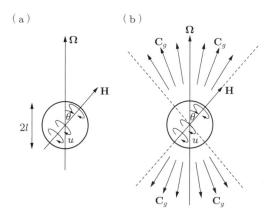

図9.7 (a) 回転座標系における角運動量$\mathbf{H}$をもった渦．(b) 渦から放出される慣性波の伝播

$\mathbf{C}_g$を決めるうえで鍵となるのは，初期の速度場のフーリエ変換を調べることだ．それは，初期速度を無数の波に分解することに等しい．このとき，変換された波数ベクトル$\mathbf{k}$は，おおよそ$\mathbf{H}$に垂直な面内に限られる．このように，位相速度が$\mathbf{H}$に垂直な面全体にわたって均等に分布するような，波のスペクトルが想像される．波の各成分に対応する群速度は式(9.17a)を用いて計算される．その結果，エネルギーは図9.7(b)に示されるように，いろいろな方向に放射され，全体としてのエネルギー流束は$\mathbf{H}$と$\boldsymbol{\Omega}$で定義される円錐内部に限られることがわかる．このように，この特別な初期条件に対しては，渦のエネルギーは，例外はあるにしても，おもに$\pm\boldsymbol{\Omega}$の方向に伝播する．次のモデル問題は，これが特別な初期条件にもとづく人工物ではなく，より一般的な現象の特別なケースであることを示すことである．

われわれの最後のモデル問題では，図9.7に描かれているような単純な形状の渦という制限をとり除く．そして，局所的ではあるが，任意に分布したスケールがδの攪乱（渦）からなる初期条件を考える．まえと同じく，この渦は自然に慣性波動を放出し，渦のエネルギーが分散するため，初期渦の上下のエネルギー密度は軸から離れる方向の放射にともなうエネルギー密度より，つねに大きいことを示すことができる．

すなわち，±Ωの方向に分散していく低周波の波のエネルギー密度が，斜めの（軸から離れる方向の）放射のエネルギー密度より大きい．波のエネルギーの自然な放出を特定の方向に自動的に向かわせるというこの能力は，内部波動の特徴であり，Davidson (2006) によってはじめて指摘された．

この現象は，図 9.8 に非常にはっきりと認められる．この図は，局所的攪乱の分散パターンを上半分だけ示したものである．低周波の波からなる波束が回転軸に沿って伝播するようすが鮮明に見られる．もちろん，同じ波束が反対方向にも伝播している（図には示されていないが）．δ を初期攪乱の直径とすると，波束の中心は群速度 C_g 〜 $\delta\Omega$ で上向きに伝播する．初期攪乱のなかには波数が幅広く存在していて，少しずつ違った群速度をもっているため，波束は伝播する際に分散し，$l_{//} \sim C_g t \sim \delta\Omega t$ の割合で引き伸ばされる．つまり，波束は伝播よりも早く引き伸ばされる．図 9.1(a) と図 9.8 のあいだには密接な関係があり，このことは，すぐあとでもう一度振り返る．

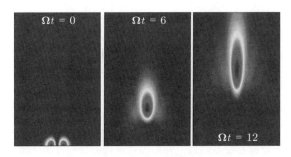

図 9.8 原点に局在する攪乱から放出される慣性波動の自然な放射パターン．濃淡はエネルギー密度で上半分だけが示されている．イメージは Ro≪1 で，原点におけるガウス渦を初期条件とした結果だが，原点に局在するほかの任意の攪乱の場合でも同様の分散パターンが見られる．低周波の波からなる波束が回転軸に沿って伝播するようすがはっきりわかる．もちろん，同様の波束は反対方向へも伝播している（ここには示されてはいない）．δ を初期攪乱の直径とすると，波束の中心は群速度 C_g 〜 $\delta\Omega$ で上向きに伝播する．初期攪乱のなかには波数が幅広く存在していて，少しずつ違った群速度をもっているため，波束は伝播する際に分散し，$l_{//} \sim C_g t \sim \delta\Omega t$ の割合で引き伸ばされる．

このことを理解する一つの方法は，回転座標系で測った角運動量の z 成分，$(\mathbf{x} \times \mathbf{u})_z$ を考えることである．すなわち，長さが無限で Ω 方向を向いた，初期渦をとり囲む円筒状の検査体積を考えてみよう．慣性波を放出しても，この検査体積内部の角運動量の z 成分は保存されることが証明できる（Davidson et al. (2006)）．低周波の波は，回転軸に沿って分散するあいだに角運動量を運ぶことができる（実際，運ぶだろう）が，慣性波動は検査体積側面から流出する $(\mathbf{x} \times \mathbf{u})_z$ の半径方向流束をサポートすることはできない．その結果，波のエネルギーの放射は自動的に回転軸方向に偏

向させられる.たとえば,軸から外れた波は放射して $V_{3D} \sim (C_g t)^3 \sim (\delta \Omega t)^3$ で成長する三次元空間を埋める.そして,エネルギー保存則により軸から外れた波のエネルギー密度は $u^2 \sim (\Omega t)^{-3}$ となる.これとは対照的に,角運動量の z 成分は広がって,$V_{1D} \sim \delta^2 C_g t \sim \delta^3 \Omega t$ で発達する一次元体積を占める.そして,角運動量保存則により $u \sim (\Omega t)^{-1}$ となり,軸上の波のエネルギー密度は,$u^2 \sim (\Omega t)^{-2}$ となる.つまり,図9.8に示されるように,波のエネルギー密度は,つねに初期攪乱を囲む円筒状検査体積内部で最大となる.すぐあとで,これが乱れに重大な結果を生むことが示される.

最終的には同じなのであるが,この局在する源から分散する波のエネルギーの収束について,もう一つの説明が Davidson (2013) に与えられている.$\mathbf{C}_g$ が $\mathbf{k}$ に垂直で $\mathbf{\Omega}$ と $\mathbf{k}$ がつくる平面内にあることを思い出そう.したがって,初期攪乱に含まれている波の水平方向ベクトルは回転軸方向に伝播し,そのため,$\mathbf{k}$ 空間における水平面内のすべてのエネルギーは物理空間の1本の線(z軸)上に折り畳まれる.この平面から線への折り畳みが波のエネルギーを回転軸上に集中させる結果となる.

慣性波動に関する議論の最後に,それらが本来的に螺旋状だということを注意しておこう[3].すなわち,式(9.11)と式(9.15)を組み合わせると $\hat{\boldsymbol{\omega}} = \mp |\mathbf{k}| \hat{\mathbf{u}}$ となり,速度場と渦度場は平行で同位相,ヘリシティー密度は $h = \mathbf{u} \cdot \boldsymbol{\omega} \sim \mp |\mathbf{k}| \hat{\mathbf{u}}^2$ である.符号を式(9.17b)と比べると,回転軸に平行方向に移動する波束,すなわち,$\mathbf{C}_g \cdot \mathbf{\Omega} > 0$ の場合,ヘリシティーは負,$\mathbf{\Omega}$ に平行で反対方向,すなわち,$\mathbf{C}_g \cdot \mathbf{\Omega} < 0$ の場合,ヘリシティーは正であることがわかる.このことは,とくに図9.1(a)を見ると明らかで,上向きに伝播する波束($\mathbf{C}_g \cdot \mathbf{\Omega} > 0$)はすべて負のヘリシティー(赤),下向きに伝播する波束は正のヘリシティー(緑)をもっている.図9.6にもどると,硬貨の上部の過渡状態にあるテイラー柱は負の旋回運動 $u_\theta < 0$,したがって,負のヘリシティー密度[4],$u_z \omega_z < 0$ を示す一方,過渡テイラー柱の下半分は正の旋回運動 $u_\theta > 0$ で正のヘリシティー密度 $u_z \omega_z > 0$ を示す.Greenspan (1968) の厳密解は,このことを正確に証明している.慣性波動の波束の成長を追跡するうえで,ヘリシティーは便利な道具である.

例題 9.2 有限な深さの高速回転流体のなかに,浮力を受ける小さな流体の塊を考える.重力加速度 $\mathbf{g}$ が $\mathbf{\Omega}$ に平行で反対向きであるとし,$\delta \rho$ を,浮力を受ける流体

---

[3] ヘリシティー密度 $h = \mathbf{u} \cdot \boldsymbol{\omega}$ は例題2.7で導入された.これは,粒子の軌跡がどの程度螺旋状かを示す.正のヘリシティーは右手系の螺旋,負は左手系の螺旋に対応する.

[4] 流れは軸対称なので,テイラー柱の内部のヘリシティー密度は $u_z \omega_z = u_z r^{-1} \partial(r u_\theta)/\partial r \approx V r^{-1} \partial(r u_\theta)/\partial r$ である.

塊内部の密度の微小な攪乱とする．ブシネスク近似の範囲では線形化された運動方程式が，

$$\frac{\partial \boldsymbol{\omega}}{\partial t} = 2(\boldsymbol{\Omega}\cdot\nabla)\mathbf{u} + \nabla\Psi\times\mathbf{g}, \quad \Psi = \frac{\delta\rho}{\bar{\rho}} < 0$$

となることを示せ．次に，この式で慣性波の過渡状態を除いた擬似定常解を考える．この流体塊の上下に，回転する流体のテイラー柱が形成され，上側では高気圧性の回転 ($u_\theta < 0$)，下側では低気圧性の回転 ($u_\theta > 0$) をともなうことを示せ．

9.2.4 高速回転系における乱れ

乱流中の大スケールの（必ずしも小さいとはいえない）渦が，系全体の回転によって非常に強く影響されることを，そろそろはっきりさせておく必要があるだろう．具体的にいうと，低周波の慣性波によって渦の変形が起こり，大スケールの渦は柱状構造になると予想される．実験室においては，容器のなかの水をかき混ぜながら回転させることによって，回転の影響を観察することができる．l を積分スケールとして，$u < \Omega l$ のときは，いつでも，乱れはいち早く擬似二次元構造を受け入れて，大スケール渦はおそらく慣性波によって柱状の渦に変化する (Ibbetson and Tritton (1975)，Hopfinger et al. (1982)，Davidson et al. (2006)，Staplehurst et al. (2008))．同様の挙動は数値シミュレーションにおいても認められ (Bartello et al. (1994)，Ranjan and Davidson (2014))，ここでも，乱流中の大スケール渦が擬似二次元の状態に近づいていくことが示されている．この変化を説明する一つの方法は，初期の状態を図 9.8 に示されているようなタイプの渦のランダム分布と考えることである．エネルギーは，これらの渦からいろいろな方向に広がっていくとはいえ，回転軸の方向に伝わりやすく，これがプロセスを形成する．全部ではないがある場合には，これが有益な描像であることがのちにわかるだろう．

慣性波が渦を整形するというアイディアについてはあとで説明するが，そのまえにまず，古典的な一点統計解析だとどうなるのかを見ておこう．回転乱流のもっとも簡単な数学モデルは，平均流をともなわず（回転座標系から見て），乱れが一様の場合である．このような場合には，レイノルズ応力の発展方程式は，式 (4.8) から，

$$\frac{d}{dt}\langle u_i u_j\rangle = 2\Omega\beta_{ij} + \left\langle\frac{p}{\rho}\left(\frac{\partial u_i}{\partial x_j}+\frac{\partial u_j}{\partial x_i}\right)\right\rangle - 2\nu\left\langle\frac{\partial u_i}{\partial x_k}\frac{\partial u_j}{\partial x_k}\right\rangle \quad (9.18)$$

となる．この式で，コリオリ効果は次式で定義される対称テンソル β_{ij} にまとめられている．

$$\beta_{ij} = \begin{bmatrix} 2\langle u_x u_y \rangle & \langle u_y^2 - u_x^2 \rangle & \langle u_y u_z \rangle \\ \langle u_y^2 - u_x^2 \rangle & -2\langle u_x u_y \rangle & -\langle u_x u_z \rangle \\ \langle u_y u_z \rangle & -\langle u_x u_z \rangle & 0 \end{bmatrix} \qquad (9.19)$$

大スケールにもとづくロスビー数は，普通は小さいが，コルモゴロフのマイクロスケール η と v にもとづくロスビー数はほとんどつねに大きい．つまり，Ω は最小スケール渦の渦度に比べて通常は無視できるので，小スケールに対してはコリオリ力の影響は比較的小さい．このような状況では，小スケールは近似的に等方的と考えられ，普通の乱れと同様に，散逸テンソルを等方性の形，

$$2\nu \left\langle \frac{\partial u_i}{\partial x_k} \frac{\partial u_j}{\partial x_k} \right\rangle = \frac{2}{3} \varepsilon \delta_{ij} \qquad (9.20)$$

におき換えることができるものと期待できる．すると，レイノルズ応力方程式は，

$$\frac{d}{dt} \langle u_i u_j \rangle = \left\langle \frac{p}{\rho} \left(\frac{\partial u_i}{\partial x_j} + \frac{\partial u_j}{\partial x_i} \right) \right\rangle + 2\Omega \beta_{ij} - \frac{2}{3} \varepsilon \delta_{ij} \qquad (9.21)$$

のように簡単になる．$\beta_{ii} = 0$ だから，式(9.21)のトレースである乱流エネルギー方程式には，もちろん，コリオリ力の項は現れないことに注意してほしい．

ここまでが，厳密な（あるいは厳密に近い）統計的議論でわれわれがたどり着ける限界である．このさきに進もうとすると，乱流の完結モデルという不確かな世界に踏み込まざるを得ない．たとえば，レイノルズ応力モデルは，$\langle u_i u_j \rangle(t)$ を計算するために，式(9.21)の圧力－ひずみ相関項を Ω，ε，$\langle u_i u_j \rangle$ の関数として表現しようとする（例題9.4, 9.5参照）．しかし，ここではこのルートをたどろうとは思わない．回転乱流の挙動を理解しようと思ったら，一点完結モデル（すなわち，もっぱらレイノルズ応力のみを扱うモデル）はあまり助けにならないことだけ注意するにとどめておく．ポイントをはっきりさせるために，さきほどの回転する一様乱流において，大スケールが統計的に軸対称であるとする．これはあり得ない状況ではない．このとき，軸対称乱流に関する付録4の結果から，

$$\langle u_x u_y \rangle = \langle u_y u_z \rangle = \langle u_z u_x \rangle = 0, \quad \langle u_x^2 \rangle = \langle u_y^2 \rangle$$

となる．この場合，$\beta_{ij} = 0$ となり，式(9.21)における回転の効果はすべて消滅する．これでは，慣性波が柱状渦を生成する能力があるとはほとんど考えられない．事実上，鍵となる物理的過程はすべて消されてしまったのである．このように，一点完結モデルは，渦の軸方向伸張による熱拡散やエネルギー散逸率が，回転する乱流と回転しない乱流とでは非常に異なるという決定的な事実を，完全に見失ってしまう可能性がある．

例題 9.3 レイノルズ応力方程式 (9.21) を使って，$\langle u_x u_y \rangle$ と $\langle u_y^2 - u_x^2 \rangle$ のあいだに，

$$\frac{d}{dt}\langle u_x u_y \rangle = 2\Omega \langle (u_y^2 - u_x^2) \rangle + \left\langle \frac{p}{\rho}\left(\frac{\partial u_x}{\partial y} + \frac{\partial u_y}{\partial x}\right) \right\rangle$$

$$\frac{d}{dt}\langle (u_y^2 - u_x^2) \rangle = -8\Omega \langle u_x u_y \rangle + \left\langle 2\frac{p}{\rho}\left(\frac{\partial u_y}{\partial y} - \frac{\partial u_x}{\partial x}\right) \right\rangle$$

の関係があることを示せ．次に，同じ関係が線形方程式 (9.10) からも直接得られることを示せ．

例題 9.4 4.6.2 項において，圧力 – ひずみ相関項にロッタの再等方化 (return to isotropy) モデル，

$$\langle 2pS_{ij} \rangle = -c_R\left(\frac{\rho\varepsilon}{k}\right)\left[\langle u_i u_j \rangle - \frac{1}{3}\langle \mathbf{u}^2 \rangle \delta_{ij}\right], \quad c_R > 1$$

を導入した．この式で，k は運動エネルギー $\langle \mathbf{u}^2 \rangle/2$，$c_R$ は調節可能な係数である．このモデルを使って，例題 9.3 における圧力項を見積もり，その結果，

$$\frac{db_{xy}}{dt} + \frac{\varepsilon}{k}(c_R - 1)b_{xy} = 2\Omega(b_{yy} - b_{xx})$$

$$\frac{d}{dt}(b_{yy} - b_{xx}) + \frac{\varepsilon}{k}(c_R - 1)(b_{yy} - b_{xx}) = -8\Omega b_{xy}$$

が得られることを示せ．ここで，b_{ij} は非等方テンソル，

$$b_{ij} = \frac{\langle u_i u_j \rangle}{\langle \mathbf{u}^2 \rangle} - \frac{1}{3}\delta_{ij}$$

である．次に，$(b_{yy} - b_{xx})$ を消去し，この近似においては，

$$\left[\frac{d}{dt} + \frac{\varepsilon}{k}(c_R - 1)\right]^2 b_{xy} + (4\Omega)^2 b_{xy} = 0$$

が成り立つことを示せ．つまり，このモデルによると，振動しながら軸対称状態に近づくと予測され，そのとき，$\beta_{ij} = 0$ である．

例題 9.5 4.6.2 項で見たように，慣性座標系においては，$\langle 2pS_{ij} \rangle$ は平均流と乱れの両方に依存する．したがって，回転座標系では例題 9.4 におけるロッタの式は，Ω を含む形で修正されるべきであると考えられる．普通，$\langle 2pS_{ij} \rangle$ は，

$$\langle 2pS_{ij} \rangle = -2c_R\rho\varepsilon b_{ij} - 2\hat{c}_R\rho\Omega\beta_{ij}, \quad \hat{c}_R = \text{一定}, \quad \hat{c}_R < 1$$

のように見積もられる．このモデルでは，Ω を $\Omega(1 - \hat{c}_R)$ におき換えれば，例題 9.4 の結論はそのまま成り立つことを示せ．

一点完結モデルは，回転乱流の根底に横たわる現象を捉えるうえで，問題があることが示された．高速回転する乱流において起こっている事象について，数学的描像を組み立てるためには，平均化するまえの運動方程式にさかのぼるのがよいと思われる．l を積分スケールとして，Ro $= u/\Omega l$ が小さい場合を考えよう．このとき，大スケール渦の短時間発展は，線形方程式(9.13)でおおむね記述できる．たとえば，自由減衰乱流を考えてみよう．図9.8に描かれているように，大スケールの渦は慣性波動を放射する．重要なことは，9.2.3項の最後のモデル問題で議論したように，回転軸に沿ってエネルギーが放射され，乱流渦が軸方向に引き伸ばされる傾向があることである．このような状況のもとでは，式(9.13)のラプラシアンのなかの $\partial^2/\partial z^2$ は，当面，無視してよいであろうから，

$$\frac{\partial^2}{\partial t^2}(\nabla_\perp^2 \mathbf{u}) + 4(\mathbf{\Omega}\cdot\nabla)^2 \mathbf{u} = (\text{Ro のオーダーの非線形項})$$

の形に書ける．この式で弱い非線形項は右辺にまとめてある．$\nabla_\perp^2$ は $\mathbf{\Omega}$ に直角な平面内で定義された二次元ラプラシアンを表す．この式に横方向面内で（$\mathbf{\Omega}$ 方向ではなく）フーリエ変換を施せば，

$$\frac{\partial^2 \hat{\mathbf{u}}}{\partial t^2} = \left(\frac{4\Omega^2}{k_\perp^2}\right)\frac{\partial^2 \hat{\mathbf{u}}}{\partial z^2} + (\text{Ro のオーダーの非線形項})$$

が得られる．ここで，$\hat{\mathbf{u}}$ は変換された速度である．この式は，$\hat{\mathbf{u}}$，したがって，乱流エネルギーが，$\mathbf{\Omega}$ 軸に沿って伝播する波動によって広がり，その過程で柱状の構造が形成されることを示唆している．このようにして，大スケールは小さな振幅の慣性波群のなかに埋もれた柱状渦の集まりとして描くことができる(図9.9(a))．

局在する乱れの集団から広がる非一様乱流の場合には，図9.9(b)に見られるように，この描像はうまくいっているようだ．この図は高速回転する流体中の水平な板状の乱れの，Ranjan and Davidson (2014) の数値シミュレーションで，Ro $= 0.1$ の場合である．この集団は，回転軸方向に波束の形で伝播する低周波の慣性波動を放出しながら成長する（図は時刻 $\Omega t = 0, 2, 4, 6, 8$ におけるもので，軸方向運動エネルギーの等値線をヘリシティーに従って色づけしたもので，負のヘリシティーが青，正のヘリシティーが赤で示されている）．図9.8と驚くほどよく似ており，ヘリシティーが（ほぼ）上側で負，下側で正という事実は，これが間違いなく波束であるという主張を実質的にサポートしている．この点は鉛直方向のエネルギーの広がりを線形の慣性波動の群速度と比較することで，さらに確認できる．シミュレーションでは，両者はきわめてよく一致していて(Ranjan and Davidson (2014))，実験でも見られる(Davidson et al. (2006))．以上から，図9.9(a)の描像はこの非一様問題をよく表していることはほとんど疑いなく，この場合の柱状渦は，単純な慣性波の波束である

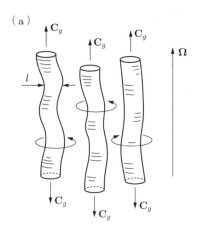

図 9.9 （a）回転乱流における大スケール運動は，慣性波と小スケールの渦のなかに埋まった柱状渦の集まりとして捉えることができる．（b）高速回転する流体中に広がっていく板状の乱れの数値シミュレーション（Ro = 0.1）．集団は回転軸に沿って波束の形で伝播する慣性波動を放出しながら成長する．イメージは時刻が $\Omega t = 0, 2, 4, 6, 8$ における軸方向運動エネルギーの等値線で，ヘリシティー $h = \mathbf{u} \cdot \boldsymbol{\omega}$ に従って色分けされていて，負が青，正が赤である（Rajan and Davidson (2014) より）．

ことも確かといえる．

　しかし，一様な自由減衰乱流はもっと複雑である．その場合には，非線形性が重要なはたらきをし，Ro の初期値が重要であることを示す形跡がある．もちろん，線形近似では，慣性波動は相互干渉なしに存在する．しかし，Ro が小さい場合でも，慣性波の小さいが有限な非線形干渉を完全に無視することはできない．その理由は，周波数が異なる二つの小振幅の波が，弱い非線形項 $(\mathbf{u} \cdot \nabla \mathbf{u})$ のために結合されて第三の周波数をもった慣性力を生み，これが第三の波を形成するからである．適当な条件のもとでは，いわゆる三波共鳴が起こり，第三の波の固有周波数が慣性加振力の周波数と一致する．このとき，弱い非線形性がかなり大きな影響を与えることになる．Ro が中程度以下の場合，自由減衰する一様乱流の一般的な傾向は，上述の非一様の場合と似ており，大きな柱状渦に支配される擬似二次元的な流れになる（図 9.10）．しかし，不思議なことに，Ro 〜 1（実験室におけるほとんどの実験）か Ro ≪ 1（ほとんどの数値シミュレーション）かによって挙動は異なることを示す兆候がある．

　Ro 〜 1 の場合，平行方向の積分スケールが非一様の場合とまったく同様に，$l_{/\!/} \sim l_\perp \Omega t$ で成長することが見い出されており，これは大スケール渦が線形の波動伝播によって引き伸ばされるという考えと一致している（Staplehurst et al. (2008)，Bin

9.2 高速回転と安定成層の影響　547

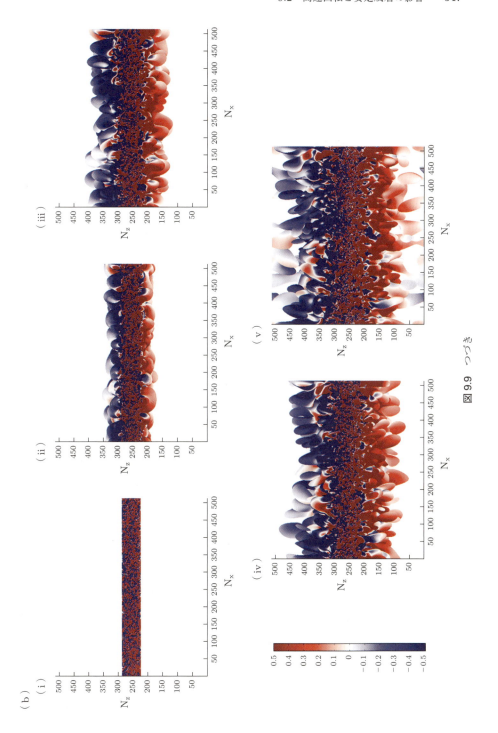

図 9.9　つづき

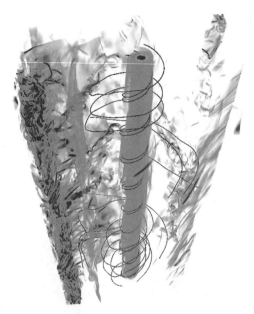

図 9.10 高速回転する乱流の数値シミュレーション（Ro ~ 0.06）．渦度で可視化（Pablo Mininni and Annick Pouquet による）

Baqui and Davidson (2015)）（$l_{//}$ と $l_\perp$ は平行方向および直角方向の積分スケールである）．大スケールのなかには二組の動力学が混在している．柱状渦はよりゆっくりした時間スケール $l_\perp/u$ で互いに非線形的に干渉する．一方，慣性波動はより速い時間スケール Ω^{-1} で伝播して渦を引き伸ばす．もちろん，この大きな柱状渦は，より小さな，小ささのゆえにコリオリ力の影響を感知しない無秩序の渦群のなかに埋まっている．それでも，この糸状の渦は柱状渦により巻き上げられる．そして，成長する長さスケール $l_{//} \sim l_\perp \Omega t$ が非線形的にそれを強める（図 9.10）．このように，線形性と非線形性が協調して作用する．

Ro ≪ 1 の場合は，一様乱流の挙動はより複雑で，おそらく，まだあまりわかっていない．$l_{//}$ の成長は，もはや慣性波動の群速度 $l_{//} \sim l_\perp \Omega t$ ではなく，より長い非線形の時間スケールで決まるようである．このような乱れのダイナミクスはまだ多くの議論の最中だが，これを三波共鳴によって理解しようとする試みが多く行われている．

9.2.5 回転から成層へ（葉巻からパンケーキへ）

次に，回転から成層へ話題を切り替えよう．9.1 節で，高速回転と強い成層が，どちらも擬似二次元の乱流を導くが，二つのケースで乱流構造は大きく異なると述べ

た．高速回転は柱状渦をつくるのに対し，成層はパンケーキ型の構造を好む．なぜそうなのだろうか．柱状渦は，少なくともある場合には慣性波の伝播の結果であるとわれわれは信じているから，パンケーキ型の渦も慣性重力波によって引き起こされるのではないかと考えるのは自然である．確かにそうなのかどうかを見てみよう．

　成層状態にある非圧縮性流体が，微小攪乱を受けた場合を考えよう．攪乱のない状態では，密度は，

$$\rho_0(z) = \bar{\rho} + \Delta\rho_0(z) = \bar{\rho} + \frac{d\rho_0}{dz}z$$

に従って変化するとしよう．$\bar{\rho}$ も $d\rho_0/dz$ も一定である．簡単のために $\Delta\rho_0 \ll \bar{\rho}$ とし，ブシネスク近似，すなわち，密度の変化は小さく，浮力 $\rho\mathbf{g} = -\rho g\hat{\mathbf{e}}_z$ にのみ影響を与える程度であるとする．このとき，成層流体中の攪乱を支配する方程式は，

$$\frac{D\rho}{Dt} = 0, \quad \nabla\cdot\mathbf{u} = 0, \quad \text{(非圧縮条件，連続の式)}$$

$$\bar{\rho}\frac{D\mathbf{u}}{Dt} = -\nabla p + \rho\mathbf{g}, \quad \text{(運動量)}$$

となる．最後の式では粘性力が省略されている．$\rho = \rho_0(z) + \delta\rho$ として攪乱の振幅が微小であると考えて，微小量 $|\mathbf{u}|$ と $\delta\rho$ の二次の項を省略すると，これらの方程式は線形化されて，

$$\frac{\partial}{\partial t}\delta\rho + u_z\frac{d\rho_0}{dz} = 0, \quad \nabla\cdot\mathbf{u} = 0$$

$$\bar{\rho}\frac{\partial\mathbf{u}}{\partial t} = -\nabla(\delta p) + \delta\rho\mathbf{g}$$

が得られる．未知の圧力攪乱は線形運動方程式の回転（curl）をとることで消去できる．同時に，時間に関する二階微分をとると便利である．その結果，

$$\bar{\rho}\frac{\partial^2\boldsymbol{\omega}}{\partial t^2} = \nabla\left(\frac{\partial\delta\rho}{\partial t}\right) \times \mathbf{g} = -\nabla\left(u_z\frac{d\rho_0}{dz}\right) \times \mathbf{g}$$

が得られる．波動方程式の形にするために，もう一度，回転（curl）をとると，最終的に，

$$\frac{\partial^2}{\partial t^2}\nabla^2\mathbf{u} + N^2\left[\nabla^2(u_z\hat{\mathbf{e}}_z) - \nabla\left(\frac{\partial u_z}{\partial z}\right)\right] = 0 \tag{9.22}$$

となる．ここで，

$$N^2 = -\frac{g}{\bar{\rho}}\frac{d\rho_0}{dz} \tag{9.23}$$

であり，これは，バイサラ・ブラント周波数とよばれている．あとでわかるように，

これは内部重力波の上限周波数を与える．この波動方程式の z 成分，

$$\frac{\partial^2}{\partial t^2}\nabla^2 u_z + N^2 \nabla_\perp^2 u_z = 0 \qquad (9.24)$$

を考えると都合がよい．慣性波の支配方程式(9.13)の z 成分，

$$\frac{\partial^2}{\partial t^2}\nabla^2 u_z + (2\Omega)^2 \nabla_{/\!/}^2 u_z = 0$$

とのあいだに相似性があることがただちにわかる（$\perp$ と $/\!/$ は，それぞれ x–y 面内および z 軸方向の成分を表す）．これが，慣性波と内部重力波の密接な関係を示唆する最初の手がかりである．いずれにしても，$u_z = \hat{u}_z \exp[j(\mathbf{k}\cdot\mathbf{x} - \varpi t)]$ の形の二次元波動解を探すことによって，重力波の分散関係，

$$\varpi^2 = N^2 \frac{k_\perp^2}{k^2} \qquad (9.25)$$

を求めることができる．可能な最大の周波数は $k_{/\!/} = 0$ のときに起こり，その値は，$\varpi_{\max} = N$ であることは明らかである．位相速度と群速度は，

$$\mathbf{C}_p = \frac{Nk_\perp \mathbf{k}}{k^3} \qquad (9.26)$$

$$\mathbf{C}_g = \mp \frac{N}{k^3 k_\perp}[\mathbf{k}\times(\mathbf{k}_{/\!/}\times\mathbf{k})] = \pm\left(\frac{N\mathbf{k}_\perp}{kk_\perp} - \mathbf{C}_p\right) \qquad (9.27)$$

であることも簡単に示すことができる．

これからただちに，位相速度と群速度が互いに直交し（図9.11），したがって，波束は波面の進行方向に直角に伝播することがわかる．これは，重力波が慣性波と共有する驚くべき性質である．さらに，周波数は慣性波と同様に，$\mathbf{k}$ の大きさではなく方向だけに依存する．これら二つのタイプの波におけるおもな違いは，重力波では $\varpi \sim k_\perp/k$ であるのに対して，慣性波では $\varpi \sim k_{/\!/}/k$ であることで，エネルギーの伝播

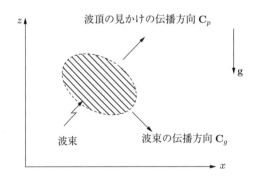

図 9.11　重力波における群速度と位相速度の方向の関係

方向が互いに異なる.

たとえば,低周波の重力波,$\varpi \ll N$, $k_\perp \ll k$ があるとしよう.このとき,位相速度は鉛直方向,群速度(エネルギーの伝播方向)は水平方向である.明らかに,低周波攪乱は x–y 面内で伝播する.これは,z 方向にエネルギーが広がる低周波の慣性波と対照的である(図 9.12).その結果,強い成層乱流では,大スケール渦によって放射された低周波の波が水平面内に広がる.成層乱流において,これほどしばしば見られるパンケーキに似た構造を形成するのは,こうした波のためであると結論づけたくなる(図 9.1(b)).しかし,この点についてはまだ論争中で,さまざまな周波数の内部波動が成層乱流中にはつねに存在し,こうした波がエネルギーをさまざまな方向に分散させる.このことに関して,慣性波動が波のエネルギーを特定の方向(すなわち,回転軸方向)に集中させるというユニークな能力をもっているのに対して,内部重力波において自然に起こる放射には,これと類似の挙動が見られないことに注目することが重要である.

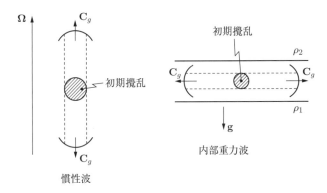

図 9.12 低周波の慣性波と重力波におけるエネルギー伝播の比較

成層乱流に関する解説としては,Riley and Lindborg(2013)がある.成層が強い,すなわち,$u/Nl_\perp < 1$ のとき,乱れは,図 9.13 に模式的に示したように,みずからをなかば独立した水平層(パンケーキの層)に整える.速度の鉛直方向成分は小さく,各層の内部の流れはほぼ二次元で,パンケーキの厚さ $l_{//}$ は,$u/Nl_{//} = O(1)$ を満たす主要オーダーにおける力のバランスで決まる.しかし,速度の強い鉛直方向勾配がパンケーキ型の渦を横滑りさせるため,水平層の分離は不完全である.これが層のあいだに強いせん断を生み,小スケールの乱れをつくり,水平層間の混合が促進される.渦度の鉛直方向成分にともなう水平方向速度が,おもな速度成分であるが,水平層のあいだでの強いせん断が強い水平方向渦度を生み出す.じつは,この水平方向渦度が平均の散逸を支配する.すなわち,エネルギー散逸の大部分は,互いにすべり合

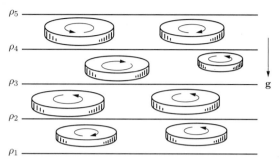

図 9.13　強い成層流体中の乱流の概念図

うパンケーキ渦によって生じる．この擬似二次元乱流は高速回転する乱流とは大きく異なる．

　成層乱流に見られるパンケーキ型の構造については，それぞれ異なるさまざまな説明が行われている．たとえば，Maffioli et al.(2014)は，三つのステップからなる描像を提案している．最初は，大スケール渦のそれぞれが流体の密度を混合することで，背景にある密度勾配のなかに密度が比較的一様な小領域を形成する．次に，この密度が比較的一様な溜まりが鉛直方向の圧力勾配の影響で非線形的に崩壊し，そのたびに侵入重力流 (intrusive gravity current) とよばれる流れを生み，崩壊地点から水平方向外向きに広がる．最後に，この侵入重力流の外縁が水平方向に伝播する低周波の重力波の源となり，この重力波が初期撹乱のエネルギーをさらに水平面内に分散させる．実際，この水平方向に広がる波束が，まさに図 9.1(b) に見られたものであり，線形重力波の群速度で水平方向に広がる鉛直方向の乱れの塊をともなっている (Maffioli et al.(2014))．この低周波の波束が，強い水平方向渦度をもつ大きな平らなせん断層を形成する．

9.3　磁場の影響 I：MHD 方程式

GLADSTONE：この電気というものはなんの役に立つのだね？
FARADAY：なにをおっしゃいますか，すぐにでも課税対象にできるような，どんなことでもできますよ！

　次に，浮力とコリオリ力についてはとりあえずおいておき，ローレンツ力に目を向けよう．とくに，磁界中における導電性の（しかし，磁性はもたない）流体の乱流運動について考える．導電性流体と磁界との相互作用に関する研究は，電磁流体力学

(MHD) とよばれる．それ自体が膨大な問題なので，ここでは数ページを割いてこの問題に対する考え方だけを述べるにとどめる．さらに詳しいことについては，Shercliff (1965), Moffatt (1978), Biskamp (1993, 2003), Davidson (2001, 2013) を参照されたい．

ここで述べる MHD 乱流に関する概説は，三つの部分からなる．最初に，9.3 節において MHD の支配方程式と定理を提示する．次に，9.4 節で乱流の話題にもどる．そこでは，成層流体や回転流体と同様に，渦が波動運動によって成形されることが示される．問題の波はアルヴェーン波とよばれるものである．次に，9.5 節において，惑星ダイナモにおける MHD 乱流が果たす役割について述べる．そこでは，コリオリ力と電磁力の両方が重要になる．これらを通して繰り返される話題は，磁場（普通は単に場とよばれる）がエネルギーを散逸し，磁力線に沿ってエネルギーを分散させることによって乱れを成形するはたらきがあることである．

9.3.1 運動する導電体と磁場の干渉：定性的な概観

磁場 $\mathbf{B}$ と運動する導電性流体のあいだの相互干渉は，次の理由で起こる．磁場と流体の相対運動は，$\mathbf{u} \times \mathbf{B}$ のオーダーの電磁力 (emf) を発生する．オームの法則により，この電磁力は空間密度が $\sigma \mathbf{u} \times \mathbf{B}$ の電流を引き起こす．σ は流体の電気伝導率である．この電流は二つの影響をもっている．

影響 1：u が B に及ぼす影響 誘導された電流は二次の磁場を生む．これが最初の磁場に重畳されて，あたかも流体が磁力線を運動方向に引きずるかのようにはたらく．

影響 2：B から u への逆の影響 二次の磁場が重畳された複合磁場は，電流密度 $\mathbf{J}$ の誘導電流と干渉し，単位体積あたり $\mathbf{J} \times \mathbf{B}$ のローレンツ力を生じる．これが流体に対して相対運動を妨げる方向に作用する．

これら二つの影響は，古典電気力学においても知られている．たとえば，図 9.14 に示されているように，ワイヤーループが磁場のなかを引きずられていく場面を考えよう．ワイヤーと磁石の相対運動によってワイヤーに電流が誘導される．この電流は，図に示されているように磁場をゆがめ（ワイヤーが磁場を引きずるように），$\mathbf{B}$ と干渉して相対運動を妨げる方向にローレンツ力を生じる．

MHD は，さらに次の二つに分類されるのが普通である．強導電性流体の研究と弱導電性流体の研究である．この分類は任意ではなく，二つのケースで主要な物理過程が大きく異なる．もちろん，すぐにわいてくる疑問は，強導電性とは何に比べてかで

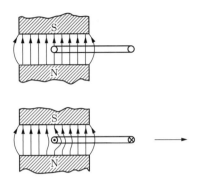

図 9.14 磁石と運動するワイヤーループとの干渉

ある．従来の習慣は，そして，これが物理的に適切であることがあとからわかるが，次のようなものである．電気伝導率 σ と自由空間における透磁率 μ との積は $\mathrm{m}^{-2}\mathrm{s}$ の次元をもっている．したがって，$\lambda = (\sigma\mu)^{-1}$ は拡散率の次元となり，実際，λ は磁気拡散率とよばれている．この λ を用いて，レイノルズ数と類似の無次元グループ，

$$R_m = \frac{ul}{\lambda} = \mu\sigma ul \tag{9.28}$$

をつくることができる．これは，磁気レイノルズ数とよばれ，σ の無次元尺度として便利に用いられる．したがって，MHD を高 R_m の現象と低 R_m の現象に分類するのが従来の習慣である．地球上の MHD はすべて低 R_m タイプである．室内実験や冶金プロセスもこれに含まれる．ただし，ジオダイナモは低 R_m と高 R_m の両方にかかわる．一方，宇宙物理の分野においては，おもに長さスケールが莫大であることにより，R_m はつねに巨大である．

図 9.14 のワイヤーループの動力学から，R_m の重要性をうかがい知ることができる．しかし，そのまえに，電磁気学の基本概念のいくつかを紹介しておこう．それらは，オームの法則，ファラデーの法則，アンペアの法則である．これらについて一つずつとりあげよう．

オームの式は，導電性媒体内の電流密度 $\mathbf{J}$ を電場 $\mathbf{E}$ と関係づける経験則である．σ を電気伝導率とすると，静止している導電体に対しては $\mathbf{J} = \sigma\mathbf{E}$ で表される．この式は，$\mathbf{J}$ が，電荷 q をもつ自由荷電粒子に作用するクーロン力 $\mathbf{f} = q\mathbf{E}$ に比例すると考えてもよい．しかし，もし，導電体が磁場 $\mathbf{B}$ のなかを速度 $\mathbf{u}$ で運動している場合は，自由電荷はもう一つの力 $\mathbf{f} = q\mathbf{u} \times \mathbf{B}$ を受けるため，オームの法則は，

$$\mathbf{J} = \sigma(\mathbf{E} + \mathbf{u} \times \mathbf{B}) \tag{9.29}$$

にかわる．$\mathbf{E} + \mathbf{u} \times \mathbf{B}$ という量は単位電荷あたりの正味の電磁力で，速度 $\mathbf{u}$ で移動

する座標系で測った電場なので，実効電場とよばれる．これより，力の法則とオームの法則は，

$$\mathbf{f} = q(\mathbf{E} + \mathbf{u} \times \mathbf{B}) = q\mathbf{E}_r, \quad \mathbf{J} = \sigma(\mathbf{E} + \mathbf{u} \times \mathbf{B}) = \sigma\mathbf{E}_r$$

と書きなおせる．

一方，ファラデーの法則は，（ i ）非定常磁場，あるいは，（ ii ）磁場中での導電体の運動，の結果として，導電体内部に発生する電磁力について述べたものである．どちらの場合も，

$$\oint_C \mathbf{E}_r \cdot d\mathbf{r} = \oint_C (\mathbf{E} + \mathbf{v} \times \mathbf{B}) \cdot d\mathbf{r} = -\frac{d}{dt}\int_S \mathbf{B} \cdot d\mathbf{S} \tag{9.30}$$

の形をしている．ここで，C は線素 $d\mathbf{r}$ からなる閉曲線，S は曲線 C を足とする任意の曲面である（$d\mathbf{r}$ と $d\mathbf{S}$ の方向関係は右手の法則に従うものとする）．式(9.30)の速度 $\mathbf{v}$ は線素 $d\mathbf{r}$ の移動速度であり，したがって，$\mathbf{E}_r$ は $d\mathbf{r}$ とともに移動する座標系において測った実効電場である．このとき，閉曲線 C のまわりの電磁力は，$\oint_C \mathbf{E}_r \cdot d\mathbf{r}$ で定義される．そして，ファラデーの法則は，C を足とする任意の曲面を通過する磁束 $\Phi = \int \mathbf{B} \cdot d\mathbf{S}$ の正味の変化率がゼロでない限り，つねに，電磁力が閉曲線 C のまわりに誘起されることを述べている．つまり，電磁力は $(-d\Phi/dt)$ に等しい．$\mathbf{B}$ はソレノイダルだから，どの面を考えるかは問題ではない．C は静止していても，導電性媒質とともに移動していても，あるいは何か別の運動をしていてもかまわない．C が物質に付随する（すなわち，媒質とともに移動する）曲線であるという特別な場合には，ファラデーの法則とオームの法則から，誘起された電磁力が導電体内部に，

$$\oint_{C_m} \mathbf{J} \cdot d\mathbf{r} = -\sigma\frac{d}{dt}\int_S \mathbf{B} \cdot d\mathbf{S} = -\sigma\frac{d\Phi}{dt} \tag{9.31}$$

に従って電流を誘導することがわかる．ここで，C_m の添え字 m は物質曲線を意味する．

最後に，アンペアの法則も必要である．これは，与えられた電流分布 $\mathbf{J}$ にともなう磁場についてである．これは，次式で表される．

$$\oint_C \mathbf{B} \cdot d\mathbf{r} = \mu \int_S \mathbf{J} \cdot d\mathbf{S} \tag{9.32a}$$

ストークスの定理から，この積分方程式は次の微分式と等価である．

$$\nabla \times \mathbf{B} = \mu \mathbf{J} \tag{9.32b}$$

このようにして，アンペアの法則は，ビオ・サヴァールの法則の式(2.28)を使って $\mathbf{B} = f(\mathbf{J})$ の形の式，

$$\mathbf{B}(\mathbf{x}) = \frac{\mu}{4\pi} \int \frac{\mathbf{J}' \times \mathbf{r}}{r^3} d\mathbf{x}', \quad \mathbf{r} = \mathbf{x} - \mathbf{x}' \tag{9.32c}$$

に変換される．これがアンペアの法則の本質を表現している．分布 $\mathbf{J}' = \mathbf{J}(\mathbf{x}')$ が与えられると $\mathbf{B}(\mathbf{x})$ が計算できる．

ここで，図9.15のワイヤーループの話題にもどろう．ループが突然力を受けた場合のループの挙動に興味がある．ループの運動によって誘起される電流の強さと磁場は，次のようにして見積もられる．オームの法則から，$|\mathbf{J}| \sim \sigma|\mathbf{u} \times \mathbf{B}_0|$，$\mathbf{B}_0$ は磁石によって生じている非回転磁場，$\mathbf{u}$ はループの瞬時速度である（$\nabla \times \mathbf{B} = \mu \mathbf{J}$ であり，ワイヤーループがない状態では磁極間の空中では電流は流れていないから，$\mathbf{B}_0$ は非回転であることがわかる）．電流密度 $\mathbf{J}$ にともなう磁場は，アンペアの法則，あるいはビオ・サヴァールの法則を使って見積もることができる．$\mathbf{B}_0$ は式(9.32a)にも式(9.32c)にも寄与しないことに注意すると，$|\mathbf{B}_{\mathrm{IN}}| \sim \mu|\mathbf{J}|l$ となる．$\mathbf{B}_{\mathrm{IN}}$ は誘導磁場，l はある幾何学的特性長さスケールである．これと，上で求めた $\mathbf{J}$ から，

$$|\mathbf{B}_{\mathrm{IN}}| \sim \sigma \mu u l |\mathbf{B}_0| = R_m |\mathbf{B}_0| \tag{9.33}$$

が得られる．これで R_m の重要性がはっきりしてきた．R_m が小さいときは，誘導磁場は課された磁場に比べて無視できる．これは，電気伝導率が小さいということが，誘導電流が弱いことを意味し，したがって，誘導磁場も弱いことを意味する．R_m が大きいときは，$\mathbf{B}_{\mathrm{IN}}$ は無視できない．このとき，オームの法則において $\mathbf{E}$ と $\mathbf{u} \times \mathbf{B}$ がかなり打ち消し合い，$|\mathbf{J}| \sim \sigma|\mathbf{u} \times \mathbf{B}_0|$ という見積もりは正しくなくなるため，式(9.33)は成り立たない．電気伝導率が大きい場合は，式(9.33)は，普通，$|\mathbf{B}_{\mathrm{IN}}| \sim |\mathbf{B}_0|$ におき換えられ，誘導磁場は無視できない．さらに重要なことは，無限大に近い電流は物理的にあり得ないから，式(9.31)から $\sigma \to \infty$ のとき，$d\Phi/dt \to 0$ となることである．つまり，もし，ワイヤーループが超伝導体でできているとすると，ループ

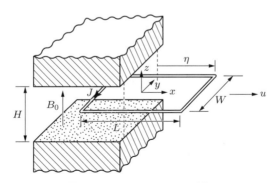

図9.15　ワイヤーループの形状

を通過する磁束はループが動いても変化しない．これは，図9.14でループが磁力線をループの移動方向に引きずるように見える理由である．

次に，R_m が大きいときと小さいときに分けて考えよう．まず，R_m が小さいときからはじめる．ワイヤーループが摩擦のない水平面の上に置かれているとする．$t=0$ の瞬間にループを軽くたたいたときに，その後の運動がどうなるかを知りたい．R_m が小さいので $\mathbf{B}_\mathrm{IN}$ も小さく，式(9.29)または式(9.31)から，ワイヤーに誘起される電流は $J \sim \sigma B_0 u$ のオーダーになる．ここで，u はループの速度である．その結果，単位体積あたり $\mathbf{F}=\mathbf{J}\times\mathbf{B}$ のローレンツ力がループの運動を妨げる方向にはたらく．その大きさは $F \sim \sigma B_0^2 u$ である．u が，

$$\frac{du}{dt} \sim -\frac{u}{\tau}, \quad \tau = \left(\frac{\sigma B_0^2}{\rho}\right)^{-1} \tag{9.34a}$$

に従って減速することは簡単に示せる．ρ はループの密度である．もちろん，軽くたたけばループは前進するが，その運動量は時間スケール τ で指数関数的に減少する．この時間スケールは，R_m が小さいMHD問題ではきわめて重要で，磁気減衰時間とよばれている．誘導されたローレンツ力は導電体と磁石の相対運動に対抗する方向に作用することは明らかであり，また，ワイヤーループが運動エネルギーを失う割合は，オーム加熱によって熱エネルギーが増加する割合とぴったり一致している．このように，R_m が小さいときは，ローレンツ力のおもな役割は機械的エネルギーを熱エネルギーに変換することである．

次に，R_m が大きい場合($\sigma \to \infty$)を考えよう．ここでのキーポイントは，式(9.31)からわかるように，ループが前進する際に Φ が保存される点である．いま，η をループの前端の位置を表すとし，ループの長さを L，幅を W (図9.15)とすると，

$$\Phi = B_0 W(L-\eta) + \bar{B}_\mathrm{IN} W L = \Phi_0 = B_0 W(L-\eta_0)$$

である．ここで，$\bar{B}_\mathrm{IN}$ はループ内の $\mathbf{B}_\mathrm{IN}$ の平均垂直成分で，Φ_0 と η_0 は Φ と η の初期値である．さて，アンペアの法則から $\bar{B}_\mathrm{IN} = \mu l J$ で，l はある幾何学的な長さスケールであるが，正確な値は問題ではない．この関係から，

$$\bar{B}_\mathrm{IN} = \mu l J = \frac{\eta - \eta_0}{L} B_0$$

が得られ，これより，

$$J = \frac{\eta - \eta_0}{\mu l L} B_0$$

が得られる．次に，$(\eta - \eta_0) \ll L$ と仮定し，上の式を使ってローレンツ力 $F_x = -JB_0$ を求め，ループに対してニュートンの第二法則を適用する．少し計算すると，

$$\frac{d^2}{dt^2}(\eta - \eta_0) + \frac{v_\mathrm{a}^2}{h^2}(\eta - \eta_0) = 0$$

が得られる．ここで，$h^2 = 2lL(1 + L/W)$ で，v_a は，

$$v_\mathrm{a} = \frac{B_0}{(\rho\mu)^{1/2}} \tag{9.34b}$$

で定義される．v_a は R_m が大きい MHD ではきわめて重要な量であり，アルヴェーン速度とよばれている．

R_m が大きい場合は，ループの挙動は非常に異なるようだ．時間スケール τ でゆっくりと停止するのではなく，アルヴェーン速度に比例した周波数で振動する．この場合は，運動エネルギーの散逸は起こらない．磁場はあたかも弾性ばねのようなはたらきをし，ループをその場にとどめようとする．この状況は，図 9.16 に示されている．

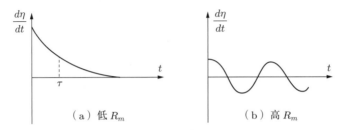

図 9.16　突然，力を受けた場合のワイヤーループの応答

これまで見てきたことをまとめよう．MHD の三つの重要な量は，磁気レイノルズ数，アルヴェーン速度，および磁気減衰時間である．これらは，次の表のようにまとめられる．磁場のなかでの導電体の挙動にとっては，R_m の値が決定的である．R_m が小さい場合は，磁場は散逸的である．ワイヤーループが軽くたたかれると，まるで糖蜜に浸っているかのようにすべる．誘起されたローレンツ力が運動を妨げ，運動エネルギーをオーム散逸により熱に変換する．また，この場合，誘導磁場は無視できる．これに対して，R_m が大きい場合は，磁場は散逸的でなく，弾性ばねのようにループをその場にとどめるように作用する．軽くたたくと，ループは前後に振動し，その周波数はアルヴェーン速度に比例する．また，ワイヤーループを通過する磁束は時間的に変化しない．

課された磁場に対する導電性流体の応答は，ワイヤーの応答と同じであることがじ

磁気レイノルズ数	$R_m = \mu\sigma ul = ul/\lambda$
アルヴェーン速度	$v_\mathrm{a} = B_0/(\rho\mu)^{1/2}$
磁気減衰時間	$\tau = (\sigma B_0^2/\rho)^{-1}$

きに示される．R_m が大きい場合は，流体中の攪乱は弾性振動を引き起こし，速度 v_a で波動として伝播する．これに対して，R_m が小さい場合は，磁場は散逸的な性質をもつ．それは運動を妨げようとし，運動エネルギーを熱にかえ，単位体積あたりの加熱率は J^2/σ に等しい．

9.3.2 マクスウェル方程式から MHD の支配方程式へ

いよいよ MHD の支配方程式に着手しよう．これらは，ナヴィエ・ストークス方程式と簡略化されたマクスウェル方程式からなる．まえと同じく，非圧縮性流体に限定する．まず，マクスウェル方程式からはじめよう．

極性化あるいは磁化が問題にならないような物質に対する電気力学の支配方程式は，以下のとおりである．

● オームの法則：
$$\mathbf{J} = \sigma(\mathbf{E} + \mathbf{u} \times \mathbf{B}) \tag{9.35}$$

● 電荷の保存則：
$$\nabla \cdot \mathbf{J} = -\frac{\partial \rho_e}{\partial t} \tag{9.36}$$

● 点電荷に対する力の法則：
$$\mathbf{F} = q(\mathbf{E} + \mathbf{u} \times \mathbf{B}) \tag{9.37}$$

● ガウスの法則：
$$\nabla \cdot \mathbf{E} = \frac{\rho_e}{\varepsilon_0} \tag{9.38}$$

● **B** のソレノイド性：
$$\nabla \cdot \mathbf{B} = 0 \tag{9.39}$$

● 微分形式のファラデーの法則：
$$\nabla \times \mathbf{E} = -\frac{\partial \mathbf{B}}{\partial t} \tag{9.40}$$

● アンペア・マクスウェル方程式：
$$\nabla \times \mathbf{B} = \mu \left(\mathbf{J} + \varepsilon_0 \frac{\partial \mathbf{E}}{\partial t} \right) \tag{9.41}$$

ここで，ρ_e は電荷密度，ε_0 は自由空間の透磁率である．最後の四つの式は，まとめてマクスウェルの式として知られている．これらは必ずしもすべて独立というわけで

はない．たとえば，式(9.40)の発散をとると，$\nabla \cdot (\partial \mathbf{B}/\partial t) = 0$となり，これより，（適当な初期条件を与えて）式(9.39)を導くことができる．同様に，式(9.41)の発散をとり，ガウスの法則を使うと，

$$\nabla \cdot \mathbf{J} = -\varepsilon_0 \nabla \cdot \left[\frac{\partial \mathbf{E}}{\partial t}\right] = -\frac{\partial \rho_e}{\partial t}$$

が得られ，これは，まさに電荷の保存則である．最終的に，MHDにおいては，これらの式はかなり簡単化できる．すなわち，ρ_e は適切な無次元化を行うと，きわめて小さくなる．このため MHD では，電荷密度は微小（しかし有限）と仮定したのと同等の，簡略化された方程式系が扱われる．

ρ_e が小さい極限で，式(9.35)～(9.41)を簡単化する過程はかなり煩雑である．詳細は，Shercliff (1965) または Davidson (2001) に述べられている．ここでは，最終結果のみを示す．式(9.36)が $\nabla \cdot \mathbf{J} = 0$ のように簡単になることはわかるが，これは驚くにはあたらない．変位電流とよばれる式(9.41)の右辺第二項も省略できる（そうでなければならないことは，式(9.41)の発散をとり，ガウスの法則を使い，結果を簡単化された式(9.36)と比較することによって示すことができる）．最後の簡単化は，力の法則の式(9.37)からくる．この式を導電体の単位体積について積分すると，$\mathbf{F} = \rho_e \mathbf{E} + \mathbf{J} \times \mathbf{B}$ となる．ρ_e は無視できるので，正味の電磁力は $\mathbf{F} = \mathbf{J} \times \mathbf{B}$ のように簡単になる．いよいよ MHD の支配方程式を書き下す段階にきた．それらは，次のとおりである．

●オームの法則とローレンツ力：

$$\mathbf{J} = \sigma(\mathbf{E} + \mathbf{u} \times \mathbf{B}) \tag{9.42}$$

$$\mathbf{F} = \mathbf{J} \times \mathbf{B} \tag{9.43}$$

●微分形のファラデーの法則と $\mathbf{B}$ のソレノイド条件：

$$\nabla \times \mathbf{E} = -\frac{\partial \mathbf{B}}{\partial t} \tag{9.44}$$

$$\nabla \cdot \mathbf{B} = 0 \tag{9.45}$$

●アンペアの法則と電荷の保存則：

$$\nabla \times \mathbf{B} = \mu \mathbf{J} \tag{9.46}$$

$$\nabla \cdot \mathbf{J} = 0 \tag{9.47}$$

もちろん，これらにナヴィエ・ストークス方程式が加わり，そこには単位体積あたりの体積力として $\mathbf{J} \times \mathbf{B}$ が含まれる．式(9.45)と式(9.47)はファラデーの法則とアン

ペアの法則から，$\nabla\cdot\nabla\times(\sim)=0$ を用いて導かれる．また，MHD 近似では，ガウスの法則は使われない．なぜなら，それは，ただ ρ_e を決めるだけのもので，その値自体が小さいので，その分布はわれわれにとってはどうでもよいからである．MHDでは，$\mathbf{E}$ の発散は式(9.42)から求められる．

アンペアの法則とファラデーの法則は積分形式で現れることが多く，実際，前項でもその形で導かれた．式(9.46)の積分形は式(9.32a)にほかならない．しかし，式(9.30)と式(9.44)の関係は，少しわかりにくい．これは，次のようにして求められる．2.3.3項において，$\mathbf{G}$ を流体に満たされた任意のベクトル場，S_m を流体中の任意の開いた物質面とすると，運動学上，

$$\frac{d}{dt}\int_{S_m}\mathbf{G}\cdot d\mathbf{S} = \int_{S_m}\left[\frac{\partial\mathbf{G}}{\partial t} - \nabla\times(\mathbf{u}\times\mathbf{G})\right]\cdot d\mathbf{S} \tag{9.48}$$

であることがわかる（$\mathbf{u}$ は，流体の速度であると同時に，物質面 S_m 上の任意の点の速度でもある）．また，微分形式のファラデーの法則から，

$$\nabla\times(\mathbf{E}+\mathbf{u}\times\mathbf{B}) = -\left[\frac{\partial\mathbf{B}}{\partial t} - \nabla\times(\mathbf{u}\times\mathbf{B})\right] \tag{9.49}$$

が得られる．この二つをまとめ（$\mathbf{G}=\mathbf{B}$ として），式(9.49)を積分すると，

$$\oint_{C_m}(\mathbf{E}+\mathbf{u}\times\mathbf{B})\cdot d\mathbf{r} = -\frac{d}{dt}\int_{S_m}\mathbf{B}\cdot d\mathbf{S}$$

が得られる．ここで，C_m は物質面 S_m の外周曲線である．最後に，有効電場 $\mathbf{E}_r=\mathbf{E}+\mathbf{u}\times\mathbf{B}$ を導入し，電磁力 (emf) を C_m に沿っての $\mathbf{E}_r$ の周回積分と定義する．その結果，積分形式のファラデーの法則，

$$\text{emf} = \oint_{C_m}\mathbf{E}_r\cdot d\mathbf{r} = -\frac{d}{dt}\int_{S_m}\mathbf{B}\cdot d\mathbf{S} \tag{9.50}$$

が導かれる．じつは，式(9.50)は，C を周とする任意の面 S に対して適用できる．面 S は静止していても，流体とともに移動していても，あるいは流体とは違った何かの運動をしていてもよい．それは問題ではない．ただし，$\mathbf{E}_r$ は線素 $d\mathbf{r}$ が移動する速度 $\mathbf{v}$ を使って，$\mathbf{E}_r=\mathbf{E}+\mathbf{v}\times\mathbf{B}$ によって計算することだけは必要である．

ここで，ファラデーの法則の微分形式にもどり，オームの法則を使って $\mathbf{E}$ を消去してから，アンペアの法則を使って $\mathbf{J}$ を消去する．最終的に得られる結果は結構美しい．$\mathbf{B}$ の発展方程式として見慣れた形（ときどき誘導方程式ともよばれる），

$$\frac{\partial\mathbf{B}}{\partial t} = \nabla\times(\mathbf{u}\times\mathbf{B}) + \lambda\nabla^2\mathbf{B} \tag{9.51}$$

が得られる．λ は磁気拡散率 $(\mu\sigma)^{-1}$ である．渦度場と磁場は，拡散率が異なること以外は，同様に発展することがわかる．このことは，完全導電性の流体に対しては，

（i）ケルビンの定理や，（ii）渦線の凍結性（図9.17）と類似の性質がMHDにも存在することを暗に示している．実際，そのとおりである．完全導体（$\lambda = 0$）に対しては，次の二つの定理が成り立つことが証明できる．

$$\text{定理1：} \frac{d}{dt}\int_{S_m} \mathbf{B} \cdot d\mathbf{S} = 0 \tag{9.52a}$$

$$\text{定理2：} \mathbf{B} \text{線は流体中に凍結されている} \tag{9.52b}$$

いつものように，S_mは物質面（流体とともに移動する面）である．

定理1は，ケルビンの定理と類似しており，積分形式のファラデーの法則，

$$\oint_{C_m} \mathbf{E}_r \cdot d\mathbf{r} = \frac{1}{\sigma}\oint_{C_m} \mathbf{J} \cdot d\mathbf{r} = -\frac{d}{dt}\int_{S_m} \mathbf{B} \cdot d\mathbf{S} \tag{9.53}$$

からただちに導くことができる．$\sigma \to \infty$（$|\mathbf{J}|$は有限）のとき，左辺の線積分はゼロになり，式(9.52a)が導かれる．定理2は，図9.18を考慮して，定理1から導くことができる．この図は，完全導電性流体中の磁束管（流管と類似）を表している．$\mathbf{B}$はソレノイド状なので，管に沿っての，$\mathbf{B}$の磁束Φは一定である．ここで，ある適

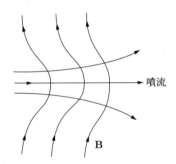

図9.17　定理2の概念図．磁場を横切る流れは磁力線を外側にねじ曲げる．

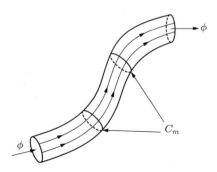

図9.18　完全導電性流体中の磁束管

当な初期時刻 $t=0$ において，この管をとり囲む物質曲線 C_m を考える．C_m にとり囲まれている磁束は，$t=0$ において Φ に等しく，定理1により，このことは，その後のすべての時刻においても成り立つ．すなわち，C_m が流れによって運ばれる際に伸縮やねじりを受けても，つねに同じ磁束をとり囲んでいる．このことは，また，$t=0$ で管を囲んでいたすべての物質線に対していえる．任意の速度場に対して，これが実現するためには，磁束管が物質曲線と同じように，流体中に凍結されていて，同じ運動をしている必要がある．ここで，磁束管の断面積をゼロに近づけると定理2となる．

最後に，MHD におけるエネルギー式を導こう．$\mathbf{u}$ とナヴィエ・ストークス方程式の内積をとると，

$$\frac{D}{Dt}\left(\frac{\rho \mathbf{u}^2}{2}\right) = -\nabla\cdot(p\mathbf{u}) + \nabla\cdot(u_i \tau_{ij}) - 2\rho\nu S_{ij}S_{ij} + (\mathbf{J}\times\mathbf{B})\cdot\mathbf{u}$$

となる．ここで，S_{ij} はひずみ速度テンソル，$\tau_{ij} = 2\rho\nu S_{ij}$ は粘性応力である．しかし，ローレンツ力による仕事率は（オームの法則を使って），

$$(\mathbf{J}\times\mathbf{B})\cdot\mathbf{u} = -\mathbf{J}\cdot(\mathbf{u}\times\mathbf{B}) = \mathbf{J}\cdot\left(\mathbf{E} - \frac{\mathbf{J}}{\sigma}\right)$$

と表せるから，運動エネルギーの変化率は，

$$\frac{D}{Dt}\left(\frac{\rho \mathbf{u}^2}{2}\right) = -\nabla\cdot(p\mathbf{u}) + \nabla\cdot(u_i \tau_{ij}) - 2\rho\nu S_{ij}S_{ij} + \mathbf{J}\cdot\mathbf{E} - \frac{\mathbf{J}^2}{\sigma}$$

となる．あとでもう一度この式にもどるが，ここでは，$\mathbf{B}$ とファラデーの法則の内積をとると，

$$\frac{\partial}{\partial t}\left(\frac{\mathbf{B}^2}{2}\right) = -\mathbf{B}\cdot\nabla\times\mathbf{E} = -\mathbf{E}\cdot\nabla\times\mathbf{B} - \nabla\cdot(\mathbf{E}\times\mathbf{B})$$

となることに注意しておこう．$\nabla\times\mathbf{B}$ をアンペアの法則を使って書きなおすと，磁気エネルギー密度 $\mathbf{B}^2/2\mu$ の変化率が，

$$\frac{\partial}{\partial t}\left(\frac{\mathbf{B}^2}{2\mu}\right) = -\mathbf{J}\cdot\mathbf{E} - \nabla\cdot\left(\frac{\mathbf{E}\times\mathbf{B}}{\mu}\right)$$

と表される．最後に，以上の磁気エネルギー式と運動エネルギー式を加え合わせると，途中で $\mathbf{J}\cdot\mathbf{E}$ が消去されて，

$$\frac{\partial}{\partial t}\left(\frac{\rho\mathbf{u}^2}{2} + \frac{\mathbf{B}^2}{2\mu}\right) = -\nabla\cdot(\rho\mathbf{u}) + \nabla\cdot(u_i\tau_{ij}) - \nabla\cdot\left[\left(\frac{1}{2}\rho\mathbf{u}^2\right)\mathbf{u}\right]$$

$$-\nabla\cdot\left(\frac{\mathbf{E}\times\mathbf{B}}{\mu}\right) - 2\rho\nu S_{ij}S_{ij} - \frac{\mathbf{J}^2}{\sigma} \quad (9.54\mathrm{a})$$

となる．式(9.54a)の右辺の各項の意味は，この式を表面が S の固定検査体積 V につ

いて積分すると理解しやすい．四つの発散項は，（i）表面 S に作用する圧力による単位時間あたりの仕事，（ii）表面 S に作用する粘性応力による単位時間あたりの仕事，（iii）表面 S を単位時間に通過する運動エネルギー，（iv）表面 S を通過する磁気エネルギー流束で，$(\mathbf{E} \times \mathbf{B})/\mu$ という量は，ポインティングベクトルとよばれる．V が空間全体に及ぶ場合には，表面積分は消え，

$$\frac{dE}{dt} = \frac{d}{dt} \int_V \left(\frac{\rho \mathbf{u}^2}{2} + \frac{\mathbf{B}^2}{2\mu} \right) dV = -\int_V \left(\frac{\mathbf{J}^2}{\sigma} \right) dV - 2\rho\nu \int S_{ij} S_{ij} dV \quad (9.54\text{b})$$

が得られる．この式は，合計の電気－力学エネルギーがオーム加熱（ジュール加熱ともよばれる）と粘性散逸によって減衰することを示している．

これで，MHD の支配方程式についての概要説明を終える．電気力学になじみのない人は，もっとやさしい説明がほしいと思うかもしれない．その場合は，Shercliff (1965) または Davidson (2001) を参照してほしい．次に，R_m がとくに小さい場合と，とくに大きい場合に対して，MHD 方程式を簡単化することを考える．まず，R_m がとくに小さい場合からはじめる．

9.3.3 低磁気レイノルズ数 MHD に対する簡単化

9.3.1 項でわれわれは，R_m が小さい場合，加えられた磁場に比べて誘導磁場は無視できることを知った．このことは，$R_m \to 0$ のとき，MHD の支配方程式が簡単になることを示唆しており，実際，そうなのである．その際，$R_m \to 0$ を速度が非常に小さい極限と考えるのがよい．

$\mathbf{B}_0$ を，もし $\mathbf{u} = 0$ であればある与えられた領域にあるはずの定常な磁場とし，小さいが有限な速度場のために，$\mathbf{E}_0 = 0$，$\mathbf{J}_0 = 0$，および $\mathbf{B}_0$ の場に加わる微小な攪乱を $\mathbf{e}$, $\mathbf{j}$, $\mathbf{b}$ とする．$|\mathbf{u}|$ が小さい場合，

$$\nabla \times \mathbf{e} = -\frac{\partial \mathbf{b}}{\partial t}, \quad \mathbf{j} = \sigma(\mathbf{e} + \mathbf{u} \times \mathbf{B}_0)$$

である．ファラデーの式から，$|\nabla \times \mathbf{e}| \sim |\mathbf{u}||\mathbf{b}|$ であり，したがって，$|\nabla \times \mathbf{e}|$ は二次の量である．これより，$|\mathbf{u}|$ の一次の項のみを残すと，

$$\mathbf{J} = \mathbf{J}_0 + \mathbf{j} = \sigma(\mathbf{e} + \mathbf{u} \times \mathbf{B}_0), \quad \nabla \times \mathbf{e} = 0$$

となる．V を静電ポテンシャルとすると，$\mathbf{e} = -\nabla V$ であり，オームの法則とローレンツ力は，

$$\mathbf{J} = \sigma(-\nabla V + \mathbf{u} \times \mathbf{B}_0) \quad (9.55\text{a})$$

$$\mathbf{F} = \mathbf{J} \times \mathbf{B}_0 \quad (9.55\text{b})$$

のような簡単な形となる．低 R_m MHD において，ローレンツ力を計算するには，式(9.55a)と式(9.55b)だけで十分である．ローレンツ力には現れないので，$\mathbf{b}$ は計算する必要がなく，したがって，アンペアの法則はこの場合は不要である．さらに，$\mathbf{J}$ は式(9.55a)により完全に決定される．なぜなら，

$$\nabla \cdot \mathbf{J} = 0, \quad \nabla \times \mathbf{J} = \sigma \nabla \times (\mathbf{u} \times \mathbf{B}_0) \tag{9.56a}$$

であり，一般にベクトル場は，その発散と回転が既知であれば一意的に決まるからである．

式(9.56a)により，$\mathbf{F} = \mathbf{J} \times \mathbf{B}_0$ の大きさも決まることに注意しよう．このことから，相互作用パラメータとよばれる有益な無次元グループが，次のようにして導かれる．$\mathbf{B}_0$ が一様な場合を考え，$l_{//}$ と $l_\perp$ を $\mathbf{B}_0$ に平行および垂直方向の長さスケールとする．$l_{//} \sim l_\perp$ となる場合もあるが，$l_{//} > l_\perp$ となることのほうが多い．なぜなら，あとでわかるように，磁場は渦を $\mathbf{B}_0$ の方向に引き伸ばす傾向があるからである．式(9.56a)を，

$$\nabla \times \mathbf{J} = \sigma (\mathbf{B}_0 \cdot \nabla) \mathbf{u} \tag{9.56b}$$

の形に書くと，$|\mathbf{J}| \sim \sigma B_0 u l_\perp / l_{//}$ で，したがって，ローレンツ力の回転は，

$$|\nabla \times (\mathbf{J} \times \mathbf{B}_0)| = |(\mathbf{B}_0 \cdot \nabla) \mathbf{J}| \sim \frac{\sigma B_0^2 u}{l_\perp} \left(\frac{l_\perp}{l_{//}} \right)^2$$

のオーダーであることがわかる．これを慣性力の回転，$\nabla \times [\rho(\mathbf{u} \cdot \nabla) \mathbf{u}] \sim \rho u^2 / l^2_\perp$ と比較してみよう．これらの比は，

$$\frac{\nabla \times (\text{ローレンツ力})}{\nabla \times (\text{慣性力})} \sim \frac{(l_\perp / u)}{\tau} \left(\frac{l_\perp}{l_{//}} \right)^2$$

となる．τ は，式(9.34a)で定義された磁気減衰時間である．$l_{//} \sim l_\perp = l$ の場合は，この比は，

$$N = \frac{\sigma B_0^2 l}{\rho u} = \frac{l/u}{\tau} \tag{9.57}$$

となる．無次元パラメータ N（バイサラ・ブラント周波数と混同しないように）が，相互作用パラメータとよばれるもので，渦のターンオーバー時間と磁気減衰時間の比と考えることができる．実際には，$\mathbf{B}_0$ が一様な場合，$\mathbf{F} = \mathbf{J} \times \mathbf{B}_0$ はとくに単純な形になる．式(9.55a)と式(9.55b)から，

$$\nabla \times \left(\frac{\mathbf{F}}{\rho} \right) = -\frac{1}{\tau} \nabla^{-2} \left(\frac{\partial^2 \boldsymbol{\omega}}{\partial x_{//}^2} \right) \tag{9.58}$$

となることは容易に確認できる．ここで，$x_{//}$ は $\mathbf{B}_0$ 方向の座標であり，∇^{-2} はビオ・サヴァールの法則によって定義される逆演算子である．最後に，$R_m \to 0$ の極限では，

誘導磁場に付随する磁気エネルギー **b** は無視できるため，エネルギー式(9.54b)は，

$$\frac{d}{dt}\int \frac{1}{2}\mathbf{u}^2 dV = -\frac{1}{\rho\sigma}\int \mathbf{J}^2 dV - 2\nu\int S_{ij}S_{ij}dV \tag{9.59}$$

となる．

9.3.4 高磁気レイノルズ数 MHD の単純な性質

今度は，高 R_m の MHD の話題に移ろう．ここでとりあげたい二つの話題は，（ⅰ）理想 MHD の積分不変量，（ⅱ）アルヴェーン波である．まず，不変量について考える．$\lambda = 0$（いわゆる完全導体）のとき，**B** の発展方程式は，

$$\frac{\partial \mathbf{B}}{\partial t} = \nabla \times (\mathbf{u} \times \mathbf{B}) \tag{9.60}$$

となる．まえにも見たように，この方程式の特徴は，次の二つである．

（ⅰ）　$\dfrac{d}{dt}\displaystyle\int_{S_m} \mathbf{B}\cdot d\mathbf{S} = 0$

（ⅱ）　**B** 線は流体に凍結される．

これらは非粘性流体に対する，（ⅰ）ケルビンの定理と，（ⅱ）$\boldsymbol{\omega}$ 線の凍結性の MHD 版である．高 R_m MHD がほかと異なる特徴を示すのは，性質（ⅱ）による．古典水力学から学ぶものがもう一つある．第 2 章の演習問題 2.7 で，われわれは，$\nu = 0$ のとき，理想流体がヘリシティー（より正確には，運動学的ヘリシティー）とよばれる積分不変量をもつことを知った．これは，

$$H_\omega = \int_{V_m} \mathbf{u}\cdot\boldsymbol{\omega}dV$$

と定義される．ここで，V_ω は，渦線を囲む任意の実質体積である．電気力学におけるこれに対応する結果は，$\lambda = 0$ のとき，

$$\frac{d}{dt}\int_{V_B} \mathbf{B}\cdot\mathbf{A}dV = 0 \tag{9.61}$$

である．**A** は **B** のベクトルポテンシャルで，$\nabla\times\mathbf{A} = \mathbf{B}$，および $\nabla\cdot\mathbf{A} = 0$ を満足する（ここで，V_B は磁束管を囲む任意の実質体積である）．式(9.61)の証明は，式(9.60)より，

$$\frac{\partial \mathbf{A}}{\partial t} = \mathbf{u}\times\mathbf{B} + \nabla\phi$$

また，これより，

$$\frac{D}{Dt}(\mathbf{A}\cdot\mathbf{B}) = \nabla\cdot[(\phi + \mathbf{A}\cdot\mathbf{u})\mathbf{B}]$$

これを V_B にわたって積分すると求める結果, $H_B = \int \mathbf{B}\cdot\mathbf{A}dV = $ 一定, となる. 磁気ヘリシティー H_B の保存は, 運動学的ヘリシティー H_ω の保存と同様のトポロジー的な意味がある (第 2 章の演習問題 2.8 参照). すなわち, H_ω と H_B は, それぞれ渦管どうしと磁束管どうしの関連の度合いを表している.

例題 9.6 第二不変量:相互ヘリシティー 理想(すなわち拡散がない)MHD には,

$$H_C = \int_{V_B} \mathbf{u}\cdot\mathbf{B}dV$$

の形の第二のヘリシティー不変量が存在することを確認せよ. これは, 相互ヘリシティーとよばれる.

例題 9.7 相互ヘリシティーの物理的解釈 細い孤立した渦管と, 細い孤立した磁束管が, 同じ空間に共存しているが交差はしていないとする. 相互ヘリシティーは, これらの二つの管の関連の度合いを表すことを示せ.

次に, 第二の話題, アルヴェーン波に移ろう. 高 R_m MHD に特別な性質を与えるのは, この波動の存在である. これが, どのようにして発生するかを理解するために, ファラデー張力のアイディアを導入する. ファラデーは磁場を, 張力で支えられている弾性の帯とみなした. いま, それがまっすぐに伸ばされたとする. このアイディアが, どのように生まれたかを理解するには, ローレンツ力の形について考える必要がある. アンペアの法則を使うと, ローレンツ力は,

$$\mathbf{F} = \mathbf{J}\times\mathbf{B} = (\mathbf{B}\cdot\nabla)\left(\frac{\mathbf{B}}{\mu}\right) - \nabla\left(\frac{\mathbf{B}^2}{2\mu}\right)$$

と表せる. 右辺第二項は圧力勾配のなかに含めることができるので, 非圧縮性 MHD においては, 普通, 重要ではない. 実際, $\mathbf{B}^2/2\mu$ は磁気圧力とよばれている. 第一項のほうが重要で, 曲線座標系を用いると,

$$(\mathbf{B}\cdot\nabla)\left(\frac{\mathbf{B}}{\mu}\right) = \frac{B}{\mu}\frac{\partial B}{\partial s}\hat{\mathbf{e}}_t - \frac{B^2}{\mu R}\hat{\mathbf{e}}_n$$

となる. ここで, $B=|\mathbf{B}|$, $\hat{\mathbf{e}}_t$ と $\hat{\mathbf{e}}_n$ は磁力線の接線方向および垂直方向の単位ベクトル, R は磁力線の曲率半径, s は磁力線方向の座標である. ファラデーが, なぜ張力という言葉を使ったのかを説明しよう. もし, 磁力線が曲がっているとすると, 曲率中心に向かう, 大きさが $B^2/\mu R$ に等しい力を媒質に及ぼす. これは, 図 9.19 に

示されているように,磁力線が張力 $T = B^2/\mu$ で引っ張られているのとまさに同じである.

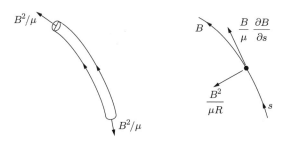

図 9.19 力 $(\mathbf{B}\cdot\nabla)(\mathbf{B}/\mu)$ は,磁力線に張力 $T = B^2/\mu$ が掛かった結果と考えることができる.

上で見たように,R_m が大きい場合は,磁力線は流体に凍結している.それはまた,あたかも張力を受けているかのように振る舞うこともわかった.この二つが結びついてアルヴェーン波が生まれる.いま,一様磁場が貫いている流体に突然,力が作用したとしよう.もし媒質が高い導電性をもっているとしたら,$\mathbf{B}$ 線は流体中に凍結され,流れによって曲げられはじめる(図 9.20).しかし,その結果生じる磁力線の曲率が,逆の力 $B^2/\mu R$ を流体に及ぼす.このため,磁力線が大きく曲がるほどローレンツ力は増大し,最後には流体は静止する.すると今度は,ファラデー張力が流れを逆転させ,最初の位置に押しもどそうとする.しかし,流体は慣性のために中立点を通り越し,それまでとは逆の過程をたどる.そして,9.3.1 項のワイヤーループと同様に,振動が発生する.

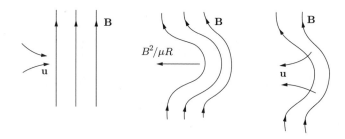

図 9.20 磁力線は流体に凍結された弾性帯のように振る舞う.これがアルヴェーン波を生み出す.

この波の性質ははっきりしている.一様で定常な磁場 $\mathbf{B}_0$ が,微小な速度場 $\mathbf{u}$ によって乱されたとする.$\mathbf{j}$ と $\mathbf{b}$ を,その結果,生じる電流と磁場の攪乱とする.このとき,式 (9.51) は,

$$\frac{\partial \mathbf{b}}{\partial t} = \nabla \times (\mathbf{u} \times \mathbf{B}_0) + \lambda \nabla^2 \mathbf{b}, \quad \nabla \times \mathbf{b} = \mu \mathbf{j}$$

となり,これより,

$$\frac{\partial \mathbf{j}}{\partial t} = \frac{1}{\mu}(\mathbf{B}_0 \cdot \nabla)\boldsymbol{\omega} + \lambda \nabla^2 \mathbf{j} \qquad (9.62)$$

が得られる.次に,渦度方程式を考える.$\nabla \times (\mathbf{u} \times \boldsymbol{\omega})$ は微小量 $\mathbf{u}$ の二乗のオーダーなので,渦度方程式は,

$$\frac{\partial \boldsymbol{\omega}}{\partial t} = \frac{1}{\rho}(\mathbf{B}_0 \cdot \nabla)\mathbf{j} + \nu \nabla^2 \boldsymbol{\omega} \qquad (9.63)$$

のように簡単になる.次のステップは,式 (9.62) と式 (9.63) から,$\mathbf{j}$ を消去することである.その結果,アルヴェーン波を支配する方程式として,

$$\frac{\partial^2 \boldsymbol{\omega}}{\partial t^2} = \frac{1}{\rho\mu}(\mathbf{B}_0 \cdot \nabla)^2 \boldsymbol{\omega} + (\lambda+\nu)\nabla^2\left(\frac{\partial \boldsymbol{\omega}}{\partial t}\right) - \lambda\nu\nabla^4 \boldsymbol{\omega} \qquad (9.64)$$

が得られる.式 (9.64) は,$\boldsymbol{\omega} \sim \hat{\boldsymbol{\omega}}\exp[j(\mathbf{k}\cdot\mathbf{x} - \varpi t)]$ の形の平面波動解をもつこと,および,その分散関係式が,

$$\varpi = \pm\left[v_a^2 k_{//}^2 - \frac{(\lambda-\nu)^2 k^4}{4}\right]^{1/2} - j\left[\frac{(\lambda+\nu)k^2}{2}\right]$$

となることが容易に確認できる.ここで,$k_{//}$ は $\mathbf{k}$ の $\mathbf{B}_0$ 方向の成分,v_a はアルヴェーン速度 $\mathbf{B}_0/(\rho\mu)^{1/2}$ である.ほとんどの高 R_m の流れに対しては適切な近似だが,$\nu = 0$ で,かつ λ が小さいとすると,

$$\varpi = \pm v_a k_{//} - \left(\frac{\lambda k^2}{2}\right) j \qquad (9.65)$$

となることがわかる.この式は,横方向の慣性波が,群速度 $\pm \mathbf{B}_0/(\rho\mu)^{1/2}$ で伝播することを示している.つまり,この波は期待したとおり,エネルギーを $\pm \mathbf{B}_0$ の方向に運び,磁力線はハープの弦をはじいたときのように,波動運動を示す.次に,多くの低 R_m の流れに特徴的な,$\nu = 0$,$\lambda \to \infty$ の極限を考えると,

$$\varpi = -j\lambda k^2, \quad -j\left(\frac{k_{//}}{k}\right)^2 \tau^{-1} \qquad (9.66)$$

となることがわかる.τ は磁気減衰時間 $(\sigma B_0^2/\rho)^{-1}$ である.一番目の根はあたりまえで,ほとんど興味がない.これは,強い減衰を受けてオーム加熱によって急速に消滅する波動を表している.しかし,二番目の根は驚くに値する.アルヴェーン波は $\mathbf{B}$ の凍結性に起因しているのだから,われわれは当然,アルヴェーン波を高 R_m に特徴的な現象と思っている.しかし,式 (9.66) の二番目の根は,この考えが厳密には正しくないことを示している.この解は振動解ではなく,時間スケール τ でゆっくりと

減衰する攪乱を表している．あとでわかるように，これは B 線に沿って攪乱がゆっくりと拡散することを表している．高 R_m と低 R_m の極端な場合が，図 9.21 に示されている．

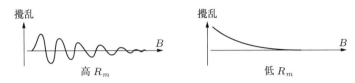

図 9.21 高 R_m および低 R_m の場合のアルヴェーン波

例題 9.8　マグネトストロフィック波　回転と磁場は，どちらも内部波を伝播させるので，導電性流体が高速で回転していて，かつ平均磁場も作用している場合にどうなるかが，当然，知りたくなる．このような状況は，宇宙物理の世界でしばしば見られるが，その場合には慣性波とアルヴェーン波のほかに，まったく新しい種類の波が現れる．これは，マグネトストロフィック波とよばれ，周波数がきわめて低いという特徴がある．一様磁場 $\mathbf{B}_0$ のなかで高速回転している流体を考える．粘性散逸とオーム散逸がないとすると，微小振幅の攪乱 $\mathbf{b}$ と $\boldsymbol{\omega}$ は線形方程式，

$$\frac{\partial \mathbf{b}}{\partial t} = \nabla \times (\mathbf{u} \times \mathbf{B}_0) \quad (|\mathbf{b}| \ll |\mathbf{B}_0|)$$

$$\frac{\partial \boldsymbol{\omega}}{\partial t} = 2(\boldsymbol{\Omega} \cdot \nabla)\mathbf{u} + \frac{1}{\rho}(\mathbf{B}_0 \cdot \nabla)\mathbf{j} \quad (|\boldsymbol{\omega}| \ll \Omega)$$

を満足する．これらを組み合わせると，波動型の方程式，

$$\left[\frac{\partial^2}{\partial t^2} - \frac{1}{\rho\mu}(\mathbf{B}_0 \cdot \nabla)^2\right]^2 \nabla^2 \mathbf{u} + 4(\boldsymbol{\Omega} \cdot \nabla)^2 \left(\frac{\partial^2 \mathbf{u}}{\partial t^2}\right) = 0$$

が得られ，これに対応する分散関係式は，$\varpi^2 \pm \varpi_\Omega \varpi - \varpi_B^2 = 0$ となることを示せ．ここで，ϖ は角周波数，ϖ_Ω と ϖ_B は慣性波とアルヴェーン波の周波数で，それぞれ $2(\boldsymbol{\Omega} \cdot \mathbf{k})/k$ と $(\mathbf{B}_0 \cdot \mathbf{k})/\sqrt{\rho\mu}$ である．

$\varpi_\Omega \gg \varpi_B$（弱磁場の極限）となることが多いが，その場合には，分散関係式は二組の解，$\varpi = \mp \varpi_\Omega$ と $\varpi = \pm \varpi_B^2/\varpi_\Omega$ をもつ．最初のものは単なる慣性波である．二番目のものは周波数が ϖ_Ω や ϖ_B よりはるかに小さく，マグネトストロフィック波に対応するのはこの解である．この波の寿命は非常に長いので，宇宙物理の分野では重要である．たとえば，地球の地殻内部ではこの波の周期は 10^3 年程度である．

9.4 磁場の影響II:MHD乱流

今度は,乱流の話題に移ろう.従来から,MHD乱流は二つの別々の分野で研究されてきた.一方で技術者は,おもに工業技術としての液体金属の流れを理解する必要性に触発されて,低R_m乱流の研究を行ってきた.他方,プラズマ物理や宇宙物理の分野では,高い磁気レイノルズ数,$ul/\lambda \gg 1$の場合の乱流を研究する傾向があった.宇宙物理学分野での研究の多くは一様乱流を扱っており,降着円盤や,太陽大気の運動や,太陽や惑星の深部における運動(とくに太陽や惑星の磁場の形成に関連すると考えられている運動)を理解する必要性がおもな動機となっていた.

ある種の問題では,高R_mと低R_mの両方の乱流の知識が必要となる.たとえば,地球の液体核の内部では,最大規模の運動は磁気レイノルズ数が〜500程度にもなり,同時に最小規模の渦は$R_m<1$程度である(図9.22).ジオダイナモ理論ではどちらの運動も重要であると考えられている.

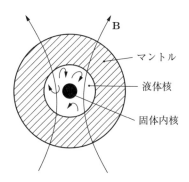

図 9.22 地殻内部における運動が地磁気を維持する.図1.11も見よ.

ここでは,高低両方のR_mの乱流問題を考える.低R_mの問題としては,一様磁場が加えられているときの乱流運動の特徴を把握するという問題が思い浮かぶ.地殻内部の小スケール運動や,冶金の分野における液体金属の乱れがこれにあたる.後者の場合,液体金属の運動を抑制するために磁場が利用される.高R_m乱流の場合には,(i)外部から加えられた大スケールの磁場のなかでの乱流場の発達,および,(ii)与えられた乱れのなかにランダムに点在する弱い磁場の発達,の二つにわれわれは興味をもっている.どちらの問題も,たとえば太陽の対流ゾーンにおける乱流などに関係する.

さらに,9.4.3項では,ランダウとコルモゴロフのアイディアを,MHD乱流との関連で再構築する.その結果,任意の磁気レイノルズ数に対して成り立つ自由減衰一

様乱流の統一的見方が可能となる．議論は，Davidson (1997, 2000) と Okamoto et al. (2010) に沿って進められる[5]．しかし，まずは，ある程度の物理的直感力を養うために，大スケール渦に及ぼす外部から加えられた磁場の影響について概観する．とくに，初期に等方的だった乱れの集団が，磁場を課すことによって整理され形成される現象にわれわれは興味がある．ある意味で，この種の初期値問題はやや人工的だが（第一，このような等方的な場はどうすれば得られるのか），MHD 乱流にまつわるいろいろな現象について検討するには適当な話題である．

9.4.1 MHD 乱流における非等方性の発達

MHD 乱流における角運動量保存の決定的な役割を明らかにするために，Davidson (1995, 1997) によって最初に提案された，やや不自然な思考実験からはじめよう．簡単のために，当面，粘性力は考えない．

導電性流体が絶縁された半径 R の大きな球の内部に閉じ込められているとする（図 9.23）．球は外部から課された一様磁場 $\mathbf{B}_0$ に置かれていて，$\mathbf{b}$ を球内部での流動 $\mathbf{u}$ により誘導された電流にともなう磁場とすると，全体としての磁場は $\mathbf{B} = \mathbf{B}_0 + \mathbf{b}$ である．R_m にも，まえに定義した相互作用パラメータ $N = \sigma B_0^2 l / \rho u$ にも制限を設けない．l は初期の乱れの積分スケールである．R_m が小さいときは $|\mathbf{b}| \ll |\mathbf{B}_0|$ となるが，一般には，$|\mathbf{b}|$ は $|\mathbf{B}_0|$ と同じくらい大きくなり得る．$t = 0$ において，流体が激しくかき混ぜられ，その後，放置されたとしよう．このとき，$\mathbf{B}_0$ によって乱れが非等方化するようすを知りたい．

この問題に次の手順でアプローチする．ローレンツ力によって流体に加えられる全体としてのトルクは，

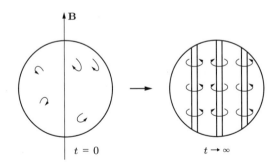

図 9.23　磁場は乱れを柱状の渦に整える．

---

[5]　この話題についての最近の全体的な解説は，Davidson (2013) に述べられている．

$$T = \int_{V_R} \mathbf{x} \times (\mathbf{J} \times \mathbf{B}_0) dV + \int_{V_R} \mathbf{x} \times (\mathbf{J} \times \mathbf{b}) dV \tag{9.67}$$

である．しかし，閉じた電流系はみずからの誘導磁場 $\mathbf{b}$ と干渉しても，正味のトルクは発生しないから[6]，右辺第二項の積分はゼロとなる．これに対して，第一項の積分は，恒等式(9.5)，

$$2\mathbf{x} \times (\mathbf{v} \times \mathbf{B}_0) = (\mathbf{x} \times \mathbf{v}) \times \mathbf{B}_0 + \mathbf{v} \cdot \nabla [\mathbf{x} \times (\mathbf{x} \times \mathbf{B}_0)] \tag{9.68}$$

を使って変形できる．$\mathbf{v}$ は任意のソレノイド場である．$\mathbf{v} = \mathbf{J}$ とおくと，

$$\mathbf{T} = \left[\frac{1}{2}\int (\mathbf{x} \times \mathbf{J}) dV\right] \times \mathbf{B}_0 = \mathbf{m} \times \mathbf{B}_0 \tag{9.69}$$

が得られる．ここで，$\mathbf{m}$ は球内部の電流分布の正味の双極子モーメントである．これより明らかなように，全体の角運動量は，

$$\rho \frac{d\mathbf{H}}{dt} = \mathbf{T} = \mathbf{m} \times \mathbf{B}_0, \quad \mathbf{H} = \int (\mathbf{x} \times \mathbf{u}) dV \tag{9.70}$$

に従って発達する．$\mathbf{H}$ のうち，$\mathbf{B}_0$ に平行な成分 $\mathbf{H}_{//}$ は保存されることがただちにわかる．このことから，全エネルギーの下限が，

$$E = E_b + E_u \geq E_u \geq \rho \mathbf{H}_{//}^2 \left(2\int \mathbf{x}_\perp^2 dV\right)^{-1} \tag{9.71}$$

のように決まる．ここで，

$$E_b = \int \frac{\mathbf{b}^2}{2\mu} dV, \quad E_u = \int \frac{\rho \mathbf{u}^2}{2} dV$$

である．この結果はシュワルツの不等式，

$$\mathbf{H}_{//}^2 \leq \int \mathbf{u}_\perp^2 dV \int \mathbf{x}_\perp^2 dV$$

から得られる．しかし，エネルギーはジュール加熱によって散逸するから，

$$\frac{d}{dt}\int_{V_R} \frac{1}{2}\rho \mathbf{u}^2 dV + \frac{d}{dt}\int_{V_\infty} \frac{\mathbf{b}^2}{2\mu} dV = -\frac{1}{\sigma}\int_{V_R} \mathbf{J}^2 dV \tag{9.72}$$

も成り立つ．角運動量の一つの成分は保存されるので，明らかにエネルギー E はゼロにはならないが，$\mathbf{J}$ が有限である限り散逸される．これは，乱れは $\mathbf{J} = 0$ の状態に向かって変化するが，式(9.71)を満足するため，E_u はゼロにはならないことを意味

---

[6] これは，孤立系では角運動量は保存されなければならないからで，孤立電流系がみずから誘導した磁場と干渉しても，正味のトルクを発生させることができない．別の言い方をすると，$\mathbf{J} \times \mathbf{b}$ はマクスウェル応力（演習問題9.2参照）を使って書くことができ，その結果，体積積分は表面積分となり，表面を無限遠にまで広げるとゼロとなる．

する．しかし，もし $\mathbf{J} = 0$ であれば，オームの法則は $\mathbf{E} = -\mathbf{u} \times \mathbf{B}_0$ となり，また，ファラデーの法則は $\nabla \times \mathbf{E} = 0$ となる．その結果，十分時間が経過すると，$\nabla \times (\mathbf{u} \times \mathbf{B}_0) = (\mathbf{B}_0 \cdot \nabla)\mathbf{u} = 0$ となるから，$t \to \infty$ で $\mathbf{u}$ は $\mathbf{x}_{//}$ には無関係となる．したがって，最後には，$\mathbf{u}_{//} = 0$, $\mathbf{u}_\perp = \mathbf{u}_\perp(\mathbf{x}_\perp)$ の形の二次元状態となる．要するに，乱れは1本あるいはそれ以上の，$\mathbf{B}_0$ 方向の柱状渦からなる状態に近づく（図9.23）．この変化の過程で，$\mathbf{H}_{//}$ 以外の $\mathbf{H}$ の成分は，すべて破壊される．あとでわかるように，テイラー・プラウドマンの定理を連想させるこの挙動は，アルヴェーン波によるエネルギー伝播の結果なのである．

R_m が小さいときは，この変化の時間スケールは磁気減衰時間 $\tau = (\sigma B_0^2/\rho)^{-1}$ に等しい．その証明は簡単である．低 R_m では，電流密度は式(9.55a),

$$\mathbf{J} = \sigma(-\nabla V + \mathbf{u} \times \mathbf{B}_0) \tag{9.73}$$

で決まり，したがって，双極子モーメントは，

$$\mathbf{m} = \frac{1}{2}\int_{V_R} \mathbf{x} \times \mathbf{J}\,dV = \frac{\sigma}{2}\int_{V_R} \mathbf{x} \times (\mathbf{u} \times \mathbf{B}_0)\,dV - \frac{\sigma}{2}\oint_{S_R}(V\mathbf{x}) \times d\mathbf{S}$$

となる．表面積分は消え，体積積分は式(9.68)を使って書きなおせるので，

$$\mathbf{m} = \frac{\sigma}{4}\mathbf{H} \times \mathbf{B}_0$$

となる．これを，式(9.70)に代入すると，

$$\frac{d\mathbf{H}}{dt} = -\frac{\mathbf{H}_\perp}{4\tau}, \quad \tau^{-1} = \frac{\sigma B_0^2}{\rho} \tag{9.74}$$

が得られる．このように，$\mathbf{H}_{//}$ は保存されるのに対して，$\mathbf{H}_\perp$ は $\mathbf{H}_\perp = \mathbf{H}_{\perp 0}\exp(-t/4\tau)$ に従って減衰することがわかる．

まとめると，初期条件や R_m や N にかかわらず，閉空間内の流れは二次元状態，

$$\mathbf{u}_\perp = \mathbf{u}_\perp(\mathbf{x}_\perp), \quad \mathbf{H}_{//} = \mathbf{H}_{//}(t=0), \quad \mathbf{H}_\perp = 0, \quad \mathbf{u}_{//} = 0 \tag{9.75}$$

に近づく．われわれは，完全な非線形系の発展を扱ってきたにもかかわらず，得られた結果のこの単純さは驚くべきものだ．これは，MHD乱流において角運動量が決定的な役割を演じる最初の例である．

9.4.2 低磁気レイノルズ数における渦の発達

前項で述べた柱状渦が $\mathbf{B}$ 線の方向に引き伸ばされる際の詳しい状況は，慣性 $\mathbf{u} \cdot \nabla \mathbf{u}$ が $\mathbf{J} \times \mathbf{B}$ に比べて弱く，拡散率 σ が小さい，すなわち $N \gg 1$ で $R_m \ll 1$ という特別な場合について調べるとわかる（このような低 R_m 乱流は，地球の地殻内部の小ス

ケール運動に見られる).R_m が小さいとき,ローレンツ力は $\mathbf{u}$ に関して線形だから,もし,N が大きければ流体の運動方程式自体も線形となる.すなわち,式(9.58)の「回転(curl)をほどく」と,

$$\frac{\partial \mathbf{u}}{\partial t} = -\nabla\left(\frac{p}{\rho}\right) - \frac{1}{\tau}\nabla^{-2}\left(\frac{\partial^2 \mathbf{u}}{\partial x_{//}^2}\right) \quad (R_m \ll 1,\quad N \gg 1) \tag{9.76}$$

となる.ここで,∇^{-2} はビオ・サヴァールの法則にともなう演算子記号である.無限に広がった空間に局在する攪乱に対しては,$p=0$ としてよいから,式(9.76)は,

$$\frac{\partial \mathbf{u}}{\partial t} = -\frac{1}{\tau}\nabla^{-2}\left(\frac{\partial^2 \mathbf{u}}{\partial x_{//}^2}\right) \quad (R_m \ll 1,\quad N \gg 1) \tag{9.77}$$

となる.式(9.77)は線形なので,高 N,低 R_m の MHD 乱流を,それぞれ独立に変化しつつある,サイズも方向もまちまちな多数の渦の重ね合わせと考えることが許される.そのため,個々の渦に着目し,何が起こっているのかを問うことは理にかなっている.もし,式(9.77)を垂直面でフーリエ変換し,$l_\perp \ll l_{//}$ と仮定すると,$\mathbf{u}$ のフーリエ変換 $\hat{\mathbf{u}}$ に対する拡散方程式,

$$\frac{\partial \hat{\mathbf{u}}}{\partial t} = \frac{1}{\tau k_\perp^2}\frac{\partial^2 \hat{\mathbf{u}}}{\partial x_{//}^2} \quad (R_m \ll 1,\quad N \gg 1) \tag{9.78}$$

が得られる.この式は,磁力線に沿っての運動量の擬似拡散のようなものを示唆している.もちろん,これは単に,9.3.4 項と式(9.66)で述べられている,低 R_m におけるアルヴェーン波の伝播の最後の痕跡である.

次に,半径 R の大きな球の話題にもどろう.乱れの代わりに,サイズが R よりはるかに小さい単独の渦を想定する.すると,9.4.1 項の議論がここでもあてはまる.もし,渦の軸が $\mathbf{B}_0$ に平行であれば,渦のエネルギーが減衰するあいだに角運動量は維持される.一方,垂直方向の渦は角運動量を時間スケール 4τ で指数関数的な速さで失う.どちらの場合も,渦は $\mathbf{B}_0$ の方向に引き伸ばされる.さらに,この状況は遠方の球状境界の存在にはかかわらないはずだ.つまり,われわれは,無限大の領域における孤立渦を見ており,渦が $\mathbf{B}_0$ に平行あるいは垂直という,二つの特別なケースについて考えればよいことになる.そこで,いま境界をとり去り,$t=0$ における単独渦を考える.非粘性流体,高 N(慣性小),低 R_m(拡散率低)の場合に限って論じることにする.また,$\mathbf{u}$ の初期分布は $\mathbf{H}$ が収束積分となるように選ぶことにする.すると,9.4.1 項の解析は三つの積分関係にまとめられる.

$$\mathbf{H}_{//} = \text{一定},\quad \mathbf{H}_\perp(t) = \mathbf{H}_\perp(0)\exp(-t/4\tau) \tag{9.79}$$

$$\frac{dE}{dt} = -\frac{1}{\sigma}\int J^2 dV \tag{9.80}$$

これらの式は，個々の渦の発達について非常に多くのことを示していることがあとでわかる．まず，角運動量が $\mathbf{B}_0$ に平行であるような渦について考えよう．

渦軸が $\mathbf{B}_0$ に平行の場合を考え，簡単のために z を $\mathbf{B}_0$ 方向とする円柱極座標 (r, θ, z) で表される軸対称渦だけに限定する．δ を渦の初期の半径とし，添え字 θ と p を，$\mathbf{u}$ と $\mathbf{J}$ の周方向および磁極方向の成分を表すものとする．初期条件として $\mathbf{u}$ が周方向，すなわち，$\mathbf{u} = (0, u_\theta, 0)$ を与える．この速度と $\mathbf{B}_0$ が干渉してオームの法則に従って，極方向電流 $\mathbf{J}_p = (J_r, 0, J_z)$ を生じる（図 9.24）．最初にやるべきことは，u_θ と誘導電流のあいだの関係を見い出すことである．

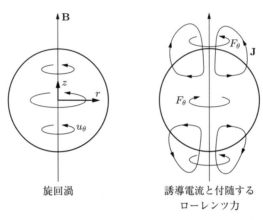

旋回渦　　　　　誘導電流と付随する
　　　　　　　　ローレンツ力

図 9.24 $\mathbf{B}_0$ 方向を向いた軸対称渦の磁気ダンピング．電流パターンが渦伸張の機構を表している．

角運動量密度 Γ とストークスの流れ関数 Ψ を，

$$\mathbf{u} = \mathbf{u}_\theta + \mathbf{u}_p = \frac{\Gamma}{r}\hat{\mathbf{e}}_\theta + \nabla \times \left(\frac{\Psi}{r}\hat{\mathbf{e}}_\theta\right) \tag{9.81}$$

の形で定義して導入すると便利である．また，$\mathbf{J}_p$ に対しても，たとえば，$\sigma B_0 \phi$ のようなストークスの流れ関数を，

$$\mathbf{J}_p = \sigma B_0 \nabla \times \left(\frac{\phi}{r}\hat{\mathbf{e}}_\theta\right)$$

の形で導入すると便利である．すると，オームの法則の式(9.73)の回転は，

$$\nabla_*^2 \phi = \left(\frac{\partial^2}{\partial z^2} + r\frac{\partial}{\partial r}\frac{1}{r}\frac{\partial}{\partial r}\right)\phi = -\frac{\partial \Gamma}{\partial z} \tag{9.82}$$

となる．さらに，単位質量あたりのローレンツ力の周方向成分は，

$$F_\theta = -\frac{1}{\tau}\frac{J_r}{\sigma B_0} = \frac{1}{r\tau}\frac{\partial \phi}{\partial z} \tag{9.83}$$

したがって，Γ の支配方程式は，

9.4 磁場の影響 II：MHD 乱流

$$\frac{\partial \Gamma}{\partial t} = -\frac{1}{\tau}\frac{\partial^2}{\partial z^2}(\nabla_*^{-2}\Gamma) \tag{9.84}$$

となる．∇_*^2 は式(9.82)で定義され，∇_*^{-2} は逆演算子である（N は大きいとして慣性項 $\mathbf{u}\cdot\nabla\mathbf{u}$ を省略した）．式(9.77)と式(9.78)で最初に現れた擬似拡散項が，式(9.84)の右辺にも現れているから，角運動量は磁力線に沿って伝播するものと予想される．また，$\partial\phi/\partial z$ の積分はゼロになるので，式(9.83)は，全体の角運動量が保存されることを保証していることにも注意しよう．もちろん，これは，式(9.79)の特別なケースである．じつは，角運動量の保存性を利用して，流れの発達の仕方を定めることができる．式(9.56b)と式(9.59)から，

$$\frac{dE}{dt} \sim -\left(\frac{\delta}{l_z}\right)^2\frac{E}{\tau}, \quad E \sim \rho u_\theta^2 \delta^2 l_z \tag{9.85}$$

と見積もられる．E は渦の運動エネルギー，δ は渦の半径，l_z は渦軸方向の特性長さスケールである．この式を積分すると，

$$E \sim E_0 \exp\left[-\frac{1}{\tau}\int_0^t\left(\frac{\delta}{l_z}\right)^2 dt\right] \tag{9.86}$$

が得られる．角運動量は保存されなければならないから，このエネルギーの減少をもたらす原因は一つしかない．長さスケールは時間とともに増加し，その結果，散逸を減少させ，エネルギーの指数関数的減少を抑えるに違いない．事実，$H_{//} \sim u_\theta \delta^3 l_z$ の保存性と式(9.85)を合わせると，スケール則，

$$l_z \sim \delta\left(\frac{t}{\tau}\right)^{1/2}, \quad u_\theta \sim \left(\frac{t}{\tau}\right)^{-1/2} \tag{9.87}$$

を得る．この単純なスケーリングは，厳密な解析により確認できる．$\hat{u}$ を，u_θ の第一次ハンケル余弦変換，

$$\hat{u}(k_r, k_z) = 4\pi\int_0^\infty\int_0^\infty \Gamma(r,z)J_1(k_r r)\cos(k_z z)drdz \tag{9.88}$$

とする．式(9.84)にこの変換を施すと，

$$\frac{\partial \hat{u}}{\partial \hat{t}} = -\left(\frac{k_z}{k}\right)^2 \hat{u} \tag{9.89}$$

となり，$\hat{u}$ が $\hat{u} = \hat{u}_0 \exp[-(k_z/k)^2\hat{t}]$ に従って変化することがわかる．ここで，$\hat{t}$ は無次元時間 t/τ，$\hat{u}_0$ は初期条件，k は $\mathbf{k}$ の絶対値である．Γ は逆変換によって求められる．その結果，t が大きいとき (Davidson 1997)，

$$\Gamma(\mathbf{x},t) = \left(\frac{t}{\tau}\right)^{-1/2} G(r, z/(t/\tau)^{1/2}) \tag{9.90}$$

となる．この式で G は初期条件によって決まる．これで，われわれは，スケール則

の式(9.87)にたどり着いた. 期待したとおり, 角運動量密度は z 軸に沿って $l_z \sim (t/\tau)^{1/2}$ で伝播し, 大きさは $\Gamma \sim (t/\tau)^{-1/2}$ で減少する. したがって, 渦の全エネルギーは $E \sim (t/\tau)^{-1/2}$ で減少する[7]).

角運動量の伝播機構は Davidson (1995) に述べられており, 図 9.24 にも示されている. $\mathbf{u}_\theta \times \mathbf{B}_0$ の項は半径方向電流 J_r を誘起する. Γ の軸方向勾配が小さい渦中心付近では, これは静電ポテンシャル V と釣り合い, 電流はほとんど流れない. しかし, 渦の上端と下端付近では電流は旋回が小さいかゼロの領域を通ってもどる. その結果, 生じる渦の上部と下部の半径方向内向きの電流は, 正の周方向トルクを生じ, それまで静止していた領域に正の角運動量を与える. また, 初期渦をとり囲む環状の F_θ が負の領域に, 逆向きの流れが生じる. このように, 平行な渦の一般的な形状が図 9.25 に示されている.

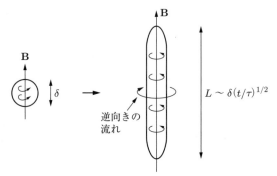

図 9.25 $R_m \ll 1$, $N \gg 1$ の場合の平行渦の磁気ダンピング

例題 9.9 球状渦の初期条件 $\Gamma_0 = \Omega r^2 \exp[-(r^2 + z^2)/\delta^2]$ を考える. このとき, 次式が成立することを示せ.

$$\Gamma(\hat{t} \to \infty) = \frac{3}{4} \pi^{1/2} \Omega \delta r \hat{t}^{-1/2} \left(\frac{\delta}{r}\right)^4 \zeta^{5/2} H(\zeta), \quad \zeta = \frac{r^2}{\delta^2 + z^2/\hat{t}} \tag{9.91}$$

$H(\zeta)$ は超幾何関数 $M(5/2, 2, -\zeta)$ である. 関数 $H(\zeta)$ は ζ が大きいときは負になり, 図 9.25 に示されている逆向きの流れの存在が確認できる.

次に, 横方向渦について考える. 簡単のために, 印加された磁場に直角方向を向いた二次元の渦を考える. $\mathbf{B}_0$ を z 方向にとり, 流れは (x, z) 面内に限られていて, y に

---

[7]) 法則 $E \sim (t/\tau)^{-1/2}$ と $l_z \sim (t/\tau)^{1/2}$ は, 最初に Moffatt (1967) によって, まったく異なる論法で提案された.

は無関係とする．渦は，最初は軸対称とする（図9.26）．この場合もまた，角運動量が運動を決める鍵を握っていることがやがてわかるであろう．

図9.26 $R_m \ll 1$, $N \gg 1$ の場合の，十分時間が経過したあとの横方向渦の一般的な形

静電ポテンシャルは，この幾何学的配置ではゼロであることは容易に確認できる（式(9.73)の発散からわかる）から，$\mathbf{J} = -\sigma u_x B_0 \hat{\mathbf{e}}_y$ となる．したがって，単位質量あたりのローレンツ力は $-(u_x/\tau)\hat{\mathbf{e}}_x$ となり，流体に作用する全体としての磁気トルクは，

$$T_y = -\tau^{-1} \int z u_x dV = -\frac{H_y}{2\tau} \tag{9.92}$$

となる．ここで，H_y は角運動量，

$$H_y = \int (z u_x - x u_z) dV = 2 \int \psi dV \tag{9.93}$$

で，ψ は $\mathbf{u}$ に対する二次元の流れ関数である．明らかに，渦の角運動量は，

$$H_y(t) = H_y(0) e^{-t/2\tau} \tag{9.94}$$

に従って減衰し，これは，式(9.79)の二次元版である．これを見ると，渦は時間スケール 2τ で減衰すると結論づけたくなる．しかし，これは，式(9.77)と矛盾しているように見える．この式は，ここでの言い方をすれば，「回転(curl)をほどく」と，

$$\frac{\partial \psi}{\partial t} = -\frac{1}{\tau} \nabla^{-2} \frac{\partial^2 \psi}{\partial z^2} \tag{9.95}$$

となる．式(9.95)は，フーリエ空間では (x 方向のみ変換)，

$$\frac{\partial \hat{\psi}}{\partial t} \sim \frac{1}{\tau k^2} \frac{\partial^2 \hat{\psi}}{\partial z^2} \tag{9.96}$$

のように書きなおすことができ，渦の断面が時間スケール τ で円形からシート状に変形することを暗に示している．もし，この描像が正しいとすれば，変形は，

$$l_z \sim \delta (t/\tau)^{1/2} \tag{9.97}$$
$$u_z \sim (t/\tau)^{-1/2} \tag{9.98}$$

に従って進むはずである．これで矛盾点が明らかになった．すなわち，一方では，式

(9.94)が，流れは時間スケール 2τ で指数関数的な速さで壊されることを示しているのに対し，式(9.98)は，エネルギーが $(t/\tau)^{-1/2}$ に従って代数的に減少するだけであることを示唆している．このように，角運動量の消滅は渦の減衰の表れではないといえる．事実，もし，式(9.97)と式(9.98)の見積もりが正しいならば，そして，実際に正しいことはあとで示されるが，唯一の可能性は，$\mathbf{H}$ が隣り合う層どうしで打ち消し合って，合計として角運動量が指数的に小さいような，多層構造に変化することである（図9.26）．そのとおりであるということは，フーリエ変換，

$$\Psi(k_x, k_z) = 4 \int_0^\infty \int_0^\infty \psi(x, z) \cos(xk_x) \cos(zk_z) dx dz \tag{9.99}$$

を式(9.95)に施すことによって確認できる．$\hat{t}$ を無次元時間 t/τ とし，k を $\mathbf{k}$ の絶対値，Ψ_0 を $t=0$ における Ψ の変換とする．このとき，式(9.95)の変換 $\partial\Psi/\partial\hat{t} = -(k_z/k)^2 \Psi$ は簡単に積分できて，$\Psi = \Psi_0 \exp[-(k_z/k)^2 \hat{t}]$ が得られる．逆変換を施し，大きな t での解を探すと，

$$\psi(\mathbf{x}, t) \sim \hat{t}^{-1/2} F(z/\hat{t}^{1/2}, x) \tag{9.100}$$

が見つかる (Davidson (1997))．F の形は初期条件によって決まる．したがって，式(9.97)と式(9.98)に至る議論は，基本的に正しいようだ．最初に軸対称だった渦は徐々にシート状の構造へと変化し，縦方向の長さスケールは式(9.97)で与えられ，また，$|\mathbf{u}|$ は $u_z \sim (t/\tau)^{-1/2}$ で減少する．平行方向の渦の場合と同様に，渦の運動エネルギーは $E \sim (t/\tau)^{-1/2}$ で減衰する．

渦の多層構造をはっきり示すためには，特別な例について考えなければならない．たとえば，初期の渦構造が，

$$\psi_0(r) = \Phi_0 e^{-r^2/\delta^2}, \quad r^2 = x^2 + z^2 \tag{9.101}$$

で与えられる場合を考える．Ψ の逆変換を積分すると，大きな t/τ に対して，

$$\psi(\mathbf{x}, t) = \frac{\Phi_0}{(\pi\hat{t})^{1/2}} \frac{\zeta}{x^2} G(\zeta), \quad \zeta = \frac{x^2}{\delta^2 + z^2/\hat{t}} \tag{9.102}$$

が得られる．ここで，G はクンマーの超幾何関数 $G(\zeta) = M(1, 1/2, -\zeta)$ である．この解は，図9.26に示す形をしている．渦度は，式(9.97)に従って $\mathbf{B}$ 線に沿って拡散し，同時に正味の角運動量がゼロの層状の構造となる．

以上をまとめると，低 R_m の場合には，シート状と柱状の二種類の構造が発達すると考えられる（図9.27）．$\mathbf{H}$ と $\mathbf{B}$ が互いに直角の場合にはシート構造が生まれる．それらは必ず互いに逆符号の渦度をもった小板からなっている．

9.4 磁場の影響 II：MHD 乱流   581

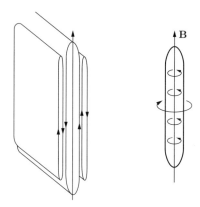

図 9.27　低 R_m 乱流の典型的な構造

9.4.3　一様な MHD 乱流におけるランダウ不変量

　角運動量に関連して上で述べたことがらは，ランダウによる等方性乱流におけるロイチャンスキー不変量の導出を連想させる（6.3.2 項参照）．ランダウの議論が MHD 乱流にも拡張できるのではないかと見るのは自然である．それが可能であること，また長距離の統計的相関がなければ，MHD 乱流は積分不変量をもつことを示そう．

　ランダウの思考実験を，ここでは MHD 乱流に対して考えてみる（図 9.28）．9.4.1 項と同様に，導電性の流体が半径 $R(R \gg l)$ の球内部に保持されていて，さらに球は一様な印加磁場 $\mathbf{B}_0$ のなかに置かれているものとする．$t = 0$ で乱流運動がはじまり，その後は放置されているとする．われわれは，積分スケール l が R よりはるかに小さいあいだでの，乱れの挙動に興味がある．$R \gg l$ なので，6.3.2 項で述べた作戦に従い，境界 $r = R$ において流体による粘性トルクは無視する．このとき，式(9.70)から，$\mathbf{H}_{//}$ はこの期間中は保存され，ランダウの説に従って任意の R_m と N に対して，

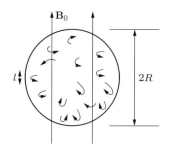

図 9.28　平均磁場にさらされた大きな球内部の MHD 乱流

$$\langle \mathbf{H}_{//}^2 \rangle = -\iint r_\perp^2 \langle \mathbf{u}_\perp \cdot \mathbf{u}_\perp' \rangle d\mathbf{r} d\mathbf{x} = 定数 \tag{9.103}$$

となる．ここで，$\mathbf{r} = \mathbf{x} - \mathbf{x}'$ である．バチェラーの長距離圧力効果を，当面，無視すれば，ランダウ流に，

$$I_{//} = \frac{\langle \mathbf{H}_{//}^2 \rangle}{V} = -\int r_\perp^2 \langle \mathbf{u}_\perp \cdot \mathbf{u}_\perp' \rangle d\mathbf{r} = 定数 \tag{9.104}$$
(任意の N，任意の R_m)

が得られる．式(9.104)の重要な点は，もし乱れが自己相似的に発達するのであれば，そしてこれは完全発達乱流では普通のことなのだが，積分スケールが，

$$u_\perp^2 l_\perp^4 l_{//} = 定数 \tag{9.105}$$

を満足すると予想される．このことは，自由減衰乱流の積分スケールの発達の仕方に制限を加える結果になる．

式(9.104)は，平均磁場が存在しない場合について不変量を探した Chandrasekhar (1951) の仕事の延長である．もし，この見方が正しければ，式(9.104)は，任意の N の一様乱流に適用できるはずである．これは，低 R_m 乱流の論文のなかで Davidson (1997) が最初に指摘した点であり，のちに高 R_m 乱流に対して Davidson (2001) によって拡張された．長距離相関が存在するために上述の誘導は厳密ではないが，式(9.104)のより正式な誘導が Davidson (2009) に見られ，そこでは，適用限界について論じられている．低 R_m 乱流は，Okamoto et al. (2010) がやや詳しく研究している．彼らは，とくに大きな領域において数値解析を行い，初期の過渡状態は別として，式(9.104)が確かに完全発達した MHD 乱流不変量であることを確認した．彼らは，また，初期の過渡状態のあとでは，式(9.105)が正しいことも観察した．

もちろん，式(9.104)に対しては，6.3.3項～6.3.5項で論じたすべての注意が必要である．とくに，乱れが無視できるほど小さな線インパルスをもっている場合にしか適用できない．したがって，低波数域のスペクトルが $E(k \to 0) \sim k^4$ の場合だけなのである．さらに，長距離の統計的相関が十分小さい場合にだけ適用できる．完全発達乱流の場合がそうらしいのだが（少なくとも，Okamoto et al. (2010) に従う限り），こうした制限があるにしても，これは重要な結果である．実際に，以下では，式(9.104)が $E \sim k^4$，かつ低 R_m の乱流におけるエネルギー減衰率の予測に用いられることを示す．

乱れがかなりの線インパルスをもっていて，したがって，$E(k \to 0) \sim k^2$ の場合には式(9.104)は成り立たなくなる（積分が発散する）．このような場合には，角運動量ではなく線運動量保存に目を向けなければならない．そして，ロイチャンスキー型で

はなくサフマン型の不変量を考える必要がある．このケースについては，Davidson (2010, 2013) で論じられており，式 (9.104) は，

$$L_\perp = \int \langle \mathbf{u}_\perp \cdot \mathbf{u}'_\perp \rangle d\mathbf{r} = 定数 \tag{9.106}$$

におき換えられなければならない．この制限により，乱れが自己相似的に発達する場合には，積分スケールが，

$$u_\perp^2 l_\perp^2 l_{/\!/} = 定数 \tag{9.107}$$

を満たさなければならない．

9.4.4 低磁気レイノルズ数の場合の減衰法則

ここで，6.3.1 項で述べたコルモゴロフの議論を，低 R_m の一様な MHD 乱流に対してもう一度繰り返す．目的は，最初に等方的であった乱れが印加磁場の影響を受けてどのように変化するかを調べることである（図 9.29）．

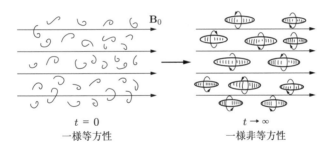

図 9.29 低 R_m における一様な MHD 乱流

まず，オームの法則の回転微分 $\nabla \times \mathbf{J} = \sigma \mathbf{B}_0 \cdot \nabla \mathbf{u}$ から，ジュール散逸が，

$$\frac{\langle \mathbf{J}^2 \rangle}{\rho \sigma} \sim \left(\frac{l_{\min}}{l_{/\!/}}\right)^2 \frac{u^2}{\tau}, \quad \tau = \left(\frac{\sigma B_0^2}{\rho}\right)^{-1} \tag{9.108}$$

と見積もられる（ここで，$l_{\min}$ と $l_{/\!/}$ は適切に定義された積分スケールとする）．$\mathbf{B}_0$ の影響で乱れが非等方化する，すなわち，$l_{/\!/} > l_\perp$ となることをわれわれは知っている．つまり，

$$\frac{\langle \mathbf{J}^2 \rangle}{\rho \sigma} = \frac{\beta}{2} \left(\frac{l_\perp}{l_{/\!/}}\right)^2 \frac{\langle \mathbf{u}^2 \rangle}{\tau} \tag{9.109}$$

で，β は 1 のオーダーである（実際，等方性乱流の場合は $\beta = 2/3$ となることが示される）．式 (9.109) を使って運動エネルギーの減衰率が求められる．すなわち，エネルギー式，

$$\frac{d}{dt}\frac{1}{2}\langle \mathbf{u}^2\rangle = -\nu\langle\boldsymbol{\omega}^2\rangle - \frac{\langle \mathbf{J}^2\rangle}{\rho\sigma} \tag{9.110}$$

は,

$$\frac{du^2}{dt} = -\alpha\frac{u^3}{l_\perp} - \beta\left(\frac{l_\perp}{l_{//}}\right)^2\frac{u^2}{\tau} \tag{9.111}$$

となる.ここで,$u^2 = \langle \mathbf{u}^2\rangle/3$ と定義し,粘性散逸はいつもどおりに見積もった(普通の乱流では,α は 1 のオーダーである).エネルギー式と式(9.104)から,

$$u^2 l_\perp^4 l_{//} = \text{定数} \tag{9.112}$$

となり,この関係は,$u^2(t)$, $l_\perp$, $l_{//}$ を計算するのに使える可能性がある.低 R_m 乱流では,相互作用パラメータ $N = \sigma B_0^2 l_\perp/\rho u$ の値によって流れを分類する習慣がある.N が小さい(磁気の影響が無視できる)場合には,式(9.111)と式(9.112)は,

$$\frac{du^2}{dt} = -\alpha\frac{u^3}{l}, \quad u^2 l^5 = \text{定数} \tag{9.113}$$

となり,よく知られたコルモゴロフの法則,

$$u^2 \sim t^{-10/7} \tag{9.114}$$

が導かれる.一方,N が大きい場合は,慣性は重要でなくなり,

$$\frac{du^2}{dt} = -\beta\left(\frac{l_\perp}{l_{//}}\right)^2\frac{u^2}{\tau}, \quad u^2 l_\perp^4 l_{//} = \text{定数} \tag{9.115}$$

となる.高 N の乱流の減衰過程では,$l_\perp$ は一定に保たれることはすでに述べたとおりで,この場合には,

$$u^2 \sim u_0^2\left(\frac{t}{\tau}\right)^{-1/2}, \quad l_{//} = l_0\left(1 + \frac{2\beta t}{\tau}\right)^{1/2}, \quad l_\perp = l_0 \tag{9.116}$$

となり,これらの関係も正しいことをわれわれは知っている.しかし,中間の N の場合には問題がある.式(9.111)と式(9.112)には三つの未知数 u^2, $l_\perp$, $l_{//}$ がある.系を閉じるためにとりあえずヒューリスティックな式,

$$\frac{d}{dt}\left(\frac{l_{//}}{l_\perp}\right)^2 = \frac{2\beta}{\tau} \tag{9.117}$$

を導入する.この式は,$N\to 0$ および $N\to\infty$ では厳密だが,中間の N については正しいとはいえない.式(9.111),(9.112),(9.117)を積分すると,

$$\frac{u^2}{u_0^2} = \hat{t}^{-1/2}\left[1 + \left(\frac{7}{15}\right)(\hat{t}^{3/4} - 1)N_0^{-1}\right]^{-10/7} \tag{9.118}$$

$$\frac{l_\perp}{l_0} = \left[1 + \left(\frac{7}{15}\right)(\hat{t}^{3/4} - 1) N_0^{-1}\right]^{2/7} \quad (9.119)$$

$$\frac{l_{//}}{l_0} = \hat{t}^{1/2}\left[1 + \left(\frac{7}{15}\right)(\hat{t}^{3/4} - 1) N_0^{-1}\right]^{2/7} \quad (9.120)$$

となる (Davidson (2001))．ここで，N_0 は N の初期値で，$\hat{t} = 1 + 2(t/\tau)$ である (簡単のために，$\alpha = \beta = 1$ とした)．上述の高 N と低 N の結果は，式(9.118)〜(9.120)の特別な場合にあたる．$N_0 = 7/15$ の場合には，指数法則，

$$\frac{u^2}{u_0^2} \sim \hat{t}^{-11/7}, \quad \frac{l_{//}}{l_0} \sim \hat{t}^{5/7} \quad (9.121)$$

が得られ，実際，この関係は 1 に近いすべての N_0 に対して，式(9.118)と式(9.120)のよい近似となっている．低 R_m における一様乱流の実験は，Alemany et al. (1979) によって行われ，$N_0 \sim 1$ に対して $u^2 \sim t^{-1.6}$ を得ている．これは，式(9.121)の結果，すなわち $u^2 \sim t^{-1.57}$ とよく一致している．より一般的には，Okamoto et al. (2010) の数値シミュレーションがあり，減衰法則の式(9.118)〜(9.120)を強くサポートしている．

9.4.5 高磁気レイノルズ数における乱流

次に，高 R_m の話題に移ろう．この場合には，いくつもの典型的な問題があるが，ここでは，そのうちの三つだけに限ろう．第一の問題は前節の延長で，一様乱流に印加された一様磁場の影響である．第二の問題は $\mathbf{B}_0 = 0$ の場合で，与えられた統計的に定常な乱れ場にランダムに点在する弱い磁場の挙動の問題である．第三の典型的な問題も $\mathbf{B}_0 = 0$ のケースに関係し，自由に発達する MHD 乱流，とくに十分時間が経過したあとの構造についてである．

最初に，印加磁場の影響について考えよう．長距離相関が弱い場合は，式(9.104)の $I_{//}$ は高 R_m 乱流における不変量であり，当然その意味を知りたくなる．高 R_m に対しては，平均磁場は $\mathbf{b}$ と $\mathbf{u}$ のあいだでエネルギーを均等に配分するように作用する傾向がある．これは，アルヴェーン効果として知られており，小スケールでも大スケールでも攪乱がそのエネルギーをアルヴェーン波にかえ，それが誘導磁場 $\mathbf{b}$ と速度場 $\mathbf{u}$ にエネルギーを均等に配分する（たとえば，Oughton et al. (1994)，Biskamp (2003) を参照のこと）．したがって，高 R_m に対しては，

$$u^2 l_\perp^4 l_{//} = 定数, \quad \langle \mathbf{u}^2 \rangle \sim \frac{\langle \mathbf{b}^2 \rangle}{\rho\mu}$$

$$\frac{d}{dt}\left[\frac{\rho\langle \mathbf{u}^2 \rangle}{2} + \frac{\langle \mathbf{b}^2 \rangle}{2\mu}\right] = -\rho\nu\langle \boldsymbol{\omega}^2 \rangle - \frac{\langle \mathbf{J}^2 \rangle}{\sigma}$$

となるものと予想される．これらを合わせると，

$$El_\perp^4 l_{//} = \text{定数}, \quad \frac{dE}{dt} = -\rho\nu\langle\boldsymbol{\omega}^2\rangle - \frac{\langle\mathbf{J}^2\rangle}{\sigma} \tag{9.122}$$

が得られる．ここで，E は単位体積あたりのエネルギーである．このことは，E が減少する際に，これを補うために $l_\perp^4 l_{//}$ は必ず増加することを示唆しており，それは，また，低 R_m 乱流の場合のように，$l_{//}$ が $l_\perp$ より速く成長することを意味している (Oughton et al. (1994))．ここでも，また，乱流渦は $\mathbf{B}_0$ の方向に成長することがわかる．

以上では，まだ，高 R_m の自由減衰乱流における E, $l_{//}$, $l_\perp$ の時間的挙動についてはほとんど明らかになっていない．したがって，式(9.122)の完全な意味について，さらに調べる必要がある．しかし，このような乱れは，$\mathbf{u} = \pm\mathbf{b}/\sqrt{\rho\mu}$ の有限振幅のアルヴェーン波の形で姿を現すという，十分に裏づけされた現象がある[8]．このことは，さまざまな推測を生み，そのなかには，小スケールへのエネルギーカスケードが有限なアルヴェーン波の波束どうしの正面衝突の結果と考えられるとする，長年にわたっての示唆も含まれている．この衝突をどのようにモデル化したらよいかについて，数年にわたって数々の提案がなされてきた．もっともポピュラーなモデルは「臨界平衡」とよばれるもので，$\mathbf{B}_0$ に直角方向の変動成分に対してコルモゴロフ型のエネルギースペクトル，すなわち，$E(k_\perp) \sim k_\perp^{-5/3}$ を予測している．臨界平衡（およびその前身）については，たとえば，Biskamp (2003) と Davidson (2013) で論じられている．

ここまでは，印加された一様磁場が自由発達乱流に及ぼす影響について考えられてきた．R_m が大きい場合の第二の問題は，与えられた乱流場[9]による，小さなランダム磁場の「種」への影響である．これは，ある意味で，主客を逆にしたことになる．つまり，第二の問題は，$\mathbf{u}$ に対する $\mathbf{B}$ の影響ではなく，$\mathbf{B}$ に対する $\mathbf{u}$ の影響である．この問題において，おもに知りたいことは，種状の磁場のエネルギーが磁力線の伸張によって増加したり，オーム散逸によって消滅したりするかどうかということである．点在する種状磁場の盛衰は，磁気プラントル数 $P_m = \nu/\lambda$ により完全に決定されるという興味深い議論が，バチェラーを中心に行われている．

議論は，おおむね次のように進む．バチェラーは，高 R_m 乱流においては二つの対抗する力が作用していることに注目した．一方は，$\mathbf{u}$ による磁束管のランダムな伸張で，これは $\langle\mathbf{B}^2\rangle$ を増加させるであろう．もう一方は，乱れによる磁場の小スケール

---

[8] 有限振幅のアルヴェーン波の存在は，本章末尾の演習問題 9.4 で論じられる．
[9] 統計的な意味でのみ．

構造の形成で，これはオーム散逸を促進し，$\langle \mathbf{B}^2 \rangle$ を減少させるはずだ．小スケールの種状磁場の盛衰は，これら二つの影響の相対的な大きさによって決まる．一様乱流の場合，この競争関係は磁気エネルギー式,

$$\frac{\partial}{\partial t}\left\langle \frac{B^2}{2\mu}\right\rangle = \left\langle \frac{B_i B_j}{\mu} S_{ij}\right\rangle - \frac{1}{\sigma}\langle \mathbf{J}^2 \rangle$$

によって表される．この式は，$\mathbf{B}$ と式(9.51)の内積をとることによって得られる．バチェラーの解析の出発点は，$\boldsymbol{\omega}$ と $\mathbf{B}$ の発展方程式,

$$\frac{\partial \boldsymbol{\omega}}{\partial t} = \nabla \times (\mathbf{u}\times\boldsymbol{\omega}) + \nu\nabla^2\boldsymbol{\omega}, \quad \frac{\partial \mathbf{B}}{\partial t} = \nabla \times (\mathbf{u}\times\mathbf{B}) + \lambda\nabla^2\mathbf{B}$$

である．$\mathbf{B}$ は非常に弱いと仮定して，$\boldsymbol{\omega}$ 方程式中のローレンツ力 $\mathbf{J}\times\mathbf{B}$ は無視されている．このため，$\mathbf{u}$ への逆作用は起こらない．$\lambda = \nu$ のときは，種状磁場に対して厳密解 $\mathbf{B} =$ 定数 $\times \boldsymbol{\omega}$ が存在する．このことから，もし，$\boldsymbol{\omega}$ が統計的に定常なら，$\mathbf{B}$ も統計的に定常であることは明らかである．これは，$\lambda = \nu$ なら磁束管の伸張とオーム散逸がちょうど釣り合うことを意味している．しかし，もし，λ が ν より大きければ，オーム散逸が強まって $\langle \mathbf{B}^2 \rangle$ は減衰する．一方，$\lambda < \nu$ であれば，種状磁場は自立的に発達し，$\mathbf{J}\times\mathbf{B}$ が乱れを抑制するほど十分大きくなってはじめて成長は止まる．つまり，バチェラーによれば，このランダムな種状磁場が成長する条件は $P_m > 1$ となる．液体金属では $P_m \sim 10^{-6}$ 程度だから，この条件が満足されることは決してない．しかし，太陽コロナや星間ガスなどの宇宙物理の分野では，この状況は起こり得る．

　速度場によって磁場が継続的に強められるというこのアイディアは，9.5節で述べるジオダイナモ理論の話題に深く関係している（ジオダイナモ理論では，地球磁場の維持を地球内部の液体核における磁束管の伸張によって説明しようとしていることを覚えておこう）．しかし，バチェラーの解析と従来のダイナモ理論とのあいだには，ある決定的な違いがある．ダイナモ理論では小スケールの乱れから大スケールの場が生まれることに注目しているから，乱れの局所スケールで見ると，磁場 $\mathbf{B}$ の平均成分が存在している，すなわち，$\langle \mathbf{B} \rangle \neq 0$ と考える．しかし，バチェラーの解析では，$\mathbf{B}$ はランダムであり，$\mathbf{u}$ と同様に平均値はゼロ，すなわち，$\langle \mathbf{B} \rangle = 0$ である．さらに，ダイナモ理論では，ダイナモが有効であるためには，つねに乱れは大きなヘリシティー $\langle \mathbf{u}\cdot\boldsymbol{\omega}\rangle$ をもっていることを必要とする．一方，バチェラーの解析では，乱れは螺線状である必要はなく，螺線状であるかどうかも問わない．

　いずれにしても，バチェラーの議論は興味深いが欠点もある．問題点は二つある．第一に，$\mathbf{B}$ と $\boldsymbol{\omega}$ のアナロジーは厳密には成り立たない．$\boldsymbol{\omega}$ は $\mathbf{u}$ とのあいだに関数関係があるが，$\mathbf{B}$ にはない．したがって，誘導方程式には渦度方程式よりはるかに多

くの解の可能性があり，$\mathbf{B} = $ 定数 $\times \boldsymbol{\omega}$ の形の特殊解は，必ずしもこれらを代表しているわけではない．第二に，乱流が統計的に定常であるためには，渦度方程式に機械的撹拌のようなものを表す強制項が必要である．これに相当する項は，誘導方程式には存在しないから，$\mathbf{B}$ と $\boldsymbol{\omega}$ のアナロジーは成り立たない．しかし，この欠点にもかかわらず，バチェラーの仮説には真実と思える要素もある．高 R_m における強制磁場下の，螺線状でない MHD 乱流の数値シミュレーションは，P_m が 1 のオーダーより小さい場合に比べると，P_m が 1 のオーダーあるいはそれ以上の場合に $\langle \mathbf{B}^2 \rangle$ は容易に増大することを示している．磁場の形成を維持するために必要な R_m の臨界値は，P_m のステップ状の関数となっていて，臨界 R_m 対 P_m のグラフは，P_m の大きな範囲では低いプラトー，小さい P_m の範囲で高いプラトーとなっている (Schekochihin et al.(2007))．このように，この解析には欠点もあるが，基礎となるアイディアには利点もあるようだ．

次に，三番目の問題に移ろう．十分小さな λ に対して点在する種状磁場が増幅されることを認めるとして，この場の空間構造はどうなっているのだろうか．磁束管の伸張によってできた細かいスケールの入り組んだパターンなのか，それとも磁束管の合体による粗い大スケールの構造なのか．この問題を考える際に，自由に発達する高 R_m 乱流に，大スケールに向かっての磁気ヘリシティー流束が存在するものと信じられる理由があることに注目しよう．すなわち，流れの発達にともなって，磁気ヘリシティーが小スケールから大スケールに向かって転送され，$\mathbf{B}$ の積分スケールが増加する．この大スケールに溜まった磁気ヘリシティーが，大スケールに向かって小さいが有限なエネルギー流束を運ぶ．もっとも，大部分のエネルギーカスケードは直接小スケールに向かうもので，そこで散逸する (Biskamp, (1993, 2003))．

この描像を支持する説はどちらかというと仮説で，磁気ヘリシティーの保存に関する近似式 (9.3.4 項),

$$\frac{D}{Dt}(\mathbf{A} \cdot \mathbf{B}) = \nabla \cdot [(\phi + \mathbf{u} \cdot \mathbf{A})\mathbf{B}] - \sigma^{-1}[2\mathbf{J} \cdot \mathbf{B} + \nabla \cdot (\mathbf{J} \times \mathbf{A})]$$

にもとづいている．この式を平均すると[10],

$$\frac{d}{dt}\langle \mathbf{A} \cdot \mathbf{B} \rangle = \frac{-2\langle \mathbf{J} \cdot \mathbf{B} \rangle}{\sigma} \qquad (9.123)$$

となる (9.3.4 項で示したとおり，完全導体に対しては，磁気ヘリシティー $H_B = \langle \mathbf{A} \cdot \mathbf{B} \rangle$ は保存されることに注意)．式 (9.123) とエネルギー式から，

---

[10] ここでは，乱流は統計的に一様と仮定されている．したがって，平均によって発散はゼロになる．しかし，鏡映対象の乱れは，そもそも平均ヘリシティーをもたないから，等方性乱流 (座標系の回転と反射に不変な乱流) ははっきりと除外されている．

$$\frac{dE}{dt} = -\rho\nu\langle\boldsymbol{\omega}^2\rangle - \frac{\langle\mathbf{J}^2\rangle}{\sigma}, \quad \frac{dH_B}{dt} = \frac{-2\langle\mathbf{J}\cdot\mathbf{B}\rangle}{\sigma}$$

が得られる．次のステップは，$\sigma \to \infty$ のとき，dE/dt は有限にとどまるが，dH_B/dt はゼロになることを示すことである．次のように話を進める．シュワルツの不等式から $\langle\mathbf{J}\cdot\mathbf{B}\rangle^2 \leq \langle\mathbf{J}^2\rangle\langle\mathbf{B}^2\rangle$．これは，

$$\frac{|\langle\mathbf{J}\cdot\mathbf{B}\rangle|}{\sigma} \leq \left(\frac{2\mu}{\sigma}\right)^{1/2}[|\dot{E}|E]^{1/2} \tag{9.124}$$

のように書けるから，磁気ヘリシティーの減衰率の上限は，

$$|\dot{H}_B|/\mu \leq (8\lambda)^{1/2}|\dot{E}|^{1/2}E^{1/2} \tag{9.125}$$

のように決まる．ここで，$\sigma \to \infty$ とする．しかし，その際，$\dot{E}$ は有限にとどまるものと仮定する．次に，その妥当性を示してみよう．$\sigma \to \infty$ に従ってジュール散逸は徐々に薄いシート状の電流層に集中するものと考えられる．しかし，小さい ν における粘性散逸と同様に，極限をとる際に，$\langle\mathbf{J}^2\rangle/\sigma$ は有限のままであると考えられる．もし，これが正しいなら，$\lambda \to 0$ の極限では H_B は保存される．このように，小さい λ に対しては，磁気ヘリシティーが近似的に保存されながらエネルギーが散逸されることになる．有限領域では，この問題は変分問題に帰着される．閉領域において，H_B の保存を条件に E を最小にすると，$\nabla \times \mathbf{B} = \alpha\mathbf{B}$，$\mathbf{u} = 0$ が得られる．α は変分問題の固有値である．この結果は，$\mathbf{B}$ が領域のサイズ程度の大きな長さスケールで終わることを意味している．

まとめると，$\sigma \to \infty$ で $\dot{E}$ が有限にとどまるという仮定から，ヘリシティーの近似的保存が得られ，また，H_B 不変のままでエネルギーを最小にすると，$\mathbf{J}$ と $\mathbf{B}$ が同じ方向を向いた大スケールの，力を受けない静的磁場が得られる．この力を受けない静的磁場への緩和は，プラズマ物理学者ブライアン・テイラーにちなんでテイラー緩和として知られている．

次に，磁気ヘリシティーは小さいが，相互ヘリシティー $H_C = \langle\mathbf{u}\cdot\mathbf{B}\rangle$ は大きいような初期条件について考える．テイラー緩和に照らして考えると，H_C の変化率は，式 (9.125) に至る過程と同じように限度があるのだろうかという疑問がわく．しかし，それは違う．一様乱流における相互ヘリシティーは，

$$\frac{d}{dt}\langle\mathbf{u}\cdot\mathbf{B}\rangle = -\mu(\lambda+\nu)\langle\mathbf{J}\cdot\boldsymbol{\omega}\rangle$$

に支配されている．さらに，$\langle\mathbf{J}\cdot\boldsymbol{\omega}\rangle^2 \leq \langle\mathbf{J}^2\rangle\langle\boldsymbol{\omega}^2\rangle$ に注意すると，

$$\sqrt{\frac{\rho}{\mu}}\left|\frac{d}{dt}\langle\mathbf{u}\cdot\mathbf{B}\rangle\right| \leq \sqrt{\rho\mu}(\lambda+\nu)\sqrt{\sigma|\dot{E}|}\sqrt{\frac{|\dot{E}|}{\rho\nu}} = \frac{(\lambda+\nu)}{\sqrt{\lambda\nu}}|\dot{E}|$$

が得られる．λとνをゼロに近づけることが$\langle \mathbf{u} \cdot \mathbf{B} \rangle$の変化率を制限しないことは明らかだ．したがって一見すると，テイラー緩和との形式的なアナロジーはなさそうである．しかし，ある種の数値シミュレーションは相互ヘリシティーがエネルギーよりもゆっくり減衰することを示している．このような場合には，乱れが，$H_C = \langle \mathbf{u} \cdot \mathbf{B} \rangle = $ 一定，の制約を受けて最小になる傾向がある．この最小化がもたらす結果は明らかである．$\mathbf{h} = \mathbf{B}/\sqrt{\rho \mu}$ を無次元磁場とする．$E/|H_c|$ を最小にしたい．これは，

$$\frac{|\langle \mathbf{u} \cdot \mathbf{h} \rangle|}{\langle \mathbf{u}^2 + \mathbf{h}^2 \rangle}$$

を最大にすることと等価である．明らかに，これは$\mathbf{u} = \pm \mathbf{h}$のときに得られ，したがって，相互ヘリシティーが一定という制約のもとでのエネルギーの最小化は，

$$\mathbf{u} = \mathbf{h} \quad \text{あるいは，} \quad \mathbf{u} = -\mathbf{h}$$

を導く．この$\mathbf{u}$と$\mathbf{h}$の配列は，有限振幅のアルヴェーン波に対応しているため，アルヴェーン状態とよばれる（このような有限振幅のアルヴェーン波については，本章末尾の演習問題9.4で論じられる）．

したがって，自由減衰MHD乱流が落ち着くさきの状態には二つがあるといえる．力の作用がない静磁場$\nabla \times \mathbf{B} = \alpha \mathbf{B}$（テイラー緩和）と，アルヴェーン状態$\mathbf{u} = \mathbf{h}$あるいは$\mathbf{u} = -\mathbf{h}$である．乱れがどちらの道を選ぶかは初期条件により，初期にH_Bが大きければテイラー緩和，初期にH_Cが大きければアルヴェーン状態となる．

9.4.6　コリオリ力とローレンツ力の複合による渦の成形

ローレンツ力とコリオリ力が同時に作用する場合は，乱流構造は一層複雑になる．次の単純なモデルを考えることで，渦の減衰にコリオリ力がどのように影響するかについてのヒントが得られる．回転座標系において，小さな局在する渦が，局所的に一様な磁場 $\mathbf{B}_0 = B\hat{\mathbf{e}}_x$ にさらされているとする．この渦は有限な角運動量をもっており，コリオリ力とローレンツ力の両方を受けている（$\mathbf{\Omega} = \Omega \hat{\mathbf{e}}_z$）．しかし，粘性力は無視できるとする（図9.30）．

$\mathbf{\Omega}$で回転する座標系における運動方程式は，

$$\frac{D\mathbf{u}}{Dt} = 2\mathbf{u} \times \mathbf{\Omega} - \nabla\left(\frac{p}{\rho}\right) + \frac{1}{\rho} \mathbf{J} \times \mathbf{B}_0 \tag{9.126}$$

であり，この式から，

$$\frac{D(\mathbf{x} \times \mathbf{u})}{Dt} = 2\mathbf{x} \times (\mathbf{u} \times \mathbf{\Omega}) - \mathbf{x} \times \nabla\left(\frac{p}{\rho}\right) + \frac{1}{\rho} \mathbf{x} \times (\mathbf{J} \times \mathbf{B}_0) \tag{9.127}$$

が得られる．式(9.68)を使ってコリオリ力とローレンツ力を書きなおすと，

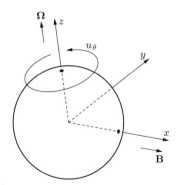

図 9.30 高速回転する流体と周囲の磁場のなかに置かれた渦

$$\frac{D(\mathbf{x} \times \mathbf{u})}{Dt} = (\mathbf{x} \times \mathbf{u}) \times \boldsymbol{\Omega} + \nabla \times \left(\frac{p\mathbf{x}}{\rho}\right) + \frac{1}{2\rho}(\mathbf{x} \times \mathbf{J}) \times \mathbf{B}_0 + \nabla \cdot (\sim \mathbf{u}) + \nabla \cdot (\sim \mathbf{J})$$

が得られる．次に，この式を全空間にわたって積分するか，あるいは，流れが大きな球の内部に閉じ込められていて外側の境界で $\mathbf{u} \cdot d\mathbf{S}$ と $\mathbf{J} \cdot d\mathbf{S}$ がゼロと仮定する．どちらにしても，

$$\rho \frac{d\mathbf{H}}{dt} = \rho \mathbf{H} \times \boldsymbol{\Omega} + \mathbf{m} \times \mathbf{B}_0 \tag{9.128}$$

が得られる．ここで，$\mathbf{H}$ は角運動量 $\int \mathbf{x} \times \mathbf{u} dV$，$\mathbf{m}$ は渦と $\mathbf{B}_0$ の相互作用による双極子モーメントである．最後に，R_m が 1 のオーダーあるいはそれ以下であると仮定する．この状況は，地球の地殻における小スケール渦（たとえば，サイズが 10 km 程度）にあたる．式 (9.74) を導いたときの議論と，低 R_m 型のオームの法則を用いると，$\mathbf{m}$ は $\mathbf{H}$ を使って，

$$\mathbf{m} = \frac{1}{2} \int \mathbf{x} \times \mathbf{J} dV = \left(\frac{\sigma}{4}\right) \mathbf{H} \times \mathbf{B}_0 \tag{9.129}$$

と書ける．これより，

$$\frac{d\mathbf{H}}{dt} = \mathbf{H} \times \boldsymbol{\Omega} - \frac{\mathbf{H}_\perp}{4\tau}, \quad \mathbf{H}_\perp = (0, H_y, H_z) \tag{9.130}$$

となる．τ はジュール減衰時間 $\tau = (\sigma B_0^2/\rho)^{-1}$ である．この関係から，H_z は時間スケール 4τ で指数関数的に減衰することが示される．一方，H_y と H_x の減衰のようすは，いわゆるエルザッサー数 $\Lambda = \sigma B_0^2/(2\rho\Omega) = (2\Omega\tau)^{-1}$ によって決まる．Λ が 4 より大きい場合は，H_y と H_x は指数関数的に減衰するが，4 より小さいときは，振動しながら減衰する．どちらの場合も，減衰の特性時間は 4τ で，$|\mathbf{H}|$ の減衰は指数関数的な速さである．しかし，コリオリ力は流れに対しては仕事をしないので，エネルギー式，

$$\frac{dE}{dt} = -\frac{1}{\sigma}\int J^2 dV \sim -\left(\frac{l_{\min}}{l_B}\right)^2 \frac{E}{\tau} \tag{9.131}$$

は，まえと同様に成り立つ（l_B は **B** 方向の長さスケールである）．したがって，9.4.4 項の議論を繰り返すと，E が指数法則に従って減衰するものと予想される．

われわれは，矛盾を抱えている．一方で，式(9.130)は，流れが時間スケール 4τ で指数関数的に減衰することを示している．しかし，他方では，エネルギーは代数的に減衰するらしい．つまり，角運動量の消失は渦の減衰を表してはいないのである．われわれは，この矛盾にすでに 9.4.2 項で直面しており，同時に，少なくとも **u**·∇**u** が **J**×**B** に比べて小さい場合に限れば解決も見えた．流れは多層のセル構造に変化し，セル間で角運動量 **H** が打ち消し合うため，合計量は指数関数的に小さい．この状況は，図 9.31 に描かれている．

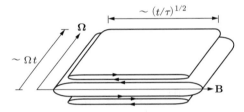

図 9.31 コリオリ力とローレンツ力を同時に受ける低 R_m の渦の発達

以上のように，Λ の値にかかわらず，板状の構造が現れるようだ．さらに，Λ が小さいか 1 のオーダーのとき，おそらく渦は壊れるまえにかなり引き伸ばされ，コリオリ力が渦を一部テイラー柱状にするものと思われる．かくして，**B** 線に沿っての擬似拡散と協調して回転軸の方向に慣性波動が伝播することによって，回転軸方向への引き伸ばしが起こる．軸方向の長さスケールは $l_\Omega \sim l_0 \Omega t$ で増加し，$\mathbf{B}_0$ 方向の長さスケールは $l_B \sim l_0(t/\tau)^{1/2}$ で増加する．この二つのプロセスに付随する時間スケールの比が，エルザッサー数 Λ なのである．

相互作用パラメータ N が大きくロスビー数が小さい場合，この挙動は厳密解析によって確認できる．式(9.58)と式(9.10)から，多少の演算のあとに，

$$\left[\frac{\partial}{\partial t}\nabla^2 + \frac{1}{\tau}\left(\frac{\partial^2}{\partial x_{//}^2}\right)\right]^2 \mathbf{u} + 4(\boldsymbol{\Omega}\cdot\nabla)^2(\nabla^2 \mathbf{u}) = 0 \quad (N \gg 1, \ \mathrm{Ro} \ll 1) \tag{9.132}$$

が得られる．ここで，$x_{//}$ は $\mathbf{B}_0$ 方向の座標である．z に関して対称な初期条件を考え，ω_z が x の偶関数となるような解を探す（磁場を逆転させても動力学的に変化しない）．y と z 方向にフーリエ変換し，x 方向にはフーリエ余弦変換を施せば，式(9.132)の解は容易に求められる．こうすると，ω_z の変換に関して二次の方程式，

$$\left[\frac{\partial}{\partial t}+\frac{1}{\tau}\left(\frac{k_B}{k}\right)^2\right]^2 \hat{\omega}_z + \left(2\frac{\boldsymbol{\Omega}\cdot\mathbf{k}}{k}\right)^2 \hat{\omega}_z = 0$$

が得られる．この式は容易に積分できて，さらに逆変換すると長時間経過後の解として，

$$\omega_z(\mathbf{x},t) \sim \left(\frac{t}{\tau}\right)^{-3/2} F[x/(t/\tau)^{1/2}, y, z/\Omega t] \tag{9.133}$$

が得られる（Davidson and Siso-Nadal (2002), Siso-Nadal and Davidson (2003)）．F の形は初期条件によって決まる．この結果から，l_B と l_Ω が $l_B \sim (t/\tau)^{1/2}$, $l_\Omega \sim \Omega t$ で成長することが確認できる．状況は，図 9.31 に示されているとおりであると結論づけられる．渦は $\boldsymbol{\Omega}$ 方向に $2\Omega t$ で押し出され，過渡的なテイラー柱のような形になる．同時に，低 R_m のアルヴェーン波の伝播によって，$\mathbf{B}$ 線に沿って拡散する．このとき，$l_B \sim (t/\tau)^{1/2}$ である．そのあいだにも，渦は互いに逆符号の渦度をもった小さな板状に寸断されることによって，角運動量を放出する．

コリオリ力とローレンツ力が同時に作用する場合は，乱れは強い非等方性となることは明らかだ．これらの力は，太陽表面における活発な運動や，多くの惑星内部で起こる乱流輸送など，宇宙物理の分野でとくに重要である．

9.5 地球の中心核における乱流

パーカーは地球中心部における一様でない回転をともなう，かなり不規則な熱対流運動について考えた．彼より以前のブラード（同じく彼よりまえのエルザッサー）と同様に，彼は双極子磁場に作用する非一様回転によって力の作用線が周方向に向き，周方向磁場が生み出されると考えた．彼のアプローチの目新しかった点は，周方向磁場と対流運動の干渉を考える段になって……パーカーは水平運動する物体に作用するコリオリ力が渦のような効果をもたらし……その結果，対流セルの内部では周方向磁場の力の作用線を単に引き上げるだけでなく，それをひねり，南北方向の磁場を生み出すことを指摘した点である．このようにして磁場のループが生まれ，それが一般にもとの双極子磁場を強める． T.G. Cowling (1957)

この短い文章にこめられた物理的洞察は驚くべきもので，われわれは，9.5 節の大部分を，地球磁場に関するパーカーの理論の説明に費やそう．

9.5.1 惑星ダイナモ理論への導入

地球磁場の存在は，地球の溶融核における乱流[11]運動が磁場に引き伸ばしやひねりを与え，それが自然の減衰力に対抗して磁場を維持することによることは，いまや

一般に認められている．地球内部の温度は強磁性体が永久磁性を失うキュリー点よりもはるかに高いため，地球磁場が一種の巨大な磁石によって形づくられると考えることはできない．また地球磁場を，地球誕生の段階で内部にとり込まれた原始磁場のようなものの名残であると考えることもできない．もし，そうならば，それはオーム散逸によってとっくに消滅しているはずだからだ（9.5 節末尾の例題 9.10 参照）．唯一のもっともらしい説明は，ローレンツ力によって機械的エネルギーが磁気エネルギーに変換されるという，ダイナモ作用によって，$\mathbf{B}$ が維持されるというものである．

乱流理論を見わたしてみると，これは驚くべき考え方ではない．$\mathbf{B}$ の支配方程式は $\boldsymbol{\omega}$ のそれとまったく同じ（ただ，λ を ν におき換えるだけ）であり，渦線の伸張によって $\boldsymbol{\omega}^2$ が増加することをわれわれは知っている．したがって，流れの乱れが磁力線を引き伸ばし，その結果 $\mathbf{B}^2$ が増加することも別に驚くほどのことではない．もちろん，磁力線の伸張がオーム散逸を上まわるためには，R_m は十分大きくなければならない（9.5 節末尾の例題 9.11 参照）．また，乱れを抑制する傾向がある粘性やローレンツ力に抗して乱れを維持するためには，エネルギー源が必要である．エネルギー源として考えられるのは，液体核内部の自然対流で，一部は温度差によって駆動され，また一部はゆっくりした固体核の凝固反応から発生する合成浮力によって駆動される（固体核が凝固によって成長する際，より軽い元素の混合物中に含まれる鉄を放出する）．固体核の現在の半径は，地球の外半径のおよそ六分の一である（図 9.32）．

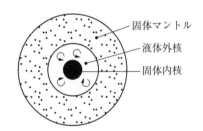

図 9.32　地球の構造．固体内核の半径は～1.2×10^3 km，液体外核の半径は～3.5×10^3 km，マントルの外半径は～6.4×10^3 km

ダイナモ理論には，もう一つの重要な要素がある．それは回転である．惑星のいくつかはダイナモ作用により磁場を維持していると考えられているが（水星，地球，木星，土星，おそらく巨大氷惑星，天王星，海王星），推定されるロスビー数は，どの

---

11) $\mathbf{u} \cdot \nabla \mathbf{u}$ は地核においてはほぼ完全に無視できるから，乱れを生み出す非線形性は $\mathbf{u} \cdot \nabla \mathbf{u}$ からではなく，速度場と磁場と浮力場の非線形カップリングからくる．

表 9.1 地球の核の推定される性質

項目	記号	値
外核半径	R_C	3490 km
内核半径	R_i	1220 km
環状液体核の幅	$L_C = R_C - R_i$	2270 km
角速度	Ω	$7.28 \times 10^{-5}\,\text{s}^{-1}$
密度	ρ	$\sim 10^4\,\text{kg/m}^3$
磁気拡散率	λ	$\sim 1\,\text{m}^2/\text{s}$
磁気拡散時間	$t_d = R_C^2/(\lambda \pi^2)$	$\sim 10^4$ 年
代表速度	$|\mathbf{u}|$	$\sim 0.2\,\text{mm/s}$
対流時間スケール	$L_C/|\mathbf{u}|$	~ 300 年
運動の最小長さスケール	$l_{\min}$	~ 10 km
核の平均軸方向磁場	$\bar{B}_z$	~ 4 ガウス
磁気レイノルズ数	$R_m = \dfrac{|\mathbf{u}|L_C}{\lambda}$	$O(400)$
ロスビー数	$\text{Ro} = \dfrac{|\mathbf{u}|}{\Omega L_C}$	$O(10^{-6})$
小スケールの慣性波が核を移動するのに要する時間	$\pi L_C/(2\Omega l_{\min})$	~ 50 日
磁気プラントル数	$\text{Pr}_m = \dfrac{\nu}{\lambda}$	$O(10^{-6})$
エックマン数	$E = \dfrac{\nu}{\Omega R_C^2}$	$O(10^{-15})$

場合もきわめて小さく，たとえば，10^{-6} 以下とは驚くべきことだ．さらに，巨大氷惑星を除いて，地磁気の軸はほぼ回転軸の方向である．実際，大きさのオーダーを推定すると，地球の液体核に作用する力は，おもにローレンツ力とコリオリ力と浮力である．一方，$\Omega l/u$ と Re は莫大だから，粘性力と非線形慣性力は完全に無視できる（表 9.1 参照）．ただし，粘性応力は薄い境界層では，おそらくなんらかのはたらきをしていると思われる．

したがって，回転によってある種の影響を受けた乱れが磁束管を伸張し，これによって地球の磁場が維持されていると考えるのが妥当のように思える．しかし，この考え方には少なくとも一つの問題点がある．乱れは本質的にランダムである．一方，地球の磁場は，たまに逆転が見られるものの，大体は定常のように見える．このため，ジオダイナモ理論において乱流は本当に必要なのか，もっといえば，望ましいのかと問いたくなる．平均的に定常な対流運動でも，磁束管を引き伸ばすことはできるのではないか．しかし，この平均流が軸対称であれば，ダイナモ作用は不可能であることは容易に確認できる．証明は，以下のとおりである．円柱極座標(r, θ, z)を用い，$\mathbf{B}$ を周方向成分 $\mathbf{B}_\theta(0, B_\theta, 0)$ と，極方向成分 $\mathbf{B}_p(B_r, 0, B_z)$ に分解する（図 9.33）．速度場も同様に，$\mathbf{u} = \mathbf{u}_\theta + \mathbf{u}_p$ のように分解し，$\mathbf{B}$ も $\mathbf{u}$ も軸対称で，$\mathbf{u}_\theta$，$\mathbf{u}_p$，$\mathbf{B}_\theta$，$\mathbf{B}_p$ はいずれもソレノイド場と仮定する．誘導方程式も極方向成分と周方向成分に分割す

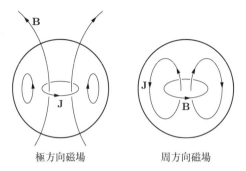

図 9.33 極方向磁場と周方向磁場．極方向磁場は周方向電流によって維持され，周方向磁場は極方向電流によって維持される．

ることができ，$\mathbf{B}_\theta$ と $\mathbf{B}_p$ の発展方程式は，

$$\frac{\partial \mathbf{B}_p}{\partial t} = \nabla \times (\mathbf{u}_p \times \mathbf{B}_p) + \lambda \nabla^2 \mathbf{B}_p \tag{9.134a}$$

$$\frac{\partial \mathbf{B}_\theta}{\partial t} = \nabla \times (\mathbf{u}_p \times \mathbf{B}_\theta) + \nabla \times (\mathbf{u}_\theta \times \mathbf{B}_p) + \lambda \nabla^2 \mathbf{B}_\theta \tag{9.134b}$$

となる．最初の式の「回転 (curl) をほどく」と，極方向磁場 $\mathbf{B}_p$ のベクトルポテンシャル $\mathbf{A}_\theta$ の発展を表す式が得られる（ソレノイド場 $\mathbf{B}$ のベクトルポテンシャル $\mathbf{A}$ は，$\nabla \times \mathbf{A} = \mathbf{B}$, $\nabla \cdot \mathbf{A} = 0$ で定義されることを思い出そう）．少し演算すると，式 (9.134a, b) は，

$$\frac{D}{Dt}(rA_\theta) = \lambda [r\nabla^2 A_\theta]_\theta \tag{9.135a}$$

$$\frac{D}{Dt}\left(\frac{B_\theta}{r}\right) = \mathbf{B}_p \cdot \nabla \left(\frac{u_\theta}{r}\right) + \lambda [r^{-1} \nabla^2 \mathbf{B}_\theta]_\theta \tag{9.135b}$$

となる．重要な点は，式 (9.135a) には $\mathbf{A}_\theta$，したがって，また $\mathbf{B}_p$ を維持するためのわき出し項がないことである．実際，式 (9.135a) によって決まる極方向磁場は，オーム散逸によって単純に減衰することが簡単に確認できる．$\mathbf{B}_p$ がゼロのとき，式 (9.135b) は，B_θ/r に対する移流 – 拡散方程式に帰着する．これにも，$\mathbf{B}_\theta$ に対するわき出し項はないから，$\mathbf{B}_p$ が減衰するのにともなって $\mathbf{B}_\theta$ も消滅する．したがって，ジオダイナモは軸対称流によっては維持されないといえそうだ．地核における運動は非軸対称に違いないし，非定常であることもほぼ確実である．

惑星におけるダイナモ作用の古典的でもっともポピュラーな描像は，いわゆる α–Ω ダイナモである．考え方は，次のようなものである．地核内部における対流は角運動量を組織的に運び，その結果，角運動量保存則に従って地殻内部では場所ごと

に角速度に組織的な差が生じる．多くの人々は，地球内部の固体核をとり囲む流体は，マントル付近の流体よりも，若干，速く回転していると信じている[12]．単純な動力学的考察（9.5節末尾の例題9.12）がこのことを示唆している．実際，内核における地震研究のいくつかは，このアイディアをとりあえず支持している[13]．さて，地球の核において，u と λ を見積もると，$u \sim 2 \times 10^{-4}$ m/s, $\lambda \sim 1$ m^2/s となる．したがって，液体環の幅 $L_C = R_C - R_i \sim 2 \times 10^6$ m にもとづく R_m は，おおむね $uL_C/\lambda \sim 400$ と見積もられる．そのため，大スケールでは，$\mathbf{B}$ はほぼ液体核に凍結されていると考えられる．したがって，回転速度の差（もし，存在するとして）によって，観察される双極子型の磁場 $\mathbf{B}_d$ がねじられて，周方向磁場 $\mathbf{B}_\theta$ を生み出すと考えられる（図9.34）．この周方向磁場の形成過程は，式(9.135b)の右辺第一項に捉えられている．実際，二項のバランスを表す式(9.135b)にもとづくオーダー評価から，

$$B_\theta \sim \frac{(u_\theta/r)_\Delta L_C^2}{\lambda} B_d$$

が得られる．ここで，$(u_\theta/r)_\Delta$ は内核を横切る角速度差の代表値である．したがって，地球内部の主要な場は，おそらく，よくいわれる双極子（南―北）ではなく，周方向（東－西）らしい．ただし，この説は，$(u_\theta/r)_\Delta$ の値をどのように仮定するかに非常に強く依存している．

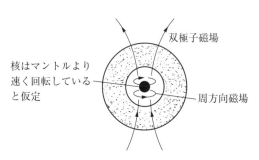

図9.34 Ω効果は，回転速度の差が，観察される双極子磁場から周方向磁場を生むという考えにもとづいている．

角運動量の組織的な変化が双極子場を周方向場にかえるというこの過程は，Ω効果とよばれている．これは，ジオダイナモに関する概略の数値計算の結果，得られた図

---

[12] このことは，固体内核も周囲の流体に引きずられてマントルより速く回転しているかもしれないことを示唆している．しかし，固体内核は重力を通じてマントルの非一様性にロックされていて，周囲流体の過回転にもかかわらず回転差が抑えられている．

[13] 内核の過回転を一応サポートしている地震のデータは激しい論争を生んでいる．マントルへの重力ロッキングが内核の過回転を抑制しているため，内核の回転は周囲流体の過回転と直接関係してはいないと考えてよいようである．

1.11 を見ると明らかである．Ω 効果は，赤道に関して反対称な周方向磁場を生み出し，北向きの双極子に対して北半球では負，南半球では正であることに注意してほしい．

しかし，再生サイクルを得るためには，周方向磁場を再び双極子磁場にもどし，$B_d \to B_\theta \to B_d$ のサイクルを完成させるためのなんらかの作用が必要である．ここに，いわゆる α 効果が登場する．α–Ω ダイナモでは，α 効果が B_θ を再び双極子磁場にもどす．考え方は，地殻内部において浮力によって誘起され，コリオリ力によって組織化された小スケールの螺旋状の乱れが，大スケールの周方向磁場をばらばらにして小スケールの磁場にかえるというものである（図 9.35(b)）．これは，準ランダム過程ではあるが，もし，条件が動力学的に好ましいものであれば，以下で論じられるように，このランダムな小スケール場が再び組織化されて，もともとの双極子磁場を強める可能性がある[14]．最大スケールにおいても R_m は ~ 400 程度とさほど大きくはないから，α 効果が表れるようなスケールでは，R_m は小さい（たとえば，$R_m \sim 1$）と考えられることに注意しよう．

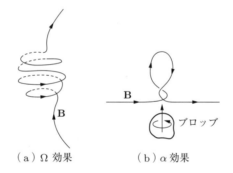

（a）Ω 効果　　　（b）α 効果

図 9.35 パーカーが 1955 年に予想した Ω 効果と α 効果

α 効果の名前の由来は，次のようである．液体核のなかのある領域で，$\mathbf{u}$ と $\mathbf{B}$ を，平均成分と変動成分に分けたと考える．すなわち，$\mathbf{u} = \mathbf{u}_0 + \mathbf{u}'$，$\mathbf{B} = \mathbf{B}_0 + \mathbf{b}$ とする．平均は周方向平均である．このとき，誘導方程式(9.51)をアンサンブル平均すると，

$$\frac{\partial \mathbf{B}_0}{\partial t} = \nabla \times (\mathbf{u}_0 \times \mathbf{B}_0) + \lambda \nabla^2 \mathbf{B}_0 + \nabla \times \langle \mathbf{u}' \times \mathbf{b} \rangle$$

が得られる．ここで，$\langle \sim \rangle$ は周方向平均で，$\langle \mathbf{u}' \rangle = \langle \mathbf{b} \rangle = 0$ である．乱流変動が，平均の電磁力，$\langle \mathbf{u}' \times \mathbf{b} \rangle$ を生み出していることは明らかだ．これは，普通の乱流におい

---

[14] α 効果の詳細については Moffatt (1978) を見よ．α–Ω ダイナモのオリジナルな考えは Parker (1955) による．その後，Steenbeck, Krause, and Radler (1966) によって，しっかりした数学的論拠が築かれた．

てナヴィエ・ストークス方程式を平均化したときに，レイノルズ応力が生まれたことを連想させる．α効果においては，$\mathbf{b}$ は $\mathbf{u}'$ と $\mathbf{B}_0$ の干渉によって発生するから，$\mathbf{b}$ は $\mathbf{B}_0$ の線形関数と考えられる．したがって，乱れによって誘起された電磁力は，ある α_{ij} を用いて $\langle \mathbf{u}' \times \mathbf{b} \rangle_i = \alpha_{ij}(\mathbf{B}_0)_j$ の形にモデル化される．例題9.13で述べるように，$\langle \mathbf{u}' \times \mathbf{b} \rangle$ に対して仮定されたこの形は，さらに螺旋状の攪乱と平均磁場との相互干渉の詳しい解析によって，さらに重要視されるようになる．

螺旋運動 $\mathbf{u}'$ は，回転軸に沿う方向の柱状渦の形をとることが多く，このため，$\mathbf{B}_0$ の半径方向および周方向成分には作用するが，軸方向成分には作用しない．このような場合には，$\langle \mathbf{u}' \times \mathbf{b} \rangle$ は，さらに，

$$\langle \mathbf{u}' \times \mathbf{b} \rangle = \alpha \mathbf{B}_{0\perp} \tag{9.136}$$

のように簡単になる．ここで，$\mathbf{B}_{0\perp} = \mathbf{B}_0 - B_{0z}\hat{\mathbf{e}}_z$ で，$\alpha(r,z)$ は速度の次元をもった擬似スカラーである[15]．これは，事実上，乱れた電磁力が平均電流を生むという一つの完結仮説，$\langle \mathbf{J} \rangle \sim \sigma\alpha\mathbf{B}_{0\perp}$ といえる．最終結果は，

$$\frac{\partial \mathbf{B}_0}{\partial t} = \nabla \times (\mathbf{u}_0 \times \mathbf{B}_0) + \lambda\nabla^2\mathbf{B}_0 + \nabla \times (\alpha\mathbf{B}_{0\perp}) \tag{9.137}$$

となる（9.5.4項において，式(9.136)，(9.137)にはかなりのサポートがあることにふれる）．α効果という用語は，式(9.137)に α が現れていることに由来している．式(9.137)から何が得られるかを見てみよう．平均場 $\mathbf{u}_0$ と $\mathbf{B}_0$ が軸対称だから，これらは周方向成分と極方向成分に分解する．それらは個々にソレノイダルである（図9.33）．さらに，極方向磁場 $\mathbf{B}_p$ に対して，$\mathbf{B}_p = \nabla \times (\mathbf{A}_\theta)$, $\nabla \cdot \mathbf{A}_\theta = 0$ で定義されるベクトルポテンシャルを導入すると便利である．同様に，式(9.137)を周方向成分と極方向成分に分割すると，B_θ と A_θ の発展方程式が得られる．それらは，式(9.135a, b)と似ているが，α のついた付加項がある．

$$\frac{D}{Dt}(rA_\theta) = \alpha rB_\theta + \lambda\nabla_*^2(rA_\theta) \tag{9.138a}$$

$$\frac{D}{Dt}\left(\frac{B_\theta}{r}\right) = \mathbf{B}_p \cdot \nabla\left(\frac{u_\theta}{r}\right) - \frac{\partial}{\partial z}\left(\frac{\alpha}{r}\frac{\partial A_\theta}{\partial z}\right) + \nabla \cdot \left[\frac{\lambda}{r^2}\nabla(rB_\theta)\right] \tag{9.138b}$$

この式で，対流微分は平均速度にもとづいており，∇_*^2 は，式(9.82)で定義されたス

---

15) 擬似スカラーとは，右手座標系から左手座標系に切り替えたときに符号が反転する性質をもったスカラーを意味する．擬似スカラーについては付録1で説明する．α が擬似スカラーであるということは，鏡映対称性をもたない乱れだけが α 効果を生むことを意味する．これにより，完全な等方性乱流は除外されるが，統計的に回転不変性をもち，反転不変性をもたない擬似等方性乱流は除外されない（Moffatt (1978)）．

トークス演算子である．

式(9.138b)の右辺第一項がΩ効果を表しており，双極子場$\mathbf{B}_p$に作用する回転速度差が周方向場のわき出し項となっている．これが，B_θを生み出すおもな機構であると考えられていた．一方，式(9.138a)の右辺第一項が逆にB_θを双極子場にもどすα効果で，これによって$B_p \to B_\theta \to B_p$のサイクルが完成する．$\alpha(r,z)$ u_θ/rを適当に与えて式(9.138a)と式(9.138b)を積分すると，ダイナモ数$(\alpha L_c/\lambda)(u_\theta L_c/\lambda)$が十分大きいときは，確かに自立的磁場が得られる．

式(9.138a, b)はΩ効果がなくても，ダイナモを維持できることに注意しよう．すなわち，B_pはα効果によって$\mathbf{B}_\theta$を生みだすことができ，$\mathbf{B}_\theta$は第二のα効果によって$\mathbf{B}_p$を生み出す．これが，α^2ダイナモとして知られるようになった例で，$\alpha L_c/\lambda$が十分大きければこれが自立磁場をつくる．

歴史的に見ると，Parker (1955) 以来，ジオダイナモはα–Ωタイプであると思われていた．これは，一部には，Ω効果が自然で強固な現象に見えたからであった．そのため，ジオダイナモに関する多くの直接シミュレーションが，α^2ダイナモのほうがより本物らしいこと，なぜなら，核を糸状に貫いて周方向せん断を妨げる極方向磁場をΩ効果が部分的に抑制するからであることを示唆したのは驚きであった．しかし，計算機シミュレーションは，地球の内核に対応したパラメータ領域からはまだ程遠いから (9.5.2項参照)，α–Ωダイナモとα^2ダイナモは，いまのところどちらもジオダイナモの有力候補として考えるべきであろう．どちらの場合でも，$\alpha L_c/\lambda$が十分大きい場合にのみジオダイナモは自立的となる．

このことから，次の疑問がわく．一体，αはどのくらい大きいのだろうか．それは，$|\mathbf{u}'|$，lおよびλに依存するだろうと考えるのがもっとものようだ．lと$|\mathbf{u}'|$は乱れの積分長さスケールおよび速度スケールである．すると，次元解析から，$\alpha = |\mathbf{u}'| f(|\mathbf{u}'| l/\lambda)$となる．しかし，$\alpha$は右手系から左手系に切り替えると符号が反転するという意味で擬似スカラーだから，この形は正しいとはいえない．これに対して，$|\mathbf{u}'|$は真のスカラーである．ヘリシティー$\mathbf{u}\cdot\boldsymbol{\omega}$は乱流理論にもっともよく出てくる擬似スカラーだから，αの式としては，

$$\alpha = \frac{\langle \mathbf{u}'\cdot\boldsymbol{\omega}'\rangle l}{|\mathbf{u}'|} f(|\mathbf{u}'|l/\lambda)$$

のほうが有望であり，実際，この式のほうがよく用いられている．$R_m = |\mathbf{u}'|l/\lambda$が大きくなると，$\lambda$は適切なパラメータではなくなると考えられるが，低$R_m$では，$\alpha$は$\lambda$に逆比例する．したがって，$R_m$の大小両極限では，

$$\alpha \sim \frac{\langle \mathbf{u}'\cdot\boldsymbol{\omega}'\rangle l}{|\mathbf{u}'|} \quad (R_m \gg 1), \qquad \alpha \sim -\frac{\langle \mathbf{u}'\cdot\boldsymbol{\omega}'\rangle l^2}{\lambda} \quad (R_m \ll 1)$$

となる．ここで，マイナス符号に注意してほしい．この理由は，正のヘリシティーが $\mathbf{B}_{0\perp}$ と平行で方向が逆の電流密度 $\sigma\alpha\mathbf{B}_{0\perp}$ を生むような $\mathbf{b}$ ループを誘起するためである（図 9.36）．

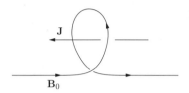

図 9.36 正のヘリシティーは $\mathbf{B}_{0\perp}$ と平行で逆向きの電流を誘起し，負の α を生む傾向がある．

$R_m \ll 1$ の場合には，$\langle \mathbf{u}' \times \mathbf{b} \rangle_i = \alpha_{ij}(\mathbf{B}_0)_j$ と書くことができるという意味で，α 効果が正しいことを，フォーマルな形で示すことができる．ここで，α_{ij} は λ と $\mathbf{u}'$ の統計量によって一意的に決まる．また，低 R_m の一様乱流では，

$$\langle \mathbf{u}' \times \mathbf{b} \rangle = -\frac{1}{\lambda} \langle (\mathbf{a}' \cdot \mathbf{u}')\mathbf{B} - (\mathbf{a}' \cdot \mathbf{B})\mathbf{u}' - (\mathbf{u}' \cdot \mathbf{B})\mathbf{a}' \rangle$$

$$= -\frac{1}{\lambda} \langle (\mathbf{a}' \cdot \mathbf{u}')\mathbf{B} - 2(\mathbf{a}' \cdot \mathbf{B})\mathbf{u}' \rangle \qquad (9.139a)$$

が成り立つ．ここで，$\mathbf{a}'$ は $\mathbf{u}'$ のベクトルポテンシャルである（Davidson (2001)）．したがって，対応する α テンソルは，

$$\alpha_{ij} = -\lambda^{-1}[\langle \mathbf{a}' \cdot \mathbf{u}' \rangle \delta_{ij} - \langle a'_i u'_j + a'_j u'_i \rangle] \quad (R_m \ll 1) \qquad (9.139b)$$

によって求められる．$\alpha_{ii} = -\langle \mathbf{a}' \cdot \mathbf{u}' \rangle/\lambda$, $|\mathbf{a}'| \sim |\boldsymbol{\omega}'|l^2$ だから，$\alpha_{ii} \sim -\langle \mathbf{u}' \cdot \boldsymbol{\omega}' \rangle l^2/\lambda$ となり，これは，上のオーダー評価の結果と矛盾していない．

以上をまとめると，回転軸方向にそろった柱状渦によって，α 効果が駆動されるとき，そして R_m が小さいとき，誘起された電磁力，すなわち $\langle \mathbf{u}' \times \mathbf{b} \rangle$ は，しばしば，

$$\langle \mathbf{u}' \times \mathbf{b} \rangle \sim -\frac{\langle \mathbf{u}' \cdot \boldsymbol{\omega}' \rangle l^2}{\lambda} \mathbf{B}_{0\perp}, \quad \mathbf{B}_{0\perp} = \mathbf{B}_0 - B_{0z}\hat{\mathbf{e}}_z \qquad (9.140)$$

の形をとると仮定される．これは，もし $h = \langle \mathbf{u}' \cdot \boldsymbol{\omega}' \rangle$ が負なら $\mathbf{B}_{0\perp}$ に平行，正なら $\mathbf{B}_{0\perp}$ に平行で逆方向である．式 (9.140) の正式な証明は 9.5.4 項で述べる．

9.5.2 ジオダイナモの数値シミュレーション

Glatzmaier and Roberts (1995) の先駆的な数値実験が，おそらくジオダイナモの直接数値シミュレーション時代のはじまりであろう．そのシミュレーションでは，回転軸の方向を向いた妥当な双極子型の磁場が得られた（たとえば図 9.37）．しかし，

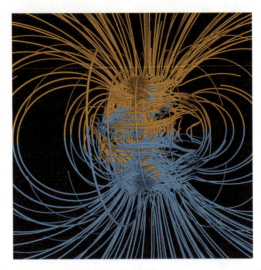

図 9.37 ジオダイナモの初期の数値シミュレーションは地核内部の磁場を示している．(Gary Glatzmaier 提供)

この先駆的研究から 20 年が経ったにもかかわらず，現在の数値実験は地球の内核の条件に近づけていない．その理由の一つは，地核における極端に小さな磁気プラントル数とエックマン数を実現できないことで，このため，計算ではあまりに強い粘性を避けることができず，散逸のかなりの部分が粘性応力に起因してしまう．これに比べて，地球の内核では，粘性応力は完全に無視でき，動力学的役割を果たさず，散逸はほとんど完全にオーム散逸である．さらに，数値解析における浮力は地球内核に比べていつもはるかに弱いため，結果として得られる流れは強い乱流状態ではなく，しばしば少しだけカオス的となっているにすぎない．最後に，シミュレーションの時間ステップは，クーラン条件によって強く制限されており，このため，各時間ステップは（格子間隔）/（慣性波の群速度）のオーダーであること，したがって，$\Delta t < O(\Omega^{-1})$ である必要がある．したがって，多数の（すなわち，地球物理的な）時間ステップを実現するためには，シミュレーションは回転不足が避けられない．その結果，シミュレーションにおけるロスビー数はつねに高すぎる．まとめると，これらのシミュレーションは粘性過剰で，エックマン数 $E = \nu/\Omega R_C^2$ で見積もると 10^9 倍程度にもなる．また，動力不足はレイリー数で見積もると，少なくとも 100 倍程度となる．さらに，回転不足はロスビー数 $\mathrm{Ro} = |\mathbf{u}|/\Omega L_C$ で見積もると 10^3 倍程度となる（表 9.2 参照）．

それにもかかわらず，全部ではないがいくつかの数値実験は，たとえば，回転軸方向に並んだ擬似定常の双極子渦や，ときどき起こる磁場の逆転など，地球に似た状況を示している．明らかに，表 9.2 に照らして考えると，シミュレーションは多くの

9.5 地球の中心核における乱流

表 9.2 地球の地核におけるダイナモパラメータと数値シミュレーションとの比較

	磁気プラントル数	エックマン数	レイリー数	ロスビー数
定義	$\text{Pr}_m = \dfrac{\nu}{\lambda}$	$E = \dfrac{\nu}{\Omega R_C^2}$	$\text{Ra} = \dfrac{g_0 \beta \Delta T R_c}{\Omega \nu}$	$\text{Ro} = \dfrac{|\mathbf{u}|}{\Omega L_C}$
地球の核における推定値	10^{-6}	10^{-15}	$(10^3 \sim 10^4) \text{Ra}_{\text{crit}}$	10^{-6}
数値シミュレーションで得られた数値の範囲	$0.1 \sim 10$	$10^{-6} \sim 10^{-3}$	$(1 \sim 100) \text{Ra}_{\text{crit}}$	$10^{-3} \sim 10^{-2}$

誤った結果を示すが,いくつかの正しい結果も得られるようだ.重要かつ現在進行中の論争は,いったい何が正しいのかである.すなわち,(いくつかの)シミュレーションが妥当なダイナモを再現するために必要な,惑星内核と数値実験に共通の動力学過程とは何かである.

地球内核における移流を駆動するおもな力は,おそらく組成から生まれる浮力であろうが,シミュレーションでは,普通,課せられた温度差によって流れが駆動される.もちろん,地球表面からの熱の放散を妨げる熱抵抗は,おもにマントルの低い熱伝導率によって決まり,核とマントルの境界における熱の境界条件は熱流束一定が適切であろう.しかし,シミュレーションでは,核を横切る温度差が一定とするほうが便利であり,これも数値ダイナモの不確かさの原因となる.シミュレーションにおける強制力の度合いはレイリー数に似たパラメータ,$\text{Ra} = g_C \beta \Delta T R_C / \Omega \nu$ によって測られる.ここで,g_C は核の表面における重力加速度,β は熱膨張係数,ΔT は核を横切る超断熱温度差である.数値実験を,駆動力が弱い場合と,中程度の場合に分類すると便利である.しかし,どちらも惑星の核に適切と思われる強い駆動力とはほど遠い.弱駆動力ダイナモでは,レイリー数は自然対流が発生する臨界値に比べてあまり大きくなく,たとえば,臨界値の $5 \sim 15$ 倍程度である.また,もう少し惑星に近い中程度の駆動力の場合には,臨界値の $50 \sim 100$ 倍程度である.この場合の流れは,弱駆動力ダイナモの特徴である緩やかなカオス運動ではなく乱流である.

シミュレーションの結果を分析する際,接円筒とよばれる構造の内部と外部を区別するのが有益である.これは,仮想の円筒で,回転軸と同軸で内核を囲み,外核を南から北へ貫いている.弱駆動力ダイナモでは,作用のほとんどは接円筒の外部で生じる.そこでは,流れは回転軸方向の長い柱状の対流セルに組織化される.典型的な例が,図 9.38(a) に示されていて,レイリー数は臨界値の約 11 倍である.柱状対流セ

---

16) エックマン境界層や,それにともなうエックマンパンピングになじみがない読者は Greenspan (1968) あるいは Davidson (2013) の第 3 章を参照のこと.

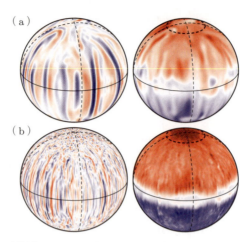

図 9.38 弱駆動および中駆動のダイナモ．左のイメージはマントル付近の半径方向速度，右は同じくマントル付近の半径方向磁場を示す．（a）弱駆動ダイナモ，レイリー数が臨界値の 11 倍の場合．（b）中駆動ダイナモ，レイリー数が臨界の 46 倍の場合 (Sreenivasan (2010) 参照，Binod Sreenivasan 提供)

ルの内部の流れは螺旋状で，柱状渦がマントルと干渉する際に粘性エックマンパンピング[16]によってドライブされる．回転方向はセルごとに反転し，一つが低気圧性であれば，隣りは高気圧性となる．しかし，回転の符号がかわると，エックマンパンピングによって誘起された鉛直速度の向きもかわり，u_z は赤道に対して反対称となる．その結果，ヘリシティー密度 $h = \mathbf{u} \cdot \boldsymbol{\omega}$ は北半球で負，南半球で正，すなわち，半球ごとに一つの符号をもった一様分布となる．9.5.3 項で論じたように，このヘリシティーが，過粘性，弱駆動力のシミュレーションにおけるダイナモ作用にとって決定的な役割を果たす．

中程度の駆動力のダイナモでは，運動はもっと乱れている（図 9.38(b)）．接円筒の外部の流れは弱駆動ダイナモとあまりかわらず，細長い柱状渦からなるが，渦はより細く，より不規則で，よりダイナミックである．弱駆動シミュレーションと決定的に違う点は，これらの柱状渦の大部分がマントルと強くは干渉しないことで，駆動力が中以上のとき，エックマンパンピングによるヘリシティーの生成効果がはるかに小さい．それにもかかわらず，ヘリシティーは弱駆動の場合と同じく北で負，南で正である．ダイナモにとってこれほど決定的なこのヘリシティーの源については物議をかもしており，重要な疑問点である（9.5.3 項参照）．接円筒内部の流れは，中駆動ダイナモのほうが活発で，極軸付近での上昇流が回転速度に差を生み，それが Ω 効果となる．最後に，中駆動ダイナモでは赤道面に沿って強い噴流状の流れを生む傾向があ

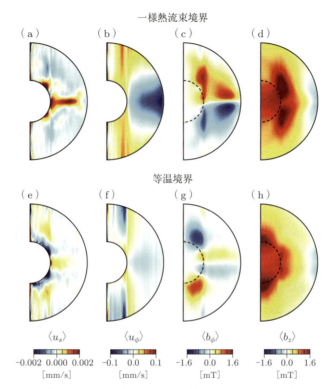

図 9.39 地核とマントルの境界における条件として定熱流束を与えた場合と定温度を与えた場合のダイナモシミュレーションの比較.上段が定熱流束,下段が定温度.左から右へ半径方向速度,周方向速度,周方向磁場,軸方向磁場(Sakuraba and Roberts (2009) より)

り,これが熱や浮遊物質を内核からマントルに運ぶ.これは,図 9.39 に見られるように,とくに定熱流束の境界条件が課せられているときに顕著である.

9.5.3 ジオダイナモのさまざまな描像

ここまでは,ジオダイナモの運動学的側面だけを問題にしてきた.なぜ,核における小スケール運動が,内部の東西方向の磁場から平均の双極子磁場を発生させるという α 効果を,動力学的に生じやすいかという,もう一つの重要な問題がある.それに関しては,粘性対流ロールと螺旋波束とよばれる二つのポピュラーな描像があり,どちらも軸方向に引き伸ばされた柱状渦の形をしている.第一の描像は,より弱い駆動力の過粘性数値シミュレーションにおいて,接円筒の外部に見られた柱状対流パターンに関係している.上で述べたように,これらは回転軸方向を向いて核全体を貫く長い対流ロールの形をとる(図 9.38(a)).対流ロールは,交互に低気圧性と高気

圧性を示し，マントルと干渉してエックマンパンピングを駆動する．この粘性対流ロールにもとづくダイナモの描像が α^2 タイプである．一方，二番目の描像では，接円筒の内部と外部の両方で作用が起こる．螺旋波動の波束がおもに接円筒の内部に限定されているときは，たとえ単に Ω 効果がおもに接円筒内部に限定されているという理由であっても，ダイナモはおそらく α–Ω タイプになるであろう．一方，接円筒の外部の螺旋波動の波束は α^2 ダイナモを駆動する傾向がある．

粘性対流ロールと，それにともなうダイナモの描像から話をはじめよう．それは，部分的には弱駆動数値シミュレーションの結果にもとづいている．このようなシミュレーションにおいては，対流が弱く流れが層流状態（あるいは緩やかなカオス状態）にあるとき，接円筒の外側の対流パターンとして回転軸方向の核全体にわたる長い円筒状の対流ロールの規則的な配列が観察される．さらに，これらの対流ロールはマントルと交差する場所で粘性エックマン層を形成する．そして，対流ロール内部の流れはエックマンパンピングに支配される．このエックマンパンピングは，もちろん，螺旋状で，低気圧性においても，高気圧性においても，ヘリシティーが北半球では負，南半球では正であることが容易に証明できる．すなわち，サイクロン（ロールの中心を原点とする円柱極座標で $u_\theta > 0$）によってマントルに誘起されたエックマン層は，流体をエックマン層から吸い出し，柱状の対流ロールへと押し下げる．したがって，サイクロン内部の軸方向流れは，北半球でも南半球でも，マントルから赤道面に向かう方向である．したがって，ヘリシティー $h \sim u_z u_\theta / r$ は北半球では負，南半球では正となる[17]．これに反して，高気圧性 ($u_\theta < 0$) によってマントル上に形成されたエックマン層は対流ロールから流体を吸出し，エックマン層に押し上げる．したがって，高気圧性内部の軸方向流れは赤道面から広がり，北半球で正，南半球で負となる．しかし，低気圧性の場合と同様に，ヘリシティー $h \sim u_z u_\theta / r$ は北半球で負，南半球で正となる．

こうした流れは，接円筒外部で図 9.40 に示されているように，α^2 ダイナモを形成するには理想的である．この点を論じよう．地球中心を原点とする全体としての円柱極座標 (r, θ, z) を用い，双極子磁場は北向きとする（現在，地球磁場は反対向きである）．対流コラム内部の螺旋状の流れは半径方向磁場と干渉して，半径方向電磁力 $\langle \mathbf{u}' \times \mathbf{b} \rangle_r$ を駆動し，それは，式(9.140)に従って，北半球，南半球ともに正となる（B_r の符号がかわるとき，h の符号もかわる）．この電磁力は赤道面付近で最小で（そこでは，B_r はゼロ），マントル付近で最大となる．こうして，極方向電流が誘起され，

---

17) 対流ロール内部のヘリシティーは，その中心を原点とする円柱極座標を使うと，$h = u_z \omega_z + u_\theta \omega_\theta \sim u_z r^{-1} \partial(r u_\theta)/\partial r \sim u_z u_\theta / r$ となる．

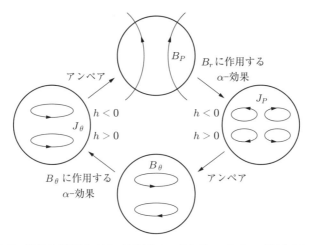

図 9.40 符号が赤道面に対して反対称のヘリシティーによって駆動された古典的な α^2 ダイナモ．考えを集中するために双極子磁場は北向きとする．h が南半球で正，北半球で負のとき，B_θ は北半球で正，南半球で負となり，この状況はほとんどの数値シミュレーションにおいて接円筒の外部で見られる h と B_θ の分布とほぼ一致している．

図 9.40 に示されているように四重極をもつ．これにともなう周方向（東西方向）の磁場はアンペアの法則から得られる．それは，赤道面に対して反対称で，北半球で正，南半球で負である．螺旋状の対流ロールにともなわれる α 効果が，今度は周方向磁場 B_θ に作用して周方向電流を生じる．h は B_θ に北半球でも南半球でも正符号を与えるため，式 (9.140) より J_θ は核全体にわたって正となる．最後に，この正の周方向電流が，まさにもとの双極子磁場をサポートするために必要であったことがわかる．このようにして，われわれはエックマンパンピングにより駆動される単純かつ矛盾のないダイナモに至り，その構造は，略図ではあるが図 9.40 に示されている．おもしろいことに，北半球では $B_\theta > 0$ で $h < 0$，南半球では $B_\theta < 0$ で $h > 0$ というこのパターンは，弱駆動でも中駆動でも，ほとんどのシミュレーションにおいて接円筒外部で観察される．この点は重要なので，あとでもう一度考える．

しかし，とくに地球の地殻における対流は，強駆動で激しく乱れていると考えられ，このような規則的な（決定論的な）対流ロールの列が地殻内部に存在しているとは思えないし，柱状渦が核全体を南から北へ貫いているなど，ますます考えにくい．9.5.2 項で示唆したように，むしろ，柱状渦のうちの比較的少数がマントルと強く干渉するらしい．そのためわれわれは，ジオダイナモの説明のために別のヘリシティー源を探さなければならなくなった．

次に，螺旋波動の描像に移ろう．小スケールの運動は，ゆっくり変化する浮力に

よって生じた，回転軸方向に伝播する低周波の螺旋状慣性波束の海として描かれる（例題 9.13 に示されているように，平均磁場を通過する螺旋波は α 効果を生み出すことが容易に確認できる）．まず，螺旋波束がおもに接円筒の内部にある場合を考えよう．核をまたいで温度差が与えられている，少なくとも中駆動あるいは強駆動ダイナモの場合に，接円筒内部にはしばしばかなりの Ω 効果がある．小スケールの慣性波動が東西方向の磁場を通って螺旋状に巻き上がり，周方向電流が生まれ，双極子磁場をサポートするというのがここでのアイディアである．これが，どのように作動するかをしばらく考えてみよう．考えを集中するために，地球の双極子磁場は南から北に向かう方向とする．さらに，ダイナモ作用はおもに接円筒内部で生じ，そこでは，強い上昇流があるものと考えられる．すると，この浮力にもとづく上昇流によって駆動された Ω 効果が，図 9.35（a）に示されているように，北半球で負，南半球で正の周方向磁場を生じる[18]．この東西方向の磁場を通して螺旋波動が巻き上がるとき，図 9.36 のように，**b** ループをねじり出す．この **b** ループに付随して周方向電流が生じ，もし，この接円筒内部にこの波の連続的な流れがあれば，小スケールの電流が足し合わされて全体的な周方向電流を生み，これが，さらに双極子磁場をサポートする．もちろん，完全にランダムな波の集団は，波に誘導された小スケールの電流が打ち消し合う傾向があるため，正味の効果は生まない．明らかに，われわれは個々の波の効果が加算的となるような，波の何かしら全体的な組織が必要なのは明らかだ．この描像が実際に機能するためには，波のヘリシティー $\mathbf{u}' \cdot \boldsymbol{\omega}'$ が北半球で正となって，負の周方向磁場から正の周方向電流を生み出す必要がある（式(9.140)）．また，南半球ではヘリシティーが負となって，その結果，正の周方向磁場から同じ正の周方向電流が生じる（これも，式(9.140)）．要するに，接円筒内で双極子磁場をサポートするためには，波のヘリシティーが北半球では正，南半球では負である必要がある．これに関して，慣性波は群速度が北向きの場合は負のヘリシティーをもち，南に向かう慣性波は正のヘリシティーをもつことを思い出すとよい（図 9.1（a）と 9.2.3 項の議論を参照のこと）．明らかに，接円筒内の α–Ω ダイナモは，南半球で Ω 方向に伝播する慣性波と，北半球で Ω とは逆方向に伝播する慣性波を必要とする．この種の α–Ω ダイナモの描像の例は，例題 9.14 で論じられている．そこでは，螺旋状の慣性波が接円筒のマントル付近で形成され，回転軸に沿ってマントルから内核に向かって伝播し，そこで散逸することが示される．

---

[18] 接円筒内部のこの周方向磁場は，温度一定の境界条件に対する図 9.39（g）にはっきり見られるが，不思議なことに熱流束一定の条件の場合には見られない．少なくとも，このシミュレーションでははっきりした Ω 効果が表れていない．しかし，中駆動のシミュレーションではほとんどの場合 Ω 効果が表れており，普通，接円筒内部では北半球で $B_\theta < 0$，南半球で $B_\theta > 0$ が認められる．

9.5 地球の中心核における乱流　609

　ダイナモ作用が接円筒の外で起こる場合，状況はもっと複雑になる．この場合，局所の周方向磁場は，接円筒内部で作用する Ω 効果ではなく，α 効果によって発生する傾向がある．実際，ジオダイナモの数値シミュレーションでは，接円筒外部の周方向磁場の符号が内部での符号と反対になることがしばしば見られ，これは，接円筒外部の B_θ が α 効果によって生じることと一致している．このように，たとえば双極子磁場が北向きであれば，計算で得られた接円筒内部の周方向磁場は北半球で負，南半球で正となることが多く，これは Ω 効果と矛盾しない．しかし，接円筒外部では，普通，北半球で正，南半球で負となり（図 9.39），局所の α 効果と矛盾しない（図 9.40）．いずれにしても，これらのシミュレーションが仮に信頼できるものとすれば，接円筒の内部から外部への移動にともなう B_θ の符号変化が，双極子磁場をサポートするために波のヘリシティーも逆転して，図 9.40 で示されているように，北半球で負，南半球で正でなければならないことを意味する．赤道面内で浮力を受けるブロブがゆっくりと半径方向外向きにマントルに向かって移動するときに発生する低周波の慣性波動によって，このヘリシティーのパターンが生まれる（中駆動シミュレーションでは，強い噴流のような外向きの流が赤道面に沿って存在し，これが熱や浮力物質を内核からマントルに向かって運んでいたことを思い出そう．こうした乱れた浮力噴流は，ロスビー数が小さいとき，例外なく慣性波動を生み出す）．このような波動は，軸方向に赤道面からマントルに向かって低周波の波束の形で伝播し，回転軸方向に向いた細い柱状渦の形で姿を現す（9.5.4 項参照）．

　波動で駆動されるこの α^2 ダイナモの描像は，ある意味で粘性対流ロールの描像に似かよっている．h や B_θ の分布は同じだし，それらは同じように，接円筒の外部で作用する．確かに，同じようにうまく図 9.40 で表現される．おもな相違は，ヘリシティーが粘性エックマンパンピングからではなく，赤道面付近で生まれる螺旋波の波束からくることで，したがって，ダイナモは，機械的境界条件には鈍感で，むしろ，統計的に持続性のある非一様性をもった慣性波動生成に依存している．上で概観した三つの描像，すなわち，

（ⅰ）　接円筒の外部で粘性対流ロールによって駆動される α^2 ダイナモ
（ⅱ）　接円筒の内部で螺旋波動の波束で駆動される α–Ω ダイナモ
（ⅲ）　接円筒の外部で螺旋波動の波束で駆動される α^2 ダイナモ

のうち，（ⅰ）と（ⅲ）は数値ダイナモに見られるが，（ⅲ）だけがいまのところジオダイナモの有望な選択肢と思える．もっとも，多少，怪しい点もあるが．最初に描像（ⅰ）について再吟味しよう．おもな困難は，惑星のヘリシティーがマントル上の粘性境界層によって生成されるとは考えにくいという点である．これを信じる理由がいくつ

もある．まず，巨大ガス惑星のダイナモの観測結果は地球型惑星のそれと驚くほどよく似ている．どちらも双極子が支配的で，その軸は回転軸とほぼ一致している．さらに，惑星双極子モーメント $\mathbf{m}$，あるいはこれと等価な地核における磁場の平均強さ $\bar{B}_z = (2\mu/3V_C)|\mathbf{m}|$ の正規化のしかたによっては[19]，誘導磁場の強さは表9.3の最後の行に見られるように，どの惑星に対しても驚くほど類似している．したがって，巨大ガス惑星のダイナモの基礎にある構造は，地球のそれと違いがないのではないかと考えるのはもっともだが，エックマン層を形成するマントルはガス惑星にはないのである．第二に，境界ですべり条件を与えた数値シミュレーションは，すべりなし条件を与えた結果と驚くほどよく似ているが，前者にはエックマン層は存在しない．第三に，中程度の超臨界ダイナモのシミュレーションでは，柱状渦がマントルからマントルへ伸びることがはっきりしていて，そこからこのポピュラーなダイナモの描像が想起されたのだが，より強い超臨界数値シミュレーションでは，柱状渦の多くは地核全体を貫いている．地球のレイリー数が現在の最強駆動のシミュレーションよりも2オーダー程度大きいとすると，惑星を観察する際にこれが話題になる．第四に，仮に柱状渦が地球の地核にまたがっているとしても，地球のエックマン数を $E \sim 10^{-15}$ とすると，標準的な粘性スケーリングの理論からエックマン層の厚さが $\delta_E \sim (E)^{1/2} R_C$, 約10 cmとなる．そして，対流コラムの幅，$\delta_E \sim (E)^{1/3} R_C$ は数十分の1メートルとなる．外核におけるこれほど小さな値が，マントルや内核境界層の起伏の高さのわずかな割合のエックマン層や，縦横比が 10^5 のオーダーの対流コラムを

表9.3 ダイナモ作用をともなっていると考えられる地球型惑星と，巨大ガス惑星の大体の性質とエルザッサー数 $\Lambda = \sigma \bar{B}_z^2 / \rho \Omega$ の代表値および無次元化した磁場の強さ $(\bar{B}_z/\sqrt{\rho\mu})/\Omega R_C$. σ は電気伝導率，$\lambda = 1/\mu\sigma$ は磁気拡散率，ρ は密度である．磁場の二つの無次元量は核における軸方向磁場の平均強さにもとづいている．大まかな推定値として地球型惑星に対しては $\lambda \sim 1\,\text{m}^2/\text{s}$, $\rho \sim 10^4\,\text{kg/m}^3$, 巨大ガス惑星に対しては $\lambda \sim 4\,\text{m}^2/\text{s}$, $\rho \sim 10^3\,\text{kg/m}^3$ を用いた．

	回転周期（日）	核半径 R_C (10^3 km)	双極子モーメント $\mathbf{m}$ (10^{22} Am^2)	核における平均軸方向磁場 $\bar{B}_z$（ガウス）	惑星磁気レイノルズ数 $R_\lambda = \dfrac{\Omega R_C^2}{\lambda}$	エルザッサー数 $\Lambda = \dfrac{\sigma \bar{B}_z^2}{\rho \Omega}$	無次元の平均軸方向磁場 $\dfrac{\bar{B}_z/\sqrt{\rho\mu}}{\Omega R_C}$
水星	58.6	1.8	0.004	0.014	4.0×10^6	1.3×10^{-4}	5.6×10^{-6}
地球	1	3.49	7.9	3.7	8.9×10^8	0.15	13×10^{-6}
木星	0.413	55	150000	18	1.3×10^{11}	3.6	5.2×10^{-6}
土星	0.444	29	4500	3.7	3.4×10^{10}	0.17	2.2×10^{-6}

---

19) たとえば，Jackson (1998) に見られるように，この式の V_C は導電性の核の体積である．

生むとは信じられない．最後に，これらの中駆動のシミュレーションにおいてすら，ヘリシティーの一部は境界からではなく内部の密度の非一様性から生まれることが長いあいだ認識されてきた．エックマン数が減少すると，この補助的なヘリシティーの源が徐々にエックマンパンピングにとって代わり，ヘリシティー生成のおもなメカニズムとなる可能性がある．9.5.4 項でこの補助的なヘリシティー源が慣性波動の波束であるらしいことを論じる．

総じて，(i) は惑星の候補ではなさそうだ．(ii) はもう少しもっともらしい．これについては 9.5 節の最後の例題 9.14 で論じよう．しかし，中ないし強駆動の場合に接円筒の内部にはっきりした Ω 効果は見られるものの，この描像はこれまでのシミュレーションでは一度も観察されていない．この理由は，おそらく，描像 (ii) はマントル付近や接円筒内部での持続的な慣性波動のエネルギー源を必要とし，数値シミュレーションにはこのようなソースはないからであろう．その結果，われわれの地球についての知識や，より強く駆動される数値シミュレーションと矛盾しない第三の描像が浮かび上がる．これについては，Davidson (2014) と次節の議論で示される．

α-Ω と α^2 ダイナモモデルは，ともに評価する人とけなす人がある．おそらく，一連の説明のなかでもっとも弱い点は α 効果自体であろう．それは，$\mathbf{u}$ に対して二つのスケール構造を想定し，小スケールにかなりのエネルギーが集中しているとしている．このような，小さな渦あるいは波が大スケール磁場による強いオーム散逸に耐えられるのだろうか．この節を閉じるまえに，この疑問についてもう少し考えてみよう．α が作用すると考えられるようなスケールでは，粘性と非線形慣性力が無視でき，R_m は 1 よりさほど大きくない．このため，小スケール運動の支配方程式は，

$$\frac{\partial \mathbf{u}}{\partial t} = 2\mathbf{u} \times \mathbf{\Omega} - \nabla\left(\frac{p}{\rho}\right) + \rho^{-1}\mathbf{J} \times \mathbf{B}_0 + (浮力)$$

となる．ここで，$\mathbf{B}_0$ は局所の平均磁場である．ローレンツ力として，式 (9.58) を代入すると，

$$\rho\frac{\partial}{\partial t}(\nabla^2 \mathbf{u}) + \sigma(\mathbf{B}_0 \cdot \nabla)^2 \mathbf{u} = -2\rho(\mathbf{\Omega} \cdot \nabla)\boldsymbol{\omega} + (浮力) \qquad (9.141)$$

となる．しかし，式 (9.141) は式 (9.132) と実質的に同じなので，波束のダイナミクスがこの方程式に支配されることをわれわれはすでに学んできた．すでに見たように，このような運動は時間スケール $\tau \sim (\sigma B_0^2/\rho)^{-1}$ で散逸する傾向がある．σ, ρ, B_θ の典型的な値を用いると，地球の地核における τ は 1 日のオーダーになる．この値はほかの関連する時間スケールと比べると短い．たとえば，小スケールの慣性波動の波束は地核を移動するのにおよそ 1 か月かかる．そのため，α 効果によって駆動されたと思われる小スケールの螺旋運動は，強い抑制を受けるであろう．それにもかか

わらず，動力学的に矛盾のないα効果にもとづくダイナモを得ることが可能だということを，以下に示そう．

9.5.4 慣性波束にもとづくジオダイナモの α^2 モデル

前述した，描像(iii)に沿ったジオダイナモの単純なモデルについて述べよう．説明は概略にとどめ，完全な記述は Davidson (2014) にゆずる．このモデルは，低 Ro においては地核内部のどのような擾乱も例外なく慣性波動を生成するという観察結果にもとづいている．また，図9.1(a)および図9.8から明らかなように，これらの波動は軸方向に引き伸ばされた渦の形で波束として伝播する．実際，9.2.3項で見たとおり，柱状渦からなるどのような擬似地衡流においても，最初の柱状渦の形成と，その後の成長のメカニズムを担うのはこの慣性波動である．たとえば，図9.38(b)のイメージを見ると，柱状渦は軸方向に伝播する慣性波動で満たされていて，この引き伸ばされた渦は慣性波束の伝播の表れにすぎない．もちろん，ジオダイナモの視点で重要なのは，このような波束がヘリシティーの源となり，さらに，ヘリシティーを分離して組織的な空間構造をつくることである（図9.1(a)）．これが，どの惑星ダイナモにも見られる重要な要素である．次に，図9.39(a)にもどり，接円筒の外で内核からマントルに向かう浮揚性物質の流れの乱れが赤道面でもっとも強くなり，この赤道噴流が慣性波束の源になることはほぼ確かである．こうして，図9.40に示された，α^2 ダイナモに必要なヘリシティー分布（北半球で負，南半球で正）をつくる単純でしっかりした方法を手にした．そして，このヘリシティー分布がまさに，数値ダイナモにおいて接円筒の外で観察されるのである[20]．

この描像に対する，何か数学的なサポートを探してみよう．スケールが δ の浮揚性物質の孤立した塊が，内核から赤道面を越えて外向きにゆっくりと移動すると考える．浮揚性の塊の中心を原点とする直角座標系をとり，z を北向き，x を半径方向外向き，y を周方向とする．すなわち，全体としての (r, θ, z) 座標を局所の (x, y, z) 座標におき換える．ブシネスク流体と仮定し，背景にある磁場，あるいは成層といった二次的な影響はすべて無視し，コリオリ力と浮力だけに注目する（すぐあとで磁場の影響を考慮に入れる）．すると，低 Ro における支配方程式は，

$$\frac{\partial \mathbf{u}}{\partial t} = 2\mathbf{u} \times \boldsymbol{\Omega} - \nabla\left(\frac{p}{\rho}\right) + c\mathbf{g}, \quad c = \frac{\rho'}{\rho} \tag{9.142}$$

---

[20] 慣性波束が赤道から北方向および南方向へ伝播する際に，増加し続ける東西方向の磁場の影響を受け，これによって慣性波はマグネトストロフィック波束に変化する．しかし，このような波も，また，負のヘリシティーを北向きに，正のヘリシティーを南向きに伝えるという性質をもっている．このため，描像は大きくはかわらない．

となる．ここで，$\mathbf{g} = -g\hat{\mathbf{e}}_x$ は局所の重力加速度，ρ' は密度の摂動（値は負），ρ は背景の密度である．これと同等の式が渦度を使って，

$$\frac{\partial \boldsymbol{\omega}}{\partial t} = 2(\boldsymbol{\Omega}\cdot\nabla)\mathbf{u} + \nabla c \times \mathbf{g} \tag{9.143}$$

と書ける．ρ' は簡単な移流-拡散方程式に支配され，$\mathbf{u}$ の大きさで決まるゆっくりした時間スケールで変化する．これに対して，慣性波動は時間スケール Ω^{-1} で変化する．その結果，低 Ro では慣性波動の発生初期を考える限り ρ' は擬似定常とみなせる．ρ' を時間に依存しないとし，演算子 $\nabla \times (\partial/\partial t)$ を式(9.143)に用いると，

$$\frac{\partial^2}{\partial t^2}(\nabla^2 \mathbf{u}) + (2\boldsymbol{\Omega}\cdot\nabla)^2 \mathbf{u} = (2\boldsymbol{\Omega}\cdot\nabla)(\mathbf{g} \times \nabla c) \tag{9.144}$$

となり，浮力項が低周波慣性波動の継続的な源となっていることがわかる．これらの波は必然的に $\pm\boldsymbol{\Omega}$ 方向に伝播し，エネルギーを浮揚性ブロブから離れる方向に運ぶ．したがって，時間 t 後には，塊の上下 $z \sim \pm \Omega \delta t$ の位置に波面がくる．そして，$z \sim \pm \Omega \delta t$ で定義される円筒内部には，塊から発した低周波の慣性波動がある．これらの波が，図9.6に似た過渡的テイラー柱をつくると予想される．これは，式(9.143)によって確認される．この式は，波の周波数が低いときは，浮揚ブロブの塊の外部で $(\boldsymbol{\Omega}\cdot\nabla)\mathbf{u} \approx 0$ でなければならないことを示している．擬似二次元の柱状渦（すなわち，過渡的テイラー柱）は，浮揚性ブロブから自然に生まれるとわれわれは結論する．それは，多くの点で，図9.6の急発進するディスクの場合と似ている．

この過渡的テイラー柱のおよその構造を決めるために，慣性波動が最初に通過したあとの，浮揚性ブロブ両端での鉛直「跳躍条件」について考えなければならない．ρ' は擬似定常で，慣性波動は低周波なので，浮揚性ブロブ内部で，式(9.143)は，

$$2(\boldsymbol{\Omega}\cdot\nabla)\mathbf{u} + \nabla c \times \mathbf{g} \approx 0 \tag{9.145}$$

あるいは，

$$2(\boldsymbol{\Omega}\cdot\nabla)\boldsymbol{\omega} \approx \mathbf{g}\nabla^2 c - (\mathbf{g}\cdot\nabla)\nabla c \tag{9.146}$$

となる．式(9.145)から，ブロブ両端での積分形の跳躍条件は，$\Delta u_x \approx 0$, $\Delta u_y \approx 0$,

$$\Delta u_z \approx -\frac{g}{2\Omega}\int\left(\frac{\partial c}{\partial y}\right)dz \tag{9.147}$$

となる．一方，式(9.146)から，渦度の跳躍条件 $\Delta \omega_z \approx 0$ が得られる．ω_z の跳躍条件から，浮揚性ブロブの下の低気圧性の柱状渦はブロブの上の低気圧性の渦に対応するのに対し，ブロブの下の高気圧性の柱状渦はブロブの上の高気圧性の渦に対応する．さらに，ガウス型の浮揚性ブロブに対して式(9.147)は，$y < 0$ では Δ

u_z は正，$y > 0$ では負であることを示している．このことから，平面 $z = 0$ に対して反対称の u_z は，$y < 0$ では $z = 0$ から広がり（すなわち，$z > 0$ で正，$z < 0$ で負），$y > 0$ では $z = 0$ に収れんする（すなわち，$z > 0$ で負，$z < 0$ で正）．上向きに伝播する慣性波動のヘリシティーは負，下向きに伝播する波動のヘリシティーは正という制限を加えると，慣性波動の分散パターンはほぼ以下からなると結論できる．

（ⅰ）ブロブの上部の低気圧性と高気圧性の柱状渦対
（ⅱ）これにマッチしたブロブの下部の低気圧性と高気圧性の柱状渦対
（ⅲ）上部と下部の低気圧性渦は同じ y 位置（同じ周方向角度位置）に，一方，高気圧性渦も対応する角度位置にある．
（ⅳ）高気圧性渦は負の y（より小さな角度位置），低気圧性渦は正の y（より大きな角度位置）に位置する．

この一般的構造は図 9.41 に描かれている．図は浮揚性物質のブロブ（初期にはガウス型）により発生した速度場のシミュレーション結果で，ブロブは重力の影響でゆっくりと半径方向外向きに移動しながら低周波数の慣性波動を発生する．画像はブロブを放出してから $\Omega t = 8$ 経過後のもので，ロスビー数 Ro = 0.1 である．図 9.41（c）はヘリシティーで，また，図 9.41（d）は渦度の鉛直成分で色分けされている．全体的な構造はおおむね，上で予想したとおりだが，高気圧性の渦度のなかにかなりの低気圧性の渦度が潜っているし，その逆もある．また，ヘリシティーの符号が予想とは違う小さな領域もあり，Ranjan and Davidson（2014）で論じられているように，慣性波動が重畳された結果かもしれない．

　赤道面にある浮揚性ブロブからの分散パターンが，マントルと干渉する柱状対流ロールにともなう粘性エックマンパンピングによる，螺旋流（より弱い駆動力のシミュレーションで見られる）と非常によく似ていることは驚くべきことだ．どちらの場合もヘリシティーが北半球で負，南半球で正の擬似二次元柱状渦があり，そして，どちらの場合も基本要素は低気圧性渦（赤道面の上側と下側の）と，角度位置が少しだけずれた隣りの高気圧性渦との対となっている．それは，より強い駆動のシミュレーションに見られる，外核における低気圧性と高気圧性の交互の（不規則ではあるが）いつものパターンが，赤道面内およびその周辺でランダムな浮揚性ブロブをともなうことと密接に関係している．もちろん，おもな相違は，最初のケース（エックマンパンピング）では，ヘリシティーがマントルで生まれるのに対して，二番目のケースでは，ヘリシティーが赤道面で生まれ，柱状渦がマントルと干渉する必要はないことである．実際，磁気ダンピングの効果を考慮すると，赤道面で生まれた柱状渦は，マントルに達するころには消耗してしまうことを，このあとすぐに示す．

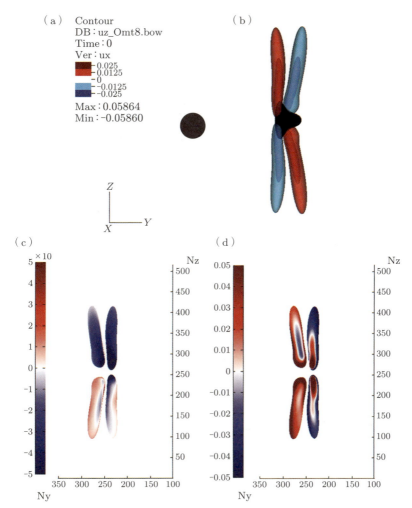

図 9.41 (a) $t=0$ におけるガウス型の浮揚性ブロブ．(b) $\Omega t = 8$ における u_z の等値面と浮揚性ブロブ．(c) $\Omega t = 8$ における $u_z^2/u_{z\max}^2 = 0.1$ の等値面をヘリシティーで色分け．(d) $\Omega t = 8$ における $u_z^2/u_{z\max}^2 = 0.1$ の等値面を ω_z で色分け．どのプロットも赤が正，青が負．Ny と Nz は y 軸と z 軸に沿っての格子点（Davidson (2014) より）

図 9.42 は，このようなランダムな浮力異常が水平層内に集中している場合に，何が起こるかを示している．ここでは赤道噴流を考えるとよいだろう．この場合にも，軸方向に引き伸ばされた波束の形で分散する慣性波動が，負のヘリシティーを北へ，正のヘリシティーを南へ運ぶのが見える．これが，図 9.40 に示された，α^2 ダイナモに対する単純でしっかりしたヘリシティーの源である．

次に，このような過渡状態にある，テイラー柱に対する磁気ダンピングの影響につ

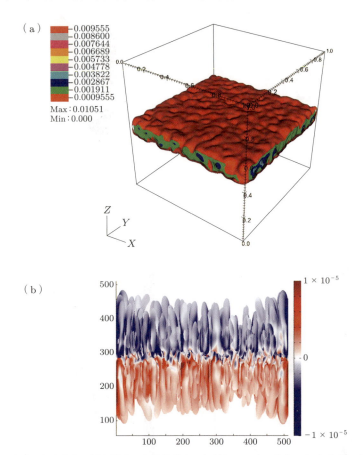

図 9.42 高速回転流体中の浮力異常から慣性波束が伝播していくようす．(a) 初期の浮力場．(b) 浮力異常から生じる流れ．下側の画像は速度の鉛直成分の等値面でヘリシティーで色分けされている．赤が正のヘリシティー，青が負のヘリシティー．初期条件は中央面付近の浮揚性ブロブのランダム列からなる．(計算は A. Ranjan による)

いて考えよう．最初の注意点は，代表速度 0.2 mm/s，磁気拡散率 $\lambda \sim 1\,\mathrm{m^2/s}$ とすると，全体としての磁気レイノルズ数は地球の場合 $R_m = uR_C/\lambda \sim 700$ となることである．しかし，小スケールの磁気レイノルズ数はずっと小さい．小スケールの典型的な見積もりは，δ が 1 km から 10 km 程度だから $\delta = 5$ km とすると $\hat{R}_m = u\delta/\lambda = 1$ となる．明らかに，小スケールは少なくとも地球の場合，低 R_m 近似として扱える（実際，低 R_m 近似は $R_m = 1$ まではかなり正確である）．したがって，柱状渦に誘導される電流は，$\nabla \times \mathbf{J} = \sigma \nabla \times (\mathbf{u} \times \mathbf{B})$ によって決まる．もし，印加磁場（われわれの場合，惑星磁場の軸対称成分と考えることができる）が，運動のスケールで見て局所的に一様とみなせるなら，この式は，

$$\nabla \times \mathbf{J} = \sigma(\mathbf{B}\cdot\nabla)\mathbf{u} \tag{9.148}$$

のように簡単になる．この式から，単位質量あたりのオーム散逸は，

$$\frac{\mathbf{J}^2}{\rho\sigma} \sim \frac{\sigma \mathbf{B}^2}{\rho}\left(\frac{\delta_{\min}}{\delta_B}\right)^2 \mathbf{u}^2 \sim \left(\frac{\delta_{\min}}{\delta_B}\right)^2 \frac{\mathbf{u}^2}{\tau} \tag{9.149}$$

となる．ここで，δ_B は印加磁場の方向の運動の特性長さスケール，$\delta_{\min}$ は運動の最小長さスケール，$\tau = (\sigma \mathbf{B}^2/\rho)^{-1}$ はジュール散逸時間である．

低 R_m 近似のもう一つの重要な点は，アルヴェーン波が過減衰となり，任意の局所的攪乱を印加磁場の磁力線の方向にゆっくりと拡散成長させるという形で現れることである．たとえば，9.4.2 項で論じたように，渦は $\mathbf{B}$ 線に沿って，

$$\delta_B \sim \delta_{\min}(t/\tau)^{1/2} \tag{9.150}$$

に従って拡散する．ここで，t は磁場中で攪乱が費やす時間である．したがって，柱状渦は，ただちに $\mathbf{B}$ 方向に引き伸ばされてシート状の構造に変化する（図9.26）．式(9.150)を式(9.149)に代入すると，

$$\frac{\mathbf{J}^2}{\rho\sigma} \sim \frac{\mathbf{u}^2}{t}$$

となり，$\mathbf{B}$ 方向への流れの拡散をともなう引き伸ばしは，オーム散逸を多少相殺し，散逸の特性時間スケールを τ から t にかえることに注意しよう．

次に，このような磁場が，赤道面から発生した過渡状態のテイラー柱の成長に与える影響について考えよう．要約すると，ダンピングが Ω と $\mathbf{B}$ の相対的方向に強く依存している．鍵は，式(9.148)および，過渡テイラー柱内部は局所的に擬似地衡流なので軸方向速度勾配が非常に小さいという事実である．もし，Ω と $\mathbf{B}$ が平行なら，$\mathbf{B}$ 方向の速度勾配は少なくともテイラー柱内部では小さく，したがって，軸方向速度勾配の大きな成長中のテイラー柱の上端と下端付近を除いて，散逸はきわめて小さいことが式(9.148)からわかる．しかし，もし，Ω と $\mathbf{B}$ が互いに直行する場合は，$\mathbf{B}$ 方向（テイラー柱に直角方向）の速度勾配は大きく，エネルギーは時間スケール t で散逸する．

ここで，大きさのオーダーについて考えてみよう．浮揚性のブロッブのサイズを $\delta = 10$ km，磁場の強さの代表値を 3.7 ガウスとする．この値は，地球の核における平均軸方向磁場の強さである（表9.3）．ダンピングを受けない過渡テイラー柱が赤道面からマントルに到達するのに要する時間は約 $R_C/\Omega\delta$，約 36 日となる．これに対して，磁場の半径方向および周方向成分にともなうジュール散逸時間 τ は約 25 時間となる．このことから，成長中のテイラー柱は，強い半径方向および周方向の磁場の

領域に入って急速に拡散によって δ_B が拡大する．拡大の時間スケールは τ，運動エネルギーは t に比例する速さで減少する．これに反して，平均磁場がおもに軸方向である核の領域では，過渡テイラー柱の形成や成長への抵抗はあまりない．

テイラー柱が半径方向および周方向の磁場の成分によって，横方向平面内でどの程度歪められるかは，次のようにして見積もることができる．赤道面からマントルに到達するのに要する時間は $t \sim R_C/\Omega\delta_{\min}$ で，そのあいだに δ_B は $\delta_B \sim \delta_{\min}(t/\tau)^{1/2}$ で成長することから，

$$\frac{\delta_B^2}{\delta_{\min} R_C} \sim \frac{1}{\Omega\tau} \sim \frac{\sigma B^2}{\rho\Omega} = \Lambda \quad (9.151)$$

が得られる．ここで，Λ は半径方向および周方向の磁場の成分にもとづくエルザッサー数である．すぐあとで，式 (9.151) に，もう一度もどる．

この大きさのオーダーの見積もりから，二つの結果が得られる．最初の結論は，赤道面で生まれた過渡テイラー柱は，最初のうち，すなわち強い半径方向および周方向磁場に遭遇するまでは，比較的自由に伝播するが，そのあとは急速に弱められ横断面内できわめて非一様となる．つまり，柱状渦は，マントルに到達するころにはほとんど散逸しているであろう．第二に，なぜ外核における半径方向熱流束が赤道面付近に集中する傾向があるのかを合理的に説明することがおそらくできる．要点は，そこでは平均磁場が純粋に軸方向で，周方向平均の磁場は平均の B_θ をつくり，これが赤道面に対して反対称（したがって，赤道面上ではゼロ）となり，さらに平均の B_r も赤道面でゼロとなる．式 (9.148) によると，純粋な軸方向磁場は弱い電流を誘起し，速度場は柱状となる．そして，赤道面はローレンツ力が小さく，小スケールの柱状対流は磁気ダンピングをあまり受けないという特徴がある一方，そのほかの場所では，対流は強いダンピングを受ける．

次に，赤道面からマントルに向かって伝播する螺旋波束にともなう α 効果について考えよう．強駆動ダイナモにおいて流れがカオス的性質をもっているとすると，α 効果の定式化は統計的にならざるをえず，以下では，このアプローチを試みる．しかし，まず図 9.41 に示された局在する浮揚性ブロッブにもどって，より決定論的問題を考えることがよいであろう．具体的には，一つの過渡的テイラー柱が赤道面から成長をはじめ，強い半径方向および周方向磁場の領域にさしかかるとき，誘導する電流を計算する．

α 効果によって誘導される電磁力を決定するのに，古典的な平均磁場のアプローチを採用する．その際，背景の磁場は，螺旋状のテイラー柱の（横断方向）スケールで見ると局所的に一様であると仮定する．惑星の核には，スケールの真の分離などありそうにないから，正確にいえばこれは妥当な仮定とはいえないが，出発点としては許

されるだろう．簡単のために，浮揚性ブロブのスケールにおける誘導を，引き続き低 R_m としてモデル化する．これは，あるクラスの惑星に限定することになる．局所の平均磁場に沿ってのテイラー柱の拡散は，式(9.150)が示すとおり，避けられないのだが，問題を簡単にするためにこれも無視する．ただし，この問題については，すぐあとでもう一度考える．

まえと同様に，浮揚性ブロブに原点をもつ直交座標系を用い，z を北向き，x を半径外向き，y を周方向に選ぶ．$\mathbf{B}$ を一様な局所の平均磁場，$\mathbf{u}(x,y,t)$ をテイラー柱内部の速度変動[21]とし，その z 依存性は弱いものとして無視する．また，$\mathbf{b}$ を局所の誘導電流 $\mathbf{J}$ にともなう磁場の微小摂動とする．さらに，運動は螺旋状で，$\mathbf{u}=\delta\boldsymbol{\omega}$，$\delta$ は定数で，もしわれわれが北半球にいるとすれば負，南半球にいるとすれば正であるとする．$\nabla\times\mathbf{J}=\sigma(\mathbf{B}\cdot\nabla)\mathbf{u}$ より，$\mathbf{J}$ も螺旋状で $\mathbf{J}=\delta\nabla\times\mathbf{J}$，$\mathbf{b}=\mu\delta\mathbf{J}$ である．すると，局所に誘導される電磁力は，

$$\langle\mathbf{u}\times\mathbf{b}\rangle=\mu\delta\langle\mathbf{u}\times\mathbf{J}\rangle=\mu\delta^2\langle\mathbf{u}\times\nabla\times\mathbf{J}\rangle=\frac{\delta^2}{\lambda}\langle\mathbf{u}\times(\mathbf{B}\cdot\nabla)\mathbf{u}\rangle \quad (9.152)$$

となる．ここで，$\langle\ \rangle$ はテイラー柱にわたっての断面平均を表す．ベクトル恒等式，

$$\nabla(\mathbf{u}\cdot\mathbf{B})=(\mathbf{B}\cdot\nabla)\mathbf{u}+\mathbf{B}\times\boldsymbol{\omega}$$

を用いると，$\mathbf{u}\times(\mathbf{B}\cdot\nabla)\mathbf{u}$ を，

$$\begin{aligned}\mathbf{u}\times(\mathbf{B}\cdot\nabla)\mathbf{u}&=\mathbf{u}\times\nabla(\mathbf{u}\cdot\mathbf{B})-\mathbf{u}\times(\mathbf{B}\times\boldsymbol{\omega})\\&=(\mathbf{u}\cdot\mathbf{B})\boldsymbol{\omega}-\nabla\times((\mathbf{u}\cdot\mathbf{B})\mathbf{u})-\mathbf{u}\times(\mathbf{B}\times\boldsymbol{\omega})\end{aligned}\quad (9.153)$$

のように書きなおすことができる．これを，式(9.152)に代入し，テイラー柱の外では $\mathbf{u}$ はゼロになること，および $\mathbf{u}=\delta\boldsymbol{\omega}$ に注意すると，

$$\langle\mathbf{u}\times\mathbf{b}\rangle=\frac{\delta}{\lambda}\langle(\mathbf{u}\cdot\mathbf{B})\mathbf{u}-\mathbf{u}\times(\mathbf{B}\times\mathbf{u})\rangle=-\frac{\delta}{\lambda}\langle(\mathbf{u}^2)\mathbf{B}-2(\mathbf{u}\cdot\mathbf{B})\mathbf{u}\rangle \quad (9.154)$$

が得られる．次に，$\mathbf{B}$ が純粋に軸方向なら $\mathbf{b}=0$ となることに注意すると，式(9.154)から，

$$\langle u_z^2\rangle=\langle u_x^2+u_y^2\rangle,\quad \langle u_xu_z\rangle=\langle u_yu_z\rangle=0 \quad (9.155)$$

でなければならない．この結果は，じつは $\mathbf{u}$ の二次元の螺旋構造，$\mathbf{u}(x,y)=\delta\boldsymbol{\omega}$ の仮定から直接得られる．さらに，もし，浮揚性ブロブとその結果のテイラー柱がたまたま x (半径座標)に関して対称であれば $\langle u_xu_y\rangle=0$ となり，電磁力は，

---

21) 簡単のために，$\mathbf{B}_0$ の添え字と $\mathbf{u}'$ のプライム記号が省略されている．

$$\langle \mathbf{u} \times \mathbf{b} \rangle = -\frac{2\delta}{\lambda}(u_y^2 B_x, u_x^2 B_y, 0) \tag{9.156}$$

のように簡単になる．全体の極座標にもどり，テイラー柱の断面にわたって平均すると，局所の電磁力は，

$$\langle \mathbf{u} \times \mathbf{b} \rangle \approx -\frac{\delta \langle \mathbf{u}^2 \rangle}{2\lambda} \mathbf{B}_\perp, \quad \mathbf{B}_\perp = \mathbf{B} - B_z \hat{\mathbf{e}}_z \tag{9.157}$$

となるという結論が得られる．ここでは，$\langle u_x^2 \rangle \approx \langle u_y^2 \rangle$ と仮定した．古典的な平均場の電気力学に従って，局所の平均電磁力は，

$$\langle \mathbf{u} \times \mathbf{b} \rangle \approx -\frac{\delta \langle \mathbf{u}^2 \rangle}{2\lambda} \mathbf{B}_\perp = -\frac{\delta^2 \langle h \rangle}{2\lambda} \mathbf{B}_\perp \tag{9.158}$$

で与えられる．これを，式(9.140)と比較しよう．原理的に，これは自立的なダイナモを維持するのに十分な大きさであることがやがてわかる．

ここまで，われわれは，一つのテイラー柱（波束）を考え，その断面で平均してきた．さきに進めるためには，接円筒の外部にあるこのような柱の統計分布についての仮定が必要である．最初から統計的アプローチを用いるほうがいろいろと有意義なので，ここではそうしてみよう．9.5.1項で注意したように，局所的に一様な磁場中の統計的に一様な（しかし，必ずしも等方的でない）乱流場は，低 R_m の電磁力，

$$\langle \mathbf{u} \times \mathbf{b} \rangle = -\frac{1}{\lambda} \langle (\mathbf{a} \cdot \mathbf{u})\mathbf{B} - 2(\mathbf{a} \cdot \mathbf{B})\mathbf{u} \rangle \tag{9.159}$$

を誘起する．ここで，$\mathbf{a}$ は $\mathbf{u}$ のソレノイドベクトルポテンシャル，$\langle \ \rangle$ は局所の体積平均を表す（式(9.139a)参照）．$\mathbf{u}$ がどこでも螺旋状，すなわち，$\mathbf{a} = \delta \mathbf{u}$ とすると，上の関係は，

$$\langle \mathbf{u} \times \mathbf{b} \rangle = -\frac{\delta}{\lambda} \langle (\mathbf{u}^2)\mathbf{B} - 2(\mathbf{u} \cdot \mathbf{B})\mathbf{u} \rangle \tag{9.160}$$

となり，式(9.154)にもどってきた．しかし，$\langle \sim \rangle$ の意味が異なる．

$$\langle u_z^2 \rangle = \langle u_x^2 + u_y^2 \rangle, \quad \langle u_x u_z \rangle = \langle u_y u_z \rangle = 0 \tag{9.161}$$

は，$\mathbf{u}$ の二次元螺旋構造の仮定から直接導くことができ，二次元等方性，すなわち，$\langle u_x^2 \rangle = \langle u_y^2 \rangle$，$\langle u_x u_y \rangle = 0$ を導く．すると，式(9.160)は，

$$\langle \mathbf{u} \times \mathbf{b} \rangle = -\frac{\delta \langle \mathbf{u}^2 \rangle}{2\lambda} \mathbf{B}_\perp = -\frac{\delta^2 \langle h \rangle}{2\lambda} \mathbf{B}_\perp \tag{9.162}$$

となり，式(9.158)が別ルートで導かれた．式(9.158)より式(9.162)のほうが有利な点は，外核における局所体積平均が使われていること，また，以下の統計的仮定だけにもとづいていることである．すなわち，（i）局所の一様性，（ii）最大ヘリシ

ティー，(iii) $\mathbf{u}$ の弱い z 依存性，(iv) 二次元等方性である．これでわれわれは，局所的にまばらな浮力から生まれる個々の螺旋状テイラー柱（波束）の決定論的描像から解放される．一方，もし，赤道面から成長していく個々の過渡テイラー柱が，実際に基本的構成要素であるとするなら，より決定論的な見積もりの式(9.158)のほうが，おそらくよいだろう．どちらを使っても，

$$\langle \mathbf{u} \times \mathbf{b} \rangle \approx \pm \frac{|\delta| \langle \mathbf{u}^2 \rangle}{2\lambda} \mathbf{B}_\perp \tag{9.163}$$

が得られる．上段は北半球，下段は南半球に対応している．

誘導された電磁力の話題の終わりに，z に直角な面内での非等方性について考えておくのが役に立つだろう．要点は次のとおりである．テイラー柱（波束）は成長してかなり強い半径方向および周方向の磁場の領域にさしかかると，磁場の横方向成分に沿って拡散しはじめ，波束の断面は徐々に歪められて，厚さ $\delta_{\min}$（浮揚性ブロブのサイズによって決まる），幅 δ_B のシート状の構造にかわる．δ_B は，必要に応じて B_r または B_θ 方向に測られる．上で述べたように，実際，δ_B は $\delta_B \sim \delta_{\min}(t/\tau)^{1/2}$ に従って拡散的に成長する．したがって，波束の断面は二つの横方向長さスケール $\delta_{\min}$ と δ_B，および，対応する二つの横方向速度スケール $u_{\min}$ と u_B を用いて特徴づけられるようになる．このとき，

$$u_{\min}/\delta_{\min} \sim u_B/\delta_B \tag{9.164}$$

および $u_B \sim u_z$ である．式(9.163)を適当に変形した場合，二つの横方向の長さと速度のどちらが現れるのかという疑問がわく．答えは，

$$\langle \mathbf{u} \times \mathbf{b} \rangle \sim \pm \frac{\delta_{\min} u_{\min}^2}{\lambda} \mathbf{B}_\perp \tag{9.165}$$

であることは容易に確認できる（Davidson (2014)）．式(9.163)と同様に，上段が北半球，下段が南半球に対応する．

さて，今度は，さまざまな道筋を寄せ集め，赤道面から成長する過渡的な波束のアイディアにもとづいて，図9.40に描かれているようなタイプの α^2 ダイナモが構築できるかどうかを見てみよう．まず，式(9.164)を用いて，式(9.165)を，

$$\langle \mathbf{u} \times \mathbf{b} \rangle \sim \pm \frac{\delta_{\min} u^2}{\lambda} \left(\frac{\delta_{\min}}{\delta_B} \right)^2 \mathbf{B}_\perp \tag{9.166}$$

に書き換える．地核内部では，$u \sim u_B \sim u_z$ が代表速度であることから，以後，u_B の添え字 B は省略する．このとき，小さいほうの速度 $u_{\min}$ は $u_{\min} \sim u\delta_{\min}/\delta_B$ で決まる補助的な量となる．いつものように，全体の形状を記述するのに円柱極座標(r, θ, z) を用い，双極子磁場は北向きと仮定する．すると，螺旋状のコラムと平均半径方

向磁場との干渉により，

$$\langle \mathbf{u} \times \mathbf{b} \rangle_r \sim \pm \frac{\delta_{\min} u^2}{\lambda} \left(\frac{\delta_{\min}}{\delta_B} \right)^2 B_r \sim \frac{\delta_{\min} u^2}{\lambda} \left(\frac{\delta_{\min}}{\delta_B} \right)^2 |B_r| \quad (9.167)$$

の形の電磁力が生まれる．これは，赤道でゼロで，マントルに向かって移動するにつれて増大する．その結果，生じる極方向電流 $\mathbf{J}_p$ は，図9.40 に示されているように，赤道に対して鏡面対称で，高緯度で正の半径電流をもつ二重極構造をしている．$\mathbf{J}_p$ の大きさは $\sigma \langle \mathbf{u} \times \mathbf{b} \rangle_r$ のオーダーで，アンペアの法則から周方向磁場を誘起し，その大きさは，

$$|B_\theta| \sim \mu R_C |J_p| \sim \frac{R_C}{\lambda} \langle \mathbf{u} \times \mathbf{b} \rangle_r \sim \frac{R_C}{\lambda} \frac{\delta_{\min} u^2}{\lambda} \left(\frac{\delta_{\min}}{\delta_B} \right)^2 |B_r| \quad (9.168)$$

で，赤道に対して反対称で北半球で正である．螺旋柱と周方向磁場との干渉は，周方向の電磁力を生じ，その大きさは，

$$\langle \mathbf{u} \times \mathbf{b} \rangle_\theta \sim \pm \frac{\delta_{\min} u^2}{\lambda} \left(\frac{\delta_{\min}}{\delta_B} \right)^2 B_\theta \sim \frac{\delta_{\min} u^2}{\lambda} \left(\frac{\delta_{\min}}{\delta_B} \right)^2 |B_\theta| \quad (9.169)$$

で，北半球でも南半球でも正である．その結果，生まれる周方向電流の大きさは $J_\theta \sim \sigma \langle \mathbf{u} \times \mathbf{b} \rangle_\theta$ となる．最後に，アンペアの法則から $\mathbf{J}_\theta$ は，大きさが，

$$|B_p| \sim \mu R_C |J_\theta| \sim \frac{R_C}{\lambda} \langle \mathbf{u} \times \mathbf{b} \rangle_\theta \sim \frac{R_C}{\lambda} \frac{\delta_{\min} u^2}{\lambda} \left(\frac{\delta_{\min}}{\delta_B} \right)^2 |B_\theta| \quad (9.170)$$

で，北向きの二重極磁場をサポートする．式(9.170)をもってダイナモのサイクルが閉じる．これは，

$$\frac{R_C u}{\lambda} \cdot \frac{\delta_{\min} u}{\lambda} \sim \left(\frac{\delta_B}{\delta_{\min}} \right)^2 \quad (9.171)$$

であれば明らかに自立的になる．$R_m = u R_C / \lambda \gg 1$ だから，$\hat{R}_m = u \delta_{\min}/\lambda \ll 1$ または $\hat{R}_m \sim 1$ で，横断面内の流れが $\delta_B \gg \delta_{\min}$ という意味で，強い非等方性であればダイナモは自立的であることがすぐにわかる．地球については後者の可能性が高い．

この α^2 ダイナモにともなうスケーリング則について考える．そのために，まず，過渡テイラー柱内部における力の釣り合いについて検討し，これを運動学上の制約の式(9.171)と合体させなければならない．ここで，無次元の密度摂動 $c = \rho'/\rho$ を等価な温度摂動 $-\beta T'$ におき換え，単位質量あたりのエネルギー生成率の時間平均 $\mathrm{P} = -\beta \overline{T' \mathbf{u}} \cdot \mathbf{g}$ を導入する．これには，平均的に定常な対流成分と乱れ成分が含まれている（ここで，上付きバーは時間平均を表し，β は熱膨張係数である）．時間平均の対流熱流束 $\mathbf{q}_T$ は，単位面積あたり $\mathbf{q}_T / \rho c_p = \overline{T' \mathbf{u}}$ であることに注意すると，結論として，

$$\mathrm{P} = \frac{g\beta}{\rho c_p} q_T \quad (9.172)$$

が得られる．q_T は地核から流出する半径方向対流熱流束，$g = |\mathbf{g}|$ である．対流熱流速は地核内で場所によって変化するので，P の外核にわたっての体積平均 $\bar{\mathrm{P}}$ を導入すると便利である．これは，核から流出する正味の対流熱流束 Q_T とのあいだに，

$$\bar{\mathrm{P}} \sim \frac{g\beta}{\rho c_p} \frac{Q_T}{4\pi R_C^2} \tag{9.173}$$

の関係がある．$\bar{\mathrm{P}}$, R_C, Ω, λ が与えられたパラメータ，B, u, $\delta_{\min}$, δ_B がスケール解析で決まる従属変数と考えてよい．

無次元グループでいえば，

$$\Pi_P = \frac{\bar{\mathrm{P}}}{\Omega^3 R_C^2}, \quad R_\lambda = \frac{\Omega R_C^2}{\lambda} \tag{9.174}$$

は独立変数グループ，

$$\Lambda = \frac{\sigma B^2}{\rho \Omega}, \quad \mathrm{Ro} = \frac{u}{\Omega R_C}, \quad \frac{\delta_{\min}}{R_C}, \quad \frac{\delta_B}{R_C} \tag{9.175}$$

は B, u, $\delta_{\min}$, δ_B の無次元量である．B の無次元数として Λ の代わりに，

$$\Pi_B = \frac{B/\sqrt{\rho\mu}}{\Omega R_C} \tag{9.176}$$

を使う人もいる．これは，$\Lambda = \Pi_B^2 R_\lambda$ によってエルザッサー数とはっきりと関係づけられる．これら，四つの無次元パラメータのグループから別の無次元量，$R_m = uR_C/\lambda$ と $\hat{R}_m = u\delta_{\min}/\lambda$ が組み立てられる．

次に，支配方程式について考える．コリオリ力 $2(\boldsymbol{\Omega}\cdot\nabla)\mathbf{u}$ の回転（curl）と浮力の回転（curl）との釣り合いから，

$$\frac{\bar{\mathrm{P}}}{u\delta_{\min}} \sim \frac{\Omega u}{R_C} \tag{9.177}$$

または，無次元形式で，

$$\mathrm{Ro} \sim \Pi_p^{1/2} \sqrt{\frac{R_C}{\delta_{\min}}} \tag{9.178}$$

が得られる．これに，式(9.151)，

$$\frac{\delta_B^2}{\delta_{\min} R_C} \sim \frac{\sigma B^2}{\rho\Omega} = \Lambda \tag{9.179}$$

を追加しなければならない．今度の場合，この式は，コリオリ力 $2(\boldsymbol{\Omega}\cdot\nabla)\mathbf{u}$ の回転（curl）と低 R_m のローレンツ力の回転（curl）のあいだの釣り合いと解釈できる．最後に，ダイナモが自立的であることから，

$$\frac{R_C u}{\lambda} \cdot \frac{\delta_{\min} u}{\lambda} \sim \left(\frac{\delta_B}{\delta_{\min}}\right)^2 \tag{9.180}$$

が要求される．式(9.178)〜(9.180)が，われわれのスケール則の基礎である．四つの未知量($B, u, \delta_{\min}, \delta_B$)に対して，式は3本しかないから閉じた系にはなっておらず，われわれは何か重要な物理過程を見落としていることは明らかである．おそらく，欠けている情報は $\delta_{\min}$ を決める方法と思われる．それは，おそらく，赤道における半径方向プルームが内核の境界で形成される過程で決まると考えられる．ギャップを埋めるために Λ あるいはこれと等価な Π_B の測定値を用いる．この値は惑星に対してはかなりよく知られているという実際的な理由による（表9.3）．Π_p と R_λ と Π_B を与えると，残りのパラメータはすべて計算でき，結果に矛盾がないか（すなわち，$\hat{R}_m = u\delta_{\min}/\lambda \leq 1$），また，地球についてわれわれが知っていることがらや，（不完全ではあるが）数値シミュレーションと即応しているかどうかがチェックできる．

この戦略を念頭において，上の3本の支配方程式を操作して，もっと便利な型にすることができる．すなわち，

$$\hat{R}_m = \frac{u\delta_{\min}}{\lambda} \sim \Lambda^{1/2}, \quad \mathrm{Ro} \sim \frac{\Pi_p R_\lambda}{\Lambda^{1/2}} \sim \frac{\Pi_p R_\lambda^{1/2}}{\Pi_B} \tag{9.181}$$

$$\frac{\delta_{\min}}{R_C} \sim \frac{\Pi_B^2}{\Pi_p R_\lambda}, \quad \frac{\delta_B}{\delta_{\min}} \sim \Pi_p^{1/2} R_\lambda \tag{9.182}$$

とする．式(9.181)と式(9.182)のほかに，必要に応じて $u, \delta_{\min}, \delta_B$ を Π_P, R_λ, Π_B（または Λ）を使って決める．

われわれのモデルが機能する範囲をまとめておくのがよいだろう．

(i) テイラー柱内部における誘導が低 R_m 過程としてモデル化できるためには，$u\delta_{\min}/\lambda < 1$（すなわち，$\Lambda^{1/2} < O(1)$）である必要がある．
(ii) 慣性波動が $\delta_{\min}$ のスケールで伝播できるためには，$u/\Omega\delta_{\min} < 1$，あるいはこれと等価な $\mathrm{Ro}^3/\Pi_P < O(1)$ である必要がある．
(iii) ジュール散逸が粘性散逸を上まわるためには，$P_m < 1$ である必要がある．

これら三つの条件は，いずれも地球の地核にあてはまりそうだが，数値ダイナモの多くはこれらを満たしていない．三つの制限のうち，とくに重要なのは $u/\Omega\delta_{\min} < 1$ である．もし，数値シミュレーションでこれが満たされていなければ，小スケールにおいて慣性波動を保つことができず，したがって，ここで議論したような機構による双極子場は再現できない．いずれにしても，Davidson (2014) においてスケール則の式(9.181)と式(9.182)が，数値ダイナモと比較されており，少なくとも $u/\Omega\delta_{\min} < O(1)$ のシミュレーションはよい結果を示している．

これらの予測結果を地球の性質と比較してみよう．最初の課題は，地核における代表的な磁場の強さの見積もりである．空間平均の軸方向磁場は $\bar{B}_z = 3.7$ ガウスであ

るが(表9.3)，ほとんどの人は磁場のrms値は1オーダー高いと信じている．これは，一部には，地核におけるねじり振動の周波数の観測結果にもとづいており，磁場が磁気ばねのようなはたらきをしている．そこで，30ガウスと見積もってみよう．次に，以前の研究にならって $\Pi_P = 5 \times 10^{-14}$ とすると，地核とマントルの境界における対流熱流束は約 2 TW となる．最後に，最近の地球の核に対する見積もり $\lambda = 0.7$ m^2/s にもとづいて $R_\lambda = 1.26 \times 10^9$ と仮定する．

スケール則において，あらかじめ与えるべき係数は，やむをえず，すべて1とする．したがって，見積もられた個々の量の数値は，単に大きさのオーダーのみを表すと理解しなければならない．仮に与えた B, Π_P, R_λ を用いると，次のように見積もられる．

$\text{Ro} \sim 1.5 \times 10^{-5}$ (すなわち, $u \sim 4$ mm/s), $\qquad u/\Omega\delta_{\min} \sim 0.08$

$\delta_{\min}/R_C \sim 1.9 \times 10^{-4}$ (すなわち, $\delta_{\min} \sim 0.7$ km), $\qquad \delta_B/\delta_{\min} \sim 260$

$\hat{R}_m = u\delta_{\min}/\lambda \sim 3.6$, $\qquad R_m = uR_C/\lambda \sim 19 \times 10^3$

推定されたロスビー数は，多くの文献にあるほとんどの値より10倍くらい大きい．したがって，われわれのスケール則は u をそのくらい大きく見積もっていることになる．小スケールにおいて慣性波動が自由に伝播することが必要で，それが可能なのは $u/\Omega\delta_{\min} < 1$ のときだけなのだから，$u/\Omega\delta_{\min} < 1$ という結果は心強い．$\hat{R}_m = u\delta_{\min}/\lambda \sim 3.6$ は，低 R_m 近似の正当性を示すために期待した結果よりやや大きいが，$\delta_{\min} \sim 1$ km という見積もりは途方もないわけではなさそうである．実際，$\hat{R}_m$ も R_m も普通の見積もりよりかなり大きく，これは，u を過大に見積もった結果であることはほとんど間違いない．最後に，$\delta_B/\delta_{\min} \sim 260$ は驚くほど大きく，低 R_m のアルヴェーン波による平均磁力線方向への磁気拡散は $B = 30$ ガウスではかなり速いという事実を反映している．

水星や巨大ガス惑星との比較のようなチェックはもちろんまだこれからではあるが，スケール則による見積もりは大体において妥当のようである．

例題 9.10　ダイナモ作用がない場合の地球磁場の減衰時間　地球内部においてどのような運動もない場合に，磁場のエネルギーが，

$$\frac{dE_B}{dt} = -\int \frac{J^2}{\sigma} dV$$

に従って減衰することを示せ．ここで，J は地電流の密度である．地核の運動がない場合には，磁場の減衰時間は $\tau_d > R_c^2/\lambda$ のオーダーであることを確認せよ．ここで，R_c は伝導性の地核の半径とする．事実，より正確な見積もりは $R_c^2/\pi^2\lambda$ であ

る．$\lambda \sim 1\,\mathrm{m}^2/\mathrm{s}$ とすると $\tau_d > 10^4$ 年であることを示せ (Lamb (1889))．これに対して，地球の磁場は少なくとも約 10^8 年は持続している．

例題 9.11　ダイナモ作用には大きな磁気レイノルズ数が必要である　今度は，地核での運動を許すものとする．地球磁場のエネルギーが，

$$\frac{dE_B}{dt} = \frac{1}{\mu}\int \mathbf{u}\cdot[\mathbf{B}\times(\nabla\times\mathbf{B})]dV - \frac{1}{\sigma}\int \mathbf{J}^2 dV = P - D$$

に従って変化することを示せ．生成積分 P が，

$$\mu^2 P^2 \leq u_{\max}^2 \int \mathbf{B}^2 dV \int (\nabla\times\mathbf{B})^2 dV$$

に従って上限があることを，シュワルツの不等式を使って示せ．ここで，$u_{\max}$ は地核内部の最大速度（回転座標系で）である．また，変分法を使って散逸積分 D が $D \geq 2\pi^2(\lambda/R_c^2)E_B$ に従って下限があることを示せ．不等式を結合すると，

$$\frac{dE_B}{dt} \leq \left(\frac{2E_B D}{\lambda}\right)^{1/2}\left(u_{\max} - \frac{\pi\lambda}{R_c}\right)$$

となる．これは，ダイナモ作用の必要条件が $R_m = (u_{\max}R_c/\lambda) > \pi$ であることを示している．

例題 9.12　自然対流による Ω 効果の駆動　コリオリ力に比べて粘性力と非線形慣性力が無視できるとして，地核における運動方程式を考えると，

$$\frac{\partial \mathbf{u}}{\partial t} = 2\mathbf{u}\times\mathbf{\Omega} - \nabla\left(\frac{p}{\bar{\rho}}\right) + \left(\frac{\delta\rho}{\bar{\rho}}\right)\mathbf{g} + \mathbf{J}\times\mathbf{B}/\bar{\rho}$$

が得られる．ここで，$\delta\rho$ は自然対流を駆動する密度摂動，$\bar{\rho}$ は平均密度，$\mathbf{g}$ は重力加速度を表し，密度の変化をとり入れるためにブシネスク近似を用いた．これと等価な角運動量式は，

$$\frac{\partial}{\partial t}(\mathbf{x}\times\mathbf{u}) = 2\mathbf{x}\times(\mathbf{u}\times\mathbf{\Omega}) + \nabla\times\left(\frac{p\mathbf{x}}{\bar{\rho}}\right) + (\text{ローレンツトルク})$$

となることを示せ．次に，図 9.43 に示す円筒形の体積 V_1 を考える．これは，回転軸と同心で赤道に対して対称で，半径は R である．角運動量方程式を積分すると，

$$\frac{d}{dt}\int_{V_1}(\mathbf{x}\times\mathbf{u})_z dV = -\Omega\int_{S_1} r^2\mathbf{u}\cdot d\mathbf{S} + (\text{ローレンツトルク})$$

が得られることを示せ．ここで，S_1 は V_1 をとり囲む面で，円柱極座標 (r, θ, z) を用いている．次に，質量保存則を用いて，この積分が，

$$\frac{d}{dt}\int_{V_1}(\mathbf{x}\times\mathbf{u})_z dV = \Omega\int_{S_T+S_B}(R^2-r^2)\mathbf{u}\cdot d\mathbf{S} + (\text{ローレンツトルク})$$

と書きなおせることを示せ．ここで，S_T と S_B は円筒の上面と下面である．V_1 が比較的短ければ，対流により駆動され，S_T と S_B を流出する正味の軸方向流れが存在する．このとき，右辺の積分は正となり，V_1 内部の角運動量は自然対流のために増加する傾向となる．一方，円筒が液体殻全体にわたる場合には右辺の積分はゼロになる．このことは，図9.43の自然対流が，マントル付近における角運動量を犠牲にして内殻付近の流体の角運動量を増加させる傾向があることを暗に示している．これが，Ω 効果の動力学的基礎である．もちろん，慣性座標系ではこの機構は，半径方向内向きに移動する流体のスピンアップや，外向きに移動する流体のスピンダウンをともなう．

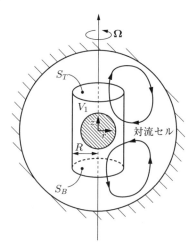

図9.43 地殻における自然対流は，マントル付近における角運動量を犠牲にして内殻付近における角運動量 $(\mathbf{x}\times\mathbf{u})_z$ を増加させる傾向がある．

例題9.13 螺旋波動によって生じる α 効果 (x, y, z) 座標系において，$\mathbf{u} = \text{Re}[\hat{\mathbf{u}}\exp(j(\mathbf{k}\cdot\mathbf{x}) - \varpi t)]$，$\hat{\mathbf{u}} = u_0(-j, 1, 0)$，$\mathbf{k} = (0, 0, k)$ で表される微小振幅の波を考える．この波は，$\nabla\times\mathbf{u} = k\mathbf{u}$ の形の螺旋状であること，したがって，ヘリシティー密度は $\boldsymbol{\omega}\cdot\mathbf{u} = k u^2$ となることを確認せよ．次に，この波が一様磁場 $\mathbf{B}_0$ を移動しているとする．このとき，誘導磁場の振幅は，

$$\hat{\mathbf{b}} = \frac{\mathbf{B}_0\cdot\mathbf{k}}{\varpi^2 + k^4\lambda^2}(j\lambda k^2 - \varpi)\hat{\mathbf{u}}$$

であることを示し，平均の電磁力が，

$$\langle \mathbf{u} \times \mathbf{b} \rangle = -\frac{\lambda k^2 (\mathbf{B}_0 \cdot \mathbf{k}) u_0^2}{\varpi^2 + k^4 \lambda^2}(0, 0, 1)$$

となることを確認せよ．

例題 9.14　接円筒内部で作動するジオダイナモの α-Ω 風の描像　ジオダイナモに関しては，いろいろな α-Ω 型のモデルを想像することができる．もちろん，確かな証拠はあまりなく，どうしようもなく間違っているものと，真実の芽生えを含んでいるものとを区別するのは難しい．ここにあげるのは，こうした描像の一つである．ほかにもいろいろある．

　地核内部に，Ω 効果において予想されたような回転速度差が存在するものとしよう．このとき，双極子場から，強い周方向磁場が誘起され，それは内殻付近でもっとも強く赤道に対して反対称となる（図1.11）．議論の都合上，図 9.44 に示されているように，双極子場を南から北に向かう方向とする．このとき，周方向磁場は南半球で正，北半球で負となる．乱流対流は一部，強い周方向磁場によって抑制されるが，周方向磁場がゼロに近づくマントル付近ではあまり強く抑制されないと考えるのが妥当であろう．そこで，もっとも活発な運動はマントル付近で起こると想定しよう．ロスビー数は小さいので，運動は擬似二次元（すなわち，擬似地衡流）と考えられる．この二次元性は，回転軸に沿って伝播する慣性波動によって継続的に維持される．すなわち，もし，浮揚性ブロブあるいは渦が左から右に移動すると，これにともなうテイラー柱も一緒に移動し，その移動は慣性波動の早い伝播で完成する．そして，地殻の外部に近い領域での乱れの激しい攪拌作用とともに，

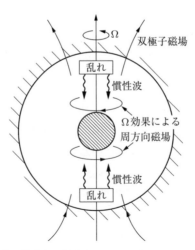

図 9.44　接円筒内部で作動するジオダイナモの α-Ω 風の描像

次々に慣性波動が強い周方向磁場がある内殻に向かって送り込まれる．これらの波は螺旋状なので，周方向磁場を通って巻き上がるあいだに，α 効果を生む．$\mathbf{u} = \hat{\mathbf{u}} \exp[j(\mathbf{k}\cdot\mathbf{x} - \varpi t)]$ の形の慣性波を考える．この波の周波数，ヘリシティー密度，および群速度が，$\varpi = \pm 2(\boldsymbol{\Omega}\cdot\mathbf{k})/k$, $\hat{\boldsymbol{\omega}}\cdot\hat{\mathbf{u}} = \mp k\hat{u}^2$, $\mathbf{c}_g = \pm 2\boldsymbol{\Omega}/k$（$\mathbf{k}$ は $\boldsymbol{\Omega}$ にほぼ直角）であることを示せ．次に，例題 9.13 の結果を使って，慣性波が周方向磁場を通って巻き上がる際に誘導する平均の電磁力が，

$$\langle \mathbf{u} \times \mathbf{b} \rangle = \pm \frac{(\mathbf{B}_0\cdot\mathbf{k}) u_0^2 \lambda k}{\varpi^2 + \lambda^2 k^4} \mathbf{k}$$

であることを示せ．ここで，u_0 は慣性波の振幅である．南半球では $\mathbf{c}_g$ は $\boldsymbol{\Omega}$ 方向であり，北半球では $\boldsymbol{\Omega}$ とは逆方向なので，南半球では上側符号，北半球では下側符号をとる．これが平均電流 $\sigma\langle\mathbf{u}\times\mathbf{b}\rangle$ を生む結果となり，これは周方向で両半球で正の θ 方向を向いていることを示せ．要するに，誘導電流はまさに双極子場をサポートするために必要な方向を向いている．これで矛盾なく説明できた．

以上でジオダイナモの概要説明を終える．これで，われわれは，この重要な話題の仮面をはがすことができたとはとてもいえないが，興味のある読者は Moffatt (1978)，Jones (2011)，Davidson (2013) を読めば，もっと詳しいことがわかるであろう．

9.6 太陽の表面付近における乱れ

乱れは，星間物質や降着円盤や宇宙空間に存在する無数の星などの動力学に影響して，宇宙物理学における中心的な役割を演じている．ここでは，星，とくにわれわれの星，太陽における乱れの役割に絞って述べよう．乱れが太陽内部から表面への熱移動を支配し，太陽磁場が行ったりきたりする 22 年の太陽周期に対して決定的な役割を果たし，太陽表面においてきわめて鮮明に観察される激しい爆発を誘発することがわかるであろう（図 1.10）．

星の内部構造は，いろいろな要素のなかでも，とくに質量に依存している．それには，大まかにいって二つのタイプがある．質量が，われわれの太陽程度かそれより軽い星は，乱れた対流性の外皮で覆われた，静かな放射性の中心核をもっている．太陽より重い星は，放射性の外皮で覆われた対流性の中心核をもっている．どちらの場合も，対流領域のレイノルズ数は例外なく膨大で（Re $> 10^{10}$），運動は激しい乱流状態にある．

われわれの星，太陽にしぼって考えよう．その内部は習慣的に三つの領域に区分される（図 9.45）．半径 $\sim 2\times 10^5$ km の内核には，熱核反応が集中している．これは，

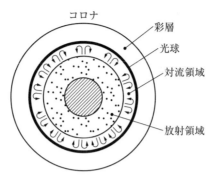

図 9.45 太陽の構造

厚さ $\sim 3 \times 10^5$ km の放射領域に囲まれている．ここでは，熱が放射によって外向きに運ばれる．太陽内部の一番外側の部分は対流不安定の領域で，熱は大スケールの対流運動によって熱が表面へと運ばれる．この対流領域の深さは $\sim 2 \times 10^5$ km 程度である．太陽の表面は光球とよばれている．これは，比較的高密度の物質からなる薄い透明な層で，深さは約 500 km である．その上部に太陽大気があり，彩層とコロナに分割される．コロナの上端にははっきりした境界はなく，太陽風の形で惑星にまで達している．

光球の写真を見ると，対流領域における運動の性質を考えるうえでの多少のヒントが得られる．それは，ベナールセルを強く思わせる顆粒状の構造をしている．対流セル（顆粒）は分のオーダーの時間スケールで変化し，高温のプラズマが表面に向けて吹き上がるセルの中心部で比較的明るく，低温のプラズマが内部に降下するセルの周辺部では暗い．セルの直径は $\sim 10^3$ km 程度である．

対流領域における乱流運動は，表面への熱伝達量を決めるので重要である．この対流熱伝達をモデル化する多くの試みがなされてきた．それらには，粗い混合距離モデルから，より複雑なレイノルズ応力タイプのスキームまである．これらの事項については Canuto and Christensen-Dalsgaard (1998) にまとめられている．しかし，対流領域における乱流は，乱流熱伝達にともなう通常のあらゆる困難さに加えて，きわめて大きな密度変化と強いローレンツ力およびコリオリ力が作用していることを指摘しておかなければならない．

対流領域は太陽ダイナモの中心地であるという意味でも重要である．対流運動がない場合の太陽の双極子磁場の減衰時間は約 10^9 年で，これは太陽自体の年齢程度になる．そのため，一見，太陽磁場の起源を説明するのにダイナモ作用をもち出さなくてもよいように思える．しかし，太陽の磁場は絶えず変化していて，それは太陽の創世期にとり込まれた原初の状態の名残とはいえない．具体的にいうと，双極子磁場は

9.6 太陽の表面付近における乱れ

11年ごとに逆転するらしく，約22年周期をもった何かがあることを示唆している．地球磁場の思いがけなく長期にわたる持続を説明するのに，ジオダイナモ理論が必要だったが，太陽の場合は太陽磁場の短周期の変化の説明に，ダイナモ作用が必要だというのは皮肉なことだ．この二つには別の相違点もある．ジオダイナモのモデルを構築するうえでの一つの問題は，R_m の値があまり大きくないことだったが，太陽の対流領域の磁気レイノルズ数は莫大で 10^7 以上である．このため，太陽内部と太陽大気全体に広がる磁力線は，プラズマ中に凍結しているとみなせる．

かつては，対流領域全体がダイナモ作用に同じように寄与していると考えられていた．しかし，いまでは，ダイナモ作用は放射領域と対流領域の境界付近のタコクラインとよばれる比較的薄い層に限られていることで意見が一致している．この見方は，おもに太陽内部の回転の観測から生まれた．太陽は剛体として回転しているわけではない．表面は赤道付近のほうが極付近よりも速く回転しているが，放射領域は表面の赤道と極の回転速度の中間くらいの速さで，ほぼ剛体的に回転している．放射領域と対流領域の角速度の差は，対流領域の底の部分に強い差動回転（周方向シアー）をもたらす．これによって対流領域底部で双極子磁場がひねられ，強い周方向（東－西方向）磁場が発生する．このことから，太陽ダイナモは対流層底部の薄い球殻内で起こる α–Ω 型をしていると想像される．

乱れは太陽大気において，激しい爆発を誘起する点でも重要である（図1.10(c)）．この大気はきわめて複雑な構造をしている．それは，光球からアーチ状に立ち上がる巨大な磁束管によって束ねられており，つねに発生しては乱流対流によって光球内で激しくもまれている（図1.10(a)）．また，彩層からコロナに向かって立ち上がるプロミネンスとよばれる現象もある．これは，アーチ型の管状構造をしていて，長さは $\sim 10^5$ km，厚さは $\sim 10^4$ km 程度である．そこには，比較的低温度の彩層のガスが含まれており，~ 10 ガウス程度の磁場によって束ねられている．プロミネンスはそれ自体が，光球からアーチ状に立ち上がりプロミネンスと十文字に交差する，より細い磁束管に囲まれている．磁束管のうちプロミネンスの下部に位置する部分は，磁気クッションの役目をしており，また，プロミネンスの上部に位置する部分は，いわゆる磁気アーケードを構成する（図9.46）．

静かなプロミネンスは安定で，寿命は数週間に及ぶ．一方，噴火型のプロミネンスは質量やエネルギーを華々しく放出する．太陽からこのようにして放出される質量のことをコロナ質量噴出（図1.10），また，急激なエネルギー放出を太陽フレアーとよぶ．

フレアーは，太陽大気の内部に蓄積された磁気エネルギーによって駆動されている．このエネルギーは，大気乱流に刺激されて磁力線の再結合が起こり，局所の磁場がより低いエネルギーレベルに落ちるときに放出される．磁束管の光球内の足の部分

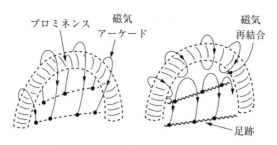

図 9.46　2-リボン太陽フレアーの概略図

が乱れによって押しのけられ，覆っている磁束管が引き伸ばされ，ひねられることによって，コロナのフラックスループのエネルギーは再び満たされる．最大のフレアーは 2-リボンフレアー (two-ribbon flares) とよばれ，次のようにして発生する．磁気クッションに保持され，磁気アーケードで覆われたプロミネンスを想像してみよう．いま，磁気クッション内部の磁気圧力が高まった結果，プロミネンスが上昇しはじめたとする．光球上に足をもち，プロミネンスを覆っているアーケード内部の磁力線は，徐々に引き伸ばされる．最後に磁力線の再結合が起こり，アーケードの磁束管はちぎれ，磁気エネルギーが放出される．このとき，磁束管に付随していた拘束力が解放されて，プロミネンスは爆発的に上昇する．このエネルギーの一部はアーケードの磁力線に沿って，光球や彩層上の足に向かって降りてくる．この磁力線の足は彩層上に二つの高い磁気エネルギーをもった「リボン」を形成し，これが，このフレアーの名前となっている．

太陽フレアーや，時折現れるコロナ質量噴出ほど壮大な乱流の表れはほかにはあり得ない．それらは $\sim 10^5$ km に及ぶ巨大なスケールをもち，10^{25} J という驚異的なエネルギーを放出する．その際に放出される質量は，太陽系を螺旋状に進み，太陽風を強め，大規模なフレアー発生の 1～2 日後には，地球は磁気嵐による強い打撃を受け，しばしば劇的な影響を受ける．

これで，太陽乱流についてのきわめて大まかな説明を終わる．興味をもった読者は Biskamp (1993)，Canuto and Christensen-Dalsgaard (1998)，および Hughes et al. (2007) を参照してほしい．

演習問題

9.1　式 (9.35)，(9.36)，(9.38) を使って，
$$\frac{\partial \rho_e}{\partial t} + \frac{\rho_e}{\varepsilon_0/\sigma} + \sigma \nabla \cdot (\mathbf{u} \times \mathbf{B}) = 0$$
となることを示せ．$\tau_e = \varepsilon_0/\sigma$ という量は電荷緩和時間とよばれ，液体金属の場合 $\sim$

10^{-18} 秒である．典型的な MHD に対しては，時間スケール $\partial \rho_e/\partial t$ は ρ_e/τ_e に比べて無視できて，電荷分布は $\rho_e = -\varepsilon_0 \nabla \cdot (\mathbf{u} \times \mathbf{B})$ で与えられる．この式で見積もった ρ_e を使って，式 (9.36) と式 (9.41) のなかの ρ_e を含む項および $\mathbf{F} = \rho_e \mathbf{E} + \mathbf{J} \times \mathbf{B}$ はすべて無視できることを示せ．

9.2 ローレンツ力は $\tau_{ij} = (B_i B_j/\mu) - (B^2/2\mu)\delta_{ij}$ の形の仮想の応力と完全に等価であることを示せ．これは，マクスウェル応力とよばれる（ヒント：$\mathbf{J}$ を消去するのにアンペアの法則を使う）．

9.3 $\boldsymbol{\omega}$ 線の凍結性を導く第 2 章で述べた論法に従って，$\mathbf{B}$ 線が完全導電性流体中に凍結されていることを証明せよ．

9.4 理想的な誘導方程式とオイラー方程式の有限振幅解が，$\mathbf{u} = \mathbf{f}(\mathbf{x} \pm \mathbf{h}_0 t)$, $\mathbf{h} = \mathbf{h}_0 \pm \mathbf{f}(\mathbf{x} \pm \mathbf{h}_0 t)$ の形をしていることを示せ．$\mathbf{h} = \mathbf{B}/(\rho\mu)^{1/2}$, $\mathbf{h}_0 = $ 一定，$\mathbf{f}$ は任意のソレノイドベクトル場である．

9.5 高速回転中の成層流体を考え，全体としての回転速度を $\boldsymbol{\Omega} = \Omega \hat{\mathbf{e}}_z$, $\mathbf{g}$ は $\boldsymbol{\Omega}$ に平行，ブラントの浮力周波数を N とする．平衡状態からの摂動が，

$$\frac{\partial^2}{\partial t^2} \nabla^2 u_z + (2\Omega)^2 \nabla_{/\!/}^2 u_z + N^2 \nabla_\perp^2 u_z = 0$$

によって決まること，また，対応する分散関係式と群速度が，

$$\varpi^2 = (2\Omega)^2 \frac{k_{/\!/}^2}{k^2} + N^2 \frac{k_\perp^2}{k^2}, \quad \mathbf{C}_g = \pm \frac{(2\Omega)^2 - N^2}{\varpi k^4}[\mathbf{k} \times (\mathbf{k}_{/\!/} \times \mathbf{k})]$$

であることを示せ．周波数 ϖ は，つねに N と 2Ω の中間の値をとることを確認せよ（$N = 2\Omega$ のとき，群速度はゼロとなることに注意）．

9.6 二次元の MHD 乱流，$\mathbf{u}(x, y) = (u_x, u_y, 0)$, $\mathbf{B}(x, y) = (B_x, B_y, 0)$ を考える．平均磁場はない，すなわち，$\mathbf{B}_0 = 0$ とし，運動は統計的に一様とする．$\mathbf{A}(x, y) = (0, 0, A)$ を $\mathbf{B}$ のベクトルポテンシャル，すなわち，$\mathbf{B} = \nabla \times \mathbf{A}$ とする．誘導方程式の回転 (curl) をほどくと $DA/Dt = \lambda \nabla^2 A$ となり，この関係から，

$$d\left\langle \frac{1}{2}A^2 \right\rangle \Big/ dt = -\lambda \langle \mathbf{B}^2 \rangle = -\frac{2E_B}{\sigma}$$

が得られることを示せ．E_B は磁気エネルギー密度である．次に，$\sigma \to \infty$ の極限を考える．E_B はつねに総エネルギー密度 E 以上にはなれず，E はオーム散逸と粘性散逸によって減少する．したがって，$\sigma \to \infty$ の極限では，$\langle A^2 \rangle = $ 一定，となる．つまり，E_B の減少の際には $\langle A^2 \rangle$ を一定にするという制約を受ける．$\langle A^2 \rangle$ が一定の条件で E_B を最小にするという変分問題から，磁気エネルギーは小スケールから大スケールへ徐々に伝達される結

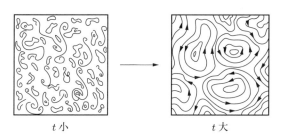

図 9.47 二次元等方性 MHD 乱流の時間発展，磁束線の概略図

果となることを示せ (図 9.47).

推奨される参考書
本
[1] Biskamp, D., 1993, *Non-Linear Magnetohydrodynamics*. Cambridge University Press.
[2] Biskamp, D., 2003, *Magnetohydrodynamic Turbulence*. Cambridge University Press.
[3] Davidson, P.A., 2001, *An Introduction to Magnetohydrodynamics*. Cambridge University Press.
[4] Davidson, P.A., 2013, *Turbulence in Rotating, Stratified and Electrically Conducting Fluids*. Cambridge University Press.
[5] Greenspan, H.P., 1968, *The Theory of Rotating Fluids*. Cambridge University Press.
[6] Hughes, D.W., Rosner, W., and Weiss, N.O. (eds), 2007, *The Solar Tachocline*. Cambridge University Press.
[7] Jackson, J.D., 1998, *Classical Electrodynamics*, 3rd edition. Wiley.
[8] Moffatt, H.K., 1978, *Magnetic Field Generation in Electrically Conducting Fluids*. Cambridge University Press.
[9] Reley, J.J. and Lindborg, E., 2013, in *Ten Chapters in Turbulence*, P.A. Davidson, Y. Kaneda, and K.R. Sreenivasan (eds). Cambridge University Press.
[10] Shercliff, J.A., 1965, *A Textbook of Magnetohydrodynamics*. Pergamon Press.
[11] Symon, K., 1960, *Mechanics*, 2nd edition. Addison-Wesley.
[12] Tobias, S.M., Cattaneo, F., and Boldyrev, S., 2013, in *Ten Chapters in Turbulence*, P.A. Davidson, Y. Kaneda, and K.R. Sreenivasan (eds). Cambridge University Press.
[13] Turner, J.S., 1973, *Buoyancy Effects in Fluids*. Cambridge University Press.

雑 誌
[1] Alemany, A. et al., 1979, *J. Méc.*, **18**, 277-313.
[2] Bartello, P. Metais, O. and Lesieur, M., 1994, *J. Fluid Mech.*, **273**, 1-29.
[3] Bin Baqui, Y. and Davidson, P.A., 2015, *Phys. Fluids*,. **27**(2), 025107.
[4] Canuto, V.M. and Christensen-Dalsgaard, J., 1998, *Ann. Rev. Fluid Mech.*, **30**, 167-98.
[5] Chandrasekhar, S., 1951, *Proc. Royal Soc. Lond.*, **A**, 204, 435-49.
[6] Davidson, P.A., 1995, *J. Fluid Mech.*, **299**, 153-86.
[7] Davidson, P.A., 1997, *J. Fluid Mech.*, **336**, 123-50.
[8] Davidson, P.A., 2009, *J. Fluid Mech.*, **632**, 329-58.
[9] Davidson, P.A., 2010, *J. Fluid Mech.*, **663**, 268-92.
[10] Davidson, P.A., 2014, *Geophys. J. Int.*, **198**(3), 1832-47.

[11] Davidson, P.A. and Siso-Nadal, F., 2002, *Geophys. & Astrophys. Fluid Dyn.*, **96**(1), 49–76.

[12] Davidson, P.A., Staplehurst, P.J. and Dalziel, S.B., 2006, *J. Fluid Mech.*, **557**, 135–44.

[13] Glatzmaier, G.A. and Roberts, P.H., 1995, *Nature*, **377**, 203–9.

[14] Hophinger, E.J., 1982, *J. Fluid Mech.*, **125**, 505.

[15] Ibbeston, A. and Tritton, D.J., 1975, *J. Fluid Mech.*, **68**(4), 639–72.

[16] Jones, C.A., 2011, *Ann. Rev. Fluid Mech.*, **43**, 583–614.

[17] Lamb, H., 1889, *Roy. Soc. Phil. Trans.*, **180**, 513–18.

[18] Maffioli, A.P.L., Davidson, P.A., Dalziel, S.B. and Swaminathan, N., 2014, *J. Fluid Mech.*, **739**, 229–53.

[19] Moffatt, H.K., 1967, *J. Fluid Mech.*, **28**, 571–92.

[20] Okamoto, N., Davidson, P.A., and Kaneda, Y., 2010, *J. Fluid Mech.*, **651**, 295–318.

[21] Oughton, S. et al., 1994, *J. Fluid Mech.*, **280**, 95.

[22] Parker, E.N., 1955, *Astrophys. J.*, **122**, 293–314..

[23] Ranjan, A. and Davidson, P.A., 2014, *J. Fluid Mech.*, **756**, 488–509.

[24] Rayleigh, J.W.S., 1916, *Proc. Royal Soc.*, **XCIII**, 148–54.

[25] Sakuraba, A. And Roberts, P.H., 2009, *Nature Geoscience*, **2**, 802–5.

[26] Schekochihin, A.A., et al., 2007, *New J. Phys.*, **9**, 300.

[27] Siso-Nadal, F., Davidson, P.A., and Graham, W.R., 2003, *J. Fluid Mech.*, **493**, 181–90.

[28] Sreenivasan, B., 2010, *Perspectives in Earth Sciences*, **99**(12), 1739–50.

[29] Staplehurst, P.J., Davidson, P.A., and Dalziel, S.B., 2008, *J. Fluid Mech.*, **598**, 81–105.

[30] Steenbeck, M. Krause, F., and Radler, K.-H., 1966, *Z. Naturforsch.* **21a**, 369–76.

第 10 章　二次元乱流

常識というものは 18 歳までに得た先入観の集まりである．　　　　　　　　　　A. Einstein

　リチャードソンやコルモゴロフの古典を勉強した人にとっては，エネルギーカスケードのアイディアはまったく自然に思えるであろう．もちろん，渦度は，次々により小さな渦糸に分かれ，エネルギーをより小さいスケールに移す．渦の「磨砕」はまったく自然な過程，あるいはそう考えてよいであろう．しかし，世の中というものはいつもそう簡単にはいかない．たとえば，二次元乱流ではエネルギーが小スケールから大スケールに向かって逆に伝播することが観察されているのだ．

　この観察には二つの意味がある．第一に，リチャードソンやコルモゴロフによるエネルギーカスケードの仮説（三次元乱流における）は，簡単に見過ごすことのできない重大な推測だということである．第二に，二次元乱流は，見方によっては三次元乱流よりも捉えがたく，直感に反しているということだ．このような流れを理解するためには，まずアインシュタインの忠告に従って，われわれの先入観を考えなおさなければならない．二次元では，支配方程式は明らかに簡単になるのに，動力学過程のいくつかは，おそらく，より突き止めにくいというのは皮肉なことだ．

　まず，いくつかの注意からはじめるのがよいだろう．二次元乱流などというものは存在しないとよくいわれる．事実，現実の乱流はすべて三次元であるというのは正しい．しかし，ある種の流れのある種の特徴は「ほとんど」二次元的である．たとえば，大スケールの大気流では，水平方向の長さスケールは 10^3 km のオーダーであるのに対して，対流圏の厚さはわずか 10 km 程度である．実験室内でも，強い磁場や強い回転は運動の一方向成分を抑制する傾向がある．このように，幾何学的理由や内部波の伝播（重力波やアルヴェーン波）によって，二次元性が近似的に維持されることがある．しかし，この過程は決して完全ではなく，ある平面内にとどまらない運動がつねに存在する．たとえば，大気流の場合でも小スケールの運動は明らかに三次元である．さらに，ある種のカスケードのような過程を通して，小スケールと大スケールが干渉するのは乱流の本性である．したがって，二次元理論の結果を現実の流れに適用する際には，多くの注意が必要である．しかし，「ほぼ」二次元の乱流の解明を期待しているわけではないにしても，科学的好奇心からカオス的二次元流の挙動を調べる

ことは自然のようだ.

二次元乱流の話題は,この50年のあいだに大いに注目されるようになり,関連する現象の理解は急速に深まった.ここで,それらすべてに対して評価を与えることはおそらくできない.われわれの目標はもう少し控えめで,この課題を簡単に紹介し,さらに詳しい研究の踏み台となることである.

10.1 二次元乱流の古典的描像：バチェラーの自己相似スペクトル，エネルギーの逆カスケード，エンストロフィー流束に関する $E(k) \sim k^{-3}$ 則

> 二次元乱流と三次元乱流の性質は一般に異なる.しかし,どちらも,ランダム性と対流非線形性という二つの基本的内容を含んでいる……．空間的に一様な二次元乱流では,渦度の二乗平均は対流に影響されず,粘性の作用でのみ減衰し得る.このため,粘性がゼロになるとエネルギー散逸率もゼロになる.これに対して,渦度勾配の二乗平均は対流混合によって増加し,二乗平均渦度の減少率は $\nu \to 0$ の極限でゼロでない値に収束するものと思われる.このことは,二乗平均渦度のカスケードの存在を示唆している. G.K. Batchelor (1969)

二次元乱流の正式な理論は,1960年代に最初に現れ,自由発達乱流に関する論文,Batchelor (1969) で頂点に達した.影響力の大きなこの研究で彼は,完全発達した二次元乱流に,（ⅰ）大スケールから小スケールへの直接のエンストロフィー・カスケードと,（ⅱ）自己相似エネルギースペクトル,および（ⅲ）小スケールから大スケールへのエネルギーの逆の流束があることを示唆した.すなわち,流れの発達にともなってエンストロフィーが小スケール構造に向かって連続的に受け渡され,そこで破壊される（仮説Ⅰ）.さらに,エネルギースペクトルと代表長さが適切に正規化されていれば,異なるサイズの渦にわたってのエネルギー分布は時間的にかわらない（仮説Ⅱ）.最後に,三次元乱流とは対照的に,運動エネルギーは小スケール構造から大スケール構造に運びあげられる（仮説Ⅲ）.いまでは,バチェラーの理論には誤りがあると考えられている.しかしそれは,関連する Kraichnan (1967) の研究と合わせて,その後,50年にわたる論争の発端となった.その意味で,これをわれわれの議論の出発点とすることは自然であろう.10.2節で,寿命の長い組織渦の存在を認めるために,バチェラー・クライチナンの描像がどのように修正されるべきかについて述べる.

10.1.1 二次元乱流とは何か？

二次元の流れ $\mathbf{u}(x, y) = (u_x, u_y, 0) = \nabla \times (\psi \hat{\mathbf{e}}_z)$ を考える.適当に定義されたレイ

ノルズ数が大きいとする．三次元の場合と同様に，二次元でも Re がある程度大きくなると，運動は時間的空間的にカオス的になる．このランダムな運動は，渦度場の自己誘導的カオス混合のような，三次元の場合と同様の多くの挙動を示す．したがって，バチェラー（ほか多数）の例に従って，このランダム運動を二次元の「乱流」とよぶのも妥当のように思える．

議論を簡単にするために，統計的に一様かつ等方的な（二次元の意味で）乱れを考え，体積力はないものとする．つまり，自由に発達する等方性乱流を考える．速度場と渦度場は，それぞれ，

$$\frac{D\mathbf{u}}{Dt} = -\nabla\left(\frac{p}{\rho}\right) - \nu\nabla\times\boldsymbol{\omega} \tag{10.1}$$

$$\frac{D\omega}{Dt} = \nu\nabla^2\omega \tag{10.2}$$

に支配される．式(10.2)には渦の伸張項がないことに注意しよう．この点は二次元乱流の顕著な特徴で，渦伸張がないことが平面運動に特殊な性質を与える．式(10.1)と式(10.2)から，エネルギー，エンストロフィーおよびパリンストロフィーの方程式，

$$\frac{D}{Dt}\left(\frac{1}{2}\mathbf{u}^2\right) = -\nabla\cdot\left(\frac{p\mathbf{u}}{\rho}\right) - \nu[\omega^2 + \nabla\cdot(\boldsymbol{\omega}\times\mathbf{u})] \tag{10.3a}$$

$$\frac{D}{Dt}\left(\frac{1}{2}\omega^2\right) = -\nu[(\nabla\omega)^2 - \nabla\cdot(\omega\nabla\omega)] \tag{10.3b}$$

$$\frac{D}{Dt}\left(\frac{1}{2}(\nabla\omega)^2\right) = -S_{ij}(\nabla\omega)_i(\nabla\omega)_j - \nu[(\nabla^2\omega)^2 - \nabla\cdot((\nabla^2\omega)\nabla\omega)] \tag{10.3c}$$

が得られる[1]．アンサンブル平均は空間平均と同じであることに注意して，これらの式を平均する．乱れが一様であることから，発散項の積分はすべてゼロとなるので，次式が得られる．

$$\frac{d}{dt}\frac{1}{2}\langle\mathbf{u}^2\rangle = -\nu\langle\omega^2\rangle = -\varepsilon \tag{10.4}$$

$$\frac{d}{dt}\frac{1}{2}\langle\omega^2\rangle = -\nu\langle(\nabla\omega)^2\rangle = -\beta \tag{10.5}$$

$$\frac{d}{dt}\frac{1}{2}\langle(\nabla\omega)^2\rangle = -\langle S_{ij}(\nabla\omega)_i(\nabla\omega)_j\rangle - \nu\langle(\nabla^2\omega)^2\rangle = G - \gamma \tag{10.6}$$

---

[1] パリンストロフィーは $(1/2)(\nabla\times\boldsymbol{\omega})^2$ で定義され，二次元の場合は $(1/2)(\nabla\omega)^2$ に等しい．語源は Lesieur (1990) に与えられている．これは，Pouquet et al. (1975) によって導入され，*palin* と *strophy* からなっていて，ギリシャ語で，それぞれ *again* と *rotation* を意味する．つまり，*Palinstrophy* とは「again rotation」あるいは「curl curl」である．

ε, β, γは三つの粘性散逸率で，$G = -S_{ij}(\nabla\omega)_i(\nabla\omega)_j$ である．これら三つの式が二次元乱流に関するほとんどの現象論の基礎となっている．注目すべき重要なポイントは，流れの発達にともなって $\langle\omega^2\rangle$ が単調に減少し，その結果，エンストロフィー $\langle\omega^2\rangle/2$ は初期値がもっとも大きくなることである．ここで，Re$\to\infty$の極限を考えてみよう．言い換えれば，同じ初期条件からはじめて，νを毎回減らしながら，同じ実験を繰り返したと考えよう．$\langle\omega^2\rangle$はつねに有限だから，

$$\frac{d}{dt}\left[\frac{1}{2}\langle\mathbf{u}^2\rangle\right] \to 0, \quad \nu \to 0$$

すなわち，$\nu\to0$のときエネルギーが保存されるという結果を得る．したがって，ある有限時間にわたって流れを観察したとすると，$\langle\mathbf{u}^2/2\rangle$ は Re^{-1} のオーダーの誤差範囲で保存される（tを有限として$\nu\to0$としたことに注意．もし，$t\to\infty$として$\nu\to0$としたら，エネルギー保存は保証されない．なぜなら，ゼロに近いような小さな散逸でも非常に長い時間にわたって積分すれば，有限なエネルギー損失を生むからである）．

このエネルギーがほぼ保存されるという性質が，高 Re の二次元乱流に特別な性質を与える．すなわち，乱れの寿命が長いのである．それだけでなく，この二次元乱流の特徴は三次元乱流とは大きな違いがあり，後者では，$\lim_{\nu\to 0}\{d\langle\mathbf{u}^2/2\rangle/dt\}$ は有限で，νには依存せず，u^3/lのオーダーになるのである（lは大規模渦のサイズ，すなわち，積分スケール）．もちろん違いは，二次元の場合には渦伸張がないということにある．普通の乱流では，渦伸張によって小スケール渦が強められ，大スケール渦の崩壊により放出されたエネルギーが，最終的に散逸によってぬぐい去られるまで続く．われわれはこれを，エネルギーがカスケードを通して小スケールに降りていくという．この場合，もしνを非常に小さくすると，散逸は有限でu^3/lのオーダーを保つように，$\langle\omega^2\rangle$は単純に増加する．要するに三次元においては，エネルギー散逸率は大スケール渦が放出するエネルギーによって決まり，それは非粘性過程なのである．これに対して，二次元の場合は，$\langle\omega^2\rangle$はほぼ初期値で上限が抑えられていて，（渦伸張により）成長して小さいνを補うことができない．

次に，渦度場を考えよう．式(10.2)から，渦度は受動スカラーのように移流し，拡散することがわかる．しかし，もちろん受動スカラーとは違ってωは $\mathbf{u}$ と関数関係にある．Re$\to\infty$ の極限では，勾配が大きくなる領域を除いて拡散は小さくなるため，ω は物質のように保存され，等渦度線は物質線のように振る舞う．したがって，コーヒーに入れたクリームをかき混ぜたときのように，弱い渦度の領域が受動スカラーのように発達し，渦度が流れによって徐々にほぐされると考えるのはもっともらしい．そして，しばらくすると，弱い渦度の領域は，図10.1(a)に示されるような薄い曲がりくねったシートからなるフィラメント状の構造になると考えられる（10.2節にお

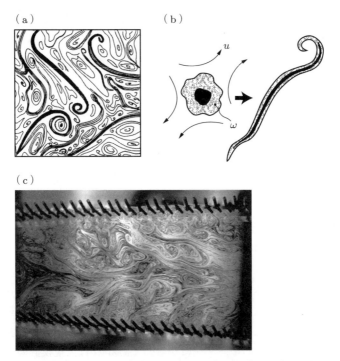

図 10.1 渦度のフィラメント化.（a）二次元乱流に於ける等渦線の概念図,パターンはコーヒーのなかでかき混ぜられたクリームを思わせる.（b）渦度の塊のフィラメント化.（c）石鹸膜に見られる二次元乱流,左から右に向かう平均流がある.

いて,このフィラメント化の過程でとくに強い渦度の領域が生き延びることを示す).図 10.1（c）も二次元乱流の例である.これは,石鹸膜の写真で,ここでも渦度場のフィラメント構造がはっきりと認められる.

渦度のフィラメント構造の発現は直感的に納得できるが,合理的説明は,次のとおりである.三次元の場合と同様に,二次元乱流でも物質線は平均的に拡張し続けるものと信じられている.いま,初期の速度と渦度の勾配が同程度のスケールをもった乱流が発生したとする.物質線,したがって,等渦線の拡張の結果,図 10.1（b）に示されているように渦度勾配が強められる傾向がある.渦度の塊がほぐされて細いフィラメント状になるにつれて,$(\nabla\omega)^2$ は増大し,エンストロフィーは徐々に小スケール構造に集まる.この過程のおもな例外は,初期条件のなかに,とくに強い渦度の領域が存在している場合である.このような状況の場合,強い渦度の塊がみずからの局所速度場を支配し,渦度は受動スカラーのような挙動を示さなくなる.このような渦度の塊は円形に近い単極子に成長し,フィラメント化の過程のなかで生き延びて長寿の構造となる（10.2 節でこの話題を再びとりあげる).

10.1 二次元乱流の古典的描像：バチェラーの自己相似スペクトル，エネルギーの逆カスケード，エンストロフィー流束に関する $E(k) \sim k^{-3}$ 則

渦度のこの連続したフィラメント化は，三次元におけるエネルギーカスケードにならってエンストロフィー・カスケードとよばれることもある．すなわち，渦度が次々とより小さなスケールにほぐされ，これにともなって ω^2 が大スケールから小スケールに受け渡される．しかし，ここで，カスケードという言葉を使うことには根拠が乏しいことを注意しておこう．三次元の場合は，この言葉は，大きな渦が小さな渦にエネルギーを受け渡し，小さい渦がさらに小さい渦を活性化するという具合に続き，その際，情報が徐々に失われていくという多段階の過程をそれとなく頭においている．しかし，二次元では，小スケールへのエンストロフィーの転送が多段階過程からなるのかどうかははっきりしておらず（10.1.7項参照），エンストロフィー流束という言い方のほうがエンストロフィー・カスケードよりも適切に思える．しかし，残念ながら後者のほうが文献ではしっかりと確立されている．

さて，渦度のフィラメント化の速さは非粘性の大スケール渦によって決まり，フィラメントが粘性を無視できないくらいまで十分細くなって，反対符号どうしの渦度の相互拡散によってエンストロフィーが壊される段階に至ってはじめて止まる．このことは，三次元の場合と同様に，粘性の作用が受動的で，小スケールにおいて大スケール過程で決まる速さでエンストロフィーをぬぐい去るはたらきをしていることを示唆している（三次元では，小スケールでぬぐい去られるのはエネルギーであった）．もし，この描像が正しければ，大きな Re においては $d\langle\omega^2\rangle/dt$ が有限で ν に無関係になると結論づけたくなる．これは，三次元の結果，$\lim_{\nu \to 0}\{d\langle\mathbf{u}^2\rangle/dt\} \sim u^3/l$ と類似している．もちろん，初期状態が大スケール構造のランダムな集まりであれば，細いフィラメントが形成されるには有限な時間を要するであろう（もう一度，コーヒーに入れてかき混ぜられたクリームの塊を想像しよう）．つまり，最初は，$\langle\omega^2\rangle$ は（おおよそ）保存される．しかし，$\langle\omega^2\rangle_0^{-1/2} \ln(\mathrm{Re})$ のオーダーと考えられる遷移期間を過ぎると乱れは完全に発達し，積分スケール l から散逸スケール η までにまたがる広範囲のスケールをもつようになる．ここで，$\mathrm{Re} = \langle\omega^2\rangle_0^{1/2} l^2/\nu$ はレイノルズ数の初期値である．このとき，$d\langle\omega^2\rangle/dt$ は有限となり，（Re が十分大きいとすると）おそらく ν に無関係な値をとる．これが，バチェラーとクライチナンによって提案された描像で，図 10.2 に描かれている．

実際には，この描像が完全に正しいとはいえないことがわかる．完全に発達した状態では，β は非常に弱いながら Re に依存するのである．その理由は以下のとおりである．散逸スケール η には $\omega_\eta \eta^2/\nu \sim 1$ でなければならないという制約がある．ここで，ω_η はスケール η における代表渦度である．したがって，

$$\beta = \nu \langle(\nabla\omega)^2\rangle \sim \frac{\nu\omega_\eta^2}{\eta^2} \sim \omega_\eta^3 \left(\frac{\nu}{\omega_\eta \eta^2}\right) \sim \omega_\eta^3 \tag{10.7}$$

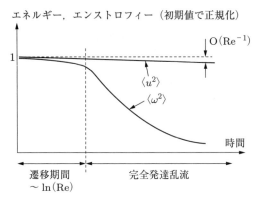

図 10.2　エネルギーとエンストロフィーの時間変化の概略．遷移期間は $\ln(\mathrm{Re})$ のオーダーと考えられている（例題 10.3 参照）．

が得られる．ω は物質的に保存される量だから，拡散が起こるような小スケールを除いて，$\omega_\eta \sim \langle\omega^2\rangle^{1/2}$ としたくなる．もし，そうなら，$\beta \sim \langle\omega^2\rangle^{3/2}$ となり，確かに粘性に無関係となっている．しかし，あとでわかるように，ω_η は $\omega_\eta^2 \sim \langle\omega^2\rangle/\ln(l/\eta)$ によって $\langle\omega^2\rangle$ と関係しているから，β の見積もりは，

$$\beta \sim \frac{\langle\omega^2\rangle^{3/2}}{[\ln(l/\eta)]^{3/2}} \sim \frac{\langle\omega^2\rangle^{3/2}}{[\ln(\mathrm{Re})]^{3/2}} \tag{10.8}$$

のほうがよい．ここでは，$\mathrm{Re} = \langle\omega^2\rangle^{1/2} l^2/\nu \sim \omega_\eta l^2/\nu \sim l^2/\eta^2$ が使われており，これは，$\ln(\mathrm{Re})$ 補正の範囲で成り立つ．エンストロフィーの散逸率は，$\nu \to 0$ にともなって有限な一定値に近づくのではなく，非常にゆっくりではあるが，ゼロに近づく傾向があることがわかる．しかし，実際には，式(10.8)の $\ln(\mathrm{Re})$ 補正は普通に考えられる程度のレイノルズ数範囲ではあまり大きくないから，高 Re では，β は 1 のオーダーの定数としたバチェラーとクライチナンの描像はよい近似といえる．

例題 10.1　パリンストロフィーの生成　式(10.6)における，パリンストロフィーの生成率を表す $G = -S_{ij}(\nabla\omega)_i(\nabla\omega)_j$ について考える．局所のひずみの主軸方向に座標系を選び，圧縮ひずみの方向を y とする．このとき，

$$G = -S_{ij}(\nabla\omega)_i(\nabla\omega)_j = a\left[\left(\frac{\partial\omega}{\partial y}\right)^2 - \left(\frac{\partial\omega}{\partial x}\right)^2\right]$$

となることを示せ．ここで，$a = \partial u_x/\partial x$ である．流れをスケッチし，パリンストロフィーの生成は，渦度がひずみの正の主軸の方向（この例では x 方向）を向いた細いストリップ状にほぐされる状況に対応していることを確認せよ．

10.1.2 乱れは何を記憶しているか？

三次元乱流における初期条件の影響に関するバチェラーのコメントを思い出そう．

> われわれは，動力学系が多数の自由度をもち，それらの自由度のあいだでカップリングが起こる場合，その系は初期条件に（完全とはいわないまでも，部分的に）依存しない統計状態に近づく傾向をもっていると信じている．（1953）

同様の言い方をすれば，二次元でも初期条件の個々の詳細は重要ではなさそうだ．つまり，乱れが完全に発達すると初期条件はほとんど忘れられてしまう．もっとも，二次元の場合は，三次元の場合よりもおそらく少しは余計に覚えているのだが．たとえば，$\nu \to 0$ のとき，流れは最初にどれだけのエネルギー $\langle \mathbf{u}^2 \rangle /2$ をもっていたかを覚えていて，実際，これが二次元乱流の多くの理論の基礎となっている．しかし，ほかにもっと微妙な可能性もある．たとえば，せん断層のようなある種の乱流では，特定のタイプの構造がその形状や強さを，渦のターンオーバー時間よりずっと長く保持していることが観察されている．このような頑固なものは，組織構造あるいは組織渦とよばれている．上述したように，二次元の場合にはフィラメント状になった渦度の海のなかに，単極子型の組織渦が埋め込まれていて，この単極子の内部の最大渦度が長期間維持されている．そうだとすると，バチェラーが上のようにコメントしたときには予見していなかったような，ある種の記憶を乱れに与えることになる．

1969年の論文でバチェラーは大雑把な仮定をした．彼は，組織渦の可能性には気づかずに，流れは $\langle \mathbf{u}^2 \rangle /2$ だけを記憶していると主張した．この仮説にもとづいて，彼は次元解析を行い，エネルギースペクトルが遷移期間を除くすべての時間帯において成り立つような自己相似型になることを示した．近年になって，バチェラーの自己相似理論には誤りがあることを指摘する数多くの論文が発表された．組織構造は確かに「存在し」，最大渦度はきわめて長時間にわたって「保持されて」いたのである．しかし，多くの誤りにもかかわらず，バチェラーの理論は二次元乱流のある種の挙動を理解するための格好の出発点となっている．組織渦に関するわれわれの議論や，バチェラーの理論のなかでのその意味については，10.2節までおいておこう．

10.1.3 バチェラーの自己相似スペクトル

まず，いくつかの記号を導入する．三次元等方性乱流の場合と同様に，$u^2 = \langle u_x^2 \rangle = \langle u_y^2 \rangle$ と定義する．また，縦方向速度差 Δv を使って二次の縦構造関数，

$$\langle [\Delta v(r)]^2 \rangle = \langle [u_x(\mathbf{x} + r\hat{\mathbf{e}}_x) - u_x(\mathbf{x})]^2 \rangle = \langle [u_x' - u_x]^2 \rangle$$

を定義する．r よりはるかに大きな渦の場合，$\mathbf{x}$ における速度と $\mathbf{x}' = \mathbf{x} + \mathbf{r}$ における速度は，ほとんど等しいと考えられるから，この渦は，$\Delta v(r)$ にはほとんど寄与しないと仮定してもよいであろう．すると，サイズが r（またはそれ以下）の構造だけが Δv に有意な寄与をすることになる．このことは，$\langle (\Delta v(r))^2 \rangle$ がサイズ r（またはそれ以下）の渦がもつ単位質量あたりのエネルギーを表していることを暗に示している[2]．エネルギースペクトル[3] $E(k)$ を使って書けば，

$$\frac{1}{2}\langle (\Delta v(r))^2 \rangle \sim \int_{\pi/r}^{\infty} E(k)\,dk \sim (\text{サイズ } r \sim \pi/k \text{ 以下の渦がもつエネルギー})$$

となる（$E(k)$ は，サイズが k^{-1} から $(k+dk)^{-1}$ の範囲に含まれるエネルギーの総量が $E(k)dk$ に等しくなるように定義されていることを思い出そう．k は波数である）．

さて，粘性はカスケードによって大スケールから小スケールに降りてきたエンストロフィーをぬぐい去るだけで，大から中スケールにかけての動力学にはなんら影響しないという意味で，受動的な役割しかもたないということをわれわれはすでに知っている（大スケールにおいては，粘性力は無視できる）．バチェラーがやったように，発達した乱流は u^2 しか記憶していないと仮定すると，散逸領域以外での $\langle (\Delta v)^2 \rangle$ の形は，u^2, r, t のみに依存し，それ以外には適切な物理パラメータはないということになる．すると，最小スケールを除いて $\Delta v(r)$ は，

$$\langle (\Delta v(r))^2 \rangle = u^2 g(r/ut) \tag{10.9a}$$

の形をしていなければならないことがただちにわかる．同じ議論は，エネルギースペクトルに対してもあてはまり，その結果，

$$E(k) = u^3 t h(kut) \tag{10.9b}$$

が得られる．バチェラーは，さらに，g と h が任意の初期条件に対しても成り立つ普遍関数であることを示唆したが，この主張は現在では誤りであると考えられている．事実，式(10.9a)や式(10.9b)を用いると，満足な $\langle (\Delta v)^2 \rangle$ や $E(k)$ が得られないこと

---

[2] 三次元の場合と同様に，

$$\frac{1}{2}\langle (\Delta v(r))^2 \rangle \approx \int_{\pi/r}^{\infty} E(k)\,dk + \left(\frac{r}{\pi}\right)^2 \int_0^{\pi/r} k^2 E(k)\,dk$$

のほうが，よい近似であることが 10.3.1 項で示される．右辺第二項の積分は，r より大きな渦が $(\Delta v)^2$ に $r^2 \times$（渦のエンストロフィー）のオーダーの寄与をすることを示している．事実，あとでわかるように，この第二の積分が $(\Delta v)^2$ に対するおもな寄与となる場合がしばしば起こる．しかし，ここでの目的にはこのことは重要ではない．

[3] 二次元の場合もエネルギースペクトルは三次元の場合と同じく，$E(k) = (1/2)\int_S \Phi_{ii}(k)\,dS$ で定義される．ここで，S は，$\mathbf{k}$ 空間における半径 k の円（三次元の場合は球）で，Φ_{ij} は速度相関関数のフーリエ変換である（詳細は第 8 章で述べた）．また，$E(k)$ は，$(1/2)\langle \mathbf{u}\cdot\mathbf{u}\rangle = \int_0^{\infty} E(k)\,dk$ という性質をもっている．

が多い (Bartello and Warn (1996), Fox and Davidson (2010)). しかし, もう少しのあいだバチェラーのモデルにとどまって, そこから何が得られるかを考えてみよう.

この描像においては, 乱れの特性長さは $l \sim ut$ に従って成長する. すなわち, $\langle(\Delta v)^2\rangle$ を u^2 で, r を ut で正規化すると, 流れの全発展段階を通して成り立つ自己相似のエネルギースペクトルが得られる. したがって, バチェラーモデルではエネルギー保有渦の特性長さは, 図 10.3 に示されているように, ut に従って増加する. さらに, 渦度は $\langle \omega^2 \rangle \sim u^2/l^2 \sim t^{-2}$ に従って減少し, したがって, $\beta \sim t^{-3}$ となる.

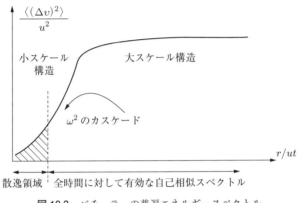

図 10.3 バチェラーの普遍エネルギースペクトル

10.1.4 バチェラーとクライチナンの逆エネルギーカスケード

同方向の回転軸をもつ多数の渦が互いに近くにあるとき, それらは近づき, 合体して一つの強い渦となる. D. Brunt (1929) (Ayrton (1919) の発見の言い換え)

われわれは, ここでただならぬ結論にいきついた. 流れの発達とともに増大し続ける特性サイズをもった渦のなかに, 乱れのエネルギーが保持されているらしいのである. バチェラーによれば積分スケールは $l \sim ut$ で増大する. エネルギーが大スケールに向かって移動するというこの傾向は, 確かに二次元減衰乱流の数値シミュレーションでも見られる. また, 強制された二次元乱流においてもこの現象が見られる. すなわち, なんらかの体積力によって, ある中程度のスケールに「注入された」エネルギーによって, 運動が刺激され続けているような乱流においても見られるのである. この結果は, エネルギーが大スケールから小スケールに向かって降りていくという三次元乱流とはまさに反対である. 強制乱流の議論においては, この現象は逆エネルギーカスケードとよばれているが (Kraichnan (1967)), この用語は, 自由発達二次元乱流には一般には通用しない. しかし, 強制乱流でも自由乱流でも, エネルギー

は次々と大きいスケールに向かって転送されるので、われわれは従来の慣習を捨てて、同じ用語を両方に使うことにする[4]．

大スケールへのエネルギーの蓄積は，閉領域における二次元乱流が図10.4に示されているように，最終的には領域全体を覆いつくす大スケール構造へと進化することを意味している．図10.4(a)は$t=0$での，ある初期状態を示している．次に，ある遷移期間がこれに続き，その期間中に渦度がフィラメント状に変化しはじめ，大スケール渦から散逸支配の薄いシートまでを含んだ完全発達状態に向かって，乱れがみずからを調整する．この遷移期間の最後の状況が，図10.4(b)に示されている．ここで，バチェラーの理論が(少なくとも近似的に)適用され，大スケールから小スケールへの直接のエンストロフィー流束と，それにともなう積分スケールの継続的な増大(エネルギーの逆カスケード)が生じる．図10.4(c)に示されているように渦のサイズは増大し，最後に領域全体を占めるわずか1個または2個の渦だけになる．この最終段階では，流れは擬似定常状態となり，カスケードをともなう急速な流れの変化は止まり，その後の変化はゆっくりとした粘性時間スケールl^2/νでのものだけになる(図10.4(d))．

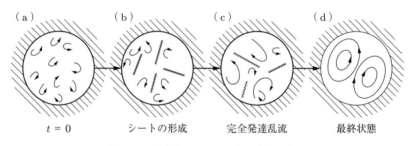

図10.4 閉空間における二次元乱流の発達

もちろん，重要な疑問は，なぜ渦が大きくなり続けるのかである．それについては多くの異なる学派があり，いくつかの理論は単に語義の違いだけのものもある．以下では四つの典型的な説明を紹介しておこう．

ある学派は渦の合体をあげている．すなわち，彼らは積分スケールの増大が，同符号の渦どうしの合体によると考えている．じつは，これは最近の発見とはいえない．同符号の渦どうしが合体する傾向は，Ayrton(1919)によってすでに論じられている．ほかにも二つの論文，Fujiwara(1921, 1923)があり，同符号の渦どうしが合

---

[4] すでに指摘したように，カスケードという用語は，二次元乱流の場合には注意して使う必要がある．なぜなら，(大スケールへの)エネルギーの転送や，(小スケールへの)エンストロフィーの転送が，多段階を経て起こるのかどうかはまったく不明だからである．

体する傾向と，これがサイクロン発達のメカニズムの可能性があることを述べている．

もう一つの描像として，エネルギーの逆カスケードとエンストロフィーの「直接」流束の組み合わせが図 10.5 に示されている．渦度の塊（blob）（図 10.5(a)）がほぐされて，厚さ δ，長さ l のストリップ状になる．ω は物質的に保存されているから，渦がパッチ状になってもその面積は，最小スケールの渦以外ではかわらない．つまり，δ の減少とともに l は増加する．パッチ状の渦は，拡散が問題になるほど δ が小さくなるまでは，ほぐされひねられ続ける（図 10.5(c)）．エンストロフィーの直接流束は δ の減少をともなう一方，エネルギーの逆カスケード[5]は l の増加とともに進む．なぜなら，渦パッチに付随する渦サイズを決めるのは l だからである[6]．このことは，l の増加が，乱流混合による二つの物質点間の距離の増加にどこかで関係していることを示唆している．

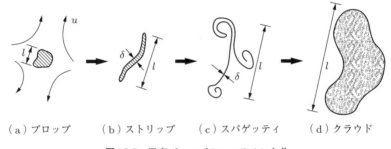

(a) ブロップ　　(b) ストリップ　　(c) スパゲッティ　　(d) クラウド

図 10.5　渦度ブロップのフィラメント化

l の増加についての第三の説明（あるいは解釈）では，エネルギースペクトル $E(k)$ が利用される．次の二つの式（第 8 章参照），

$$\frac{1}{2}\langle \mathbf{u}^2 \rangle = u^2 = \int_0^\infty E(k)\,dk \tag{10.10}$$

$$\frac{1}{2}\langle \omega^2 \rangle = \int_0^\infty k^2 E(k)\,dk \tag{10.11}$$

がある．ところで，u^2 は（ほぼ）保存されるのに対して，$\langle \omega^2 \rangle$ は有限な割合で減少する．つまり，曲線 $E(k)$ の下の面積は一定だが，大きな k に重みがつく $k^2 E(k)$ の積分は減少することになる．このようにして，$E(k)$ は図 10.6 で示したように，小さい k の範囲で増加し続け，大きな k の範囲では減少する．これを，われわれは大スケールにおけるエネルギーの成長と解釈する．実際，式 (10.9b) のバチェラーの自己相似

---

[5] このような過程を同時にたどる多数の渦パッチは，最後にはオーバーラップすることを考えると，これが「渦の合体」と解釈できることは容易に理解できる．

[6] 図 10.5(c) に，ビオ・サヴァールの法則を適用したと考えること．

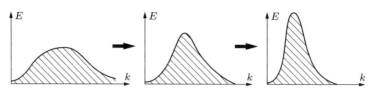

図 10.6 エネルギースペクトルの発達

スペクトルを用いると,

$$u^2 = \int_0^\infty E(k)\,dk \approx u^2 \int_0^{\chi_\nu} h(\chi)\,d\chi \tag{10.12}$$

$$\frac{1}{2}\langle \omega^2 \rangle = \int_0^\infty k^2 E(k)\,dk \approx t^{-2} \int_0^{\chi_\nu} \chi^2 h(\chi)\,d\chi \tag{10.13}$$

が得られる．ここで，$\chi = kut$，χ_ν は流れの最小スケールにもとづく χ の粘性カットオフを表す[7]．これらのうち，最初の式は単に h を正規化する．第二の式はバチェラーの理論に従って，エンストロフィーが $\langle \omega^2 \rangle \sim t^{-2}$ で減少することを示唆している．われわれはこれを単に $\langle \omega^2 \rangle \sim u^2/l^2$，$l$ は積分スケール，$l \sim ut$，と解釈している[8]．

次に，l の増加に対する四番目，すなわち，最後の説明に移ろう．$\int E(k)\,dk$ が保存されながら $\int k^2 E(k)\,dk$ が減少するのであれば，E は小さい k の方向にシフトせざるを得ないという論法には，おそらく弱点があるということがこの第四の説明の動機となっている．問題は，$\int k^2 E(k)\,dk$ の減少が粘性力に起因しており，これは渦全体には影響しない点である．理想的には，粘性に無関係な形で逆カスケードを説明したい．$\nu = 0$ のとき，$\int k^2 E(k)\,dk$ も $\int E(k)\,dk$ も保存されるから，当然の疑問は，$\langle \omega^2 \rangle$ も $\langle \mathbf{u}^2 \rangle$ もどちらも保存されたままで渦度場のカオス的混合がある場合，平均の渦サイズが成長すると考えてよいのかである．答えは「たぶんそうだろう」である．まず，$E(k)$ の重心を，

$$k_c = \frac{\int k E(k)\,dk}{\int E(k)\,dk}$$

---

7) 式 (10.12) と式 (10.13) で，「=」でなく「≈」を使ったのは，自己相似の式 (10.9b) が散逸スケールに至るまでの全波数帯域で成り立つわけではないからである．

8) 数値実験は，エンストロフィーがこれよりもゆっくりと，たぶん t^{-n} で n は 0.8 から 1.2 のあいだになることを示唆している．たとえば，Ossai and Lesieur (2001), Bartello and Warn (1996), Chasnov (1997), Fox and Davidson (2010) は，n がそれぞれ 1.0 から 1.2，$\sim$ 1.2，$\sim$ 0.8，$\sim$ 0.9 となることを見い出した．この不一致は，渦度の一部（組織渦に含まれている渦度）がバチェラーのいうフィラメント化の過程に抵抗するため，エンストロフィーが破壊される速さが自己相似理論の予測より遅くなるという事実に帰せられることが多い．10.2 節参照．

により定義する．次に，$\langle\omega^2\rangle$と$\langle\mathbf{u}^2\rangle$が保存されるので，

$$\frac{d}{dt}\int(k_c-k)^2 E(k)\,dk = u^2\frac{dk_c^2}{dt} - 2\frac{d}{dt}\left[k_c\int kE(k)\,dk\right] = -u^2\frac{dk_c^2}{dt}$$

しかし，オイラー流れにおいては，カオス的な混合は$E(k)$をより広い波数範囲に拡大し，その結果，$\int(k_c-k)^2 E(k)\,dk$は増加し続けると予想される．もし，これが正しければ，k_cは減少しなければならず，期待どおりに小さいkの方向（大スケールの方向）にエネルギーがシフトすることになる[9]．

10.1.5 二次元乱流における各種のスケール

lを乱れの積分スケール（大スケールのエネルギー保有渦のサイズ），ηを最小スケール（渦フィラメントの厚さ）とする．同様に，大スケールの代表速度をu，最小渦の代表速度をv，その代表時間を$\tau = \eta/v$とする．三次元の場合は，コルモゴロフスケールとよばれる小スケールは，表10.1に示されているように大スケールと関係づけられていた．

表10.1 三次元乱流におけるスケール．$\mathrm{Re} = ul/\nu$に注意

次元	三次元における大スケールとコルモゴロフスケールの比
長さ	$\eta/l \sim \mathrm{Re}^{-3/4}$
速度	$v/u \sim \mathrm{Re}^{-1/4}$
時間	$u\tau/l \sim \mathrm{Re}^{-1/2}$

ここでは，二次元乱流に対してこれに対応する関係を定める．ηやvより小さいスケールは存在しない（それらは粘性によって消し去られる）から，$\eta v/\nu \sim 1$，あるいは$\omega_\eta \eta^2/\nu \sim 1$であることはわかっている．また，$\omega$は（最小スケール以外では）物質的に保存され，$u/l \sim \langle\omega^2\rangle^{1/2}$だから，$\eta/l \sim \omega_\eta \sim v/\eta$であることが予想される（実際は，$\omega_\eta^2 \sim \langle\omega^2\rangle$よりも，むしろ$\omega_\eta^2 \sim \langle\omega^2\rangle/\ln(l/\eta)$であることがすぐあとでわかるが，当面は$\ln(l/\eta)$を無視する）．このことから，$\eta/l \sim v/u \sim \mathrm{Re}^{-1/2}$，$\mathrm{Re} = \langle\omega^2\rangle^{1/2} l^2/\nu$となる．これらの関係は，表10.2に示されている．

表10.2 二次元乱流におけるスケール

次元	二次元における小スケールと大スケールの比
長さ	$\eta/l \sim \mathrm{Re}^{-1/2}$
速度	$v/u \sim \mathrm{Re}^{-1/2}$
時間	$u\tau/l \sim 1$

---

9) この議論の一つの問題点は，オイラー流れにおいてエネルギーがより大きな波数領域に広がり続けることに対して，何も証明がなされていないことである．たぶんそうに違いないのではあるが．

表 10.1 と表 10.2 を比較すると，三次元乱流と二次元乱流のおもな相違の一つとして，三次元では小スケールがきわめて速く成長するのに対し，二次元では小スケールの成長は大スケールの成長より速くはない点があげられる．言い換えれば，三次元乱流では小スケールは大スケールの変化に非常に素早く対応し，各瞬間において小スケールは大スケールと近似的に統計的平衡状態にある．このことの一つの結果は，三次元乱流の慣性小領域では，$\partial E/\partial t$ のような項は Re^{-1} のオーダーで無視できることだ．これが擬似平衡領域の意味するところである．これと比較すると，二次元乱流の時間スケールはすべてのスケールにおいて同じであり，これはエンストロフィーがすべてのスケールにおいて，ほぼ同じであることを反映している．二次元の自由減衰乱流では，擬似平衡領域は存在しないのである．この点は慣性小領域の議論にとって重要である．なぜなら，$\partial E/\partial t$ のような項が無視できないからだ．

10.1.6　エネルギースペクトルの形と k^{-3} 則

$v/u \sim \mathrm{Re}^{-1/2}$ の関係は，大規模渦が最小スケール構造よりずっと活発であることを暗に示している．次の疑問は，全渦サイズにわたってエネルギーがどのように分布しているかを，予測できるかである．要するに，エネルギースペクトルの形状を決めたい．まず，三次元における $E(k)$ の形を思い出してみよう．小さい k においては，

$$E(k) = \frac{Lk^2}{4\pi^2} + \frac{Ik^4}{24\pi^2} + \cdots \tag{10.14}$$

$$L = -\int \langle \mathbf{u}\cdot\mathbf{u}'\rangle d\mathbf{r}, \quad I = -\int r^2 \langle \mathbf{u}\cdot\mathbf{u}'\rangle d\mathbf{r}$$

および，$\mathbf{u}' = \mathbf{u}(\mathbf{x}+\mathbf{r}) = \mathbf{u}(\mathbf{x}')$ であった．この形は，スペクトルテンソルのトレースを k についてテイラー展開することで得られた（6.3 節あるいは 8.2.1 項を参照のこと）．積分 L はサフマン積分で運動の不変量，I はロイチャンスキー積分である．L は I と違って正式に不変量とはいえないが，完全発達した三次元乱流では見かけ上，一定であることが見い出されている．初期に L がゼロである場合には，式(10.14)は $E(k) = Ik^4/24\pi^2 + \cdots$ となり，いわゆる，サフマン・スペクトル $E \sim Lk^2 + \cdots$ と区別するためにバチェラー乱流とよぶ．

二次元乱流では，式(10.14)に対応する式は（Davidson (2007) を参照のこと），

$$E(k) = \frac{Lk}{4\pi} + \frac{Ik^3}{16\pi} + \cdots \tag{10.15}$$

である．また，三次元の場合と同様に，

$$L = \int \langle \mathbf{u}\cdot\mathbf{u}'\rangle d\mathbf{r}, \quad I = -\int r^2 \langle \mathbf{u}\cdot\mathbf{u}'\rangle d\mathbf{r}$$

である．バチェラーの二次元の自己相似スペクトルは，仮にそれが成り立つとすると，$I \sim t^4$ となる必要があることに注意しよう．これは，I が見かけ上，一定であるという三次元の場合とは大きく異なる（事実，数値実験は二次元の場合，初期条件が $E(k \to 0) \sim Lk$ か $E(k \to 0) \sim Ik^3$ かにかかわらず $I \sim t^m$，$m \approx 2.0 - 2.5$ であることを示唆している．Ossai and Lesieur (2001)，Fox and Davidson (2008) を参照のこと）．I のこの急成長は，実際にはスペクトルのうち，初期の $E \sim Lk$ 部分が急速に $E \sim Ik^3$ に吸収されることを意味している (Fox and Davidson (2008))．その結果，二次元乱流のほとんどの数値実験は $E \sim Ik^3$ タイプに分類される．

次に，$\eta \ll k^{-1} \ll l$ の領域におけるスペクトルの形状について考える．すなわち，散逸スケールよりはるかに大きく，大スケール構造よりもはるかに小さい渦に，どのようにエネルギーが配分されるのかを考える．つまり，コルモゴロフの5/3乗則，

$$E \sim \varepsilon^{2/3} k^{-5/3} \quad (\eta \ll k^{-1} \ll l)$$

の二次元版を探すわけである．この問題は，強制乱流について Kraichnan (1967) において最初に提起され，やや遅れて Batchelor (1969) において自由発達乱流について提起された．ここでは，バチェラーの主張をたどってみよう．

$E(k)$ の形を推定するために，バチェラーは二つの仮定をおいた．どちらも実際には正しくない．彼は，

(i) 大スケールから小スケールへのエンストロフィーの直接の流束は，情報を失いながら段階的に進むという形をとり，大スケールがエンストロフィー流束を決めること以外には，大スケールとは独立である．
(ii) 慣性領域は，大スケールとのあいだに統計的平衡が近似的に成り立つ平衡領域である．

を仮定した．これらの仮定はどちらも正しくはないが，不思議なことに，彼の予測のある部分は最近の数値実験によってサポートされている．したがって，さらなる議論の出発点の意味で，バチェラーの解析を概観するのがよいだろう．

$\Pi_\omega(k)$ を，エンストロフィーが大スケール構造から小スケール構造に受け渡される率としよう．これはすなわち，「スケール空間」，あるいはスペクトル空間におけるエンストロフィー流束である．この流束は一般に波数 k の関数であるが，慣性小領域の下端では，エンストロフィーの消散率，$\beta = \nu \langle (\Delta \omega)^2 \rangle$ に等しくなければならない．

もし，渦の階層を通して $\langle \omega^2 \rangle$ が段階的に小スケールに受け渡されるという意味で，$\langle \omega^2 \rangle$ の破壊が純粋にカスケード過程であることを信じるなら，$\eta \ll k^{-1} \ll l$ の範囲の渦は大スケールの構造について，エンストロフィー流束を決める以外には何も知らな

いはずである．また，散逸スケールも感知しないはずだ．もしそうであるなら（そうではないことはすぐにわかるが），三次元の場合のコルモゴロフ理論と同様に，$k^{-1} \ll l$の領域でのEがΠ_ω, k, νのみの普遍関数となるはずである．しかし，粘性応力は最小渦にのみ影響するから，スペクトルは$k^{-1} \gg \eta$の領域ではνの関数ではないはずだ．こうして，われわれは，$\eta \ll k^{-1} \ll l$において$E = E(\Pi_\omega, k)$を得る．E, Π_ω, kの次元を考えると，唯一の可能性は，

$$E(k) = C_E \Pi_\omega^{2/3} k^{-3} \quad (\eta \ll k^{-1} \ll l) \tag{10.16}$$

である．ここで，C_Eは少なくともバチェラーによれば普遍定数である．ここでわれわれは，三次元と同じように二次元の場合でも，慣性領域では大スケールとのあいだに近似的に統計平衡が成り立つ平衡領域であるという仮定を追加する（もちろん，じつはこれが正しくないことを表10.2は示している）．この二番目の仮定は慣性領域でΠ_ωがkに依存せず（10.1.7項参照），したがって，この領域にわたってβに等しいことを要求する．すると，慣性領域全体を通じて，

$$E(k) = C_E \beta^{2/3} k^{-3} \quad (\eta \ll k^{-1} \ll l) \tag{10.17}$$

となる．ここでは，βがΠ_ωの代わりに使われている．これが有名なk^{-3}則で，図10.7に示されている．二次，三次の構造関数にも同様のカスケード風の議論をあてはめるなら，

$$\langle [\Delta v]^2 \rangle = c_2 \beta^{2/3} r^2, \quad \langle [\Delta v]^3 \rangle = c_3 \beta r^3 \quad (\eta \ll r \ll l) \tag{10.18}$$

となる．ここで，c_2とc_3はバチェラーの理論では普遍定数と解釈される．これらの式は，それぞれコルモゴロフの5/3乗則，2/3乗則，4/5法則に対応する．Fox and Davidson (2010) に見られるように，式(10.18)は，スペクトルスケーリング$E \sim k^{-3}$と同じ

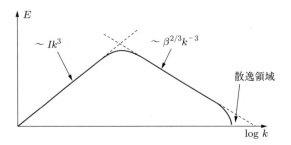

図10.7 完全発達した自由減衰乱流のエネルギースペクトルの理想形．実際には，大スケールの組織渦の存在によりスペクトルの形はもっと複雑になる．

く数値実験の結果とかなりよく合っている (Lindborg and Alvelius (2000)).

式(10.17)からただちにわかることは，もし，それがスペクトルを決めるのであれば，積分すると$\langle\omega^2\rangle \sim \beta^{2/3}\ln(l/\eta)$となり，式(10.8)，

$$\beta \sim \frac{\langle\omega^2\rangle^{3/2}}{[\ln(l/\eta)]^{3/2}} \sim \frac{\langle\omega^2\rangle^{3/2}}{[\ln(\mathrm{Re})]^{3/2}}$$

にもどることである．

このように，バチェラーが観察したとおり，βは大きなReの極限で完全に粘性に無関係にはなり得ない．しかし，10.1.1項で注意したように，実際には，βのReへのこの弱い対数依存性は，普通に考えられる程度のレイノルズ数範囲ではあまり問題にはならない．

10.1.7　k^{-3}則の問題点

k^{-3}則の基礎にある二つの仮定は，どちらも間違っていることをすでに述べたが，それでも，k^{-3}スペクトル勾配は数値シミュレーションによりサポートされている．この問題について再度考え，なぜそうなのかを理解してみよう．

k^{-3}則の第一の問題点は，大スケールから小スケールへの$\langle\omega^2\rangle$の転送が多段階カスケードであり，渦の干渉がフーリエ空間の局所で起こるという考えにもとづいている点である．これは，一見，もっとものように見える．大スケール渦構造がつくる速度場は，はるかに小さな渦のスケールで見るとほとんど一様である．きっとこのような速度場は，ブロブを，形をかえずにただ押し流すだけだろう．しかし，これはよく考えるとおかしい．$k_{\min} < k < k_{\max}$の波数範囲にある渦によるひずみの二乗平均は，そのエンストロフィー $\int k^2 E dk$のオーダーである．式(10.17)が成り立つとしている慣性領域では，この二乗平均のひずみは$\beta^{2/3}\ln(k_{\max}/k_{\min})$のオーダーである．いま，サイズが$k_0^{-1}$の渦が受けるひずみ場に注目したとする．$k_0^{-1}$よりやや大きい，たとえば，$0.1k_0 \sim k_0$の渦は，二乗平均ひずみの総量に対して$\beta^{2/3}\ln 10$だけの寄与をする．しかし，次のオクターブの波数，すなわち，$0.01k_0 \sim 0.1k_0$も厳密に同じだけの寄与をする．このように，k_0^{-1}の渦は，いろいろなオクターブ帯域の波数のひずみを等しく感知している．これは，$\mathbf{k}$空間において局所的であるとするカスケードのアイディアに反する．つまり，われわれは矛盾を抱えているのである．もしも，干渉が$\mathbf{k}$空間において局所的であるとするなら，すなわち，真のカスケードを認めるなら，次元解析から$E \sim k^{-3}$となるが，この結果は逆に干渉が局所的でないことを述べることになる．一方，非局所的な干渉はk^{-3}則の次元的な議論の根拠となっている．なぜなら，慣性領域の渦は大スケールを直接感知しているからである．

第二の問題点は，慣性領域が平衡領域ではないという事実にある．$E_\omega(k, t) = k^2 E$

(k,t) をスペクトル空間におけるエンストロフィー密度とする．すると，10.3.4項で見るように，二次元カルマン・ハワース方程式の変換は，

$$\frac{\partial}{\partial t}E_\omega(k,t) = -\frac{\partial}{\partial k}\Pi_\omega(k,t) - 2\nu k^2 E_\omega$$

となり，散逸スケールの外部では，この式は，

$$\frac{\partial}{\partial t}E_\omega(k,t) = -\frac{\partial}{\partial k}\Pi_\omega(k,t) \tag{10.19}$$

となる．さて，われわれは，バチェラーのスペクトル理論が示唆していたように，慣性領域では $E_\omega(k) = k^2 E(k) \sim k^{-1}$ であることを数値シミュレーションで知っている．これを，

$$E_\omega(k,t) = A(t)k^{-1} \quad (k_1 < k < k_2) \tag{10.20}$$

と書く．ここで，$k_1 < k < k_2$ は慣性領域を表している．式(10.20)を式(10.19)に代入して積分すると，

$$\Pi_\omega(k,t) = \Pi_\omega(k_1) - A'(t)\ln(k/k_1) \quad (k_1 < k < k_2) \tag{10.21}$$

が得られる．そして，エンストロフィー流束 Π_ω が慣性領域にわたって k の関数であることがわかる．Π_ω のこの対数関数的な変化は，Fox and Davidson (2010) の数値シミュレーションの驚くべき結果であった．ともかく，Π_ω は慣性領域の下端でのみ β に等しい，すなわち，$\Pi_\omega(k_2) = \beta$ なのだから，式(10.16)の $E = C_E \Pi_\omega^{2/3} k^{-3}$ から，式(10.17)の $E(k) = C_E \beta^{2/3} k^{-3}$ へのステップを正当化するのは困難なことを，式(10.21)は示唆している．

それなら，なぜ k^{-3} 則が成り立つのか．この点については Fox and Davidson (2010) に詳しく述べられている．最初にあげるべき点は，$kE_\omega(k)$ がスケール k におけるエンストロフィーなのだから，もし，渦度が慣性領域のすべてのスケールにわたって均等に分布しているとすれば，渦度の実質的保存から $E_\omega(k) \sim k^{-1}$，したがって，$E(k) \sim k^{-3}$ でなければならないことになる．これが，指数法則における指数の一つの説明である．係数についてフォックスとダヴィッドソンは，流束を慣性領域の上端での値とした $E \sim \Pi_\omega^{2/3}(k_1)k^{-3}$ のほうが，Π_ω の代わりに β が使われている通常の k^{-3} 則，すなわち，$E(k) = C_E\beta^{2/3}k^{-3}$ よりもすぐれていることを示している．そこで，彼らは，

$$E = C^* \Pi_\omega^{2/3}(k_1) k^{-3} \tag{10.22}$$

の形を提案している．C^* は C_E と違って普遍ではない．$\Pi_\omega(k_1)$ が，なぜ $\Pi_\omega(k_2) = \beta$

よりも物理的に適切なのかについては 10.2 節で述べる．要約すると，エンストロフィー流束（およびこれにともなう渦度のフィラメント化）に寄与するひずみの大部分は大スケールの組織渦からきていて，フィラメントがほかのフィラメントに与えるひずみはほんのわずかしかないということである．言い換えれば，エンストロフィー・カスケードというものは存在せず，エンストロフィー流束は単に大スケールの組織渦のひずみによってドライブされているのである．

例題 10.2　非粘性乱流の推論モデル　無限に広がる非粘性流体の二次元カオス運動を考える．流れは統計的に一様とする．上の議論から，運動は以下の条件を満足するものと予想される．

(ⅰ) $\dfrac{d}{dt}\displaystyle\int_0^\infty E(k)\,dk = 0$

(ⅱ) $\dfrac{d}{dt}\displaystyle\int_0^\infty kE(k)\,dk < 0$

(ⅲ) $\dfrac{d}{dt}\displaystyle\int_0^\infty k^2 E(k)\,dk = 0$

(ⅳ) $\dfrac{d}{dt}\displaystyle\int_0^\infty k^4 E(k)\,dk > 0$

最初の式と第三の式はエネルギーとエンストロフィーの保存を表しているにすぎないが，第二の式は 10.1.4 項で説明したように，カオス運動がもつ，より大きなスケールに向けてエネルギーを広げ続ける傾向の必然的結果である．第四の式は，式 (10.6) と図 10.1(a) に関係しており，そこでは渦度のフィラメントが乱流運動によってほぐされる際に，$\langle(\nabla\omega)^2\rangle$ が増加し続けるだろうと予想した．エネルギースペクトルの形として，

$$E(k,t) = A(t)k^{-3} \quad (k_1(t) < k < k_2(t),\quad k_1 \ll k_2)$$

を考え，$k_1 < k < k_2$ 以外では急速に低下するものとする．このとき，もし，

$$A \sim t^{-2},\quad k_1 \sim (ut)^{-1},\quad k_2 \sim (ut)^{-1}\exp[\langle\omega^2\rangle t^2/4]$$

なら，上の四つの条件はいずれも満たされることを示せ．ここで，u と $\langle\omega^2\rangle$ はもちろん一定である（このことは，図 10.8 に示されている）．明らかに，スペクトルの下端はバチェラーの自己相似理論により予測された $k_1 \sim (ut)^{-1}$ である．次に，一定の波数 k^*，$k_1 < k^* < k_2$ を考える．k^* 以下の波数から k^* 以上の波数に転送されるエンストロフィーの割合は，バチェラーの自己相似理論のとおり，$\Pi_\omega \sim$

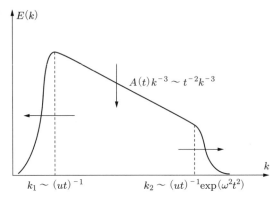

図 10.8　二次元非粘性乱流における $E(k)$ の一つの候補の両対数プロット（説明は例題 10.2 参照）

t^{-3} のオーダーであることを示せ.

例題 10.3　擬似非粘性乱流から完全発達乱流へ　例題 10.2 の非粘性モデルにおいては，$\langle \omega^2 \rangle t^2 \sim \ln(k_2 ut)$ であった．オイラー流れでは，$\langle \omega^2 \rangle$ は一定なので，この式は，実質的には $k_2(t)$ を決める式である．今度は粘性流体を考え，k_2^{-1} の初期値は拡散スケール $\eta \sim \sqrt{\nu t}$ に比べてはるかに大きいとする．このとき，粘性カットオフに至るまでに要する時間 t_c が，

$$\langle \omega^2 \rangle t_c^2 \sim \ln\left(\frac{u t_c}{\sqrt{\nu t_c}}\right) \sim \frac{1}{4}\ln(\langle \omega^2 \rangle t_c^2) + \frac{1}{2}\ln(\mathrm{Re})$$

となることを確認せよ．ここで，$\mathrm{Re} = u^2/\langle \omega^2 \rangle^{1/2} \nu$ は初期条件によって決まるレイノルズ数である．Re が大きい場合，$\langle \omega^2 \rangle t_c^2 \sim \ln(\mathrm{Re})$ がよい近似となる．

例題 10.4　慣性領域でなぜ k^{-3} となるのか？　$E(k, t) = A(t)k^{-n}$，$n \geq 3$ の形のスペクトルについて，例題 10.2 と同様の解析を行え．$E(k)$ に対する四つの条件をすべて満たすことができるのは，$n = 3$ 以外にはないことを示せ．

例題 10.5　遷移期間におけるパリンストロフィーの生成　例題 10.2 の非粘性モデルでは，パリンストロフィー生成率が，

$$G = -\langle S_{ij}(\nabla\omega)_i(\nabla\omega)_j\rangle \sim \langle \omega^2\rangle\langle(\nabla\omega)^2\rangle t$$

となることを示せ．

これとは別のパリンストロフィー生成率の見積もりが，Herring et al. (1974) と

Pouquet et al. (1975) によって示唆されている．それは，

$$G = -\langle S_{ij}(\nabla\omega)_i(\nabla\omega)_j\rangle = S_2\langle\omega^2\rangle^{1/2}\frac{1}{2}\langle(\nabla\omega)^2\rangle$$

で，S_2 は 1 のオーダーの無次元係数である．

10.2 組織渦：古典理論の問題点

> 教育というのは結構なものだが，知る価値のあることがらは教えることができないということをときどき思い出すがよい．
> Oscar Wilde

バチェラーとクライチナンによる初期の理論は美しく，また説得力もある．しかし，実験的な検証が欠けている．バチェラーの理論では，乱れが u^2 だけを覚えていることが仮定されているのだから，このことは重要である．その結果，たとえば，寿命の長い組織渦の可能性は除外されてしまい，これは決定的な手抜かりとなる．ここでは，渦のまばらな組織的構造の役割について，すなわち，渦のターンオーバー時間 l/u よりはるかに長い寿命をもった渦構造について考える．

10.2.1 証　拠

バチェラーの理論では，渦度は乱流速度場によりほぐされる受動スカラーのように扱われている．しかし，計算機がだんだん強力になり，高分解能の数値実験が可能になると，これは物語の全体ではないことがすぐにはっきりした．確かに，バチェラーの予想どおりに渦度はフィラメント状になるのだが，高分解能の数値実験は別の非常にはっきりとした過程があることを明らかにした．初期条件のなかに含まれていた斑点状の小さな強い渦度がフィラメント化の過程で生き延び，寿命の長い組織構造を形成するように見えるのである．この集中した渦度は，点状の渦の集まりのように干渉し合い，フィラメント状の渦度とはまったく異なる挙動を示す．ときおり，二つ三つの組織渦が互いに近づき，合体し，あるいはおそらく弱いほうの渦が大きい渦によって破壊される．このように，流れの発達にともなって組織渦の数は減少し，平均のサイズは増大する．

われわれがここで描いているのは，一つの流れのなかに共存する二つの動力学過程の片方である．全体の渦度は，バチェラーがいうように，フィラメント状にほぐされてエンストロフィー流束に供給され続ける．しかし，この多数のフィラメント状の破片の海のなかを，組織渦が銃弾のように飛びまわり，粘性の影響を受けて合体し，サイズを拡大しながら数を減らす．普通，この組織渦はフィラメントの破片のなかを生

き延びるのに十分な強さと数があり，何回ものターンオーバー時間，たとえば，$100l/u$ ののちには残存渦度の多くは組織渦のなかに含まれるようになる．このようなケースが図 10.9 に示されている．右側の図の渦はエンストロフィー・カスケードの結果として生まれたものではない．それらは，初期条件のなかにひそんでいて，カスケード過程を生き延びてきたものである．また，図 10.9（b）は消耗した状態で，初期のエンストロフィーのある程度のパーセントしか含んでいない．つまり，カスケード過程はすでに終了していて，（b）の状態は使いつくされた渦度の残渣のようなものなのである．

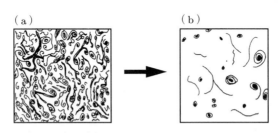

図 10.9 乱流の等渦度線の概形．（a）発達初期の渦度場．（b）エンストロフィー・カスケードがほぼ終了したあとの渦度場．（b）のエンストロフィーは（a）のわずか数%にすぎない．

図 10.9 の右図の渦が本当に初期条件のなかにあったもので，カスケード過程の一部として生まれてきたものではないことを示すためには，渦の発達を $t = 0$ に向かって逆にたどる必要がある．これは，多くの研究者により行われたが，もっとも顕著なのは McWilliams(1990) であろう．彼は流れの最終段階に見られる組織渦の起源が，例外なく初期の流れ場にあった強い渦度をもった小さなブロッブであることを見い出した．

小さく強い渦度をもった斑点状の渦が，フィラメント化の過程のなかで生き延びる能力は，通常，非粘性方程式，

$$\frac{D^2}{Dt^2}(\nabla\omega) + \left(\frac{1}{4}\omega^2 - S_1^2 - S_2^2\right)\nabla\omega = \left(\frac{DS_i}{Dt}\nabla\omega, \frac{D\omega}{Dt}\nabla\omega\right) のオーダーの項$$

に帰せられる．ここで，S_1 と S_2 はそれぞれ $\partial u_x/\partial x$ と $(\partial u_x/\partial y + \partial u_y/\partial x)/2$ を表す．この方程式は，$D\omega/Dt = 0$ からただちに得られる．さて，ある（全部ではないが）シミュレーションでは，ω，S_1，S_2 のラグランジュ変化率は，対応する $\nabla\omega$ の変化率よりはるかに小さい傾向が見られる．この経験説を認めるとすると，

$$\frac{D^2}{Dt^2}(\nabla\omega) + \left(\frac{1}{4}\omega^2 - S_1^2 - S_2^2\right)\nabla\omega \approx 0 \qquad (10.23)$$

となる．これより，渦度勾配は $S_1^2 + S_2^2 > \omega^2/4$ の領域で指数関数的に成長し，$\omega^2/4 > S_1^2 + S_2^2$ の領域では振動する．この振動は，おそらく渦度場の局所回転に対応すると思われる．前者が図 10.5 に示される渦度のフィラメント化を導き，後者が組織渦を暗示しており，あるいは少なくともそれが理論であった．要するに，フィラメント化には渦を引き裂くのに十分な強さのひずみ場が課されることが必要であり，このようなひずみがない場合には，渦は生き延びる．生き延びる必要条件 $\omega^2/4 > S_1^2 + S_2^2$ は大久保・ワイス基準として知られ，数値シミュレーションでもある程度のサポートが得られている (Brachet et al. (1988))．

しかし，式(10.23)は，演繹的な理論よりもシミュレーションによっていることを強調しておく．右辺の項を省略することの現実的な保証はなく，基準が満たされない領域も見つかっている．それでも，ある種の初期条件のもとでは渦度のピーク，たとえば，$\hat{\omega}$ がフィラメント化の過程を生き延び，流れが初期条件を覚えているという観察経験をわれわれはもっている．このような場合には，バチェラーのエネルギースペクトルの式(10.9a)と式(10.9b)は，

$$\langle [\Delta v(r)]^2 \rangle = u^2 g(r/ut, \hat{\omega}t) \tag{10.24a}$$
$$E(k) = u^3 t h(kut, \hat{\omega}t) \tag{10.24b}$$

のように一般化されなければならない (Bartello and Warn (1996))．ここで，u^2 と $\hat{\omega}$ は一定である．これは，一般には自己相似スペクトルではない．

例題 10.6　圧力を用いた大久保・ワイス基準　大久保・ワイス基準は，圧力を用いて次のように書き換えられることを示せ．

$$\nabla^2 \left(\frac{p}{\rho} \right) = 2 \left(\frac{1}{4} \omega^2 - S_1^2 - S_2^2 \right) = \frac{1}{2} \omega^2 - S_{ij} S_{ij}$$

例題 10.7　大久保・ワイス基準に代わるもう一つの基準　オイラー流では，

$$\frac{D^2}{Dt^2} \frac{\partial \omega}{\partial x_i} + P_{ij} \frac{\partial \omega}{\partial x_j} = -2 \frac{\partial \omega}{\partial x_j} \frac{D}{Dt} \frac{\partial u_j}{\partial x_i}$$

となることを示せ．ここで，P_{ij} は圧力ヘシアン，

$$P_{ij} = \frac{\partial^2 (p/\rho)}{\partial x_i \partial x_j}$$

である．もし，式(10.23)の論理に従い，ラグランジュ的に見た $\partial u_i/\partial x_j$ の変化率が $\nabla \omega$ の変化率に比べて無視できるとすると，

$$\frac{D^2}{Dt^2}\frac{\partial \omega}{\partial x_i} + P_{ij}\frac{\partial \omega}{\partial x_j} \approx 0$$

が得られる．この場合，圧力ヘシアンの正の固有値は組織渦を生む傾向がある．λ_1 と λ_2 を P_{ij} の固有値とすると，

$$\lambda_1 + \lambda_2 = P_{ii} = 2\left(\frac{1}{4}\omega^2 - S_1^2 - S_2^2\right)$$

となる．したがって，正の固有値（組織渦）は P_{ii} が正で大きいときに起こりやすく，これは大久保・ワイス基準と類似している．

10.2.2 意 義

組織渦は三つの結果を生む．第一は，必ずしもすべての渦度が渦フィラメントにかわって小スケールへエンストロフィー流束を供給するわけではないから，バチェラーのエンストロフィーの減少率の予測$\langle\omega^2\rangle \sim t^{-2}$ を引き下げる結果となる．むしろ，いくらかの渦度は組織渦のなかにとり込まれて，より長時間にわたって保持される．実際，数値シミュレーションでは，$\langle\omega^2\rangle \sim t^{-1}$ に近い結果も観察されている．第二に，渦フィラメントのひずみがほかの渦フィラメントからくるのではなく，組織渦によるひずみからくることである (Fox and Davidson (2010))．このように，エンストロフィー・カスケードはなく，代わりに単にエンストロフィー流束があるだけだ．最後に，上で述べたように，組織渦内部でのピーク渦度 $\hat{\omega}$ の保存がバチェラーの自己相似スペクトルの妥当性をすべて吹き飛ばしてしまう．

ここで，式(10.24a)と式(10.24b)，

$$\langle[\Delta v(r)]^2\rangle = u^2 g(r/ut, \hat{\omega}t), \quad E(k) = u^3 t h(kut, \hat{\omega}t)$$

にもう一度もどろう．ここで，u^2，$\hat{\omega}$ は一定である．式(10.24a)と式(10.24b)の重要性は，$l \sim ut$ という見積もりの妥当性のほとんどを否定している点で，その結果，バチェラーの自己相似スペクトルを基礎とするすべてのスケーリングは疑わしいものとなった．これらの式を，

$$\langle[\Delta v(r)]^2\rangle = u^2 g(r/l^+, \hat{\omega}t), \quad E(k) = u^2 l^+ h(kl^+, \hat{\omega}t)$$

の形に書き換える．l^+ は，

$$l^+ = \sqrt{\frac{2u^2}{\langle\omega^2\rangle}} = utF(\hat{\omega}t)$$

で定義される積分スケールである（F は $\hat{\omega}t$ のある無次元関数である）．Bartello and Warn (1996)，Herring et al. (1999)，Lowe and avidson (2005) の数値シミュレー

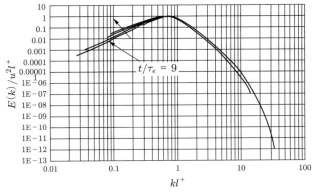

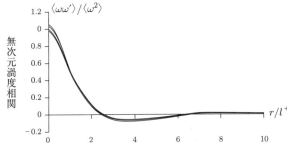

図 10.10 DNS で得られた $\langle \omega\omega'\rangle/\langle\omega^2\rangle$ と $E(k)$ の形状. E, k, r は自己相似スケーリング, $E/u^2 l^+$, kl^+, r/l^+ を使って正規化されている. τ を渦の初期のターンオーバー時間として, データは $t/\tau = 9$ から 140 にまたがっている. 自己相似スケーリングはうまくいっている. Lowe (2005)

ションは, これらの式が自己相似形 (図 10.10 参照),

$$\langle [\Delta v(r)]^2\rangle \approx u^2 g(r/l^+), \quad E(k) \approx u^2 l^+ h(kl^+) \tag{10.25}$$

に書き換えられることを示唆している.

　もちろん, バチェラーの自己相似スペクトルは, 式(10.25) で $l^+ \sim ut$, $\langle \omega^2\rangle \sim t^{-2}$ とおいた特別な場合である. しかし, 第二不変量 $\hat{\omega}$ の存在は, バチェラーのスケーリングがあてはまると考える特別な根拠はないことを意味し, 実際, シミュレーションは,

$$l^+ \sim \frac{ut}{\sqrt{\hat{\omega} t}} \sim \sqrt{t}, \quad \langle \omega^2\rangle \sim \hat{\omega} t^{-1}, \quad \beta \sim \hat{\omega} t^{-2}$$

であることを示唆している. 興味深いことに, この l^+ に対する $\sqrt{t}$ スケーリングは, 点状の渦が局所の渦線を巻き上げるという次のモデル問題から得られるものとまったく一致している. このことは, l^+ の増加が組織渦によるフィラメント状の渦度の巻

き上がりに関係していることを暗示している.

例題 10.8　組織渦によるパリンストロフィーの生成　以下は，組織渦によるパリンストロフィー生成を示す簡単なモデル問題である．$t=0$ において ω が y に比例して変化する，すなわち，$\omega = Sy$ であるような空間領域があるとする．いま，強さが Γ の点状渦を原点に置いたとする．これが渦度場を巻き上げはじめる（図10.11）．簡単のために，$\omega(\mathbf{x},t)$ にともなう速度が点状渦による速度よりはるかに小さいとすると，極座標を用いて $\mathbf{u} = (\Gamma/r)\hat{\mathbf{e}}_\theta$ と書ける．このとき，ω は，

$$\frac{\partial \omega}{\partial t} + \frac{\Gamma}{r^2}\frac{\partial \omega}{\partial \theta} = \nu \nabla^2 \omega$$

に従って変化することを示し，もし，粘性が無視できるとすれば，$t>0$ における ω の形は，$\omega = Sr\sin(\theta - \Gamma t/r^2)$ となることを確認せよ．

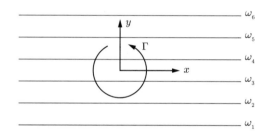

図 10.11　点状渦による弱い渦度場の巻き上げ（例題 10.8 参照）

ω の分布をスケッチし，点状渦によって渦度場が次第に螺旋状に巻き上がるようすを示せ．上の解は，r が拡散長さスケール $\sqrt{\nu t}$ に比べて十分大きく，$r^2/\Gamma t$ が1より大きいかまたは1のオーダーであるとすれば成り立つことを確認せよ．次に，ねじられた渦度場にともなう渦の積分スケールが $l \sim \sqrt{\Gamma t}$ で成長するのに対し，渦度勾配（与えられた半径における）に対する特性長さスケールが $\eta \sim r^3/\Gamma t$ に従って減少することを示せ．最後に，角度 θ にわたって平均されたエンストロフィー，パリンストロフィー，パリンストロフィー生成率が，

$$\left\langle \frac{1}{2}\omega^2 \right\rangle_\theta = \frac{1}{4}S^2 r^2, \quad \left\langle \frac{1}{2}(\nabla\omega)^2 \right\rangle_\theta = \frac{1}{2}S^2 + \frac{S^2\Gamma^2 t^2}{r^4}$$

$$-\langle S_{ij}(\nabla\omega)_i(\nabla\omega)_j \rangle_\theta = \left\langle \frac{2\Gamma}{r^3}\frac{\partial \omega}{\partial \theta}\frac{\partial \omega}{\partial r} \right\rangle_\theta = \frac{2S^2\Gamma^2 t}{r^4} \approx \frac{1}{t}\langle (\nabla\omega)^2 \rangle_\theta$$

で表されることを確認せよ．

10.3 統計形式の支配方程式

乱流においては，十分時間が経つと実際の初期条件はなんの影響ももたなくなる．このことは，乱流理論が統計理論でなければならないことを意味している．

Landau and Lifshitz (1959)

以上では，二次元乱流の支配方程式を統計形式に書き換えることをなるべく避けてきた．しかし，もう少し先へ進めるためには，いずれは統計形式の支配方程式を確立しておかなければならない．以下の各項では，これを，6.2 節で三次元乱流について述べたのと同じ方法で行う．簡単のために，統計的に一様かつ等方性の場合に限定する．

10.3.1 相関関数，構造関数，エネルギースペクトル

この項では，二次元乱流の運動学に注目する．すなわち，乱流の統計理論の表現を展開する．動力学に関しては 10.3.2 項で述べる．三次元の場合と同じく，まず二次の速度相関テンソル，

$$Q_{ij}(\mathbf{r}) = \langle u_i(\mathbf{x}) u_j(\mathbf{x}+\mathbf{r}) \rangle = \langle u_i u_j' \rangle$$

を導入する（もちろん，Q_{ij} は t にも依存するから，正確には $Q_{ij}(\mathbf{r},t)$ と書くべきである）．統計的に一様だから，Q_{ij} は $\mathbf{x}$ には依存せず，また，$Q_{ij}(\mathbf{r}) = Q_{ji}(-\mathbf{r})$ という幾何学的性質をもっている．Q_{ij} の特別な場合として，

$$Q_{xx}(r\hat{\mathbf{e}}_x) = u^2 f(r) = u^2 - \frac{1}{2} \langle (\Delta v)^2 \rangle$$

があり，f は通常の縦相関関数である．$f(r)$ を使って，

$$(l_n)^n \sim \int_0^\infty r^{(n-1)} f(r) \, dr$$

のように定義された一連の長さスケール l_n を導入すると便利である．$n = 1, 2$ などの小さい値の場合，l_n は速度相関がかなり強い領域の広がり（大きい渦のサイズ）の便利な尺度となる．三次元乱流では，積分スケールを定義するのに l_1 を用いるのが習慣である．しかし，二次元では，l_2 を使って積分スケールを定義すると l^+ と同じオーダーとなるのでより便利である．

ここで，$f(r)$，$E(k)$，$\langle [\Delta v]^2 \rangle$ の関係について考えてみよう．簡単のために，$E(k \to 0) \sim Ik^3$ の形のスペクトルの場合に限定する．第 8 章の議論と同様に，等方性乱流の場合は，$Q_{ii}(r)$ と $E(k)$ は単純に一組のハンケル変換対，

で関係づけられることが示される[10]．同様に，式(10.27)を見込んで $f(r)$ と $E(k)$ のあいだの関係は，

$$E(k) = \frac{1}{2} u^2 \int_0^\infty f(r) [J_1(kr) k^2 r^2] dr$$

$$u^2 f(r) = 2 \int_0^\infty E(k) \left[\frac{J_1(kr)}{kr}\right] dk$$

となることを示すのは簡単である（最初の式から，小さな k に対して $E = Ik^3/16\pi + \cdots$ であることが確認できる）．二番目の式は，二次の構造関数を使うと，

$$\frac{1}{2}\langle [\Delta v(r)]^2 \rangle = u^2(1-f) = \int_0^\infty E(k) H(kr) dk$$

となる．ここで，$H(kr)$ は無次元関数，

$$H(\chi) = 1 - 2\frac{J_1(\chi)}{\chi}$$

である．また $H(\chi)$ は，

$$H(\chi) = \left(\frac{\chi}{\pi}\right)^2 \quad (\chi < \pi), \quad H(\chi) = 1 \quad (\chi > \pi)$$

と近似できるので，これを使うと，

$$\frac{1}{2}\langle [\Delta v(r)]^2 \rangle \approx \int_{\pi/r}^\infty E(k) dk + \left(\frac{r}{\pi}\right)^2 \int_0^{\pi/r} k^2 E(k) dk \quad (10.26)$$

という近似式が得られる．この式は，$\langle [\Delta v(r)]^2 \rangle/2$ が近似的に，サイズが r 以下の渦に含まれる運動エネルギーと，サイズが r 以上の渦に含まれるエンストロフィーの $(r/\pi)^2$ 倍の和に等しいことを述べている．これは，三次元の場合の $\langle [\Delta v(r)]^2 \rangle$ の解釈を連想させ，$\langle [\Delta v(r)]^2 \rangle$ に対してわれわれが描いていた大雑把な物理的イメージとほぼ一致している(8.1.6項参照)．

もし，慣性領域のスペクトルが $E(k,t) = A(t) k^{-n}$, $n > 1$ であれば，これに対応する $\langle [\Delta v(r)]^2 \rangle$ の形は n に依存することに注意しよう．このことを見るために，Re

---

[10] エネルギースペクトル $E(k)$ は $\pi k \Phi_{ii}(k)$ により定義される．Φ_{ij} は Q_{ij} の二次元フーリエ変換，$\Phi_{ij}(\mathbf{k}) = (2\pi)^{-2} \int Q_{ij}(\mathbf{r}) \exp(-j\mathbf{k}\cdot\mathbf{r}) d\mathbf{r}$ である．$E(k)$ を Q_{ii} に関係づけるハンケル変換対は，二次元積分変換において周方向角度にわたって積分することで得られる．

が非常に大きいために $E(k)$ の大部分が慣性領域であると仮定し，式(10.26)を，

$$\frac{1}{2}\langle[\Delta v(r)]^2\rangle \approx \int_{\pi/r}^{\pi/\eta} E(k)\,dk + \left(\frac{r}{\pi}\right)^2 \int_{\pi/l}^{\pi/r} k^2 E(k)\,dk, \quad E(k) = A(t)k^{-n}$$

と書きなおす (l は積分スケール, η はマイクロスケールである)．すると，以下の式が容易に確認できる．

$$\frac{1}{2}\langle[\Delta v(r)]^2\rangle \sim A(t)r^{n-1} \quad (n<3)$$

$$\frac{1}{2}\langle[\Delta v(r)]^2\rangle \sim A(t)r^2 l^{n-3} \quad (n>3)$$

$$\frac{1}{2}\langle[\Delta v(r)]^2\rangle \sim A(t)r^2 \ln(l/r) \quad (n=3)$$

このように，$E(k) \sim k^{-n}$ が $\langle[\Delta v(r)]^2\rangle \sim r^{n-1}$ を意味するという三次元乱流における法則は，二次元では一般には成り立たない．事実，数値実験は n が大体 3 であることを示している．そして，慣性領域で対数補正つきの $\langle[\Delta v(r)]^2\rangle \sim r^2$ が予想される．$n \geq 3$ の場合のこの予想外のスケーリングは，式(10.26)の右辺にあるエンストロフィーの積分に起因する．この項は，r 以上の渦による $\langle[\Delta v(r)]^2\rangle$ への寄与の目安である．$n>3$ の場合，この積分は最大渦によって決まり，それが構造関数にもっとも大きく寄与することになる．このように，慣性領域におけるスケーリング $\langle[\Delta v(r)]^2\rangle \sim A(t)r^2 l^{n-3}$ は，$n>3$ に対して $\langle[\Delta v(r)]^2\rangle$ はサイズ l の渦のエンストロフィーによって決まるという事実を表している．これとは対照的に，三次元では，慣性領域の $\langle[\Delta v(r)]^2\rangle$ はサイズ r の渦のエネルギーによって決まる．

したがって，$\langle[\Delta v(r)]^2\rangle$ がサイズ r あるいはそれ以下の渦がもつエネルギーの尺度であるという便利な経験則は，二次元の場合には成り立たない．この困難を回避する一つの方法は，物理空間におけるエネルギー分布を表すのに，構造関数 $\langle[\Delta v(r)]^2\rangle$ ではなく，シグネチャー関数 $V(r,t)$ を用いることである．ここでは，このやり方の詳細にはふれないが，興味のある読者は本章末尾の演習問題 10.2〜10.4 を出発点にするとよい (三次元乱流におけるシグネチャー関数については 6.6.1 項も参照せよ)．

ここで，Q_{ij} と，それに対応する三次の量の話題にもどろう．すでに見たように，等方性に起因する対称性と $\nabla\cdot\mathbf{u} = 0$ でなければならないことから，三次元の速度相関テンソル Q_{ij} は $f(r)$ だけで表せる．二次元の場合も最終結果はいくらか異なるものの，同じことがいえる．6.2 節におけるものと同様の議論により，

$$Q_{ij}(\mathbf{r}) = u^2\left[\frac{\partial}{\partial r}(rf)\delta_{ij} - \frac{r_i r_j}{r}f'(r)\right] \tag{10.27}$$

となることを示すのは(退屈ではあるが)難しくない．これより，

$$Q_{ii} = \langle \mathbf{u} \cdot \mathbf{u}' \rangle = \frac{u^2}{r}\frac{\partial}{\partial r}(r^2 f)$$

も得られる．次に，三次の（あるいは三重）速度相関テンソル，

$$S_{ijl}(\mathbf{r}) = \langle u_i(\mathbf{x})u_j(\mathbf{x})u_l(\mathbf{x}+\mathbf{r})\rangle = \langle u_i u_j u_l'\rangle$$

を導入する．これも，

$$u^3 K(r) = \langle u_x^2(\mathbf{x})u_x(\mathbf{x}+r\hat{\mathbf{e}}_x)\rangle$$

で定義される単一のスカラー関数 $K(r)$ を使って書くことができる．もちろん，K は普通の縦三重速度相関関数である．ここでもまた，6.2節で用いられたのと同様の対称性と連続性の議論が可能で，その結果，等方性乱流の場合，

$$S_{ijl} = u^3\left[\frac{r_i\delta_{jl} + r_j\delta_{il}}{2r}\frac{\partial}{\partial r}(rk) - \frac{r_i r_j r_l}{r}\frac{\partial}{\partial r}\left(\frac{K}{r}\right) - \frac{r_l\delta_{ij}K}{r}\right] \quad (10.28)$$

であることが示される．

テンソル Q_{ij} と S_{ijk}，あるいはこれらと同等の $f(r)$ と $K(r)$ は乱流の統計理論に共通の通貨といえる．しかし，われわれはいま，二次元を問題にしているので，さらに二つの相関関数を追加するのが適当であろう．それは，流れ関数の相関と渦度相関，$\langle\psi\psi'\rangle$ と $\langle\omega\omega'\rangle$ である．第6章で，われわれは，

$$\langle \boldsymbol{\omega}\cdot\boldsymbol{\omega}'\rangle = -\nabla^2\langle\mathbf{u}\cdot\mathbf{u}'\rangle$$

であることを見たが，これを，式(10.27)と合わせると，

$$\langle\omega\omega'\rangle = \frac{1}{2r}\frac{\partial}{\partial r}r\frac{\partial}{\partial r}\frac{1}{r}\frac{\partial}{\partial r}r^2\langle(\Delta v)^2\rangle$$

が得られる．小さな r に対して，この式は，

$$\langle(\Delta v)^2\rangle = \frac{1}{8}\langle\omega^2\rangle r^2 + O(r^4)$$

であることを示しており，展開の高次項は，

$$\langle(\Delta v)^2\rangle = \frac{3\langle\omega^2\rangle r^2}{(4!)} - \frac{3\langle(\nabla\omega)^2\rangle r^4}{(4!)^2} + \frac{3\langle(\nabla^2\omega)^2\rangle r^6}{2(4!)^3} + \cdots$$

となることは容易に確認できる．$\langle\psi\psi'\rangle$ のほうは[11]，

---

[11] ψ は $\mathbf{u} = \nabla\times(\psi\hat{\mathbf{e}}_z)$ で定義されていることを思い出すこと．

$$\langle \mathbf{u}\cdot\mathbf{u}'\rangle = -\nabla^2\langle\psi\psi'\rangle \tag{10.29}$$

の関係がある．また，これより，

$$\frac{\partial}{\partial r}\langle\psi\psi'\rangle = -u^2 rf$$

となる．この式は，積分スケール l の便利な定義として，

$$l^2 = \frac{\langle\psi^2\rangle}{u^2} = \int_0^\infty rf dr \tag{10.30}$$

を示唆している．最後に，ロイチャンスキー積分が $\langle\psi\psi'\rangle$ を使って書きなおせることを指摘しておく．$\langle\mathbf{u}\cdot\mathbf{u}'\rangle$ を式(10.29)で表し，部分積分すると，

$$I = -\int \mathbf{r}^2\langle\mathbf{u}\cdot\mathbf{u}'\rangle d\mathbf{r} = 4\int \langle\psi\psi'\rangle d\mathbf{r} \tag{10.31}$$

となることがわかる．一様乱流では，体積平均はアンサンブル平均に等しいことに注意すると，式(10.31)は，ある大きな体積を V として，

$$I = \frac{1}{V}\left(\int_V 2\psi d\mathbf{x}\right)^2$$

となる．$(\mathbf{x}\times\mathbf{u})_z = 2\psi - \nabla\cdot(\psi\mathbf{x})$ であり，ψ は慣例により境界でゼロとおかれるので，閉じた体積 V 内の正味の角運動量は $H = \int 2\psi d\mathbf{x}$ となるというのは興味深い．このことは，三次元の場合と同様に，I と角運動量のあいだになんらかの関係があることを示唆している．

例題 10.9 次の式が成り立つことを示せ．

$$\int_0^\infty f dr = \frac{2}{u^2}\int_0^\infty \left[\frac{E(k)}{k}\right] dk$$

この関係は，積分スケールのもう一つの尺度を与えている．

10.3.2 二次元カルマン・ハワース方程式

ここまでのところ，われわれは運動学的関係のいくつかを利用したにすぎない．その結果，乱流の統計理論に使われる用語の準備はできたが，それだけでは理論をさきに進めることはできない．乱流の発達についてはっきりと何かを言おうとするなら，ある程度は動力学を導入しなければならない．それによって何が得られるのかを見てみよう．

$\mathbf{u}' = \mathbf{u}(\mathbf{x}') = \mathbf{u}(\mathbf{x}+\mathbf{r})$ と書くと，

$$\frac{\partial u_i}{\partial t} = -\frac{\partial}{\partial x_l}(u_i u_l) - \frac{\partial}{\partial x_i}\left(\frac{p}{\rho}\right) + \nu \nabla^2 u_i$$

$$\frac{\partial u'_j}{\partial t} = -\frac{\partial}{\partial x'_l}(u'_j u'_l) - \frac{\partial}{\partial x'_j}\left(\frac{p'}{\rho}\right) + \nu (\nabla')^2 u'_j$$

となる．最初の式に u'_j，第二の式に u_i を掛けて，加え合わせてから平均すると，

$$\frac{\partial}{\partial t}\langle u_i u'_j\rangle = -\left\langle u_i \frac{\partial u'_j u'_l}{\partial x'_l} + u'_j \frac{\partial u_i u_l}{\partial x_l}\right\rangle - \frac{1}{\rho}\left\langle u_i \frac{\partial p'}{\partial x'_j} + u'_j \frac{\partial p}{\partial x_i}\right\rangle$$

$$+ \nu\langle u_i(\nabla')^2 u'_j + u'_j \nabla^2 u_i\rangle$$

が得られる．微分と平均操作の順番を入れ替えることができ，u_i は $\mathbf{x}'$ に無関係，u'_j は $\mathbf{x}$ に無関係で，また平均値に対する $\partial/\partial x_i$ と $\partial/\partial x'_j$ は，$-\partial/\partial r_i$ と $\partial/\partial r_j$ と交換できることに注意しよう．すると，最終的に，

$$\frac{\partial Q_{ij}}{\partial t} = \frac{\partial}{\partial r_l}(S_{jli} + S_{ilj}) + 2\nu \nabla^2 Q_{ij}$$

が得られる．三次元の場合と同様に，等方性により $\langle pu'_j\rangle = 0$ なので，圧力を含む項は消してあることに注意してほしい（第6章参照）．最後に，Q_{ij} と S_{ijl} に式(10.27)と式(10.28)を代入し，少し計算すると，二次元カルマン・ハワース方程式が次のように得られる．

$$\frac{\partial}{\partial t}\langle \mathbf{u}\cdot\mathbf{u}'\rangle = \frac{1}{r}\frac{\partial}{\partial r}\frac{1}{r}\frac{\partial}{\partial r}(r^3 u^3 K) + 2\nu \nabla^2\langle \mathbf{u}\cdot\mathbf{u}'\rangle \tag{10.32}$$

あるいは，f を使うと，

$$\frac{\partial}{\partial t}[u^2 r^3 f] = \frac{\partial}{\partial r}[r^3 u^3 K] + 2\nu u^2 \frac{\partial}{\partial r}[r^3 f'(r)]$$

となる．これほど単純な式が，代数演算だけから得られるというのは心強いことである．

10.3.3 カルマン・ハワース方程式の四つの結果

式(10.32)から，ただちに得られる結果が四つある．第一に，カルマン・ハワース方程式を使って，式(10.30)で定義された積分スケールの時間変化率を表す具体的な式を求めることができる．上で求めた動力学方程式を，式(10.29)を使って $\langle \psi\psi'\rangle$ で書きなおし，Re$\to\infty$ において u^2 が保存されることに注意すると，

$$\frac{dl^2}{dt} = 2u\int_0^\infty K dr \quad (\text{Re}\to\infty) \tag{10.33}$$

が得られる．二次元乱流では，$K(r)$ は正であることがわかっているので，この式は l

が時間とともに増加することを保証している．

第二に，$\langle [\Delta v(r)^2] \rangle$に対するべき乗展開を式(10.33)に代入すると，rの一次および二次のオーダーについて，カルマン・ハワース方程式は，

$$\frac{du^2}{dt} = -\nu \langle \omega^2 \rangle, \quad \frac{d}{dt}\frac{1}{2}\langle \omega^2 \rangle = -\nu \langle (\nabla \omega)^2 \rangle$$

となることがわかる．ここまではすでに知っていたことであるが，次のオーダーは，

$$6u^3 K(r) = -\frac{r^5}{256} \langle S_{ij}(\nabla\omega)_i(\nabla\omega)_j \rangle + O(r^7)$$

である．右辺の $-\langle S_{ij}(\nabla\omega)_i(\nabla\omega)_j \rangle$ はパリンストロフィーの生成率としてすでに見慣れている．ここで，三次の縦構造関数，

$$\langle [\Delta v(r)]^3 \rangle = \langle [u_x(\mathbf{x} + r\hat{\mathbf{e}}_x) - u_x(\mathbf{x})]^3 \rangle$$

を導入すると，この式は，

$$\langle (\Delta v)^3 \rangle (r \to 0) = 6u^3 K(r \to 0) = -\frac{r^5}{256}\langle S_{ij}(\nabla\omega)_i(\nabla\omega)_j \rangle + O(r^7) \quad (10.34)$$

のように書きなおすことができる．小さなrにおいて$\langle (\Delta v)^3 \rangle$が$r^5$でスケールされるという事実は，$\langle (\partial u_x/\partial x)^3 \rangle = 0$であることを物語っている．したがって，三次元の場合と違って，$\partial u_x/\partial x$のひずみ度はゼロとなる．しかし，二次元と三次元ではある種の類似性もある．たとえば，小さなrにおける$\langle (\Delta v)^3 \rangle$の形は，三次元ではエンストロフィーの生成率に直接関係しているのに対し，二次元ではパリンストロフィーの生成率に直接関係している．

カルマン・ハワース方程式から得られる第三の結果は，式(10.32)の積分が，

$$\frac{dI}{dt} = 4\pi (u^3 r^3 K)_\infty + 2\nu u^2 [4\pi r^3 f'(r)]_\infty \quad (10.35)$$

となることからくる．ここで，Iは二次元のロイチャンスキー積分である．この式は，三次元におけるロイチャンスキー積分の発展方程式とアナログの関係にある．もし，離れた二点における流れが統計的に独立で，fとKが大きなrにおいて指数関数的に減少するなら，式(10.35)により，ロイチャンスキー積分が保存されると予想される．しかし，三次元の場合と同様に，離れた二点は統計的に独立ではなく，その結果，Iは時間に依存し，$I \sim t^m, m \approx 2.3$ に従って増加する（たとえば，Ossai and Lesieur (2001) を参照のこと）．

式(10.32)の第四の結果は慣性領域に関するもので，コルモゴロフの4/5法則に相当する式を得ることができる．しかし，4/5法則とは違って，これらの結果は厳密ではない．もっともらしい，しかし結局はヒューリスティックなある仮説に頼ってい

る．三次元の場合の 4/5 法則は，粘性の影響は受けない程度に十分大きいが擬似定常が保たれる程度に十分小さいような，中間的な渦サイズの領域があるということがもとになっていた（6.2.5 項参照）．（三次元では小スケールの渦の時間スケールは非常に短いため，小スケールから見れば大スケール渦，とくに小スケールへのエネルギー流束はほとんど定常に見えることを思い出そう）．しかし，二次元では，慣性領域は統計的平衡状態にはない．すなわち，大きな渦のターンオーバー時間は小さな渦のそれと同程度なのである（表 10.2）．したがって，三次元の場合と違って小スケールの場を統計平衡とはみなせない．4/5 法則に厳密に対応するような法則が二次元の場合には存在しないのは，この平衡領域の欠如のためである．それでも，平衡領域の欠如を補うために仮説を追加することができる．これらの仮説とカルマン・ハワース方程式とから，慣性領域における $\langle [\Delta v(r)]^3 \rangle$ の形状を予測することができる．

まず，式 (10.32) を，構造関数を使って，

$$\frac{\partial}{\partial t}[r^3 \langle (\Delta v)^2 \rangle] = -\frac{1}{3}\frac{\partial}{\partial r}[r^3 \langle (\Delta v)^3 \rangle]$$

のように書きなおす．その際，u^2 は一定とし，また，散逸領域からは十分離れていると仮定して粘性項は省略した．三次元であれば左辺の時間微分を無視することによって 4/5 法則が導かれる（6.2.5 項参照）．しかし，二次元ではそうはいかない．その代わりに Lindborg (1999) は，$\langle (\Delta v)^2 \rangle$ に，$r = 0$ 近傍における $\langle (\Delta v)^2 \rangle$ の展開式を代入することを提案した．そして，彼は，$\langle (\Delta v)^2 \rangle$ の時間微分では展開の初項が支配的であると仮定した（実際は，Lindborg の解析では強制乱流が扱われているため，ここで述べているよりもう少し複雑なのだが，自由乱流に対して簡単化すれば同じ結果になる）．最終結果は，

$$\langle (\Delta v)^3 \rangle = 6u^3 K(r) = \frac{1}{8}\beta r^3$$

となる．これを式 (10.18) と比較すると，$c_3 = 1/8$ であることがわかる．この式をある程度支持する証拠が Lindborg and Alvelius(2000) によって得られている．$\langle (\Delta v)^2 \rangle$ と $\langle (\Delta v)^3 \rangle$ の一般的な形が図 10.12 に示されている．

10.3.4　スペクトル空間における二次元カルマン・ハワース方程式

この節を終えるまえに，二次元カルマン・ハワース方程式 (10.32) が，フーリエ空間において $E(k,t)$ の時間変化率を表す式に書きなおすことができることを注意しておこう．次の式を思い出してほしい．

$$E(k) = \frac{1}{2}\int_0^\infty \langle \mathbf{u} \cdot \mathbf{u}' \rangle kr J_0(kr) dr$$

10.3 統計形式の支配方程式

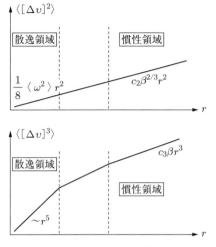

図 10.12　二次元乱流における $\langle(\Delta v)^2\rangle$ と $\langle(\Delta v)^3\rangle$ の概形

式 (10.32) に $rJ_0(kr)$ を掛け，$r = 0$ から $r = \infty$ まで積分し，少し演算すると，

$$\frac{\partial E}{\partial t} = T(k, t) - 2\nu k^2 E$$

が得られる．この式で，

$$T(k, t) = k^3 \int_0^\infty \frac{\partial}{\partial r}[r^3 u^3 K(r)]\frac{J_1(kr)}{2kr}\,dr \tag{10.36}$$

である．$T(k)$ は第 8 章で最初に導入されたスペクトル場における運動エネルギー輸送を表す関数である．$\int_0^\infty T\,dk = 0$ に注意すると，$T(k)$ はスペクトル場の運動エネルギー流束 $\Pi(k)$ を用いて，

$$T = -\frac{\partial \Pi}{\partial k}$$

$$\Pi = -k^4 \int_0^\infty \frac{\partial}{\partial r}[r^3 u^3 K(r)]\frac{J_2(kr)}{2(kr)^2}\,dr \tag{10.37}$$

となる．ここで，$\Pi(0) = \Pi(\infty) = 0$ である．$\Pi(k)$ を用いると E の発展方程式は，

$$\frac{\partial E}{\partial t} = -\frac{\partial \Pi}{\partial k} - 2\nu k^2 E$$

となる（三次元と同様に，$\Pi(k)$ は流束が大スケールから小スケールに向かう場合を正と定義する）．同様に，$\int_0^\infty k^2 T\,dk = 0$ に注意すると，$T(k)$ をスペクトル場のエンストロフィー流束 $\Pi_\omega(k)$ を使って，

$$k^2 T = -\frac{\partial \Pi_\omega}{\partial k}$$

$$\Pi_\omega(k) = k^6 \int_0^\infty \frac{\partial}{\partial r}\left[r^3 u^3 K(r)\right]\left[\frac{J_3(kr)}{(kr)^3} - \frac{J_2(kr)}{2(kr)^2}\right] dr \qquad (10.38)$$

とも表される．ここで，$\Pi_\omega(0) = \Pi_\omega(\infty) = 0$ である（多くの場合，Π_ω の代わりに Z という記号が用いられる）．これより，

$$\frac{\partial E_\omega}{\partial t} = -\frac{\partial \Pi_\omega}{\partial k} - 2\nu k^2 E_\omega \qquad (10.39)$$

が得られる．ここで，$E_\omega(k,t) = k^2 E(k,t)$ はスペクトル場のエンストロフィー密度である（ここでも $\Pi_\omega(k)$ は，流束が大スケールから小スケールに向かう場合を正と定義する）．$T(k)$，$\Pi(k)$，$k^2 T(k)$，$\Pi_\omega(k)$（図中では Z と表記）の概形が，図 10.13 に与えられている．

これを見ると，$\Pi(k)$ と $\Pi_\omega(k)$ には正の領域と負の領域がある．これは，定義式が，

$$T(k) = -\frac{\partial \Pi}{\partial k}, \quad k^2 T(k) = -\frac{\partial \Pi_\omega}{\partial k}$$

であり，

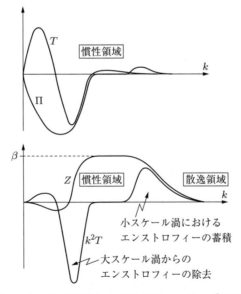

図 10.13 二次元乱流における $T(k)$，$\Pi(k)$，$k^2 T(k)$，$\Pi_\omega(k)$（Z と表記）の概形．式(10.21)で予測された $\Pi_\omega(k)$ の k への対数依存性は無視した．

$$\frac{\partial}{\partial k}(k^2\Pi - \Pi_\omega) = 2k\Pi, \quad \frac{\partial}{\partial k}\left(\Pi - \frac{1}{k^2}\Pi_\omega\right) = \frac{2}{k^3}\Pi_\omega$$

なのだから当然である．$\Pi(0) = \Pi_\omega(0) = 0$ と $\Pi(\infty) = \Pi_\omega(\infty) = 0$ を用いると，

$$\int_0^\infty k\Pi(k)\,dk = 0, \quad \int_0^\infty k^{-3}\Pi_\omega(k)\,dk = 0 \tag{10.40}$$

となる．こうして，$\Pi(k)$ と $\Pi_\omega(k)$ の適切に重みをつけた積分はどちらもゼロになる．エンストロフィー流束 $\Pi_\omega(k)$ はおもに正で，エンストロフィー流束は小スケールに向かうことを表している．しかし，大スケール（小さい k）において $\Pi_\omega(k)$ への弱い負の寄与があり，これが負のエネルギー流束を隠す．同様に，$\Pi(k)$ はおもに負で，これはエネルギーがつねにより大きなスケールへと運ばれることを表しているが，小スケールにおいて弱い正のエネルギー流束があり，これが正のエンストロフィー流束を隠す．

10.4 変分原理を用いた閉領域における最終状態の予測

最後から二番目のこの節では，閉空間において自由発達する乱流の話題にもどる．u^2 が近似的に保存され，かつ，l は増加し続けるということは，閉空間における二次元乱流が最後には領域のサイズ程度の長さスケールをもった擬似定常状態に達することを意味している．図 10.14 にこれが示されている．

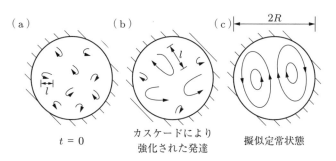

図 10.14　閉領域における二次元乱流の発達

このカオスから規則への変化は直感と反対に思える．しかし，これは多くの数値シミュレーションにより観察されている．R を領域のサイズとして，$l \sim R$ となって擬似定常状態に達すると，流れは層流に似た状態になり，境界における摩擦によってゆっくりと減衰する．擬似定常状態に達するまでの時間は $t \sim R/u$ であり，その後の減衰の時間スケールは R^2/ν である．このことは，図 10.15 に示されている．

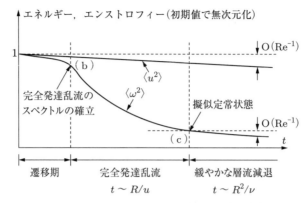

図 10.15 エネルギーとエンストロフィーの時間変化．(b)，(c)は図 10.14 に対応

高 Re では，$\langle \omega^2 \rangle$ は単調に減少してある最低値に達するが，そのあいだに u^2 は（近似的に）保存されるということから，ただちに，図 10.14(c)に描かれている擬似定常状態を予測するのに，ある種の変分原理が使えることが示唆される．実際，このタイプの仮説が多数あり，かなりうまくいく場合がある．一般に，これらの理論では積分不変量が定義され，ある変分仮説（たとえば，u^2 が保存されるという条件のもとでの $\langle \omega^2 \rangle$ の最小化）を利用して，カスケードを通じてのエンストロフィー破壊の末に現れる擬似定常状態を予測する．変分原理のつねとして，これらの理論は，ある簡単な仮説にもとづいていろいろな形状に対して個々の予測を可能にするという点で魅力的である．しかし，このような理論を応用する場合には注意が必要である．うまくいく場合もあれば，うまくいかない場合もあるのだ．それは，これらの理論が妥当とはいえ，本質的にヒューリスティックだからである．

よく用いられている二つの理論がある．最小エンストロフィー理論と最大エントロピー理論である．これらについて順に説明しよう．

10.4.1　最小エンストロフィー理論

二次元乱流に関するもっと美しい理論の一つは，最小エンストロフィー理論(Leith (1984))である．このアイディアは，乱れの発達のあいだにエンストロフィーは単調に減少し，それが渦のターンオーバー時間程度の速い時間スケールで起こるとするものである．いったん擬似定常状態に達すると，流れは遅い時間スケール R^2/ν で発達する．このことは，保証はないが，図 10.14(c)に示された流れが，u^2（およびそのほかの適当な不変量）が一定のもとでの $\langle \omega^2 \rangle$ の最小化に対応することを示唆している．このことから，実際に何がわかるかを見るために，図 10.14 のような円形領域内部の流れを考える．(c)で示された段階に達するまでは，エネルギー u^2 や角運動

量 $H = 2\int \psi dV$ はゆっくりした粘性時間スケール R^2/ν で減少するのに対して，$\langle \omega^2 \rangle$ は速い（乱れの）時間スケール l/u で減少するものと予想される（数値実験がこのことを示している）．このように，擬似定常状態というのは，u^2 や角運動量一定のもとで，$\langle \omega^2 \rangle$ が最小となった状態に対応すると推測できる[12]．このようにして $\langle \omega^2 \rangle$ を最小にするということは，汎関数，

$$F = \int [R^2 \omega^2 - \lambda^2 (\nabla \psi)^2 + 2\lambda^2 \Omega \psi] dV \tag{10.41}$$

を最小にすることに相当する．ここで，ψ は流れ関数，λ と Ω は初期条件で決まるラグランジュ乗数（定数）である．変分計算法を応用すると，すべりなし条件に適合した F の絶対最小条件が，

$$\frac{\omega}{\Omega} = 1 - \frac{\lambda J_0(\lambda r/R)}{2J_1(\lambda)} \tag{10.42}$$

であることが示される．ここで，J_0 と J_1 はベッセル関数である．ラグランジュ乗数は H と u^2 の初期値によって決まる．とくに，u^2 を $\pi R^2 u^2 = (1/2)\int \mathbf{u}^2 dV$ によって定義すると，式(10.42)を積分して，

$$H = -\left(\frac{\pi}{4}\right) \Omega R^4 \frac{J_3(\lambda)}{J_1(\lambda)} \tag{10.43}$$

$$\left(\frac{\pi R^3 u}{H}\right)^2 = \frac{2J_2^2(\lambda) - 3J_1(\lambda)J_3(\lambda)}{J_3^2(\lambda)} \tag{10.44}$$

が得られる．式(10.44)は λ を，式(10.43)は Ω を決めるための式とみなすことができる．式(10.42)は，数値実験 (Li, Montgomery and Jones (1996)) と比べて図10.16 に示されている．この場合には，比較の結果はかなりよい．

しかし，最小エンストロフィー理論は，つねにこのようにうまくいくわけではないことを強調しておこう．一般に，この理論は三つの弱点をもっている．とくに，擬似定常状態は必ずしも $\langle \omega^2 \rangle$ の最小に対応するとは限らない．第二に，乱れ支配の発達からゆっくりした拡散性の発達への切り替えは，必ずしもはっきりとは区別できない．第三に，有限な Re においては，H や u^2 は厳密には保存されない．数値実験では，つねに Re はあまり大きくないから，この点は理論を数値実験と比べる際に，とくに問題になる．

---

[12] この最終状態は安定で，再び乱流にもどることはないというのは，一見，不思議に思えるであろう．なんといっても，Re は非常に大きいのである．実際，$\langle \mathbf{u}^2 \rangle$ 一定のもとで $\langle \omega^2 \rangle$ を最小化すると，得られる流れは非粘性攪乱に対して線形安定となる．重要な点は，$\langle \omega^2 \rangle/\langle \mathbf{u}^2 \rangle$ を最小化するということは $\langle \mathbf{u}^2 \rangle/\langle \omega^2 \rangle$ を最大化することと同じで，ケルヴィン・アーノルドの定理から，渦度場のすべての不変量を一定としてエネルギーを最大にすると，線形安定なオイラー流れが得られることがわかっている．

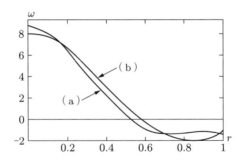

図 10.16 円形領域における最終状態の数値計算結果と最小エンストロフィー理論による結果との比較. (a) 渦度の数値計算結果. (b) 予測された渦度. $(\pi R^3 u/H) \sim 1.5$

10.4.2 最大エントロピー理論

　もう一つの変分仮説として，最小エンストロフィー理論とほとんど同じことを行う，最大エントロピー理論がある．ある混合の尺度を定義し，乱れは u^2 と H が一定のもとで，（エンストロフィーを最小にするのではなく）この混合を最大にすると仮定する．このアイディアは，初期の時代の Joyce and Montgomery (1973) の研究に端を発しており，その後，Robert and Sommeria (1991) の研究結果によって，最近，あらためて興味を引いている．最大エントロピー理論は，統計力学のアイディアと表現法を使っているが，実際には，これもヒューリスティックモデルであり，最小エンストロフィー理論と同様の長所と短所をもっている．

　最大エントロピー理論を支持する人もいれば，けなす人もいる．この理論を注意深く見すえている人々は，ある種の初期条件においては予測結果が最小エンストロフィー理論の結果と一致することを指摘しており，したがって，この場合の見かけ上の成功は，単に，最小エンストロフィー理論の信頼性を示しているにすぎないと考えている．また，この理論は，式(10.41)と同様に，初期条件から決まる多くのラグランジュ乗数を含んでいる．しかし，著者の何人かは初期条件からラグランジュ乗数を決めるというやり方ではうまくいかず，とりあえず「自由パラメータ」としておいて，最終状態が（数値実験結果と）合うように決めている．この点は当然のことながら，この理論を信じない人々に疑問を抱かせる．しかし，この理論を支持する人もいる．最大エントロピー理論のポジティブな評論が，Frisch (1995) によって与えられている．

10.5 擬似二次元乱流：現実問題への橋渡し

二次元乱流……は大型計算機の構築の結果である．　D. Pullin and P. Saffman (1998)

実在の流れは，必ずある程度は三次元性をもっているので，厳密な二次元乱流というのは実際上の価値が限られている．しかし，地球物理においては，乱れのある側面が二次元の動力学に支配されているという意味で，擬似的に二次元とみなせる流れが数多くある．そこで，この章を終わるにあたって，地球物理学で扱われるもっとも簡単な二次元モデルを紹介しよう．それは，高速回転する浅い水の層の問題である（図10.17）．解析の概要だけを述べるために，密度成層はないものとする．また，回転速度は場所によらないものとして，いわゆる β 効果は考えない．

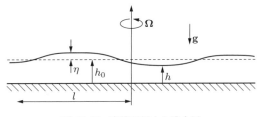

図 10.17　高速回転する浅水層

10.5.1 高速回転する浅水流の支配方程式

まず，高速回転する浅水層の流れを支配する方程式の誘導について，かいつまんで説明する．これらの方程式は二次元ではあるが，二次元のナヴィエ・ストークス方程式とは違うことがわかるであろう．誘導の際，微妙な問題の多くにはふれないが，興味がある読者のためには完全な解説が Pedlosky (1979) に見られる．$\Omega = \Omega \hat{\mathbf{e}}_z$ を系全体の回転角速度，$h(x, y)$ を流体層の深さ，$\eta(x, y)$ を平衡深さ h_0 から測った自由表面までの距離，l を流体運動の代表的な水平方向の寸法とする．x, y, z を流体層とともに回転する座標系とし，$\mathbf{u}$ を回転座標系から見た流体の速度とする．

「浅い水」とか「高速回転」という用語は，$\delta = h/l$ も $\varepsilon = u/\Omega l$ も，ともに小さいことを指している．簡単のために，$\eta/h \ll 1$ と仮定する．δ が小さいために，圧力分布が δ の二次のオーダーまで静水圧平衡状態にあるという標準の浅水理論が使える．浅水方程式は，

$$\mathbf{u} = \mathbf{u}_H(x, y) + u_z \hat{\mathbf{e}}_z + O(\delta^2)$$

$$\frac{D\mathbf{u}_H}{Dt} = -g\nabla\eta + 2\mathbf{u}_H \times \mathbf{\Omega} + 摩擦 + O(\delta^2)$$

$$\nabla \cdot (h\mathbf{u}_H) = -\frac{\partial h}{\partial t}$$

である．$\mathbf{u}_H$ は水平速度の深さ方向平均，$2\mathbf{u}_H \times \mathbf{\Omega}$ は座標系の回転によるコリオリ力で，$D/Dt = \partial/\partial t + \mathbf{u}_H \cdot \nabla$ は平均水平方向速度にもとづく対流微分である．第二の式は水平方向運動方程式で，圧力勾配項は静水力学近似を用いて表されている．第三の式は質量保存則である．当面，摩擦は無視し，$\eta/h \ll 1$ を用ると，上式は，

$$\frac{D\mathbf{u}_H}{Dt} = -g\nabla\eta + 2\mathbf{u}_H \times \mathbf{\Omega} \tag{10.45}$$

$$\frac{D\eta}{Dt} = -h_0 \nabla \cdot \mathbf{u}_H \tag{10.46}$$

のように簡単になる．

いま，ロスビー数 $\varepsilon = u/\Omega l$ が小さいという事実を用い，$\mathbf{u}_H$ と η を，

$$\mathbf{u}_H = \mathbf{u}_H^{(0)} + \varepsilon\mathbf{u}_H^{(1)} + \cdots, \quad \eta = \eta^{(0)} + \varepsilon\eta^{(1)} + \cdots$$

のように級数展開する．これらの展開式を式(10.45)に代入すると，ε についての主要項として，

$$2\mathbf{u}_H^{(0)} \times \mathbf{\Omega} = g\nabla\eta^{(0)} \tag{10.47}$$

が得られる．これは，地衡流平衡とよばれ，コリオリ力が圧力勾配と釣り合っている．式(10.47)の回転(curl)をとると，$\mathbf{u}_H^{(0)}$ はソレノイド状で，したがって流れ関数を，

$$\mathbf{u}_H^{(0)} = \nabla \times (\psi\hat{\mathbf{e}}_z)$$

のように導入できることがわかる．実際，式(10.47)は，ψ と $\eta^{(0)}$ が比例関係，

$$\psi = -\frac{g}{2\Omega}\eta^{(0)} \tag{10.48}$$

にあることを示している．物理的には，この式は流線が自由表面の凹凸の尾根と谷に平行に走ることを表している．式(10.47)は時間微分項を含んでいないことに注意しよう．$\mathbf{u}_H^{(0)}$ の時間発展を表す方程式を求めるためには，式(10.45)と式(10.46)の次のオーダーを吟味しなければならない．すなわち，地衡流平衡からのわずかなずれを考える．すると，

$$\frac{D\mathbf{u}_H^{(0)}}{Dt} = -g\nabla(\varepsilon\eta^{(1)}) + 2\varepsilon\mathbf{u}_H^{(1)} \times \mathbf{\Omega} \tag{10.49}$$

$$\frac{D\eta^{(0)}}{Dt} = -h_0 \nabla \cdot (\varepsilon \mathbf{u}_H^{(1)}) \tag{10.50}$$

が得られる．この式では，対流微分は$\mathbf{u}_H$ではなく$\mathbf{u}_H^{(0)}$にもとづいている．次に，式(10.49)の回転 (curl) をとり，式(10.50)を使って$\nabla \cdot \mathbf{u}_H^{(1)}$を消去すると，

$$\frac{D\omega}{Dt} = \frac{2\Omega}{h_0} \frac{D\eta^{(0)}}{Dt}$$

が得られる．ωは$\nabla \times \mathbf{u}_H^{(0)}$の$z$成分である．最後に，式(10.48)を使って$\eta^{(0)}$を$\psi$でおき換える．最終結果は，

$$\frac{D}{Dt}(\omega + \alpha^2 \psi) = 0, \quad \alpha^2 = \frac{4\Omega^2}{gh_0} \tag{10.51}$$

である．これが求める支配方程式である．この式は，浅水流に対する擬似地衡流方程式とよばれることがあり，いわゆる，ポテンシャル渦度，

$$q = \omega + \alpha^2 \psi = -\nabla^2 \psi + \alpha^2 \psi \tag{10.52}$$

の発展を支配する式である．つまり，このタイプの流れでは，実質的に保存されるのは渦度自体ではなく，ポテンシャル渦度なのである．これ以後，$\mathbf{u}_H^{(0)}$の下付きと上付きの添え字を省略し，$\mathbf{u}(x,y)$を水平運動へのおもな寄与，$\nabla \times \mathbf{u} = \omega \hat{\mathbf{e}}_z = -(\nabla^2 \psi) \hat{\mathbf{e}}_z$を表すものとする．式(10.51)は積分不変量，

$$E = \frac{1}{2}\rho \int (\mathbf{u}^2 + \alpha^2 \psi^2) dA = \frac{1}{2}\rho \int \psi q\, dA \tag{10.53}$$

をもつことは容易に確認できる．この式は，流体がもつ運動エネルギーとポテンシャルエネルギーの和を表す．式(10.52)は，また，

$$\psi(\mathbf{x}) = (2\pi)^{-1} \int K_0(\alpha s) q(\mathbf{x}') d\mathbf{x}', \quad \mathbf{s} = \mathbf{x}' - \mathbf{x} \tag{10.54}$$

の形に変換できる．K_0は通常の変形ベッセル関数である．この結果は通常の二次元乱流における式，

$$\psi(\mathbf{x}) = -(4\pi)^{-1} \int \ln(s^2) \omega(\mathbf{x}') d\mathbf{x}', \quad \mathbf{s} = \mathbf{x}' - \mathbf{x} \tag{10.55}$$

と対比される．

10.5.2 高速回転する浅水乱流に対するカルマン・ハワース方程式

ここで，乱流の話題にもどろう．まず注意すべきことは，擬似地衡乱流においてパッチ状のポテンシャル渦度により誘起された遠方場の速度は，厳密な二次元流におけるパッチ状の渦度にともなう遠方場の速度よりずっと小さいことである（擬似地衡

流の場合，$|\mathbf{u}|$ は r の増加とともに，指数関数的に減少するのに対し，二次元のナヴィエ・ストークス方程式によれば，それは r^{-1} で減少する)．したがって，浅水層において渦が動きまわってポテンシャル渦度を運ぶ際に，その運動の影響は遠方場ではほとんど感じられない．このため，バチェラーとプラウドマンにより発見された長距離相関 (6.3 節参照) は，擬似地衡乱流においてはほとんどないと考えられる．

次に，等方性乱流では，式 (10.51) は統計方程式，

$$\frac{\partial}{\partial t}(\langle \mathbf{u}\cdot\mathbf{u}'\rangle + \alpha^2 \langle \psi\psi'\rangle) = \frac{1}{r}\frac{\partial}{\partial r}\frac{1}{r}\frac{\partial}{\partial r}(u^3 r^3 K) + (摩擦項) \quad (10.56)$$

となる．K は普通の三重相関関数である (これの証明は読者の練習にとっておく)．α がゼロの場合，この式は厳密な二次元乱流に対するカルマン・ハワース方程式に帰着する．つまり，回転と自由表面の影響はすべて左辺の第二項にまとまっている．この興味深い式の動力学的性質は，Fox and Davidson (2008) に多少の記述はあるが，まだ完全にはわかっていない．最後に，式 (10.54) と式 (10.56) から，$\langle \psi\psi'\rangle$ に対する簡単な発展方程式，

$$\frac{\partial}{\partial t}\langle \psi\psi'(r)\rangle = \frac{1}{2\pi}\int K_0(\alpha|\mathbf{r}-\mathbf{r}''|)\left[\frac{1}{r}\frac{\partial}{\partial r}\frac{1}{r}\frac{\partial}{\partial r}(u^3 r^3 K(r))\right]'' d\mathbf{r}'' \quad (10.57)$$

が得られる．この式を積分すると，高速回転する浅水乱流ではロイチャンスキー積分が保存されることが示される (演習問題 10.1 を参照のこと)．

演習問題

10.1 定積分，

$$\int_0^\pi K_0(\alpha\sqrt{a^2 + b^2 - 2ab\cos\theta})d\theta = \pi I_0(\alpha a) K_0(\alpha b) \quad (b > a)$$

を使って，式 (10.57) を極角 θ について積分すると，

$$\frac{\partial}{\partial t}\langle \psi\psi'\rangle = \alpha^2 I_0(\alpha r)\int_r^\infty \frac{d}{dr}[u^3 r^3 K(r)]''\frac{K_1(\alpha r'')}{\alpha r''}dr''$$

$$- \alpha^2 K_0(\alpha r)\int_0^r \frac{d}{dr}[u^3 r^3 K(r)]''\frac{I_1(\alpha r'')}{\alpha r''}dr''$$

となることを示せ．ここで，I_n と K_n は通常の変形ベッセル関数である．次に，

$$\frac{dI}{dt} = \frac{d}{dt}4\int \langle \psi\psi'\rangle d\mathbf{r} = 8\pi[Q(\infty) - Q(0)]$$

を確認せよ．ここで，I はロイチャンスキー積分で，

$$Q(r) = \alpha r I_1(\alpha r)\int_r^\infty \frac{d}{dr}[u^3 r^3 K(r)]''\frac{K_1(\alpha r'')}{\alpha r''}dr''$$

$$+ \alpha r K_1(\alpha r)\int_0^r \frac{d}{dr}[u^3 r^3 K(r)]''\frac{I_1(\alpha r'')}{\alpha r''}dr''$$

である.最後に,K_∞がr^{-3}より速く減少するとすれば,Iは高速回転する浅水乱流の不変量となることを示せ(Kは正と仮定してよい).この点で,擬似地衡乱流は通常の二次元乱流となんらかわらない.しかし,浅水層の擬似地衡乱流において,渦の遠方場への影響が弱いとすると,K_∞は指数関数的な速さで減少すると思われ,二次元乱流とは違って,Iはまさしく不変量となる.

10.2 二次元のシグネチャー関数,
$$V(r,t) = -\frac{r^2}{4}\frac{\partial}{\partial r}\frac{1}{r}\frac{\partial}{\partial r}\langle(\Delta v)^2\rangle$$
について考える.これは,ハンケル変換対,
$$V(r) = \int_0^\infty E(k) J_3(kr) k\,dk, \quad E(k) = \int_0^\infty V(r) J_3(kr) r\,dr$$
によって$E(k,t)$と関連づけられることを示せ.また,その積分には以下の性質があることを示せ.
$$\frac{1}{2}\langle\mathbf{u}^2\rangle = \int_0^\infty V(r)\,dr = \int_0^\infty E(k)\,dk$$
$$\frac{1}{2}\langle\omega^2\rangle = \int_0^\infty \left[8\frac{V(r)}{r^2}\right]dr = \int_0^\infty k^2 E(k)\,dk$$
$$\frac{1}{2}\langle\psi^2\rangle = \int_0^\infty \left[\frac{r^2 V(r)}{8}\right]dr = \int_0^\infty \left[\frac{E(k)}{k^2}\right]dk$$

10.3 一定なサイズl_eの円形渦のランダムな分布からなる一様な二次元乱流場を考える.Townsend (1976) は,この状況では縦相関関数が$f(r) = \exp(-r^2/l_e^2)$となることを示した.このような場合には,
$$kE(k) = \frac{1}{8}u^2(kl_e)^4 \exp[-(kl_e)^2/4]$$
$$rV(r) = 2u^2\left(\frac{r}{l_e}\right)^4 \exp[-(r/l_e)^2]$$
となることを示せ.この式で,$V(r)$は演習問題10.2で定義されている.$rV(r)$は$r = \sqrt{2}l_e$においてピークとなる.$rV(r)$と$[kE(k)]_{k=\pi/r}$をスケッチし,それらが似た形をしていることを確認せよ.次に,エネルギースペクトルが,
$$E(k) = Ak^m \exp(-k^2\eta^2), \quad (m \leq 3)$$
で表されるような,より一般的なケースについて考える.$V(r)$が,
$$V(r) = A\frac{r^3\Gamma(\frac{5}{2}+\frac{m}{2})}{2^4\Gamma(4)\eta^{5+m}} M\left(\frac{5}{2}+\frac{m}{2}, 4, -\frac{r^2}{4\eta^2}\right)$$
の形になることを示せ.Mはクンマーの超幾何関数,Γはガンマ関数である.次に,すべてのrに対して$V(r) > 0$であること,また$k\eta \ll 1$の範囲では$[kE(k)]_{k=\pi/r} = \alpha_m rV(r)$となることを示せ.比例定数$\alpha_m$は1に近い(たとえば,$m = -3$に対して$\alpha_m = 8/\pi^2$).さらに,$V(r)$の性質を6.6.1項で紹介した三次元シグネチャー関数と比較せよ.

10.4 演習問題10.2のハンケル変換対を用いて,
$$\int_0^\infty (rV(r))^2 \frac{dr}{r} = \int_0^\infty (kE(k))^2_{k=\pi/r} \frac{dr}{r}$$

を示せ.

推奨される参考書

[1] Ayrton, H., 1919, *Proc. Roy. Soc. A.* **96**, 249–56.
[2] Bartello, P. and Warn, T., 1996, *J. Fluid Mech.*, **326**, 357–72.
[3] Batchelor, G.K., 1969, *Phys. Fluids*, **12**, Suppl. II, 233–9.
[4] Brachet, M.E. et al., 1988, *J. Fluid Mech.*, **194**, 333–49.
[5] Chasnov, J.R., 1997, *Phys. Fluids*, **9**(1), 171–90.
[6] Davidson, P.A., 2007, *J. Fluid Mech.*, **580**, 431–50.
[7] Davidson, P.A., 2001, *An Introduction to Magnetohydrodynamics*, Cambridge University Press.
[8] Fox, S. And Davidson, P.A., 2008, *Phys. Fluids*, **20**, 075111.
[9] Fox, S. And Davidson, P.A., 2010, *J. Fluid Mach.*, **659**, 351–64.
[10] Frisch, U., 1995, *Turbulence.* Cambridge University Press.
[11] Fujiwara, S., 1921, *Q.J.R. Met. Soc.* **47**, 287–92.
[12] Fujiwara, S. 1923, *Q.J.R. Met. Soc.* **49**, 75–104.
[13] Herring, J.R. et al., 1974, *J. Fluid Mech.*, **66**, 417–44.
[14] Herring, J.R., Kimura, Y., and Chasnov, J., 1999, *Trends in Mathematics*. Birkhauser.
[15] Joyce, G. and Montgomery, D., 1973, *J. Plasma Phys.*, **10**, 107–21.
[16] Kraichnan, R.H., 1967, *Phys. Fluids*, **10**, 1417–23.
[17] Leith, C.E., 1984, *Phys. Fluids*, **27**(6), 1388–95.
[18] Lesieur, M., 1990, *Turbulence in Fluids*, Kluwer Acad. Pub.
[19] Li, S. Montgomery, D., and Jones, W.B., 1996, *J. Plasma Phys.* **56**(3), 615–39.
[20] Lin, J.T., 1971, *J. Atmos. Sci.*, **29**(2), 394–6.
[21] Lindborg, E., 1999, *J. Fluid Mech.*, **338**, 259–88.
[22] Lindborg, E. and Alvelius, K., 2000, *Phys. Fluids*, **12**(5), 945–7.
[23] Lowe, A. and Davidson, P.A., 2005, *Eur. J. Mech.-B/Fluids*, **24**(3), 314–27.
[24] McWilliams, J.C., 1990, *J. Fluid Mech.*, **219**, 361–85.
[25] Ossai, S. and Lesieur, M., 2001, *J. Turbulence*, **2**, 172–205.
[26] Pedlosky, J., 1979, *Geophysical Fluid Dynamics*, Springer-Verlag.
[27] Pouquet, A. et al., 1975, *J. Fluid Mech.*, **72**, 305–19.
[28] Robert, R. And Sommeria, J., 1991, *J. Fluid Mech.*, **229**, 291–310.
[29] Townsend, A.A., 1976, *The Structure of Turbulent Shear Flow*, Cambridge University Press.

エピローグ

> 50 年にわたる乱流研究のおもな成果は,この課題の厳しい困難さが認識されたことだと認めざるを得ない.
> S.A. Orszag (1970)

　1970 年以降,かなりの進歩はあったものの,スティーブン・オーザックの言葉には相変わらず共感をよぶ何かがあることを認めざるを得ない.乱流とは終わりのない物語である.一世紀にも及ぶ熱心な努力にもかかわらず,乱流についての意味のある,そして,一般性のある結論はわずかしか得られていない.そして,数少ない理論──それは法則とはよびがたいようなものだが──のなかでも,運動方程式 (ニュートンの第二法則) から直接導かれたという意味で厳密なものはさらに少ない.ほとんどすべてには仮説が含まれており,それらには妥当なものもあるが,しょせんは経験的である.壁面対数則やコルモゴロフの 4/5 法則は,$Re \to \infty$ においては厳密だといわれることもあるが,それは正しくない.対数則が成り立つためには,壁面の直近に粘性にも外層部の渦にも影響されない,大スケール渦の領域が存在することが必要である.これは,直感的には妥当のように思えるが,厳密な動力学にもとづく批判には耐えられない.なぜなら,圧力場による情報伝達のために,乱流場におけるすべての渦は,ほかのすべての渦の存在を「感じている」のである.つまり,対数則を生み出す壁面近くの渦は,離れた外層部にある渦の存在を感知している.たまたまカップリングが弱かっただけなのだ.これほどではないにしても,同じような問題はコルモゴロフの 4/5 法則にもある.この法則は,粘性の影響を受けるには大きすぎるが,大スケール渦の非普遍性を直接「感じる」には小さすぎるような,渦サイズの範囲が存在することが前提になっている.カスケード過程や,その間に情報が失われることを信じるなら,このような渦領域の存在もまた,もっとものように思える.しかし,このような中間サイズの渦が,非常に大きな渦も非常に小さな渦も感知しないことを「証明する」ことはできない.そうであると仮定することしかできないのだ.

　明るい面を見ると,意味のある,かつそこそこ一般性のある予測を導く仮説も数多い.予測結果はしばしば (つねにではないが) 実験結果と一致する.2/3 乗則や 4/5 法則などの小スケールに対するコルモゴロフ理論,温度や運動量に対する壁面対数則,二粒子の散乱に関するリチャードソンの法則は,ほんのわずかな例である.これ

らの「法則」はいずれも適用範囲が限定されており，しかも，まえもってその範囲を厳密に決めることができないという困難にわれわれは突きあたる．このため，たとえば，コルモゴロフ理論の欠陥を指摘する文献は非常に多い．また，対数法則に疑問を唱える論文も増えている．しかし，これらの法則について非常にはっきりしていることは，それらが破綻するのではなく，とにかく機能することである．結局のところ，それらがよって立つ基盤は弱いが，制限の範囲内ではそれらは実際機能するのだ．しょせん経験的ではあるが，科学的理論の折り紙つきの多くの知見があるというべきであろう．すなわち，最小限の仮定を用いてある程度一般性のある予測が可能であり，予測結果は実験データとよく一致する．

不幸なことに，これらの法則は，技術や応用科学の分野では限られた助けにしかならない．彼らは，厳密に近い理論の限界をはるかに超えた複雑な問題に対する解答を必要とする．壁面対数則を用いて翼型の設計はできないし，コルモゴロフ理論を用いて降着円盤からの質量流束を計算することもできない．したがって，実用問題に対する乱流の影響を見積もるためには，複雑な半経験則を使わざるを得ない．これらのモデルは，徐々に精巧かつ複雑になってきているが，その本質はかわりそうもない．われわれの経験からすると，技術者や応用科学者が直面する複雑な乱流が，ある大理論によって扱えるようになるとは思えないし，そもそも，そのような理論が存在するとも思えない．

しかし，水平線のかなたに一筋の光が見えてきている．発達しつつある直接数値シミュレーション（DNS）が多くの情報を提供している．いまのところ確かに，つまらない形状，かつ低レイノルズ数の場合にしか実現できていない．しかし，年々，シミュレーションの範囲は広がっており，得られた非常に詳細な情報が，乱流に対するわれわれの見方をすでにかえはじめている．もちろん，実験であれ，数値的であれ，あるいはそのほかなんであれ，理論の代わりとなることはできない．しかし，既存の理論を吟味し，場合によっては新たなアイディアを生むために，DNSが豊かなデータソースとなることは必至である．フォン・ノイマンの時代から半世紀が過ぎたいま，彼の「乱流の問題」に対する評価が正しかったことが明らかになってきた．彼の望み，

> 大規模な，しかし，周到に計画された計算によって行き詰まりが打開され，……［成果を生み］……，この複雑な問題に現実にメスを入れる機会となり，乱流現象との間に有益でわかりやすい関係が徐々に構築される．
>
> Von Neumann (1949)

という彼の夢は，驚くなかれ正夢となりつつある．数値計算の発達により，渦とは何か，渦はどのように干渉するのか，リチャードソンが描いたような多段階カスケードは実際に存在するのかといった疑問に対して，より鮮明な回答が得られるようになるであろう．予測モデルの改善を期待するまえに，われわれはこの種の直感をもつ必要があることは疑いない．

　しかし，乱流問題に関して急速なブレークスルーを期待してはいけない．完結問題は厄介な障害であることは確かであり，ランダウやコルモゴロフの非凡な知性がこの問題の解明にわずかの寄与を果たしたとしても，自然が秘密のベールをただちに脱ぎ捨てるとは思えない．締めくくりとして，物理化学者ピーター・アトキンスの言葉を引用しよう．彼の熱力学第二法則に関するコメントは，乱流に対するわれわれの理解にも共通すると思われる．

　　　われわれはカオスの申し子，変化の果ては衰退．根本にあるのは頽廃
　　と，逆らうことのできないカオスの潮流のみ．目的は消え去り，残され
　　たものは方向だけ．宇宙の中心を冷静に見つめるとき，見えるのは受け
　　入れざるを得ないこの荒涼たる風景．　　　　　　Peter Atkins（1984）

付録 1　ベクトル恒等式とテンソル表記入門

A1.1　ベクトル恒等式と定理

ベクトル三重積

$$\mathbf{a} \times (\mathbf{b} \times \mathbf{c}) = (\mathbf{a} \cdot \mathbf{c})\mathbf{b} - (\mathbf{a} \cdot \mathbf{b})\mathbf{c}$$

$$\mathbf{a} \times (\mathbf{b} \times \mathbf{c}) + \mathbf{b} \times (\mathbf{c} \times \mathbf{a}) + \mathbf{c} \times (\mathbf{a} \times \mathbf{b}) = 0$$

ベクトル・スカラー混合積

$$(\mathbf{a} \times \mathbf{b}) \cdot \mathbf{c} = (\mathbf{b} \times \mathbf{c}) \cdot \mathbf{a} = (\mathbf{c} \times \mathbf{a}) \cdot \mathbf{b}$$

カルテシアン座標系での grad, div, curl

$$\nabla \phi = \frac{\partial \phi}{\partial x}\mathbf{i} + \frac{\partial \phi}{\partial y}\mathbf{j} + \frac{\partial \phi}{\partial z}\mathbf{k}$$

$$\nabla \cdot \mathbf{F} = \frac{\partial F_x}{\partial x} + \frac{\partial F_y}{\partial y} + \frac{\partial F_z}{\partial z}$$

$$\nabla \times \mathbf{F} = \left[\frac{\partial F_z}{\partial y} - \frac{\partial F_y}{\partial z}\right]\mathbf{i} + \left[\frac{\partial F_x}{\partial z} - \frac{\partial F_z}{\partial x}\right]\mathbf{j} + \left[\frac{\partial F_y}{\partial x} - \frac{\partial F_x}{\partial y}\right]\mathbf{k}$$

円柱極座標系 (r, θ, z) での grad, div, curl

$$\nabla \phi = \frac{\partial \phi}{\partial r}\hat{\mathbf{e}}_r + \frac{1}{r}\frac{\partial \phi}{\partial \theta}\hat{\mathbf{e}}_\theta + \frac{\partial \phi}{\partial z}\hat{\mathbf{e}}_z$$

$$\nabla \cdot \mathbf{F} = \frac{1}{r}\frac{\partial}{\partial r}(rF_r) + \frac{1}{r}\frac{\partial F_\theta}{\partial \theta} + \frac{\partial F_z}{\partial z}$$

$$\nabla \times \mathbf{F} = \left[\frac{1}{r}\frac{\partial F_z}{\partial \theta} - \frac{\partial F_\theta}{\partial z}\right]\hat{\mathbf{e}}_r + \left[\frac{\partial F_r}{\partial z} - \frac{\partial F_z}{\partial r}\right]\hat{\mathbf{e}}_\theta + \left[\frac{1}{r}\frac{\partial}{\partial r}(rF_\theta) - \frac{1}{r}\frac{\partial F_r}{\partial \theta}\right]\hat{\mathbf{e}}_z$$

$$\nabla^2 \phi = \frac{1}{r}\frac{\partial}{\partial r}\left(r\frac{\partial \phi}{\partial r}\right) + \frac{1}{r^2}\frac{\partial^2 \phi}{\partial \theta^2} + \frac{\partial^2 \phi}{\partial z^2}$$

$$\nabla^2 \mathbf{F} = \left[\nabla^2 F_r - \frac{1}{r^2}F_r - \frac{2}{r^2}\frac{\partial F_\theta}{\partial \theta}\right]\hat{\mathbf{e}}_r + \left[\nabla^2 F_\theta - \frac{1}{r^2}F_\theta + \frac{2}{r^2}\frac{\partial F_r}{\partial \theta}\right]\hat{\mathbf{e}}_\theta + (\nabla^2 F_z)\hat{\mathbf{e}}_z$$

ベクトル恒等式

$$\nabla(\phi\psi) = \phi\nabla\psi + \psi\nabla\phi$$

$$\nabla(\mathbf{F}\cdot\mathbf{G}) = (\mathbf{F}\cdot\nabla)\mathbf{G} + (\mathbf{G}\cdot\nabla)\mathbf{F} + \mathbf{F}\times(\nabla\times\mathbf{G}) + \mathbf{G}\times(\nabla\times\mathbf{F})$$

$$\nabla\cdot(\phi\mathbf{F}) = \phi\nabla\cdot\mathbf{F} + \mathbf{F}\cdot\nabla\phi$$

$$\nabla\cdot(\mathbf{F}\times\mathbf{G}) = \mathbf{G}\cdot(\nabla\times\mathbf{F}) - \mathbf{F}\cdot(\nabla\times\mathbf{G})$$

$$\nabla\times(\phi\mathbf{F}) = \phi(\nabla\times\mathbf{F}) + (\nabla\phi)\times\mathbf{F}$$

$$\nabla\times(\mathbf{F}\times\mathbf{G}) = \mathbf{F}(\nabla\cdot\mathbf{G}) - \mathbf{G}(\nabla\cdot\mathbf{F}) + (\mathbf{G}\cdot\nabla)\mathbf{F} - (\mathbf{F}\cdot\nabla)\mathbf{G}$$

$$\nabla\times(\nabla\phi) = 0$$

$$\nabla\cdot(\nabla\times\mathbf{F}) = 0$$

$$\nabla^2\mathbf{F} = \nabla(\nabla\cdot\mathbf{F}) - \nabla\times(\nabla\times\mathbf{F})$$

積分定理

$$\int_V \nabla\cdot\mathbf{F}\,dV = \oint_S \mathbf{F}\cdot d\mathbf{S} \qquad \int_S \nabla\times\mathbf{F}\cdot d\mathbf{S} = \oint_C \mathbf{F}\cdot d\mathbf{l}$$

$$\int_V \nabla\phi\,dV = \oint_S \phi\,d\mathbf{S} \qquad \int_S \nabla\varphi\times d\mathbf{S} = -\oint_C \phi\,d\mathbf{l}$$

$$\int_V \nabla\times\mathbf{F}\,dV = -\oint_S \mathbf{F}\times d\mathbf{S}$$

ヘルムホルツ分解

任意のベクトル場 $\mathbf{F}$ は，非回転ベクトル場とソレノイドベクトル場の和として書くことができる．さらに，非回転場はスカラーポテンシャル φ を用いて，またソレノイド場はベクトルポテンシャル $\mathbf{A}$ を用いて表すことができる．

$$\mathbf{F} = -\nabla\varphi + \nabla\times\mathbf{A}, \quad \nabla\cdot\mathbf{A} = 0$$

二つのポテンシャルは，

$$\nabla^2\varphi = -\nabla\cdot\mathbf{F}, \quad \nabla^2\mathbf{A} = -\nabla\times\mathbf{F}$$

の解である．

二つの有用なベクトル関係式

$\mathbf{\Omega}$ を任意の定ベクトル，$\mathbf{u}$ をソレノイダルとすると，

$$[2\mathbf{x}\times(\mathbf{u}\times\mathbf{\Omega})]_i = [(\mathbf{x}\times\mathbf{u})\times\mathbf{\Omega}]_i + \nabla\cdot[(\mathbf{x}\times(\mathbf{x}\times\mathbf{\Omega}))_i\mathbf{u}]$$

$\boldsymbol{\omega} = \nabla\times\mathbf{u}$ で，$\boldsymbol{\omega}$ は球状体積 V_R の内部に限定されているとすると，

$$\int_{V_R} \mathbf{u} dV = \frac{1}{3} \int_{V_R} \mathbf{x} \times \boldsymbol{\omega} dV$$

円柱極座標系における応力表示のナヴィエ・ストークス方程式

$$\frac{\partial u_r}{\partial t} + \left[(\mathbf{u} \cdot \nabla) u_r - \frac{u_\theta^2}{r} \right] = -\frac{1}{\rho} \frac{\partial p}{\partial r}$$

$$+ \frac{1}{\rho} \left[\frac{1}{r} \frac{\partial}{\partial r} (r \tau_{rr}) + \frac{1}{r} \frac{\partial}{\partial \theta} (\tau_{r\theta}) + \frac{\partial \tau_{rz}}{\partial z} - \frac{\tau_{\theta\theta}}{r} \right]$$

$$\frac{\partial u_\theta}{\partial t} + \left[(\mathbf{u} \cdot \nabla) u_\theta + \frac{u_r u_\theta}{r} \right] = -\frac{1}{\rho r} \frac{\partial p}{\partial \theta} + \frac{1}{\rho} \left[\frac{1}{r^2} \frac{\partial}{\partial r} (r^2 \tau_{\theta r}) + \frac{1}{r} \frac{\partial}{\partial \theta} (\tau_{\theta\theta}) + \frac{\partial \tau_{\theta z}}{\partial z} \right]$$

$$\frac{\partial u_z}{\partial t} + (\mathbf{u} \cdot \nabla) u_z = -\frac{1}{\rho} \frac{\partial p}{\partial z} + \frac{1}{\rho} \left[\frac{1}{r} \frac{\partial}{\partial r} (r \tau_{zr}) + \frac{1}{r} \frac{\partial}{\partial \theta} (\tau_{z\theta}) + \frac{\partial \tau_{zz}}{\partial z} \right]$$

$$\tau_{rr} = 2\rho\nu \frac{\partial u_r}{\partial r}, \quad \tau_{\theta\theta} = 2\rho\nu \left[\frac{1}{r} \frac{\partial u_\theta}{\partial \theta} + \frac{u_r}{r} \right], \quad \tau_{zz} = 2\rho\nu \frac{\partial u_z}{\partial z}$$

$$\tau_{r\theta} = \rho\nu \left[r \frac{\partial}{\partial r} \left(\frac{u_\theta}{r} \right) + \frac{1}{r} \frac{\partial u_r}{\partial \theta} \right], \quad \tau_{\theta z} = \rho\nu \left[\frac{1}{r} \frac{\partial u_z}{\partial \theta} + \frac{\partial u_\theta}{\partial z} \right], \quad \tau_{zr} = \rho\nu \left[\frac{\partial u_r}{\partial z} + \frac{\partial u_z}{\partial r} \right]$$

円柱極座標系における速度表示のナヴィエ・ストークス方程式

$$\frac{\partial u_r}{\partial t} + \left[(\mathbf{u} \cdot \nabla) u_r - \frac{u_\theta^2}{r} \right] = -\frac{1}{\rho} \frac{\partial p}{\partial r} + \nu \left[\nabla^2 u_r - \frac{u_r}{r^2} - \frac{2}{r^2} \frac{\partial u_\theta}{\partial \theta} \right]$$

$$\frac{\partial u_\theta}{\partial t} + \left[(\mathbf{u} \cdot \nabla) u_\theta + \frac{u_r u_\theta}{r} \right] = -\frac{1}{\rho r} \frac{\partial p}{\partial \theta} + \nu \left[\nabla^2 u_\theta - \frac{u_\theta}{r^2} + \frac{2}{r^2} \frac{\partial u_r}{\partial \theta} \right]$$

$$\frac{\partial u_z}{\partial t} + (\mathbf{u} \cdot \nabla) u_z = -\frac{1}{\rho} \frac{\partial p}{\partial z} + \nu [\nabla^2 u_z]$$

定常平均流に対する円柱極座標表示のレイノルズ平均ナヴィエ・ストークス方程式($\nu = 0$)

$$\left[(\bar{\mathbf{u}} \cdot \nabla) \bar{u}_r - \frac{\bar{u}_\theta^2}{r} \right] = -\frac{1}{\rho} \frac{\partial \bar{p}}{\partial r} - \left[\frac{1}{r} \frac{\partial}{\partial r} (r \overline{u_r' u_r'}) + \frac{1}{r} \frac{\partial}{\partial \theta} (\overline{u_r' u_\theta'}) + \frac{\partial}{\partial z} (\overline{u_r' u_z'}) - \frac{\overline{u_\theta' u_\theta'}}{r} \right]$$

$$\left[(\bar{\mathbf{u}} \cdot \nabla) \bar{u}_\theta + \frac{\bar{u}_r \bar{u}_\theta}{r} \right] = -\frac{1}{\rho r} \frac{\partial \bar{p}}{\partial \theta} - \left[\frac{1}{r^2} \frac{\partial}{\partial r} (r^2 \overline{u_\theta' u_r'}) + \frac{1}{r} \frac{\partial}{\partial \theta} (\overline{u_\theta' u_\theta'}) + \frac{\partial}{\partial z} (\overline{u_\theta' u_z'}) \right]$$

$$[(\bar{\mathbf{u}} \cdot \nabla) \bar{u}_z] = -\frac{1}{\rho} \frac{\partial \bar{p}}{\partial z} - \left[\frac{1}{r} \frac{\partial}{\partial r} (r \overline{u_z' u_r'}) + \frac{1}{r} \frac{\partial}{\partial \theta} (\overline{u_z' u_\theta'}) + \frac{\partial}{\partial z} (\overline{u_z' u_z'}) \right]$$

A1.2 テンソル表記入門

この付録では，テンソル表記にはじめて出合う読者のために，その概要を紹介する．テンソル量についての正式な理論についての詳しい説明よりも，テンソル表記（添え字表記ともよばれる）の使い方についておもに説明する．表記の多くはベクトルに関係して導入されるので，まずベクトルと，いわゆる総和の規約について述べる．

温度 $T(x, y, z, t)$ の移流拡散方程式，

$$\frac{\partial T}{\partial t} + (\mathbf{u} \cdot \nabla) T = \alpha \nabla^2 T$$

を考える．テンソル表記を用いると，この式は次のように書ける．

$$\frac{\partial T}{\partial t} + u_i \frac{\partial T}{\partial x_i} = \alpha \frac{\partial^2 T}{\partial x_i^2}$$

決まりとして，任意の項のなかで添え字が繰り返されるときは，その添え字を1，2，3として加え合わせるものとする．すなわち，

$$u_i \frac{\partial T}{\partial x_i} = u_1 \frac{\partial T}{\partial x_1} + u_2 \frac{\partial T}{\partial x_2} + u_3 \frac{\partial T}{\partial x_3}$$

$$\frac{\partial^2 T}{\partial x_i^2} = \frac{\partial^2 T}{\partial x_i \partial x_i} = \frac{\partial^2 T}{\partial x_1^2} + \frac{\partial^2 T}{\partial x_2^2} + \frac{\partial^2 T}{\partial x_3^2}$$

これを，暗黙の総和の規約（implied summation convention）とよぶ．（スカラーではなく）ベクトル式を扱うとき，範囲規約（range convention）とよばれるもう一つの約束が必要である．つまり，もし添え字がある項のなかに一度しか現れない場合は，その添え字は1，2，3のいずれかをとるものとする．たとえば，オイラーの式，

$$\frac{\partial \mathbf{u}}{\partial t} + (\mathbf{u} \cdot \nabla) \mathbf{u} = -\nabla \left(\frac{p}{\rho} \right)$$

は，

$$\frac{\partial u_i}{\partial t} + u_j \frac{\partial u_i}{\partial x_j} = -\frac{\partial}{\partial x_i} \left(\frac{p}{\rho} \right)$$

と書かれる．この式の j はダミー添え字で，暗黙の総和の規約に従うのに対して，i は自由添え字（free suffix）で，この式がベクトル式の三つの成分を表すことを意味している．つまり，添え字表記ではベクトル $\mathbf{u}$ は u_i と書かれ，i は1，2，または3である．∇f と $\nabla \cdot \mathbf{u}$ のテンソル表記は，

$$\frac{\partial f}{\partial x_i}, \quad \frac{\partial u_i}{\partial x_i}$$

である．$\nabla \times \mathbf{u}$ をテンソル形式で表現するためには，レヴィ・チヴィタ記号 (Levi-Chvita symbol) ε_{ijk} という，新しい記号が必要である．これは，次のように定義される．

$$\varepsilon_{123} = \varepsilon_{312} = \varepsilon_{231} = 1$$
$$\varepsilon_{132} = \varepsilon_{213} = \varepsilon_{321} = -1$$
$$\text{そのほかのすべての } \varepsilon_{ijk} = 0$$

つまり，(i,j,k) が正順 (1, 2, 3 の偶順列) に現れるときは $\varepsilon_{ijk} = 1$，(i,j,k) が逆順 (1, 2, 3 の奇順列) に現れるときは $\varepsilon_{ijk} = -1$，二つの添え字が同じときは $\varepsilon_{ijk} = 0$ と約束する．これを使うと，

$$(\mathbf{a} \times \mathbf{b})_i = \varepsilon_{ijk} a_j b_k$$

となることは容易に確認できる．たとえば，ε_{1jk} の成分のうち，ゼロでないのは ε_{123} と ε_{132} だけであることに注意すると，

$$(\mathbf{a} \times \mathbf{b})_1 = \varepsilon_{1jk} a_j b_k = \varepsilon_{123} a_2 b_3 + \varepsilon_{132} a_3 b_2 = a_2 b_3 - a_3 b_2$$

となる．このように，記号 ε_{ijk} を使うと，クロス積を添え字形式で扱うことができる．すなわち，

$$\omega_i = (\nabla \times \mathbf{u})_i = \varepsilon_{ijk} \frac{\partial u_k}{\partial x_j}$$

である．j と k はダミー添え字であり，ε_{ijk} は添え字のうちの二つが入れ替わると符号が反転するので，この式は，

$$\omega_i = (\nabla \times \mathbf{u})_i = \varepsilon_{ikj} \frac{\partial u_j}{\partial x_k} = -\varepsilon_{ijk} \frac{\partial u_j}{\partial x_k}$$

とも書ける．これらを組み合わせると，$\nabla \times \mathbf{u}$ は，さらに，

$$\omega_i = (\nabla \times \mathbf{u})_i = \frac{1}{2} \varepsilon_{ijk} \left(\frac{\partial u_k}{\partial x_j} - \frac{\partial u_j}{\partial x_k} \right)$$

の形でも書ける．逆の関係，

$$\frac{\partial u_k}{\partial x_j} - \frac{\partial u_j}{\partial x_k} = \varepsilon_{jki} \omega_i$$

も成り立つことは，読者自身で確認してみること ($j = 2$，$k = 3$ とおいてみると，ω_1 を正しく表していることがわかるだろう)．最後に，ε_{ijk} が，クロネッカーのデルタ δ_{ij} と，

$$\varepsilon_{imn}\varepsilon_{ijk} = \delta_{mj}\delta_{nk} - \delta_{mk}\delta_{nj}$$

のように，関係づけられることに注意しよう．

　ここまでは，添え字とかテンソル表記とよばれる表記法だけを紹介し，テンソルの概念についてはふれてこなかった．次にやるべきことはこれである[1]．はっきりさせてはいなかったが，じつは，われわれはすでにテンソルを使ってきた．ゼロ階（ランクゼロ）のテンソルはスカラー，一階のテンソルは単なるベクトルであるが，二階のテンソルは二つの添え字に依存し，事実上は行列である．たとえば，p や ρ はゼロ階のテンソル，$\mathbf{u}$ や $\boldsymbol{\omega}$ は一階のテンソル[2]，

$$S_{ij} = \frac{1}{2}\left(\frac{\partial u_i}{\partial x_j} + \frac{\partial u_j}{\partial x_i}\right), \quad W_{ij} = \frac{1}{2}\left(\frac{\partial u_i}{\partial x_j} - \frac{\partial u_j}{\partial x_i}\right)$$

は二階のテンソルの例である．二階のテンソルに一階または二階のテンソルを掛け合わせる場合は，行列演算のルールに従う．たとえば，$S_{ij}W_{jk}$ は第三の二階テンソル C_{ik} となり，その要素は S_{ij} と W_{jk} の行列積として得られる．同様に，$S_{ij}u_j$ は一階のテンソル D_i となり，その要素もまた行列演算により求められる．

　しかし，添え字のカウントには注意が必要である．$S_{ij}W_{jk}$ において，j は総和をとることを示すだけの役割をもったダミー添え字だから，$S_{ij}W_{jk}$ は二つの添え字 i と k だけに依存する．同様の意味で，$S_{ij}u_j$ は一階のテンソルなのである．しかし，$S_{ij}W_{mn}$ は四つの添え字に依存するから，二階のテンソルではない．

　しかし，3×3 の行列がすべて二階のテンソルというわけではないことに注意しよう．これはちょうど，三つの数値 (a,b,c) からなる量が必ずベクトルというわけではないのと同じである．ベクトルの場合について考えてみよう．ベクトルというものは方向と大きさをもっていて，ベクトル和の法則に従う量であったことを思い出そう．ベクトルは，その存在が成分を計算するために用いた座標系とは無関係であるという重要な物理的性質をもっている．たとえば，ある特定の方向に 2 ニュートンの力がはたらいている場合，問題を解析するためにどのような座標系を選ぼうとも，大きさはつねに 2 ニュートンであり，方向はその特定の方向を指している．このことは，われわれがある座標系からほかの座標系に乗り移る際に，ベクトルの成分はきわめて特殊な方法で変換されなければならないことを意味している．いま，二つのカルテシアン座標系 (x,y,z) と (x',y',z') を考えてみよう．それらは，単位ベクトル $\mathbf{i}$, $\mathbf{j}$, $\mathbf{k}$, および，$\mathbf{i}'$, $\mathbf{j}'$, $\mathbf{k}'$ をもっているとする．プライム付きの座標系とプライムが付かな

---

[1] われわれは，カルテシアン座標系で定義されたテンソルに限定する．したがって，いわゆる共変テンソルと反変テンソルの区別は必要がない．この区別に興味ある読者は Arfken (1985) を参考にすること．

[2] あとでわかるように，厳密には，$\boldsymbol{\omega}$ は一階の擬似テンソルである．

い座標系の原点は共通であるが,互いは回転の位置にあるとする.あるベクトル,たとえば,$\mathbf{F}$ は,プライムのつかないほうの座標系では,

$$\mathbf{F} = F_x\mathbf{i} + F_y\mathbf{j} + F_z\mathbf{k}$$

と書ける.また,プライム付きの座標系では,

$$\mathbf{F} = F'_x\mathbf{i}' + F'_y\mathbf{j}' + F'_z\mathbf{k}'$$

と書ける.$\mathbf{F}$ は座標系に関係ないから,

$$F_x\mathbf{i} + F_y\mathbf{j} + F_z\mathbf{k} = F'_x\mathbf{i}' + F'_y\mathbf{j}' + F'_z\mathbf{k}'$$

であり,したがって,$\mathbf{F}$ は,

$$F'_x = (\mathbf{i}\cdot\mathbf{i}')F_x + (\mathbf{j}\cdot\mathbf{i}')F_y + (\mathbf{k}\cdot\mathbf{i}')F_z$$
$$F'_y = (\mathbf{i}\cdot\mathbf{j}')F_x + (\mathbf{j}\cdot\mathbf{j}')F_y + (\mathbf{k}\cdot\mathbf{j}')F_z$$
$$F'_z = (\mathbf{i}\cdot\mathbf{k}')F_x + (\mathbf{j}\cdot\mathbf{k}')F_y + (\mathbf{k}\cdot\mathbf{k}')F_z$$

という規則に従って変換される.テンソル表記では $F'_i = a_{ij}F_j$,a_{ij} は方向余弦からなる行列である(同様に,F_i は,a_{ij} の転置行列を使って,$F_i = a_{ji}F'_j$ となる).この変換は大変重要で,ベクトルの定義に用いられることもある.すなわち,順番に並べられた三つの数 (A_x, A_y, A_z) が,もし,座標系の回転の際に,$A'_i = a_{ij}A_j$ に従って変換されるなら,A_x,A_y,A_z はベクトル $\mathbf{A}$ の成分であるという.もし,これらの三つ数字がこのように変換されない場合は,それはベクトル成分ではない.残念ながらこのような定義はやや形式的であるため,ベクトルの物理的性質(すなわち,大きさと方向)は,ベクトル成分を求めるのに用いられた座標系を超えた存在であるという事実を見失いがちである.

これと同様に,任意の二階のテンソルの物理的性質は,その要素を決めるのに用いられた座標系には無関係である.ベクトルの場合と同じく,ある座標系からほかの座標系に移る場合,二階テンソルの要素は特別の変換則に従わなければならないことを意味する.このことは,例を示すことによってはっきりする.導電性物質に対するオームの法則を考えてみよう.等方性物質に対しては $\mathbf{J} = \sigma\mathbf{E}$,$\mathbf{J}$ は電流密度(ベクトル),$\mathbf{E}$ は電場(もう一つのベクトル),σ は電気伝導度(スカラー)である.しかし,もし,物質が異方性であれば,$\mathbf{E}$ の一つの方向への成分は,別の方向への電流を誘起するかもしれない.したがって,一般には,$\mathbf{J}$ と $\mathbf{E}$ は平行ではない.その場合には,オームの法則は,$J_i = \sigma_{ij}E_j$ のように一般化される.この σ_{ij} は,二階テンソルの例である.これは,九つの要素をもっており,二つの方向($\mathbf{J}$ と $\mathbf{E}$ の方向)に関係して

いる．それは，3×3の行列のような形に見えるし，実際，そうである．しかし，これは単なる行列とは違う．なぜなら，その要素は**J**や**E**の成分と同じく，座標軸の回転の際に決まった方法で変換されるからである．σ_{ij}の要素に対する変換則を求めてみよう．まえと同様に，二つの座標系(x, y, z)と(x', y', z')を考える．$J_i = \sigma_{ij} E_j$という表式はどちらにも適用できる．なぜなら，それがσ_{ij}の定義式そのものなのだから．すると，

$$\sigma'_{mn} E'_n = J'_m = a_{mi} J_i = a_{mi} (\sigma_{ij} E_j) = a_{mi} \sigma_{ij} (a_{nj} E'_n)$$

あるいは，

$$(\sigma'_{mn} - a_{mi} a_{nj} \sigma_{ij}) E'_n = 0$$

が得られる．この式は，E'_nをどのように選んでも成り立つから，変換則として，

$$\sigma'_{mn} = a_{mi} a_{nj} \sigma_{ij}$$

が求められる．この変換則は，$J_i = \sigma_{ij} E_j$がすべての座標系に対して同様に成り立つとしたことから直接に得られた結果である．この変換則が成り立つかどうかが，テンソルかどうかのテストに用いられることが多い．もし，ある3×3の行列A_{ij}がこの法則に従えばそれはテンソルであり，従わなければテンソルではない．実際，われわれは，二階テンソルを変換則を用いて定義する．二階テンソルA_{ij}とは，二つの方向に依存する量の組み合わせで，$A'_{mn} = a_{mi} a_{nj} A_{ij}$に従って変換される九つの要素からなる．より高階のテンソルも同様にして定義される．

最後にもう一つ，はっきりさせておきたいことがある．カルテシアンテンソルは二つのグループに分けられる．いわゆる，真のテンソルと擬似テンソルである．これを一階のテンソル，すなわち，ベクトルを例に説明する．これまでは，ベクトルやテンソルの変換性質を座標系の回転に対して考えてきた．今度は，反射について考えてみよう．すなわち，各座標軸が逆転する，原点に対する反転を考える．われわれは，右手系から左手系に移行したとする．すなわち，$x' = -x$, $y' = -y$, $z' = -z$, $\mathbf{i}' = -\mathbf{i}$, $\mathbf{j}' = -\mathbf{j}$, $\mathbf{k}' = -\mathbf{k}$．速度のような真のベクトルは，$u'_x = -u_x$などのように変換される．その際，

$$\mathbf{u} = u_x \mathbf{i} + u_y \mathbf{j} + u_z \mathbf{k} = (-u'_x)(-\mathbf{i}') + (-u'_y)(-\mathbf{j}') + (-u'_z)(-\mathbf{k}')$$

が成り立つので，ベクトルの物理的な方向は変化しない．したがって，力や速度などの真のベクトルは，座標系を反転すると成分の符号は反転するが，大きさと方向は反転前と同じとなる．

次に，質量 m の粒子の角運動量 $\mathbf{H} = \mathbf{x} \times (m\mathbf{u})$ のようなベクトルを考える．$\mathbf{x}$ も $\mathbf{u}$ も真のベクトルだから，座標系の反転によって符号は逆転する．しかし，$\mathbf{H}$ の定義から，この座標変換によっても，その成分の符号はかわらない．たとえば，$H'_z = m(x'u'_y - y'u'_x) = m(xu_y - yu_x) = H_z$ である．このように，$\mathbf{H}$ は $H_x = H'_x$ などに従って変換される．つまり，$\mathbf{H}$ の物理的な方向は座標系を反転すると反対向きになるのである．このようなベクトルのことを擬似ベクトル (pseudo vector) とよぶ．

このような性質をもつベクトルの例はたくさんある．角速度，磁場，渦度はその三つの例である．実際，二つの真のベクトルのクロス積でできるベクトルは擬似ベクトルである．物理的には，このような量は決まった大きさと作用線をもっているものの，その作用線に沿ってどちら向きにはたらくかは決まっておらず，右手系か左手系かによって逆向きになるということを意味する．

このもっともわかりやすい例は，トルク $\mathbf{T} = \mathbf{x} \times \mathbf{F}$ であろう．水平面内で時計方向に回転させるようなトルクが物体に作用したとする．トルクは決まった大きさと作用線をもっているが，$\mathbf{T}$ が上向きか下向かについては習慣の問題である（右ねじ系に従ってある方向に向くとすると，左ねじ系では逆向きになる）．この困難を避けるために，普通は右手系，右ねじ系を使うことに決めておく．そうすれば，真のベクトル（極性ベクトルとよばれることもある）と擬似ベクトル（軸性ベクトルとよばれることもある）の区別は必要でなくなる．しかし，この習慣は単に数学的な便宜のためである．このことが，真のベクトルと擬似ベクトルが，じつは二つの異なるタイプの物理量であったということを曖昧にしてしまう．

擬似ベクトルの考え方は，擬似スカラーの考えにも通じる．擬似スカラーというのは，右手系から左手系に移るとその符号が反対になるという，一種の退化したスカラーである．このような量は，擬似ベクトルから簡単につくることができる．たとえば，ヘリシティー $\mathbf{u} \cdot \nabla \times \mathbf{u}$ は擬似スカラーである．なぜなら，$\mathbf{u}$ の成分は座標反転によって符号がかわるが，$\nabla \times \mathbf{u}$ の符号はかわらないからである．

擬似テンソルについてのより完全な記述は，Feynman et al. (1964) にある．

推奨される参考書

[1] Arfken, G., 1985 *Mathematical Methods for Physicists*, 3rd edition. Academic Press.
[2] Feynman, R. P., Leighton, R.B. and Sands, M., 1964 *Lectures on Physics*, Vol. I, Chapter 20, 52 and Vol. II Chapter. 31. Addison-Wesley.

付録2　孤立渦の特性：不変量，遠方場の性質，長距離干渉

われわれは，渦を渦度の組織的な塊（ブロッブ）と定義した．乱流中で渦度は物質の移動によって，あるいは拡散によって広がるだけなので，このような塊は個性を保っている．孤立渦は一様乱流中の大スケール渦のダイナミクスに重要なはたらきをするため，その運動学と動力学を特定することは興味深い問題である．たとえば，サフマン不変量やロイチャンスキー積分の起源や，それらの間の区別を理解するうえで，これらは決定的に重要である（6.3節参照）．それらはまた，バチェラーの長距離圧力を理解するためにも重要である（6.3.3項参照）．ここでとりあげる話題は，以下の四つである．

- 孤立渦により誘起される遠方速度場
- 遠方場の圧力分布
- 孤立渦の積分不変量
- 渦どうしの長距離干渉

A2.1　孤立渦に誘起される遠方場の速度

無限遠で静止している流体中の $\mathbf{x} = 0$ 付近に置かれた渦度の孤立した塊を考える（図A2.1）．速度場に対するベクトルポテンシャル $\mathbf{A}$ は，

$$\nabla \times \mathbf{A} = \mathbf{u}, \quad \nabla \cdot \mathbf{A} = 0 \tag{A2.1}$$

で定義され，渦度との間には，

$$\nabla^2 \mathbf{A} = -\boldsymbol{\omega} \tag{A2.2}$$

の関係がある．ビオ・サヴァールの法則を用いると，この関係は，

$$\mathbf{A}(\mathbf{x}) = \frac{1}{4\pi} \int \boldsymbol{\omega}(\mathbf{x}') \frac{d\mathbf{x}'}{|\mathbf{x}' - \mathbf{x}|} \tag{A2.3}$$

となる．積分は空間全体にわたって行われる．渦度の塊からある程度離れた場所でのベクトルポテンシャルを求めるために，$|\mathbf{x}' - \mathbf{x}|^{-1}$ を $|\mathbf{x}|^{-1}$ でテイラー展開すると，

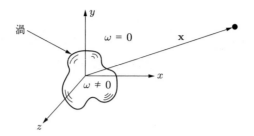

図 A2.1 $\mathbf{x} = 0$ における孤立渦

$$\frac{1}{|\mathbf{x}' - \mathbf{x}|} = \frac{1}{r} - D_i(r)x'_i + B_{ij}(r)x'_i x'_j + \cdots \quad (A2.4)$$

が得られる.ここで,$r = |\mathbf{x}|$で,

$$D_i = \frac{\partial}{\partial x_i}\left(\frac{1}{r}\right), \quad B_{ij} = \frac{1}{2}\frac{\partial^2}{\partial x_i \partial x_j}\left(\frac{1}{r}\right)$$

である.この関係を,式(A2.3)に代入すると,

$$4\pi \mathbf{A}(\mathbf{x}) = \frac{1}{r}\int \boldsymbol{\omega}' d\mathbf{x}' - D_i(r)\int x'_i \boldsymbol{\omega}' d\mathbf{x}' + B_{ij}(r)\int x'_i x'_j \boldsymbol{\omega}' d\mathbf{x}' + \cdots \quad (A2.5)$$

が得られる.しかし,渦度は$\mathbf{x} = 0$付近に限られていて,

$$\int_{V_\infty} \omega_i d\mathbf{x} = \int_{V_\infty} \nabla \cdot (\boldsymbol{\omega} x_i) d\mathbf{x} = \oint_{S_\infty} x_i \boldsymbol{\omega} \cdot d\mathbf{S} = 0 \quad (A2.6)$$

だから,右辺第一項の積分はゼロになる.また,第二項の積分は,

$$\int_{V_\infty} (x_i \omega_j + x_j \omega_i) d\mathbf{x} = \int_{V_\infty} \nabla \cdot (x_i x_j \boldsymbol{\omega}) d\mathbf{x} = \oint_{S_\infty} x_i x_j \boldsymbol{\omega} \cdot d\mathbf{S} = 0 \quad (A2.7)$$

の関係を使って変換すると,

$$D_i \int x'_i \omega'_j d\mathbf{x}' = \frac{1}{2} D_i \int (x'_i \omega'_j - x'_j \omega'_i) d\mathbf{x}' = -\frac{1}{2}\mathbf{D} \times \int (\mathbf{x}' \times \boldsymbol{\omega}') d\mathbf{x}' \quad (A2.8)$$

となる.すると,上のベクトルポテンシャルの展開式は,

$$4\pi \mathbf{A}(\mathbf{x}) = \mathbf{D}(r) \times \mathbf{L} + B_{ij}(r)\int x'_i x'_j \boldsymbol{\omega}' d\mathbf{x}' + \cdots \quad (A2.9)$$

と簡単になる.この式で,

$$\mathbf{L} = \frac{1}{2}\int (\mathbf{x} \times \boldsymbol{\omega}) d\mathbf{x} \quad (A2.10)$$

である.あとで,$\mathbf{L}$は渦の存在によって流体に導入された線運動量の尺度であり,運動の不変量であることがわかる.これを線インパルスとよぶ.$\mathbf{D}(r)$に代入して回転(curl)をとると,遠方場の速度分布,

$$\mathbf{u}(\mathbf{x}) = \frac{1}{4\pi}(\mathbf{L}\cdot\nabla)\nabla\left(\frac{1}{r}\right) + \frac{1}{4\pi}\nabla(B_{ij}(r)) \times \int x_i' x_j' \boldsymbol{\omega}' d\mathbf{x}' + \cdots \quad (A2.11)$$

が得られる．この式から明らかなように，遠方場の速度は $\mathbf{L}$ が有限なら $O(r^{-3})$，$\mathbf{L}$ がたまたまゼロならば $O(r^{-4})$ となる．これに対応する，$\mathbf{u}$ に対する遠方場のスカラーポテンシャルは，式(A2.11)を，

$$\mathbf{u} = \nabla\phi = \frac{1}{4\pi}\nabla\left[\mathbf{L}\cdot\nabla\left(\frac{1}{r}\right)\right] + \cdots$$

と書き換えることによって得られ，

$$\phi = \frac{1}{4\pi}\mathbf{L}\cdot\nabla\left(\frac{1}{r}\right) + \cdots \quad (A2.12)$$

となる．あとでこの式にもう一度もどる．

A2.2 遠方場の圧力分布

渦から遠く離れた場所での圧力場は，ナヴィエ・ストークス方程式の発散をとることによって，

$$\nabla^2 p = -\rho\nabla\cdot[\mathbf{u}\cdot\nabla\mathbf{u}]$$

を求め，続いてビオ・サヴァールの法則を用いると，

$$\frac{p}{\rho} = \frac{1}{4\pi}\int[\nabla\cdot(\mathbf{u}\cdot\nabla\mathbf{u})]'\frac{d\mathbf{x}'}{|\mathbf{x}'-\mathbf{x}|} \quad (A2.13)$$

となる．式(A2.4)を用いて $|\mathbf{x}'-\mathbf{x}|$ を書き換え，

$$x_i\nabla\cdot(\mathbf{u}\cdot\nabla\mathbf{u}) = \nabla\cdot(x_i\mathbf{u}\cdot\nabla\mathbf{u}) - \nabla\cdot(u_i\mathbf{u})$$

の関係を用いると，

$$\frac{4\pi p}{\rho} = \frac{1}{r}\int[\nabla\cdot(\mathbf{u}\cdot\nabla\mathbf{u})]'d\mathbf{x}' - D_i(r)\int(\nabla\cdot x_i\mathbf{u}\cdot\nabla\mathbf{u} - u_i\mathbf{u})'d\mathbf{x}'$$
$$+ B_{ij}(\mathbf{r})\int x_i' x_j'[\nabla\cdot(\mathbf{u}\cdot\nabla\mathbf{u})]'d\mathbf{x}' + \cdots$$

となる．最初の二つの体積積分は表面積分に変換されるが，$|\mathbf{u}| \sim O(r^{-3})$ なので表面積分は半径が無限大の球の表面ではゼロになる．三番目の積分の被積分関数は $2u_i u_j$ と，同じくゼロとなるある発散項との和になるので，遠方場の圧力に対するおもな寄与は，

$$\frac{p}{\rho} = \frac{1}{4\pi} \frac{\partial^2}{\partial x_i \partial x_j} \left(\frac{1}{r} \right) \int u'_i u'_j d\mathbf{x}' + \cdots \quad (A2.14)$$

となる．以下では，この関係を用いる．

A2.3　孤立渦の積分不変量：線インパルスと角インパルス

次に，線運動量や角運動量の保存原理に関係する，孤立渦の積分不変量について考える．これらの不変量は，渦の線インパルスおよび角インパルスとよばれる．どちらも渦度場の積分である．

まず，注目すべきことは，式(A2.11)，(A2.12)，(A2.14)の比較から，

$$\frac{d\mathbf{L}}{dt} = 0 \quad (A2.15)$$

となることである．説明は次のとおりである．ポテンシャル流れでは，$\nu \nabla^2 \mathbf{u} = -\nu \nabla \times \nabla \times \mathbf{u} = 0$ だから粘性力ははたらかない．したがって，遠方場においては，非定常ポテンシャル流に対するベルヌーイの定理から，

$$\frac{\partial \phi}{\partial t} + \frac{p}{\rho} + \frac{\mathbf{u}^2}{2} = 0$$

でなければならない．大きい r に対して $p \sim O(r^{-3})$，$\mathbf{u}^2 \sim O(r^{-6})$ だから，この式は，

$$\frac{\partial \phi}{\partial t} = O(r^{-3})$$

と書ける．遠方場では $\phi \sim \mathbf{L} \cdot \nabla(1/r) + O(r^{-3})$ だから，ただちに式(A2.15)が導かれる．このようにして，線インパルス $\mathbf{L}$ は運動の不変量であることがわかる．

$\mathbf{L}$ の不変性は，直線運動における線運動量保存の原理の結果である．このことは，

$$\frac{\partial}{\partial t} \left[\frac{1}{2} (\mathbf{x} \times \boldsymbol{\omega}) \right] = -\mathbf{u} \cdot \nabla \mathbf{u} + \nabla \left(\frac{u^2}{2} \right) + \frac{1}{2} \nabla \cdot [(\mathbf{x} \times \mathbf{u}) \boldsymbol{\omega} - (\mathbf{x} \times \boldsymbol{\omega}) \mathbf{u}]$$

$$- \frac{1}{2} \nu [\nabla (\mathbf{x} \cdot \nabla \times \boldsymbol{\omega}) + 2 \nabla \times \boldsymbol{\omega} - \nabla \cdot ((\nabla \times \boldsymbol{\omega}) \mathbf{x})]$$

を考えれば明らかである（この式は，$\boldsymbol{\omega}$ の発展方程式から得られる）．すべての渦度を含む半径 R の大きな球状領域（図A2.2）にわたって積分し，ベルヌーイの定理を使って遠方場の $u^2/2$ を計算すると，

$$\frac{d}{dt} \int_{V_R} \left[\frac{1}{2} (\mathbf{x} \times \boldsymbol{\omega}) \right] dV = -\oint_{S_R} \mathbf{u} (\mathbf{u} \cdot d\mathbf{S}) - \oint_{S_R} \left(\frac{p}{\rho} \right) d\mathbf{S} - \oint_{S_R} \frac{\partial \phi}{\partial t} d\mathbf{S}$$

が得られる．この式と V_R に対する線運動量式，

A2.3 孤立渦の積分不変量：線インパルスと角インパルス　　699

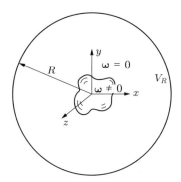

図 A2.2　線運動量の計算に用いた検査体積 V_R

$$\frac{d}{dt}\int_{V_R}\mathbf{u}\,dV = -\oint_{S_R}\mathbf{u}(\mathbf{u}\cdot d\mathbf{S}) - \oint_{S_R}\left(\frac{p}{\rho}\right)d\mathbf{S}$$

を比較してみよう．明らかに，

$$\frac{d}{dt}\left[\int_{V_R}\mathbf{u}\,dV - \int_{V_R}\frac{1}{2}(\mathbf{x}\times\boldsymbol{\omega})\,dV\right] = \oint_{S_R}\frac{\partial\phi}{\partial t}d\mathbf{S} = O(R^{-1})$$

である．$R\to\infty$ の極限で，

$$\mathbf{L} = \int_{V_R}\mathbf{u}\,dV + 定数$$

となり，線インパルス $\mathbf{L}$ は，定数は別として，大きな球の内部の線運動量に等しいことを示している．

定数の値は，$\int\mathbf{u}\,dV$ を直接求めることによって得られる．$\int\mathbf{u}\,dV$ が条件つき収束であるため，積分は複雑であるが，詳細は Batchelor (1967) に述べられている．その結果，V_R をどんなに大きく選んでも，その外側には必ずいくらかの運動量があるということになる．つまり，実際に積分を実行すると，$\int\mathbf{u}\,dV$ に対する V_R の内部からの寄与は $(2/3)\mathbf{L}$，V_R の外部からの寄与が $(1/3)\mathbf{L}$ ということになる (Batchelor (1967))．これらを足し合わせると，

$$\mathbf{L} = \int\mathbf{u}\,dV \tag{A2.16}$$

線インパルス ＝ 線運動量

となる．実際，

$$\int_{V_R}\mathbf{u}\,dV = \frac{2}{3}\mathbf{L} = \frac{1}{3}\int(\mathbf{x}\times\boldsymbol{\omega})\,d\mathbf{x}$$

は，V_R, $R\to\infty$, に対してだけでなく，渦度をとり囲む任意の検査体積に対して成り立つ．このことは，次のようにして証明できる．式 (A2.3) を使って，

$$\int_{V_R} \mathbf{u}\, d\mathbf{x} = \int_{V_R} \nabla \times \mathbf{A}\, d\mathbf{x} = -\oint_{S_R} \mathbf{A} \times d\mathbf{S} = -\frac{1}{4\pi}\oint_{S_R}\left[\int_{V_R}\omega(\mathbf{x}')\frac{d\mathbf{x}'}{|\mathbf{x}'-\mathbf{x}|}\right]\times d\mathbf{S}$$

と書く．ここで，$\mathbf{x}$ は表面 S_R 上の点，$\mathbf{x}'$ は V_R 内部の点である．積分順序を入れ替えると，

$$\int_{V_R}\mathbf{u}\,d\mathbf{x} = \frac{1}{4\pi}\int_{V_R}\left[\oint_{S_R}\frac{d\mathbf{S}}{|\mathbf{x}'-\mathbf{x}|}\right]\times \boldsymbol{\omega}(\mathbf{x}')\,d\mathbf{x}' = \frac{1}{3}\int(\mathbf{x}\times\boldsymbol{\omega})\,d\mathbf{x}$$

となる．表面積分は $(4\pi/3)\mathbf{x}'$ であることは簡単に示すことができる．

次に，角運動量について考える．この場合も，大きな r において $\mathbf{u}\sim O(r^{-3})$ なので，$\int \mathbf{x}\times\mathbf{u}\,dV$ が収束積分かどうか明らかでないので注意が必要である．このため，角運動量保存の原理を適用するにあたっては，遠まわりのルートをとる必要がある．角運動量の積分，

$$\mathbf{H} = \int_{V_R}(\mathbf{x}\times\mathbf{u})\,d\mathbf{x}$$

を導入する．V_R は渦度場をすべて内部に含む半径 R の大きな球である（図 A2.2）．$R\to\infty$ の極限で $\mathbf{H}$ がどのようになるのかはわからないが，有限な R に対しては，はっきり定義されていることは確かである．さて，

$$6(\mathbf{x}\times\mathbf{u}) = 2\mathbf{x}\times(\mathbf{x}\times\boldsymbol{\omega}) + 3\nabla\times(r^2\mathbf{u}) - \boldsymbol{\omega}\cdot\nabla(r^2\mathbf{x})$$

が成り立つことは容易に証明でき，これを用いると，

$$\mathbf{H} = \frac{1}{3}\int_{V_R}\mathbf{x}\times(\mathbf{x}\times\boldsymbol{\omega})\,d\mathbf{x} \tag{A2.17}$$

が得られる．(右辺第二項は積分すると，$3R^2\int\boldsymbol{\omega}dV$ となるが，式 (A2.6) によってこれはゼロになる．これに対して第三項は表面積分となるが，$\boldsymbol{\omega}$ が V_R の表面でゼロなので，この表面積分もゼロとなる)．渦塊の外側では式 (A2.17) への寄与がないため，$\mathbf{H}$ についてのこの第二の式の $R\to\infty$ での挙動はまったく正常である．式 (A2.17) を渦の角インパルス (angular impulse) とよぶ．さて，角運動量保存則は，

$$\frac{d}{dt}\int_{V_R}(\mathbf{x}\times\mathbf{u})\,d\mathbf{x} = -\oint_{S_R}(\mathbf{x}\times\mathbf{u})\mathbf{u}\cdot d\mathbf{S}$$

であり，S_R の外には渦度はないので，S_R 上には粘性トルクは作用しない[1]．式

---

1) τ_{ij} を粘性応力とするとき，表面 S_R に作用する正味の粘性力は $\oint \tau_{ij}dS_j$ である．これは体積積分，$\int\partial\tau_{ij}/\partial x_j dV = \rho\nu\int\nabla^2\mathbf{u}dV = -\rho\nu\int\nabla\times\boldsymbol{\omega}dV$ に変換される．表面積分にもどすと，正味の粘性力は $\rho\nu\oint\boldsymbol{\omega}\times d\mathbf{S}$ となり，S_R 上で $\boldsymbol{\omega}=0$ なので，これはゼロになる．同様に，S_R に作用する正味の粘性トルクは $\rho\nu\oint\mathbf{x}\times(\boldsymbol{\omega}\times d\mathbf{S}) - 2\rho\nu\oint\mathbf{x}(\boldsymbol{\omega}\cdot d\mathbf{S})$ と書くことができ，これもゼロとなる．

(A2.17)を用いると，

$$\frac{d}{dt}\left[\frac{1}{3}\int_{V_R}\mathbf{x}\times(\mathbf{x}\times\boldsymbol{\omega})d\mathbf{x}\right] = -\oint_{S_R}(\mathbf{x}\times\mathbf{u})\mathbf{u}\cdot d\mathbf{S}$$

となり，二つの積分はどちらも収束するので，安心して $R\to\infty$ の極限をとることができる．また，

$$\frac{d}{dt}\left[\frac{1}{3}\int_{V_R}\mathbf{x}\times(\mathbf{x}\times\boldsymbol{\omega})d\mathbf{x}\right] = O(R^{-3})$$

なので，$R\to\infty$ の極限で角インパルスは保存される．すなわち，

$$\frac{1}{3}\int_{V_R}\mathbf{x}\times(\mathbf{x}\times\boldsymbol{\omega})d\mathbf{x} = \text{一定} \tag{A2.18}$$

である．

以上をまとめると，孤立渦は，線インパルスと角インパルスという二つの積分不変量をもっている．

$$\mathbf{L} = \frac{1}{2}\int(\mathbf{x}\times\boldsymbol{\omega})dV = \text{一定}, \quad \mathbf{H} = \frac{1}{3}\int\mathbf{x}\times(\mathbf{x}\times\boldsymbol{\omega})dV = \text{一定}$$

（線インパルス）　　　　　　　（角インパルス）

これらの量が不変であることは，それぞれ線動量と角運動量の保存に対応している．渦が有限な線インパルスをもっている場合は $\mathbf{u}_\infty\sim O(r^{-3})$，また，有限な角インパルスをもち，線インパルスはゼロの場合は $\mathbf{u}_\infty\sim O(r^{-4})$ である．このように，線インパルスを有する渦は，そうでない渦より長距離にわたって影響を残す．サフマン・スペクトルにおいて，強い長距離相関が認められるのはこのためである（6.3.4 項を参照のこと）．

A2.4　渦どうしの長距離干渉

上で述べた結果を使って，バチェラー・スペクトル ($E\sim k^4$) とサフマン・スペクトル ($E\sim k^2$) がどのようにして生まれたかを示そう．バチェラー・スペクトルを成立させるためには，$t=0$ で長距離相関がなかったと仮定する（それは，指数関数的速さで減衰する）．次に，このような長距離の指数関数型の速度相関が，動力学方程式から自然に生まれるものかどうかを考えてみよう．具体的には，三重相関に対する，

$$\frac{\partial}{\partial t}[u^3 K(r,t)]_\infty = \frac{\partial}{\partial t}\langle u_x^2 u_x'\rangle_\infty \sim \langle uuuu\rangle \tag{A2.19}$$

の形の動力学方程式を導く．その結果，四次相関を含む項は大きな r において r^{-4} で減少することがわかる．したがって，たとえ K_∞ が $t=0$ において指数関数的に小

さかったとしても，$t>0$ では代数的な裾野をもつことになる．すると，カルマン・ハワース方程式を使って，等方性乱流の場合，$K_\infty \sim r^{-4}$ は $\langle uu' \rangle_\infty \sim r^{-6}$ を意味することが示される（非等方性乱流では $\langle uu' \rangle_\infty \sim r^{-5}$ となることがわかる）．第6章で示されたように，$\langle uu' \rangle_\infty$ が r^{-6} で減少するということは，$E(k)$ の主要項が $O(k^4)$，すなわち，バチェラー・スペクトルであることを意味する．6.3.3項では，長距離圧力を考えて，$\langle uu' \rangle_\infty \sim r^{-6}$ を導いた．ここでは，孤立渦による遠方場の性質から，ビオ・サヴァールの法則を用いて直接これを導くこともできることを示そう．

サフマン・スペクトルを成立させるためには，別のルートをたどらなければならない．6.3.4項において，$E \sim k^2$ スペクトルは $\langle uu' \rangle_\infty \sim r^{-3}$ の場合にだけ起こることを知った．このような強い長距離相関は，一様乱流では自然には生じない．長距離圧力にはそれほどの能力はないのである．したがって，サフマン・スペクトルを実現するためには，$t=0$ のときに $\langle uu' \rangle_\infty \sim r^{-3}$ でなければならない．もう一度，上の結果をもとに，どのような条件のときに，$\langle uu' \rangle_\infty \sim r^{-3}$ という仮定が運動学的に許されるのかについて考えてみよう．バチェラーとサフマンのスペクトルのおもな違いは，前者では代表的な渦について，式(A2.11)の主要オーダーの項がゼロに等しいか，またはゼロに近い点にあることがわかるだろう．すなわち，乱れが非常にわずかしか線インパルスをもっていない．

$E \sim k^4$ スペクトルから話をはじめよう．代表的な渦の線インパルスが無視できるような乱れを考える．このような場合には，$E \sim k^4$ スペクトルにおけるバチェラーの長距離相関の起源を説明するために，式(A2.11)の展開式を使うことができる．まず，式(A2.11)を使って，$\mathbf{x}=0$ 付近にある渦の集団によって遠く離れた位置 $\mathbf{x}' = r\hat{\mathbf{e}}'_x$ に誘起される速度 $\mathbf{u}$ の x 成分を求める（図A2.3）．次式を証明するのは難しくない．

$$u'_x = u_x(r\hat{\mathbf{e}}_x) = \frac{1}{4\pi} \frac{3}{r^4} \int (x''y''\omega''_z - x''y''\omega''_y) d\mathbf{x}'' + \cdots$$

これを，時間で微分し，少し計算すると，

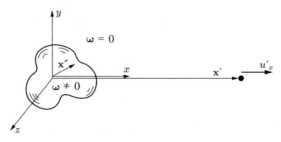

図 A2.3　$\mathbf{x}=0$ 付近の渦の集団によって，遠く離れた地点 $\mathbf{x}' = r\hat{\mathbf{e}}_x$ に誘起された速度成分 u'_x

$$\frac{\partial u'_x}{\partial t} = \frac{3}{4\pi r^4} \int (2u_x^2 - u_y^2 - u_z^2)'' d\mathbf{x}'' + \cdots \quad (\text{A2.20})$$

が得られる．あとからわかるように，6.3.3項で述べた長距離三重相関に対する動力学方程式の背景となっているのはこの式である．

次に，一様に分布する多数の渦（渦度の塊）の群のなかの $\mathbf{x} = 0$ の位置に，上で考えた集団が置かれている場合を考える．ビオ・サヴァールの法則から，$\mathbf{x}'$ における速度は（いろいろな渦塊からの）多重の寄与を受けるうえに，さらに，$\partial u'_x/\partial t$ の少なくとも一部は式(A2.20)で与えられるから，$\mathbf{x} = 0$ 付近での事象とも相関をもっている．その結果，

$$\frac{\partial}{\partial t}\langle u_x^2 u'_x \rangle = \frac{3}{4\pi r^4} \int \langle u_x^2 (2u_x^2 - u_y^2 - u_z^2)'' \rangle d\mathbf{x}'' \quad (\text{A2.21})$$

となるものと推測される．u_x は $\mathbf{x} = 0$ での値である．6.6.3項の例題6.5で導びかれた圧力 – 速度相関，

$$\langle u_x^2 p' \rangle_\infty = \frac{\rho}{4\pi r^3} \int \langle u_x^2 (2u_x^2 - u_y^2 - u_z^2)'' \rangle d\mathbf{x}''$$

と比較してみよう．この式の半径方向勾配が，$\langle u_x^2 u'_x \rangle$ の発展方程式にソース項として現れている．いずれにしても，注意すべき重要な点は，r^{-4} の長距離三重相関が，展開式(A2.11)中の $O(r^{-4})$ の項から直接得られることだ．このことが，等方性乱流における $\langle u_i u'_j \rangle$ に，$O(r^{-6})$（非等方性乱流の場合は r^{-5}）の寄与をもたらすことになる．

図A2.3にもどり，代表的な渦の直線運動の運動量がゼロでないとき，r^{-1} 展開の主要項を考えると，$\mathbf{x}' = r\hat{\mathbf{e}}_x$ においてより大きな速度，

$$u'_x = \frac{2L_x}{4\pi r^3} \quad (\text{A2.22})$$

が誘起されることがわかる．$\mathbf{L}$ は $\mathbf{x} = 0$ 近傍にある渦の正味の線インパルスである．このことは，$\langle u_x u'_x \rangle$ に対して r^{-3} の寄与がある可能性を示唆している．サフマン・スペクトル，

$$\langle u_x u'_x \rangle_\infty = \frac{L}{4\pi r^3} + O(r^{-6}) \quad (\text{A2.23})$$

$$E(k) = \frac{Lk^2}{4\pi^2} + O(k^4) \quad (\text{A2.24})$$

の背景にあるのはこのことである．ここで，$L = \int \langle \mathbf{u} \cdot \mathbf{u}' \rangle d\mathbf{r}$ はサフマン積分である．L はサフマン・スペクトルの不変量なので，$t = 0$ のときに $L = 0$ であれば，そのあとの全時間にわたって $E \sim k^4$ である．このように，バチェラー・スペクトルになる

かサフマン・スペクトルになるかは，L の初期値による．式 (A2.22) は，L がゼロでないためには代表的な渦の線インパルス $\mathbf{L}$ が有限である必要があることを示唆している．また，中心極限定理は，$\langle \mathbf{u} \rangle = 0$ であるような系において乱流渦の方向がランダムであれば，

$$\int_V \mathbf{u} dV \sim V^{1/2}$$

であることを示唆している．このことから，また，

$$\lim_{V \to \infty} \frac{1}{V} \int_V \mathbf{u} dV \cdot \frac{1}{V} \int_V \mathbf{u}' dV = \lim_{V \to \infty} \frac{1}{V} \iint \mathbf{u} \cdot \mathbf{u}' \, d\mathbf{r} dV = \int \langle \mathbf{u} \cdot \mathbf{u}' \rangle d\mathbf{r}$$

のタイプの積分が有限であり，このことは，サフマン・スペクトルにおいて L がゼロでないことと整合している．

以上をまとめると，k^2 と k^4 のどちらのスペクトルになるかは，乱れを生み出す機構による．$t = 0$ において十分大きな線運動量が流体に与えられれば，以後の全時間にわたって $E \sim k^2$ となるものと予想される．これに対して，$\langle \mathbf{u} \rangle = 0$ であるような系において，線運動量 $\int \mathbf{u} dV$ が $O(V^{1/2})$ よりも小さければ，$E \sim k^4$ スペクトルになる．どちらの状況も計算機上では容易につくれる．しかし，たとえば，格子乱流のような実在の乱流がどちらに属するかについては，まだ統一見解が得られていない．

推奨される参考書

[1] Batchelor, G.K. and Proudman, I., 1956, *Phil. Trans.* A, **248**, 369–405.
[2] Batchelor, G.K., 1967, *An Introduction to Fluid Dynamics*. Cambridge Univ. Press.
[3] Saffman, P.G., 1967, *J. Fluid Mech.*, **27**(3), 581–93.

付録 3 ハンケル変換と超幾何関数

A3.1 ハンケル変換

表に,ハンケル変換対,

$$f(x) = \int_0^\infty k\hat{f}(k) J_\nu(kx) dk, \quad \hat{f}(k) = \int_0^\infty x f(x) J_\nu(kx) dx$$

がまとめられている.

$f(x)$	$\hat{f}(k)$
$x^n e^{-px^2}$ $(\nu+n+2>0, p>0)$	$\dfrac{k^\nu \Gamma\left(\dfrac{1}{2}\nu + \dfrac{1}{2}n + 1\right)}{2^{\nu+1} p^{1+(n+\nu)/2} \Gamma(\nu+1)} {}_1F_1\left(\dfrac{1}{2}\nu + \dfrac{1}{2}n + 1, \nu+1, -k^2/4p\right)$
$x^\nu e^{-px^2}$ $(\nu>-1, \quad p>0)$	$\dfrac{k^\nu}{(2p)^{\nu+1}} \exp(-k^2/4p)$
$x^\nu e^{-px}$ $(\nu>-1, \quad p>0)$	$2p(2k)^\nu \Gamma(\nu+3/2)(p^2+k^2)^{-(\nu+3/2)} \pi^{-1/2}$
$x^{-1} e^{-px^2}$ $(\nu>-1, \quad p>0)$	$\dfrac{\pi^{1/2}}{2p^{1/2}} \exp(-k^2/8p) I_{\nu/2}(k^2/8p)$
$x^n e^{-px}$ $(\nu+n+2>0, \quad p>0)$	$\dfrac{(k/2p)^\nu \Gamma(\nu+n+2)}{p^{n+2} \Gamma(\nu+1)}$ $F\left(\dfrac{1}{2}\nu + \dfrac{1}{2}n + 1, \dfrac{1}{2}\nu + \dfrac{1}{2}n + \dfrac{3}{2}, \nu+1, -k^2/p^2\right)$
$x^{-1} e^{-px}$ $(\nu>-1, \quad p>0)$	$\dfrac{k^{-\nu}[(p^2+k^2)^{1/2}-p]^\nu}{(p^2+k^2)^{1/2}}$
$x^{-1}(x^2+a^2)^{-1/2}$ $(a>0, \nu>-1)$	$I_{\nu/2}(ka/2) K_{\nu/2}(ka/2)$
x^n $(-\nu<n+2<3/2)$	$\dfrac{2^{n+1} \Gamma\left(\dfrac{1}{2}\nu + \dfrac{1}{2}n + 1\right)}{\Gamma\left(\dfrac{1}{2}\nu - \dfrac{1}{2}n\right)} k^{-(n+2)}$
$\dfrac{x^\nu}{(x^2+a^2)^{1+\mu}}$ $(-1<\nu<2\mu+3/2)$	$\dfrac{a^{\nu-\mu} k^\mu}{2^\mu \Gamma(1+\mu)} K_{\nu-\mu}(ka)$

${}_1F_1$ = クンマーの超幾何関数,M と書かれることが多い
${}_2F_1$ = ガウスの超幾何関数,F と書かれることが多い
Γ = ガンマ関数
J_ν, I_ν, K_ν = 普通のベッセル関数

A3.2　超幾何関数

クンマーの合流型超幾何関数 (confluent hypergeometric function) $M(a, b, x)$ は，$_1F_1(a; b; x)$ と書かれることもあるが，これはクンマーの式，

$$x\frac{d^2 f}{dx^2} + (b-x)\frac{df}{dx} - af = 0$$

の解で，

$$M(a, b, x) = 1 + \frac{ax}{b} + \frac{a_2 x^2}{b_2 2!} + \cdots + \frac{a_n x^n}{b_n n!} + \cdots$$

$$a_n = a(a+1)(a+2)\cdots(a+n-1), \quad a_0 = 1$$

である．M の特別のケースは，

$$M(a, a, x) = e^x, \quad M(1, 2, 2x) = x^{-1} e^x \sinh x,$$

$$M\left(\frac{1}{2}, \frac{3}{2}, -x^2\right) = \sqrt{\pi}\,(2x)^{-1} \mathrm{erf}\, x$$

であり，M は微分式，

$$\frac{d^n}{dx^n} M(a, b, x) = \frac{a_n}{b_n} M(a+n, b+n, x),$$

$$\frac{x}{a}\frac{d}{dx} M(a, b, x) = M(a+1, b, x) - M(a, b, x)$$

を満足する．

$x \to \infty$ に対して，

$$M(a, b, x) \to \frac{\Gamma(b)}{\Gamma(a)} e^x x^{a-b}$$

で，クンマーの変換則から，

$$M(a, b, x) = e^x M(b-a, b, -x)$$

となる．これに対して，ガウスの超幾何関数は，

$$F(a, b, c, x) = {}_2F_1(a; b; c; x) = \sum_{n=0}^{\infty} \frac{a_n b_n}{c_n} \frac{x^n}{n!}$$

である．F の特別なケースは，

$$F(1,1,2,x) = x^{-1}\ln(1-x), \quad F\left(\frac{1}{2},\frac{1}{2},\frac{3}{2},x^2\right) = x^{-1}\arcsin x,$$

$$F\left(\frac{1}{2},1,\frac{3}{2},-x^2\right) = x^{-1}\arctan x$$

であり，F は微分式，

$$\frac{d^n}{dx^n}F(a,b,c,x) = \frac{a_n b_n}{c_n}F(a+n,b+n,c+n,x)$$

を満足する．

推奨される参考書

Abramowitz, M. and Stegun, I.A., 1965, *Handbook of Mathematical Functions*, Dover.

付録4　一様軸対称乱流の運動学

　等方性の仮定は，小スケールにおいて一般に成り立つが，大スケールにおいて成り立つことはめったにない．より制限が少ないのは，乱れが軸対称性をもつという仮定である．すなわち，乱れの統計的性質が，たとえば z 軸のような，ある決められた軸まわりの回転と，$\hat{\mathbf{e}}_z$ を含む面内で $\hat{\mathbf{e}}_z$ に直角方向の反射に対して不変であるという仮定である（ヘリシティーは反射に対する不変性の制限を解除しなければならないので，この議論においては平均のヘリシティーは除外する）．この種の対称性は，一様磁場 $\mathbf{B}$ や高速回転場における乱れで見られ，その場合，回転軸や $\mathbf{B}$ の方向が乱れの主要方向となる．

　軸対称乱流の運動学は，Chandrasekhar (1950) によって開発された．証明を抜きにして，おもな結果をかいつまんで説明する．$\mathbf{r} = \mathbf{x}' - \mathbf{x}$ とし，$\boldsymbol{\lambda}$ を対称軸に平行な単位ベクトルとする．二つの座標 r と μ を，

$$r = |\mathbf{r}|, \quad \mu = \frac{\mathbf{r} \cdot \boldsymbol{\lambda}}{r} \tag{A4.1}$$

と定義し，さらに三つの微分演算子，

$$D_r = \frac{1}{r}\frac{\partial}{\partial r} - \frac{\mu}{r^2}\frac{\partial}{\partial \mu}, \quad D_\mu = \frac{1}{r}\frac{\partial}{\partial \mu}, \quad D_{\mu\mu} = D_\mu D_\mu \tag{A4.2}$$

を導入する．非圧縮性流体の一様軸対称乱流における Q_{ij} の一般形は，

$$Q_{ij} = A r_i r_j + B \delta_{ij} + C \lambda_i \lambda_j + D(\lambda_i r_j + \lambda_j r_i) \tag{A4.3}$$

で表され，A, B, C, D は r と μ の関数であり，二つの独立な関数 Q_1 と Q_2 を用いて，

$$A = (D_r - D_{\mu\mu})Q_1 + D_r Q_2 \tag{A4.4}$$

$$B = [r^2(1-\mu^2)D_{\mu\mu} - r\mu D_\mu - (2 + r^2 D_r + r\mu D_\mu)]Q_1 - [r^2(1-\mu^2)D_r + 1]Q_2 \tag{A4.5}$$

$$C = -r^2 D_{\mu\mu} Q_1 + (1 + r^2 D_r)Q_2 \tag{A4.6}$$

$$D = [(r\mu D_\mu + 1)D_\mu]Q_1 - r\mu D_r Q_2 \tag{A4.7}$$

によって求められる．このように，Q_{ij} は r と $r\mu$ の偶関数である Q_1 と Q_2 を用いて完全に決定される．三次元の等方性乱流という特別な場合には，$Q_2 = 0$，$2Q_1 =$

$-u^2 f(r)$ となる. f は縦相関関数である. もう一つの極端な場合は二次元等方性乱流で, この場合は $Q_1 = 0$, $Q_2 = -u^2 f(r)$ となる. Q_1 と Q_2 を r と μ について展開すると,

$$Q_1 = \alpha_0 + r^2(\alpha_1 + \alpha_2 \mu^2) + \mathrm{O}(r^4)$$
$$Q_2 = \beta_0 + r^2(\beta_1 + \beta_2 \mu^2) + \mathrm{O}(r^4)$$

となる. α と β は定数である. これに対応する Q_{ij} の展開式は,

$$\begin{aligned}
Q_{ij} =\ & [\alpha_1 - \alpha_2 + \beta_1] 2 r_i r_j \\
& + [r^2(2\alpha_2 - 4\alpha_1 - 3\beta_1) + r^2\mu^2(2\beta_1 - \beta_2 - 8\alpha_2) - (2\alpha_0 + \beta_0)]\delta_{ij} \\
& + [\beta_0 + r^2(3\beta_1 - 2\alpha_2 + \mu^2 \beta_2)]\lambda_i \lambda_j \\
& + [2\alpha_2 - \beta_1] 2 r \mu (\lambda_i r_j + \lambda_j r_i) + \text{高次項} \tag{A4.8}
\end{aligned}$$

である. 等方性乱流の場合, $\alpha_2 = \beta_0 = \beta_1 = \beta_2 = 0$, $Q_2 = 0$, $6Q_1 = -\langle \mathbf{u}^2 \rangle f(r)$ なので, ゼロでない係数は,

$$2\alpha_0 = -\frac{1}{3}\langle \mathbf{u}^2 \rangle, \quad 2\alpha_1 = \frac{1}{30}\langle \boldsymbol{\omega}^2 \rangle$$

だけとなる. 展開式(A4.8)の特別なケースのうちで, もっとも重要なのは, おそらく,

(ⅰ) $\langle u_\| u_\| \rangle (r_\|, 0) = -2\alpha_0 - 2(\alpha_1 + \alpha_2) r_\|^2 + \cdots$
(ⅱ) $\langle u_\| u_\| \rangle (0, r_\perp) = -2\alpha_0 - 4\alpha_1 r_\perp^2 + \cdots$
(ⅲ) $\langle u_\perp u_\perp \rangle (r_\|, 0) = -(2\alpha_0 + \beta_0) - (4\alpha_1 + 6\alpha_2 + \beta_1 + \beta_2) r_\|^2 + \cdots$
(ⅳ) $\langle u_\perp u_\perp \rangle (0, r_\perp) = -(2\alpha_0 + \beta_0) - (2\alpha_1 + \beta_1) r_\perp^2 + \cdots$

であろう. $\|$ と $\perp$ は, $\boldsymbol{\lambda}$ に平行および直角方向を表す. $\boldsymbol{\lambda}$ の方向が z 軸と一致する場合は,

$$\langle u_x^2 \rangle = \langle u_y^2 \rangle = -(2\alpha_0 + \beta_0), \quad \langle u_z^2 \rangle = -2\alpha_0$$
$$\langle u_x u_y \rangle = \langle u_x u_z \rangle = \langle u_y u_z \rangle = 0$$

エンストロフィーは,

$$\langle \boldsymbol{\omega}^2 \rangle = 4[15\alpha_1 + 5\alpha_2 + 5\beta_1 + \beta_2]$$

となることが示せる.

推奨される参考書

Chandrasekhar, S., 1950, *Phil. Trans. Roy. Soc. London*, A, **242**, 557.

訳者あとがき

　原著「Turbulence-An Introduction for Scientists and Engineers」の初版がOxford University Pressから出版されたのは，定年退職を間近に控えた2004年であった．置き去りにしてゆく学生達に何かの形で役立ててもらいたいという気持と，十分な時間を与えられたあかつきには，1冊の本を徹底的に読むという日頃なかなかできなかったことをやってみたいと思ったことが翻訳の動機であった．大学院生の自主輪講の材料，あるいは講義の副教材にでも使ってもらえればと考えていて，出版はまったく念頭になかった．初版の翻訳が終わり，自前で簡易製本して研究室に届けたあと，出版の話がもち上がったが，第2版が近々刊行されるとの情報が入ったため，それまでまつことにした．2015年8月に発刊と同時に第2版を入手して，翻訳作業にとり掛かった．期せずして，初版と第2版の両方を隅々まで読むこととなったのである．

　原著者のP. A. Davidsonはケンブリッジ大学教授で，外力場の乱流や電磁流体力学に関する著書のほか，多数の研究論文がある．彼の言葉を借りれば，本書は，「乱流はどこからくるのか？　乱流の普遍的性質とは何か？　それはどこまで決定論的なのか？」といった疑問に答えようとする，どちらかというと応用数学者や物理学者向きの教科書といえるが，抗力，混合，熱伝達，燃焼など，実際のプロセスに対する乱流の影響や乱流の工学モデルなど，技術者や工学者の興味にも十分応えられる内容となっていた．

　第I部「乱流の古典的描像」では，乱流の普遍性，基礎方程式系の提示，乱流の起源，各種せん断乱流，完結問題など，乱流を語るうえで欠かせない重要事項が一通り扱われていた．とくに，第5章では20世紀半ばにすでにほぼ出そろったテイラー，リチャードソン，コルモゴロフなどによる物理的直観にもとづく統計的現象論と，その正否をめぐるその後の半世紀にわたる論争について詳細に解説されていた．

　第II部「自由減衰一様乱流」では，「平均せん断や体積力など乱れをドライブする強制力がすべてはぎとられ，むき出しの非線形性だけが残った」自由減衰一様乱流にこそ，渦どうしの非線形干渉という乱流現象の本質があるとして，多くのページが割かれていた．すなわち，第6章では物理的直観にもとづく仮説に頼らず，統計量を支配する方程式の厳密な解析という数学的手段を駆使しての古典的現象論の吟味，第

7章では最新のDNSデータにもとづく仮説の検証，第8章ではスペクトル空間における再検討が行われていた．乱流が波動ではなく渦（渦度の塊）からなっている以上，フーリエ空間よりも物理空間で考えるほうが数学と実際の物理現象との結びつきがよりはっきりするとして，エネルギースペクトルに代わって構造関数を中心とした議論が広く展開されていた．

　第III部「トピックス」では，自然に減衰するはずの地磁気の維持に，地球の液体核における乱流熱伝達がかかわっていること，太陽表面の乱流フレアーが猛烈な運動の引き金となっていること，大気や海洋の乱流が疑似二次元乱流として説明されることなどが述べられていた．多くの地球規模や宇宙規模の乱流の根底には，浮力やコリオリ力やローレンツ力といった体積力があることに注目し，乱流に及ぼす個々の体積力の影響，およびそれらの複合効果が統一的に扱われていた．原著者の専門分野だけあって，数々の最新の論文が引用され，この分野の研究の最近の成果が解説されていた．

　乱流を，不規則に絡み合い，干渉し合う渦糸の群と捉え，これに対応して，渦度場を中心に議論が展開されており，速度場は渦度場に付随するものとの立場が強調されていた．実験室における格子乱流や管内乱流から地球物理や宇宙物理の分野にまで及ぶ幅広い話題が，一貫性のある視点でとり扱われている点は本書の特徴といえる．広大な広がりは乱流研究を志す若い学生たちの勉学意欲を刺激するに違いない．すべての数式を自ら誘導し，確認しながら読み進んだが，なかには長い演算を要するものもあったとはいえ，ほとんどは代数学の基礎知識で十分であったし，ハンケル変換や超幾何関数など初学者にとってなじみが薄いと思われる事項については付録で丁寧に解説されていて，読みやすくなるよう工夫されていた．各章の内容を端的に表す短い文章が専門分野にとどまらず，小説や詩の一節などからも引用されることで肩の力を抜いた状態で各章がはじまり，最新の研究成果を豊富にとり入れた本文のほか，多数の図表，必要と思われる箇所に適切に配置された脚注，理解を確実にするために工夫された例題や演習問題，より深く学びたい人のための豊富な参考文献など，専門家はもちろん，これから乱流という厳しい課題に挑戦しようとする初学者に対しても，行き届いた配慮がなされていた．

　初版と第2版の両方を隅々まで読み終わって，この10年の間の乱流分野の進歩のようすを垣間見ることができた．それは，主としてコンピュータ技術の発達に先導されてのもので，DNSは乱流の基本構造，とくに小スケール構造の解明といった基礎研究分野においては，理論家にとってさえ有力な武器となってきていることが，はっきりと読みとれた．「本書執筆の時点では」という表現がたびたび見られ，この分野がいままさに進行中であることを伺わせたが，いまのところ進展は小スケールに限定

されたものであった．これに対して，本書の一つの特徴である大スケール構造の吟味や，これを含む実用的な課題については，LES と一点完結モデルを組み合わせたハイブリッドスキームが新たに紹介されていたものの，画期的な進展は見られなかった．また，近年再び注目されはじめている渦法とよばれる手法に，本書の内容の多くは強いインパクトを与えるものと思われるが，手法自体についての具体的記述はなかった．

出版を勧め，出版社にとりついでくださった慶応義塾大学教授小尾晋之介氏，ならびに，出版にご尽力頂いた森北出版株式会社の森北博巳社長，塚田真弓氏，富井 晃氏，編集担当の大橋貞夫氏に感謝する．

2016 年 8 月
益田重明

索 引

【欧数】

DNS ･････････････････････････ 447, 458
EDQNM モデル ･････････････････ 358, 515
k-ε モデル ････････････････････ 133, 188
k^{-3} 則 ･･････････････････････････ 650
LES ･･････････････････････････ 202, 452
MHD（電磁流体）乱流 ･････ 571-592, 593-628
Q-R 分類 ･････････････････････ 283-284
α-Ω ダイナモ ･･････････････････ 596-600, 606
$\hat{\beta}$ モデル ･･･････････････････････････ 414

【あ行】

圧力-ひずみ相関 ･･･････････････ 172, 198-201
圧力ヘシアン ････････････････････････ 659
亜臨界分岐 ･･････････････････････････ 74
アルヴェーン波 ･･･････････････････ 566-570
アンペア-マクスウェル方程式 ･･･････････ 559
イジェクション ･････････････････････ 154
一様せん断流 ･････････････････････ 170-176
一様等方性乱流 ･･･････････････････ 333, 396
一様乱流
    運動学 ･････････････････････ 333-349
    回転場 ･････････････････････ 542-548
    減衰 ･･･････････････････････ 83, 351, 387
    減衰（スカラー場） ･･････････････ 250, 361
    磁場 ･･･････････････････････ 572-593
    成層場 ･････････････････････ 548-552
    動力学（小スケール）
         ･･････････････ 237, 356, 406, 432, 506
    動力学（大スケール） ･･･････ 363-395, 701
一点完結モデル ･･････ 118, 133-136, 188-202
移流拡散方程式 ･････････････････････ 51, 177

渦
    拡散係数 ･･･････････････････ 178-179, 295
    管 ･･････････ 49, 261-267, 405-406, 462-469
    シート ･･･････････････ 261-267, 405-406
    伸張 ･･････････ 48, 55, 128, 152, 173, 218-226
    定義 ･･････････････････････････ 45, 61
    動力学 ･･････････････････････ 45-58
    二重ローラー ･･････････････････ 152, 155
    粘性 ･･････････････････････ 123-127
    ヘアピン ･･･････････････････ 150-155
渦度方程式 ･･････････････････････ 50-55
エイリアシング ･････････････････ 497, 505
エックマン層 ･･････････････････ 183, 606, 610
エックマンパンピング ･･･････････････ 604-614
エネルギー
    カスケード ･･･････ 20, 88, 218, 415, 431
    減衰法則（等方性乱流） ･･･････････ 363, 394
    散逸（等方性乱流） ･･････ 85, 212-217, 277
    スペクトル輸送（定義） ･････････ 506-509
    スペクトル輸送（二次元乱流） ･･･ 670-673
    生成 ･････････････････････ 127-133, 150
    分布（スペクトル空間） ･････････ 509-523
    分布（せん断流） ･･･････････････ 145-146
    分布（物理空間） ･･･････････････ 416-432
    保有渦 ･････････････････････ 336-433
エネルギースペクトル
    一次元 ･････････････････････ 493-497, 502-505
    慣性領域 ･･････････････ 243-244, 433-438
    三次元 ････ 100, 338, 403, 417-430, 490-493
    二次元乱流 ･･････････ 637, 644, 650-653
エルザッサー数 ･･･････････････ 591, 610, 618
エンストロフィー
    カスケード（二次元乱流） ･････････ 637-660

散逸（二次元乱流）・・・・・・・・・・・・639-642, 651
散逸（三次元乱流）・・・・・・・・・・・・・・・・・55, 226
生成（三次元乱流）・・・・・・55, 226, 258-261
　　定義・・・・・・・・・・・・・・・・・・・・・・・・・・・・・・・・・43
　　吹き上がり・・・・・・・・・・・・・・・・・・・・・267-272
オイラーの式・・・・・・・・・・・・・・・・・・・・・・・・・・・・38
応力（粘性）・・・・・・・・・・・・・・・・・・・・・・・・・・・・・36
応力（レイノルズ）・・・・・・・・・・・・・・・・120-122
大久保・ワイス基準・・・・・・・・・・・・・・・・・・・・659
オーバーシュート（スペクトル）・・・・・・・・436
オーム散逸・・・・・・・・・・・・・・・・・・・・・・・・・557-617

【か行】

回転乱流・・・・・・・・・・・・・・・・・・・・・・・・・・・542-548
ガウス分布（正規分布）・・・・・109-114, 299, 359
ガウスフィルター・・・・・・・・・・・・・・・・・453, 485
カオス理論・・・・・・・・・・・・・・・・・・・・・・・・・・67-72
角インパルス（渦）・・・・・・231-236, 388-400, 698
角インパルスの定義・・・・・・・・・・・・・・・・・・・700
角運動量
　　渦・・・・・・・・・・・・・・・・・・・・・・232, 400, 698
　　保存・・・・・・・・・・・・317, 364-372, 368, 700
　　保存（MHD乱流）・・・・・・・・・・・・・572, 579
　　保存（回転乱流）・・・・・・・・・・・・・・・・・541
　　乱れの集団・・・・・・・・・・・・・・・・・233, 372
　　ロイチャンスキー積分との関係・・・・・368, 388
確率密度関数（pdf）・・・・・・・・・・・109, 299-300
カスケード
　　エネルギー（二次元乱流，逆方向）
　　　　・・・・・・・・・・・・・・・・・・・・・・・・・・・645-649
　　エネルギー（三次元乱流，順方向）
　　　　・・・・・・・・・・・・・・・・・・・20, 87, 218, 431
　　エンストロフィー（二次元乱流）・・・・637-641
　　スカラー量・・・・・・・・・・・・・・・・・・・253-258
壁法則（運動量）・・・・・・・・・・・・・137-145, 147
壁法則（温度）・・・・・・・・・・・・・・・・・・・179-182
カルテシアンテンソル（概説）・・・・・・・689-694
カルマン定数・・・・・・・・・・・・・・・・・・・・141, 144
カルマン・ハワース方程式・・・・・・・・・349-352

間欠性
　　慣性小領域における・・・・・・・247, 406-416
　　散逸領域における・・・・・・・・・・・・・410-411
　　せん断層外縁における・・・・・・・・・149, 160
　　大スケール・・・・・・・・・・・・・・・・・・・325-328
完結問題・・・・・・・・・・・・・・・・・26-28, 355-360
慣性-拡散小領域（スカラー）・・・・・・・・・・256
慣性小領域・・・・・・・・・・・・243, 356, 406, 509
慣性-対流小領域（スカラー）・・・・・・253-256
慣性波・・・・・・・・・・・・・・・・・・・・・・・・・・・533-541
緩和時間・・・・・・・・・・・・・・・・・・・・・・・・193, 522
擬似正規モデル・・・・・・・・・・269, 304, 358, 515
擬似平衡仮説・・・・・・・・・・・・・・・・・・・・240-247
擬似平衡領域・・・・・239-247, 356-358, 363-387
擬似ベクトル・・・・・・・・・・・・・・・・・・・・・・・・・694
急変形理論・・・・・・・・・・・・・・・・・・・・・225, 262
キュムラント打ち切りモデル・・・・・・・358, 516
境界層
　　温度境界層・・・・・・・・・・・・・・・・・・・176-182
　　遷移層・・・・・・・・・・・・・・・・・・・・・・141, 145
　　せん断応力分布・・・・・・・・・・・・・・・・・139
　　重複領域・・・・・・・・・・・・・・・・・・・・139, 148
　　粘性底層・・・・・・・・・・・・・・・・・・・141-142
　　平均速度分布・・・・・・・・・・・・・・・140-142
　　壁面領域・・・・・・・・・・・・・・・・・・・148-150
　　乱れ分布・・・・・・・・・・・・・・・・・・・145-146
局所等方性・・・・・・・・・・・・・・・・238, 240, 254
極方向磁場・・・・・・・・・・・・・・・・・・・・・596-600
ケルビンの定理・・・・・・・・・・・・・・・・・・・・55-58
減衰終期・・・・・・・・・・・・・・・351-352, 387, 437
コヴァツネイの仮説・・・・・・・・・・・・・・・・・・510
格子乱流・・・・・・・・・・・・・・・・・・80-94, 213-218
構造関数・・・・・・・・・・・100-103, 237, 336-341
勾配拡散近似・・・・・・・・・・・・・・・・・・・・・・・178
後流・・・・・・・・・・・・・・・・・・・・・・・・・・・160, 165
コリオリ力・・・・・・・・・・・・・・・・・・・・・・・・・・531
コルモゴロフの
　　2/3乗則・・・・・・・・・・・・・・・・・・・・107, 243
　　4/5法則・・・・・・・・・・・・・・・・246, 352-354

5/3 乗則	244
慣性領域における定数（エネルギースペクトル）	243
慣性領域における定数（構造関数）	243
減衰法則（等方性乱流）	365-367
小スケール理論	104, 237, 352, 406
第 1 相似仮説	240
第 2 相似仮説	243
マイクロスケール	24, 89, 217
混合距離	123-127

【さ行】

最小エンストロフィー理論	674-676
最大エントロピー理論	676
再等方化	189-190, 200, 544
サブグリッドモデル（LES）	455-456
サフマン・バーコフ積分	366-387, 442
サフマン乱流	317, 378-405
散逸スケール	24, 85, 88, 105, 217
散逸（乱流）	85-89, 127-133, 213-218
散逸領域	241, 435
残差応力	454, 458, 474
三重速度相関	341-376
三波波数	517
ジオダイナモ理論	553-629
時間スケール	
回転	545-546
磁気	558, 566, 574, 576
時間の矢	75-78, 520
磁気圧力	567, 632
磁気拡散率	554, 561
磁気減衰時間	557, 565, 574
磁気ダンピング	576, 572-585, 614-618
磁気プラントル数	586, 595, 602-603
磁気ヘリシティー	567, 589
磁気レイノルズ数	554, 558
軸対称噴流	166-170
軸対称乱流	
MHD における	571-583
運動学	708-709
高速回転場における	542-548
成層場における	551-552
シグネチャー関数	
運動学的性質	416-431
定義	400, 419-423
動力学的性質	431-438
自己相似	
二次元乱流	643-645
噴流と後流	163-168
指数法則（境界層）	141
実質微分（対流微分）	38-40
磁場	552-593
磁場と渦度場のアナロジー	562, 587
周期立方体	30, 458-459
自由せん断層	160-170
自由発達乱流	306, 323, 364, 396
周方向磁場	576, 596, 607
重力波	549-552
受動スカラー	250-258, 285-299, 361-363
シュミット数	255-258
ジュール	
加熱	564, 573
減衰時間	591
ダンピング	564-566, 573
小スケールの普遍性	104, 237, 406
初期条件への敏感性	13, 62, 71, 93
伸張	
渦線	55, 128, 151, 173, 218
磁力線	553, 561-563
物質線	272-275
スカラーの散逸率	252, 362
スカラーの受動輸送	285, 361-363
スケール不変性	260-261
スタントン数	182
スマゴリンスキーモデル	456
スーパーレイヤー	149
スロー項	201
成層	548-552

積分型の運動方程式・・・・・・・・・・・・・・・・・・・・・・・ 40
積分スケール・・・・・・・・・・・・・・・・ 99, 238, 342, 483
接円筒・・・・・・・・・・・・・・・・・・・・・・・・・・・・・・・ 603-612
線インパルス (線運動量)
　渦の・・・・・・・・・・・・・・・・・ 227, 230, 234, 698
　サフマン・バーコフ定数との関係
　・・・・・・・・・・・・・・・・・・・・・・・・・・・・ 323, 378-385
　保存・・・・・・・・・・・・・・・・・・・・・・・・・・・・・ 230, 698
　乱れの集団・・・・・・・・・・・ 230, 322, 378-385
せん断応力・・・・・・・・・・・・・・・・・・・・・・・・・ 35, 120
せん断層・・・・・・・・・・・・・・・・・・・・・・・・・・ 160-170
相関
　圧力 - 速度・・・・・・・・・・・・・・・・ 350, 376, 703
　渦度・・・・・・・・・・・・・・・・・・・・・・・・・・・・ 341-345
　三次・・・・・・・・・・・・・・・・・ 336, 342, 347, 355
　自己・・・・・・・・・・・・・・・・・・・・・・・・・・・・ 485-490
　スカラー・・・・・・・・・・・・・・・・・・・・ 254, 361-363
　縦・・・・・・・・・・・・・・・・・・・・・・・・・・・・・・・・ 98, 336
　テンソル・・・・・・・・・・・・・・・・・・・・ 97, 334, 341
　二次・・・・・・・・・・・・・・・・・・・・・・・・ 97, 334, 341
　横・・・・・・・・・・・・・・・・・・・・・・・・・・・・・・・・ 98, 336
双極子モーメント・・・・・・・・・・・・ 573, 591, 610
相互作用パラメータ・・・・・・・ 565, 572, 584, 592
相互ヘリシティー・・・・・・・・・・・・・・・・・・・・・・・ 567
相対拡散 (二粒子の)・・・・・・・・・・・・・・・・ 291-295
速度欠損則・・・・・・・・・・・・・・・・・・・・・・・・・・・・・ 140
速度スペクトルテンソル・・・・・・・・ 490, 501-502
速度相関テンソル・・・・・・・・・・・・・・・ 97, 333-336
組織構造
　MHD 乱流・・・・・・・・・・・・・・・・・・ 572-581, 592
　境界層・・・・・・・・・・・・・・・・・・・・・・・・・・・ 150-155
　高速回転乱流・・・・・・・・・・・・・・・・・・・・ 539-548
　二次元乱流・・・・・・・・・・・・・・・・・・・・・・ 657-662
粗面壁・・・・・・・・・・・・・・・・・・・・・・・・・・・・・・・・・ 147

【た行】

大気境界層・・・・・・・・・・・・・・・・・・・・・・・・・ 182-188
対数正規仮説・・・・・・・・・・・・・・・・・・・・・・・ 409-414
対数法則 (速度の)・・・・・・・・ 137, 142, 147, 181
対数法則 (温度の)・・・・・・・・・・・・・・・・・・・ 176-182
大スケール渦の永続性・・・・・・・・・・・・・・・ 363-372
ダイナモ数・・・・・・・・・・・・・・・・・・・・・・・・・・・・・ 600
太陽の内部構造・・・・・・・・・・・・・・・・・・・・・・・・・ 630
対流微分 (実質微分)・・・・・・・・・・・・・・・・・・・ 38-40
タウンゼントのモデル渦・・・・・・・・・・・・・ 396-405
地球の磁場・・・・・・・・・・・・・・・・・・・・・・・・・ 595-629
地球の内部構造・・・・・・・・・・・・・・・・・・・・・・・・・ 594
地磁気・・・・・・・・・・・・・・・・・・・・・・・・・・・・・ 571, 595
チャネル乱流・・・・・・・・・・・・・・ 137-142, 145-147
柱状渦 (MHD 乱流)・・・・・・・・・・・・・ 572-578, 592
柱状渦 (回転乱流)・・・・・・・・・ 540-548, 599, 605
中心極限定理・・・・・・・・・・・・・・・・・・・・・・・・・・・・ 91
超幾何関数 (概要)・・・・・・・・・・・・・・・・・・・・・・ 706
長距離相関・・・・・・・・・・・・・・・・・・・・・・ 373-378, 701
直接干渉近似 (DIA)・・・・・・・・・・・・・・・・・・・・・ 524
直接数値シミュレーション (DNS)・・・ 447, 471
定応力層・・・・・・・・・・・・・・・・・・・・・・・・・・・ 138-147
低速ストリーク・・・・・・・・・・・・・・・・・・・・・ 152-155
定ひずみ度モデル・・・・・・・・・ 268, 356, 433, 438
テイラー拡散・・・・・・・・・・・・・・・・・・・・・・・ 250, 288
テイラー柱・・・・・・・・・・・・・・・・・・・・・ 535-542, 613-628
テイラーのマイクロスケール・・・・・・・・・・・・ 343
テイラー・プラウドマン定理・・・・・・・・ 534-536
テスト場モデル・・・・・・・・・・・・・・・・・・・・ 515, 524
テンソルの表記法・・・・・・・・・・・・・・・・・・・ 689-694
凍結法則 (渦度)・・・・・・・・・・・・・・・・・・・・・・ 55-58
凍結法則 (磁場)・・・・・・・・・・・・・・・・・・・・ 560-569
等方性の定義・・・・・・・・・・・・・・・・・・・・・・・・・・・・ 98
等方性乱流
　運動学的性質・・・・・・・・・・・・・・・・・・・・・ 333-349
　動力学 (小スケール)・・・・・ 237, 356, 406, 431
　動力学 (大スケール)・・・・・・・・・ 363-393, 701
特異性 (渦度場)・・・・・・・・・・・・・・・・・・・・・ 267-272
特異性 (スペクトル)・・・・・・・・・・・・・・・・・ 499-501

【な行】

内部重力波・・・・・・・・・・・・・・・・・・・・・・・・・ 550-551
ナヴィエ・ストークス方程式・・・・・・・・・・・ 35-40

二次元乱流 ･･････････････････ 637-676
　運動学的性質 ･･･････････････ 663-667
　エネルギーの逆カスケード ･･････ 645-649
　エンストロフィーの順カスケード ･･ 637-657
　自己相似挙動 ･･･････････････ 643,660
　支配方程式 ･･･････････････ 638,663-667
　組織渦の形成 ･･･････････････ 657-660
　バチェラーの自己相似理論 ･･･････ 643-645
二点完結モデル ･･･････････ 356-363,509-524
熱拡散（層流）･･････････････････ 51-53
熱拡散（乱流）････････････････ 176-182
熱対流 ･･･････････････････････ 6,182-185
熱伝達（壁面）････････････････ 176-188
粘性散逸 ･････････････････････ 41-43,85-89
粘性-対流小領域（スカラー）････････ 256
粘性長さスケール ･･････････ 24,85,89,217

【は行】

バイサラ・ブラント周波数 ･･･････････ 549
倍周期分岐 ･･･････････････････････ 68
ハイゼンベルクの仮説 ･･････････････ 510
パオの完結モデル ･･････････････ 510-515
バーガースの渦管 ･･･････････ 264-267,277
バーガース風の渦シート ･････････････ 267
箱サイズの影響（計算機シミュレーション）
　･･････････････････････････ 458-461
波数ベクトル ･･････････････････ 481
バースティング（境界層）････････ 148,154
バチェラー・プラウドマン理論 ･･･ 373-378
バチェラー乱流 ･･･････ 324,403,437,702
パリンストロフィー（定義）･･････････ 638
パリンストロフィーの生成 ･･･････ 642-670
パワースペクトル ･･････････ 478,485,487
パンケーキ渦（成層乱流）････････････ 552
ハンケル変換表 ･･････････････････ 705
ビオ・サヴァールの法則 ･････････････ 44
ひずみ速度テンソル ･････････････････ 38
ひずみ度
　エンストロフィー生成との関係 ･･･ 258,354

慣性領域定数との関係 ･････････ 354,356
　主ひずみとの関係 ････････････ 262,282
　定義 ･･････････････････････ 109,300
非等方性
　高速回転場 ･････････ 530,542,590,614
　磁場 ･･････････････ 530,572-574,590-593
　スペクトルへの影響 ･･････････････ 157
　せん断流 ･･･ 145-146,150-155,170-175
　浮力場 ･･･････････････ 530,535-552
フィルター（のタイプ）･･･････ 453,484-485
フィルタリング（フーリエ変換）･･･ 453,483
不活性運動 ････････････････････ 142-145
ブシネスク近似 ･･････････････ 182,549
ブシネスク・プラントル近似 ･･ 123,134,164
普遍平衡領域 ･･･････ 105,237,356,406
不変量（動力学的）
　運動学的ヘリシティー ･･･････････ 64
　サフマン・バーコフ積分 ･････ 366-387,442
　磁気ヘリシティー ･････････････ 567-589
　相互ヘリシティー ･････････････ 567,587
　ロイチャンスキー積分 ･････ 365,388-393
フラックス・リチャードソン数 ･･････ 186
プラントル数 ･････････････････ 176-180
フーリエ
　解析 ･･････････････････････ 477-505
　空間 ･････････････････････ 318-321,477
　積分 ･････････････････････････ 480
　変換（定義）･････････････････････ 480
　変換（フィルターとしての）････ 483-485
浮力の一様乱流への影響 ･･･････ 548-552
浮力の対数法則への影響 ･･･････ 183-184
フレアー（太陽）････････････････ 631-632
分岐理論 ･････････････････････ 67-75
分子拡散
　渦度 ･･････････････････････ 53-54
　磁場 ･････････････････････････ 562
　熱 ･･･････････････････････ 51-53
噴流
　円形（軸対称）････････････ 166-170

自己相似挙動····················163-168
　　平面（二次元）····················160-165
ヘアピン渦····················150-155, 313
平均
　　アンサンブル····················95-96
　　時間····························94-95
　　体積····························96-97
平衡仮説························238-244
平面混合層（後流）············160-162, 165
壁面
　　熱伝達····························176-188
　　単位····························138-140
　　乱流····························148-150
ベクトル恒等式と定理············686-688
ベチョフの理論············262, 281-283
ベナール対流··························6-7
ヘリシティー
　　運動····························63-64
　　磁気····················567, 587-589
　　相互····················567, 588-590
ヘルムホルツ分解（ベクトル場）········687
変形速度テンソルの不変量··········279-280
扁平度··················109, 300, 409
補償スペクトル····················435-436
保存
　　エネルギー····················41-42
　　角インパルス（角運動量）
　　　　　　　　·······232, 323, 388, 700
　　サフマン・バーコフ積分········378-385
　　スカラー················251, 285, 361
　　線インパルス（線運動量）······227, 378, 698
ホップ分岐························74, 114
ボトルネック効果······················438

【ま行】

マクスウェル方程式······················559
マグネトストロフィック波················570
マルコフ化························359, 522
モーニン・オブコフ理論············185-188

【や行】

ヤグロムの4/3法則················361-363
有限時間特異性····················267-272
有限レイノルズ数補正（カルマン定数）····142
有限レイノルズ数補正（コルモゴロフ理論）
　　································438

【ら行】

ラグランジュ速度相関··················290
ラピッド項··························201
ラングレンの伸張らせん渦··············406
ランダウの解釈（ロイチャンスキー積分）
　　····························368-373
ランダウ不変量（MHD乱流における）
　　····························581-583
乱流
　　定義····························61-63
　　拡散（混入物）················250, 285
　　拡散（熱）····················176-182
リチャードソン拡散（相対拡散）······291-295
レイノルズ
　　アナロジー····················178-179
　　応力····························120-123
　　応力モデル····················197-202
　　数································8-10
　　分解····························120
　　方程式····························120
レナード応力····························474
連行····························162-163
連続の式································36
ロイチャンスキー積分······365-373, 388-395
ロジスティック方程式················68-75
ロスビー数················532, 594-595, 603
ローレンツ力························552-593

【わ行】

ワーム························107, 462-473

著者略歴

益田 重明（ますだ・しげあき）
　1941年生まれ
　1970年　慶應義塾大学大学院工学研究科博士課程所定単位取得退学
　1973年　工学博士（慶應義塾大学）
　1988年　慶應義塾大学教授（理工学部）
　2007年　慶應義塾大学名誉教授
　　　　　現在に至る
　専　門　流体工学，とくに回転場の乱流

編集担当　大橋貞夫（森北出版）
編集責任　富井　晃（森北出版）
組　版　　美研プリンティング
印　刷　　同
製　本　　同

乱　流（第2版）　　　　　　　　　　　版権取得　2015
2016年12月5日　第2版第1刷発行　　【本書の無断転載を禁ず】

著　者　益田重明
発行者　森北博巳
発行所　森北出版株式会社
　　　　東京都千代田区富士見1-4-11（〒102-0071）
　　　　電話 03-3265-8341／FAX 03-3264-8709
　　　　http://www.morikita.co.jp/
　　　　日本書籍出版協会・自然科学書協会　会員
　　　　JCOPY ＜(社)出版者著作権管理機構　委託出版物＞

落丁・乱丁本はお取替えいたします．
Printed in Japan／ISBN978-4-627-67452-3